国家科学技术学术著作出版基金资助出版

城市气象与环境研究

Research on Urban Meteorology and Atmospheric Environment

苗世光 王雪梅 刘红年 张 宁 王咏薇
杭 建 王成刚 王学远 彭 珍 孙鉴泞 蒋维楣 ◎ 著

南京大学出版社

图书在版编目(CIP)数据

城市气象与环境研究 / 苗世光等著. — 南京 : 南京大学出版社, 2023.3

ISBN 978-7-305-26359-0

Ⅰ. ①城… Ⅱ. ①苗… Ⅲ. ①城市环境-环境气象学-研究-中国 Ⅳ. ①X16

中国版本图书馆 CIP 数据核字(2022)第 236850 号

出版发行　南京大学出版社
社　　址　南京市汉口路 22 号　　　　邮　编　210093
出 版 人　金鑫荣

书　　名　城市气象与环境研究
著　　者　苗世光 等
责任编辑　王南雁　　　　编辑热线　025-83595840

照　　排　南京南琳图文制作有限公司
印　　刷　南京凯德印刷有限公司
开　　本　787×1092　1/16　印张 41.25　字数 952 千
版　　次　2023 年 3 月第 1 版　2023 年 3 月第 1 次印刷
ISBN 978-7-305-26359-0
定　　价　198.00 元

网址：http://www.njupco.com
官方微博：http://weibo.com/njupco
官方微信号：njupress
销售咨询热线：(025) 83595840

前　言

城市气象与大气环境研究作为大气科学的一个新兴领域,其发展缘起于城市建设改变土地利用/土地覆盖由此引起并造成的对城市大气与环境的影响,包括城市天气、城市气候和大气环境以及城市规划建设等与国计民生密切相关的研究与发展领域。*The Climate of London*(Howard,1818)一书的出版,标志着城市气象作为一个独立研究领域的出现。周淑贞先生和张超教授于 1985 年出版的《城市气候学导论》开始了我国城市气象研究的新征程。苗世光、蒋维楣等《城市气象研究进展》(《气象学报》第 78 卷第 3 期新中国气象事业 70 周年专刊,2020)一文全面概述了我国城市气象研究发展进程与主要成就。

早期的城市气象研究主要以城市气象观测分析为主。基于常规或加密观测资料,定性或定量分析了城市化过程中下垫面类型变化对近地面气温、风、湿度、降水、能见度等气象要素的作用,研究其影响的物理过程,提出应用于人体舒适度和城市规划的措施建议。

数十年来,随着新观测技术的应用和高性能计算技术的快速发展,城市气象与环境研究已逐步发展为采用室内物理化学模拟、强化外场观测试验、多尺度数值模拟等多种研究手段,综合开展城市天气、气候、大气环境等领域的物理化学机制以及多尺度耦合数值模式及其应用于安全城市、绿色城市、低碳城市、海绵城市、智慧城市等所面临的一系列复杂的实际气象科技难题研究。

南京大学大气扩散与大气环境研究团队自二十世纪八十年代起,组织建设大气环境风洞实验室,并于九十年代建立大气环境模拟研究室,开展城市气象与环境数值模拟研究与高层次人才培养。本书汇总给出了近些年来研究团队在城市气象与环境方面的最新研究成果,主要阐述了城市气象基础数据集建设、城市气象观测试验、城市气象与环境多尺度模式的创立、城市化对天气气候与环境的影响机制等四个方面的研究内容和新成果。中国气象局 2018 年批准成立北京城市气象研究院、2022 年批准成立中国气象局城市气象重点创新团队和中国气象局城市气象重点开放实验室,大力推进了我国城市气象研究的快速发展并取得丰硕成果。在本书写作过程中,作者基于最新研究进展,以观测试验—模式研发—机理研究和实际应用为主线,阐明城市气象的研究及其涵盖的主要研究内容、基本原理、研究方法、应用现状与前景并简要总结相关成果,力求做到物理概念清晰,可为该领域研究与应用提供参考。希望本书对推进城市气象与环境研究与应用的发展,对我国城市气象学科的发展能够起到推动作用。

蒋维楣教授于2020年4月提出撰写并正式出版本学术专著的动议,提出从推动城市气象学科创建和发展的设想出发,以Ⅰ、Ⅱ、Ⅲ、Ⅳ四部分内容的设想实施本书,并构成本书框架。本书是集体创作的成果,总体分工如下:苗世光(第1章,第3.3,4.5,8.2,10.2和11.4节),王咏薇(第2章和第11.1节),张宁(第3.1,3.2,4.3,7.1,8.1,8.3和10.3节),刘红年(第3.4,4.2,4.4,5.1,5.2,7.2,7.4,9.1,9.2,10.1,10.5,11.2和11.3节),孙鉴泞(第4.1节),王成刚(第5.3节),杭建(第6章),王学远(第7.3节),王雪梅(第9.3和10.4节),彭珍(第9.4节),蒋维楣教授全程给予了关注和指点。北京城市气象研究院罗文蓉协助完成全书文稿的汇总工作。本书出版和编辑制作过程得到南京大学出版社的大力支持,吴汀主任、王南雁责任编辑二位强烈的事业心和严谨热忱、细致周到的工作态度给我们留下深刻印象。

本书的出版得到了国家科学技术学术著作出版基金项目(2022)的资助。感谢国家自然科学基金重点项目“城市边界层三维结构研究”(2004)、国家科技支撑计划项目“京津冀城市群高影响天气预报中的关键技术研究”(2008)、国家国际科技合作项目“京津冀城市群强降水及雾-霾观测试验”(2015)等对本书中研究工作的资助。

由于作者水平所限,书中的不当之处欢迎批评指正。

作 者

2022年12月

目　录

图目录

表目录

1 绪 论

城市气象作为大气科学的一个新的学科领域，其研究发展在我国大致起步于二十世纪七八十年代。城市气象研究缘起于城市建设改变了城区下垫面及其支配影响的城市气象环境；再则城市化的加剧，又进一步改变并加强了这种影响，即进一步支配改变城市气象环境条件，包括天气、气候和大气环境的变化。

城市气象观测试验和基础理论研究，极大地推动并进一步促进了城市气象研究与应用的发展。二十世纪八十年代《城市气候学导论》（周淑贞和张超，1985）一书出版，首先总结提出并阐述了包括城市热岛、干岛、湿岛、雨岛和混浊岛等城市气候效应。同期在北京、天津、重庆、南京、苏州、兰州、杭州等大城市开展城市热岛研究。九十年代末，随着全国城市化进程加剧，城市气象观测网络加速构建，城市和城市群域现场观测试验研究的开展，为城市气象研究提供了更多观测资料，并为进一步的基础理论和应用研究提供了有力的支撑，例如，我国首个超大城市气象综合观测试验：北京 BECAPEX 试验（2001—2003）（徐祥德等，2004，2010），北京 BUBLEX 试验（2004—2005）（李炬和舒文军，2008；李炬和窦军霞，2014），城市对降水和雾-霾影响科学试验 SURF（2015—2017）（Liang et al.，2018）等。

2004 年国家自然科学基金重点项目“城市边界层三维结构研究”（40333027），由城市边界层观测与分析着手，开展城市边界层结构数值模拟与分析的基础研究，首次在城市多尺度模拟中引入城市边界层三维结构特性及其参数分布，取得了对城市热岛、人为热和人为水汽及可分辨建筑物的形态学特征对城市陆面过程和城市冠层（含建筑物和植被等）过程的影响及其参数化的引入等技术，实施 CFD、LES 等多种新的湍流闭合技术，并引入空气质量模拟的应用领域（刘红年等，2008；蒋维楣等，2009）。项目研究成果被国际同行所关注和认可（Souch and Grimmond，2006）。

2008 年国家科技支撑计划项目“京津冀城市群高影响天气预报中的关键技术研究”，以城市群复杂下垫面对天气系统的影响为研究重点，开展了观测和数值天气预报模式研究（李炬和窦军霞，2014；苗世光和 Chen，2014）。刘树华等（2009，2013）在两个国家自然科学基金项目资助下，系统开展了城市复杂下垫面与大气边界层相互作用耦合模式研究、京津冀地区大气边界层和大气环流特征研究。2010 年 973 项目“我国东部沿海城市带的气候效应及对策效应”，深入研究了城市群的直接天气气候效应，城市群作为我国高污染地区所形成的较大范围空气污染及其天气气候效应，以及大范围城市化对东亚季风的影响（Wu and Yang，2013；Ding et al.，2013；Wan and Zhong，2014）。2017 年国家重点研发计划项目“陆地边界层大气污染垂直探测技术”，围绕大气边界层中关键气象要素和主要污染物的地基、塔基、艇基和飞机观测等新技术，以及多元数据融合归一标准化平台等开展研究。东北（李丽光等，2012）、西北（刘宇等，2003；王腾蛟等，2013）、川渝（王咏薇等，2013）等地区亦相继开展了城市气象研究工作。

在大气环境预报方面，王自发等（2006）经长期磨炼研制完成的嵌套网格空气质量预报模式系统（NAQPMS）作为一个区域多尺度空气质量数值模式，已进行广泛的业务应用。中国气象局建立了国家级雾-霾数值预报系统（CUACE）（Gong and Zhang，2008），并建立了订正模型（吕梦瑶等，2018），取得了良好效果。南京大学建立了研究型的城市尺度空气质量预报模式（NJU - CAQPS），具有多尺度、引入城市陆面参数化方案和细网格、高分辨率等特点，模拟结果在 NJU 大气环境风洞中进行对比检验，取得了良好结果（刘红年等，2009）。

城市气象研究及其应用近一二十年来有着长足进展。在城市规划的研究与应用领域，北京市气象局和南京大学等多家单位联合开展了气象环境综合评估体系在城市规划建设中的应用研究（汪光焘等，2005）。近年来，城市环境气候图作为一种可持续发展和规划的重要信息系统工具，在国内外，包括我国北京、香港、西安和高雄，取得了很多实际应用成果（任超和吴恩融，2011）。

中国气象学会城市气象学委员会一直致力于推动我国城市气象科研与应用的发展，2004 年 10 月 12 日在京组织召开了“城市边界层观测与模拟国际研讨会”（Wang et al.，2005）。2009 年 8 月 25 日，由中国气象学会城市气象学委员会、中国气象局科技与气候变化司、北京市气象局联合主办，中国气象局北京城市气象研究所（北京城市气象研究院的前身）承办，在京召开了“城市气象重大科学技术问题专家研讨会”。来自中国科学院、国内外高校，北京、上海、广东等地气象部门等机构的四十余位专家学者参会。研讨会采取专题引导性报告、专家“头脑风暴式”研讨和书面建议相结合的方式，在分析和梳理当前国际城市气象学发展趋势及我国经济社会和城市可持续发展对气象科学技术迫切需求的基础上，围绕城市气象的服务和需求、城市气象与精细化气象预报、城市化与气候变化、城市气象与大气环境观测四个方面，对制约我国城市气象科研和业务发展重大的、关键的科学技术问题进行了广泛而深入的研讨，并针对制定我国城市气象科技中长期发展规划提出了近期的主要任务和重点发展方向（中国气象学会城市气象学委员会，2009）。Lee 等（2015）指出：城市群大气边界层研究是边界层气象学研究的五个优先领域之一。近年来，城市化对区域气候及空气质量的影响成为一个新的研究热点，王雪梅（Wang et al.，2017）等给出了清晰的分析思路和论证，是个很有意义的新观点。张宁等（2019）将起源于南京大学大气环境风洞实验室和大气环境模拟研究室的大气扩散与城市气象研究进展精选出 3 卷文集（南京大学出版社，2019）。

以上用极有限的篇幅，挂一漏万的展示，已能充分地表明数十年来我国在城市气象研究这一学科新领域获得了多方面的丰硕成果。城市气象研究还为多方面的重要应用服务，推进有新意的科学技术活动，开展国际合作和学术交流，开创城市气象深入全面研究的新局面。

本章将给出城市气象的定义、研究内容与研究方法。按照上述研究背景和回顾，从城市气象观测网与观测试验、城市气象多尺度模式、城市气象与大气环境相互影响、城市化对天气气候的影响等四个方面分别论述城市气象研究进展,并给出结语和展望。

1.1 城市气象的定义、研究内容与研究方法

城市气象,应城市化发展而兴起,是气象学与城市科学的交叉学科,是研究城市大气中的各种现象、这些现象的演变规律、城市化和人类活动对它的影响及机理,以及如何利用这些规律为人类服务的科学。

城市气象的研究内容主要包括以下六个方面:

① 城市陆面与边界层过程:城市地表能量平衡、水分平衡,城市陆面过程与边界层湍流结构的特征和变化规律,城市化和人类活动对其影响等;

② 城市高影响天气与气象灾害:城市高温、降水等高影响天气的演变特征,城市化影响机理,城市精细天气预报,城市气象灾害风险分析、评估、区划及预警;

③ 城市气候、气候变化与气候韧性:城市气候特征及成因,城市气候变化预估及减缓与适应对策,气候韧性城市建设策略;

④ 城市大气环境与健康效应:城市大气环境演变特征、成因、影响因素及精细预报,城市化与气象环境变化的健康效应;

⑤ 城市气象服务与气象经济:城市安全运行、防灾减灾、生态文明建设气象服务与气象经济支撑技术;

⑥ 城市生态气象,碳达峰、碳中和与绿色发展:城市气象的生态效应格局与规律、时空量度,城市生态变化的气象贡献与归因,碳达峰、碳中和与绿色发展策略。

城市气象的研究方法主要有四种,分别为观测研究、实验研究、理论研究、数值模拟研究。

① 观测研究:通过观测了解城市大气中的各种现象及其演变规律,包括地面气象站、铁塔、高空气球、系留气艇等直接观测,以及地基、空基、天基遥感观测。

② 实验研究:包括风洞实验、水槽实验、缩尺外场实验,理论依据是流动相似性原理和运动相对性原理。与观测研究相比,实验研究具有实验条件易于控制、测量方便、成本低等优势。

③ 理论研究:采用数学和物理学方法从理论上研究城市大气现象和过程。理论可以从两方面产生,一方面是从观测和实验数据中直接建立起来,另一方面是从物理理论或其他气象理论演化而来。

④ 数值模拟研究:采用数值方法,求解适合于城市大气的方程组,来模拟城市气象。数值模拟研究把气象科学从定性和理论的解释提高到定量计算的严密推理的高度,可以检验原来的假设和理论是否正确,还可以发现更多更新更准确和更全面的规律性,来发展新理论(曾庆存,1985)。

1.2　中国的城市气象观测网与观测试验研究

1.2.1　城市气象观测网

为了满足城市气象科研、预报预测业务和服务的需求，各城市均建立了城市气象综合观测网。这类观测网通常包含了覆盖城市地区的中尺度天气监测以及边界层气象特征条件的监测，例如，针对城市能量平衡、城市热通量、城市热岛观测的试验网。我国的城市气象观测网中以京津冀、长三角和珠三角三大城市群的城市气象综合观测网最为发达和成熟。这些观测网除了为科学研究服务外，为城市气象预报或相关部门决策提供观测数据也是其重要目的。

在京津冀协同发展的国家战略背景下，京津冀城市群地区以提升该地区强降水、灰霾等高影响天气的观测、预报和服务能力为核心目标，形成了为城市安全运行、精细化管理和防灾减灾服务的城市气象综合观测网。以北京为例，以城市安全快速发展、防灾减灾应急处置和重大活动气象服务保障需求为牵引，建立了超大城市气象保障和服务监测网，地基和空基相结合，门类齐全，布局合理的热力学、动力学和大气物理学、大气化学观测，以及城市气象与城市边界层结构观测系统（Liang et al.，2018）。

在中部长三角城市群地区形成了由生态与农业气象、海洋气象、交通气象、城市环境气象、气候资源、干旱监测、雷电监测、水文气象等专业观测网组成的城市气象和环境气象观测网络体系。例如，上海构建了针对特大城市的地基和空基观测相结合的综合气象观测系统（图 1.2.1）（Tan et al.，2015）；苏州结合城市发展需求，针对城市热岛效应研究，专门设置了城市热岛监测网；杭州则针对大气污染问题，专门构建了监测项目齐备的杭州市大气复合污染综合监测系统；南京则以大城市精细化预报服务中的交通气象预报服务为牵引，还专门构建了全市交通能见度监测网。

在南部珠三角城市群建立了由稠密的地面自动站网、多种地基遥感设备（如天气雷达、多普勒声雷达、风廓线雷达等）、城市大气成分监测站网、GPS/MET 水汽监测网等组成的城市气象综合观测网。以深圳市为例，从 1994 年至今已形成较为完善的气象灾害监测和气候监测体系（毛夏等，2013）。

此外，气象观测高塔为城市气象研究提供了极好的观测平台，例如：北京 325 米塔（胡非等，1999，2005；苗世光等，2012；苗世光和 Chen，2014）、天津 225 米塔（黄鹤等，2011）和深圳 356 米塔（Li et al.，2019），均在城市边界层物理与大气环境研究方面发挥了重要的基础性作用。

近期，依托国家重点研发计划，在北京、上海和广州三个特大城市原有业务观测网基础上建成了以地基遥感为核心的大气温度、湿度、风场、水凝物（云和降水）和气溶胶垂直廓线立体观测的超大城市观测网（王志诚等，2018）。

目前，各城市所建立的观测网络基本上均具有 Tan 等（2015）所给出的如下特点，或正在向该方向发展：① 多平台：包括了地面气象观测（自动气象站等）、雷达气象观测（天气雷

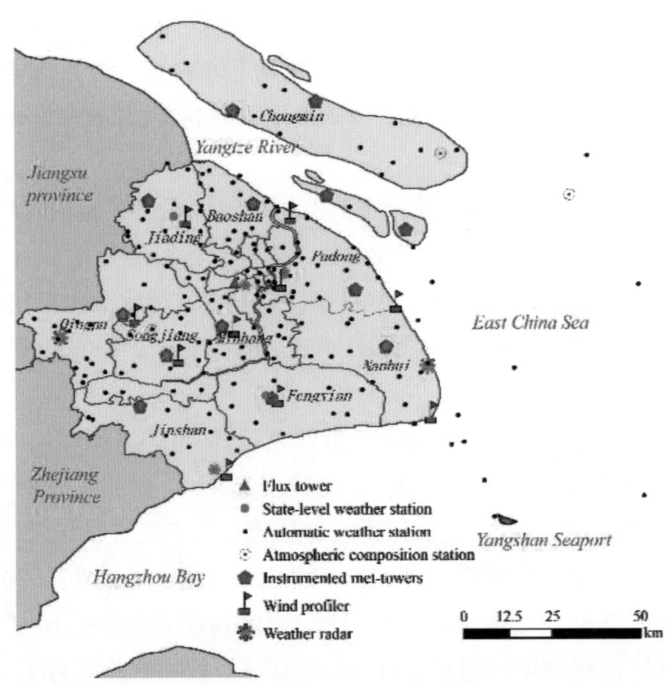

图 1.2.1 上海城市气象综合观测网(SUIMON)观测站点分布(Tan et al., 2015)

达)、城市边界层观测(风廓线雷达、铁塔气象站等)、环境气象观测(大气成分站等)、移动气象观测(应急监测车)等多个观测平台;② 多变量:观测变量涵盖了热力学、动力学、大气化学、生物气象学、生态学等领域的要素;③ 多尺度:通过上述多种平台的观测,兼顾天气尺度、中尺度、城市尺度、街区尺度、建筑物尺度等;④ 多重链接:上述多种观测平台通过自动遥感、地基遥感、卫星遥感、在线观测和采样等手段获得观测资料,观测平台之间相互链接,最终形成综合观测网络;⑤ 多功能:除在精细化预报中发挥重要作用外,既能满足开展高影响天气及城市边界层相关科学研究的需求,又可满足城市安全和环境、健康等多种用户的需求。

1.2.2 城市气象外场观测试验研究

对城市气象条件和大气过程的观测试验研究是提高对城市天气、气候和大气环境认识的基础。自二十世纪七八十年代开始,国内外陆续开展城市气象观测试验研究项目。自 20 世纪末至 21 世纪初,国际上相继出现了一系列围绕城市地区的边界层气象、天气、气候、空气污染等诸多研究课题的大型外场观测试验(Grimmond, 2006),其中城市边界层气象和城市空气污染课题是两个重要的热门研究内容。同期我国比较有代表性的试验有如北京 BECAPEX(徐祥德等,2004,2010)、北京 BUBLEX(李炬和舒文军,2008;李炬和窦军霞,2014)、南京为开展典型城市三维边界层结构研究进行的城市边界层观测(刘红年等,2008)。其中,BECAPEX 实验(2001—2003 年)为我国首个在超大城市开展的大规模城市气象综合观测试验。在北京实施了大气边界层动力学、热力学和大气化学综合观测试验,获取了北京城市大气动力学和大气化学三维结构图像,研究发现:城市区域呈非均匀次生尺度热岛分布,并伴随着城市次生尺度环流,影响了局地空气污染物分布特征。北京城市空气污染与周边区域影响源之间存在密切关系,影响了城市群落环境气候特征,导致该区域日照、雾日、低云量和能见度呈显著年代际变化趋势。

2004 年南京大学在国家自然科学基金资助的城市现场观测试验中,在南京闹市区安置激光气象雷达先后进行了每次长达 10 天时段的城市边界层结构探测和专门的城市混合层、对流夹卷区以及云反馈等功能的专门探测研究,开展了对城市边界层参数化模式和城市混合发展机制的观测试验研究(毛敏娟等,2006;Mao et al., 2009),得到了国内外同行的认可。

近十年来,全球气候变暖背景下极端天气事件频发,城市的高影响天气问题愈发引人关注。这时期的城市气象观测试验更多地关注城市高影响天气机理研究及其减缓对策(Baklanov et al., 2018),关注城市效应对天气气候影响、城市气溶胶与天气气候的相互反馈作用,观测范围从以往的单个城市扩大到了多个城市(城市群、都市圈)。2015—2017 年在我国京津冀城市群地区开展了城市对降水和雾-霾影响科学试验(Study of Urban-impacts on Rainfall and Fog/haze,简称 SURF)(Liang et al., 2018)。该项试验联合了美国、英国等国高校和科研机构的研究力量针对京津冀城市群地区的强降水和霾开展外场观测(图 1.2.2)。基于观测试验,加深了对城市近地层湍流特征、京津冀复杂下垫面地气交换过程和边界层三维结构的认识,提出了城市对降水影响的机理、类型和数值模拟的不确定性,揭示了京津冀城市群局地环流等气象条件对霾的影响,研究并改进了高分辨率精细化预报系统睿图模式,提升了对城市降水和霾的预报水平。相关地区的观测试验项目,包括上海、北京等地的试验研究还被 WMO 列入了 GURME 的研究示范项目(https://community.wmo.int/activity-areas/gaw/science/gurme)。

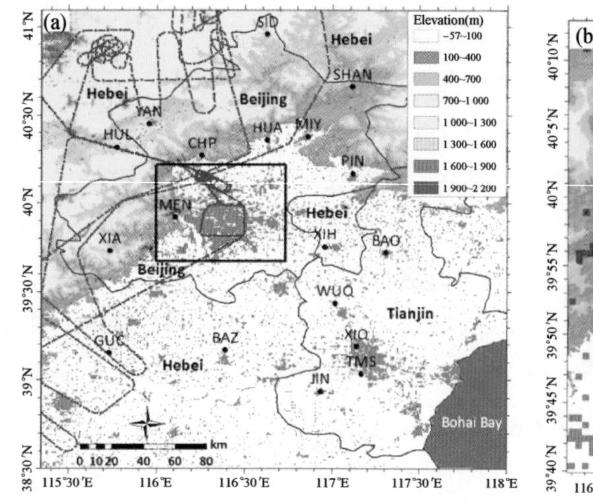

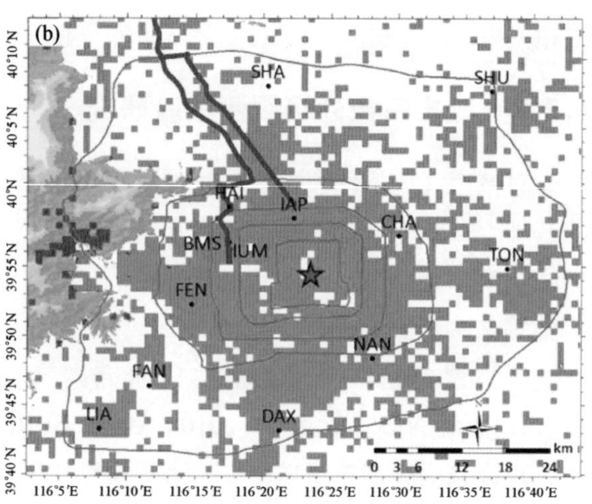

图 1.2.2 城市对降水和雾-霾影响科学试验(SURF)观测布局(Liang et al., 2018)

1.2.3 大气环境风洞实验研究

与外场观测试验相比，风洞实验具有实验条件易于控制、测量方便、成本低等优势。国内首次在大气环境风洞中运用了流体物理模拟手段，即在大气环境风洞中，如南京大学 NJU 大气环境风洞（蒋维楣等，1991；蒋维楣，1994）进行了城市气象和城市环境应用研究的物理模拟试验，取得了独到的良好效果（蒋维楣等，1998；2003；欧阳琰等，2003）。上海浦东新区开发初期，在南京大学 NJU 大气环境风洞中专门就上海浦东新区陆家嘴地区 27 幢新建高楼以及浦江两岸隧道废气排放塔废气排放影响做了风洞模拟实验，图 1.2.3(a)(b)展示为其实验照片。同时还在 NJU 大气环境风洞中，北京城市规划建设与气象条件及大气污染关系研究课题组，以北京芳古园小区为模型对象，作了环境风洞实验研究（风洞模型及照片示于图 1.2.3(c)(d)），于 1990 年前后多次进行了小区气流分布、小区污染物浓度散布、建筑物周边气流和污染物浓度分布等测量。并与数值模式模拟结果进行了比较检验，发挥了此种物理模拟的独特优势，测量与实验结果相当一致，均取得了很好效果。研究结果表明：风洞

(a) (b) (c) (d)

图 1.2.3 南京大学 NJU 大气环境风洞实验照片

(a) 上海浦东新区陆家嘴高层建筑气流分布风洞实验内景；(b) 上海浦东新区陆家嘴过江隧道废气排放塔风洞实验内景；(c) 北京芳古园小区风洞实验内景照片；(d) 北京芳古园小区风洞实验烟气图像

试验既能真实再现城市街渠及建筑物的存在对气流和污染物扩散的一般规律，又显现了不同气流条件与地面排放源污染物扩散分布的影响，还揭示了个体建筑物及其周边区域形成的气流特征和污染物散布的特征与规律。以上这些科技手段的运用，展现了随着计算机和电子信息技术的飞速发展，我国在城市气象研究领域的新技术运用开始取得了长足进展。

1.2.4 城市气象缩尺外场实验研究

城市气象缩尺外场实验是开展城市冠层通风、城市热岛机理、城市陆-气耦合过程的较好实验模拟方法。中山大学杭建研究组设计了建筑热参数可控性好、热惯性足够大、能达到真实城区需要的热力学相似要求的理想城区模型（图 1.2.4），于 2016—2017 年在广州郊区进行城市气候缩尺外场实验（Scale-model outdoor measurement of urban climate and health，简称 SOMUCH）。实验场地面积为 4 800 m^2，远离周边建筑，具有不透水地面。如图 1.2.4（a），两个理想街谷模型由约 2 000 个水泥建筑模型组成，每个建筑模型高 H = 1.2 m、宽 B = 0.5 m、

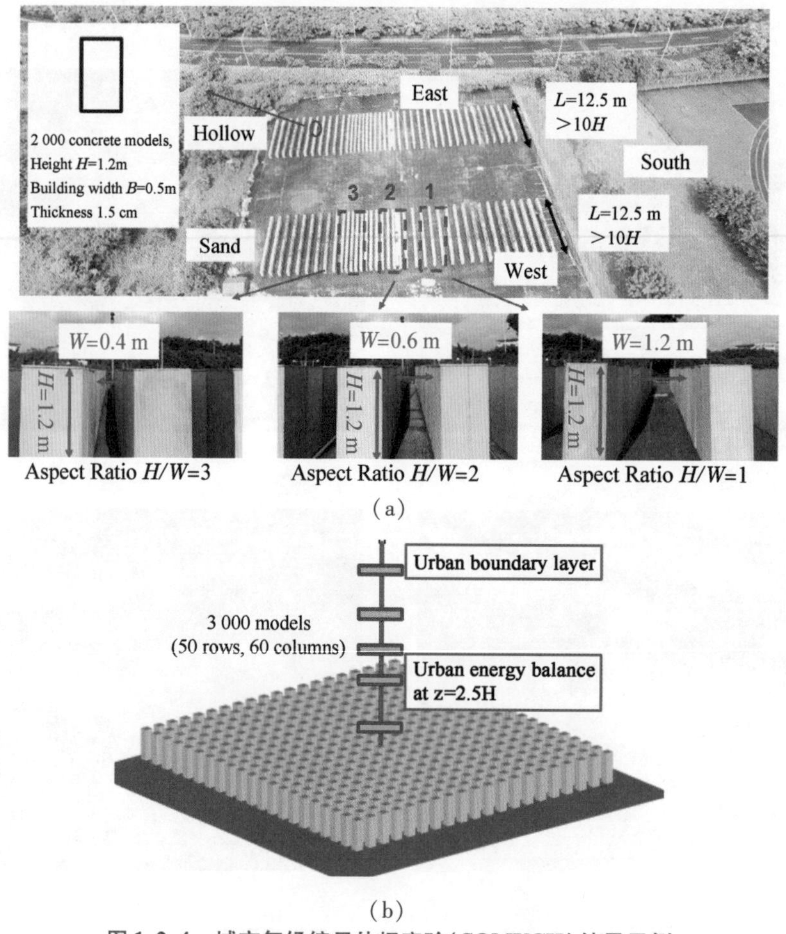

图 1.2.4 城市气候缩尺外场实验（SOMUCH）结果示例

（a）实验场地型概况及三种二维街谷高宽比示意图；（b）三维城区风热环境与能量平衡观测示意图及实景照片（Wang et al.，2018）

壁面厚度 1.5 cm。水泥建筑实验模型内部中空,易于移动位置以改变高宽比和建筑密度等参数。两组模型,一个中空热容较小,一个内部装满沙子以增大建筑热容。

通过外场实验研究了典型非稳态真实气象条件下建筑热容、街道高宽比等对二维街谷湍流和温度时空特征的影响(图 1.2.4(a))。二维街谷温度日循环特征研究发现(Chen et al., 2018):1) 相对于宽街谷($H/W=1$)而言,窄街谷($H/W=3$)天空视角因子更小、遮阴效果更好、白天获得太阳辐射更少,因此窄街谷侧壁温度白天都较低,然而夜间宽街谷侧壁对流通风效果更好、长波辐射散热能力更强,因此宽街谷侧壁降温会更快;2) 装沙的建筑模型热容更大,白天储热更多,因此升温和中空模型相比较慢;但夜晚装沙模型因白天存储的热量更多,因此温度更高。此外,还开展了三维城区能量平衡等方面的观测实验研究,如图 1.2.4(b)所示,着重于高楼密集城区模型研究(Wang et al., 2018)。

1.3 城市气象多尺度模式的研究

1.3.1 城市气象数值模拟的多尺度特征

城市下垫面与其上的大气边界层存在着复杂的交换过程,这种过程可以发生在建筑物墙壁的尺度(几米)上,也可以是在整个城市尺度(几万米尺度)上,同时所对应的现象也可以从城市街谷的湍流涡旋到整个城市导致的热岛环流或城市烟羽(Oke et al., 2017),它们的时间尺度也可以从几分钟到数小时。城市影响的这种多尺度特点,对城市气象中的观测、模拟和应用方案设计都至关重要。因此根据城市观测和数值模拟的需要一般把城市边界层的过程在垂直方向上进一步细分为城市全边界层过程、城市近地层过程和城市冠层过程等,它们所对应的水平尺度则为城市天气气候尺度(即中尺度以上),城市局地(边界层)尺度和城市微尺度。同时随着城市气象服务、科学研究的精细化和需求的多样化,除了传统的天气气候预报预测外,在城市规划、城市大气环境治理、城市建筑设计和城市风安全等领域也对城市气象的多尺度数值模拟有大量的研究和服务需求。因此,需要针对不同尺度的问题和需求发展不同的数值模拟工具(蒋维楣等,2010)。

根据城市气象问题的特点,按照水平的空间尺度划分,主要包括中尺度、城市尺度、小区尺度和建筑物尺度(Fang et al., 2004)。其中,中尺度和城市尺度主要面向城市的天气气候效应和城市影响下的城市热岛环流等过程的模拟,关注的是城市下垫面过程对其上大气过程的影响以及在整个地球系统中的作用。小区尺度和建筑物尺度则更加关心在城市街谷、建筑等城市粗糙元尺度上精细的动力、热力过程的影响。对于中尺度和城市尺度以及更大尺度的天气气候模型,它们的水平网格距一般在一千米到几万米;而小区尺度和建筑物尺度模型的水平网格距则多为 10 米以下。而城市建筑物这种组成城市下垫面的主要粗糙元的水平尺度则多在十几米到几十米的范围,因此在这两类数值模式中对城市建筑物影响的处理截然不同。在中尺度和城市尺度模式中侧重于表述城市下垫面的整体作用以及它在城市边界层和更大尺度过程上的影响，它更侧重于对大量建筑物作用统计态的描述；而在小区尺度和建筑物尺度上则更侧重于对建筑物个体几何特征。基于这一特征，蒋维楣等(2009)指出城市多尺度数值模式中可以根据典型建筑物水平尺寸与各个数值模式水平网格距之间的关系划分为两类：第一类为隐式处理建筑物影响(即建筑物整体作用的参数化)，主要用于中尺度和城市尺度的模拟中，目前主要通过城市陆面过程中的城市冠层模式来实现；第二类为显式处理建筑物影响，即在网格划分中体现建筑物的形态结构细节，对建筑物个体的体征进行具体描述，主要应用于小区尺度和建筑物尺度模式中，例见张宁等(2002)。图1.3.1示意为第三代多尺度城市边界层数值模式系统。

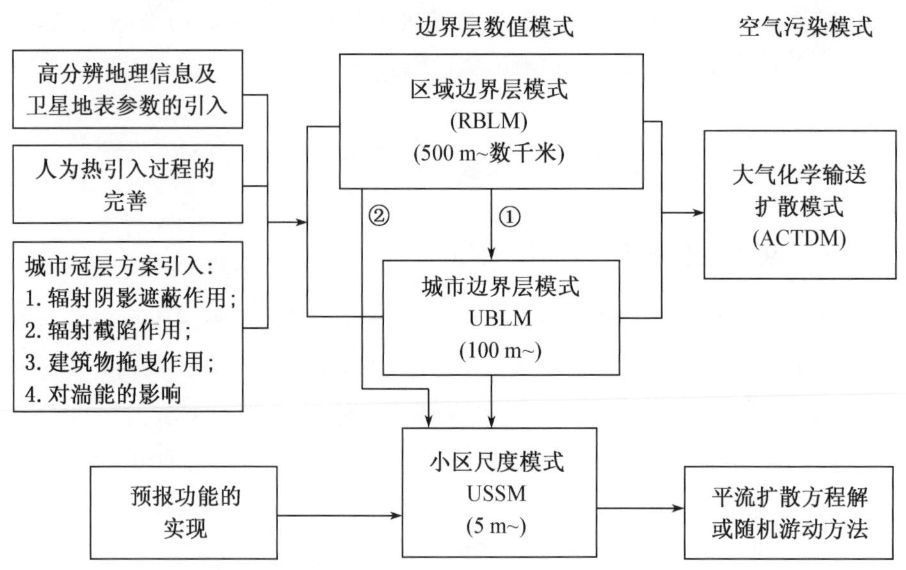

图1.3.1 第三代多尺度城市边界层数值模式系统(蒋维楣等，2009)

1.3.2 城市冠层模式的发展

城市冠层(UCL)指的是城市建筑物顶以下的城市近地层部分(Oke et al.，2017)，在该层次中城市建筑物对长短波辐射的传输、平均风场和湍流运动等动力热力过程有着直接的影响；同时这一区域内人类活动活跃，有着强烈的水、热和污染物排放。传统的数值模式对于城市效应的处理仅通过改变下垫面动力、热力特征参数来体现。大量的观测研究表明，城市冠层内建筑物三维表面的能量平衡过程及由此诱发的对近地层大气的通量交换过程与平坦下垫面显著不同(胡非等，1999，2005；贺千山等，2006；苗世光等，2012；Peng and Sun，2014)，需对其进行特殊考虑。

在中尺度和城市尺度的数值模式中，主要通过城市冠层模式来表述城市陆面过程与上层大气之间动力、热力和辐射的相互作用(Chen et al.，2011)。国内的研究者也在同一时间认识到城市冠层模式的重要性。何晓凤等(2009)基于TEB方案的原理，建立了南京大学单层城市冠层模式，在模式中基于城市街谷基本假设，对城市建筑物辐射过程的影响进行了详细描述,并耦合到南京大学城市多尺度数值模拟系统中。王咏薇和蒋维楣(2009)进一步发展了南京大学城市冠层模式,基于独立方体建筑物的模型假设进一步考虑了建筑物不同朝向墙壁上的辐射特性差异。两个城市冠层模型于2009年参与了城市地表能量平衡参数化方案的国际模式比较计划(Grimmond et al., 2010)并取得良好效果。城市人类活动过程(人为感热和人为潜热等)作为城市冠层过程的重要组成部分也被进一步加入到城市冠层模型中。苗世光等(Miao et al., 2008, 2009a)在中尺度模式WRF的单层城市冠层模式中对人为感热进行了参数化。张宁等(Zhang et al., 2016b)进一步对WRF模式中的人为热排放方案进行了改进。郑玉兰等(2017)进一步引入了建筑物制冷系统的人为感热和潜热影响。周荣卫等(2010)在城市冠层模式中引入了动力冠层方案并应用于城市边界层的模拟。苗世光和Chen(2014)基于观测试验发展了城市地表潜热通量数值模拟方法。杨健博等(Yang et al., 2015)改进了城市边界层模式中的植被过程,进一步考虑了城市绿地等要素的影响。李玉焕等(Li et al., 2017)提出基于分数维方法反演建筑物指数并引入到城市冠层模式中,对城市气象要素取得了更精细的模拟效果。

随着各类城市数值模式的成熟,它们也被广泛应用于科学研究和气象业务服务中。北京市气象局在国内率先将城市冠层模式应用于其业务模式中,并提供高分辨率城市气象业务预报产品,应用结果表明:耦合城市冠层模式后,可在一定程度上改善近地层气象要素的预报效果,有效提高模式对城市边界层特征的模拟能力(苗世光、王迎春,2014)。

复杂城市冠层模式的发展也意味着对城市下垫面精细参数需求的提高。近年来,利用三维建筑数据库、机载激光雷达、数字高程、卫星等所获资料建立了高分辨城市形态数据集,成为城市气象数值模式发展的迫切需要,例如美国科学家建立了北美主要城市冠层参数数据集NUDAPT。苗世光等(2008,2009ab,2011)也将精细城市冠层参数应用于城市边界层结构和降水过程的模拟中,并取得了良好效果。Dai等(2019)利用卫星遥感等手段对广州等城市的建筑物高度数据进行了反演,并应用于该地区的城市气象和空气质量状况的研究,对模式模拟能力有很大的提升。当今,仍然亟待建立全国尺度的高分辨率城市冠层参数数据集。

1.3.3 城市小区尺度数值模式的发展与应用

在城市小区尺度模式中,为了体现独特的建筑物形态和街谷结构等所需的城市结构和建筑物要素的直接动力和热力作用影响,需要精细地分辨建筑物个体的形态学特征和相应数据。同时由于该尺度上湍流过程剧烈且局地性强,模拟中多需采用高阶局地湍流闭合参数化方案。张宁等(2002)建立了基于k-ε闭合的建筑物可分辨尺度风场模式。苗世光等(2002)在此基础上引入建筑物对辐射的影响等热力过程,建立了城市小区尺度模式。现今大涡模拟(LES)技术已在城市小区尺度数值模拟中有着广泛的应用(崔桂香等,2008),张宁和蒋维楣(2006)建立了一个基于大涡模拟技术的建筑物尺度风场模式,并与拉格朗日随机游走模型结合,模拟了建筑物周围不同位置污染物排放的扩散特征。严超等(2017)在大涡模式中引入了街道树木的影响,进一步提高了对城市复杂下垫面过程的描述能力。李海峰等(Li et al. , 2018a)发展了一种中尺度模式与大涡模拟技术相耦合的新方法并取得了成功应用。刘玉石等(Liu et al. , 2011)则利用大涡模拟方法研究了澳门城市街谷中的污染扩散问题。杭建等(Hang et al. , 2009, 2012)还研究了不同城市形态下的城市环境通风问题。

计算流体动力学(CFD)软件和商用软件 ENVI-met 被广泛地应用于城市微气候过程、大气环境和城市规划的微尺度数值模拟中。例如,姜之点等(2018)利用该模式研究了城市街区尺度屋顶绿化对城市热环境的影响。目前 CFD 软件中广泛应用的非正交网格可以更好地分辨建筑物的形态等特点,因此在城市微气候的模拟中将会有越来越多的应用,目前常用的模式有商业软件 Fluent 和开源模型 OpenFOAM 等。例如,陈存杨等(2015)利用 OpenFOAM 模拟了城市街区的扩散特征;董龙翔等(2019)通过 WRF 和 Fluent 的耦合模式对城市大气扩散进行了模拟。针对传统大气模式和 CFD 方法在城市小尺度过程的模拟中计算量巨大的缺点,张宁等(Zhang et al. , 2016a)基于半经验模型和拉格朗日随机模型针对城市应急等应用需求开发了城市建筑物尺度风场和污染扩散的快速诊断模型。

1.4 城市气象与大气环境相互影响的研究

目前,中国城市空气污染物已由传统的一次污染物转向细颗粒物、臭氧等二次污染物,并在城市群间通过输送和相互影响而呈现出区域性多种污染物相互叠加的复合型大气污染特征。影响城市空气污染物浓度的因子包括污染物排放、输送扩散、沉降、化学过程以及与天气气候的相互作用,但一次污染过程形成的最重要因素主要是污染物及其前体物排放量较大,以及不利于污染物扩散清除的气象条件两者共同作用的结果。在气象条件对空气污染影响的研究领域,主要关注气象要素和空气污染关系、区域尺度的天气背景和气候变化对空气污染的影响、边界层气象条件和空气污染相互作用等。我国在城市气象对大气环境的影响及其相互作用的研究领域已经取得了长足的进展。

1.4.1 城市气象对大气环境影响的研究

气象因子是影响空气质量的关键因子,由城市下垫面构成的独特城市气象条件必然对城市地区空气污染物的大气物理和大气化学过程产生影响(Zhu et al. , 2015)。徐祥德等(2004,2006)根据在北京实施的 BECAPEX 综合观测试验,提出城市“空气穹隆”三维大气污染结构物理图像,指出城市边界层结构不仅影响改变了城市局地空气污染物时空分布,而且还可通过城市群落间复杂的动力和热力结构形成区域大气污染,并认为城市热岛对城市污染物的扩散有重要影响。周明煜(2005)根据北京大气边界层铁塔资料分析了北京城市边界层低层的垂直动力结构特征及其与污染物浓度分布的关系,并明确指出城市边界层湍流特征是影响污染物输送扩散的重要因子。局地环流对大气扩散及污染的日变化规律等研究在我国日益引起重视(张强等,2003;王跃等,2014)。范绍佳等(2006)提出珠三角地区大气边界层特征及其概念模型,指出珠三角大气边界层受海陆风、城市热岛和山谷风的共同影响,并据此解释了出现区域高空气污染指数等灰霾天气的原因。

城市气象条件对空气污染影响的动力机制主要是指城市建筑对风的阻碍拖曳作用,使城市风速衰减,不利于污染物扩散。热力机制则主要是指城市地表热力性质的改变,加上人为热释放所造成的城市热岛效应对大气污染的影响。大量研究表现出的则是城市的综合效应对大气污染的影响,如王雪梅等(Wang et al., 2005)研究发现长三角和珠三角城市化引起的温度以及边界层高度增加是地面臭氧和 PM_{10} 浓度变化的关键因素。王雪梅等(Wang et al., 2009a)研究表明:珠三角城市扩张使主要城市二次有机气溶胶(SOA)增加 3 ~ 9%。刘红年等(Liu et al., 2015)研究了杭州市近 10 年来城市化发展对城市气象以及污染扩散的影响,发现城市化发展使杭州市大气扩散能力下降,城区污染物浓度上升,城市 $PM_{2.5}$ 平均浓度增加 $2.3\mu g\cdot m^{-3}$,最大增加可达约 $30\mu g\cdot m^{-3}$,污染物"自净时间"平均增加 1.5 小时。这种城市化发展导致的污染物浓度变化是城市温度上升、风速下降等气象条件改变的综合效应。

许多学者亦单独研究了城市气象中某一因子,如人为热和城市绿化,对空气污染的影响。杨健博等(Yang et al., 2018)研究了城市植被覆盖率、植被类型等对苏州市空气质量的影响,研究发现:当树木覆盖率达到 40% 时,市区各主要大气污染物的日平均浓度下降幅度明显。朱焱等(2016)利用数值敏感性试验,将城市的热力和动力作用进行区分,研究发现:城市热岛增加了大气不稳定性,产生了向市区辐合的热岛环流,加大了市区上空的垂直速度,增加了城市大气的扩散能力,使地面污染物浓度下降,而在约 400 m 高度则浓度上升;城市建筑的动力效应大幅度降低市区风速,使大气扩散能力减弱,污染物浓度上升;城市热岛的热力作用和建筑的动力作用相反,动力作用大于热力作用。

关于城市动力作用、热力作用对空气污染影响的模拟研究,目前尚没有一致的结论,这是因为城市环境中影响空气污染的各种因子错综复杂,与各城市具体的城市形态、气候背景等多种因子有关。

1.4.2 空气污染对城市气象影响的研究

城市地区的污染物输送、扩散、沉降和化学过程受城市气象条件控制。同时,污染物通过气溶胶辐射效应影响地面气温、城市热岛和大气加热率,对城市大气局地环流等产生影响。邹钧等(Zou et al., 2017)通过观测资料发现,气溶胶负荷的增加使城市地区向下短波辐射平均下降 $67.1\ W\cdot m^{-2}$,向下长波辐射平均增加 $19.2\ W\cdot m^{-2}$。Zhong 等(2017)研究北京的一次重污染事件中发现 $PM_{2.5}$ 的累积阶段初期,气溶胶与辐射相互作用导致的近地表气温大幅度下降并形成逆温。王昕然等(2018)研究表明:随着气溶胶光学厚度的增加,城区最难变为稳定层结,气溶胶辐射效应与城市下垫面的共同作用是影响城市边界层气象要素变化的主要原因。Ren 等(2019)研究了北京市重雾-霾污染过程中的湍流特征,发现在重雾污染事件中,城市和郊区的热通量、潜热通量、动量通量和湍流动能都会受到影响,地表和大气之间的物质和能量交换会受到抑制。曹畅等(Cao et al., 2016)发现支配我国夜间地表城市热岛强度(UHII)的一个重要因素是城乡霾污染水平的差异。对于半干旱城市,霾对夜间地表UHII的平均贡献为0.7 ±0.3 K,由于气溶胶具有较强的长波辐射力,其作用强于潮湿条件下。

1.4.3 城市气象与大气环境相互作用

空气污染与城市气象间存在有非常重要的相互作用:一方面,空气污染物的输送、扩散、沉降和化学过程都受边界层气象条件支配;另一方面,污染物通过气溶胶辐射效应影响地面气温、大气稳定度状况、城市边界层高度以及城市局地气流的流动。在这些因子中,城市边界层高度对空气污染物垂直混合程度起决定性作用,因而显得尤为重要。PBL高度与气溶胶浓度通常呈负相关(Quan et al., 2013),且边界层内污染物浓度远高于上方大气(Zhang et al., 2011)。Wang等(2015)的研究表明:边界层高度与边界层湍流扩散的强度,对城市灰霾的形成至关重要。

反之,气溶胶的存在也会影响边界层稳定性。一般认为其影响机制是重污染期间,气溶胶的存在会降低地面气温,吸收性气溶胶加热边界层上层大气,改变温度的垂直分布,导致大气稳定度增强(Ding et al., 2013; Quan et al., 2013; Gao et al., 2015)。Zhou等(2018)研究了一次化石燃料和生物质燃烧等混合污染过程和气象场的反馈,发现混合污染过程对地面气温有明显改变。地表温度的降低和高层大气的加热趋势均有利于污染物在边界层内的积聚(Huang et al., 2018)。Zhong等(2017)研究发现,在北京的一次重污染事件中$PM_{2.5}$累积阶段的前10小时内更稳定的边界层对$PM_{2.5}$爆发性增长的贡献约占84%。Sun等(2017)研究了长三角一次大范围重污染过程,研究发现灰霾和气象条件的反馈效应可使$PM_{2.5}$浓度增加达15%。

20世纪80年代以来,很多学者关注城市局地环流及其与空气污染的相互作用问题。在沿海城市局地大气环流如海陆风、山谷风、城市热岛环流之间还存在明显的相互作用。刘树华等(2009)发现,在弱天气系统控制下时,京津冀地区大气边界层中同时存在的海陆风、山谷风和城市热岛环流及其耦合效应,形成一条大致沿地形等高线走向的风场辐合带,即污染物汇聚带,对北京地区大气污染物的积聚与输运可能产生重要影响。

1.4.4 城市空气质量预报及其应用的研究

为城市大气环境治理提供科学的决策依据并发布城市空气质量预报是一项重大的社会需求,也是城市大气环境研究的重要内容。城市空气质量预报通常有潜势预报、统计预报、数值预报等方法。近期,数值预报方法在各级业务应用和研究机构中取得了长足进展。

中国气象局建立了国家级雾-霾数值预报系统(CMA unified atmospheric chemistry environment, CUACE)/Haze-fog,提供包括$PM_{2.5}$在内的6种大气污染物浓度、AQI(Air Quality Index)指数等环境气象预报指导产品(Gong et al., 2008)。吕梦瑶等(2018)建立了中国不同地区的CUACE模式预报偏差订正模型,取得了良好效果。另外,在华北、华东、华南等各区域,也都分别构建有各自的数值预报系统(赵秀娟等,2016;周广强等,2015;邓雪娇等,2016)。

王自发等(2006)研制的嵌套网格空气质量预报模式系统(NAQPMS)是一个区域-城市多尺度空气质量数值模式,已在国内多地区进行业务应用。NAQPMS 还在线耦合了污染来源识别与追踪模块(Li et al., 2012),可以从源排放开始对各种物理、化学过程进行分源类别、分地域的质量追踪,定量分析输送过程及污染排放贡献率。

南京大学建立了研究型的城市尺度空气质量预报模式(NJU-CAQPS)。该模式系统由WRF-Chem、城市边界层模式(UBLM)、大气污染输送化学模式(ACTDM)和污染源处理模式四个模块构成,具有多尺度、引入城市陆面参数化方案和细网格、高分辨率等特点。UBLM 是一个 E-ε 湍流闭合的精细城市大气边界层模式,ACTDM 是一个涵盖多种物质输送、扩散、干湿沉积、化学转化的大气化学成分输送扩散模式,WRF-Chem 分别为 UBLM 和 ACTDM 提供气象和污染物浓度的初始场和边界条件(刘红年等,2009)。运用这套模式开展了大量数值模拟的检验和应用,在一些中、小范围城市空气质量预测应用中,取得了良好效果。并且还在自建的 NJU 大气环境风洞中作对比模拟实验,取得了良好效果(蒋维楣等,2003;欧阳琰等,2003;欧阳琰等,2007;王学远等,2007)。

1.5 城市化对天气气候的影响

1.5.1 城市热岛效应分析

城市热岛效应是城市天气气候效应的最直接表现。早期的研究表明,1954—1983 年的30 年里中国城市热岛强度普遍增加 0.1 ℃(Wang et al., 1990)。Zhou 等(2004)认为中国的城市热岛较其他国家尤为显著,且长江流域和华南的城市化使得城市气温的日变化幅度减小。21 世纪初以来,越来越多自动观测站被用来检测城市气象要素,大大提高了城市热岛效应研究结果的准确性(Yang et al., 2013)。沈钟平等(2017)基于上海城市综合气象观测体系,采用质量控制后的加密自动观测数据揭示了上海城市热岛的多中心结构特征(图 1.5.1),其季节变化受到大气环流季节转换和局地海陆风的影响。

快速的城市化及其增强的城市热岛效应不仅影响城市气温分布格局,还对我国多数地面气象台站记录的气候变暖具有明显的影响。尽管城市化对全球或半球陆地平均气温的增温贡献率不超过 10%,但在中国大陆地区,地面气温上升趋势中大约 2 到 4 成可归因于城市化影响(任玉玉等,2010)。而且,城市化气候效应对极端温度事件的发生频次也有一定影响。Wang 等(2013)发现北京地区近 30 年快速城市化对极端暖夜(冷夜)的增加(减少)趋势贡献为 12.7% 或 2.07d/10a(29.0% 或 5.06d/10a),对于持续(3d)的极端冷夜事件,城市化效应显著加强了其减少趋势,贡献达 34%。

在城市化影响气温的数值模拟研究中,城市化引起区域增温是绝大多数研究所认同的

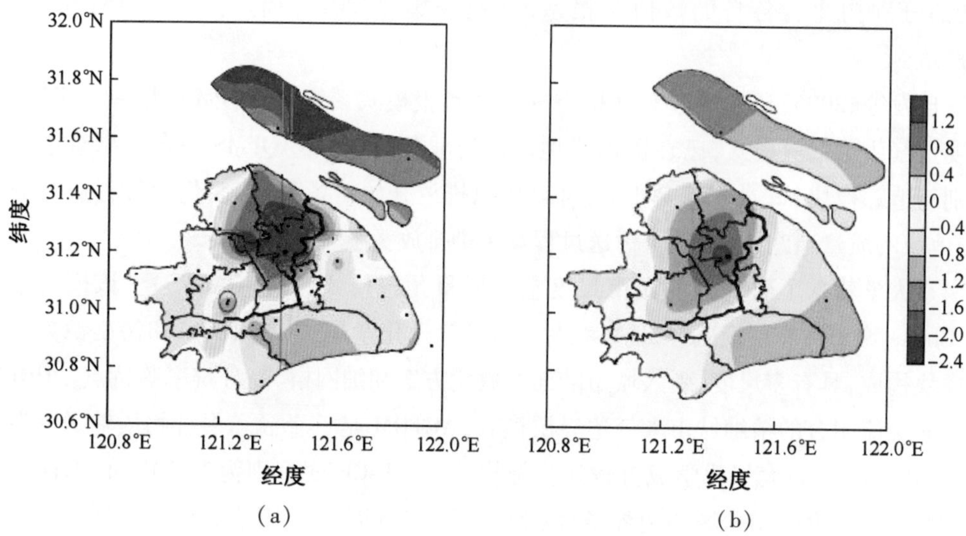

(a) (b)

图 1.5.1 自动站(a)与常规站(b)反映的上海市 2006—2013 年年平均热岛分布（单位：℃；“*”代表徐家汇站）（沈钟平等，2017）

结论,但对增温的量化结果还存在不一致。Zhang 等(2010)通过敏感性试验发现城市化效应引起城市地区冬季平均地表气温上升(0.45 ±0.43) ℃,夏季上升(1.9 ±0.55) ℃。Feng 等(2012)发现城市下垫面改变使得中国区域全年增温 0.13 ℃,长三角等城市化显著地区增温可达 0.84 ℃。通过对中国三大城市群高分辨率嵌套模拟,Wang 等(2012)发现城市土地利用使得城市地区地表气温上升 1 ℃左右,此效应在夏季体现最为明显。而城市化相关的人为热释放导致中国区域气温上升 0.15 ℃,在长三角增温可达 0.89 ℃(Feng et al., 2012)。Chen 等(2009)在城市边界层模式中考虑了人为热的影响,并对南京、杭州等地的城市边界层结构开展研究,取得了有效的成果。

1.5.2 城市对降水的影响研究

城市化对降水时空分布格局的改变是城市化效应的另一重要体现。相比城市热岛研究,城市化对降水的影响研究多集中在 21 世纪。

(1) 城市对降水影响的观测分析

城市化影响降水研究多侧重于利用地面气象站点、卫星和地面遥感观测等手段获得降水资料,揭示城市对区域降水量和空间分布的影响(Chen et al., 2003;孙继松、舒文军,2007;王喜全等,2008;Liang and Ding, 2017)。Yang 等(2017)研究表明,受区域气候类型、城市规模等因素的影响,城市化对降水空间分布及变化趋势的影响具有明显的区域差异。以上海为例,快速城市化进程阶段的暴雨频数及其变化趋势的空间分布较慢速城市化进程有更明显的城市雨岛特征(Liang et al., 2013)。Dou 等(2015)研究发现,城市热岛强度可以作为区分城市对降水影响类型的关键因子:强热岛条件下城区降水增多增强,而弱热岛条件下由于城市粗糙下垫面的作用降水发生分叉从而导致城区降水减少。不仅单个城市，城市群对降水分布也有影响。其中，长三角城市群与邻近平原地区相比有明显的降水增幅（赵文静等，2011），且降水大值中心通常位于城市中心下游 20～70 km。

许多研究都发现城市化导致大城市降水量和强降水事件增多，例如：发现城市化造成南京（周建康等，2003）、广州（廖镜彪等，2011）等地的大雨、暴雨和大暴雨等强降水日数增加。对北京而言，尽管城市化对降水的影响以干岛效应为主，但对短历时降水、100 毫米以上致灾暴雨的频率（Hu，2015）以及低温雨雪事件的强度（Han et al.，2014）都有明显的雨岛效应。孟丹等（2017）针对基于卫星遥感产品分析发现，北京 7 · 21 暴雨期间，城市热岛与雨岛的空间分布上存在一致性，且两者在雨强最大时段的相关性最好。Yu 等（2017）对该次降水研究发现城市增强了地面感热通量及风场辐合，从而增强了此次降水。Yang 等（2017）研究也证明了北京短历时强降水与热岛中心在空间分布上的一致性，但其发生时间则滞后 3 小时以上。

Liang 和 Ding（2017）以上海为代表，采用 1916—2014 年近百年小时降水资料分析表明，近百年来上海地区小时强降水的极端性显著增强（图 1.5.2）。在空间分布上，小时强降水事件的发生频数及降水总量的变化趋势均具有城市雨岛特征。上海城市化发展既有利于城区的强降水发生，又有利于降水强度的增大，从而进一步使小时强降水总雨量增加。城市热岛对强降水的发生有增幅作用。此外，上海作为沿海城市，与城市热岛相联系的海风环流易导致中心城区的气流辐合，加之来自海上的水汽输送，进一步促进了强降水的发生和极端性。

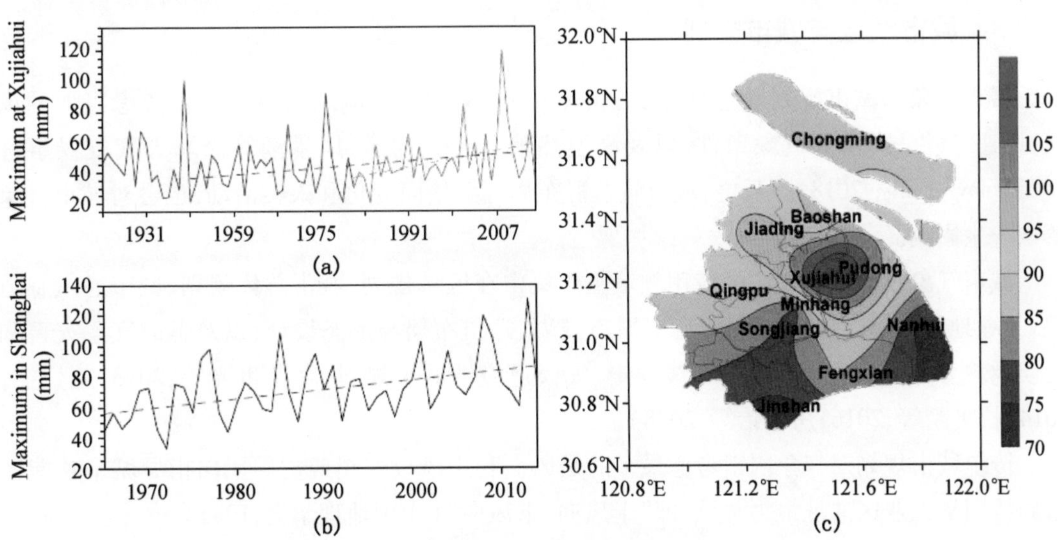

图 1.5.2 上海小时降水年极值演变（单位：毫米）

（a）徐家汇站百年记录；（b）上海地区所有站近 50 年记录；（c）1916 年以来上海地区小时降水年极值的 99.9 百分位阈值空间分布（Liang and Ding，2017）

(2) 城市对降水影响的数值模拟研究

已有城市化影响降水的数值试验研究主要集中在城市土地利用、人为热释放和气溶胶对降水的影响等方面。一方面,一系列高分辨率数值模拟试验研究表明,城市化带来的土地利用改变对北京(Guo et al., 2006;Zhang et al., 2009)、长三角和珠三角地区(Wang et al., 2012)夏季降水有减少的作用。Miao 等(2011)通过不同城市土地利用情景的数值试验表明:城市化效应使得城市区域的飑线破裂成对流单体,最终降水量的变化幅度取决于城市化的程度。另一方面,Feng 等(2014)发现,城市化带来的人为热释放使得珠三角和长三角地区特别是城市区域夏季降水有所增加,京津冀地区的夏季降水变化不太显著。在海风与热岛耦合影响降水方面,李维亮等(2003)的研究表明,海风、江(湖)风环流与城市热岛效应之间存在相互增强的过程,在长三角沿江一带容易形成水平风速辐合,与该地区降水量的增加有直接关系。Lin 等(2008)就台湾一次暴雨过程的敏感性试验发现,城市热岛环流和山地迎风面的抬升作用能促发对流,且城市规模越大,该城市下风方向的降水增幅就越显著。Zhang 等(2017)对北京不同热岛条件下的两次降水过程进行了数值模拟研究,发现不同城市热岛条件下城市对降水影响不同。郭良辰等(2019)对北京一次降雪过程的数值模拟研究表明:城区更容易产生混合型降水。此外,研究表明城市气溶胶对降水同样有显著的、复杂的影响(陈卫东等,2015,2017)。上述研究多数选取的是个别天气过程进行数值模拟,加之试验的区域和时间跨度也不同,城市化对降水影响的模拟结果还具有较大的不确定性(Yu et al., 2018)。

1.5.3 城市气象与城市规划

城市气象与城市规划既息息相关、相辅相成,又相互影响。城市规划要考虑当地的风向、风速、气温、降水等气象条件,以及高温热浪、暴雨、内涝、风暴潮等极端天气气候事件(Baklanov et al., 2018)。反之,城市建筑群布局等下垫面变化和人类活动,也会对城市气象要素产生影响。

城市气象在城市规划中的应用领域主要集中在区域规划、城市总体规划、城市通风廊道规划、绿地规划、工业布局选址、海绵城市规划、建筑布局与形态设计,以及考虑气象灾害和气候承载力等因素的生态保护红线划定、气候适应性城市规划等(苗世光等,2013;刘姝宇,2014;杜吴鹏等,2016;房小怡等,2018)。

传统城市规划对气象因素考虑最多的是风。利用风玫瑰图或主导风向指导城市功能区布局特别是工业区选址最为常见,即"上风向、下风向"(中国地理学会,1985)。

到 20 世纪末和 21 世纪初,我国逐渐开始重视气象和大气环境对城市规划的影响,国家重点科技攻关、北京市重大科技项目"北京城市规划建设与气象条件及大气污染关系研究"对城市规划与气象环境间的相互作用进行了较为系统的研究(北京城市规划建设与气象条件及大气污染关系研究课题组,2004),建立了城市规划建设对大气环境影响数值模拟系统、评估指标体系和评估系统。随着气象观测资料及研究手段愈加丰富,通过对风速、风向、气温、湿度、大气污染扩散进行空间分析并将其与城市规划和城市设计结合,为制定、优化和调整城市规划方案提供了更为翔实的气象参考(汪光焘等,2005;王晓云,2007;Miao et al.,2009a;郑祚芳等,2014)。同时,利用分钟级气象观测资料开展分区暴雨强度公式编制和设计暴雨雨型,以及开展建筑供暖、通风与空气调节设计气象参数计算等,也成为适应气候变化城市规划中的一项重要内容(住房和城乡建设部、中国气象局,2014;Li et al.,2018b)。

随着数值模拟和3S技术的进步(杜吴鹏等,2017;Yu et al.,2019;Zhang et al.,2019),基于城市规划对气象技术在精细化、准确化、空间化等的更高需求,使得数值模式水平网格距覆盖10 m~3 000 m范围,在城市总体规划或区域规划中考虑不同功能区布局、在详细规划和街区规划中考虑建筑物和精细下垫面对局地气象条件和污染扩散的影响成为可能。遥感和地理信息技术的突飞猛进则推动将不同气象要素图层与地形、地貌图层以及土地利用、城市布局图层叠加融合,形成城市环境气候图(任超、吴恩融,2011;He et al.,2015;Liu et al.,2016)。

1.5.4 城市化与气候变化

城市化与气候变化是未来人类社会面临的两个重大挑战,两者的联系也日益紧密。局地气候背景对城市化气候效应有重要影响(Zhao et al.,2014;Cao et al.,2016;Liao et al.,2018)。与北美洲等地区不同,我国高强度的城市热岛不是发生在华东地区的超大城市,而是西部半干旱地区的中小城市,雾-霾的辐射效应或许是这些城市增温的主导因子之一(Cao et al.,2016)。同时,气候变暖导致极端天气气候事件发生频率增加、强度增大,对人口和物质资产集聚程度高、地理位置多位于沿海和河谷地带的城市地区造成严重风险(IPCC,2012)。一方面,气候模型预测表明,随着全球气候变暖,城市热浪的增长将更严重、更频繁,如未来低排放情景下,类似2013年的华东地区的极端热浪事件的发生频率或将增加50%(Sun et al.,2014;Sun et al.,2016)。另一方面,快速城市化进程已然造成了很多气候环境问题,导致局地高温热浪天气(杨续超等,2015;Yang et al.,2017)和空气污染事件(Ma et al.,2010)频发。

随着高分辨率区域气候模式(Regional Climate Model, RCM)的快速发展,国外学者开始尝试使用RCM耦合城市冠层模式的动力降尺度方法来研究未来气候变化和城市化共同影响下的城市气候变化特征。Chen和Frauenfeld(2016)基于全球气候模式未来低排放情境模拟结果,使用动力降尺度方法,指出未来城市地区将会导致局地或区域1.9 °C的增温,尤其夏季和傍晚;城市化导致降水分布不均,夏季风增强而冬季风偏弱。城市化与气候变化两者的相互作用已成为当前气候变化领域研究的热点问题之一。

1.5.5 中国城市化对区域气候与空气质量影响研究

自然下垫面到人工下垫面的转变改变了植被-土壤-大气连续体中能量、动量、水分和微量气体的交换,进而影响局部以及区域环流和气候,并影响污染物的扩散和空气质量(图

1.5.3)(Ma et al., 2019; Wang et al., 2007, 2009a, 2009b; Zhang et al., 2010, 2016b)。另外伴随着全球变化的大背景,若无合理规划或将加重诸如极端天气、海平面上升、空气质量恶劣等一系列的城市环境问题并进而对中国的公共健康、可持续发展等产生负面影响。

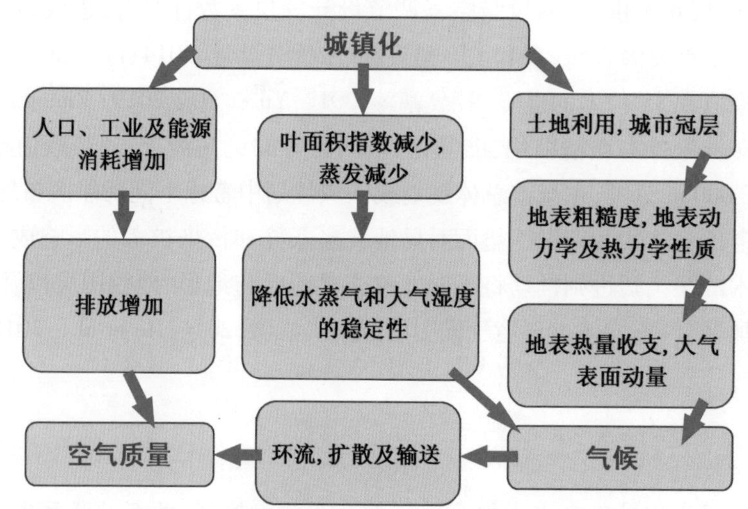

图 1.5.3 城市化对气候及空气质量影响途径示意图(Wang et al., 2017)

城市下垫面的高度异质性使得其边界层呈现出高度时空复杂性,对大气中污染物的存续产生显著影响。Wang 等(2009b)借助数值模型发现城市面积增加导致 2 m 气温和边界层高度升高,10 m 风速下降。气象条件的变化导致地表 O_3,NO_x,VOCs,SOA 和 NO_3 自由基浓度发生明显变化(Wang et al., 2009a, 2009b)。O_3白天增加 2.9% ~4.2%,夜间增加 4.7% ~8.5%;NO_x 和 VOCs 浓度分别降低了 4 ppbv 和 1.5 ppbv,主要城市表面 NO_3 自由基浓度增加约 4 ~12 pptv;且 O_3和 NO_3 自由基浓度增加的区域,一般与气温升高和风速降低区域相吻合;Aitken 模态 SOA 受城市化影响较大(-3% ~9%),其中由芳烃前体物产生的 SOA 表现最为明显(14%)的增长,京津冀也有类似的结果(Yu et al., 2012)。

1.5.6 城市气象灾害风险评估

近年来,受全球气候变化影响,极端天气及气候事件增多(IPCC, 2014),导致气象灾害频发(Allen et al., 2002; Bouwer, 2011)。城市是一个巨大的承灾体,在自然灾害面前往往不堪一击。城市化加剧了城市地区遭受气象灾害冲击的程度及频度,增强了气象致灾因子的风险特性(王迎春等,2009;Mccarthy et al., 2010; Seneviratne, 2012)。同时人口的高度聚集、财产的集中分布及不断加剧的城市承灾体脆弱性,某种程度上放大了城市气象灾害风险(尹占娥等,2012;扈海波等,2014;秦大河等,2015)。因此,城市气象灾害风险突增是致灾因子强度增强并伴随承灾体脆弱性及风险暴露不断加大的多种风险因子共同作用的结果(姜彤等,2018)。

国内外学者都非常注重城市气象灾害风险的研究(Dilley et al., 2005;张继权等,2006;

史培军,2009),尤其在风险分析、风险预警及减轻城市气象灾害风险上做了大量工作,如UNDP(2004)开发的灾害风险指数系统(Disaster Risk Index, DRI)、美国FEMA的HAZUS灾害评估模型(Wine et al., 2004),以及欧洲空间规划观测网络(ESPON)项目组研发的多重风险评估方法(Greving, 2006)等都应用在城市气象灾害风险评估及分析应用中。Escuder等(2012)还整合了灾害风险的社会视角和居民的风险感知等非工程因素,提出定量化的城市暴雨内涝灾害风险分析方法,用于风险识别及自然灾害风险防范。国内在城市气象灾害风险评估的研究总体上比较初步,但也逐渐向风险分析、风险预警及风险管理等应用领域拓展(黄崇福等,1994;王邵玉等,2005;葛全胜等,2008;扈海波等,2010;尹占娥等,2012;刘敏等,2012;Zhang et al., 2018)。殷杰等(2009)和尹占娥等(2010)提出了基于GIS技术的城市地区中小尺度暴雨内涝灾害风险评估模型,为城市多尺度暴雨内涝灾害的情景分析和风险评估提出探索性导向。权瑞松(2012)构建了城市典型地上建筑与典型地下空间设施的暴雨内涝风险评估模型,评估上海市不同情景下中心城区住宅、地铁系统等的暴雨内涝风险,为减轻城市气象灾害风险提供具有实际操作价值的风险评估方法。扈海波等(2013)提出用自下而上的城市暴雨积涝灾害风险定量评估方法来实施城市地区的暴雨积涝灾害预评估,为建立城市暴雨积涝风险评估指标和模型用于城市暴雨积涝风险评估及风险预警提供思路。Hu(2016)提出基于人工智能技术的空间遗传编程算法(SPG)来开展城市暴雨灾害风险评估及区划。这些工作在建立城市气象灾害风险评估模型的基础上致力于减轻城市气象灾害风险并发挥了应有的作用,尤其是在对城市防灾减灾有实际应用意义的灾害风险识别、灾害预评估及风险预警方面做了有益的探索。

1.6 展 望

我国数十年来在城市气象观测网与观测试验、城市气象多尺度模式、城市气象与大气环境相互影响、城市化对天气气候的影响等方面开展了大量研究并获得丰硕成果。我国各大城市已建立或正在完善具有多平台、多变量、多尺度、多重链接、多功能等特点的城市气象综合观测网;北京、南京、上海等地开展了大型城市气象观测科学试验,被WMO列入研究示范项目;成功开展了风洞实验、缩尺外场实验研究;建立了多尺度城市气象和空气质量预报数值模式系统,并应用于业务;在城市热岛效应、城市对降水影响、城市气象与城市规划、城市化对区域气候及空气质量的影响、城市气象与大气环境相互作用等研究领域取得长足进展,极大地推动了我国城市气象研究与应用的发展。与国际先进水平相比,我国的城市气象研究已进入“并跑”、部分领域“领跑”阶段。

为了实现我国由气象大国向气象强国的跨越,面对城市化、生态文明建设、防灾减灾和应对气候变化的国家需求,未来城市气象将与城市系统科学、社会科学等交叉融合发展,需要重点从以下方面开展工作:

① 新观测技术及观测资料同化应用:多普勒激光测风/温/湿雷达、光导纤维温度测量、

无人驾驶飞机(UAVs)等新技术为更高水平及垂直空间分辨率三维大气观测提供了可能。此外,基于地理信息系统的手机定位、汽车温度报告等技术,将为城市气象研究提供更多的观测资料。这些都为城市气象研究提供了新的机遇。由于城市下垫面的多尺度非均匀性及城市地区观测资料的空间代表性问题,亟需开展城市地区观测资料的同化技术方法研究。

② 城市系统模式研究:人类活动在城市系统中占有非常活跃的核心地位,直接影响城市大气。亟需将人类活动及其对交通系统、能源系统、水系统等的影响,与城市陆面模式、大气模式、化学模式相耦合,开展城市人-地-气耦合机理研究,建立能够反映人类活动特征及其影响的多尺度城市系统模式,开展在城市规划建设、城市安全运行等领域的应用研究。建立城市基础资料数据集,将人类活动和气象大数据、机器学习(含深度学习)等应用于城市系统模式研究。

③ 城市化(城市群)对天气气候的影响机理:城市化通过热力、动力、微物理等过程影响天气系统的发生、发展和移动,形成了独特的城市天气、气候特征。城市(群)过程对高温热浪、降水、雾-霾形成和发展的影响类型和定量影响、在区域气候变化中的贡献等方面,需进一步深入开展研究工作。

④ 城市化对大气环境和人体健康的影响:城市化及城市冠层/边界层结构是影响城市空气质量的重要因素。需开展城市气候特征对大气环境及人体健康的影响与适应对策研究。

⑤ 城市水文气象、气候与环境综合服务(Integrated Urban hydrometeorological, climate and environmental Services, IUS):2019 年 6 月 18 日在瑞士日内瓦举行的世界气象组织执行理事会第 71 次届会批准了 IUS 指南(WMO, 2019, 2021),亟需建立满足 IUS 需求的城市气象观测体系、多尺度数值模式体系、多灾种早期预警和 IUS 平台,开展城市水文气象、气候、环境与健康综合服务。

第Ⅰ部分　城市气象基础数据集建设

2　城市土地利用精细分类数据集建设

中国当前社会经济高速发展,现代化建设的能源、生态环境保护、防灾减灾等多个支柱领域都对天气/气候预报的精细度及准确度提出了更高的要求。准确的土地利用数据,是获得高精度预报结果的关键因子。局地气候区 LCZ 分类体系的下垫面数据给出了应用于精细化城市气候模拟的方向。与传统的城市均一下垫面相比较,LCZ 能够更好地刻画出城市的非均匀状态。作为下边界条件引入城市精细化气候的模拟,能够有效地提高局地气候特征模拟,并能够更好地呈现出城市非均匀地表所激发的局地环流及边界层特征。

2.1　我国主要城市及城市群高精细土地利用类型数据集建设

几十年来,人们对城市化导致的自然景观向人为城市景观的转变过程进行了广泛的研究(Oke, 1982),并努力将对该过程的理解用各种城市气候模型表达出来。这些模型对于城市地表描述的重点和复杂性各不相同,但都需要对城市建筑物的物理特征进行参数化描述。基于数值模型模拟城市气候及空气质量过程可以有效地评估城市化过程对生态环境的影响,从而支撑城市管理,减轻有害影响并提供有效的生态复原策略。然而该方法存在一定的瓶颈,例如这些模拟工具通常需要准确的城市下垫面信息(Masson et al., 2014b)。由于城市景观的复杂性,准确的城市地表特征信息不易获取。IPCC 近期关于城市地区对气候变化的影响,适应和脆弱性的第五次评估报告中即强调了城市地表数据的缺乏问题(Field and Barros, 2014)。基于数值模型模拟城市气候及空气质量过程中,需要对城市建筑物的物理特征进行参数化描述,从而使城市效应能够有效地包含在较大尺度模式的物理过程中。这些参数包括建筑物的占地面积、植被覆盖率、建筑物的尺寸(包括高度)、道路和其他粗糙度元素,以及不同表面的反照率、人为热排放等。由于模式分辨率和大型计算机的计算量之间的矛盾,这些物理过程通常以次网格尺度的参数化方案表示,称之为城市冠层模型,嵌套在天气气候模型中,从而实现了从城市微观尺度到对更大尺度天气过程影响的计算。因此,面对城市气候模拟的土地利用数据集,除了要给出城市下垫面的详细分类,还需要给出这些次网格尺度参数化方案所需的各种城市建筑物特征参数。

当前,在城市气候模拟工作中,精细的城市土地利用类型数据主要来源有两方面,其一是基于大范围卫星数据反演或者测绘所获取的区域或全球范围的十米或者数十米分辨率的二维土地覆盖图(Zhang et al.,2014;Gong et al.,2019),其二为更精细城市尺度的具有建筑物三维立体特征的数据(Zheng and Weng,2015;Shahzad and Zhu,2015;Awrangjeb et al.,2018;Wang et al.,2018b)。这些地图一定程度上为科学研究和城市化的可持续发展奠定了基础。但是也存在一些不足。一方面,大多数区域或全球尺度的高分辨土地利用地图不能提供详细的建筑物细节信息,在建成区内往往只有一种土地利用类型,对城市形态和功能的描述存在一定偏差。由于缺乏建筑高度、建筑密度、街道间距等描述城市冠层的详细信息,导致模式不能很好地捕获城市区域内的地表湍流和边界层特征,进而限制了城市气候的高分辨模拟(Stewart et al.,2014;Wang et al.,2018b;Ching et al.,2018;Tse et al.,2018;Patel et al.,2020)。因此,详细的城市形态信息对城市气候的模拟至关重要。另一方面,城市尺度的多维建筑地图或土地利用地图虽能弥补建筑物细节信息的不足,但因数据来源、土地利用类型分类方案、制图标准等不同,导致城市土地利用类型数据存在很大的空间差异(空间分辨率和详细城市形态因子等信息不一致),从而无法比较和评估土地政策及其他相关环境政策对城市之间的影响(Gong et al.,2020),阻碍了城市气候研究的进展(Brousse et al.,2016;Bechtel et al.,2015;Liu et al.,2020)。因此,建立一致且具有详细空间细节信息的高分辨城市形态数据集,对当前模式的高分辨模拟尤为重要(戴永久,2020;苗世光等,2020)。

局地气候区 LCZ 分类方案是一种既能够兼顾高分辨数据中城市建筑物分类和功能分区的表示,又具有大范围可操作性的分类方法(Stewart and Oke,2012)。与传统的土地利用分类方法相比,该方案对城市形态和功能分区进行了标准化,提供了 10 类详细的建筑物分类信息。通过 LCZ 方案对城市下垫面进行分类,可得到具有建筑物分类的高分辨率 LCZ 数据集和不透水面比例、人为热排放以及天空可视因子等数值模式所需的基本参数,将这些参数引入数值模式,能够更好地刻画城市下垫面的异质性,进而更好地表征地表对大气的动力强迫以及热力影响,对城市气候研究(Tse et al.,2018;Bechtel et al.,2019;Patel et al.,2020)至关重要。

除了为天气、气候及环境的数值模型提供输入数据,高空间分辨率的 LCZ 数据集还可以为土地政策和环境治理等提供有效信息支撑。当前,中国城市化进程加快,城乡快速转型的同时,也面临着耕地流失、土地污染、水土流失等土地利用问题。这些问题已经引起了中国政治和学术领域的高度关注,包括土地可持续利用、耕地保护和粮食安全以及土地管理等问题(Liu et al.,2014)。LCZ 数据集作为基础地理数据,可以被用来比较和评估不同决策对城市环境的影响,从而对大规模环境进行管理,为空间管控和科学治理提供决策依据。同时,这些城市的 LCZ 地图拓宽了我们对区域城市建筑物的认识,有助于构建全球城市形态数据库。

科学家们正致力于如何获取 LCZ 土地利用分类数据的研究(Bechtel et al.,2015;Ching et al.,2018;Bechtel et al.,2019)。其中世界城市数据库及门户工具(World Urban Database and Access Portal Tools,WUDAPT)是一个旨在创建全球高分辨城市土地利用数据的项目

(Bechtel et al., 2015)。该项目不仅提供了获取和存储城市形态和功能数据的平台,还提供了制得 LCZ 数据的详细操作流程(http://www.wudapt.org/)。当前已经有数百个城市的 LCZ 地图在 WUDAPT 门户网站上开放。在未来的研究中,这些数据可以应用于气候、环境以及城市规划研究,并为理论及模型研究提供技术支撑。基于 WUDAPT 对小尺度区域进行 LCZ 分类时具有一定优势,利用免费且易于获取的卫星数据和软件即可完成。为获取精细的具有建筑物分类的城市土地利用类型数据提供了有效的工具及方法。

中国正处于快速的城市化进程中,高精度的土地利用数据不仅能有效地提高城市天气及气候的预报精度,对于城市规划及环境治理等也具有重要意义。另外,由于中国城市化进程较快,针对复杂城市形态进行中国大城市 LCZ 分类的算法,对于中国城市化建设具有重要意义。

2.1.1 LCZ 局地气候区分类体系

随着城市热岛现象的提出,城市气候研究正式拉开了序幕。1976 年,Oke(Oke, 1976)将城市冠层定义为从建筑物顶端到地面的大气层,首次明确区分了城市冠层的概念。1978 年,美国气象学家 Auer(Auer, 1978)讨论了土地利用类型和气象异常之间的关系,得出在大城市观测到的气象数据是否异常与观测区域的地表覆盖特征相关,并进一步提出在预测天气变化时,应考虑人口、城市面积、大城市的土地利用和土地覆盖类型等具体细节。为了标准化城市气候研究,Oke(Oke, 2004)在 2006 年的国际气象组织会议上提出了城市气候分区概念,即将城市结构(建筑物的尺寸和间距、街道的宽度和间距)、地表覆盖(建筑物、路面、植被、裸露的土壤、水域)、城市肌理(建筑材料和自然覆盖物)和城市新陈代谢(人为热、水和污染物)等指标纳入描述观测站点的元数据中。尽管已经新增了和城市冠层相关的指标,但是由于各个分区类型的部分参数值范围还存在重叠,因此仍然不能很好地划分城市气候区域。

为了进一步提高城市气候分区的普适性和可操作性,Stewart 和 Oke 在 2012 年提出了 LCZ 分类体系(Stewart and Oke, 2012)。LCZ 分类体系一方面增加了原有城市气候分区的类型数量,尤其是自然型和乡村环境的分类,另一方面,完善了对热环境敏感的地表指标体系,使其更适合用于城市冠层热岛效应的研究。与 LCZ 局地气候相关的城市地表元素主要包括城市规模、建筑高度、建筑材料、植被特征、地表不透水率等。LCZ 精细分类是基于大部分城市形态特征进行的统一下垫面类型分类方法,主要目的是描述近地表局部热环境特性,尤其是人为热排放和地表覆盖对城市热岛效应的影响。LCZ 分类方法主要分城市景观与自然土地覆盖类型两大类,根据天空可视因子、建筑高宽比、建筑占地面积百分比、地表不透水率、植被情况、建筑高度等又将城市区域分为 1 ~ 10 类、自然环境分为 A ~ G 类。

如表 2.1.1 和图 2.1.1 所示,LCZ 精细下垫面 1 ~ 3 类分别为:紧凑高层建筑、紧凑中层建筑、紧凑低层建筑,楼层数分别为 10 层以上、3 ~ 9 层与 1 ~ 3 层,共同特点是建筑物紧密排列,几乎无绿色植被,天空可视因子较小,在 0.2 到 0.6 之间,不透水率在 40% 以上;建筑物材料多为混凝土、钢材、石材与玻璃等;高、中层建筑昼夜温差较小,低层建筑昼夜温差适中。

LCZ 4～6 分别为开放高层建筑、开放中层建筑与开放低层建筑，同样楼层数分别为 10 层以上、3～9 层与 1～3 层；共同点为有大量的植被（多为低矮植被）和透水地表，天空可视因子 0.5 至 0.9，建筑面积占比 20～50%，植被面积与建筑面积占比相当；高中层建筑材料多为钢筋及混凝土，低层建筑物一般存在于乡村农舍，材料多为木材瓷砖等。LCZ 7 为轻型低层建筑，一般 1 至 2 层高，地表覆盖紧密，植被很少，昼夜温差大。LCZ 8 为大型开放低层建筑，一般 1 至 3 层高，地表铺设道路，少树，昼夜温差适中。LCZ 9 为小型或中型稀疏建筑，多为自然环境，如城区内公园、绿地等，有丰富的透水地表，昼夜温差大。

表 2.1.1 局地气候区分类地表不透水率、建筑百分比、植被百分比及高度分布表（来自 Stewart and Oke, 2012）

LCZ 分类	天空可视因子	建筑高宽比	建筑占地比（%）	地表不透水率（%）	地表透水率（%）	粗糙元高度（m）
LCZ 1 紧凑高层建筑	0.2～0.4	>2	40～60	40～60	<10	>25
LCZ 2 紧凑中层建筑	0.3～0.6	0.75～2	40～70	30～50	<20	10～25
LCZ 3 紧凑低层建筑	0.2～0.6	0.75～1.5	40～70	20～50	<30	3～10
LCZ 4 开敞高层建筑	0.5～0.7	0.75～1.25	20～40	30～40	30～40	>25
LCZ 5 开敞中层建筑	0.5～0.8	0.3～0.75	20～40	30～50	20～40	10～25
LCZ 6 开敞低层建筑	0.6～0.9	0.3～0.75	20～40	20～50	30～60	3～10
LCZ 7 简易低层建筑	0.2～0.5	1～2	60～90	<20	<30	2～4
LCZ 8 大型低层建筑	>0.7	0.1～0.3	30～50	40～50	<20	3～10
LCZ 9 稀疏建筑	>0.8	0.1～0.25	10～20	<20	60～80	3～10
LCZ 10 重工业	0.6～0.9	0.2～0.5	20～30	20～40	40～50	5～15
LCZ A 密集树木	<0.4	>1	<10	<10	>90	30
LCZ B 稀疏树木	0.5～0.8	0.25～0.75	<10	<10	>90	3～15
LCZ C 灌木丛	0.7～0.9	0.25～1.0	<10	<10	>90	<2

（续表）

LCZ 分类	天空可视因子	建筑高宽比	建筑占地比（%）	地表不透水率（%）	地表透水率（%）	粗糙元高度（m）
LCZ D 低矮植被	>0.9	<0.1	<10	<10	>90	<1
LCZ E 硬化路面	>0.9	<0.1	<10	>90	<10	<0.25
LCZ F 裸土或沙土	>0.9	<0.1	<10	<10	>90	<0.25
LCZ G 水域	>0.9	<0.1	<10	<10	>90	~

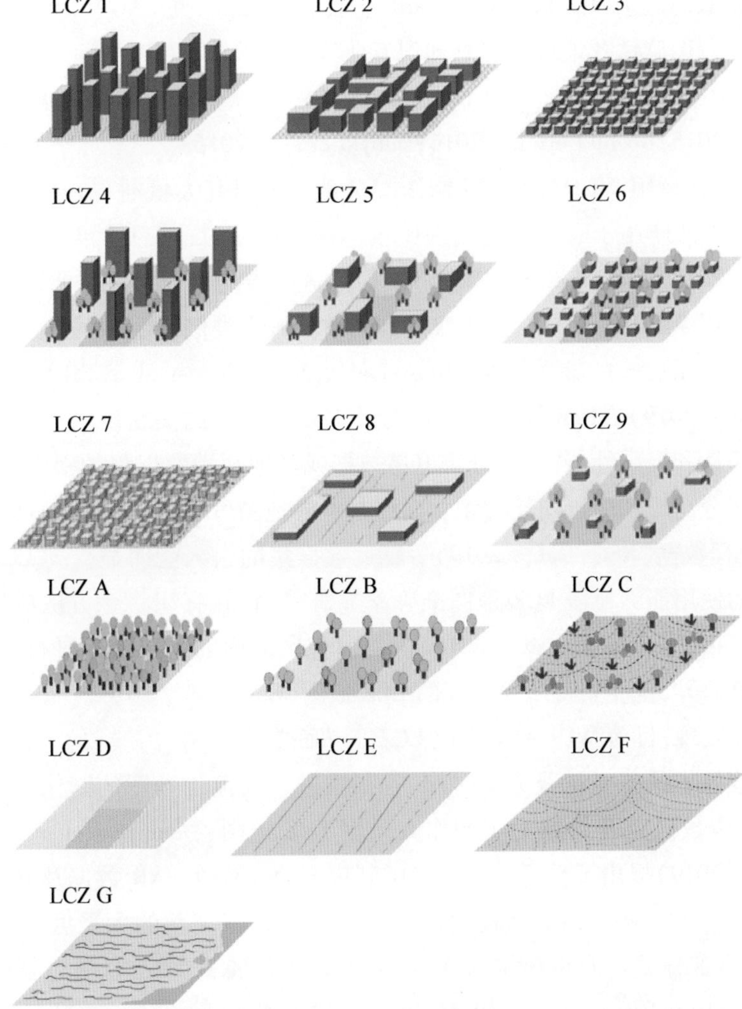

图 2.1.1　局地气候区（LCZ）分类示意图（来自 Stewart and Oke，2012）

自然土地覆盖类型 LCZ A ~ G 分别为茂密落叶或常绿乔木树林、散生树木、灌木丛、草本植物或作物组成的低矮植物、裸岩或道路、裸地或沙地以及水体,前四种均为可透水地表。自然土地覆盖类型中建筑高宽比指树木空间,共同点为天空可视因子较高,除茂密及散生树林外均在 0.7 及以上,除裸岩和道路外建筑占比小于 10%,地表透水率在 90% 以上。密集树木及散生树木高度分别是 30 m 及 3 至 15 m,灌木丛高度为 2 m,其余自然类型高度均在 1 m 以下。此 17 种下垫面类型几乎概括了大部分城市及郊区所有土地利用类型,可以较好地反映出城市特征。

2.1.2 基于 WUDAPT 的 LCZ 制图方法

自 LCZ 分类体系被提出以后,国内外研究者针对 LCZ 制图展开大量研究。其中使用最为广泛的方法是 Bechtel 等(2015)提出的 WUDAPT 制图流程。WUDAPT 提供的制图体系凭借免费且易于获取的遥感数据和 Google Earth 平台,在开源软件 SAGA GIS 中即可实现快速制图,对数据源、制图软件及地理或遥感知识专业程度要求较小(Wang et al., 2018a;Ching et al., 2019)。该分类流程最初应用于下垫面较为均一的欧美城市,并获得了较高的准确率(Bechtel et al., 2015;Bechtel et al., 2016;Danylo et al., 2016)。

近些年,国内外运用 WUDAPT 方法制作 LCZ 地图的研究大量涌现。现有的研究结果表明,当 WUDAPT 方法应用于欧洲等建筑物比较均一的区域时,其总体准确率高达 96% 左右(Bechtel et al., 2015;Bechtel et al., 2016)。但是进一步的研究结果表明,在建筑物形态比较复杂的区域使用 WUDAPT 方法时,很难得到与欧洲城市类似精度的下垫面数据,需要对方法进行调整或者使用更多的辅助数据(Ren et al., 2016;Ren et al., 2019;Verdonck et al., 2017;Fonte et al., 2019)。Ren 等(2016)针对具有复杂形态的高密度城市评估了 WUDAPT 基本流程的适用性和局限性:若无高分辨卫星数据或其他辅助数据集的引入,WUDAPT 方法尚不能很好地区分高层和中层建筑类型。而维基世界地图(OpenStreetMap, OSM)(Bechtel et al., 2019)及高程数据(Ren et al., 2019)等辅助数据集的引入能明显提高 LCZ 分类的准确性。邻域信息的使用能够使得 LCZ 地图准确率显著提高,并有望将该方法应用于其他具有复杂下垫面的城市(Verdonck et al., 2017)。对研究区域内的卫星数据进行大气校正,消除影像之间的大气差异,也能获得质量更高的 LCZ 地图(Cai et al., 2018)。

科学家们还发现,目前 WUDAPT 生成 LCZ 下垫面数据采用"离线"的工作方式。该方法中标记训练样本等步骤需要花费大量时间,且很难进行大范围地图的制作。为进一步推进城市气候研究,少数研究开始致力于制作大尺度 LCZ 地图(Demuzere et al., 2019)。2019 年,Demuzere 等(2019)提出了在云计算环境中利用 Sentinel - 1 SAR 数据及其他光谱数据进行大规模 LCZ 制图的方法。该方法使得进一步制作一致且完整的大尺度 LCZ 地图成为可能。在中国,已有部分城市及区域应用 WUDAPT 方法开展了 LCZ 地图的制作(Cai et al., 2016;Cai et al., 2018;Ren et al., 2019;He et al., 2019;Wang et al., 2019)。但是,中国已有的 LCZ 下垫面数据目前尚较少,不能满足大范围城市区域精细化城市气候预报的需求。更大范围,包括整个中国范围的 LCZ 下垫面信息仍然需要制作。

发达国家和发展中国家的城市建筑物类型有所不同,LCZ 制图标准需要根据实际城市用地类型进行调整(Kotharkar and Bagade, 2018;He,et al. , 2019)。中国人口众多,城市形态复杂。近年来,高速发展中的中国 LUCC 变化很大(Weber and Puissant 2003;Sun, et al. , 2016;张强等,2017),城市建设用地不断扩张。LCZ 方法中规定的所有 LCZ 类型是否包含中国建筑物所有类型值得考证。因此,更适合中国建筑物分布的类型尚待进一步去研究。

本节介绍了基于 LCZ 的分类方法,制作了中国 63 个城市的具有详细建筑物分类的 HRLUC 数据集。在未来的研究中,这些数据可以应用于气候、环境以及城市规划研究,并为理论及模型研究提供技术支撑。

2.1.3　数据和方法

(1) 研究区域

研究区域选取了中国省会城市、直辖市、重要地级市及特别行政区共 63 个城市进行 LCZ 分类。该区域介于东经 90°53′ ~ 126°54′和北纬 46°02′ ~ 18°11′之间,横跨温带大陆性气候、温带季风气候、亚热带季风气候、热带季风气候及高原山地气候。

(2) LCZ 制图方法与步骤

基于 WUDAPT 分类流程进行 LCZ 地图的构建最早由 Bechtel 等(2015)提出,最初主要运用于欧洲城市。该流程主要是通过 Google Earth 平台上不同 LCZ 分类的训练样本与 Landsat 8 卫星数据整合获得 LCZ 地图。本研究将 WUDAPT 基本流程应用于地表形态复杂的中国大城市时,制作基本步骤如下:

选择研究范围并准备 Landsat 8 卫星数据。运用 Google Earth 软件分别对 63 个目标城市选择研究范围。下载 2017—2019 年且覆盖云量少于 3% 的 Landsat 8 卫星数据,对其进行大气校正、拼接、投影和重采样至 120 m,为后期在 SAGA GIS 中生成 LCZ 分类结果做准备。制作 LCZ 数据如下步骤:

① 创建训练样本。该步骤中,训练样本的质量和数量是实现 LCZ 地图高准确率的关键。本节通过目视解译的方法获取训练样本。除少数 LCZ 类型典型样本较少外,其他 LCZ 类型的训练样本均超过 WUDAPT 基本分类流程里最初规定的 15 个,训练样本总数达 51 933 个。这是因为 WUDAPT 分类流程最初运用于欧洲城市,精细规划下的欧洲城市形态机理规整稳定(图 2.1.2b),每种 LCZ 类型一般收集 5 ~ 15 个样本即可,而中国城市在粗放式规划管理下,形态机理相对混乱(图 2.1.2a),同一种 LCZ 类型一般对应着多种城市形态。本节在对大量城市制图之前,选取西安做了样本测试,结果发现,随着训练样本数的增多,准确率升高,最后趋于饱和状态(图 2.1.3)。因此,在中国的大城市中,应尽可能收集足够多的训练样本帮助分类。

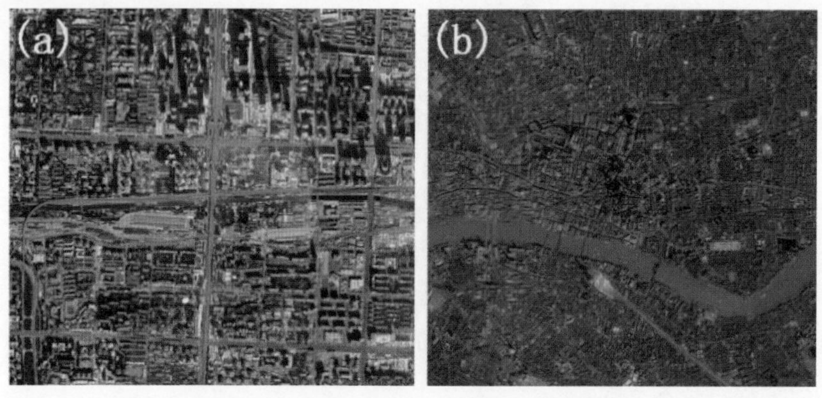

图 2.1.2 来自 Google Earth 的下垫面截图
(a) 北京;(b) 伦敦

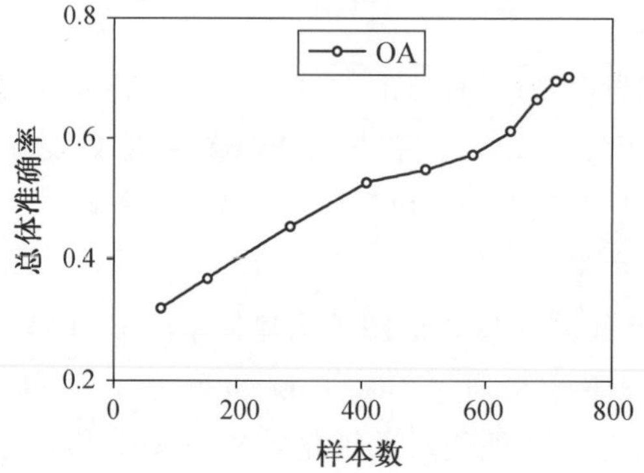

图 2.1.3 西安市 LCZ 地图的总体准确率与样本数量的关系

除训练样本数量外,样本的质量也是提高数据精度的关键。本研究通过对长沙市测试表明,面积更大的同质样本(图 2.1.4)能够获得更高准确率(表 2.1.2)。因此,城市创建训练样本过程中,尽可能寻找城市中最大的同质区域,尽量保证每个样本的最小边长大于 200 m,从而获得更好的分类效果。

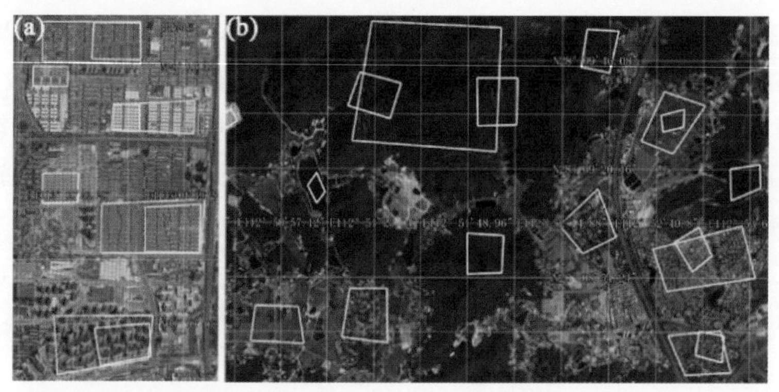

图 2.1.4 长沙市部分训练样本(白色方框为样本 1,黄色方框为样本 2)
(a) 城市核心区域;(b) 城市边缘

表 2.1.2　由不同训练样本得到的长沙市总体准确率

	样本 1	样本 2
总体准确率	0.663 9	0.867 7

② 生成 LCZ 分类结果图。运用 SAGA GIS 软件根据训练样本与卫星资料光谱性质的相似性，在随机森林分类器中计算并生成 LCZ 分类结果图。与 Google Earth 高分辨率影像进行对比。通过修改现有的训练样本及添加新的训练样本，不断改善 LCZ 分类结果图。继续重复此过程，直到 LCZ 分类结果达到令人满意的质量为止。

③ 建立具有多种建筑物分类的城市 HRLUC 数据集。本数据集采用的原始卫星数据为 2019 年的 Landsat 8 卫星数据。常用的数值模型所使用的土地利用类型数据的空间分辨率通常在几百米到 1 km 左右。用于制作本数据集的原始卫星数据为 30 m 分辨率，最后重采样到 120 m 的分辨率进行输出。当城市 HRLUC 数据集运用于模拟时，仍然需要进一步插值。

本节所做的城市 HRLUC 数据集具有 11 种城市土地利用分类，对建筑物的高度和开阔度都作了很好的区分。在实际运用数据进行城市的精细模拟时，不同建筑物类型的建筑物高度、宽度、间距、反照率、不透水面比例等参数在 Stewart 和 Oke(2012)的文章里有详细的定义。因此，根据 Stewart 和 Oke(2012)的定义，在模式的参数文件中定义即可。

(3) 基于 LCZ 分类新增加修建区类型

现有的 WUDAPT 分类流程是在 Stewart 和 Oke(2012)所定义的原始 LCZ 分类体系上进行的。然而，该分类体系对于城市化进程较快、土地利用和土地覆盖变化迅速的国家并不完全适用。例如，在中国的大城市中存在大量诸如图 2.1.5 的下垫面。这类下垫面通常处于一个动态变化的过程，前期(图 2.1.5a)其表面主要为土，性质与裸土或沙土相似；中期(图 2.1.5b)为土和建筑材料的混合物；后期(图 2.1.5c)覆盖物与中期类似，与中期不同的是，后期已经能看到建筑物的基本轮廓。在中国，这是一种非常重要的下垫面。因此，在原始 LCZ 分类的基础上，本节将这类下垫面定义为修建区，作为 LCZ 分类的基本类型之一。

图 2.1.5　来自 Google Earth 的修建区样本个例截图

(a) 前期；(b) 中期；(c) 后期

(4) 精度评估方法

采用 Cai 等(2018)提出的随机点验证法对新建立的具有建筑物分类的 HRLUC 数据进行检验和评估。该方法主要是借助同期 Google Earth 高分辨率影像对每个城市的 LCZ 分类结果图进行验证和评估。具体方法为:在 LCZ 分类结果图上对每种 LCZ 类型随机采集 0.5% 的像元作为验证样本,并将验证样本与同期 Google Earth 高分辨率影像对比从而得到准确率。本节用于验证的像素点超过 15 841 个。验证方法中涉及的精度评估指标包括总体准确率(Overall accuracy of all LCZ classification, OA)、城市用地类型准确率(Overall accuracy of built types, OA_u)和自然覆盖类型准确率(Overall accuracy of natural land cover types, OA_n)。在本节中,准确率定义为如下公式:

$$OA = \sum_{i=1}^{18} \frac{n_i}{N_i} * p_i \tag{2.1.1}$$

$$OA_u = \sum_{i=1}^{10} \frac{n_i}{N_i} * p_i + \frac{n_{18}}{N_{18}} * p_{18} \tag{2.1.2}$$

$$OA_n = \sum_{i=11}^{17} \frac{n_i}{N_i} * p_i \tag{2.1.3}$$

公式中,当 i 为 1 ~ 10,18 时分别代表城市用地类型 LCZ 1 ~ 10,LCZ H,i 为 11 ~ 17 分别表示自然覆盖类型 LCZ A ~ G。n 表示每一 LCZ 类型验证的像元点中正确的像元点数,N 表示每一 LCZ 类型验证的像元点数。p 在公式(2.1.1)中表示的是在城市中每种 LCZ 类型对应的像元面积在所有 LCZ 类型所对应的像元面积中的占比,在公式(2.1.2)中表示的是每种城市用地类型所对应的 LCZ 在所有城市用地类型中的占比,在公式(2.1.3)中表示的是每种自然覆盖类型中的 LCZ 在所有自然覆盖类型中的占比。

2.1.4 中国典型城市的 LCZ 空间特征

(1) 精度评估

研究制得 63 个中国主要城市的 LCZ 分类结果如图 2.1.6 所示。大多数城市的空间布局结构为块状,如北京、天津、西安、洛阳、成都、昆明和呼和浩特等。一些城市沿河谷、河流或海岸线分布,呈条带状,如兰州、太原、拉萨等。一部分城市因自然地理条件的限制呈组团状分布,如重庆、武汉、鄂尔多斯等。少数城市呈环状(厦门)或星状(广州)分布。总体来说,中国大城市的形态较为复杂。

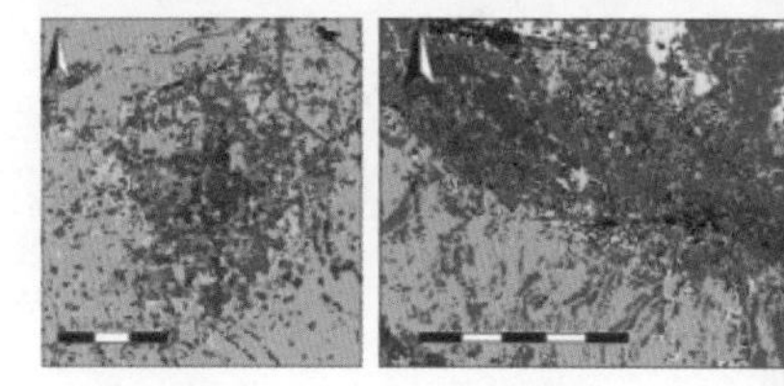

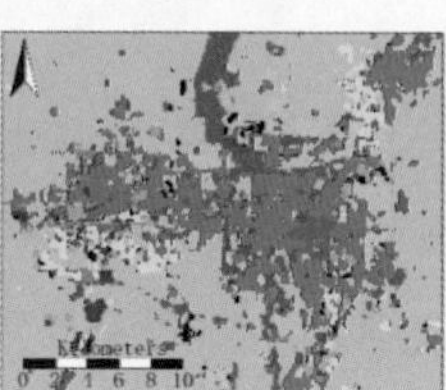

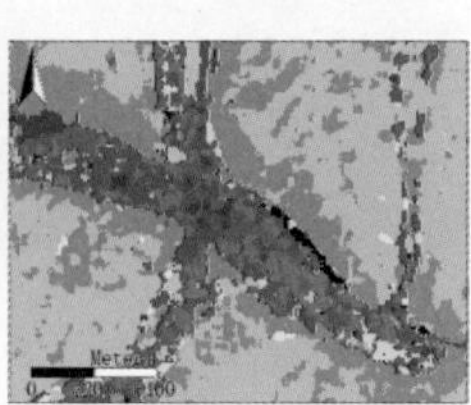

西安 兰州 银川 西宁

(a) 西北地区

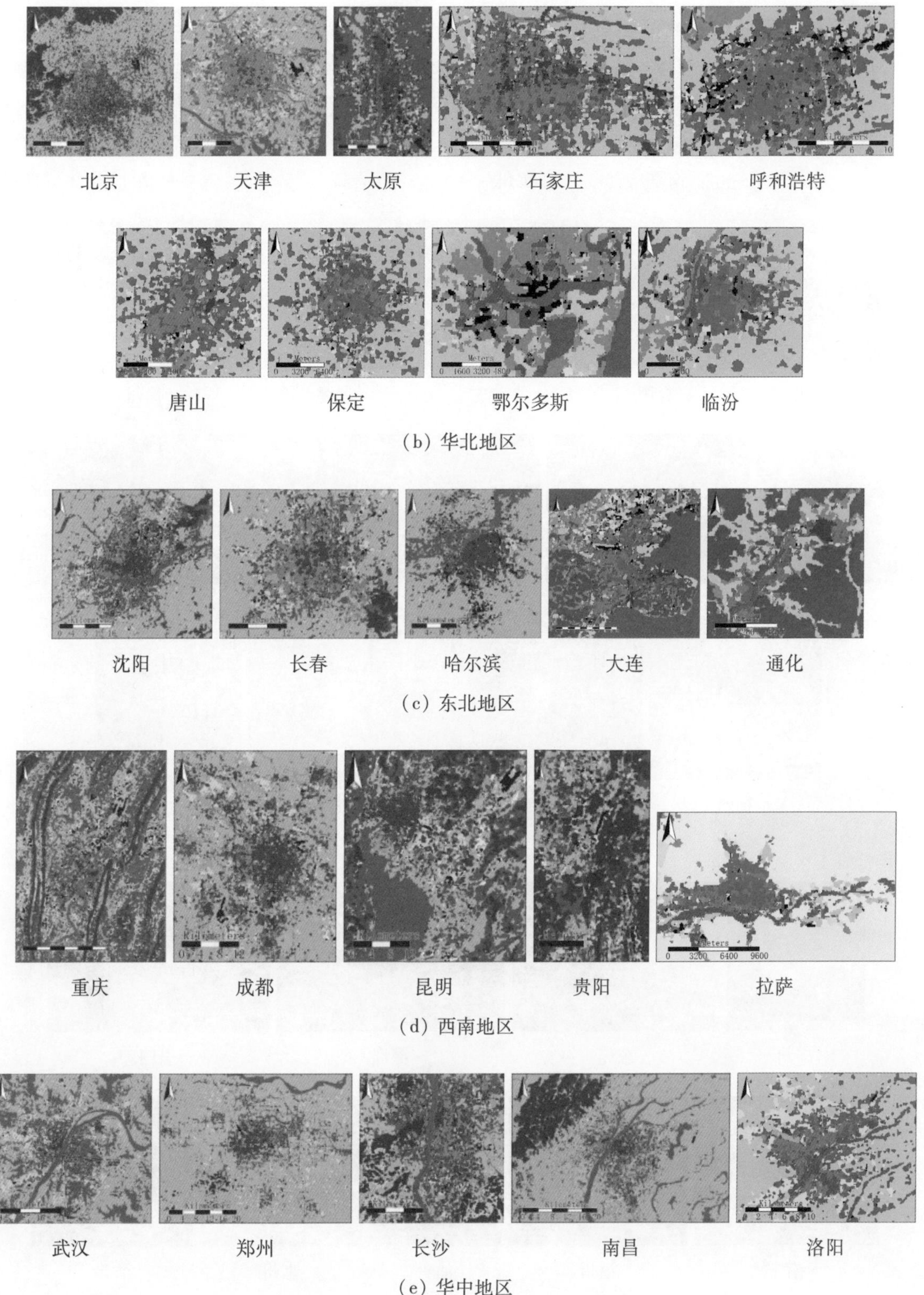

(b) 华北地区

(c) 东北地区

(d) 西南地区

(e) 华中地区

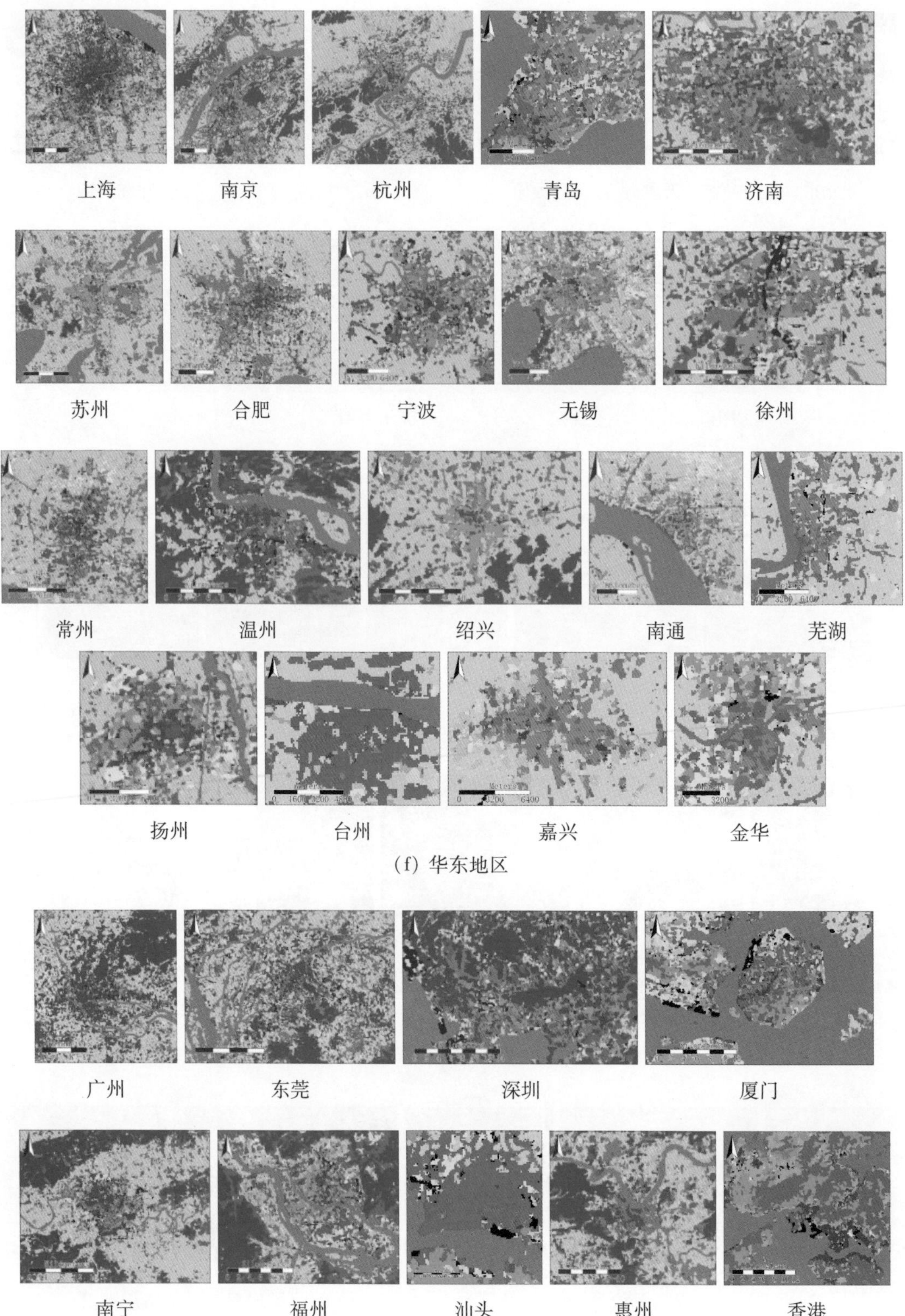
上海
南京
杭州
青岛
济南
苏州
合肥
宁波
无锡
徐州
常州
温州
绍兴
南通
芜湖
扬州
台州
嘉兴
金华
广州
东莞
深圳
厦门
南宁
福州
汕头
惠州
香港

(f) 华东地区

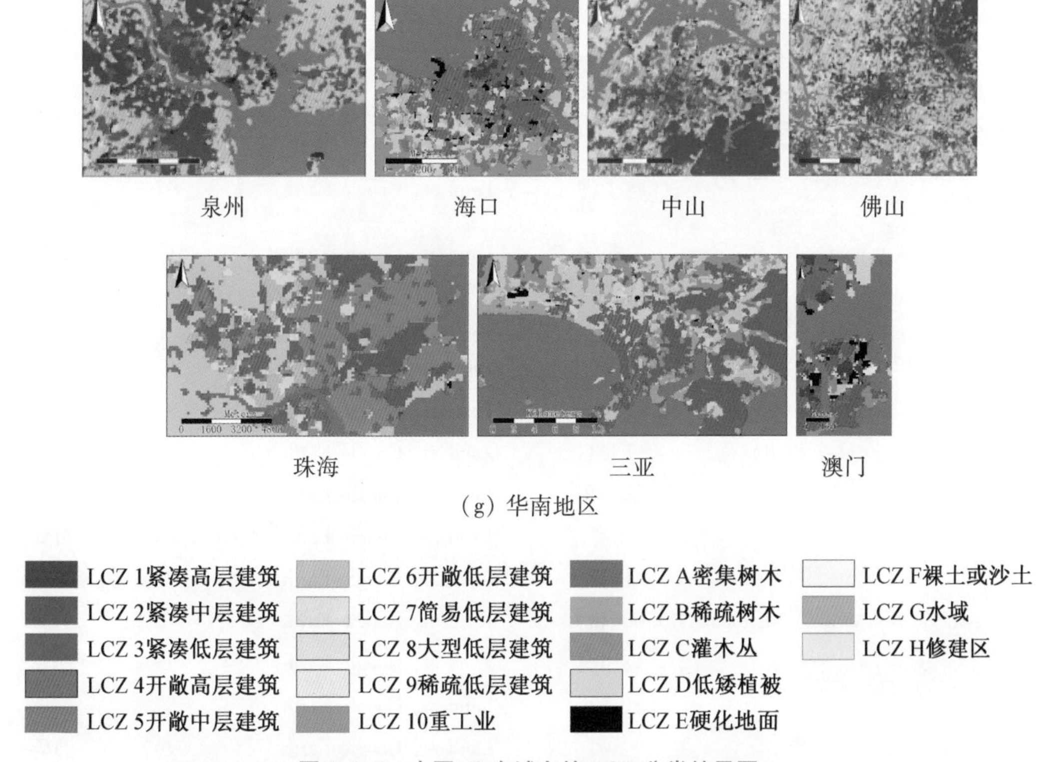

图 2.1.6 中国 63 个城市的 LCZ 分类结果图

城市的总体准确率在 71% ~93%,平均总体准确率为 82%。城市用地类型准确率在 57% ~83%,平均城市用地类型准确率为 72%,高于国内同类研究结果(Cai et al., 2018;Ren et al., 2019;Wang et al., 2019)。这是因为本研究用于数字化研究区域的训练样本数远高于其他研究中的样本数。这说明,由于中国城市形态较为复杂,同一种 LCZ 类型可能对应多种城市形态,因此我们在数字化训练区域时,尽可能收集所有形态的训练样本有利城市用地类型的正确分类。本研究中城市的自然覆盖类型准确率在 70% ~99%,平均自然覆盖类型准确率为 90%。

与欧美城市(表 2.1.3)相比,中国城市的总体准确率偏低。这是因为不同区域的城市人口数量和经济发展水平差异较大,使得城市结构和形态迥异,导致准确率有所差异。中国快速城镇化了二十余年,城市形态的演变快速而剧烈(许剑峰,2010),城市空间得到了前所未有的扩张(陈易,2016),呈现出了与欧美城市截然不同的城市特征。欧美城市在精细化的规划控制下形成了规整稳定的形态机理,而中国城市在粗放式规划管理下,形态机理相对混乱(姚圣,2013)。因此,中国城市下垫面 LCZ 的识别也相对困难,使得准确率偏低。

表 2.1.3 基于 WUDAPT 方法的不同区域内 LCZ 制图相关成果

区域	文献	城市	数据源	$\overline{OA}$	$\overline{OA_u}$
欧美	Bechtel 等(Bechtel et al., 2015)	休斯敦	Landsat, Google Earth	96%	96%
	Bechtel 等(Bechtel et al., 2016)	喀土穆	Landsat, Google Earth	97%	85%
	Wang 等(Wang et al., 2018a)	凤凰城	Landsat, Google Earth	81.5%	67%
		拉斯维加斯	Landsat, Google Earth	81.9%	75%
	Demuzere 等(Demuzere et al., 2019)	欧洲	Sentinel-1 SAR, Various spectral data	>95%	>70%
中国	Cai 等(Cai et al., 2016)	广州	Landsat, Google Earth	84%	46%
	Xu 等(Xu et al., 2017)	广州	Landsat, Google Earth	62%	61%
	Cai 等(Cai et al., 2018)	长三角	Landsat, Google Earth, Aster	67%	55%
		上海	Landsat, Google Earth, Aster	76%	31%
		杭州	Landsat, Google Earth, Aster	75%	46%
	Ren 等(Ren et al., 2019)	20 cities in China	Landsat, Google Earth	76%	47%
		京津冀	Landsat, Google Earth	75%	26%
		广州	Landsat, Google Earth	81%	38%
		上海	Landsat, Google Earth	76%	31%
	Shi 等	广州	Landsat, Google Earth	80%	84%
	Wang (Wang et al., 2019)	珠三角	Landsat, Google Earth	76%	61%
	本节	63 major citiesand four regions in China	Landsat, Google Earth	82%	72%
		京津冀	Landsat, Google Earth	89%	72%
		长三角	Landsat, Google Earth	74%	72%
		珠三角	Landsat, Google Earth	88%	75%
		上海	Landsat, Google Earth	84%	78%
		杭州	Landsat, Google Earth	86%	81%
		广州	Landsat, Google Earth	75%	72%

(2) 典型中国大城市总体及分类精度差异

由于不同区域之间经济发展水平、区域规划、地方政策和气候条件不一致,导致城市格局和建筑形态不同。为了比较不同区域内 LCZ 方法的适用性,本研究选择了来自不同区域的四个典型中国大城市进行研究,四个城市分别为北京、上海、广州和昆明。

不同区域城市形态有差异,导致 LCZ 地图的准确率不同。从图 2.1.7(a) 可以看出,上海的总体准确率和城市用地类型准确率均最高。结合 Google 在线地图(www.google.com.hk/maps/)可以看出,上海的城市形态整体较为规整,因此 LCZ 的识别相对准确,总体准确率最高,达到 84%。而北京由于历史和社会原因,在核心区域传统建筑和现代建筑相互交错、并置和混杂(图 2.1.8a),核心区域外围则因为城市化导致景观破碎化(图 2.1.8b),形成了复杂多样的肌理模式。高度异质的城市形态使得北京城市用地类型准确率(OA_u)较低,仅为64%。广州的城市形态复杂性介于上海和北京之间,城市用地类型准确率也介于两者之间,为77%。与以上三个城市不同,昆明处于城市的早期发展阶段,城市外部形态日益复杂、不规则化,导致 LCZ 识别混乱,因此城市用地类型准确率较低,为67%。

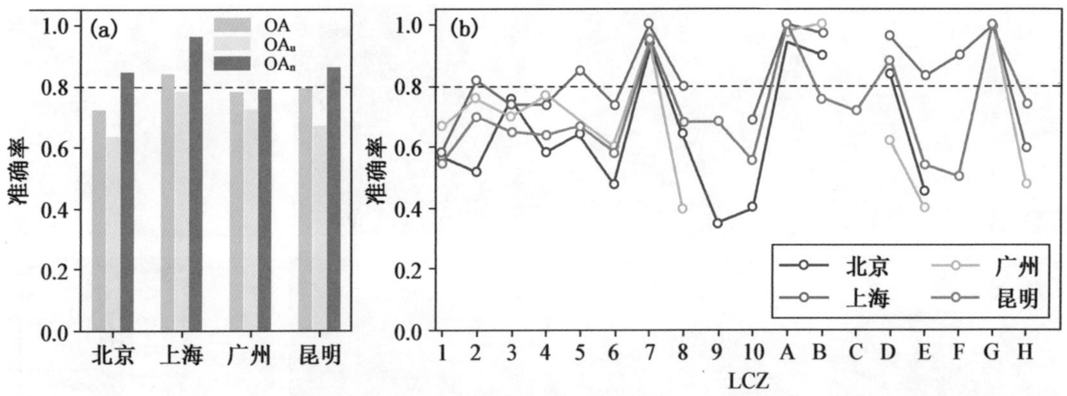

图 2.1.7　典型中国大城市 LCZ 地图的准确率(OA:总体准确率,OA_u:城市用地类型准确率,OA_n:自然覆盖类型准确率)

(a) 总体准确率;(b) LCZ 分类准确率

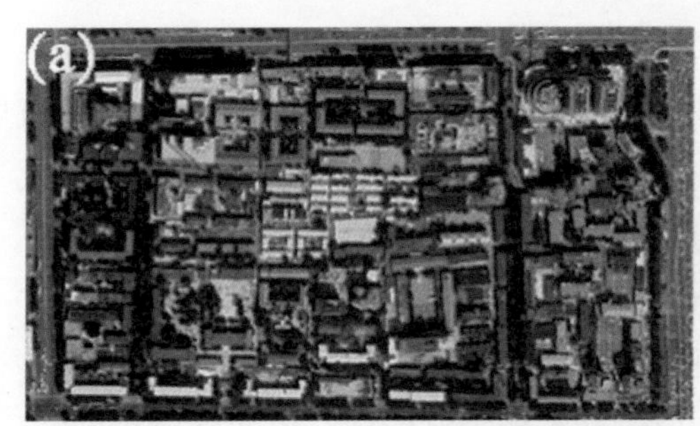

图 2.1.8　来自 Google Earth 的北京城市下垫面截图

(a) 城市核心区域;(b) 核心区域外围

不同 LCZ 分类精度有差异。如图 2.1.7(b) 所示,在所识别的城市用地类型中,简易低层建筑(LCZ 7)的分类结果在四个城市中表现良好。该种 LCZ 类型的建筑多为简易厂房,建筑材料多为蓝色或白色轻质波纹金属,建筑周围没有植被覆盖,能够提供较强的光谱信息,因此准确率较高。在上海、广州和昆明,紧凑中层建筑(LCZ 2)多集中分布在城市中心区域,建筑多为范围较大的同质区域,光谱信息易识别,因此准确率高。北京的低层密集建筑(LCZ 3)风貌较为统一,地块格局完整,LCZ 识别准确。

利用 Landsat 8 进行 LCZ 分类时,由于数据缺乏高度信息,仅能用目视解译的方法来确定建筑物高度,因此存在对形态形似(区别主要为建筑高度)的建筑不能进行很好划分的可能,这是导致城市用地类型准确率较低的主要原因。例如昆明紧凑中低层建筑(LCZ 2 和LCZ 3)之间、开敞中高层建筑(LCZ 4 和 LCZ 5)和开敞中低层建筑(LCZ 5 和 LCZ 6)之间(图 2.1.9a ~ e)形态相似,均存在不同程度的混淆。在 Demuzere 等(2019)的研究中也观察到类似的混淆现象。这说明,未来 LCZ 作图除了添加传统二维遥感影像外,还应添加具有高度信息的辅助数据集作为输入特征,从而获得更好的分类效果。

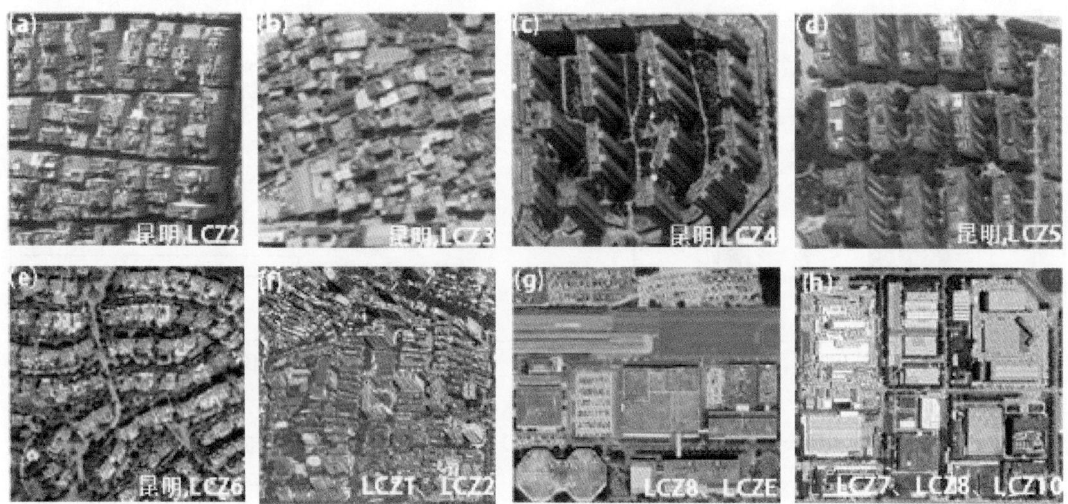

图 2.1.9　来自 Google Earth 的样本个例截图

除上述原因外,部分 LCZ 类型因其自身规模较小、LCZ 类型之间本身具有相似性以及 LCZ 类型在实际下垫面中的连续分布造成 LCZ 分类错误。根据图 2.1.7b,紧凑高层建筑(LCZ 1)准确率在55% ~67%,相对其他两类紧凑建筑(LCZ 2 和 LCZ 3)较低,这是因为在大部分城市中,该类型所占比例小(图 2.1.9f),只能提供较小规模的光谱信息。类似的情况还发生在各气候区内的稀疏低层建筑(LCZ 9)、重工业区(LCZ 10)和硬化地面(LCZ E)以及广州的低矮植被覆盖区域(LCZ D)等分类上。大型低层建筑(LCZ 8)和硬化地面 LCZ E 地表特征相似(图 2.1.9g),从而具有相似的光谱特征,导致其不能很好的区分。此外,简易低层建筑(LCZ 7)、大型低层建筑(LCZ 8)和工业区(LCZ 10)常为连续分布状态,高度混合,导致分类错误(图 2.1.9h)。

以上研究表明:① 利用带有光谱信息的 Landsat 8 卫星数据进行 LCZ 分类总体上能够获得较好的分类结果,但部分 LCZ 类型的精度仍有待改善;② 当样本数量接近饱和,样本大小较为均一后,LCZ 地图的准确率主要取决于城市形态,城市形态越规整,准确率越高;③ 城市用地类型准确率较低的主要原因是缺乏高度信息的输入。另外,部分 LCZ 类型自身规模较小、LCZ 类型之间本身具有相似性以及 LCZ 类型在实际下垫面中的连续分布也是造成部分城市用地类型准确率低的原因。后续研究应添加更多的辅助数据集作为输入特征来改善其分类效果。

(3) 修建区类型在中国大城市的分布特征

修建区是一种在快速城市化建设中出现的类型,在我国高速的城市化过程中,各大城市中修建区分布广泛。其中,有35%的城市中修建区在整个下垫面中的占比超过了5%。修建区在城市用地类型中的占比则更高,70%的城市中修建区占比超过5%。这些城市大多为大城市(副省级市和直辖市)。修建区的比例在一定程度上能代表城市扩张的程度。与Liu等(2020)研究结果不同的是,我们发现中国城市扩张不仅集中在华北和华中区域,西南地区的城市也有很大程度的扩张。例如重庆、成都、昆明和贵阳等城市,其修建区在研究区域中的占比分别为7.91%,8.45%,6.17%和6.43%。

以郑州市为例,郑州市研究区域内修建区被识别的比例为22.33%。图2.1.10(a)为郑州市的LCZ地图,从图中可以看出,修建区多分布于城乡或城郊结合部。结合来自Google Earth的部分修建区域的截图来看(图2.1.10b),修建区域表面覆盖物复杂,通常为土和建筑材料的混合物。在建设前期其性质与裸土(LCZ F)较为接近,后期则多为开阔性建筑或工业建筑。在郑州市这类下垫面通常以破坏低矮植被(LCZ D)为主。从图2.1.10(b~e)中可以看出,2009年,郑州市城郊地区主要是低矮植被和低矮建筑;2015年,部分低矮植被被修建区替代;2019年,以低矮植被为主的下垫面和小范围的低矮建筑区域被修建区所取代,城郊地区修建区的比例显著增加。

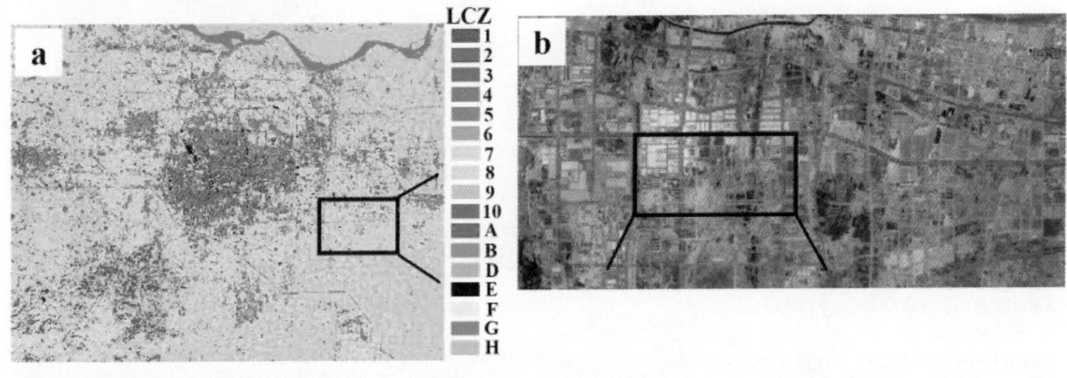

图2.1.10 郑州市修建区分布及下垫面变化情况

(a) 郑州市的LCZ地图;(b) 来自Google Earth的郑州市修建区样本截图;

(c, d, e)不同年份下垫面变化情况

2.2 LCZ 在城市气象模拟中的初步应用

将 LCZ 下垫面类型应用于城市气候模拟的研究工作目前还较少,表 2.2.1 给出了现有的研究工作。Brousse 等(2016)首次尝试了在 WRF 模型中使用 LCZ 下垫面类型及相应城市参数对西班牙马德里进行模拟。结果表明,与 CORINE 土地利用数据相比,LCZ 分类提高了模式的性能。Hammerberg 等(2018)对欧洲奥地利维也纳的中尺度气候模拟应用了同样的方法。他们的研究结果表明,与从详细地理信息系统(GIS)数据库中提取的参数相比,Stewart 和 Oke(2012)提出的默认 LCZ 参数足以用于城市气候的模拟。然而,中国建筑物形态与欧洲相比,更为复杂,且分布非常不均匀,直接使用 Stewart 和 Oke(2012)的建筑物分类参数表,模拟结果存在一定的偏差(Mu et al., 2020)。本节内容详细介绍了将 LCZ 下垫面数据应用于北京城市气候模拟的研究。

表 2.2.1 LCZ 下垫面应用于城市气候模拟的相关工作

文献	城市	$T_{2\,m}$(R)		$W_{10\,m}$(R)		$T_{2\,m}$(RMSE)		$W_{10\,m}$(RMSE)	
		原始	LCZ	原始	LCZ	原始	LCZ	原始	LCZ
Brousse et al. (2016)	马德里	—	—	—	—	冬:2.11 夏:不稳定	冬:2.04 夏:稳定	—	—
Franco et al. (2018)	圣保罗	0.97	0.97	—	—	1.30	1.22	2.74	1.12
Hammerberg et al. (2018)	维也纳	—	—	—	—	2.61	2.65	—	—
Mu et al. (2020)	北京	—	—	—	—	2.773	2.076	—	—
Molnár et al. (2019)	塞格德	—	—	—	—	2.46	—	—	—
Patel et al. (2020)	孟买	—	—	—	—	—	—	—	—
Zonato et al. (2020)	博洛尼亚	—	—	—	—	—	—	—	—
Mughal et al. (2020)	新加坡	—	—	—	—	白天:1 夜间:3.6	白天:1 夜间:3.4	—	—
陈刚等(2020)	北京	—	—	—	—	2.82	2.52	—	—
	上海	—	—	—	—	1.68	1.80	—	—
	武汉	—	—	—	—	1.84	2.04	—	—
	重庆	—	—	—	—	2.42	2.44	—	—
Ribeiro et al. (2021)	巴塞罗那	—	0.91	—	0.70	—	—	—	—

2.2.1 研究区域及其 LCZ 特征

选择北京作为研究区域,北京 LCZ 地图如图 2.2.1 所示,黑色环线从内到外分别为北京二环至北京六环,数据集分辨率为 120 m。地图显示北京城市区域与自然环境有明显区分,二环以内以密集型建筑为主;二环到四环则有较多高大建筑;五到六环之间多为县区、村舍及部分新建高大建筑；六环外多为自然环境，东部、东北部及南部主要以农田为主，西部与西北部为山体森林。总体而言LCZ地图可清晰看出水体、森林、沙地等分布情况，城区内以小区尺度通过对建筑高度、地表不透水率、建筑材料及使用功能等划分级别对建筑物进行精细分类，显著提升对实际下垫面状况还原能力。

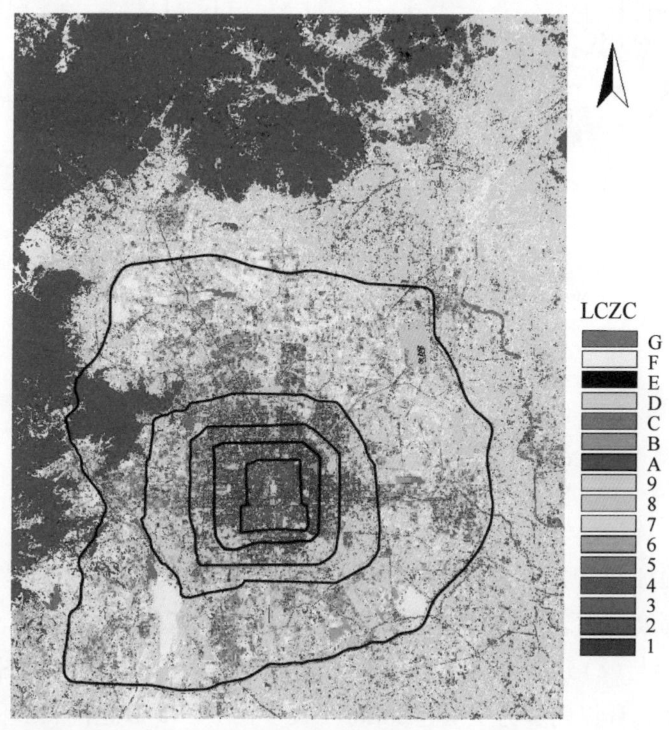

图2.2.1　北京局地气候区(LCZ)下垫面分类图(黑色环线从内到外分别为北京二环至北京六环)

(1) 适用于WRF模拟的LCZ下垫面数据以及相应的建筑物特征参数

将北京LCZ精细下垫面资料转换为数值模式可用格点数据，并将分辨率转换为1 km，替换默认下垫面资料，将城市下垫面类型从3类扩展为9类(分别为31至39，表示为LCZ算例下垫面)。此外，DEF算例中，将城市地表类型按照不透水面积百分比细化为低、中、高密度城市，并以此作为USGS下垫面分类中31,32,33类城市下垫面。

两种城市下垫面资料分布图如图2.2.2所示，(a) 为默认下垫面，(b) 为新建立的LCZ精细数据集。默认下垫面资料中城市按密度分为3类，五环以内几乎全部划分为高密度区域，对五环内城市下垫面不能很好的区分；五到六环内高、中、低密度建筑均存在，此外还存在较多白色自然下垫面类型；LCZ地图中城市分类为9种，二环内多为密集型建筑，且以中低层建筑为主；高层建筑主要分布在二至四环，从二环到四环建筑高度逐渐升高，且北部建筑高于南部；五环外以低矮村落和稀疏建筑为主，零星分布如工厂、超市等大型低层建筑；且公园、绿地、农田等被以自然景观为主的稀疏建筑代替，更好地补充了默认城市下垫面中的空白区域，更符合北京实际下垫面情况。

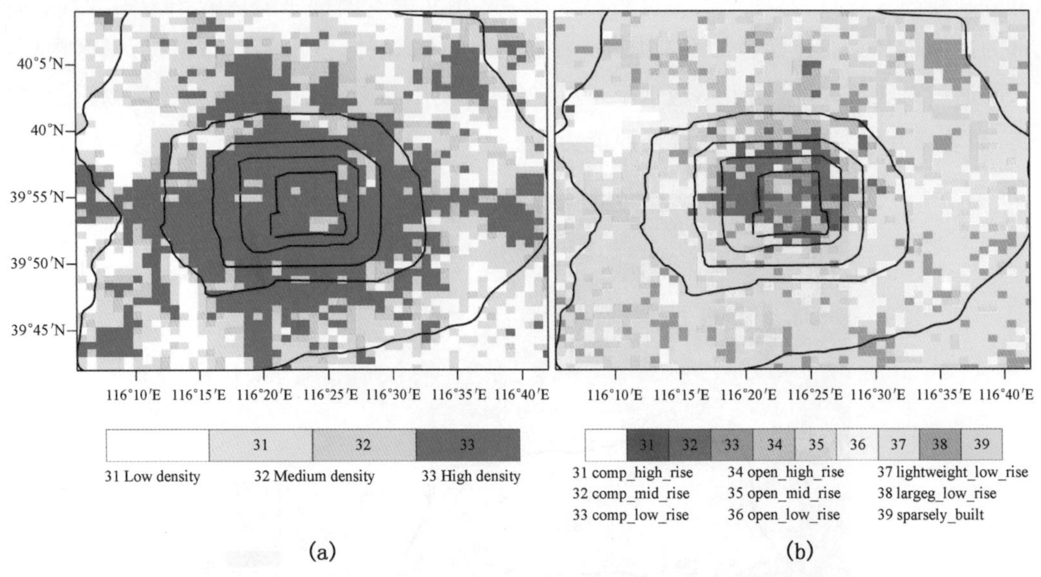

图 2.2.2 北京六环内下垫面资料分类

(a) 默认下垫面;(b) LCZ 数据集

(2) 建筑高度特征分析

为了进一步验证 LCZ 下垫面资料更符合实际北京市建筑特征,分别提取默认与 LCZ 下垫面资料的建筑高度与地表不透水率,得到图 2.2.3 与图 2.2.4。如图 2.2.3(a)为北京实际建筑高度分布,(b)与(c)分别为默认与 LCZ 数据集建筑高度分布图。如图所示北京实际建筑高度分布特征为二环以内多为中低建筑,高度大多在 9 ~ 15 m 之间;二环到四环主要以高大建筑为主,普遍在 15 m 以上,为 21 m 以上建筑的主要集中区;五六环则多为低矮建筑。默认下垫面资料对五环以内建筑高度无明确区分,均认定为高大建筑,高度普遍在 15 m 以上;五至六环建筑高度分布与实际较吻合。LCZ 数据集能将五环内城区建筑物高度区分出来,二环内建筑高度在 2.5 m 到 9.5 m 范围内,符合中低高度建筑分布;二到四环中部及北部多为高大建筑,高度约为 25.5 m;五环外以低矮建筑为主,与实际建筑高度分布吻合程度较高。北京旧城区在二环范围内,多为密集的四合院平房,随着现代化进程的发展,北京城区扩张,二至四环为高大建筑的主要集中区,五至六环分布较多县城、村舍、工厂等,以低矮建筑为主,随着城区进一步扩张,北部有零星新开发高层建筑群。总体而言北京建筑高度在六环内有明显区别,不同环内随着城市变迁发展有着不同建筑特征,默认下垫面对城区进行的笼统划分不能准确反映北京建筑规律,LCZ 精细下垫面数据集则较好地弥补了这一点。

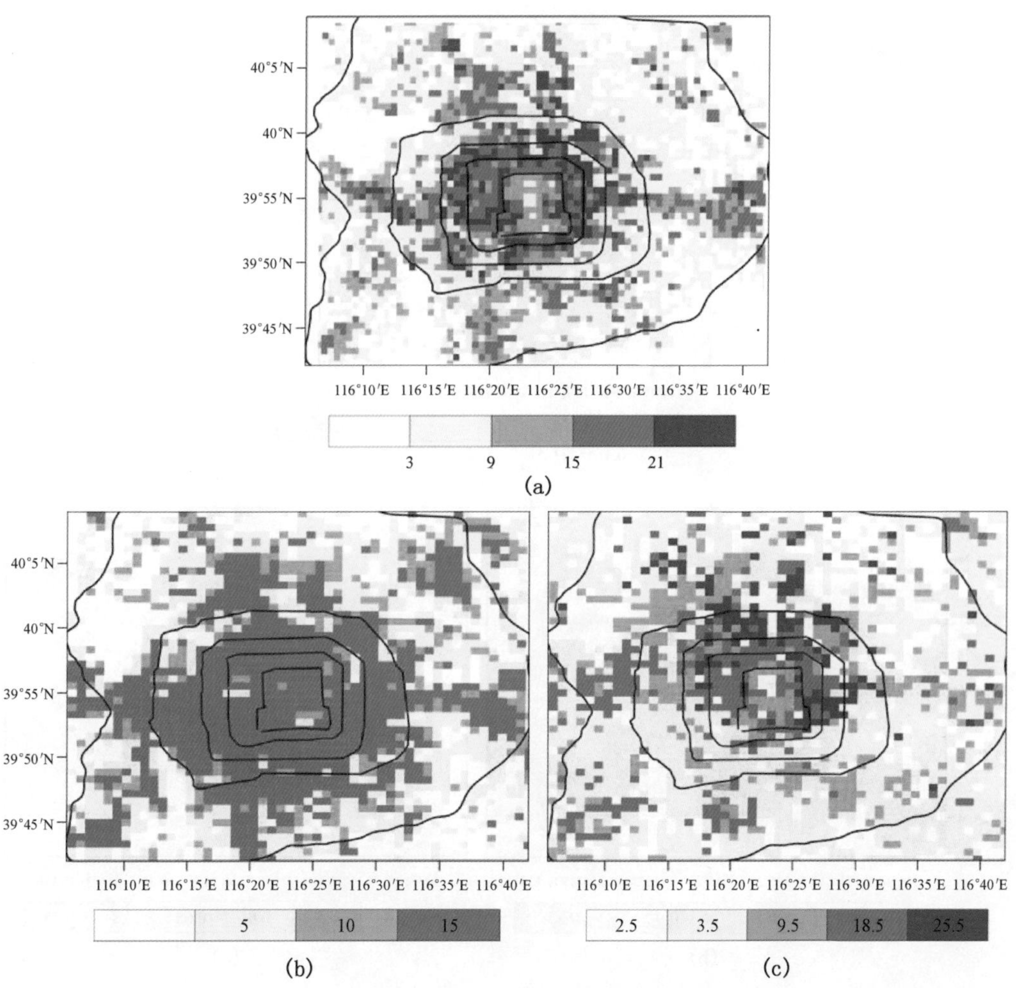

图 2.2.3 北京建筑物高度分布

(a) 实际建筑高度分布;(b) 默认下垫面;(c) LCZ 数据集

(3) 地表不透水率特征分析

与图 2.2.3 相同,图 2.2.4(a)为北京实际下垫面不透水率分布,(b)与(c)分别为默认与 LCZ 数据地表不透水率分布图。北京市二环以内多为密集紧凑古老建筑,有较大面积高度不透水区域,达到 0.8 以上;二环到四环主要为高大建筑群,不透水率在 0.6 至 0.8 之间;五六环之间多为低矮建筑,有大量村庄及自然景观,不透水率大多在 0.5 以下。默认下垫面资料对五环以内不透水率无明确区分,整体偏高,均在 0.9 以上,与实际情况相差较大,不能反映出不透水率逐环递减的特征。LCZ 数据集中二环大部分区域不透水率在 0.8 以上;二到四环不透水率有所下降,中部及北部 0.8 左右,南部 0.5 左右;四环外不透水率显著降低,从二环到六环呈现出不透水率逐渐降低的趋势,更符合实际情况,较默认资料有较大改善。

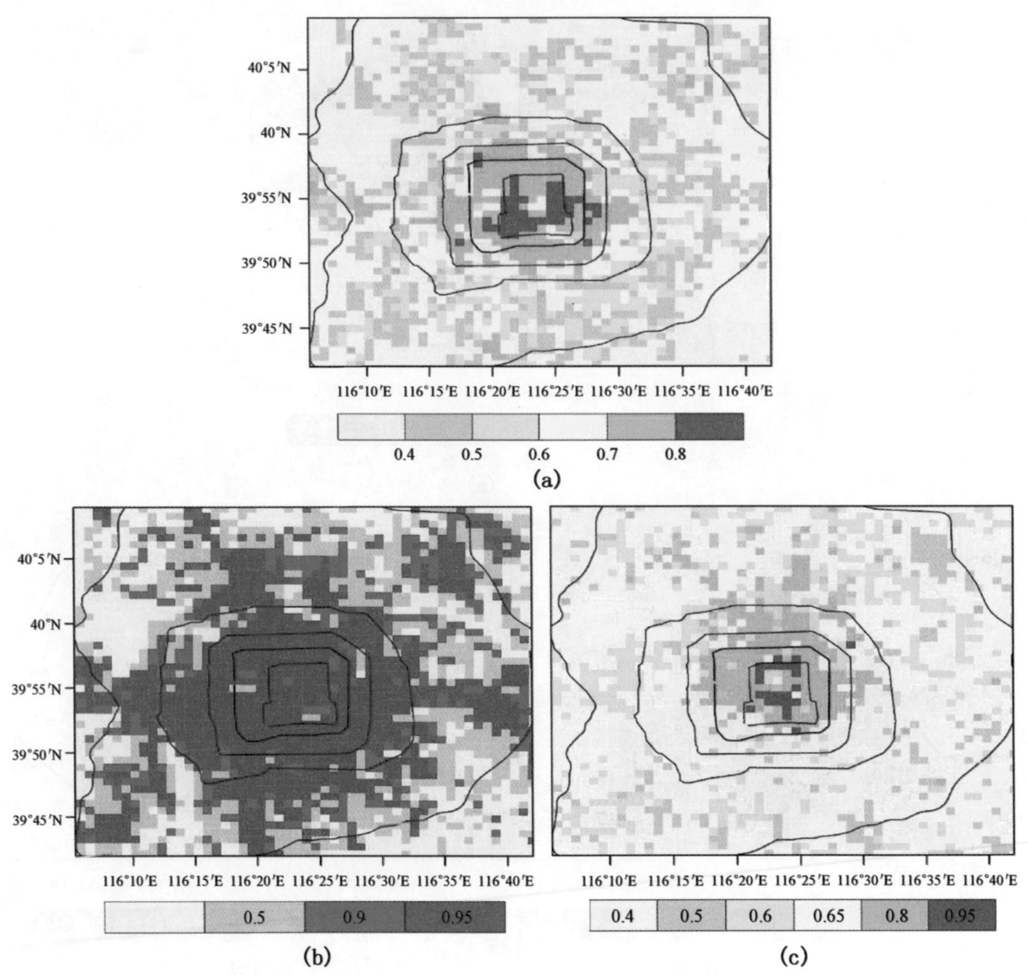

图 2.2.4 北京下垫面不透水率分布

(a) 实际不透水率分布;(b) 默认下垫面;(c) LCZ 数据集

2.2.2 模式、算例设计及数据

(1) 数值模式介绍

本节内容采用的 WRF(Weather Research Forecasting)(Skamarock et al., 2005)模式,是由美国多所气象研究机构和大学集成中尺度方面的研究成果,联合开发的一种新一代中尺度天气预报模式和同化系统。WRF 采用的是高度模块化的设计,包括动力框架、物理过程以及前处理、后处理过程等,层次清晰且各程序模块间相互独立。其特点是动力框架和物理过程均可插拔,用户可自由选择,不论是比较不同物理过程模拟结果还是二次开发研究均极为便利,被广泛应用于业务预报及科学研究(陈德辉和薛纪善,2004)。

WRF 重点考虑从云尺度到天气尺度等重要天气的预报,其最终目标是满足水平分辨率为1～10 km的大气科学模拟试验研究和高分辨率数值预报业务应用的需要(陈炯和王建捷,2006)。因此,模式包含高分辨率非静力应用的优先级设计、大量的物理选择和与模式本身相协调的先进的资料同化系统。由于中小尺度模式的水平格距一般为几到几十千米不等,比10～100 m的边界层湍流输送的特征尺度量级要大得多,为了考虑这种次网格尺度的效应,需要采用参数化方法(邓莲堂和王建捷,2003)。WRF模式的物理过程参数化方案主要包括微物理过程参数化方案、积云对流参数化方案、大气辐射参数化方案、陆面过程和近地层参数化方案、边界层和城市冠层参数化方案等(Masson, 2006; Best, 2006; Chen et al., 2011)。本节主要介绍与下垫面资料息息相关的城市冠层参数化方案。

近年来,城市冠层参数化方案的发展迅速,目前WRF中可选的三种较为成熟的方案分别为:单层城市冠层模式(single-layer urban canopy model, SLUCM)(Kusaka et al., 2001; Kusaka and Kimura, 2004)、多层城市冠层模式(Building Effect Parameterization, BEP)(Martilli et al., 2002)以及建筑物能量模式(Building Energy Model, BEM)(Salamanca et al., 2010; Salamanca and Martilli, 2010)。SLUCM单层模式假设城市下垫面中包含的所有建筑物形态均相同(即所有建筑物高度相同,宽度一致,且街道对称),城市街区为二维模型,但辐射过程为三维模型,考虑了建筑物对短波辐射的遮蔽作用及辐射多重反射的陷阱效应(Miao et al., 2009)。SLUCM通过Noah陆面模式与WRF耦合,在计算城市区域上空的气象场时,SLUCM主要计算城市人工地表(屋顶、墙面和道路)与大气之间的交换过程,而Noah陆面模式则主要计算城市内自然下垫面(如:草地)与大气之间的热量和水汽交换,城市区域单个格点值为两者得到的次网格值的加权平均(Chen et al., 2004; Kimura, 1989)。

BEP除了考虑建筑物人工表面对辐射平衡及能量平衡的影响外,还在动力框架上做了改进。BEP在冠层内垂直方向进行分层处理,对每一层分别建立动量、热量和水汽预报方程。为了反映建筑物对气流的拖曳作用及其对湍能的影响,在动量方程和湍能方程中加入了建筑物的拖曳力影响项(王咏薇等,2013)。

BEM在BEP方案的基础上增加了空调系统的插拔项,用以考虑空调系统的开启和关闭对建筑物内外能量交换的影响过程,考虑了室内人为活动和空调能耗对室外大气的影响(齐德莉,2016)。同时考虑了通过窗户进入建筑物内的辐射量,通过墙面和屋顶室内外的热量交换以及空调系统的影响。即人为活动产生的潜热通量通过自然通风与外界大气进行交换,人为活动和家庭设备共同产生的感热通量通过自然通风和墙面屋顶的热扩散与外界大气进行交换,而空调系统产生的废热通量则直接进入大气。

(2) 模拟区域及模式设置

综合考虑局地气候区LCZ精细下垫面分类方法中每类下垫面类型的特征,以及WRF模式中对城市分类建筑参数的设定标准,设定适用于新生成的LCZ数据集分类的参数,如表2.2.2所示不同下垫面类型对应不同建筑物高度与不同下垫面不透水率,相应类型上架设自动气象观测站点个数也有所不同。其中31,34代表的高层建筑高度为25.5 m;32,35代表的中层建筑为18.5 m;33,36代表的低层建筑为9.5 m;其他建筑高度则低于3.5 m。31～33代表密集型建筑地表不透水率设置为 0.8 及以上;34 ~ 36 开放型建筑在 0.6 ~ 0.75 之间;其他建筑类型低于 0.55。针对两种下垫面数据开展晴天个例数值模拟试验,对比检验应用生成的精细下垫面数据集对数值模拟的改进效果。

表 2.2.2　不同 LCZ 分类对应建筑高度、地表不透水率及观测站点个数

LCZ 分类	31	32	33	34	35	36	37	38	39
建筑物高度(米)	25.5	18.5	9.5	25.5	18.5	9.5	3.5	2.5	2.5
地表不透水率	0.8	0.8	0.9	0.75	0.6	0.65	0.4	0.5	0.55
站点个数(个)	0	12	3	6	12	12	32	1	5

本次研究采用 WRF v3.9 版本及与其耦合的 Noah 陆面模式,采用的其他物理过程方案还有:BouLac TKE(Turbulence Kinetic Energy)边界层方案、WSM6(WRF Single-Moment 6-class Microphysics scheme)微物理方案、RRTM(Rapid and Accurate Radiative Transfer Model)长波辐射方案、Dudhia 短波辐射方案,另外在第 1、第 2 层嵌套区域还选用了 KF(Kain-Fritsch)积云方案,3,4 层不采用积云对流方案。模拟采用四重双向嵌套模式,d01 至 d04 嵌套区域的水平分辨率分别为:27,9,3 及 1 km,水平网格数分别为:154 × 154(南北 × 东西),154 × 154,154 × 154,184 × 172,中心点选定为天安门广场,经纬度分别为 40.24 °N 及 116.45 °E。模式在垂直方向分为 38 层,顶层设置为 50 hPa,按照上疏下密的方法划分,在 1 km 以下共有 13 层。模拟选取的积分时间段为 2012 年 8 月 24 日 00 时至 2012 年 8 月 25 日 00 时(UTC),共积分 24 h。所用的地形资料是 USGS 的 30″ × 30″格点资料,初始场和边界条件采用 1° × 1°NCEP(National Centers for Environmental Prediction)再分析资料。分别模拟 DEF 及 LCZ 两种下垫面在 SLUCM 和 BEP 城市冠层模型下的结果,如表 2.2.3 所示四个算例分别为:DEF-UCM,LCZ-UCM,DEF-BEP,LCZ-BEP。

表 2.2.3　算例名称及设置

算例名称	DEF-UCM	LCZ-UCM	DEF-BEP	LCZ-BEP
下垫面资料	默认下垫面	精细下垫面	默认下垫面	精细下垫面
城市冠层模式	单层 SLUCM	单层 SLUCM	多层 BEP	多层 BEP

如图 2.2.5 所示,本次研究范围为北京六环以内,黑色环状线由内而外分别代表北京二环至六环。北京城区地势平坦,海拔高度基本在 80 m 以下,东西有较明显差异,东部海拔在 40 m 以下,西部大多在 40 ~ 80 m 之间,香山位于西南部五六环之间,海拔为 557 m,覆盖大量植被。北京市内有自动气象观测站 85 个,黑色原点为基准气象观测站,红色五角星为大气所通量观测站。

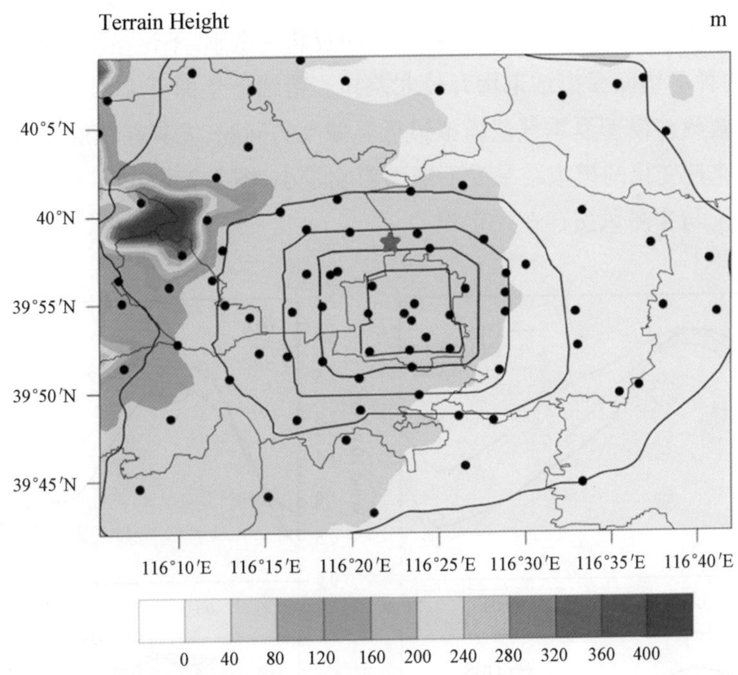

图 2.2.5 北京地形高度及观测站分布(黑点为自动观测站,五角星为通量观测站)

2.2.3 数值模拟结果分析

总体来说 LCZ 下垫面资料较默认资料在建筑高度及地表不透水率分布上都有较大改善,与实际情况更加吻合,为了进一步量化改进效果,对气象要素模拟结果进行分析检验。

(1) 2 m 气温及 10 m 风速日变化模拟结果分析

图 2.2.6 为四个算例对 2 m 气温及 10 m 风速的模拟结果与实测值日变化对比图,其中实测值由研究范围内 85 个自动气象观测站观测结果求平均得到,模拟结果则是由相应算例中对应 85 个观测站位置的格点数据值平均得到。

如图 2.2.6(a)所示,单层模式中 DEF-UCM 算例对 2 m 温度的模拟结果在 0 至 8 时与实测值接近,结果较好;但 12 至 24 时模拟结果显著偏高,误差在 3 ~ 4 ℃之间。LCZ-UCM 算例对 2 m 温度的模拟较 DEF-UCM 算例偏低,对最高温模拟与 DEF-UCM 结果相近,最低温有显著改善,解决了 DEF-UCM 夜间温度模拟偏高的问题,对日变化曲线有较好把握,模拟结果显著提升。图 2.2.6(b)10 m 风速的模拟中两个算例结果相近,与实测风速相比偏高,0 至 6 时模拟结果较好,9 至 21 时误差较大。

图 2.2.6(c)所示 BEP 模式中两个算例对 2 m 温度的模拟结果相近,LCZ-BEP 算例轻微偏低。同单层模式模拟结果相似,DEF-BEP 对 0 至 6 时温度模拟结果较好,12 至 24 时轻微偏高,但较单层模式 DEF-UCM 模拟结果有所改善。LCZ-BEP 对最高温有所低估,低温模拟结果较好,日变化曲线与实测值较接近。图 2.2.6(d)中两个算例对 10 m 风速模拟结果仍然

接近，较单层模式结果有所提升，对小风模拟轻微偏高，比较准确，但大风高估。

总体而言2 m气温日变化模拟结果对下垫面资料更敏感，不论是单层城市冠层还是多层城市冠层模型两种下垫面模拟结果均有较大差异。精细下垫面下LCZ算例对日变化曲线有更好的掌握，有效改善模型夏季气温模拟最低温偏高的问题，尤其在单层UCM模式中更为明显。但10 m风速日变化的模拟结果受下垫面影响较小，图2.2.6(b)，(d)所示两种算例对风速模拟十分相近，与实测风速存在一定误差。

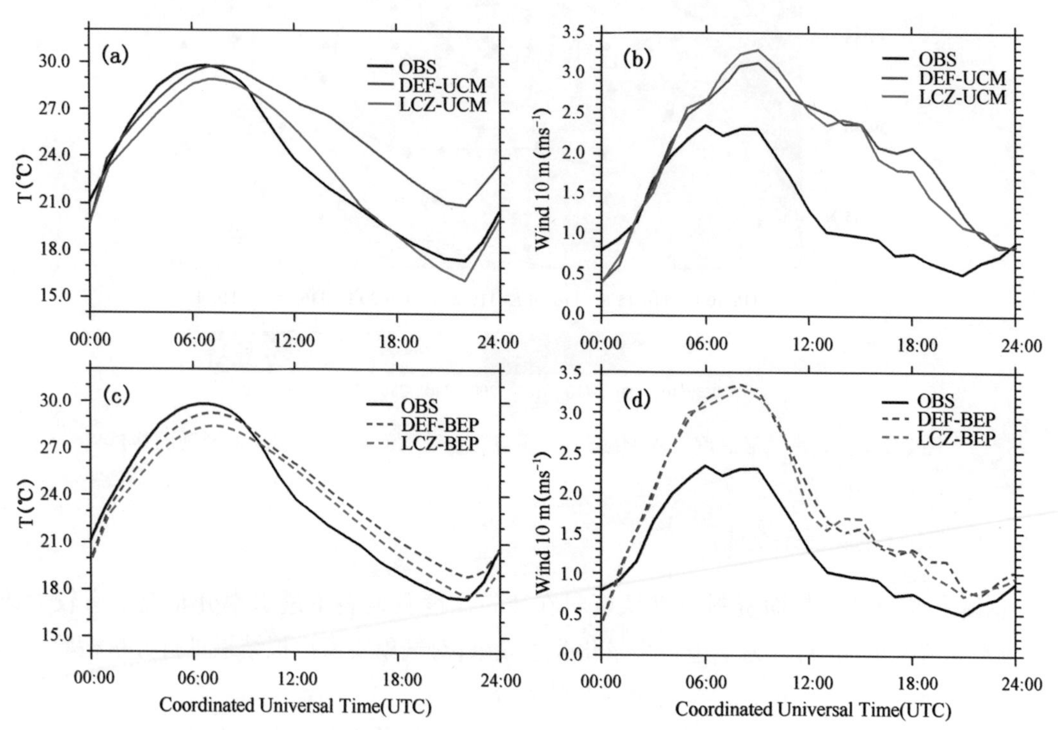

图2.2.6 WRF模拟与观测结果日变化

(a) UCM 2 m温度；(b) UCM 10 m风速；(c) BEP 2 m温度；(d) BEP 10 m风速

(2) 地表通量日变化模拟结果分析

为了探究下垫面资料对温度日变化的影响过程，下面将进一步针对感热通量及潜热通量进行分析，研究两种下垫面在热量交换过程中的差异。

以大气所通量观测站测量的感热通量与潜热通量值作为观测值，对比相应观测点在不同算例中两种通量的模拟结果，日变化曲线如图2.2.7所示。图2.2.7(a)地表感热通量中实测值较低，呈现单峰形态，UTC0时开始从近零值快速增长，6时达到峰值，约为166 W·m^{-2}，约12时降至零值附近后保持不变。单层模式中默认下垫面DEF-UCM算例严重偏高，峰值约418 W·m^{-2}，误差高达252 W·m^{-2}，且从12时至24时始终较实测值高约50～100 W·m^{-2}。改进后的精细下垫面LCZ-UCM模拟结果对DEF-UCM有较大改善，与实测结果吻合程度大幅提高，峰值误差显著降低，约为85 W·m^{-2}。12时至24时与实测值基本一致。在BEP模式中，两个算例模拟结果总体较为相似，对峰值模拟结果有所不同，默认下垫面 DEF-BEP 算例峰值模拟约为 418 W · m^{-2}，LCZ-BEP 峰值结果为 307 W · m^{-2}，12 时两个算例对感热通量模拟均偏低，DEF-BEP 误差更大，14 至 23 时模拟结果较好。总体而言，单层城市冠层模型中精细下垫面 LCZ-UCM 算例较默认下垫面 DEF-UCM 算例在感热通量模拟上有显著改善，与实测日变化曲线吻合程度更高。多层城市冠层模型中两个算例模拟结果差距较小，但 LCZ-BEP 模拟结果较 DEF-BEP 仍有提高。

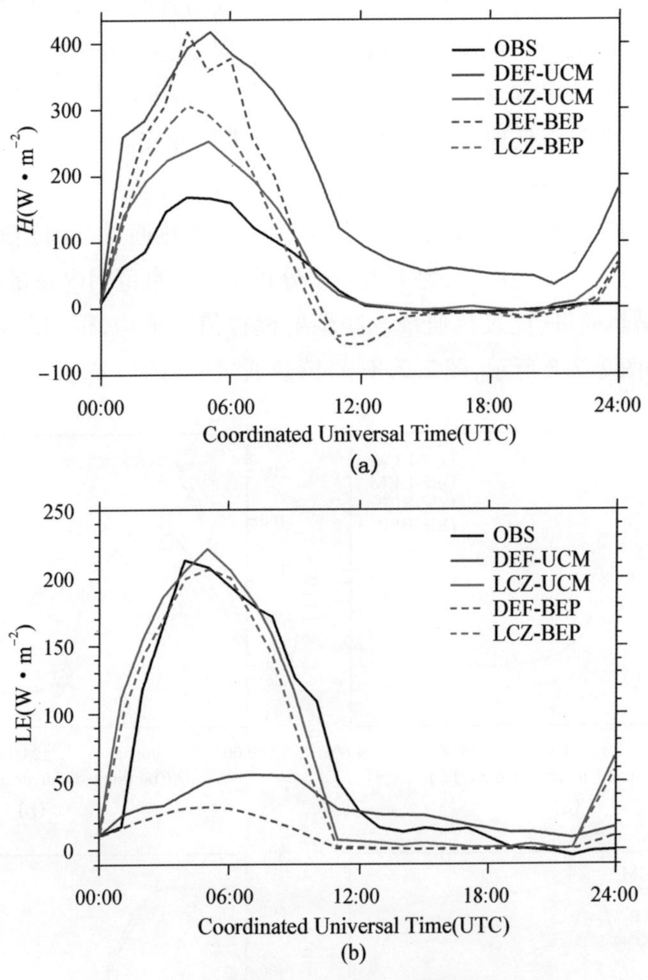

图 2.2.7　WRF 地表通量模拟与观测结果日变化

(a) 地表感热通量；(b) 地表潜热通量

图 2.2.7(b) 地表潜热通量中实测值亦呈单峰形态，0 时至 5 时快速增长，达到峰值 213 W · m^{-2} 后又迅速下降，约 12 时达到零值附近缓慢下降。在 UCM 与 BEP 模式中，默认 DEF 下垫面模拟结果均无明显波动，DEF-UCM 算例结果峰值约为 50 W · m^{-2}，严重低于观测结果，且峰值出现在 9 时，与潜热通量日变化规律不符；DEF-BEP 算例峰值约为 30 W · m^{-2}，不能反映出实际潜热通量变化规律。LCZ-UCM 及 LCZ-BEP 算例模拟结果较默认下垫面算例

均显著提升,白天呈现单峰形态,对峰值及出现的时间均有较好把握,约 6 时达到 220 W · m^{-2},但降至夜间低值时刻提前约一个小时。

总体而言,四种算例在 UTC12 时至 24 时(北京时间 20 时至次日 08 时)结果相近,即夜晚情况下地表热通量对下垫面资料及城市冠层模型均不敏感。但在白天时精细下垫面 LCZ 算例模拟结果显著提升,尤其表现在潜热通量模拟上,几乎完全还原了大气所通量观测站实际潜热通量日变化曲线。与草木植被为主的下垫面不同,城市地表可阻隔地下土壤与边界层大气间的热力、水分和能量的交换。当太阳辐射强度增强时,城市地表温度升高速度快,地表与近地层大气间形成较大的温差,地表对大气的向上感热输送增大。但现在模式使用的参数与个别地区实际情况有较大出入,应根据不同地区合理调整。LCZ 模拟结果的提升主要与精细分类下垫面明显降低地表不透水率有关,合理还原实际地表植被情况,大量植被蒸腾作用提升潜热,使潜热模拟结果有较大改善。

大气所通量观测站点位于北京北部三四环之间,其感热通量与潜热通量日变化能较好地代表北京城区内通量日变化情况,为了进一步分析整个北京范围内通量日变化,将 85 个观测点处感热通量、潜热通量、地表热通量及净辐射模拟值求平均,得到北京站点平均地表热通量日变化图。如图 2.2.8 所示,图 2.2.8(a)感热通量中精细下垫面 LCZ-UCM 及 LCZ-BEP

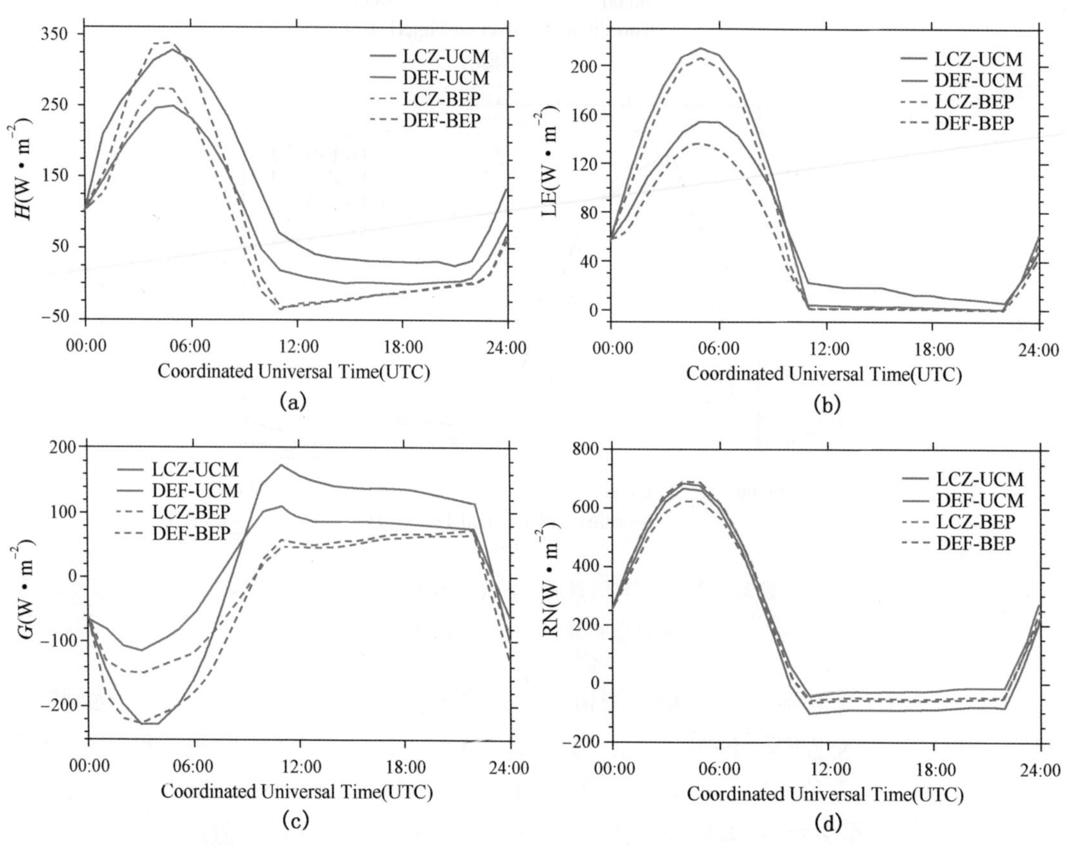

图 2.2.8 四个算例对 85 个站点地表通量模拟结果平均日变化

(a) 地表感热通量;(b) 地表潜热通量;(c) 地表热通量;(d) 净辐射

在全北京范围内仍有效降低峰值，与大气所得到结果一致；图 2.2.8(b) 潜热通量中 DEF-UCM 及 DEF-BEP 较大气所站点模拟稍好，峰值出现时间吻合，但峰值仍偏小，较精细下垫面模拟结果存在一定差距；图 2.2.8(c) 地表热通量中单层城市冠层模式与多层模式模拟结果差异较大，单层结果较高；图 2.2.8(d) 净辐射中四个算例结果几乎一致，无明显差异。

(3) 地表感热及潜热通量空间分布模拟结果分析

为了进一步分析地表热通量空间分布情况，分别给出单层城市冠层模型及多层城市冠层模型当地 14 时地表感热及潜热通量空间分布图，见图 2.2.9 及图 2.2.10。图 2.2.9(a) DEF-UCM 结果显示五环内感热通量普遍较高，在 360 $W \cdot m^{-2}$ 以上，六环线附近则降至 120 $W \cdot m^{-2}$ 以下，处于中间的过渡期较小。图 2.2.9(b) LCZ-UCM 中仅有三环内感热普遍

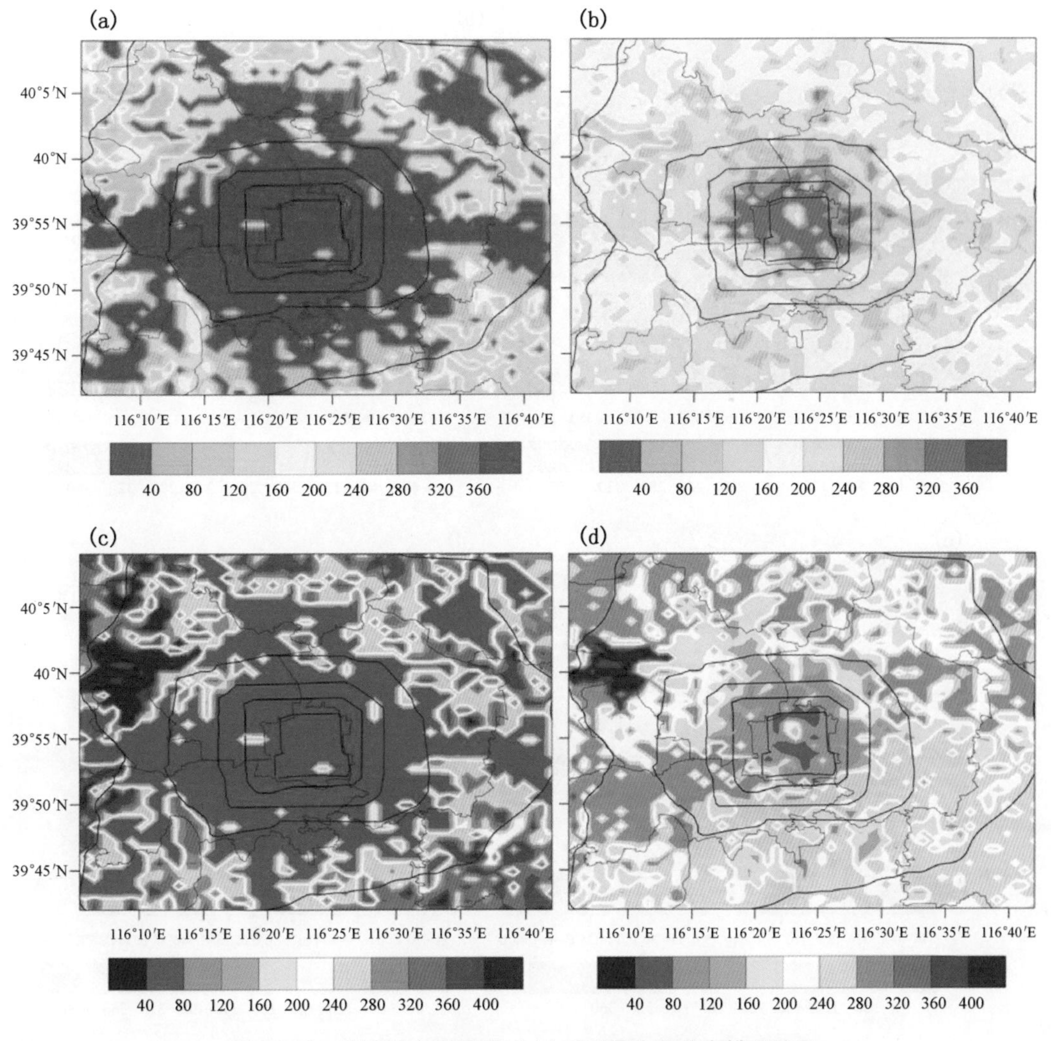

图 2.2.9　单层城市冠层模式 14 时通量空间分布模拟结果

(a) DEF-UCM 感热模拟结果；(b) LCZ-UCM 感热模拟结果；

(c) DEF-UCM 潜热模拟结果；(d) LCZ-UCM 潜热模拟结果

高于 320 W · m^{-2}，三环至六环介于 120 ~ 280 W · m^{-2}之间，空间分布更加合理。图2.2.9(c)潜热通量 DEF-UCM 模拟结果显示四环内普遍低于 40 W · m^{-2}，而五六环则高于 360 W · m^{-2}，这种撕裂式分布不符合北京建筑密度逐环递减、潜热通量逐环递增的规律，图 2.2.9(d) LCZ-UCM 算例则改善了这一点，层次分布更加明显。

在图 2.2.10 多层城市冠层模拟结果中，DEF-BEP 感热模拟结果峰值较单层有所改善，中心约在 320 至 360 W · m^{-2}之间，但仍呈现城市中心与郊区反差过大的极端现象；DEF-BEP 潜热模拟结果较单层结果更加不合理；LCZ-BEP 在感热及潜热模拟上则与单层结果类似。总体而言在地表热通量的模拟上，默认下垫面 DEF 算例在空间分布上反差极大，五环以内及五六环之间呈现割裂式分布，这种突变与实际情况不符。LCZ 下垫面很好地弥补了五环内无

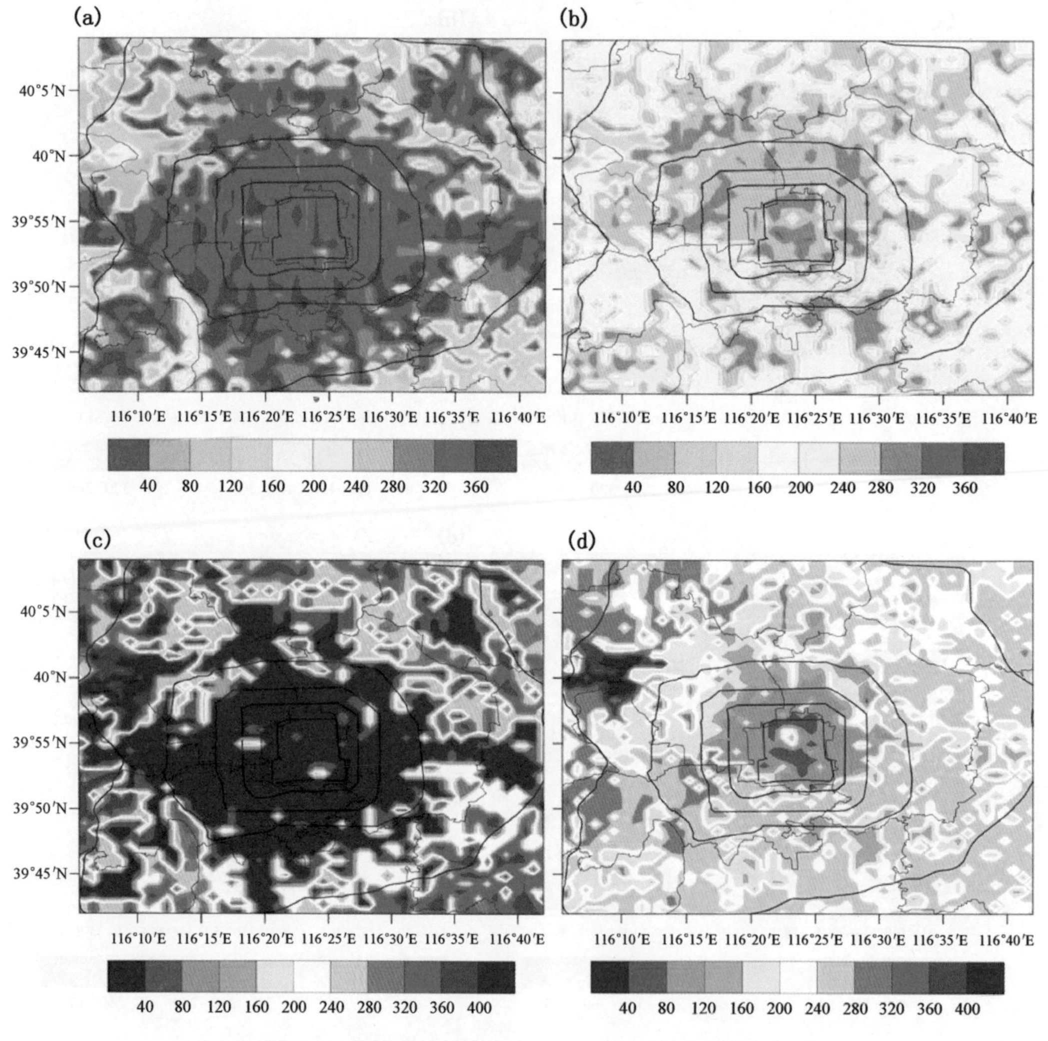

图 2.2.10 多层城市冠层模式 14 时通量空间分布模拟结果

(a) DEF-BEP 感热模拟结果；(b) LCZ-BEP 感热模拟结果；

(c) DEF-BEP 潜热模拟结果；(d) LCZ-BEP 潜热模拟结果

明显区分的缺点，逐环具有不同的特征使热通量模拟结果过渡更加平缓。不论是时间分布还是空间分布规律，LCZ 精细下垫面都与北京实际感热潜热通量分布规律更加吻合。

(4) 2 m 气温空间分布模拟结果分析

气温是城市预报最重要的气象要素，上文对比分析实测与模拟气温日变化曲线，结果显示单层城市冠层模型对下垫面资料更加敏感，下面将进一步分析气温模拟空间分布情况。图 2.2.11(a)，(b)，(c)分别为 UTC09 时实测站点与单层城市冠层 DEF-UCM 及 LCZ-UCM 算例温度空间分布图，图 2.2.11(d)，(e)分别为 DEF-UCM 及 LCZ-UCM 与实测站点温度差值分布图。UTC09 时即为北京 17 时，处于温度峰值后缓慢下降时期。北京实测站点温度大多介于 26 ℃到 30 ℃之间，四环以内及六环北部站点温度较高，大部分站点在 29 ℃以上，六环西南部温度较低。DEF-UCM 算例模拟结果除香山地区几乎普遍在 29 ℃以上，对温度模拟偏高。LCZ-UCM 模拟温度大多在 26 ℃到 29.5 ℃之间，二到四环北部为高温区域，东部其次，低温集中在西部和南部。为了更直观地看出模拟与实测温度在空间上的差异，将 85 个自动气象站点对应位置的模拟结果与实测温度做差值得到图 2.2.11(d)与(e)，其中模拟与实测温度差绝对值在 0.5 ℃以内的站点用空心圆表示。DEF-UCM 算例低于实测 1.5 ℃至 0.5 ℃ 的站点数为 6 个，误差在 0.5 ℃以内站点为 30 个，高于实测 0.5 ℃到 1.5 ℃的站点为 31 个，高于实测 1.5 ℃以上站点为 18 个。LCZ-UCM 算例低于实测 1.5 ℃以上的站点数为 3 个，低于实测 1.5 ℃至 0.5 ℃的站点数为 26 个，温度差在 0.5 ℃以内站点为 38 个，高于实测 0.5 ℃到 1.5 ℃的站点为 14 个，高于实测 1.5 ℃以上站点为 4 个。默认下垫面 DEF-UCM 算例对城区内温度无层次区分，气温大面积模拟偏高是误差较大的主要原因，尤其集中在东北部，误差几乎在 1.5 ℃以上。精细下垫面 LCZ-UCM 算例几乎将误差控制在 1.5 ℃以内，二环以内及城区东北部误差多在 0.5 ℃以内，有效降低了 2 m 气温模拟误差，模拟精度进一步提升。

多层城市冠层 17 时温度模拟结果如图 2.2.12 所示，默认下垫面 DEF-BEP 总体高于精细下垫面 LCZ-BEP 模拟结果，在北部模拟结果较好但西南部及东北部模拟偏高；精细下垫面对三环以内温度模拟偏高，对三至六环模拟结果更贴近于实测温度分布情况。

根据四个算例的 85 个站点 2 m 气温的模拟与观测值计算每个时刻的均方根误差并求平均，得到气温 RMSE 日变化，如图 2.2.13 所示，在单层城市冠层模型 UCM 中，LCZ-UCM 明显优于 DEF-UCM 下垫面，在白天 0 至 9 时，LCZ-UCM 略高于 DEF-UCM，总体值低于 1.8 ℃，均方根误差较低，模拟效果较好；从 9 时至 24 时，均方根误差显著升高，LCZ-UCM 算例明显低于 DEF-UCM 算例，峰值分别出现在 13 时的 2.77 ℃和 14 时的 4.82 ℃；夜间 12 时至 24 时精细下垫面 LCZ-UCM 算例模拟结果显著提升，较默认下垫面 DEF-UCM 算例均方根误差平均减少 2.0 ℃。在多层城市冠层模型 BEP 模式中，两种下垫面算例模拟结果相近，白天 DEF-BEP 在 UTC0 至 10 时略优，总体保持在 2.0 ℃以下，夜间 LCZ-BEP 算例模拟结果较好，最大均方根误差在 3.0 ℃以下。

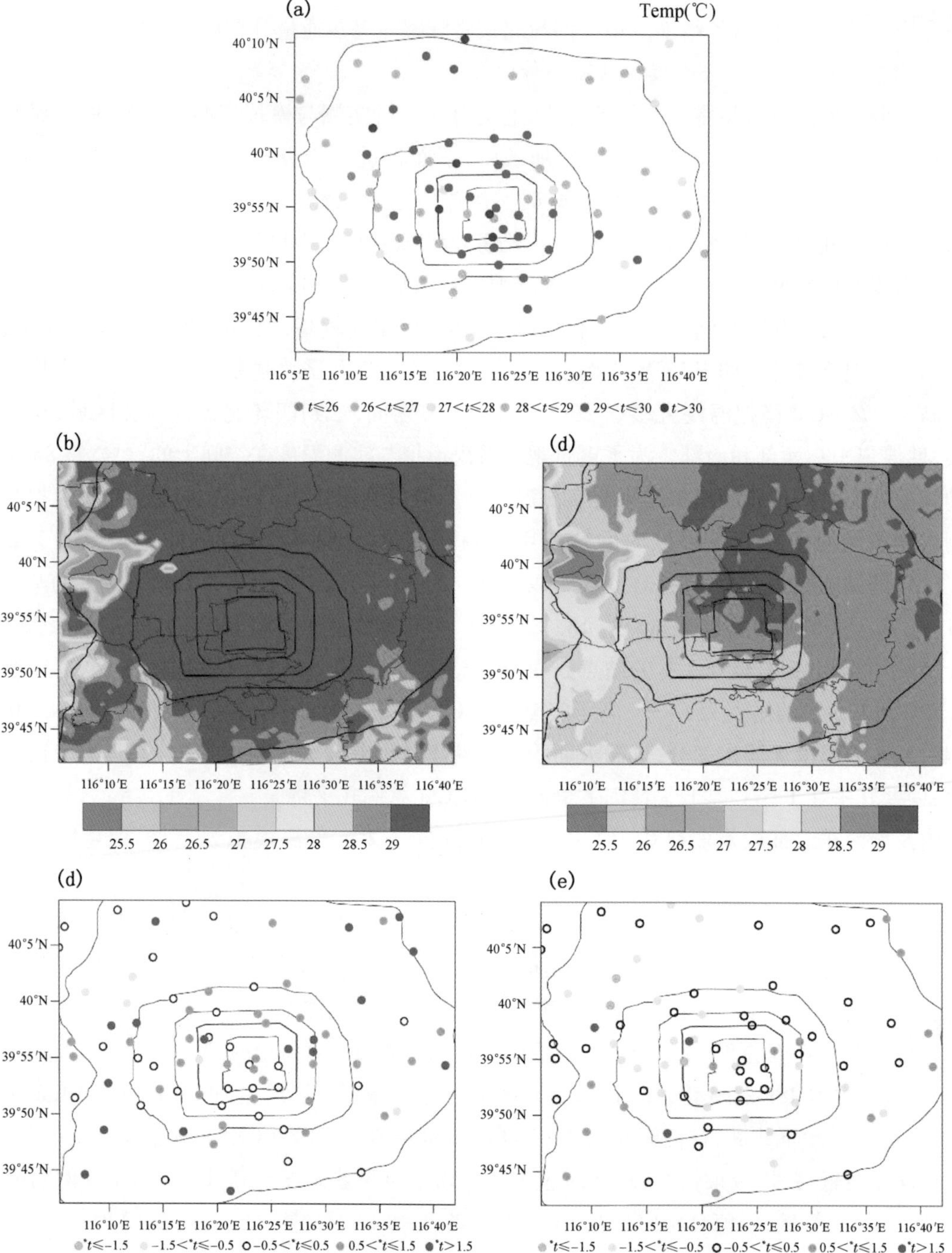

图 2.2.11 单层城市冠层 17 时 2 米气温分布

(a) 观测值;(b) DEF-UCM 模拟值;(c) LCZ-UCM 模拟值;(d) DEF-UCM 与实测温度差值分布;(e) LCZ-UCM 与实测温度差值分布

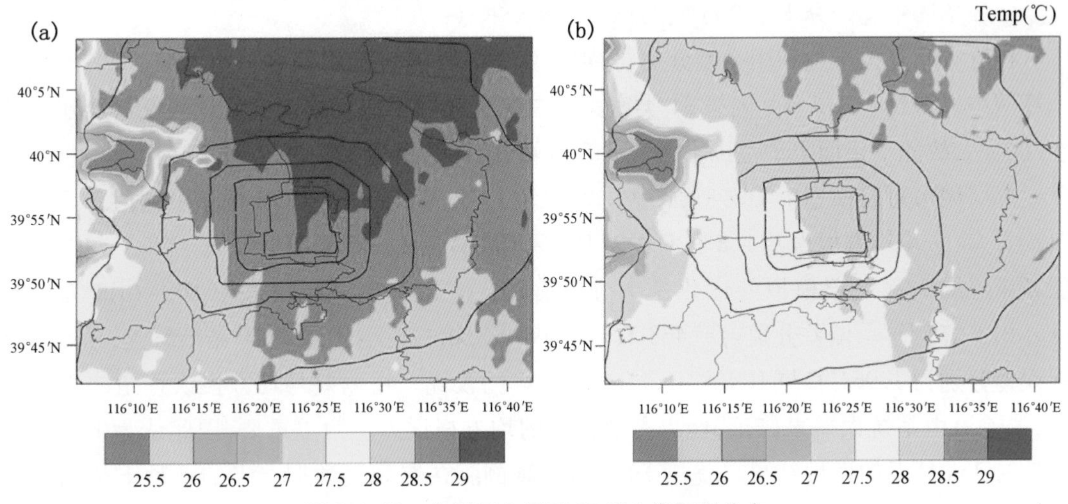

图 2.2.12　多层城市冠层 17 时 2 米气温分布

(a) DEF-BEP 模拟值;(b) LCZ-BEP 模拟值

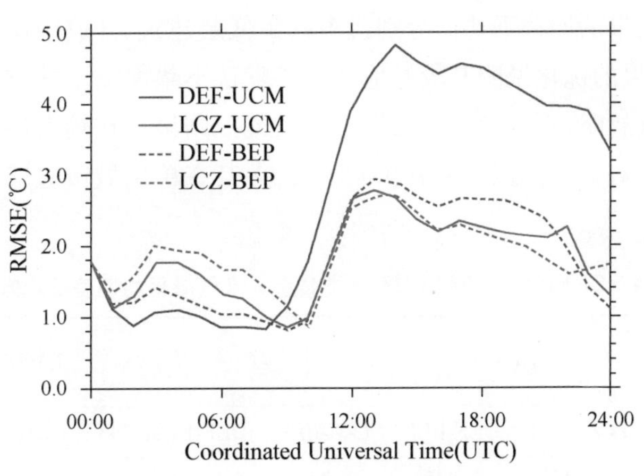

图 2.2.13　气温模拟中 4 个算例 RMSE 日变化

四个算例的均方根误差箱线图分布如图 2.2.14 所示,单层城市冠层模型中,DEF-UCM 算例平均均方根误差在 3.3 ℃左右,最大达到 4.8 ℃,模拟结果较差;LCZ-UCM 算例将均方根误差显著降低,平均约 1.8 ℃。多层模型中,DEF-BEP 及 LCZ-BEP 算例平均值几乎相等,在 1.8 ℃左右,但 LCZ-BEP 最大均方根误差较 DEF-BEP 有所降低。

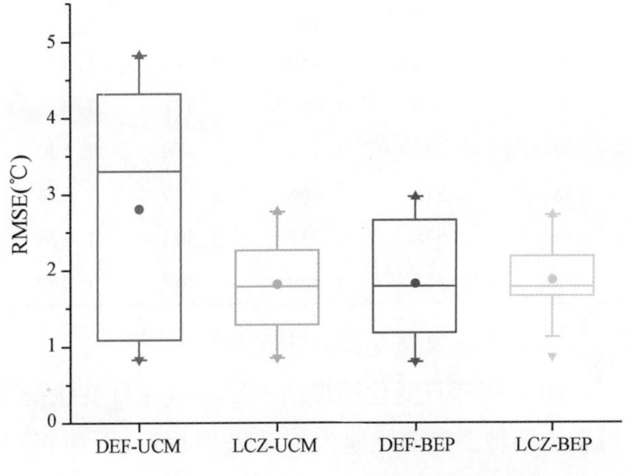

图 2.2.14　气温模拟中 4 个算例 RMSE 箱线图

(5) 不同下垫面分类下 2 m 气温模拟结果分析

将所有站点按土地利用类型分类,分别计算 2 m 气温日平均偏差与均方根误差,汇总四个算例结果得到表 2.2.4。因第 31 类密集高层建筑区域不适宜放置气象观测仪器及建立基准气象站,故此下垫面类型范围上无气象观测站,统计结果为 32 ~ 39 八种下垫面类型。

单层城市冠层模型中 LCZ-UCM 平均偏差为 1.48 ℃,较 DEF-UCM 偏差平均值 2.535 ℃要小得多,平均均方根误差 1.899 ℃也较 DEF-UCM 算例 3.195 ℃明显降低,精细下垫面对单层城市冠层 2 m 气温模拟的优化是十分显著的。多层城市观测模型中 DEF-BEP 算例与 LCZ-BEP 算例平均偏差分别为 1.468 ℃与 1.499 ℃,相差较小,DEF-BEP 结果略优;平均均方根误差分别为 1.961 ℃与 1.925 ℃,LCZ-BEP 算例较优。在偏差与均方根误差指向不一致时,偏差可由系统误差来修正,代表离散程度的均方根误差参数更重要,因此认为 LCZ-BEP 算例对 2 m 气温的模拟结果略优于 DEF-BEP 算例。在有观测数据参考的八种下垫面类型中,第 33、35、36 与 37 类不论在单层还是多层城市冠层模型中均显著优化气温模拟结果,表现为绝对偏差几乎在 1.49 ℃以下(除 37 类下 LCZ-BEP 算例外),均方根误差在 1.98 ℃以下。显著提升模拟结果的四种下垫面分别代表密集低层建筑、开放中层建筑、开放低层建筑与轻型低矮建筑,结果的优化说明其较好地补充了默认下垫面类型的空缺,现有城市分类中这四类下垫面往往被忽略,不合理的参数设定导致模拟结果存在较大误差,分析证明更合理更精细的下垫面分类对气温模拟结果有较大改善,尤其在单层城市冠层模型中,可显著提升 2 m 气温模拟精度。

表 2.2.4 四个算例的不同 LCZ 分类站点 2 米气温平均偏差及均方根误差

LCZ 类型	Bias(℃)				RMSE(℃)			
	DEF-UCM	LCZ-UCM	DEF-BEP	LCZ-BEP	DEF-UCM	LCZ-UCM	DEF-BEP	LCZ-BEP
32	2.465	1.413	1.345	1.448	3.036	1.751	1.735	1.741
33	2.497	1.319	1.380	1.375	3.030	1.638	1.743	1.650
34	2.714	1.637	1.627	1.639	3.397	2.083	2.079	2.124
35	2.476	1.459	1.446	1.421	3.179	1.893	1.936	1.808
36	2.570	1.491	1.471	1.471	3.198	1.889	1.924	1.868
37	2.535	1.478	1.480	1.520	3.206	1.903	2.017	1.979
38	2.512	1.466	1.479	1.624	3.283	1.959	1.920	2.228
39	2.578	1.612	1.594	1.628	3.371	2.185	2.283	2.282
平均	2.535	1.480	1.468	1.499	3.195	1.899	1.961	1.925

(6) 10 m 风速空间分布模拟结果分析

10 m 风速日变化模拟结果显示风速日变化受下垫面影响不大,在单层及多层城市冠层模型中两种下垫面风速模拟结果均相近,下面将对四个算例中 UTC02 时即北京时间 10 时 10 m 风速空间分布结果进行分析。

图 2.2.15(a)为 10 时实测站点 10 m 风速分布图,图 2.2.15(b),(c)分别为单层城市冠层 DEF-UCM 及 LCZ-UCM 算例风速空间分布图,图 2.2.15(d),(e)分别为多层城市冠层

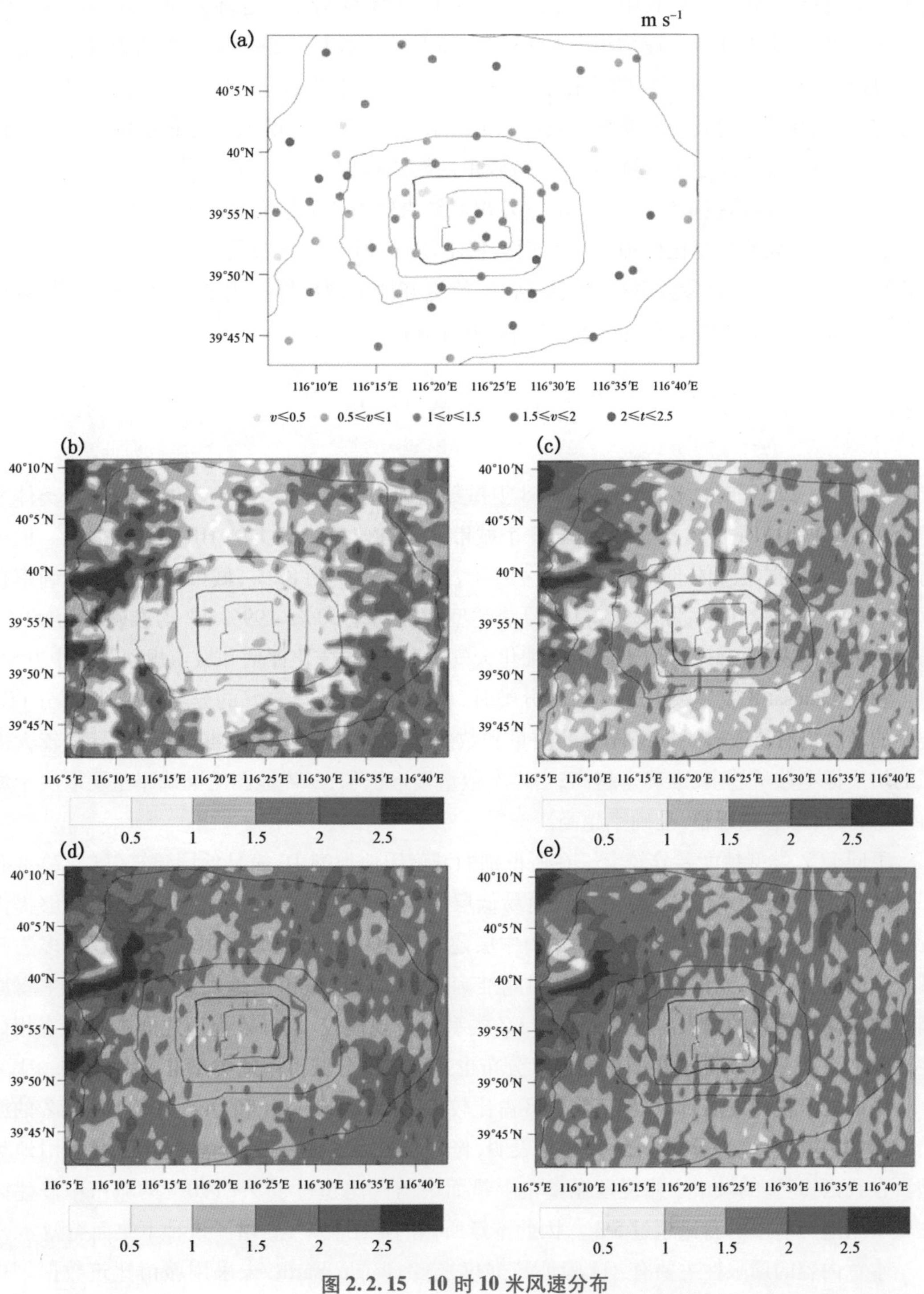

图 2.2.15 10 时 10 米风速分布

(a) 观测值;(b) DEF-UCM 模拟值;(c) LCZ-UCM 模拟值;(d) DEF-BEP 模拟值;(e) LCZ-BEP 模拟值

DEF-BEP 及 LCZ-BEP 风速空间分布图。如图 2.2.15(a)所示,实测风速值在 0.5 至 2.5 $m \cdot s^{-1}$ 之间,其中 1 至 1.5 $m \cdot s^{-1}$ 的风速站点散乱分布于整个城区,这也符合城市内风速小,风向杂乱不稳定的特点;在单层模式中,默认下垫面 DEF-UCM 算例显示五环内与五环外风速分布有明显分界,其中五环内风速均小于 1 $m \cdot s^{-1}$,而五环外则大于 2 $m \cdot s^{-1}$,对风速分布没能很好地再现;LCZ-UCM 算例很好的弥补了这一点,更精细的下垫面分类使整个城区内风速分布更加均匀,尤其二环内较高风速很好的模拟了出来,三环及四环的风速分布也更符合实际情况;在多层城市冠层模型中,整体风速模拟较单层模式稍偏高,DEF-BEP 模拟结果稍稍优化,但仍存在五环内风速模拟偏小的问题,LCZ-BEP 结果较默认下垫面算例仍更优。

总体而言,风速日变化模拟对下垫面资料不敏感,但空间分布受下垫面资料影响较大,LCZ 精细下垫面中建筑参数更符合实际特征,能更好地呈现出城区内的风速分布情况,对单层及多层城市冠层模式风速空间分布均有较好提升。

2.3 本章总结

以 2017—2019 年的多时相 Landsat 8 卫星数据为主要数据源,基于改进的 LCZ 分类体系理论,采用 WUDAPT 方法构建了中国 63 个城市的具有建筑物分类的 HRLUC 数据集。根据精度评估,该数据集总体准确率在 71% ~93%,平均准确率为 82%;城市用地类型准确率在 57% ~83%,平均准确率为 72%;自然覆盖类型准确率在 70% ~99%,平均准确率为 90%。分类结果总体表现较好,可用于城市精细化天气预备、气候变化评估和城市规划等多个方面。

利用 Landsat 8 卫星数据进行 LCZ 分类时,总体上能够获得较好的分类结果,但部分 LCZ 类型的精度仍有待改善。训练样本的质量和数量是实现 LCZ 地图高准确率的关键,较大面积的均质样本数量越多,准确率越高;当样本数量接近饱和,LCZ 地图的准确率主要取决于城市形态,城市形态越规整,准确率越高。

不同 LCZ 类型精度差异较大。在所识别的城市用地类型中,简易低层建筑(LCZ 7)准确率最高,紧凑中层建筑(LCZ 2)次之。简易低层建筑为蓝色或白色波纹金属质地,能够提供较强的光谱信息,LCZ 识别准确。而紧凑中层建筑多集中分布在城市中心区域,建筑多为范围较大的同质区域,光谱信息易识别,因此准确率高。其他城市用地类型表现稍逊,主要原因是缺乏高度信息的输入。另外,部分 LCZ 类型自身规模较小、LCZ 类型之间本身具有相似性以及 LCZ 类型在实际下垫面中的连续分布也是造成部分城市用地类型准确率低的原因。

中国处于快速发展阶段,城市修建区占比较大,然而在 Stewart 和 Oke(2002)对 LCZ 的原始定义中,并没有这种分类。本章研究表明,修建区在我国是一种非常重要的城市用地类型。在我国,35% 的城市中修建区在整个下垫面中的占比超过了 5%,70% 的城市中修建区在城市用地类型中的占比超过 5%。因此本章所做的地图集中,新增了该种下垫面类型。

本章内容的局限性主要有:① 验证数据仅来自 Google Earth,未采用城市建筑数据等更加客观和权威的数据进行验证,这就使得数据的准确率更大程度上决定于数据验证者的先前经验和地理知识。在未来的研究中,应该补充更多的外部建筑数据进行验证,保证数据的客观准确性。② 输入特征仅来自多光谱卫星数据,高程信息不足,导致部分 LCZ 类型准确率相对有一定误差。后续研究应添加更多的灯光数据、开放街景地图等辅助数据集作为输入特征来改善其分类效果。③ 本章人为收集了大量的训练样本,虽然保证了 LCZ 地图的准确性,同时也耗费了巨大的人力和物力。进一步工作中需要尝试使用机器学习方法制作 LCZ 地图,今后将探讨机器学习方法对地表形态复杂的中国城市的适用性。更大范围的城市群乃至整个中国的数据制作工作,目前也在进行中。此外,由于中国城市发展速度较快,该数据集需定期更新,尤其是发展中城市。

基于 LCZ 精细下垫面分类方法,以北京为研究目标,建立 LCZ 地图并将下垫面分类数据集导入中尺度数值预报 WRF 模式中测试其对数值模拟结果的影响,得到以下结论:

① 北京 LCZ 地图显示城市区域与自然环境有明显分界,可清晰看出水体、森林、沙地等分布情况,城区内以小区尺度通过对建筑高度、地表不透水率、建筑材料及使用功能等划分级别,对建筑物进行精细分类,显著提升对实际下垫面状况还原能力。

② 将精细下垫面分类数据集导入中尺度数值预报 WRF 模式中测试其对数值模拟结果的影响,通过下垫面与实际建筑资料参数的对比分析发现,LCZ 数据集中对城区下垫面建筑的精细分类明显优于现在广泛使用的按照不透水面积百分比划分的 3 类城市默认下垫面资料。

北京实际建筑分布特征为二环以内多为密集紧凑古老的中低建筑,高度在 9 ~ 15 m 之间,有较大面积高度不透水区域,达到 0.8 以上;二环到四环主要以高大建筑为主,为 21 m 以上建筑的主要集中区,不透水率在 0.6 至 0.8 之间;五六环则多为低矮建筑,有大量村庄及自然景观,不透水率大多在 0.5 以下。默认下垫面资料对五环以内建筑高度及地表不透水率无明确区分,均认定为 15 m 以上高大建筑,且地表不透水率整体偏高在 0.9 以上。LCZ 数据集能将五环内城区建筑物高度及不透水率区分出来,二环内建筑高度在 2.5 m 到 9.5 m 范围内,符合中低高度建筑分布,大部分区域不透水率在 0.8 以上;二到四环中部及北部多为高大建筑,高度约为 25.5 m,不透水率有所下降,在 0.8 左右;五环外以低矮建筑为主,不透水率显著降低。

北京旧城区在二环范围内,多为密集的四合院平房,随着现代化进程的发展,北京城区扩张,二至四环集中建立大面积高大建筑,五到六环之间多为县区、村舍等,以低矮建筑为主,大量植被使地表透水率升高,随着城区进一步扩张,北部有零星新开发高层建筑群,六环附近多为自然环境,东部东北部及南部主要以农田为主,西部与西北部为山体森林。北京建筑高度及地表不透水率在六环内有明显区别,不同环内随着城市变迁发展有着不同建筑特征,默认下垫面对城区进行的笼统划分不能准确反映北京建筑规律,LCZ 精细下垫面数据集则较好的弥补了这一点。

③ 将 3 类默认城市下垫面与 LCZ9 类精细下垫面分别应用于单层及多层城市冠层模型中,在气温及风速日变化上,模拟结果显示下垫面资料对 2 m 气温模拟结果影响很大,精细下

垫面下 LCZ 算例对气温日变化曲线有更好的掌握,有效改善模型夏季气温模拟最低温偏高的问题,尤其在单层 UCM 模式中更为明显。但 10 m 风速日变化的模拟结果受下垫面影响较小,两个不同下垫面下算例对风速模拟十分相近,多层城市冠层模型模拟结果略优于单层。

在地表热通量日变化模拟上,不论是单层还是多层城市冠层模型,白天时精细下垫面 LCZ 算例地表感热通量和地表潜热通量模拟结果显著提升,夜晚情况下地表热通量对下垫面资料及城市冠层模式均不敏感。模拟结果的提升主要与精细分类下垫面明显降低地表不透水率有关,尤其表现在潜热通量模拟上,几乎完全还原了实际地表潜热通量日变化曲线,精细下垫面合理还原实际地表植被情况,大量植被蒸腾作用提升潜热,使潜热模拟结果有较大改善。

④ 在地表热通量的空间分布模拟上,默认下垫面 DEF 算例在空间分布上反差极大,五环以内及五六环之间呈现割裂式分布,这种突变与实际情况不符。LCZ 下垫面则很好地弥补了五环内无明显区分的缺点,逐环具有不同的特征使热通量模拟结果过渡更加平缓。不论是时间分布还是空间分布规律,LCZ 精细下垫面都与北京实际感热潜热通量分布规律更加吻合。

在温度空间分布上,单层城市冠层模型中 DEF-UCM 算例与实测站点温度差在 0.5 ℃以内站点数为 30 个,0.5 ℃到 1.5 ℃之间站点数为 37 个;LCZ-UCM 算例与实测站点温度差在 0.5 ℃以内站点数为 38 个,0.5 ℃到 1.5 ℃之间站点数为 40 个,误差明显降低,模拟精度进一步提升。

⑤ 将所有站点按土地利用类型分类,计算 2 m 气温日平均偏差与均方根误差,结果显示密集低层建筑、开放中层建筑、开放低层建筑与轻型低矮建筑这四类土地利用类型不论在单层还是多层城市冠层模型中均显著优化气温模拟结果,绝对偏差在 1.49 ℃以下,均方根误差在 1.98 ℃以下。模拟结果的优化说明其较好地补充了默认下垫面类型的空缺,更合理更精细的下垫面分类可明显提升气温模拟精度。

⑥ 在对 10 m 风速空间分布模拟上,LCZ 精细下垫面中建筑参数更符合实际特征,能更好地呈现出城区内的风速分布情况,对单层及多层城市冠层模式风速空间分布均有较好提升。

本章内容在数据集应用方面,将精细下垫面资料引入中尺度数值模式,首次将其与单层城市冠层模型结合起来,模拟结果显示:单层城市冠层模式中气温模拟对下垫面分类精细程度敏感性极高,建筑参数设置可明显提升气温随时间变化及空间分布上的模拟效果。

缺少基础数据是制约城市气象发展的主要因素之一,建立城市气候三维数据集,为数值预报提供基础资料是发展城市预报的重要步骤。完善城市基础数据对数值模拟预报有重大意义,后续会陆续进行国内其他重点城市数据集制作及参数调试,为进一步提高城市数值预报精度提供基础资料。

3　城市建筑物形态学参数数据集建设

城市是最复杂的非均匀下垫面类型之一。城市中不透水的下垫面、建筑物、绿地等多尺度非均匀分布，改变了城市地表及其下风向区域的动力、热力、辐射和水文过程，导致复杂的地气相互作用。当今世界正处在快速城市化阶段。根据联合国人口研究计划的研究成果，预计 2050 年全球超过三分之二的人口将居住在城市（United Nations, 2019）。城市作为人类改造自然的产物，其复杂的空间形态和下垫面物理性质与自然下垫面相比有明显的差异，加之城市区域人类活动所产生的废热和污染物质的排放，城市对局地气候有着非常大的影响。

近年来，随着中国城市化进程的加快，城市地区的环境问题日益严重，高温热浪、空气污染事件以及极端天气发生频率有所增加，如何应对这些问题以及城市化进程中如何规避这些问题将是一项巨大的挑战。城市天气气候的预测和风险评估是研究这一问题的基础，而数值模式是其中的重要研究手段，提升其对城市区域模拟性能将有助于更好地理解城市与大气之间的相互作用，为政策制定者提供可靠的数据支撑。城市冠层模式是目前天气气候模式中描述城市下垫面陆面过程的主要参数化模块，随着人们对城市陆面过程科学问题认知的深入，天气气候数值模式中城市冠层模式参数化方案的复杂度也逐步提升，从单层城市冠层模式（Kusaka et al., 2001）发展到多层城市冠层模式（Martilli, 2009）。随着模式复杂度的增加，其对物理过程的描述能力也在提升，同时对模式输入参数的要求也随之提高。Grimmond 等人（2010,2011）指出对城市下垫面物理属性的精细描述有助于城市陆面过程模式模拟能力的提升，而城市形态学参数是描述城市地表覆盖特征的重要物理参数之一，是城市冠层模式的重要输入参数。我国幅员辽阔，城市形态各异，难以通过单一参数进行描述，因此必须开展有针对性的城市建筑物形态学参数的研究，并构建适用于天气气候模式的数据集。

获取城市冠层数据需要强大的城市建筑数据来支持，但是现阶段获取准确的地表形态信息依然具有挑战。常用的获取城市冠层信息的方法有三种：① 遥感技术，② 地理测量矢量数据，③ 城市地理标记语言（CityCML）等虚拟城市三维模型。遥感可以快速、大规模地获取城市建筑信息，但仍依赖于更高分辨率的数据。地理测量可以获得最准确、最完整的数据，但会消耗大量的人力物力。虚拟城市三维模型虽然可以准确地刻画城市形态信息，但也需要大量的附加信息，如激光雷达数据等。利用 OpenStreetMap（OSM）数据或众包结合深度学习是获取城市形态参数的一种新尝试。然而，由于这类数据是志愿者自发产生的，在一些欠发达地区，数据缺失更为严重。因此，如何获取精准的城市建筑信息是提高城市冠层模拟能力的关键（He et al., 2019；Kwok et al., 2020；Masson et al., 2020；Sharma et al., 2017；

Shen et al., 2019)。

3.1 我国主要城市建筑物形态学参数数据集与应用研究

城市区域的形态,包括建筑结构、建筑物分布、建筑材料、地表不透水性质和植被覆盖度等,都在不同尺度上深刻地影响着城市边界层过程。这些信息对中尺度数值模式至关重要,直接影响中尺度数值模式的模拟准确度。由美国环境预报中心(NCEP)和美国国家大气研究中心(NCAR)共同研发的WRF模式能够通过陆面模式和城市冠层方案计算出城市区域的各气象要素时空分布,是当前用来模拟城市地区的主流模式。美国早在2009年便提出了NUDAPT(National Urban Data and Access Portal Tool)计划,该计划旨在为城市冠层方案提供高分辨率城市形态信息,目前已有美国44个主要城市高分辨率形态参数(Ching et al., 2009; Burian and Ching, 2010)。但是目前除美国部分城市外,高分辨率的城市形态参数数据非常匮乏。中国作为最近几十年城市化进程最快的地区,建立中国城市高分辨率城市形态参数数据集对推进中国城市气候研究有着重要的促进作用。然而,有关中国地区城市形态参数的工作开展的较少,类似NUDAPT的全国范围城市形态参数数据集更是空白,因此亟待开展相关的研究。

3.1.1 数据集简介

本数据集所用的基础数据包括中国六十个主要城市的建筑物矢量数据以及全球10 m分辨率地表覆盖数据。建筑物矢量数据提供城市地区建筑物层数、建筑物轮廓数据,地表覆盖数据采用清华大学研发的全球10 m分辨率地表覆盖数据(FROM-GLC10, http://data.ess.tsinghua.edu.cn/)。目前该数据集分辨率为1 km×1 km(也可以根据需要划分为其他分辨率)。当前WRF城市冠层方案分为两类:单层城市冠层方案(Kusaka et al., 2001)和多层城市冠层方案(Martilli et al., 2009;Salamanca et al., 2010)。本数据集包含常用城市冠层所需参数信息,具体变量参见表3.1.1,三维参数包括Frontal Area Density,Plan Area Density,Roof Area Density以及Distribution of Building Heights,其他参数均为二维参数。本数据集水平分辨率为1 km,垂直分辨率为5 m,垂直方向上共分为15层,最高为75 m(表3.1.1)。

表3.1.1 UCPs参数列表

UCPs(WRF Variable Name)	URB_PARAM Index
Frontal Area Density at 0°(FAD0_URB2D)	1~15
Frontal Area Density at 135°(FAD135_URB2D)	16~30
Frontal Area Density at 45°(FAD45_URB2D)	31~45

(续表)

UCPs(WRF Variable Name)	URB_PARAM Index
Frontal Area Density at 90°(FAD90_URB2D)	46 ~ 60
Plan Area Density(PAD_URB2D)	61 ~ 75
Roof Area Density(RAD_URB2D)	76 ~ 90
Plan Area Fraction(LF_URB2D)	91
Mean Building Height(MH_URB2D)	92
Standard Deviation of Building Height(STDH_URB2D)	93
Area Weighted Mean Building Height(HGT_URB2D)	94
Building Surface to Plan Area Ratio(LF_URB2D)	95
Frontal Area Index(LF_URB2D)	96 ~ 99
Complete Aspect Ratio(CAR_URB2D)	100
Height to Width Ratio(H2W_URB2D)	101
Sky View Factor(SVF_URB2D)	102
Grimmond and Oke(1999) Roughness Length (ZOS_URB2D)	103
Grimmond and Oke(1999) Displacement Height (ZDS_URB2D)	104
Raupach(1994) Roughness Length (ZOR_URB2D)	105,107,109,111
Raupach(1994) Displacement Height (ZDR_URB2D)	106,108,110,112
Macdonald et al. (1998) Roughness Length (ZOM_URB2D)	113 ~ 116
Macdonald et al. (1998) Displacement Height (ZDM_URB2D)	117
Distribution of Building Heights(HI_URB2D)	118 ~ 132

表3.1.1给出了WRF模式中所需要的城市冠层参数,其中参与城市冠层方案计算的主要参数计算方法如下:

网格建筑平均高度及建筑高度标准差计算方法为:

$$\bar{h} = \frac{\sum_{i=1}^{N} h_i}{N} \tag{3.1.1}$$

$$s_h = \sqrt{\frac{\sum_{i=1}^{N} (h_i - \bar{h})^2}{N - 1}} \tag{3.1.2}$$

其中 h_i 代表网格内每栋建筑物高度,N 代表网格内建筑物数量。

建筑物水平投影面积比定义为网格内建筑物水平投影面积之和与网格面积之比,计算方法如下:

$$\lambda_p = \frac{A_P}{A_T} \tag{3.1.3}$$

其中 A_P 为网格内建筑物水平投影面积之和,A_T 为网格面积。

与建筑物水平投影面积比类似,λ_b 表示网格内建筑物表面积与网格面积之比,计算公式为:

$$\lambda_b = \frac{A_R + A_W}{A_T} \tag{3.1.4}$$

其中 A_R 为建筑物水平投影面积,A_W 为非水平粗糙元表面积即建筑物墙面面积,A_T 为网格面积。

迎风面指数(λ_f)定义为特定风向上建筑物投影面积与网格面积之比,并用 4 个方向上的迎风面指数代表所有方向上的值,其计算公式如下:

$$\lambda_f = \frac{A_{proj}}{A_T} \tag{3.1.5}$$

其中 4 个方向分别为 0°,45°,90°和 135°,由于建筑物阻挡作用的对称性,这 4 个方向上的数据可以对应地应用在 16 个风向上。

3.1.2 中国主要城市 UCP 的特征分析

中国幅员辽阔,由于地形条件及气候环境等因素的影响,城市人口分布表现出一定的区域特征,地理学上通常用"胡焕庸线"来表现这种差异。"胡焕庸线"即从黑龙江黑河市到云南省腾冲的连线,线东南方国土面积约占 40%,居住着超过 90% 的人口,"胡焕庸线"东南地区城市人口远大于其西北地区。对中国城市形态参数初步分析发现,除了城市人口分布在空间上存在差异外,城市形态在空间上也存在较大的差异性,这种差异可以通过城市形态参数体现出来。中国主要城市高度信息统计量分布情况,由图 3.1.1 可以看出,中国城市主要分布在"胡焕庸线"东南侧,城市建筑平均高度、中位数高度和高度均方差都呈现出南高北低的格局。城市建筑平均高度和中位数高度可以表征城市建筑物高度总体特征,而建筑高度均方差则代表建筑物高度离散情况,即建筑物高度跨度大小。在 60 个城市中,拉萨平均高度、中位数高度和高度均方差都最小,三个统计量分别为 6.4,6,2.5 m,表明拉萨建筑物形态较为均一,多为低矮建筑;相反,表征香港高度统计量的数值除高度中位数外均最大(中位数为第二大),分别为 23.2,15,24.1 m,表明香港高大建筑物较多,并且建筑物高度跨度较广,低矮建筑和高大建筑都占很大比重。

除了城市建筑物高度统计量信息在空间分布上存在一定的差异性外,其他城市形态参数在空间分布上也有一定的规律性。图 3.1.2 给出了 60 个城市建筑水平投影面积比(λ_p)、建筑表面积比(λ_b)和建筑迎风面指数(λ_f)的空间分布情况。西部地区("胡焕庸线"以西)、海南及东南沿海地区城市建筑水平投影面积比(λ_p)大于其他地区,三大城市群中珠三角平均值最大。城市建筑表面积比(λ_b)除香港、澳门外,其他城市无明显差异,说明中国城市单位面积上建筑物表面积基本一致,而香港、澳门由于建筑用地紧张,建筑物密集,导致单位面积上建筑表面积较大。对 60 个城市建筑迎风面指数(λ_f)研究发现,中国城市建筑物在 4 个

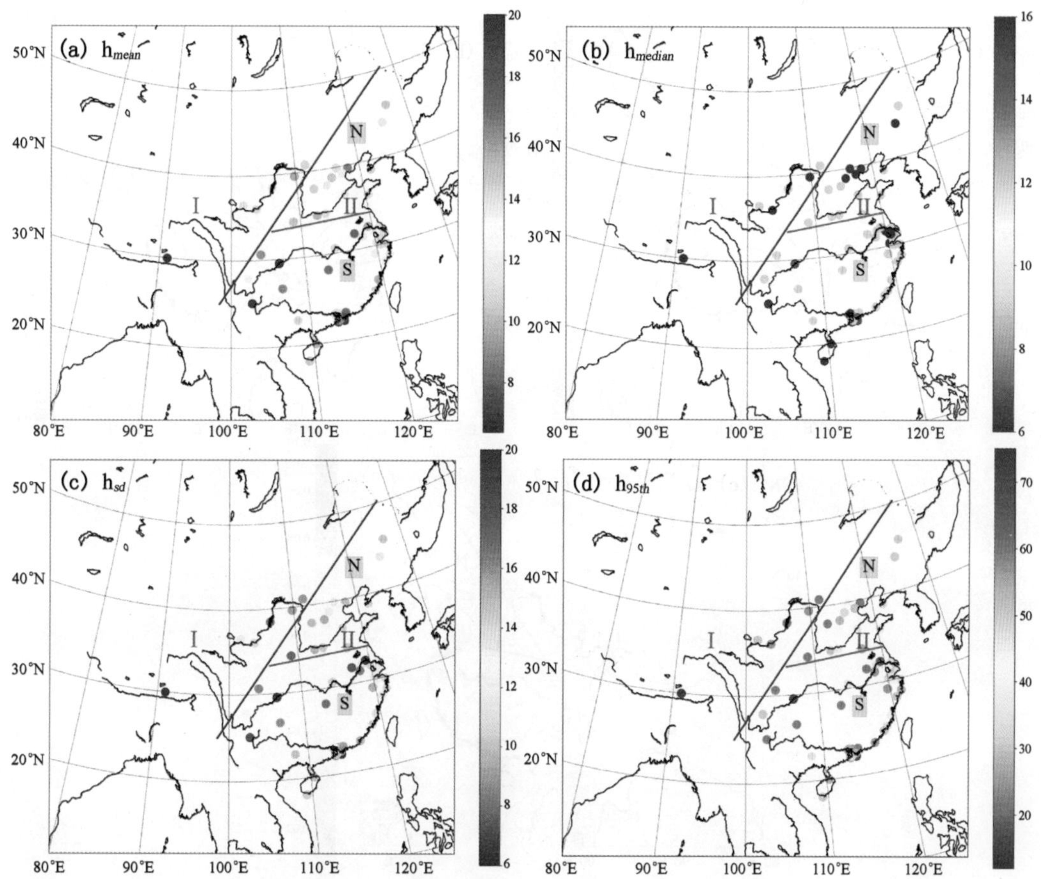

图 3.1.1　中国 60 个城市平均高度、中位数高度、高度均方差、95 分位高度空间分布（蓝线为“胡焕庸线”、绿线为秦岭—淮河线，I、II 区表示东、西部，S、N 表示南、北地区，单位：m）

方向上迎风面指数差异极小，这说明中国城市建筑物形态较为规整，各方向形态一致，故本节用 4 个方向上平均建筑迎风面指数来表征建筑迎风面特征。除香港、澳门等城市，其他城市建筑迎风面指数差异不大，空间分布较为均匀。

对各城市建筑物高度分布的分析则表明，中国城市结构形态可以分为两类：单峰结构和双峰结构。图 3.1.3 给出了两种形态典型的建筑物高度概率密度曲线，由图 3.1.3 可知，单峰形态城市建筑物高度峰值集中在 2 层，随后概率随层数减小，高层建筑占比较小；双峰形态城市建筑物高度除了在 2 层处有一峰值外，在 6 层处还存在第二个峰值，并且高层建筑占比相对于低层建筑也较小。结合两种城市建筑高度分布形态来看，中国城市建筑物以低层建筑为主，高层建筑占比较少，且城市建筑大部分位于 12 层以下。根据这种城市建筑高度形态分布，60 个城市可分为两类，其中单峰形态城市共有 29 个，双峰形态城市共有 31 个。图 3.1.4 给出了两类城市形态建筑物数量随建筑物层数变化情况，由图 3.1.4 可以看出，单双峰形态城市建筑物高度及建筑物数量存在明显差异。单峰形态城市建筑物数量远远大于双峰形态城市，单峰形态城市平均建筑物数量约为 10.5 万，而双峰形态城市平均建筑物数量约

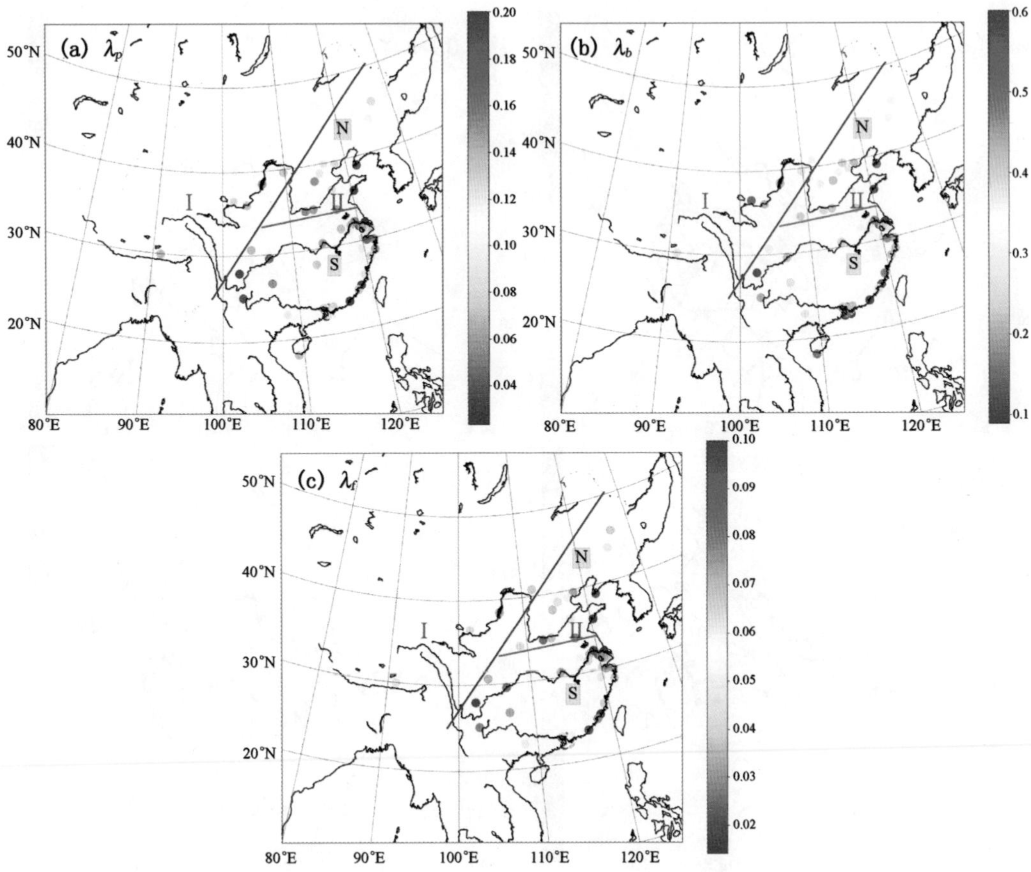

图 3.1.2 部分城市形态参数(λ_p、λ_b、λ_f)空间分布(蓝线为“胡焕庸线”,绿线为秦岭—淮河线)

为6.8万,单峰形态城市建筑物数量为双峰形态城市建筑物数量的1.5倍。并且两者差异主要集中在12层以下的建筑占比,对12层以上的建筑占比两者差异不大,也就是说低矮建筑物数量的差异是造成城市有单双峰形态之分的主要原因。

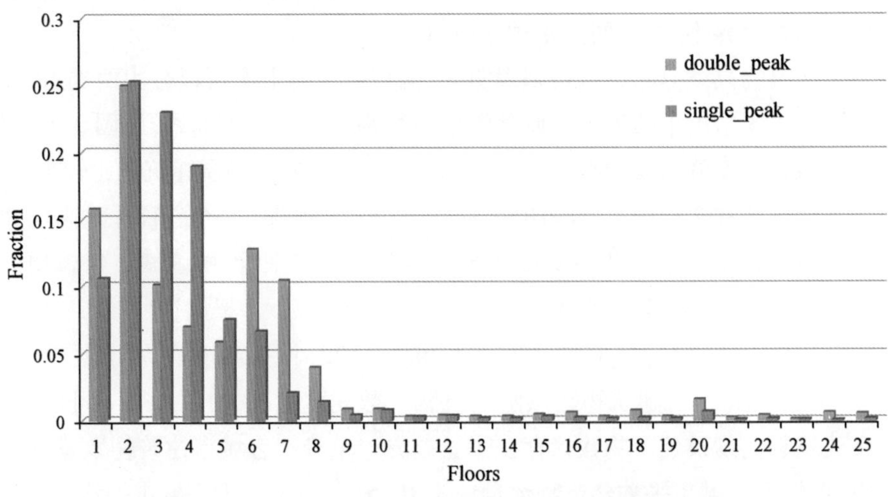

图 3.1.3 典型单双峰形态城市建筑物高度概率密度曲线

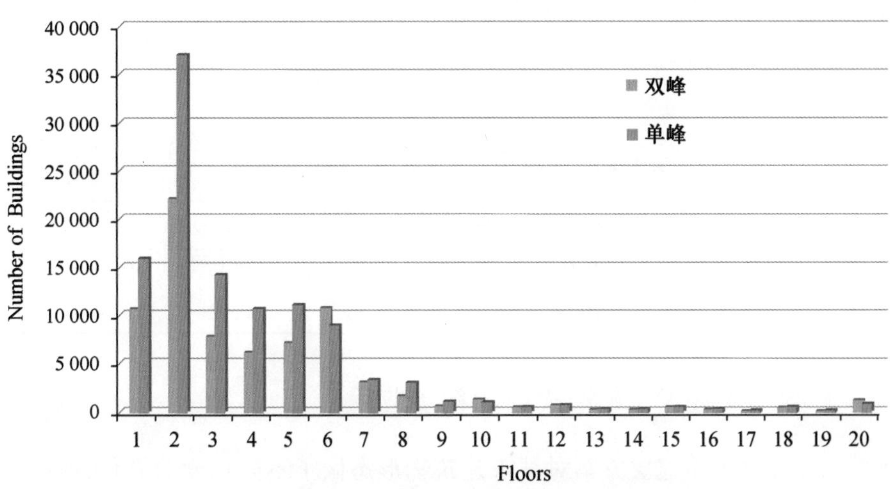

图 3.1.4　单双峰形态城市建筑物数量随高度变化统计

图 3.1.5 给出了 60 个城市单双峰形态城市空间分布,由图可以看出单双峰形态城市分布具有一定的区域性和不均匀性。总体来看,北方城市形态以双峰为主,南方及东南沿海以单峰为主。从区域分布来看,京津冀和珠三角地区城市以单峰形态为主,长三角地区城市以双峰形态为主,东南沿海城市大多为单峰形态,西南地区则为双峰形态。这种城市形态的差异在城市形态参数上也有较为明显的体现,表 3.1.2 给出了 2 种城市结构各城市形态参数对比情况。由表 3.1.2 可知,单峰形态城市建筑平均高度、中位数高度和水平投影面积加权平

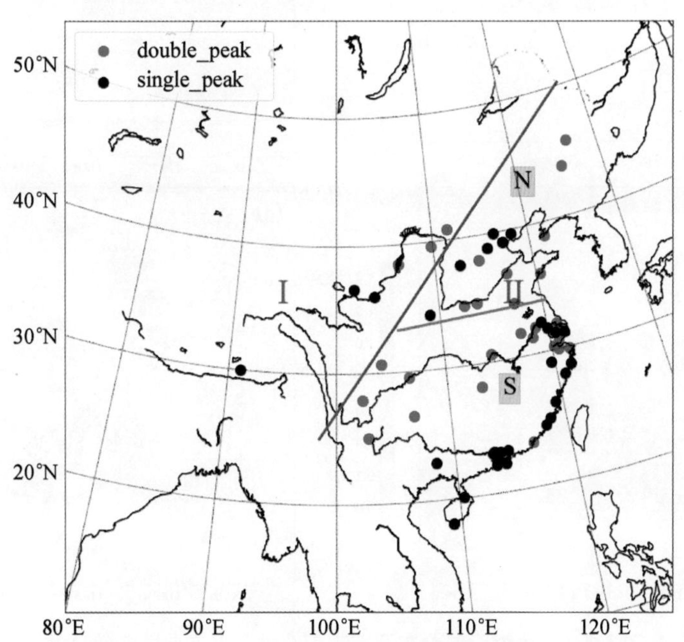

图 3.1.5　单双峰形态城市空间分布(红点代表双峰形态城市,黑点代表单峰形态城市,蓝线为“胡焕庸线”,绿线为秦岭—淮河线)

均建筑高度都低于双峰形态城市，而单峰形态城市建筑高度均方差大于双峰形态城市。同时，单峰形态城市建筑水平投影面积比(λ_p)、建筑表面积比(λ_b)和建筑平均迎风面指数(λ_f)都要大于双峰城市。

表 3.1.2 单双峰结构城市形态参数统计表

	mean_h	median_h	Std_h	Haw	λ_p	λ_b	λ_f
单峰	13.1	9.0	18.2	14.5	0.17	0.66	0.08
双峰	14.2	10.3	13.4	15.1	0.11	0.41	0.06

3.1.3 UCP 数据集在 WRF 模式中的初步应用

WRF 模式中不同城市冠层方案对城市建筑物形态做了不同程度的简化，所需要的城市形态参数也不尽相同，为了探究 WRF 模式对城市冠层参数的敏感性问题，我们对南京的一次晴天过程进行了模拟。本次模拟采用三重嵌套，模拟区域如图 3.1.6 所示，模拟时间为

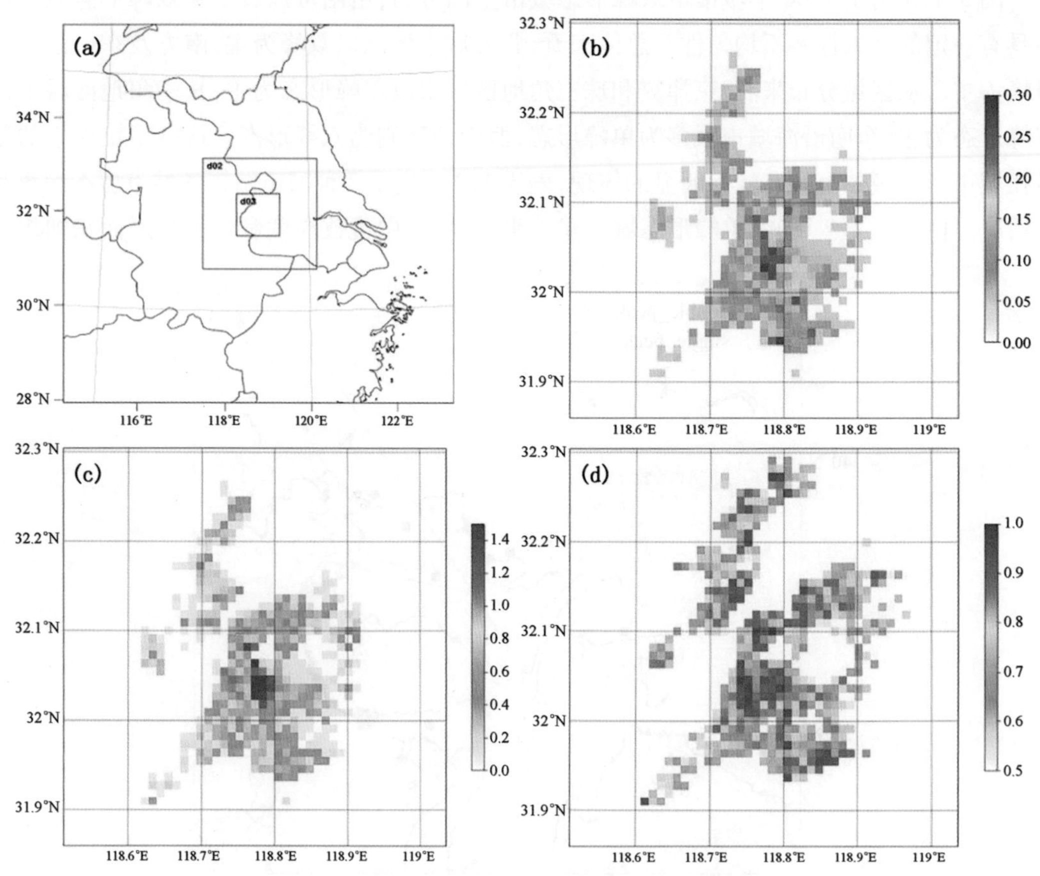

图 3.1.6 模拟区域分布及南京部分城市形态参数空间分布

(a) 研究区域；(b) 建筑平面面积分数；(c) 建筑表面积与平面面积之比；(d) 不透水表面覆盖率

2017 年 8 月 4 日 08 时—2017 年 8 月 8 日 08 时(北京时,下同),其中前 24 小时为模拟调整时间。模拟区域中心经纬度为 118.8 °E 和 32.06 °N,水平网格距分别为 9,3 和 1 km。本研究共设计了两组实验:采用 WRF 默认城市形态参数的 Default 算例,以及采用高分辨率城市形态参数的 UCPs 算例(表 3.1.3),所有算例除城市冠层方案选择不同,其他参数化方案均相同,表 3.1.4 给出了模式模拟主要参数设置情况。

表 3.1.3　Default 算例与 UCP 算例介绍

	Default cases			UCPs cases		
	BEM_UCPs	SLUCM_DEF	BEP_DEF	BEM_DEF	SLUCM_UCPs	BEP_UCPs
Urban canopy model	Single layer	Multilayer	Multilayer	Single layer	Multilayer	Multilayer
UCPs	Look-up table	Look-up table	Look-up table	Gridded UCPs dataset	Gridded UCPs dataset	Gridded UCPs dataset

表 3.1.4　模式主要模拟参数设置

区域编号	d01	d02	d03
模拟时间	2017 年 8 月 4 日 08 时—2017 年 8 月 8 日 08 时		
初始气象场	6h 一次的 NCEP 再分析资料(0.25°×0.25°)		
水平分辨率	9 km	3 km	1 km
微物理方案	WSM 3-class simple ice scheme		
长波辐射方案	RRTM scheme		
短波辐射方案	Dudhia scheme		
近地层方案	Monin-Obukhov scheme		
陆面过程方案	Unified Noah land surface model		
边界层方案	BLscheme		

图 3.1.7 给出了南京建筑物高度分布概率空间分布。由图 3.1.6(b),(c)可以看出 λ_p 和 λ_b 分布有较强的一致性,极大值都位于市中心,表明市中心建筑表面积最多,并且由图 3.1.7(a),(g)可以认为市中心建筑表面积主要贡献来源于低矮建筑。南京市中心建筑物数量远远大于其他区域,10 m 以下建筑物占比超过 50%,南京市中心建筑物密度明显高于其他区域。南京 20 m 以上建筑主要分布在城市外围区域(图 3.1.7(d)~(f)),这也就解释了为什么建筑物投影面积加权高度(Haw)在市中心和城市外围区域均有较大数值(图 3.1.7(h))。

城市建筑全面积在城市能量平衡过程中有重要影响,城市不透水面覆盖度一定时,单层城市冠层方案建筑全面积主要受建筑平均高度影响,多层城市冠层方案则主要受建筑物高度概率分布影响。WRF 单层城市冠层方案(SLUCM)对建筑物高度进行了归一化处理,街渠宽度(街道宽度与建筑宽度之和)为 1,街宽、楼宽以及建筑物高度处理为各自占街渠宽度的占比。图 3.1.8 给出了 UCPs 算例与 Default 算例之间建筑表面积差值水平分布,SLUCM 用

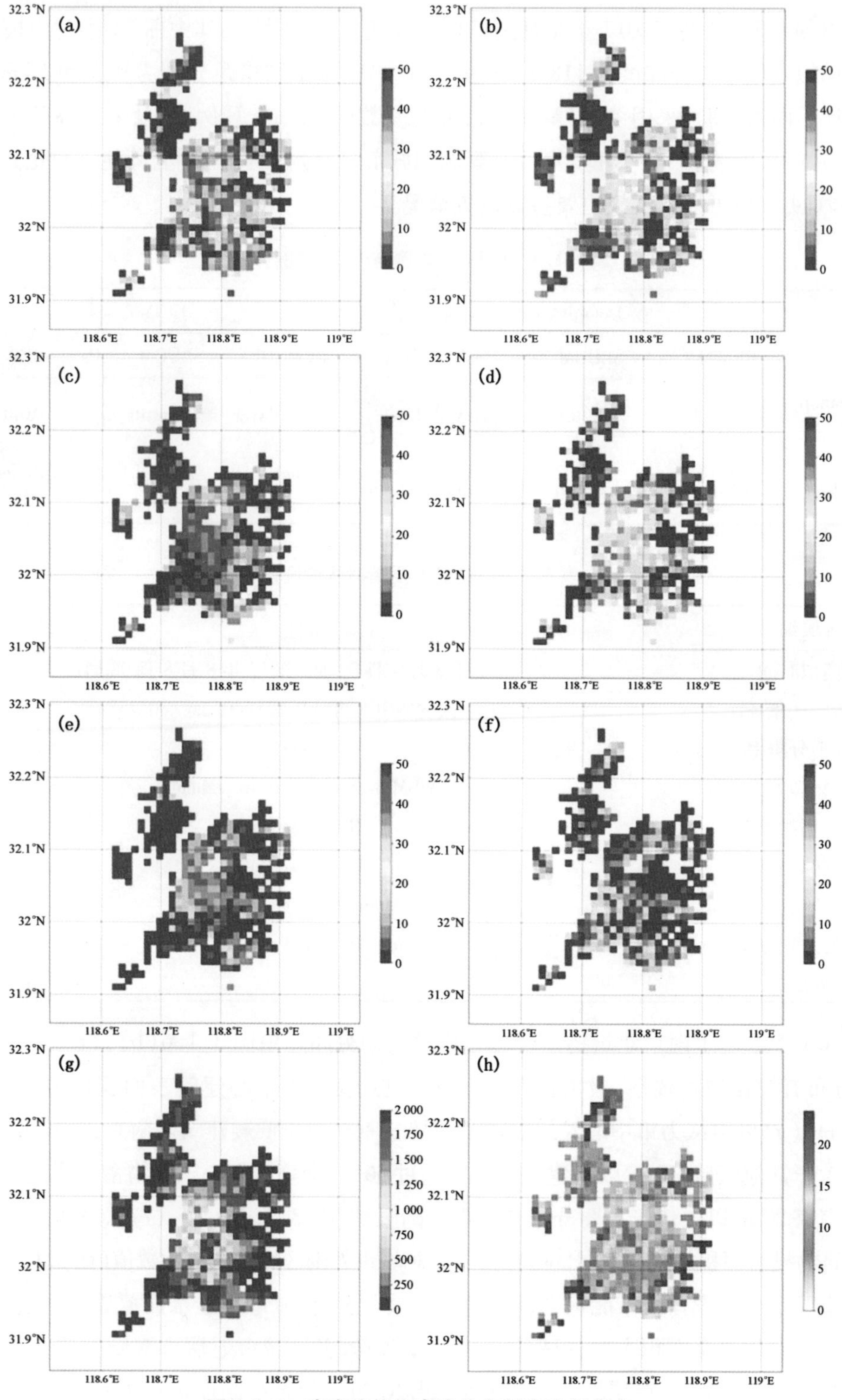

图 3.1.7　南京建筑物高度分布概率空间分布

(a－f)高度 <10 m,(10－15]m,(15－20]m,(20－25]m,(25～30]m, >30 m 建筑物个数百分比;(g) 建筑物单位空间个数;(h) Haw 空间分布(m)

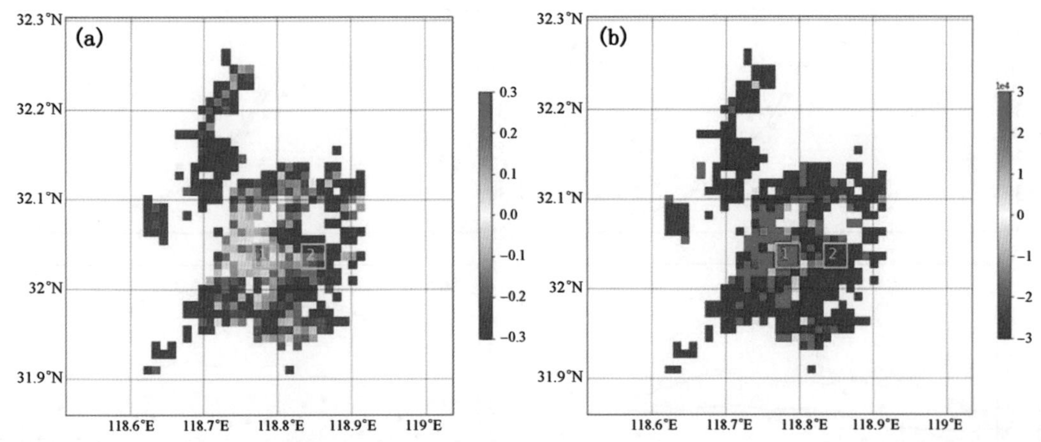

图 3.1.8　(a) 南京平均建筑物归一高度(无量纲量)差值水平分布(UCPs-default);(b) 南京建筑全面积差值水平分布(UCPs-default)

建筑物归一高度之差表示,BEP 与 BEP + BEM 则直接用建筑物全面积之差。为了进一步探究 WRF 城市冠层方案对城市形态参数的敏感性问题,本节选取 UCPs 与 Default 算例建筑表面积差异较大的两个区域,区域 1UCPs 算例建筑高度与建筑全面积均大于 Default 算例,区域 2 则相反。

图 3.1.9 给出了 2017 年 7 月 31 日 08 时—8 月 1 日 08 时市中心 2 m 温度和冠层风速日变化情况,由图 3.1.9 可见,引入城市形态参数后,WRF 对 2 m 温度和冠层风速的模拟效果有显著提升,WRF 对城市形态参数较为敏感。城市形态参数对 2 m 温度的影响主要体现在白天,而对冠层平均风速的影响则是全天。以区域 1 为例,default 算例模拟出的 2 m 温度略低于观测值,特别是 BEP_DEF 和 BEM_DEF 方案,对 2 m 温度的低估更多;引入城市形态参数后,三种城市冠层方案对 2 m 温度的模拟都有提升,基本与观测值相同,其中 BEM_UCPs 算例 2 m 温度模拟值与观测值最为接近。这是因为 UCPs 算例在区域 1 建筑表面积要大于 default 算例,建筑表面吸收更多的太阳辐射,使城市增温,区域 2 则相反,致使 UCPs 算例模拟出更低的 2 m 温度。从三种方案 2 m 温度的模拟效果来看,城市形态参数对多层城市冠层方案 2 m 温度的模拟效果提升要大于单层城市冠层方案,SLUCM 温度对 UCPs 相对不敏感。从冠层风速来看,SLUCM_UCPs 算例对风速的模拟与观测值最为接近,并且城市形态参数对单层城市冠层方案风速模拟提升最大,这可能是因为 SLUCM_UCPs 直接调用了表征城市建筑迎风面积的迎风面指数,对城市风场的模拟影响最为直接,提升了 WRF 模式对风速的模拟能力。

城市形态对辐射过程的影响主要有三点:辐射截陷、阴影遮蔽和建筑储热,三者存在复杂的竞争关系,总的作用效果与城市具体形态有关。建筑物高度和建筑物密度是决定三者竞争关系的关键因素,同时也是影响城市风场的决定性因素。WRF 模式默认参数对城市形态的描述存在偏差,而这些偏差对城市地区辐射过程及动力过程有所影响。引入高分辨率

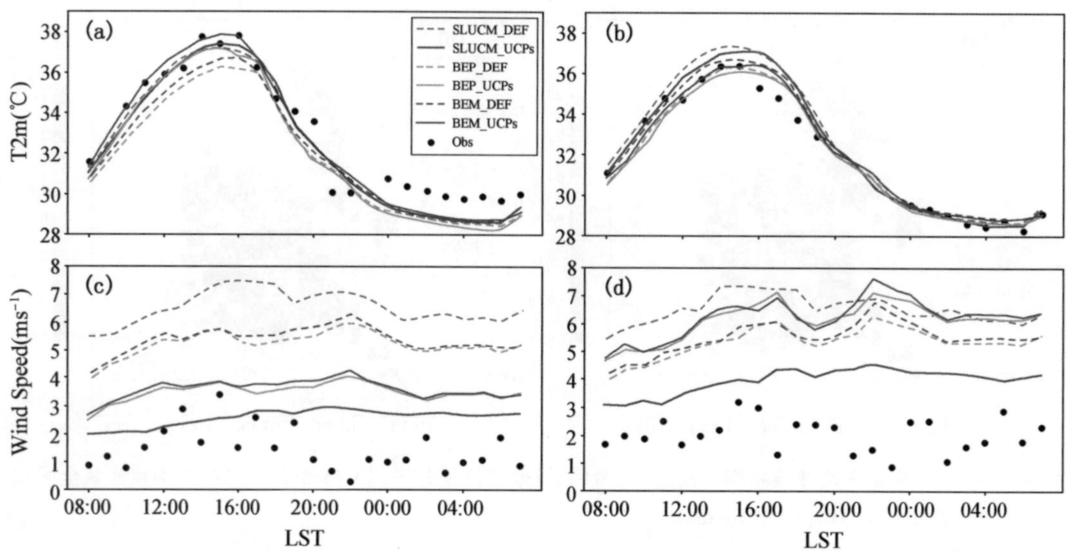

图 3.1.9　2017 年 7 月 31 日 08 时—2017 年 8 月 1 日 08 时平均 2 m 温度、平均冠层风速日变化曲线(区域 1:(a),(c);区域 2:(b),(d);观测数据选取各自区域内典型城市站点)

的城市冠层参数后,WRF 模式对城市形态的描述更为准确,从而更为合理地进行各个物理过程的计算,尤其是城市区域辐射过程和建筑物对动力过程的影响。总体来说,WRF 模式引入高分辨率 UCPs 后,WRF 模式对城市地区模拟效果有所提升,这种提升主要体现在对城市地区风速的模拟和城市温度的模拟上。

3.2　遥感光学影像在城市冠层参数提取中的应用

3.2.1　提取方法

虽然城市冠层参数数据的可利用率在不断增长,但数据集目前仅局限于几个地理位置(如美国),尚未建立涵盖全球的高分辨率 UCPs 数据集。遥感信息技术是现阶段获取城市冠层参数的主要手段。我们利用遥感光学影像提取了珠三角城市冠层参数并应用到珠三角地区城市气象条件的模拟当中,得到了精度较高的气象要素模拟结果(Chen et al., 2021)。城市建筑高度提取是获取城市冠层参数的关键,我们可以根据同一建筑的不同卫星影像,利用视差原理得到建筑物高度,如图 3.2.1。

从图可以看出,同一栋建筑从不同卫星观测到的视场角度不同,分别为 α_1 和 α_2。建筑物($P_0P_1P_2P_3$)与 P_1 和 P_2 形成的三角金字塔在不同的图像中分别是建筑物顶部的位置。在直角三角形 $P_3P_0P_1$ 和 $P_3P_0P_2$ 中,可以使用 L_1, L_2, α_1,和 α_2 来表示建筑物 H 的高度:

$$H = L_1 \times \tan \alpha_1 = L_2 \times \tan \alpha_2 \tag{3.2.1}$$

其中 H 是被观测建筑物的高度;L_1 是 P_0P_1 的边长;L_2 是 P_0P_2 的边长;α_1 是卫星 1 的视角;

α_2是卫星 2 的视角。

在另一边，根据余弦定理，L_1和 L_2可以与底部三角形 $P_0P_1P_2$中的 θ 和 d 建立关系：

$$\cos\theta = \frac{{L_1}^2 + {L_2}^2 - d^2}{2\ L_1 \times L_2} \tag{3.2.2}$$

θ 是两颗卫星之间的方位差，d 是 P_1P_2长度。

由于建筑物屋顶在不同图像中的位置不同，可以根据两幅图像的位置差和单元大小来计算 d。这样，就可以通过一个公式推导出建筑物高度与图像之间的相位差，简化公式如下。建筑模型的 3D 视图如图 3.2.1(b)所示。

$$H = d/K \tag{3.2.3}$$

$$d = \sqrt{(x_1 - x_2)^2 + (y_1 - y_2)^2} \times \text{GSD} \tag{3.2.4}$$

$$K = \sqrt{\cot^2(\alpha_1) + \cot^2(\alpha_2) - 2\cos(\theta)\cot(\alpha_1)\cot(\alpha_2)} \tag{3.2.5}$$

H(单位:m)是被观测建筑物的高度；d(单位:m)是两幅图像中建筑物屋顶位置之间的距离；K 是 d 和 H 的相关系数；x_1，x_2，y_1和 y_2是不同图像中建筑物顶部的坐标位置，即 P_1，P_2的坐标位置；GSD 是地面采样距离，表示图像的像元大小；α_1是卫星 1 的视角；α_2是卫星 2 的视角。

基于地理信息系统(GIS)开发了城市冠层参数计算软件，在获取到城市建筑高度信息之后，能够将其转换为 WRF 模式识别的静态数据库。具体的计算参数结果如图 3.2.2，图 3.2.3。

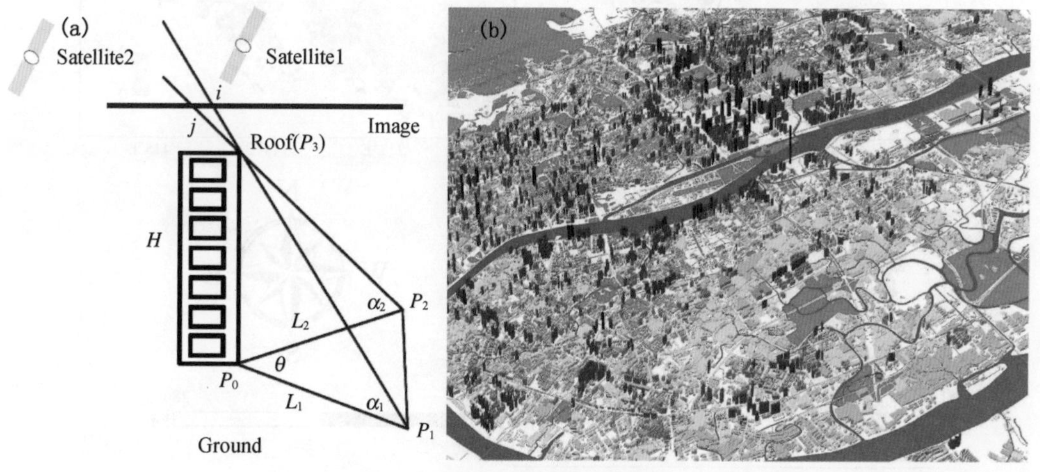

图 3.2.1　建筑物高度的计算方法

(a) 同一建筑物的不同卫星影像产生视差的原理；(b) 广州的三维建筑物模型

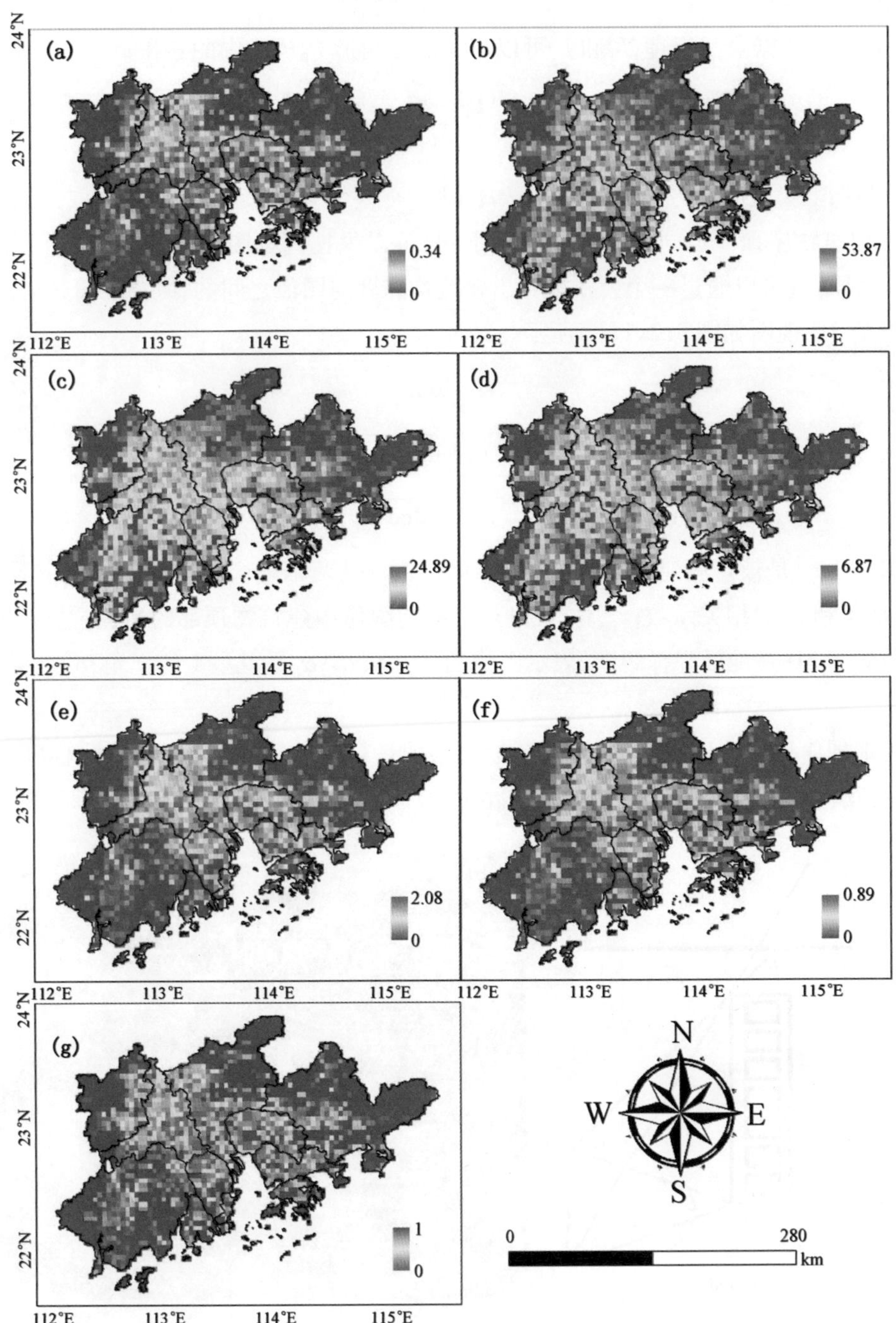

图 3.2.2　珠三角城市冠层参数

(a) 建筑面积百分比；(b) 平均建筑物高度(m)；(c) 建筑物高度的标准差(m)；(d) 按面积加权的平均建筑物高度(m)；(e) 建筑物面积与平面面积的比率；(f) 高度与宽度比率；(g) 天空可视因子

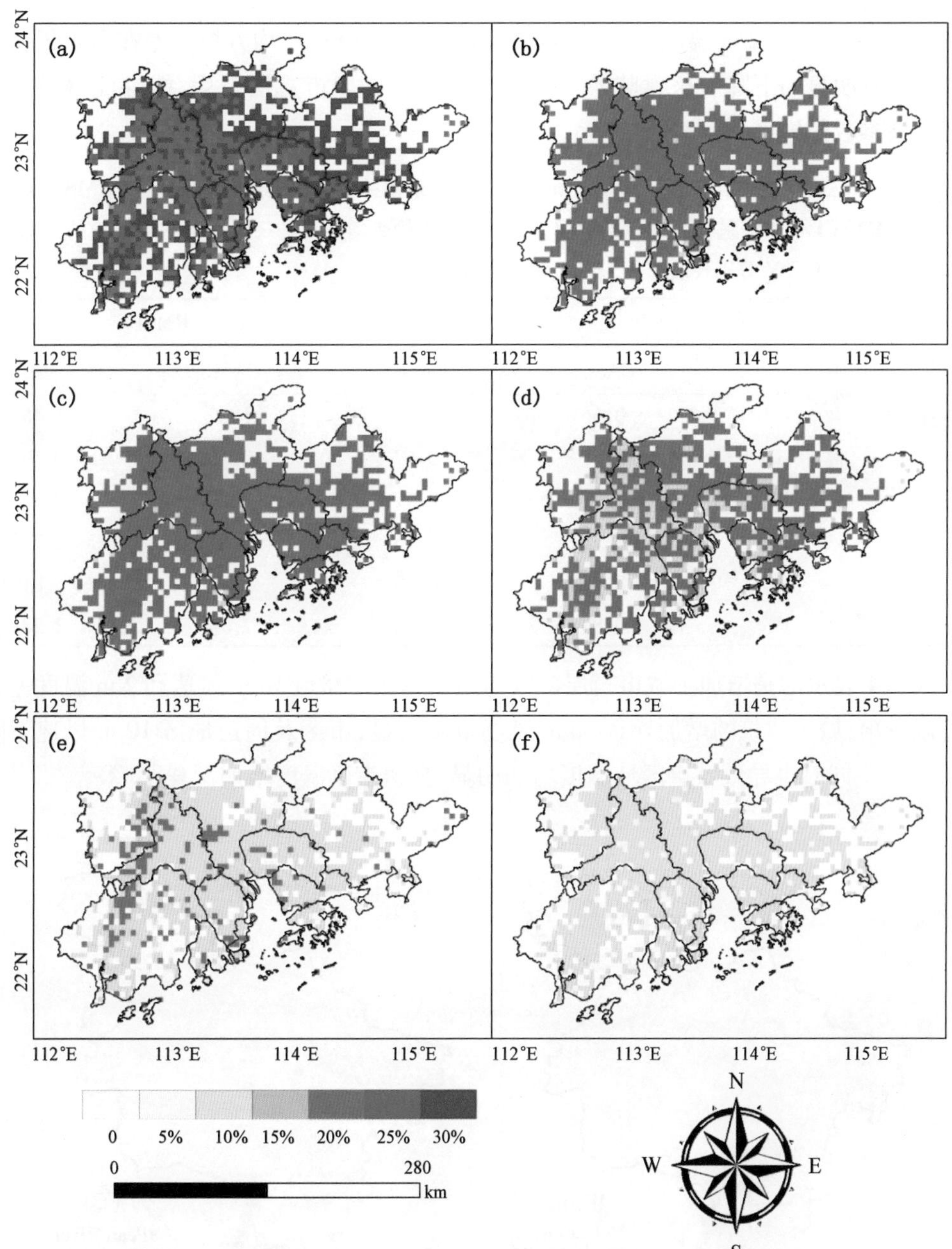

图 3.2.3 珠三角地区设有 5 m 间隔，横跨 0～75 m 的建筑物高度百分比(%)

(a) 5 m;(b) 10 m;(c) 15 m;(d) 20 m;(e) 25 m;(f) 30 m

3.2.2 在模式中的初步应用

利用珠三角的城市冠层参数，将其耦合到 BEP 模式当中用以评估对广州气象条件的影响。首先对 10 m 风速和 2 m 温度的模拟结果进行验证，其次我们对广州边界层内动力热力环境进行了评估。

对于 10 m 风速和 2 m 温度来讲,其相关系数均在 0.6 以上,均方根误差在引入了城市冠层参数之后有明显的下降。这意味着考虑了更加真实的城市冠层以后,能够使得模式更好地再现气象参数的模拟(表 3.2.1)。

表 3.2.1 广州三个气象站 10 m 风速和 2 m 温度模拟结果相关系数(R)和均方根误差(RMSE)结果。CASE1 代表的是模式默认的设置,CASE2 代表的是增加了珠三角城市冠层参数的模拟设置。GZ,HD,PY 分别代表广州、花都、番禺气象站

		R		RMSE	
		CASE1	CASE2	CASE1	CASE2
W_{10}	GZ	0.66	0.7	1.32	1.45
	HD	0.67	0.67	2.18	1.3
	PY	0.67	0.57	1.3	0.66
T_2	GZ	0.75	0.76	2.81	2.74
	HD	0.65	0.63	3.72	3.81
	PY	0.83	0.83	2.74	2.28

图 3.2.4 表示的是增加了城市冠层参数与默认相比广州市 10 m 风速和 2 m 温度差值结果。可以看出,城市建筑的增加导致 10 m 风场下降明显,市区及周边地区 10 m 风速下降了 $1\sim3\ m\cdot s^{-1}$。同时也导致城市区域温度增加明显,广州市区温度增加了 0 ~ 2 ℃。

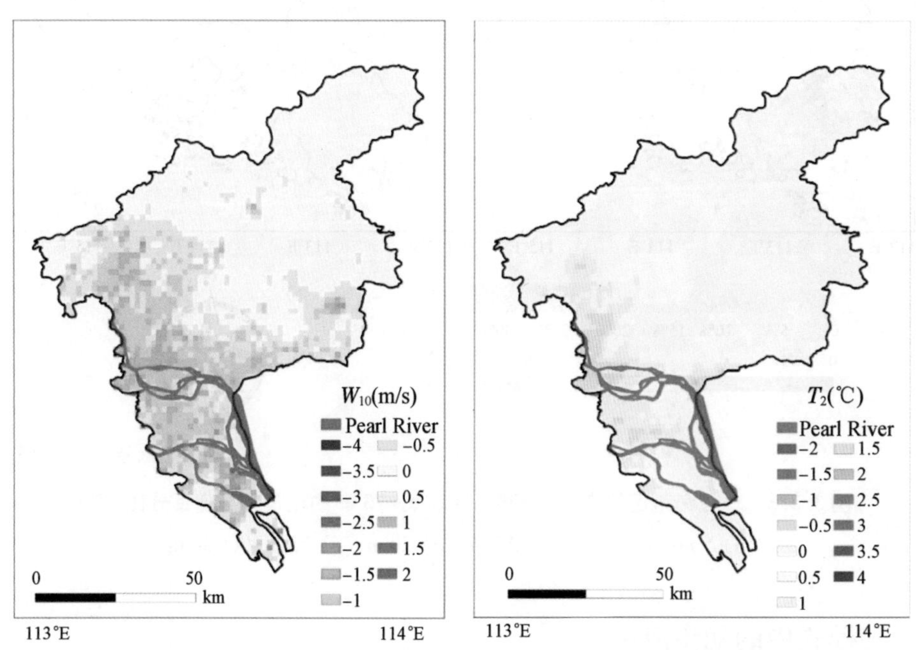

图 3.2.4 CASE2 与 CASE1 10 m 风速和 2 m 温度差值结果

城市冠层对城市气象要素的影响主要在陆地地表和大气边界层内的机械和热过程。因此我们在增加了城市冠层之后,也分析了其对边界层内部动力热力的影响。

① 摩擦速度(u_*)表示惯性子层中的动量通量。它与粗糙度长度有关,并影响平均风速。我们针对不同模型案例计算了城市和郊区的摩擦速度 u_*,市区的 u_* 平均值分别为 0.53 和 0.63 $m \cdot s^{-1}$(CASE1 和 CASE2,图 3.2.5)。加入 UCPs 后,城市地表形态有明显差异,地表粗糙度增加,u_* 值增加更为显著。在不同的情况下,郊区的 u_* 约为 0.3 $m \cdot s^{-1}$。增加城市冠层参数可以更准确地描述地表形态,提高 u_* 的模拟能力,从而导致风速的降低。

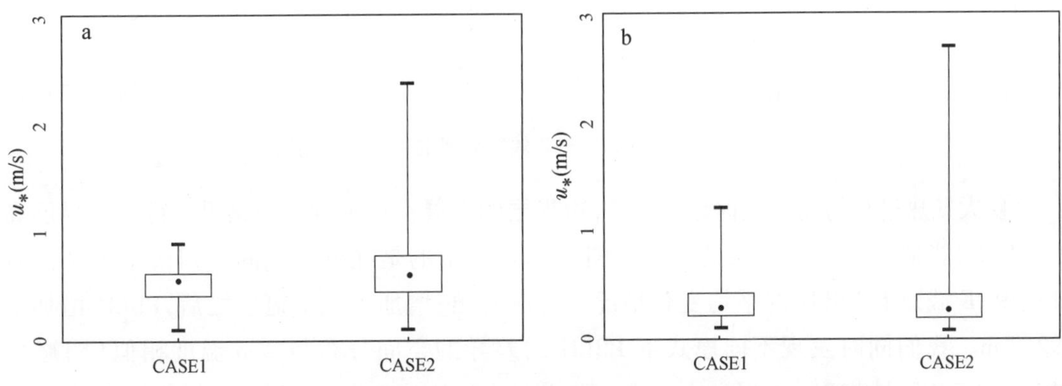

图 3.2.5 不同 CASE 城市区域(a)和郊区域(b)摩擦速度 u_* 的变化情况

② 城市冠层的增加同时也导致地表温度的变化。水泥地面和沥青路等建筑覆盖的土地具有很强的蓄热能力。增加了城市冠层之后(图 3.2.6),城市区域 LST 急剧增加,幅度在 0 ~ 25 K。由于准确描述了城市地区的建筑密度和形态结构,城市建筑的墙壁吸收了部分热量,建筑和街道的几何形状对辐射有多重反射效应,城市建筑的密度限制了空气的流通,进而导致太阳辐射的"陷阱",改变了地表热量收支过程(Oke et al., 2017)。

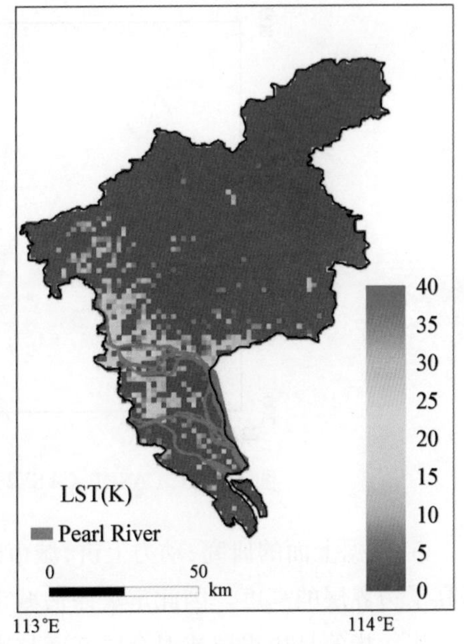

图 3.2.6 增加城市冠层参数和默认情况下广州 LST 差值结果

③ 城市冠层的增加也影响到地表能量平衡的变化。图 3.2.7 表示的是 CASE1 和 CASE2 辐射分量的平均日周期。短波辐射没有显示,因为短波向上和向下分量没有显著差异。但是增加了城市冠层参数以后(CASE2)使向上的长波辐射增加了 14.3 $W \cdot m^{-2}$,向上的长波辐射的增加主要是由 LST 的增加决定的。再考虑城市密度和几何形状后,LST 急剧增加,因而从地面释放的能量增加明显,也导致日平均全波辐射净通量降低了 15.6 $W \cdot m^{-2}$。

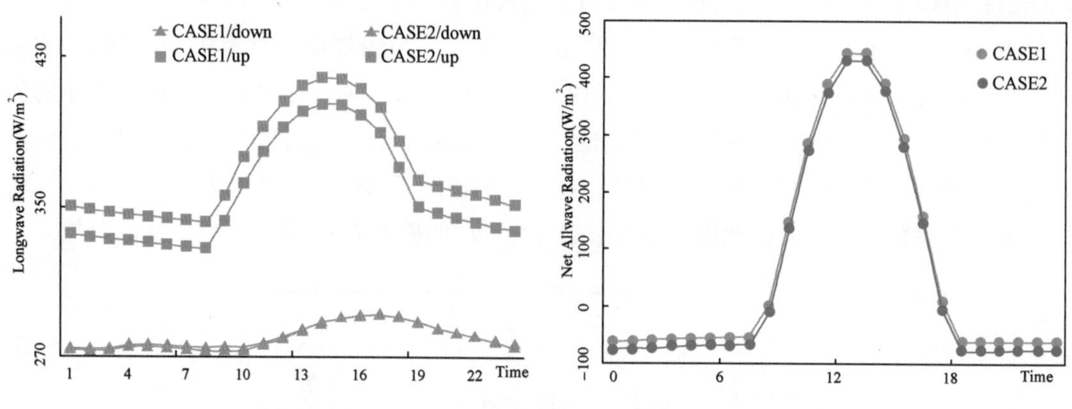

图 3.2.7　CASE1 和 CASE2 辐射分量的平均日周期结果

④ 大气热过程与动力过程是耦合的,边界层的发展是这种耦合的结果。行星边界层高度(PBLH)指的是行星边界层的厚度。图 3.2.8 显示的是在模拟期间广州市主城区沿着 113.29 °E 截面上 PBLH 的平均变化情况。可以看出,增加了城市冠层之后,PBLH 增加了 192.2 m。我们同时发现不同模式下 PBLH 的差异的空间分布与 2 m 温度相似(图略)。PBLH 的高值区域与 2 m 温度高值区域一致,说明 PBLH 的变化主要受地表加热的控制,从而导致垂直对流的增加。

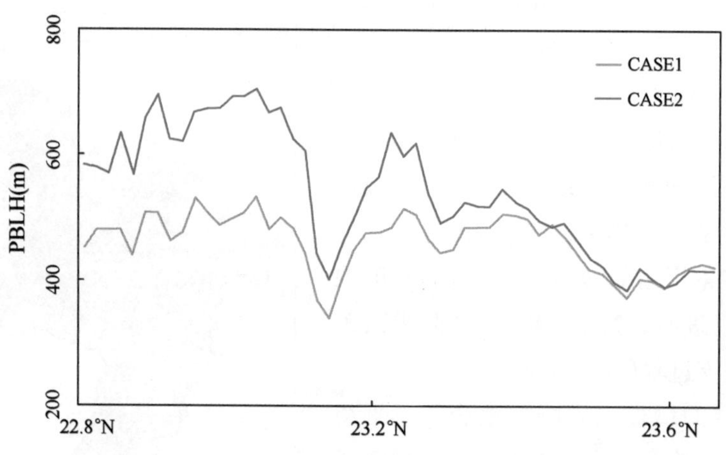

图 3.2.8　CASE1,CASE2 沿 113.29 °E 截面边界层高度变化情况

⑤ 根据上面的研究,动力上讲,城市冠层降低了近地表的风速,而热力学上讲,城市冠层提高了边界层的高度。因此定量评估城市冠层对边界层通风效应的影响就显得很有必要。通风指数指的是边界层或混合层高度与边界层或混合层内平均风速的乘积。图 3.2.9 显示的是 CASE2 和 CASE1 城市通风指数(VI)结果的差值。可以看出增加了城市冠层以后,城市区域通风指数下降了 500 ~ 2 000 $m^2 \cdot s^{-1}$。城市区域通风指数偏低的原因为:虽然其边界层升高,但是风速受城市建筑的影响处于非常低的水平。这种情况容易导致污染物不易扩散。

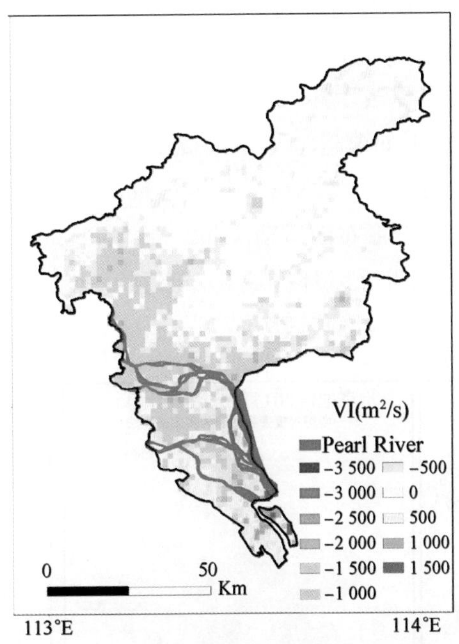

图 3.2.9　CASE2 与 CASE1 城市通风指数差值结果

由上面的分析可以看出,精准刻画城市冠层信息对于城市气象场的模拟至关重要,而获取真实准确地描述城市冠层信息是研究城市冠层对气象条件影响的重要前提。

3.3　基于分数维的建筑物高度指数研究

3.3.1　分数维计算方案

布朗运动轨迹具有分形的特点,即具有统计自相似性。分形布朗运动是描述自然界中随机分形的一种最典型的数学模型,常用的方法是基于灰度值的统计法和基于表面积的统计法,称为灰度统计法和表面积法。

灰度统计法直接应用图像的灰度值,统计行和列方向(二维)灰度值变化(差值)在不同尺度的变化,如果这个变化规律符合分形布朗运动,就表明统计区域具有分形特征。因此可利用分形布朗运动模型来求取分数维。普通的灰度统计法没有考虑尺度变换对图像的影响,而改进的灰度统计法考虑了尺度变换对灰度差值的影响。

表面积法是将灰度图像表面看成一个空间曲面(一维),通过不同尺度下空间曲面面积数值的变化利用分形布朗运动函数来求解分数维。

3.3.2　基于多种计算方法估算北京城市分形结构及演化

基于 2011 年 Landsat-TM 遥感图像,分别用普通分形布朗运动法(未考虑尺度变换影响)、改进分形布朗运动法(考虑尺度变换影响)、基于面积的分形布朗运动法估算了北京地区 500 m × 500 m 逐网格的城市下垫面分数维,并进行了比较分析(刘勇洪等,2015)。

图 3.3.1 为用不同分数维算法计算的北京区域分数维。普通分形布朗运动法(br1,未考虑尺度变换影响)的结果明显不如改进分形布朗运动法(br2,考虑尺度变换影响)和基于面积的分形布朗运动法(area),后两种算法结果基本一致,能基本上体现北京城市下垫面结构的复杂程度。图 3.3.2 为改进分形布朗运动法 br2 计算的北京主城区分数维空间分布,结合图 3.3.3 和图 3.3.4 分析可知,北京六环区域及郊区县城地表非均匀特征明显,分数维一般在 2.50 以上,典型地物类型的分数维高低顺序为商业区 > 大型居民区 > 城市绿地 > 农田 > 林地 > 水体;北京城市中心(二环内)存在一个分数维相对低值区,二环-四环之间区域分数维普遍较高,在 2.70 以上,五环以外分数维则不断降低,远郊农田及山区林地非均匀程度明显较低,反映出北京城市下垫面不均匀性程度从中心向外是一个低-高-低的空间分布状态;北三环-北五环之间的分数维明显高于南三环-南五环之间区域,反映出北京城市的北部与南部发展的不均衡性。就各种下垫面类型平均分数维分布来看,建筑用地、绿地、未利用地、农田、林地和水体的分数维分别为 2.71,2.62,2.55,2.38,2.30 和 2.28,分数维值的高低反映了各种下垫面类型的非均匀程度。

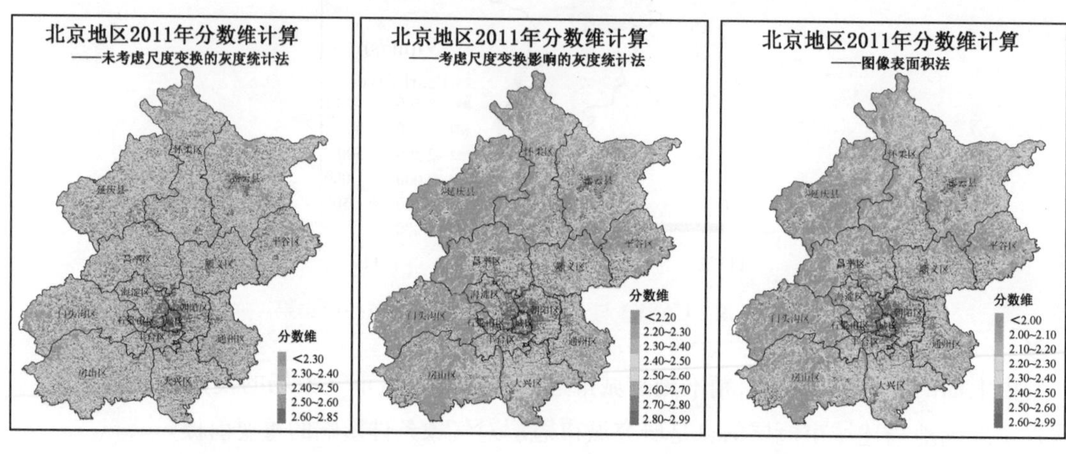

图 3.3.1　三种不同算法下的北京下垫面 500 m × 500 m 逐网格分数维

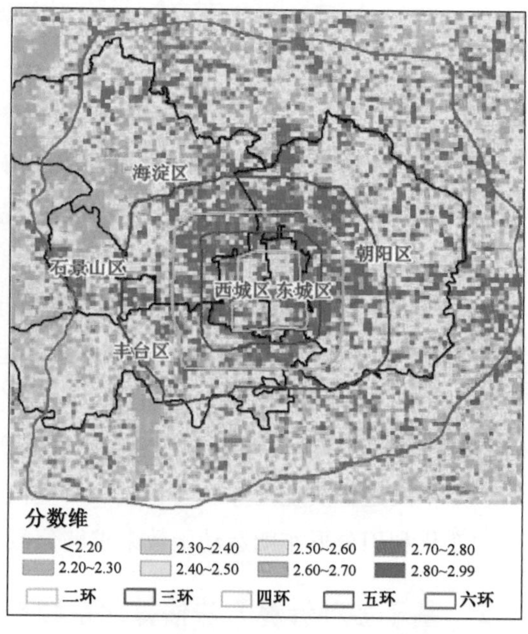

图 3.3.2　北京主要城区 2011 年分数维空间分布

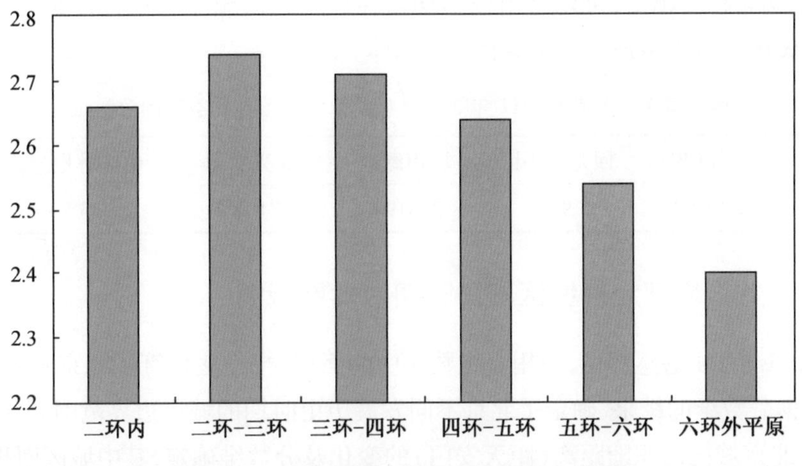

图 3.3.3　北京平原 2011 年不同区域分数维

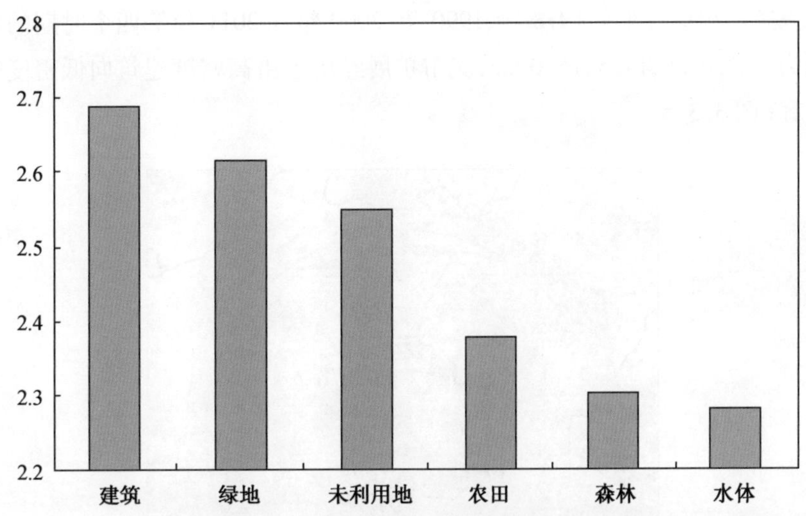

图 3.3.4　北京地区 2011 年不同土地利用类型分数维

同时开展了北京典型下垫面类型分数维的估算。基于 2011 年 Landsat-TM 遥感图像，采用考虑尺度变换的灰度统计法估算北京典型下垫面类型的分数维。

表 3.3.1 中各种典型地物类型范围为 400 列 * 400 行（10 km × 10 km），分数维都超过了 2.50，都存在较高的不均匀性。其中朝阳 CBD 分数维最大（2.984 7），这是由于存在参差不齐的大面积商业写字楼，下垫面复杂程度最高；其次回龙观小区（2.905 4），存在大量密集的居民建筑和少部分绿地，不均匀程度也较高；第三是城市绿地（2.819 6），由于存在较大面积的绿地公园和部分建筑，不均匀程度居中；第四是大兴农田（2.818 4），第五是山区林地分数维（2.743 5），最小的是密云水库（2.576 4）。大兴郊区农田由于村镇分布较多，农田小而分散，估算的分数维较高，也高于山区林地，而密云水库主要以水体为主，地物类型相对单一、均匀，分数维最低。分数维值高低反映了该类型的复杂度与不均匀性，分数维值越大，该类

型越复杂,不均匀程度越高,可以看出按不均匀性程度高低顺序北京各种典型地物类型为:商业区 > 居民区 > 城市绿地 > 农田 > 林地 > 水体。

表 3.3.1　北京市 2011 年夏季遥感图像上典型地物类型的分数维

类型	朝阳 CBD	回龙观小区	城市绿地	大兴农田	山区林地	密云水库
分数维	2.984 7	2.905 4	2.819 6	2.818 4	2.743 5	2.576 4

3.3.3　用分数维表征北京城区不同时期的发展规模

基于 Landsat-TM 遥感图像,应用盒维数法中的面积-半径法估算了北京不同时间的城市分数维。根据分数维的结果,确定了北京不同发展历史时期的城市边界范围。

2011 年北京城区面积随距离(距天安门)的变化及分数维确定,其中城区面积由 Landsat-TM 遥感图像估算。

① 以天安门为中心,北京 1978 年、1990 年、2000 年和 2011 年等四个时期的城市空间范围半径分别为 7.5,10.5,14.5,16.0 km,城市扩展经历了由高密度建筑向低密度空间结构逐渐变化的过程(图 3.3.5)。

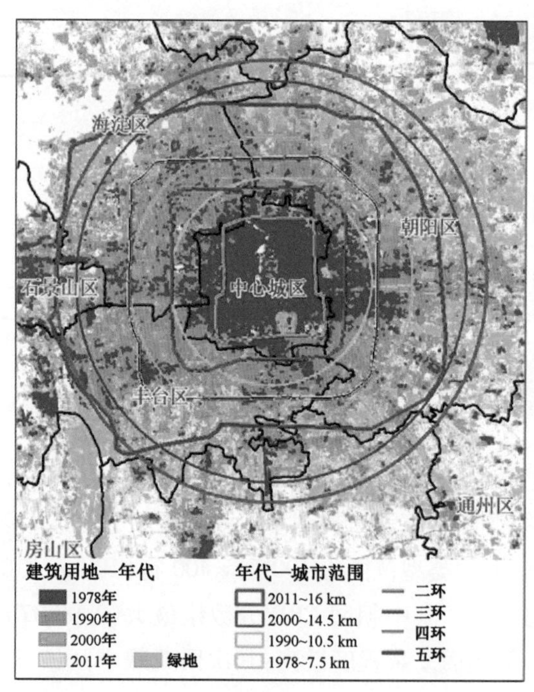

图 3.3.5　北京不同时间及 2011 年不同方向区域城市范围

② 1978,1990,2000 和 2011 年城市半径维数分别为 1.951 9,1.959 4,1.961 9 和 1.959 3,各时期的城市形态半径维数均在 1.95 以上,表明北京城市空间布局总体呈高密度建筑状态,反映出城市用地的紧张和人—地关系的不协调,2000 年以后城市形态半径维数呈下降趋势,反

映出城市人-地关系正在逐步改善(图 3.3.6)。

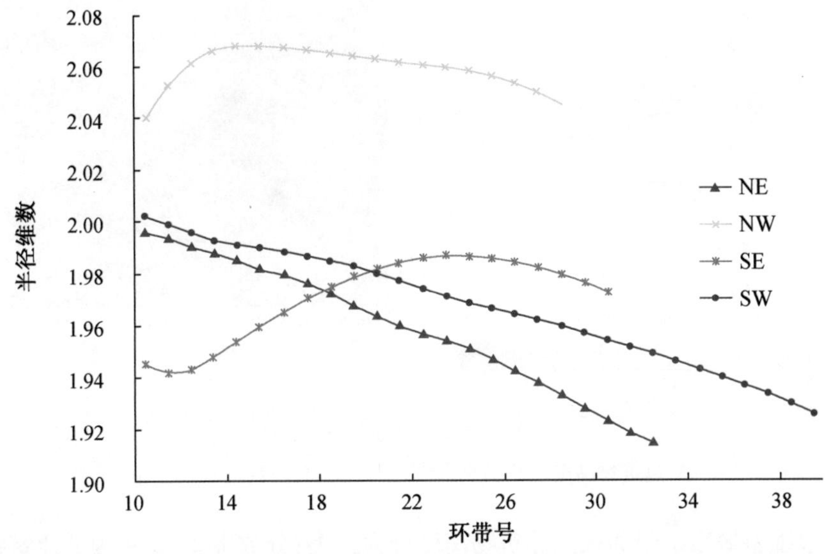

图 3.3.6　北京 2011 年不同方向区域城市半径维数随环带(距离)的变化

③ 北京城市空间拓展在各个方向处于不均衡状态,至 2011 年北京城市空间拓展范围各方向依次为西南 19.5 km、东北 16.0 km、东南 15.0 km 和西北 14.0 km;而与城市扩展范围大小并不一样,受西北山区地形和中关村科技园区发展影响,西北方向建设用地密度最高,且建设用地密度从中心向外呈增加趋势,反映出西北方向城市发展的不可持续性;其次受丰台城镇化影响,西南的建设用地密度仅次于西北,且经历了城市建设用地密度由减小—增加—减小的变化,而东南建设用地密度第三,东北最低,建设用地密度均呈持续减少趋势,反映出这三个方位城市发展具有可持续性。

3.3.4　基于分数维的建筑物高度指数及其在高分辨数值模式中的应用

城市下垫面的复杂性是限制城市边界层预报准确率的主要原因。目前数值预报模式中城市地表信息源于地表不透水率,低密度住宅区、高密度住宅区和商业区,其不透水面积占比阈值分别为 0.5,0.9 和 0.95,它只能包含城市下垫面的二维信息,不能描述城市下垫面的垂直特征(Kusaka et al., 2011; Martilli et al., 2020)。分数维作为能够描述城市下垫面特征的量度(刘勇洪等,2015),与不透水率相结合,从而更准确地描述城市非均匀下垫面的三维特征。

图 3.3.7(a)和(b)分别为北京城区建筑物高度和分数维的分布,分数维越大的地方建筑物越高,分数维的分布与城市建筑物高度分布相关系数为 0.85,可见分数维能够较好表征城市下垫面在垂直方向上的差异特征。

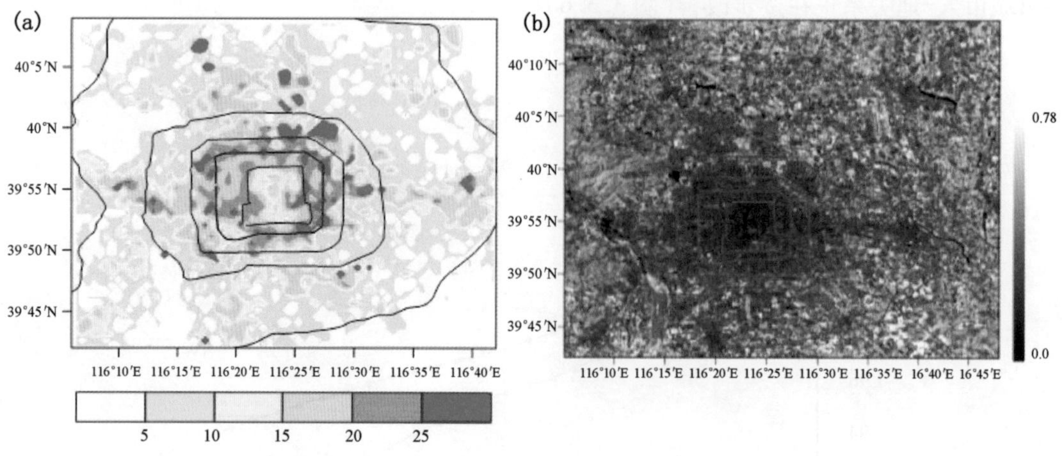

图 3.3.7 北京城区

(a) 建筑物高度测绘数据(单位:m);(b) 分数维水平分布

基于分数维将城市下垫面按照建筑物高度分为三类:分数维 2 ~2.4 为低建筑物类型、分数维 2.4 ~2.55 为中建筑物类型、分数维 2.55 ~3 为高建筑物类型(图 3.3.8),即定义基于分数维的建筑物高度指数,将模式中所有与建筑物高度相关的城市冠层参数更改为分数维的函数,其他参数为不透水率的函数(表 3.3.2)。

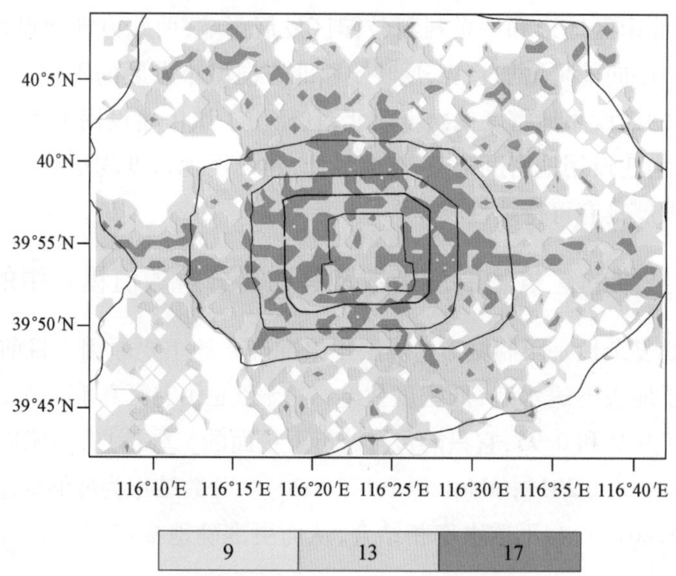

图 3.3.8 基于分数维图的城市建筑物高度分类(9 代表低建筑物类型,平均高度为 9 m;13 代表中建筑物类型,平均高度为 13 m;17 代表高建筑物类型,平均高度为 17 m)

表 3.3.2　基于 WRF 模式默认(Kusaka et al. ,2011; Martilli et al. , 2020)和基于分数维(Li et al. , 2017)定义的城市冠层参数表

变量名	物理意义	WRF 模式默认城市冠层参数分类方法	改进后的城市冠层参数分类方法
ZR	建筑物高度	不透水率	分数维
SIGMA_ZED	屋顶高度标准差	不透水率	分数维
Z0C	城市冠层动力粗糙度长度	不透水率	分数维
Z0HC	城市冠层热力粗糙度长度	不透水率	分数维
ZDC	零平面位移	不透水率	分数维
SVF	天穹可见度	不透水率	分数维
R	建筑物覆盖率	不透水率	分数维
RW	非建筑物覆盖率	不透水率	分数维
HGT	标准化的建筑物	不透水率	分数维
AH	释放的人为热	不透水率	分数维
Z0R	屋顶动量粗糙度长度	不透水率	分数维
B	建筑物宽度	不透水率	分数维
PERFLO	每层楼容纳的最大人数	不透水率	分数维
HSEQUIP_SCALE_FACTOR	空调设备产生的最大热量	不透水率	分数维

设置 DEF 和 NEW 两种试验,DEF 试验即为利用地表不透水率定义城市下垫面类型的模式,NEW 试验为引入分数维与地表不透水率相结合来描述城市下垫面特征。选择 2012 年 8 月 24 日晴天个例,预报时效为 24 小时。模式中引入分数维后,模式对 2 m 温度的预报效果提高,其分布与实况更加接近,即二至四环之间温度较其他地区高(图 3.3.9),10 米风速的

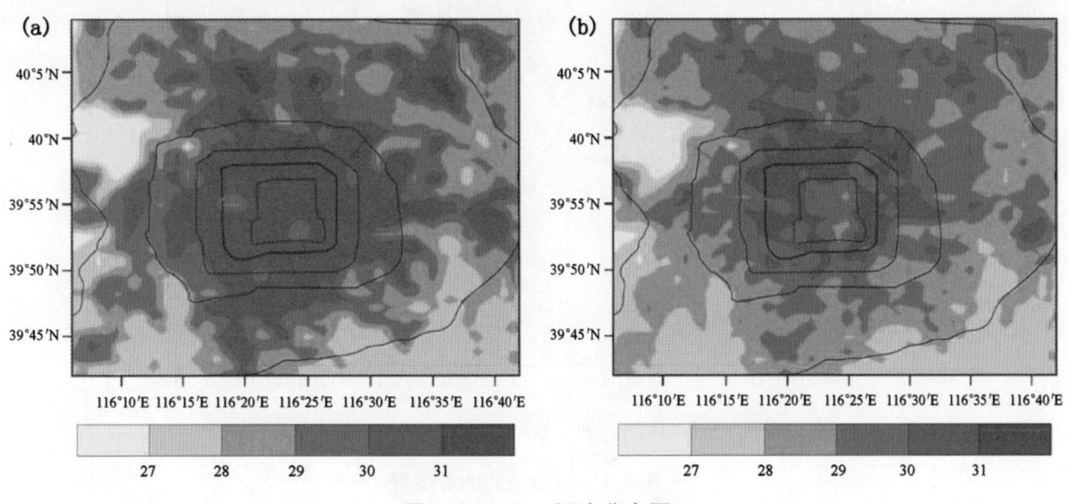

图 3.3.9　2 m 温度分布图

(a) DEF 试验;(b) NEW 试验

模拟误差增加但其分布状况与实况接近，即二至四环之间风速较其他地区偏小，这与建筑物的分布相对应。

同时选择该月7个晴天个例进行模拟统计，研究表明城区2 m温度的均方根误差减小6%，10 m风速的模拟效果没有改进，但是其空间分布与实况更加接近。降水对城市下垫面非常敏感，引入分数维后城区西侧降水明显增加，24小时增加量可达40 mm，由此可知模式中城市非均匀下垫面信息对降水预报的重要性。

3.4 清单法在城市基础数据集估算中的应用

数值模拟是城市气象研究不可缺少和最具潜力的工具，如何在模式中准确、细致地描述城市冠层对大气边界层动力、热力结构的影响并建立合理的参数化方案，是提高城市气象数值模拟性能的关键问题。而解决这一关键问题的基础是：详细、准确地描述城市下垫面非均匀性和城市冠层几何形态特征，即高分辨率城市形态学数据集建设。

本节以杭州市为例介绍了利用清单法建立的杭州地区高分辨率地表类型、建筑物、污染物排放、人为热清单等基础数据。

3.4.1 地表类型和城市建筑

将遥感和地理信息系统结合，得到模拟域内1km分辨率的地表类型如图3.4.1所示。地表类型分为14类。

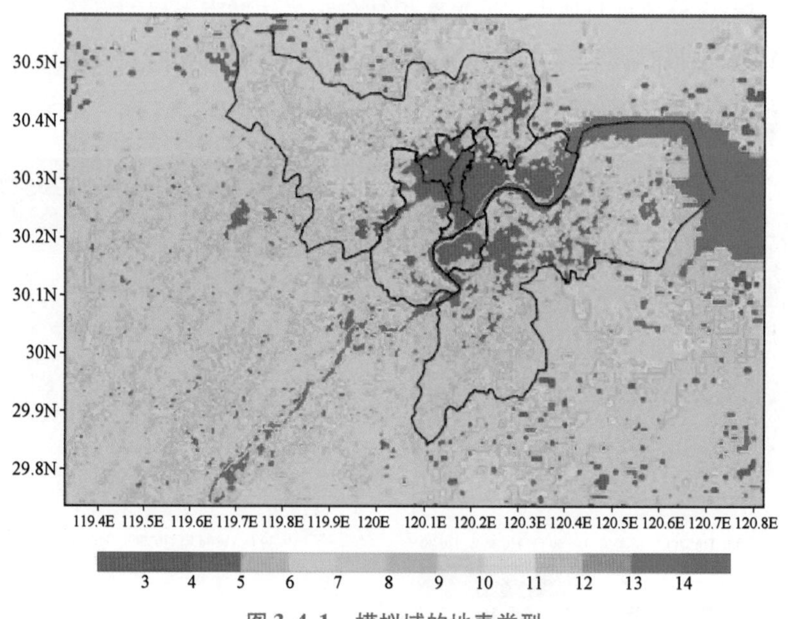

图3.4.1 模拟域的地表类型

1：沙漠；2：苔原；3：草地；4：灌木覆盖的草地；5：城市；6：落叶林；7：常绿林；8：雨林；9：冰面；10：农田；11：灌木；12：短灌木；13：半沙漠；14：水面

建筑数据由杭州市规划局提供，为2008—2009年1∶2 000杭州基础地理信息数据，矢量格式，经纬度投影，地理坐标系为WGS－84。数据有效属性包括：建筑结构(STRUCT)、建筑楼层数(FLOOR)、建筑底面周长(SHAPE_Leng)、建筑底面积(SHAPE_Area)等。建筑数据涵盖下城区、拱墅区(2021年已并入下城区)、江干区(2021年已并入上城区)、上城区、西湖区、滨江区、萧山区七个区(无余杭区建筑数据)。

基于杭州市区建筑物矢量数据，运用ENVI和ArcGis软件，发展城市形态特征参数计算方法。城市形态特征参数主要包括：算术平均建筑物高度及其标准差、底面积加权平均建筑物高度、建筑物覆盖率、建筑物迎风面积系数、建筑物表面积指数、天穹可见度等。

杭州七个行政区范围内算术平均建筑高度和底面积加权平均建筑高度分布如图3.4.2

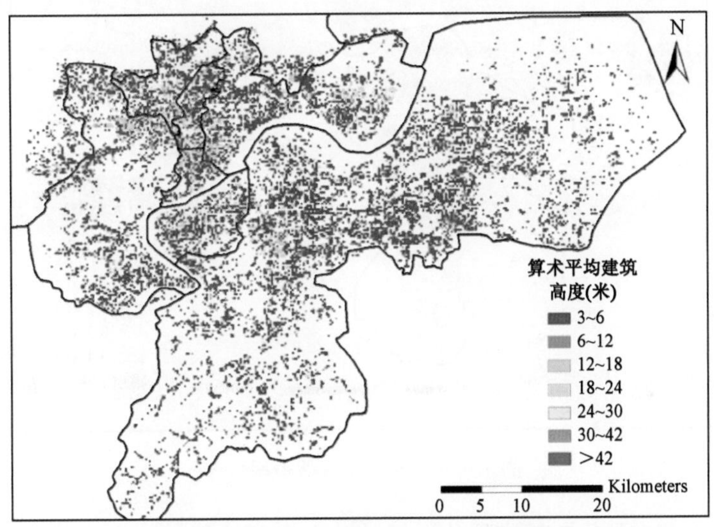

图3.4.2　杭州七区范围算术平均建筑高度

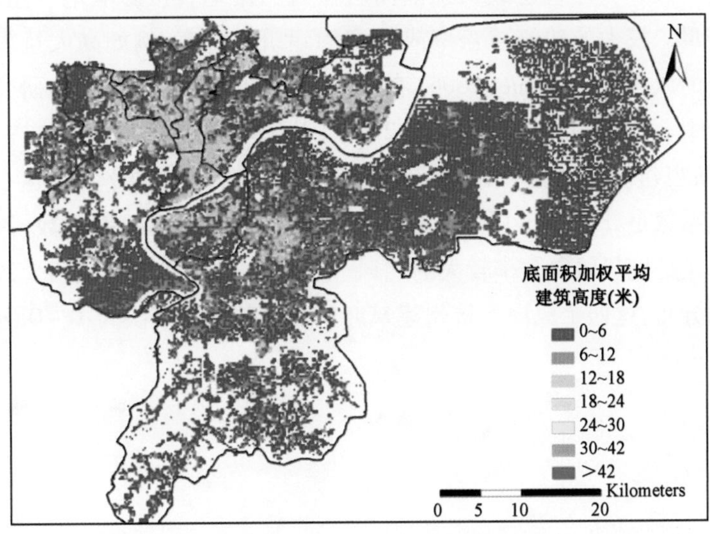

图3.4.3　杭州七区范围底面积加权平均的建筑高度

和图 3.4.3 所示。杭州市区建筑分布密集,且越来越呈现多中心分布模式。拱墅区、下城区、上城区、江干区以及西湖区东北部是杭州主城区,建筑分布尤为密集,且高楼林立。杭州依山傍水,拥有得天独厚的地理优势和生态环境,使得建筑区围绕西湖、钱塘江形成规律性分布。江东新城位于萧山区东北部的沿钱塘江区域,处于环杭州湾产业带和环杭州湾城市群的核心位置,规划总面积 500 平方公里,包括江东新城、临江新城、空港新城和前进工业园区。

定义建筑密度(亦称建筑物覆盖率)λ_p 为网格内建筑物底面积 A_p 与网格面积 A_T 之比。图 3.4.4 为杭州建筑物覆盖率分布。

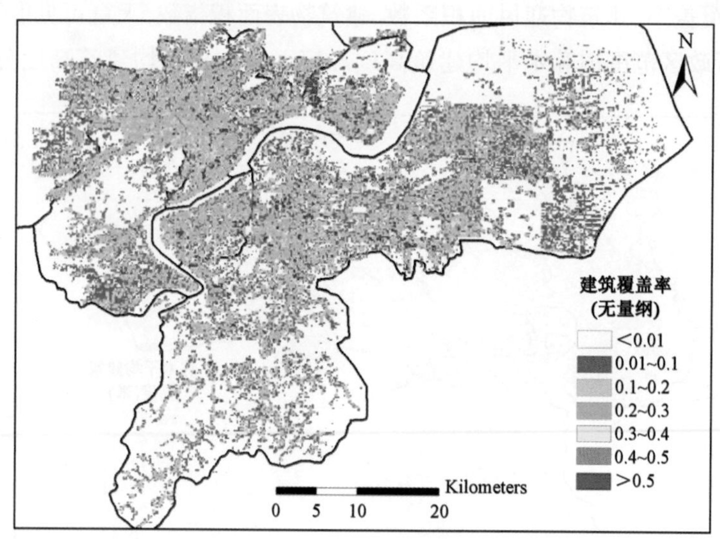

图 3.4.4 杭州建筑覆盖率分布

城市冠层和建筑布局影响城市平均风场的分布和局地涡旋的产生,使得风场、湍流也显现出极大的非均匀性。被建筑物或人工铺面所覆盖的用地直接影响地表粗糙度,也间接影响该地区风渗透量。较大的建筑覆盖率或较高的建筑容积率,例如高大且密集的裙房会减弱该地区行人层的风流通。Yoshie(2006)在日本和中国香港旺角地区的研究表明建筑物覆盖率达 0 ~30% 时,建筑区域内平均风速为 2 $m \cdot s^{-1}$;建筑物覆盖率达 30% ~50% 时,平均风速为 1.5 $m \cdot s^{-1}$;当建筑物覆盖率增加至 50% 以上时,建筑区域内平均风速小于 1 $m \cdot s^{-1}$。

建筑迎风面系数是计算城市冠层中建筑对风的拖曳阻力的关键参数,该系数随着风向而变化。图 3.4.5 是杭州风向频率较大的北风、东北风、东风和东南风四个风向下的建筑迎风面系数的空间分布,这四个风向下杭州建筑迎风面系数范围依次为:0 ~0.76,0 ~0.68,0 ~0.42,0 ~0.69。

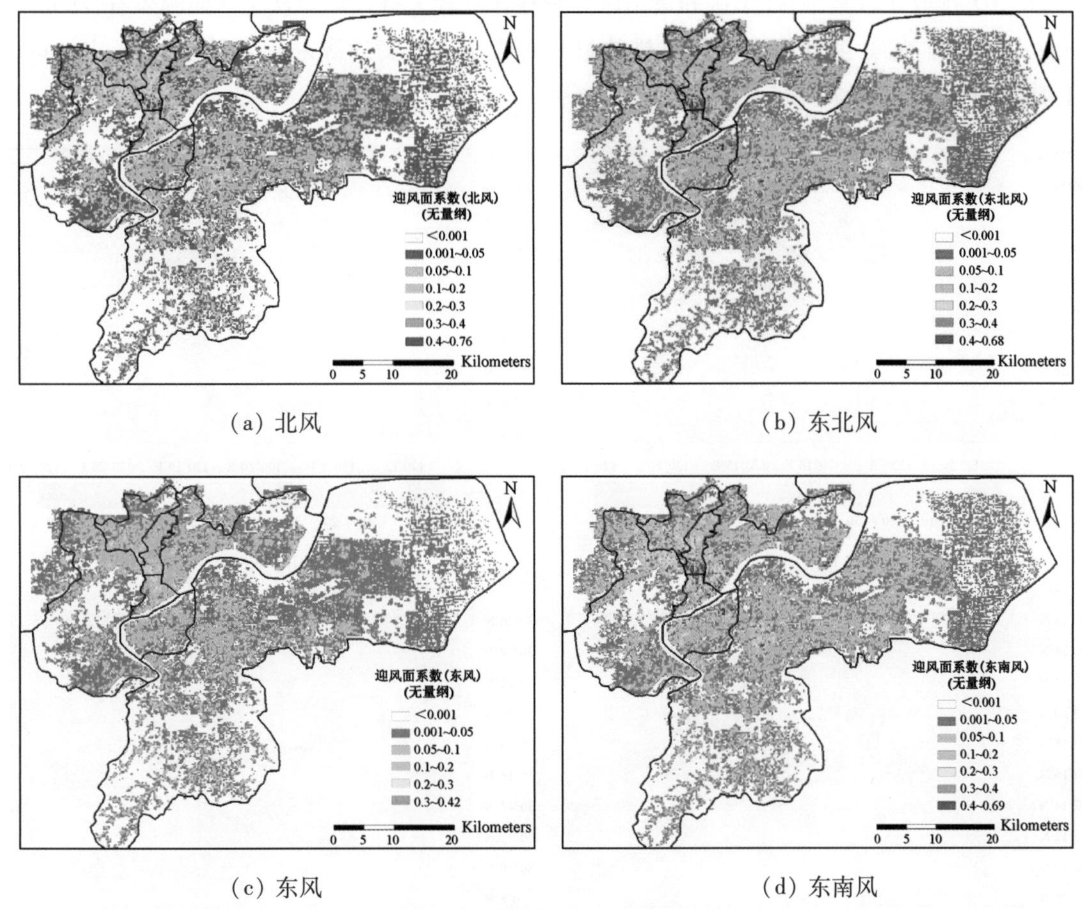

(a) 北风　(b) 东北风

(c) 东风　(d) 东南风

图 3.4.5　不同风向下的建筑迎风面系数

3.4.2　大气污染物排放源分布

污染物排放清单是空气质量数值模拟的必要条件,建立高分辨率的排放清单则是城市空气质量精细化模拟的关键。根据杭州市环保局提供的排放源数据制作了 2014 年排放源清单,主要考虑了工业点源、生活面源和交通排放源三种人为排放。模拟区域内,SO_2年排放总量为 55 931.5 t,其中工业排放占 49 154.8 t;NO_x年排放总量为 73 536.5 t,其中交通排放源和工业点源分别为 35 242.0 t 和 37 654.5 t;PM_{10}年排放总量为 68 158 t,其中交通排放源占 41 849.9 t,工业点源占 21 606.1 t;CO 年排放总量为 813 831 t,其中工业排放为 657 528 t,交通排放为 154 169 t。交通排放源和生活面源按比例分布在模式第二层和第三层(5 m 和 10 m 高度),工业点源分布在模式第四层至第八层(30 m 至 400 m 内)。

图 3.4.6 ~ 图 3.4.8 分别给出了工业点源、生活面源和交通源的主要污染物排放源的分布。从工业排放源来看,排放源集中在拱墅区,其中排放量最大污染源 SO_2 年排放量达到 7 776 t,NO_x排放量达到 2 550 t,PM_{10} 排放量达到 2 594 t,CO 排放量达到 260 000 t。下城区

SO_2和 NO_x排放比较集中，江干区和萧山区分别存在一较大排放源。从生活面源来看，江北主城区是主要排放源，滨江区和萧山区排放量相对较小。从交通源来看，高值区位于主城区，主要是 NO_x和 HC 排放。

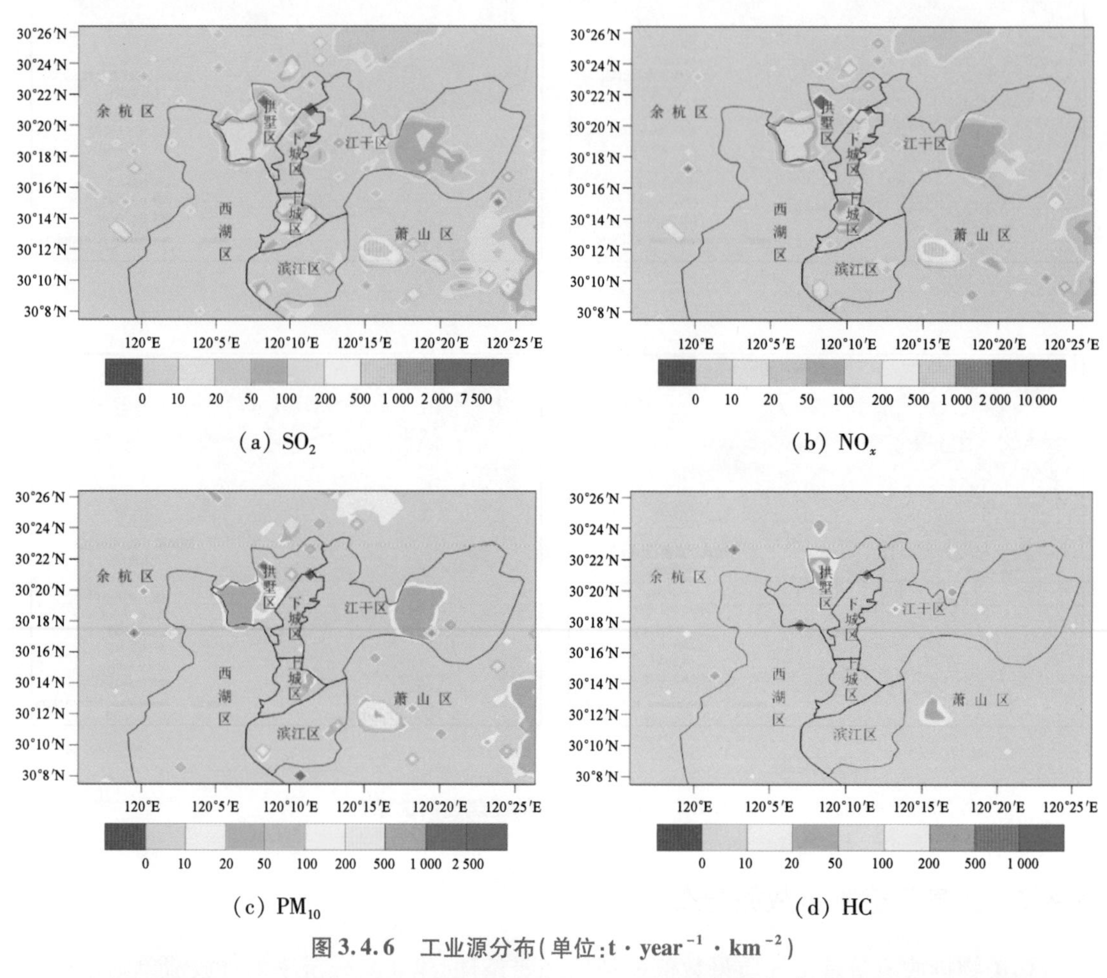

(a) SO_2 (b) NO_x

(c) PM_{10} (d) HC

图 3.4.6 工业源分布(单位:t · year^{-1} · km^{-2})

30°26′N
30°24′N
30°22′N
30°20′N
30°18′N
30°16′N
30°14′N
30°12′N
30°10′N
30°8′N
拱墅区
下城区
上城区
江干区
120°E 120°5′E 120°10′E 120°15′E 120°20′E 120°25′E
0.4 0.8 1.2 1.6 2 2.4 2.8 3.2 3.6 4 4.4 4.8 5.2 5.6
0.5 1 1.5 2 2.5 3 3.5 4 4.5 5 5.5 6 6.5 7

(a) SO_2 (b) NO_x

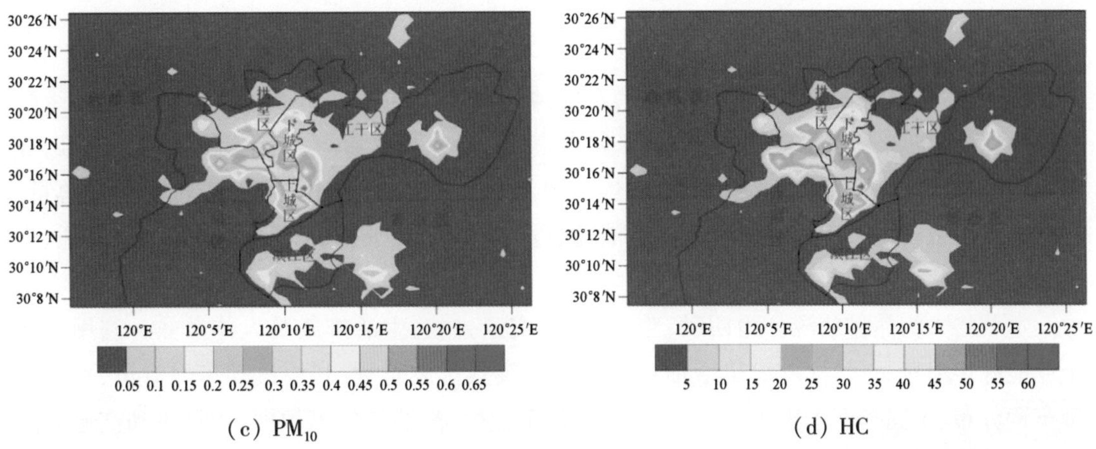

(c) PM_{10}

(d) HC

图 3.4.7 生活面源分布(单位:t · year^{-1} · km^{-2})

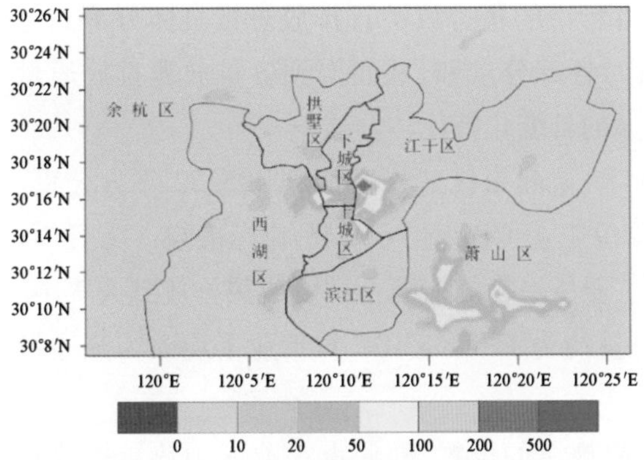

(a) SO_2

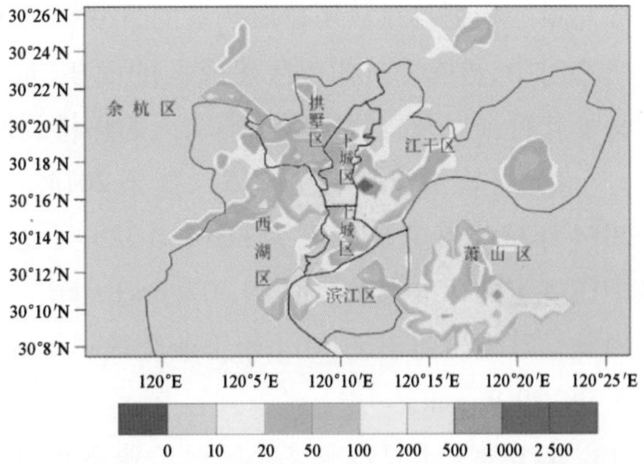

(b) NO_x

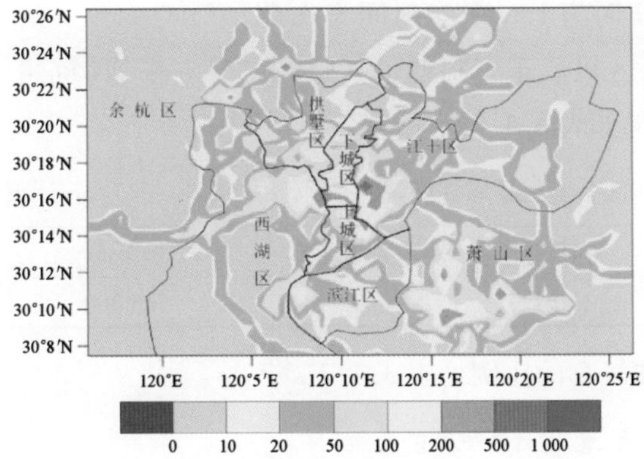

(c) PM_{10}

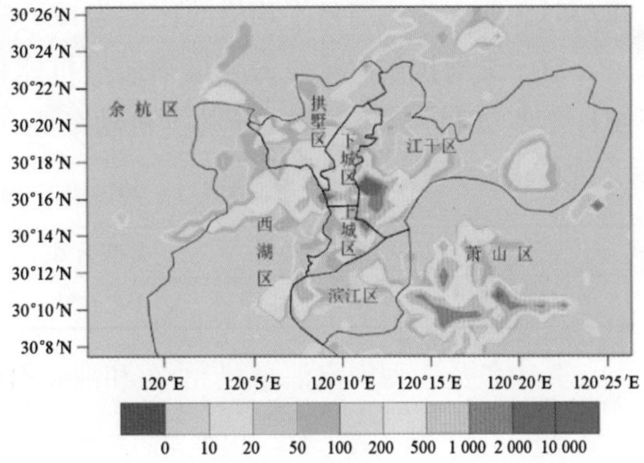

(d) HC

图 3.4.8 交通源分布(单位:t · year^{-1} · km^{-2})

3.4.3 人为热排放估算

随着城市人口的增长、工业和交通的发展,城市人为热对城市环境和气候的影响越来越重要,人为热也成为城市气象模拟研究必须考虑的一个重要因素。本节以2014年为基准,综合考虑了杭州工业、交通、生活和人体散热四种人为热排放源,利用杭州工业能源消耗总量、机动车保有量、主干道车流量、生活能源消耗总量、人口数等数据,估算出杭州工业、交通、生活和人体散热四种人为热通量。

本节将人为热排放源分为四种:工业排放、交通排放、生活排放及人体散热。利用工业企业能源年消费总量、标准煤热值估算得到工业废热排放总量;利用机动车保有量、不同车型车辆分布、不同车型车辆年均行驶里程、百公里油耗、汽油热值等数据,估算得到交通废热年排放总量;利用居民生活消费电力、天然气、液化石油气等各能源总量和及其平均热值,估算得到生活废热年排放总量;利用人体向外日散失热量及人口数量估算得到人体散热年排放总量。根据各排放源排放热量的日变化规律将所得的各排放源日排放总量具体分配到每个小时中,再除以杭州市区建成区的面积,最后对各部分求和,从而得到各排放源排放通量日变化特征以及杭州市区总平均人为热排放通量的日变化特征。

根据《杭州统计年鉴2015》,截至2014年年末,杭州市区建成区面积495.22平方公里。2014年杭州市工业GDP为110 230 328万元,单位工业GDP能耗0.48吨标准煤·万元$^{-1}$。中国规定的标准煤发热值29 307.6 kJ·kg^{-1}。工业所消耗的能源全部变成热排放到大气中。由此估算出杭州市区2014年工业废热年排放总量约为1.808×10^{18} J,工业平均人为热通量为99.29 W·m^{-2}。

本节参考了日本东京地区对工业废热日排放规律的设置,即假设工业人为热总排放白天占60%,夜间占40%(9时上班,17时下班),从而得到工业人为热排放通量日变化特征,每小时工业人为热与日平均值的比例为:09—17时为1.6,其余时间为0.64。

对于交通排放源排放的废热则通过杭州市区机动车燃料的消耗进行估算。根据《杭州统计年鉴2015》,得到2014年各类机动车保有量如表3.4.1。

表3.4.1 2014年杭州市区各类机动车保有量

车型	小型客车	大型客车	小型货车	大型货车	摩托车
保有量(辆)	1 799 442	192 670	140 477	39 998	505 360

其中各类车型中汽油车、柴油车和液化石油气车的比例见表3.4.2。

表3.4.2 各类车的汽油车、柴油车、液化石油气车的比例(%)

车型	小型客车	大型客车	小型货车	大型货车	摩托车
汽油	97.30	18.70	33.93	0	100
柴油	0	72.20	66.07	100	0
液化石油气	2.70	9.1	0	0	0

根据文献的调研结果,2014 年杭州市各类机动车的年均行驶里程数如表 3.4.3,本节假设杭州各类机动车的年均行驶里程数与珠三角地区相同。

表 3.4.3　各类车型的年均行驶里程

车型	小型客车	大型客车	小型货车	大型货车	摩托车
年均行驶里程(万公里)	2.59	4	3.23	4.4	0.99

2014 年 3 月工信部发布的《公示 2014 年度乘用车企业平均燃料消耗量情况》,中国轿车平均油耗为百公里 7.22L。各类车型的平均油耗见表 3.4.4。

表 3.4.4　各类车型的平均油耗

车型	小型客车	大型客车	小型货车	大型货车	摩托车
平均油耗(L/百公里)	7.22	22.4	19.0	25.0	2.3

根据上述数据得到各类型车辆的油耗见表 3.4.5。

表 3.4.5　2014 年杭州市区各类机动车油耗

车型	小型客车		大型客车		小型货车		大型货车	摩托车
保有量(辆)	1 799 442		192 670		140 477		39 998	505 360
油品	汽油	液化气	汽油	柴油	汽油	柴油	柴油	汽油
保有量(辆)	1 750 857	48 585	36 029	156 641	47 664	92 813	39 998	505 360
年均行驶里程(km)	25 900		40 000		32 300		44 000	9 900
油耗(L)	3 274 067 573	90 852 978	322 819 840	1 403 503 360	292 513 968	569 593 381	439 978 000	115 070 472

由表 3.4.5 统计可得杭州 2014 年交通消耗汽油、柴油、液化石油气总量,根据汽油平均热值为 34 800 $kJ \cdot L^{-1}$、柴油平均热值为 35 900 $kJ \cdot L^{-1}$ 和液化石油气平均热值为 26 000 $kJ \cdot L^{-1}$,可得汽油、柴油、液化气的人为热见表 3.4.6。

表 3.4.6　2014 年杭州市区油耗总量

油品	汽油	柴油	液化石油气
油耗(L)	4 004 471 853	2 413 074 741	90 852 978
人为热总量(kJ)	139 355 620 484 400	86 629 383 201 900	2 362 177 428 000

由此可得交通人为热年排放总量为 228 347 181 114 300 kJ,交通平均人为热通量为 14.62 $W \cdot m^{-2}$。

根据杭州市交通局在市区几条主干道调研得到的车流量数据,可得每小时车流量与日平均车流量的比值(表 3.4.7),交通人为热的日变化特征与车流量的日变化相同。

表 3.4.7 每小时车流量与日平均车流量的比值

时间	比值	时间	比值
1	0.58	13	1.26
2	0.48	14	1.44
3	0.38	15	1.46
4	0.31	16	1.48
5	0.29	17	1.47
6	0.36	18	1.40
7	0.60	19	1.10
8	1.33	20	0.97
9	1.48	21	0.97
10	1.48	22	0.90
11	1.47	23	0.75
12	1.35	24	0.64

根据《杭州统计年鉴 2015》,2014 年杭州市区居民用电量总计 72.56 亿千瓦时,按 3.27 吨标准煤/万千瓦时计算,人为热为 4.453 $W \cdot m^{-2}$。

家庭液化气总计用量 9.89 万吨,液化石油气平均热值为 47 472 $kJ \cdot kg^{-1}$,估算得家庭液化气人为热 4 694 980 800 000 kJ。

家庭用人工煤气及天然气用量 18 019 万立方米。人工煤气平均热值为 16 746 $kJ \cdot m^{-3}$,天然气平均热值为 35 588 $kJ \cdot m^{-3}$,由此估算得生活煤气天然气废热年排放总量为 4 715 031 730 000 kJ。生活用气废热总量 9 410 012 530 000 000 J,平均人为热通量为 0.603 $W \cdot m^{-2}$。

生活人为热总计为 5.06 $W \cdot m^{-2}$。

人体各种散热方式散失的热量,如表 3.4.8。

表 3.4.8 各种散热方式散失的热量及所占比例(轻体力活动,20～30 ℃)

散热方式	散失的热量(kJ/d)	所占比例
传导、对流、辐射	8 778	70.0%
皮肤水分蒸发散失的热量	1 818.3	14.5%
呼吸道水分蒸发散失的热量	1 003.2	8.0%
呼气散失的热量	438.9	3.5%
加温吸入气、食物传递的热量	313.5	2.5%
粪尿带走的热量	188.1	1.5%

由上可得人体每天散失即向外排放的热量为 12 540 kJ,根据《杭州统计年鉴 2015》,截至 2014 年年底杭州市区的人口为 525.07 万人,从而估算得人体人为热年排放总量为 6.58×10^{16} J,假定人体人为热不随时间变化而变化,则人体平均人为热通量为 4.22 $W \cdot m^{-2}$。

根据上述统计,杭州市 2014 年工业、交通、生活和人体散热四种人为热通量分别为

99.29,14.62,5.06,4.22 W·m^{-2}。杭州市区全天平均排放通量123.19 W·m^{-2}。

根据杭州市2014年VOC和SO_2的高分辨率排放清单,分别将工业人为热和面源(含交通、生活、人体)人为热按比例分摊到各网格上,形成人为热的空间分布(图3.4.9)。

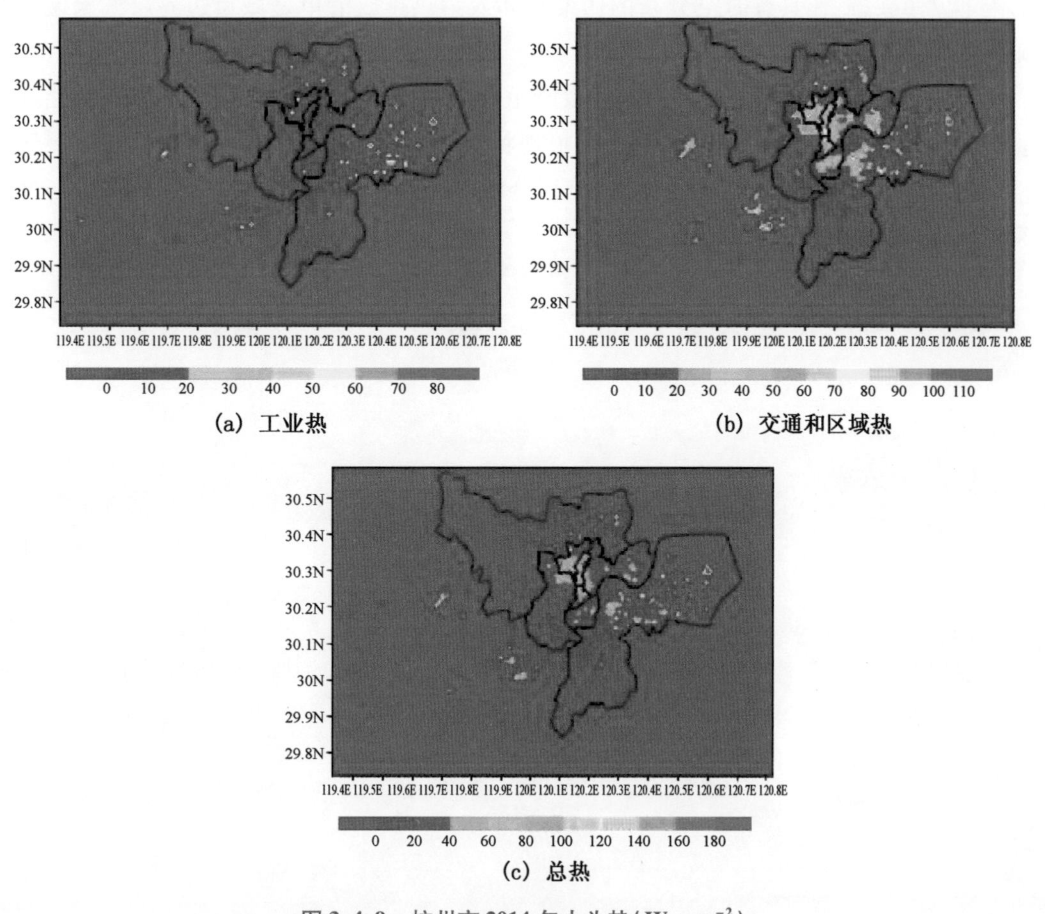

(a) 工业热　(b) 交通和区域热

(c) 总热

图3.4.9 杭州市2014年人为热(W·m^{-2})

3.5 本章总结

城市地区人口稠密,建筑聚集,城市形态(地形地貌、土地利用/土地覆盖类型、建筑信息等)和人为热排放(空调和交通等)通过改变城市的能量平衡和水分平衡过程,显著影响城市气候环境。城市冠层大气直接受到下垫面建筑物的影响,受人类活动的影响最大。城市冠层结构与建筑物高度、密度、几何形状、街道宽度等密切相关。城市冠层内建筑物三维表面的能量平衡过程及由此诱发的对近地层大气的通量交换过程与平坦下垫面存在显著差异。

本章基于建筑物矢量数据发展城市形态特征参数计算方法,运用地理信息系统计算、处理、显示城市形态特征参数。各城市形态学特征参数分别从不同的角度反映城市下垫面非均匀性和城市冠层几何特征,比如建筑物底面积加权平均的建筑高度、建筑密度、建筑迎风面积指数等。

高分辨率污染物排放清单是城市空气质量精细化模拟的关键参数,人为热对城市气象的影响非常重要,制作具有时空分布的污染物和人为热排放清单是城市边界层气象模拟的基础。

总之,高分辨率城市形态学数据集建设既是城市气象环境精细化模拟的基础,也能基于数据集的分析评估城市热环境和城市风环境现状,构建城市气候环境综合分析图,按照气候功能(作用空间、补偿空间、空气引导通道)划分城市气候空间单位,将城市气候评估与分析结果可视化,明确城市气候问题。

第Ⅱ部分　城市气象观测试验

4　城市气象观测试验研究

城市气象观测试验研究是提高对城市天气、气候、大气环境特征和形成机理认识的基础。本章将先从城市边界层湍流与通量、城市热岛及灰霾、城市边界层垂直结构三个方面介绍观测研究进展，再介绍南京城市边界层综合观测试验和京津冀城市群强降水及雾-霾观测试验。随着全国城市气象观测网的加速构建，观测资料日渐丰富，城市气象观测研究将为城市气象基础和应用研究提供有力支撑。

4.1　城市边界层湍流与通量的观测研究

大气边界层是受地面影响最直接、最剧烈的气层，亦是地气交换的主要场所，城市下垫面的多尺度非均匀性形成了特殊的城市边界层。城市边界层湍流与通量的观测研究是城市地气耦合和城市化影响研究的基础。本节按照城市地表特征-湍流-通量这一主线展开，最后介绍最具挑战的粗糙子层中的通量-廓线关系研究进展。

4.1.1　城市地表特征及其对近地层观测的影响

地气之间的物质和能量交换是地球系统复杂运行过程中的重要环节。由于地表特性存在显著差异，不同下垫面的地气交换过程也呈现出不同特征。城市地表是一种独特的下垫面，因存在众多建筑物，城市下垫面实际上是复杂的三维结构。单个建筑物都是一个体量较大的地表粗糙元，因此城市地表是典型的粗糙下垫面；建筑物的形状、大小、高低各不相同，水平分布的疏密程度也不一致，因此城市地表也是典型的非均匀下垫面。从局地尺度上讲，成片的建筑物则构成了所谓的城市冠层，使得城市近地层大气分为粗糙子层和其上的惯性子层。粗糙子层从地面算起（包含了城市冠层），其厚度大致为建筑物平均高度的 2～5 倍，这一层中的湍流行为特征会受到单个建筑物的影响；而在惯性子层当中，由于在垂直方向上离建筑物较远，湍流的混合作用使得单个建筑物对气流的影响已经难以分辨，因而在这一层中湍流的行为特征体现了一定水平范围内建筑物的整体影响。

当气流经过城市下垫面时，一方面建筑物的阻挡作用会形成形体阻力，使得气流的水平速度下降；另一方面在建筑物后方形成尾流湍流，使得湍流运动增强，所以城市冠层具有很强的动力学效应。在热力学方面，由于路面和建筑多为沥青和混凝土材料，且占地表面积的份额较大(城市中当然也存在绿地、树木乃至水体,但所占地表份额通常较小),其水热特性与自然下垫面明显不同,一方面,地气之间的热量交换以感热为主(潜热较小);另一方面,城市下垫面具有很强的储热特性,白天路面和建筑吸收太阳辐射增温,将热量储存在路面和建筑材料当中,夜间虽然这些材料表面会因释放长波辐射而冷却,但由于城市地表的三维结构特征会使得地面发射的长波辐射被建筑墙面吸收,而建筑墙面发射的长波辐射会被地面和其他墙面吸收,于是减缓了城市地表的降温速率,使得城市地表通常在夜间对大气仍有一定的加热作用。城市冠层这种独特的热力学效应会改变地表能量平衡的收支关系。城市地表的热力非均匀性(路面、屋顶、墙壁的温度是不同的,这种情况在白天会因为阳光照射的角度不同以及所形成的阴影区而显得更加明显)也会影响到湍流行为特征。显然,城市地气之间的动量和热量交换会受到城市冠层形态学特征(建筑的形状、大小、高度、分布密集程度,乃至街道走向,等等)的影响。城市地气之间的水汽交换主要取决于绿地、树木乃至水体所占地表面积的份额。此外,城市是人类活动高度密集的区域,存在人为热和人为水汽排放,并有明显的日变化。由此可见,与自然平坦下垫面相比,城市地气交换过程要复杂得多,研究城市地气交换过程需要认识城市冠层动力学效应和热力学效应如何影响湍流行为特征和所形成湍流通量,观测无疑是最为直接且有效的手段。

传统的大气湍流研究主要集中在相对均匀平坦下垫面之上湍流边界层的结构。然而实际的地表通常是粗糙且不均匀的,于是边界层研究逐渐转向复杂下垫面的地气相互作用问题。人们发现这样的研究遇到了很大的困难,因为那些能够描述均匀平坦下垫面之上气流平均量和湍流量的关系式并不适用于粗糙下垫面上的气流,原因在于获得那些关系式所需要的一些前提条件不存在了,城市下垫面之上的气流就是典型例子。研究城市大气湍流特性的主要目的是为了认识那些控制城市地表与大气之间动量、热量和物质交换的物理过程及其对能量平衡和水平衡的影响,相关知识对于一些现实问题也有重要的应用需求,比如城市当中的污染扩散问题。尽管已经开展了大量的观测研究,人们在城市大气湍流的认知方面所取得的进展还是十分缓慢,主要有两方面原因:一是观测研究往往被局限于获得湍流的某些特殊性质,这些特殊性质只是反映了观测位置附近城市下垫面特征的影响,不同观测地点得到的结果会表现出不同的特征,难以取得一致的认识;二是缺乏适合于分析和表征粗糙地形之上湍流特性的理论框架,想要对比分析那些具有不同下垫面特征的观测位置所获得的数据变得难以操作。其根本原因还在于城市复杂下垫面对其上气流的复杂影响,Roth(2000)归纳了这样的气流所具有的一些基本特征:

① 在冠层顶附近形成强切变层,这一层中的湍流特性与其上方的近地层湍流特性相比表现出显著差异,气流的平均动能更多地被转化为湍流动能,导致此处的湍流强度很高;

② 尾流扩散(即气流在单个建筑物后方的尾流湍流造成的混合作用)在气流中形成很有效的混合作用并输送动量、热量、水汽及空气中的其他标量成分,涡旋的大小与尾流区的尺度直接相关,它们在粗糙元间隔较大的冠层当中显得尤为重要;但如果粗糙元间隔较小(相较于冠层高度),它们垂直输送的贡献会小很多,其作用主要是湍流耗散;

③ 非流线形物体形成的形体阻力(即气流经过单个建筑物时形成了气压差,迎风面处气压增大阻挡气流前行,而背风面处因空腔区气压较小而形成对气流的吸附作用)增强了动量向地表输送,而对热量和物质的输送没有类似的效应;

④ 动量和诸如热量、水汽等标量的源和汇是三维分布而非有序排列,在这种源汇交织的空间里热量和质量的分布取决于热/冷面及水分的分布形态,朝阳/背阴面形成的加热/冷却差异以及干/湿面的交错分布形成非常局部且彼此不相关联的热羽和湿羽,连同尾流湍流和街衢流动的涡旋,构成了热量和质量输送的复杂系统,并导致时空上的非均匀性;

⑤ 城市下垫面的非均匀性通常体现在所有尺度上,导致按照传统概念无法定义出统一的风程,原因在于局部平流作用始终存在;

⑥ 城市冠层的形貌及结构特征可能对有组织(相干)运动的形成有作用,因为湍流流动的观测信号会表现出明显的上扬/下扫特征或斜坡结构;

⑦ 城市下垫面对机械湍流的增强作用,连同城市热岛效应,可能导致更高的边界层高度;因为热岛效应的存在及湍流切变生成的增强,城市近地层的大气稳定度通常会降低。

对于中尺度大气过程而言,城市下垫面对气流的影响是个局地尺度现象。大气边界层是直接受下垫面动力和热力作用并充满湍流运动的气层,由于城市下垫面与自然下垫面之间存在显著差异,城市区域的大气边界层应该具有其独有的特征(其特征体现了城市地表的强迫作用)。基于这样的认识,Oke(1976)提出了城市边界层和城市冠层的概念。依据对植被冠层之上气流特性的认识,又形成了城市粗糙子层的概念。就城市边界层的垂直分层结构而言,其他各层仍然沿用了传统定义。由此可见,城市边界层的一个显著特征是由于冠层的存在而形成了城市粗糙子层。然而迄今为止,粗糙子层厚度仍是一个颇具争议的问题,因为我们并不知道粗糙子层顶在哪里(事实上我们还没有找到定义粗糙子层顶的客观判据),于是借用植被冠层和风洞实验的研究结果来粗略估计粗糙子层的厚度。通常的做法是同时观测平均量梯度和湍流通量,然后检验通量-梯度关系,评判的依据是看无量纲垂直廓线函数是否偏离经典相似关系。如果明显偏离则说明处于粗糙子层当中,如果基本符合则说明处于惯性子层当中。显然这种方法存在较大的不确定性,因为观测本身有误差;同时由于随着高度增加偏离的程度是减小的,它是个渐近过程,并不存在明确的分界,判断起来会带有主观性。但不管怎样,这种方法能够得到结果。综合多个研究结果可以让我们了解到粗糙子层厚度(z_*)受哪些因子影响,研究结果显示,它与粗糙元的水平尺度(D)、粗糙元的高度(z_H)以及空气动力学粗糙度长度(z_0)有关,而与零平面位移高度(z_d)关系不大(在很大程度上零平面位移高度与粗糙元高度之间存在某种比例关系,在已经考虑粗糙元高度的情况下无需再考虑零平面位移高度)。Garratt(1980)指出粗糙子层厚度受大气稳定度影响,通常在不稳定层结条件下会更高一些。比较方便的做法是用建筑物平均高度(z_H)对它进行度量,Raupach 等人(1991)给出一个比较宽泛的估算范围,粗糙子层厚度为建筑物平均高度的 2 ~5 倍。关于城市边界层各层的特征,Roth(2000)进行了归纳总结,请见表 4.1.1。

表 4.1.1　城市边界层不同区域的特征

区域	特征
城市冠层（地面到建筑物顶）	动力学和热力学过程受到很小范围内的微尺度环境因素控制；气流结构和标量场结构都非常复杂；这种特征在建筑物密集分布的城区更为突出，但在建筑物分布稀疏的郊区可能是不连续的
粗糙子层（从地面到 z_*）	也称过渡层/界面层/尾流层，包含了城市冠层；在动力学和热力学方面都受到与粗糙元尺度相关的过程的影响；因为尾流扩散作用及动量和标量的源/汇交织，动量与热量的输送过程不相似，因此雷诺法则可能是不适用的；局部平流作用导致湍流在水平方向是不均匀的，即使经过时间平均也是不均匀的，必须考虑其三维结构
常通量层（从 z_* 到 $0.1z_i$）	也称惯性子层；平均廓线遵循准对数律，莫宁-奥布霍夫相似理论适用；但在城市区域对这一层的情况所知甚少，部分原因是粗糙子层厚度会达到几十米，而观测塔的高度有限，通常到不了惯性子层；在不稳定条件下，粗糙子层的厚度可能会超出能够存在常通量层的高度范围，在这种情况下常通量层可能不存在
混合层（从 $0.1z_i$ 到 z_i）	我们对城市混合层的了解其实很少，但通常认为湍流特性已经与地面粗糙元无关；混合层顶部是夹卷层，城市边界层的夹卷过程可能会被增强，因为粗糙且温度更高的城市地表使得混合层湍流发展得更为旺盛，从而激发更强的夹卷过程

因为城市下垫面的粗糙元尺度较大，并且源和汇在水平和垂直方向上都存在显著变化，如何在城市地区开展边界层（特别是近地层）观测和理论分析需要细致考量和谨慎处理。理论分析仍然在相似理论的框架下进行，主要是与经典相似理论的结果进行对比，分析偏差的特征以及引起偏差的影响因子，通过修正经典相似关系，以期获得能够适用于城市下垫面的关系式。观测方面，观测的代表性问题显得尤为突出，为使不同观测点的观测数据具有识别度或可比性，需要制订一套能够用于判别城市湍流观测研究的规范标准。Roth（2000）的文章里列举了针对城市近地层观测的规范要求，请见表 4.1.2。

表 4.1.2　用于评估和筛选城市近地层湍流研究的标准

选项	对观测条件和观测数据的考量
风程/源区域	平坦地形；下垫面几何形态学特征相对均匀一致；按照关系式（4.1.1）估算风程 x_F，并且满足 $x_F \geq 100\ z_s'$；或者按照通量的源区域模式（FSAM）估算源区域范围
观测点周围环境	在水平和垂直方向上最靠近的建筑物距离观测点要足够近，使得最低一层的探头测量到的信号能够反映城市下垫面的影响；但是探头离最近的建筑物又不能太近，以避免单个建筑物表面（比如屋顶）或建筑物尾流涡旋对观测数据的影响
估算 z_0 和 z_d	在风程或源区域范围内根据下垫面建筑物的几何形态学数据进行合理估算，可参考 Grimmond 和 Oke（1999）文章里采用的城市下垫面分类原则和推荐的估算公式
观测塔的粗细度及支撑架长度与走向	为使观测塔塔体的影响降低到最低程度，宜采用框架结构的三角塔（塔体水平尺度尽可能小、塔体部件最好为圆形）；对于框架结构的观测塔，横杆支架也需要足够的长度，应该满足 $x_T > 1.5d_T$（Kaimal and Finnigan, 1994）；横杆支架应该伸向塔体的上风方向

（续表）

选项	对观测条件和观测数据的考量
观测塔架设位置	架设在无障碍的平地上，或架设在建筑屋顶上（架塔的建筑不要明显高出周围其他建筑）
观测仪器	湍流和通量观测通常采用涡动相关系统（快速响应探头）；通常采样频率不低于2赫兹，平均时间不少于15分钟（对于较高的高度或是协方差，需要更长的平均时间）
记录	明确详细地记录观测试验的细节，包括观测点环境特征（比如风程范围内下垫面的空间变化、最近的建筑物离探头的距离，等等，现在通行的做法是把源区域范围内所有建筑物的信息都采集记录下来）、观测期间的大气稳定度状况以及仪器设备运行状况

说明：x_T 是探头到塔体的距离；d_T 是塔体的横向尺寸。

对城市近地层湍流特性的观测，原则上讲应该在常通量层中实施（即观测高度应该在 z_* 之上），这样的观测结果才具有局地代表性（即在局地意义上充分体现下垫面的影响）。然而城市范围内下垫面的类型并非整齐划一，其中夹杂着类似于自然下垫面的地块（比如公园或水体），或者虽然相邻的两个片区都是城市下垫面，但属于不同分类（比如低矮建筑区、高大建筑区）。气流经过具有不同特征的下垫面会形成内边界层，于是气流特性（包括湍流特征）在水平方向和垂直方向都会产生变化。气流在新的下垫面之上前行一段距离之后其特征才与下垫面达成耦合状态，即气流特性体现了新下垫面的特征（通常用地表的空气动力学粗糙度 z_0 表征），观测应该落在达成这种耦合状态的气层当中，显然，这层气流处于内边界层下部（换言之，在它之上的气流尚不足以充分体现新下垫面的特征），按照 Roth（2000）文章里的说法，这个气层的厚度大约只占到内边界层厚度的 10%。所以对于城市近地层湍流的观测研究而言，估算出观测高度所对应的风程显得尤为重要，这直接关系到观测结果的代表性。Wieringa（1993）给出了风程与观测高度之间的如下关系式：

$$x_F \approx 2z_0\left[\frac{10z_s'}{z_0}\left(\ln\frac{10z_s'}{z_0}-1\right)+1\right] \tag{4.1.1}$$

其中 z_s 是探头距离地面的高度，而 $z_s'=z_s-z_d$ 是实际观测高度。Wieringa（1993）文章中的结果显示，在中性条件下上述关系式与常用的简单经验关系 $x_F\approx 100z_s$ 符合得很好。Roth（2000）在推荐使用该关系式的同时也指出，对于城市下垫面而言它也只是个粗略估计。

城市下垫面通常是很不均匀的，如果观测高度低于 z_*，单点观测结果通常不能很好地代表常通量层中的平均湍流通量。在这种情况下，估算源区域范围以及源区域内源和汇对通量的贡献就显得十分重要。针对这个问题，Schmid（1994）给出了相关概念和方法的详细论述。对于空间某个位置观测到的标量通量 η，可以用下列方程表示：

$$\boldsymbol{\eta}(\boldsymbol{r}) = \iint_A Q_\eta(\boldsymbol{r}')f(\boldsymbol{r}-\boldsymbol{r}')\,\mathrm{d}\sigma \tag{4.1.2}$$

或

$$\eta(0,0,z_m) = \int_{-\infty}^{\infty}\int_{-\infty}^{0} Q_\eta(x,y,z=z_0)f(-x,-y,z_m-z_0)\,\mathrm{d}x\mathrm{d}y \qquad (4.1.3)$$

其中 Q_η 是位于 $\boldsymbol{r}'$ 处的源强，f 是源 $Q_\eta(\boldsymbol{r}')$ 对通量 $\eta(\boldsymbol{r})$ 贡献的概率函数，称为源权重函数或印痕(footprint)函数，它由湍流扩散过程决定，因此是矢量距离 $\boldsymbol{r}-\boldsymbol{r}'$ 的函数(我们应该注意到，源和观测点的位置都用了矢量表示，意味着距离 $|\boldsymbol{r}-\boldsymbol{r}'|$ 相同但位置关系不同时源权重函数 f 的值会不同)。关于如何确定源区域和源权重函数，用到的模式被称为 FSAM 模式(FSAM：Flux-Source Area Model)，在 Schmid(1994)文中有详细介绍，此处不再赘述。类似的模式还有 Kormann 和 Meixner(2001)发展的 K-M 模式，在分析城市通量观测的源区域方面得到广泛应用。需要指出的是，K-M 模式针对的是平坦下垫面源强分布均匀的情形，有研究发现当它应用于城市下垫面时可能会高估顺流方向的源区域范围，低估侧风方向的源区域范围，所以这类模式提供的也只是粗略的估算结果。我们还应该知道，这类模式针对的是标量通量，而针对矢量通量(即动量通量)并没有相应的模式，通常把标量通量的源区域视同为矢量通量的源区域。事实上源区域范围与贡献率的大小有关，理论上讲对应于100%贡献率的源区域是无限大的，实际应用中一般选择75%贡献率的源区域。

由于到目前为止对城市地气交换过程的研究仍然在相似理论的框架下进行，需要知道确切的城市下垫面空气动力学参数 z_0 和 z_d，这对于分析近地层风廓线和湍流行为特征显得十分重要。当然，数值模式也需要知道这些参数。确定城市下垫面空气动力学参数通常采用几何形态学方法，即建立 z_0 或 z_d 与源区域内建筑物形态学参数之间的对应关系。形态学参数主要包括建筑物平均高度 z_H、面积指数 λ_p(即建筑物占地面积与源区域面积之比)、迎风面积指数 λ_f(即建筑物迎风面总面积与源区域面积之比)，以及建筑物高度的标准差 σ_H。面积指数 λ_p 在一定程度上体现了建筑物的密集程度，它的取值肯定小于1.0；而迎风面积指数包含了建筑物高度、宽度及个数的信息，在 λ_p 和 z_H 相同的情况下如果建筑物个数不同，则 λ_p 通常不同，它的取值可以超过1.0，所以，λ_p 与 λ_f 结合在一起可以更好地表征城市下垫面的形态学特征。这样的模型比较多，大都基于风洞实验结果，而实际的城市下垫面的复杂度很高，这些模型的估算精度并不高，不同模型之间的估算结果存在较大差异，但由于城市 z_0 和 z_d 的值都比较大，这降低了廓线关系及通量-梯度关系对它们的敏感性，因而使得这些模型得以具备可应用性。Grimmond 和 Oke(1999)对这些模型进行了评估，推荐了几个表现相对较好的模型，并给出了依据城市下垫面的不同分类如何估计城市地表空气动力学参数的指导意见，此处不再做详细介绍。

对湍流特征的研究多关注于湍流强度和湍流通量，现在基本上都采用涡动相关方法进行观测，因为观测结果可以同时获得这两方面的信息，高频采样信号还可以提供湍流谱信息。在城市粗糙子层中想要获得空间平均的湍流量，需要对多个观测点的观测结果进行平均，因城市观测条件的限制，要实现这一点困难较大。对不同风向的观测结果进行平均或许是可行的，但不同风向的观测结果并不是同时段的观测结果，操作起来需要小心，如果能够确认动力条件(风速)和热力条件(太阳辐射形成的地表加热状况及大气稳定度)基本相同,这样的平均应该可以在一定程度上代表空间平均。然而对于单点观测而言,湍流统计量都是基于时间平均计算出来的,城市冠层的存在造成平均气流和湍流统计量在空间上呈现非均匀分布,于是当我们对一个物理量 $\varphi(x,y,z,t)$ 进行“时间平均 + 空间平均”的时候,这个物理量可以被分解成时空平均量 $\langle\bar{\varphi}\rangle(z)$ 部分(其中的上划线和三角括号分别表示时间平均和空间平均,显然这里的空间平均指的是水平面上平均)和扰动量部分,而扰动量部分又分为时间平均量偏离时空平均量的扰动部分 $\bar{\varphi}''(x,y,z)$ 和随机湍流扰动部分 $\varphi'(x,y,z,t)$,可写成如下表达式:

$$\varphi(x,y,z,t)=\langle\bar{\varphi}\rangle(z)+\bar{\varphi}''(x,y,z)+\varphi'(x,y,z,t) \tag{4.1.4}$$

湍流通量指的是$\overline{w'\varphi'}$(这部分是我们通常所讲的雷诺通量),而$\langle\bar{w}''\bar{\varphi}''\rangle$被称为弥散通量。单点观测基于时间平均得到的是湍流通量 $\overline{w'\varphi'}$,但不能分辨弥散通量$\langle\bar{w}''\bar{\varphi}''\rangle$。Belcher(2005)指出弥散通量在冠层当中和冠层之上的粗糙子层当中都会对动量和热量起到输送作用(所以雷诺假设不适用)。Giometto 等人(2016)针对真实城市冠层进行的大涡模拟研究表明,弥散通量的最大值出现在城市冠层顶处($z=z_H$)且量值与湍流通量相当,而在 $z=2z_H$ 高度处弥散通量明显小于湍流通量。到目前为止,在城市近地层湍流的观测研究中仍然普遍采用涡动相关方法(几乎成为标准方法)测量湍流通量,由于粗糙子层中存在弥散通量,测量结果会受到弥散通量的影响(在弥散通量所占份额较大的高度上,湍流通量不具备充分的代表性),想要观测到具有较好代表性的湍流通量,观测高度最好设置在两倍于建筑物平均高度的高度之上。

就湍流量的观测而言,除了常见的涡动相关方法之外,其实还有其他方法,比如闪烁仪方法。闪烁仪方法的优点在于它能够测量到光传输路径上的平均湍流量,即空间平均湍流量。但由于闪烁仪方法属于遥感测量,是间接测量方法,在反演算法中会用到关于湍流特性的一些假设(比如均匀湍流假设)及经典的相似关系。然而城市粗糙子层中的湍流是非均匀的,这会使得闪烁仪在城市粗糙子层中的观测结果产生偏差。Thiermann 和 Grassl(1992)依据相似理论用耗散区间的湍流谱确定动量通量和感热通量,他们发现与城市观测结果相对应的相似常数不同于经典相似关系中的取值,这说明采用闪烁仪方法在城市近地层进行湍流观测时需要对相似关系进行修正。张贺等人(2016)对比了用闪烁仪方法和涡动相关方法在接近城市粗糙子层顶部观测的感热通量(Zhang et al., 2016),结果表明两者之间的一致性很好,这表明城市粗糙子层顶部的湍流特性已经接近常通量层中的状况,所以闪烁仪方法和涡动相关方法都能适用。由此看来,现有的城市边界层湍流观测手段都存在一定的局限性,这正是我们研究城市边界层湍流所遇到的困难。揭示城市边界层非均匀湍流的特性是我们要解决的科学问题,之前的研究结果已经让我们获得了一定的认识,并成为进一步探究的重要基础。

4.1.2 城市近地层湍流特征的观测

在上一节中已经提到,到目前为止针对城市边界层湍流的观测研究仍然在相似理论框架下对观测结果进行分析。由于观测条件的限制,城市近地层中的观测高度经常落在粗糙子层当中,而经典的莫宁-奥布霍夫相似理论在这一层当中不适用(原因是常通量层假设不成立),所以通行的做法是按照局地相似理论进行分析。所谓局地相似理论,从本质上讲与经典相似理论具有相同的内涵,只是不受常通量层假设的约束,其实它正是针对湍流通量随高度变化的情况(比如强稳定条件下的边界层和城市近地层的粗糙子层)而被提出的,很多观测结果证实局地相似关系确实存在,于是就称之为局地相似理论。按照局地相似理论,城市近地层的局地稳定度参数 ζ 定义在观测高度上,即 $\zeta = z_s'/\Lambda$(需要考虑零平面位移,所以用 $z_s' = z_s - z_d$),其中局地奥布霍夫长度定义为 $\Lambda = Tu_*^2/(\kappa g T_*)$,$u_*$ 是局地摩擦速度($u_* = \sqrt{\tau(z_s)/\rho}$,$\tau$ 是观测高度上的湍流切应力),T_* 是局地湍流温度尺度($T_* = -\overline{w'T'}(z_s)/u_*$,其中$\overline{w'T'}$是观测高度上的热通量),$\kappa$ 是冯·卡门常数($\kappa = 0.4$)。中性层结的判据通常设为 $|z_s'/\Lambda| \leqslant 0.05$,有时候也会放宽到$|z_s'/\Lambda| \leqslant 0.1$。

在分析城市近地层湍流统计量廓线形状的时候通常会把这个量看成是 z_s'/z_0的函数,因为中性条件下的风速廓线就是 z/z_0的对数形式(非中性条件下也只是在对数廓线的基础上加上了一个稳定度修正项),这需要较为准确地定出 z_0和 z_d(这也正是表4.1.2 中强调估算 z_0和 z_d的重要性的原因)。也有很多观测研究用到的是 z_s/z_H,这似乎也是很自然的选择,因为在不掌握观测点周围建筑物详细资料的情况下,估计出建筑物的平均高度是很容易实现的事,其实 z_H在一定程度上反映了粗糙元的大小,我们可以把它看成是对地表粗糙程度的粗略估计,再加上它非常直观,所以也是个常用的参数。

惯性子层的湍流特性具有良好的局地代表性,能够反映源区域范围内城市下垫面的整体特征及其对气流的影响,但惯性子层与粗糙子层是耦合在一起的,在城市近地层中湍流统计量在垂直方向上的变化是连续的,也就是说,惯性子层的湍流特性与粗糙子层的湍流特性具有内在的关联性,我们需要知道湍流统计特征在垂直方向上如何变化,以及形成这种变化的支配因子。因此,研究粗糙子层中的湍流特性并非是因为观测条件的限制使得观测高度往往落在了粗糙子层当中不得已而为之,而是因为我们确实需要认识粗糙子层中的湍流过程并深刻理解其与所形成的湍流特性之间的关系。

在湍流流动中拖曳系数 C_D是一个应用性很强的重要参数,它可以建立起动量通量和平均风速之间的关系,从而在数值模式中提供关于地表应力的参数化方案。在经典相似理论中,中性条件下近地层气流的平均风速满足对数率,因此满足下列关系:

$$C_D^{1/2} = u_*/U = \kappa/\ln(z_s'/z_0) \tag{4.1.5}$$

由此可见,在某个特定高度上 C_D随下垫面粗糙程度的增加而增大,而在特定的下垫面(对应于某个固定的 z_0值)之上 C_D随高度减小。在城市冠层之上的粗糙子层当中,中性气流的平均风速近似满足对数律(确切地讲,应该是平均风速廓线的拐点之上的那层气流),虽然 u_* 随高度有变化(通常在拐点位置出现极大值),但 u_*/U 还是能在较大程度上符合对数律。Roth(2000)从之前的众多研究中筛选出可信度较高的观测结果,给出了 u_*/U 随 z_s'/z_0 及 z_s/z_H 变化的关系,如图4.1.1所示。结果显示,u_*/U 与 z_s'/z_0 之间确实存在较好的对数关系,而 u_*/U 与 z_s/z_H 之间也存在对应关系(数据的一致性不如前者,但变化趋势还是比较明确的),可以用经验拟合公式来描述。这应该是目前的数值模式能够用对数律来近似描述城市冠层之上气流中动量的通量-廓线关系的依据所在。

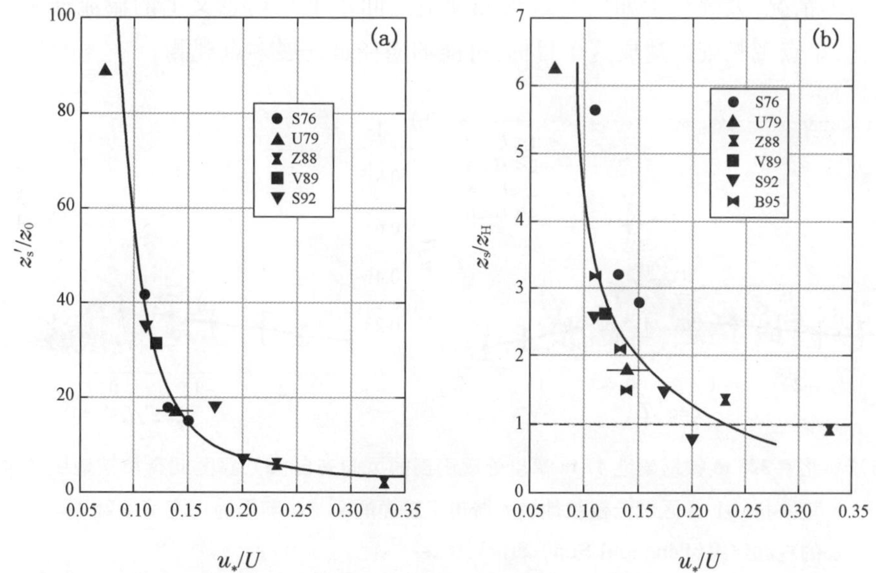

图4.1.1 中性条件下 u_*/U 随归一化高度(a) z_s'/z_0 和(b) z_s/z_H 变化的观测结果

(a) 中的曲线是方程 $C_D^{1/2}=u_*/U=\kappa/\ln(z_s'/z_0)$;(b) 中的曲线是经验拟合关系;标记观测数据的不同符号代表不同的观测研究(Roth, 2000)

在非中性条件下,经典相似理论告诉我们近地层的风速廓线受到稳定度的影响而偏离对数律(具体形式是"对数律+稳定度修正项"),于是拖曳系数满足下列关系:

$$C_D^{1/2}=u_*/U=\kappa/\{\ln(z_s'/z_0)-\psi_m(\zeta)\} \tag{4.1.6}$$

其中 $\psi_m(\zeta)$ 是稳定度修正项,不稳定条件下此项为正,稳定条件下此项为负。因此,在某个指定高度上,按照经典相似关系,u_*/U 应该随稳定度的增加而减小,随不稳定度的增加而增大。然而在城市粗糙子层当中情况并非如此。彭珍和孙鉴泞(2014)利用北京325 m铁塔观测资料分析了粗糙子层中 u_*/U 随稳定度参数的变化情况(Peng and Sun, 2014),结果如图4.1.2所示。由图中可以看出,u_*/U 随稳定度的增加而减小,变化趋势与经典相似理论相同;但随不稳定度的增加也是减小的,变化趋势与经典相似理论相反,这表明在不稳定条件下城市粗糙子层中平均气流与湍流通量的对应关系并不像经典相似理论所描述的那样。

事实上，观测研究表明在城市粗糙子层当中通量-梯度关系满足局地相似理论，即$(\kappa z_s'/u_*)\partial U/\partial z=\varphi_m'(\zeta)$，但是其中的$u_*$和$\zeta=z_s'/\Lambda$是局地变量，它们都随高度变化（$\Lambda$包含$u_*$和$T_*$，由于$u_*$和$T_*$随高度变化，所以$\Lambda$随高度变化），所以其积分后的表达式（即通量-廓线关系）并不像方程$C_D^{1/2}=u_*/U=\kappa/\{\ln(z_s'/z_0)-\psi_m(\zeta)\}$那样，而应该是更为复杂的函数形式。正如Rotach（1993）指出的，只有知道了粗糙子层中湍流通量廓线的具体形式（即u_*和T_*如何随高度变化），才能获得通量-廓线关系的确切表达式。遗憾的是迄今为止我们仍然不清楚粗糙子层中的湍流通量如何随高度变化。从这个意义上讲，更多的观测研究应该能够帮助我们知道真实的情况，关键在于如何通过观测知道空间水平平均意义上的湍流通量和平均量的垂直变化，单点观测难以达成这个目标，可能的途径是开展多点观测。

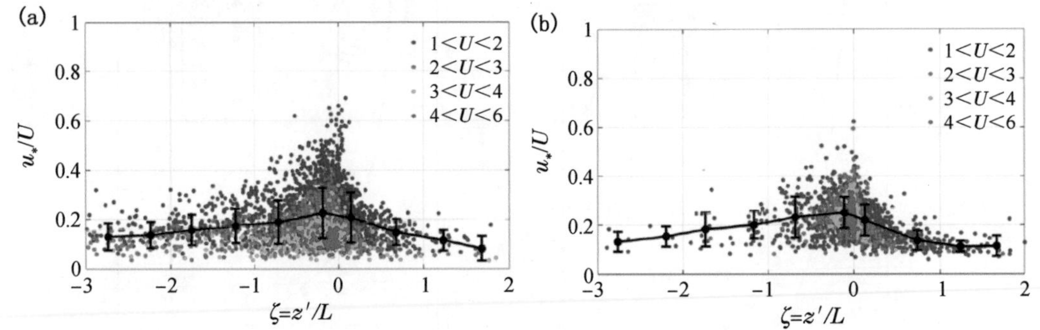

图 4.1.2　北京 325 m 铁塔离地 47 m 高度处观测到的风向来自（a）源区域有植被地块的城市下垫面和（b）源区域无植被地块的城市下垫面的u_*/U随局地稳定度参数$\zeta=z_s'/\Lambda$变化的观测结果（Peng and Sun，2014）

湍流速度的方差直接体现了湍流能量的大小，统计上通常用湍流速度的标准差σ_u，σ_v和σ_w（u，v和w分别是顺流方向、横向及垂直方向湍流速度）表征湍流特征速度，分析湍流行为特征的时候则往往采用归一化形式$A_i=\sigma_i/u_*(i=u,v,w)$。在中性条件下没有层结的作用，人们自然会想到，$A_i$可能是$z_s'/z_0$（或$z_s/z_H$）的函数，但Roth（2000）归纳了多个城市观测研究的结果后发现，无法确定中性条件下A_i是否随高度变化，也看不出z_0有什么影响，虽然中性条件下城市近地层中的A_i值相对分散，但其平均值与自然平坦下垫面之上的观测结果非常接近。因此，对城市近地层A_i行为特征的研究主要集中在确定其与局地稳定度参数ζ之间的对应关系上。观测结果表明这个对应关系可以表示成如下形式：

$$A_i=a_i(1+b_i|\zeta|)^{1/3} \tag{4.1.7}$$

其中a_i和b_i是经验常数（a_i就是中性条件下A_i的取值，b_i的大小体现了稳定度影响的程度），虽然有些观测结果显示上式中的指数明显偏离1/3，但把指数取为1/3是比较公认的做法，因为这个取值符合自由对流条件下相似理论的物理意义，且得到大多数观测结果的支持。于是在城市近地层观测研究中关于这个问题的重点就变成为关注a_i和b_i的取值。之前的观测结果未能确定a_i在城市近地层是否随高度变化，b_i的取值在不同的观测研究中也各不相同。然而邹钧等人(2018)的观测研究显示(Zou et al., 2018),a_i在城市冠层之上的粗糙子层中随高度减小,如图 4.1.3 所示;在不稳定条件下 b_i则随高度增大,如图 4.1.4 所示(在稳定条件下 b_i也是随高度增大,具体结果请详见文献)。"a_i在城市冠层之上的粗糙子层中随高度减小"这个结果表明,在城市近地层的粗糙子层当中随着高度的增加湍流的有序程度是增加的,因为动量的湍流交换效率可以表示成 $r_{uw}=\overline{u'w'}/(\sigma_u\sigma_w)=u_*^2/(\sigma_u\sigma_w)=(\sigma_u/u_*)^{-1}(\sigma_w/u_*)^{-1}$,$\sigma_u/u_*$和 σ_w/u_*随高度减小意味着 r_{uw}随高度增大,而较大的 r_{uw}值则意味着在 $\sigma_u\sigma_w$相同的情况下可以形成更大的湍流通量。这个结果为我们进一步认识城市粗糙子层的湍流特性提供了依据。"b_i在城市冠层之上的粗糙子层中随高度增大"这个结果表明,在城市近地层的粗糙子层当中随着高度的增加热力湍流的作用增强,这符合在相似理论框架下我们对近地层湍流行为的认识。按照经典相似理论,在惯性子层中 a_i和 b_i应该不随高度变化,而城市粗糙子层中 a_i和 b_i随高度变化的这个特征正反映了粗糙子层湍流特性与惯性子层不同。

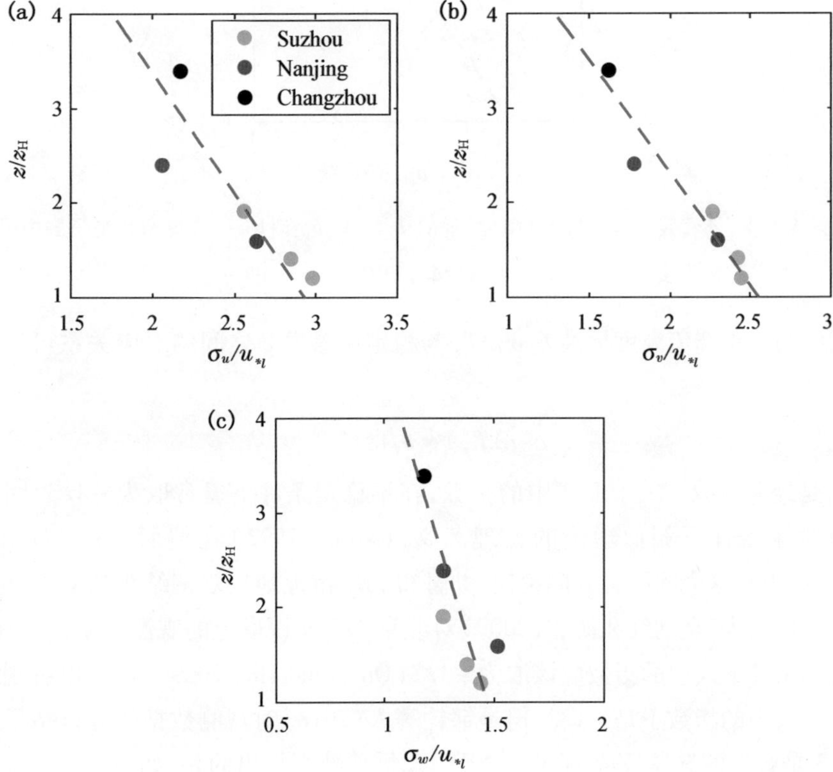

图 4.1.3　近中性($|\zeta|\leq 0.05$)条件下(a) σ_u/u_*,(b) σ_v/u_*和(c) σ_w/u_*在城市粗糙子层中随高度变化的情况(Zou et al., 2018)

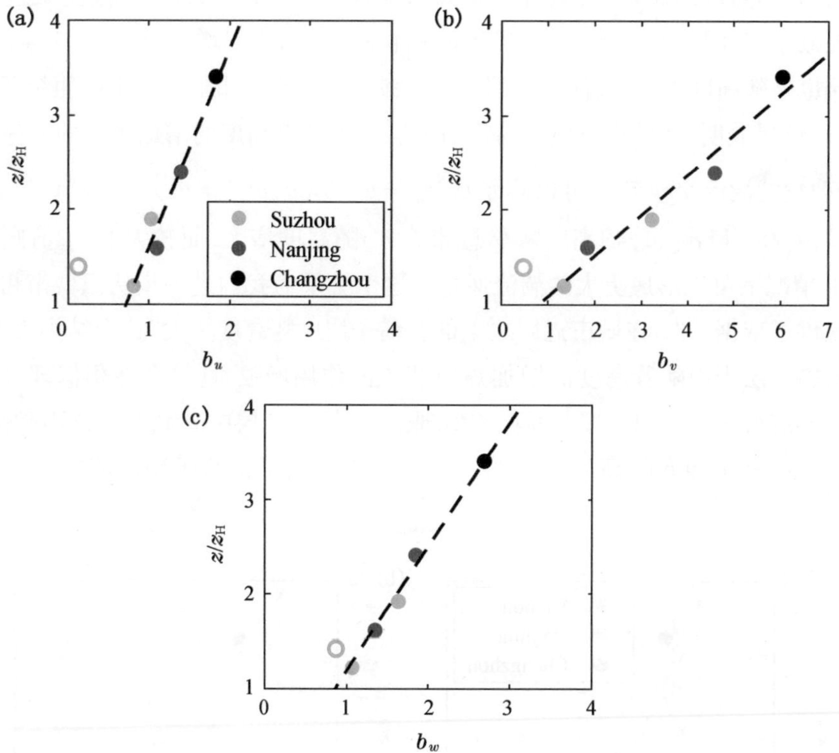

图 4.1.4 不稳定($\zeta < -0.05$)条件下(a) b_u,(b) b_v和(c) b_w在城市粗糙子层中随高度变化的情况(Zou et al., 2018)

近地层中归一化湍流温度标准差σ_T/T_*与稳定度参数ζ之间的对应关系可以表示成如下形式:

$$\sigma_T/|T_*| = b_T|\zeta|^{-1/3} \tag{4.1.8}$$

其中b_T是经验常数。关于上式中的指数,在不稳定条件下通常取为-1/3,因为这个取值符合自由对流条件下相似理论的物理意义,Garratt(1992)在他所著的 *The Atmospheric Boundary Layer* 中对这个问题有专门论述,并且得到城市近地层观测结果的支持。稳定条件下的观测研究比较少,全利红和胡非(2009)对北京325 m铁塔上的观测结果进行了分析,他们认为在稳定条件下式中的指数应该取为-1/3(Quan and Hu, 2009);虽然也有观测结果显示稳定条件下式中的指数不是-1/3,但是邹钧等人(2018)对观测数据的分析结果表明把指数取为-1/3是合理的选择(Zou et al., 2018)。需要特别指出的是,如$\sigma_T/|T_*| = b_T|\zeta|^{-1/3}$所示的"-1/3次律"只适用于非中性(即$|\zeta| > 0.05$)条件;而在近中性($|\zeta| \leqslant 0.05$)条件下因$|T_*| \to 0$,通常不做讨论。

4.1.3 城市近地层湍流通量的观测

一方面,城市地气交换湍流通量直接体现了城市下垫面对边界层大气的强迫作用,比如,在城市近地层观测到的摩擦速度 u_* 总是比郊区自然下垫面之上的摩擦速度大,这意味着城市地气之间的动量交换更强,形成更大的湍流摩擦力,这也正是气流经过城市下垫面时平均速度减小的原因。另一方面,与自然下垫面相比城市地表在白天对大气的加热作用更强,使得城市近地面温度高于自然下垫面,并产生更强的有组织上升运动,从而形成中尺度意义上的热岛环流。因此,认识城市地气交换过程及其形成的湍流通量显得尤为重要,数值模式也需要对城市地气交换通量有准确的描述。然而现状是模式对城市地气交换通量的模拟存在较大的不确定性,观测结果应该能够检验模式的模拟效果并为改进模式的模拟能力提供依据,但是通量观测会因为观测高度常常落在粗糙子层当中也存在较大不确定性。如前所述,如果观测能在惯性子层当中实施,观测到的通量应该能够在局地尺度上客观地反映城市地气之间的动量、感热和潜热交换情况,这一点已经成为共识。然而实际的观测很难保证是在惯性子层当中,通常的情况是因为观测高度所限而落在粗糙子层当中,所以如果我们知道湍流通量在粗糙子层当中如何随高度变化及其原因,我们就能够获得具有局地代表性的城市地气交换通量,并且有助于建立关于城市近地层湍流通量的理论模型。从这个意义上讲,应该加强对城市粗糙子层湍流特性和湍流通量垂直分布特征的观测研究。

Grimmond 等人(2004)分析了法国马赛的通量观测,结果表明动量通量和感热通量在城市粗糙子层中随高度增加。Christen 等人(2009)分析了 BUBBLE 计划(the Basal UrBan Boundary Layer Experiment project)在瑞士巴塞尔的观测结果,按不同风向给出了动量通量和感热通量在粗糙子层中的垂直分布情况,如图 4.1.5 所示。由图中可以看出,不同风向的廓线形状存在差异,这种情况在动量通量廓线中更为明显;不同风向的平均结果显示感热通量和动量通量随高度增大,变化幅度在冠层顶附近最大。动量通量直接与风切变相关,有冠层时近地层风速廓线存在拐点,拐点通常出现在建筑物平均高度之上(原因在于建筑物高度不同),自下而上在未到达拐点高度之前切变随高度增大,达到拐点高度之后切变随高度减小,动量通量随高度变化不难理解。感热通量在冠层内随高度增大也不难理解,因为随着高度的增加,观测探头能够感受到更多的热源;但是在冠层之上感热通量随高度增加似乎不太容易理解,因为热源都在观测探头之下(原则上应选择合适的观测环境以保证源区域内没有超过观测高度的建筑物,即使存在个别高大建筑,它也应该离观测位置足够远,一般认为需要在 500 m 开外),热量在向上传输的过程当中应该有一部分被用于加热当地的大气,所以合理的情形应该是感热通量随高度减小(即使是在所谓的常通量层中也会随高度略有减小)。为了进一步探究这个问题,邹钧等人(2017)利用南京市架设在屋顶上的铁塔观测资料,并选择 500 m 范围内几乎所有建筑物高度都低于架塔建筑物高度的风向区内观测数据,对比分析了观测高度分别在 $z_s/z_H=2.0$ 和 $z_s/z_H=2.5$ 上的动量通量和感热通量的白天观测结果,发现上层的动量通量显著高于下层,前者几乎是后者的 2 倍;上层的感热通量也明显高于下层,两者的比值约为 1.2 ~ 1.3(Zou et al., 2017)。上述这些观测表明,在城市冠层之上的粗糙子层当中感热通量随高度增加应该是事实而非特例,问题在于怎样理解这样的结果。

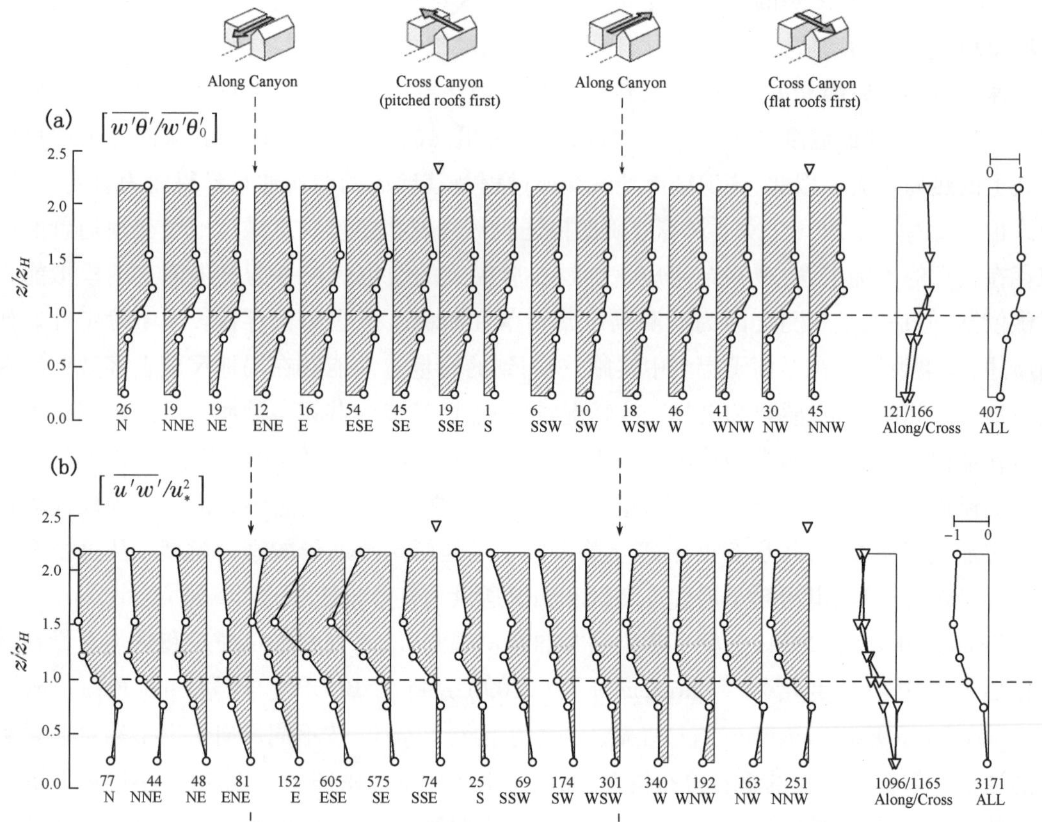

图 4.1.5 瑞士巴塞尔铁塔观测的(a)感热通量和(b)动量通量在城市近地层的垂直分布。铁塔架设于街渠当中,不同高度上的观测值用最上一层的观测值归一化(Christen et al., 2009)

基于耦合的拉格朗日随机扩散模式和大涡模式,Hellsten 等人(2015)对下垫面为理想城市冠层(建筑物长宽高相同,规则排列并形成直线街道)、排放源位于街道内离地 1 m 处的标量扩散行为特征及冠层之上水平平均标量通量的垂直分布特征进行了数值模拟研究。模拟结果表明,水平平均的标量通量随高度增大,并在 $z_s/z_H = 1.8$ 高度处形成最大标量通量;依据模拟数据的分析结果表明,就标量通量观测而言,对于高度位于 $z_s/z_H = 1.25$ 的探头,其上游源区域内某个位置出现了印痕函数(即源权重函数)为负值的区块,而当探头高度升至 $z_s/z_H = 1.8$ 处其上游源区域内所有位置上的印痕函数全是正值。蔡旭晖等人(2010)的研究表明,负的印痕函数值意味着相应位置上的排放源所排放的标量对观测点标量通量的贡献为负值(Cai et al., 2010)。而在更高的高度上,形成更大的标量通量则意味着从这些印痕函数为负值的位置上释放的排放物跑到了更高的高度上,并在那里形成了更高的浓度值(模拟结果确实如此)。于是这些跑到高处的排放物有一部分会因为局地扩散作用被向下输送,从而对我们所讲的高度上的标量通量形成负贡献。依据 Hellsten 等人(2015)的模拟结果和对湍流扩散行为的印痕分析,邹钧等人(2017)进一步推论认为,与平坦下垫面之上的湍流扩散过程相比,建筑物的阻挡作用使得排放物自冠层内部向冠层之上扩散的过程中改变了移动轨迹,从印痕函数的角度讲就是扭曲了通量印痕(flux footprint)的空间分布,其结果是造成冠层之上的粗糙子层当中较低的高度上出现较小的标量通量而在较高的高度上出现较大的标量通量。据此,邹钧等人(2017)提出"阻挡效应"来解释在城市冠层之上的粗糙子层当中感热通量随高度增大的现象(Zou et al., 2017)。可以想见的是,对于城市冠层之上的标量通量观测而言,在靠近冠层顶的高度上观测会明显受到"阻挡效应"的影响,随着高度的增加"阻挡效应"会减弱,进入惯性子层当中"阻挡效应"就变得没有作用了,所以在惯性子层中测量到的标量通量才是真实体现城市地气交换的湍流通量。换句话说,在城市粗糙子层中测量到的标量通量会因为"阻挡效应"而不可避免地存在偏低估计。

所以,从观测的角度上讲,想要通过单点观测获得具有代表性的标量通量(感热通量、潜热通量、二氧化碳通量以及气溶胶通量),观测高度最好是在惯性子层当中,如果是在粗糙子层当中则要尽可能接近惯性子层。虽然 Hellsten 等人(2015)的模拟研究针对的是理想城市场景,但他们的模拟结果仍具有一定的指示意义,按照他们的研究结果,如果在真实场景中观测高度能够达到建筑物平均高度的 2 倍,则"阻挡效应"应该会变得很小。这或许可以成为城市地表通量观测结果代表性的一个判据。

至于弥散通量的问题,前文已经说过,单点观测其实是无法分辨的,从观测的操作层面上讲应该避免弥散通量的影响。关于这个问题,Giometto 等人(2016)针对 BUBBLE 计划的真实观测场景进行了大涡模拟研究,他们对动量通量的分析结果表明,在冠层顶附近弥散通量最大,其量值与雷诺通量(即涡动相关方法测量到的湍流通量)相当,它随高度减小,当观测高度达到建筑物平均高度的 2 倍,弥散通量与雷诺通量相比就变成了小量。由此可见,2 倍建筑物平均高度对城市近地层的通量观测来讲可能是个关键高度,这个高度之上的通量观测结果应该具有良好的局地代表性。

4.1.4 粗糙子层中的通量-梯度关系

通量-梯度关系是近地层相似理论的基础。我们目前按照局地相似理论来分析城市粗糙子层当中观测结果的通量-梯度关系。这里我们只讨论动量的通量-梯度关系,并且只针对冠层之上的粗糙子层部分。根据相似关系的通用表达式,可以写成如下形式:

$$\frac{\kappa z_e}{u_*}\frac{\partial U}{\partial z} = \phi_m(\zeta) = \alpha_m(1-\gamma_m\zeta)^{-1/4}, \zeta<0 \tag{4.1.9}$$

$$\frac{\kappa z_e}{u_*}\frac{\partial U}{\partial z} = \phi_m(\zeta) = \alpha_m+\beta_m\zeta, \zeta>0 \tag{4.1.10}$$

其中 $z_e = z - z_d$ 是有效高度,$\zeta = z_e/\Lambda$ 是局地稳定度参数。

其实针对城市近地层湍流的观测研究有很多,包括平均量和湍流通量观测,但对城市粗糙子层中的通量-梯度关系的分析却很少。邹钧等人(2015)利用在南京、常州和苏州的市区观测资料对上式进行了检验,结果如图4.1.6所示(Zou et al., 2015)。由图上可以看出,局地相似关系是存在的。在不稳定条件下($\zeta<0$),局地的通量-梯度关系与Businger等人(1971)给出的经典相似关系非常接近;但在稳定条件下($\zeta>0$),局地的通量-梯度关系偏离了Businger等人(1971)给出的经典相似关系,接近冠层顶的地方($z/z_H=1.2$)偏离的程度最大,随着高度的增加偏离程度减小,在$z/z_H=3.4$的高度上局地的通量-梯度关系很接近经典相似关系。

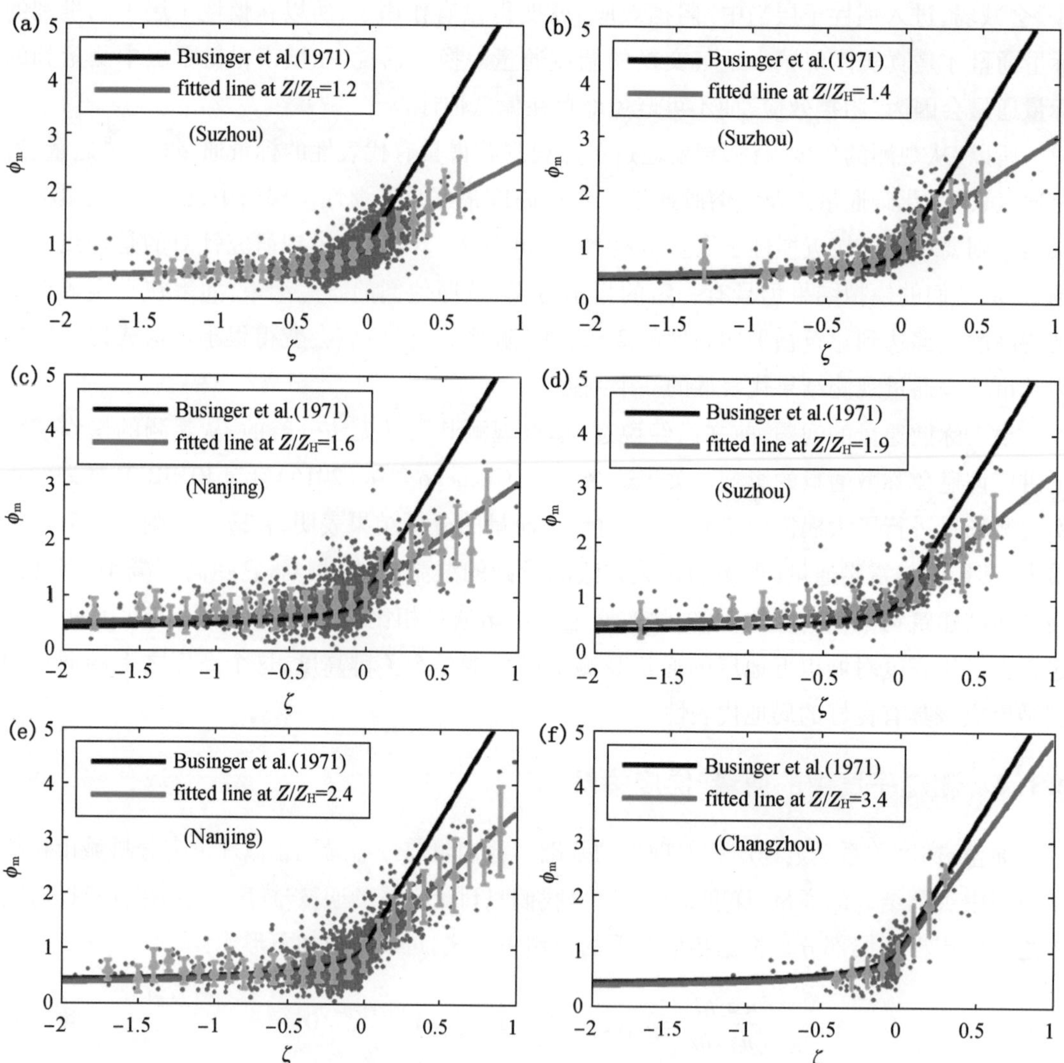

图4.1.6 城市近地层中观测高度分别在(a) $z/z_H=1.2$,(b) $z/z_H=1.4$,(c) $z/z_H=1.6$,(d) $z/z_H=1.9$,(e) $z/z_H=2.4$和(f) $z/z_H=3.4$的无量纲风速梯度ϕ_m与局地稳定度参数之间的对应关系。图中灰线是不稳定条件下按照$\phi_m=\alpha_m(1-\gamma_m\zeta)^{-1/4}$和稳定条件下按照$\phi_m=\alpha_m+\beta_m\zeta$从观测数据拟合得到的曲线;黑线是Businger等(1971)经典相似关系给出的曲线(Zou et al., 2015)

对比局地的通量-梯度关系中系数 α_m,β_m和 γ_m与经典相似关系的系数之间的差异,并了解这些系数在城市粗糙子层中随高度的变化情况,可以帮助我们认识城市粗糙子层当中通量-梯度关系的特征。在此,我们把邹钧等人(2015)拟合观测数据得到的这些系数在不同高度上的取值列于表4.1.3中(Zou et al., 2015)。观测数据的拟合结果显示,系数 α_m在不同高度的值都很接近1.0,基本可以认定它不随高度变化;系数 β_m明显地随高度增大,并趋近于经典取值4.7;系数 γ_m的一致性看上去不像系数 α_m那么好,似乎与经典取值偏差较大,但考虑到形如 $\phi_m=\alpha_m(1-\gamma_m\zeta)^{-1/4}$的函数对系数 γ_m并不敏感(从图4.1.6中可以看出,在不同高度上拟合曲线都很接近于经典关系给出的曲线),可以认为系数 γ_m在不同高度的值接近经典取值,且不随高度变化。由此看来,在不稳定条件下城市粗糙子层中动量的通量-梯度局地相似与经典关系相比在函数形式上并无明显差别;而在稳定条件下则存在明显差异,这个差异体现在系数 β_m上,并且这个差异是有规律的,即系数 β_m随高度增大,逐渐趋近于经典取值。这里需要指出的是,虽然在不稳定条件下局地的通量-梯度关系与经典相似关系很接近,这并不意味着经典的通量-廓线关系就适用于城市粗糙子层,因为经典的通量-廓线关系是在常通量层假设的前提下(即 u_*和 T_*不随高度变化)由经典的通量-梯度关系积分获得的,而局地的通量-梯度关系中湍流通量在粗糙子层中随高度是变化的,其积分结果(如果能够进行积分的话)应该不同于经典的通量-廓线关系。

表4.1.3　按照不稳定条件下 $\phi_m=\alpha_m(1-\gamma_m\zeta)^{-1/4}$和稳定条件下 $\phi_m=\alpha_m+\beta_m\zeta$ 拟合观测数据得到的系数及 Businger(1971)经典关系中的系数

观测地点	z/z_H	α_m	β_m	γ_m
苏州	1.2	1.03	1.5	15.8
苏州	1.4	1.17	1.6	17.6
南京	1.6	1.07	1.9	8.6
苏州	1.9	1.08	2.1	7.1
南京	2.4	0.95	2.7	18.8
常州	3.4	0.94	4.2	18.0
Businger(1971)		1	4.7	15

通过在局地相似理论框架下对观测数据的分析,我们发现城市粗糙子层中动量的通量-梯度关系呈现出自有的特征。首先,在不稳定条件下局地相似关系在函数形式上与经典关系并无明显差别,这个特征有可能成为获得通量-廓线关系的基础,因为只要我们确切知道动量通量和感热通量在城市粗糙子层中如何随高度变化,就可以对通量-梯度关系进行积分,从而获得粗糙子层中的通量-廓线关系,并使其与惯性子层的通量-廓线关系相衔接,获得城市近地层冠层之上的通量-廓线关系。可以想见的是,城市粗糙子层中的湍流通量由湍流交换过程决定,因此揭示城市粗糙子层中湍流交换过程如何在不同高度上形成量值不同的湍流通量可能是问题的关键。其次,在稳定条件下局地相似关系在函数形式上也与经典关系相

同，即可以认为是近似的线性关系，所不同的是系数β_m呈现出明显的随高度变化趋势，随着高度增加这个系数增大并趋近于经典关系的取值。这样的变化趋势具有合理的物理意义，因为粗糙子层之上是惯性子层，粗糙子层的流动特性在高度趋近于惯性子层的过程中逐步演变为惯性子层的流动特性（在不稳定条件下的情况也应该如此），局地相似关系也将演变为经典相似关系，从相似关系的系数β_m来看，它的取值应该在粗糙子层顶部变为4.7。基于这样的推论，邹钧等人（2015）将系数β_m按照线性近似进行外推，以$\beta_m=4.7$为判据确定粗糙子层顶的位置，如图4.1.7所示，结果显示$z_*=3.8z_H$（Zou et al., 2015）。稳定条件下动量的通量-梯度关系在城市粗糙子层中所表现出来的这个特征或许可以成为依据观测结果来判定粗糙子层厚度的客观判据，再结合城市冠层的形态学特征，或许可以建立起z_*与z_H，λ_p，λ_f及σ_H之间的关系，从而实现利用冠层形态学参数确定城市粗糙子层厚度的应用目标。

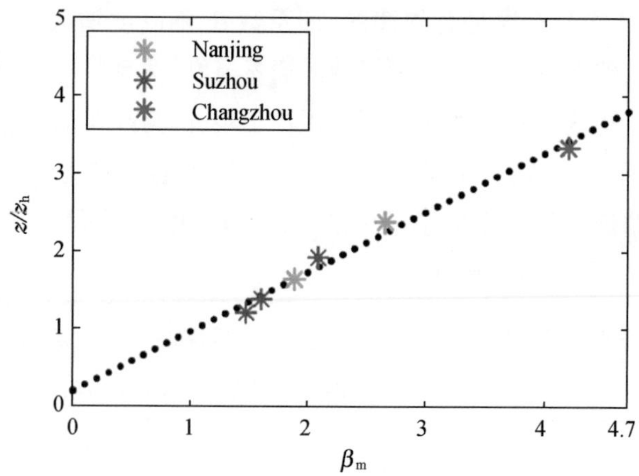

图4.1.7 按照在粗糙子层中系数β_m与相对高度z/z_H之间近似为线性关系外推出粗糙子层厚度（虚线为拟合直线）（Zou et al., 2015）

关于城市近地层中热量的通量-梯度关系，尚未见到公开发表的文献对这个问题做专门的讨论。原因可能在于观测基本上都是单点铁塔观测，粗糙子层当中位温的垂直梯度与风速的垂直切变相比要小很多，而且各个高度上的温度很容易受到微尺度平流作用的影响，温度廓线的观测结果存在较大不确定性，这会使得无量纲位温梯度与局地稳定度参数之间的关系很发散，统计关系不明确。如何解决这个问题目前还没有很好的办法，或许多点观测能在一定程度上减小这样的不确定性。但是在城市当中进行多点观测会受到城市环境的限制，要在有限范围内架设多个观测塔难度很大（甚至是不可能的），观测成本会很高，如何布置观测点位也缺乏相应的依据，所以到目前为止尚未见到开展多点观测研究的报道。从数值模拟的角度讲，现在已经发展出城市冠层模式来模拟城市地气之间的热量交换，城市冠层模式实际上是一种陆面模式，其中地表感热通量的计算并非直接依据相似理论，模拟效果仍有较大的改进空间，需要用真实的感热通量观测值进行检验，并依据观测结果进行改进，所以获得城市地气交换感热通量的真实观测值对改进城市冠层模式具有重要意义。

对于城市地区近地层之上大气湍流的研究非常少，在这方面国内已经具备了一定的研究条件。北京 325 m 高塔已建成多年，并积累了长期观测资料，这将对进一步研究城市边界层湍流发挥重要作用（苗世光等，2012）。此外，扫描式多普勒激光雷达也是重要的观测手段，观测结果能够揭示城市边界层风场的精细结构以及有组织上升运动，从而获得较大尺度湍流涡旋的结构特征，亦可根据观测反演的湍流动能确定边界层高度（详见 4.5.1 节）；扫描式拉曼激光雷达的观测结果可以揭示城市边界层温度场和湿度场的细致结构，从而获得较大尺度标量湍流的结构特征。综合运用这些遥感手段可以帮助我们在城市边界层湍流研究方面获得新的认识。

4.2 城市热岛及灰霾的观测与分析

城市热岛的观测研究主要有三种方法，即城市和郊区的定点观测、线路（走航）观测和遥感观测。定点观测即在城区和郊区布点同时进行连续的气温测量，可以得到连续的热岛时间变化特征，定点观测如果观测点较少，则其空间代表性就比较差；通过线路观测的方法可以在一定程度上弥补这一缺点，但是定点观测与线路观测之间又存在观测时间不同步的问题，可比性受到一定的影响。遥感观测以其资料的同步性、点位的密集性以及均匀性克服了常规方法的弱点，得到了广泛的应用。遥感在城市热岛研究中的应用主要表现在三个方面：城市热岛的形态与结构、过程与变化、机制与模拟。目前主要的遥感手段有航空遥感和卫星遥感两种，航空遥感方法有较大范围观测数据，时间和空间上的可比性及代表性都优于常规方法，但费用大，难以实施。而卫星遥感具有观测时相多，观测范围广，能长期连续观测，资料同步性好，观测值密度大，均匀性好，图像显示直观，易于分析等特点。但遥感方法研究城市热岛也有一定缺点，因为遥感资料只能得到地面亮温或地温，而不能反演得到地面气温值，这就使遥感资料和定点观测资料的比较存在许多困难。这是目前还没有解决的难点。目前利用遥感研究城市热岛效应空间特征较多，但大多是直接利用亮温进行分析，利用亮温得出的地表城市热岛强度会比气温城市热岛强度大得多。

苏州市是长三角重要城市，也是国家首批生态园林城市，对城市热岛和空气污染尤为关注。这里，利用苏州市气象局的气象资料及大气化学成分资料对苏州热岛特征和灰霾特征进行分析。

4.2.1 资料来源和处理

（1）常规气象观测资料

本节利用的资料来自苏州地区 20 个自动气象站 2005 年和 2006 年夏季（6，7，8 月）逐时观测资料以及 6 个常规气象站 2004，2005 和 2006 年三年夏季（6，7，8 月）逐时观测资料。经过自动站和常规站观测的平均气温比较，这两种资料由观测仪器造成的误差很小，在观测仪器精度范围内，所以认为这两种资料没有系统差别。在用这些数据分析前做了资料的质量控制,除去明显异常值及缺测值以及一些无效值(主要是那些一天中只有几个观测值的数据)。由于有些观测站的资料缺失,所以做热岛分析时只能选取有观测资料的观测站进行分析。站点分布如图4.2.1。

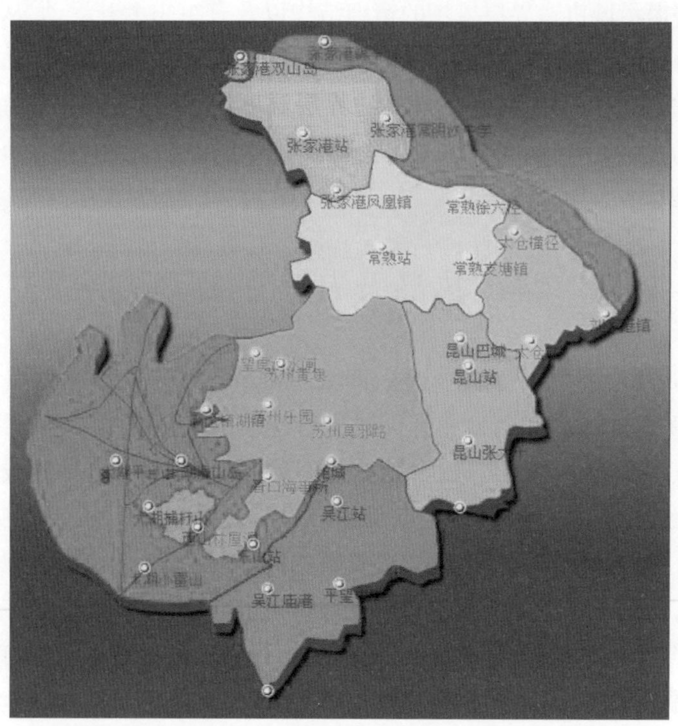

图4.2.1　苏州地区气象观测站点分布图

(2) 卫星资料

所使用的卫星资料为Landsat5资源卫星观测的反演资料。Landsat系列卫星由美国NASA的陆地卫星计划(1975年前称为"地球资源技术卫星——ERTS")发射,从1972年7月23日以来,已发射7颗。陆地卫星的轨道设计为与太阳同步的近极地圆形轨道,以确保北半球中纬度地区获得中等太阳高度角(25°~30°)的上午成像,而且卫星以同一地方时、同一方向通过同一地点,保证了遥感观测条件的基本一致,利于图像对比。Landsat5的轨道高度为705 km,轨道倾角为98.2°,卫星由北向南运行,地球自西向东旋转,卫星每天绕地球14.5圈,每天在赤道西移2752 km,每16天重复覆盖一次,穿过赤道的地方时为9点45分,覆盖地球范围北纬81°到南纬81.5°。卫星经过苏州地区的当地时为10点30分。在本部分中我们用到的卫星反演结果为苏州地区的陆地利用类型资料以及2004年7月26日和2006年8月1日的地温观测资料,其分辨率为25 m×25 m。

(3) 化学成分观测资料

苏州市气象局大气成分观测站位于苏州市区内的苏州市气象局大楼顶部(经度120.63°,纬度31.27°),采样点属于苏州市行政办公区,周围无明显大气污染源,视野比较开阔,监测数据能很好地代表苏州城市区域大气污染水平及其气象状况。监测项目有 PM_{10}、$PM_{2.5}$、黑碳、SO_2、NO_2、O_3、CO、散射系数以及气象要素气温、气压、相对湿度、风速、风向、能见度等。

能见度测量采用的是 VAISACA 公司的 visibility sensor PWD 10/20 型能见度仪，测量范围为0.01～20 km；PM_{10}和 $PM_{2.5}$的监测采用 Thermo Scientific 公司的 TEOM 1405－DF 环境粒子监测仪，该仪器采用先进的真实微量称重技术，使用采样接口，同时在线测量 PM_{10}、$PM_{2.5}$的浓度，测量范围为 0～10^6 $\mu g \cdot m^{-3}$，测量精度为 0.1 $\mu g \cdot m^{-3}$；散射系数采用澳大利亚 Ecotech 公司的 Aurora－1000 积分式浊度仪测量，测量范围为0.25～2 000 Mm^{-1}，其原理是利用一个漫射光源从侧向照射测量腔体，腔内的颗粒物和气体对入射光产生散射，在光源和检测器之间用光阑阻隔直射光线，使得只有颗粒物和气体产生的散射光可以到达检测器；黑碳的监测采用美国 MAGEE 科技公司研制和生产的 AethalometerTM 黑碳仪，该仪器利用黑碳气溶胶对光的吸收特性进行测量，采用透光均匀的石英纤维膜采集样品，可同时在紫外、可见光和近红外的7个波长上(370，470，520，590，660，880，950 nm)对大气黑碳气溶胶进行长期监测，本节采用是880 nm 波长的测量数据，测量精度为0.1 $\mu g \cdot m^{-3}$。

在所有监测项目中，PM_{10}、$PM_{2.5}$和黑碳每5分钟记录一次数据，散射系数每分钟记录1次数据，对监测数据进行质量控制后，计算得到各监测项目的小时平均值。相对湿度是气象自动站观测资料，每小时记录1次数据，能见度监测也是每小时记录1次数据。

4.2.2 苏州夏季城市热岛特征分析

(1) 苏州夏季城市热岛的空间分布

利用苏州地区26个气象站的观测资料可以了解苏州地区夏季的城市热岛空间分布。

图4.2.2是2005年和2006年夏季(6、7、8月)月平均气温分布图。夏季，气温高值中心

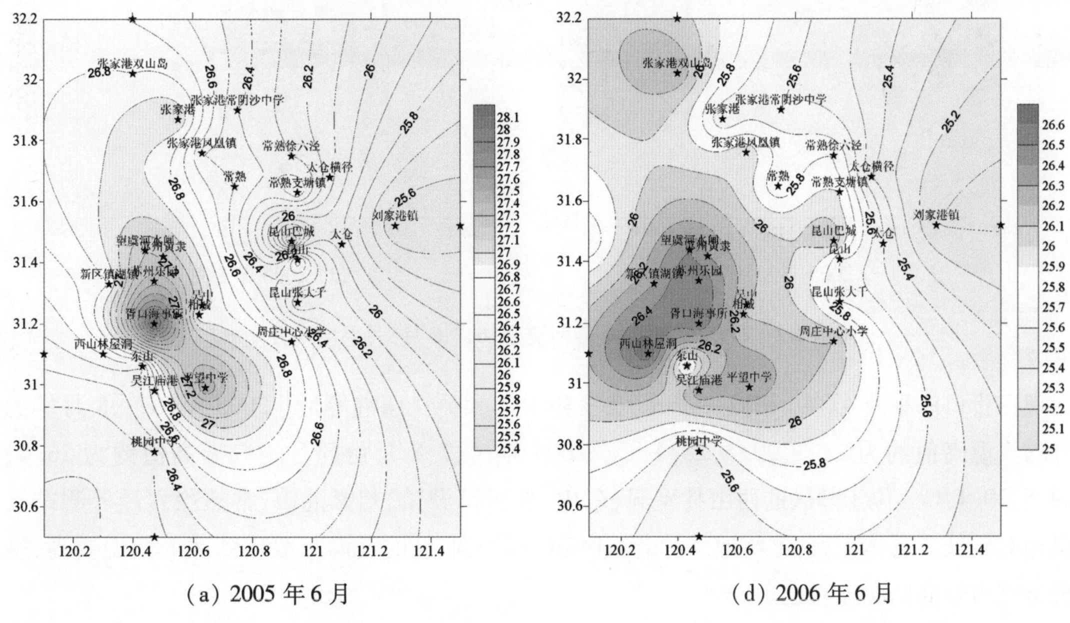

(a) 2005 年 6 月　　(d) 2006 年 6 月

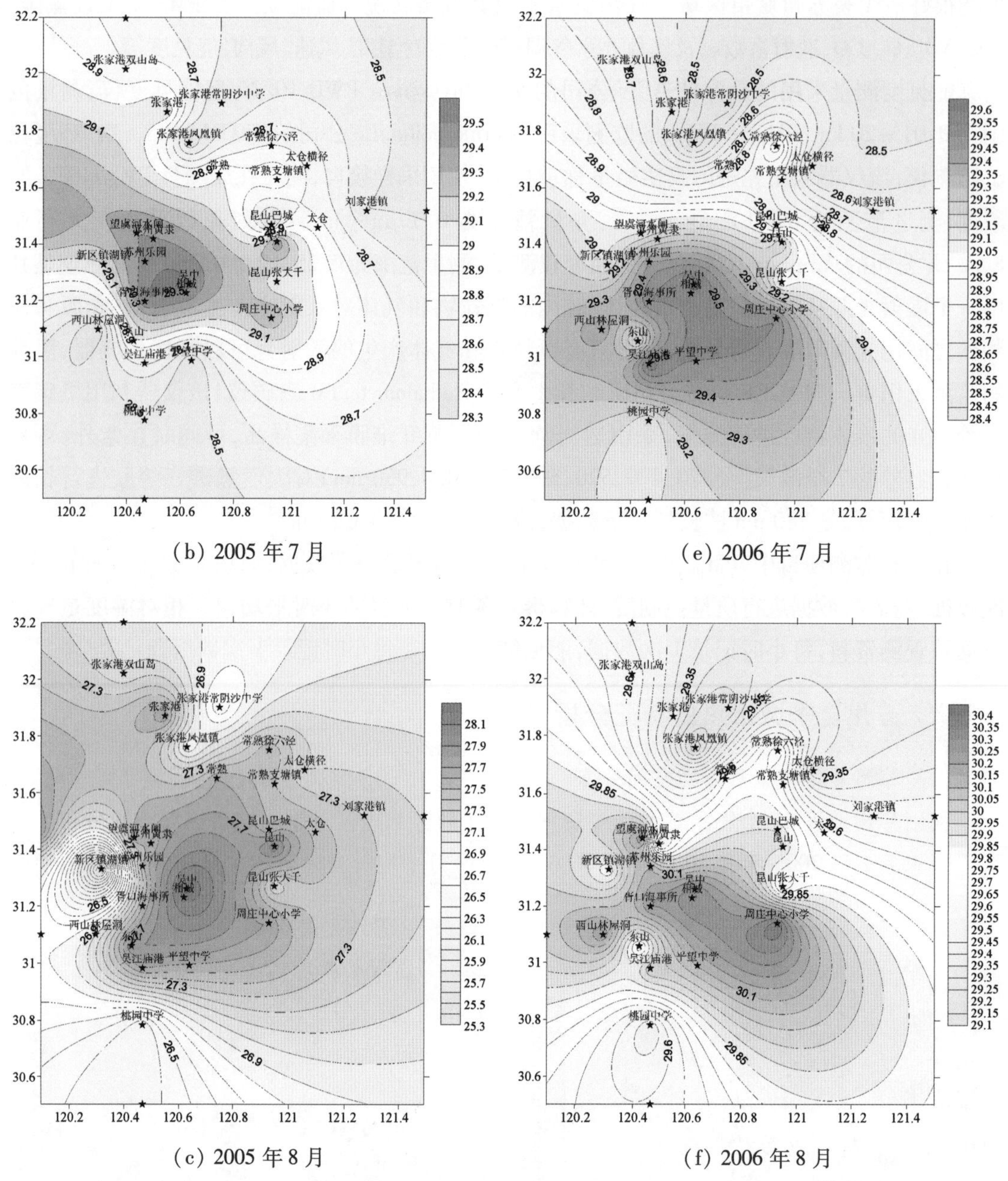

(b) 2005 年 7 月

(e) 2006 年 7 月

(c) 2005 年 8 月

(f) 2006 年 8 月

图 4.2.2 2005 和 2006 年苏州夏季(6、7、8 月)月平均气温分布

出现在胥口海事所、吴中、相城一带,以及平望中学和吴江庙港等地。2005 年,6,7,8 月份的月均气温高值约为 28.1,29.5,28.1 ℃。2006 年,6,7,8 月份的月均气温高值约为 26.4,29.5,30.4 ℃。位于郊区的西山林屋洞、东山、新区镇湖镇、刘家港镇、常熟徐六泾等测站气温相对较低。总体而言,苏州地区的老城区和新兴工业区的气温一般比郊区的气温要高,呈现出城市热岛的明显特征。

(2) 苏州城市热岛强度

选择干将桥、市实小、相门桥、长桥、娄葑小学和吴中 6 个站点作为典型的城市观测站，黄埭、望虞河水闸、新区镇湖镇和东山作为典型的郊区观测站。将城区 6 站的平均气温与郊区 4 站的平均气温差定义为城市热岛强度。上述站点中除了吴中、东山两个常规观测站外，其余站点为自动观测站。对常规观测站仪器和自动观测站仪器得到的观测数据进行了对比试验，两者之差在仪器误差范围之内。所有站点的仪器、观测程序（自动）和资料采集均按国家气象部门要求实施。统计得到 2005 和 2006 年夏季平均的城市热岛强度如表 4.2.1 所示。

由表 4.2.1 可见，无论是城区还是郊区，都是 7 月份平均气温最高，城市热岛强度也是 7 月份最大，为 1.03 ℃。6 月份平均气温最低，热岛强度最小，为 0.35 ℃。8 月份平均气温和热岛强度介于 6,7 月之间。夏季平均热岛强度为 0.74 ℃。

表 4.2.1 2005 年和 2006 年夏季平均城市热岛强度

月份	城区平均气温,℃	郊区平均气温,℃	热岛强度,℃
6 月	24.6	24.25	0.35
7 月	30.48	29.45	1.03
8 月	30.04	29.20	0.84
夏季平均	28.37	27.63	0.74

(3) 苏州城市热岛强度的日变化和年代际变化

利用 2007 年夏季 6—8 月份资料统计了苏州城市热岛强度的平均日变化特征（图 4.2.3）。

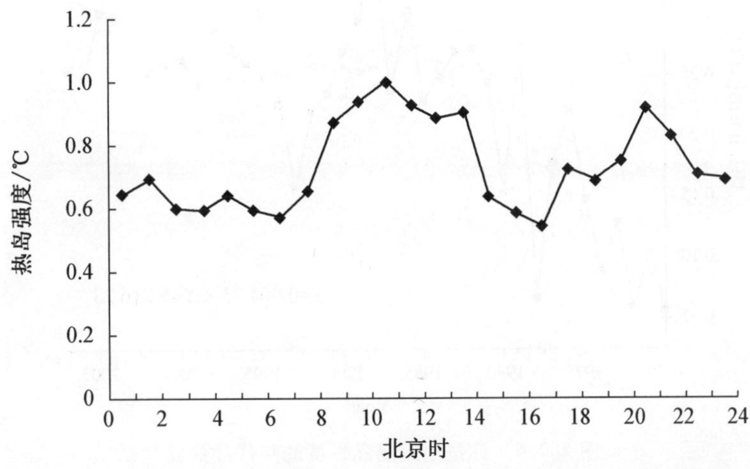

图 4.2.3 苏州城区 2007 年夏季热岛强度日变化（戎春波和刘红年等，2009）

苏州城区热岛强度白天明显大于夜间，一天中热岛强度呈双峰分布（图 4.2.3）。最高峰值出现在 9—10 时，次峰值出现在 20—21 时。最低值出现在 16 时左右。可见城区温度不但白天高于郊区；日落以后，城区因建筑物密集散热不易，加之空气中二氧化碳等温室气体和悬浮颗粒物都高于郊区，又有人为热排放，造成夜晚城区气温也比郊区气温高。这两个峰值的出现和人为热的排放有密切关系。8—9 时是上班高峰期，交通运输等排放了大量的汽车尾气，伴随汽车尾气的排放，人为热也被释放到空气中来。在人为热的作用下，城市在上午交通高峰期出现了城市热岛强度的峰值。从 10 时以后，空气层结较不稳定，上下对流加强。同时，由于水平风速日变化，城区与郊区间大气的混合作用亦加强。因此，城市热岛强度减小，在 16 时达到最低值。从而使得城区气温下降速度比郊区小，而夜晚峰值主要是因城、郊降温率不同而引起的，在 20—21 时出现了热岛强度的次高峰。深夜期间城市人为热的排放量减小，城、郊下垫面的温差亦减小，热岛强度又有所减弱。

在分析苏州城市热岛强度的历史变化时，由于缺少城市站的历史数据，选择将苏州站作为城区站；昆山、吴江和常熟作为郊区站，取这 3 站的平均温度代表郊区温度。图 4.2.4 是年平均热岛强度的年际变化，由图可知苏州地区总体热岛强度不大，在 0.05 ℃ ~0.37 ℃之间变化，且呈上升趋势，上升幅度约 0.0475 ℃/10 年。对热岛强度做 11 年滑动平均后得到的曲线可知，在 20 世纪 80 年代末以前热岛强度一直增强，80 年代末开始有小幅下降趋势，到 90 年代中期又开始增强。这可能是因为随着改革开放，周边地区也开始发展，尽管苏州城区及其郊区气温在过去近 40 年中都是上升的（图略），但是周边地区的加速发展导致城、郊气温差减小或者增大趋势减缓。

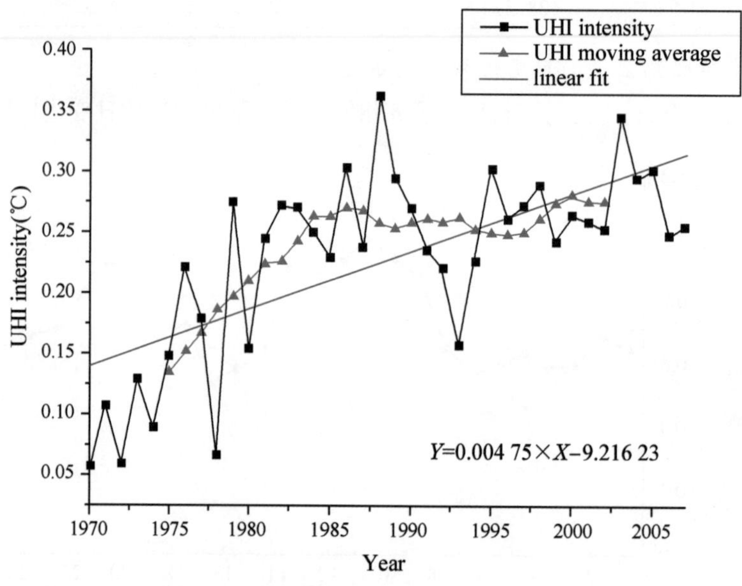

图 4.2.4 苏州地区热岛强度的年代际变化

（4）利用卫星遥感资料对苏州城市热岛的分析

图 4.2.5 ~ 图 4.2.8 为利用分辨率为 25 m × 25 m 的 Landsat5 资源卫星反演的 2004 年 7 月 26 日和 2006 年 8 月 1 日的地温观测资料得到的城市剖面地温分布。

这两次卫星观测的地温资料所作的苏州市地温距平的南北和东西向分布的剖面图。剖面经过点为吴中市气象站所在位置。通过南北和东西的剖面图也可以看出在经济发达，人

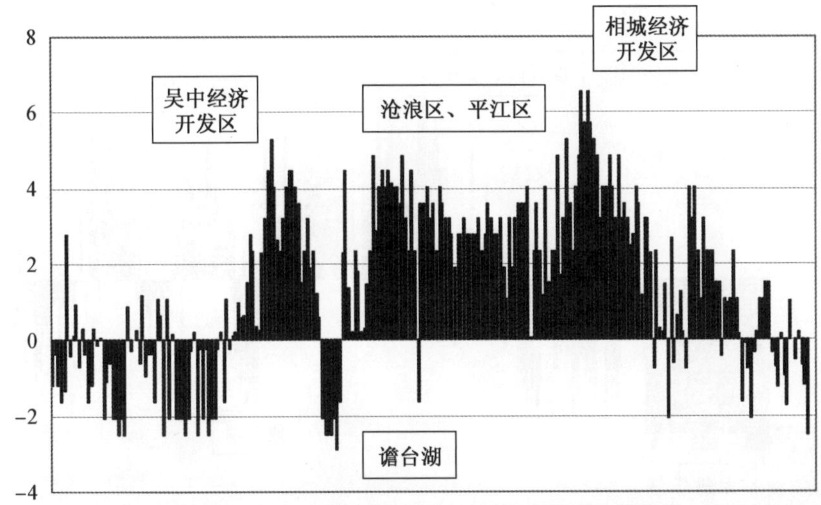

图 4.2.5　沿东经 120.61°(吴中站所在经度)自南向北的地温距平分布:2004 年 7 月 26 日

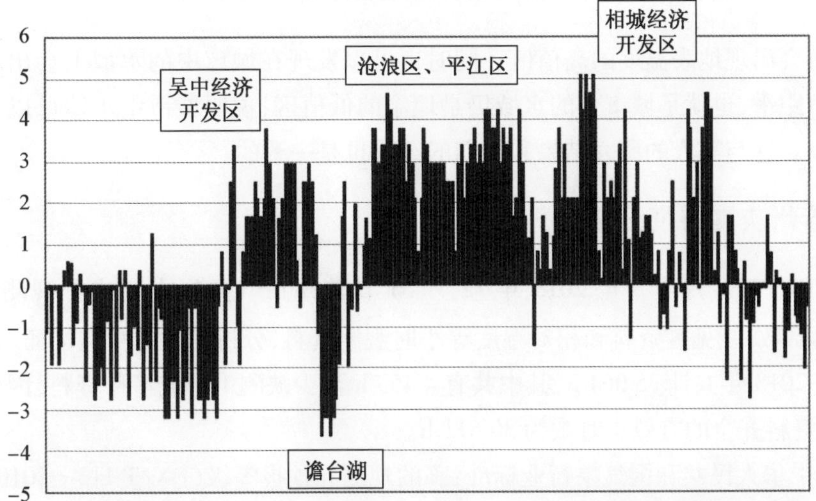

图 4.2.6　沿东经 120.61°(吴中站所在经度)自南向北的地温距平分布:2006 年 8 月 1 日

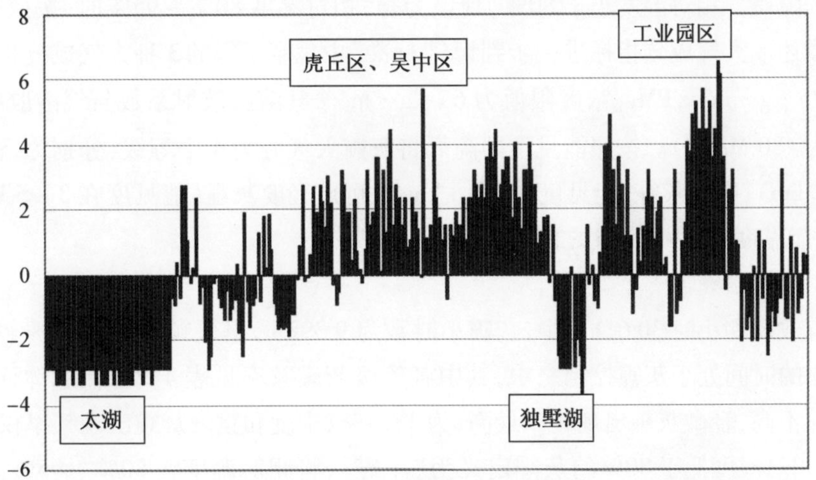

图 4.2.7　沿北纬 31.31°(吴中站所在纬度)自西向东的地温距平分布:2004 年 7 月 26 日

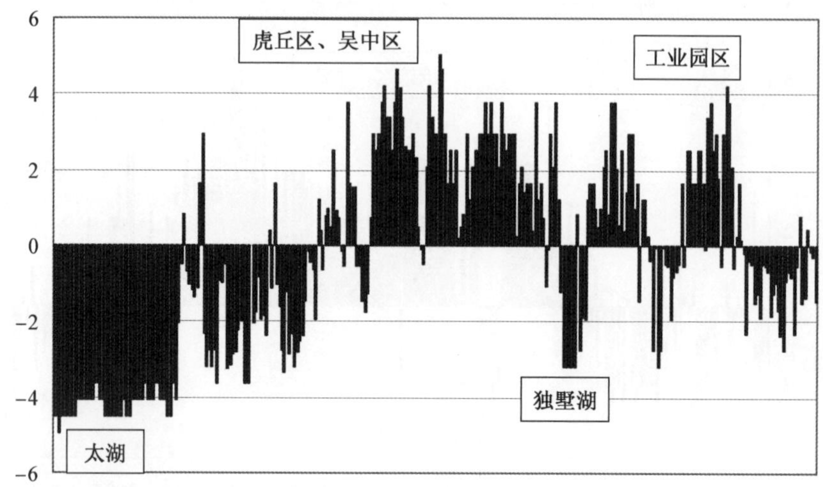

图 4.2.8 沿北纬 31.31°(吴中站所在纬度)自西向东的地温距平分布:2006 年 8 月 1 日

口密集的区会出现地表温度的高值区。同时也可以发现在城市中的水域上会出现较大的地表温度的负距平,也就是城市中的水域仍是地温的低值区,说明城市中水体可以较明显地减弱城市热岛。这与前人的研究结果和人们的经验也是一致的。

4.2.3 苏州灰霾特征分析

利用 2010 年 1 月 1 日至 2013 年 12 月 31 日苏州市气象局大气成分观测站的 PM_{10}、$PM_{2.5}$、散射系数、能见度资料和相对湿度等小时观测资料,分析苏州市灰霾特征。

2010—2013 年共计 35 064 h,其中共有 4 453 h 至少缺测 1 种或多种资料,因此去除这些资料,全部资料齐全的有效小时数为 30 611 h。

参照《中华人民共和国气象行业标准:霾的观测和预报等级(QX/T 113 - 2010)》,对霾的判识条件是:能见度小于 10 km,排除降水、沙尘暴、扬沙、浮尘、烟幕、吹雪、雪暴等天气现象造成的视程障碍。相对湿度小于 80%,判识为霾;相对湿度 80% ~95% 时,按照地面观测规范规定的描述或大气成分指标进一步判识("标准"中规定了霾的 3 种大气成分指标,$PM_{2.5}$浓度限值为 75 $\mu g \cdot m^{-3}$,$PM_{1.0}$浓度限值为 65 $\mu g \cdot m^{-3}$,气溶胶散射系数与气溶胶吸收系数之和的限值为 480 Mm^{-1})。按照能见度的高低将灰霾天气分为 4 个等级,分别为重度灰霾(能见度小于 2 km)、中度灰霾(能见度在 2 ~3 km 之间)、轻度灰霾(能见度在 3 ~5 km 之间)和轻微灰霾(能见度在 5 ~10 km 之间)。

(1) 小时灰霾频率

在总有效观测小时 30 611 h 中,灰霾小时数为 9 395 h,出现频率为 30.7%,相当于苏州有大约 1/3 的时间处于灰霾控制之中,其中各等级灰霾频率见表 4.2.2。总体而言,苏州灰霾的等级并不高,轻微灰霾出现频率最高,为 18.4%,中度和重度灰霾出现频率仅为 2.8% 和 2.2%。将相对湿度低于 80% 的灰霾定义为"干霾",将相对湿度在 80% ~95% 之间的灰霾定义为“湿霾”，干霾受高湿度条件下的气溶胶吸湿性增长的影响较小，而湿霾则受到高相对湿度的显著影响。苏州灰霾以干霾为主，频率为 26.3%，占灰霾小时数的 85.6%，湿霾频率为 4.4%，占灰霾小时数的 14.4%。在共计 9395h 的灰霾中，轻微、轻度、中度和重度灰霾的比例分别为 60.1%，23.8%，9.1% 和 7.0%。

表 4.2.2　苏州 2010—2013 年小时灰霾频率

	灰霾等级				灰霾分类	
	轻微	轻度	中度	重度	干霾	湿霾
灰霾小时数	5 644	2 238	854	659	8 044	1 351
灰霾频率%	18.4	7.3	2.8	2.2	26.3	4.4

图 4.2.9 是 4 年期间月均灰霾频率的变化，除 2013 年 12 月以外，总体上灰霾频率呈下降趋势，但 2013 年 12 月，中国东部尤其长江三角洲地区发生大范围长时间灰霾现象，苏州灰霾频率达 82.3%。2013 年 7—10 月，灰霾发生频率分别为 0.7%，0%，2.5% 和 0.2%，尤其是 2013 年 8 月，灰霾出现频率为 0，为 4 年来最干净的月份，这个月 PM_{10} 和 $PM_{2.5}$ 的平均值为 77.2 和 40.1 $\mu g \cdot m^{-3}$，月平均散射系数仅为 183.8 Mm^{-1}。在灰霾频率最高的 2013 年 12 月，PM_{10}，$PM_{2.5}$ 和 $PM_{1.0}$ 的月平均值达 144，87.7 和 56.2 $\mu g \cdot m^{-3}$，月平均散射系数和能见度分别为 642.3 Mm^{-1} 和 5.2 km。灰霾的月变化特征总体上冬季高，夏季低，这主要是因为冬夏的气象特征差异造成的，夏季混合层高，降雨量大，有利于污染物的扩散和湿清除。

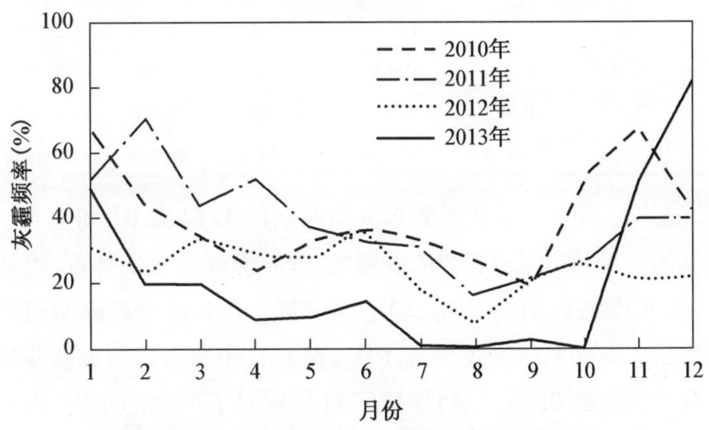

图 4.2.9　灰霾频率的月变化特征（刘红年，2015）

图 4.2.10 是 4 年平均的灰霾频率日变化，灰霾频率峰值出现在上午 8:00，达 36.3%，这主要是由交通早高峰引起的，从 8:00 起，随气温上升，混合层抬升，污染物浓度下降，导致能见度也逐渐好转，灰霾频率也逐渐下降，在午后 14:00—16:00 时，灰霾频率最低，约为 25% 左右，随后又逐渐增加，在夜间，23:00—6:00 时，灰霾频率一直维持在较高的水平上，大约为 33%。

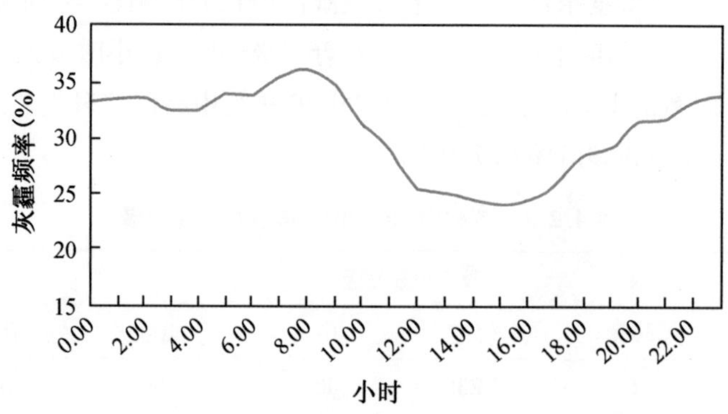

图 4.2.10 灰霾频率的日变化特征(刘红年,2015)

(2) 不同灰霾等级下污染物浓度

灰霾是由颗粒物污染引起的能见度下降现象,灰霾期间,污染物浓度较高,对人体健康影响极大,表 4.2.3 给出了晴天非灰霾和各等级灰霾期间的颗粒物浓度和散射系数等。

表 4.2.3 不同灰霾等级下污染物浓度

项目	晴天非霾	轻微灰霾	轻度灰霾	中度灰霾	重度灰霾	灰霾平均	灰霾/非灰霾
能见度(km)	15.1	7.5	4	2.5	1.4	5.8	0.38
PM_{10}($\mu g \cdot m^{-3}$)	68.6	102.2	129.3	156.5	170.3	118.1	1.72
$PM_{2.5}$($\mu g \cdot m^{-3}$)	33.3	56.4	77	94.9	116.8	69	2.07
$PM_{1.0}$($\mu g \cdot m^{-3}$)	30	49	60.7	72.8	80.1	56.4	1.88
$PM_{2.5}/PM_{10}$	0.49	0.58	0.61	0.64	0.68	0.6	1.22
$PM_{1.0}/PM_{10}$	0.38	0.42	0.41	0.43	0.43	0.42	1.11
散射系数(Mm^{-1})	197.6	394.5	569.6	744	989.6	509.3	2.58

灰霾期间,PM_{10},$PM_{2.5}$和 $PM_{1.0}$分别是非灰霾期间的 1.72,2.07 和 1.88 倍,灰霾期间散射系数则是非灰霾的 2.58 倍,随颗粒物浓度增加,灰霾等级也逐步增加,其中 $PM_{2.5}$浓度的增加起更重要的作用,重度灰霾期间 PM_{10},$PM_{2.5}$和 $PM_{1.0}$分别是非灰霾期间的 2.48,3.51 和 2.67 倍,$PM_{2.5}$增加最大。随灰霾等级提高,$PM_{2.5}$在 PM_{10}中所占比例也从非灰霾期间的 0.49 逐步增加到重度灰霾期间的 0.68,说明细粒子对灰霾起了更大的作用,但苏州四年平均的 $PM_{2.5}/PM_{10}$比值为 52.8%,低于北京、上海、天津、广州、杭州,说明苏州气溶胶中粗粒子仍占有相当大比例,这可能和观测期间苏州地铁等城市建设导致的地表扬尘增加有关。

(3) 灰霾和气象条件的关系

在城市地区,如果污染源排放没有较大的变化,气象条件是决定污染物浓度的关键因子,气象因素和污染物浓度的关系比较复杂,如风速较大,一般有利于污染物的扩散,但在北方受沙尘影响较大的区域,大风天气容易引起地表扬尘,高温天气能促进混合层发展,使污染物垂直扩散能力增强,因此一般在午后气温较高时,PM_{10}和 $PM_{2.5}$等污染物浓度较低,但高温天气又有利于光化学反应进行，从而使 O_3 等二次污染物浓度增加。这里利用长达 4 年的苏州污染物浓度和气象条件的小时资料，分析了污染物浓度和气象条件之间的相关关系（表 4.2.4），表中结果全部通过置信度为 0.95 的检验。

颗粒物与散射系数的相关系数较高，其中散射系数与 $PM_{2.5}$ 的相关性高于与 PM_{10} 和 $PM_{1.0}$ 的相关性，颗粒物浓度与能见度呈显著负相关，其中 $PM_{2.5}$ 与能见度的相关性最好，为 -0.55。相对湿度（RH）与颗粒物浓度及散射系数的相关性很小，但与能见度呈显著负相关关系，相关系数为 -0.36，这是因为气溶胶在高相对湿度条件下，有较强的吸湿性增长，使大气散射能力增强，从而降低能见度。气温与能见度的相关系数达 0.35，一般在气温较高的午后和夏季，能见度较好，灰霾的发生频率也较低。风速与颗粒物浓度呈负相关，与能见度呈正相关，但相关系数都不大，低于其他城市的结果。气压与颗粒物浓度及散射系数呈正相关，与能见度呈负相关，这是因为高压控制时多静稳天气，不利于污染物扩散，低压时常有大风、降雨等天气，有利于污染物的扩散和清除，气压和能见度的相关性高于湿度、气温和风速与能见度的相关性。

表 4.2.4 污染物和气象条件的相关系数

项目	PM_{10}	$PM_{2.5}$	$PM_{1.0}$	散射系数	能见度	相对湿度	气温	风速	气压
PM_{10}（$\mu g \cdot m^{-3}$）	1								
$PM_{2.5}$（$\mu g \cdot m^{-3}$）	0.83	1							
$PM_{1.0}$（$\mu g \cdot m^{-3}$）	0.75	0.87	1						
散射系数（Mm^{-1}）	0.6	0.77	0.68	1					
能见度（km）	-0.38	-0.55	-0.44	-0.6	1				
相对湿度（%）	-0.1	0.04	-0.06	0.17	-0.36	1			
气温（℃）	-0.08	-0.15	-0.12	-0.16	0.35	-0.05	1		
风速（$m \cdot s^{-1}$）	-0.19	-0.24	-0.23	-0.28	0.21	-0.18	0.05	1	
气压（hPa）	0.22	0.22	0.23	0.25	-0.43	-0.05	-0.89	-0.13	1

表 4.2.5 是不同风向和风速条件下的灰霾频率，总体而言，风速越低，灰霾发生频率越高，在风速 $<1.0\ m \cdot s^{-1}$，灰霾频率平均为 44.4%，而在风速 $3.0 \sim 4.0\ m \cdot s^{-1}$ 和 $5.0 \sim 6.0\ m \cdot s^{-1}$ 的区间中，灰霾的频率则下降为 26.2% 和 17.2%，低风速情况下的各风向灰霾频率相差不大，这时灰霾产生的主要原因在于污染物的本地排放，低风速使污染物不易扩散。在风速较高时，不同风向下灰霾频率相差显著，如风速 $>7\ m \cdot s^{-1}$ 时，东风、东南风、南风和西南风下的灰霾频率为 0，而即使风速 $>8\ m \cdot s^{-1}$，北风和西北风下的灰霾频率仍达到 28.6% 和 30.9%。西北风是最不利的风向，此时苏州位于长江三角洲重要城市南京、镇江、常州、无锡的下风向，这些城市污染物的远距离输送可能对苏州造成重要影响，另外西北风多出现在冬季，冬季较低的混合层高度和较多的逆温现象也是灰霾频率较大的重要原因。比较准确地确定外来污染物输送对苏州灰霾的影响，需要进一步的研究，但一般认为低风速下的灰霾以局地影响为主，高风速下的灰霾以外来输送为主，那么苏州灰霾仍以局地污染物排放为主要成因。

表 4.2.5　不同风向和风速下灰霾频率(%)

风速（m·s⁻¹）	风向							
	N	NE	E	SE	S	SW	W	NW
<1.0	46.4	37.7	42.7	43.8	43.5	41.7	50.6	48.7
1.0~2.0	37.7	29.1	32.4	27.7	39.4	35.1	44.7	52.3
2.0~3.0	35.8	28.7	21.2	23.9	28.4	28.7	31.7	49.9
3.0~4.0	32.5	25.5	17.9	16.1	24.8	19.5	27.4	45.8
4.0~5.0	28.9	23.4	15.7	7	22.2	15.9	17.2	39
5.0~6.0	27.8	19.5	9.6	5	13.2	11.1	17.1	34.1
6.0~7.0	35.1	16.2	3.1	7	16.4	0	32.3	23.2
7.0~8.0	28	25.8	0	0	0	0	0	26.3
>8.0	28.6	14.9	0	0	0	0	0	30.9

相对湿度(RH)对灰霾有重要影响,细粒子中的二次无机气溶胶硫酸盐、硝酸盐和铵盐有较强的吸湿性,相对湿度较大时的吸湿性增长过程能显著降低能见度,从不同相对湿度区间的灰霾频率看(图 4.2.11),重度霾最多出现在 RH 为 90% ~95% 的情况下,即重度霾以湿霾为主,但是图中显示,并非相对湿度越大,灰霾频率就越高,灰霾频率最高的相对湿度区间为 70% ~80% 。

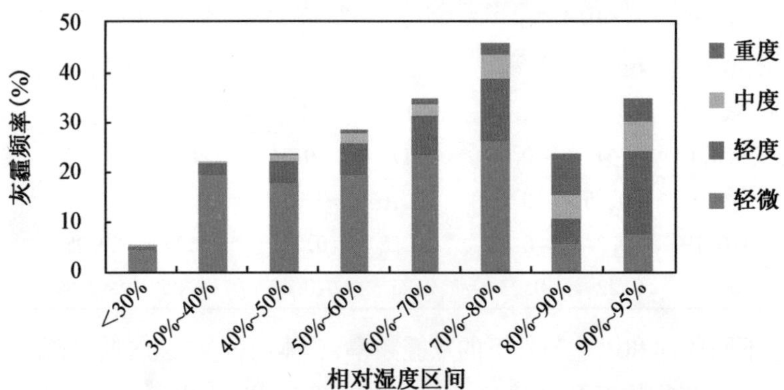

图 4.2.11　不同相对湿度区间的灰霾频率(刘红年,2015)

相对湿度在 70% 以上和以下的散射系数与能见度的相关性分布如图 4.2.12 所示,并分别对两种情况的相关性做了拟合。由图可见,相对湿度小于 70% 的拟合曲线高于 70% 的拟合曲线。说明颗粒物散射系数相同时,相对湿度大于 70% 时的能见度较低,或者说能见度相同时相对湿度大于 70% 的所需散射系数较低,即形成灰霾的门槛较低。这是因为较高的相对湿度有利于气溶胶的形成和吸湿增长,并且水气分子本身对可见光有一定吸收和散射作用。因此,总体上,相对湿度的增加有利于灰霾天气的形成。

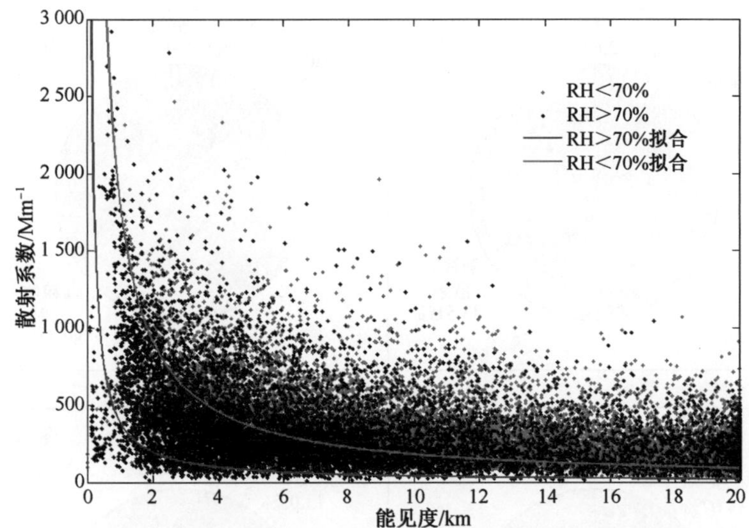

图 4.2.12　不同相对湿度下散射系数与能见度的相关性(杨康和刘红年,2015)

(4) 大气成分对消光的贡献

能见度下降是大气消光增加所致,对大气消光有贡献的主要包括颗粒物的散射消光、空气分子的散射消光、黑碳(BC)的吸收消光和 NO_2 的吸收消光,根据其质量浓度可以估算各成分的消光贡献。颗粒物散射消光直接测量得到,BC 吸收消光为 $ext_{BC} = 10 \times BC(\mu g \cdot m^{-3})$;空气分子散射消光估计为常数 10 Mm^{-1};NO_2 吸收消光为 $ext_{NO_2} = 0.174 \times NO_2(\mu g \cdot m^{-3})$;大气总消光系数为这四者之和。

图 4.2.13 为按照前述方法估算的不同季节各成分对大气消光的贡献。总体来看,各季节空气分子散射消光和 NO_2 吸收消光变化不大,两者之和大约为 4%,颗粒物散射消光约占 82%,黑碳的吸收消光约占 13%。秋冬季颗粒物散射消光比例较高,而夏季黑碳吸收消光比例较高,达到 15.17%。

(5) 晴天条件下气溶胶辐射效应的观测分析

为了研究灰霾对辐射的影响,本节利用 2014 年颗粒物和向下短波辐射(downward solar radiation,DSR)资料分析了气溶胶辐射效应。

利用 2014 年苏州天气现象观测数据挑选出无云日,剔除云对于太阳辐射的影响,选出的 2014 年全年晴天个例 DSR 分布如图 4.2.14 所示。2014 年晴天中最大向下短波辐射均出现在每日正午 12 点和下午 13 点左右。为了更细致地分析相对湿度的作用,以相对湿度 45% 和 65% 为界限,将 DSR 按相对湿度分为 RH < 45%,45% ≤ RH < 65% 和 RH ≥ 65% 三档类。RH ≥ 65% 时,DSR 普遍较小;其次是 45% ≤ RH < 65%;RH < 45% 时,DSR 最大,其中可能包括两方面的原因:① 由于 RH ≥ 65% 一般出现在早晚,而此时 DSR 普遍比较小;② RH 越大,越有利于颗粒物吸湿性增长,此时颗粒物的消光能力增强,到达地面的 DSR 减弱,表现为 RH 越大,DSR 越小。

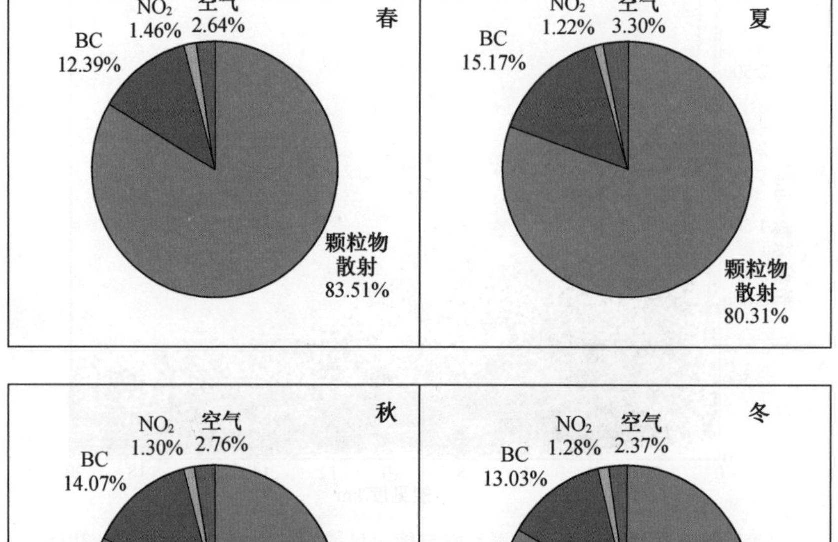

图 4.2.13 不同季节大气各成分的消光比例(刘红年,2015)

图 4.2.14 是晴天日间 DSR 与 PM_{10} 和 $PM_{2.5}$ 散点图。DSR 与 PM_{10} 和 $PM_{2.5}$ 呈显著负相关,相关系数分别为 -0.34 和 -0.25。不同湿度条件下,DSR 与颗粒物的相关性有明显的不同,普遍表现为相对湿度越大,两者相关性越大。相对湿度 RH≥65% 一般是日间的早晨和傍晚时刻,此时到达地面的向下短波辐射受太阳高度角变化影响比较小,其主要受到颗粒物

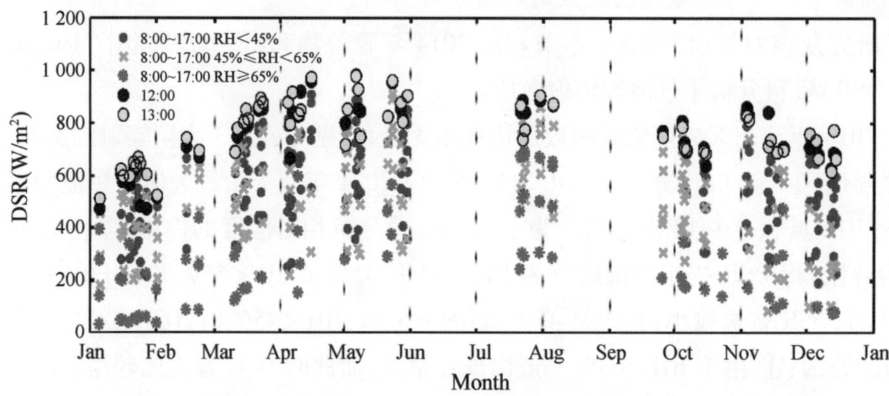

图 4.2.14 2014 年全年 DSR 晴天个例分布图(李佳慧和刘红年,2019)

的消光作用的影响，所以此时 DSR 与 PM_{10} 和 $PM_{2.5}$ 相关系数比较大；同时，相对湿度越大，颗粒物的吸湿性增长越强，对太阳辐射的消光能力越强，颗粒物吸湿性增长在 DSR 衰减因素中作用越明显，相关性越显著。而相对湿度较小时则相反，向下短波辐射受到太阳高度角变化影响比较大，颗粒物吸湿性增长受到抑制，对短波辐射的消光能力减弱，相关系数相对小一些。

向下短波辐射有明显的季节变化，在冬季，DSR 最小，边界层高度偏低且降水较少，不利于污染物扩散稀释，颗粒物浓度一般高于其他季节；而春夏季 DSR 最大，边界层较高且降水较多，颗粒物经过湿沉降以及更有利的稀释扩散条件普遍偏低，所以上述对 DSR 与颗粒物浓度相关性分析包含着这种季节变化特征。为了剔除季节变化的影响，显现颗粒物对辐射的直接影响，应用同时刻的大气上界天文辐射 AR，引入晴空指数 CI（clearness index，Gu et al.，2002），晴空指数考虑的是在一定的太阳高度角下地面太阳短波辐射与大气上界接收到的太阳辐射的比值。AR 与 CI 计算公式如下：

$$\mathrm{AR} = S_0 \times (R_0/R)^2 \times \sin(h) \tag{4.2.1}$$

$$\mathrm{CI} = \frac{\mathrm{DSR}}{\mathrm{AR}} \tag{4.2.2}$$

其中，S_0 为太阳常数，取值 1 372 W · m^{-2}，R_0 为日地平均距离，R 为日地距离，h 为太阳高度角，由 $\sin(h) = \sin(\varphi) \times \sin(\delta) + \cos(\varphi) \times \cos(\delta) \times \cos(\omega)$ 公式求得，其中 φ 为地理纬度，ω 为时角，δ 为赤纬。由于站点经纬度固定，AR 仅随日期和时刻变化，因此晴天条件下 CI 的大小仅与通过路径中大气的各种成分相关。

图 4.2.15 是晴空指数 CI 与颗粒物浓度散点图。相对湿度对向下短波辐射的作用在晴空指数散点图中也比较明显，可以从图中拟合线的位置以及表 4.2.6 的 b 值看出，相对湿度

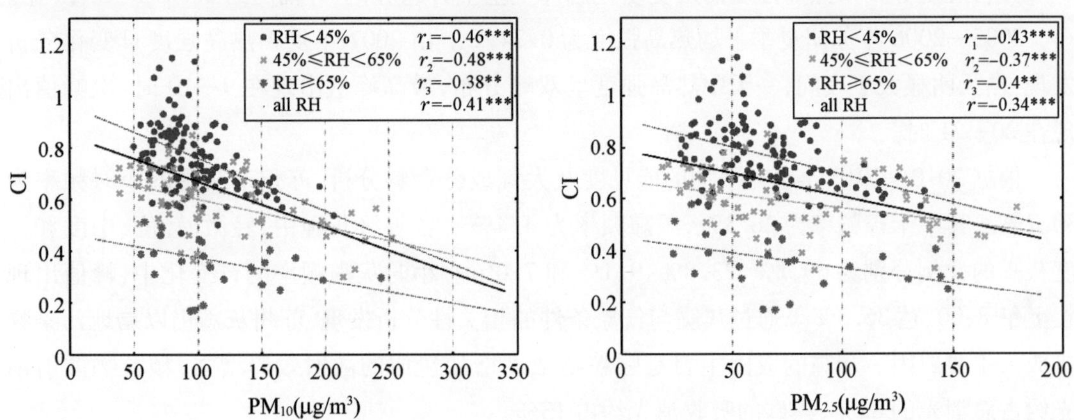

图 4.2.15　晴天日间（8:00—17:00）晴空指数 CI 与 PM_{10}（左）和 $PM_{2.5}$（右）散点（r 为相关系数，* 代表通过 0.10 显著水平检验， 代表通过 0.05 显著水平检验，*** 代表通过 0.01 显著水平检验）（李佳慧和刘红年，2019）**

越大,b 值越小,说明晴空指数越小。但是拟合线斜率 k 则出现了相反的变化趋势,这主要受到 CI 计算过程的影响。晴空指数 CI 与 PM_{10}和 $PM_{2.5}$的相关系数分别为 -0.41 和 -0.34,相关系数显著提高,除 RH≥65%,均通过0.01 显著水平检验,进一步说明颗粒物对向下短波辐射的削减作用。晴空指数 CI 与 PM_{10}和 $PM_{2.5}$的拟合线斜率 k 分别为 0.001 77 $m^3 \cdot \mu g^{-1}$和 0.001 82 $m^3 \cdot \mu g^{-1}$,在不考虑云和季节变化的情况下,根据 $AR = S_0 \times (R_0/R)^2 \times \sin(h)$式算出日间平均 AR 为837.5 $W \cdot m^{-2}$,通过 AR 与斜率 k 的乘积可以得到,PM_{10}和 $PM_{2.5}$浓度每增加 1 $\mu g \cdot m^{-3}$,太阳向下短波辐射 DSR 下降 1.48 $W \cdot m^{-2}$和 1.52 $W \cdot m^{-2}$。

表 4.2.6 CI 与 PM_{10}和 $PM_{2.5}$一次函数拟合统计表

	$CI = k \times [PM] + b$	$k(m^3 \cdot \mu g^{-1})$	b
PM_{10}	全相对湿度	-0.001 77	0.845 44
	RH≥65%	-0.000 89	0.464 84
	45%≤RH<65%	-0.001 07	0.707 94
	RH<45%	-0.002	0.960 84
$PM_{2.5}$	全相对湿度	-0.001 82	0.789 61
	RH≥65%	-0.001 18	0.451 09
	45%≤RH<65%	-0.001 06	0.669 1
	RH<45%	-0.002 12	0.907 66

4.2.4 小 结

本节利用苏州市城市和郊区气象资料、卫星资料以及大气成分资料,分析了苏州市城市热岛、灰霾等气象环境特征。

分析发现苏州市热岛强度的历史变化总体上呈上升趋势,上升幅度约 0.047 5 ℃/10 年。2005—2006 年苏州夏季平均热岛强度为 0.74 ℃。由 2007 年夏季热岛强度日变化分析发现:白天明显大于夜间,一天中热岛强度呈双峰分布,最高峰值出现在 9—10 时,次峰值出现在 20—21 时。

根据 2010—2013 年小时平均的能见度及大气成分资料分析,苏州市灰霾的小时频率为 30.7%。其中干霾频率为 26.3%,湿霾频率为 4.4%。各等级灰霾中,轻微、轻度、中度和重度灰霾的比例分别为 60.1%,23.8%,9.1% 和 7.0%。小时灰霾频率的日变化中,峰值出现在上午 8:00,达 36.3%。通过灰霾与气象条件的相关性分析发现,苏州灰霾仍以局地污染物排放为主要成因。灰霾的成因主要是颗粒物浓度增加造成的散射效应增强,颗粒物散射消光约占总消光的 82%,黑碳的吸收消光约占 13%。

利用 2014 年颗粒物和向下短波辐射资料分析了气溶胶辐射效应。研究发现,PM_{10}和 $PM_{2.5}$浓度每增加 1 $\mu g \cdot m^{-3}$,太阳向下短波辐射下降 1.48 $W \cdot m^{-2}$和 1.52 $W \cdot m^{-2}$。

需指出,在不同城市、不同测站、不同时间段,城市热岛及灰霾的分析结论会有所不同,这可能与地理、气候、环境等因素有关。

4.3 城市边界层高度特征观测研究

大气边界层是受地面影响最直接、最剧烈的气层,也是地气交换的主要场所,大气边界层问题一直是国内外研究的重点之一(Stull,1991;陈燕等,2006;邱贵强等,2013;杨显玉等,2012;杨胜朋等,2009;岳平等,2008)。大气边界层高度是表征大气边界层特征的一个基本参数。日间对流边界层高度也称为混合层高度(Mixing layer height,MLH)。由于污染物的混合、扩散主要发生在混合层内,所以大气边界层高度是污染预测和污染物扩散规律的重要参数。

确定边界层高度最常用的方法是基于常规探空获取实际气象要素廓线进行分析,该方法一直以来被大多数研究学者广泛采用(Hennemuth and Lammert, 2006;Holzworth, 1964;吴祖常等,1998;徐安伦等,2010;代成颖,2012;Seibert et al. , 2000;程水源等,1997;韦志刚等,2010)。目前,利用实际气象要素资料确定边界层高度的方法主要有风廓线法、湍流法、湿度廓线法,温度廓线法等。其中,风廓线法是将风速逼近地转风的高度定义为边界层高度,但大气的阵风性很大程度上使其难以确定;湍流法则将边界层高度定义为湍能或应力接近消失的高度,但实际探空中湍流能量和应力的垂直廓线非常稀少,难以获得。利用温度、湿度垂直廓线估算边界层高度更加简单实用。Seibert 等(2000)比较了确定混合层高度的不同方法,认为使用虚位温的气块法是探测对流边界层最可信赖的方法。韦志刚等(2010)利用2008 年在甘肃敦煌戈壁进行的加强观测试验,利用位温的明显升高和比湿的明显减小两个特征来确定顶盖逆温层,发现敦煌地区确实存在特厚边界层。

近几十年来,遥感技术(激光雷达、风廓线雷达、微波辐射计等)迅速发展,日益成熟,由于其操作的可持续性,探测结果分辨率高等特点,成为估算大气边界层高度的一种手段。利用不同手段估算边界层高度一直是国内外学者研究的重点之一(Hennemuth and Lammert, 2006;Seibert et al. , 2000;Cohn and Angevine, 2000)。

激光雷达是利用大气气体分子和气溶胶对激光的散射和吸收特性来推断、估计大气状况的大气遥感仪器。利用自由大气同大气边界层中气溶胶或气体分子的浓度差异导致的后向散射信号差异来提取大气边界层高度。从激光雷达信号中提取边界层高度存在不同的方法,如梯度法、标准偏差法、小波协方差及曲线拟合法等。国内外学者利用不同方法从激光雷达中提取边界层高度,并用不同的实验数据加以验证(Cohn and Angevine, 2000;Davis et al. , 2000;Brooks, 2003;Melfi et al. , 1985;MAO et al. , 2009;Eresmaa et al. , 2012;王琳等,2012;Zhang et al. , 2012;Steyn et al. , 1999;Quan et al. , 2013;Hooper and Eloranta, 1986)。Davis 等(1997),Russell 等(1998)首先使用了小波协方差提取边界层高度。随后发现小波协方差方法主要依赖于 Haar 函数尺度间隔的选取(Davis et al. , 2000)。Steyn 等(1999)提出了曲线拟合法,该方法使用了整层的后向散射信号,具有更好的稳定性。Quan 等(2013)2010

年在天津使用三种遥感仪器(风廓线雷达、微波辐射计及激光雷达)对天津地区大气边界层演变过程及其对地面大气污染物浓度影响进行研究,发现气溶胶浓度和大气边界层高度之间可能存在正反馈。

微波辐射计是被动遥感仪器,具有时间连续、观测方便的优点,能够实现大气主要参数(温度、湿度、云等)的垂直廓线同步实时反演和连续观测,可以作为微型遥感和直接探测的补充。高时间分辨率使微波辐射计不仅能提供不同天气条件下连续的热力探空结构,而且能给出中尺度系统和危险天气条件下相当精细的热力结构(Knupp et al. , 2009)。国内众多学者对微波辐射计反演的温度、湿度及液态水含量等资料的可靠性进行了验证研究(杜荣强等,2011;刘建忠等,2010;刘红燕,2011;赵玲等,2010;周碧等,2014)。刘建忠等(2010)用20个月的微波辐射计反演资料与探空资料对比并进行微波辐射计误差定量分析发现,微波辐射计反演出的温度比探空略高,但所有垂直高度层次的相关系数均在0.94以上,反演出的温度与探空比较一致;刘红燕(2011)对北京地基微波辐射计及探空同步观测的大气温度进行了对比,结果显示两种测量技术的差异随高度而增大。这些工作为使用微波辐射计气象要素廓线确定混合层高度提供了可行基础。

国内外研究者对激光雷达和微波辐射计的应用及其各自与探空探测的大气边界层结构进行了广泛的研究,但很少有工作关注两者在大气边界层高度探测应用中的差异,而这种差异对比较不同地区不同遥感手段的探测结果有着重要的意义。本节利用苏州地区的激光雷达与微波辐射计资料,比较了不同遥感手段探测大气混合层高度的差异;并比较了基于激光雷达探测不同方法提取混合层高度的异同。这将有助于不同地基遥感手段探测边界层高度方法的合理应用。

4.3.1 数据与方法

本次试验的观测地点为苏州市气象局(32°22′N,120°38′E)。苏州市是长江沿岸城市化快速发展的城市之一,位于太湖东岸及上海以北50 km。观测地址临近长江三角洲中心,周围地势大多是平坦的。因为苏州处于中国长江以南地区,受季风影响明显,冬季降雨过程较少。激光遇浓雾、雨、雪天气衰减急剧加大,直接影响激光雷达的测量精度,因此激光雷达在雨雪天无法工作。所以试验数据选取的是苏州2010年1月4日、7日、16日及2月4日4个晴天08:00(北京时,下同)—20:00间的激光雷达及微波辐射计数据。所选4天均是晴天,日间气温均在0~10 ℃之间,无大的天气系统过境。

观测使用的激光雷达型号是Sigma Space公司的MPL4000,微波辐射计为Radiometrics公司的MP-3000 A(简称MWR),仪器均安装在苏州市气象局楼顶。激光雷达数据时间分辨率为30 s,垂直分辨率为30 m。微波辐射计观测约每2 min返回一组数据,探测数据垂直分辨率为500 m以下50 m,500~2 000 m之间100 m,2 000 m以上250 m,最高探测高度可达10 000 m;每个高度层的数据包括观测时次温度、水汽密度、液态水含量及相对湿度。

由于地基遥感探测在近地层存在盲区,本节的研究只关注日间对流边界层(下称混合层)。这里主要使用了3 000 m以下的观测,微波辐射计为30层,激光雷达为100层。为了去除观测噪音并进行更直接的比较,对不同方法提取的混合层高度都做了30 min平均。

一般情况下,大气边界层同自由大气的交界处存在逆温。逆温层阻止了气溶胶粒子和水汽向自由大气输送,使边界层内的湿度和污染物浓度高于自由大气。因此可以通过探测温度和湿度的变化来确定大气边界层高度。同时,这些大气污染物和水汽也会影响光学信号的传输,从激光雷达后向散射信号来看,在边界层顶存在后向散射信号的快速衰减,可以借助这一现象来确定边界层高度。本次试验中主要应用了三种方法从激光雷达数据中提取混合层高度:梯度法、标准偏差法及小波法。

① 梯度法,直接根据后向散射信号随高度衰减的速率来确定大气边界层高度,简称GRAD,其将后向散射信号的一阶导数或二阶导数的最小值出现的高度表征边界层高度。在本节中则是将后向散射信号最大负梯度出现的高度定义为混合层高度。梯度法简单方便,但容易受到环境噪声的影响,造成混合层高度的错估。

② 标准偏差法,也称为标准差法。标准偏差反映了高度 z 处信号的离散程度,其值越大,表明信号的离散性越大,即变化越剧烈。在自由大气同大气边界层的交界处总是存在强烈的夹卷,反映到激光雷达后向散射信号中则是在大气边界层顶存在剧烈的信号变化。因此,将信号的标准偏差取得最大值的高度定义为大气混合层高度,该方法简称STD。本节中所用标准偏差定义如下式:

$$\mathrm{Std}(z) = \sqrt{\frac{1}{N}\sum_{i=1}^{N}\left[f(z_i) - \overline{f(z)}\right]^2} \tag{4.3.1}$$

其中:N 为求取偏差的点数;$f(z)$ 为信号函数。

③ 小波法:小波协方差变换是Gamage和Hagelberg在1993年定义的,用于检测信号的跃变。文中所用的是哈尔(Haar)小波变换。Haar函数的定义如下所示:

$$h\left(\frac{z-b}{a}\right) = \begin{cases} +1;\ b-\dfrac{a}{2}\leqslant z\leqslant b \\ -1;\ b\leqslant z\leqslant b+\dfrac{a}{2} \\ 0;\ \text{elsewhere} \end{cases} \tag{4.3.2}$$

其中:z 为高度;b 为Haar函数的中心位置;a 为函数的尺度间隔,函数图形如图4.3.1所示。小波法基于Haar函数定义了小波协方差函数 $W_f(a, b)$,故将该方法简称为WH,$W_f(a, b)$ 定义如下:

$$W_f(a,b) = \frac{1}{a}\int_{z_b}^{z_t} f(z)\,h\left(\frac{z-b}{a}\right)\mathrm{d}z \tag{4.3.3}$$

其中:$f(z)$ 为信号函数;z_t,z_b 分别为信号高度的上限和下限。小波协方差函数值越大说明信号函数 $f(z)$ 与Haar函数越相似,信号变化越大。因此,将 $W_f(a, b)$ 取得最大值的高度定义为混合层高度。

微波辐射计只提供了温度和水汽的探空资料。比较微波辐射计与无线电探空获取的水汽资料，发现两者水汽密度总体变化趋势一致，低层吻合较好，但微波辐射计只能探测出水汽的平均变化趋势，不能揭示水汽随高度分布廓线的细微变化结构(杜荣强等，2011)。所以使用湿度梯度法可能会造成边界层高度的错估。温度梯度法简单易行，且微波辐射计反演的温度同实际温度在低层差异小，所以基于微波辐射计提取边界层高度采用的是温度梯度法。该方法的判断依据是：在对流边界层(或混合层)中，其上方被逆温层所覆盖，边界层顶附近温度开始随高度变化，温度梯度也明显增加，将混合层高度定义为$(\partial\theta_v)/\partial_z$($\theta_v$为虚位温)首次大于某给定临界值(ti)的高度。

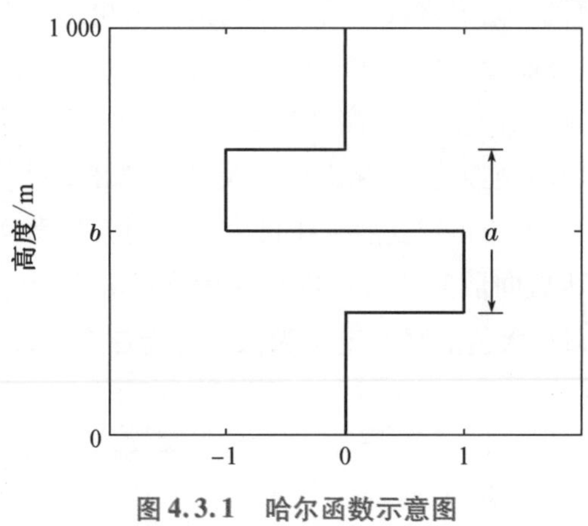

图 4.3.1 哈尔函数示意图

4.3.2 基于激光雷达观测估算混合层高度方法比较

从试验期间使用三种方法确定的混合层高度(图 4.3.2)中可以看出，三种方法都能很好地提取混合层高度。4 天中苏州地区混合层高度在 300 ~ 1 500 m 之间，日间混合层高度的峰值均出现在 16:00 附近。标准偏差法结果大部分情况下高于其他两种方法，小波法结果同雷达信号边缘一致性最好。另外，三种方法都不能辨别出残留层及混合层顶，并可能将残留层高度错误地认为是混合层高度。在 2 月 4 日没有发现明显的边界层发展过程，激光雷达探测到的混合层高度在 08:00 已经达到了 1 000 m，这可能是由于先前存在的夜间残留层过强，同新发展的混合层并没有明显分界，导致最强的后向散射信号衰减仍是位于残留层顶。三种方法在低层信号较强且边界层混合均匀的阶段一致性最好，在边界层的发展及消散阶段差别较大。1 月 4 日三种方法明显差异出现的时间为 18:00—20:00 间，而 7 日差异明显的时间段为 08:00—10:00，这种结果差异可能是由于残留层、云及天空背景噪声(如低频波)对后向散射信号的影响同此时混合层顶的后向散射信号特征量级相当，从而干扰了真实混合层顶的确定。

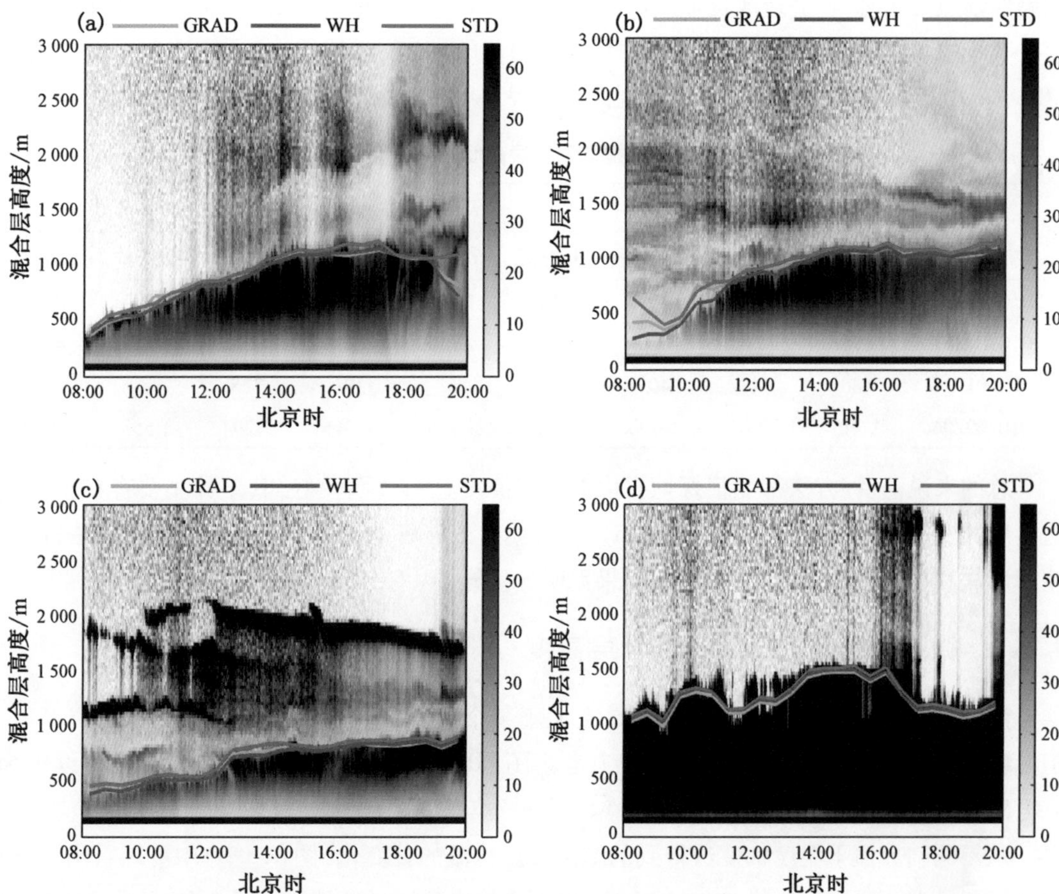

图 4.3.2　基于 Lidar 使用不同方法确定的 2010 年 1 月 4 日(a)、7 日(b)、16 日(c) 和 2 月 4 日(d) 混合层高度(GRAD:梯度法,WH:小波法,STD:标准偏差法,单位:m)和后向散射信号(阴影区)叠加

表 4.3.1 为试验期间三种方法结果的平均值、最大值及最小值,其中,平均值及最小值计算时段为 08:00—20:00;而最大值计算时段为 08:00—18:00。从表 4.3.1 中可以看出,梯度法和小波法结果平均值的差值在 -30 ~ 30 m 之间,两者结果无明显差异。另外,Comerón 等(2013)比较小波协方差变换同梯度法时认为小波协方差是对梯度法的信号使用低通滤波的结果,从理论上说明这两种方法是可以相互印证的。从表 4.3.1 中还可以看出,除 2 月 4 日,标准偏差法结果平均值是 1 294 m,小波法平均值为 1 267 m,其他 3 天中两者平均值差异均高于 30 m,在 1 月 7 日达到其差异的最大值约为 75 m。除 2 月 4 日,其他 3 天混合层高度的最小值均维持在 400 m 附近,最大值的差异较大。虽然 2 月 4 日混合层高度总体维持在较高水平,但其最大值与最小值的差值仅高于 1 月 16 日,而 1 月 16 日受云的影响,混合层发展缓慢且最大混合层高度不高于 900 m。另外,采用标准偏差法和小波法估算混合层高度,两者结果极值的差异高于均值。比较标准偏差法与小波法,两者结果差异形成的原因可能是两种方法原理的不同。标准偏差法更关注于信号变化最剧烈的层结,当混合层高度以上信号存

在局部剧烈变化时,容易造成提取结果的高估。而 Haar 函数的形状决定了小波法探测的是信号廓线中与 Haar 函数从 +1 减为 -1 最为相似的高度,即与 Haar 函数最为相似的层结(Brooks,2003),表明小波法估算混合层高度只关注后向散射信号衰减最大的层结。

表 4.3.1 基于不同方法提取混合层高度的平均值、最大值及最小值

日期	GRAD/m			WH/m			STD/m		
	平均值	最大值	最小值	平均值	最大值	最小值	平均值	最大值	最小值
2010/01/04	903	1 153	379	887	1 162	401	947	1 231	434
2010/01/07	898	1 111	366	863	1 119	283	938	1 151	410
2010/01/16	686	844	405	684	853	391	728	889	461
2010/02/04	1 245	1 497	1 000	1 267	1 515	1 041	1 294	1 553	1 062

总的来说,三种方法都能很好地提取混合层高度且一致性较好,其差异主要存在于大气边界层的发展和消亡阶段(图 4.3.2a,b);标准偏差法计算结果稍高于梯度法和小波法;而使用梯度法和小波法确定混合层高度,结果无明显差异。

4.3.3 微波辐射计探测大气混合层高度

温度梯度法是将温度梯度临界值首次大于某个给定临界值的高度定义为混合层高度,但是临界值的选取有一定的经验性。为考察不同临界值的影响,在本节中临界值设置为 5.0,5.5 和 6.0 $K \cdot km^{-1}$(代成颖,2012)。

从不同临界值下温度梯度法得到的结果和虚位温的日变化(图 4.3.3)中可以看出,虚位温在一般情况下是随高度增加的,1 000 m 以下平均虚位温最低的是 1 月 7 日,约为 275 K;而 2 500 m 之上,虚位温大部分情况下 >285 K。08:00—20:00 四天中近地面均出现了的超绝热层。1 000 m 以下,虚位温随时间缓慢变化,但 1 月 4 日 18:00 之后虚位温迅速降低。虽然 7 日温度、虚位温均低于 16 日,但由于后者受云层的影响,大气边界层的发展受到制约,混合层高度发展缓慢,整体低于前者。使用温度梯度法,得到的大气混合层高度随临界值增大而增大。除此之外,在大气边界层开始发展和消散时选取适当的临界值对混合层高度影响不大;但是在大气边界层充分混合的状况下,混合层高度对临界值比较敏感,主要表现为混合层高度的极大值和极大值出现的时间。如 2 月 4 日,当临界值取 5.0 和 5.5 $K \cdot km^{-1}$时,混合层高度随时间的演变趋势大致相似,而当临界值取 6.0 $K \cdot km^{-1}$时,从 10:00—18:00 混合层高度几乎都为大值,且无明显变化。因此,温度梯度法提取大气边界层高度主要依赖于临界值的选取,但如何找到最优临界值目前还没有定论。

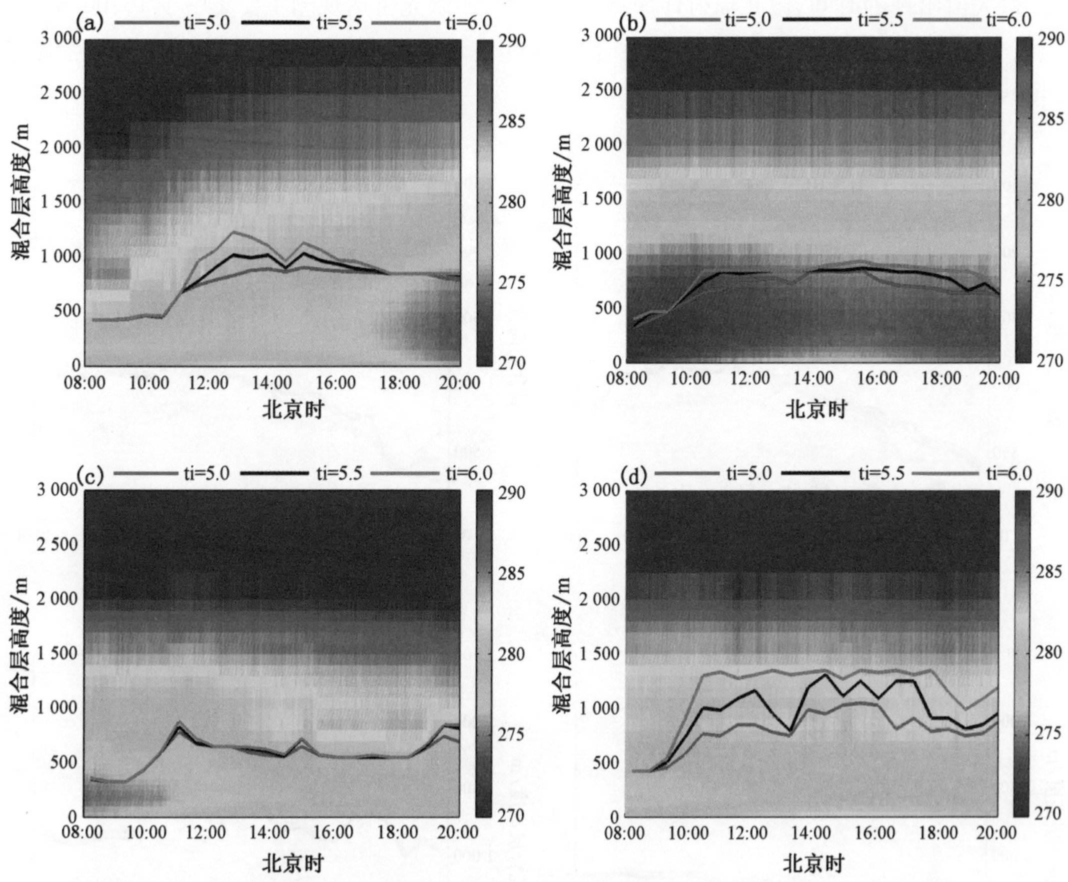

图 4.3.3　基于微波辐射计不同临界值下的 2010 年 1 月 4(a)、7(b)、16(c)日和 2 月 4 日(d)混合层高度(实线,单位:m)和虚位温(阴影区,单位:K)

4.3.4　基于激光雷达及微波辐射计探测的结果比较

对基于激光雷达和微波辐射计的计算结果进行比较,由于两种遥感系统时间分辨率不同(激光雷达为 30 s,微波辐射计为 2 min),所以比较时两种结果都做了 30 min 的平均。

从激光雷达与微波辐射计提取的混合层高度(图 4.3.4)中可以看出,30 min 平均后基于激光雷达的三种方法差异较小(故下文以小波法结果代表激光雷达探测的混合层高度)。实线在大部分情况下高于虚线,表明大部分情形下激光雷达结果较微波辐射计存在一定程度的高估。同 Seibert 等(2000)比较当前不同方法对混合层的定义时认为,一般情况下,从激光雷达得到的混合层高度较基于温度廓线和声雷达探测结果大。两种手段结果都存在明显的混合层变化过程,且微波辐射计可以更明显地探测到混合层的发展和消散。如从午后到傍晚(16:00—20:00),激光雷达结果变化十分缓慢,无明显的混合层消散过程。除此之外,18:00—20:00 期间,激光雷达探测的混合层高度有局部上升的现象。虚线同实线相比,局部最大值提前达到,微波辐射计确定的混合层高度发展较快同时存在多个峰值。观察混合层高度最大值出现的时间,微波辐射计探测变化较大,而激光雷达观测主要集中于16:00左右。另外,四天中基于激光雷达确定的混合层高度波动幅度较小,而微波辐射计探测值在11:00—15:00间波动较为剧烈。

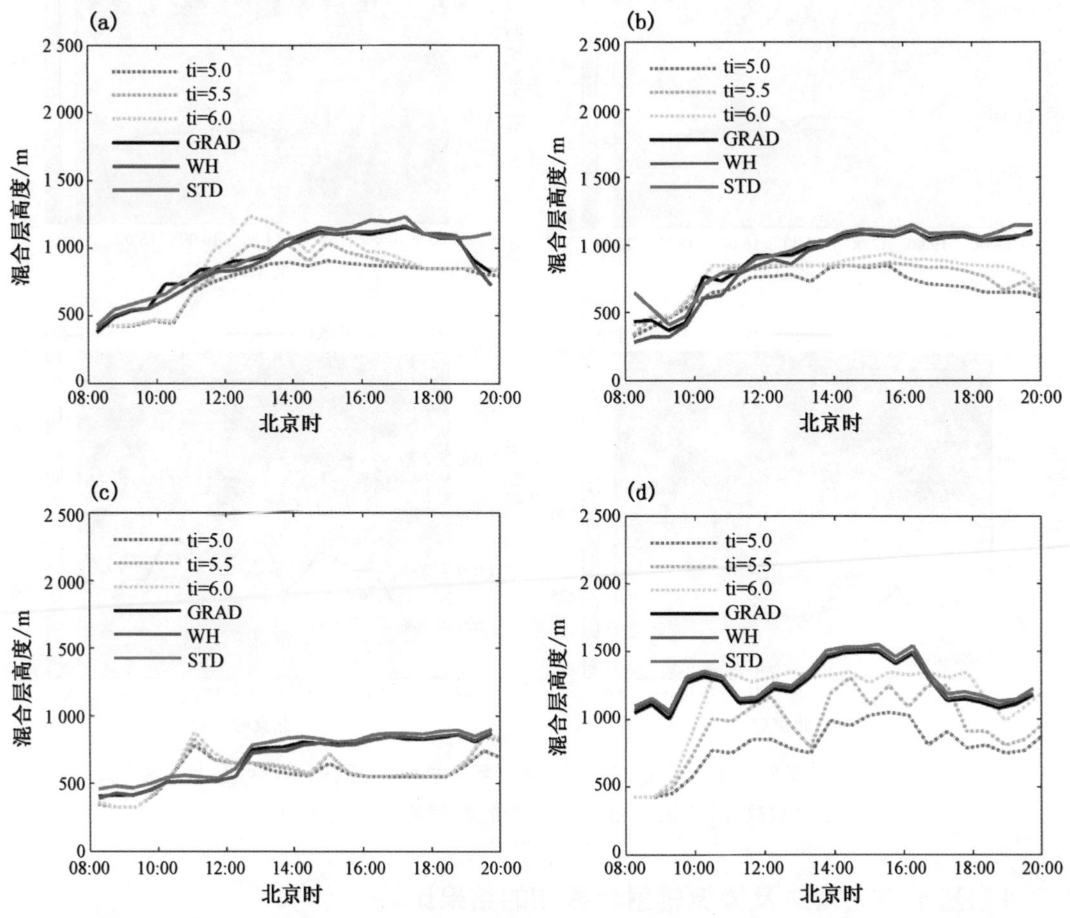

图4.3.4 两种地基遥感手段提取的2010年1月4(a),7(b),16(c)日和2月4日(d)混合层高度

表4.3.2、表4.3.3给出了微波辐射计同激光雷达提取混合层高度的最大值及日均值。图4.3.3、表4.3.2和表4.3.3均表明微波辐射计计算的混合层高度随临界值的增加而增加,这表明位温梯度在混合层顶附近随高度增加。且这种差异在1月4日及2月4日更为明显。2月4日,4种方法确定的混合层高度最大值都超过了1 000 m,激光雷达结果可达1 515 m。就平均值而言,激光雷达探测结果在试验期间都较大。其中1月16日激光雷达结果为684 m,而当ti=5.0,5.5,6.0 K·km^{-1}时混合层高度分别为576,596和616 m,而两种遥感手段差值在2月4日达到最大。激光雷达与微波辐射的差值平均可达100 m以上,说明两种遥感手段之间的差异确实存在。对比同期最大值及日均值发现,不同方法均值差异大时,其对应的最大值相差也较大。

表 4.3.2 不同手段及方法获得的混合层高度最大值(08:00—18:00)

日期/(月—日)	ti = 5.0 K · km^{-1}	ti = 5.5 K · km^{-1}	ti = 6.0 K · km^{-1}	WH
01—04	917 m	1 037 m	1 237 m	1 162 m
01—07	850 m	870 m	963 m	1 119 m
01—16	783 m	843 m	883 m	853 m
02—04	1 050 m	1 310 m	1 350 m	1 515 m

表 4.3.3 不同方法获得的混合层高度平均值(08:00—20:00)

日期/(月—日)	ti = 5.0 K · km^{-1}	ti = 5.5 K · km^{-1}	ti = 6.0 K · km^{-1}	WH
01—04	794 m	794 m	852 m	887 m
01—07	668 m	730 m	772 m	863 m
01—16	576 m	596 m	616 m	684 m
02—04	788 m	936 m	1 120 m	1 267 m

由表 4.3.2、表 4.3.3 可知,当临界值选为 6.0 K · km^{-1}时,微波辐射计同激光雷达的最大值、平均值都最为接近。选取微波辐射计临界值为 6.0 K · km^{-1}的混合层高度同基于激光雷达利用小波法定义的混合层高度做回归分析(图 4.3.5)。样本数为 96(仅选取每 0.5 h 的混合层高度)。从图 4.3.5 中可以看出,虚线上方存在少量散点,表明大多数情况下激光雷达提取结果较大。回归分析发现两者相关性较好,相关系数为 0.76。通过 95% 的置信度检验,回归方程是显著的。得到的回归方程如下:

$$MLH_{basedonMWR} = 0.7243 MLH_{basedonLidar} + 169.7110 \tag{4.3.4}$$

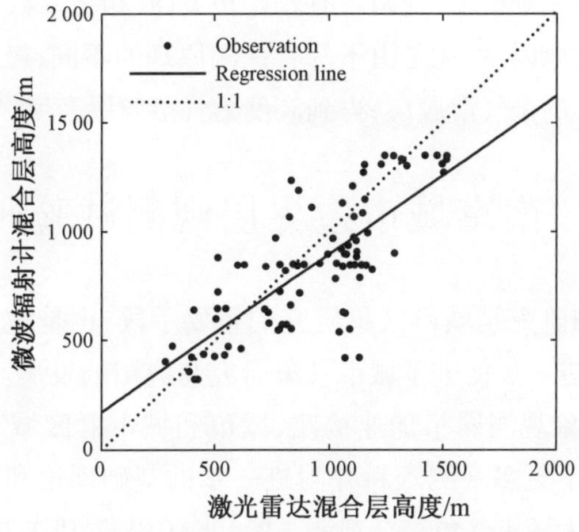

图 4.3.5 基于激光雷达与微波辐射计的混合层高度散点分布

综上所述,在边界层日变化过程中,两种遥感手段探测混合层高度存在差异,主要表现在大气边界层发展和消散过程中。造成两种遥感手段结果差异的主要原因在于两者探测原理的不同。微波辐射计主要探测大气的热力机构,虚位温探空廓线定义的混合层高度是混合能发生的高度;激光雷达信号的强弱取决于水汽和气溶胶浓度,定义混合层高度时以气溶胶廓线为出发点,并且假设气溶胶从地面排放(Eresmaa et al., 2006)。在没有平流的情况下,白天扩散到混合层的被动示踪物夜间仍停留在残留层中(Stull, 1991)。由此导致激光雷达探测的是气溶胶层,得到结果为气溶胶层高度而非大气混合层高度。当有云、残留层及气溶胶平流时,激光雷达探测容易造成错估。

4.3.5 小　结

本节对苏州2010年1月4日、7日、16日及2月4日4个晴天日间的激光雷达及微波辐射计数据进行研究,并比较了不同遥感手段及不同方法确定的混合层高度。得到以下主要结论:

比较基于激光雷达的梯度法、标准偏差法及小波法,发现三种方法都能很好地提取混合层高度。但三种方法在大气边界层发展和消散阶段有差异,充分混合阶段一致性最好。标准偏差法结果稍高于梯度法和小波法,而梯度法同小波法定义的混合层高度无明显差异。

基于微波辐射计使用温度梯度法估算大气混合层高度主要取决于临界值的选取。对于一定范围内的临界值,混合层高度的大值及其出现时间对临界值的选取更加敏感。

为了比较两种遥感手段探测混合层高度的差异,以小波法的结果代表激光雷达探测结果同时以温度梯度法结果代表微波辐射计探测的混合层高度。两种遥感手段都能探测到混合层的演变过程,但大多数情况下激光雷达方法较微波辐射计存在一定程度的高估。微波辐射计定义的混合层高度有明显的大气混合层消散过程,激光雷达探测结果更加连续。

选取临界值为6.0 $K \cdot km^{-1}$时,微波辐射计的混合层高度同利用小波法从激光雷达信号中定义的混合层高度做回归分析,发现两者有较好相关性,相关系数为0.76。分析造成两种遥感手段探测结果差异的原因,可能是由于两者探测原理的不同;微波辐射计探测的是大气热力结构而激光雷达探测的是气溶胶层,得到高度为气溶胶层高度。

4.4 南京城市边界层观测试验研究

城市大气边界层观测研究是城市气象研究的重要手段,也是城市环境污染机理研究的重要基础,极大地推动并进一步促进了城市气象研究与应用的发展。九十年代末,随着全国城市化进程加剧,城市气象观测网络加速构建,城市和城市群区域现场观测试验研究的开展,为城市气象研究提供了更多观测资料并为进一步的基础理论和应用研究提供了有力的支撑。例如,我国首个超大城市气象综合观测试验:北京BECAPEX试验(2001—2003)(徐祥德等,2004,2010),北京BUBLEX试验(2004—2005)(李炬、舒文军,2008;李炬、窦军霞,2014),城市对降水和雾-霾影响科学试验SURF(2015—2017)(Liang et al., 2018)等。

国际上一些关于城市边界层观测的研究项目取得了重要成果,揭示了城市边界层的一些重要特征,如英国Reading大学等单位联合实施的一个城市气象计划(2002)、美国能源部

Transport & FATE 项目(2000)等。

2004 年国家自然科学基金重点项目“城市边界层三维结构研究”(40333027),由城市边界层观测与分析着手,开展城市边界层结构数值模拟与分析的基础研究,本节主要介绍该项目在南京进行的城市边界层观测试验及主要成果。

4.4.1 观测试验设计

南京大学大气科学系分别于 2005 年 7 月 17 日—7 月 31 日,2006 年 2 月 18 日—3 月 10 日在南京市市区和郊区两个观测点进行了城市边界层气象观测,总计 37 天。观测在城市和郊区同步进行。

市区观测点设在南京市党校教学楼 6 楼楼顶(32.04 °N, 118.79 °E),南京市党校位于南京市白下区白下路,该楼南北朝向,楼高 20 m,观测场地为 20 m × 10 m 灰白色水泥楼板,以观测点为中心 1 km 范围内以居民区和商业区为主,街道纵横,建筑物密集、参差起伏,属典型城市下垫面。

郊区观测点设在南京大学浦口校区大气科学园气象观测场内,观测场地为 40 m × 30 m 的草地(32.18 °N, 118.67 °E)。周围无高大建筑物与障碍物,半径 500 m 以内只有零星的低矮建筑与庄稼地和绿地,代表了郊区下垫面的基本特征,市区与郊区观测场地的直线距离约为 18 km。

观测内容包括城市和郊区两个观测点的铁塔多层风温廓线观测、热通量、动量通量和水汽通量、四分量辐射、激光雷达观测、风廓线雷达、低空探空以及地面气象观测等。一套四分量辐射观测仪(Model CNR1, Kipp & Zonen)安装于距楼顶 1.22 m 高度,用于测量向上和向下的长波和短波辐射通量,一台超声风速温度仪(CSAT3, Campbell Scientific Inc.)和二氧化碳/水汽脉动分析仪(LI-7500, Licor)测量气流的三维脉动速度、虚温和空气中的二氧化碳、水汽含量,其传感器安装于距楼顶 2.2 m 高度,这两套观测仪器的数据测量、采集、运算和存储均由数据采集器(CR5000, Campbell Scientific Inc.)完成,数据采样频率为 10 Hz。

党校楼顶铁塔 3 层风温观测高度分别为 8, 15.2 和 26.2 m,观测仪器为:风杯,Model12002, R. M. Young;温、湿度:HMP45C, Campbell Scientific Inc.;数据采集器:CR10X, Campbell Scientific Inc.。在市区观测场地还有一台激光雷达(MSL,中国科学院安徽光学与精密机械研究所研制)测量大气边界层厚度。在南京大学鼓楼校区还安装了一台声雷达(XFAS, Biral Ltd.),用于探测边界层风、温廓线。另外,在鼓楼校区还进行了无线电低空探空测量(温度湿度低空探空仪由北京大学研制)。

郊区观测场地的观测项目与市区大体相同,也设置了辐射、超声风温和平均风温等观测项目。一台超声风速温度仪(CSAT3, Campbell Scientific Inc.)和水汽脉动分析仪(KH-20, Campbell Scientific Inc.),其传感器安装于距离草地地面 2.2 m 的高处,测量气流的三维脉动速度、虚温和空气中的水汽含量,数据采样频率为 10 Hz。2006 年冬季,在距离草地地面 1.22 m 的高处,安装了一套四分量辐射观测仪(Model CNR1, Kipp & Zonen),对向上和向下的长波和短波辐射进行测量。另外,2006 年冬季,一座专为本项综合观测实验建造的铁塔架设完成,铁塔的高度为 50 m。一台超声风速温度仪(CSAT3, Campbell Scientific Inc.)和二氧化碳/水汽脉动分析仪(LI-7500, Licor)传感器安装于塔上距离地面 40 m 的高处。一台由中国科学院大气物理研究所研制的超声风速温度仪(UAT-1)测量气流的三维脉动速度和空气虚温,其传感器安装于塔上距离地面 30 m 的高处,数据采样频率为 10 Hz。在铁塔上还安装了一套由长春气象仪器厂研制的平均风温观测系统(DYYZ Ⅱ-RTF),每隔 10 m 安装一层探测仪器,分为 10,20,30,40 和 50 m 共 5 层,对平均风速、风向、气温、湿度和气压进行测量,另外在地面 0 m 处测量草地温度,数据采样频率为 1/60 Hz。在郊区观测场地还设有一台激光雷达(MSL,中国科学院安徽光学与精密机械研究所研制)测量大气边界层厚度。此外,在郊区观测场地也进行了无线电低空探空测量(温度湿度低空探空仪由北京大学研制)。

同期在城市和郊区共 6 个固定观测点进行了城市热岛观测和热岛流动观测。城市热岛的 6 个固定测点分别为城北浦口校区、八卦洲、迈皋桥、鼓楼、雨花台、南京航空航天大学江宁校区,其中市区观测点迈皋桥、鼓楼、雨花台的观测地点都位于道路边的人行道上,八卦洲观测点位于菜地上,南京航空航天大学江宁校区观测点位于校园内草坪上,观测高度均为 1.5 m。观测仪器为阿斯曼通风干湿表,所有观测点的阿斯曼通风干湿表和流动观测用的温湿度数据采集器在观测试验前同时在同一地点进行过比对试验,所有仪器之间的最大误差不超过 0.5 ℃,后文中的观测数据都进行过误差订正。固定点的观测时间为每小时测量一次气温、湿度。

城市热岛流动观测路线为通过南京市中心新街口的“十字线”:从市区西边接近江边到东郊的马群,从市区南郊江宁开发区到北郊八卦洲,采用美国产 SP2000 型温湿度数据采集器测量温度和相对湿度,测温精度 ±0.2 ℃,相对湿度精度 2%,测量频率 0.5 Hz。观测车采用 GPS 卫星定位。由于观测车一次观测约需两小时,因此观测所获得的温度分布在时间上并不同步,不能用来进行热岛特征分析,必须对观测数据进行处理,去除观测期间的气温日变化趋势,才能得到同一时刻的气温空间分布。本节采用的方法是根据观测期间内离观测车最近的固定观测点观测的气温变化率和湿度变化率,将观测车观测的温度和湿度订正到同一时刻。

在 2005 年夏季观测期间,南京市上空主要受副热带高压控制,盛行下沉气流,除间或出现雷阵雨等强对流天气外,整个观测期间天气以晴到多云为主,高温高湿为天气的主要特征。2006 年冬季,天气则以阴到多云为主,晴天较少,并间或出现小雨或小雪,2 月 28 日还出现了小到中雪,3 月 1 日以后才开始转晴。在两次观测期间,除了不利于实验观测的天气情况以外,还由于停电或仪器设备出现故障、工作不正常等因素影响了实际观测,造成了数据的缺失或错误等,在分析时已做了相应的处理。

4.4.2 城市热岛特征

晴天的城市热岛特征比阴天明显,阴天时城市与郊区的辐射、温度等气象条件比较接近,为此,我们对观测期间晴天的温度观测做热岛强度分析。

图 4.4.1 是夏季观测期间所有晴天的日平均气温,由图可见南京存在明显的热岛特征,各测点以鼓楼气温最高,江宁开发区、迈皋桥和雨花台温度比较接近,其次是八卦洲,南京大学浦口校区气温最低。除江宁开发区外,气温由市区中心的最高值向郊区逐步递减,江宁开发区虽然离市区较远,但由于开发区规模较大,已经发展为一个小城镇,不能代表郊区的地表特征,其温度与市区边缘地带(雨花台、迈皋桥)温度比较接近。

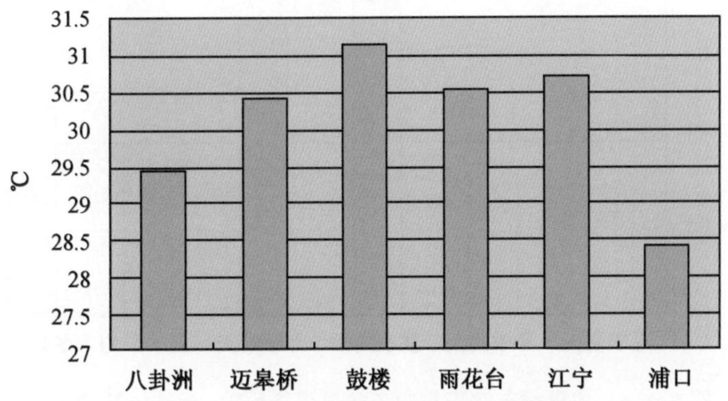

图 4.4.1　夏季观测期间晴天日平均气温(刘红年等,2008)

热岛强度通常定义为市区气温与郊区气温之差,本节中的平均热岛强度为市区平均温度(鼓楼、迈皋桥和雨花台的平均值)和郊区平均温度(浦口、八卦洲的平均值)之差,观测期间夏季晴天南京市平均热岛强度为 1.8 ℃。

图 4.4.2 是冬季观测期间所有晴天各点的日平均气温,迈皋桥、鼓楼和雨花台温度接近,明显比八卦洲和江宁温度高,按上文定义的热岛强度计算得冬季晴天热岛强度为 1.67 ℃,比夏季晴天热岛强度略低。

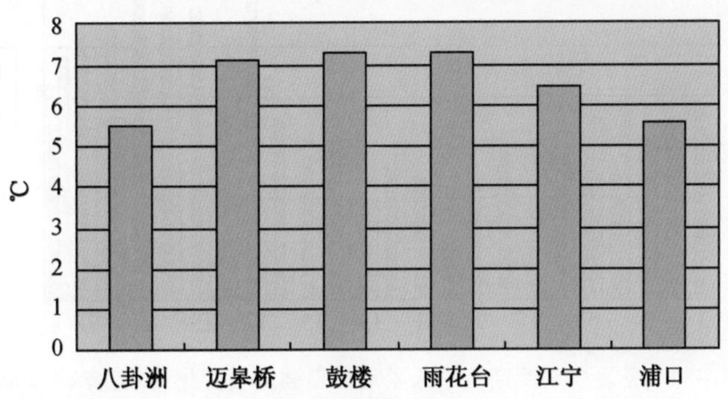

图 4.4.2　冬季观测期间晴天日平均气温(刘红年等,2008)

两次观测期间的冬夏季节的平均热岛强度分别为 1.2 ℃和 0.83 ℃(图 4.4.3),明显比同期的晴天热岛强度低,冬季平均热岛高于夏季,冬夏季节阴天的热岛强度分别为 0.87 ℃和 0.59 ℃。城市热岛的成因主要有两方面,即城市道路建筑等地表特征对地面能量平衡过程的影响和各种工业、交通、生活等过程中能源消耗(人为热源)的增加。在观测期间的晴天和阴天情况下人为热源的变化很小,造成热岛强度变化的原因是阴天时净辐射通量减小,气温下降,导致城市地表储热减少,热岛强度下降。可以认为,阴天时的城市热岛主要是人为热源的贡献形成的,而晴天是两者共同起作用,观测期间阴天与晴天的热岛强度之比为42.5%,可见人为热对南京市城市热岛有相当大的贡献。

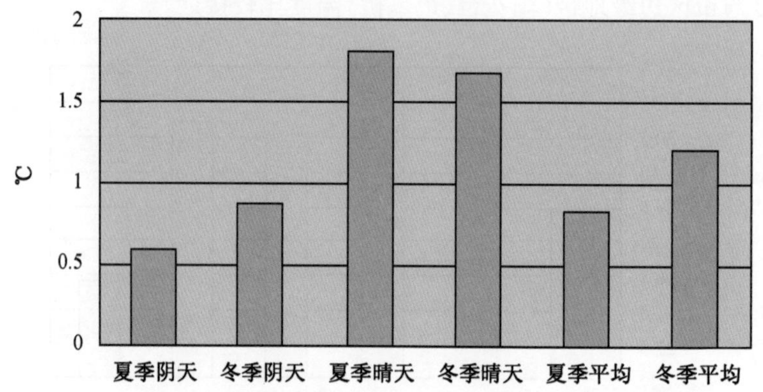

图 4.4.3 冬夏季节晴天与阴天热岛强度比较(刘红年等,2008)

图 4.4.4 是冬季和夏季观测期间晴天的平均热岛强度日变化,冬夏季节夜间热岛强度普遍高于白天,冬夏季节热岛强度差异在 14~24 时差异较大,夏季热岛普遍高于冬季,夏季热岛强度最大值达 3.6 ℃,出现在晚间 20 时,冬季最大值为 2.4 ℃,出现在 24 时。冬夏季节热岛强度最小值分别为 0.09 ℃和 0.43 ℃。

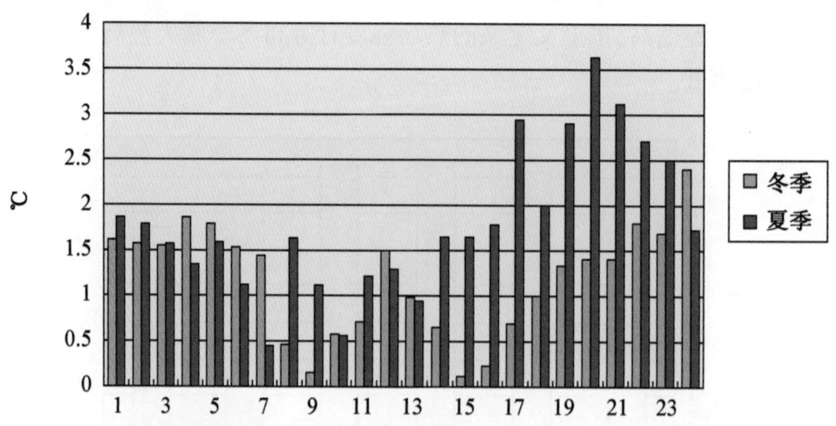

图 4.4.4 冬夏季观测期间晴天平均热岛强度日变化(刘红年等,2008)

图 4.4.5 是流动观测测量的 2005 年 7 月 27 日 10 时的热岛分布。由图可见南京市气温空间分布的基本规律,市区温度明显高于郊区,市区高温中心有两个,一是鼓楼地区,最高温度 36.4 ℃,一是城南夫子庙地区,最高气温 37.2 ℃,城西和城东地区气温低于城北和城南。由图还可见紫金山对周围地区气温的影响。紫金山地区是南京著名风景区,森林茂密,在紫

金山南侧中山门大街的气温约 34 ℃,比市中心新街口温度低 1.6 ℃左右。市区东南方向的绕城公路地处城郊结合部,气温比市中心约低 1.2 ℃,八卦洲地区温度最低,约 31 ℃,比鼓楼气温低 5.4 ℃。

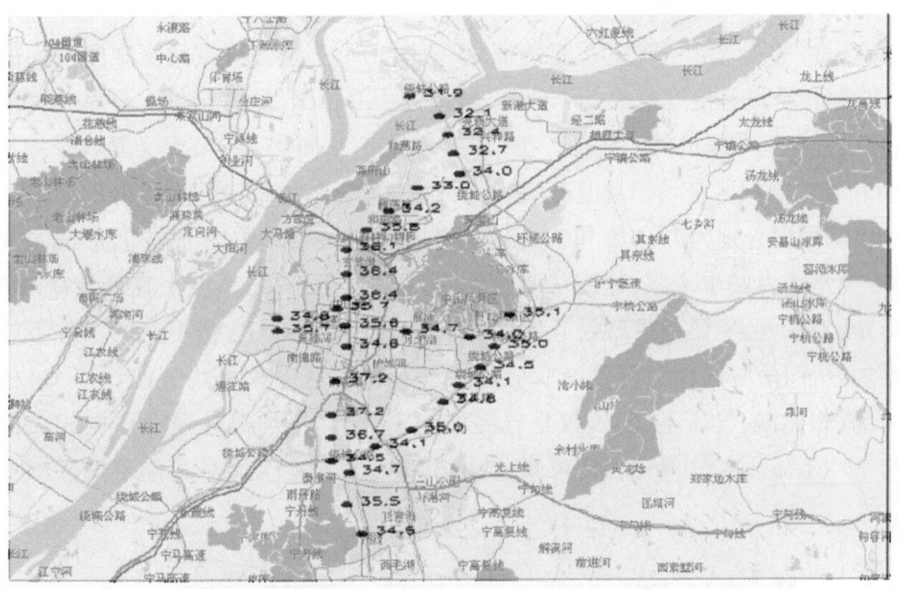

图 4.4.5 南京市 2005 年 7 月 27 日 10 时温度分布(℃)(刘红年,2008)

图 4.4.6 是 2006 年 2 月 18—3 月 10 日观测期间平均温度廓线,其中浦口 100 m 高度以上的气温由风廓线雷达测量,50 m 高度以下的温度由铁塔温度传感器测量,鼓楼 100 m 以上气温由低空探空测量,50 m 以下气温由党校铁塔上温度传感器测量。由于风廓线雷达在低空有测量盲区,因此在 50 ~ 100 m 高度之间没有资料。由图可见,在约 400 m 高度,城区与郊区温度比较接近,400 m 高度以下,城区温度明显高于郊区,400,300,200 和100 m 高度的热岛强度分别为 0.1,0.4,0.8 和0.6 ℃。在200 ~ 300 m 范围,郊区气温在观测期间存在一等温层。在 100 ~ 400 m 高度范围内,城区低探观测的平均气温递减率和郊区声雷达观测

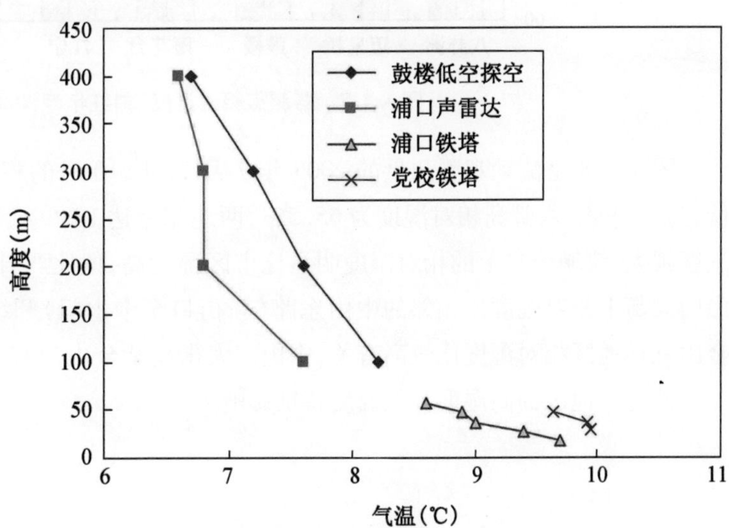

图 4.4.6 城市与郊区平均温度廓线(刘红年等,2008)

的平均气温递减率分别为0.5 ℃/100 m和0.33 ℃/100 m。在低层,城区和郊区铁塔观测的气温递减率明显大于高层。

4.4.3 城市干岛特征

“城市干岛”也是城市气象的重要特征之一,图4.4.7是各测点两次观测期间的平均相对湿度,由图可见,城区湿度普遍低于郊区,越接近中心市区,湿度越低。夏季相对湿度大于冬季,这是中国典型季风气候的特征。类似“热岛强度”的定义,本节定义郊区平均相对湿度(八卦洲和浦口)与城区平均相对湿度(迈皋桥、鼓楼、雨花台)之差为“城市干岛强度”,则夏冬季节的干岛强度分别为10.6%和7.3%,夏季大于冬季。“城市干岛”的形成主要有两个原因,一方面是因为城市道路、建筑等表面水分蒸发量很小,另外城市热岛效应对“城市干岛”的形成也有影响,主要是热岛效应使城市气温上升,在水汽含量不变的条件下将使饱和水汽压增加,从而使城区相对湿度减少。以观测期间郊区冬季平均气温5.5 ℃,相对湿度80.9%为例,如比湿、气压不变,仅仅是气温增加1.2 ℃(平均热岛强度),则相对湿度下降6.1%,与平均干岛强度10.6%相比可知,城市相对湿度下降,热岛效应起了重要作用。

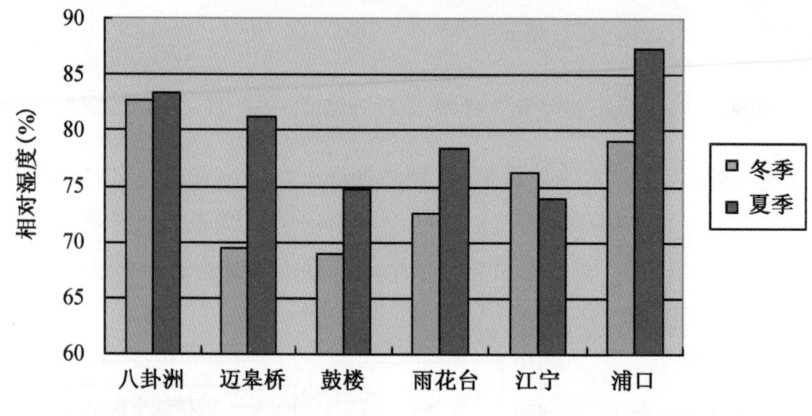

图4.4.7 各测点相对湿度(刘红年等,2008)

图4.4.8是流动观测测量的2005年7月27日10时的相对湿度分布。新街口湿度最低,为46.9%,八卦洲相对湿度为65.5%,两地相差达18.6%,基本上离市区中心越远,相对湿度越大,绕城公路上的相对湿度明显比市区湿度高,但比八卦洲地区低。紫金山南侧的中山门大街上相对湿度比相邻的中山东路(新街口至中山门)和绕城公路都要高,这可能和紫金山森林地区相对湿度比较高有关,中山门大街离紫金山尚有几百米距离,但观测结果显示亦受紫金山地区的高湿度和低温度特征影响。

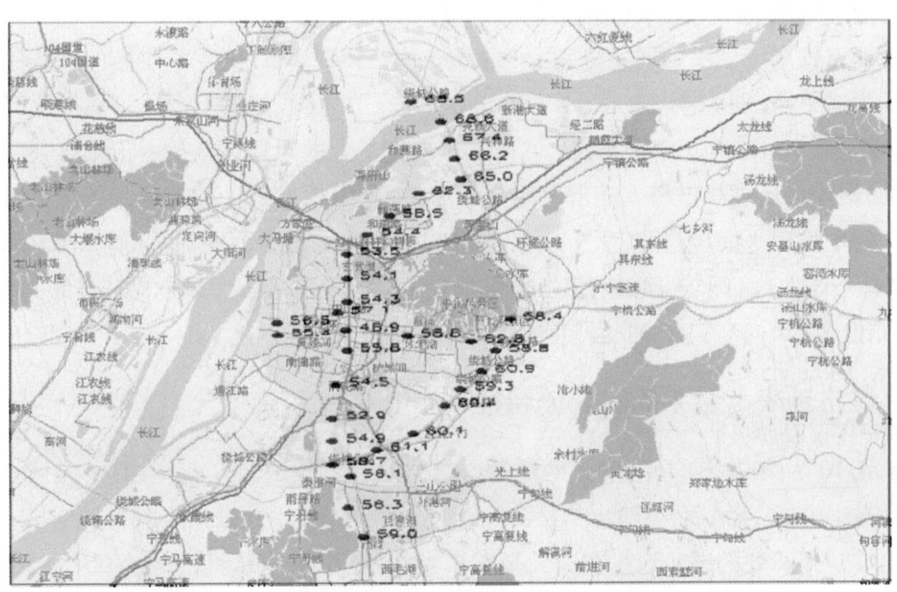

图 4.4.8　南京市 2005 年 7 月 27 日 10 时相对湿度分布(%)

4.4.4　城市风场特征

图 4.4.9 是 2006 年 2 月 18 日—3 月 10 日观测期间城区鼓楼与郊区浦口声雷达观测的平均风廓线，在 400 m 高度以上，城区和郊区的风速相差不大，在 100 m 至 400 m 高度范围内，鼓楼与浦口的平均风速分别为 3.6 $m \cdot s^{-1}$ 和 4.6 $m \cdot s^{-1}$，城区风速比浦口风速低约 22%，并且随高度降低，城区的风速衰减越大，这是因为城区高楼林立，地表粗糙度大，城市建筑对气流有比较强的拖曳作用，值得注意的是声雷达的有效观测高度都高于城市建筑平均高度，因此图 4.4.9 显示城市建筑对气流的拖曳阻尼作用不仅存在于建筑高度以下范围，在平均建筑高度以上，城市建筑的拖曳作用逐渐减小，城市和郊区的风速差也逐渐减小。

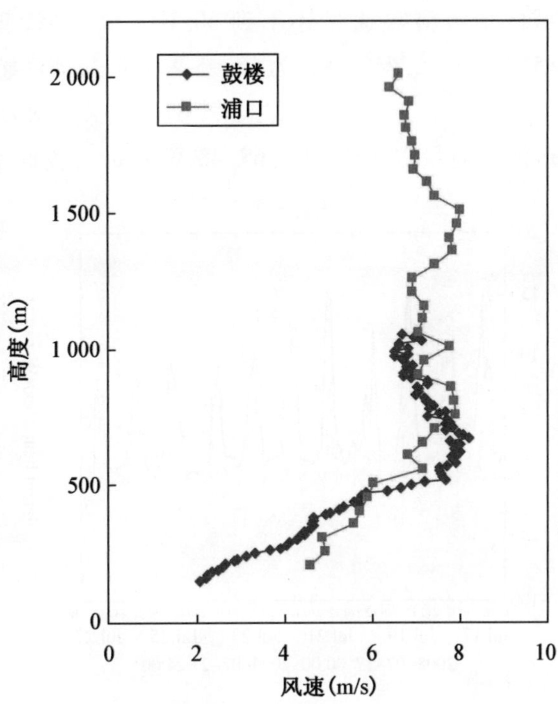

图 4.4.9　城区与郊区声雷达观测的平均风廓线
(刘红年等，2008)

从地面算起，党校铁塔三层风温测

量高度与浦口铁塔的第2,3,4层高度基本相同。在2005年7月和2006年2月观测期间,城区党校观测点铁塔三层平均风速分别为3.45 $m \cdot s^{-1}$和2.2 $m \cdot s^{-1}$,同期浦口铁塔第2,3,4层的平均风速值分别为4.73 $m \cdot s^{-1}$和3.5 $m \cdot s^{-1}$,城区风速比郊区风速低35.7%和37.1%,平均低36.4%。与郊区相比,城市建筑高度上方的风速衰减是由于城市"粗糙"的地表形成的,根据市区党校铁塔上三层风温观测资料,应用相似理论的风温廓线公式计算得到南京市区的平均零平面位移为19.9 m,平均粗糙度1.1 m,其中西北风(风向270~360)时粗糙度0.64 m、西南风(风向180~270)时粗糙度0.60 m、东南风(风向90~180)时粗糙度1.50 m、东北风(风向0~90)时粗糙度1.59 m。

4.4.5 城市地表能量平衡和湍流特征

图4.4.10为2005年夏季城/郊两观测点的感热和潜热通量变化图,其中城区点输出的是10 min平均结果,而郊区点输出的是30 min平均结果,图中数据为小时平均结果。由图上可以看出,城/郊两处的感热通量在白天基本相当,而在夜晚差异明显,城区点上的感热通量在夜间仍然为正值,而郊区夜间感热通量为负值。城/郊两地的潜热通量差异也十分显著,郊区潜热通量日变化明显,白天与感热通量相当,夜间接近于零;而城区潜热通量日变化很小,量值也很小,尤其在白天,城区的潜热通量远小于感热通量。由图可见,夏季城/郊两地白天感热通量最大可达到150~200 $W \cdot m^{-2}$,郊区白天潜热通量最大也可达到150~200 $W \cdot m^{-2}$,而城区最大潜热通量还不到50 $W \cdot m^{-2}$。计算结果表明:城区感热通量白天平均为59.51 $W \cdot m^{-2}$,夜间平均为15.95 $W \cdot m^{-2}$;郊区感热通量白天平均为37.36 $W \cdot m^{-2}$,夜间平均为-23.88 $W \cdot m^{-2}$。城区潜热通量白天平均为5.63 $W \cdot m^{-2}$,夜间平均为1.48 $W \cdot m^{-2}$;郊区潜热通量白天平均为65.48 $W \cdot m^{-2}$,夜间平均为19.93 $W \cdot m^{-2}$,上述结果反映了

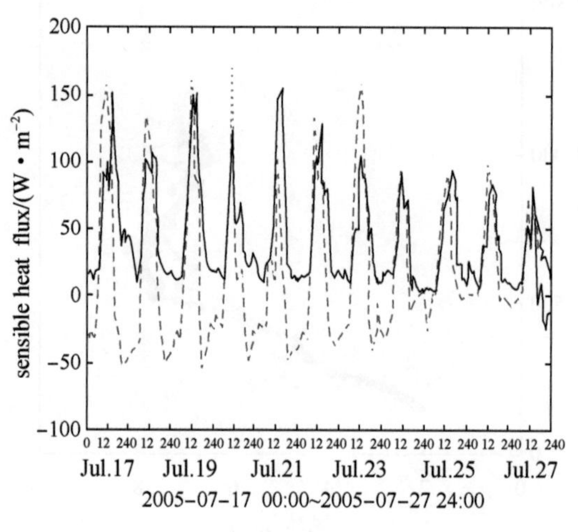

(a) 感热

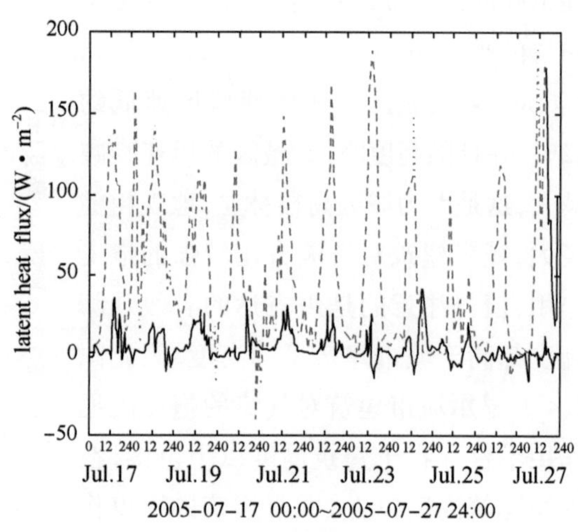

(b) 潜热

图4.4.10 夏季城/郊感热和潜热通量比较(2005年7月17日—27日)

(实线为市区观测值,虚线为郊区观测值)(刘罡等,2009)

城市下垫面在热力学特性上与自然下垫面的显著差异。在白天,城市下垫面接受太阳辐射后增温效应明显,在以感热通量加热大气的同时,下垫面储存了大量热量(即储热项),并由于城市下垫面绝大部分由建筑路面等人造下垫面构成,而植被、树木等所占份额很小,因此蒸发潜热总量很小,所以城区的波恩比(感热通量/潜热通量)远大于郊区(自然下垫面)。在夜间,由于城市下垫面白天储存了大量热量,温度很高,到了夜间除辐射降温之外,它还以热交换方式加热大气,所以夜间城区下垫面的感热通量依然为正,这一特征可能是夏季夜间城市热岛维持较大强度的一个原因。如前所述,尽管城区观测结果具有较强的局地性,但由于城市建筑物密集,其结果在很大程度上体现了城市下垫面的热力学特征。冬季观测结果与夏季类似,较为明显的不同是城区夜间感热通量接近于零。

图4.4.11是2005年夏季和2006年冬季城/郊两观测点的摩擦速度时间变化图,其中市区观测点仪器输出的是10 min平均数据,郊区观测点仪器输出的是30 min平均数据,图中数据为小时平均结果。由图上可以看出:不论夏季还是冬季,城区地表摩擦速度都大于郊区,这一特征在夏季表现得更为明显。计算结果表明:在夏季观测期间,市区观测点的摩擦速度平均值为0.55 m · s^{-1},郊区观测点为0.41 m · s^{-1};冬季观测期间,市区观测点的摩擦速度平均值为0.43 m · s^{-1},郊区观测点为0.35 m · s^{-1},夏季的值比冬季大,反映出夏季的湍流活动较强。而市区的值比郊区大,则反映出城市下垫面对动力场的影响。城市建筑物扰动平均气流场而产生机械湍流,加强了湍流运动,使得城市近地层中的动量通量增大,因而使得摩擦速度增加。上述结果反映出城市与郊区下垫面动力学特性的差异,并与城/郊平均风速的观测结果(郊区大于市区)相对应。

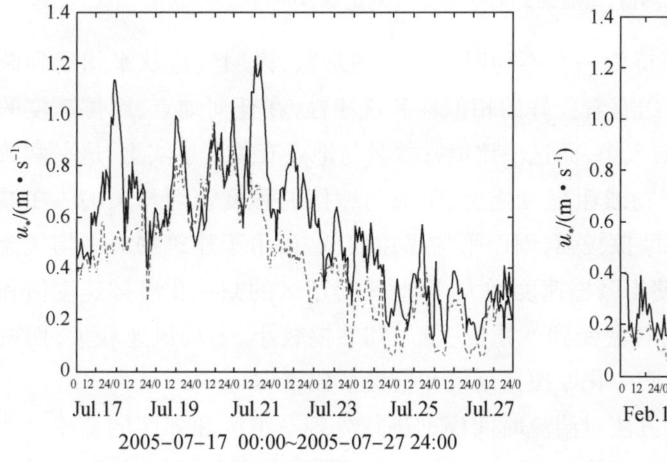

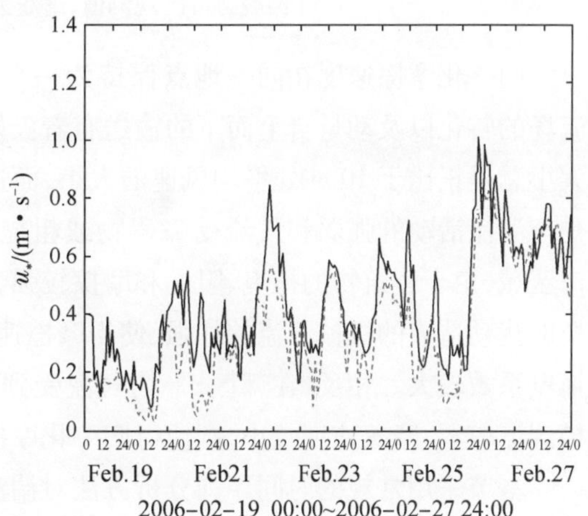

图4.4.11　城/郊摩擦速度比较(实线为市区观测值,虚线为郊区观测值)(刘罡等,2009)

与郊区相比,城区的摩擦速度较大,机械湍流较强,表明在城市区域机械湍流对边界层的发展起着更为显著的作用,这有助于我们在研究边界层高度的预报,特别是研究城市边界层高度的预报时,将机械湍流作为一个更为重要的因子来引入和研究,以期待能对城市边界层高度的预报做出一定程度的改进。

图4.4.12为2005年夏季城区和2006年冬季城/郊两地的归一化摩擦速度。由图中可以看出,无论是在冬季还是夏季,市区观测点的归一化摩擦速度平均值为0.20,而标准差较小(冬季为±0.03,夏季为±0.02)则表明数据的稳定性非常好,偏离平均值的起伏程度并不大,说明冬季和夏季归一化摩擦速度具有很好的一致性,始终为一个常数,并不随季节和时间变化。郊区观测点的归一化摩擦速度平均值为0.11,其偏离平均值的起伏也不大(标准差为±0.03),表明规律性也非常好。值得注意的是,2月21日和25日两天的归一化摩擦速度出现了较大起伏,原因是这两天出现了降雨,影响了观测结果。

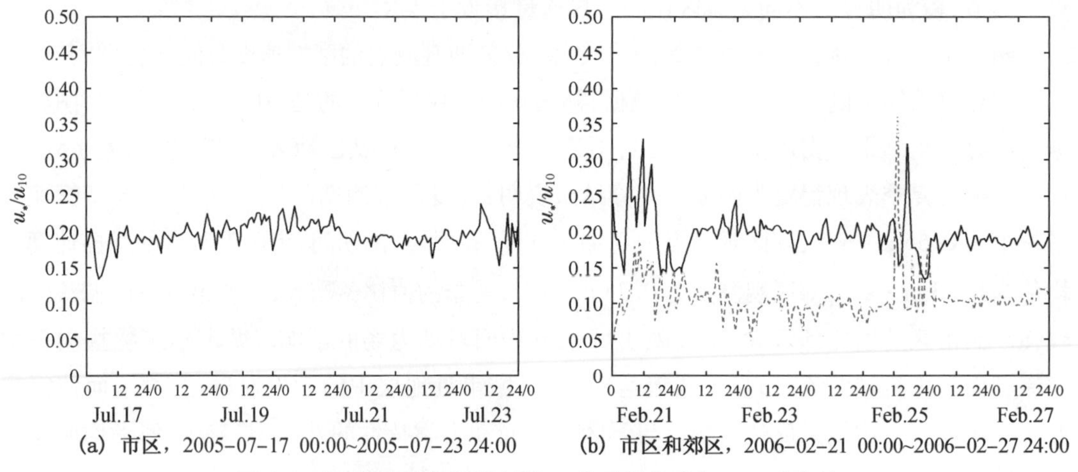

(a) 市区,2005-07-17 00:00~2005-07-23 24:00　(b) 市区和郊区,2006-02-21 00:00~2006-02-27 24:00

图4.4.12 夏季和冬季城/郊归一化摩擦速度(u_*/u_{10})比较

(实线为市区观测值,虚线为郊区观测值)(刘罡等,2009)

归一化摩擦速度在同一地点保持为一个不随时间变化的常数,说明气流从平均场到湍流场的转化以及动量自上而下的输送有着极好的相似性和规律性,在任何地点,摩擦速度的大小总是正比于10 m处平均风速的大小,而这一比值常数只与地点有关。事实上,这一常数是与湍流活动的强弱和气流受障碍物或粗糙元拖曳、阻尼与摩擦的程度密切相关的。在城市区域,由于建筑物的拖曳、阻尼和摩擦较强,因而平均风速较低,而由于建筑物对平均气流场的扰动造成的机械湍流的加强,使得摩擦速度增大,因此使得市区的归一化摩擦速度值和拖曳系数较大。相反,在郊区,平均气流受到的拖曳、阻尼和摩擦较小,平均风速较大,而机械湍流较弱,摩擦速度较小,则使得归一化摩擦速度值和拖曳系数较小。

本节采用常规的时间序列分析方法对湍流时间序列进行处理。市区和郊区的湍流时间序列采样频率均为10 Hz,计算平均时间取为30 min,在进行去野点、去趋势等前处理后,计算出湍流时间序列在平均时段内的平均值,再用瞬时值减去该时段的平均值,便得到该时段湍流时间序列的脉动值以及方差值。

湍流速度时间序列的方差值实质上表征了湍流能量的大小。本节通过比较水平湍流方差σ_{uv}^2与垂直湍流方差σ_w^2的方法,代替通用的u,v,w三分量湍流方差比较法,来更直观地研究湍流能量在水平和垂直两个方向上的分配比例。水平湍流方差 σ_{uv}^2 求取的方法为：首先按常规方法对风速 u 和 v 的时间序列分别求取方差，获得 σ_u^2 和 σ_v^2，然后将两者相加，得到 σ_{uv}^2，即 $\sigma_{uv}^2 = \sigma_u^2 + \sigma_v^2$。垂直湍流方差 σ_w^2 的求取与 σ_u^2 和 σ_v^2 相同，通过上述方法直接对垂直速度 w 的时间序列进行计算处理获得。

图 4.4.13 为 2006 年冬季城/郊两地大气湍流能量在水平与垂直方向上的分配比例图。计算结果表明，市区的 σ_w^2/σ_{uv}^2 平均值为 0.16，郊区为 0.14，市区的值大于郊区。这说明在市区，湍流能量中垂直分量所占的比重更大。这是由于市区建筑物对气流的扰动，使得湍流活动加强，这种扰动不仅体现在水平方向，也体现在垂直方向。从观测结果看，城区垂直方向上的湍能在总湍能中所占比例高于郊区，这体现了城市下垫面的动力学特征。

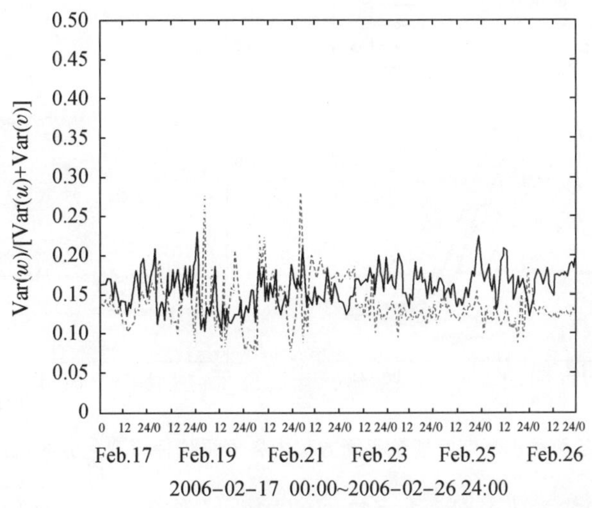

图 4.4.13　冬季城/郊大气湍流能量在水平与垂直方向上的分配比例
(2006 年 2 月 17 日—26 日)(实线为市区观测值，虚线为郊区观测值)(刘罡等，2009)

利用党校的湍流通量资料分析了城市屋顶的储热特性。由于观测方法与测量技术的限制，ΔQ_s 很难直接测得，通常由"余差法"计算：

$$\Delta Q_s = R_n - H - LE \tag{4.4.1}$$

为了更好的了解 ΔQ_s 日变化特征及 ΔQ_s 与 R_n 之间的关系，利用观测资料对上式中的各项进行了比较。图 4.4.14 夏冬两季观测期间能量平衡方程中各项平均值日变化分布。观测事实表明，潜热对地表能量的释放作用通常可以忽略不计。城市屋顶能量平衡主要体现为 R_n，H 和 ΔQ_s 三者之间的关系，其中，储热项特征主要表现为以下两点：

① 白天 ΔQ_s 要明显大于 H，与 R_n 相近，表明在白天 R_n 的大部分能量被水泥楼板吸收，只有少部分能量通过感热方式释放在大气中。特别是日出后的几个小时内(6 点 ~9 点)有近 80% 的 R_n 被吸收，主要是由于水泥楼板的导热系数很大($1.69\ W \cdot m^{-1} \cdot K^{-1}$)，是空气导热系数的 65 倍；再有，清晨楼板与空气间的温差较小，湍流发展较弱，热量很难向上层大气传

递，R_n 加热屋顶的热量迅速地通过热传导方式向深层传递，使水泥楼板储存的能量不断上升。午后 R_n 开始减少，但此时楼板温度很高，与空气的温差加大，造成楼板与空气之间的热量交换仍维持在一个较高水平，即楼板把上午吸收储存的热量以感热的方式传递给大气，ΔQ_s开始快速减少。

② 在夜间，屋顶储存的能量主要通过长波辐射向外释放。如图 4.4.14 所示，在夜间 ΔQ_s与 R_n 很接近。在夏季，ΔQ_s绝对值要略大于 R_n 绝对值（负号表明能量向上传递），表明在夏季水泥楼板存储的能量大部分被长波辐射释放，但仍有一部分能量通过感热方式加热地表大气。而在冬季，由于地表散热较快，会出现气温大于地温的情形，形成贴地逆温，热量则由大气传向地面，H 多为负值，ΔQ_s全部用于长波辐射释放能量。

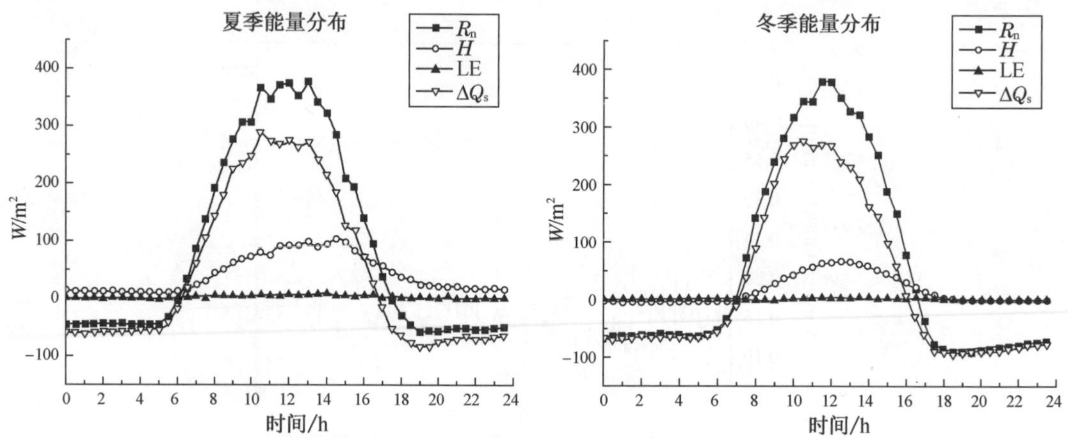

图 4.4.14 夏冬两季观测期间能量平衡方程中各项平均值日变化分布（王成刚等，2008）

ΔQ_s与 R_n 之间的关系还表现为两者之间的“滞回”现象，即 ΔQ_s的峰值通常早于 R_n 峰值出现的时间，而且 ΔQ_s转为负值的时刻也要比 R_n 提前，表明在日落前 R_n 仍为正值时，ΔQ_s已经转变为负值，成为加热地表大气的能量供给项。图 4.4.15 为夏冬两季 ΔQ_s随 R_n 的分布关系。由图可见 ΔQ_s与 R_n 间的“滞回”方向都呈顺时针方向旋转，表征 ΔQ_s的相位提前于 R_n。

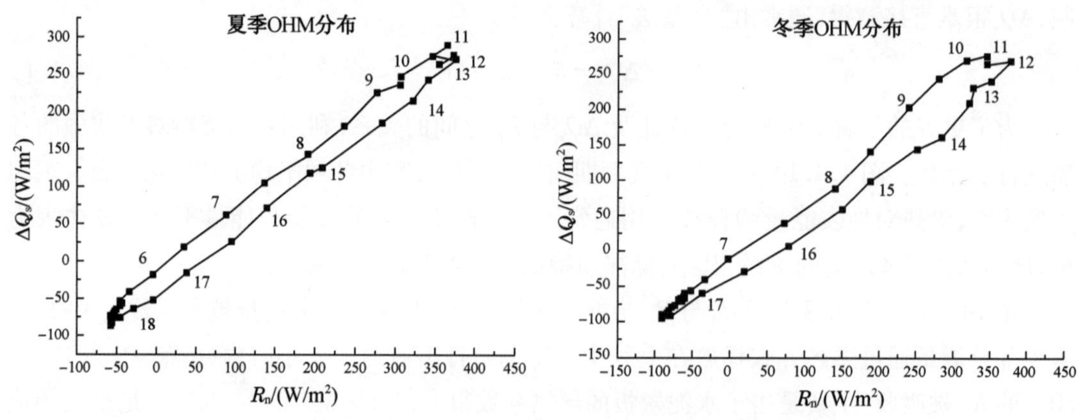

图 4.4.15 ΔQ_s与 R_n 之间的滞回效应（王成刚等，2008）

4.4.6 小 结

2004年国家自然科学基金重点项目“城市边界层三维结构研究”(40333027),由城市边界层观测与分析着手,开展城市边界层结构数值模拟与分析的基础研究,本节主要介绍该项目在南京进行的城市边界层观测试验及主要成果。

南京大学大气科学学院分别于2005年7月17日—7月31日,2006年2月18日—3月10日在南京市市区和郊区两个观测点进行了城市边界层气象观测,总计37天。观测在城市和郊区同步进行。观测内容包括城市和郊区两个观测点的铁塔多层风温廓线观测、热通量、动量通量和水汽通量、四分量辐射、激光雷达观测、风廓线雷达、低空探空以及地面气象观测等。

通过对南京城市边界层观测资料的分析,本节主要得到以下结论:

① 南京市存在明显的热岛特征,气温由市区中心的最高值向郊区逐步减少,南京市夏季和冬季晴天的平均热岛强度分别为1.8 ℃和1.67 ℃,晴天条件下夏天热岛强度比冬季略高,夜间热岛强度普遍高于白天,夏季和冬季的热岛强度最大值分别为3.6 ℃和2.4 ℃,都出现在夜间。热岛强度基本随高度增加而减小,在约400 m高度,城市和郊区温差较小。

② 城区湿度普遍低于郊区,越接近中心市区,湿度越低,郊区与城区的相对湿度之差在夏、冬季节分别为10.6%和7.3%。

③ 城区风速明显低于郊区,高度越低,城区与郊区风速相差越大,在100 m至400 m高度范围内,城区风速比郊区风速低约22%,在28~46 m高度范围内,城区风速比郊区风速低约36.4%。

④ 南京市区的平均零平面位移约为19.9 m,平均粗糙度1.1 m,不同的风向,粗糙度有较大的差异。

⑤ 市区白天的感热通量与郊区相当,但潜热通量远小于郊区,市区的波恩比远大于郊区。市区下垫面储热项在地表能量分配中占有较大份额,成为城市热岛效应的主要成因。夏季,市区的感热通量全天为正,而郊区则为白天正、夜晚负,昼夜交替;冬季,市区的感热通量在夜间常为负值,但量值比郊区小,接近于零,这些特征对热岛效应的形成有一定影响。

⑥ 夏季观测期间,市区摩擦速度均值为0.55 $m\cdot s^{-1}$,郊区为0.41 $m\cdot s^{-1}$,市区比郊区高34%;冬季观测期间,市区摩擦速度均值为0.43 $m\cdot s^{-1}$,郊区为0.35 $m\cdot s^{-1}$,市区比郊区高23%。这种夏季大于冬季、市区大于郊区的现象表明:由于冬/夏热力性质和城/郊下垫面动力学性质的不同而引起湍流活动的差异。

⑦ 冬、夏两季和城、郊两地的归一化摩擦速度(摩擦速度除以10 m高度处的平均风速)具有很好的相似性和一致性,表现为一个不随季节和时间变化的常数,常数的值只与地点有关,对其均值的偏离程度很小,具有良好的规律性。市区的归一化摩擦速度值为0.20,郊区为0.11,表明在市区有更大的动量输送、更强的气流拖曳、更多的平均动能转化为湍流动能。

⑧ 市区湍流能量在垂直方向所占比重高于郊区。

⑨ 无论是冬季还是夏季,水泥下垫面的储热项在地表能量收支过程中所占份额都明显

大于感热与潜热之和;而自然下垫面通常是 $H+\mathrm{LE}$ 大于 ΔQ_s,这是城市下垫面与自然下垫面热力性质最主要的差异。

⑩ 在夏季,储热项在夜间仍有一部分热量用于加热地表大气,这对夜间城市近地层大气的垂直结构和热岛形成都有一定影响。ΔQ_s 与 R_n 的变化趋势有很好的一致性,但两者存在相位差。

4.5 京津冀城市群强降水及雾-霾观测试验研究

城市化背景下的城市高影响天气如暴雨、雾-霾等,往往会带来巨大的经济损失和社会影响,已成为我国城市化和可持续发展战略中急需优先考虑的重要问题。此外,城市化的气候效应及其对极端天气气候事件的影响也亟待评估。京津冀地区人口近 9 000 万,地形、地貌复杂,以强降水、雾-霾为代表的高影响天气多发,并往往造成巨大的经济损失和社会影响。在这种复杂地形和下垫面背景条件下,如何做好城市(群)的强降水精细预报仍是一个难题。面对京津冀地区日益严峻的空气污染问题,需要更多的对雾-霾成因和污染物传输的科学认识,为政府部门开展大气污染防治计划提供决策和依据。此外,也需要关注高污染背景下城市强降水的演变特征和形成机理。为此,2015—2017 年开展了"京津冀城市群强降水及雾-霾观测试验"(SURF, Liang et al., 2018):利用风廓线雷达、地基微波辐射计、气溶胶激光雷达、多普勒激光雷达、铁塔、系留气艇、飞机观测、车载流动观测等观测仪器和手段,在京津冀地区开展了大规模的野外观测试验。基于观测数据,开展了城市边界层、城市强降水、城市雾-霾观测研究。

4.5.1 城市边界层观测研究

(1) 北京夏季城市和郊区能量平衡特征的对比分析

城市气候的形成源于城市下垫面独特的动力学和热力学特性改变了地—气交换过程。因此,对城市边界层湍流交换过程的认识显得尤为重要。准确地估计出地表与大气间的湍流交换量,对城市空气污染预报和污染物扩散模式的发展、陆面模式的检验以及遥感产品的地面验证等都具有非常重要的作用(Grimmond et al., 2004)。由于历史、文化、经济等各种因素的影响,北京城市无论是建筑风格、材料、建筑物大小、高度、形状、布局、地面覆盖物种类和所占比例,还是能源消耗量和排放的方式都与欧美地区有明显差异,需要针对其特殊的气候条件和下垫面特点开展通量观测研究。窦军霞等(2019)利用中国科学院大气物理研究所 325 m 气象塔(IAP:城区)和密云气象局 38 m 气象塔(MY:郊区)夏季通量观测资料,对北京城市和郊区辐射平衡和可利用能量的分配特征进行了对比分析。城区 325 m 塔上安装有 3 层开路涡动相关测量系统和 15 层常规气象观测系统。其中开路涡动相关系统和向上/下的长/短波辐射表均安装在 47,140 和 280 m。郊区 38 m 气象塔在 36 m 高度安装有涡动相关系统和向上/下的长/短波辐射表,塔上还有 4 层空气温、湿和风速以及 2 层风向观测。图

4.5.1 显示了两座铁塔周边地表类型、下垫面状况以及通量源区范围。依据 Kljun 等人提供的模型计算获得 90% 贡献率的通量源区。

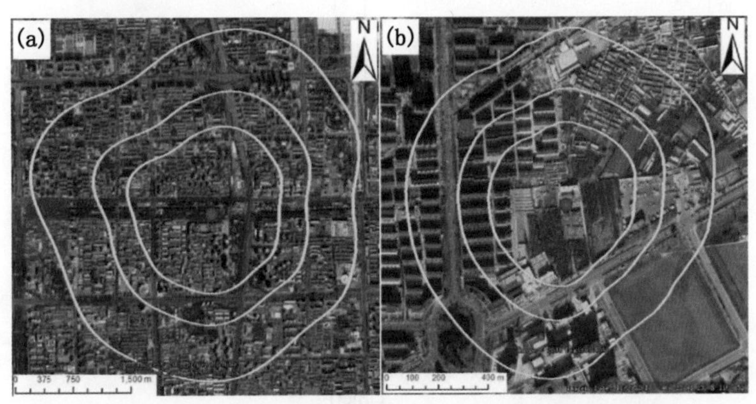

图 4.5.1 325 m 铁塔(a)和 38 m 铁塔(b)源区范围
(从内到外分别是 50%,70%和 90%的源区范围)

1)辐射特征对比

在相同天气状况下,郊区的向下短波辐射($K_{\downarrow}$)日均值总是略高于城区。分析其原因,是由于北京市区的 $PM_{2.5}$浓度较郊区更高,气溶胶对太阳辐射的消光作用更明显,因而郊区站的 $K_{\downarrow}$ 日均值略高,这一点通过两个站点向下短波辐射与天顶辐射值的比较(透射率)可以证实。由于市区的建筑物、道路和人行道等不透水下垫面所占比例较大,太阳辐射到达地面时,被吸收的比例相对更高,因而反射辐射值($K_{\uparrow}$)较城郊区小。城区夏季白天的反射率均值为 0.10,郊区为 0.13,两个观测地点的反射率与世界上其他城市的已有观测结果相似。向下长波辐射的值取决于大气状况(温度、含水量等),由于两个站点观测期间天气状况相似(71%的天气状况相同),因而城区和郊区的向下长波辐射($L_{\downarrow}$)日均值差异很小,近于相等。白天,郊区有更高的向上长波辐射($L_{\uparrow}$)值,一方面可能是因为城市下垫面向大气发射长波辐射时更容易被建筑物多次反射和吸收,即遭遇"辐射陷阱";另一方面,也可能是市区和城郊下垫面性质的差异导致地面长波的发射率不同,使得白天城区的 $L_{\uparrow}$ 值略小。夜间建筑物较多的地方释放热量更多,这使得夜间城区的 $L_{\uparrow}$ 更高,最终导致城区和郊区 $L_{\uparrow}$ 日均值相近,差异不大。净辐射(Q^*)是 $K_{\downarrow}$,$K_{\uparrow}$,$L_{\downarrow}$ 和 $L_{\uparrow}$ 的差值,郊区在长、短波辐射的收入与支出均略高于城区,使得两个观测地点有相似的 Q^* 日均值,差异不明显。

2)感热和潜热通量对比

城区和郊区的感热(Q_H)和潜热(Q_E)的时间变化有着较大的差异(图 4.5.2)。夏季城区和郊区的潜热通量都高于感热通量。两个观测地点相比较,郊区白天的感热和潜热通量值更高,夜间郊区的潜热通量与城区差异不大,但感热通量却低于城区较多。其原因部分在于市区夜间有更多的人为热排放,此外建筑物夜间也可排放较多的热量。城区的感热、潜热在净辐射中分别占到 21% ~25% 和 21% ~45%,而郊区则分别是 32% ~34% 和 39% ~66%。

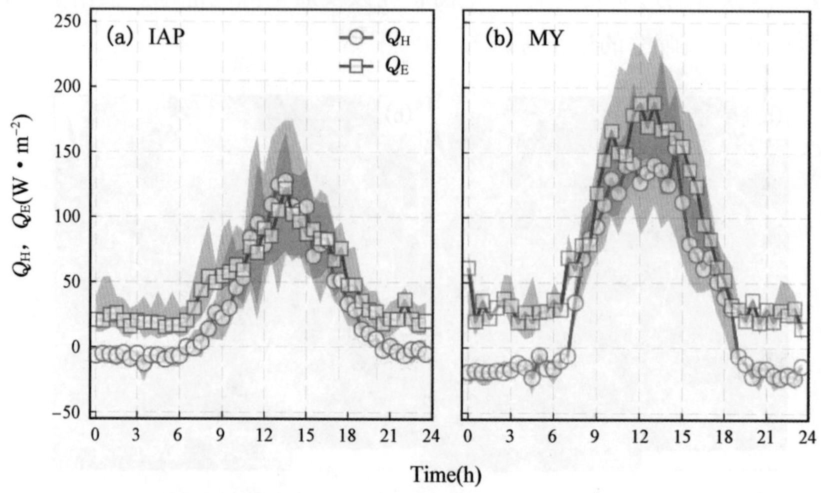

图4.5.2　城区(IAP)和郊区(MY)感热和潜热通量日变化(图中红色和蓝色阴影部分分别代表感热和潜热的中位值与四分位间距)

3）能量分配特征

从图4.5.3可见,白天6:00—18:00之间均有较小波恩比值(β)的出现,即使是在典型晴天的正午前后($Q^* > 500\ \mathrm{W \cdot m^{-2}}$),依旧有小于1的$\beta$出现,说明北京市区夏季因为有道路洒水、空调使用、植被浇灌等行为导致额外水源的输入,从而使得Q_E值较高。

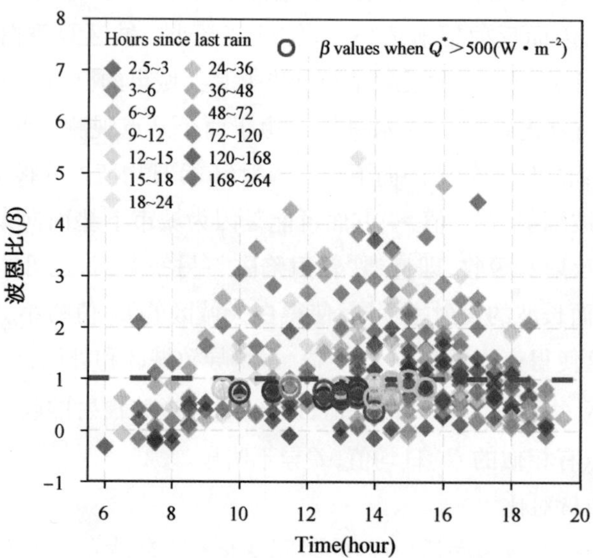

图4.5.3　城区(IAP)夏季白天波恩比值(β)的时间变化(图例彩色钻石表示上一场降雨后至今无降雨的时长,例如[2.5,3]表示为降雨发生后2.5个小时到降雨后3小时内;彩色空心圆表示不同时长的无雨期间当$Q^* > 500\ \mathrm{W \cdot m^{-2}}$时的波恩比值($\beta$))

而在郊区，灌溉是最主要的额外水的来源。从农田和无灌溉土地的土壤重量含水量对比值可见，农作物生长期间会经常灌溉，额外水源的补充使得潜热值更高。另外，土地利用/覆盖的差异对郊区观测点能量分配的影响非常明显，7 月 5 日—13 日与 8 月 9 日—18 日期间，郊区观测站点均无降雨的发生，然而前一阶段的源区主要分布在观测点的偏西方向，而偏西方向的人工下垫面所占比例较高，β 值相应较大；8 月无雨期间，湍流多来自大面积农田分布的地区，β 值较小。此外，农作物在不同生长阶段需水量的差异，也会影响能量在 Q_H 和 Q_E 之间的分配。

对比国外其他城市的观测结果（图 4.5.4），无论是城区还是郊区，北京的潜热与净辐射比值（Q_E/Q^*）均高于与本研究观测地点有相近或者更高地表植被覆盖率（λ_V）的其他城市的比值，而感热与净辐射比值（Q_H/Q^*）、波恩比值（β）情况正好相反，低于其他城市，说明北京城区和郊区的潜热在能量分配中更占优势。

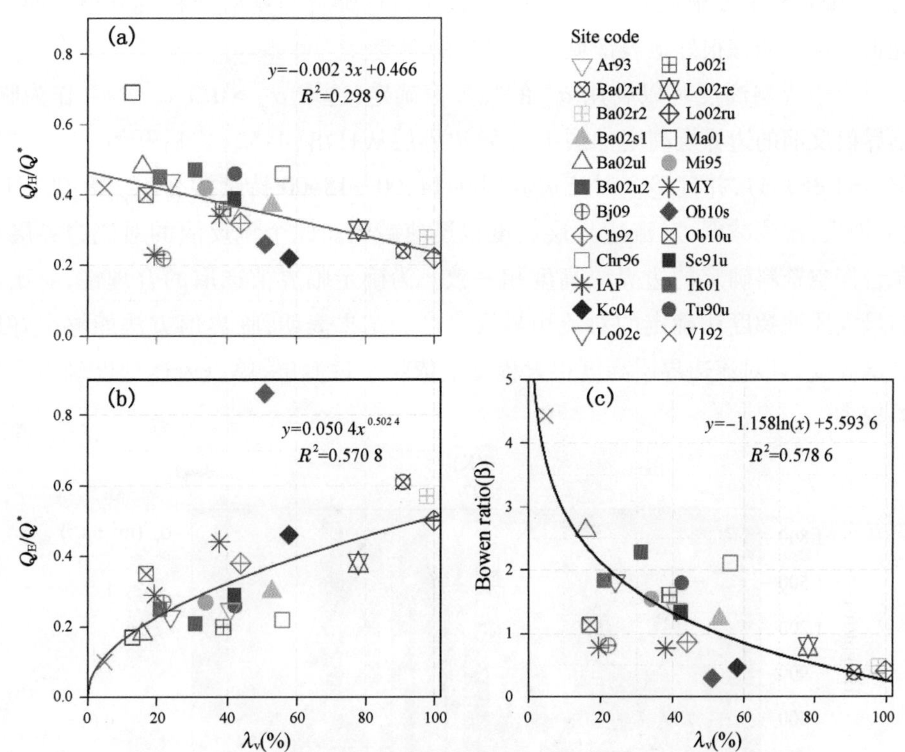

图 4.5.4　夏季白天城区（红色＊，图例代码：IAP）和郊区（绿色＊，图例代码：MY）以及世界上其他城市的感热与净辐射比值（Q_H/Q^*），潜热与净辐射比值（Q_E/Q^*），波恩值（β）与植被覆盖率（λ_V）的关系

（2）基于激光雷达观测资料反演边界层高度

城市边界层高度作为一个描述城市边界层结构特征的量，在天气预报和空气污染预报中均有重要的应用。边界层高度作为一个重要的湍流长度尺度应用于边界层参数化方案中。对于空气污染预报,较小的边界层高度误差在数值预报模式中能够明显地降低污染输送、扩散和夹卷误差。边界层高度(白天:指对流边界层高度,夜间:指稳定边界层高度)的探测方法多种多样。传统探测是通过无线电探空,根据位温、水汽的跃变确定(Fan 等, 2008)。随着遥感技术的迅速发展,地基遥感设备成为研究边界层问题的重要工具。基于 SURF 外场试验观测资料,Huang 等(2017)利用多普勒测风激光雷达资料、蔡嘉仪等(2020)利用激光云高仪资料开展了全天的边界层高度反演研究。

1) 基于多普勒激光雷达的边界层高度反演研究

在 SURF-2015 夏季观测试验中,有高分辨率的多普勒激光雷达和搭载湍流观测设备的 325 m 高度气象铁塔资料。将基于激光雷达风廓线扫描模式资料计算的水平风速(U)和垂直速度标准差(σ_ω)与大气所铁塔上搭载的气象和湍流设备观测到的 U 和 σ_ω 廓线进行对比,以检验多普勒激光雷达的观测性能。Huang 等(2017)利用 30 分钟平均廓线计算了高度平均的偏差、绝对偏差和平方根误差。结果显示,激光雷达资料与铁塔资料具有很高的一致性,表明激光雷达资料能够很好地表征城市边界层的演变。

白天对流边界层高度可以利用 σ_ω^2 的临界值确定,选取 $\sigma_\omega^2 > 0.1\ m^2 \cdot s^{-2}$ 作为临近值。利用此临界值反演的边界层高度如图 4.5.5,边界层从日出(4:52)之后开始上升,在午后达到最大值(≈1 850 m),并且整个对流边界层在 14:00—18:00 持续混合;在 18:00,日落前 2 小时,热力消失,湍流减弱,对流边界层高度也迅速减弱。此个例反演的对流边界层高度与南郊观象台探空资料确定的边界层高度相一致。为确定临界值选取的合理性,对比了临界值方法与最大风速梯度法确定的对流边界层高度。结果表明,临界值方法能够很好地表征对流边界层高度,且对流边界层高度很大程度上依赖于过渡层,单以风速梯度确定边界层高度则误差较大。

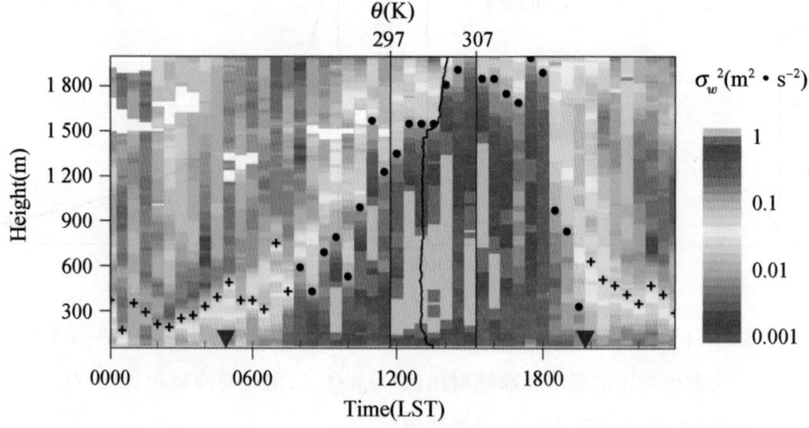

图 4.5.5 7 月 6 日,激光雷达风廓线模式探测资料计算的 30 分钟平均垂直速度方差 σ_ω^2(黑色实心点是利用临界值方法确定的边界层高度;黑色曲线为南郊观象台 13:15(北京时)的探空位温曲线;黑色加号表征用分级方法确定的夜间边界层高度)

由于夜间 σ_{ω}^{2} 的值基本低于 0.1 $m^2 \cdot s^{-2}$，因此用临界值方法确定夜间边界层高度误差较大。夜间尤其是晴朗的夜晚，郊区的大气基本属于稳定层结。城市地区由于下垫面粗糙度较大且不均匀，其大气近乎于中性层结。根据这个特征，就选取分级方法来确定夜间边界层高度，即将湍流削弱到一定程度的高度定义为夜间边界层高度。对比湍流削弱到 10% 和 5% 的情况，发现在 00 时—07 时，不同参数的结果差异不大，但在 20 时—24 时差异较大。综合而言，湍流削弱到 10% 更能表征夜间边界层变化特征，因此选取当湍流削弱到 10% 时为夜间边界层高度。进一步分析表明，临界值方法不能很好地确定夜间边界层高度，而分级方法对白天对流边界层高度的识别也不高。但两个方法在日出和日落时段确定的边界层高度相差不大，因此采用临界值方法确定白天对流边界层高度，用分级方法确定夜间边界层高度（图 4.5.5）。

2）基于激光云高仪的边界层高度反演研究

激光云高仪最初设计是用来监测云底高度和能见度，近年来越来越多地被应用于获取边界层高度。以 CL51 型云高仪为例，其为单镜头、单波长的激光雷达系统。由于使用同一个光轴发射和接收光束，可弥补其他激光雷达系统在近地面探测的盲区（Emeis et al., 2008; Münkel et al., 2011）。目前常用于从激光雷达数据中提取边界层高度的 4 种方法：

① 梯度法（简称 GRD）：通过计算各高度上探测信号的梯度，将负梯度最大处定为边界层顶高度。在使用梯度法前需对数据进行平滑处理。

② 标准偏差法（简称 STD）：大气边界层的湍流性质造成边界层与自由大气之间的过渡区存在强烈扰动，即在边界层顶高度处信号存在一个较大的离散度，基于此，将标准偏差最大处确定为边界层顶高度。

③ 曲线拟合法（简称 ICF）：通过构建一条理想曲线对原始数据进行拟合以反演边界层高度（Steyn et al., 1999），该方法考虑大气层的整体情况，实质上也是对梯度法的延伸。

④ 小波协方差法（简称 WCT）：Gamage 等（1993）提出了小波协方差法，该方法利用 Harr 小波母函数计算小波协方差函数来检测突变信号。

北京地区建成了由 10 部 Vaisala CL51 型云高仪组成的观测网（2016 年）。图 4.5.6 给出了利用上述四种方法对大兴站 2017 年 5 月 18 日激光云高仪资料的边界层高度反演结果。总体而言，在夜间残留层存在的情况下 4 种方法皆不能准确、连续地将夜间稳定边界层高度识别出来。

蔡嘉仪等（2020）利用北京地区 3 台 CL51 云高仪观测资料，研究了反演全天边界层高度的方法。不同于上述四种方法，蔡嘉仪等（2020）提出了用两步曲线拟合法来确定对流边界层高度、残留层高度和稳定边界层高度（图 4.5.7）。在确定白天对流边界层高度时，如无残留层则运用曲线拟合法对观测数据进行拟合以确定边界层高度。日落后湍流减弱，近地面形成稳定边界层，曲线拟合法中的高斯误差函数（erf）曲线便不再适用，因此在确定夜间稳定边界层高度时用修正的曲线拟合法拟合函数对数据进行拟合。在白天，如有残留层，需要对曲线拟合法拟合函数进行修正。用两步曲线拟合法确定各高度的步骤为：

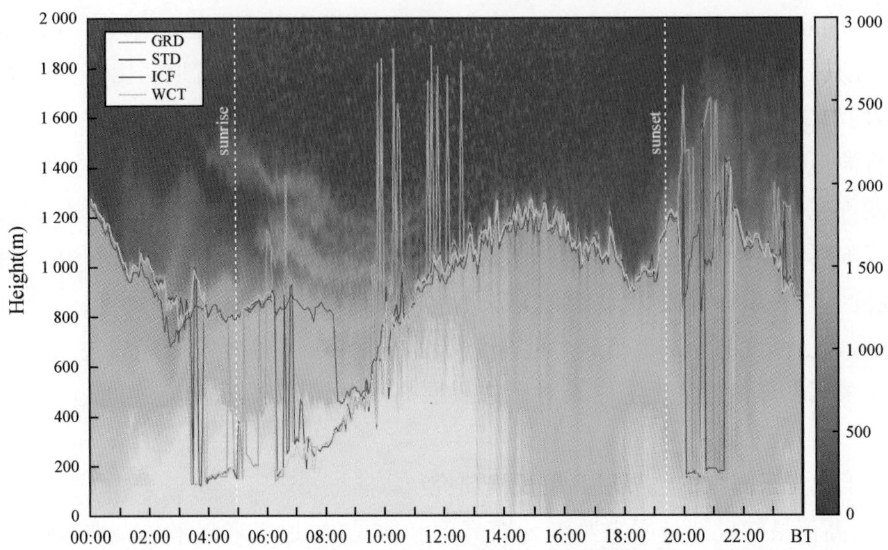

图 4.5.6 基于云高仪观测资料使用不同方法确定的大兴站 2017 年 5 月 18 日边界层高度（填色为后向散射系数，单位：$10^{-9}\ m^{-1} \cdot sr^{-1}$）

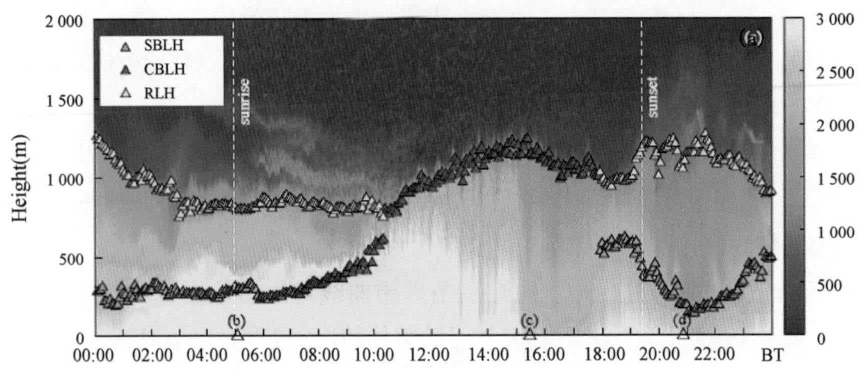

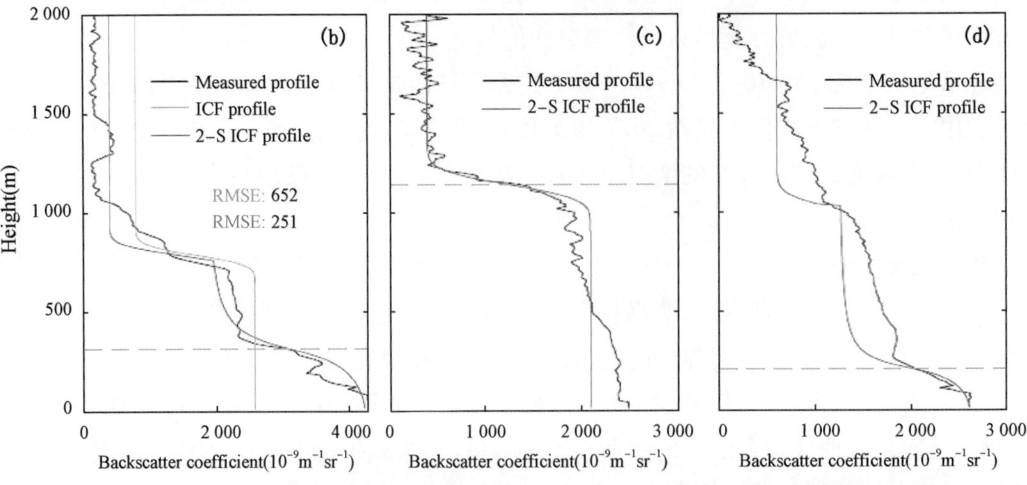

图 4.5.7 基于云高仪使用两步曲线法确定大兴站 2017 年 5 月 18 日全天（a. 色阶为后向散射系数，单位：$10^{-9}m^{-1} \cdot sr^{-1}$）及 05 时 04 分（b）、15 时 28 分（c）和 20 时 52 分（d）的边界层高度

① 残留层检验:第一天 18 时至第二天 12 时这一过渡时段,对 300 m 以上(即不考虑近地面的影响)使用曲线拟合法拟合函数确定边界层高度 z,当 z 在夜间无明显下降或一直维持在较高高度时,残留层存在,此时的 z 为残留层高度,反之残留层不存在;

② 当残留层不存在时,用曲线拟合法拟合函数确定白天对流边界层高度,用修正的曲线拟合法拟合函数确定夜间稳定边界层高度;

③ 当残留层存在时,用残留层高度以下修正的拟合函数确定稳定边界层高度和对流边界层高度。

将两步曲线拟合法的反演结果与基于 L 波段探空雷达的位温梯度法的结果做比较,两者的相关系数为 0.91,有较高的一致性,表明将两步曲线拟合法应用于激光云高仪资料的边界层高度反演具有可行性。

4.5.2　城市对降水影响观测分析研究

为了能够剔除大尺度气候背景对降水量分布的影响,突出各站点降水的局地差异,可以用如下降水的空间距平百分比(NR)的计算方法(Yu et al., 2007):

$$R_i = \sum_j R_{ij} \tag{4.5.1}$$

$$\bar{R} = \frac{\sum_{i=1}^{n} R_i}{n} \tag{4.5.2}$$

$$\mathrm{NR}_i = \frac{R_i - \bar{R}}{\bar{R}} \tag{4.5.3}$$

其中,R_i 为站点 i 的多年累积降水量,$\bar{R}$为研究范围内所有站点多年平均降水量,NR_i 为站点的降水空间距平百分比。Dou 等(2015)统计了北京 2008—2012 年夏季年平均降水量分布(图 4.5.8a)。城市地区降水量大,周围近郊地区降水量少,表现为城市雨岛现象。图 4.5.8b 为降水的空间距平百分比分布,更加清晰地反映出研究范围内降水的空间分布特征:城区及附近区域降水距平百分比为正值,周围近郊地区为负值,城市区域降水量大。在降水大值(空间距平百分比为正)的区域,存在两个降水大值中心,分别位于四环外北部地区和二环西南地区,降水的空间距平百分比均超过了 15%。这两处区域降水较多的原因可能是由地形和城市的共同影响造成的。

按照降水发生前的引导风向(850 hPa 风向,八方位分类法)对降水事件进行分类。2008—2012 年夏季 332 个降水事件(表 4.5.1)发生在西南风向下的降水事件最多,共有 134 个,超过 5 年总降水事件的 40%。其次为南风风向,发生在南风风向下的降水事件有 51 个,远远低于西南风向下的降水事件数量。

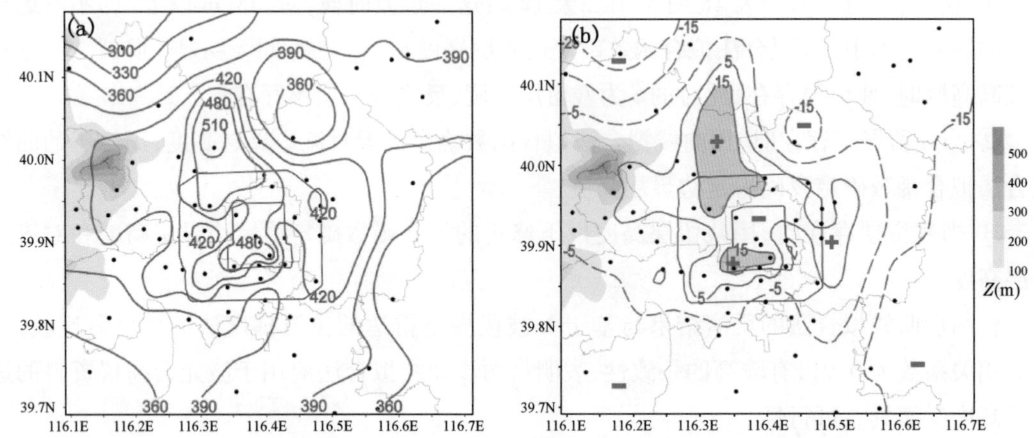

图 4.5.8　北京城市区域 2008—2012 年夏季平均降水量(mm)(a)以及降水局地空间距平百分比分布(b)(绿色填充为地形高度,单位:m)

表 4.5.1　不同引导风向下降水事件个数

Directions	SW	W	NW	N	NE	E	SE	S	Total
Cases	134	32	30	33	18	20	14	51	332

图 4.5.9 显示,西南风向下降水量分布同样不均匀,存在多个降水大值中心。研究范围最西部存在空间距平百分比高于 15% 的降水大值区,该区域距离城市较远,处于迎风坡,主要受到地形的影响。此外,研究范围内存在三个降水量分布中心,分别位于城区西南、西北以及以东的区域。靠近山区的两个降水中心距平百分比值均高于 15%,而城区以东的降水中心略弱,距平百分比仅高于 5%。在城区东北方向存在一个降水低值区,降水局地空间距平百分比低于 -25%。

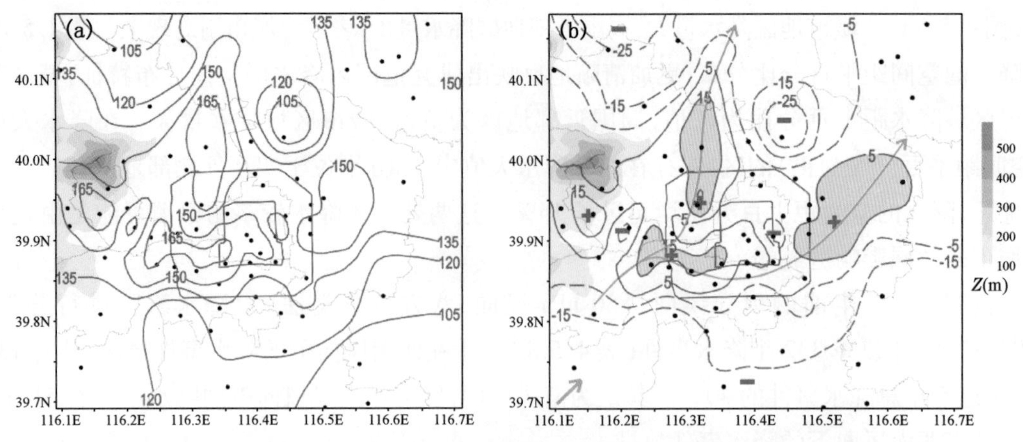

图 4.5.9　北京城市区域 2008—2012 年夏季西南风向下平均降水量(mm)(a)以及降水局地空间距平百分比分布(b)(绿色填充为地形高度,单位:m)

Dou 等(2015)对西南风向下的降水事件按照降水发生前的热岛强度进行分类。定义降水时间发生前三个小时内的最强热岛强度为该降水事件的热岛强度。按照降水事件的热岛强度,把降水事件分为强热岛降水事件和弱热岛降水事件。强热岛条件下的降水量分布与弱热岛降水量分布有显著的不同(图 4.5.10)。无论是强热岛降水的空间分布还是弱热岛降水的水平分布,分布的不均匀性都比西南风向下总降水量的水平分布大,表现出了更强烈的信号,说明按照热岛强度对降水时间进行分类,能够更加突出城市对降水的影响。

在弱热岛条件下,除了西部临近山区的区域,在城市周围存在两个降水量最大值中心以及两个降水量次大值中心。最大值中心分别位于城市西南以及西北地区,降水的空间距平百分比均高于 15%,次大值中心位于城区东部以及东南部地区,降水量的空间距平百分比高于 5%。在城市东北部地区,存在一个降水低值中心,降水的空间距平百分比低于 -35%。城区降水偏少,降水的空间距平百分比为负值。弱热岛条件下,在城市上风向以及城市的两侧存在降水量大值中心,而城市区域与城市下风向地区降水量少,可能原因为在弱热岛条件下,西南风向引导风下的降水系统遇到城市时,受到城市下垫面建筑物的阻挡作用,或在城市上方向地区有所停滞,或者系统发生了分叉,降水落在城市的两侧区域。该现象与 Bornstein(2011)提出的假设吻合。

强热岛条件下,西南风向下的降水分布不均匀性很大,降水主要集中于城区以及城市附近区域(降水的空间距平百分比高于 70%),并且与北京夏季平均温度高值中心有较好的对应关系;而在城市周围地区,降水分布较少,降水空间距平百分比为负值,甚至低于 -50%。这种现象的可能原因是城市的温度高,热岛的存在激发或者促进了对流的发生发展,从而使得更多的降水落在城区高温中心及附近区域。

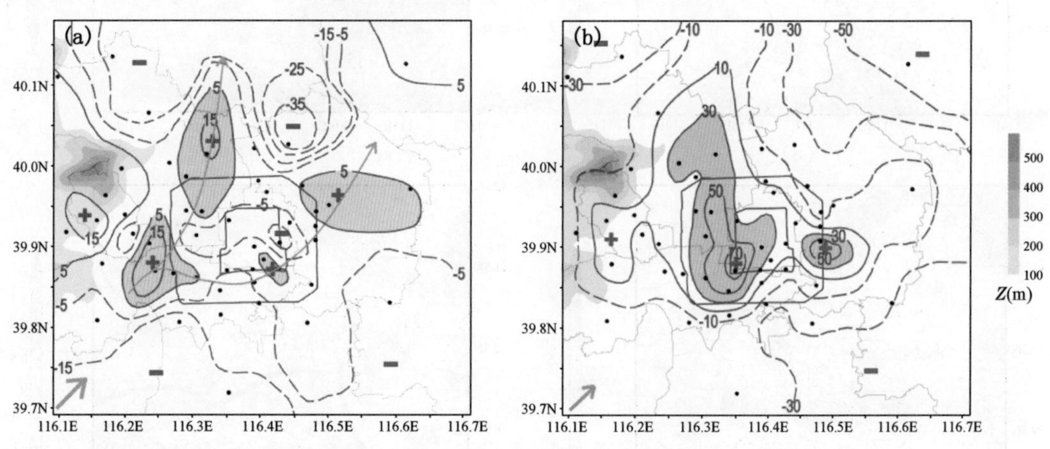

图 4.5.10 北京城市区域 2008—2012 年夏季西南风向弱热岛条件下(a)以及强热岛条件下(b)降水量的局地空间距平百分比水平分布(绿色填充为地形高度,单位:m)

4.5.3 城市雾-霾和气溶胶观测分析研究

(1) 山谷风环流和海陆风环流对大气污染的影响

山谷风对污染物的循环和累积效应是北京至以南地区、太行山东部地区大气重污染形成的重要原因。京津冀地区地形复杂,西部是东北—西南走向的太行山山脉,北部是东西走向的燕山山脉,两者相连组成弧形山地,南部为华北平原,东部至东南部为渤海湾的海陆交错地带。在静稳天气条件下,京津冀地区因复杂下垫面的热力差异而产生的局地环流主要为山谷风、海陆风和城市热岛环流。

基于地面加密自动气象站逐时观测数据和中国环境监测站逐时细颗粒污染物 $PM_{2.5}$浓度监测数据等,李青春等(2019)分析了山谷风和海陆风对 $PM_{2.5}$浓度的输送和汇聚作用。在静稳气象条件下,山谷风对京津冀地区排放大气污染物的输送和汇聚作用明显。在北京西部、西北部和东北部的山前地区,以及河北太行山山前地区形成了偏北风与偏南风相交的"人字形"辐合线(图 4.5.11),以傍晚至前半夜最为明显。该辐合线的形成使其南部区域的污染浓

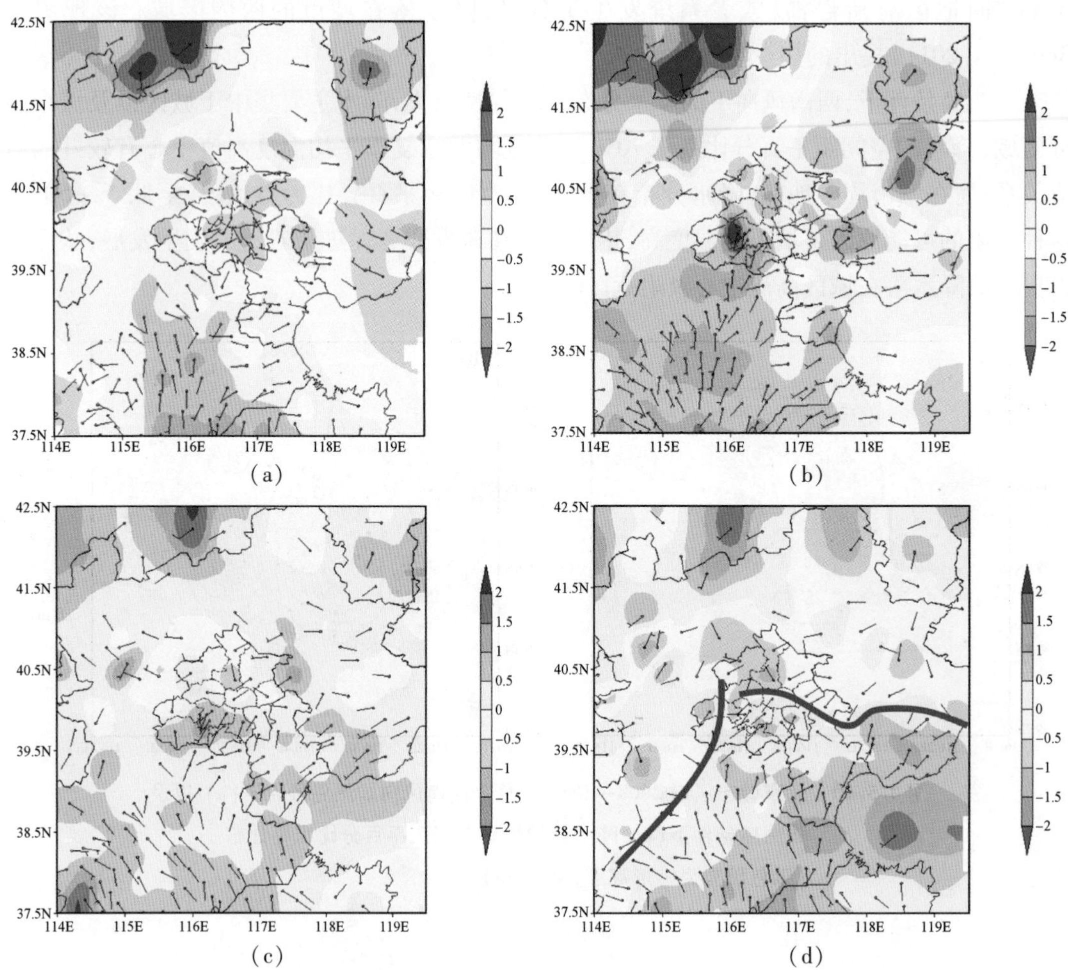

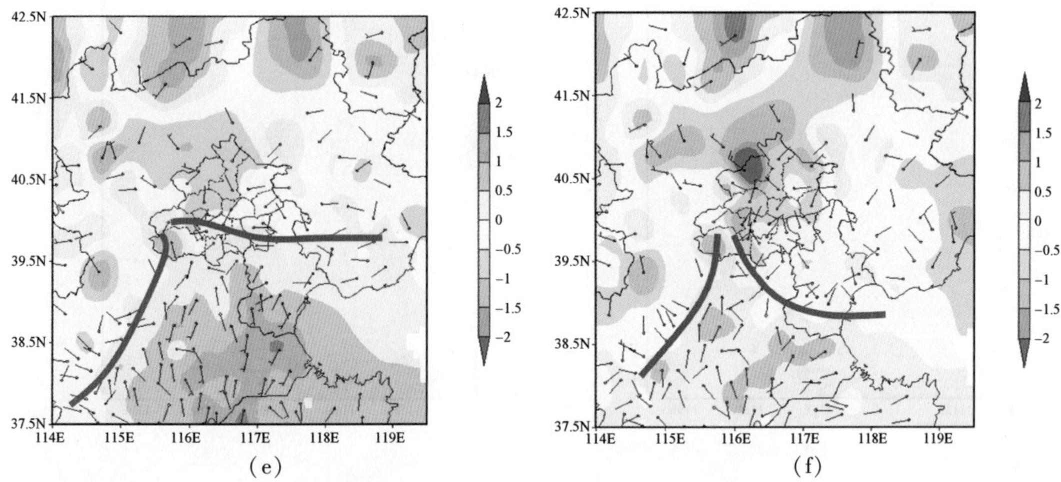

图4.5.11 2016 年 12 月京津冀地区山谷风日的平均风和 v 分量分布图。(a)~(c) 11:00,14:00,17:00;(d)~(f) 20:00,23:00,02:00;风羽的长直线为风矢杆,垂直于风矢杆的每一短直线代表 4 $m \cdot s^{-1}$风速,阴影区为平均 v 分量,正值为南风、负值为北风,单位:$m \cdot s^{-1}$,棕色实线为辐合线

度值明显增大,形成大范围污染浓度高值区。这一现象揭示出傍晚至午夜北京、河北太行山东部地区大气污染的加重与辐合线对污染物作用有关。除本地污染排放外,在山谷风日,中午至傍晚,由谷风将污染物吹向北京。傍晚至前半夜,污染物在山风和偏南风形成的辐合线附近汇聚,在北京地区至北京以南地区形成污染浓度高值区。凌晨至早晨,污染物被山风吹离北京,滞留在北京以南至天津西北部地区、河北太行山东部地区。若天气形势未发生变化,则大气污染物以日为周期不断循环和累积,直到强冷空气南下、大风将污染物彻底清除,污染过程才得以结束。

图 4.5.12 为海陆风日的地面平均风矢量场、u 风分量(东西风)场,可以发现:上午,河北中东部至沿海地区为西北向陆风所控制,陆风对应区域的大气污染浓度减小。中午至下午,河北中部、西南部为东南向谷风所控制,太行山东部地区大气污染浓度增大。傍晚至前半夜,河北中东部至沿海地区出现东南向弱海风。海风大致呈扇形分布,可以向内陆推进到天津东南部地区。海风经过区域大气污染浓度减小、海风前缘大气污染加重。这可能与海风湿度相对较大以及气溶胶粒子吸湿增长作用有关。因海风较弱,在傍晚前后与北京西北部和北部、河北西部的山风并未产生明显的辐合对峙及耦合效应。凌晨至早晨,北京地区为东北向山风控制,大气污染浓度减小,高值区位于河北太行山东部地区,以及北京以南的霸州、廊坊一带。

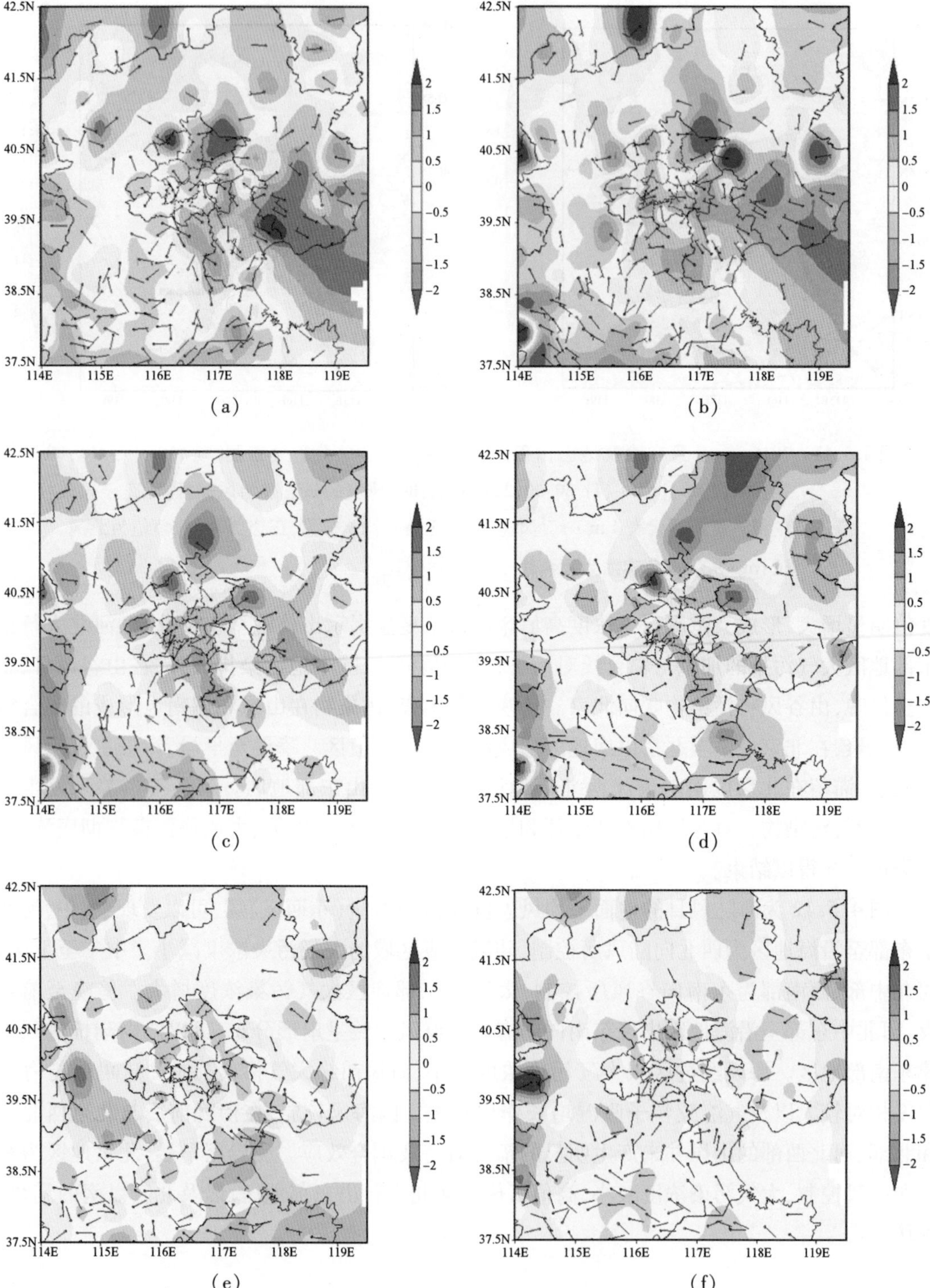

图 4.5.12　2016 年 12 月京津冀地区海陆风日的平均风和 u 风分量分布图。(a)～(c) 12:00,14:00,16:00;(d)～(f) 17:00,20:00,23:00;风羽的长直线为风矢杆,垂直于风矢杆的每一短直线代表 4 $m \cdot s^{-1}$ 风速,阴影区为平均 u 分量,正值为西风、负值为东风,单位:$m \cdot s^{-1}$

对于京津冀地区大气污染而言,山谷风、海陆风等局地环流还能产生接力效应,造成起源于山东半岛的气溶胶污染抵达北京地区(图 4.5.13)。Miao 等(2017)选取了 2013 年 6 月 1 日一个典型雾-霾期间气溶胶污染事件。通过分析天津—北京方向(东南—西北走向)分布的气象站点观测和模拟的 2 m 温度,2 m 相对湿度,10 m 风逐小时序列(图 4.5.14),观测结

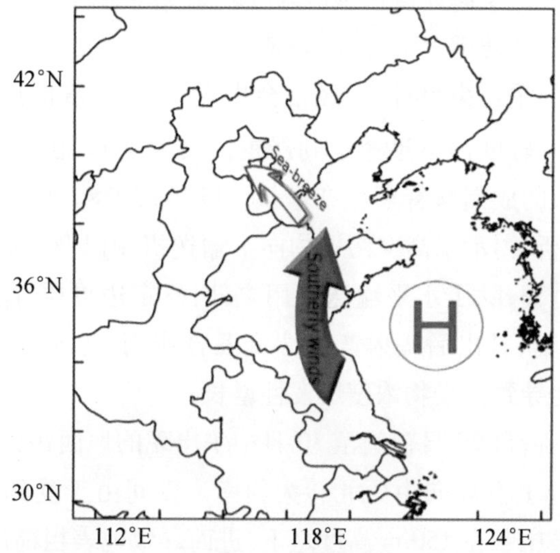

图 4.5.13　多尺度环流系统影响京津冀地区气溶胶污染的示意图

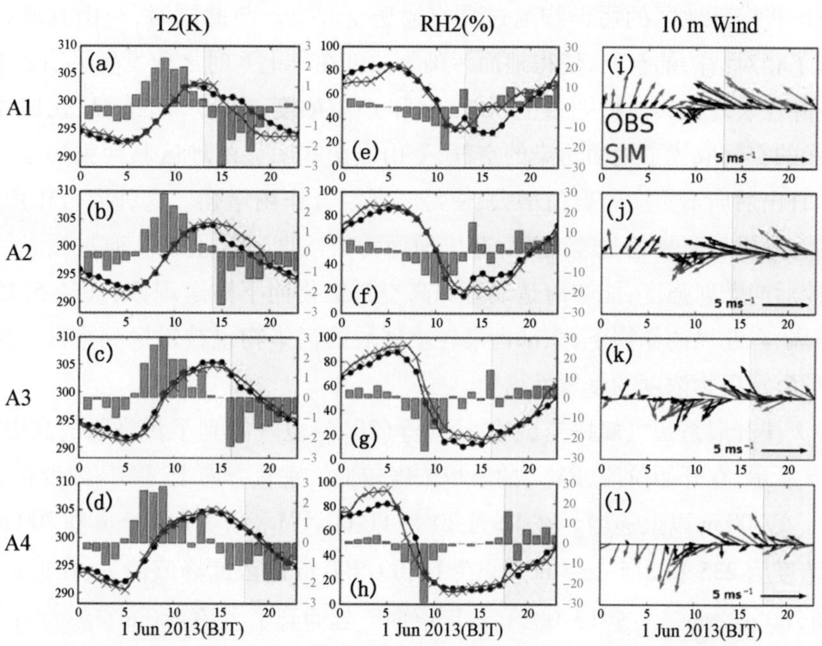

图 4.5.14　2013 年 6 月 1 日天津—北京方向(东南—西北走向)分布的 4 个气象站点(A1 - A2 - A3 - A4)观测和模拟的 2 m 温度(T2),2 m 相对湿度(RH2),10 m 风逐小时序列。红色柱子表示小时 T2 和 RH2 值相对前一小时的变化量,正值表示随着时间在增加,反之表示减少,而黄色填充区域表示每个站点受海风影响时段

果表明:从东南方向开始,在海风所到之处,地面 2 m 的温度递减,相对湿度增加,风向盛行东南风。中尺度模式模拟结果进一步证实了这一现象。通过多种地基和卫星观测,结合中尺度模式模拟,发现起源于山东半岛的污染气溶胶在大尺度环流的输送作用下,传输到渤海湾上空,在白天的海风和黄海上空的高压系统影响下,在两者接替主导作用下,气溶胶污染抵达北京地区。地面观测还证实海风锋在该地区可以深入陆地达 150 km 左右。

(2) *污染物高空输送与地面 $PM_{2.5}$浓度的爆发性增长*

在京津冀地区频发的重污染事件中,经常会出现 $PM_{2.5}$浓度的爆发性增长(短短几个小时污染浓度飙升,从干净/轻度污染迅速达到严重污染级别)。由于缺少足够的观测资料和分析研究,目前对此现象的成因解释还存在争议。Li 等(2018)通过对在北京地区发生的一次严重污染过程观测分析,揭示了高空污染物向下输送机制以及 $PM_{2.5}$浓度爆发增长现象原因:影响北京的重污染过程,除了水平输送作用之外,稳定边界层存在使得高空西南风对污染物的输送作用更加顺畅,日出后辐射产生湍流混合作用,造成高空污染物向下输送至地面。两种作用的叠加,会导致污染物浓度爆发性增长。

对该重污染过程而言,自 29 日夜间至 30 日中午出现的地面污染物浓度的骤降骤升。从 29 日子夜开始,在 500 m 上空风向由西北转为西南。夜间由于受到强稳定边界层(SBL)影响,风切变产生的湍涡被压制在 150 m 高度之下,进而导致地表粗糙层与上方的大气相隔离。稳定边界层上方的西南气流受到的地表拖曳影响因此减小,并导致其风速增大,使得西南气流能更快速地将南部地区的污染物通过高空输送至北京。与此同时,与山谷风有关的低层偏北风带来了相对清洁的空气,使得地面污染物浓度在早上 6 时之前发生了明显下降。这种浓度迅速下降还表现在其他物理量上,如比湿和 CO_2 浓度。至 30 日凌晨,在偏北山风作用下,相对洁净的空气取代了地面污染的空气,受山风影响明显的地区其污染物浓度较之前有明显下降。日出后向下短波辐射值增大,使得湍涡混合作用增强。这种混合作用,将上空西南风携带的污染空气裹挟输送至地面,造成地面污染浓度迅速上升。通过激光雷达观测的风场、气溶胶后向散射强度,能够清楚地看到高空污染物向下输送现象(图 4.5.15)。之后,在地面偏东风、东北风的作用下,东部污染较重区域的污染物也被输送到市区。两种作用相叠加,最终导致污染物浓度的爆发性增长。

基于在天津开展系留气艇探空试验,Han 等(2017)也观测到了污染物的高空输送特征。如图 4.5.16 所示,在开始阶段,$PM_{2.5}$的质量浓度较低。垂直方向上,$PM_{2.5}$浓度在 200 m 以下随高度递减,在 300 m 以上递增。在 12 月 20 日 11:00,$PM_{2.5}$浓度在 200 m 和 700 m 形成两个浓度峰值,浓度为 235 和 215 $\mu g \cdot m^{-3}$。在 14:00,700 m 的浓度峰值消失,在近地面 $PM_{2.5}$的浓度增加到 200 $ug \cdot m^{-3}$。至 17:00,高浓度层向上延伸到了大约 400 m。

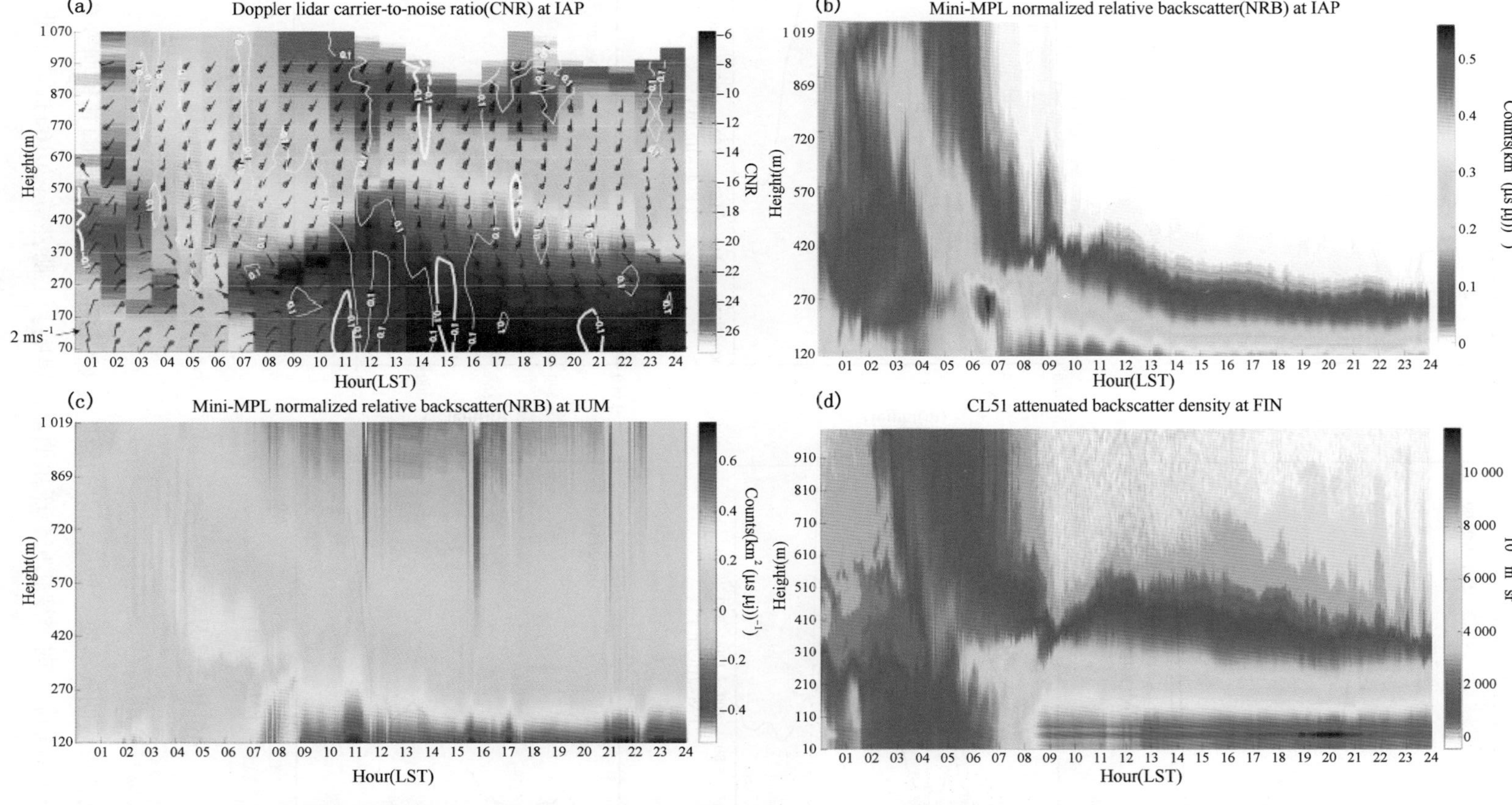

图 4.5.15 (a) 大气所站点多普勒雷达载噪比 CNR(填色)和风矢(放大了 4 倍);(b) 大气所站点 MPL 雷达标准化相对后向散射系数 NRB;(c) 城市所站点 MPL 雷达 NRB;(d) 芬兰大使馆站点激光云高仪后向散射系数

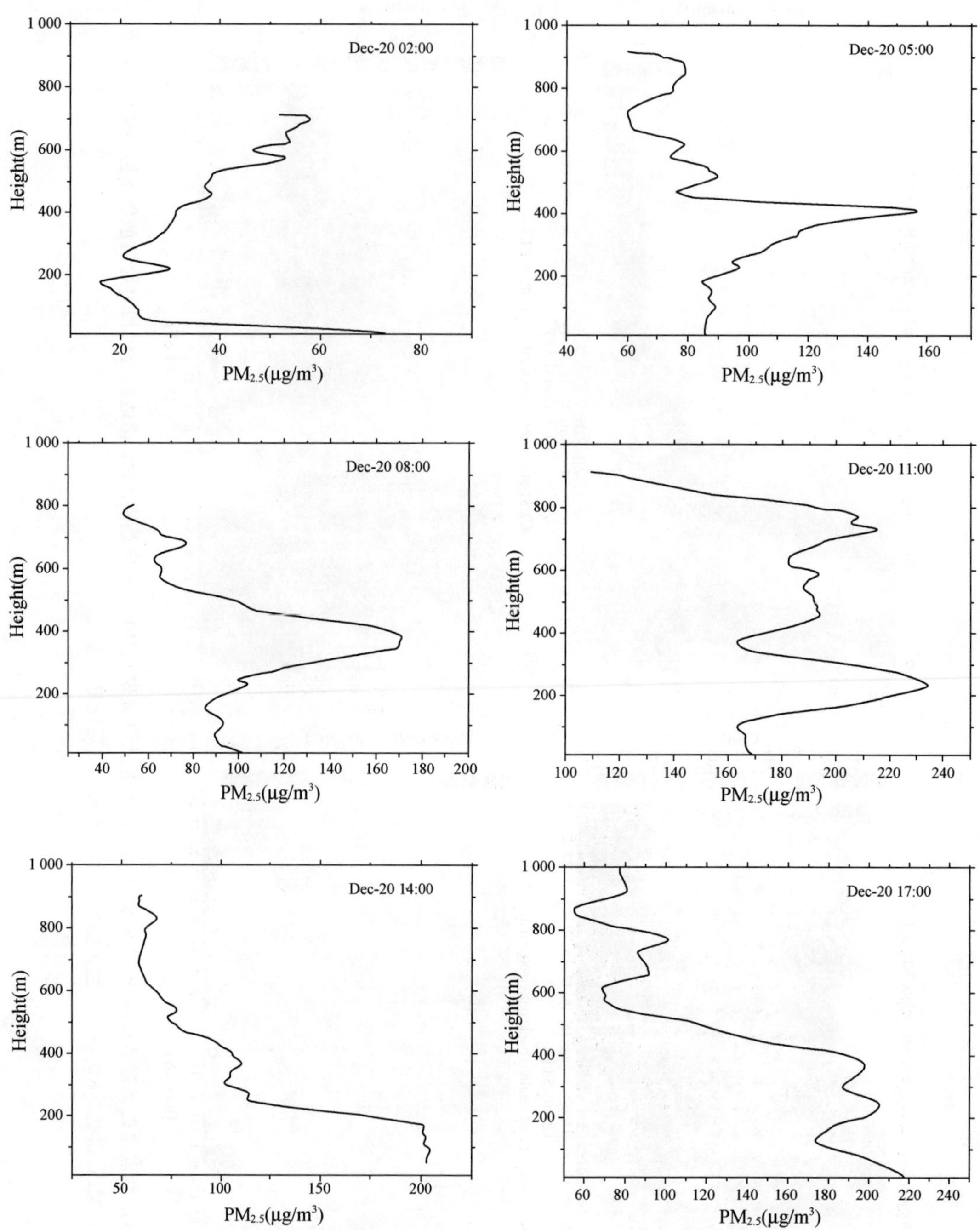

图 4.5.16　12 月 20 日 02 时—17 时逐 3 小时 $PM_{2.5}$ 质量浓度垂直廓线

（3）气溶胶对地面辐射影响

大量观测分析表明气溶胶对地面辐射的影响是显著的，不但可以影响其长期变化趋势，在重污染过程中对辐射的时空变化也会产生明显的影响。王昕然等(2016)选取了北京地区四个城郊观测站点(图4.5.17)2013—2014年1月辐射数据开展了气溶胶对城市和郊区站点辐射收支影响的对比分析。

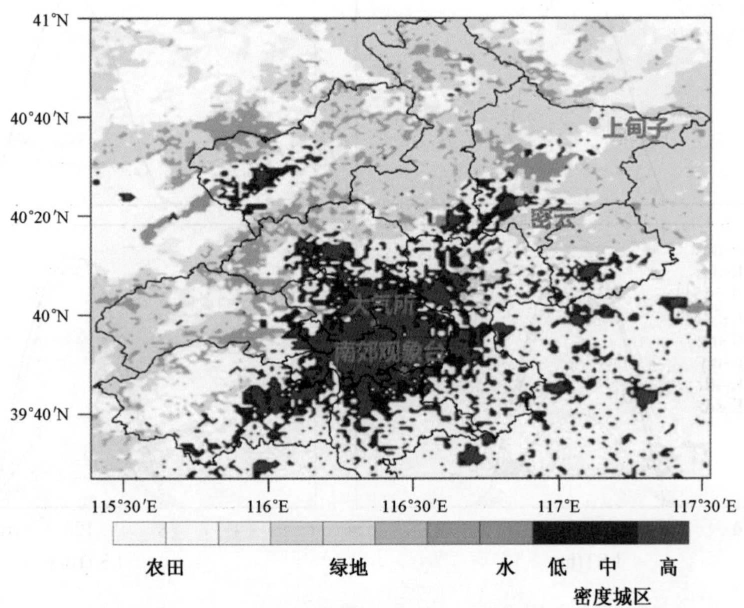

图4.5.17　研究区域土地利用类型和观测站点分布

图4.5.18为各个站点清洁天和污染天直接辐射、散射辐射和短波辐射的日变化曲线。各站污染天入射短波辐射明显小于清洁天,两者差异最大为5.8 W·m^{-2},反射辐射差异最大为14.5 W·m^{-2}。大气污染对直接辐射衰减显著,最大可达161.1 W·m^{-2},使散射辐射增加最大可达72.2 W·m^{-2}。各个站点直接辐射的峰值均出现在正午,清洁天,两个站点直接和散射辐射几乎相等;但污染天,两个站点直接辐射均呈显著下降,南郊观象台站因位于南部郊区下降得更加明显,散射辐射增加较多。

无论清洁天还是污染天,短波辐射最大值都发生在正午,日变化显著。清洁天,各站入射辐射量大小趋于一致,反射辐射也呈单峰型变化,城区的反照率最低,其次为郊区密云站,南郊观象台站下垫面以草地为主,反照率再次之,上甸子则受积雪影响反照率最高。对比污染天和清洁天各站的入射短波辐射(表4.5.2)发现,其衰减率在南郊观象台站最严重(13.2%),在大气所站其次(7.4%),在上甸子站最小(4.0%),在密云站为4.7%。反射辐射的衰减南郊观象台站亦最大,衰减率13.1%。虽然南郊站的下垫面以草地为主,但是大气中的气溶胶会增加后向散射作用,使总的反射辐射超过了地表反射辐射。大气所、密云站和上甸子站的辐射衰减很好地反映了从郊区到背景站衰减率依次降低的特征。

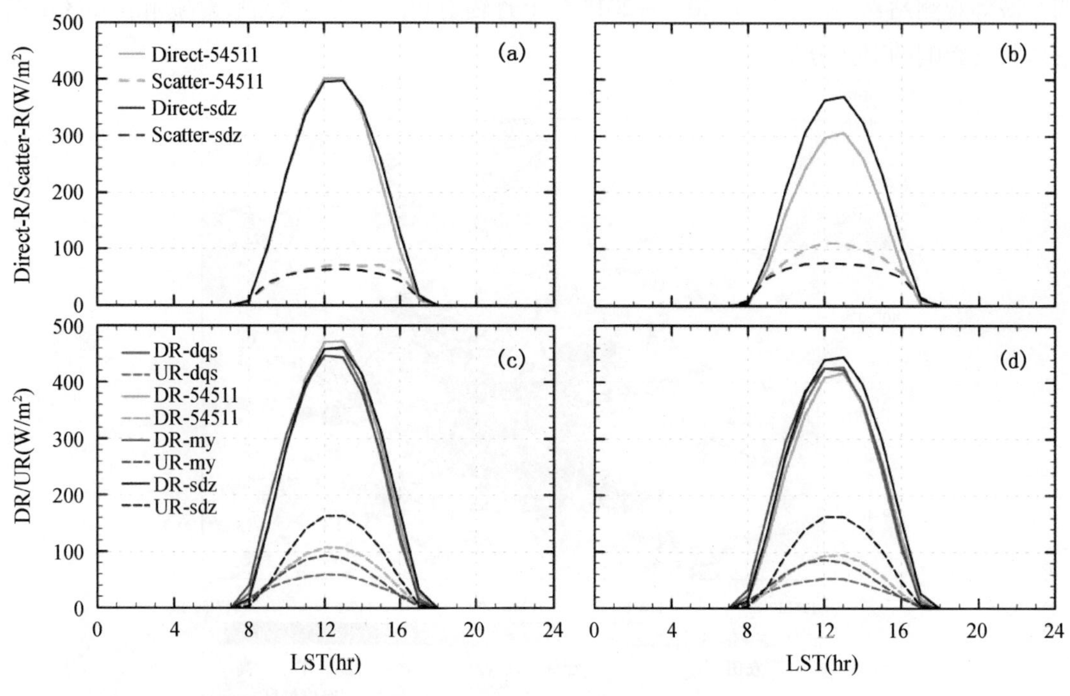

图 4.5.18 各站辐射分量的日变化对比

(a) 清洁天直接辐射和散射辐射日变化;(b) 污染天直接辐射和散射辐射日变化;(c) 清洁天短波辐射日变化;(d) 污染天短波辐射日变化

表 4.5.2 1 月清洁天和污染天各站 12 时(北京时)短波辐射平均值的比较(单位 $W \cdot m^{-2}$)

短波辐射量		站点			
		大气所(dqs)	南郊观象台(54511)	密云(my)	上甸子(sdz)
DR(Direct,Scatter)	清洁天	458.3	470.4(400.9,69.4)	445.9	457.8(395.0,62.8)
	污染天	424.6	408.3(297.2,111.1)	425.1	439.7(363.9,75.8)
	差值	-33.7	-61.9(-103.7,41.7)	-15.4	-18.1(-31.1,13.0)
	变化率(无量纲)	-7.4%	-13.2%(-26%,60%)	-4.7%	-4.0%(-7.8%,20.7%)
UR	清洁天	59.1	107.4	93.1	162.9
	污染天	53.3	93.3	86.1	162.6
	差值	-5.8	-14.1	-6.9	-0.3
	变化率(无量纲)	-9.8%	-13.1%	-7.4%	-0.2%

清洁天和污染天各站长波辐射的对比(图 4.5.19)与清洁天和污染天各站平均温度日变化之间有很好的对应(图 4.5.20)。向上长波辐射的变化主要受地表温度的影响,观测高度越低受地表温度影响越大,向上长波辐射日变化幅度亦越大。清洁天,三个站点温度从城区到郊区依次降低,对应的向上长波辐射依次减小;正午过后三站温度相接近。从日变化看,

上甸子因仪器架设离地高度最低,使得其向上长波辐射日变化幅度最大。而向下长波辐射的变化主要受大气温度的影响,规律与上述类似。随着各站点至城区的距离依次增加,长波辐射的变化率从城区到郊区依次减小。大气所向下和向上长波辐射变化率最大,分别为10.5%和5.0%(表4.5.3)。清洁天白天大气所站净辐射值最大,这与该站地表反照率最小有关,上甸子站最小,而位于两站之间的南郊和密云站净辐射依次增加,白天污染天的净

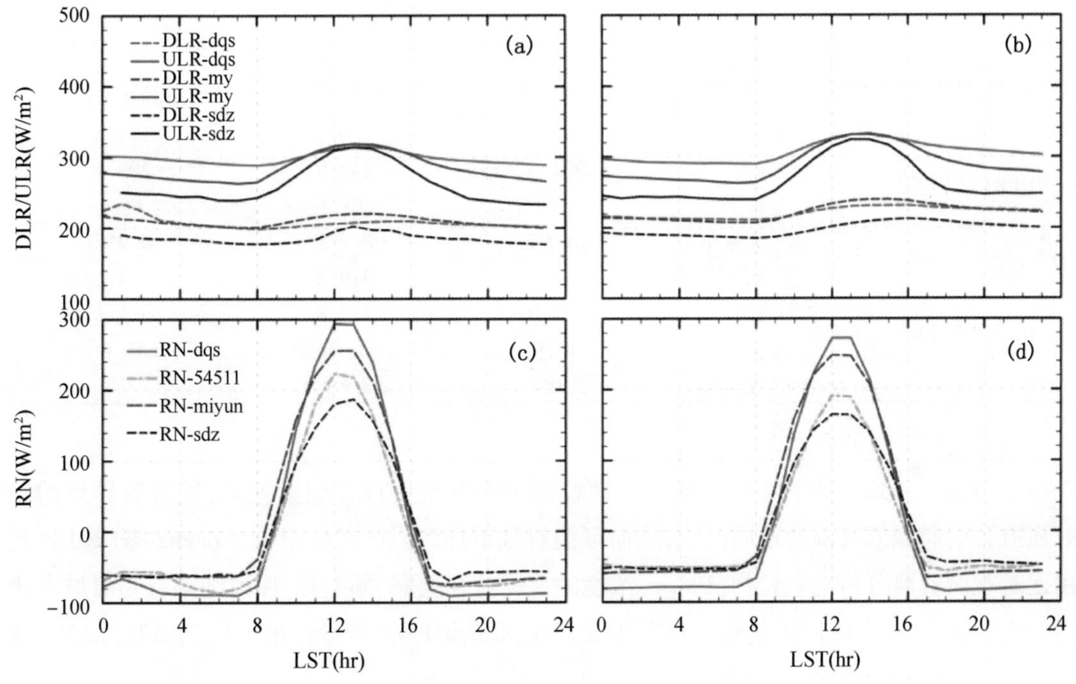

图4.5.19　各站辐射分量的日变化对比

(a) 清洁天长波辐射日变化;(b) 污染天长波辐射日变化;(c) 清洁天净辐射日变化;(d) 污染天净辐射日变化

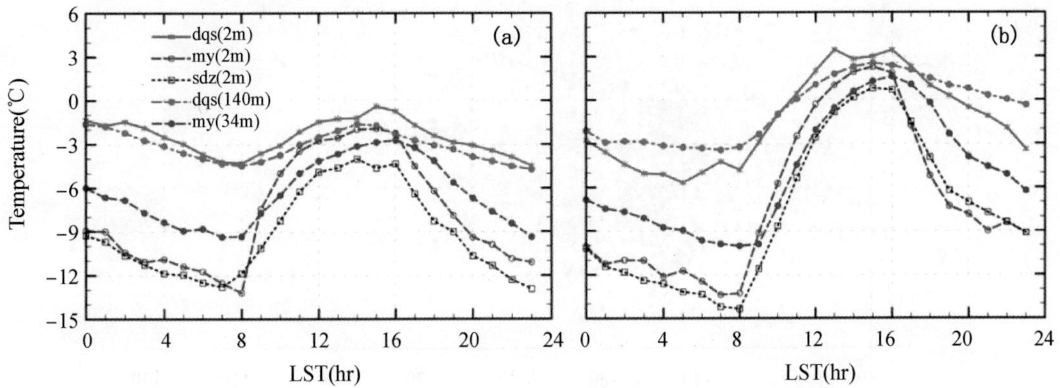

图4.5.20　三个站点不同高度清洁天和污染天平均温度对比,包括大气所2 m和140 m、密云2 m和34 m,以及上甸子2 m温度日变化

辐射明显低于清洁天，南郊观象台站净辐射衰减率最高，这主要是与该站入射辐射衰减严重且反射辐射值偏高有关；但是在夜间，辐射值在污染天要比清洁天高，是因为夜间污染物的存在增加了地表面接受的向下长波辐射能，虽使地面温度增加，向上长波辐射增加，但也使地面夜间损失的辐射能减小。

表 4.5.3　1 月各站 14 时(北京时)向下长波辐射和 13 时(北京时)向上长波辐射平均值清洁天和污染天的比较(单位 $W \cdot m^{-2}$)

长波辐射量		站点		
		大气所(dqs)	密云(my)	上甸子(sdz)
DLR(14 时)	清洁天	209.2	220.8	197.5
	污染天	231.3	240.0	209.1
	差值	22.1	19.2	11.6
	变化率(无量纲)	10.5%	8.7%	5.9%
ULR(13 时)	清洁天	315.4	319.2	314.1
	污染天	331.3	330.8	324.1
	差值	15.9	11.6	10.0
	变化率(无量纲)	5.0%	3.6%	3.2%

(4) 气溶胶与城市热岛的关系研究

由于城区和郊区的下垫面特性以及颗粒物种类和浓度存在明显差异，气溶胶导致的辐射强迫会引起城郊气温的不同变化，从而可能对城市热岛强度产生影响。Zheng 等(2018)利用逐时观测资料分析细颗粒物($PM_{2.5}$)浓度的变化特征及城、郊差异，探讨细颗粒物对城市热岛效应的影响。图 4.5.21 统计了近五年北京城区站点 $PM_{2.5}$ 质量浓度与同期 ΔT_{ave}，ΔT_{max} 及

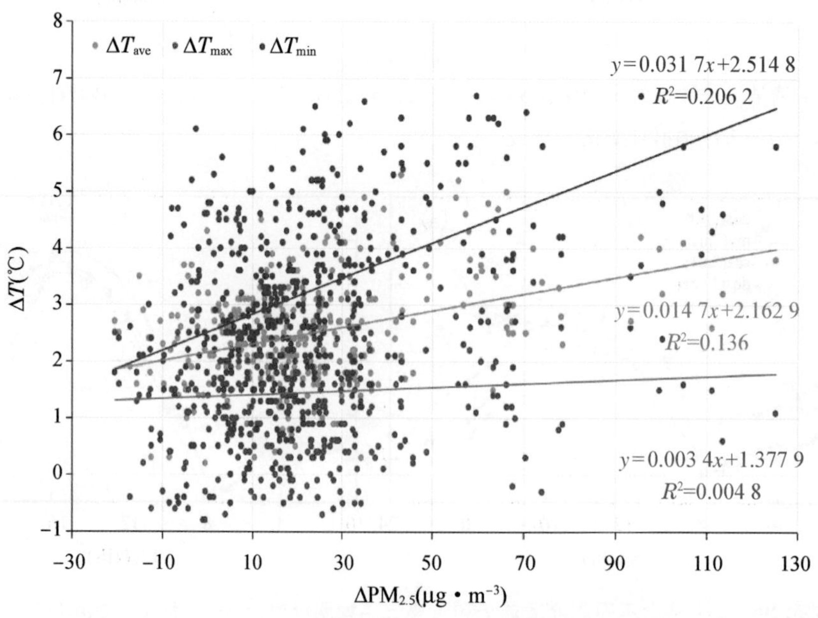

图 4.5.21　近五年北京城区站点 $PM_{2.5}$ 质量浓度与同期 ΔT_{ave}，ΔT_{max} 及 ΔT_{min} 热岛强度间的相关性

ΔT_{min}热岛强度间的相关性，得到的相关系数分别为0.241，0.042和0.329，均低于$\Delta PM_{2.5}$与热岛强度间的相关系数。北京城、郊区$\Delta PM_{2.5}$与热岛强度间具有较好的对应关系，其与最低气温热岛强度的相关性最好，与平均气温热岛强度相关性次之，与最高气温热岛强度的相关性较弱。季节分布上，$\Delta PM_{2.5}$与热岛强度的相关性在冬季最强。

格兰杰归因分析检验表明，$\Delta PM_{2.5}$与ΔT_{min}之间的联系最为紧密，在滞后期为1～2 d的情况下均能够互为因果关系，说明它们之间存在一种正反馈效应。甚至，$\Delta PM_{2.5}$对滞后期为3天的ΔT_{min}也有直接的影响。$\Delta PM_{2.5}$与ΔT_{ave}的联系稍弱，仅在滞后期为1d的时候互为格兰杰原因。$\Delta PM_{2.5}$与ΔT_{max}之间互相均检测不到因果联系。

4.6　本章总结

由于城市气象的多时空尺度、多物理过程等复杂特征，观测试验成为城市气象研究的一种重要手段。本章介绍了城市气象观测试验研究的主要进展。此类研究不仅为城市气象科学研究服务，还为城市气象预报及相关部门决策提供宝贵的第一手资料，满足了科研、气象业务和服务的需求，极大地推动了我国城市气象研究与应用的发展。

随着多普勒激光测风/温/湿雷达、光导纤维温度测量、无人驾驶飞机（UAVs）等新型观测技术在城市气象研究中的广泛应用，更高时空分辨率、更精准的三维城市气象观测成为可能。社会化智能微型气象站，基于地理信息系统的手机定位和温度、降水等气象要素反演，汽车温度报告等泛在感知技术的发展，以及公众科学（Citizen Science）的兴起，将为城市气象研究提供更加丰富的人类活动和气象观测资料，为城市气象研究提供了新的发展机遇，亟需开展新型、稠密观测资料在城市气象研究中的应用方法和同化技术研究。

5 城市边界层风洞实验研究

由于城市下垫面的非均匀性、非平坦性、复杂性及无规则性，风洞模拟实验成为研究城市气象与城市大气环境最为有效的方法之一。风洞实验是依据运动相似性原理，将城市中的建筑物、街道、树木等物体固定在人工地面环境中，利用风洞产生的人造气流模拟不同风速、风向、湍流与模型间的相互作用。风洞模拟实验的优势在于其不受天气条件限制，实验条件(方案)可控，并具有实验周期短以及模拟结果直观等优点。此外，风洞模拟试验还可与数值模拟和现场观测配合使用，试验结果可验证数值模拟结果的准确性，同时实验结果可作为现场观测的指导依据。

5.1 城市交通隧道废气排放的风洞模拟

随着城市经济发展，交通问题愈显突出。为此，当今许多城市建设了地下隧道以求缓解改善城市交通紧张状况。城市交通隧道按长度可分为两类：一类是位于主城区的较短的交通隧道，如南京市鼓楼隧道；另一类是较长的交通隧道，如南京的长江隧道、上海延安东路越江隧道等。

短隧道内的汽车废气，通常可直接由隧道洞口排除，而较长的隧道，因为隧道内车辆总量较大，废气排放量也远高于较短的隧道，如果汽车废气全部由洞口排放，可能会造成较大的环境影响，因此常用隧道风井塔通风排放。

交通隧道位于城市街区，如隧道风井塔设置不合理，废气的排放会对周围环境空气质量产生影响，尤其是当出现阻塞时，汽车尾气排放量很大，可能造成较为严重的环境影响。由于废气排放设施结构特异以及城市街区环境的复杂性，因此，局地环境影响分析的尺度小，气流复杂，要求较高的时空分辨率，现场实测研究不仅实施极其困难，也难以达到高分辨率的要求。国内外有关研究表明，基于风洞流体模拟是颇有成效的实验手段。本节介绍了上海陆家嘴过江隧道风井排放塔和隧道洞口分布设置对周边大气环境的影响，及南京鼓楼隧道的汽车尾气排放在大气环境风洞中实施示踪气体扩散试验。

5.1.1 南京大学大气环境风洞

本项实验研究在南京大学大气环境风洞中进行，如图 5.1.1 所示。该风洞系直流、吹式(试验段存在微正压)、中性层结边界层风洞。矩形截面试验段，宽 2 m、高 1.4 m、长 16 m。

风洞整体为钢结构,试验段为木底板,一侧和顶部有观察窗并设有照明设施。实验风速在 0.3 ~ 10 m · s^{-1}范围连续可调,气流品质良好,其性能完全可以满足大气科学实验研究与工程应用的使用要求。

实验主要包括气流分布测量和示踪物浓度分布测量两部分,气流分布测量的基本测量要素是气流的速度和湍流量。测量仪器是在风洞中三自由度移测架系统上安装的热线风速仪探头。使用热线风速仪记录各测量位置上的平均风速和湍流脉动量。

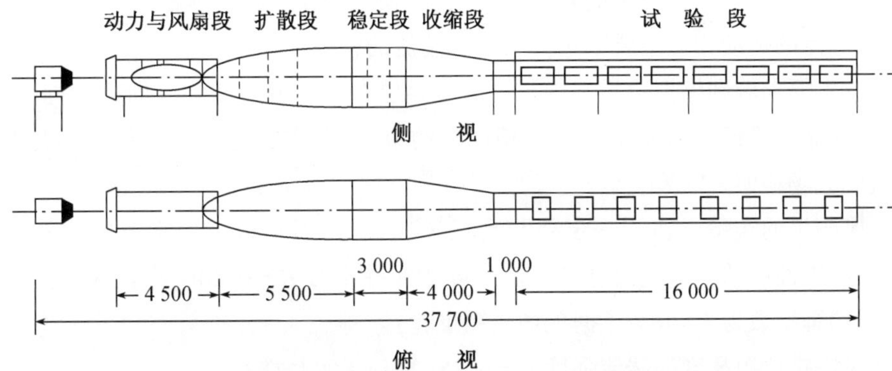

图 5.1.1　南京大学大气环境风洞(建于 1987 年)气动轮廓示意图(1:200)

5.1.2　上海延安东路过江隧道风塔废气排放风洞实验

(1) 隧道风塔结构和洞口结构

实验研究对象是上海延安东路过江隧道废气排放风塔和隧道洞口的排放影响,洞口位于风塔的东北方,相距约 300 m。风井建筑结构和排放方式特异,风井塔高 49.2 m,方形排放口平均高度 45 m,顶端四面均有排气口,以百叶窗方式排出 CO 污气;下部有进气窗口,吸入新鲜空气至隧道内,塔内由 3 上 3 下共 6 组排气和进气管路系统实施通风与排污。隧道洞口则呈八角形截面排气,并呈坡形与出口路面相接。

按城市建设规划方案,以风井为中心半径 500 m 范围内将建 28 幢高层建筑,最高达 460 m。本项试验着重分析隧道内排出的 CO 污气对周边建筑群的环境影响。

(2) 实验模拟研究方法

风洞模拟实验是将大气边界层中的现场原型以制作的模型置于实验室的风洞模拟边界层里,并且根据相似原理实施模拟实验。实验以 1:500 的几何缩比,制作风井、洞口和高层建筑物模型。

实验在模型区采用乙烯(C_2H_4)作示踪气体扩散实验,以乙烯与空气的混合气体模拟含 CO 的污气,系冷的非浮升污气,排自风井和隧道洞口,在排放源下游布设采样器,由气体采集系统实施示踪气体采样,用高分辨气相色谱仪分析得到样品浓度。

实验是在中性层结条件下实施的,上游风廓线幂指数 $P=0.287$(由现场实测提供),由原型地面和排放高度的实测风状况，计算给出风洞中模拟风速条件。此次实验分析了不同风速条件、不同排放条件、不同建筑条件下的示踪气体的扩散过程。

风洞流体模拟实验研究是将处于大气边界层中的现场原型搬至实验室风洞模拟边界层里，并且根据相似原理实施。因此，模拟实验的正确程度与相似条件有关。本次实验相似性条件处理简述如下：

1）运动相似

除风塔和城区模型满足一定的几何相似条件（模型缩比）外，按流体模拟相似原理，中性层结条件下气流的运动相似主要取边界层风和湍流的相似。

第一，首先要求做到模拟边界层内与原型边界层对应点上风速和风向的相同，或大小成比例。这主要靠实验模型与原型的几何相似来约束，并在实验过程中取与现场要求一致的风向，来实现流场相似。

第二，风洞里的实验风速不一定要与现场风速相等，而是取风速垂直廓线的幂指数相同。本实验取中性层结平坦地面进口气流速度廓线幂指数 $P=0.146$，市区风塔上方城市气流的风廓线的幂指数为 $P=0.30$（据现场实测推荐）。

第三，风塔排放源高度的湍流强度 $i_x=0.18$（据现场实测推荐）。

第四，风塔排放条件相似主要取排放源高处环境平均风速与废气排放速度之比的相似，本实验认为取排放结构与排放方式相同并认为上述之比的相似自动满足。

2）动力相似

本实验系中性层结、非浮升废气排放的局地流场和扩散模拟。即可忽略不考虑层结、浮力、柯氏力影响以及分子粘性力、重力和静压力的变化影响，而主要考虑湍流运动的作用。于是，动力相似要求在充分发展湍流的条件下，满足湍流雷诺数 $Re=UL/v$ 相等的相似条件。其实用关系式为：

$$U_{模型}/U_{原型}=(L_{模型}/L_{原型})^{1/3} \tag{5.1.1}$$

$$t_{模型}/t_{原型}=(L_{模型}/L_{原型})^{2/3} \tag{5.1.2}$$

这里 U 为平均风速，t 为取样时间，L 为特征长度，K 为湍流粘滞系数。也就是说，根据模型的长度尺度缩比，例如 $L_{模型}/L_{原型}=1/324$，便可由原型风速 U 和原型取样时间 t 得出风洞模拟应采用的实验风速 $U_{模型}$ 和取样时间 $t_{模型}$，并且是满足动力相似的。

（3）风洞实验结果分析

1）排放塔后尾流特征

图 5.1.2 是塔后流场测量结果。(a)、(b)分别是平均速度亏损 $\Delta U/U_\infty$ 和纵向湍流强度相对值 $i_x/i_{x\max}$ 的分布，其中 $\Delta U=U_\infty-U$，U_∞ 为来流速度，$i_{x\max}$ 为纵向湍流强度最大值。由图可见风塔的空气动力学效应，塔后风速急剧减小形成背风侧速度亏损区，并形成高湍流强度涡旋活动区，在整个塔高范围内均维持较高水准。风塔对气流影响的范围为(5～6)倍塔高(H)，垂直方向：2～3 倍塔高。随着离塔下游距离的增大，气流分布逐渐恢复为风塔上游的

状态。试验通过示踪气体的采样分析也得到同样的结论。

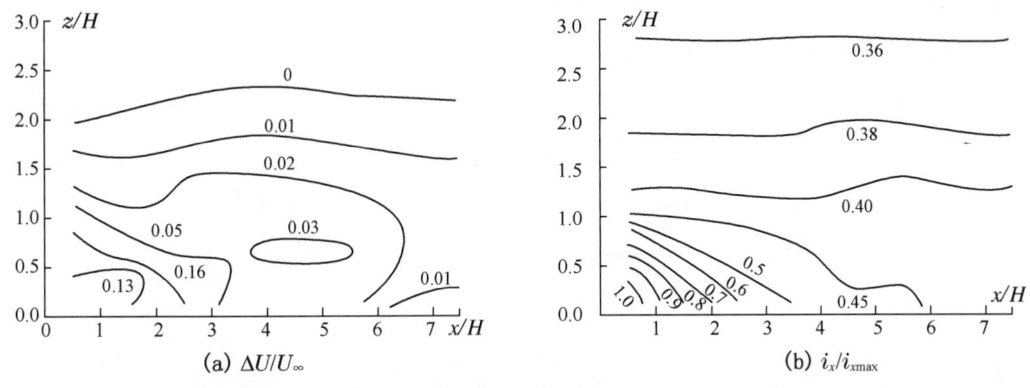

图 5.1.2 塔后气流分布实验结果示例(于洪彬等,1996)

2）平板街区条件下风井排放物扩散特性

排放源下游不同距离的示踪气体浓度的水平和垂直采样结果表明,示踪气体浓度在水平横侧向基本呈高斯分布;在离源近距离范围内,浓度的垂直分布仍接近于呈高斯型,但在下游一定距离之后,则较明显地呈现烟流轴线向下偏斜特征,这主要是风井建筑物空气动力作用的影响。实测浓度分布计算分析表明,烟流轴线向下偏斜的角度约为 6 度。

隧道中汽车车速不同,尾气排放量亦不同。通常车速越低,CO 排放量越大。表 5.1.1 为不同车速情况下的地面轴线最高浓度。可见,怠速情况(0 km · h^{-1})下由风井排放污气造成的 CO 最大地面浓度值最高,但仍未超过国家标准值(10 mg · m^{-3})。

表 5.1.1 不同车速地面轴线 CO 最高浓度(mg · m^{-3})

车速,km · h^{-1}	40	20	10	0
地面风速,4.8 m · s^{-1}	0.86	1.60	1.83	2.75
地面风速,2.5 m · s^{-1}	1.66	3.09	3.54	5.30

由实验实测的模拟示踪气体扩散浓度的水平和垂直分布计算,可得到大气扩散参数列于表 5.1.2。存在风井建筑物空气动力学影响的扩散参数值比平坦下垫面上的值大。

表 5.1.2 风洞实测大气扩散参数

离源距离,m	160	300	410	575
σ_y,m	53.7	68.5	97.8	133.0
σ_z,m	21.2	—	44.2	64.5

3）模拟街区条件下风井排放扩散特性

街区模型含 28 幢高层建筑,风井排放试验得到 CO 地面浓度分布如图 5.1.3(a)所示,图 5.1.3(b)则为平板街区示踪气体地面浓度分布。由两图的比较可见,城市街区高层建筑物的存在使地面浓度分布改变,大部分采样点上的浓度值较之平板情形下要低,量值分布趋于均匀，最大浓度值偏离下风轴线。实验还就风井下游的若干建筑物作实测分析，结果表明，由于烟流轴线向下偏斜，加上建筑物的空气动力学效应，相应于排放源高度的高层建筑物上，示踪气体浓度并不太高，而地面浓度则较高。

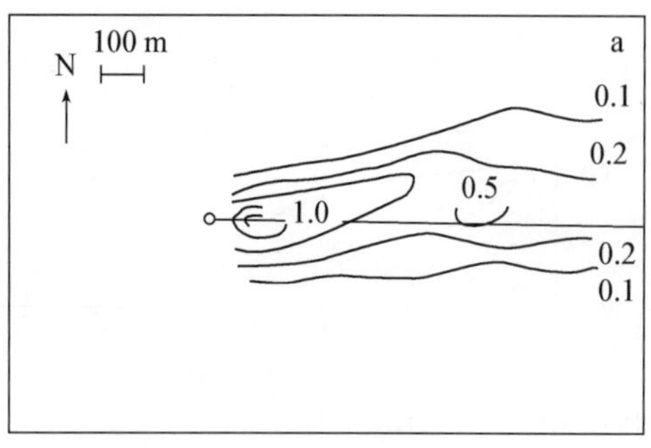

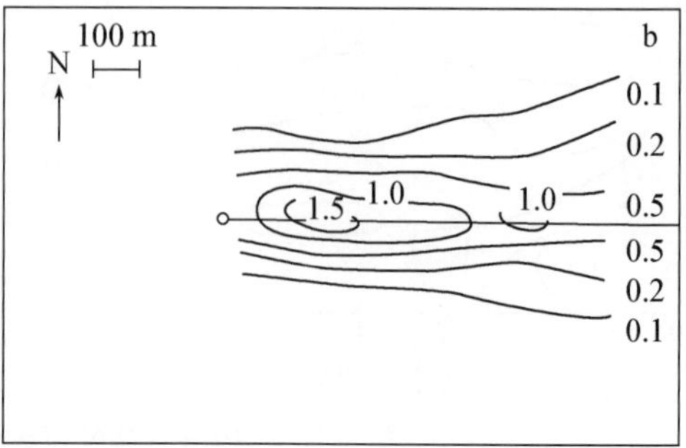

图 5.1.3　CO 地面浓度分布实测结果（mg · m^{-3}）

（a）模型街区；（b）平板街区（蒋维楣等，1998）

4）模拟街区条件下隧道洞口排放扩散特性

隧道洞口气流顺道路排出，模拟试验中与风洞来流呈 24 度交角。图 5.1.4 为洞口下游地面浓度分布示例。可见，地面浓度分布符合通常的地面源排放造成的地面浓度分布规律，即洞口处浓度甚高，而随着离源距离的增大急剧衰减；至离源一定距离后则散布范围较大，浓度分布趋于均匀。

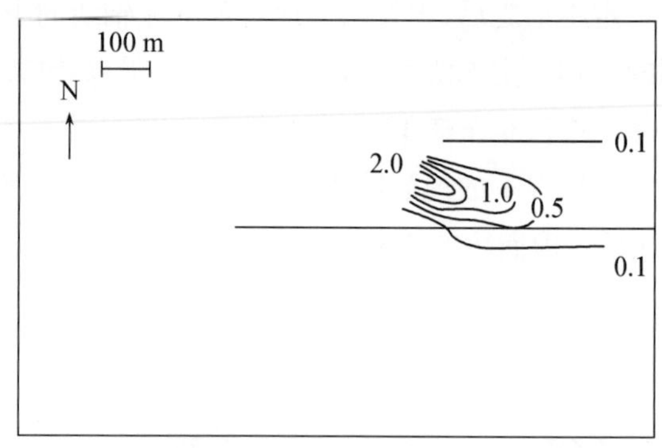

图 5.1.4　洞口排放，模型区 CO 地面浓度分布（mg · m^{-3}）

（地面风速 2.5 m · s^{-1}）（蒋维楣等，1998）

风洞测量结果表明，不同风速条件下，隧道洞口排出气流轴线上的浓度均随着离洞口距离的增加而迅速衰减，近距离降低很快，然后趋缓。风速越高，则浓度随距离衰减越剧烈。不同风速时，它们降至洞口处浓度的 1/100 的下游距离分别为 240、160、140 和 130 m。

5）模型街区条件下风井和洞口同时排放的扩散特性

风井和洞口同时排放情况下（按车速 40 km · h^{-1}计），模型区布设 52 个地面采样点，所得的地面浓度实测结果示于图 5.1.5。由图示分布可见，示踪气体地面浓度存在两个明显的高值中心。其一位于离风井下游水平距离 100 多米处，其浓度最高值的 12 mg · m^{-3}；另一则位于隧道洞口附近，范围较大，其最高值超过 10 mg · m^{-3}。显然，前者主要是由风井排放贡献造成的，而后者则是由隧道洞口排放贡献造成的。由此可见，在隧道洞口附近地区 100 ~ 200 m 距离范围是浓度高值区，有可能发生短时局地污染物浓度超标现象。

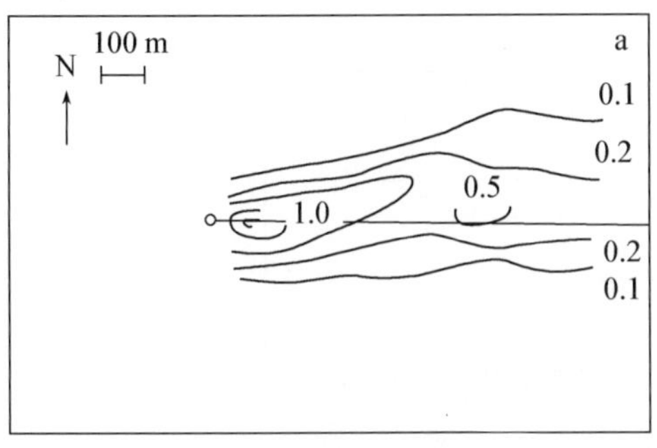

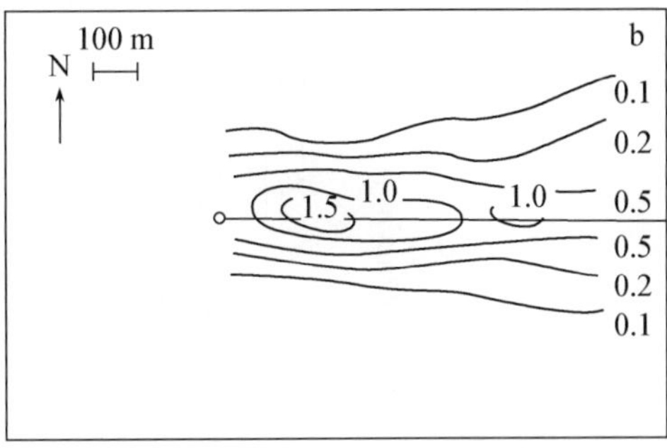

图 5.1.5 洞口和风井排放,模型区 CO 地面浓度实测分布($mg \cdot m^{-3}$)

(风速:$2.5\ m \cdot s^{-1}$)(蒋维楣等,1998)

5.1.3 南京鼓楼交通隧道废气散布的风洞模拟

鼓楼隧道位于南京市中心鼓楼广场地下,为双向四车道,隧道长 750 m,南北引道总长 400.5 m,两隧道间实壁分隔,隧道进出口两侧建有匝道,在引道尽头汇合。为了研究鼓楼隧道洞口废气排放特征,在南京大学大气环境风洞中进行了污染物散布的模拟实验。

(1) 风洞实验条件与参数

实验模型按照隧道、道路、建筑的实际状况以 1:260 几何缩比制作,模型南北长 5 m,宽 0.45 m。

实验采用乙烯(C_2H_4)作示踪气体,以其与空气的混合气体模拟含 CO 的污气。它是冷的非浮升污气。乙烯作为微量示踪气体,具有环境本底浓度低,化学转化慢,易于采样并检测等优点,而且它与 CO 有相同的分子量。

实验除需满足几何相似外,还需满足运动相似、动力相似和排放相似。本项实验中,运动相似取中性层结条件下边界层风和湍流特征相似,风廓线指数 $P=0.285$。动力相似以实测表征湍流性状,如湍流强度及其分布确定。取现场实际排放方式和排放浓度的相似。

本项试验在中性层结条件下实施,以等温度梯度表征大气中性层结条件。试验取高、中、低三种风速,对应于原型地面风速 1.5,3.0 和 $6.6\ m \cdot s^{-1}$。根据实际车流量、通风量和单车 CO 排放量得到试验中不同车速条件下的废气出口浓度:当车速为 $40\ km \cdot h^{-1}$时(隧道中正常车速),废气出口浓度为 $62.5\ mg \cdot m^{-3}$,当车速为零(怠速)时,废气出口浓度为 $98.8\ mg \cdot m^{-3}$。

在模型隧道出口地面轴线上,每隔 15 m(原型距离)布一个采样点,在洞口及离洞口(X 方向)60 m,180 m 处布置两条横向采样线,在洞口及离洞口 165 m 处布置两条垂直浓度分布采样线。本项研究配合有同步进行的现场气象和废气环境监测。

(2) 试验结果分析

1) 示踪气体轴线浓度分布

对应于两种不同车速条件下的污气出口浓度,取三种不同的地面风速,得到的地面轴线浓度分布如图 5.1.6 所示。

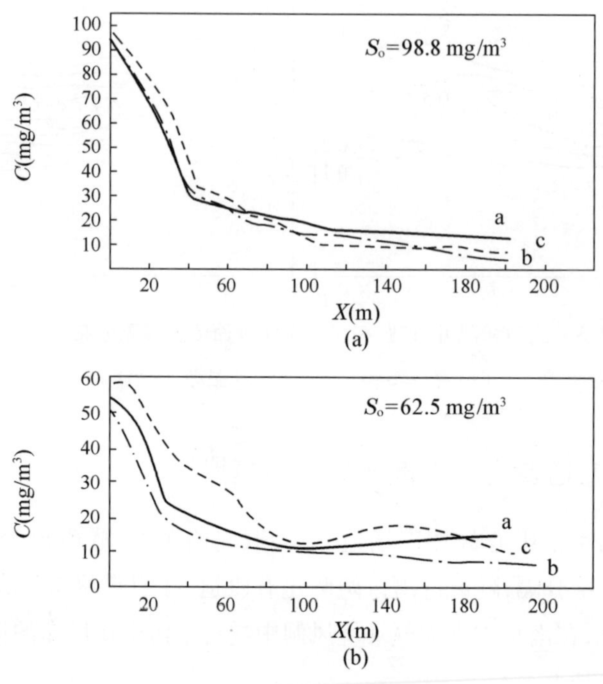

图 5.1.6 示踪气体地面轴线浓度分布

a:$U=1.5\ m\cdot s^{-1}$;b:$U=3.0\ m\cdot s^{-1}$;c:$U=6.6\ m\cdot s^{-1}$(刘红年等,1998)

试验结果表明,在隧道口处,地面浓度最高,随着离洞口距离的增加而迅速减小,在离洞口 30 m 以内,浓度衰减很快,远离洞口处($X>30$ m),浓度减小较慢,随地面风速的增加,在离洞口较近的范围内,地面浓度变化不大,离洞口较远处,地面风速对浓度有较大的影响,分析表明这是因为近洞口处的地面浓度主要受污气排放速率的影响较大,而较远距离处则受地面风速的影响较大的缘故。

怠速排放($S_0=98.8\ mg\cdot m^{-3}$)条件下,当地面风速较小时,浓度高于 10 $mg\cdot m^{-3}$(国家一次排放三级标准)的轴线距离超过 195 m,表 5.1.3 洞口污气排放的影响范围(浓度大于 10 $mg\cdot m^{-3}$)。由表可见,地面风速越小,影响距离越远。

表 5.1.3 怠速排放污气影响范围

地面风速($m\cdot s^{-1}$)	怠速排放时的影响距离(m)	40 $km\cdot h^{-1}$时排放时的影响距离(m)
1.5	200	255
3.0	150	120
6.6	105	180

2)示踪气体横向浓度分布

表5.1.4 和表5.1.5 是不同下风距离处轴线浓度分布。表中离开轴线距离0, ±7.8,9.1

及18.2 m的各点分布在引道上,其余点分布在匝道上,Y为正值表示向东偏离轴线距离;反之,为向西偏离距离。由表可见,浓度在轴线上最高,随着偏离轴线距离的增大,浓度逐渐降低,随着下风距离的增加,浓度分布渐趋均匀。因为隧道引道路面高度低于两旁匝道路面高度,在出口附近,匝道路面上的废气浓度远低于引道上的废气浓度,隧道出口废气排放对匝道地面影响较小。而在离出口较远处,匝道和引道路面上废气浓度相当,其值都比较低。

表5.1.4　$X=0$米处横向浓度($mg \cdot m^{-3}$)分布($V_0=4.4\ m \cdot s^{-1}$,$S_0=62.5\ mg \cdot m^{-3}$)

偏离轴线距离Y(m)	-13	-7.8	0	7.8	16.9	26
$U=1.5\ m \cdot s^{-1}$	2.4	2.6	62.5	21.5	2.0	2.1
$U=3.0\ m \cdot s^{-1}$	2.7	2.7	62.5	22.5	2.1	2.5

表5.1.5　$X=180$米处横向浓度($mg \cdot m^{-3}$)分布($V_0=4.4\ m \cdot s^{-1}$,$S_0=62.5\ mg \cdot m^{-3}$)

偏离轴线距离Y(m)	-10.4	0	9.1	18.2	28.6
$U=1.5\ m \cdot s^{-1}$	2.5	4.1	3.7	3.3	2.8
$U=3.0\ m \cdot s^{-1}$	2.7	4.1	4.0	3.6	2.9

3）示踪气体垂直浓度分布

图5.1.7是地面风速为$3.0\ m \cdot s^{-1}$时不同下风距离处的浓度垂直分布。

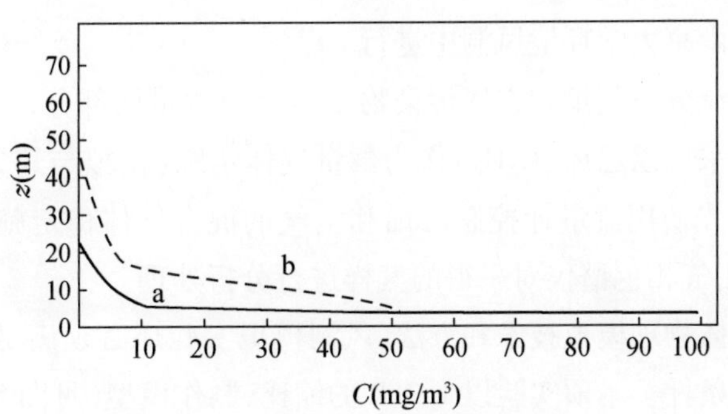

图5.1.7　浓度垂直分布

a:$x=0$ m;b:$x=180$ m(刘红年等,1998)

由图可见,在隧道出口处,浓度随高度衰减很快,当离地高度大于7 m时,浓度已低于10 $mg \cdot m^{-3}$,在下游,浓度随高度衰减较缓,虽然地面浓度远低于出口处地面浓度,但下游地区浓度值高于10 $mg \cdot m^{-3}$的离地高度却达19 m。随着地面风速的增大,洞口及其下游的浓度明显降低,浓度高于10 $mg \cdot m^{-3}$的高度分别为3 m和13 m。

5.1.4　小结

本项实验研究采用风洞物理模拟手段,对由城市交通隧道风塔和洞口排放废气造成的环境影响作了较为细致的模拟研究,获得一些有意义的结果:

① 采用风洞实验是研究城市交通隧道废气排放扩散研究的有效可行方法。

② 隧道风井与洞口同时排放情况下,洞口附近 100 ~ 200 m 距离范围有可能发生短时局地污染物浓度超标现象。

③ 在隧道洞口处,地面浓度最大,随着离洞口距离的增加而迅速减小。在怠速排放条件下,当地面风速较小时,浓度大于 10 mg · m^{-3}(国家一次排放三级标准)的轴线距离接近 200 m。

5.2 城市小区气象特征与污染散布的风洞模拟

本节以位于北京城区东南部的方庄小区(其中含道路、楼房、绿化带及其他公共设施)为主要研究对象,在环境风洞中进行包括流场、污染物分布等实验测量,获取定量和定性的测量结果,通过对测量结果进行分析,获得该城市小区内流场分布和空气污染物散布的规律。同时对进一步研究建筑物周边及小区内的环境问题提供可靠的科学依据,还对单体建筑物周围流场和浓度场的分布与变化进行了个体化研究,将风洞实验结果与同时进行的数值模拟结果作比较分析,再结合现场观测研究,综合探寻现代城市结构特征与气象条件和大气污染的关系中的一些特征和规律,提供科学的实验依据。

5.2.1 实验设计

本项实验研究在南京大学环境风洞中进行。

实验主要包括气流分布测量和空气污染物浓度分布测量两部分,测量方法见 5.1.1 节。污染物浓度分布测量采用以乙烯(C_2H_4)作为微量气体示踪(模拟与其分子量接近的 NO_x 废气的扩散)的办法,首先使用流量计控制乙烯和空气的混合气体稳定施放,再使用气样采集系统采集气样,最终用气相色谱仪对采得的气样进行分析处理。

按照大气环境流体物理模拟技术和方法,风洞模拟实验还必须满足相关的几何相似、运动相似和动力学相似条件。本项实验以 1∶250 的缩比,制作模型(见图 5.2.1)以实现几何相似。模型中最高建筑物的实际高度为 78 m。经计算,模型的最大的两个阻塞比分别为 3.04%(西南风)和 1.70%(西北风)。

运动相似主要取上游风廓线指数和近地层大气湍强相似,同时做到模拟边界层内与原型边界层内的速度相同,实现流线运动相似的满足,动力学相似则取雷诺数自准相似准则,即使得进入模型区的进口气流的特征湍流雷诺数足够高,以确保在一定试验风速条件下实验模型和现场原型气流间实现动力学相似,实验中特征长度 L_R 取 80 m,粗糙度雷诺数 $[Re]_{Z_0} = U_* Z_0/\upsilon \geqslant 2.5$,气流流动雷诺数 $[Re]_R = U_R L_x/\upsilon \geqslant 1\,200$。这里 U_* 为摩擦速度,m · s^{-1};Z_0 为地面粗糙度,m;U_R 为特征速度,m · s^{-1};L_R 为特征长度,m;υ 为空气粘滞系数,m^2 · s^{-1}。

本项实验中,通过在进口气流行程中布置城垛形挡墙、四分之一椭圆和 3 种尺寸的粗糙元列阵,使进口气流满足以下条件:① 近地层平均风廓线呈乘幂律,幂指数为 $P = 0.124\,3$,10 m 高

度处湍流强度 $i_x=0.30$,取自现场实测;② 本实验布置所得$[Re]_{Z0}=912$;$[Re]_R=5\,479$。

在风洞中排放源位于模型区上风方,为两根呈正交的地面连续排放线源,用以模拟当地道路上的车辆尾气的排放,源量按城区道路上 10 000 辆 · h^{-1}的车流量换算得到。

图 5.2.1 芳古园小区全景模型照片

5.2.2 实验实施

实验分 3 项,并按一定实验条件予以实施:

(1) 小区气流分布测量

确定西北风和西南风两种实验风向,取 1 m · s^{-1}和 2 m · s^{-1}两种实验风速,选择不同的风向、风速布局方案,测量位于气流轴向的 3 个测量点,垂直方向(540 mm 以下)的平均流速和湍流强度的分布实施。并取 5 个不同高度水平区域内 $x-y$ 剖面:x 方向以 30 cm 为间隔,y 方向以 40 cm 为间隔,得到若干交叉点上的平均流速和湍流强度的分布。

(2) 小区污染物浓度分布测量

根据当地实际状况确定实验按源排放浓度为 16.5×10^{-6},西北风和西南风两种实验流向,0.5 m · s^{-1}、1 m · s^{-1}和 1.5 m · s^{-1}3 种实验风速。选择不同的风向、风速配置方案,依次对① 地面 9 个测点处浓度;② 建筑物上各垂直测点处浓度;③ 流场垂直测点对应的测点处浓度进行测量(小区各建筑物分布及所有测量点布置见图 5.2.2)。

(3) 单体建筑物气流分布与污染物浓度分布测量

选取三幢单体建筑物,按照实际生活中可能出现的建筑物相互位置设计选取了品字型分布和 2 种一字型分布,相邻模型建筑物中心点间距分别为 44 cm 和 52 cm,品字型分布 3 幢建筑物中心点间距均为 88 cm。选取西风、北风和西北风 3 种风向,使用与前面类似的方法测量 3 个不同高度水平区域内的气流分布。浓度测量也与前面类似,依次在地面点、建筑物上的点和垂直方向上的点上进行的。

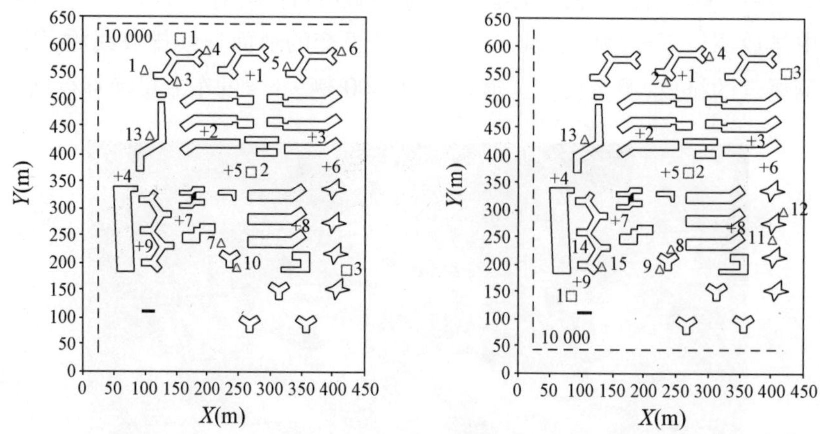

图 5.2.2 风洞实验的建筑物布局(实线)、道路交通源位置(虚线)及风洞实验的浓度测点位置(+:地面浓度测点,Δ:建筑物上的垂直测点,□:垂直廓线测点):(a) 西北风向(b) 西南风向(欧阳琰和蒋维楣等,2003)

5.2.3 实验结果与分析

(1) 气流分布测量结果与分析

本次实验选取了自下而上 5 个不同高度水平范围进行流场测量。测试结果表明水平区域内的风速分布受不同高度建筑物的影响,具体影响特征如下:

① 风速的高值区域主要位于小区的迎风一侧,在与来流方向呈正交的方向上流场的分布特征是风速中部高,向两侧递减,这与小区建筑物布局呈周围高中间较低矮有关。在来流向上顺风向风速递减,这是由于气流经过粗糙的下垫面时受下垫面影响而衰减,随着气流的行进衰减的程度也加深,风速越来越低。

② 受较高建筑物阻挡时,气流会爬升以越过该建筑物,在建筑物后会出现尾流区,同时在靠近建筑物处还会形成一个空腔,空腔内部湍强很大,风速很小。另外由于气流分离影响以及建筑物诱生的二次流作用,尾流区内速度亏损,湍强增强。两者共同作用使建筑物背风侧出现风速的低值区,且越靠近建筑物地面处风速越低。

③ 有些特殊情况下,当两个建筑物相距较近且其后无邻近建筑时,气流可能会从两者间的街渠中穿过,由于街渠通风气流可以到达建筑物的背风侧,此时该处就不会出现明显风速低值区。

④ 湍强与风速的分布规律相对应,即风速高的区域湍强就小,而低速区域湍强就大。风速垂直分布特征总体上仍符合幂指数律,风速自下而上递增,湍强递减如图 5.2.3(a)和(b)示意。各测点风速在建筑物高度以上区域内较为接近,但在此高度以下区域内则显现差异,位于两侧的测点处风速较大,中央的 2 号测点被一系列楼群所包围,因此其建筑物高度以下区域风速较小。

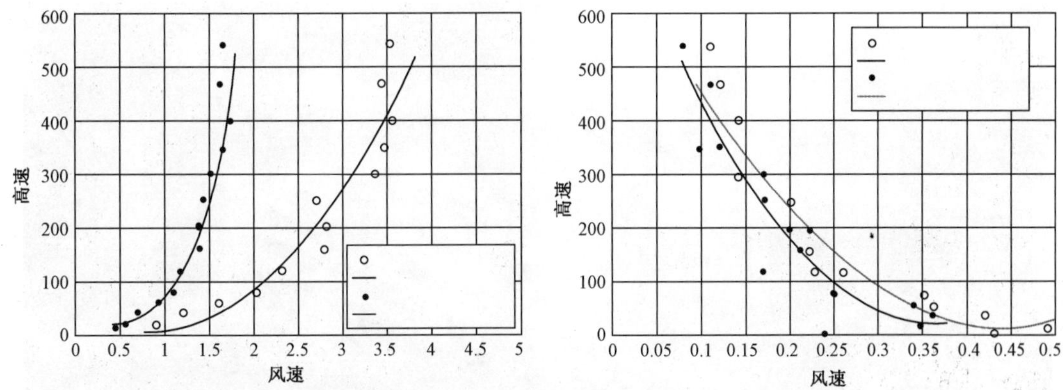

图 5.2.3　西北风向 2 测点处风速和湍强分布(高风速为 2 m·s⁻¹,低风速为 1 m·s⁻¹)

(欧阳琰和蒋维楣等,2003)

(2) 小区污染物浓度分布测量结果与分析

小区污染物浓度分布测量结果显示以下特征:

① 实验风向选取的是西南、西北风向,与两条正交马路的交角均为 45%,根据蒋维楣(1993)的研究结果,45%交角情况下街区空气质量状况为最佳,原因是此时高湍流度的清洁空气可使街道通风并有助于污染物向下风方输送。将各测点处污染物浓度值与排放源量做比较,亦可得到该项结论。

② 由于建筑物的影响,相同风速条件下,水平区域内离源等距的不同测点处的浓度是不同的。浓度高低取决于该点所处的具体位置,那些通风不良的地方污染物不易到达,但是一旦到达又容易形成积聚,从而出现浓度的高值。建筑物的影响还表现在其迎风面出现静驻涡旋的地方污染物浓度往往较高。

③ 污染物浓度在不同风速条件下的变化特征是随环境风速增大,污染物散布愈广,相应局地浓度较低。这体现了环境风对污染物的稀释作用。

④ 相同风速条件下,一般地面浓度最高,随着高度增加,自下而上浓度递减,这符合地面源扩散的浓度分布规律。图 5.2.4 表明:靠近线源处的垂直廓线上各点的浓度较大,远离处的则较小。同一条垂直廓线上污染物浓度分布特征是随着高度增加浓度减少,对应风速廓线特征(风速自下而上递增),表明风速对污染物浓度是有影响的。

⑤ 不同风向风速条件下,所得的试验结果均显示,离地高度 35 cm(对应实际高度 87.5 m)以上,污染物浓度值趋于零(或相当小),这正表明了城市里主要由汽车尾气排放造成的污染物分布特征。

⑥ 风速对浓度影响效应随风速增大而减弱。

(a)　　(b)

图 5.2.4　(a)(b) 显示了小区域内示踪烟气分布实像例

(3) 建筑物周边空气污染物浓度测量结果与分析

这里给出北风条件下,各高度水平区域内 3 种排列方案的气流分布测量结果(方案一、二、三分别对应间距为 44 cm 和 52 cm 的两种一字型布局和另一种品字型建筑物排列方案)。3 种方案气流水平分布共同特征是:

由低到高的 3 层上(0.8,8.0,17.6 cm)风速依次增大,最高层风速可达 3 $m \cdot s^{-1}$。在近地层上(0.8 cm)建筑物迎风区域内风速较小,但随着高度的增加,这一现象逐渐消失,继而在该区域内出现风速高值区。建筑物后端风速较低,且存在一个低风速中心。在与风向呈正交的方向上,3 幢建筑物的外侧风速较高。主要差异在于方案一、二中两幢建筑物间的街渠通道(与实验来流平行)内会出现风速的高值,且方案二中这一现象更加显著。而方案三中两幢建筑物间风速未出现异常的高值,而仅与周边的风速相当。

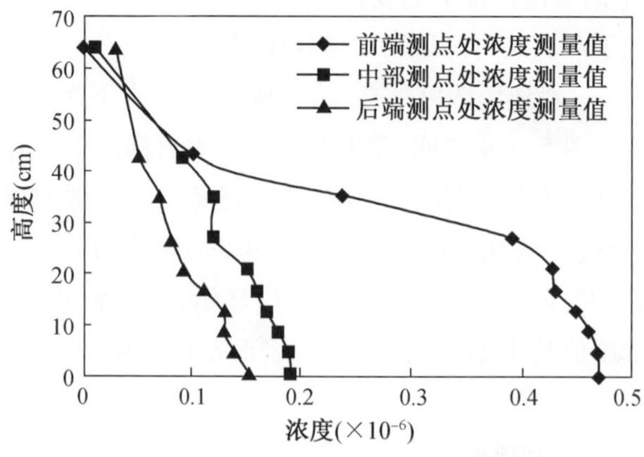

图 5.2.5　小区内不同位置测点上的浓度垂直分布图

(前、中、后部测点分别对应图 5.2.2(a) 中 1、2、3 位置)(欧阳琰和蒋维楣等,2003)

按照空气动力学基本规律,建筑物迎风面低层出现风速小值,主要原因是气流在建筑物前爬升,低层部分形成了静驻涡旋,因此在此区域内风速较小。在建筑物背风侧会出现较大范围的小风速区,主要是该区域内空腔和尾流的存在造成的。气流的侧向绕行,导致3幢建筑物外侧出现较高风速值。两相邻建筑物间出现风速高值是抽风效应的结果,该效应能使街渠内风速达到来流的2～3倍,而方案三中两建筑物间之所以未出现风速高值,主要原因是建筑物间距过大。

3幢建筑物周边测点处风速垂直分布特征(见表5.2.1)表明风速总体上仍然满足风速的幂指数率分布,但也有个别情况下出现风速先递减再递增,如3号点,其低层风速与高层风速方向相反。位于建筑物迎风一侧的测点,如1号点,其上无明显的速度跳跃现象,近地层附近风速较小。位于建筑物背风侧的测点,如3,5,7和8号点,在建筑物高度处出现明显速度跳跃现象,且影响程度与测点和建筑物间相对距离大小有关(5号点离建筑物较远,3,7和8号点近)。位于建筑物的侧面的测点,如2,6号点,其垂直分布与未放入建筑物时情况接近,表明建筑物对侧面区域流场的影响很小。位于两幢建筑物之间街渠内的测点,其近地面的风速较同一高度其他测点上的风速都要大。还有一特殊现象,即位于第一幢建筑物后且同时位于第二幢建筑的抬升区内的测点(如4号点),高层风速在建筑物高度处也会出现跳跃,但低层风速无显著减小,仅仅是略有下降。

表5.2.1　3幢建筑物周边测点上风速垂直分布表(比例尺1∶250)

	测点号	位置说明	各层高度(mm)										
			8	20	40	60	80	100	140	180	220	260	300
风速 $(m \cdot s^{-1})$	1	迎风侧	0.79	0.94	1.20	1.20	1.26	1.40	1.84	2.09	2.41	2.61	2.64
	2	侧向	1.24	0.76	0.87	0.87	1.18	1.21	1.86	2.64	2.82	2.94	3.05
	3	背风向	0.34	0.32	0.28	0.34	0.36	0.40	0.74	1.32	2.28	2.51	2.81
	4	特殊位置	0.76	0.79	0.76	0.82	0.76	0.88	0.97	1.29	1.99	2.40	2.63
	5	背风侧	0.55	0.56	0.60	0.62	0.66	0.66	0.78	1.19	2.32	3.01	2.91
	6	侧向	0.91	0.30	1.36	1.58	1.20	1.39	1.44	1.91	2.31	2.81	2.83
	7	背风侧	0.43	0.44	0.51	0.43	0.54	0.42	1.07	1.71	2.23	2.42	2.67
	8	背风侧	0.32	0.38	0.37	0.54	0.54	0.53	0.69	1.34	2.06	2.30	2.87

(4) 建筑物周边空气污染物浓度测量结果与分析

北风条件下方案一的实验结果表明:地面污染物浓度在距离污染源较近的区域内浓度较高,最高可至0.61×10^{-6};随着离源距离的增大,浓度逐渐减小;在建筑物附近的空腔区、位移区内及建筑物两侧风速较小,因此相应浓度较高。根据位于建筑物两侧上的1～4号垂直廓线测量的比较(见图5.2.6)。可见,对本实验采用的建筑物形状而言,建筑物侧风向的浓度(2、3号测点)较迎风向空腔区的浓度(1号测点)略大;由于建筑物之间的相互影响,中间一栋建筑物(3号测点)周围的浓度明显比两侧建筑物(4号测点)周围大;从整体上看,浓度分布自下而上先略微增加然后随高度再减小,再比较位于3个不同位置上的垂直廓线测量结果,可以发现:1 号垂直廓线测点距离建筑物较远,其浓度廓线为地面源扩散的高斯分布;2 号垂直廓线测点位于两栋建筑物中间,由于建筑物的影响,浓度在建筑物高度以上有所增大;3 号垂直廓线测点位于建筑物下风向,浓度分布在建筑物以下高度较均匀,在建筑物高度较大。方案二、三的浓度分布规律与方案一大致相同,只是由于建筑物位置的改变,使得建筑物后部的小风速区减小,浓度也相应略有减小。其中方案 3 建筑物上风向离源较近区域浓度的减小较明显。

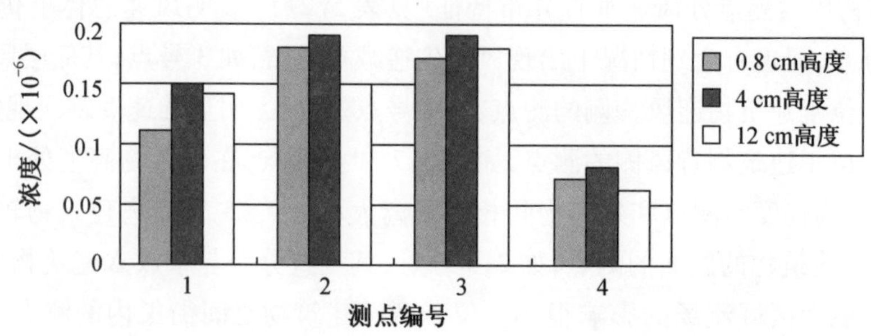

图 5.2.6 不同建筑物两侧垂直浓度分布(欧阳琰,蒋维楣等,2003)

5.2.4 小结

本节介绍了一次有关城市小区环境流场和污染物扩散规律的风洞实验研究。

实验结果表明:小区内水平流场分布受不同高度建筑物影响,但风速垂直分布总体上仍符合幂指数律。小区内污染物分布亦受到建筑物及环境风速大小的影响。单体建筑物流场试验结果清晰显示了气流遇建筑物后的抬升翻越过程,以及街渠内的抽风效应,该效应可使街渠内风速达到来流的 2 ~ 3 倍。单体建筑物污染物分布试验结果显示随着离源的距离增大污染物浓度逐渐减小,其垂直分布仍符合地面源排放的扩散分布形式,实验结果与实际观测结果相比较为接近。

5.3 高密度建筑群及超高建筑物对风环境影响的风洞实验

随着高密度建筑群及超高建筑物在城市中的不断涌现,城市边界层内的动力及热力结构均发生了明显的变化。其中,建筑物对风环境的改变最为直接。当气流受建筑物阻挡时,平均风速明显减小;当气流受建筑物挤压,风速会突然增大,使某些区域的风环境变差。一旦遇到大风天气,风灾事故就会频繁发生。因此,深入细致地研究城市风环境问题有着非常重要的科学意义和实用价值。

作为我国最大的金融贸易中心,上海陆家嘴金融区位于上海黄浦江以东、东海之滨,江风、海风终年不断,再加上每年夏季台风、强对流天气所带来的大风侵袭,使得该区域成为风灾事故的敏感区。为此,本文以该区域的高密度建筑群及超高建筑物——上海中心大厦为模拟研究对象,分析探讨了不同粗糙度、不同风向条件下,建筑群对风环境的影响。力求在改善风环境和降低风灾事故等方面为城市规划和建设部门提供科学依据。

5.3.1 风洞设备及测量系统

(1) 风洞设备

试验在西南交通大学风工程研究中心的大型边界层风洞内完成。风洞实验段长 36 m、宽 22.5 m、高 4.5 m,底面设有转盘,可实现方位的任意转换。模型范围内布有 40 栋高耸建筑,其中高度超出 100 m 的建筑物有 35 栋,包括金茂大厦(421.4 m),上海环球金融中心(492.0 m),上海中心大厦(632 m)。模型的几何缩尺比为 1∶300,在风洞中的阻塞比约为 3.5%,如图 5.3.1 所示。

(a) 无上海中心大厦

(b) 有上海中心大厦

图 5.3.1 风洞模型实景

基于上海陆家嘴地区所在的地理位置、地形、地貌等特点,将来流上游的地表粗糙度类型分为 B 类和 D 类。其中 B 类表征粗糙度较小的浦东新区,D 类表征粗糙度较大的浦西老城区。大气边界层模拟装置由粗糙元、挡板和尖塔组成。根据 GB50009—2012 建筑结构荷载规范(中国工程建设标准化协会,2012),边界层内的平均风速剖面应符合指数分布 $U_Z/U_G=(Z/Z_G)^{\alpha}$,其中:α 为风速剖面指数;U_Z 为任一高度 Z 处的风速;U_G 为参考高度风速,Z 为离地高度;Z_G 为参考高度。试验中 B 类边界层风速剖面指数 $\alpha=0.162$;D 类为 $\alpha=0.297$,符合规范要求。此外,湍流强度随高度的分布见图 5.3.2 所示。

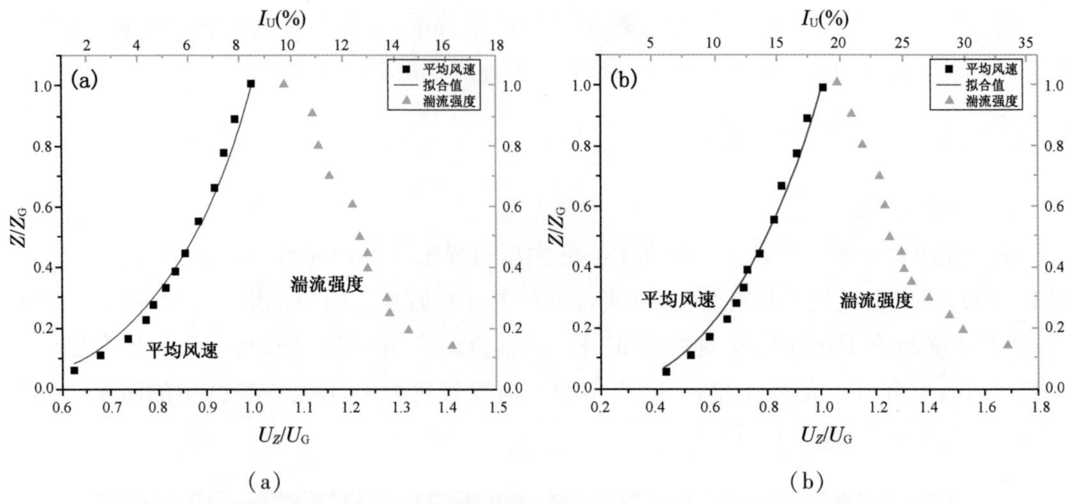

(a) (b)

图 5.3.2 B(a),D(b)两类粗糙度条件下平均风速及湍流强度剖面

(2) 测量仪器

试验所用测风仪器包括:欧文探头(Iwrin,1981)和热线风速仪。本次试验在风洞模拟范围内布置了 188 个欧文探头用于测量行人高度处的平均风速,图 5.3.3 中 A1 ~ S3 即为探头所在位置。这种仪器的优点在于探针细小,对环境流场的影响可忽略不计。试验前,在测试风洞中对每一个欧文探头进行了标定。此外,在转盘中心附近,利用热线风速仪对 4 个不同

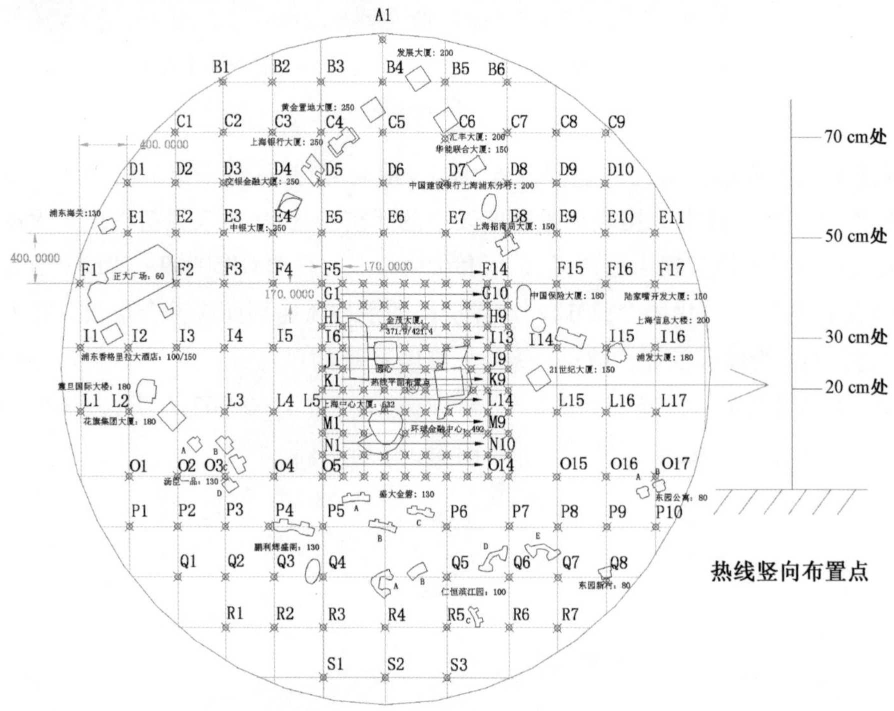

图 5.3.3 建筑物分布、欧文探头分布及热线风速仪位置示意

高度上的平均风速进行了测量。仪器为丹麦 DANTEC 公司生产的 Stream Line 四通道热线风速仪,可同时获取 u,v,w 三个方向上的风速。建筑物分布、欧文探头分布及热线风速仪所在位置见图 5.3.3 所示。

(3) 试验内容及数据处理

为了能够直观地对比上海中心大厦建成前后对行人高度处风环境的影响,此次试验在 B、D 两类粗糙度条件下,对有上海中心大厦和无上海中心大厦两种情况分别进行了测试。其中,欧文探头设置高度为 6 mm,对应实际高度定为 1.8 m,每次采样时间为 120 s,采样频率 100 Hz。试验中,以 22.5°风向角为间隔,对 16 个方位角的风场分布情况进行了测试。其中 0°,90°,180°,270°分别代表北风、东风、南风、西风。热线风速仪的采样高度为 20,30,50,70 cm,风向间隔为 45°。每个高度采样时间为 90 s,采样频率为 256 Hz。各测点和各高度上的无量纲风速值 R_i 和 R_h 定义为:

$$R_i = U_i / U_\infty \tag{5.3.1}$$

$$R_h = U_h / U_\infty \tag{5.3.2}$$

其中:U_i 和 U_h 分别为各测点和各高度上的平均风速;U_∞ 为实际 10 m 高度处(模型 33.3 mm 高度处)来流平均风速。

此外,为了满足实验气流与真实气流的动力学相似条件,本项实验采取上游风廓线指数和近地层大气湍流相似的判据,即使得进入模拟区的进口气流的特征湍流雷诺数足够高,这样,在一定实验风速条件下,可确保模拟区域与实际气流之间的动力学相似。通常条件下当雷诺数 $Re>1200$ 即满足相似条件。本次实验中所得雷诺数 $Re>6000$,完全满足动力学相似条件。

5.3.2 试验结果及分析

(1) 超高建筑物对不同高度风场的影响

风洞实验期间,利用热线风速仪对不同高度的风矢量进行了测量,其主要目的为探讨有/无上海中心大厦对高层风的影响。图 5.3.4 为不同风向、不同粗糙度条件下,不同高度处的无量纲风矢量分布。对比图 5.3.4(a),(b)可见,不同风向条件下,无量纲风矢量的分布即杂乱,但又有一定的规律性。

无量纲风速的分布规律主要表现为:低层风速小于高层风速;B 类风速值小于 D 类。这主要是由于测点处的流场虽然受周边建筑物的绕流影响,但风速的垂直分布还基本满足幂指数分布,所以低层风速小于高层。又由于 D 类幂指数($\alpha=0.297$)明显大于 B 类,所以 D 类风速随高度增长得更快,从而表现为 B 类无量纲风速值小于 D 类。

风向分布规律可分为三大类:

① 风向一致。如图 5.3.4(a),(b)所示,在 0°,45°,135°,315°风向条件下,不同高度处 B,D 两类风向测试结果基本一致。结合图 5.3.3 可知,在这 4 个风向条件下,上海中心大厦

位于来流下游,因此大厦对测点的影响可忽略不计,从而有/无上海中心大厦时,不同高度处的风向具有很好的一致性。

② 风向有明显差异,且上下一致。如 90°,270°所示结果,在没有上海中心大厦时,不同高度处的风向基本一致。而有上海中心大厦之后,风向角的差异就非常明显。以 90°风向角为例,虽然测点处的风矢量主要受上海环球金融中心的影响,但上海中心大厦对风向的改变也很明显,在 D 类条件下,风向角的变化尤为明显。大量风洞实验及 CFD 模拟结果表明不同粗糙度条件下,建筑物侧壁影响范围和风速大小有显著不同。从宏观角度讲,湍流摩擦作用就是将原有规律性的风场分布变的杂乱无章,使其偏离原有运行轨迹。因此,D 类测试结果的风向与来流风向差别更大。同样在 270°风向下,风向差别也非常明显。

③ 不同高度处,风向差异不同。在 180°,225°风向条件下,测点位于上海中心大厦下游,因此在没有上海中心大厦时,B,D 两类风向基本一致;而有上海中心大厦时,20,30,50 cm 三个高度处的风向明显区别于 70 cm 处风向,如图 5.3.4(b)所示。这表明不同高度处,建筑物的绕流分布形式完全不同,这主要是由于上海中心大厦近似圆柱体,但下粗上细,建筑物形态上下不一致所致。此外,再加上建筑物的相互干扰及前排建筑物影响等,造成了同一位置,不同高度处,风向差异不同的特征。

综上,从图 5.3.4 不同高度处风矢量分布形式可见,建筑物的形状、大小、结构、排列形式等都会对周边的风环境产生较大的影响。

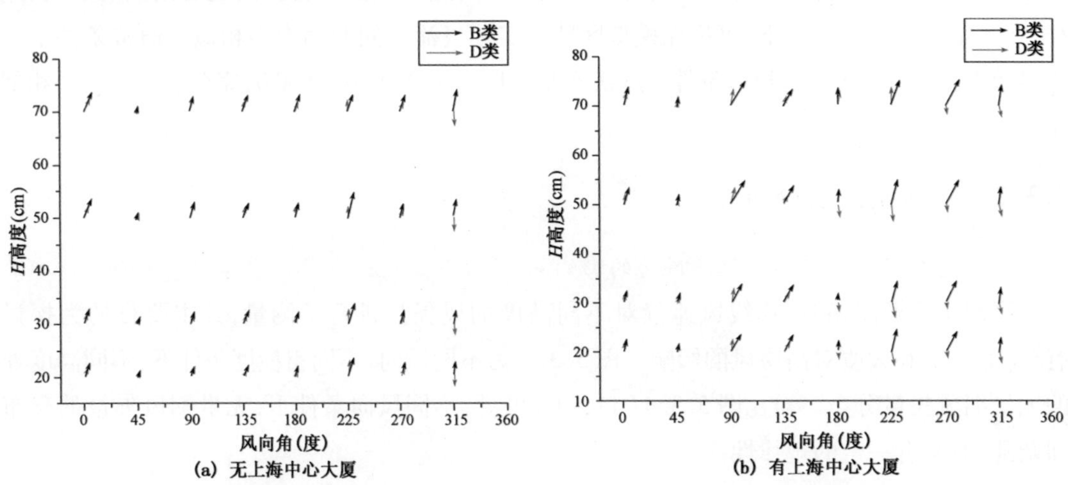

图 5.3.4　B、D 两类粗糙度条件下,不同高度处无量纲风矢量分布

(2) 高密度建筑群对行人高度风环境的影响

1) 粗糙度对风环境的影响

随着城市建筑密度的增加,城市下垫面的粗糙度也随之变大。当气流经过这类下垫面时,会对近地层风场产生明显的影响。如图 5.3.5 所示,在有/无上海中心大厦时,对比 B,D 两类无量纲风速观测结果可见,B 类的大风区范围明显大于 D 类。如图 5.3.5(a),(c)中上

海银行大厦与汇丰大厦之间出现的大风区范围(黄色区域),比图 5.3.5(b),(d)中相应的区域将近大了一倍,而且还出现了 $R_i=1.9$ 的极值点。此外,在 B 类条件下,21 世纪大厦与上海信息大楼之间还有一个大风区存在,而图 5.3.5(b),(d)中则不是很明显。其成因为 B 类条件下,粗糙度较小,地表摩擦作用不显著,因此行人高度处无量纲风速值比 D 类要大。

2) 上海中心大厦对周边风环境的影响

在风向,风速及粗糙度不变的情况下,上海中心大厦对周边风环境的影响非常显著。由图 5.3.5 可见,对比有/无上海中心大厦两种情况,大厦上游区域的风场分布形式基本没变。而在大厦所在位置处,当没有上海中心大厦时,建筑物对来流的阻挡作用消失,平均风速明显增大,见图 5.3.5(c),(d)。在大厦的下游,风场分布形式也有部分差异,主要体现在大风区的范围(绿色区域)有明显扩大趋势。

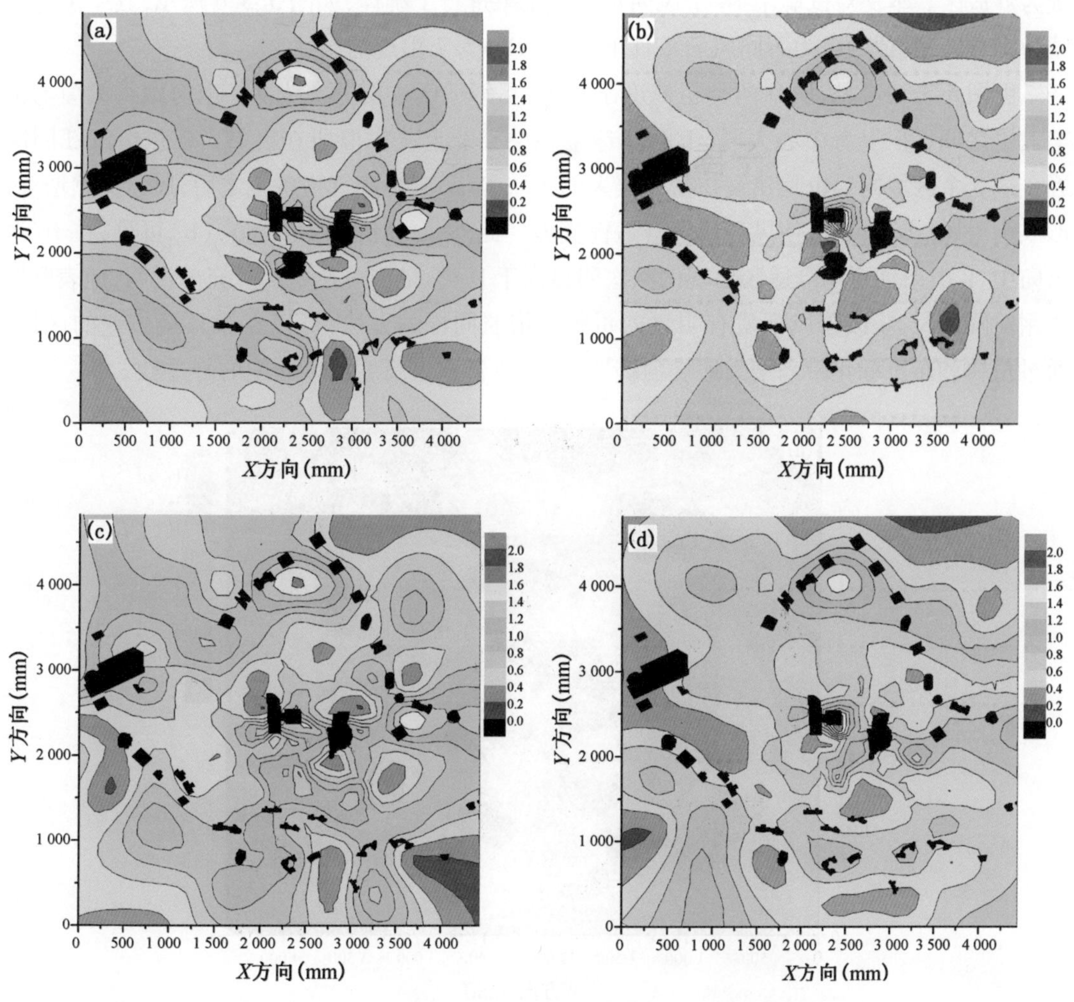

图 5.3.5 0°风向条件下,行人高度处无量纲平均风速值分布

(a) B 类(有上海中心大厦);(b) D 类(有上海中心大厦);

(c) B 类(无上海中心大厦);(d) D 类(无上海中心大厦)

(3) 行人高度处风环境的舒适度评估

上述仅仅讨论了建筑物密度及建筑物分布对风场的影响。除此之外,建筑物形态、建筑物之间的相对位置以及周边的地形、地貌等都会对风环境产生影响。因此,完全详尽准确地掌握某一地区风场分布规律很难实现。现阶段,通常采用风环境评估方法给出某地区的风场特征。然而,到目前为止,国内外建筑规范对风环境的评估尚无统一标准。大量统计调查结果表明,当行人高度处平均风速小于 5 m · s^{-1}时,行人在室外活动较舒适;反之则不舒适。故此,本文将 $\bar{U}$ = 5 m · s^{-1}作为舒适度的分界点。一般情况下,通常认为在一定风速范围内,无量纲风速值 R_i 不随来流风速变化。因此,只要知道 10 m 高度处的风速值,就可以通过 R_i 对某地区的风环境舒适度进行评估。风洞实验期间 B,D 两类粗糙度条件下,33.3 mm 高度处的平均风速均在 7 m · s^{-1}左右。也就是说在试验结果中,当 $R_i < 5/7$ 时,就可以认为该区域为舒适区。本文对试验中 16 个风向角测试结果进行了统计,如图 5.3.6 所示,其中黑色区域为舒适区,其他颜色为不同风向条件下,测点 $R_i > 5/7$ 出现的次数。

由图 5.3.6 可见,B,D 两类粗糙度条件下,不舒适区主要分布为:① 上海银行大厦与汇丰大厦之间;② 上海中心大厦、上海环球金融中心及金茂大厦所在区域;③ 仁恒滨江园附近。这 3 个区域同时也是建筑物密度较大的区域,当来流受建筑物挤压之后,风速突然增大,形成街渠风、夹道风等,使风环境的舒适性变差。此外,对比图 5.3.6(a),(b)可见,在 16 个风向中,B 类条件下不舒适区出现的频次明显高于 D 类,最多可达 8 次。充分说明,地表摩擦作用对降低风速、改善风环境有明显的贡献。依照同样的方法,可以在风环境较差的区域,通过植树和布置绿化带来增大地表粗糙度,从而改善行人高度处风环境的舒适性。

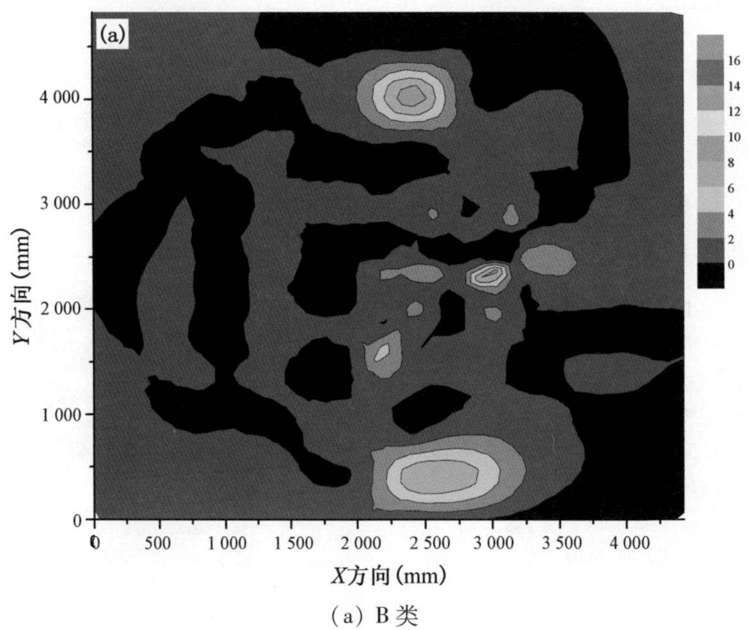

(a) B 类

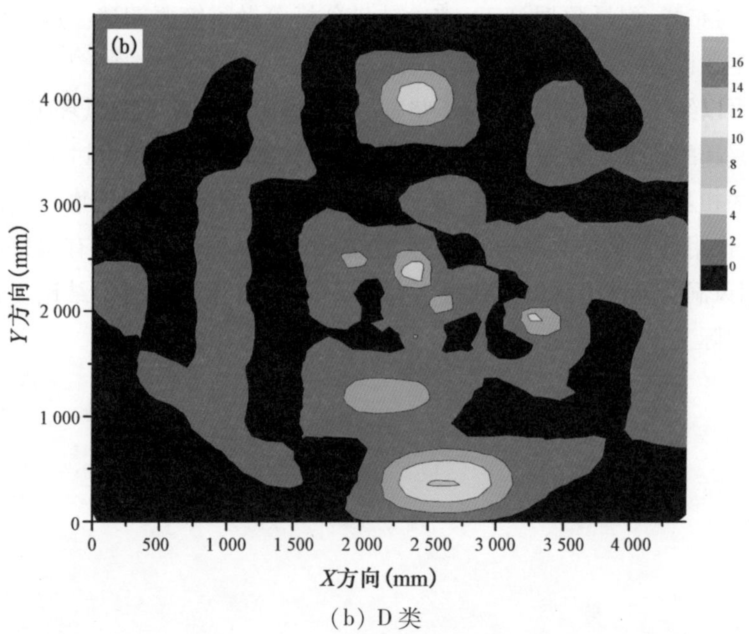

(b) D类

图 5.3.6 有上海中心大厦时,16 个风向条件下舒适区的分布

5.3.3 小结

① 不同粗糙度、不同风向条件下,同一测点但不同高度处的无量纲风速表现为:低层风速小于高层;B 类风速小于 D 类。在有—无上海中心大厦两种情况下,不同高度处风向的测试结果有以下类型,即:各高度风向一致型;各高度风向有差异,且上下一致型;各高度风向有差异,但上下不一致型。这样的分布形式与上海中心大厦的是否存在及大厦的形态等因素都有密切关系。

② 高密度建筑群对风环境的影响主要表现为,地表粗糙度越小,大风区范围越大。上海中心大厦的有无对其周边及其下游风环境的改变起关键作用。

③ 利用舒适度评估方法,给出了模拟范围内,3 个风环境较差的区域,即上海银行大厦与汇丰大厦之间;上海中心大厦、上海环球金融中心及金茂大厦所在区域;仁恒滨江园附近。这些区域的共同特征为建筑物密度大,分布错落,易于街渠风、夹道风的形成。

5.4 本章总结

城市下垫面的非均匀性、非平坦性、非规则性及其复杂性都是城市大气边界层特性和城市气象、城市大气环境、城市气候等领域研究中的难点和关键点。风洞模拟试验不失为现阶段讨论该问题一个很有效的方法,正在被各行各业看重并使用。

本章通过三个实际个例就风洞实验中的关键步骤:如实验方案设计、模型制作、测量环境设定、测量仪器布置、测量数据订正、实验结果分析等做了简要阐述。这些内容将为那些感兴趣的研究学者提供一些研究思路和启示。

风洞实验可以给出不同地形、不同下垫面、不同稳定度条件下的风环境,且可以多次重复。如果将感兴趣的研究对象置于风洞中,可深入、详细、全面地探索讨论复杂下垫面与城市边界层风场的相互作用。本章提到的隧道个例、小区个例、超高建筑物个例的模拟结果都表明,这一相互作用过程是异常复杂的,但实验结果与真实测量结果却有很好的一致性。在此基础上,利用风洞实验结果可以得到很多有意义的、有实用性的科学结论。这些研究内容都可以对我们实际工作给出科学指导。

6 城市气象缩尺外场实验研究

真实城市空间结构和热力过程复杂,难以进行高质量的参数化外场观测。缩尺尺度外场实验将建筑物、水体和绿化等城市元素按比例缩放,能满足动力和辐射等热力学相似要求,可在真实气象条件下研究城市湍流和污染物扩散特性、城市能量平衡与热环境时空特征。该类实验方法易于控制建筑几何布局、建筑表面材质和颜色、城市绿化和水体等参数,可排除人为干扰,能降低城市气象观测的不确定性。缩尺尺度外场实验可为能量平衡模型与城市风热环境数值模拟提供实验验证与数据支持,为可持续性城市气候规划提供科学依据和有效的研究方法。

6.1 典型街区几何形态下城市湍流、热环境与能量平衡的时空特征缩尺实验研究

快速城镇化建设导致城市扩张、建筑密度增加、下垫面变得粗糙、人为热源污染源增加等,这极大地改变了城市地表与大气之间的能量交换,产生了不同于郊区的城市气候,如城市热岛。城市热岛不仅会增加夏季建筑空调能耗(Fung et al., 2006;Santamouris, 2008, 2015),还会对人体健康和室外热舒适产生不利影响(Salata et al., 2017)。除了城市绿化的蒸发降温效果,城市热岛强度还受到建筑材料和城市几何布局的影响(Arnfield, 2003; Yang et al., 2017)。因此,合理的城市布局可以有效地改善城市通风,从而降低城市热岛强度(Grimmond et al., 2010)。此外,城市地表能量平衡(Surface energy banlance, SEB)与城市热岛也存在着错综复杂的关系,改善城市能量平衡也可以降低城市热岛强度(Lee and Ho, 2010)。城市形态和绿化参数、气象要素是影响城市湍流特征、通风与热环境的主要因子。城市形态参数包括城市规模与轮廓、建筑密度(迎风面积指数等)、街道高宽比、天空视域因子(sky view factor)、建筑排列方式和高低变化、建筑热容、建筑表面辐射特性等;城市绿化包括树木、灌木、草坪及屋顶绿化、垂直绿化等;气象参数包括太阳辐射(纬度、季节、晴朗多云等天气条件)、风速风向(摩擦速度)和温度梯度(稳定、中性、不稳定)等。白天城市边界层厚度可达 1.5 km,易出现近地面不稳定层结,有利于污染物的垂直湍流扩散;夜晚则降低到几百米,通常为稳定层结,甚至出现逆温现象,不利于污染物的垂直扩散。由于城市污染源、建筑形态与气象条件等的时空差异性,城市风热环境、空气污染浓度分布存在复杂的时空变化特征。不利的气象条件(如静稳天气)、不合理的城市形态可导致城市通风不畅、热环境

恶化。

城市热岛的形成原因通常被归结为：不透水路面和建筑储热的增加、太阳辐射吸收量的增加、城区通风能力的降低、人为热源的增加、蒸发冷却源的减少、城市气溶胶的温室效应等。城市建筑林立的形态导致城市单位表面积储热量和导热率的增加、建筑物垂直结构对短波和长波辐射的影响增大等，建筑物平均高度、建筑密度、表面材质等决定了城市冠层内部的辐射过程和能量平衡，从而导致城区的温湿度、辐射、风速、能量平衡以及边界层高度等和郊区有很大的不同，对城市热岛、空气污染分布和化学反应过程具有直接或间接的影响。

各因素的重要性，可由城市能量平衡方程表征：

$$Q^* + Q_F = Q_H + Q_E + \Delta Q_S + \Delta Q_A \tag{6.1.1}$$

各项依次为净辐射、人为热、感热、潜热、储热、侧边界平流热。

城市能量平衡观测是城市边界层和城市热岛研究的焦点。已有的研究着重于考察城市能量平衡的日变化与季节变化特征、各分量所占净辐射份额的比例（Grimmond and Oke, 1999；王成刚等，2007；苗世光等，2012）。研究发现，城市下垫面所接收的净辐射随季节变化明显，并显著受纬度、天气的影响；感热 Q_H 和储热 ΔQ_S 均和建筑物有关，城市巨大的储热能力是城乡下垫面热力性质的最显著差异，城市白天储热项所占比例（$\Delta Q_S/Q^*$）通常大于感热与潜热（$(Q_H + Q_E)/Q^*$）（Grimmond and Oke, 1999; Christen and Vogt, 2004; Offerle et al., 2005；王成刚等，2007；苗世光等，2012; Shi et al., 2019）。然而真实城市能量平衡观测通常不考虑人为热，并假设下垫面均匀且侧边界平流热为零，城市储热项难以直接测量，通常采用余项法（净辐射减去感热与潜热）计算得到，往往导致城市能量平衡不闭合，因此真实城市能量平衡观测结果往往具有较大的不确定性。

城市热环境与能量平衡相互关联且具有相似特点，两者均存在日循环特征与能量滞后现象。城市建筑储热过程通常主要发生在上午，过了正午时分，城市气温还会因储热而持续升高，最高值出现在相对于郊区更晚的下午某时刻，而夜间城市建筑群放热，因此通常夏季夜间热岛强度最强。可见建筑储热项（即建筑表面热流率）与建筑热力边界条件直接相关，是影响城市能量平衡和热岛特征的重要因素。城市能量平衡与风热环境时空特征，均与太阳辐射（纬度及季节）、天气（云层、降水、湿度）、风速风向、建筑几何形态与表面材质、城市绿化等有关。在当地气候条件下进行长期观测，定量分析典型气象条件、城市绿化与建筑布局、建筑表面材质等参数的变化对城市能量平衡和城市风热环境时空特征的影响，是准确认知城市气候影响过程的关键之一。

大风条件下（理查森数 Richardson number, $Ri \ll 1$），热力影响可忽略；无风或静小风时（$Ri \gg 1$ 时），热力主导，易形成热岛环流；风速较小时（$Ri \sim 1$），风力与热力都不可忽略，需考虑两者的综合作用。城市通风较差、污染物人群暴露程度较大多发生在后两种情况，此时热力因素不可忽略。城市风热环境与湍流特征主要包括两种传热过程的耦合，一是建筑群壁面与城市冠层内外空气之间的对流换热，二是太阳与固体壁面之间以及各个壁面相互之间的辐射传热,使城市冠层及附近区域产生湍流、辐射和热传导相耦合的热力过程。

背景风速较小、热力因素不可忽略时,各因素的非线性物理影响过程是城市气象学研究的重点,但相关影响机理目前尚未完全明确。为探索相关城市风热环境的影响机理,国内外学者进行了不同空间尺度和时间尺度的实验研究。其中,风洞和水槽实验模拟可控性好,但难以模拟太阳辐射和建筑储热及热环境日循环特征;雷达可用于边界层观测,但因观测盲区问题难以观测城市冠层及屋顶高度附近区域;飞机、飞艇、卫星遥感等主要用于城市地表温度观测,其中卫星遥感测量范围虽然较广,但反演精度及时空分辨率存在局限性,且难观测垂直壁面温度与空气温度。

为了更好地研究城市热环境和城市能量平衡,有些学者在一些真实城市进行了大规模的真实街区外场实验。Nakamura 和 Oke(1988)观察了不同稳定条件下真实城市二维街谷的空气和壁面温度的特征。巴塞尔(Christen and Vogt, 2004)、墨尔本(Coutts et al. , 2007)、埃森(Weber and Kordowski, 2010)、北京(苗世光等,2012)等城市也相继开展了大量的城市能量平衡观测。真实城市观测通常包括静态仪器布点观测和携带自记设备的车辆动态观测。热力因素不可忽略时,难以进行高质量的真实城市风热环境参数化外场观测,难以通过实验准确认知各城市形态和绿化参数的改变对城市湍流结构和热环境时空特征的定量影响。其主要原因包括:真实城市空间结构和热力过程复杂,建筑几何布局、建筑材料或热容(即储热能力)、建筑表面材质和颜色、城市绿化等参数难以控制调节,建筑储热项、建筑表面温度分布和热流率等热力边界条件复杂且难以准确描述。建立真实城区细致准确的城市形态和热力参数的数据库也是巨大挑战。实验仪器在真实城市冠层和边界层空间的布点观测可操作性较差,例如高空布点观测困难(例如建造观测铁塔等),因此实地观测主要集中于屋顶与地面附近,其空间分辨率有限。数值模拟可以研究城市形态对城市热环境的影响,更好地了解城市能量平衡。城市冠层参数化和城市能量平衡模型在过去十年左右得到了迅速发展(Kanda et al. , 2005a, 2005b; Kawai et al. , 2007 and 2009; Kondo et al. , 2005; Kusaka et al. , 2001; Martilli et al. , 2002; Masson et al. , 2000),但是数值模拟需要精细化的实验观测数据进行验证。

缩尺尺度外场实验是一种较好的实验模拟方法,比真实城市外场观测有更好的城市形态与绿化参数可控性,且满足热力学相似性要求,能降低城市湍流与能量平衡观测的不确定性(Kanda et al. , 2006)。目前很多学者已经进行了若干缩尺尺度外场实验(Aida, 1982; Yee and Biltoft,2004; Kawai and Kanda, 2010a,b; Pearlmutter et al. , 2005,2007)。例如,如图6.1.1a,美国 MUST 实验(Yee and Biltoft, 2004)与新加坡学者(Dallman et al. , 2014)采用船舶集装箱研究中低密度城区模型(平面面积分数 $\lambda_p=0.096$,迎风面积密度 $\lambda_f=0.1$,建筑高度 $H=2.54$ m)与二维街谷(高宽比 $H/W=2/3$, $H=2.5$ m)的湍流特征。如图 6.1.1b,日本 COSMO 实验采用 512 个 1.5 m 高的立方体混凝土块模拟中密度真实城区($\lambda_p=0.25$, $\lambda_f=0.25$),研究涉及城市湍流、能量平衡、城市绿化等的影响(Kawai and Kanda, 2010; Park et al. , 2012)。COSMO 研究表明,该类缩尺尺度实验模型能满足所需的动力、辐射等热力学相似要求，所有建筑的几何尺寸和材料可保持一致，可排除真实城市下垫面不均匀性与复杂人为热的干扰，建筑储热可通过监测表面温度变化或热流率直接测量，且可基于下垫面均匀的条件下确保侧边界平流热近似为零，大大减小了测量的不确定性。

如图 6.1.1c ~ f，中山大学杭建教授团队在广州郊区构建了国内独有、国际特色鲜明的亚热带城市气候缩尺尺度外场实验平台（Chen et al., 2020a, 2020b, 2021; Dai et al., 2020; Wang et al., 2018, 2021）。实验场地远离市区且周边空旷，具有水泥不透水地面，符合实验要求。实验采用 2 000 ~ 3 000 个水泥建筑模型先后建立了热惯性足够大、储热项易测、建筑形态和污染源及绿化参数可控可调的缩尺尺度二维街谷和三维城区模型（高 $H = 1.2$ m）。其中，水泥建筑模型内部中空，加入储热材料可增大建筑热容，使用热电偶布点监测建筑表面、内部的温度变化可计算建筑储热项。在该实验场地已开展了若干高质量的参数化外场实验，每次进行一个控制变量的 2 个或多个参数的对比性实验，初步揭示出了典型气象条件下建筑热容、街道高宽比（$H/W = 0.5, 1, 2, 3, 6$，如图 6.1.1c）和建筑密度（例如 $\lambda_p \geq 0.25$，$\lambda_f \geq 0.6$，如图 6.1.1d）、街道树木绿化（如图 6.1.1e）、建筑表面冷性涂层（如图 6.1.1f）等参数对城市湍流和污染物扩散特性、城市能量平衡与热环境时空特征的影响机理。该实验被命名为 SOMUCH 研究（Scaled Outdoor Measurement of Urban Climate and Health）。

（a）

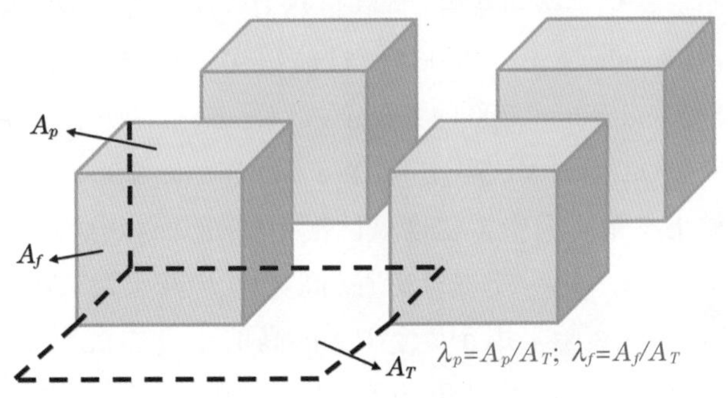

（b）

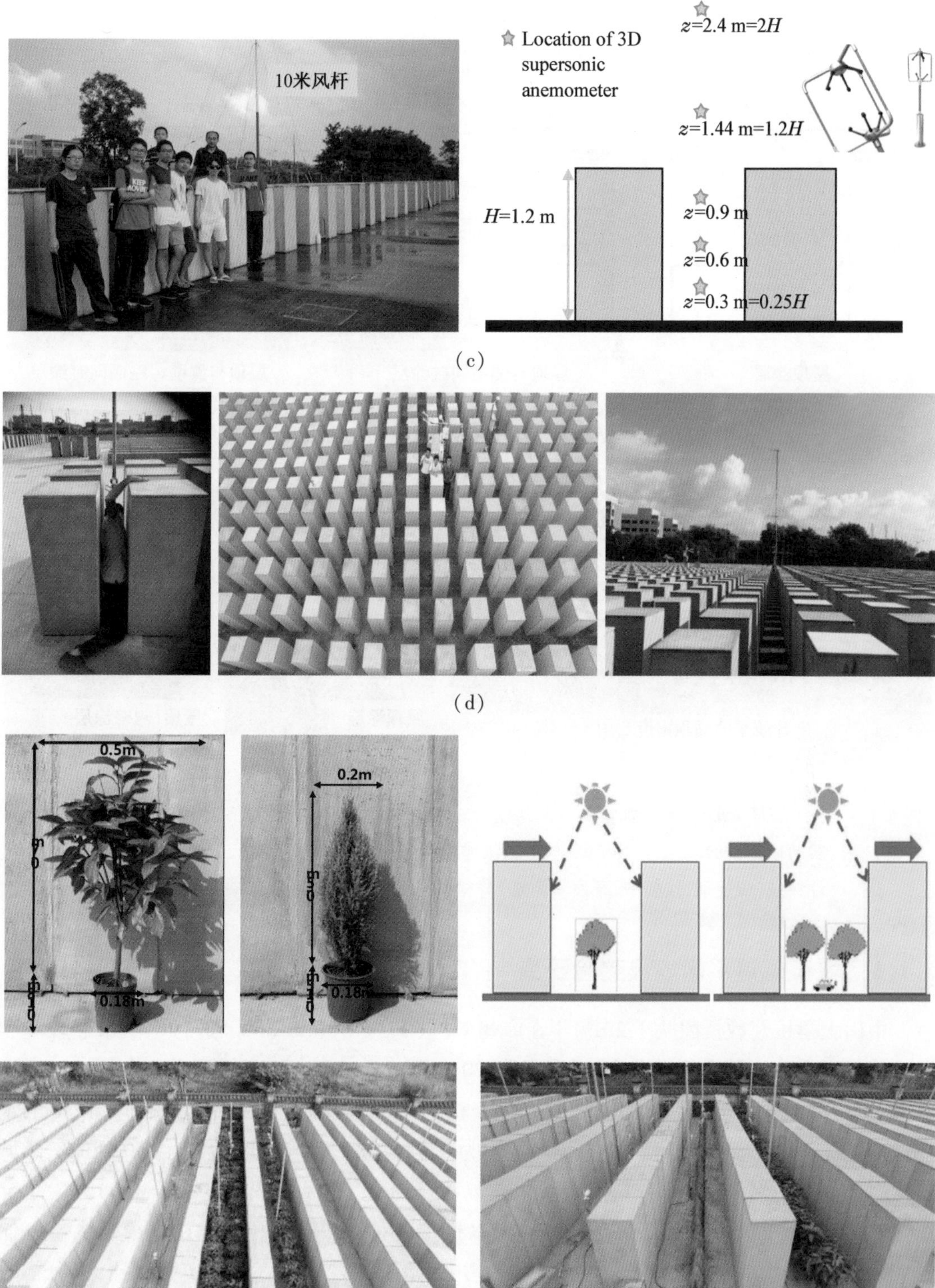
10米风杆
Location of 3D supersonic anemometer
z=2.4 m=2H
z=1.44 m=1.2H
H=1.2 m
z=0.9 m
z=0.6 m
z=0.3 m=0.25H
0.5m
0.18m
0.2m
0.18m

(c)

(d)

(e)

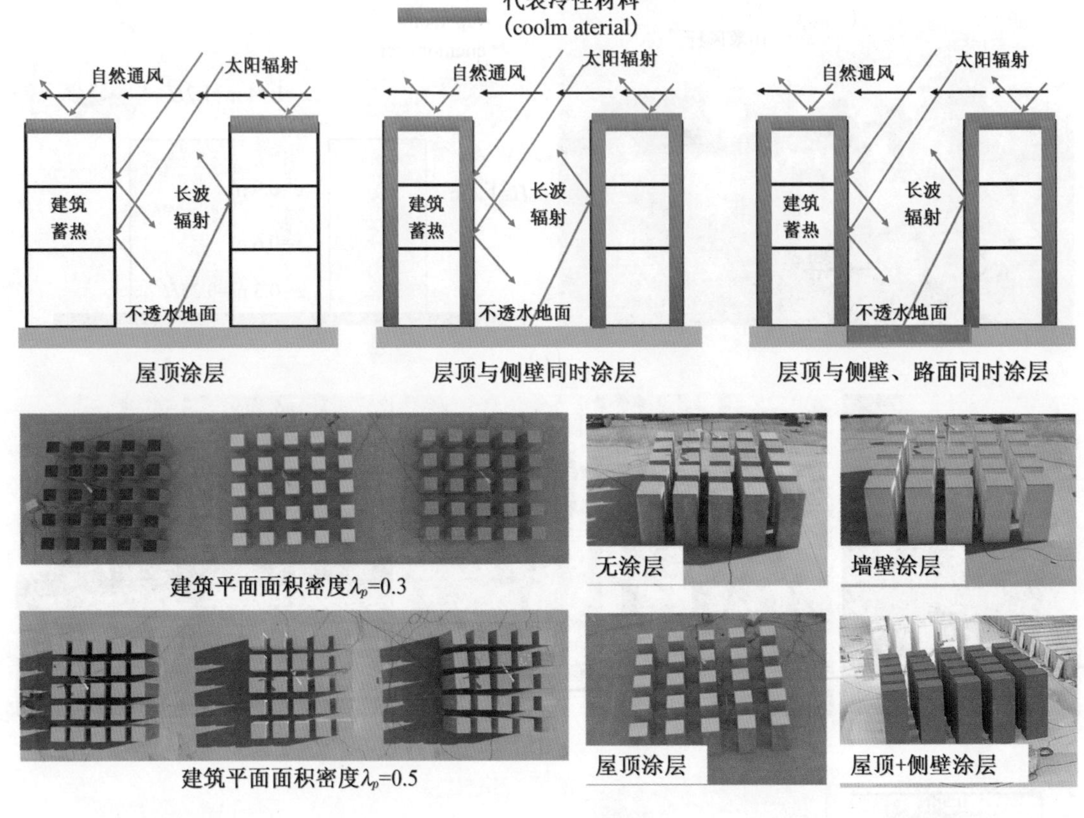

(f)

图 6.1.1 (a) 美国 MUST 和新加坡街谷实验模拟;(b) 日本 COSMO 实验,SOMUCH 缩尺尺度外场实验研究;(c) 二维街谷模型;(d) 三维城区模型;(e) 城市绿化缩尺研究示意图;(f) 不同冷性涂层(仅屋顶、仅侧壁、屋顶 + 侧壁)与材料搭配实验示意图

6.1.1 城市能量平衡缩尺实验研究

中山大学杭建教授团队于 2017 年在广州郊区(23°4′N,113°23′E)进行了城市热环境和地表能量平衡缩尺尺度外场实验(王东阳等,2018;Wang et al., 2018; 2021)。如图 6.1.2 所示,该试验场地共 2 900 个水泥模型,每个模型相距 0.5 m,规则排列在一个 58 m × 50 m 的水泥地基上。每个水泥模型高 1.2 m,长和宽均为 0.5 m,厚 0.015 m,形成 58 行 50 列的三维城市形态(建筑高宽比 H/W = 2.4,平面面积分数 λ_p = 0.25,迎风面积密度 λ_f = 0.6)。为了分析建筑储热效果,该研究采用中空模型和加水模型两种城市建筑构型。中空模型内空气储热能力较低,加水模型内的水储热能力较高。并在晴天和多云天气进行实验对比,以分析不同天气条件下城市地表能量平衡的特征。

如图 6.1.2 所示,共布置 68 个热电偶(K 型)测量建筑四个侧壁、地面和屋顶的表面温度,水泥模型内的热电偶可测量建筑内部空气或水的温度,采样频率为 1 Hz。40 个热电偶均匀排布在建筑侧壁的不同高度上(z=0.1,0.3,0.6,0.9,1.1 m),每个高度有2个热电偶,到垂直边缘的距离为0.125 m。地面和屋顶表面分别均匀放置12个和4个热电偶。模型内布置4根杆,每根杆有3个不同高度测量点(z=0.3,0.6,0.9 m)。18个带有辐射屏蔽的温度传感器(ibutton, DS1922L)用于测量空气温度,每隔10分钟测量一次气温。传感器位于街谷中心南北方向,高度为0.6 m,每隔3个模型放置一个。

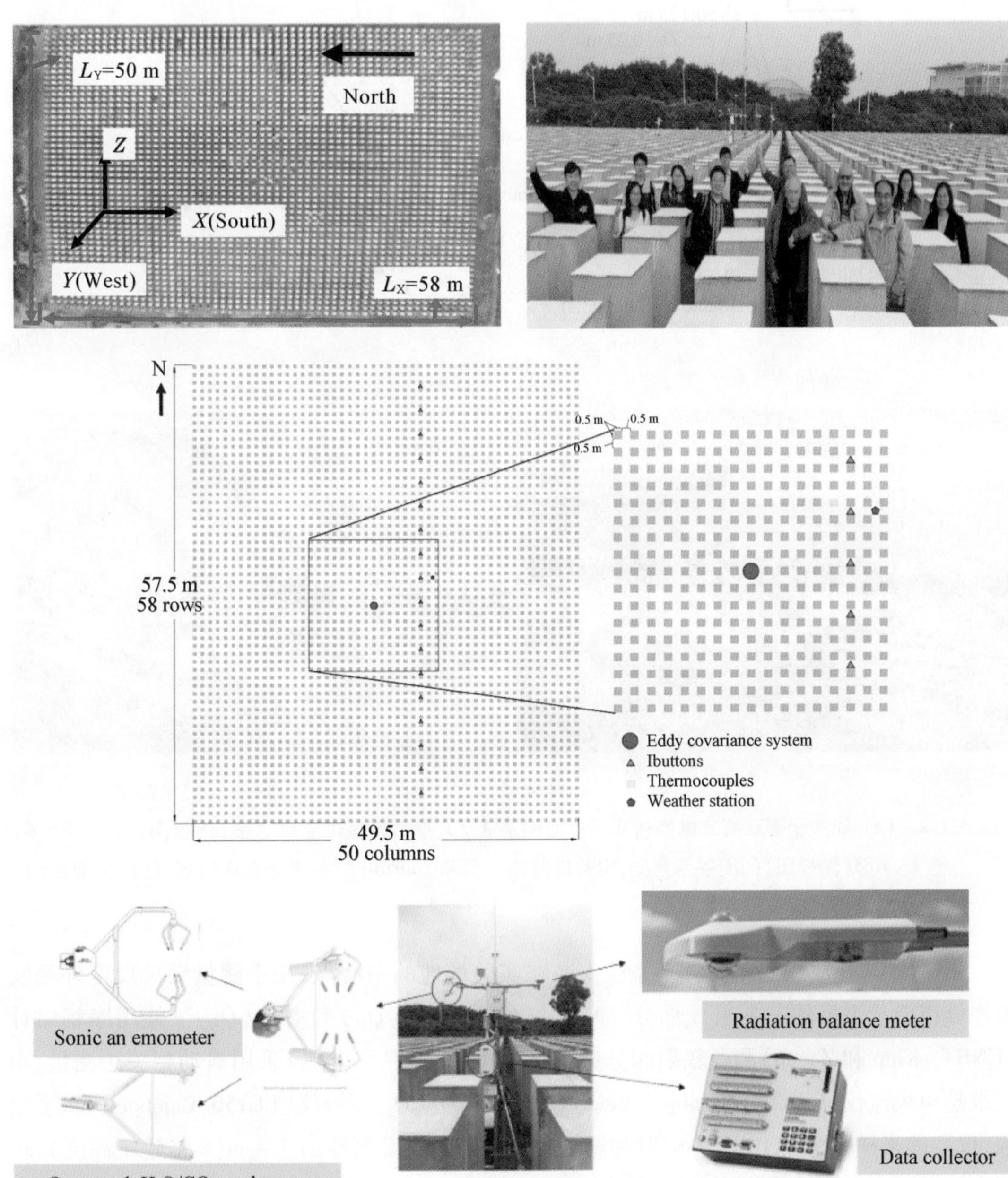

(a)

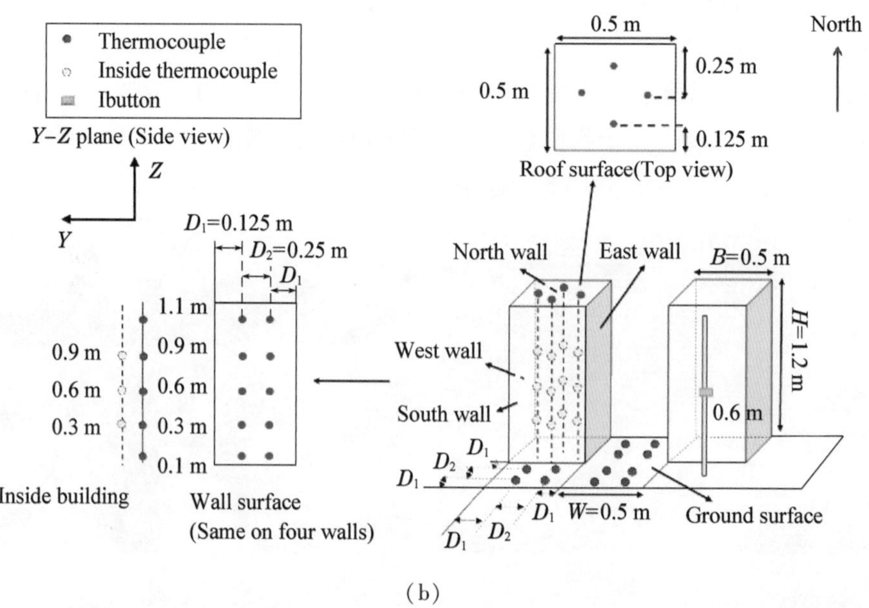

(b)

(c)

图 6.1.2 (a) 能量平衡观测三维街谷实验平面图及 X－Y 平面测量位置示意图(俯视图),(b) Y－Z 平面(侧视图)的街谷示意图,实验仪器热电偶和 Ibutton 的布置示意图,(c) 能量平衡观测二维街谷实验研究

IRGASON 开放式涡动协方差系统安装在实验场地的中心点,用于测量缩尺尺度外场实验中城市能量平衡的三个组成部分,净辐射(Q^*)、感热(Q_H)和潜热(Q_E)。使用净辐射计(CNR4, Kipp 和 Zonen)测量辐射四分量。湍流通量(感热和潜热)采用涡动相关法测量,由三维超声风速仪(CSAT3, Cambpell Sci.)和开路 H_2O/CO_2 分析仪(EC150,Cambpell Sci.)组成,仪器的采样频率为 10 Hz。辐射和湍流通量的测量高度离地面 2.4 m(2 倍建筑高度),位于惯性子层内。涡动系统的数据采用 Eddypro 软件进行半小时分析。数据分析前去除下雨的天数,并去除半小时内数据丢失 10% 以上的数据。进而对数据进行去野点和去趋势处理(Vickers and Mahrt,1997),以及双坐标旋转(Kaimal and Finnigan,1994),最后对超声风速进行虚温校正(Schotanus,1983),以及对潜热进行密度脉动校正。

城市地表能量平衡 SEB 是地表与大气之间热、水汽和动量通量交换的主要驱动力。该 SOMUCH 研究测量了净辐射的四个分量以及分析了 SEB 的各个通量在不同季节和不同天气下的日循环特征(王东阳等,2018;Wang et al., 2018; 2021)。研究发现,储热能力更大的街区,白天吸热更多而夜晚放热更多,故其白天温度更低、夜晚更高,形成更小的昼夜温差,例如加水模型壁面昼夜温差范围(~10 ℃)小于中空模型(~15.5 ℃)。此外,能量平衡各项中,加水模型日间储热项 ΔQ_S($\Delta Q_S/Q^*$ ~50% ~60%)约为中空模型的 2 倍($\Delta Q_S/Q^*$ ~20% ~30%)(图 6.1.3)。对于中空模型,显热和潜热之和远大于储热项(图 6.1.4)。在晴天,Q_H+Q_E 和 Q^* 几乎同时达到最大值(图 6.1.4),而在阴天,Q_H+Q_E 比 Q^* 晚几个小时达到最大值,因为在云层的影响下,地表加热较慢。Q^* 和太阳辐射的昼夜变化在晴天只显示一个峰值,而在偶尔的阴天,由于云层的影响,则更为复杂。日间平均反照率主要受太阳高度角和天空条件的影响,在本研究中($H/W=2.4$),范围在 0.21 ~0.23 之间。

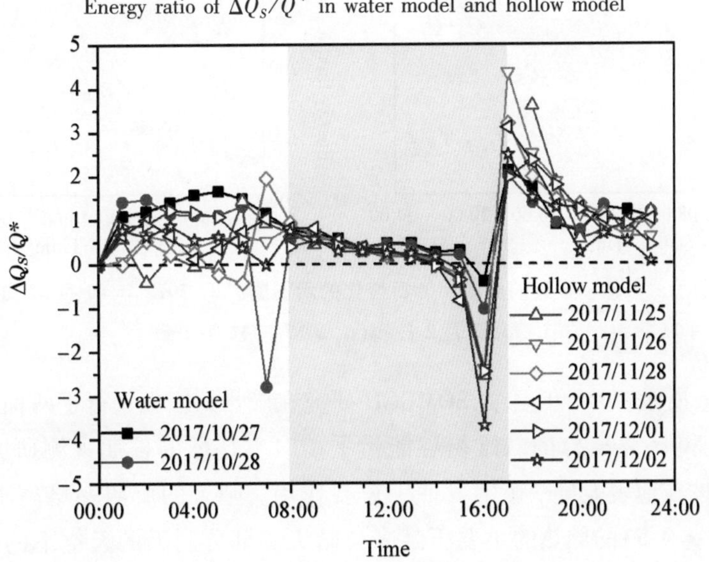

图 6.1.3 加水模型与中空模型的 $\Delta Q_S/Q^*$ 比值日变化。阴影部分表示白天($Q^* \geq 0$)

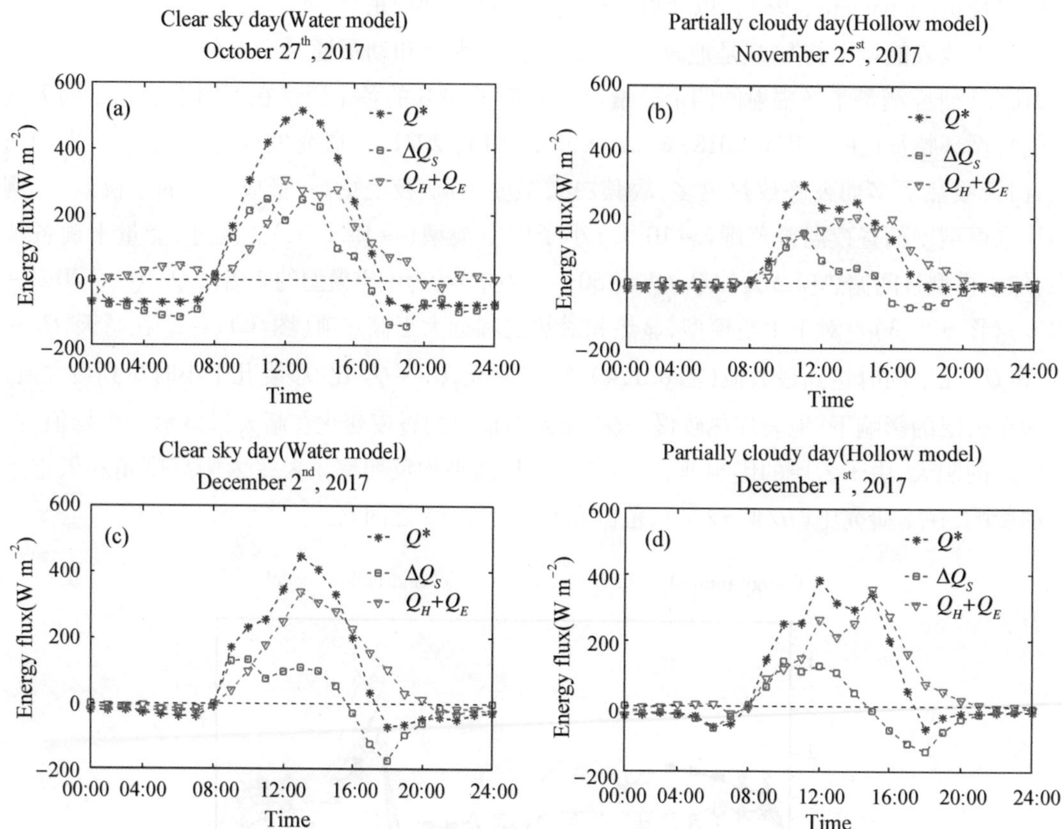

图 6.1.4　不同天气条件和模型的能量平衡日变化的示例图：(a) 2017 年 10 月 27 日、(b) 2017 年 11 月 25 日、(c) 2017 年 12 月 2 日和(d) 2017 年 12 月 1 日

如图 6.1.2c 所示，2019 年至今，SOMUCH 研究在广州郊区也进行了两种不同高宽比（分别为 $H/W=0.5$ 和 $H/W=2$）的二维街谷能量平衡时空特征的长期观测研究（Hang et al., 2022）。天气条件在地表能量平衡中发挥了重要作用。晴天的反照率略高于阴天。研究发现，宽街谷（$H/W=0.5$）的储热的主要贡献来自晴天和部分阴天的天空下的地面储热，而窄峡谷（$H/W=2$）的主要贡献来自地面、墙壁和屋顶储热（图 6.1.5）。其次，在研究的所有天气情况和月份中，在晴天下储热对净辐射通量的依赖性比在部分阴天下更强（图 6.1.6）。另外研究发现，中空模型的热惯性远低于真实城区，加入水等储热材料后热惯性可与真实城区相当，使建筑储热项比中空模型时增大数倍。

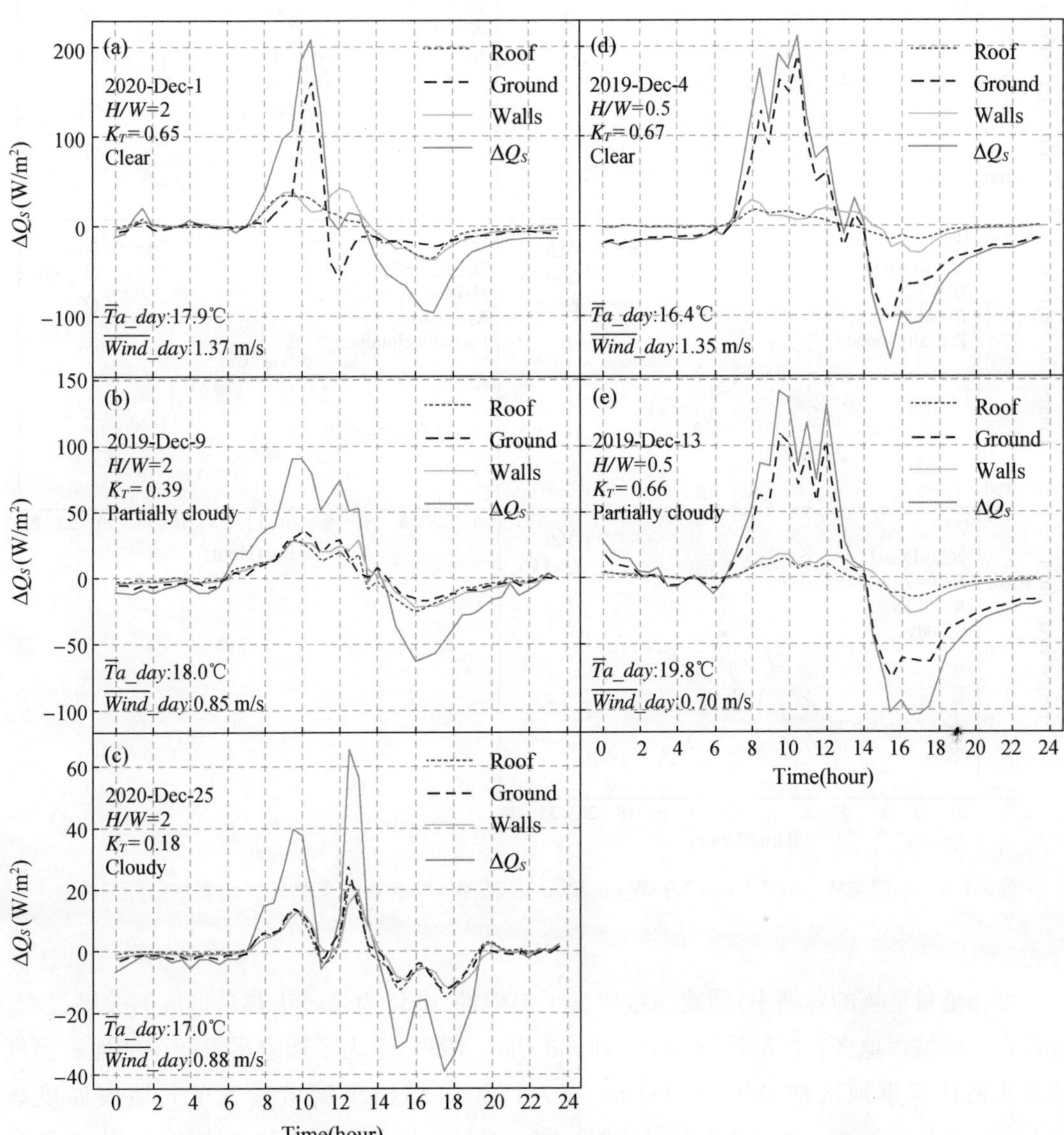

图 6.1.5 不同天气条件下(a－c)$H/W=2$ 和(d,e)$H/W=0.5$ 模型的总储热日变化及不同城市单元储热日变化

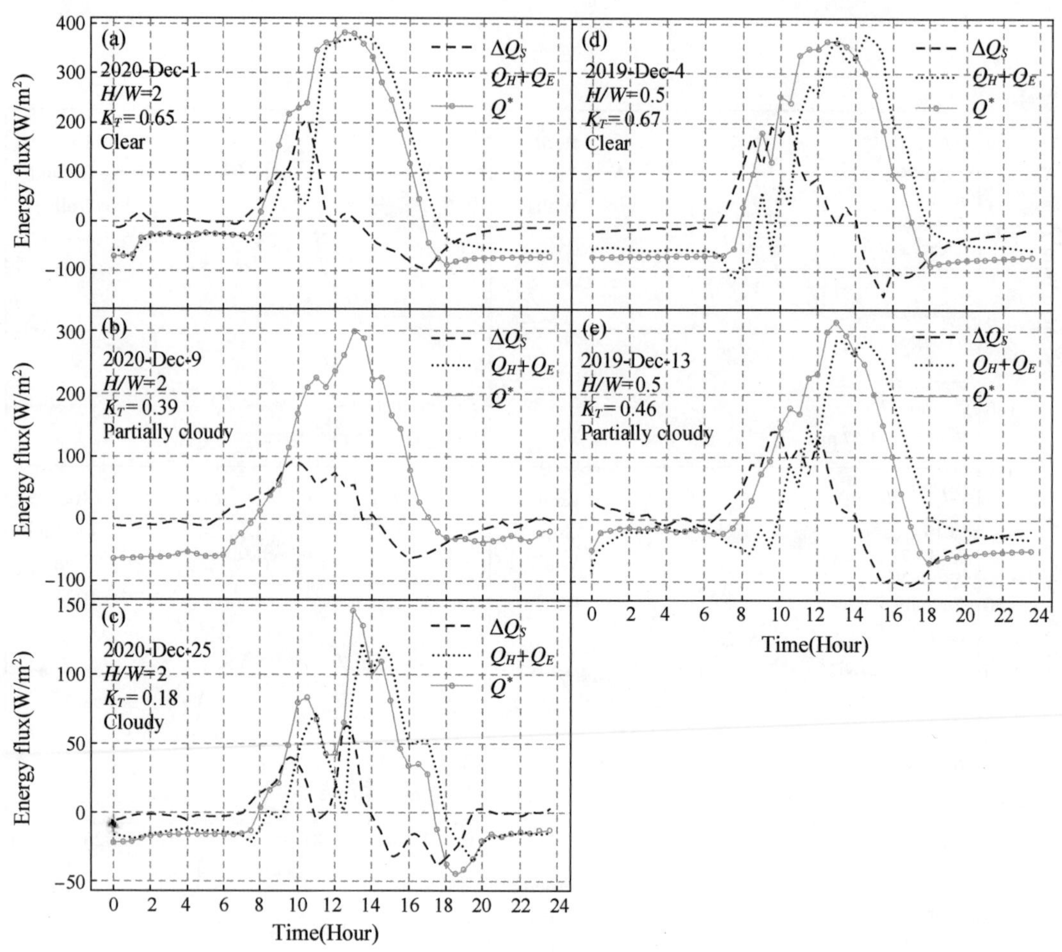

图 6.1.6 不同天气条件下(a－c)$H/W=2$ 和(d,e)$H/W=0.5$ 街谷冬季地表能量平衡分配的日变化

城市能量平衡的各项中,储热通量代表了热惯性,被认为是城市热岛形成的关键过程,难以在实际城市地区直接测量(Grimmond and Oke, 1999)。为了通过尽可能少的地表温度测量来估计城市地区的 ΔQ_S 值,Offerle 等人(2005)提出了城市建筑单元地表温度法(Element surface temperature method,ESTM),将三维城市地表简化为建筑墙体、屋顶、内部和地面(图 6.1.7),方程如下:

$$\Delta Q_S = \sum_i \frac{\Delta T_i}{\Delta t} s_i \Delta x_i \lambda_{pi} \tag{6.1.2}$$

其中:$\Delta T/\Delta t$ 为给定周期内的温度变化率($K \cdot s^{-1}$),s 为体积热容($J \cdot m^{-3} \cdot K^{-1}$),$\Delta x$ 为单元厚度(m),λ_p 为平面面积分数(%)。i 代表城市建筑中的基本单元,包括建筑墙壁、屋顶、地面、外部空气和建筑内部物质(internal building mass, iBLD)。因此 $\Delta x\lambda_p$ 是平面面积上总单元的体积。根据各基本单元实测温度计算 10 min 的温度变化率,由这个温度变化率计

算 ΔQ_s 的半小时平均值。

另外储热 ΔQ_s 可由直接观测能量平衡的剩余项得出，称为余项法（Residual term method, RTM）。忽略人为热和平流热，储热可表示为：

$$\Delta Q_S = Q^* - (Q_H + Q_E) \tag{6.1.3}$$

余项法的不足，包括不确定性和结果的误差已经包含在其他项。此外，储热可以通过使用目标滞后模型（objective hysteresis model, OHM）对不同的表面类型如屋顶、墙壁或道路进行参数化（Grimmond and Oke，1999），也可以通过热流板直接测量传导热流密度（Kawai and Kanda, 2010a，b）。

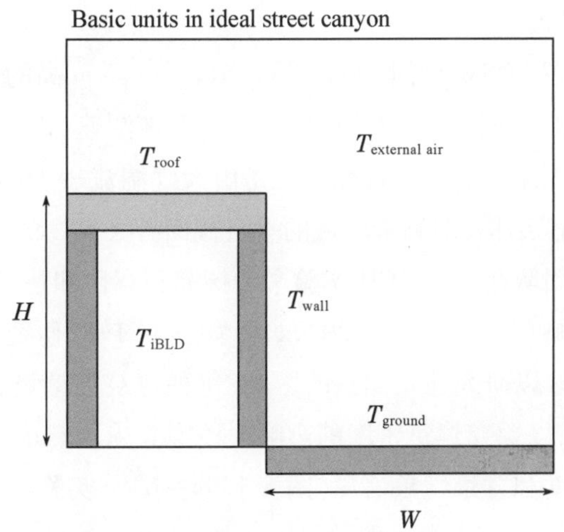

图 6.1.7 城市街谷建筑基本单元示意图，包括屋顶、墙壁、内部建筑物质、地面和外部空气

6.1.2 城市湍流与热环境的缩尺实验研究

Dallman 等(2014)在新加坡利用船舶集装箱构建了二维街谷模型（高度 $H=2.5$ m，街谷宽度 $W=3.75$ m，高宽比 $H/W=2/3$），以此探究建筑壁面自然加热条件下街谷的流动特征。实验发现，热浮力参数 $B=(g\alpha\Delta TH)/(U_0^2[1+(H/W)^2])$，可用于区分风力和热力作用的相对重要性。其中，$g\alpha\Delta T$ 是由街谷侧壁不同的加热引起水平方向的热浮力差异，H 是建筑高度，W 是街谷宽度，U_0 为背景风速。当 $B<0.05$ 时，风力作用占主导地位，此时水平风速比 u/U_0 近似为常数（$u/U_0=0.42$）；当 $B>0.05$ 时，风力和热力作用相当，u/U_0 随着 B 的增加而非线性增加，它们之间的关系为 $u/U_0=0.40+0.60B^{1/2}$。Magnusson 等(2014)的数值模拟结果发现当 B >50 时，热力作用占主导地位，但此实验很难观测到热力主导的流动。

Yee 和 Biltoft(2004)在美国开展 Mock Urban Setting Trial (MUST)实验，通过 120 个集装箱（高度 $H=2.54$ m，宽度 $W=12.2$ m，长度 $L=2.42$ m）构建理想城区模型（迎风面积密度 $\lambda_f=0.1$，平面面积分数 $\lambda_p=0.096$），以此探究羽流经过建筑群浓度波动的统计特征。研究

发现,释放源下风向范围平均浓度的横向分布近似为高斯分布。平均浓度的垂直分布随下风距离的增加呈现出较为复杂的变化,高斯形式无法准确描述垂直方向上的羽流。与类似条件下开阔地形的羽流相比,建筑群显著增加了烟羽的横向和垂直传播,降低了烟羽中心线平均浓度的量级。并且,建筑群内小尺度、高强度的湍流使得羽流的浓度波动水平显著降低。

Idczak 等(2007)在法国采用集装箱构建二维街谷模型(高度 $H=5.2$ m,街谷宽度 $W=2.1$ m,高宽比 $H/W\approx2.5$)来探究城市微气候。研究表明,当背景风向垂直于街谷时,街谷内出现涡旋运动。对于滑动流的情形,相邻建筑物的存在没有显著影响街谷内的流动特性。此外,水平温度梯度分析表明,在受热壁面附近形成了薄边界层。只有在非常接近建筑侧壁的区域,热力作用才相当大。

Takimoto 等(2011)在 COSMO 缩尺实验平台(512 个 1.5 m 高的立方体混凝土块,迎风面积密度 $\lambda_f=0.25$,平面面积分数 $\lambda_p=0.25$)采用粒子图像测速(PIV)方法探究城市冠层流动的空间特征。室外和室内流场的不同特征主要是由大气湍流较大的风向波动造成的。该实验观察到间歇性的"冲洗"结构,即测量区域的垂直截面有大尺度的向上运动。

中山大学杭建教授团队在 SOMUCH 实验平台探究高宽比和建筑储热对二维街谷热环境时空分布特征的定量影响(Chen et al., 2020a)。如图 6.1.8,研究人员设置了两种建筑类型:中空模型和装沙模型,以研究建筑储热的影响;每种建筑类型设置了 3 种高宽比,$H/W=1,2,3$(高度 $H=1.2$ m),以探究建筑密度的影响。该实验采用热电偶、红外相机和自动气象站测量街谷内的壁面温度和背景气象信息(图 6.1.9a ~ b)。实验测量时间为 2017 年 5 月至 6 月。

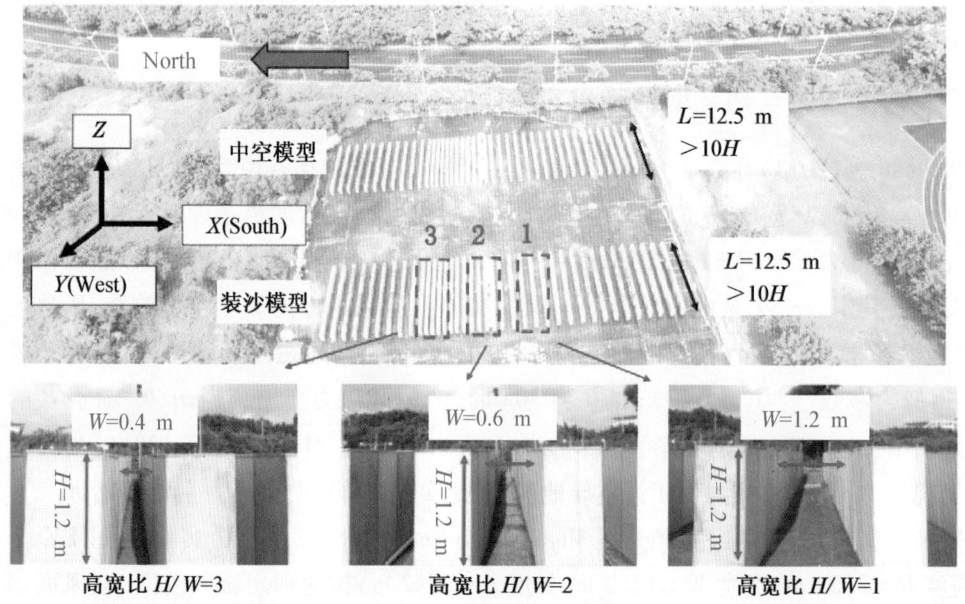

图 6.1.8 SOMUCH 实验二维街谷示意图:$H/W=1,2,3$;中空模型和装沙模型

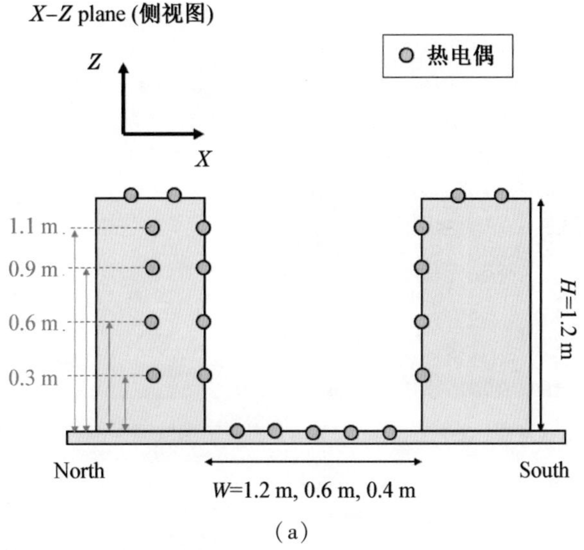

(a)

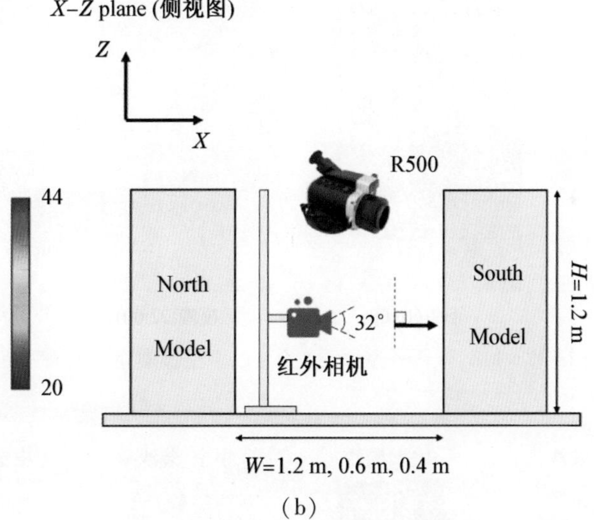

(b)

图 6.1.9 SOMUCH 实验仪器布置图

(a) 热电偶;(b) 红外相机

研究发现,侧壁温度具有显著的日循环特征(图 6.1.10)。街谷侧壁在上午升温,下午达到温度最大值,夜间由于长波辐射和对流通风温度降低。以中空模型为例,如图 6.1.11 所示,白天宽街谷($H/W=1$)壁面温度高于窄街谷($H/W=2,3$),遮阴效应明显,而夜间宽街谷壁面降温更快。热容较大的装沙模型白天吸收更多的热量,夜间也释放更多的热量,因而其温度变化更慢。如图 6.1.12 所示,与中空模型相比,装沙模型的壁面温度白天更低,夜间更高。

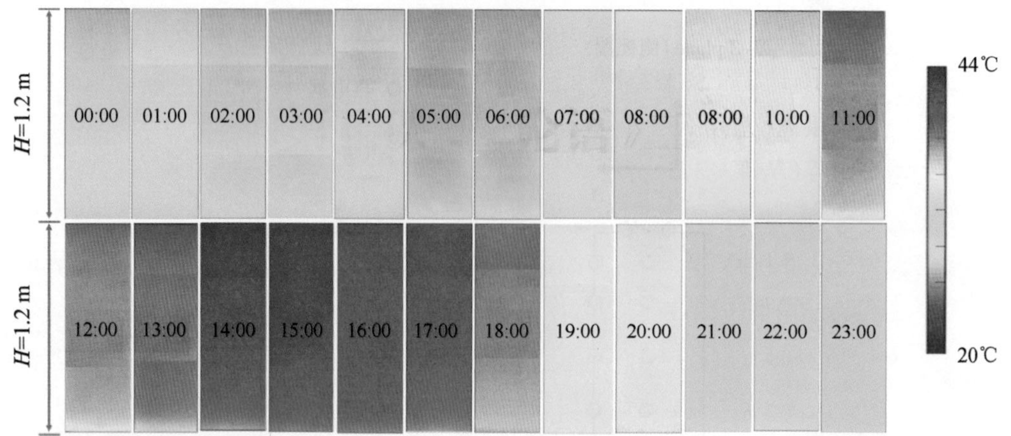

图 6.1.10 二维街谷壁面温度图(以中空模型 $H/W=1$ 街谷南侧壁面为例,数据日期为 2017 年 6 月 26 日)

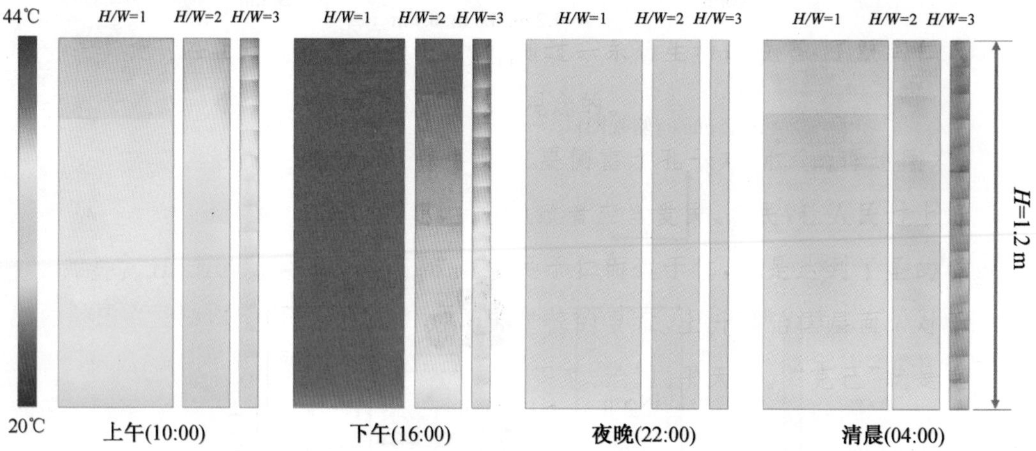

图 6.1.11 不同高宽比($H/W=1,2,3$)街谷壁面温度图(以中空模型南侧壁面温度为例,数据日期为 2017 年 6 月 26 日)

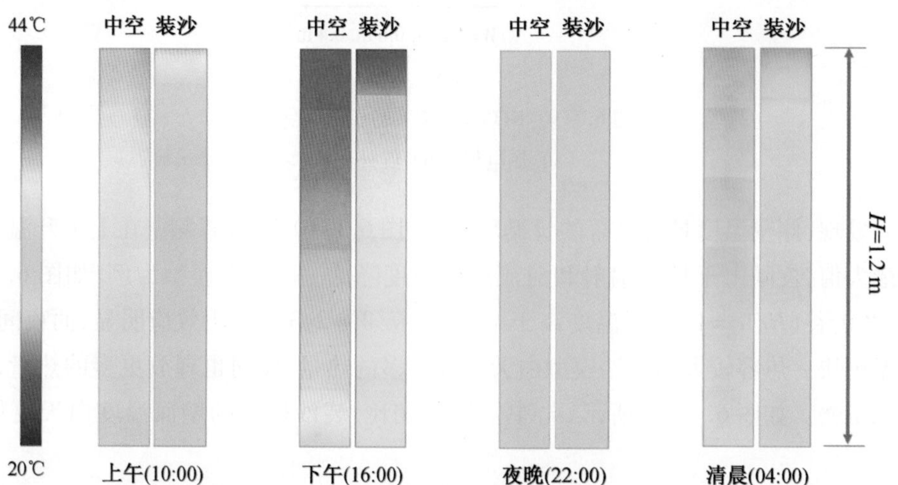

图 6.1.12 不同建筑热容(中空模型和装沙模型)街谷壁面温度图(以 $H/W=2$ 街谷南侧壁面为例,数据日期为 2017 年 6 月 26 日)

日均温（日平均温度）和 DTR（日最高温和日最低温之差）可用于描述温度的日循环特征。如表 6.1.1 所示，以中空模型为例，壁面日最高温随街谷高宽比的增大而减小，不同高宽比的日最低温比较接近（差异不超过 0.4 ℃）。因此，宽街谷（$H/W=1$）壁面的 DTR 最大，达到 12.1 ℃，比窄街谷（$H/W=2,3$）分别高 1.2 ℃ 和 2.1 ℃。对于装沙模型而言，其壁面日最高温低于中空模型，但日最低温高于中空模型。因此，装沙模型（$H/W=1,2,3$）壁面的 DTR 分别比中空模型低 4.5，4.6 和 3.8 ℃。然而，不同高宽比和建筑热容壁面日均温比较接近。对于中空模型和装沙模型而言，宽街谷壁面的日均温略高于窄街谷（0.3 ℃ ~0.6 ℃）。

表 6.1.1　基于多天平均的壁面温度日循环特征量（T_{max} 为日最高温，T_{min} 为日最低温，DTR 为日最高温和最低温的差值，$\bar{T}_{day}$ 为日均温），单位为 ℃

模型类型	高宽比	T_{max}	T_{min}	DTR	$\bar{T}_{day}$
中空模型	$H/W=1$	36.4	24.3	12.1	29.0
	$H/W=2$	35.0	24.1	10.9	28.4
	$H/W=3$	34.5	24.5	10.0	28.5
装沙模型	$H/W=1$	33.4	25.7	7.6	28.8
	$H/W=2$	32.2	25.8	6.3	28.5
	$H/W=3$	31.9	25.7	6.2	28.3

基于热浮力参数 B（Dallman et al.，2014），Chen 等（2020b）通过 SOMUCH 实验平台进一步探究不同高度比街谷风力和热力的相对重要性，研究主要关注由东西侧壁面温差引起的不均匀加热对街谷流动的影响。如图 6.1.13，研究人员设置了 4 种高宽比街谷来表征不同的城市形态，即 $H/W=1,2,3,6$（$H=1.2$ m），街谷走向与正北方向的夹角为 25°。实验测量时间为 2019 年 8 月 8 日至 9 月 27 日，该实验采用超声风速仪、热电偶和自动气象站来测量街谷内外的风速、壁面温度和空气温度，以及背景气象信息（图 6.1.14）。

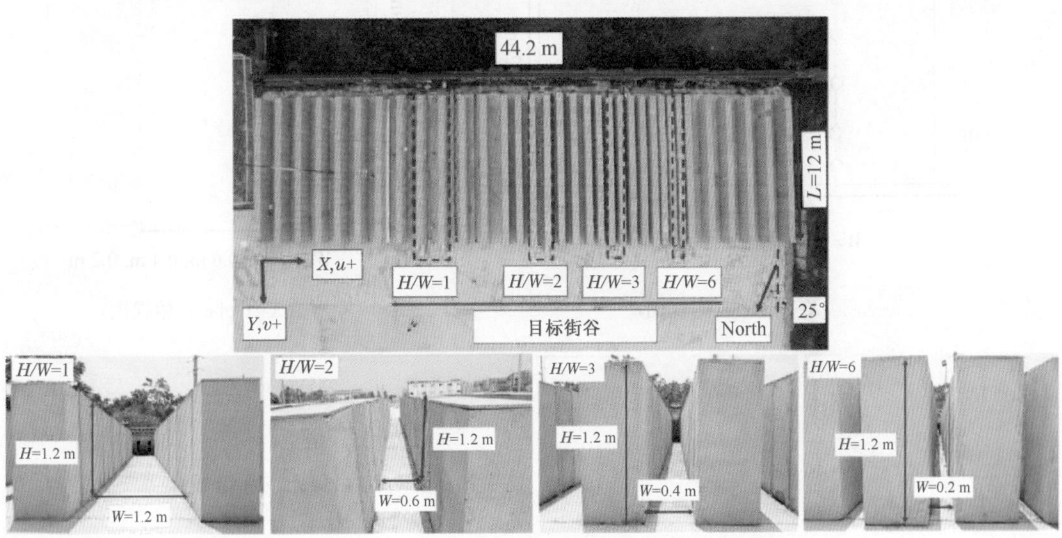

图 6.1.13　SOMUCH 实验二维街谷示意图：$H/W=1,2,3,6$

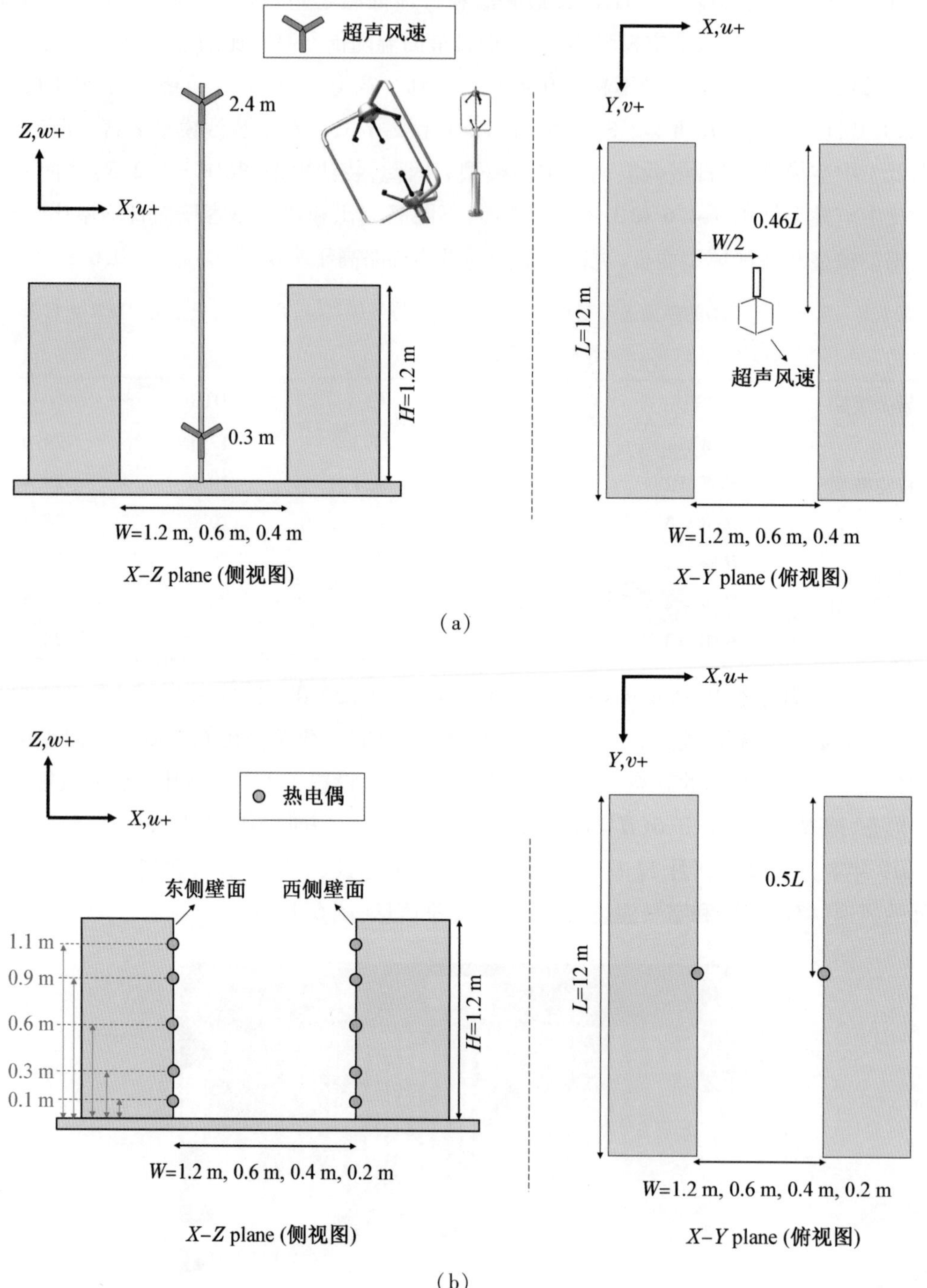
超声风速
2.4 m
Z,w+
X,u+
0.3 m
H=1.2 m
W=1.2 m, 0.6 m, 0.4 m
X–Z plane (侧视图)
X,u+
Y,v+
0.46L
W/2
L=12 m
超声风速
W=1.2 m, 0.6 m, 0.4 m
X–Y plane (俯视图)
(a)
Z,w+
X,u+
热电偶
东侧壁面
西侧壁面
1.1 m
0.9 m
0.6 m
0.3 m
0.1 m
H=1.2 m
W=1.2 m, 0.6 m, 0.4 m, 0.2 m
X–Z plane (侧视图)
X,u+
Y,v+
0.5L
L=12 m
W=1.2 m, 0.6 m, 0.4 m, 0.2 m
X–Y plane (俯视图)
(b)

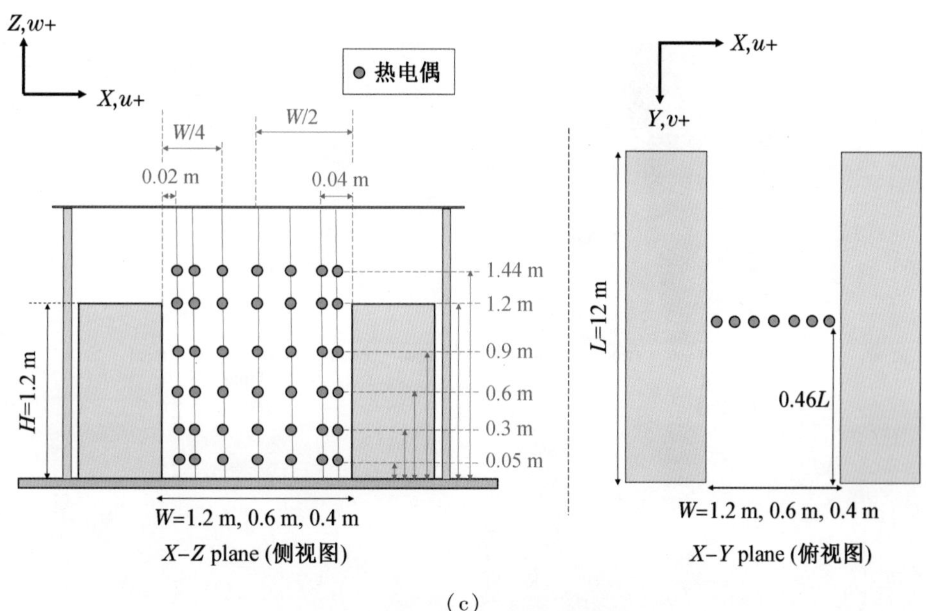

(c)

图 6.1.14 实验仪器设置图

(a) 超声风速仪;热电偶:(b) 壁面温度测点;(c) 空气温度测点

研究发现,东西侧壁面温差(东侧壁面温度减去西侧壁面温度)上午为负值下午为正值(图6.1.15),最大温差可达12.7 ℃。实验期间内,17.22%的背景风为垂直来流,17.88%为平行来流,64.9%为倾斜来流(来流方向定义见图6.1.16)。如表6.1.2所示,通过线性拟合的方式获取整个实验期间的水平风速比 $U_{0.25H}/U_{2H}$(水平风速在0.25H和2H位置的比值)。结果表明在同一背景来流的条件下,宽街谷的风速比大于窄街谷,表明宽街谷通风更好。高宽比对街谷的热力结构和流动特征起重要作用,随着高宽比的增加(即街谷变窄),东西侧壁面温差减小,水平风速比降低。根据街谷的温度分布和流动特征,研究进一步探究风力和热力的相对重要性,这里仅考虑风力和热力起协同作用的情形(图6.1.17a ~ b)。研究发现街谷内存在两种流动模式(图6.1.18a ~ c):对于街谷 $H/W=1,2,3$,当 B 分别小于临界值0.006,0.002和0.000 8时,风力起主导作用,$U_{0.25H}/U_{2H}$近似为常数(分别为0.26,0.17和0.12);而当 B 大于临界值时,即热力作用不可忽略时,$U_{0.25H}/U_{2H}$随 B 呈非线性增加,并且窄街谷($H/W=2,3$)比宽街谷($H/W=1$)增长更快,这表明此时窄街谷内的热浮力对通风的影响更为显著。

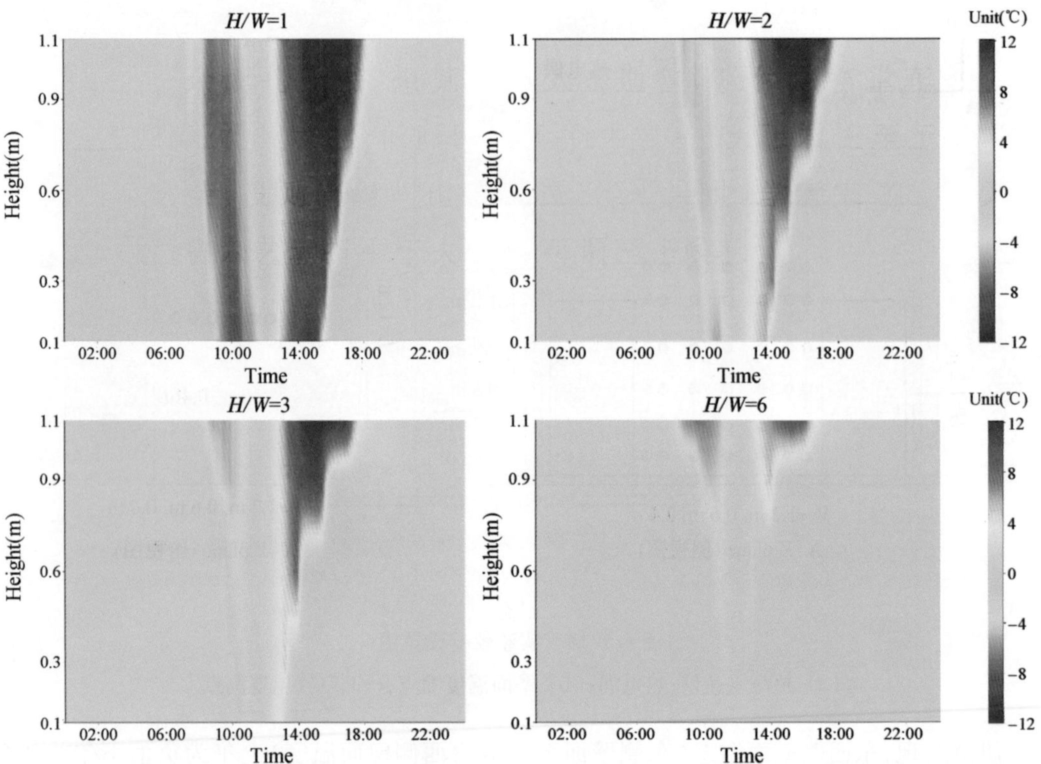

图 6.1.15　东西侧壁面温差图(以 2019 年 9 月 25 日数据为例)

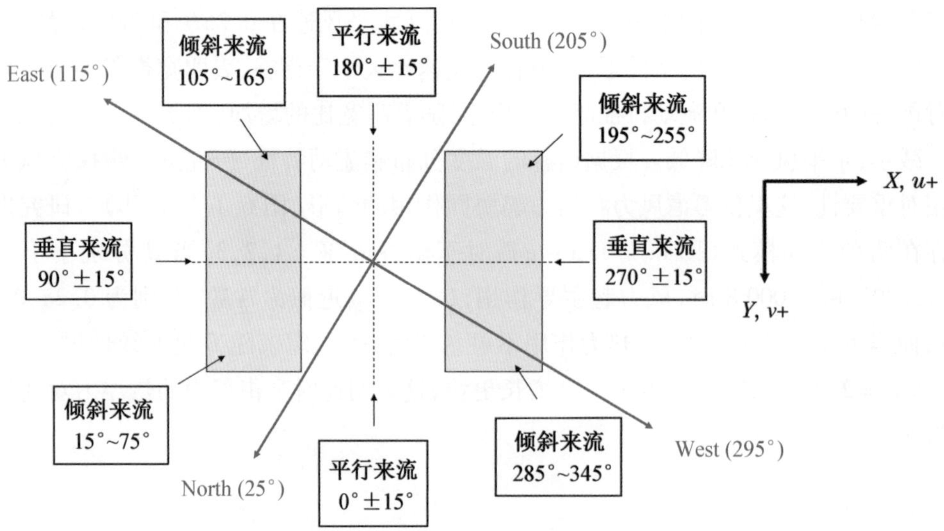

图 6.1.16　背景风来流方向:垂直、平行和倾斜

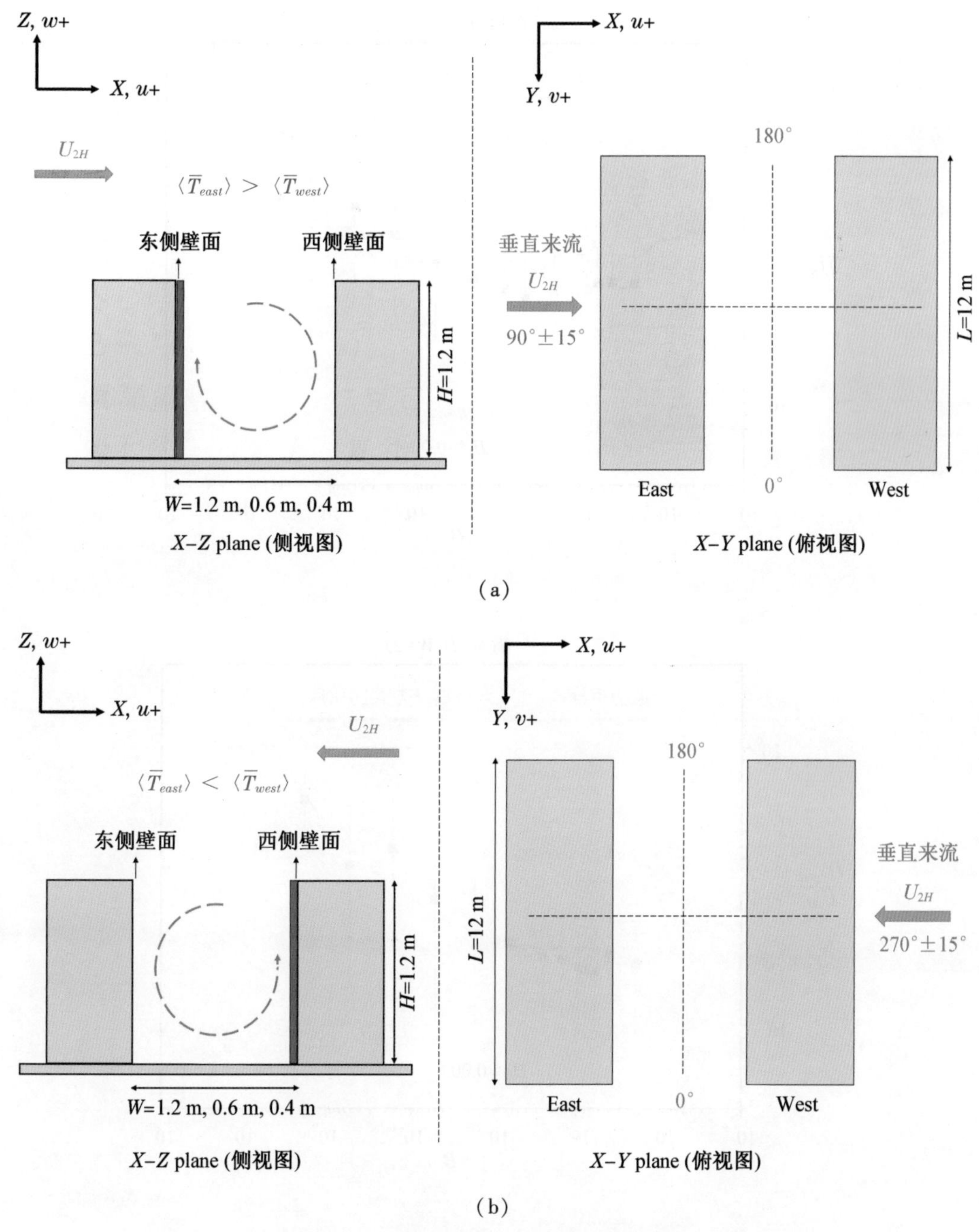

图 6.1.17 风力和热力起协同作用的情形

(a) 垂直来流(90° ±15°),东侧壁面温度高于西侧壁面;(b) 垂直来流(270° ±15°),西侧壁面温度高于东侧壁面

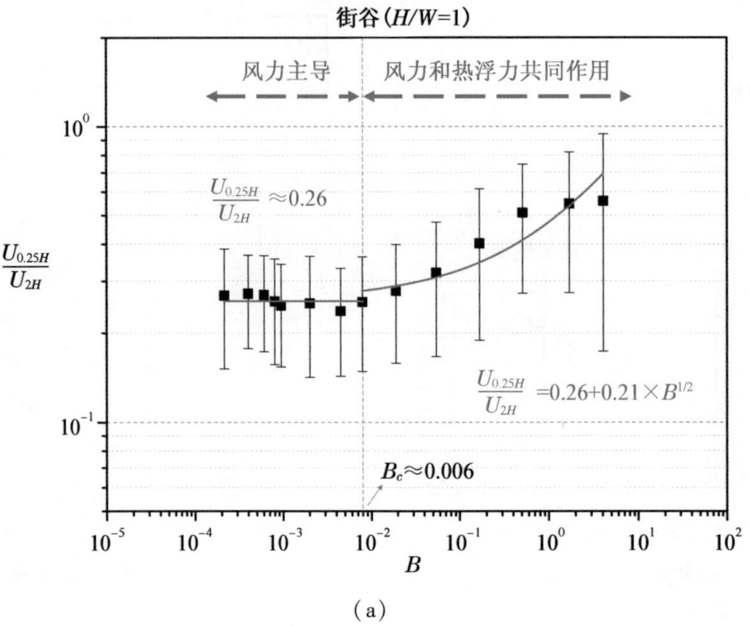
街谷(H/W=1)
风力主导
风力和热浮力共同作用
$\frac{U_{0.25H}}{U_{2H}}\approx 0.26$
$\frac{U_{0.25H}}{U_{2H}}=0.26+0.21\times B^{1/2}$
$B_c\approx 0.006$
$\frac{U_{0.25H}}{U_{2H}}$
B

(a)

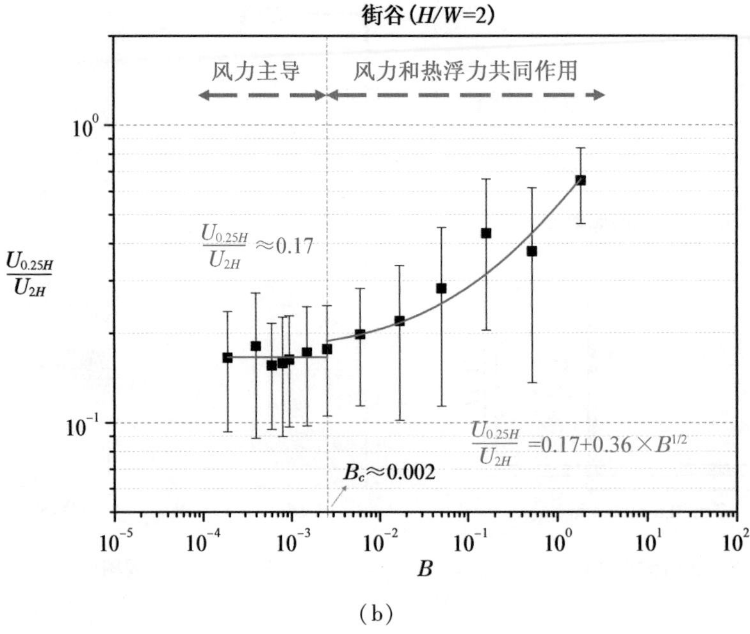
街谷(H/W=2)
风力主导
风力和热浮力共同作用
$\frac{U_{0.25H}}{U_{2H}}\approx 0.17$
$\frac{U_{0.25H}}{U_{2H}}=0.17+0.36\times B^{1/2}$
$B_c\approx 0.002$
$\frac{U_{0.25H}}{U_{2H}}$
B

(b)

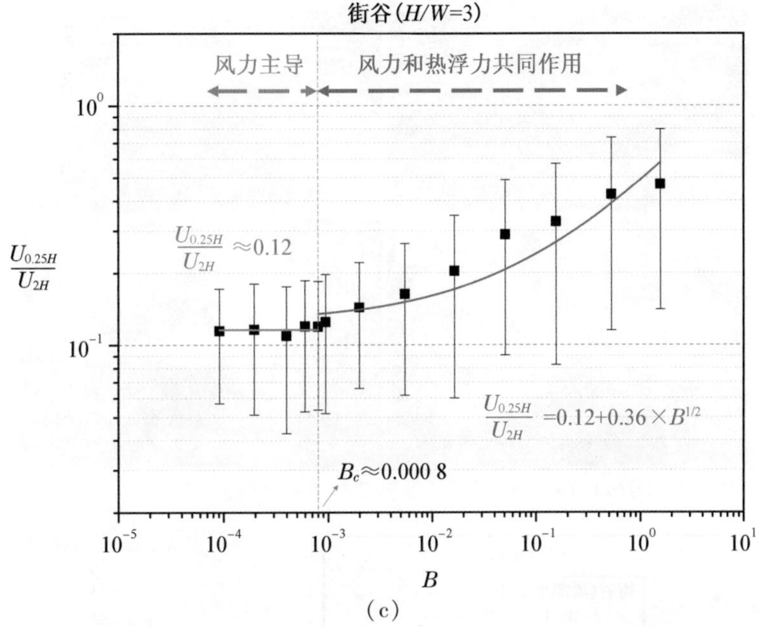

(c)

图 6.1.18　水平风速比 $U_{0.25H}/U_{2H}$ 和热浮力参数 B 的关系

(a) $H/W=1$;(b) $H/W=2$;(c) $H/W=3$

表 6.1.2　整个实验期间内,不同背景来流条件下的水平风速比 $U_{0.25H}/U_{2H}$

背景来流方向	$H/W=1$	$H/W=2$	$H/W=3$
垂直	0.21	0.15	0.10
倾斜	0.35	0.30	0.19
平行	0.55	0.50	0.36

Hang 和 Chen(2022)通过 SOMUCH 实验平台探究了不同高宽比街谷($H/W=1,2,3$ 和 6;高度 $H=1.2$ m)的辐射通量差异。如图 6.1.19 所示,研究人员采用四分量辐射计测量各高宽比街谷顶部平面(与屋顶等高)的辐射通量,包括入射短波辐射 $K_\downarrow$、反射短波辐射 $K_\uparrow$、入射长波辐射 $L_\downarrow$ 和出射长波辐射 $L_\uparrow$。实验测量时间为 2021 年 1 月 29 日至 2 月 28 日。

研究发现窄街谷的辐射捕获效应显著。如图 6.1.20 所示,街谷反照率(反射短波辐射 $K_\uparrow$ 与入射短波辐射 $K_\downarrow$ 的比值)呈 U 型日变化(即中午前后较小、早晚较大)。由于宽街谷的天空视角因子更大,$H/W=1$ 街谷能够反射更多的短波辐射,因而其反照率更大。以 11 点—13 点的平均反照率为例,$H/W=1,2,3$ 和 6 街谷的反照率分别为 0.11,0.06,0.05 和 0.03。此外,随着街谷高宽比增大,长波辐射损失减小,街谷净辐射通量增加($Q^* = K_\downarrow - K_\uparrow + L_\downarrow - L_\uparrow$)。如图 6.1.21 所示,$H/W=1$ 街谷的净辐射通量(Q^*)小于 $H/W=2,3$ 和 6 街谷,最大差值可达 80 W·m^{-2}左右。与 $H/W=1$ 街谷相比,$H/W=2,3$ 和 6 街谷的日均净辐射通量分别增加 11.41%,14.41% 和 19.40%。

图 6.1.19 SOMUCH 实验二维街谷及四分量辐射计

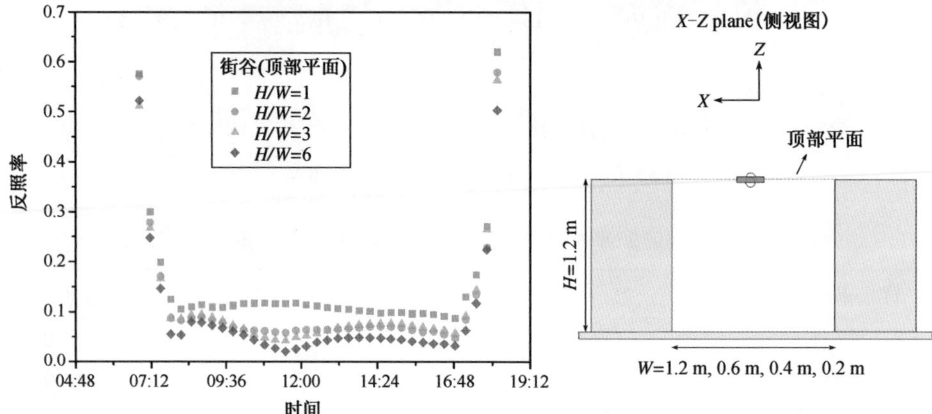

图 6.1.20 实验期间 $H/W=1,2,3$ 和 6 街谷反照率的中位数日变化

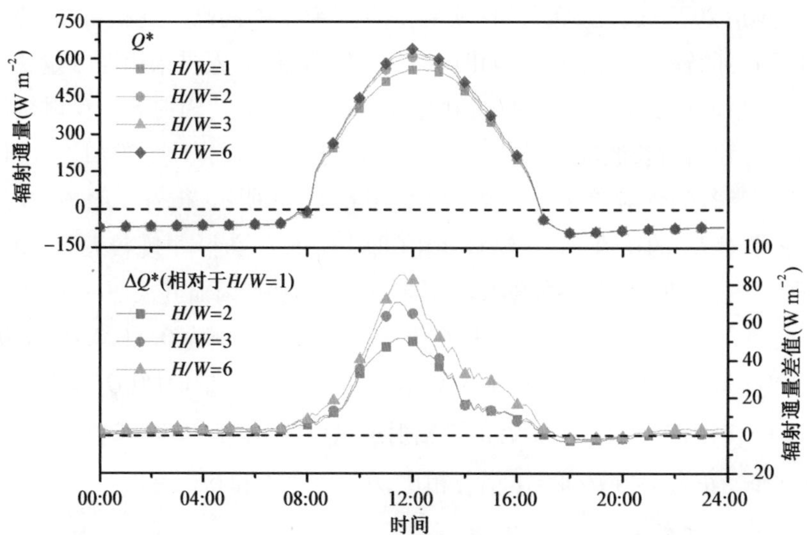

图 6.1.21 实验期间 $H/W=1,2,3$ 和 6 街谷净辐射(Q^*)的中位数日变化,以及不同高宽比街谷的净辐射差异(ΔQ^*)

6.2 绿化水体与冷性材料影响城市风热环境的缩尺实验研究

6.2.1 冷性材料

冷性材料(Cool Materials)被定义为高太阳反照率(Solar Reflectance)和高红外发射率(Thermal Emittance)的城市建筑材料(Santamouris et al., 2011)。在城市表面(建筑屋顶、外墙、路面等)使用冷性材料有利于减少建筑吸热储热以及建筑表面热对流强度及室内室外的热传导速率,从而降低建筑表面温度和空气温度,减少建筑能耗,提高室内室外的空间舒适度(Bretz et al., 1997)。目前常见的冷性材料主要分为两大类,屋顶冷性材料包括改性沥青、冷性涂层、部分金属、瓷砖和改良瓦片;道路冷性材料包括改性沥青、混凝土以及浅色碎石(Santamouris et al., 2011),其中,由于冷性涂层可推广性高,改造难度小和效果显著,被许多学者认为是未来缓解城市热岛现象最有效的方法之一(Akbari et al., 2009)。

相比较一些应用植被的绿色屋顶(Green Roof)和地面的绿色植被,采用冷性涂层的反射性屋顶和路面的优势在于经济成本更低(Savio et al., 2006);在单一变量的前提下,后者能更大幅度提高反照率,增加建筑表面降温效益,从而使其能更有效地缓解城市热岛效应;当以城市峰值感热通量作为热岛程度指标时,在高温期间,反射性屋顶的热岛缓解潜力明显高于绿色屋顶(Takebayashi et al., 2007; Scherba et al., 2011);且反射性屋顶老化的维护更为简单,使用冷性涂层的屋顶反照率在第一年平均下降0.15,但清洗后可以恢复到其初始值的90%左右(Bretz et al., 1997)。Levinson 等(2007)对比分析了四种涂层(白色、黑色、普通、冷性涂层)混凝土瓦的屋顶对建筑空调能耗的影响。Morini 等(2017)测试了三种缩尺街区模型对等效反照率的影响。

缩尺尺度外场实验是城市气候参数化实验研究的有效方法。在缩尺尺度外场实验中可同时考虑城市几何形态参数与城市表面应用冷性材料等对城市热环境的综合定量影响(Doya et al., 2012),但是该类研究非常有限,且主要集中于中低密度街区模型,目前依然缺乏中高密度城市模型的该类缩尺实验研究。SOMUCH 研究在 2021 年 8 月到 10 月探究中高密度($\lambda_p=0.44$, $H/W=4.8$)三维城区内不同涂层模式(高、低反照屋顶涂层,侧壁涂层,全涂层(屋顶+侧壁))对区域热环境的定量影响(图6.2.1)。实验中设置了3个5×5建筑群,分别为无涂层组,白色涂层组,黑色涂层组;在实验区域左右两端布置了两个自动气象站($z=2.4$ m)记录背景气象条件,利用中心建筑上方的四分量辐射计计算建筑群区域整体反照率α_s,同时,通过热电偶记录中心建筑表面及周围环境温度变化。研究发现,涂层模式显著影响三维城区的热和辐射环境:侧壁涂层对整体反照率的影响小于屋顶涂层,但相较于屋顶涂层,高反照侧壁涂层能显著降低白天建筑侧壁温度,尤其是壁面上方;同时,通过对比屋顶涂层和全涂层(屋顶+侧壁)模式下的屋顶温度变化,我们发现增加高(低)反照侧壁涂层能够增加屋顶降温(升温)幅度。此外,仅使用高反照侧壁涂层时,街谷中下方空气温度并无显著变化,但叠加高反照屋顶涂层,我们发现街谷中下方空气温度降温幅度和降温时间显著增加。高反照全涂层(屋顶+侧壁)模式下带来的降温增益在部分参量上(街谷空气温度,侧壁温度,整体反照率)表现优于高反照屋顶涂层及侧壁涂层两者的叠加。

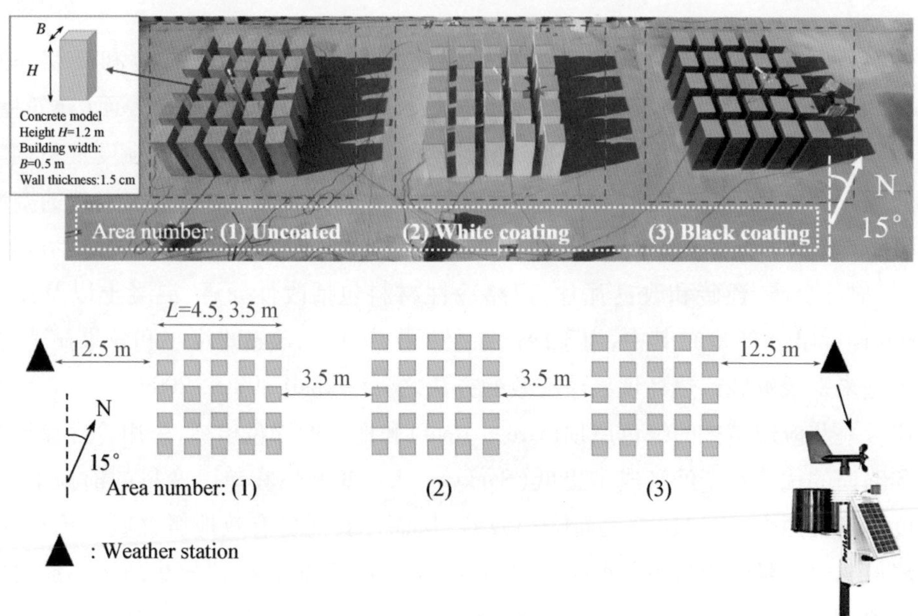

图 6.2.1 SOMUCH 冷涂层实验三维城区示意图

6.2.2 城市绿化

缩尺尺度外场实验是城市气候参数化实验研究的有效方法。在缩尺尺度外场实验中可同时考虑城市几何形态参数对风热环境的综合影响。但是,由于植被绿化的形态和材料比城市结构(例如立方体,砖块或圆柱体)复杂得多,因此很少有研究应用缩尺尺度外场实验来研究各种绿化参数的风热效应,且已有的研究主要集中于低密度城市模型和单一绿化参数,目前依然缺乏中高密度城市模型的该类缩尺实验以研究建筑形态和绿化的热力耦合影响机理。

与城市绿化风热机理相关的缩尺尺度实验研究实际上是从风洞尺度的物理模型发展而来的。Spronken-Smith 等(2000)和 Taleghani 等(2014)开发了室内风洞尺度的城市公园、绿色屋顶和庭院的模型。

这些室内的风洞尺度模型大多使用探照灯等模拟太阳辐射,或者使用人造的绿化设置,无法复制真实的气象条件,也忽略了绿化的蒸发蒸腾等作用。于是,为了解决上述问题,Zhao 等(2018)和 Park 等(2012)开始将绿化的缩尺尺度研究应用于室外环境。

Chen 等人(2021)在广州利用 800 个高度 1.2 m 的混凝土立方体建造了一个缩尺尺度室外街谷模型(比例 1:15,高 1.2 m,图 6.2.2)。二维街谷模型中可同时研究三种街谷高宽比

(AR = H/W = 1,2,3),对应三种街谷宽度(W = 1.2 m,0.6 m,0.4 m),每种高宽比有 6 个相同街谷并列存在,其中 3 个为实验街谷,包含 1 个无树的对照街谷和 2 个具有不同绿化配置的实验街谷,可在相同而真实的气象条件下同时进行街谷高宽比、有无街道绿化、不同绿化类型的对比性实验。整个街谷和树木模型的比例被设计为广州典型居住区中对应对象的 1/15。实验期为 2019 年 10 月和 11 月,由于广州属亚热带气候,此时气温较高,降雨很少,因此可以连续稳定地进行数据测量,以确保数据的高质量和可靠性。

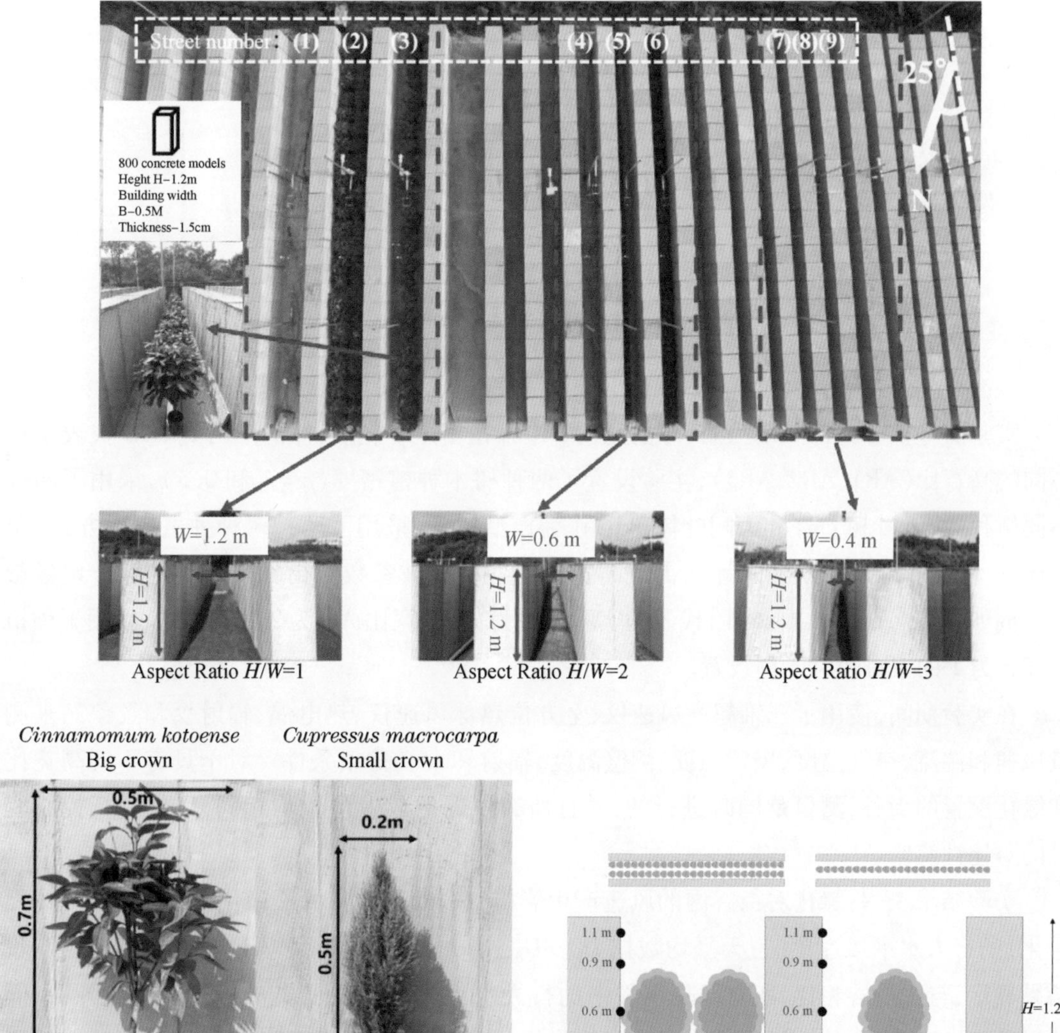

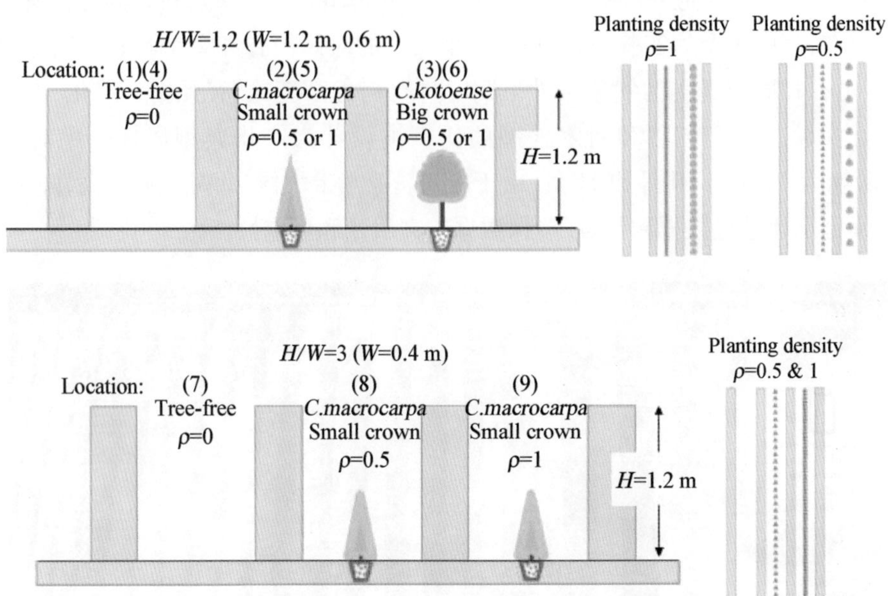

图 6.2.2 Chen 等(2021)的室外缩尺尺度城市建筑和绿化模型

实验的每种方案都表示为 case[高宽比 AR-种植密度 ρ-树种-种植排列 r],AR 代表三种不同的高宽比(AR1,AR2,AR3),实验设置了两种树木种植密度($\rho=1$ 和 0.5),采用了两种不同树种(小针叶树 cms 和大阔叶树 ckb)作为模型树木,采用了两种树种种植排列方式(单排树 r1 和双排树 r2),从而来评估街道高宽比和各种植被参数对街谷热环境的综合定量影响。例如,case[AR2-ρ1-Cms-r1]代表的实验设置为:在高宽比 AR 为 2 的街谷中,采用了种植密度 ρ 为 1 的单排小针叶树设置。

在实验期间,使用了三维超声风速仪、全方位热球风速仪、热电偶、辐射仪和气象站来测量风速和湍流、空气温度、黑球温度、侧壁温度、辐射和大气背景条件。对于具有不同高宽比和绿化配置的街谷,测量是同时进行的,并且所有仪器的放置位置均相同,以便进行控制变量的对比性实验。

实验结果表明:绿化对街谷内的风速产生影响:表 6.2.1 展示了绿化街谷与空街谷(无绿化)的行人水平风速比(三天平均数据 $U_{tree}/U_{tree\text{-}free}$,$z=0.2\ m=0.17H$)。实验的风速测量结果显示,与空街谷相比,所有绿化街谷中的行人水平风速降低了 29% ~70%。此外,不同的树种、种植密度和种植排列也会影响风速降低的多少。当 $H/W=1$、2 时,虽然阔叶树的树冠更大,但是针叶树的树冠更接近行人高度,所以更有效地降低了行人风速。在 $H/W=2$ 的街谷中,树木对风速的减弱比 $H/W=1$ 更大,从而导致风速较小。此外,当 $H/W=3$ 时,小冠针叶树仅使风速降低 29%,因为街道较窄,空街谷中的风速本就较小,树木的影响不明显。实验结果也表明,相同的树种在不同高宽比的街道中会对风速产生不同的影响。而若在街谷内增加绿化覆盖率,如增加树木种植密度或者种植双排树木,则会导致风速的显著降低。

表 6.2.1 各绿化街谷的 3 天平均风速与参考空街谷的平均风速之比(即 $U_{tree}/U_{tree\text{-}free}$，$z=0.2\ m=0.17H$)(Group Ⅰ:改变高宽比和树种;Group Ⅱ:改变高宽比和种植密度;Group Ⅲ:改变种植密度和种植排列)

算例名称 Group Ⅰ	风速比	算例名称 Group Ⅱ (小锥冠针叶树)	风速比
[AR1-ρ1-Cms-r1]	0.42	[AR1-ρ1-Cms-r1]	0.42
[AR1-ρ1-Ckb-r1]	0.59	[AR1-ρ0.5-Cms-r1]	0.56
[AR2-ρ1-Cms-r1]	0.30	[AR2-ρ1-Cms-r1]	0.30
[AR2-ρ1-Ckb-r1]	0.32	[AR2-ρ0.5-Cms-r1]	0.62
[AR3-ρ1-Cms-r1]	0.71	[AR3-ρ1-Cms-r1]	0.65
		[AR3-ρ0.5-Cms-r1]	0.71
算例名称 Group Ⅱ (大圆冠阔叶树)	**风速比**	**算例名称 Group Ⅲ**	**风速比**
[AR1-ρ1-Ckb-r1]	0.59	[AR1-ρ1-Ckb-r1]	0.63
[AR1-ρ0.5-Ckb-r1]	0.69	[AR1-ρ1-Ckb-r2]	0.30
[AR2-ρ1-Ckb-r1]	0.32	[AR1-ρ0.5-Ckb-r1]	0.70
[AR2-ρ0.5-Ckb-r1]	0.53	[AR1-ρ0.5-Ckb-r2]	0.48

不同树种和高宽比对建筑侧壁温度 T_w 和行人区空气温度 T_a 的影响:图 6.2.3 显示了空街谷和绿化街谷在不同高度($z=0.1,0.3,0.6,0.9,1.1$ m)处侧壁温差(ΔT_w)的日变化(改变 H/W 和树种)。在白天(7:00—18:00),当 $H/W=1,2$ 时,大树冠阔叶树在低层墙壁($z=0.1$ m,0.3 m)中提供了显著而持久的遮阴效果(图 6.2.3d,e)。低层 T_w 的平均减少量和最大减少量分别为 $H/W=1$ 时 1.5 ℃和 9.4 ℃,$H/W=2$ 时 1.5 ℃和 6.1 ℃。但对于小树冠针叶树的街谷而言,当 $H/W=1,3$ 时,低层 T_w 没有显著的下降,在 $H/W=2$ 的街谷中,低层 T_w 的冷却效果最明显,T_w 最大减少仅约 3.5 ℃。小树冠树所带来的建筑侧壁冷却时间也很短(图 6.2.3b),因为它无法为建筑表面提供明显的遮阴效果。此外,$H/W=3$ 的街谷 SVF 最低,T_w 主要受建筑物阴影的影响,而树木的影响可忽略。

在白天,与空街谷相比,树木还会导致建筑高层的 T_w 升高。这种现象在带有大圆冠阔叶树的街谷中最为明显(图 6.2.3d,e),大树冠树使得高层平均 T_w 升高 1.7 ℃($H/W=1$)和 0.8 ℃($H/W=2$)。这种变暖作用主要集中在树冠上方(高于 0.6 m)。因此,从树冠反射的太阳辐射可能会影响建筑物的高层墙壁,从而增加高层 T_w。由于难以在实际建筑物中安装仪器,这种高水平的变暖现象很少在真实城市实验中得到验证,但是这个变暖现象可能会显著影响建筑物墙壁与周围环境之间的热交换过程。

在夜间(18:00—7:00),当 $H/W=1,2$ 时,两种树种都会对低层侧壁造成增暖作用(图 6.2.3a,b,d,e),这是由树木对长波辐射的阻挡作用和对流传热的降低所致。值得注意的是,当 $H/W=1,2$ 时,大圆冠阔叶树街谷的夜间高层 T_w 比无树街谷略低(图 6.2.3d,e)。该结果也侧面证实了由街道释放的长波辐射被树冠遮挡并且不能到达高层墙壁。随着 H/W 的增加,这种夜间变暖效果会减弱,这是因为较窄的街道($H/W=2,3$)在白天存储的热量较少,而在夜间释放的长波辐射较少。

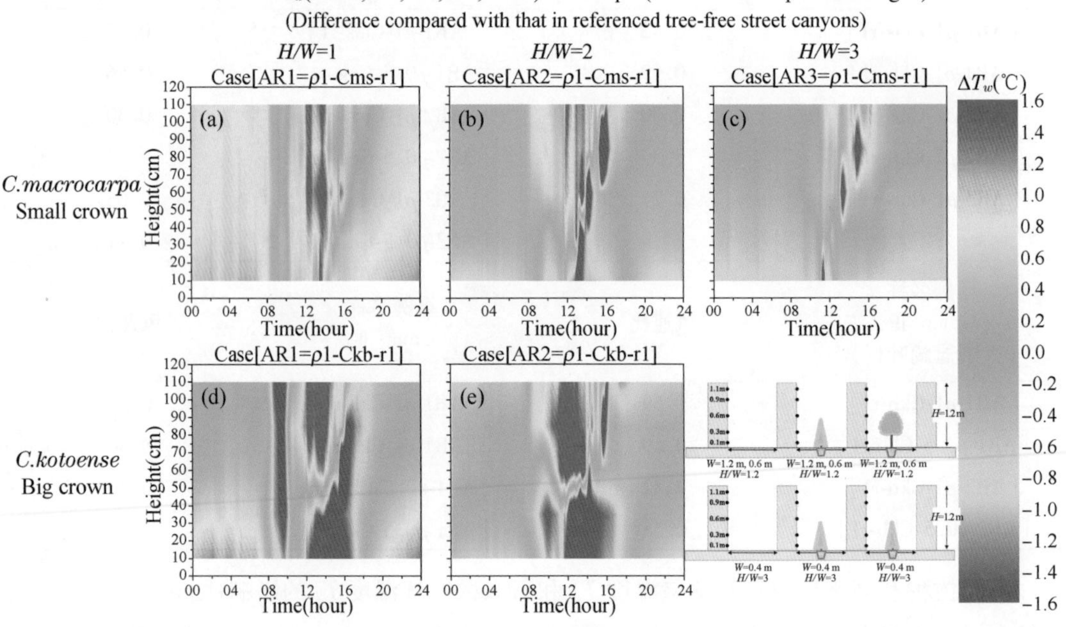

图 6.2.3 各种高度($z=0.1,0.3,0.6,0.9,1.1$ m)绿化街谷侧壁温度与空街谷侧壁温度之差 ΔT_w 日变化。(a) $H/W=1$,小锥冠针叶树;(b) $H/W=2$,小锥冠针叶树;(c) $H/W=3$,小锥冠针叶树;(d) $H/W=1$,大圆冠阔叶树;(e) $H/W=2$,大圆冠阔叶树(所有模型都具有相同种植密度($\rho=1$)和种植排列(单排树),选择日期:2019 年 11 月 3 日)

图 6.2.4 展示了空街谷和绿化街谷在行人高度($z=0.1$ m)处空气温差(ΔT_a)的日变化(改变 H/W 和树种)。在白天,当 $H/W=1$ 和 $\rho=1$ 时,大圆冠阔叶树降低了行人高度的 T_a,ΔT_a 的最低值在 12:00 时可达到 -0.8 ℃(图 6.2.4)。然而,小锥冠针叶树却增加了白天的 T_a,当 $H/W=1$ 时,ΔT_a 的峰值(12:00)为 0.4 ℃,因为小树冠无法提供足够的遮荫效果,但仍然削弱了街谷内的通风,所以大树冠树可以降低行人区空气温度,而小树冠反而增加行人区的空气温度。晚上,两种树种都阻挡了街道释放的长波辐射,当 $H/W=2$ 时,对 T_a 略有增暖作用(约 1.0 ℃),而 $H/W=1$ 的街谷则通风较好,夜间变暖效果并不明显。

不同种植密度和高宽比对建筑侧壁温度 T_w 和行人区空气温度 T_a 的影响:图 6.2.5 显示了空街谷和绿化街谷(大圆冠阔叶树)在不同高度($z=0.1,0.3,0.6,0.9,1.1$ m)处侧壁温差(ΔT_w)的日变化(改变 H/W 和种植密度)。大圆冠阔叶树的 ρ 从 1 降低到 0.5 后低层侧壁的 ΔT_w 低于 0.5 ℃,显然降低种植密度会显著减弱低层侧壁的冷却效果(图 6.2.5),并缩短冷

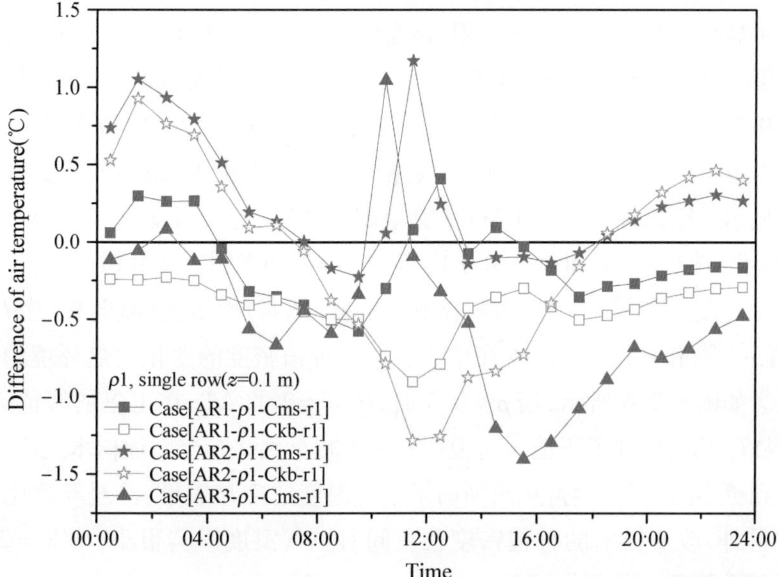

图 6.2.4　当 $H/W=1,2,3$ 时，$z=0.1$ m（行人高度）的 ΔT_a 日变化（ΔT_a：绿化街谷空气温度与空街谷空气温度之差，所有算例都具有相同的种植密度（$\rho=1$）和种植排列（单排树），选择日期：2019 年 11 月 3 日）

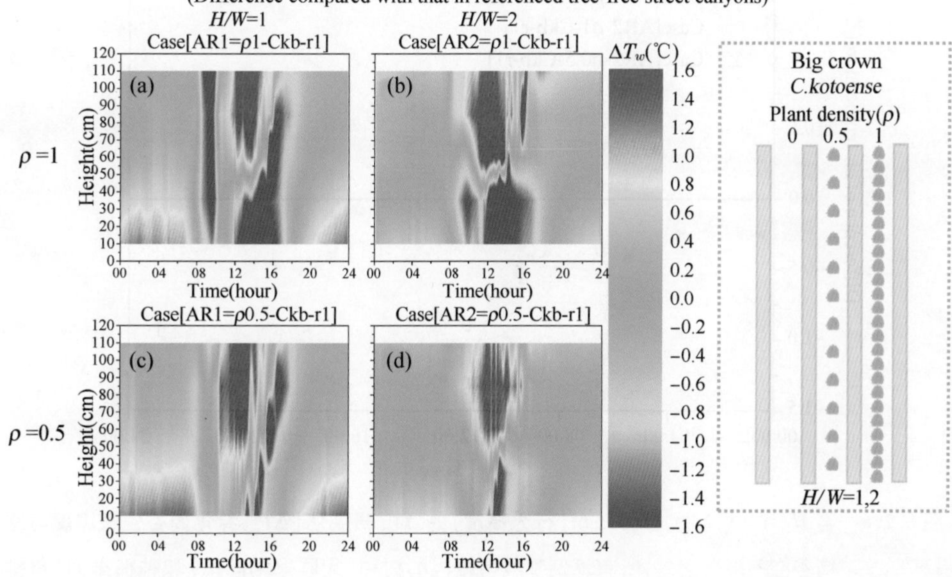

图 6.2.5　各种高度（$z=0.1,0.3,0.6,0.9,1.1$ m）的 ΔT_w 日变化。（a）$H/W=1,\rho=1$；（b）$H/W=2,\rho=1$；（c）$H/W=1,\rho=0.5$；（d）$H/W=2,\rho=0.5$（ΔT_w：绿化街谷侧壁温度与空街谷侧壁温度之差，所有算例都具有相同的树种（大圆冠阔叶树）和种植排列（单排树））

却持续时间(仅在13:00和15:00之间)。这表明$\rho=0.5$的大圆冠阔叶树不足以为墙壁提供连续的遮阴,更多的太阳辐射可以到达低层墙壁,从而减弱了冷却效果。但是,大圆冠阔叶树的ρ并不会明显减弱侧壁高层变暖作用,该变暖作用的持续时间类似于$\rho=1$,甚至覆盖了更大的高度范围。该结果意味着$\rho=0.5$时大树冠树依然反射大量的太阳辐射。在夜间,与$\rho=1$相比,$\rho=0.5$的大圆冠阔叶树有更强的低层侧壁增温效果($H/W=1$和2时为1.0 ℃和0.4 ℃)(图6.2.5c~d),可能是由于白天街道接收到的辐射更多,储存了更多的热量。

图6.2.6显示了空街谷和绿化街谷(大圆冠阔叶树)在行人高度($z=0.1$ m)处的空气温差(ΔT_a)的日变化(改变H/W和种植密度)。对于$\rho=1$的大圆冠阔叶树而言,日循环分析表明(图6.2.6),ΔT_a随着早晨(下午)太阳辐射的增强(减弱)而增强(减弱)。当$H/W=1$和2时,ΔT_a最小值-1 ℃和-1.4 ℃出现在中午。所以种植密度的变化对热环境的影响可能主要发生在白天。如图6.2.6所示,当$\rho=0.5$时,$H/W=2$的ΔT_a在正午的峰值为-0.3 ℃,而$H/W=1$的ΔT_a甚至出现了正值。这说明ρ从1减小到0.5会增加树木之间的空间,导致行人水平接收到更多的太阳辐射,从而削弱了空气温度的冷却效果,甚至导致比空街谷还高的空气温度。另外,改变树木的种植密度在夜间对空气温度影响很小,$H/W=2$的街谷中,$\rho=0.5$和1的绿化设置都仍保持增温效果。

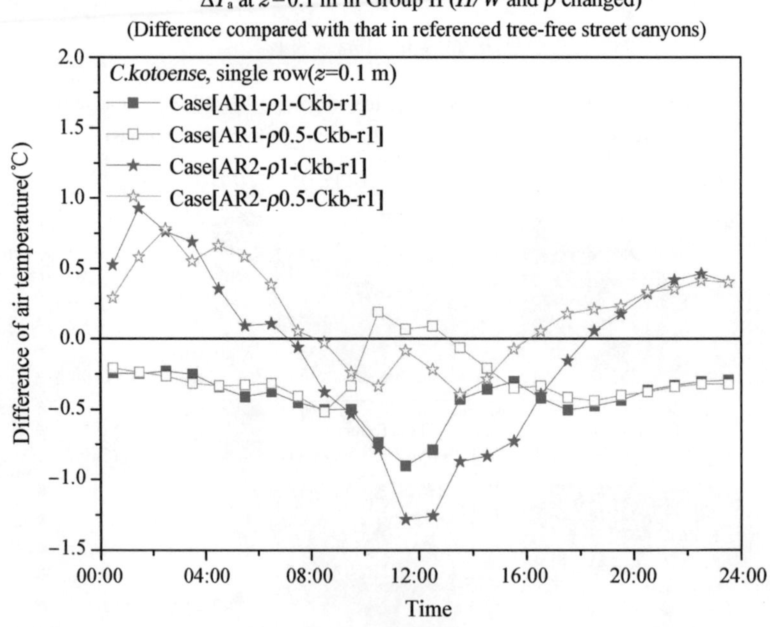

图6.2.6 当$H/W=1,2$时,$z=0.1$ m(行人高度)的ΔT_a日变化(ΔT_a:绿化街谷空气温度与空街谷空气温度之差,所有算例都具有相同的树种(大圆冠阔叶树)和种植排列(单排树),选择日期:2019年11月3日)

街道绿化对街谷反射率和街谷上层空间的影响:在比较双排树和单排树的侧壁温度之

后，研究人员同样在街谷侧壁高层（树木冠层以上）发现了一个增温区域，因此对街谷的反射率和上层的空气温度进行了测量，试图从辐射角度解析这一现象。图6.2.7展示了街谷的反照率，以及当 $H/W=1$ 时空街谷与绿化街谷（大圆冠阔叶树）在高层（$z=0.9$ m）空气温差（ΔT_a）的日变化（图6.2.7，改变种植排列和种植密度）。街谷的反照率不是一个单个数值，而是数值范围，由于太阳的移动，它通常显示出典型的碗状曲线。如图6.2.7a所示，空街谷的反照率在中午处于最小值，并随着太阳高度的降低而增大。较窄的街谷具备较小的反照率，$H/W=1,2,3$ 的街谷反照率平均值约为0.15，0.13和0.11。

此外，街谷内树木的辐射过程很复杂，因为它包含树木和街谷表面的多重反射和散射辐射。图6.2.7b展示了 $\rho=1$ 时空街谷和具有双行树和单行树植物街谷的反照率。当 $H/W=1$ 和 $\rho=1$ 时，相比于空街谷，树木会稍微增加街谷的反照率，尤其是在正午时。而空街谷、$\rho=1$ 的双行树街谷和单行树街谷的平均反照率分别为0.14，0.16和0.15。将 ρ 从1降低到0.5后，绿化街谷的反照率仍然高于空街谷的反照率（图6.2.7c）。空街谷、$\rho=0.5$ 的双行树街谷和单行树街谷的平均反照率分别为0.15，0.18和0.16。上述结果表明，树木反射的太阳辐射增加了街谷的反照率，这是解释高层侧壁变暖效应的关键原因。与空街道相比，研究人员还发现了白天的绿化街道中高层气温会有一定升高（图6.2.7d）。双行树（$\rho=1$）街谷的高层空气温度比单行树（$\rho=0.5$）高大约2.5 ℃，这也表明较高的植物覆盖度导致了更多的辐射反射。

综上所述，该缩尺尺度绿化外场实验的结果证实了缩尺尺度外场实验的可行性，表明街区建筑形态与绿化参数对城市风热环境具有重要影响，同时也可以为能量平衡模型与数值模拟提供实验验证与数据支持，对可持续性城市气候规划有科学意义。

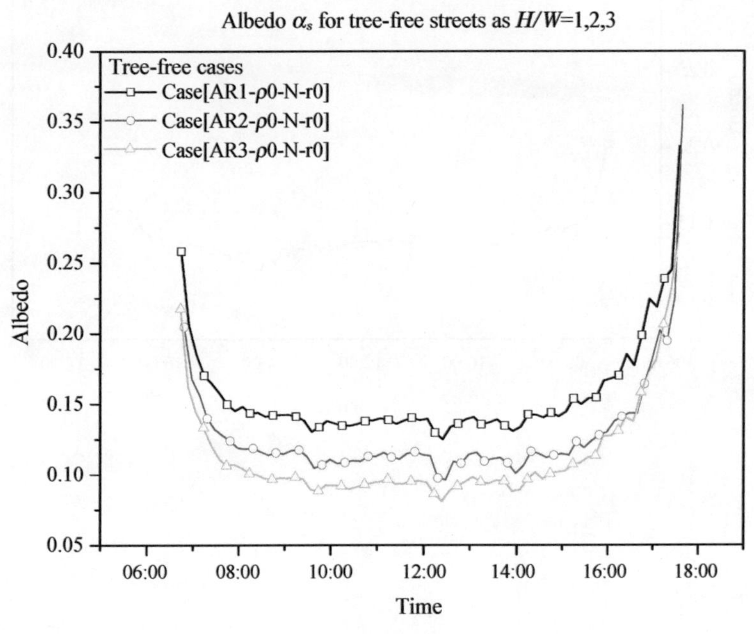

（a）

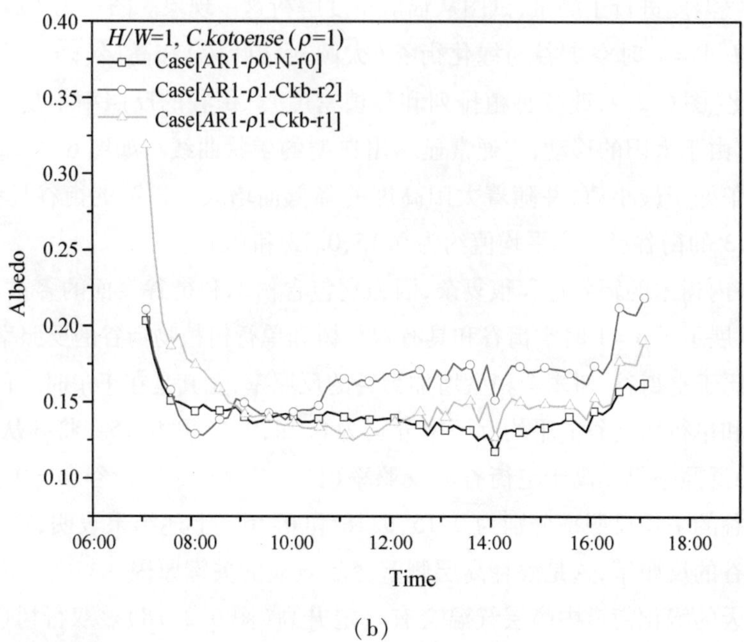
0.40
0.35
0.30
0.25
0.20
0.15
0.10
Albedo
H/W=1, C.kotoense (ρ=1)
Case[AR1-ρ0-N-r0]
Case[AR1-ρ1-Ckb-r2]
Case[AR1-ρ1-Ckb-r1]
06:00
08:00
10:00
12:00
14:00
16:00
18:00
Time

(b)

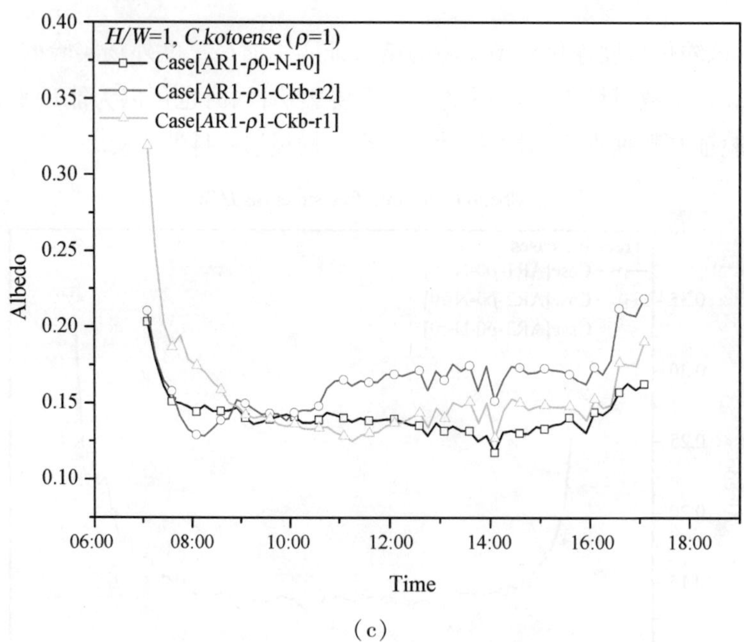
0.40
0.35
0.30
0.25
0.20
0.15
0.10
Albedo
H/W=1, C.kotoense (ρ=1)
Case[AR1-ρ0-N-r0]
Case[AR1-ρ1-Ckb-r2]
Case[AR1-ρ1-Ckb-r1]
06:00
08:00
10:00
12:00
14:00
16:00
18:00
Time

(c)

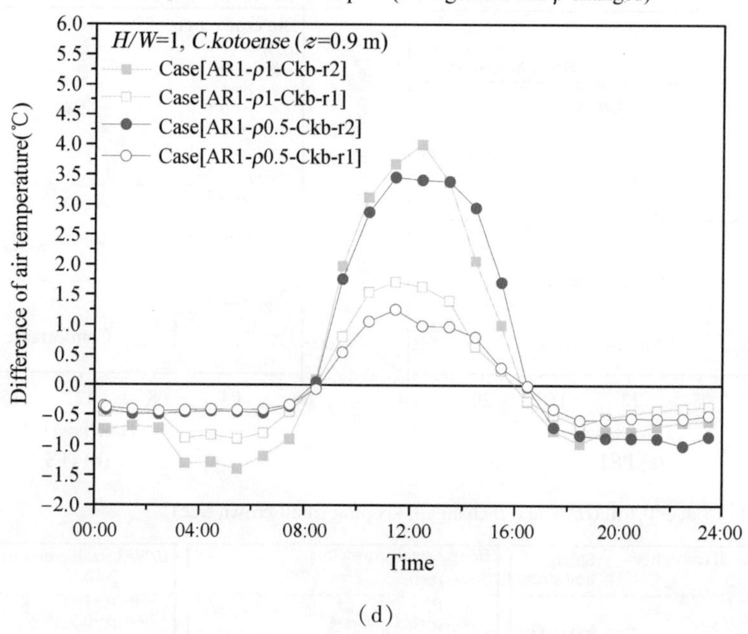

(d)

图 6.2.7 (a) 具有不同高宽比($H/W=1,2,3$)的无树街谷的反照率 α_s;当 $H/W=1$ 时,空街谷和有树街谷(双排树和单排树)的反照率 α_s 比较(b) $\rho=1$;(c) $\rho=0.5$;(d) 当 $H/W=1$ 时,有树街谷(双排树和单排树;$\rho=1$ 和 0.5)和空街谷在 $z=0.9$ m 高度的空气温度之差 ΔT_a(所有算例都具有相同的树种(大圆冠阔叶树),选择日期:2019 年 11 月 3 日)

Chen 等(2021)的另一项研究表明城市树木可以缓解城市居民的热应激(图 6.2.8)。在数值模拟和城市实地观测实验中,很难定量评估植树和街道布局对视觉和热舒适度的综合影响。Chen 等(2021)在广州进行了缩尺外场实验,以研究不同纵横比($H/W=1,2,3$;$H=1.2$ m)街道峡谷中植树对行人视觉和热舒适度的影响。实验中考虑了树冠覆盖(大树冠和小树冠)和植树密度($\rho=1,0.5$)对行人照度水平和生理等效温度(PET)和热应力指数(ITS)的影响。

当 $\rho=1$ 时,树木在大多数情况下会降低行人照度(最大 140.0 klux)并提高视觉舒适度。将 ρ 从 1 减小到 0.5 会增加有大树冠的街道($H/W=1,2$)和有小冠树的街道($H/W=2$)的照度(最大 179.5 klux)。当 $\rho=1$($H/W=1,2$)时,大冠树降低了峰值白天 PET(约 4.0 ℃)和 ITS(约 285 W)。小树冠树($\rho=1$)在 $H/W=1,2$ 的街谷中会增加了白天的 PET 峰值达 2.0~3.0 ℃,但在 $H/W=2,3$ 时会降低 ITS。种植密度 ρ 从 1 降低到 0.5 时,在 $H/W=1,2$ 的街谷中,大冠树两个指数峰值均增加。小树冠树不同的种植密度($\rho=0.5$ 和 $\rho=1$)在各种高宽比的街谷中表现出相似的 PET 日循环,但在种植密度 $\rho=0.5$、街谷高宽比 $H/W=2$)时,ITS 的白天减少效果较差。PET 和 ITS 之间的差异是由它们对辐射通量的不同处理方法导致的。街谷越窄,光照度、PET 和 ITS 越小,这 3 个量由种植密度导致的增加只发生在窄街谷中。

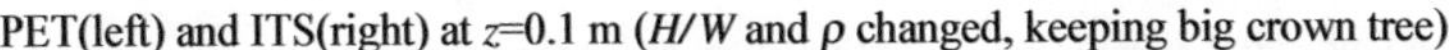

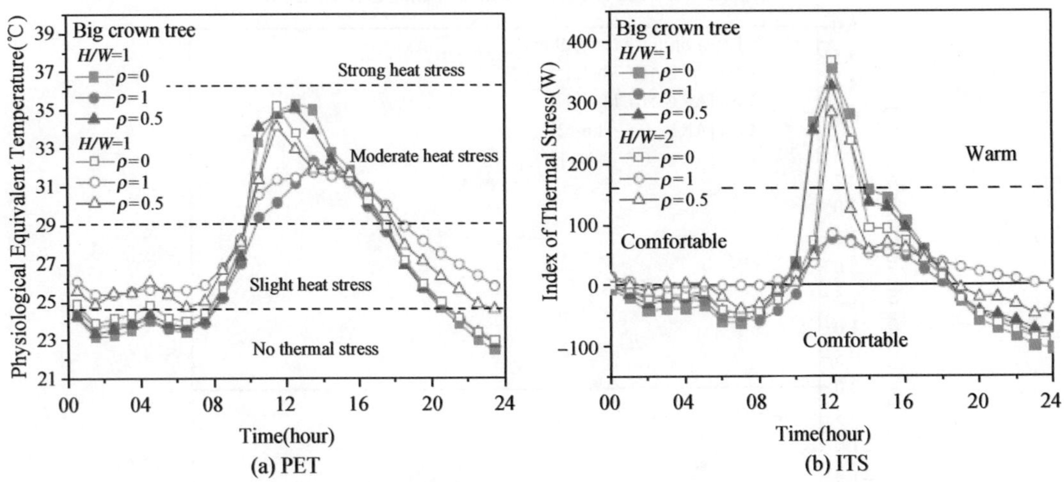

PET and ITS at z=0.1 m (H/W and ρ changed, keeping small crown tree)

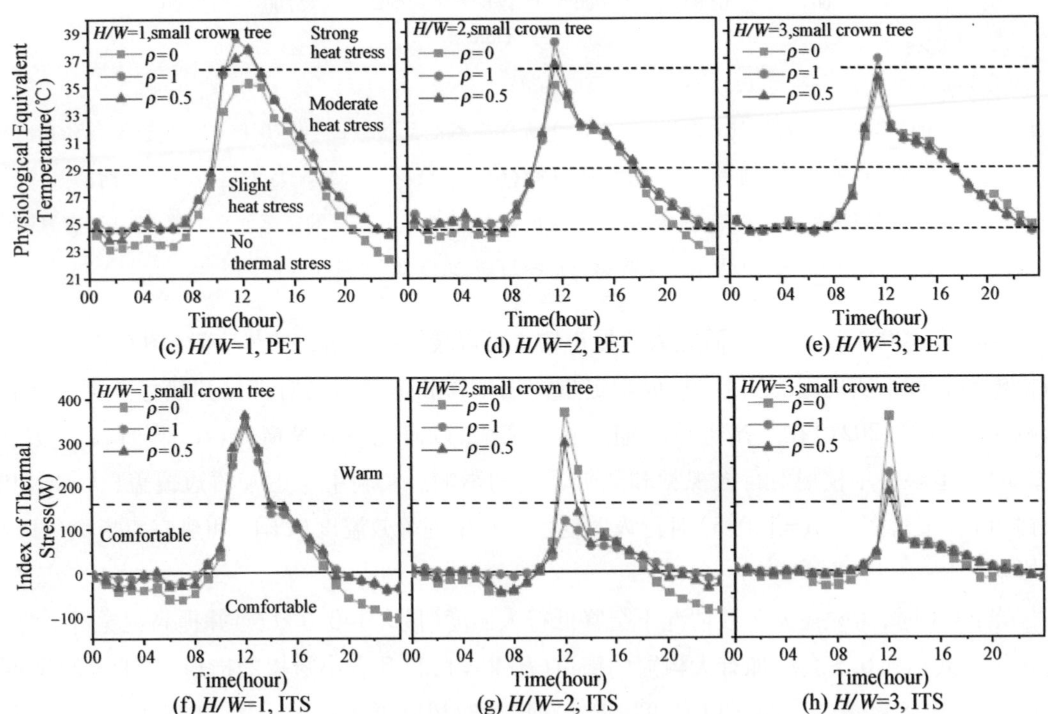

图 6.2.8 空街谷($\rho=0$)和大冠树街谷($\rho=1$ 和 0.5)行人高度处 PET 和 ITS 的日变化:(a) $H/W=1,2$(PET);(b) $H/W=1,2$(ITS);小冠树不同的种植密度($\rho=1$ 和 0.5):(c) $H/W=1$(PET);(d) $H/W=2$(PET);(e) $H/W=3$(PET);(f) $H/W=1$(ITS);(g) $H/W=2$(ITS);(h) $H/W=3$(ITS)

总结来说,此热舒适和光舒适的研究揭示了如下规律:① 当 $\rho=1$ 时,大小树冠树均可有效降低行人区照度(最大降低 140 klux),从而提高视觉舒适度。然而,小冠树所在的宽街谷

($H/W=1$)仍保持较高的照度;② 降低种植密度后,由于空间更宽敞,在有大冠树的街道($H/W=1,2$)和有小冠树的街道($H/W=2$)中,行人区照度显著增加(最大 180 klux);③ 当种植密度$\rho=1$时,大冠树可以有效降低$H/W=1,2$街谷的行人区日间 PET(最高 4.0 ℃)和 ITS(最高 285 W),相比之下,小树冠对于$H/W=1,2$的街谷会产生增暖效应,对于$H/W=2,3$街谷会产生降温效应。当$H/W=2$时,大冠树和小冠树所在街谷的夜间 PET 和 ITS 均增加;④ 把种植密度ρ从 1 降低到 0.5 后,大树冠树在白天使 PET 和 ITS($H/W=1,2$)增加,从而降低行人区的热舒适度。对于不同高宽比的街谷,小树冠树在$\rho=0.5$和$\rho=1$之间在白天表现出相似的循环曲线。然而,当$\rho=0.5$($H/W=2$)时,白天 ITS 的减少不太明显;⑤ 街谷高宽比是改研究的重点,街道越窄,光照度、PET 和 ITS 越低。由于狭窄街谷中,墙壁遮阴是更主导的因子,由种植密度降低引起的光照度、PET 和 ITS 的增加现象也只出现在狭窄街谷中。例外的是种植密度$\rho=1$的大冠树街谷,其白天的降温效果主要受树冠影响,不受街道纵横比的影响。

6.2.3 城市水体蒸发

除绿化蒸散发以外,过去二十年中对于缩尺尺度下城市冠层蒸散发平衡的研究主要关注于两个方面:一是研究建筑本身的蒸散发过程,进而改进城市冠层能量平衡模型,或辅助确定其他热力学参数;二是研究在一定通风条件下河流湖泊等水体降温、增湿效应的强度和作用范围,进而分析真实城市中对于城市热岛环境的改善效果。以上为城市内部两个重要的水汽来源。

城市建筑吸收太阳辐射,同时以表面传热的方式向街谷内部传递能量。根据建筑含水量的不同,能量传递的形式包括潜热传输和显(感)热传输。对于不透水建筑表面,潜热传输所占的比例很低。但外场观测分析(Moriwaki and Kanda, 2004;苗世光和 Chen,2014)和缩尺尺度实验研究(Kawai and Kanda, 2010a, b)显示,建筑单元会在降雨后吸收雨水,并在夜间以露水的形式释放出来,这一重要的水文过程对于水汽的日循环研究意义重大。

城市水汽通量的另一重要来源是水体蒸散发。但在城市水汽蒸发的过往研究中,较少涉及缩尺尺度的实验观测。缩尺实验常被认为适用范围狭窄、条件苛刻而对真实环境的还原有限(王明星,2014)。城市水体缩尺实验研究主要集中于水汽的扩散能力及水体的蒸散发能力两个方面。20 世纪末,成田健一在考虑真实城市复杂环境的基础上,设计了三维城市河流蒸发风洞实验(成田健一,1992)。

总的来说,目前蒸发领域的缩尺尺度研究多集中于室内模拟,对于自然通风条件下的外场实验涉及较少,而对于太阳辐射和建筑形态的分析更显不足。此外,当前研究主要集中于不透水表面,较少关注多孔稀疏材质建筑对于对流换热系数、潜热通量变化以及街谷整体热量平衡所造成的影响。实际城市建筑对于自然降水存在一定的蓄水作用,这些问题还有待于后续的进一步研究讨论。

6.3 室内室外通风与污染物扩散的缩尺实验研究

关于室内外的通风实验以及污染物扩散研究，真实尺度的观测研究能够提供较为实际的通风情况，但城市建筑形态各异，不具有普遍性，且真实尺度的测量及仪器布点相对困难，成本花费较大。考虑到自然通风对外部条件的依赖性，许多实验使用试验箱（Stavrakakis et al.，2008；Zeng et al.，2012）或风洞模型（Larsen and Heiselberg，2008）来控制边界条件，但缺乏真实大气条件的影响。

在较温和的季节，人们往往采用自然通风作为其通风方式，这样的方式也导致城市建筑单元间、建筑不同楼层、同一楼层间不同房间的污染或疾病扩散，威胁人们的健康。但迄今为止，对城市区域内的自然通风研究仍然较少。Dai 等人（2020）在广州郊区进行了缩尺尺度外场实验（SOMUCH），测量建筑单元的通风能力与污染物扩散。与风洞模拟实验和 CFD 模拟相比，缩尺尺度外场实验可以提供真实城市环境中的风和天气状况信息。此外，缩尺尺度外场实验可以避免风洞和数值模拟中边界条件的一些简化，例如风洞模拟实验自由流中的低湍流强度和 CFD 模拟中的壁面函数设置。SOMUCH 实验场地位于中国广州市南部（23°01′N，113°24′E），大小为 57 m × 57.5 m，由 2 000 个建筑模型模拟理想的城市环境（图 6.3.1a）。每个建筑模型的尺寸为长 × 宽 × 高 = 0.5 m × 0.5 m × 1.2 m。建筑模型是深灰色的空心混凝土长方体，壁厚 1.5 cm。整个北/南街谷区域为 44.4 m × 12 m，街谷偏离北部方向约 30°。街谷由 33 排阵列组成，研究选择高宽比为 1∶1 街谷作为目标区域。测量时间为 2019 年 6 月 7 日至 10 日，每天的测量时间约为上午 9 点至晚上 10 点。

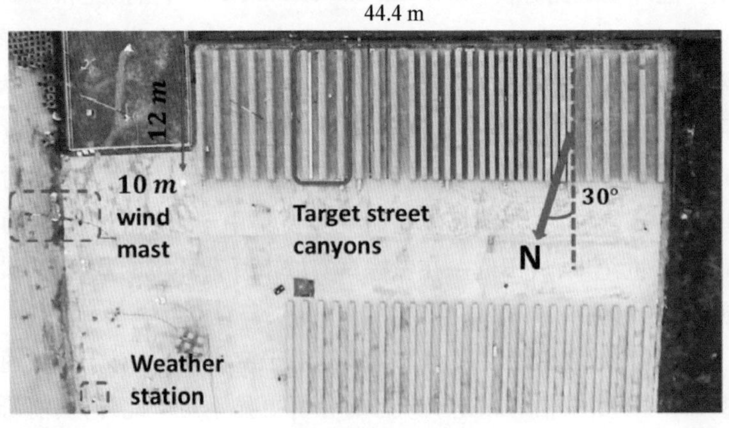

（a）

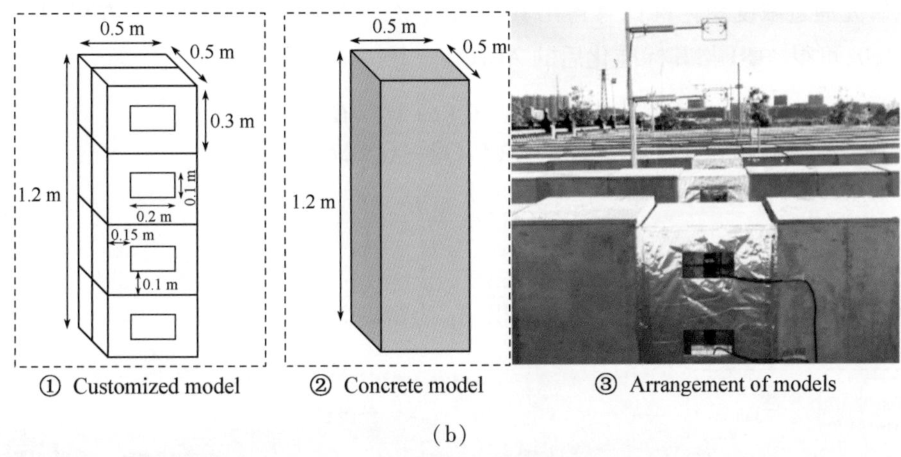

(b)

图 6.3.1 (a) 实验场地示意图;(b) 目标建筑尺寸及街谷建筑中的位置(Dai et al., 2020)

目标建筑采用定制的亚力克模型,放置在街谷建筑阵列的中间,其尺寸与混凝土模型相同,分为四层,每层有隔开的两个房间,每个房间设置一个开口,高度和宽度分别为 0.1 m 和 0.2 m(图 6.3.1b)。为避免太阳辐射和减少浮力影响,在亚克力模型表面覆盖锡箔纸。实验中,考虑风速、风向、温度对于示踪气体扩散过程的影响。风速杆上安装多个超声风速仪来测量风速及风向(图 6.3.2),其中十米风杆上设置了 0.6 m 至 10 m 共 5 个高度的超声风速仪;街谷中心线上,每个窗口的中心高度处也安装了超声风速仪,此外,两倍建筑高度的风环境也纳入考虑中。

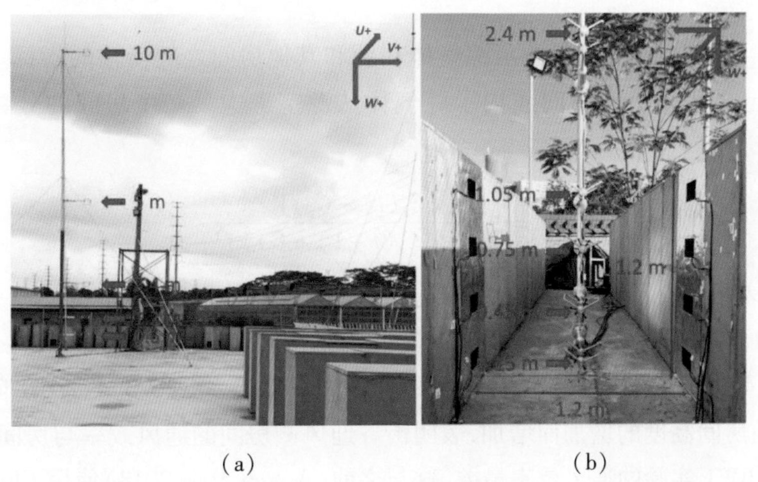

(a) (b)

图 6.3.2 超声风速仪的安装位置

(a) 十米风杆上共 5 个高度;(b) 街谷中心线上共 5 个高度(Dai et al., 2020)

该实验采用 CO_2 作为示踪气体,CO_2 传感器放置在每个房间靠近开口的地上。CO_2 的排放出口安装直径为 30 mm 的透明空心球,控制气体以均匀的低速释放(图 6.3.3)。建筑 B 中的某个房间模拟为 CO_2 释放源,将测量包括该建筑以及建筑 A、C 中所有房间的 CO_2 浓度。

因此，该研究通过浓度变化可计算得出其通风效率，同样的基于质量守恒方程，此时排放速率 E 不为 0，可得 ACH 与其标准化后的 ACH*：

$$\mathrm{ACH}=\frac{E\Delta t-(C_i(t+1)-C_i(t))V}{(C_i(t)-C_a)\Delta tV} \tag{6.3.1}$$

$$\mathrm{ACH}^*=\frac{ACH}{\overline{U}}\cdot\frac{V}{A_w} \tag{6.3.2}$$

其中，$\overline{U}$为背景平均风速，V 为房间体积，A_w 为窗口面积。

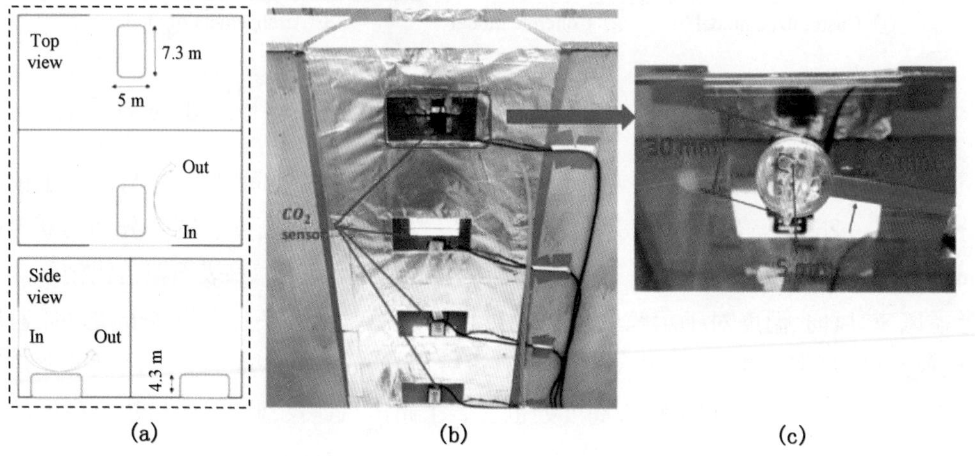

图 6.3.3 (a) CO_2 的摆放位置；(b)(c) 示踪气体排放装置(Dai et al., 2020)

再入率 R_k 是另一个用来评估示踪气体在源和其他房间之间传输的指标。在这项研究中，再入率被定义为每个时间间隔内示踪气体从源室进入另一个房间的分数。计算方法如下：

$$R_k=\frac{(C_r(t)-C_a)V_r}{E\Delta t-(C_t(t+1)-C_t t))V_t} \tag{6.3.3}$$

其中，C_r 表示所要考察的再进入房间的气体浓度，C_t 表示气体释放的房间，V_r 和 V_t 分别为所要考察的再进入房间体积和释放源所在的房间体积，在该研究中 $V_r=V_t$。

通过 Dai 等人的测量结果，得到释放源房间的通风效率如图 6.3.4。当房间位于迎风侧时，ACH* 值随房间高度的增加而增加，表明街谷迎风侧房间的通风效率与房间高度正相关。ACH* 值表明 BW1 实验的通风效率最差，这与之前(Ai and Mak, 2018)使用 CFD 模拟研究街谷(宽高比为 1∶1)的通风情况：最低和最高楼层的房间显示出最佳的通风性能的结果不同。出现这样的差异可以归结为两个原因：首先，Ai 和 Mak(2018)通过积分开口处的平均速度来计算通风率，而本实验采用示踪气体法，这可能会导致街谷中通风分布的差异。其次，在现实中，来风的不规则波动可能导致街谷中的复杂气流，稳态 CFD 模拟无法解释街谷中间高度开口附近的瞬时波动，低估了通风率。当房间位于背风面时，ACH* 值的变化小于迎风面。

统计结果表明,背风侧的通风分布比迎风侧更稳定,说明街谷迎风侧的房间可能比背风侧的房间有更强的近壁气流。

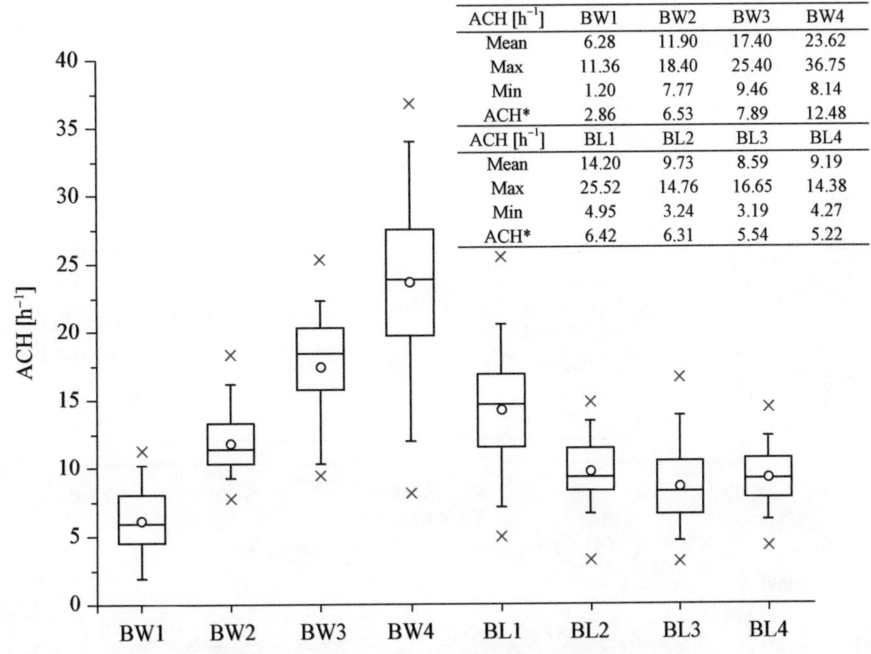

图 6.3.4 释放源房间的每小时换气次数箱线图。其中箱图表示 25%～75%的 ACH 分布,线图表示 5%～95%的 ACH 分布。箱图中的横线代表中位数,o 代表平均数,×代表最大值和最小值。作为示例,BW1 中 B 表示建筑 B,W 为迎风侧房间(L 表示背风侧)1 层(Dai et al., 2020)

关于建筑单元中的污染气体扩散,可观察到当气体开始释放以后,源房间的示踪气体浓度很快增大,然后基本稳定在一个水平波动(图 6.3.5)。扩散到其他房间的再入率如图 6.3.6 所示,可看到随源房间的位置不同,R_k 有显著变化。气体主要随着二维街谷内的涡旋流动输送,即迎风侧房间为一致的向下流动,背风侧为上升运动,R_k 最高一般出现在沿输送路线最靠近源室的房间。建筑间的扩散远小于建筑不同楼层中的扩散。该研究仅考虑了二维街谷的垂直扩散,水平扩散问题待进一步研究。

在城市环境中风和浮力效应的驱动下,通风性能和污染气体传播与人类健康高度相关。为了研究单侧自然通风和单元间的扩散问题,Dai 等人(2022)于 2019 年 7 月 8 日—10 日(夏季)和 2019 年 12 月 17 日—19 日(冬季)于上述 SOMUCH 实验场地进行了进一步的外场实验(图 6.3.1),用示踪气体(CO_2)计算通风效率,并探究污染气体扩散过程。

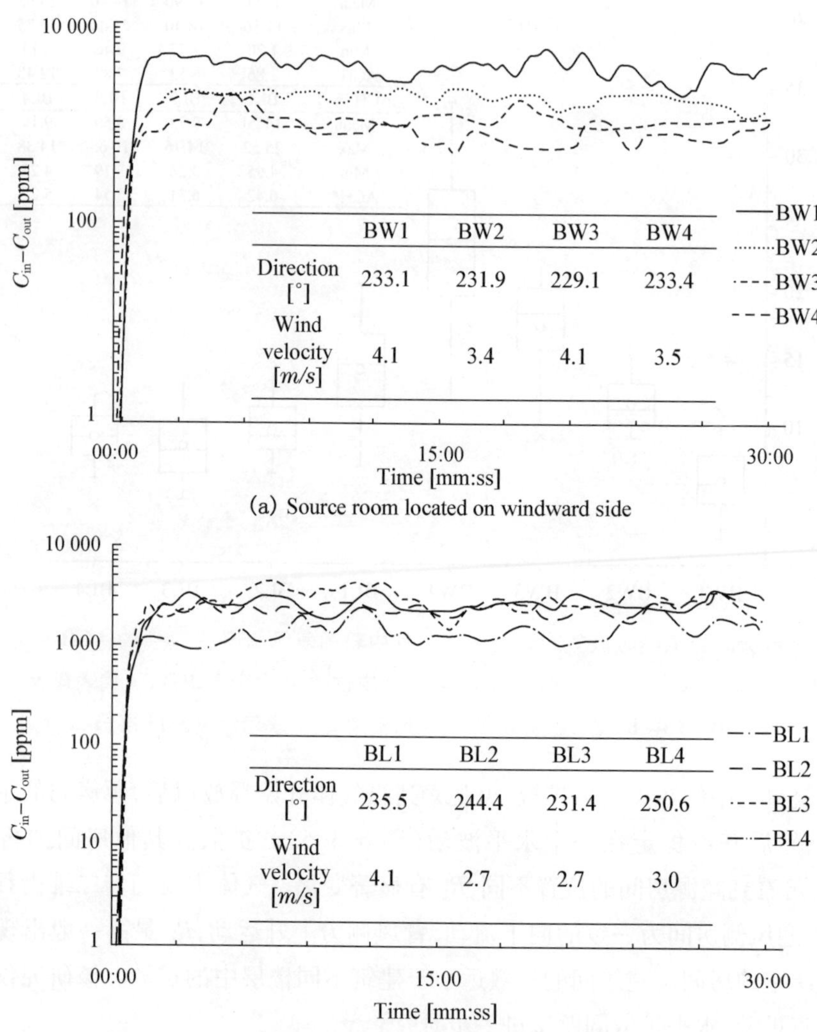

(a) Source room located on windward side

(b) Source room located on leeward side

图 6.3.5 气体释放后，释放源房间的气体浓度（Dai et al.，2020）

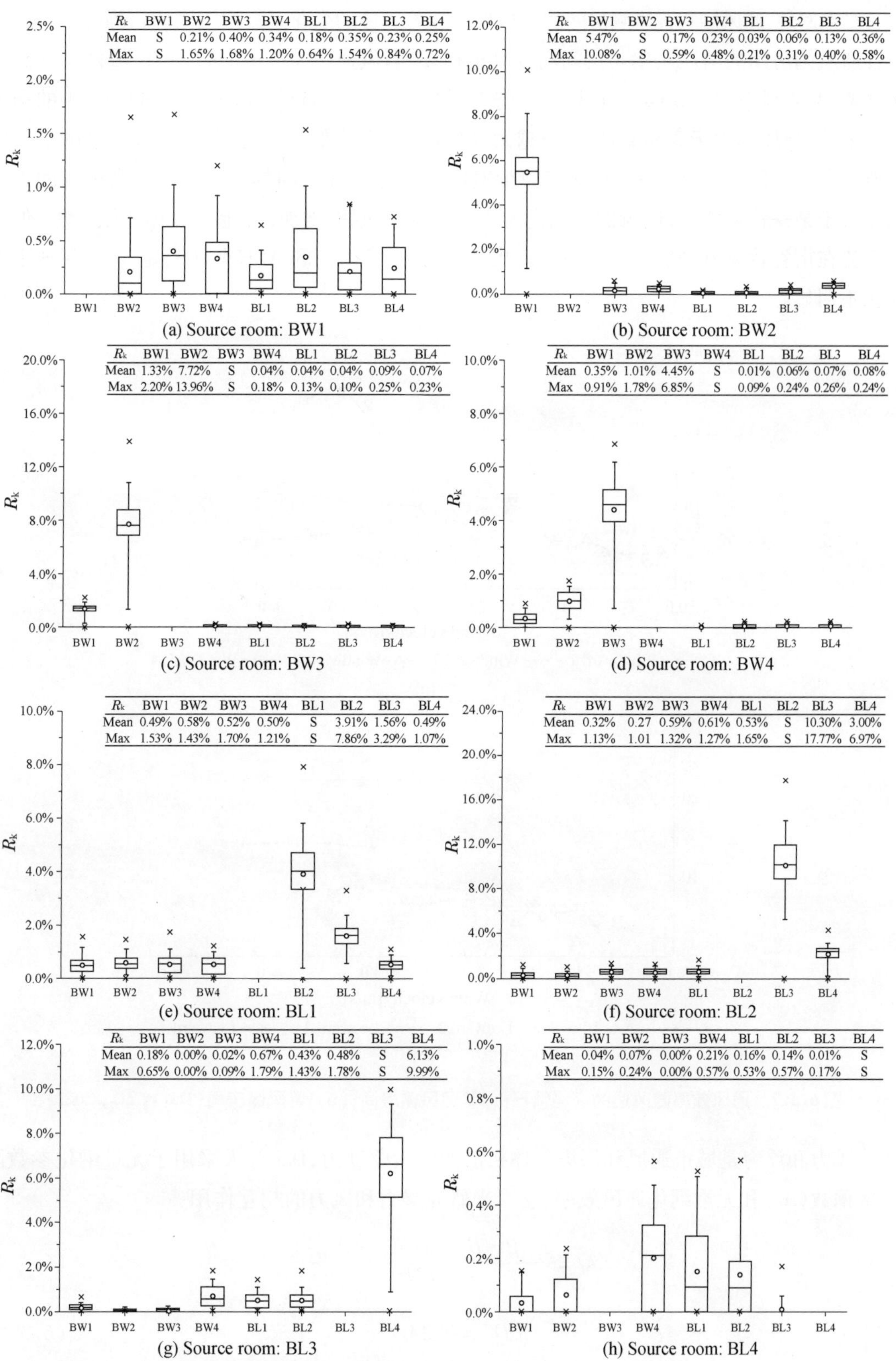

图 6.3.6 每个实验的再入率箱线图，释放源所在房间已标注阴影（Dai et al.，2020）

结果发现,迎风侧和背风侧房间的通风性能随着风速的变化呈现出不同的趋势(图 6.3.7)。街谷迎风侧房间的通风效率与房间高度呈正相关,当风速小于 3 m/s 时,ACH 随楼层升高而线性增加,当风速大于 3 m/s 时,增加趋势变慢。同时,从 Windward 1 和 Windward 4 的通风效率来看,当风速大于 3 m/s 时,风速越大,ACH 可能会降低。这是因为,街谷强大的来流风可能会在迎风侧产生垂直下冲,这将减少室内和室外空气之间的相互作用。当街谷的来风风速大于某一特定值时,迎风侧房间内的 ACH 不再大幅度增加,可能在小范围内波动。但这一趋势在街谷背风侧的房间中没有体现出来,背风侧房间内的 ACH 较为稳定,不同风速下的变化不明显。

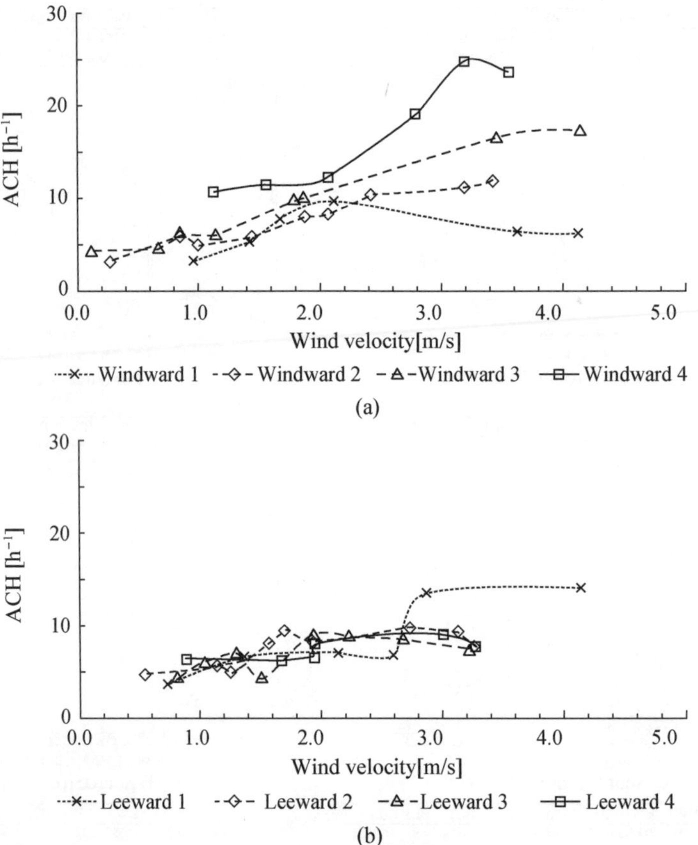

图 6.3.7　通风效率随风速的变化情况:(a) 迎风侧房间;(b) 背风侧房间(Dai et al., 2022)

风力和浮力是城市通风和污染气体扩散的两大驱动力,Dai 等人采用了无量纲化参数阿基米德数(Ar)和无量纲化通风效率(Q^*)来研究浮力和风力的相互作用:

$$Ar = \frac{g \cdot \beta \cdot H_w \cdot |(T_{inz} - T_{outz})|}{U_{ref}^2} \tag{6.3.4}$$

$$Q^* = 0.2Ar^{0.5} \tag{6.3.5}$$

其中，g 为重力加速度，β 为热膨胀系数，T_{inz} 为房间内的温度，T_{inz} 为对应高度上的室外温度，H_w 为窗户高度，U_{ref} 为水平来流速度。

图 6.3.8 中靠近直线的区域代表主要由浮力效应驱动的通风，直线以下的区域表示风力和浮力共同作用下的通风效率小于仅由浮力效应引起的通风效率，即风力效应抵消了浮力效应，降低了通风；直线以上的区域表示风力和浮力共同作用下的通风效率大于仅由浮力效应引起的通风效率，即风力效应增强了浮力效应，增加了通风。如图 6.3.9 所示，房间内的无量纲化通气效率普遍都比仅有浮力效应的结果小，这表明浮力和风力效应之间是相斥的，综合作用会降低通风效率。

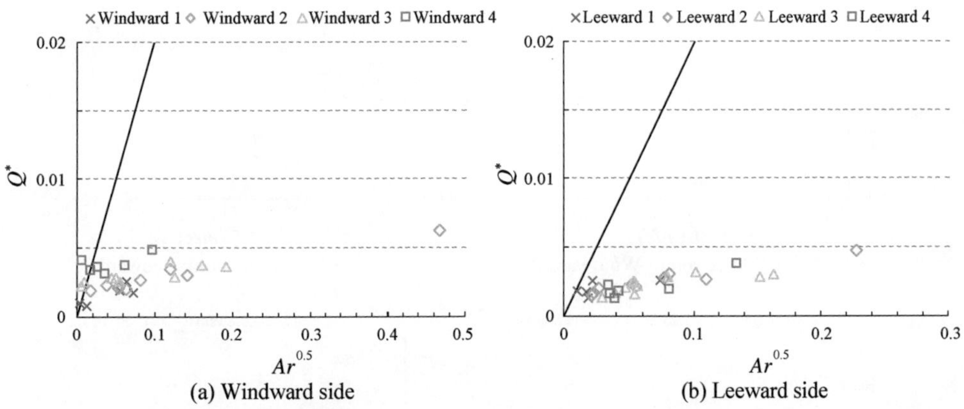

图 6.3.8　无量纲通气效率随阿基米德数平方根的变化情况，污染源位于：(a) 迎风侧房间；(b) 背风侧房间(Dai et al., 2022)

图 6.3.9 表明，各房间的无量纲化 CO_2 浓度(K_c)随排放源位置、房间位置和风速的变化有较大的差异。多数情况下，当风速超过一定值时，CO_2 再入率将会下降或保持不变，这是因为巨大的湍流动量加速了示踪气体在源房间内的扩散，阻碍了它们进一步进入其他房间。当风速小于一定值时，示踪气体的传输更加复杂。在大多数实验中，当风速小于 1 m/s 时，风速越大，再入室内的 CO_2 浓度越高。当源房间位于街峡谷的中部高度时，污染气体的扩散路径主要依赖于涡旋方向。在风速小于 1 m/s 的条件下，极有可能街谷内部没有形成稳定的涡旋，这导致了在源房间位于 Windward 2 和 Windward 3 时，示踪气体扩散路径不规则。这项研究提供了真实城市环境中的污染气体扩散的情况，可以为数值模拟提供验证，并且探究了风力效应和浮力效应对通风和示踪气体扩散的相互作用。

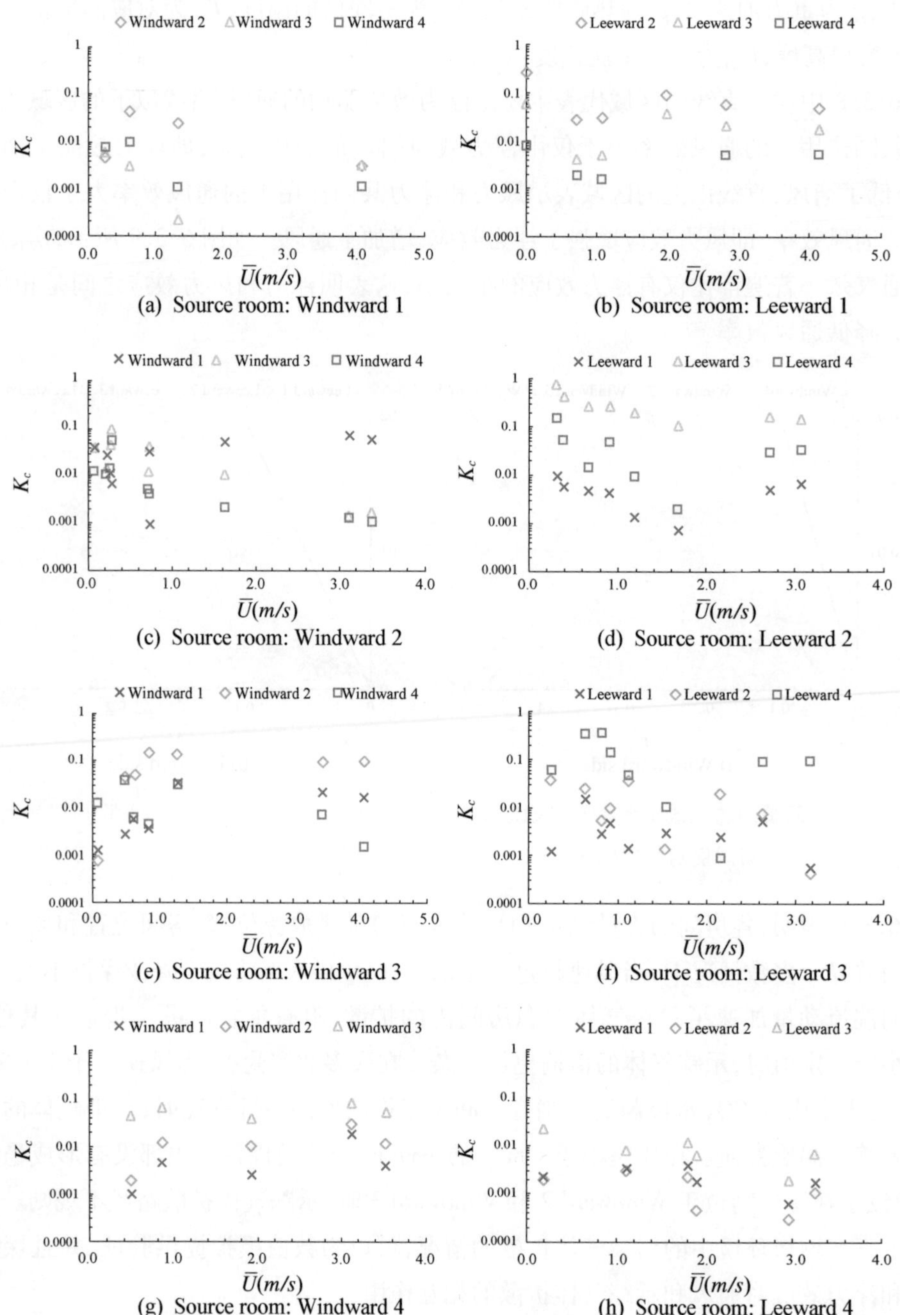

图 6.3.9 不同污染源位置下,无量纲化 CO_2 浓度(K_c)随平均来流风速($\overline{U}$)的变化情况(Dai et al., 2022)

6.4　本章总结

真实城市形态参数复杂且不可控,难以获取高质量的参数化外场实验数据;风洞和水槽实验模拟可控性好,但难以模拟太阳辐射和建筑储热的日循环特征;卫星遥感测量范围较广,但反演精度及时空分辨率较差。缩尺尺度外场实验是研究城市气象与环境最有效的实验模拟方法之一,能满足热力学相似性要求,可大大降低城市气象观测的不确定性。

本章论述了缩尺尺度外场实验在城市气象与环境研究中的应用。基于该实验方法,相关研究在真实气象条件下探究了建筑几何形态、绿化、水体和冷性材料对城市湍流和污染物扩散特性、城市能量平衡与热环境时空特征的影响。同时,缩尺尺度外场实验所获取的高质量参数化数据可以为能量平衡模型与数值模拟提供实验验证与数据支持。

未来缩尺尺度外场实验可以考虑城市人为热、植被与水体蒸散发、污染物化学反应机制,以及更多城市形态参数(如高架桥、遮盖板等)的影响,明确各因素的影响机理,为可持续性城市气候设计提供科学依据。

第Ⅲ部分　城市气象与大气环境多尺度模式

7　城市边界层多尺度模式的建立与发展

在现有城市发展规模和发展趋势下，以时空多尺度特性及城市下垫面特征的体现为前提建立的多尺度数值模式系统，对全面、细致掌握城市大气环境提供保障有十分重要的作用。这样的模式系统对不同物理过程的引入与处理（如地面覆盖影响、湍流过程、建筑物影响、人为热源处理等）、不同研究范围（数十万米、数万米、数千米甚至数十米）的设计、不同时空分辨率（数十小时、数小时、数十分钟\数千米、数百米、数十米）的确定，使我们能够刻画出研究对象由大到小、由粗到细的环境信息，从而掌握城市周边地区、城区到城市小区甚至街区内、建筑物间的大气环境特征。为建立城市规划气象条件评估系统，调整、优化城市整体和局部规划提供充分依据。

7.1　城市冠层模式

1987 年 Oke 提出了城市冠层（Urban Canopy Layer）的概念。城市冠层一般定义为从地面到城市建筑或树木的高度这一层，是人类活动、能量、动量、水交换和转换的重要场所。经过几十年的发展，人类越来越意识到城市冠层在城市气候当中的重要意义。城市冠层对局地气候影响的关键是城市复杂的非均匀下垫面特征。下垫面是下层空气运动的边界，非均匀的下垫面即立体的建筑结构改变了太阳短波辐射和长波辐射过程，影响城市冠层中的湍流，使之形成复杂的三维湍流场。建筑屋顶高度与冠层内部的空气流通截然不同，建筑屋顶处有强烈的风切变而街谷由于遮蔽作用并不受风速的影响，同时由于天空视角的限制，破坏了街谷内的辐射交换。这些影响随着建筑间距离的增加会急剧衰减（Oke，2006，2017；黄燕燕等，2006），见图 7.1.1。

为了在天气气候模式中准确刻画城市冠层信息，城市冠层模式逐步发展起来。现阶段发展起来的城市冠层模式有三种：① 总体城市参数化；② 单层城市冠层模式；③ 多层城市冠层模式。

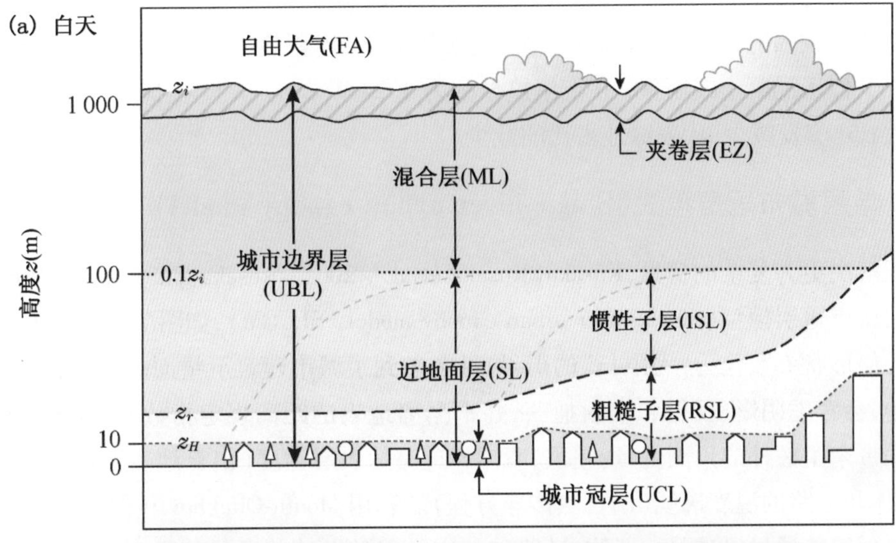

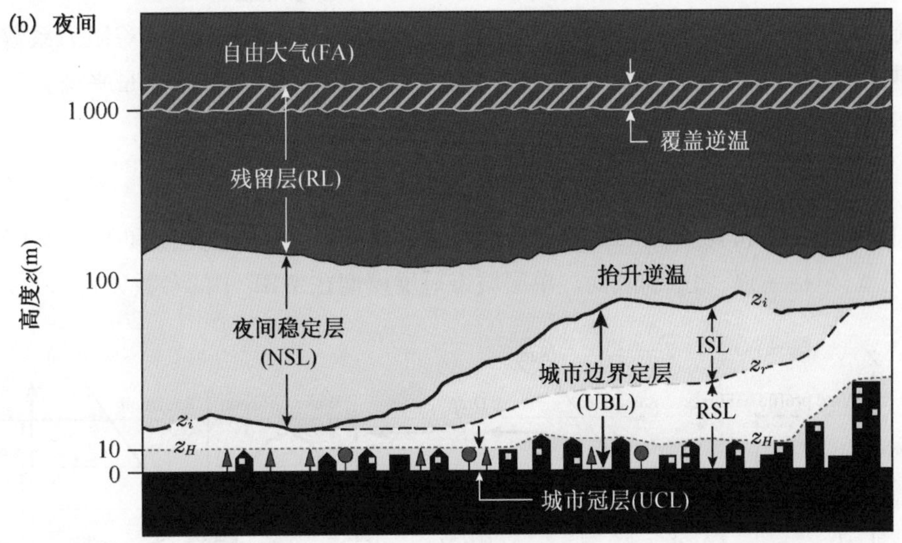

图 7.1.1　城市大气在(a)日间和(b)夜间分层示意图(Oke et al., 2017)

7.1.1　总体城市参数化(Bulk Urban Parameterization)

城市冠层模式经历了由简单到复杂、由粗糙到细致的过程。通过使用一组合理的参数值来表示城市表面和大气之间的相互作用(Liu et al., 2006)。总体城市参数化方案是在不同的下垫面类型下,设置了不同的热容量、热传导、粗糙度及反射率等参数,并没有涉及建筑物的几何形状、高度、墙面和屋顶等三维结构信息。总体城市参数化方案可理解为城市表面对大气的零阶效应(Wang et al., 2009)。

以 NOAH 陆面过程模式为例,其中对城市下垫面的设置为:① 0.8 m 的粗糙度长度,用以表示因建筑物产生的人为粗糙元素和阻力所引发的湍流；② 地表反照率0.15，代表城市街谷中截留的短波辐射；③ 城市表面（墙面、屋顶和道路）容积热容为 3.0 J·m^{-3}·K^{-1}，假定其性质上类似于混凝土或沥青；④ 土壤热导率为 3.24 W·m^{-1}·K^{-1}，代表城市建筑和道路储热量大；⑤ 蒸发减少，代表绿地占比的减少。

7.1.2　单层城市冠层模式（Single-layer urban canopy model）

为了解决更为复杂的情景，Kusaka（Kusaka et al., 2001; Kusaka and Kimura, 2004）等开发了单层城市冠层模型（Single-layer urban canopy model, SLUCM），如图 7.1.2。这一方法假设城市几何形状参数化为“无限长”的街谷，且考虑到了城市建筑下垫面的垂直特性。例如，在街谷中，会考虑阴影、反射和辐射捕获，并根据离地表的距离规定指数变化的风廓线。这种新方法带来了额外的预测变量：屋顶、墙体和道路的表层温度（出自地表能量收支平衡）和屋顶、墙体和道路的温度廓线（出自热传导方程）。利用 Monin-Obukhov 相似理论和 Jurges 公式计算各面感热通量，将屋顶、墙体、道路和城市街谷的总感热通量传递到 WRF-Noah 模型。总动量通量的计算也是类似的，SLUCM 利用动量的相似稳定函数计算街谷阻力系数和摩擦速度。同时将人为热及其日变化加入到城市冠层感热通量中，在以下能量平衡方程的基础上进行更细致的能量传输过程：

$$R_i = H_i + E_i + G_i \tag{7.1.1}$$

其中，R_i，H_i，E_i 和 G_i 分别表示地面净辐射通量、感热通量、潜热通量和土壤热通量。i 表示地表类型，包括屋顶、墙壁和陆面。单层城市冠层模型在 WRF 中的参数如表 7.1.1 所示。

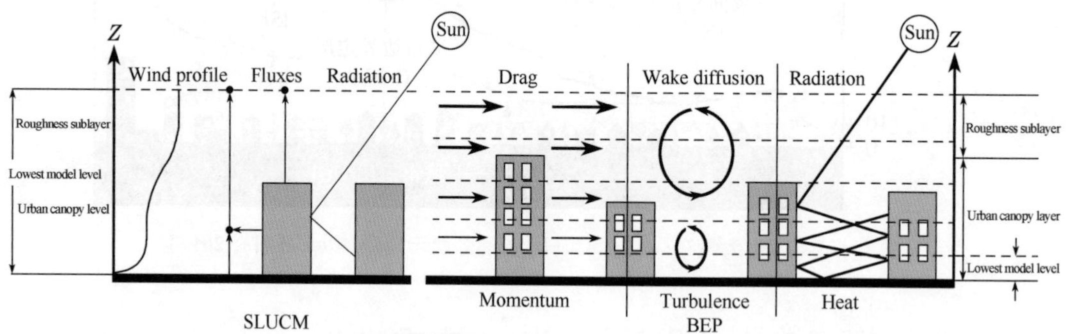

图 7.1.2　SLUCM 及 BEP（Building Effect Parameterization）模型示意图
（Chen et al., 2011; Martilli et al., 2002）

表 7.1.1　WRF 模式中城市冠层参数的取值(Chen et al., 2011)

Parameter	Unit	Specific values for: low-intensity residential	High-intensity residential	Industrial/ commercial	SLUCM	BEP
h(building height)	m	5	7.5	10	Yes	No
l roof (roof width)	m	8.3	9.4	10	Yes	No
l road (road width)	m	8.3	9.4	10	Yes	No
AH	$W \cdot m^{-2}$	20	50	90	Yes	No
F_{urb}(urban fraction)	Fraction	0.5	0.9	0.95	Yes	Yes
C_R(heat capacity of roof)	$J \cdot m^{-3} \cdot K^{-1}$	1.0 E6	1.0 E6	1.0 E6	Yes	Yes
C_W(heat capacity of building wall)	$J \cdot m^{-3} \cdot K^{-1}$	1.0 E6	1.0 E6	1.0 E6	Yes	Yes
C_G(heat capacity of road)	$J \cdot m^{-3} \cdot K^{-1}$	1.4 E6	1.4 E6	1.4 E6	Yes	Yes
λ_R(thermal conductivity of roof)	$J \cdot m^{-1} s^{-1} \cdot K^{-1}$	0.67	0.67	0.67	Yes	Yes
λ_W(thermal conductivity of building wall)	$J \cdot m^{-1} \cdot s^{-1} \cdot K^{-1}$	0.67	0.67	0.67	Yes	Yes
λ_G(thermal conductivity of road)	$J \cdot m^{-1} \cdot s^{-1} \cdot K^{-1}$	0.400 4	0.400 4	0.400 4	Yes	Yes
α_R(surface albedo of roof)	Fraction	0.2	0.2	0.2	Yes	Yes
α_W(surface albedo of building wall)	Fraction	0.2	0.2	0.2	Yes	Yes
α_G(surface albedo of road)	Fraction	0.2	0.2	0.2	Yes	Yes
ε_R(surface emissivity of roof)	—	0.9	0.9	0.9	Yes	Yes
ε_W(surface emissivity of building wall)	—	0.9	0.9	0.9	Yes	Yes
ε_G(surface emissivity of road)	—	0.95	0.95	0.95	Yes	Yes
Z_{OR}(roughness length for momentum over roof)	m	0.01	0.01	0.01	Yes[a]	Yes
Z_{OW}(roughness length for momentum over building wall)	m	0.000 1	0.000 1	0.000 1	No[a]	No
Z_{OG}(roughness length for momentum over road)	m	0.01	0.01	0.01	No[a]	Yes

Parameters used only in BEP

Street parameters		Directions from North(degrees)		Directions from North(degrees)		Directions from North(degrees)		No	Yes
W (street width)	m	0	90	0	90	0	90		
B (building width)	m	15	15	15	15	15	15		
h (building heights)	m	15	15	15	15	15	15		
		Height	%	Height	%	Height	%		

（续表）

Parameters used only in BEP								
Street parameters	Directions from North(degrees)		Directions from North(degrees)		Directions from North(degrees)		No	Yes
	5	50	10	3	5	30		
	10	50	15	7	10	40		
			20	12	15	50		
			25	18				
			30	20				
			35	18				
			40	12				
			45	7				
			50	3				

说明：最后两列表示 SLUCM 和 BEP 中是否使用指定参数，后面三个参数仅在 BEP 中使用。

a：对于 SLUCM 模型，如果选择了 Jurges 的方案而不是 Monin-Obukhov 方案（WRF 默认），则不调用 Z_{OR} 和 Z_{OG}。

Kusaka 的研究结果显示 SLAB 模型和 SLUCM 模型对 2 m 温度的模拟误差大致都为呈正态分布，见图 7.1.3。与 SLAB 模型相比，SLUCM 模型模拟的偏差和均方根误差更小，表现出更高的精度，表 7.1.2。此外，他们还对城市能量平衡做了评估，如图 7.1.4。可以看出，由于增加了城市建筑、墙壁等三维特征，SLUCM 模型的结果导致城市区域潜热通量有所降低，这是由于城市区域的混凝土地面导致城市地面水分少于乡村地面的水分。SLUCM 模型使得城市感热通量一直保持到午夜均为正值，且地面热通量有所增加，原因是模拟考虑了墙壁，它增加了有效热惯量，减少了日温差，增加了夜间的温度。

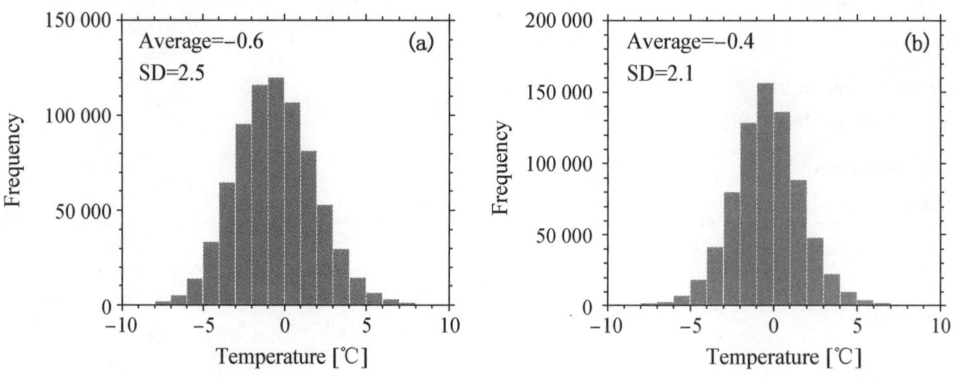

图 7.1.3 来自（a）SLAB 模型和（b）SLUCM 模型的整个分析区域的地表气温的误差分布（Kusaka et al.，2012）

表 7.1.2　模拟时间覆盖区域地表温度偏差和均方根误差，括号中的代表土地利用为城市的误差值（JST：日本标准时间）

	Bias	RMSE	Bias at 05 JST	RMSE at 05 JST	Bias at 15 JST	RMSE at 15 JST
SLAB	−0.6（−0.3）	2.5（2.8）	−2.0（−2.6）	3.1（3.3）	+0.6（+1.8）	2.4（2.8）
SLUCM	−0.4（+0.7）	2.1（1.8）	−0.1（+1.0）	2.0（1.8）	−0.8（+0.4）	2.4（2.0）

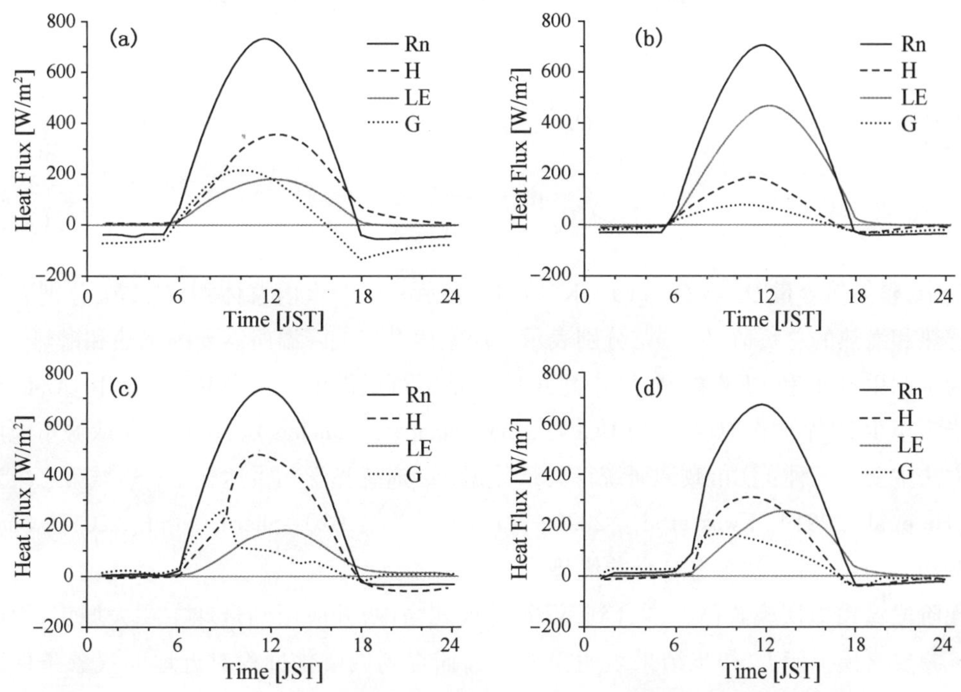

图 7.1.4　典型晴天的地表热量收支情况（Kusaka et al.，2012）

（a）（b）为应用 SLUCM 模型的东京和筑波；（c）（d）为应用 SLAB 模型东京和筑波

7.1.3　多层城市冠层（BEP）和建筑物能量（BEM）模式

为了表现出城市的三维结构以及建筑物在整个城市冠层中垂直方向的热力、动量的分布，Martilli 等开发了多层城市冠层方案（Martilli et al.，2002）——BEP 方案，该方案除了考虑建筑物对辐射的遮蔽作用及多次反射效应以外，还考虑了不同高度建筑对气流的拖曳作用以及对湍流的影响，同时在垂直方向对冠层进行分层，分别计算每一层的动量、热量和水汽预报方程（表）。在冠层方案中定义了一个与中尺度模式不同的数值网格 IU，其中，在冠层垂直面上的总面积可表示为：

$$S_{\mathrm{IU}}^{V}=\frac{\Delta Z_{\mathrm{IU}}}{W+B}\Gamma(Z_{\mathrm{IU}+1})S_{\mathrm{tot}}^{H} \tag{7.1.2}$$

其中，ΔZ_{IU}是垂直网格跨度，W 为街道宽度，B 为建筑宽度。S_{tot}^{H}是网格内的总垂直面积，$\Gamma(Z_{\text{IU}+1})$是建筑高度大于等于 $Z_{\text{IU}+1}$的概率。

在 BEP 的标准版本中，建筑物的内部温度被设定为恒定。为了更好地评估建筑内部和室外环境之间的能量交换，Salamanca 和 Martilli(2010)开发了一个与 BEP 相关联的简单建筑能源模型 BEM(Building Energy Model)。BEM 计算了热量通过墙壁、屋顶和地板的扩散，窗户交换的辐射，室内表面交换的长波辐射，由居住者和设备产生的热量，以及空调、通风和供暖。可以考虑多层建筑，估算每层的室内空气温度和湿度的变化，从而估算空调对能耗的影响。其中室内温度 T_{r} 与室内比湿 $q_{\text{v}_{\text{r}}}$可以由以下方程组估算：

$$Q_{\text{B}}\frac{\mathrm{d}T_{\text{r}}}{\mathrm{d}T_{\text{r}}}=H_{\text{in}}-H_{\text{out}} \tag{7.1.3}$$

$$l\rho V_{\text{B}}\frac{\mathrm{d}q_{v_{\text{r}}}}{\mathrm{d}t}=E_{\text{in}}-E_{\text{in}} \tag{7.1.4}$$

其中，整体热容量 $Q_{\text{B}}=\rho C_{\text{P}}V_{\text{B}}(\text{J}\cdot\text{K}^{-1})$，$V_{\text{B}}$ 表示一层的室内总体积，H_{in}，E_{in}分别表示一层的感热和潜热的总负荷，H_{out}，E_{in}分别表示一层室内升温或降温所需要的感热和潜热。

为了调用 BEP 和 BEM 模型，城市建筑信息是不可或缺的。在 WRF 中使用 UCMs 要求用户指定至少 20 个城市冠层参数(UCPs, urban canopy parameters)。现有的获取城市冠层参数的方法主要有三种：① 市政调研统计矢量数据；② 遥感光学和雷达数据；③ 城市三维建模数据(He et al., 2019; Kwok et al., 2020; Masson et al., 2020; Sharma et al., 2017; Shen et al., 2019)。这三种方法各有自身的优势。

现阶段城市冠层模式已经耦合到 WRF 等模式当中，并应用到全球主要大城市，用以评估其气象要素模拟能力，初步结果表明模型能够捕捉到城市化过程对近地面气象条件以及城市大气边界层结构演变的影响。众多研究学者也将城市冠层模型应用到城市热岛、高温热浪、局地环流等复杂的天气研究过程当中，且都获得了更高精度的结果(Chen et al., 2016; Gutiérrez et al., 2015; Kusaka et al., 2012; Liu and Morawska, 2020; Miao et al., 2009; Wang et al., 2017)。但不能忽略的是，城市冠层模式在模拟地表辐射过程中依然存在很大的不确定性，如何降低其不确定性，也是未来城市冠层研究的重要方向。

7.2 区域边界层模式(RBLM)和城市边界层模式(UBLM)的建立

7.2.1 区域边界层模式(RBLM)

区域边界层气象环境模式由区域边界层模式(RBLM)和大气化学输送扩散模式(ACTDM)共同组成,RBLM 是南京大学发展的三维非静力区域边界层模式,该模式采用雷诺平均大气运动方程组作为动力框架,包括动量方程、热流量方程、完全弹性连续方程及标量方程。采用湍能 1.5 阶和 $E-\varepsilon$ 湍流闭合方案。RBLM 模式详细考虑了城市下垫面特征及人为因素等对边界层结构的影响。徐敏等(2002)在动量方程和湍能方程中引入了城市建筑物拖曳项,使之能够更准确地模拟城市气象特征,并为城市空气质量模拟研究提供详细的气象背景场及相应的时空变化特征。何晓凤(2006)、何晓凤等(2007,2009)在模式中耦合了人为热方案和城市冠层模式(NJU-UCM-S)(Nanjing University Urban Canopy Model),完善了 RBLM 模式对城市区域陆面过程的参数化方案。Yang 和 Liu(2015)建立了城市植被冠层模式并耦合到 RBLM 模式中,研究了植被对苏州地区气象条件的影响。

(1) 动量方程组及闭合方案

模式中的风速分量和状态标量定义为基本状态量和偏离基本状态的扰动量之和,且假设基本状态是水平均匀、定常和准静力平衡(式中带撇号的为扰动量,"—"表征基本状态量)。

为了方便地形的引入,RBLM 采用地形跟随坐标系。模式的控制方程组转换为地形跟随坐标系下方程组。模式水平方向采用等距网格,在垂直方向上模式分为 3 层,近地层、中间层和高层。对中间层使用网格拉伸方案,RBLM 有两种网格拉伸方案,一种是使用立方函数,一种是使用正切双曲函数。模式中的主要控制方程包括:

动量方程:

$$\frac{\partial u}{\partial t}=-\frac{1}{\bar{\rho}}\frac{\partial p'}{\partial x}-u\frac{\partial u}{\partial x}-v\frac{\partial u}{\partial y}-w\frac{\partial u}{\partial z}+fv+\frac{\partial}{\partial x}\left(K_{\mathrm{mh}}\frac{\partial u}{\partial x}\right)+\frac{\partial}{\partial y}\left(K_{\mathrm{mh}}\frac{\partial u}{\partial y}\right)+\frac{\partial}{\partial z}\left(K_{\mathrm{mv}}\frac{\partial u}{\partial z}\right) \tag{7.2.1}$$

$$\frac{\partial v}{\partial t}=-\frac{1}{\bar{\rho}}\frac{\partial p'}{\partial y}-u\frac{\partial v}{\partial x}-v\frac{\partial v}{\partial y}-w\frac{\partial v}{\partial z}-fu+\frac{\partial}{\partial x}\left(K_{\mathrm{mh}}\frac{\partial v}{\partial x}\right)+\frac{\partial}{\partial y}\left(K_{\mathrm{mh}}\frac{\partial v}{\partial y}\right)+\frac{\partial}{\partial z}\left(K_{\mathrm{mv}}\frac{\partial v}{\partial z}\right) \tag{7.2.2}$$

$$\frac{\partial w}{\partial t}=-\frac{1}{\bar{\rho}}\frac{\partial p'}{\partial z}-u\frac{\partial w}{\partial x}-v\frac{\partial w}{\partial y}-w\frac{\partial w}{\partial z}-g\frac{\rho'}{\bar{\rho}}+\frac{\partial}{\partial x}\left(K_{\mathrm{mh}}\frac{\partial w}{\partial x}\right)+\frac{\partial}{\partial y}\left(K_{\mathrm{mh}}\frac{\partial w}{\partial y}\right)+\frac{\partial}{\partial z}\left(K_{\mathrm{mv}}\frac{\partial w}{\partial z}\right) \tag{7.2.3}$$

热力学方程:

$$\frac{\partial \vartheta'}{\partial t}=-u\frac{\partial \vartheta'}{\partial x}-v\frac{\partial \vartheta'}{\partial y}-w\frac{\partial \vartheta'}{\partial z}-w\frac{\partial \bar{\vartheta}}{\partial z}+\frac{\partial}{\partial x}\left(K_{\vartheta\mathrm{h}}\frac{\partial \vartheta'}{\partial x}\right)+\frac{\partial}{\partial y}\left(K_{\vartheta\mathrm{h}}\frac{\partial \vartheta'}{\partial y}\right)+\frac{\partial}{\partial z}\left(K_{\vartheta\mathrm{v}}\frac{\partial \vartheta'}{\partial z}\right)+S_{\vartheta} \tag{7.2.4}$$

连续方程：

$$\frac{\partial p'}{\partial t}=-u\frac{\partial p'}{\partial x}-v\frac{\partial p'}{\partial y}-w\frac{\partial p'}{\partial z}+\bar{\rho}gw-\bar{\rho}c_{s}^{2}\left(\frac{\partial u}{\partial x}+\frac{\partial v}{\partial x}+\frac{\partial w}{\partial x}\right) \tag{7.2.5}$$

水汽等标量输送方程：

$$\frac{\partial q}{\partial t}=-u\frac{\partial q}{\partial x}-v\frac{\partial q}{\partial y}-w\frac{\partial q}{\partial z}+\frac{\partial}{\partial x}\left(K_{qh}\frac{\partial q}{\partial x}\right)+\frac{\partial}{\partial y}\left(K_{qh}\frac{\partial q}{\partial y}\right)+\frac{\partial}{\partial z}\left(K_{qv}\frac{\partial q}{\partial z}\right)+S_{q} \tag{7.2.6}$$

式中各个符合含义如下：u 水平风速东西向分量（$m \cdot s^{-1}$）；v 水平风速东西向分量（$m \cdot s^{-1}$）；w 垂直速度（$m \cdot s^{-1}$）；θ 位温（K）；p 气压（Pa）；q 水汽、云水或雨水；ρ 大气密度（$kg \cdot m^{-3}$）；f 科氏参数；k_{mh} 水平动量交换系数（$m^2 \cdot s^{-2}$）；k_{mv} 垂直动量交换系数（$m^2 \cdot s^{2-2}$）；$k_{\theta h}$ 水平热量交换系数（$m^2 \cdot s^{-2}$）；$k_{\theta v}$ 垂直热量交换系数（$m^2 \cdot s^{-2}$）；k_{qh} 水平标量交换系数（$m^2 \cdot s^{-2}$）；k_{qv} 垂直标量交换系数（$m^2 \cdot s^{-2}$）；g 重力加速度（$m \cdot s^{-2}$）；S_θ 热量的源汇项（$K \cdot s^{-1}$）；S_q 标量的源汇项；c_s 声速（$m \cdot s^{-1}$）；x 模式东西向坐标（m）；y 模式南北向坐标（m）；z 模式垂直方向笛卡儿坐标（m）。

模式使用 TKE 的 1.5 阶湍流闭合方案，引入湍流动能 E 的预报方程：

$$\frac{\partial E}{\partial t}=-\left(u\frac{\partial E}{\partial x}+v\frac{\partial E}{\partial y}+w\frac{\partial E}{\partial z}\right)-\frac{g}{\theta}K_{\theta h}\frac{\partial \theta}{\partial z}+K_{m}\left[\left(\frac{\partial u}{\partial x}\right)^{2}+\left(\frac{\partial u}{\partial y}\right)^{2}\right]-$$

$$\frac{C_{\varepsilon}}{l}E^{2/3}+\frac{\partial}{\partial x}\left(K_{e}\frac{\partial E}{\partial x}\right)+\frac{\partial}{\partial y}\left(K_{e}\frac{\partial E}{\partial y}\right)+\frac{\partial}{\partial z}\left(K_{e}\frac{\partial E}{\partial z}\right) \tag{7.2.7}$$

其中，$E=0.5(\overline{u'^2}+\overline{v'^2}+\overline{w'^2})$。在湍流耗散项中的参数 C_ε 取法参考 Moeng 和 Wyngaard（1984）：$C_\varepsilon=3.9$（模式最低层）、$C_\varepsilon=0.93$（模式其他层）。

湍流扩散系数 K_{mh}，K_{mv} 是湍流能量 E 和长度尺度的函数（Deardorff，1980）：

$$K_{mh}=0.1E^{1/2}l_{h} \quad K_{mv}=0.1E^{1/2}l_{v} \tag{7.2.8}$$

$$l=l_{h}=l_{v}=\Delta s \quad l=l_{h}=l_{v}=\min(\Delta s,l_{s}) \tag{7.2.9}$$

其中，$\Delta s=(\Delta x\Delta y\Delta z)^{1/3}$，$l_s=0.76E^{1/2}\left|\frac{g}{\bar{\theta}}\frac{\partial\theta}{\partial z}\right|^{-1/2}$。当水平格距和垂直格距相差很大时，

$$l_{h}=\Delta s_{h}$$

$$l_{v}=\begin{cases}\Delta s_{v} & \text{不稳定和中性层结}\\ \min(\Delta s_{v},l_{s}) & \text{稳定层结}\end{cases} \tag{7.2.10}$$

式中，$\Delta s_h=(\Delta x\Delta y)^{1/2}$，$\Delta s_v=\Delta z$，湍流 Prandtl 数等于：

$$Pr=\frac{K_{m}}{K_{\theta}}=\frac{1}{1+\dfrac{2l_{v}}{\Delta s_{v}}} \tag{7.2.11}$$

防止湍能在积分过程中一直为零，令

$$K_{mh} = \max(0.1E^{1/2} l_h, \alpha \Delta s_h^2)$$
$$K_{mv} = \max(0.1E^{1/2} l_v, \alpha \Delta s_v^2) \quad (7.2.12)$$

模式采用 Kessler 暖云雨参数化方案(Wilhelmson,1978;Soong and Ogura,1973)。该方案考虑 3 种水物质,即水汽、云水和雨水。每一种水物质由滴谱分布隐性表征。当空气达到饱和出现凝结时,小云滴首先生成;如果云水的混合比超过一定的阈值,通过云滴的自动转化形成雨滴,雨滴在下落并达到终极速度过程中,收集一些小的云滴而增长。如果云滴在不饱和的空气中,它们会不断的蒸发,直到周围空气达到饱和或者云滴被消耗完。雨滴在不饱和环境中的蒸发速率取决于本身的质量和空气不饱和的程度。

模式中地表与大气之间的动量、热量、水汽通量根据 Businger(1971)和 Byun(1990)的方案计算。地表通量作为湍流动量扩散项、热量扩散项和水汽扩散项的下边界条件进入模式。

u 方向动量通量:

$$-\bar{\rho}\overline{u'w'} = \bar{\rho} C_{dm} \max(V, V_{min}) u \quad (7.2.13)$$

v 方向动量通量:

$$-\bar{\rho}\overline{v'w'} = \bar{\rho} C_{dm} \max(V, V_{min}) v \quad (7.2.14)$$

热量通量:

$$-\bar{\rho}\overline{\theta'w'} = \bar{\rho} C_{dh} \max(V, V_{min}) (\theta - \theta_s) \quad (7.2.15)$$

水汽通量:

$$-\bar{\rho}\overline{q'_v w'} = \bar{\rho} C_{dq} \max(V, V_{min}) (q_v - q_{vs}) \quad (7.2.16)$$

C_{dm}, C_{dh}, C_{dq} 是地表动量、热量、水汽的拖曳系数。V 是地表总风速 $V_{min} = 1\ \mathrm{m \cdot s^{-1}}$。根据 Monin-Obukhov(1954)的相似理论可以得到:

$$C_{dm} = c_u^2, C_{dh} = c_u c_\theta, c_u = \frac{K}{\ln\left(\frac{z}{z_0}\right) - \psi_m\left(\frac{z}{L}, \frac{z_0}{L}\right)}, c_\theta = \frac{k}{Pr\left[\ln\left(\frac{z}{z_0}\right) - \psi_h\left(\frac{z}{L}, \frac{z_0}{L}\right)\right]} \quad (7.2.17)$$

其中 c_u, c_θ 分别是速度和温度交换系数,K 是卡门常数,L 是 Monin-Obuhov 长度,Pr 是 Prandtl 数,z_0 是地表粗糙度,Ψ_m, Ψ_h 是稳定度函数。

在不稳定层结下,根据 Byun(1990)可以得到稳定度函数的形式:

$$\psi_m = 2\ln\left(\frac{1+\chi}{1+\chi_0}\right) + \ln\left(\frac{1+\chi^2}{1+\chi_0^2}\right) - 2\tan^{-1}\chi + 2\tan^{-1}\chi_0 \quad (7.2.18)$$

$$\psi_h = 2\ln\left(\frac{1+\eta}{1+\eta_0}\right) \quad (7.2.19)$$

其中 $\chi = (1 - 15\zeta)^{1/4}$, $\eta = (1 - 9\zeta)^{1/2}$, ζ 是稳定度:

$$\zeta = \frac{z(z-z_T)[\ln(z/z_0)]^2}{(z-z_0)^2\ln(z/z_T)}\left[-2\sqrt{Q_b}\cos(\theta_b/3)+\frac{1}{45}\right] \quad Q_b^3 - P_b^2 \geqslant 0 \tag{7.2.20}$$

$$\zeta = \frac{z(z-z_T)[\ln(z/z_0)]^2}{(z-z_0)^2\ln(z/z_T)}\left[-\left(T_b+\frac{Q_b}{T_b}\right)+\frac{1}{45}\right] \quad Q_b^3 - P_b^2 < 0 \tag{7.2.21}$$

其中：$Q_b = \left(\frac{1}{225}+\frac{9}{5}s_b^2\right)/9$，$\theta_b = \cos^{-1}[P_b/\sqrt{Q_b^3}]$，$s_b = \frac{R_{ib}}{Pr}$，$R_{ib}$ 是总体理查森数，$T_b = (\sqrt{P_b^2 - Q_b^3} + |P_b|)^{1/3}$，$P_b = \left(\frac{-2}{3\,375}+\frac{36}{25}s_b^2\right)/54$。

在中性层结下，根据 Monin-Obukhov（1954）的相似理论可以得到：

$$(c_u)_{neu} = \frac{K}{\ln\left(\frac{z}{z_0}\right)}, (c_\theta)_{neu} = \frac{K}{Pr\left[\ln\left(\frac{z}{z_0}\right)\right]} \tag{7.2.22}$$

在自由对流情形（极不稳定）下，根据 Deardorff（1972）：

$$c_u = \min[c_u, (c_u)_{neu}], c_\theta = \min[c_\theta, (c_\theta)_{neu}] \tag{7.2.23}$$

在稳定层结时：

$$c_u = (c_u)_{neu}\left(1-\frac{R_{ib}}{R_{ic}}\right), c_\theta = (c_\theta)_{neu}\left(1-\frac{R_{ib}}{R_{ic}}\right) \tag{7.2.24}$$

其中 $R_{ic}=3.05$ 是临界总体理查森数。

模式采用 Pleim 和 Xiu（1995）提出的土壤-植被模式。为适应城市地区的模拟，在地面温度预报方程中加入人为热源项 $Qanth = (N_c\eta_c + N_E\eta_E)/\Delta s$。其中 Δs 是网格面积，N_c，N_E 分别是网格中单位时间消耗的煤和电的量，η_c，η_E 分别是网格中单位量的煤和电消耗释放到大气的热量。假定这部分热量只加到地面温度的预报方程中，而对周围空气没有加热作用。

（2）城市建筑效应

城市中建筑物的存在使其明显区别于均匀平坦下垫面，增加了城市地表的粗糙度，从而对气流产生相应的拖曳作用。RBLM 模式中对于城市建筑物这种动力学效应的考虑，参考了国内外的相关研究工作，将城市结构视作气流可以穿透的多孔介质，根据 Sorbjan 和 Uliasz（1981），Uno（1989）和 Urano（1999）的工作，将网格内建筑物的迎风面积与网格内空气体积之比定义为城市建筑物表面积指数 $A(z)$，$A(z)$ 会随高度而变化，定义为：

$$A_z = \frac{\text{网格内垂直于风速的总表面积}}{\text{网格体积}} \tag{7.2.25}$$

具体参数化方案为：同时在 u、v 方向的动量方程、湍流动能方程以及耗散率方程中引入城市建筑物阻尼及扰动影响项：

$$F_{bu} = -\frac{1}{2}\eta C_d A(z) u (u^2+v^2)^{1/2} \tag{7.2.26}$$

$$F_{bv} = -\frac{1}{2}\eta C_d A(z) v (u^2 + v^2)^{1/2} \tag{7.2.27}$$

$$P_{Eb} = \frac{1}{2}\eta C_d A(z)(|u|^3 + |v|^3) \tag{7.2.28}$$

$$P_{\varepsilon b} = \frac{3}{4}\frac{\varepsilon}{E}\eta C_d A(z)(|u|^3 + |v|^3) \tag{7.2.29}$$

其中，η 为每个网格内建筑物的面积比例，C_d 为拖曳系数，基于 Raupach(1992)风洞实验的研究结果，C_d 取为0.4。

(3) 城市冠层模式

何晓凤(2006)、何晓凤等(2007,2009)在模式中耦合了人为热方案和单层城市冠层模式(NJU-UCM-S, Nanjing University Urban Canopy Model)，完善了 RBLM 模式对城市区域陆面过程的参数化方案。

单层城市冠层模式(NJU-UCM-S)是在 TEB 方案的基础上建立的，它可以比较细致地刻画城市下垫面的地表能量平衡参数化过程。TEB 方案假定街渠是构成城市的基本单位，因而其物理过程通常是基于一个有代表性的街渠来考虑的。引入 TEB 方案时用 Masson(2000)的公式计算各表面的净长波辐射、感热通量、潜热通量、冠层内气温、各表面各层间的土壤热通量以及各个表面各层的温度，用 Kusaka 等(2001)的公式计算各表面的净短波辐射，而各表面的阻抗则采用 Lemonsu 等(2004)改进的公式进行计算，具体的计算流程如图 7.2.1 所示。

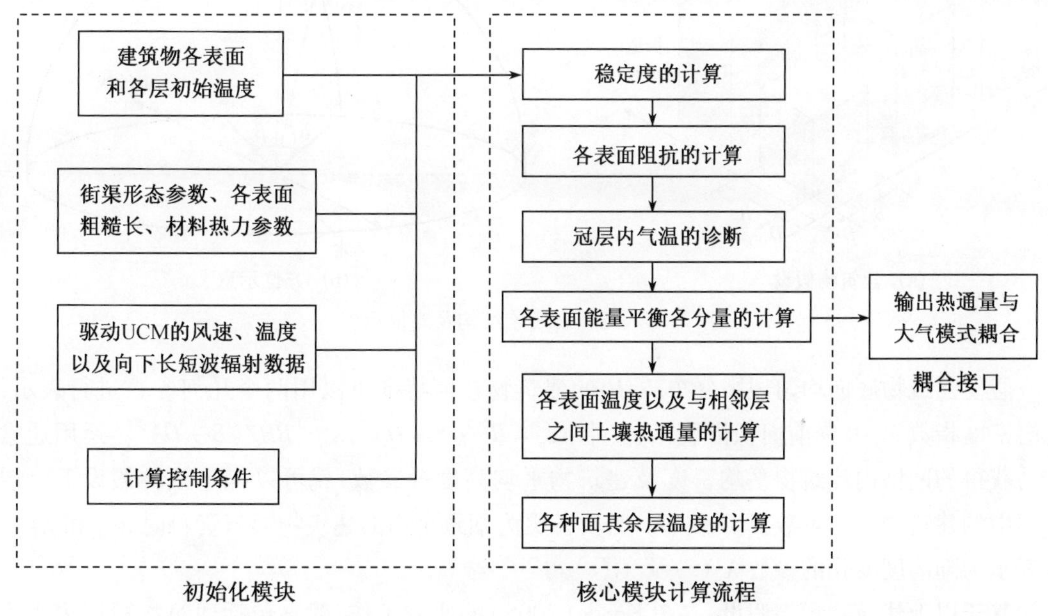

图 7.2.1　UCM 结构及计算流程示意图

TEB 方案模拟计算的是各表面的能量平衡各分量，而最终输出的冠层整体地表能量平衡各分量是对各表面模拟结果进行加权后的量值。在城市中，由于垂直存在的墙面无形中

增加了城市人为材料的表面积,使得权重不能简单地应用三种面的面积比来计算,而应使用下述公式计算:

$$A_C = 2\frac{H_b}{W_r + W_R}A_w + \frac{W_R}{W_r + W_R}A_R + \frac{W_r}{W_r + W_R}A_r \tag{7.2.30}$$

式中,A_c 表示冠层整体的各种能量通量(向上长波辐射、向上短波辐射、储热、感热等),A_R,A_r,A_w 分别表示在屋顶、路面、墙壁上算出的与 A_c 对应的各种能量,H_b,W_R,W_r 依次表示街渠高度、建筑物宽度及道路宽度。通过这三个表征街渠形态的参数最终可算出城市冠层各类表面所占的权重。

王咏薇等(2009)建立了基于建筑物三维分布的多层城市冠层模式(MUCM)并与 RBLM 耦合。

而本节研究工作建立的多层冠层模式主要适用于建筑物不可分辨尺度数值模拟,因此首先必须对建筑物的分布形态进行假设。

建筑物形态及方位分布如图 7.2.2 所示,冠层模式假设网格内所有建筑物底面为边长 B 的正方形,建筑物之间距离为 D,建筑物高度为 H,α 为太阳高度,β 为以街道轴线为基准定义的太阳方位角。

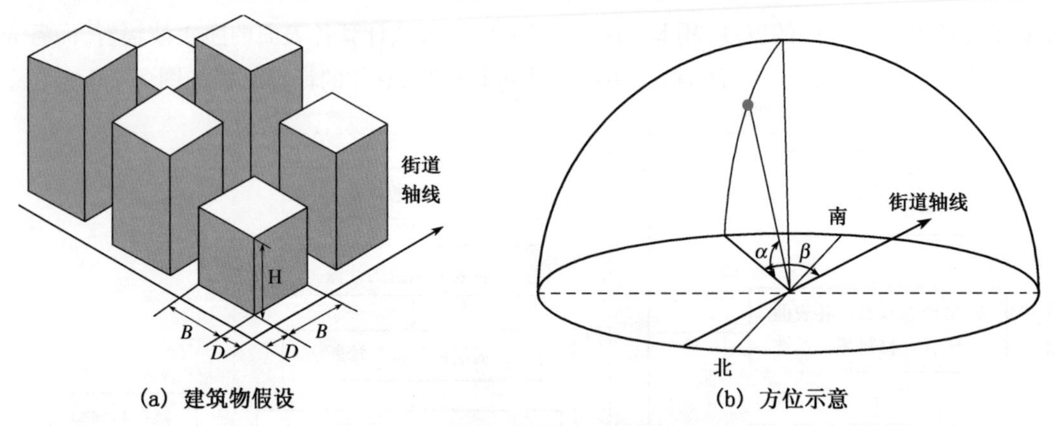

图 7.2.2 建筑物三维结构及方位示意

假设建筑物底面均匀规则分布,冠层的建筑物几何特征可以用两个几何参数进行表示,冠层密度指数 λ_p 及锋前面积指数 λ_f,其中,$\lambda_p = B^2/(B+D)^2$,$\lambda_f = BH/(B+D)^2$。运用通常较易获得的网格内建筑物平均密度及建筑物平均高度等参数,就可以确定该种假设下冠层方案中的建筑物形态参数 B,D 及 H。当具备更为细致全面的建筑物形态资料时,λ_p 和 λ_f 可以表示为随高度变化的参数 $\lambda_p(z)$ 及 $\lambda_f(z)$。

基于以上建筑物形态假设,参考 Kondo(2005)的研究工作,建立包括建筑物冠层内垂直方向上一维的动量、温度、湿度方程的多层冠层模式动力框架。按建筑物屋顶东、南、西、北 4 个墙面以及地面等 6 个不同表面分别计算辐射能量平衡过程,考虑了地面受到的短波辐射阴影遮蔽及长短波辐射的多重反射作用导致的“辐射截陷”影响。具体方案详见王咏薇等(2009)。

研究表明,耦合冠层模式的 RBLM 明显地改善了 RBLM 在城市下垫面的模拟效果。

(4) 城市树木冠层效应参数化

城市中的绿化植被下垫面是城市街谷结构中重要的组成部分之一。街渠中的植被可以显著改变地表能量平衡潜热感热各项,从而对气温及湿度等气象要素产生影响。在城市气象学模拟研究领域中,准确合理地引入表征其中植被影响的参数化方案,是重要的先决条件(Lee and Park, 2008)。

城市植被主要可以通过以下三个物理过程对局地气象环境产生影响,从而有效缓解城市热岛现象:① 树木冠层的遮蔽作用可以有效减少到达地面及人体表面的太阳辐射;② 上述遮蔽效应导致的地表温度降低,因此地面向大气中发射的长波辐射能量也相应减少;③ 由于植被土壤表面较为潮湿,以及植被表面的蒸腾作用导致的蒸发(蒸腾)吸热,从而导致环境温度的下降以及空气湿度的增加。

Yang Jianbo 等(2015)在 RBLM 中加入了城市树木冠层模式。城市树木冠层模式所用到的植被和土壤特征参数主要包括:植被高度、叶面反射率、地表反射率、植被长波放射系数等。表 7.2.1 给出了这些基本特征参数的取值。

表 7.2.1 城市树木冠层模式主要输入参数

参数名称	参数值
植被高度(h)	10 m[a]
叶面反射率(α_l)	0.2[a]
地表反射率(α_g)	0.08[a]
植被长波放射系数(ε_v)	0.96[a]
地表长波放射系数(ε_g)	0.94[a]
最小气孔阻力(R_{smin})	150 sm^{-1}[a]
叶面积密度最大值(μ_m)	1.06 m^{-1}[b]
叶面积密度最大值对应的高度(Z_m)	0.7h[b]

注:[a]Lee 和 Park(2008);[b]Lalic 和 Mihailovic(2004)

设植被冠层顶部接收到的直接太阳短波辐射通量为 S_{down},则其中被植被系统吸收而产生热效应的部分(S_v)为:

$$S_v = V_{eg}(1-\alpha_l)S_{down} \tag{7.2.31}$$

其中 V_{eg} 为植被覆盖率,α_l 为叶面反射率。

S_{down} 中另一部分被地面吸收并产生加热效应的短波辐射通量 S_g 为:

$$S_g = (1-V_{eg})(1-\alpha_g)S_{down} \tag{7.2.32}$$

其中 α_g 为地表反射率。

大气发射的向下长波辐射通量 L_a 为:

$$L_a = \varepsilon_a \sigma T_a^4 \tag{7.2.33}$$

其中 ε_a 为大气长波放射系数，σ 为斯蒂芬-波尔兹曼常数（$\sigma = 5.68 \times 10^{-8}\ \mathrm{W \cdot m^{-2} \cdot K^{-4}}$），$T_a$ 为参考层大气温度。

植被层发出的向上（$L_{v\uparrow}$）和向下（$L_{v\downarrow}$）长波辐射通量分别为：

$$L_{v\uparrow} = L_{v\downarrow} = V_{eg} \varepsilon_v \sigma T_v^4 \tag{7.2.34}$$

其中下标 v 代表植被子系统。T_v 为植被层的平均温度，ε_v 为植被层的长波放射系数。

地面发出的长波辐射通量为：

$$L_g = \varepsilon_g \sigma T_{gs}^4 \tag{7.2.35}$$

其中 T_{gs} 为地面温度，ε_g 为地面长波放射系数。

不考虑植被及地表对长波辐射的反射，则可以得到地表及植被层对长波辐射的吸收，L_{gin} 和 L_{vin} 分别为：

$$L_{gin} = (1 - V_{eg}) \times L_a + L_{v\downarrow} \tag{7.2.36}$$

$$L_{vin} = V_{eg} \times (L_a + L_g) \tag{7.2.37}$$

结合以上各式，植被层净辐射通量（R_{n_v}）为：

$$R_{n_v} = S_v + L_{vin} - (L_{v\uparrow} + L_{v\downarrow}) \tag{7.2.38}$$

地面净辐射通量（R_{n_g}）为：

$$R_{n_g} = S_g + L_{gin} - L_g \tag{7.2.39}$$

植被冠层向大气输送的感热通量 H_v 表达式为：

$$H_v = \int_0^h \frac{V_{eg}\mu(z)\rho_a c_p (T_v - T_a)}{R_a} \mathrm{d}z \tag{7.2.40}$$

其中 h 为植被冠层的平均高度，ρ_a 为空气密度，R_a 为植被表面空气动力学阻尼项，$\mu(z)$ 为叶面积密度，$\mu(z)$ 随高度垂直分布的计算可参考文献（Lalic and Mihailovic，2004）：

$$\mu(z) = \mu_m \left(\frac{h - z_m}{h - z}\right)^n \exp\left[n\left(1 - \frac{h - z_m}{h - z}\right)\right] \tag{7.2.41}$$

其中 μ_m 为叶面积密度的最大值，z_m 为 μ_m 对应的高度，n 为经验参数：

$$n = \begin{cases} 6 & 0 \leqslant z < z_m, \\ 0.5 & z_m \leqslant z \leqslant h. \end{cases} \tag{7.2.42}$$

植被冠层向大气中输送的潜热通量（$\mathrm{LE_v}$）为：

$$\mathrm{LE_v} = \lambda \int_0^h E_v \mathrm{d}z \tag{7.2.43}$$

其中 λ 为液态水的蒸发潜热（$\lambda = 2.5 \times 10^6\ \mathrm{J \cdot kg^{-1}}$），$E_v$ 为叶面蒸腾总量，其表达式如下：

$$E_v = V_{eg}\mu(z)\rho_a \frac{q_{sat}(T_s) - q_a}{R_a + R_s} \tag{7.2.44}$$

其中 $q_{sat}(T_s)$ 为植被表面温度 T_s 时的饱和比湿，q_a 为大气水汽压，R_s 为植被系统的表面阻尼项，其计算式可表示为：

$$R_s = R_{smin} F_R F_T F_V F_\psi \tag{7.2.45}$$

其中 F_R，F_T，F_V 及 F_ψ 分别为太阳辐射、叶面温度、水汽压差及土壤含水量的调节因子(Avissar and Mahrer，1988；Park，1994)；R_{smin} 为最小气孔阻力。

结合植被表面感热及潜热通量各项的表达式，可以得到植被表面的能量平衡方程如下：

$$C_v \frac{\partial T_v}{\partial t} = R_{n_v} - H_v - \mathrm{LE}_v \tag{7.2.46}$$

其中 C_v 为植被系统的热容(等效于单位叶面积指数上 1 mm 厚度水层的热容)，其表达式如下(Garratt，1992)：

$$C_v = 4186 \times \mathrm{LAI} \tag{7.2.47}$$

地面子系统向大气中输送的感热通量为：

$$H_g = \rho_a c_p K_{\theta V} V_a (T_{gs} - T_a) \tag{7.2.48}$$

其中 c_p 为干空气的比热容，$K_{\theta V}$ 为热量的湍流交换系数。

地表水汽通量的表达式为：

$$E_g = \rho_a K_{qv} V_a [h_u q_{sat}(T_{gs}) - q_a] \tag{7.2.49}$$

其中 h_u 为地表相对湿度，K_{qv} 为水汽的湍流交换系数，$q_{sat}(T_{gs})$ 为地面温度 T_{gs} 时的饱和比湿。根据 Teten 方程：

$$e_s(T_s) = 6.1\exp\left(17.269 \times \frac{T_s - 273.16}{T_s - 35.86}\right) \tag{7.2.50}$$

$$q_{sat}(T_s) = 0.622 \frac{e_s(T_s)}{p - 0.378 e_s(T_s)} \tag{7.2.51}$$

综合以上表达式，可得地表子系统的能量平衡方程为：

$$C \frac{\partial T_{gs}}{\partial t} = R_{n_g} - H_g - \lambda E_g \tag{7.2.52}$$

7.2.2 城市边界层模式(UBLM)

城市尺度边界层数值模式(UBLM)是针对城市尺度的一个高分辨率边界层模型，它的主要控制方程与 RBLM 类似，这里主要介绍两个模式的不同之处。

(1) *湍流 $E-\varepsilon$ 闭合方案*

UPBLM 采用了 1.5 阶的湍流 $E-\varepsilon$ 闭合方案，即引入了湍能(E)和耗散率(ε)的方程。

$$\frac{\partial E}{\partial t}+u\frac{\partial E}{\partial x}+v\frac{\partial E}{\partial y}+w^{*}\frac{\partial E}{\partial z^{*}}=J_3^2K_{mz}\left[\left(\frac{\partial u}{\partial x}\right)^2+\left(\frac{\partial v}{\partial y}\right)^2\right]-(1-C_{3\varepsilon})J_3\frac{g}{\theta}K_{\theta h}\frac{\partial \theta}{\partial z}+\frac{\partial}{\partial x}\left(K_{mh}\frac{\partial E}{\partial x}\right)+\frac{\partial}{\partial y}\left(K_{mh}\frac{\partial E}{\partial y}\right)+J_3^2\frac{\partial}{\partial z^{*}}\left(K_{mz}\frac{\partial E}{\partial z^{*}}\right)-\varepsilon+P_{bE} \quad (7.2.53)$$

$$\frac{\partial \varepsilon}{\partial t}+u\frac{\partial \varepsilon}{\partial x}+v\frac{\partial \varepsilon}{\partial y}+w^{*}\frac{\partial \varepsilon}{\partial z^{*}}=C_{1\varepsilon}\frac{\varepsilon}{E}\left\{J_3^2K_{mz}\left[\left(\frac{\partial u}{\partial x}\right)^2+\left(\frac{\partial v}{\partial y}\right)^2\right]-(1-C_{3\varepsilon})J_3\frac{g}{\theta}K_{\theta h}\frac{\partial \theta}{\partial z}\right\}+\frac{\partial}{\partial x}\left(K_{mh}\frac{\partial \varepsilon}{\partial x}\right)+\frac{\partial}{\partial y}\left(K_{mh}\frac{\partial \varepsilon}{\partial y}\right)+J_3^2\frac{\partial}{\partial z^{*}}\left(K_{mz}\frac{\partial \varepsilon}{\partial z^{*}}\right)-C_{2\varepsilon}\frac{\varepsilon^2}{E}+P_{b\varepsilon} \quad (7.2.54)$$

垂直方向上的湍流扩散系数可取为：

$$K_{mz}=C_{\mu}\frac{E^2}{\varepsilon} \quad (7.2.55)$$

其中 P_{bE},$P_{b\varepsilon}$分别为建筑物对湍能及湍能耗散率的影响项。湍能和耗散率方程中的参数 $C_{1\varepsilon}$,$C_{2\varepsilon}$,$C_{3\varepsilon}$,C_{μ} 等取值非常复杂，根据前人的经验(Rodi,1985;Beljaars,1987)以及王卫国和蒋维楣(1994,1996)的取法，在本模式中分别取为 1.44;1.92;1.0(稳定)或 0.0(不稳定);0.09。城市下垫面是一个特殊而复杂的地表，它强烈地受到人类活动的影响，同时对城市生活环境质量具有重要的影响。在 UBLM 模式中，主要考虑城市区的建筑物对城市低层风场的阻尼和扰动作用。在动量方程中的 u 和 v 分量方程和湍能方程中加入考虑城市建筑物阻尼和扰动作用的项，参见公式(7.2.26)~(7.2.29)。针对城市中的人类活动影响，主要考虑人为废热源排放的影响，考虑了汽车尾气排放的废热、工业生产的能源消耗以及城市居民生活的各种能量的消耗，由城市年鉴、中国能源统计年鉴及人口年鉴等资料，利用土地面积、人口密度、总能源消耗、居民生活能源消耗、工业能源消耗及社会机动车辆拥有量进行分析和估算。假设居民生活排放人为热与建筑物高度及密度有关，则可由建筑物高度及密度确定城市密度等级对人为热进行加权分配；交通排放人为热则根据道路在网格内的密度进行分配。

(2) SBDART 辐射传输模块

短波和长波的辐射传输过程强烈地受气溶胶影响。城市地区颗粒物污染严重，会影响大气的辐射传输过程。UBLM 模式中在线耦合了大气化学输送扩散模式(详见 9.1 节)和 SBDART 辐射传输模式。

SBDART(Santa Barbara DISORT Atmospheric Radiative Transfer)是 Paul Ricchiazzi, Shiren Yang, Catherine Gautier 等人开发的辐射传输模式(Ricchiazzi et al. 1998)，该模式基于一系列在过去几十年经过验证可靠的物理模型，是计算晴空和有云情况下地球大气和地球表面的平面平行大气辐射传输的程序，包括了所有影响辐射的重要过程(温室气体、气溶胶等)。SBDART 由大气层顶的太阳辐射驱动，可以允许用户自己定义大气廓线，边界层气溶胶参数

(气溶胶类型、浓度廓线、散射模式、相对湿度等),O_3,NO_2,SO_2 等气体参数。输出各波长、各角度、各时间序列、各高度层上的向上、向下的直接辐射(通量)。

由大气化学输送扩散模式实时计算气溶胶浓度的三维分布,SBDART 在 3.4 km 以下采用 UBLM 计算得到的气象场和气溶胶浓度,每 15 分钟强迫一次;3.4 ~ 20 km 高度区间,采用 WRF 的输出结果,每小时强迫一次;20 ~ 100 km 使用 US62 的中纬度大气数据。气体资料采用模式默认数值,太阳光谱采用 LOWTRAN_7 数据,平流层气溶胶设为背景平流层气溶胶。

SBDART 计算得到大气加热率反馈回 UBLM 中,用以加热或冷却大气。

$$H_i = (T_i - B_i)/C_p\rho z \tag{7.2.56}$$

式中,H_i 为第 i 层的加热率,单位为 $K \cdot day^{-1}$,T_i 为第 i 层顶部净辐射通量,单位为 $W \cdot m^{-2}$,B_i 为第 i 层底部净辐射通量,单位为 $W \cdot m^{-2}$,C_p 为大气热容量,单位为 $J \cdot deg^{-1}kg^{-1}$,ρ 为大气密度,单位为 $kg \cdot m^{-3}$,z 为气层厚度,单位为 m。

(3) 与 WRF、WRF-CHEM 模式的耦合

UBLM 的初始场和边界条件由 WRF 模式或 WRF-Chem 模式提供。边界条件每一步都进行更新,由 WRF 模式或 WRF-Chem 模式每小时输出的数值进行时间插值得到。在侧边界层上,如果为入流边界,则取为 WRF 模式或 WRF-Chem 模式结果,如果为出流边界,则取为无梯度边界。

7.3　城市水文过程对城市气候影响的数值模拟

7.3.1　城市水文过程

大量城市冠层模式应用及评估结果表明,目前城市冠层模式对城市水文过程的研究存在较大的不确定性。“国际城市能量平衡参数化方案比较计划”评估了全球 33 个城市冠层模式的整体性能,发现所有城市冠层模式对潜热通量模拟能力均为最差,最重要的原因在于现有的城市冠层模式中主要考虑辐射平衡及能量平衡过程,而忽略了城市植被蒸散,以及人为水汽/水分等城市水文过程(Grimmondet al., 2010, 2011)。最新研究表明,城市水文过程极为重要,能够对城市地气交换和边界层过程产生显著的影响(王迎春等,2012;Chenet al., 2012)。

城市地区的水文过程与自然下垫面明显不同(Welty, 2009),除了自然的水循环过程外,还包括人为水汽和人为水分的排放、城市植被的绿洲效应,以及城市排水系统等的影响。这些过程通过城市地气相互作用能够影响城市地区的天气及气候特征。

城市人为水汽/水分的来源包括空调释放的人为潜热、汽车尾气释放的水汽、绿地灌溉、街道洒水、工业生产等过程(Sailor et al., 2007; Mitchell et al., 2008; Moriwaki et al., 2008)。一方面,人为水汽/水分的时空分布特征在不同城市具有显著的差异,目前极少有人为水汽/水分的观测资料。另一方面,目前多数城市冠层模式当中缺乏合理的城市水文参数化方案,因此也无法准确评估人为水汽/水分对能量和水分平衡的影响程度。一些研究发现

人为水汽排放对地表能量平衡和温度具有显著的影响。Moriwaki 等(2008)估算了东京空调制冷释放的人为感热和人为潜热,发现东京夏季人为潜热可达到总的人为热的35%,商业区的人为潜热可达 100 W·m^{-2},这个量值甚至超过了人为感热。Sailor 等(2007)估算了休斯敦空调制冷释放的人为潜热以及汽车尾气排放的水汽,发现城市人为热在夏季以人为潜热为主,冬季人为潜热和人为感热同等重要,表明人为潜热和人为水汽排放对城市气候系统具有显著的影响。Munck 等(2013)研究也发现巴黎空调制冷释放的人为潜热与人为感热大小相当。Gutiérrez 等(2015)模拟研究发现空调制冷释放的人为潜热可以使纽约市夏季气温降低 0.8 ℃,而使相对湿度增加 3%。

绿地灌溉是城市地区最重要的人为水分来源,对城市冠层内水、热通量交换具有显著的影响,在有些城市达到甚至超过降水的作用(Grimmond et al.,1991; Martinez et al., 2011)。特别是在干旱地区的城市,绿地灌溉是其地表长时间唯一的水分来源,一些城市绿地灌溉用水量可占到城市用水总量的39%(Nouri et al., 2013)。在夏季,绿地灌溉用水的40%通过蒸散进入大气,能够改变城市冠层的温度、湿度,以及潜热通量,从而对城市局地天气气候产生显著的影响。目前已有少数城市冠层模式中考虑了城市绿地灌溉的影响。例如 Järvi 等(2011)利用日平均温度和降水时段给出了绿地灌溉的统计公式。Vahmani 和 Hogue(2015)在 WRF 的单层城市冠层模型中加入绿地灌溉后发现可以减小潜热通量的模拟偏差,模拟的夏季洛杉矶气温能够降低约 2 ℃。Yang 和 Wang(2015)在城市冠层模式中引入绿地灌溉方案后,模拟的凤凰城夏季气温能够降低约 3 ℃。除了绿地灌溉以外,绿色屋顶的灌溉也是城市人为水分的一大来源。随着城市热岛的加剧,绿色屋顶被越来越多的国家和城市用于缓解城市热岛效应。Ma 等(2018)研究发现考虑绿色屋顶及其灌溉后模拟的悉尼夏季中午气温比仅考虑绿色屋顶方案模拟的中午气温降低约 1.5 ℃。

除了城市人为水汽/水分,城市地区其他水文过程也对城市地表潜热通量和城市气象环境具有重要的影响。例如不透水面的蒸发和城市绿洲效应等。观测结果发现城市夜间凝结的露水会成为白天不透水面蒸发的重要水分来源,忽略城市不透水面的蒸发会导致城市能量平衡模式模拟的潜热通量明显低于观测值(Kawai et al.,2009)。Kawai 和 Kanda(2010)的观测实验表明在降水结束后,混凝土材料表面的蒸发可持续 2 周左右。城市中绿地的潜热通量要比均一的自然下垫面植被条件下大,即城市中绿地的绿洲效应(Hagishima et al., 2007)。Yang 等(2015)模拟发现城市绿洲效应对城市潜热通量的贡献率超过了 10%。

目前,科学家们开始重视城市人为水汽和绿洲效应等城市水文过程对城市冠层能量平衡过程的影响。例如 Järvi 等(2011)建立了耦合能量平衡与水分平衡的城市冠层模式,该模式利用修正的森林冠层蒸散参数化方案计算街渠单元各组分的蒸发/蒸散过程。Wang 等(2013)首次较为全面地在城市冠层模式当中考虑了不同街渠单元表面的能量平衡和水分平衡过程,可以改进城市冠层模式对城市不透水面潜热通量的模拟效果。最近,苗世光和 Chen(2014)在城市冠层模型 SLUCM 中引入了包括人为水汽、城市绿地灌溉、城市绿洲效应以及不透水面的蒸发等城市水文过程,有效提高了模式的整体模拟性能。在上述两项工作的基础上,Yang 等(2015)进一步在城市水文过程中引入了绿色屋顶,并将城市水文参数化方案耦合进了 SLUCM 模式当中。模式的离线和在线模拟表明,新的 SLUCM 模式对近地表的气象要素,特别是对潜热通量的模拟性能方面有较大的提高(苗世光和 Chen,2014;Yang et al., 2015, 2016)。

在本节中,利用耦合城市水文过程的 WRF-SLUCM 模式,研究了城市人为水汽/水分以及其他城市水文过程对南京市气象环境的影响,包括各个城市水文过程对城市气象要素及地表能量平衡的影响,以及各个城市水文过程对城市边界层结构和城市次级环流的影响。

7.3.2 模式设置

本节采用耦合了单层城市冠层模式 SLUCM 的 WRF v3.8.1 模式,SLUCM 当中耦合了城市水文参数化方案,包括:① 城市空调系统和汽车尾气排放的人为潜热/水汽;② 城市绿地灌溉;③ 绿色屋顶;④ 不透水面的蒸发;⑤ 城市绿洲效应。WRF 模式的物理过程参数化方案包括 3 阶微物理过程(Hong et al., 2004),近地层 Eta 相似参数化方案和 MYJ 边界层参数化方案(Janjić,2001),RRTM 长波辐射方案(Mlawer et al., 1997),Dudhia 短波辐射方案(Dudhia,1989),LSM 陆面模式(Chen et al., 2011),以及 Kain-Fritsch 积云对流参数化方案等(Kain,2004)。积云对流参数化方案仅用于模式最外面两层网格。

本节的数值模拟采用四层嵌套网格,中心经纬度为 32.04°N,118.78°E。所有四层嵌套网格水平方向各有 91×91 个格点,水平网格距分别为 27,9,3 以及 1 km。垂直方向采用拉伸静力气压跟随坐标,模式顶取 100 hPa,垂直分层为 78 层,其中 32 层在 1.5 km 以内,用来更详细地模拟城市边界层结构。土地利用类型采用 USGS 和 MODIS 的 30 s 数据。模式最内层城市下垫面采用 2012 年 Landsat 的 25 m 分辨率数据替换,并且根据 SLUCM 的分类标准,将南京市城市下垫面类型分为商业区(COI)、高密度城市区(HIR)和低密度城市区(LIR)三种,如图 7.3.1 所示。三类城市下垫面冠层参数化方案采用 WRF-SLUCM 的默认参数设置。

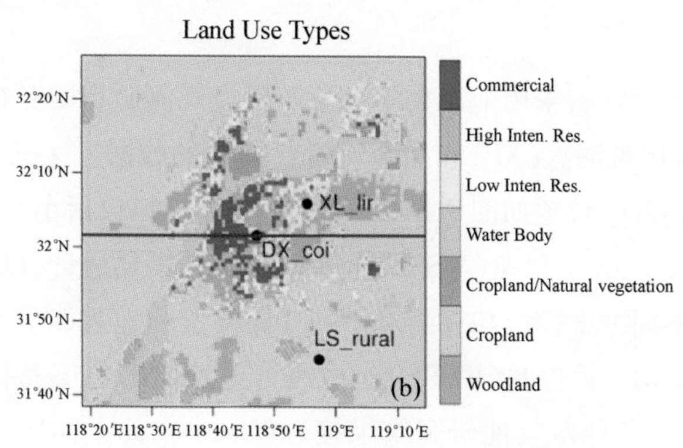

图 7.3.1 第四层嵌套网格土地利用类型

本节共设计了7个计算方案。方案1(NONE)为控制算例,采用WRF-SLUCM默认的城市冠层参数化方案,并且采用了Landsat的三类城市下垫面数据和相应默认的城市人为热排放。方案2~方案6分别考虑了城市水文过程当中的一种,方案7考虑了所有的城市水文过程。在方案3(GRO)中,假设建筑屋顶的绿化面积为20%(魏艳和赵慧恩,2007),这是目前日本东京法规发布的新建筑物绿化标准,而且也是我国部分地方政府正在考虑实施的标准。在方案5(IRR)中,根据南京市园林局提供的信息,绿地灌溉时间设定为上午06:00—08:00,下午16:00—18:00。所有的方案都考虑了WRF默认的人为热设置(Chen et al., 2011)。在低密度、高密度城市区和商业区,人为热的最大值分别为20,50和90 $W \cdot m^{-2}$。利用表7.3.1的实验设计,可以通过比较方案1和其他方案的差异来评估每个以及整体的城市水文过程对南京市城市气象环境的影响。

表7.3.1 数值模拟方案设置

编号	算例名称	设置
1	NONE	控制算例,采用WRF-SLUCM默认参数设置+城市人为热
2	ALH	Case1+城市人为水汽排放
3	GRO	Case1+城市绿色屋顶
4	EIMP	Case1+城市不透水面蒸发
5	IRR	Case1+城市绿地灌溉
6	OASIS	Case1+城市绿洲效应
7	ALL	Case2+Case3+Case4+Case5+Case6

本节选择2013年7月进行模拟。模拟时间从2013年6月29日12:00(世界时)—2013年8月1日00:00为止。模拟开始的36 h为模式的启动时间,模式初始和边界条件采用1°×1°的NCEP再分析资料(ds083.2),每6 h强迫一次(http://rda.ucar.edu/datasets/ds083.2/)。海表面温度采用6 h的0.5°×0.5°资料(ftp://polar.ncep.noaa.gov/pub/history/sst)。

7.3.3 模式评估

模式对比所用的观测资料采用南京大学气象与环境观测站市委党校观测点(DX)、南大SORPES观测站仙林校区观测点(XL)和溧水观测点(LS)的数据。这三个观测点分别位于商业区、低密度城市区和郊区,位置如图7.3.1b所示。观测资料包括小时平均的气温(T_a)、比湿(Q_a)、相对湿度(RH_a)、10 m风速(WS_a)、感热通量(H)、潜热通量(LE)和净辐射(R_n)等。

表7.3.2给出了不同方案模拟和观测对比的气象要素和地表能量平衡各分量的相关系数(R)、偏差(ME)以及均方根误差(RMSE)。由表可见,NONE方案整体上可以较好地模拟各变量,模拟结果与长三角地区其他研究结果接近(Chen et al., 2016; Zhang et al., 2017; Chen and Zhang, 2018),表明模式具有较好的模拟性能。考虑城市水文过程的各方案对风速、温度、比湿和相对湿度的模拟效果有所改进,偏差和均方根误差均有不同程度的减小。

对能量平衡各项的模拟表明,考虑城市水文过程各方案能够改进感热通量、潜热通量以及净辐射的模拟效果,各统计量均有所改善,特别是能够大幅提高潜热通量的相关系数,明显减小负偏差和均方根误差。总体而言,所有方案中 ALL 方案模拟效果最好,表明在城市冠层模式中考虑城市水文过程能够改进能量平衡和水分平衡等的相关物理过程,提高模式的模拟性能。各水文过程中 OASIS 方案的改进效果最明显,GRO,ALH 和 IRR 改进效果较小,而 EIMP 方案对各物理量的改进效果最小。这是由于 2013 年 7 月份南京地区降水很少,因此使得 EIMP 的效果有限。苗世光和 Chen(2014),以及 Yang 等(2015)的研究表明考虑不透水面的蒸发可以显著提高 WRF 模式对北京市发生降水前后潜热通量的模拟效果。

表 7.3.2　不同方案气象要素和地表能量平衡各分量模拟值与观测值比较的统计量对比[a]

Cases	Statistics	WS_a ($m \cdot s^{-1}$)	T_a (℃)	Q_a ($g \cdot kg^{-1}$)	RH_a (%)	H ($W \cdot m^{-2}$)	LE ($W \cdot m^{-2}$)	R_n ($W \cdot m^{-2}$)
NONE	R	0.61*	0.84*	0.57*	0.80*	0.82*	0.47*	0.91*
	ME	0.54	0.03	-0.16	-0.27	25.35	-25.46	23.51
	RMSE	1.70	1.87	1.41	8.98	61.96	61.60	55.87
ALH	R	0.61*	0.84*	0.57*	0.80*	0.82*	0.47*	0.91*
	ME	0.54	0.03	-0.09	-0.09	25.26	-19.90	23.72
	RMSE	1.70	1.87	1.41	8.93	61.21	59.15	55.99
GRO	R	0.61*	0.84*	0.57*	0.80*	0.82*	0.51*	0.91*
	ME	0.51	0.00	-0.12	-0.02	22.11	-21.87	23.58
	RMSE	1.70	1.86	1.40	8.92	56.22	58.28	56.02
EIMP	R	0.61*	0.84*	0.57*	0.80*	0.82*	0.47*	0.91*
	ME	0.52	0.03	-0.14	-0.25	25.19	-24.90	23.19
	RMSE	1.70	1.87	1.41	8.93	61.13	60.61	56.65
IRR	R	0.61*	0.84*	0.57*	0.80*	0.82*	0.47*	0.91*
	ME	0.52	0.02	-0.15	-0.19	24.56	-25.15	23.40
	RMSE	1.70	1.86	1.41	8.96	60.61	61.11	56.83
OASIS	R	0.62*	0.85*	0.58*	0.80*	0.82*	0.82*	0.91*
	ME	0.42*	-0.14*	0.05*	1.03*	12.22*	-1.15*	26.12
	RMSE	1.66	1.82	1.37	8.76	39.71	38.62	57.98
ALL	R	0.62*	0.85*	0.58*	0.80*	0.82*	0.85*	0.92*
	ME	0.40*	-0.22*	0.19*	1.52*	7.29*	9.81*	27.08
	RMSE	1.64	1.81	1.38	8.84	32.95	36.11	57.82

注:[a]“ * ”表示通过 t 检验的 95% 置信水平。

表 7.3.3 给出了 ALL 方案模拟的三个站点气象要素和地表能量平衡各分量与观测值比较的统计量。ALL 方案模拟的 10m 风速、气温和相对湿度在 DX 观测点最差,而在 LS 观测点最好,表明 WRF 模式对高密度城市地区气象要素的模拟效果较差,这与 Salamanca 等(2014)

和 Zhang 等(2017)的研究结果一致。与此相反,ALL 方案模拟的比湿在 DX 观测点最好,而在 LS 观测点最差,说明考虑了城市水文过程后能够增加城市地表的水汽,从而改善模式模拟性能。从地表能量平衡各项来看,各站点感热通量和净辐射模拟结果性能相似,但 DX 的潜热通量模拟结果较差,表明仍然需要进一步地改进模式对高密度城市地区潜热通量的模拟性能。

表 7.3.3 ALL 方案模拟的三个站点气象要素和地表能量平衡各分量与观测值比较的统计量对比

Site	Statistics	WS_a ($m \cdot s^{-1}$)	T_a (℃)	Q_a ($g \cdot kg^{-1}$)	RH_a (%)	H ($W \cdot m^{-2}$)	LE ($W \cdot m^{-2}$)	R_n ($W \cdot m^{-2}$)
DX_coi	R	0.51	0.81	0.68	0.75	0.80	0.57	0.90
	ME	0.71	-0.3	0.28	1.76	24.25	-3.86	21.94
	RMSE	1.98	1.89	1.31	9.29	45.81	26.74	59.30
XL_lir	R	0.65	0.84	0.61	0.76	0.78	0.91	0.90
	ME	0.14	-0.1	0.36	2.21	8.72	6.85	31.55
	RMSE	1.46	1.82	1.39	9.61	23.71	30.73	62.52
LS_rural	R	0.63	0.89	0.55	0.85	0.90	0.89	0.94
	ME	0.33	-0.17	-0.05	0.83	-10.49	25.64	27.54
	RMSE	1.41	1.71	1.43	7.47	25.35	46.94	51.02

图 7.3.2 是观测和所有方案模拟的 2013 年 7 月平均的 10 m 风速、2 m 气温、2 m 比湿和 2 m 相对湿度的日变化曲线。由图可见,控制算例(NONE)能够合理地模拟各气象要素日变化的基本特征,与控制算例相比,考虑不同城市水文过程的实验方案对各气象要素的模拟均有不同程度的改进,其中 ALL 方案改进效果最好。XL 观测点由于植被覆盖比例较高,城市水文过程(特别是城市绿洲效应)的作用更明显,因此各实验方案与控制算例的差异比 DX 观测点更大。本研究中绿地灌溉的作用与一些研究(苗世光和 Chen,2014;Vahmani and Hogue,2015)相比偏小,因此 SLUCM 当中绿地灌溉的参数化方案需要更进一步的研究。

从风速的模拟结果来看,所有站点风速模拟值偏高,特别是高密度城市地区偏差最显著。控制算例模拟的白天风速正偏差最大,ALL 方案与观测值最接近,可以减小偏差约 0.5 $m \cdot s^{-1}$,这是由于考虑城市水文过程可以使得大气当中的湿度增加、气温降低而使大气稳定度增加,从而使得风速减小(Sun et al., 2016)。对气温而言,ALL 方案可以显著减小控制算例模拟的白天气温的正偏差,模拟的白天气温与观测值相比非常接近。ALL 方案模拟的下午 15 时温度的正偏差在 DX 和 XL 观测点最多可减小 1 ℃和 1.5 ℃。控制算例明显低估了 DX 和 XL 观测点的比湿,而 ALL 方案模拟值与观测值很接近,ALL 方案模拟的 DX 和 XL 观测点比湿的偏差最多可以减小 0.75 $g \cdot kg^{-1}$和 1.5 $g \cdot kg^{-1}$,可见考虑城市水文过程可以明显地增加大气当中的水汽含量,并减小模拟的负偏差。对 XL 观测点而言,由于植被更多,白天蒸散较强,因此观测的比湿呈白天高夜间低的特征,ALL 和 OASIS 方案可以很好地模拟出这个特征,这主要是由于城市绿洲效应的作用最显著。相对湿度的变化与气温相反,白天低而夜间高,ALL 方案的改进最大,DX 和 XL 观测点白天的负偏差最大可减小 2.9% 和 7.5%。

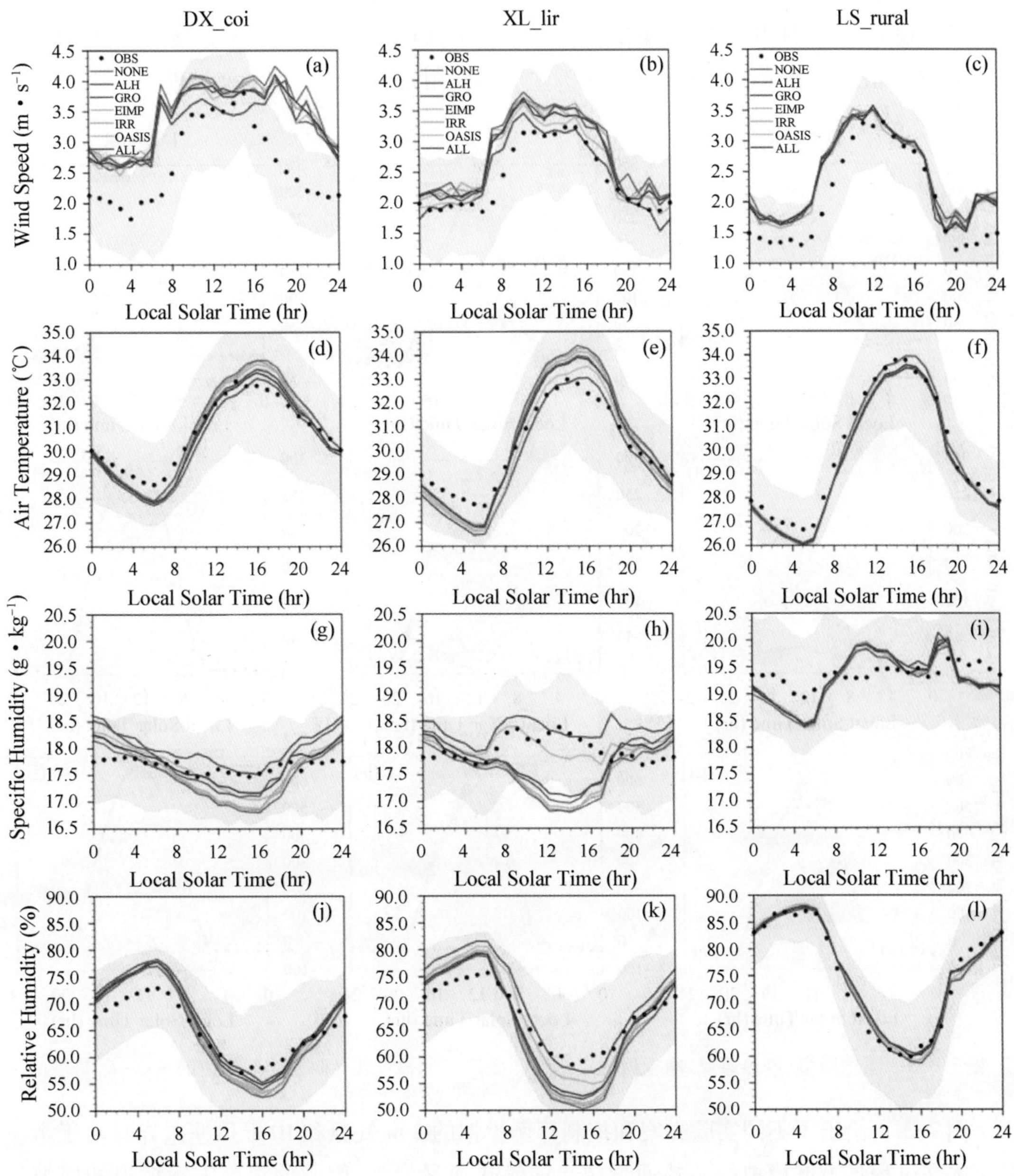

图 7.3.2 风速、气温、比湿、相对湿度的观测值和模拟值的日变化(阴影为观测值的 +/− 标准差)

图 7.3.3 是观测和所有方案模拟的感热通量、潜热通量和净辐射的日变化曲线。整体而言,控制算例明显高估了感热通量而低估了潜热通量。ALL 方案模拟的感热通量和潜热通量有了显著的改进,感热通量的正偏差和潜热通量的负偏差有明显的减小,DX 和 XL 观测点

感热通量的正偏差最大可减小 69 W · m $^{-2}$ 和 220 W · m $^{-2}$。对 DX 观测点而言,ALH,GRO 和 OASIS 方案白天也都有较为明显的改进,ALH 方案在夜间的作用超过白天,而且在夜间起主导作用,与人为潜热释放的日变化特征一致(Moriwaki et al., 2008;苗世光和 Chen,2014)。而在 XL 观测点,ALH 和 GRO 方案的改进程度较小,但是 OASIS 改进非常显著,表明在低密度城市区等植被覆盖较多的区域城市绿洲效应的作用超过其他城市水文过程。

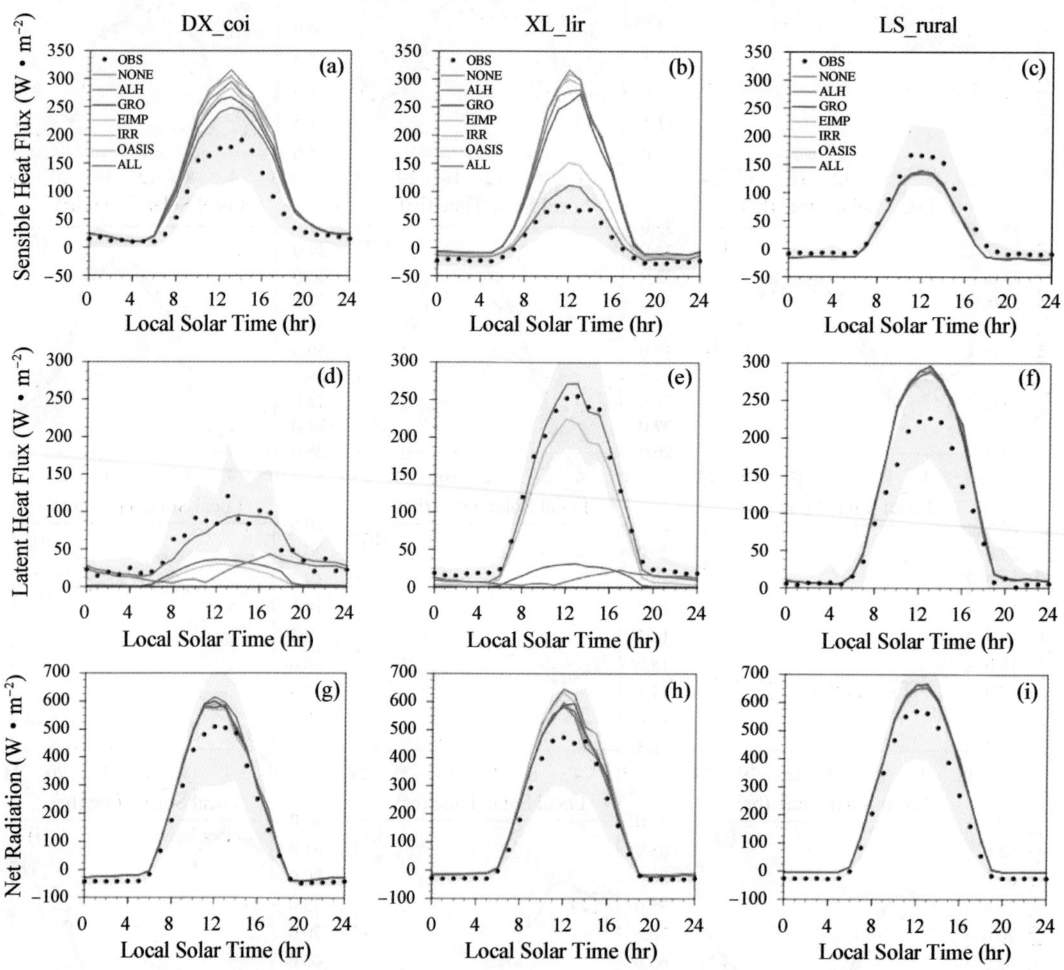

图 7.3.3 感热通量、潜热通量、净辐射的观测值和模拟值的日变化(阴影为观测值的 +/- 标准差)

图 7.3.4 给出了不同实验方案和控制算例模拟的 2 m 气温和 10 m 风速差异。由于考虑城市水文过程各方案模拟的感热通量减小而潜热通量增加,因此使得各方案模拟的气温均降低。ALL 方案在低密度城市区的降温最大可超过 1.3 ℃,而在商业区的影响可达到 0.6 ~ 0.8 ℃。OASIS 方案对低密度城市区温度影响最明显,可达到 0.8 ℃,对商业区影响约 0.2 ~ 0.4 ℃。GRO 方案在大部分城市地区降温约 0.2 ~ 0.4 ℃。ALH 方案的影响主要在空调和汽车尾气等人为水汽排放量较高的商业区,降温作用最大能超过 0.5 ℃。IRR 方案主要影响低密度城市区,但是影响仅有 0.1 ~ 0.2 ℃。温度降低导致气压梯度升高,同时由于风速减小,

从而导致地面辐散产生。ALH、GRO、OASIS 以及 ALL 方案模拟的风速减小分别约为 0.2，0.2，0.3 和 0.4 m·s^{-1}，IRR 和 EIMP 方案模拟的风速差异不明显。

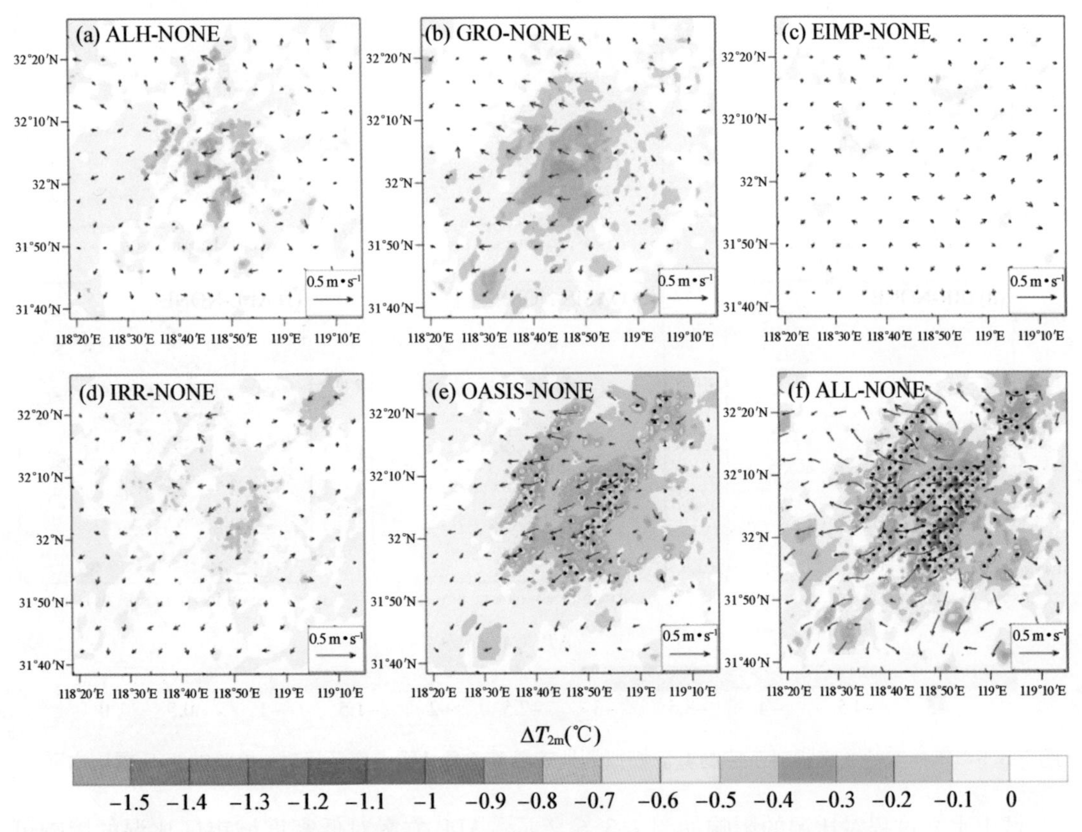

图 7.3.4　不同实验方案相对于控制算例模拟的 2 m 气温和 10 m 风速差异
（圆点表示通过 *t* 检验的 95% 置信水平）

城市水文过程对地表温度的降温效应如图 7.3.5 所示。地表温度差异的空间分布特征与气温类似，但是各实验方案对地表温度的影响更大，这与 Coleman 等（2010）的研究结果一致。ALL 和 OASIS 模拟的地表温度变化在低密度城市区和高密度城市区之间的差异更明显。ALL 方案对低密度城市区的影响可达到 5 ℃，对商业区的影响为 1 ~ 1.5 ℃。OASIS 方案对低密度和高密度城市区的影响分别达到 3 ℃和 1.0 ℃左右。GRO 和 ALH 对城市地区的作用相似，影响为 0.5 ~ 1.0 ℃，但 ALH 的影响范围略小。IRR 对低密度城市区地表温度的影响可以达到 0.5 ℃。

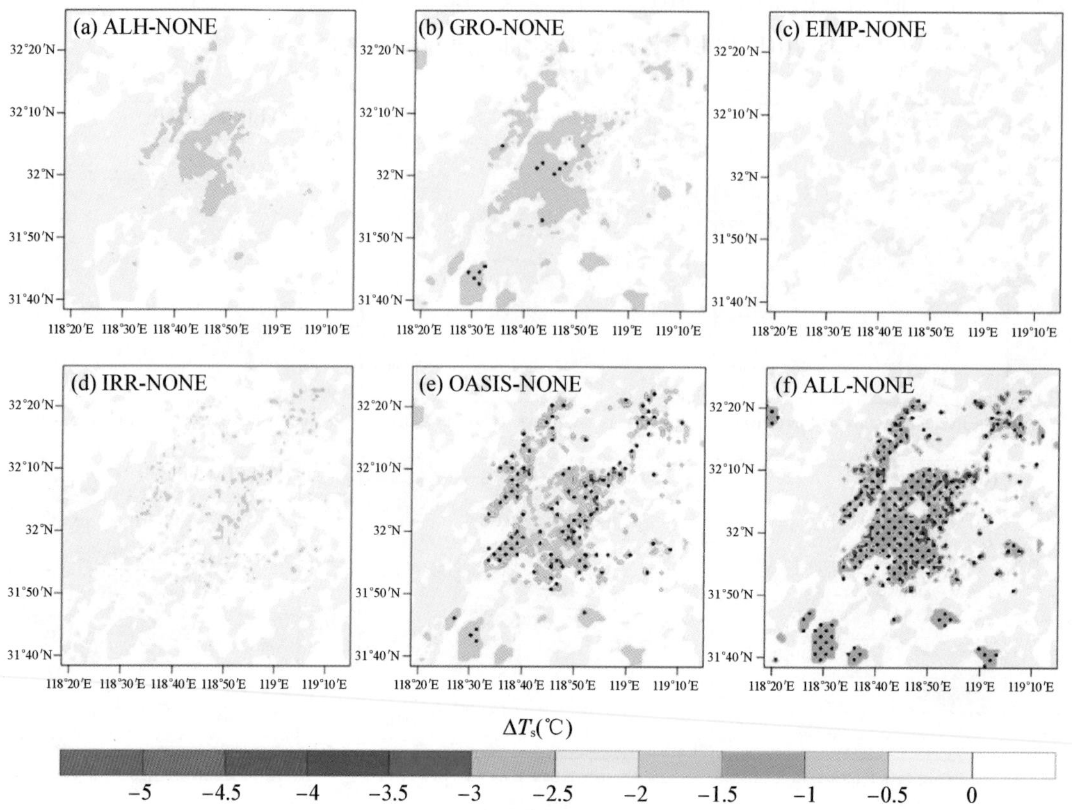

图 7.3.5 不同实验方案相对于控制算例模拟的地表温度差异（圆点表示通过 t 检验的 95%置信水平）

城市水文过程对比湿的影响如图 7.3.6 所示。ALL 方案对低密度城市区比湿的影响可达到 0.8 g·kg^{-1}，对高密度城市区的影响为 0.5 g·kg^{-1}左右。OASIS 方案对低密度和高密度城市区比湿的影响也很明显，影响分别为 0.5 和 0.2 g·kg^{-1}左右。GRO 对大部分城市地区比湿的影响为 0.1～0.2 g·kg^{-1}。ALH 方案由于将人为潜热直接加入潜热通量项计算当中，计算得到的比湿的差异比 GRO 方案更大，对高密度城市区的影响可以达到 0.2 g·kg^{-1}左右，而对低密度地区的影响为 0.1～0.15 g·kg^{-1}，而且影响范围更广。IRR 对低密度城市区有影响，最大可超过 0.05 g·kg^{-1}。Sailor 等（2011）研究发现美国城市地区考虑人为水汽可使得大气当中的比湿增加 0.2～0.5 g·kg^{-1}，本研究的模拟结果与其接近。

分析每个城市水文过程的相对贡献可见，一方面，城市人为潜热、绿色屋顶、城市绿地灌溉和城市绿洲效应对商业区气温和地表温度的相对贡献分别约为 30%，35%，5% 和 30%（图略）。另一方面，对低密度城市区的相对贡献分别约为 15%，25%，10% 及 50%。模拟结果表明在部分植被覆盖较多的低密度城市区，城市绿洲效应的贡献率甚至高达 80%。各个城市水文过程对比湿的相对贡献与气温和地表温度相似（图略），但对于商业区，人为水汽的贡献高于绿色屋顶。结果表明城市绿洲效应在低密度城市区起着重要的作用，而人为潜热、绿色屋顶和绿洲效应对商业区的贡献比率接近。

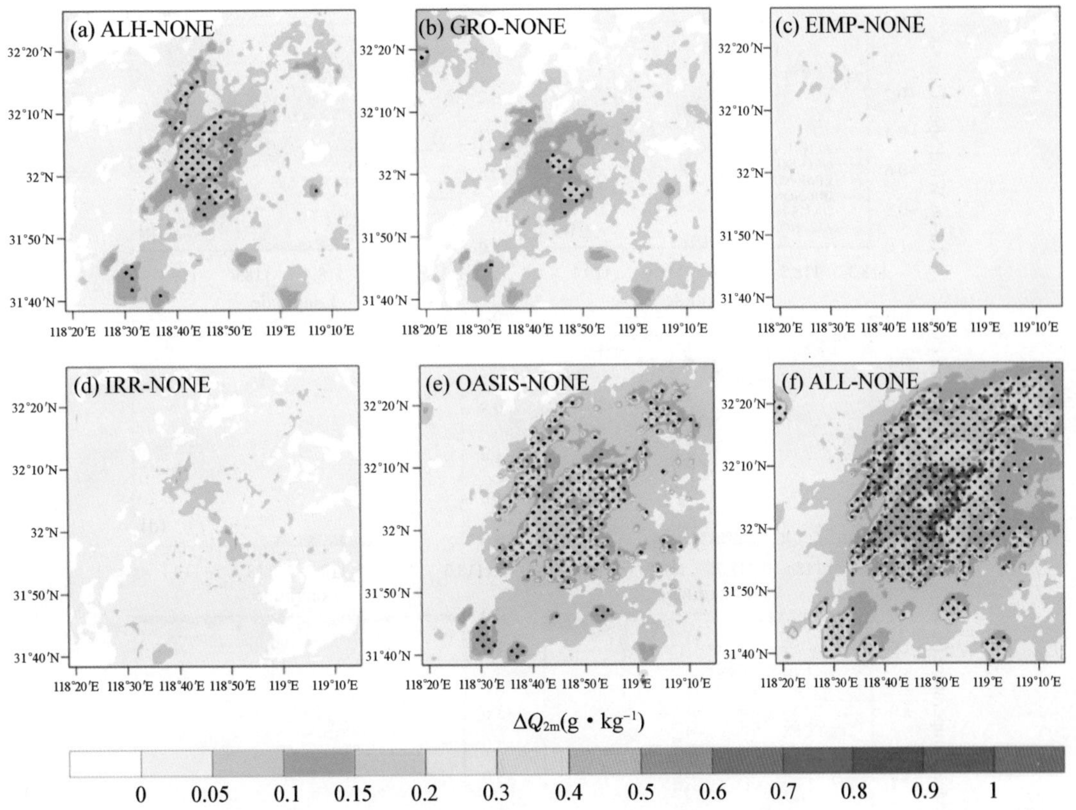

图 7.3.6 不同实验方案相对于控制算例模拟的 2 m 比湿差异（圆点表示通过 t 检验的 95%置信水平）

图 7.3.7 是不同实验方案模拟的相对于控制算例通过 32.04°N 纬线 14 时和 02 时各气象要素的差异。由图可见，除风速外，城市水文过程对其他气象要素的影响均有显著的日夜差异，白天影响大而夜间影响较小。ALL 方案与控制算例模拟的气温、地表温度、比湿、相对湿度的差异白天 14 时最大可达 1.6 ℃，6.0 ℃，1.3 g · kg^{-1}，以及 6.6%；而夜间的差异约为 0.5 ℃，1.8 ℃，0.4 g · kg^{-1}，以及 3.5%。每个城市水文过程对不同类型城市下垫面影响不同。对商业区和高密度城市区而言，绿色屋顶的作用略大于人为水汽和城市绿洲效应。但是在低密度城市区，城市绿洲效应的影响显著高于绿色屋顶和人为水汽，由此导致 ALL 对低密度城市区影响远超过对高密度城市区和商业区的影响。

图 7.3.8 和图 7.3.9 分别是不同实验方案模拟的感热通量和潜热通量相对于控制算例的差异。考虑不同城市水文过程的各方案均导致感热通量减小而潜热通量增加，两者空间分布非常接近，城市水文过程对潜热通量的影响略大，比感热通量差异略多 5 ~ 10 W · m^{-2}。与地表温度类似，ALL 和 OASIS 对感热通量和潜热通量的影响在不同类型城市下垫面影响差异显著，ALL 模拟的商业区和高密度城市区感热通量减小 20 ~ 30 W · m^{-2}，而低密度城市区减小超过 90 W · m^{-2}。OASIS 对感热通量的影响在空间分布上与 ALL 接近，但是在数值上要低 15 ~ 20 W · m^{-2}。GRO 对大部分城区感热通量的影响在 15 ~ 20 W · m^{-2}。ALH 对商

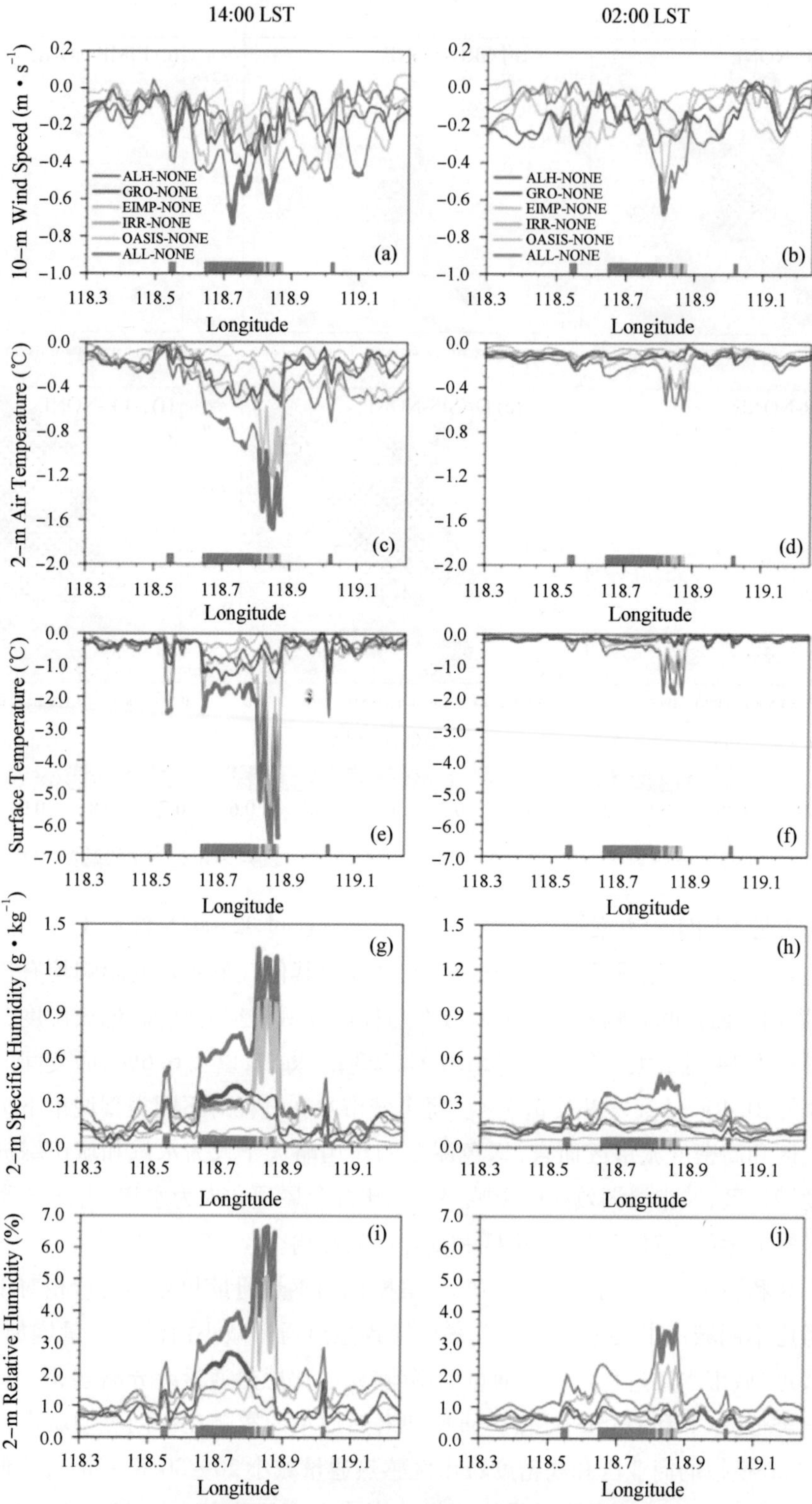

图 7.3.7 不同实验方案相对于控制算例模拟的通过 32.04°N 纬线 14 时和 02 时 10 m 风速、2 m 气温、地表温度、2 m 比湿、2 m 相对湿度差异(粗线表示通过 t 检验的 95%置信水平)

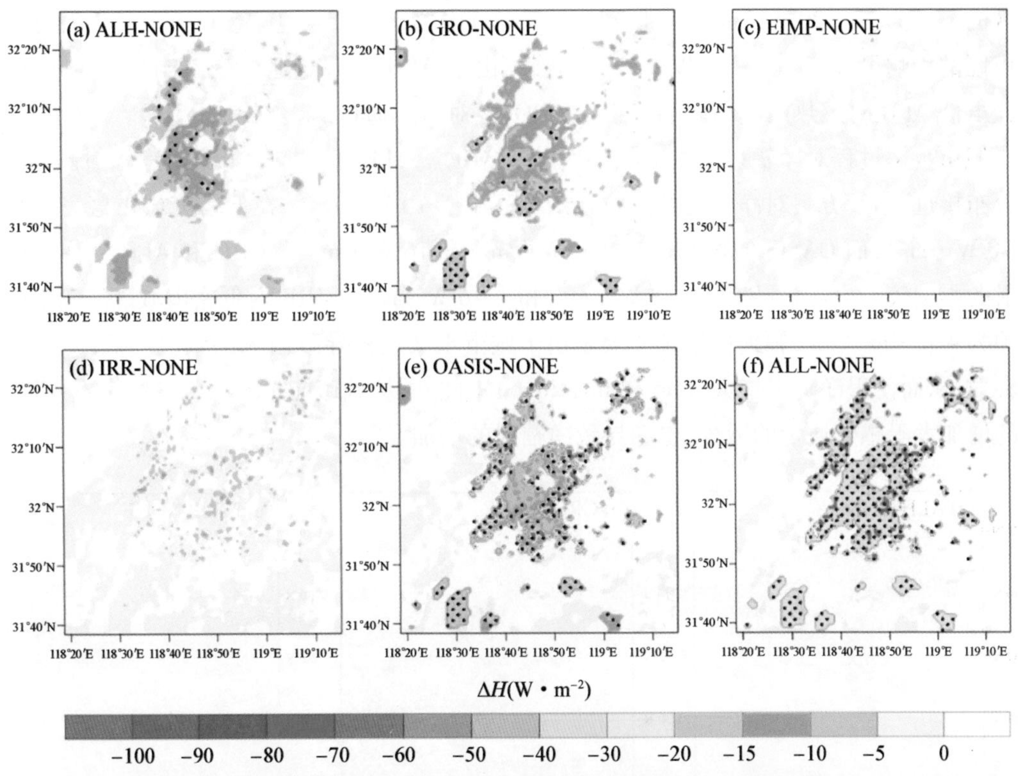

图 7.3.8　不同实验方案相对于控制算例模拟的感热通量差异（圆点表示通过 t 检验的 95%置信水平）

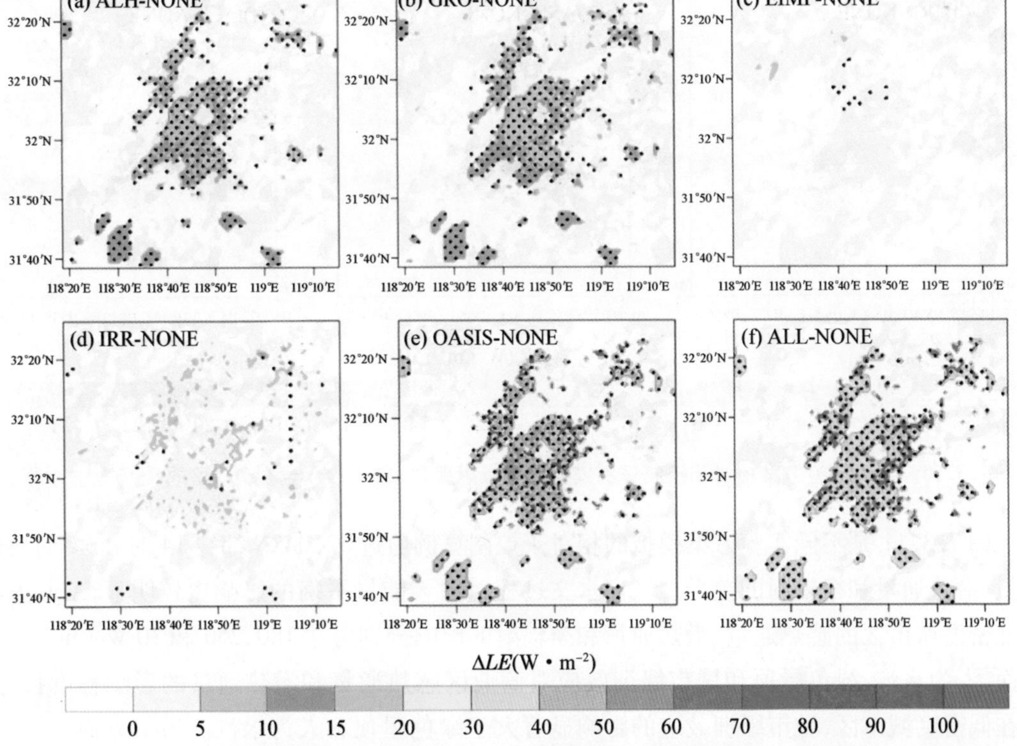

图 7.3.9　不同实验方案相对于控制算例模拟的潜热通量差异（圆点表示通过 t 检验的 95%置信水平）

业区的影响为 15 ~ 20 W · m^{-2},对低密度城市区的影响略低 5 ~ 10 W · m^{-2}。IRR 对低密度城市区的影响可以达到 5 ~ 10 W · m^{-2}。此外,由于 ALH 对潜热通量的影响超过感热通量,因此虽然 ALH 对感热通量的影响略小于 GRO,但对潜热通量的影响超过 GRO。

城市水文过程对净辐射的影响较小(图 7.3.10)。ALL 和 OASIS 方案对净辐射影响的空间分布接近,ALL 方案对净辐射的影响在商业区小于 10 W · m^{-2},在低密度城市区影响可超过 20 W · m^{-2},而 OASIS 的影响分别为 4 W · m^{-2}和 16 W · m^{-2}。GRO 和 ALH 对商业区净辐射的影响较大,数值分别为 6 ~ 8 W · m^{-2}和 4 ~ 6 W · m^{-2}。IRR 对低密度城区净辐射的影响约为 4 W · m^{-2}。净辐射的增加主要是由于城市水文过程导致白天的气温降低,减小了长波辐射,从而使得净辐射增大(Sun et al., 2016)。此外,从城市能量平衡的角度来看,潜热通量的增加大于感热通量的减少,也会导致净辐射的增加。

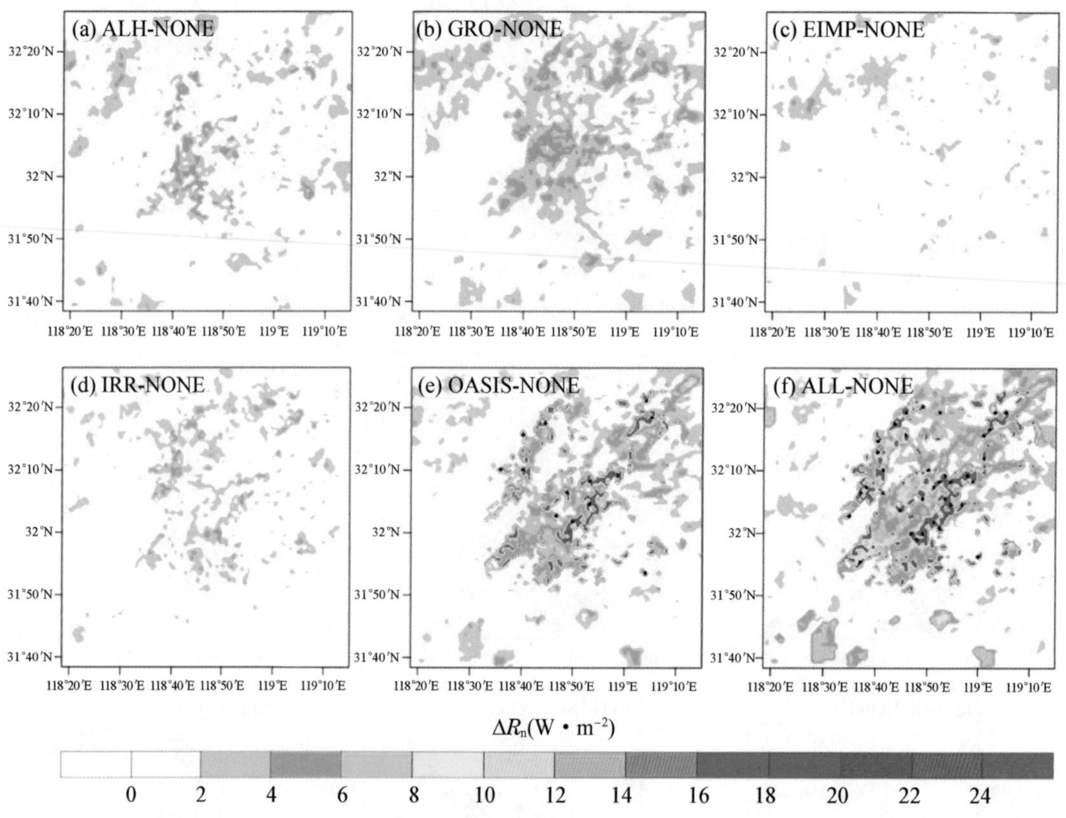

图 7.3.10 不同实验方案相对于控制算例模拟的净辐射差异(圆点表示通过 t 检验的 95% 置信水平)

图 7.3.11 是不同实验方案模拟的相对于控制算例通过 32.04°N 纬线 14 时和 02 时感热通量、潜热通量和净辐射的差异。城市水文过程对白天能量平衡的影响比较明显,ALL 方案对低密度城市区的感热通量、潜热通量和净辐射的影响分别可达 180,250 和 70 W · m^{-2}。一方面,人为水汽、绿色屋顶和城市绿洲效应对商业区感热通量和潜热通量的影响程度接近;而在低密度城市区,城市绿洲效应的影响显著大于绿色屋顶和人为水汽。另一方面,人为水

汽、绿色屋顶和城市绿洲效应对净辐射的影响比其对感热通量和潜热通量的影响小。在夜间,城市水文过程对能量平衡的影响不明显。值得注意的是,夜间城市水文过程对潜热通量的影响大于其对感热通量和净辐射的影响,尤其是在商业区,这可能是商业区排放的人为水汽较大的缘故。

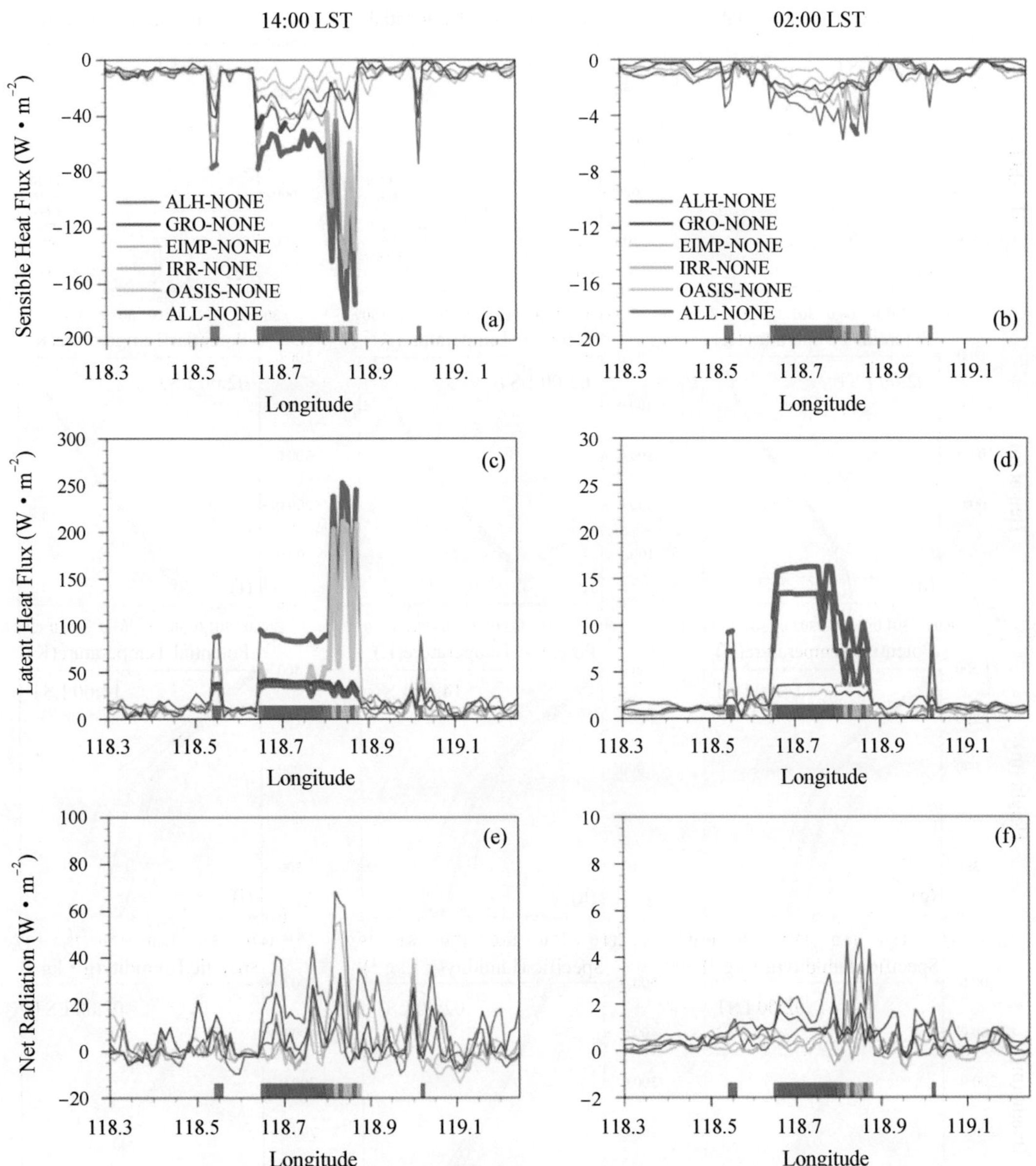

图 7.3.11 不同实验方案相对于控制算例模拟的通过 32.04°N 纬线 14 时和 02 时感热通量、潜热通量和净辐射差异(粗线表示通过 t 检验的 95%置信水平)

城市水文过程不但能够改变近地面的气象场和能量平衡,而且能够影响整个城市地区的大气边界层。不同方案模拟的三种城市类型下垫面14时和02时的位温和比湿垂直廓线如图7.3.12所示。白天城市水文过程对位温的影响可超过1 200 m,但是稳定度变化不明显。城市水文过程对三类城市下垫面当中商业区的影响最小,对低密度城市区的影响最大,主要是由于低密度城市区城市绿洲效应的作用明显增大,超过绿色屋顶和人为水汽的影响。

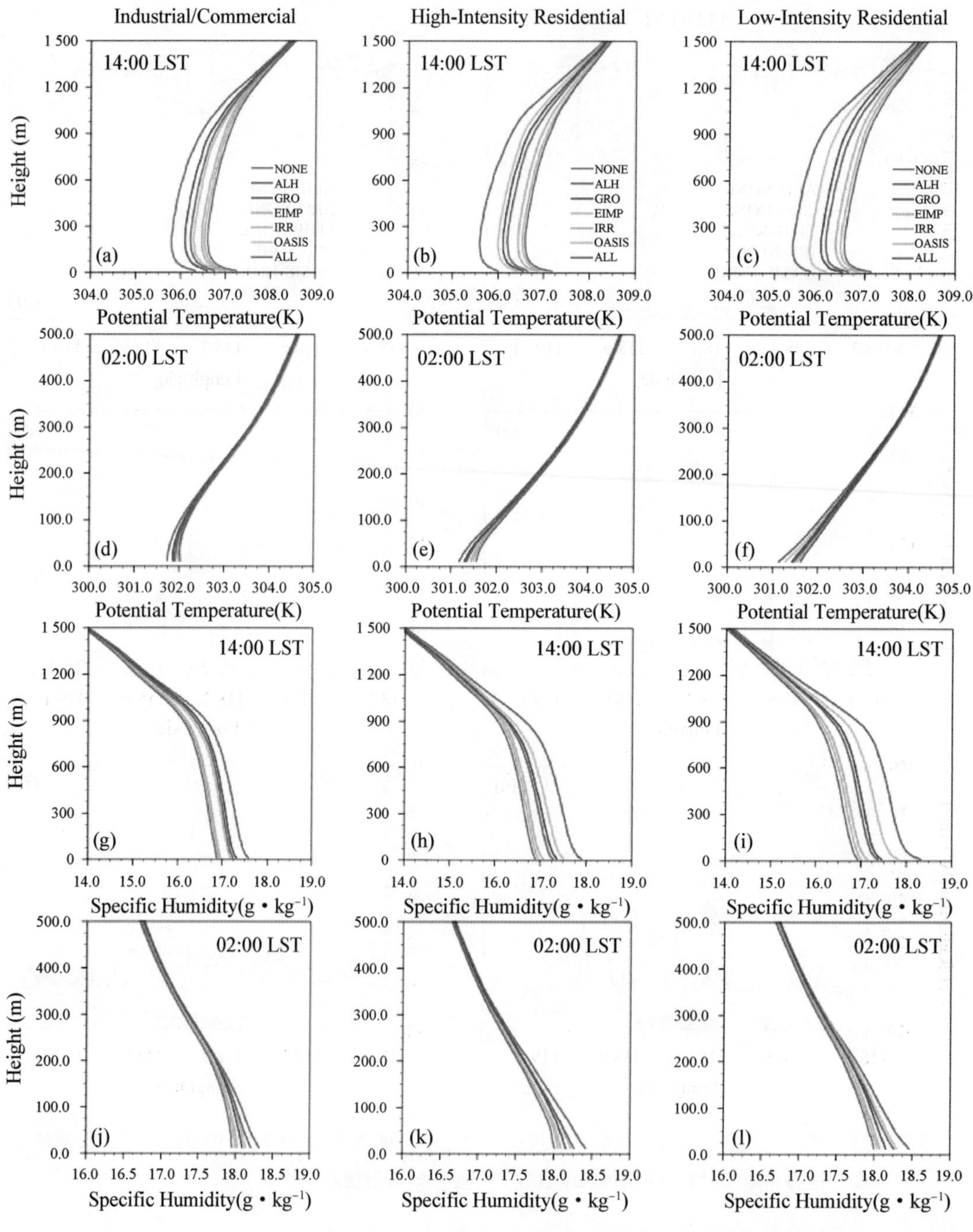

图7.3.12 不同方案模拟的商业区、高密度和低密度城市区14时和02时平均的位温和比湿垂直廓线

ALL 方案对商业区、高密度城市区和低密度城市区的地面位温的影响分别达到 0.8、1.1 和 1.3 K。城市水文过程对夜间城市边界层的影响较小，影响高度仅为 100 m 左右。夜间商业区中性层结稳定度有所增加，高密度和低密度城市区位温梯度增大，大气层结也变得更加稳定。ALL 方案与控制算例的差异在地面为 0.3（商业区）~0.5 K（低密度城市区）。14 时比湿的垂直廓线显示，城市水文过程对比湿的影响可超过 1 000 m，尤其对近地面的比湿影响较大。在商业区、高密度和低密度城市区，ALL 方案的影响分别约为 0.7，1.0 和 1.3 g · kg^{-1}。在三种类型的城市地区，人为潜热、绿色屋顶和城市绿洲效应对大气边界层的增湿效应和它们的冷却效应程度接近。在夜间，不同城市水文过程使得大气边界层低层（ <200 m）比湿略有增加。ALL 方案对近地面比湿的影响小于 0.5 g · kg^{-1}。

为了更深入地分析城市水文过程对大气边界层影响的动力机制，图 7.3.13 给出了不同

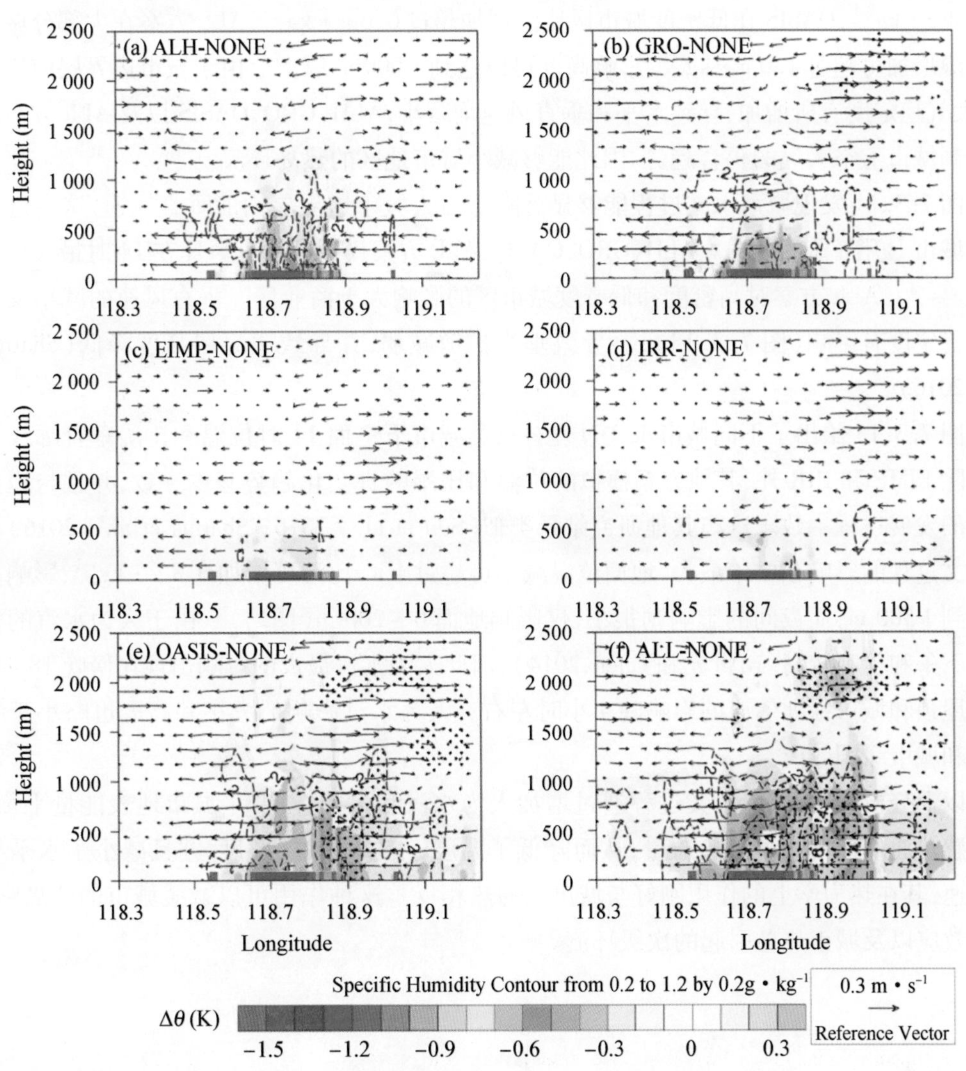

图 7.3.13 不同实验方案相对于控制算例模拟的通过 32.04°N 纬线 14 时位温、比湿（虚线）以及水平风速垂直廓线的差异（圆点表示位温通过 t 检验的 95% 置信水平）

实验方案相对于控制算例模拟的通过 32.04°N 纬线 14 时位温、比湿以及水平风速的垂直廓线差异。由图可见城市水文过程显著减小了城市边界层的位温。位温差异在地面最大,随高度增大而逐渐减小。白天 ALH,GRO,OASIS,ALL 方案分别使地面位温减小 0.6,0.6,1.0,以及 1.5K。ALH,GRO 的影响高度超过 1 000 m,而 OASIS 和 ALL 方案的影响高度达到 1 500 m。ALH,GRO 方案对 3 类城市的影响差异不大,OASIS 在商业区的影响与 ALH 和 GRO 方案相当,但在低密度城市区的影响明显更大,因此整体上 ALL 对低密度城市区位温的影响最大。与城市边界层内的冷却效应相反,一方面,城市边界层上空位温略有增大,一些针对绿色屋顶对城市边界层结构影响的研究也有类似的结论(Sun et al., 2016; Sharma et al., 2016; Zhang et al., 2017)。另一方面,城市水文过程的增湿效应使得城市边界层内比湿增加,而且地面增加明显,随高度升高比湿的增加逐渐减小。ALH,GRO 方案使得地面比湿增加 0.4 $g \cdot kg^{-1}$,OASIS 在低密度城市区比湿增加超过 0.6 $g \cdot kg^{-1}$,ALL 方案在大部分城市地区比湿增加可超过 1.0 $g \cdot kg^{-1}$,影响高度可以达到 1 000 m 以上。由于城市边界层内气温降低,大气稳定度有所增加,导致水平和垂直风速均减小,ALH,GRO,OASIS 以及 ALL 方案均能够抑制城市上空大气的辐合趋势,因此能够减小城市地区的热岛环流。

图 7.3.14 发现城市水文过程能够显著降低白天城市边界层内的垂直风速,这会进一步导致城市上升气流的减弱。ALH,GRO,OASIS,ALL 方案模拟的垂直风速在 14 时最大可减小 5 $cm \cdot s^{-1}$。ALL 方案对高密度和低密度城市区的影响大于商业区。垂直风速的减小反过来也对稳定度有影响(图 7.3.13),会导致垂直扩散减弱,并导致边界层高度降低(Sharma et al., 2016)。

图 7.3.15 给出了不同城市水文过程对三类城市下垫面 14 时位温和比湿垂直廓线的影响。除 EIMP 和 IRR 外,其他方案模拟的位温和比湿的日变化趋势基本一致,并且与边界层高度的发展过程一致。这与其他研究结果类似(Sun et al., 2016; Sharma et al., 2016)。城市水文过程的影响在中午最大,地面位温减小可超过 1 K,比湿可增加 0.8 $g \cdot kg^{-1}$,影响高度可达到 1 500 m,而夜间的影响则很小,仅影响地面 0 ~ 200 m(图略)。由于人为水汽的排放源在下午和傍晚较高(苗世光和 Chen,2014),因此人为水汽最大的影响出现在傍晚 18 时,比绿色屋顶和城市绿洲效应的影响晚 4 小时左右。人为水汽影响的大小和高度也略小于绿色屋顶和城市绿洲效应。

以上分析表明,城市水文过程通过增加人为水汽和潜热,改变了城市地表能量平衡,减小了感热通量而增加了潜热通量,从而降低了温度,增加了大气湿度,并且减小了水平和垂直风速,其在热力学上的作用刚好与城市人为热相反。这种作用可以减缓城市的热岛强度、干岛效应以及城市热岛引起的次级环流。

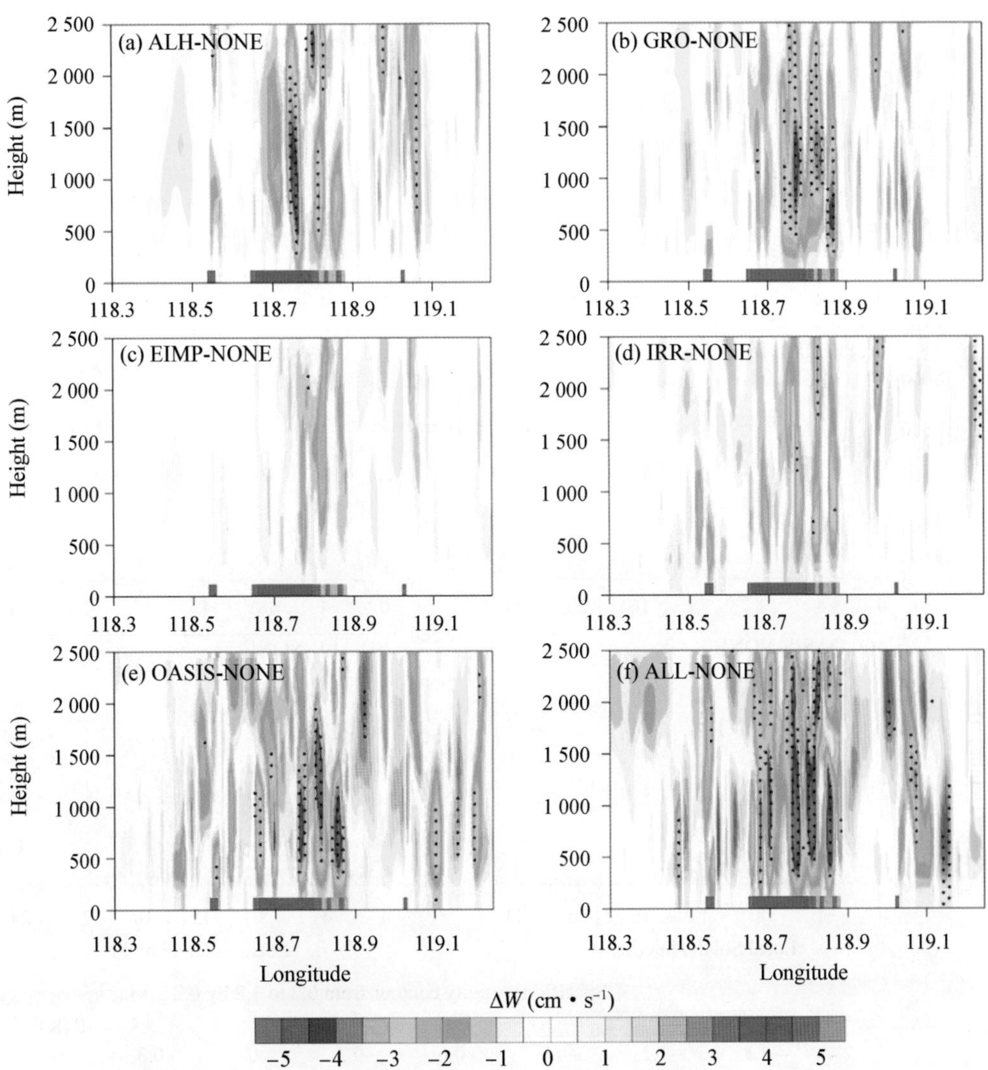

图 7.3.14　不同实验方案相对于控制算例模拟的通过 **32.04°N** 纬线 **14** 时垂直风速廓线的差异（圆点表示位温通过 *t* 检验的 **95%** 置信水平）

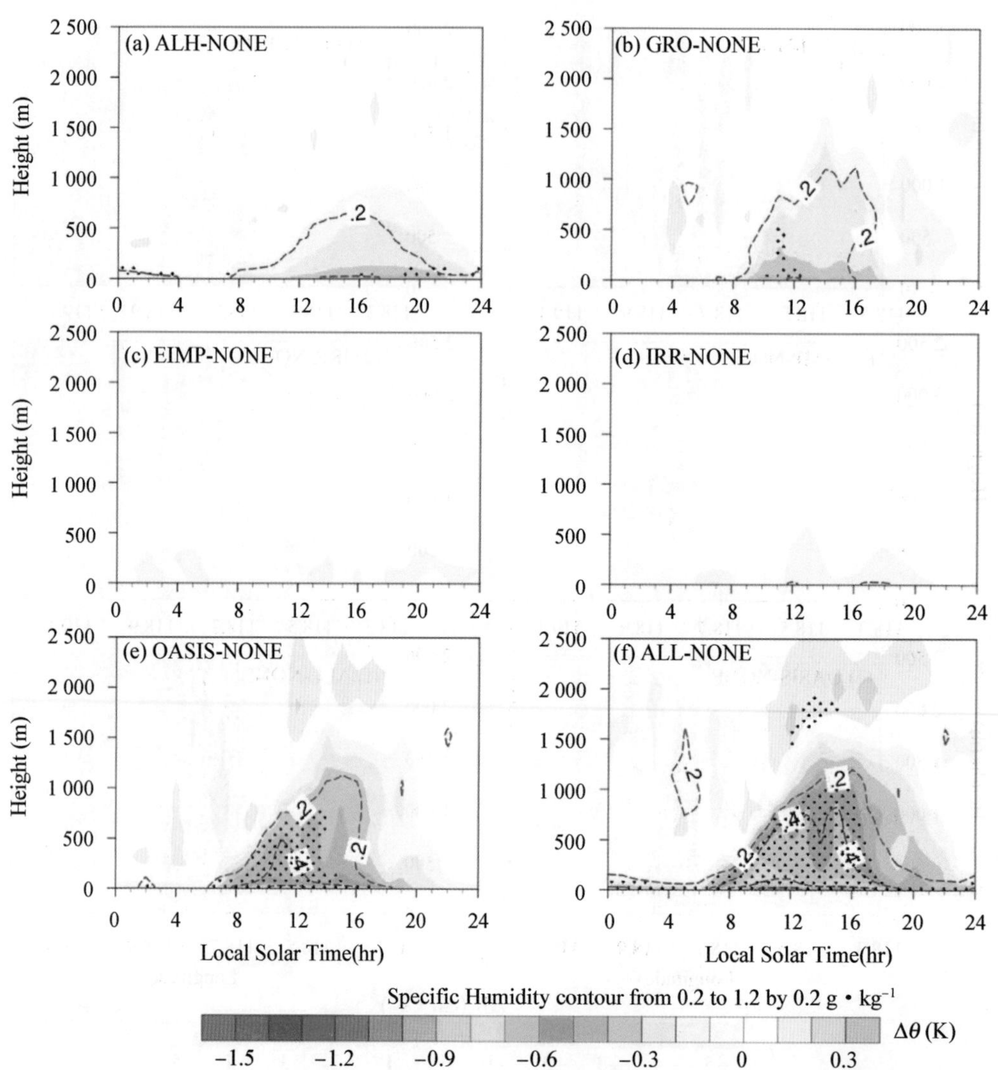

图 7.3.15 不同实验方案相对于控制算例模拟的城市地区平均的 14 时位温和比湿（虚线）垂直廓线的差异（圆点表示位温通过 t 检验的 95%置信水平）

7.3.4 小结

本节采用引入城市水文过程的 WRF/SLUCM 方案，评估了城市人为水汽、绿色屋顶、不透水面蒸发、城市绿地灌溉以及城市绿洲效应等城市水文过程各自以及整体对南京城市气象环境的影响。

利用 WRF 模式对 2013 年 7 月进行了模拟，并与观测资料进行了比较。从模拟结果看，控制算例可以较好地模拟气象要素和能量平衡，模拟结果与长三角其他的模拟研究结果接近，考虑城市水文过程的各方案可以进一步改进模式的模拟效果，尤其是包括所有城市水文过程的方案改进效果最好,该方案对气象要素和能量平衡都有显著的改进,特别是对潜热通量的改进最显著,体现为相关系数更大,偏差和均方根误差最小。考虑城市水文过程也可以更准确地模拟各气象要素和能量平衡的日变化特征。特别是考虑所有城市水文过程的方案能够显著减小白天风速、温度和感热通量的正偏差,以及比湿、相对湿度和潜热通量的负偏差。由于夜间蒸散的作用减小,因此城市水文过程对夜间气象要素和能量平衡的影响较小。整体来说,考虑人为水汽、绿色屋顶、城市绿洲效应等对模式性能的改进较大,而城市绿地灌溉和不透水面蒸发的改进较小。

月平均空间分布表明考虑不同城市水文过程的方案使得城市地区气温和地表温度降低,风速减小,而比湿、相对湿度增加。考虑所有城市水文过程方案模拟的气温(地表温度)在商业区和低密度城市区分别减小约 0.8(1.5) ℃和 1.3(5.0) ℃,比湿分别增加 0.5 $g \cdot kg^{-1}$和 0.8 $g \cdot kg^{-1}$。人为水汽、绿色屋顶、城市绿洲效应对商业区和高密度城市区的影响接近(贡献各约 30%,35%,30%),城市绿洲效应对低密度城市区影响显著(>50%)。因此整体上城市水文过程对低密度城市区的影响最大。城市水文过程使得城市地区感热通量减小而潜热通量增加,而且潜热通量的增加比感热通量略大 5~10 $W \cdot m^{-2}$,因此导致净辐射略微增加。考虑所有城市水文过程的方案模拟的商业区和低密度城市区潜热增加最多约 40 $W \cdot m^{-2}$和 90 $W \cdot m^{-2}$。

从垂直方向看,城市水文过程导致整个城市边界层内的位温和垂直风速减小,湿度增加,并且对低密度城市区影响高于商业区,其影响具有很强的日变化。这些作用导致夜间边界层内大气稳定度增加,垂直上升运动减小。城市水文过程对边界层结构的影响能够减缓热岛强度和干岛强度,以及城市热岛引起的次级环流,对云和降水也有影响,并且可能加剧大气污染。

本节模拟的城市绿地灌溉的作用整体偏小,仅对低密度城市区有一定的影响(约为 5%),部分原因是模式中考虑的灌溉面积和灌溉时间较短。此外研究表明在中长期的模拟中绿地灌溉对天气气候具有显著的影响。苗世光和 Chen(2014)、Yang 等(2015)采用耦合城市水文过程的 SLUCM 进行了 1 年的离线模拟,发现绿地灌溉对气温和能量平衡的影响明显。Vahmani 等(2015)模拟研究表明模拟时间越长城市绿地灌溉的影响越显著。此外由于 2013 年 7 月长三角地区热浪持续时间长,降水很少,仅 1 个月的模拟结果发现不透水面蒸发的影响很小,但是苗世光和 Chen(2014)等模拟研究发现降水之后不透水面的蒸发过程能够持续很长时间,对气象场和能量平衡具有重要的影响。因此对城市绿地灌溉和不透水面蒸发的作用需要进行更多的研究。

另外,由于精准的城市水文参数(例如人为水汽排放源空间分布及其日变化特征,绿色屋顶覆盖面积,绿地灌溉面积和灌溉时间,不同植被的绿洲效应系数等)很难获取,本研究使用了模式默认的参数,这会给模拟结果带来一定的误差。更准确的城市水文参数化方案仍然需要进一步的研究。

7.4 城市植被气象环境效应数值模拟研究

城市植被主要可以通过以下三个物理过程对局地气象环境产生影响,从而有效缓解城市热岛现象:① 树木冠层的遮蔽作用可以有效减少到达地面及人体表面的太阳辐射;② 上述遮蔽效应导致的地表温度降低,因此地面向大气中发射的长波辐射能量也相应减少;③ 由于植被土壤表面较为潮湿,以及植被表面的蒸腾作用导致的蒸发(蒸腾)吸热,从而导致环境温度的下降以及空气湿度的增加(Avissar, 1996; Bowler et al., 2010; Shashua-Bar et al., 2011)。

本节以长三角典型城市苏州为研究区域,采用耦合了城市树木冠层模块的 RBLM 模式系统分析并量化了城市植被对城市气象的影响。

7.4.1 数值试验方案设计

如图 7.4.1 所示,本节所选取的模拟域范围为 95 km×95 km,网格水平分辨率为 1 km,中心经纬度为 120.63°E,31.26°N。模拟域内共包含苏州、常熟、无锡、昆山 4 个城市。苏州市主城区位于模拟域中心,面积约 576 km^2,本节的研究主要关注苏州市主城区(以下简称为"苏州市区")。模拟域内下垫面土地利用类型资料由 Landsat 卫星观测数据反演得到,主要下垫面类型包括城市、农田、水体、草地及森林。

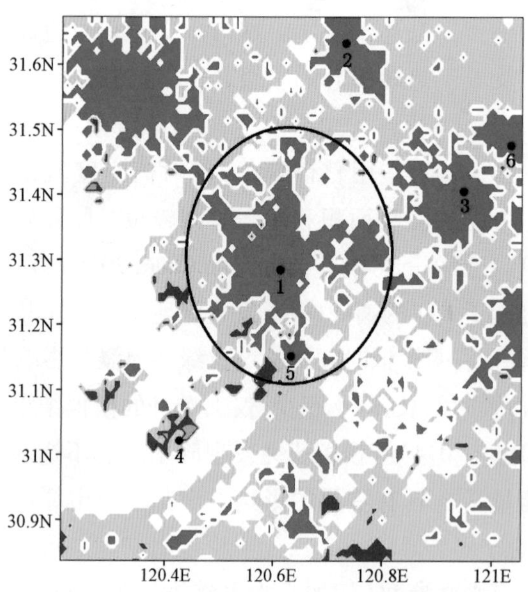

图 7.4.1 模拟域内土地利用类型(红色-城市;绿色-草地;蓝色-森林;白色-水体;黄色-农田)图中黑色圆圈内所围城市区域为苏州市主城区,数字代表地面气象站所处位置:1—苏州站;2—常熟站;3—昆山站;4—东山站;5—吴江站;6—太仓站(Yang and Liu, 2015)

图7.4.2 给出的是基于 Landsat 卫星高分辨率(25 m ×25 m)观测资料反演得到的模拟域内植被覆盖率空间分布特征。由于模式网格的水平分辨率为 1 km ×1 km,即每个模式网格中共包含 40 ×40 个分辨率为 25 m ×25 m 的次网格,因此每个模式网格中的植被覆盖率即为该网格中树木和草地次网格所占的比例。基于以上方法,对 Landsat 卫星资料的统计结果表明,苏州市区平均植被覆盖率约为 21.1%,其中树木覆盖率约为 18.2%,草地覆盖率约为 2.9%。从图中可以看出,该地区的植被覆盖率分布呈现明显的郊区高于城市的特征,且越是城市中心人口密集地区,植被覆盖率越低。在城市外围区域,植被覆盖率可达 30% ~40%;而在城市中心区域,植被覆盖率明显下降(低于 10%)。

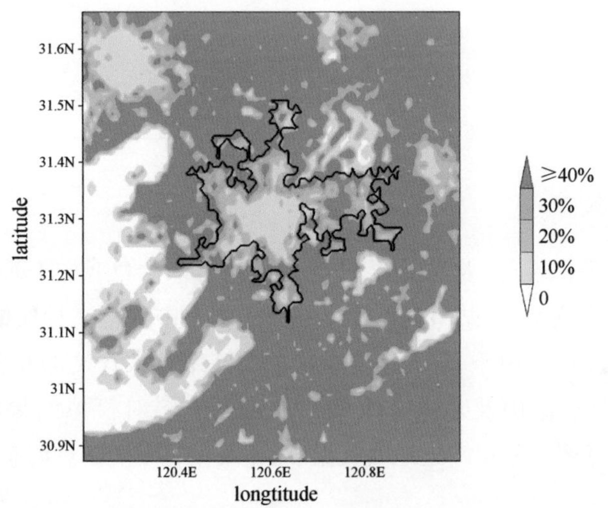

图7.4.2 基于 Landsat 高分辨率(25 m ×25 m)卫星资料反演得到的模拟域内植被覆盖率空间分布特征,图中黑色实线所围区域为苏州市区(Yang and Liu, 2015)

极端高温天气可能对人体健康造成严重的不良影响,因此选取 2013 年 8 月 5 日至 12 日间的一次典型持续性高温天气过程为例进行模拟研究。

为了评估夏季持续高温天气条件下城市植被对区域气象要素的调节作用,本节分别设计了一系列代表不同植被覆盖率、不同植被类型(树木或草地)的理想试验方案进行了算例的模拟(不同方案的设置详见表 7.4.1)。其中,算例 Case_base 是一个基础试验,是基于 Landsat 卫星高分辨率观测资料反演得到的苏州地区真实植被覆盖率分布特征。算例 Case_0 代表假设苏州地区完全不存在植被覆盖(即植被覆盖率为 0)的极端情景。通过以上两个方案模拟结果的对比,即可得出苏州市现有真实绿化情景对于缓解高温天气所起到的作用。此外,为了进一步量化评估不同绿化方案对区域气象条件的不同影响,还分别设计了三个理想试验方案(Case_20_t、Case_40_t 及 Case_20_g)。Case_20_t 方案与 Case_40_t 方案分别代表城市地区植被种类全部为树木(植被覆盖率分别为 20% 和 40%)时的情景。算例 Case_20_g 代表城市区域植被种类全部为草地时的情景,且植被覆盖率为 20%。以上三个算例中植被覆盖率在每个城市网格中都是均匀分布的。算例 Case_noanth 是为了比较城市植被的作用与城市人为热源对于区域气象要素影响的相对贡献大小。算例 Case_noanth 与 Case_base 其他初始条件完全相同,只是在计算过程中没有考虑人为热的影响。

表 7.4.1 夏季算例数值试验方案设计

	植被覆盖率	植被类型	是否考虑人为热的影响（是/否）
Case_base	基于 Landsat 卫星观测资料反演得到的真实分布特征	树木和草地	是
Case_0	0%	无	是
Case_20_t	20%	树木	是
Case_40_t	40%	树木	是
Case_20_g	20%	草地	是
Case_noanth	同 Case_base	同 Case_base	否

7.4.2 模拟结果检验

为了检验模式的模拟性能,将模拟结果与苏州地区六个气象站(苏州站、常熟站、昆山站、东山站、吴江站及太仓站,各站所处位置已在图 7.4.1 中进行了相应的标注)相应的逐时观测资料进行了对比检验。由于 2013 年夏季缺少吴江站和太仓站的观测结果,因此对夏季个例,只采用苏州、常熟、昆山及东山 4 个站点的观测资料对模拟结果进行对比检验。图 7.4.3 给出的是夏季算例对苏州站近地面气温、风速及相对湿度的逐时模拟结果与观测资料的对比。

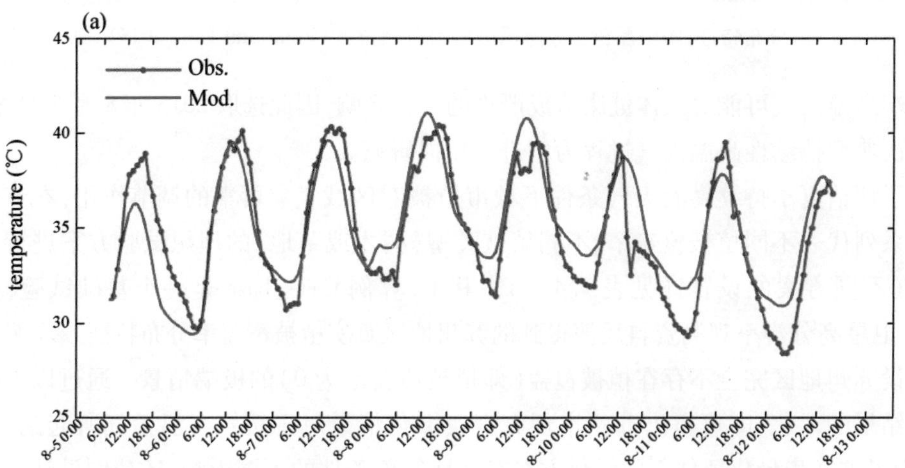

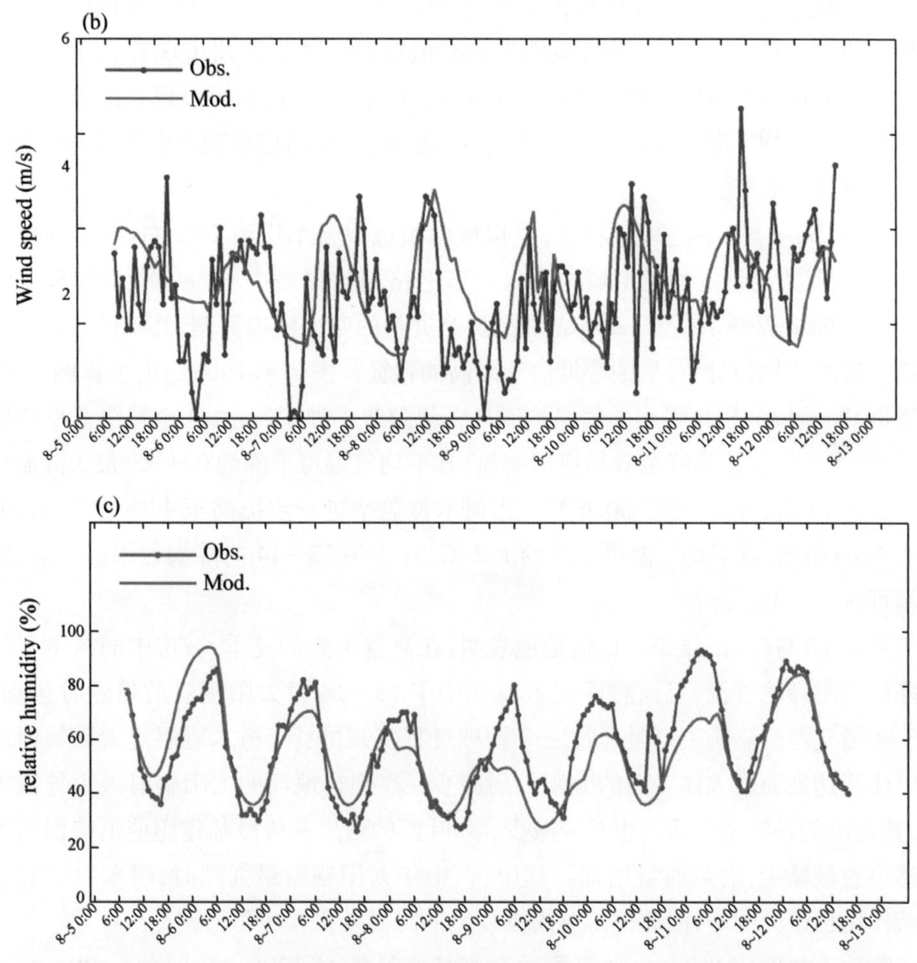

图 7.4.3　夏季个例苏州站常规气象要素逐时观测模拟结果对比(Yang and Liu, 2015)

(a) 近地面气温;(b) 风速;(c) 相对湿度

根据统计分析结果,夏季模式对气温和相对湿度的模拟效果都比较好,但对于风速的模拟结果与观测值相关性较差,这主要是因为风速本身没有明显的日变化规律,且具有很强的局地性。气象站的风速观测结果仅代表其周围有限区域内的风速大小,而模拟结果代表 1 km × 1 km 网格内的平均状况,二者在空间尺度上的不同导致了最终模拟结果的误差。尽管如此,模式仍能较好地反映所有站点近地面风速的绝对值大小。

7.4.3　城市绿化方案对夏季局地气温的影响

为了定量评估夏季高温天气背景下,城市植被对环境气温的影响,图 7.4.4 给出了不同夏季试验方案模拟得到的模拟时段内市区平均气温日变化趋势与基础算例 Case_base 模拟结果的差值图,即不同绿化方案可以导致市区平均气温下降幅度的日变化曲线。如图 7.4.4(a)所示为算例 Case_0 与 Case_base 模拟得到的气温差值日变化曲线。其中,Case_0 算例代表假设苏州市区完全不存在植被(即植被覆盖率为0)的极端情况,Case_base算例代表苏州市区的真实绿化情景,所以二者对气温模拟结果的差值可以反映出苏州市现有真实植被覆盖水平在夏季对局地环境气温的影响。从图7.4.4(a)中可以看出,苏州市现有植被分布水平可导致该地区全天平均气温下降约0.4 ℃,降温效果最明显的时段出现在中午(13~14时),最大降温幅度可达0.8 ℃。

算例Case_base与Case_20_t相比,模拟域内植被覆盖率均为20%左右,不同之处在于Case_20_t算例是人为设定的模拟域内所有城市网格植被覆盖率均为20%均匀分布的理想试验,而Case_base算例是基于Landsat卫星观测资料的实况模拟算例,其植被覆盖率是与真实下垫面一致的非均匀分布,呈中心低而外围高的特征。图7.4.4(b)给出了算例Case_20_t与基础算例Case_base模拟得到的气温差值日变化趋势。如图所示,在植被覆盖率相同的条件下,均匀分布的绿化方案降温效果更加明显,日平均气温可下降约0.3 ℃,最大降温幅度出现在中午13—14时,气温下降约0.6 ℃。当树木覆盖率进一步提高至40%时(Case_40_t),如图7.4.4(c)所示,日平均气温可下降约1.2 ℃,在中午13—14时降温效果最明显的时段,气温降幅可达2.0 ℃。

图7.4.4(b)与(c)的结果可以清楚地表明,在高温炎热的夏季,城市中的树木下垫面可以明显降低周围环境气温,且这种降温效应在中午13—14时太阳辐射最强烈时达到最大。树木对于环境气温的影响主要是通过三个物理过程实现的:① 树木冠层对太阳辐射的遮蔽作用可以使到达地面及人体表面的太阳辐射减少;② 到达地面的太阳辐射减少导致地面温度下降,其发出的长波辐射通量也相应减少;③ 叶面的蒸发蒸腾冷却作用使下垫面与大气间交换的感热通量减少,潜热通量增加。其中,在中午太阳辐射最强烈时,树木冠层对太阳辐射的遮蔽作用也最为明显,因此树木对周围环境的降温效果在中午最明显。

对于草地下垫面(如图7.4.4(d)所示),当其覆盖率达到20%时(即Case_20_g),可使日平均气温下降约0.2 ℃,这一降温效果小于相同覆盖率的树木下垫面(Case_20_t)。对于草地绿化方案,一天中降温效果最明显的时段出现在傍晚(20—21时)。值得注意的是,在中午13—14时左右,草地周围的气温会出现略高于建筑物周围气温的情况。这可能是因为对于草地下垫面,缺少树木或建筑物对太阳辐射的遮挡作用(即天空可视因子较大),白天会接收到更多的太阳辐射,这会部分抵消植被蒸发蒸腾的冷却作用,特别是在太阳辐射最强烈的中午,草地周围的气温甚至会略微高于建筑物周围。此外,草地下垫面较大的天空可视因子导致储热项的减少,即夜间释放回大气的热量减少,因此草地绿化方案在夜间20—21时的降温效果最明显。这一结论得到了Potcher等(2006)在以色列进行的观测试验的验证,即草地附近的气温在中午可能会高于周围建筑物区域的气温,而在夜间则较低。

为了综合比较城市植被对局地气象环境影响的相对贡献大小,在算例Case_noanth中,我们去除了所有人为热(包括工业生产、交通运输、居民生活、人体代谢等产生的热量)的影响,得到的日均气温下降趋势如图7.4.4(e)所示。从图中可以看出,关闭苏州地区所有的人为热源可以使该区域的日平均气温下降约0.7 ℃,其中气温下降最明显的时间段出现在傍晚

18 时左右。这是因为在实况模拟算例 Case_base 中，白天城市地区产生的大量人为热，其中相当一部分会以储热项的形式储存在城市冠层结构中，并在日落后释放回大气，这也是城市热岛效应一般在夜间较强的原因之一。反之，当关闭了所有人为热源之后，所引起的气温的下降在夜间也是最明显的。Memon 等(2008)在总结前人工作的基础上，认为减少人为热排放与增加城市植被面积是缓解城市热岛效应的有效途径。与后者相比，减少人为热排放要相对更加困难且效率较低，因为几乎所有人类生产生活行为都会产生热量。根据本节的研究结果，即图 7.4.4(c)与(e)的对比可以发现，当城市地区的树木覆盖率达到 40% 时，其降温效果就可以超过关闭所有人为热源时的效果。

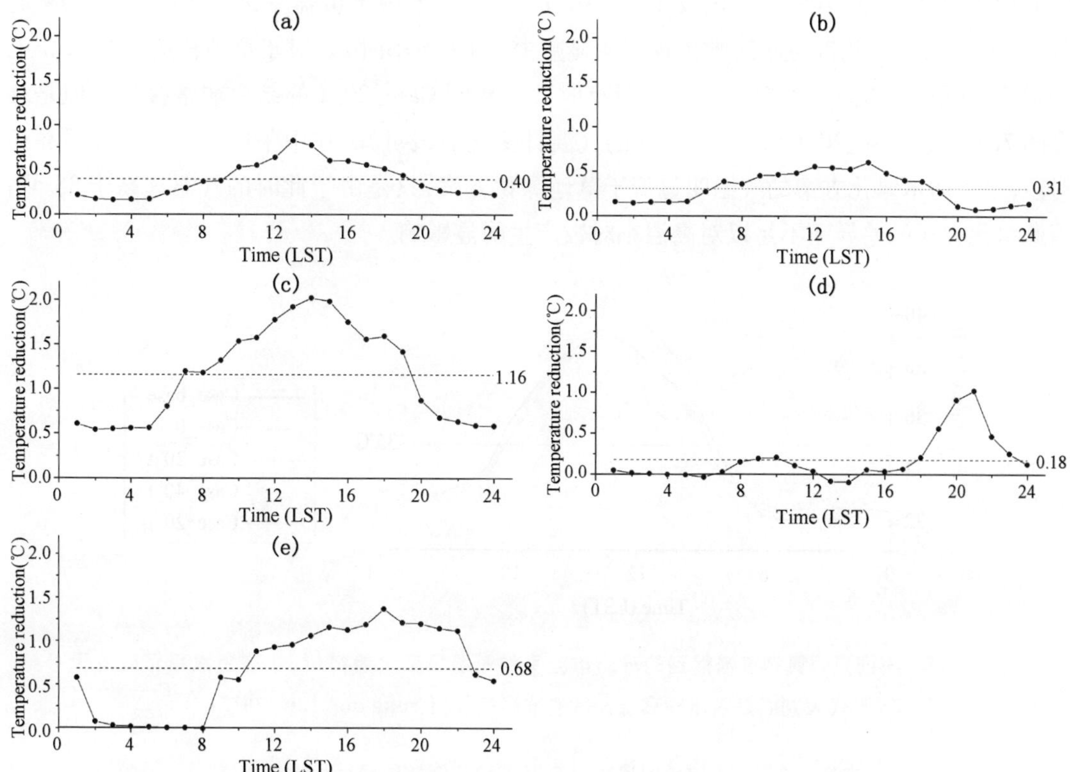

图 7.4.4　不同夏季算例模拟得到的气温下降幅度日变化特征(Yang and Liu, 2015)

(图中水平虚线代表气温下降幅度的日平均值)

(a) Case_base-Case_0;(b) Case_20_t-Case_base;(c) Case_40_t-Case_base;(d) Case_20_g-Case_base;(e) Case_noanth-Case_base(Yang and Liu, 2015)

通过以上对各算例气温差值日变化趋势的比较分析可以得出结论:夏季高温天气背景下，城市中植被的存在可以对环境气温产生明显的影响。植被覆盖率越高，其对环境气温的影响也越明显。相同植被覆盖率条件下，树木对周围环境的降温效果优于草地，特别是在中午太阳辐射最强，同时也是一天中气温最高的时段，树木可以起到明显的降温效果。

图 7.4.5 给出的是不同算例模拟得到的夏季苏州市区平均气温的日变化趋势，其中水平

直线代表定义是否出现高温天气的阈值线(35 ℃)。表7.4.2中总结了不同试验方案在2013年8月5日至12日期间出现高温天气(即图7.4.5中气温高于35 ℃)的总小时数及日平均小时数以及相应的地面气象站观测结果。其中,基础算例 Case_base 对高温小时数的模拟结果与观测结果完全一致,这也再次验证了模式较好的模拟性能。表7.4.2中,Case_0与Case_base模拟结果的比较说明,与完全没有植被存在的算例Case_0相比,苏州市现有的植被覆盖水平(Case_base)可以使日平均高温小时数减少1小时,如图7.4.5中Case_base与Case_0两条曲线的对比可以发现,树木对于环境气温的降温效果在一天中不同时段并不相同,且温差在中午达到最大。对于树木覆盖率为20%的理想算例Case_20_t,(与实况模拟算例Case_base相比)日均高温小时数变化较小(约10.1小时)。当树木覆盖率进一步提高至40%时(Case_40_t),日平均高温小时数出现了明显减少(约7.5小时)。对于草地覆盖率为20%的理想算例(Case_20_g),模拟得到的高温小时数与算例Case_20_t的结果非常接近。但是结合图7.4.5中Case_20_t和Case_20_g的气温日变化曲线可知,在中午即一天中气温最高的时段,采用树木绿化方案的气温明显低于草地绿化方案,只是由于此时的气温远高于35 ℃,因此绿化方式的差异还不足以对高温小时数产生明显影响。

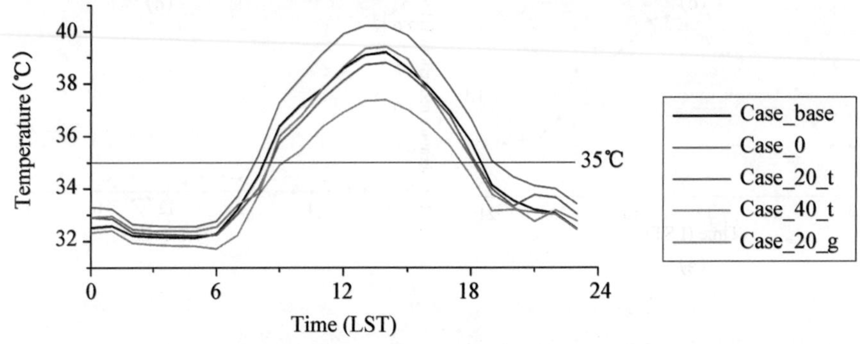

图7.4.5 不同夏季算例模拟得到的苏州市区平均气温日变化趋势(图中黑色水平直线所示35 ℃代表判断是否出现高温天气的临界气温)(Yang and Liu, 2015)

表7.4.2 夏季模拟时段内观测及不同算例模拟得到的高温天气(即气温超过35 ℃)总小时数及日均小时数

	模拟时段内高温天气总小时数	日均高温小时数
观测结果	83	10.4
Case_base	83	10.4
Case_0	91	11.4
Case_20_t	81	10.1
Case_40_t	60	7.5
Case_20_g	80	10.0

图7.4.6给出的是不同夏季算例模拟得到的日平均气温空间分布特征。如图7.4.6(a)

所示，Case_base 算例中模拟域内城市地区的气温明显高于周围郊区，表明夏季苏州地区存在明显的城市热岛现象。在完全没有植被存在的算例 Case_0 中（图 7.4.6(b)），苏州地区的城市热岛强度及热岛的范围都出现了明显的增加。与 Case_base 算例相比，20% 的树木覆盖率（Case_20_t）可以使城市地区的日平均气温出现明显下降，城市热岛效应得到了一定的改善（图 7.4.6(c)）。当树木覆盖率进一步提高至 40% 时（Case_40_t），如图 7.4.6(d)，城市地区气温与周围郊区的差异进一步缩小，城市热岛效应得到了明显的缓解。此外，从图 7.4.6(c)与(e)的比较可以看出，相同覆盖率的树木绿化方案（Case_20_t）与草地绿化方案（Case_20_g）相比，后者对日平均气温的影响相对较弱。

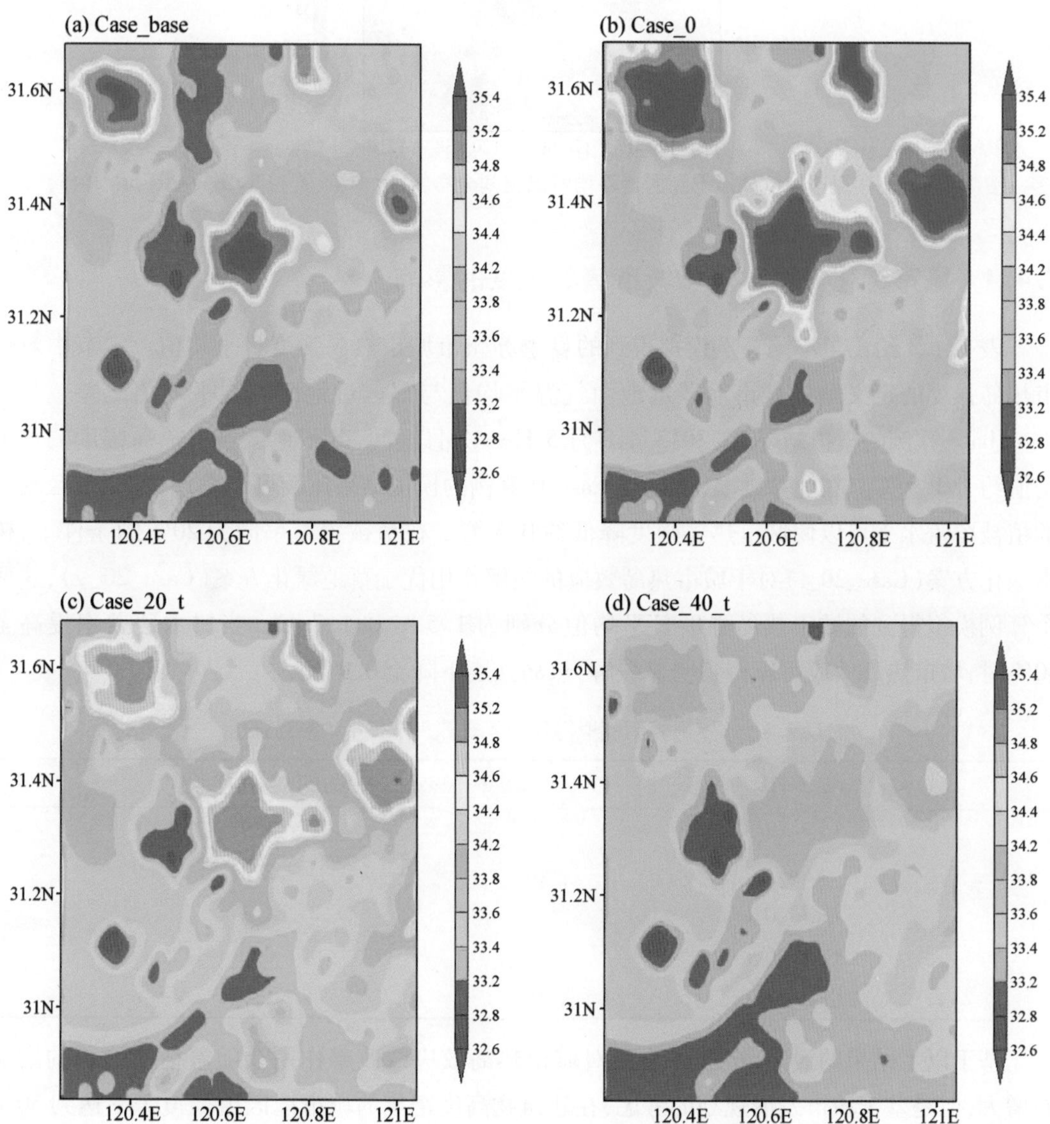

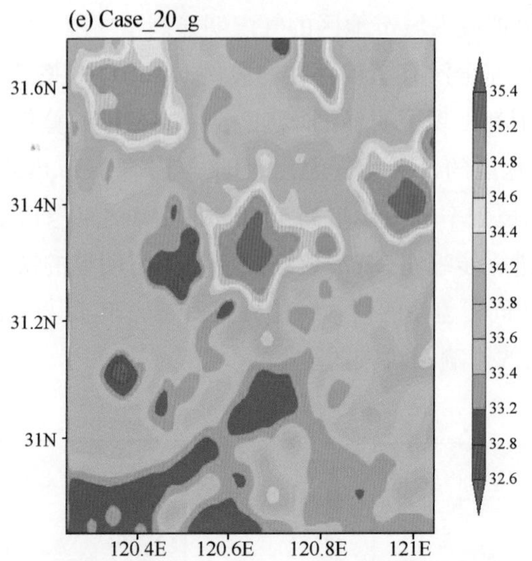

图7.4.6　不同夏季算例模拟得到的日平均气温空间分布特征(单位:℃)(Yang and Liu, 2015)

7.4.4　城市绿化方案对夏季城市热岛强度的影响

表7.4.3给出了不同算例模拟得到的夏季苏州市城市热岛强度日平均值。本节中对城市热岛强度的定义是指城市地区近地面气温平均值与郊区近地面气温平均值之差。基于Case_base算例的模拟结果,在2013年8月5日—12日期间,苏州地区城市热岛强度的日平均值约为1.9 ℃。在此基础上,通过与Case_0算例的模拟结果比较可以发现,苏州市区现有的植被覆盖水平可以使城市热岛强度降低约0.3 ℃。在植被覆盖率同为20%的条件下,树木绿化方案(Case_20_t)对于城市热岛效应的缓解作用优于草地绿化方案(Case_20_g),这两个算例模拟得到的城市热岛强度日平均值分别为1.5 ℃和1.7 ℃。当树木覆盖率提高至40%时,城市热岛效应可以得到明显缓解,热岛强度下降至0.9 ℃。

表7.4.3　不同算例模拟得到的夏季苏州市日平均热岛强度

算例名称	城市热岛强度(℃)
Case_base	1.9
Case_0	2.2
Case_20_t	1.5
Case_40_t	0.9
Case_20_g	1.7

基于以上结果的讨论,植被下垫面对城市热岛效应的改善作用会随着植被面积的增加而增大,但是基于城市发展规划的考虑,在建筑物高度密集的城市地区植被覆盖率达到50%以上往往是不切实际的(Ng et al., 2012)。因此,基于本节的模拟结果,40%树木覆盖率的城市绿化方案可以作为有效缓解城市热岛效应的最优化方案。

7.4.5　城市绿化方案对夏季城市地表能量平衡各分量的影响

为了进一步探讨不同树木覆盖率对夏季城市地表能量平衡各分量的影响，图 7.4.7 给出了不同算例模拟得到的苏州市区地表能量平衡各项的日变化趋势。树木冠层对于太阳辐射的遮挡作用可以直接影响到达地面的太阳辐射总量，且这种“遮挡作用”在中午太阳辐射最强烈的时候最明显。如图 7.4.7(a)所示，当苏州市区树木覆盖率由 0(Case_0)提高到 20%(Case_20_t)和 40%(Case_40_t)时，模拟得到的城市地表净辐射通量在白天随树木覆盖率的提高呈不断下降的趋势，中午 12 时地表净辐射通量达到一天中的最大值，此时三种不同绿化情景下的模拟结果分别为 591(Case_0)，512(Case_20_t)及 421 W·m^{-2}(Case_40_t)，树木冠层对太阳辐射的遮挡作用导致了地表净辐射通量的明显下降。净辐射通量的减少抑制了地面温度的升高，使地面释放出的感热通量也相应地减少，如图 7.4.7(b)所示，中午 14 时左右地表向大气传输的感热通量达到一天中的最大值，此时，对于没有植被覆盖的城市水泥下垫面(Case_0)，感热通量最大值可达约 320 W·m^{-2}，而对于树木覆盖率分别达到 20% 和 40% 的 Case_20_t 以及 Case_40_t 算例，中午 14 时感热通量分别为 225 W·m^{-2}和 125 W·m^{-2}。引入树木植被作用后，地表感热通量的下降，使其对近地面空气的加热作用减弱，从而导致空

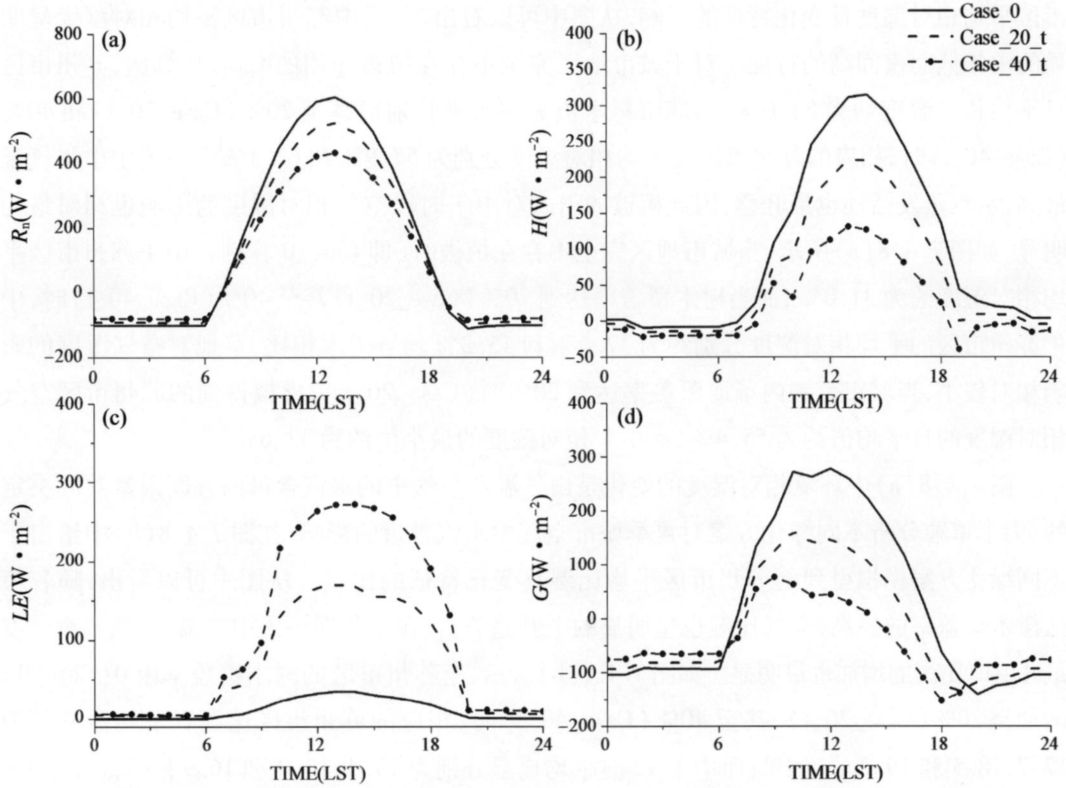

图 7.4.7　不同夏季算例模拟得到的地表能量平衡各分量日变化特征(Yang and Liu, 2015)

(a) 净辐射通量 R_n;(b) 感热通量 H;(c) 潜热通量 LE;(d) 储热 G

气温度的下降。与此同时,树木植被表面水分的蒸发和蒸腾作用还会导致地表释放的潜热通量增加,波恩比减小。在假设城市地区完全没有植被存在的算例 Case_0 中,市区潜热通量全天都很小(中午 14 时约为 32 $W \cdot m^{-2}$),波恩比高达 10.0。当引入 20% 覆盖率的树木绿化方案后(Case_20_t),中午 14 时的地表潜热通量可明显增加至 166 $W \cdot m^{-2}$,此时波恩比下降为 1.36。当树木覆盖率进一步提高至 40% 时(Case_40_t),中午 14 时的潜热通量(264 $W \cdot m^{-2}$)将超过同期的感热通量(125 $W \cdot m^{-2}$),波恩比下降至 0.47。由此可见,树木对城市气象环境的影响,主要包括冠层对太阳辐射的遮挡以及蒸发(蒸腾)冷却作用,可以有效减少入射到地面及行人身上的太阳辐射,使感热通量减小,潜热通量增加,波恩比下降,从而有效地缓解城市地区夏季极端高温天气。

7.4.6 城市绿化方案对夏季空气湿度的影响

基于前文 7.4.5 节针对不同绿化方案对夏季城市地表能量平衡各分量影响的分析结果可知,城市植被的存在可以使地表向大气传输的感热通量减少,潜热通量增加,即地表向空气中输送的水汽通量增加,且随着植被覆盖率的提高,潜热通量不断增加,向大气输送的水汽通量增大,最终引起环境湿度的相应升高。图 7.4.8(a)给出了不同绿化情景对夏季苏州市区平均相对湿度日变化特征的影响,从图中可以看出,一天中苏州市区平均相对湿度呈明显的中午低而夜间高的特征。对于城市地区完全不存在植被作用的 Case_0 算例,苏州市区日平均相对湿度约为 54.0%,当城市树木覆盖率水平分别提高至 20%(Case_20_t)和 40%(Case_40_t)时,相应的苏州市区日平均相对湿度分别为 57.9% 和 62.1%。一天中中午气温最高,水汽蒸发活动也最旺盛,因此植被的引入对中午时段空气相对湿度的影响也相对最为明显,如图 7.4.8(a)所示,当城市地区完全不存在植被时(即 Case_0 算例),中午苏州市区平均相对湿度约为 31.0%,而当树木覆盖率达到 20%(Case_20_t)甚至 40%(Case_40_t)时,中午苏州市区的平均相对湿度分别约为 37.6% 和 45.3%。与树木相比,草地对空气湿度的影响相对较小,当城市范围内草地覆盖率达到 20% 时(Case_20_g),模拟得到的苏州市区空气相对湿度的日平均值约为 55.4%,而中午相对湿度的最小值约为 33.6%。

图 7.4.8(a)中环境相对湿度的变化是由气温和空气中的水汽含量两方面因素共同决定的,为了单独分析不同绿化方案对夏季城市空气中水汽含量的影响,在图 7.4.8(b)中给出了不同绿化方案模拟得到的苏州市区平均比湿日变化特征的比较。从图中可以看出,随着市区树木覆盖率的提高,空气比湿也呈明显的上升趋势,且在中午即一天中气温最高、水汽蒸发最旺盛时比湿的增加也最明显。如图 7.4.8(b)所示,当苏州市区的树木覆盖率由 0(Case_0)增加至 20%(Case_20_t),甚至 40%(Case_40_t)时,相应的苏州市区比湿日平均值分别为 17.7,18.5 和 19.3 $g \cdot kg^{-1}$;而中午 12 时平均比湿分别为 13.4,15.0 和 16.9 $g \cdot kg^{-1}$。20% 覆盖率的草地绿化方案(Case_20_g)对比湿的影响小于相同覆盖率的树木绿化方案,相应的苏州市区比湿日平均值和中午 12 时比湿分别为 18.0 和 13.9 $g \cdot kg^{-1}$。

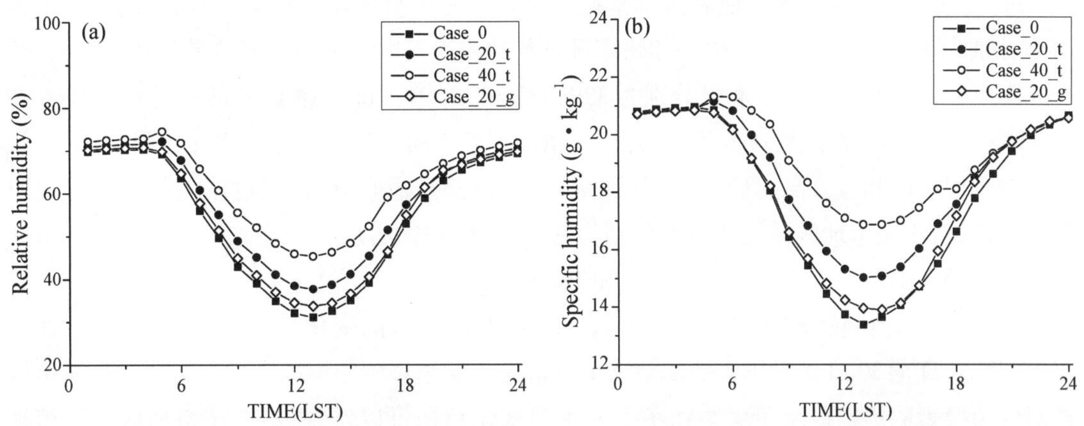

图 7.4.8 夏季不同算例模拟得到的苏州市区空气湿度的日变化特征

(a) 相对湿度;(b) 比湿(Yang and Liu,2015)

7.4.7 小结

本节为定量研究城市地区不同植被绿化方案对城市气象环境的影响,利用耦合了树木冠层模式的 RBLM 模式苏州地区不同植被(树木及草地)、不同绿化方案(包括不同植被类型、不同植被覆盖率)对区域气象条件的影响进行了模拟试验,得出了以下结论:

① 苏州市现有植被分布特征可以在一定程度上缓解夏季高温天气所带来的不利影响,与城市植被覆盖率为 0 的极端情况相比,苏州市现有植被分布特征可使该地区夏季日平均气温下降约 0.4 ℃,降温效果最明显的时段出现在中午 13—14 时,可使中午最高气温下降约 0.8 ℃。但苏州市目前植被覆盖率中心低外围高的非均匀分布特征使其降温效果不如相同植被覆盖率(20%)均匀分布的理想试验方案。

② 树木和草地都会对周围环境气温产生比较明显的降温效果,但在相同植被覆盖率条件下,树木对周围环境的降温效果优于草地。树木对环境气温的影响主要通过三个物理过程实现:a. 树木冠层对太阳辐射的遮蔽作用可以使到达地面及人体表面的太阳辐射减少;b. 到达地面的太阳辐射减少导致地面温度下降,其发出的长波辐射通量也相应减少;c. 叶面的蒸发蒸腾冷却作用使下垫面与大气间交换的感热通量减少,潜热通量增加。树木的降温效果在中午(即一天中气温最高的时段)最明显,而草地的降温效果在傍晚更加明显。

③ 城市地区植被覆盖率的提高可以有效降低该地区的城市热岛强度,实况模拟结果表明,夏季苏州市日平均城市热岛强度约为 1.9 ℃。对于市区植被覆盖率分别为 0、20% 和 40% 的理想试验算例,日平均热岛强度的模拟结果分别为 2.2,1.5 和 0.9 ℃。减少人为热排放与增加城市植被面积是缓解城市热岛效应的两种有效途径。植被下垫面对中午气温最高值的影响最明显,而人为热源对城市热岛的影响在夜间强于白天。当城市地区的树木覆盖率达到 40% 时,其降温效果就可以超过关闭所有人为热源时的效果。

④ 植被的存在会对城市地表能量平衡各分量产生明显影响。夏季，当城市地区树木覆盖率分别为0、20%和40%时，中午苏州市区平均地表净辐射通量的模拟结果分别为591，512和421 $W \cdot m^{-2}$，相应的感热通量分别为320，225和125 $W \cdot m^{-2}$，潜热通量分别为32，166和264 $W \cdot m^{-2}$。城市地区植被覆盖率的提高，增加了地表向空气中输送的潜热通量，从而导致环境空气湿度的相应升高，且在中午气温最高、水汽蒸发最旺盛时，湿度的增加幅度也最明显。夏季，对于城市地区植被覆盖率分别为0，20%和40%的理想试验方案，中午12时市区平均比湿的模拟结果分别为13.4，15.0和16.9 $g \cdot kg^{-1}$。

⑤ 为了综合比较城市植被对区域气象条件影响随季节的变化特征，本节还选取了2014年12月20日至30日作为典型冬季晴天个例进行了冬季算例的模拟分析。通过比较城市植被对气象要素的影响程度在夏季和冬季的季节变化特征可以发现，冬季城市地区不同植被覆盖率对区域气象场各因子的影响程度均明显小于夏季。这一方面是由于冬季植被叶面积指数的下降使树木冠层对入射太阳辐射的影响减弱；另一方面，冬季的环境气温远低于夏季，因此导致植被表面水汽的蒸发、蒸腾总量相应明显减少，其向大气中输送的水汽通量（或潜热通量）也会明显减小。

7.5 本章总结

本章介绍了城市冠层模式、城市边界层模式、区域边界层模式的基本框架，并介绍了城市水文过程和城市植被对城市气象特征的影响。

为了准确刻画城市冠层信息，城市冠层模式逐步发展起来并应用到城市气象模式中。现阶段发展起来的城市冠层模式主要有总体城市参数化、单层城市冠层模式和多层城市冠层模式三种。总体城市参数化方案是在不同的下垫面类型下，设置了不同的热容量、热传导、粗糙度及反射率等参数，并没有涉及建筑物的几何形状、高度、墙面和屋顶等三维结构信息。单层城市冠层模型假设城市几何形状参数化为“无限长”的街谷，且考虑到了城市建筑下垫面的垂直特性。多层城市冠层方案考虑了城市的三维结构以及建筑物在整个城市冠层中垂直方向的热力、动量的分布。

区域边界层模式RBLM采用湍能1.5阶和$E-\varepsilon$湍流闭合方案，详细考虑了城市下垫面特征及人为因素等对边界层结构的影响。模式中耦合了人为热方案和城市冠层模式（NJU-UCM-S Model）、城市植被冠层模式，完善了RBLM模式对城市区域陆面过程的参数化方案。高分辨率城市尺度边界层数值模式（UBLM）耦合了辐射传输模式SBDART，可以和WRF模式或WRF-Chem模式进行嵌套。

本章采用引入城市水文过程的WRF/SLUCM方案，评估了城市人为水汽、绿色屋顶、不透水面蒸发、城市绿地灌溉，以及城市绿洲效应等城市水文过程各自以及整体对南京城市气象环境的影响，介绍了利用RBLM模式模拟得到的城市植被对城市气象的影响。

8 城市微尺度风场和扩散的数值模拟

城市微尺度的污染物扩散强烈地受到微尺度风场的影响,而影响城市微尺度风场的关键物理因子是建筑布局以及建筑物几何形状等。在区域尺度和城市尺度边界层模式中,城市建筑是不可分辨的,但在城市小区和街渠、建筑等微尺度边界层模式中,建筑几何形状对风场和污染扩散的模拟有重要作用,这是物理参数化方法无法解决的难题,需要显式分辨建筑物。本章将介绍几种城市微尺度风场和扩散的数值模拟方法。

8.1 大涡模拟

三维大涡模拟(LES)是目前可用于大气湍流与大气扩散模拟最有效的技术方法之一,但也是计算量最大的方案之一。大涡模拟力求显式求解所有大涡的运动,这些大涡携带了大部分湍流能量并对动量、热量和质量的湍流输送有重要影响。大涡模拟对次网格小尺度(SGS)运动进行参数化,这些运动包括标量方差的分子耗散及湍流动能的粘性耗散,对于那些对湍流能量 TKE、方差和协方差(通量)贡献较小的 SGS 运动,在大涡模拟中也作了参数化处理,这些类似一阶或高阶总体平均闭合模式的参数化方案构成了次网格闭合模式。

8.1.1 基本控制方差

湍流运动是由许多大小不同的旋涡组成的。那些大漩涡对于平均流动有比较明显的影响,而那些小旋涡通过非线性作用对大尺度运动产生影响。大量的质量、热量、动量、能量交换是通过大涡实现的,小涡的作用表现为耗散。流场的形状、阻碍物的存在,对大漩涡有比较大的影响,使它具有更明显的各向异性。小漩涡则不然,它们有更多的共性并更接近各向同性,因而较易于建立有普遍意义的模型。大涡模拟技术就是基于上述物理基础构建的。大涡模式直接模拟湍流中占有大部分湍能的大涡,而对次网格的小涡采用参数化,能较真实地反映湍流运动,从而对气流运动的热力和动力作用,污染扩散等有较好的模拟效果。大涡模拟技术的优势在于:① 可以模拟大气运动的瞬时状态,即可以模拟大气运动的固有不确定性;② 可以提供高精度、高分辨率的大气运动数据库,部分地代替外场观测试验,为其他数值模式的检验、比较提供基础数据。特别是在城市冠层区域内,由于建筑物的机械作用导致湍流强度大,湍涡尺度小,使用大涡模拟技术可以更好地捕捉湍流场的状态。

模式的基本方程组由连续方程、动量方程、热流量方程组成:

$$\frac{\partial \overline{U}}{\partial X}+\frac{\partial \overline{V}}{\partial Y}+\frac{\partial \overline{W}}{\partial Z}=0 \tag{8.1.1}$$

$$\frac{\partial \overline{U}}{\partial t}=-\frac{\partial \overline{P^{*}}}{\partial X}-\overline{U}\frac{\partial \overline{U}}{\partial X}-\overline{V}\frac{\partial \overline{U}}{\partial Y}-\overline{W}\frac{\partial \overline{U}}{\partial Z}-\frac{\partial \tau_{XX}}{\partial X}-\frac{\partial \tau_{XY}}{\partial Y}-\frac{\partial \tau_{XZ}}{\partial Z} \tag{8.1.2}$$

$$\frac{\partial \overline{V}}{\partial t}=-\frac{\partial \overline{P^{*}}}{\partial Y}-\overline{U}\frac{\partial \overline{V}}{\partial X}-\overline{V}\frac{\partial \overline{V}}{\partial Y}-\overline{W}\frac{\partial \overline{V}}{\partial Z}-\frac{\partial \tau_{XY}}{\partial X}-\frac{\partial \tau_{YY}}{\partial Y}-\frac{\partial \tau_{YZ}}{\partial Z} \tag{8.1.3}$$

$$\frac{\partial \overline{W}}{\partial t}=-\frac{\partial \overline{P^{*}}}{\partial Z}-\overline{U}\frac{\partial \overline{W}}{\partial X}-\overline{V}\frac{\partial \overline{W}}{\partial Y}-\overline{W}\frac{\partial \overline{W}}{\partial Z}-\frac{\partial \tau_{XZ}}{\partial X}-\frac{\partial \tau_{YZ}}{\partial Y}-\frac{\partial \tau_{ZZ}}{\partial Z}+\frac{\overline{\theta}}{\theta_0}g \tag{8.1.4}$$

$$\frac{\partial \overline{\theta}}{\partial t}=-\overline{U}\frac{\partial \overline{\theta}}{\partial X}-\overline{V}\frac{\partial \overline{\theta}}{\partial Y}-\overline{W}\frac{\partial \overline{\theta}}{\partial Z}-\frac{\partial \tau_{\theta X}}{\partial X}-\frac{\partial \tau_{\theta Y}}{\partial Y}-\frac{\partial \tau_{\theta Z}}{\partial Z} \tag{8.1.5}$$

式中，$\overline{U},\overline{V},\overline{W}$ 为可求解速度在 X,Y,Z 方向上的分量；$\overline{\theta}$ 为可求解位温；t 为时间。在垂直运动方程中为扣除静力运动，其右边减去了右端项的水平平均值(Deardorff, 1974)。式中

$$\tau_{ij}=R_{ij}-\frac{R_{kk}\delta_{ij}}{3} \tag{8.1.6}$$

$$R_{ij}=\overline{U_iU_j}-\overline{U}_i\,\overline{U}_j \tag{8.1.7}$$

$$\tau_{i\theta}=\overline{U_i\theta}-\overline{U}_i\,\overline{\theta} \tag{8.1.8}$$

$$\overline{P}^{*}=\frac{\overline{P}}{\rho_0}+\frac{R_{kk}}{3}+\frac{\overline{U_kU_k}}{2} \tag{8.1.9}$$

模式采用笛卡儿坐标系，模拟域中的建筑物等障碍物被看作嵌入到模式的边界中，建筑物对气流运动的影响是通过其对风速的逐步衰减和削弱处理的。在城市微尺度气象环境中，模拟域最大为几百米(建筑群、城市小区)到几千米，最小为几米(室内)，为了能准确描述建筑物，模式网格分辨率一般在0.1～5 m之间，采用非均匀网格系统。一般在建筑物周围，网格划分比较细，以捕捉高分辨率的湍流信息，而在远离建筑物的区域，网格划分比较粗，以减小计算量。为了体现大涡模式能够模拟瞬时流场的优势，得到高时空分辨率的风速和湍流资料，模式的积分时间步长一般在0.1～0.5 s之间。

本模式中次网格闭合模式采用TKE闭合模式(Deardorff,1980)。Deardorff(1973)首次提出TKE闭合模式并于1980年应用于层积云覆盖的混合层大涡模拟研究中。Moeng(1984)在其LES模拟中也采用了这种方法。

在这种方法中仍假设了应力的梯度扩散形式，不同的是次网格应力扩散系数为：

$$K_{\mathrm{m}}=C\lambda \mathrm{e}^{1/2} \tag{8.1.10}$$

式中，C 为一系数，λ 为次网格湍流长度尺度，e 为次网格湍流动能。

次网格湍能方程为

$$\frac{\partial e}{\partial t} = -\overline{U}_j \frac{\partial e}{\partial X_j} - \overline{U_i' U_i'} \frac{\partial \overline{U}_i}{\partial X_j} + \frac{g}{\theta_0} \overline{W'\theta'} - \frac{\partial [U_i'(e + P'/\rho_0)]}{\partial X_i} - \varepsilon \tag{8.1.11}$$

其中,湍能耗散率 ε 简单表示为

$$\varepsilon = \frac{C_\varepsilon E^{3/2}}{\lambda} \tag{8.1.12}$$

Moeng 和 Wyngaard(1988)由谱分析得出 $C = 0.10$、$C_\varepsilon = 0.93$。而在大涡模拟中常取 $C = 0.10$,$C_\varepsilon = 0.19 + 0.74\dfrac{\lambda}{\Delta}$;其中,$\Delta$ 为网格特征尺度,$\Delta = \left(\dfrac{3}{2}\Delta_x \dfrac{3}{2}\Delta_y \Delta_z\right)^{1/3}$。对不稳定和中性条件,取 $\lambda = \Delta$;对稳定层结,取

$$\lambda = \min\left[\Delta, 0.76 e^{1/2}\left(\frac{g}{\theta_0}\frac{\partial \theta}{\partial z}\right)^{-1/2}\right] \tag{8.1.13}$$

其中 min 表示取较小值;次网格热量扩散系数 K_h 取为

$$K_h = (1 + 2\lambda/\Delta) K_m \tag{8.1.14}$$

大涡模拟技术本身的计算量很大,需要对每个时步的模拟结果进行存储并分析其各部分的可求解湍流项。在建筑物对城市微尺度气象环境特别是风环境影响的模拟中,模拟域一般为几百米到几千米,典型现象的时间尺度一般在几分钟到一个小时左右。在积分中,在空间的网格上,对任一个变量 A,可得到它在每一个积分时间 t 时的网格空间平均值 $\langle A \rangle$,时间平均流 $\overline{\langle A \rangle} = \dfrac{1}{n}\sum_{t=1}^{n}(\overline{\langle A \rangle_t})^2$ 和脉动方差 $\overline{A'^2} = \dfrac{1}{n}\sum_{t=1}^{n}(\langle A \rangle_t - \overline{\langle A \rangle})^2$,其中上划线"—"代表被用来分析的时间序列资料的时间平均,n 为该时间序列的样本数,$\langle A \rangle_t$ 为被存储的瞬时值。

8.1.2 建筑物群通风的大涡模拟

基于大涡模拟方法对理想建筑群的通风特征进行了模拟分析。研究算例分为两类:如图 8.1.1 所示,第一类均为等高算例(CASE1 - CASE4,CASE7,8),高度分别为 30,60,45 m,排列方式分为交错排列和规则排列。第二类均为不等高算例(CASE5 - CASE6),由 30 m 和 60 m 的建筑体共同组成,并分别规则排列和交错排列。上述算例中方体的长度和宽度均为 20 m,方体之间的间距均为 20 m,模拟区域大小为 800 m × 400 m,水平和垂直分辨率为 2 m。初始入流统一为幂指数流,如下式:

$$u = u_0\left(\frac{z}{z_{\mathrm{ref}}}\right)^a \tag{8.1.15}$$

选择 $x = [200, 400]$,$y = [180, 300]$ 范围内(如图 8.1.1 红框所示)的风场放大分析。如图 8.1.2 所示,在截取范围内,对于规则列阵 CASE1、3,建筑物附近以平行于入流的风矢为主,基本无绕流,前后建筑物之间的涡旋微弱,建筑物管道内的狭管效应明显。最大风速在两行建筑物中间,向两边建筑体侧逐渐减小。前后建筑间的 v 分量产生的涡旋是使得流向风

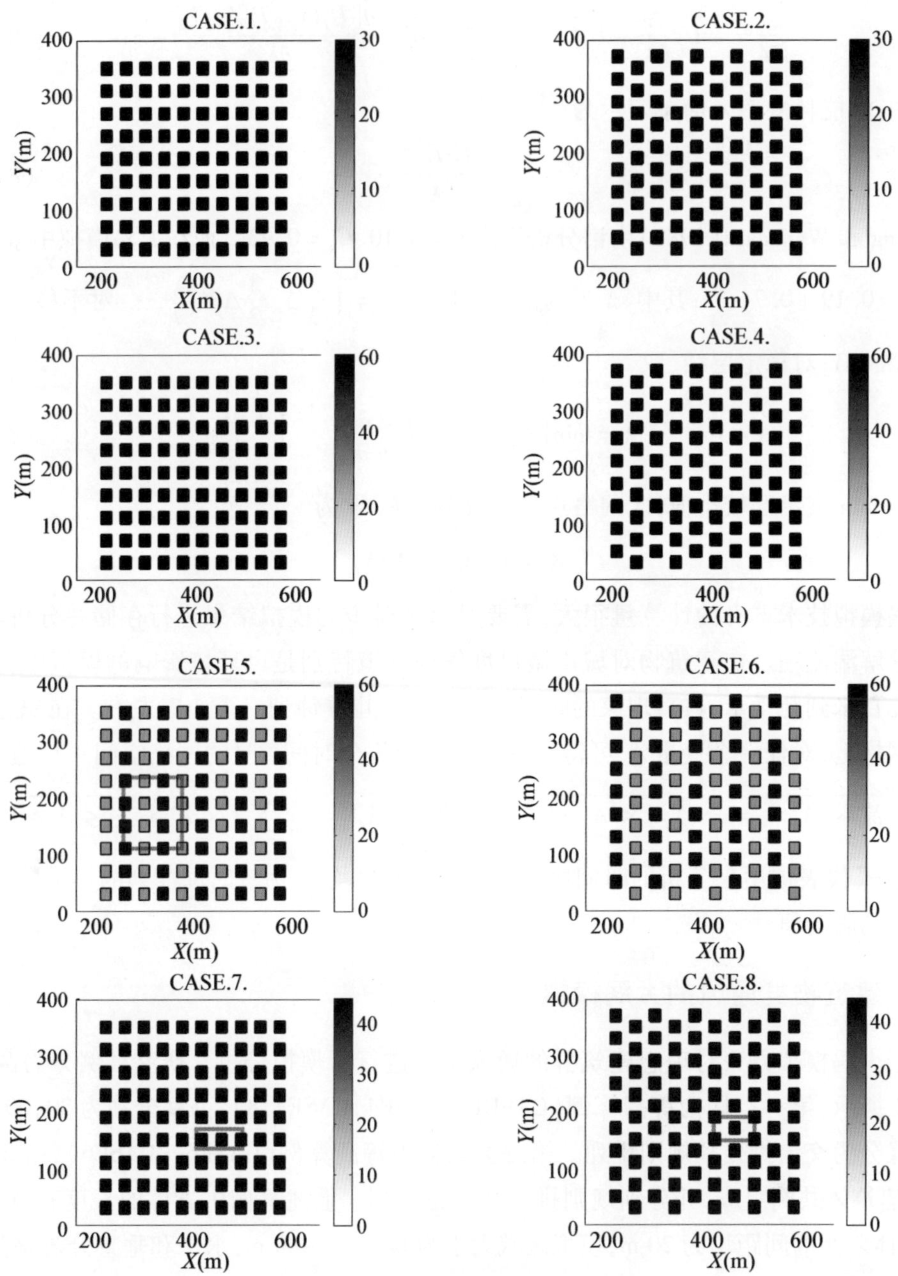

图 8.1.1 理想算例中的建筑物设置

速衰减的原因之一。CASE3 中 60 m 高的规则排列建筑群狭管效应强于 30 m 建筑群 CASE1，在规则不等高建筑群 CASE5 中出现狭管效应的强弱变亦体现了高度对狭管效应的影响——60 m 建筑物之间的风速骤增，其后方可有明显的涡旋速度，而在 30 m 建筑物之间风速极大值骤降，狭管强度仍然较小。

同时比较 CASE1，2 和 CASE3，4，建筑物等高时，由于高度造成的狭管效应的差异在建筑群交错排列时会更加明显。对于交错分布的列阵 CASE2,4,6 而言,入流风每经过一层建筑物,总体风速就衰减一部分,u 分量被大量转变为 v 分量和 w 分量,所以形成的狭管效应也相应衰减。

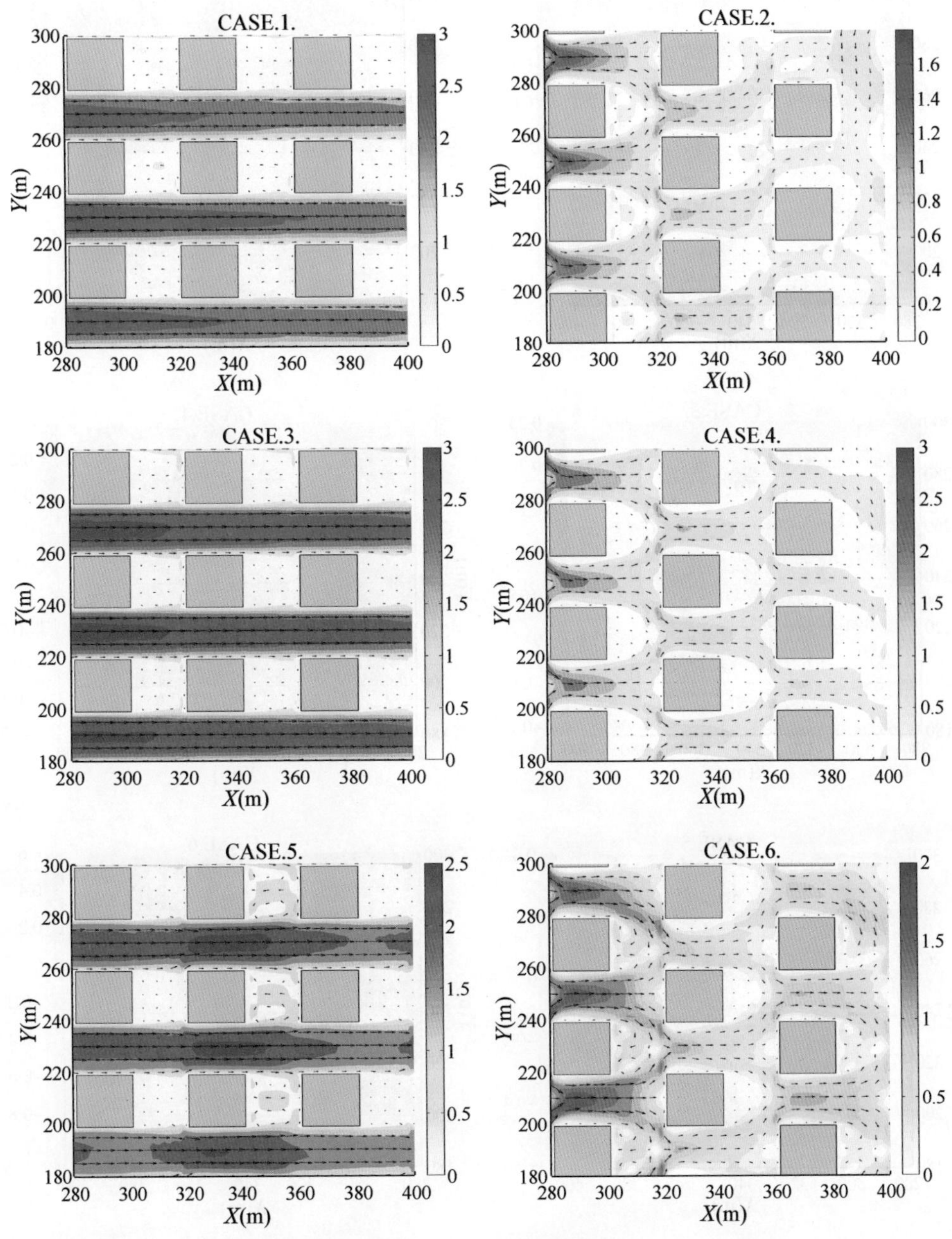

图 8.1.2　2 小时平均风场细节图

当建筑排列和建筑高度两个因素叠加时,建筑群内部的气流更加趋于不稳定,会使得其中 w 分量和 v 分量都得到增强,内部涡旋结构更多,从而增强对 u 方向分量能量的衰减(图 8.1.3)。这种由于高度变化造成狭管衰减效应在 CASE5 中最为明显,有清晰的条带分布。

平均高度大的混乱排列建筑群下层风场的流向衰减更强，CASE4（图 8.1.3）在建筑物高度 60 m 下表现出最强的衰减作用。

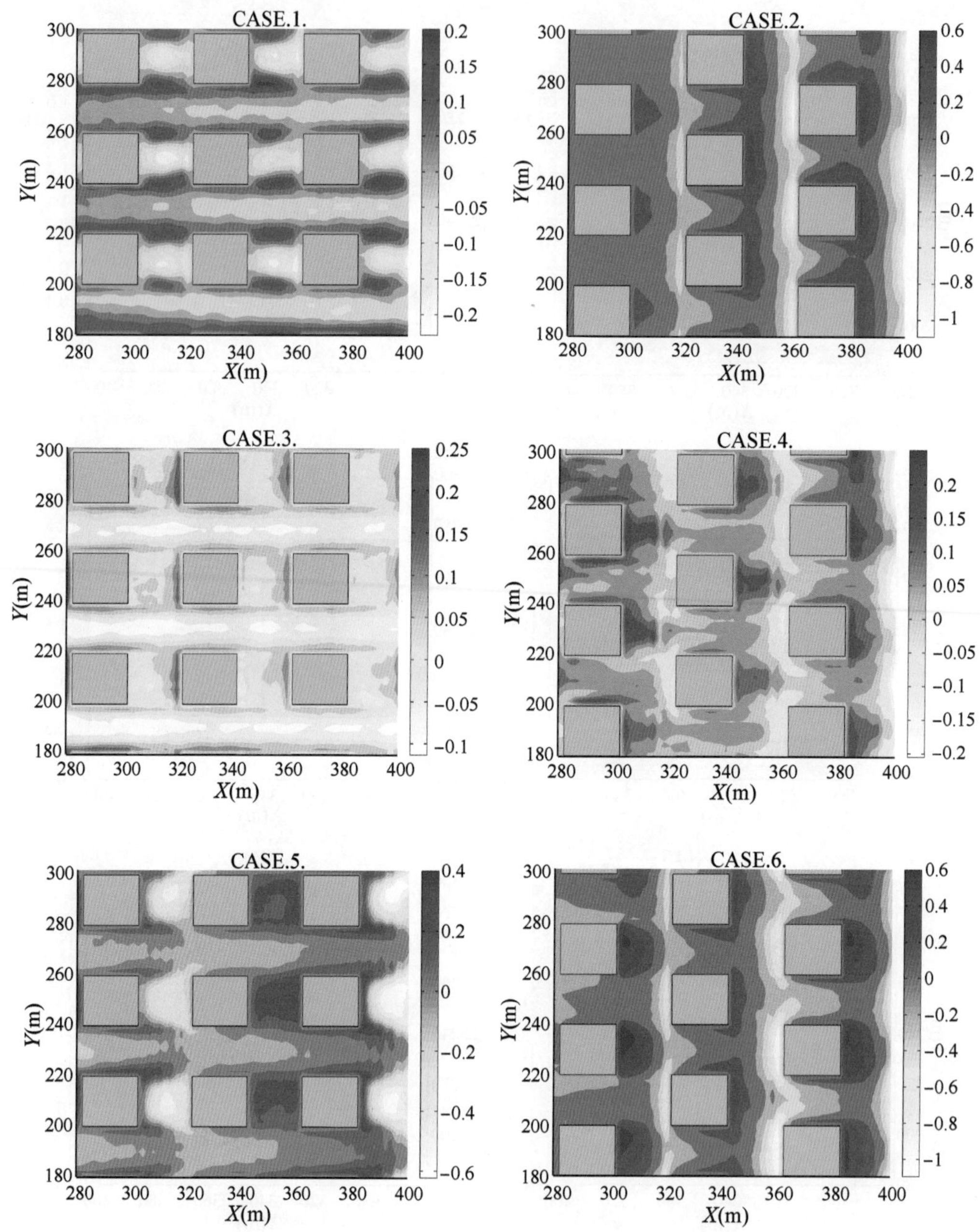

图 8.1.3　2 小时平均 w 分布细节图

由于建筑物存在导致了低层风速的衰减，Martilli 等人在 2006 年对规则列阵进行 CFD 模拟后认为其风廓线在街谷内部是线性增长的，而在街谷上方是对数率增长的。而从图 8.1.4 中可以看出水平风的垂直风廓线都是非线性的。等高建筑在建筑物平均高度处（$Z=1H$），不等高建筑群在两个高度节点($Z=30$ m 和 $Z=60$ m)处均出现风速显著剧增。30 m 高度的建筑对低层风速的衰减作用小于60 m 高度的建筑群,也就是说,在30 m 高度下,甚至在120 m 高度下,60 m 等高建筑群内的风速整体小于30 m 高建筑群中的风速。而当高度达到120 m 之上时,60 m 算例的风速反而开始反超30 m 算例,即高大建筑群会减少低空风速、增加高空风速。当建筑分布相同时,建筑群平均高度越高对于建筑物底部的风场衰减作用越强。同时,对建筑上方一定范围内的速度增强也越强。交错列阵的衰减作用更强,其中的风速总体而言是低于规则列阵的,上述这种由于高度带来的水平速度的变化在交错列阵中的差异更大。反过来,建筑群对低空风速影响越小,高空风速则越接近初始幂指数入流。

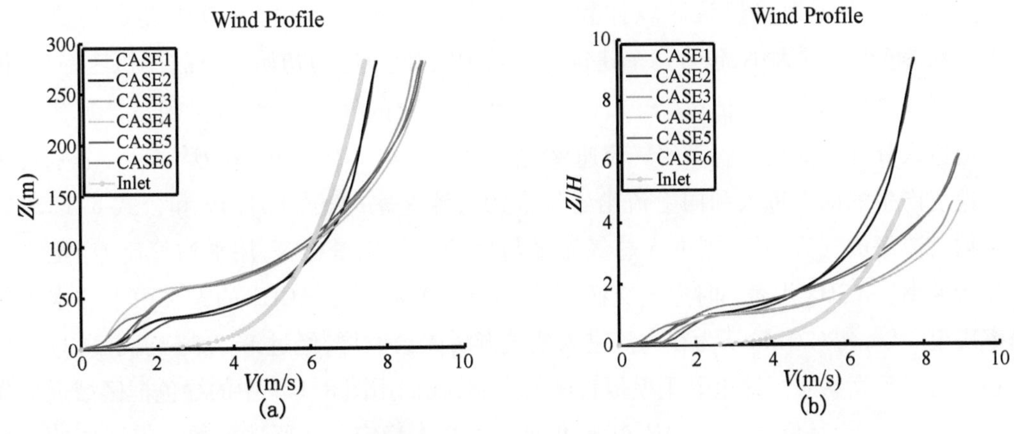

图 8.1.4　平均风速垂直廓线

对于建筑群平均高度相同的算例 CASE5～8 而言,按照 Hang 等(2012)高度方差公式(如公式8.1.16),CASE5～6 高度方差为0.33,CASE7～8 高度方差为0,CASE5～6 建筑高度差异大于 CASE7～8。由图8.1.5(a)可以清晰看出,在 $1H\sim1.5H$ 处,即在建筑物顶部一定范围内,高度方差较小的 CASE7～8 的风速较大。对比图8.1.5(b)可见,实际上在 $1H$ 高度以下,CASE7～8 的风速也基本是大于 CASE5～6 的,只是在 1～1.5 H 范围内这种差

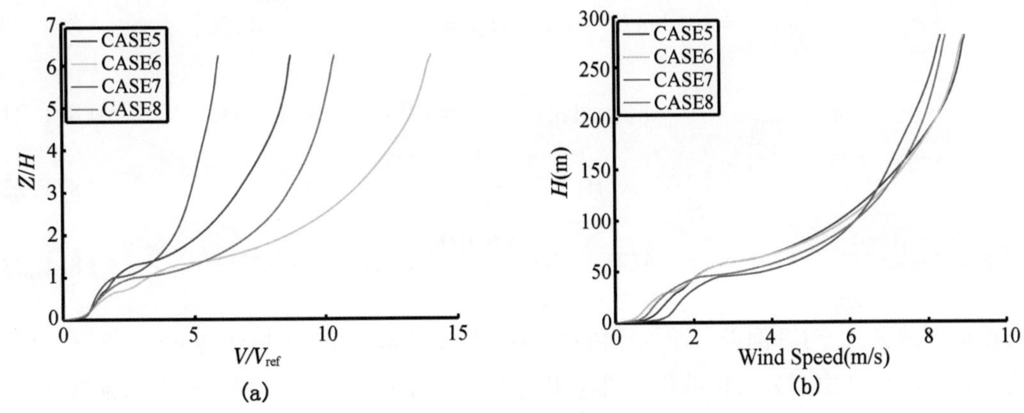

图 8.1.5　不同高度方差算例的廓线比较

异更加明显。对于1.5H以上部分,高度方差大的CASE5～6的风速则远远超过了CASE7～8。因此,在整个模拟高度范围内,高度方差较大的建筑群对低层风速的衰减作用更强,对高层风速的衰减作用更弱。

$$\sigma_H = (H_2 - H_1)/(H_1 + H_2) \tag{8.1.16}$$

$$Q_\infty = H \times \int_0^H U_0(Z)\,dz \tag{8.1.17}$$

为了定量评估各算例的通风能力,这里参考Lin等(2014)定义了Q^*,ACH等通风指数。其中H为建筑群平均高度,本节中CASE1～2为30 m,CASE3～4为60 m,CASE5～8为45 m。U_0为初始风速。Vol为总建筑区域体积,vol为单元建筑区体积,本节所设定的单元为图8.1.1中绿色框区的大小,包含两个建筑物及其中空隙。Q_∞为初始气流的体积速率,该值对于同一平均高度而言是定值(表8.1.1)。Q^*为标准化的气流速率,这里用于计算建筑群风场入流进入处和出流处垂直面的气流速率(公式8.1.18)。$Q^*_{\text{roof}}(\text{in})$和$Q^*_{\text{roof}}(\text{out})$分别代表由垂直速度产生的向下进入和向上流出建筑群的气流速率(公式8.1.19和公式8.1.20)。如果平均气流形成气流平衡,则进入总气流量与离开总气流量相等,用平均气流Q_{T}定义总体气流量速率。ACH_{T}代表小时空气交换速率,用Q_{T}、Vol定义,ACH_{T}的大小由平均水平气流速率决定。Lin等(2014)认为在入流进入建筑群后先会骤增,经过16个平均高度以后,风场才趋于稳定平衡状态。这里鉴于模拟长度的限制,我们用图8.1.1中的绿色框区域近似作为稳定区域的单元,其位置约为10H,其速度变化也基本稳定。在所选择的稳定区域的单元体积vol_{unit}中计算垂直通风速率$q_{\text{roof_interior}}$(公式8.1.21)即可定义城市长度趋于无穷时的ACH_∞(如公式8.1.23),ACH_∞的大小完全由稳定区域的垂直风速决定。

$$Q^* = \int \vec{V} \cdot \vec{n}\,dA/Q_\infty \tag{8.1.18}$$

$$Q^*_{\text{roof}}(\text{in}) = \int |\,\overline{w}(-)\,|\,dA/Q_\infty = \int_A \left|\frac{\overline{w} - |\,\overline{w}\,|}{2}\right| dA/Q_\infty \tag{8.1.19}$$

$$Q^*_{\text{roof}}(\text{out}) = -\int_A |\,\overline{w}(+)\,|\,dA/Q_\infty = -\int_A \left|\frac{\overline{w} + |\,\overline{w}\,|}{2}\right| dA/Q_\infty \tag{8.1.20}$$

$$q_{\text{roof\_interior}}{}^* = \left|\int \overline{w}(+)\,dx\,dy\right| \Big/ Q_\infty = \left|\int \overline{w}(-)\,dx\,dy\right| / Q_\infty \tag{8.1.21}$$

$$\text{ACH}_{\text{T}} = 3\,600 Q_{\text{T}}/\text{Vol} \tag{8.1.22}$$

$$\text{ACH}_\infty = \lim_{Lx\to\infty} \text{ACH}_T = \lim_{Lx\to\infty} \frac{3\,600 Q_{\text{T}}}{\text{Vol}} = 3\,600\,\frac{q_{\text{roof\_interior}}}{\text{vol}_{\text{unit}}} \tag{8.1.23}$$

根据上述公式,对算例进行通风评估(图8.1.6),图8.1.6(a)中$Q^*(\text{in})$和$Q^*(\text{out})$分别为建筑群入口和出口处的标准化气流速率,$Q^*_{\text{roof}}(\text{in})$和$Q^*_{\text{roof}}(\text{out})$分别为流入和流出建筑群平均高度处的标准化气流速率。$Q_{\text{roof}}(\text{in})$,$\text{ACH}_\infty(\text{in})$绝对值均小于$Q_{\text{roof}}(\text{out})$,$\text{ACH}_\infty(\text{out})$,

这表明流出建筑群的气流速率大小总体上大于流入建筑群的大小,入流使的建筑群内的空气在垂直方向上是总体向外溢出的。

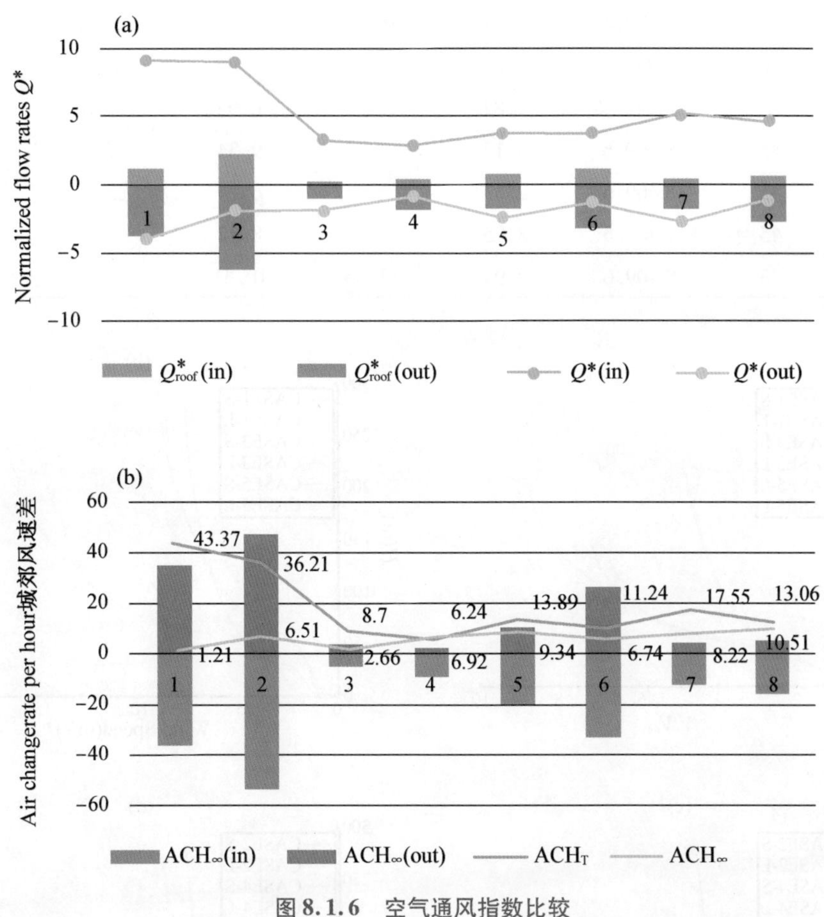

图 8.1.6　空气通风指数比较

同时,CASE2,4,6,8 与 CASE1,3,5,7 相比,前者建筑群平均高度上的垂直向外流出(Q^*_{roof}(out))和总体垂直气流速率要大于后者。当高度方差相等为 0 时,交错列阵 CASE2,4,8 在稳定区域中计算得到的 ACH_∞ 大于规则列阵 CASE1,3,7。而入口和出口处的标准化气流速率(Q^*(in),Q^*(out))以及利用平均气流速率 Q_T 得到的小时空气交换速率 ACH_T 显得略小。也就是说,迎风面积更大的交错列阵在入流风进入建筑群后产生更大的阻挡,相比于规则列阵而更不利于水平方向上的空气输送。气流趋于稳定时,规则列阵的水平通风效果要更好。但另一方面水平方向的通风不畅却增大了垂气流速率,有助于垂直方向上的空气交换。

按照建筑物平均高度比较,平均高度越高,则 Q^*,ACH 越小。当平均高度相等均为 45 m 时(CASE5 ~8),高度方差较大的建筑群(CASE5 ~6)的垂直通风略好,而水平通风略差,可见垂直方向空气交换与水平方向空气交换存在着相互制约的关系。

表 8.1.1 通风指数

NO	H/m	Q_{∞}	Q_{T}	ACH_{T}	ACH_{∞}	ACH_{T+}	$ACH_{\infty+}$
1	30	3 272.4	6.51	43.37	1.21	87.2	11.44
2	30	3 272.4	5.43	36.21	6.51	72.12	13.93
3	60	15 602.4	2.61	8.7	2.66	17.72	5.82
4	60	15 602.4	1.87	6.24	6.92	13.0	15.01
5	45	8 409.6	3.12	13.89	9.34	27.4	24.3
6	45	8 409.6	2.53	11.24	6.74	22.7	17.85
7	45	8 409.6	3.95	17.55	8.22		
8	45	8 409.6	2.94	13.06	10.51		

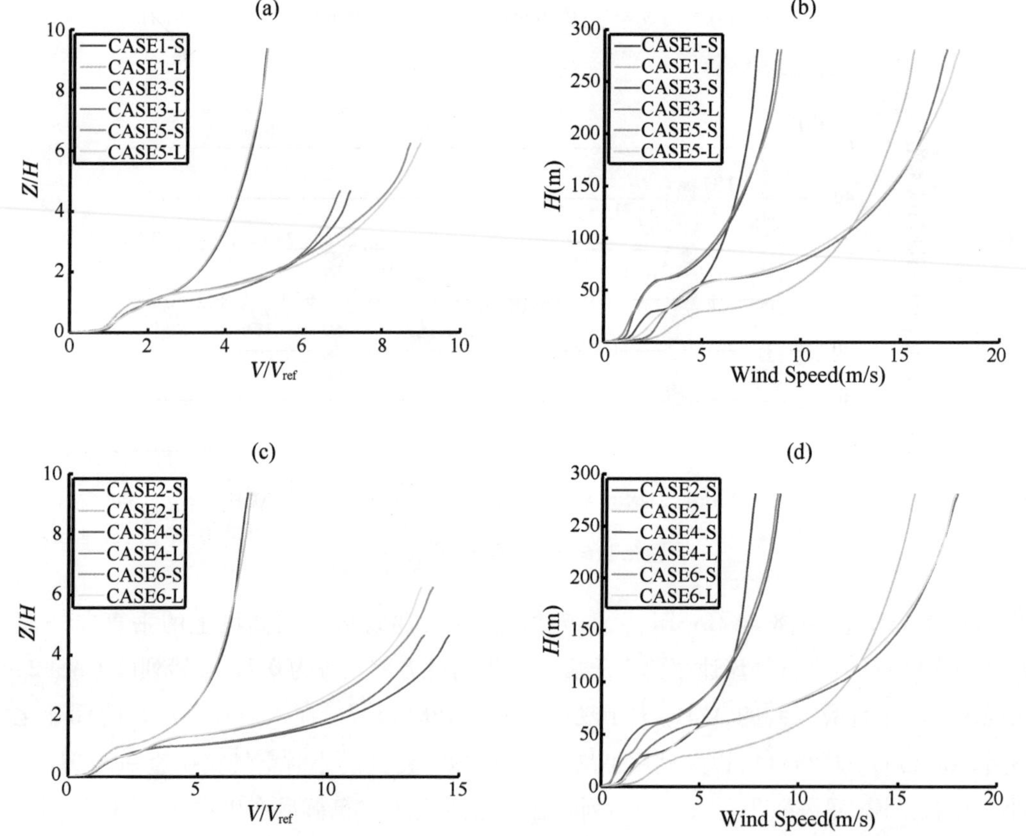

图 8.1.7 不同风速下风廓线比较(后缀 S 代表一倍风速,L 代表双倍风速)

最后我们将 CASE1 ~6 的风速增加一倍再次进行模拟。将 10 m 高度上的平均风速作为参考风速 V_{ref}(图 8.1.7)。当入流风速增大为原风速的两倍时风速平均廓线形态基本不变。在低层($Z<2H$),均一化之后的两曲线基本重合,即平均风廓线与入流廓线成正比;在高层,不同风速下的曲线发生明显分离。这种分离显示在高层,入流风的倍增对于整体风场高层

风速的倍增效果是不佳的。对于低矮建筑群 CASE1,2 而言,大的初始入流情况下的高层风速相对更大,但总体上平均廓线与入流风大小成正比,即对于地面的低矮建筑群,当入流风速倍增时,对应风场平均风廓线速度也会倍增。CASE5 亦如此,高层的风速倍增大小要大于入流速度的倍增大小。而对高大建筑群 CASE3,4 而言,小初始入流情况下的高层风速相对更大,也就是说高层风速的倍增小于入流风速的倍增大小,并且这种差异相对较大。

从通风指数上看(表 8.1.1),其中 ACH_{T+},$ACH_{\infty+}$表现了入流增大为原来的两倍后的水平通风情况和稳定区域的垂直通风情况。它们和原风速下的 ACH_T,ACH_∞相比,入流倍增使得建筑群平均高度下方的总体通风指数基本上也呈现倍增。

综上所述,当平均风场垂直风速在地面建筑群高度较低时在空间低层的大小与入流风速大小成正比关系,较高建筑群对上层风速有相对更明显的衰减,由于入流倍增使得风场总体空气交换速率也随之倍增。

8.2 城市小区尺度数值模式的发展与应用

城市小区作为人们的生存聚居地和主要活动场所,其环境问题尤为突出,小区内的空气污染问题与人们的生活质量息息相关。小区内鳞次栉比的高楼和纵横交错的道路等,使得风场很不规则,空气污染物的扩散问题也变得非常复杂,给这一问题的研究带来许多科学技术问题。Kaplan 和 Dinar(1996)将一种简单的统计方法应用于实际城市小区(1 km × 1 km)流场和污染扩散的模拟;Bruse 和 Fleer(1998)用一个三维数值模式对理想的城市小区(255 m × 235 m)内的气象场进行了模拟。宜居城市建设,要求对城市小区气象和污染扩散特征进行系统的研究,这就必须建立科学、完善的小区尺度数值模式;迫切需要科学、客观、系统地研究城市小区规划对气象及大气环境的影响,并对其影响进行定性和定量的评估。该评估将有助于城市整体的合理规划。

苗世光等(2002)建立了一个城市小区尺度三维非静力 $K-\varepsilon$ 模式,引入了作为城市特征的街区建筑物布局及其高度、朝向和对短波辐射的遮蔽以及不同地表利用类型等特征影响,用强迫-恢复法计算地面温度,同时加入了污染物平流扩散方程。用这一模式模拟了实际城市小区中的气象和污染扩散特征,并用气象和污染观测资料对模式作了初步检验。

基于该模式,针对城市小区规划对气象及大气环境的影响,提出了一套客观、科学、可操作的影响评估指标及评估方法,并以北京市某小区两种规划方案为例,具体评估了它们对气象及大气环境的不同影响。

8.2.1 城市小区尺度模式

(1) 模式结构

城市小区尺度模式(以下简称“模式”)适用的水平区域范围为 1 ~ 2 km,小区内地形平坦,模式采用笛卡儿坐标系,不考虑科氏力的影响。模式舍弃了气象上常用的准静力近似,控制方程组由连续方程、动量方程、状态方程、热力学方程和浓度方程共5个方程组成(王卫国等,1999)。模式采用 $K-\varepsilon$ 闭合方案,即在上述方程中加入湍能和耗散率传输方程,模式中各个参数的取法:$\sigma_t,\sigma_k,\sigma_\varepsilon,C_1,C_2,C_3,C_v,Sc_T,Pr_T$ 分别为0.9,1.0,1.3,1.44,1.92,1.44,0.09,0.77,0.9,并且在单体建筑物及城市街区气流结构的数值模拟研究中经过检验,这一组参数是合理的。

本模式采用非跳点、非均匀网格系统,所有物理量均放在整数网格点上。模式采用无梯度的侧边界、固定的上边界和无滑脱的下边界。地面以上第一层的风温由地面与地面以上第二层的值按近地层风温廓线关系内插而得。对于扰动气压下边界上的值,可令在地面附近 $\partial W/\partial t=0$ 求解得到;上边界则令扰动为0。模式中将位于建筑物内部的网格点上的物理量,如 U,V,W,k,ε,均取为0。本模式可用一维资料(如理想气象场或实地观测资料)或三维资料(如由其他模式结果插值得到)作初始场。

模式的气象部分积分约30 min得到稳定解(平均时间步长 $dt\approx0.25$ s),然后用此流场积分浓度方程约60 min得到稳定的浓度场。

(2) 模式对城市小区的特殊考虑

1) 短波辐射方案

太阳辐射是地面能量收支中的重要项。在城市小区中,由建筑物的高度、朝向以及建筑物造成的遮蔽对太阳辐射的分布有较大的影响,因此,需要考虑太阳辐射的不均匀分布。模式采用一种虚拟的次网格二维差分格式计算建筑物朝向及遮蔽状况。其中,建筑物朝向 $\beta=\pi-\arctan\left(\frac{\partial H}{\partial x}\middle/\frac{\partial H}{\partial y}\right)$,式中 H 是建筑物高度(m)。对建筑物遮蔽处理的基本思路是:根据某时刻太阳高度角和时角求得该时刻的太阳方位角,然后求得此方位角上的遮蔽角,将求得的遮蔽角与该时刻的太阳高度角相比较,若遮蔽角大于此时的太阳高度角,则判断被遮蔽。对于城市小区地面,在某方位上周围建筑物的遮蔽角即为该方位上的射线与横、纵网格线交点处的建筑物高度对计算点形成的仰角最大值。若地面被建筑物遮蔽,或建筑物被自身遮蔽,则其太阳辐射量取为没有被遮蔽处到达地面短波辐射的0.6倍,即认为被遮蔽处所得到的散射辐射和反射辐射为短波辐射的0.6倍(Al-Shareef et al., 2001)。

2) 地面温度的计算

本模式采用强迫-恢复法计算地面温度。为了更确切地处理不同下垫面性质对热量平衡的影响,根据土地的利用状况,将下垫面划分成5种类型:混凝土(包括柏油路面)、水面、草地、树木、裸土。分别给定不同的下垫面参数,如表8.2.1所列(Pielk et al., 1987)。由于模式中已经直接考虑了建筑物粗糙元,故混凝土下垫面的粗糙度取为平坦混凝土下垫面的粗糙度。

表 8.2.1 各种下垫面参数

	混凝土	水面	草地	树木	裸土
粗糙度 Z_0(m)	0.000 3	0.000 1	0.003	0.5	0.001
热容量 C_s($J \cdot m^{-3} \cdot K^{-1}$)	2.02×10^6	4.19×10^6	2.33×10^6	2.80×10^6	2.26×10^6
反射率 A	0.10	0.08	0.21	0.18	0.25
热量传输系数 K_e	2.30×10^{-6}	1.50×10^{-7}	1.20×10^{-6}	1.20×10^{-6}	8.50×10^{-7}
红外比辐射率 ε	0.71	0.993	0.97	0.97	0.90
地面饱和度 η	0.00	1.00	0.53	0.53	0.40

3）对建筑物表面热力状况分布(温度)的处理

本模式中对建筑物表面温度作了简化处理,在计算地面温度时计算建筑物温度。基本思路是:把建筑物垂直投影到地面,作为一种特殊的混凝土下垫面来处理。根据屋顶材料,将屋顶(建筑物混凝土)下垫面分成 3 种类型:混凝土、玻璃、瓷砖。这 3 种类型的短波反射率分别为:0.10,0.05,0.20;其余参数取为与混凝土下垫面相同。

4）高分辨资料的应用

模式中用到 4 种资料:建筑物高度、地表利用类型、屋顶材料及空气污染物的排放源资料,均由高分辨的 GIS 资料及车流量资料处理得到,并考虑了不同地表利用类型的处理。

8.2.2 数值试验及结果分析

方庄小区是北京点式高层住宅的代表,这里对该小区进行了模拟。方庄小区建筑物高度及 NO_x 交通源分布如图 8.2.1 所示。该模拟区域水平范围为 1 350 m×1 300 m,小区内高层建筑物较多,最高为 77 m,70 m 以上建筑物 11 座。小区中建筑物大部分为东西走向,少数几座为南北走向。方庄小区主要地表利用类型(图略)特征为:小区北面有一条河,河的南岸是一些树木,小区南部、东南部和东部有一些裸土,小区的建筑物中间有一些草地。

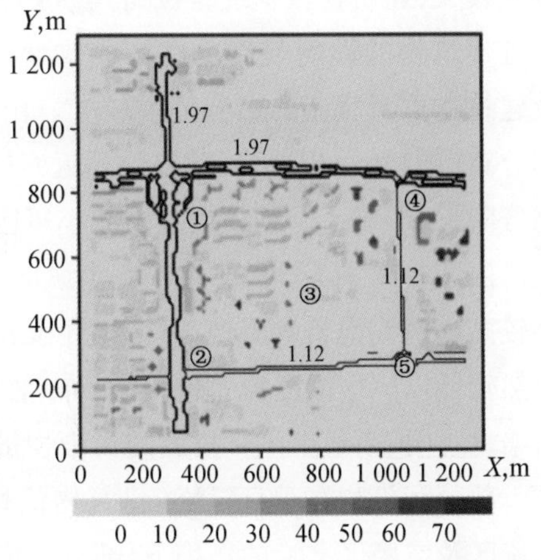

图 8.2.1 方庄小区建筑物高度及 NO_x 交通源分布

模拟域中左安门西滨河路和蒲黄榆路为一级路,路宽约 40 m,高峰小时车流量为 6 000 辆。芳古路和蒲方路为三级路,路宽约 20 m,高峰小时车流量为 2 000 辆(北京市测绘院,1994)。根据最新北京市汽车行驶工况和污染物排放系数调查研究结果(周泽兴等,2000),取一级路汽车 NO_x 排放系数为 0.95 $g \cdot km^{-1} \cdot$ 辆$^{-1}$,二级路汽车 NO_x 排放系数为 0.81 $g \cdot km^{-1} \cdot$ 辆$^{-1}$。结合 GIS 道路百分比资料,求得小区 NO_x 交通源分布数据。具体源强计算公式为:

$$S=\frac{N}{3\,600}\cdot E\cdot L\bigg/\left(\frac{W_{\text{road}}}{L}\right)\cdot C_{\text{car}} \tag{8.2.1}$$

式中,S 为源强,mg · s^{-1} · m^{-2};N 为高峰小时车流量,辆 · h^{-1};E 为排放系数,g · km^{-1} · 辆$^{-1}$;L 为水平网格距,m;W_{road} 为路宽,m;C_{car} 为车流源强系数。其中,02 时开始间隔 3 h 的车流源强系数简单地取为:08 时为 1;17 时为 2/3;其他时间为 1/2。

限于篇幅,这里主要分析方庄小区 07 月 27 日 14 时,西风时的数值试验结果,以检验模式。这个数值试验的水平网格距为 10 m;垂直网格距取法为:10 层 10 m,20 m,30 m,40 m,50 m;初始条件取法为:取理想气象场作初始场:10 m 风速 $u_{10}=2.2$ m · s^{-1},$v_{10}=0$,风廓线幂指数 $p=0.25$,地面温度 $t_g=293$ K,垂直温度递减率 $\gamma=0$。

图 8.2.2 和图 8.2.3 为数值试验的诊断结果。由图 8.2.2 可见,小区中温度差异较大。水泥柏油路面及建筑物温度最高(约 297.5 K),裸土温度稍低(约 296.5 K),树木、草地及水面温度较接近(约 295.5 K),温度最低的地方是被建筑物遮蔽处(约 294.5 K),水平最大温差约 3.5 K。其温度差异主要是由地表利用类型(下垫面性质)不同以及建筑物对短波辐射的遮蔽造成的。由图 8.2.3(a)可以看出,气流非常复杂。在建筑物附近有逆于来流方向的气流出现。在小区内建筑物密集区风向改变较大;建筑物较少或者没有建筑物的区域,受附近建筑物的影响气流也有一些改变;建筑物以及建筑物群对气流的影响范围较大。由水平总风速分布(图略)可以看出,建筑物附近有较大范围的小风区;在以相邻的建筑物为整体的建筑物群附近,形成了一些较大范围的小风区;在河流及小区东南方建筑物较少的区域风速均较大。由图 8.2.3(b)可知,在小区上风向的路上出现了 0.5 mg · m^{-3}的大浓度区;但是由于几座较高横风向建筑的阻挡,污染物并没有进入小区,这几座横风向建筑的背风侧污染物浓度仍然较低。NO_x 浓度的 XZ 平面分布(图略)表明,在被两侧建筑物围成的街渠中,当风向与街渠垂直时,街道上汽车排放的污染物被限制在街渠中难以扩散,形成污染较严重的高浓度区。部分污染物在垂直气流(建筑物位移区气流)的作用下被抬升,向下游扩散。在建筑物尾流区及空腔区气流的作用下,部分污染物在街渠下风向建筑物的背风侧下沉,造成一定程度的污染。

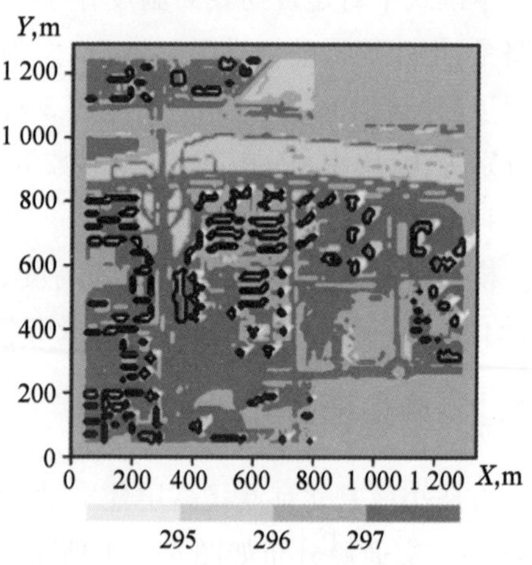

图 8.2.2 数值试验的地面温度分布,K

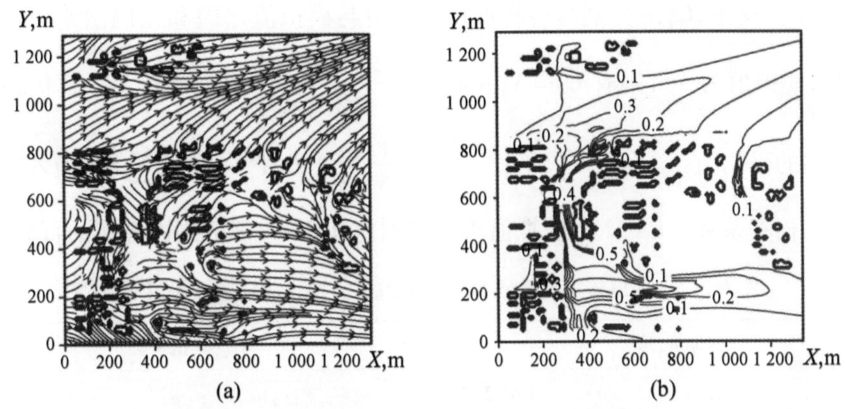

图 8.2.3 数值试验的诊断结果(10 m 高度处)

(a) 流线;(b) NO_x 浓度,$mg \cdot m^{-3}$

8.2.3 模式的检验与比较分析

利用设在方庄体育场的系留艇探空观测资料和区内电接风资料及方庄恒松园污染物浓度观测资料,对本模式作了初步检验与比较分析。系留艇观测时间为:2001 年 1 月 5 日 11 时—6 日 08 时,及 1 月 9 日 20 时—13 日 05 时(其中 10 日 23 时和 11 日 11 时缺测),每 3 小时一次。利用这次观测的 34 个系留艇资料作初始场,利用交通源资料,作了方庄小区 34 个算例的模拟,并且和同步的电接风资料及污染物浓度观测资料做了比较分析。

1 至 5 号电接风观测点的位置见图 8.2.1。图 8.2.4 为 1 号电接风观测点各算例观测值与模拟值的比较(2 ~ 5 号观测点图略)。表 8.2.2 为各电接风观测点风向、风速的$\overline{c_d}$,$\overline{|c_d|}$,$\bar{e}$,

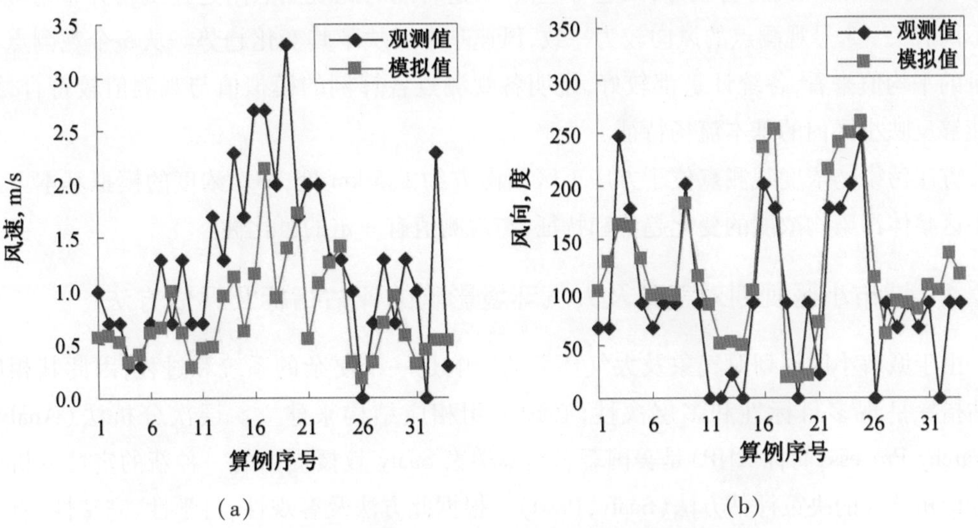

图 8.2.4 1 号电接风观测点各算例观测值与模拟值的比较

(a) 水平总风速,$m \cdot s^{-1}$;(b) 风向,度(正北为 0)

r 及 FAC2 分布。这里,C_d,e 分别是各物理量观测值与模拟值之差和比例误差。若某物理量观测值为 X_0,模拟值为 X_m,则有 $C_d = X_0 - X_m$;$e = \frac{2(X_0 - X_m)}{X_0 + X_m}$。如果有 N 个算例,对 C_d,e 可进一步求它们的平均值:$\overline{c_d} = \frac{1}{N}\sum C_d$;$\overline{|c_d|} = \frac{1}{N}\sum |C_d|$;$\bar{e} = \frac{1}{N}\sum e$。$r$ 为各物理量观测值与模拟值的相关系数。FAC2 为模拟值落在观测值 0.5 ~2 倍范围内算例的百分比。

表 8.2.2　各电接风观测点风向、风速的$\overline{c_d}$,$\overline{|c_d|}$,$\bar{e}$,r 及 FAC2 分布

观测点序号	风向,度				风速,$m \cdot s^{-1}$				
	$\overline{c_d}$	$\overline{\|c_d\|}$	r	FAC2,%	$\overline{c_d}$	$\overline{\|c_d\|}$	$\bar{e}$	r	FAC2,%
1	-14.651	35.323	0.829	85.714	0.506	0.606	0.464	0.613	56.250
2	19.137	53.927	-0.073	64.286	-0.367	0.422	-0.208	0.359	85.714
3	-10.615	50.777	0.544	68.966	0.903	1.041	0.935	-0.037	20.588
4	-68.031	68.061	0.619	37.500	0.403	0.702	0.486	0.494	52.941
5	22.060	50.469	0.084	56.667	0.204	0.686	0.159	0.124	50.000
平均	-10.420	51.711	0.401	62.627	0.330	0.691	0.367	0.311	53.099

注:上表中,计算风向的参数时已将静风去掉,计算风速的$\bar{e}$、r 及 FAC2 时也已将静风去掉。

由表 8.2.2 可以看出,1 号电接风观测点各算例观测值与模拟值的风速及风向最为一致,各统计量都较好,说明 1 号观测点各算例的模拟值与观测值较符合,此模式能够较好地反映 1 号观测点周围的流场特征。2 号观测点观测值风速较小,静风较多,给比较分析带来一定困难;如果将观测值为静风的算例去掉,剩下算例的模拟值与观测值也是比较一致的。3 号、4 号观测点的风向符合较好,风速有些偏小,这可能与此观测点附近建筑物分布与 GIS 资料不同有关。5 号观测点的风向较为一致,风速基本反映了其变化趋势。从 5 个观测点各统计量的平均值来看,各统计量都较好,说明各观测点各算例的模拟值与观测值较符合,此模式能够反映小区内的基本流场特征。

方庄污染物浓度观测点位于方庄小区西南方约 1.5 km 处,NO_x 浓度的模拟基本上反映了小区整体污染物浓度的变化趋势和特征,与观测值有一定的可比性。

8.2.4　城市小区规划对气象及大气环境影响的评估指标及评估方法

由于城市小区规划对气象及大气环境的影响是一个复杂的系统和过程,因此其相应的评估指标呈现多目标性和多层次性,必须采用相应结构来建立。层次分析法(Analytical Hierarchy Process,简称 AHP)是美国著名运筹学家 Saaty 教授提出的一种新的定性分析与定量分析相结合的决策评估方法(Saaty,1980)。根据此方法及客观性、科学性、完整性、有效性和以人为本、层次性、区域性、可操作性等原则,可以把城市小区规划-气象-大气环境看成一个层次体系,并且由三个层次构成,分别为目标层、影响层、指标层。最高综合指标为城市小

区规划对气象及大气环境影响评估指数，用以评估城市小区规划对气象及大气环境的综合影响程度。向下分解为体现该项指标的亚指标，直至为最低层的单项评估指标。评估指标体系的总体框架如图 8.2.5 所示。

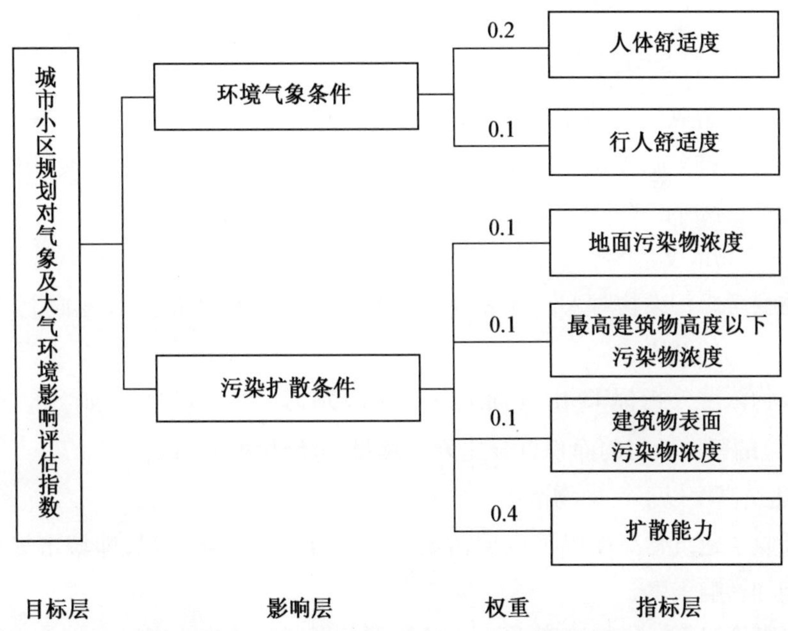

图 8.2.5　城市小区规划对气象及大气环境影响评估指标体系

6 个单项评估指标分别解释如下：

I1：人体舒适度

城市小区规划建设、气象及大气环境都是人居住的，是人居环境的一个部分。在对城市小区规划方案进行评估时，有必要考虑其对人的影响，人体舒适度和行人舒适度这两个分指标正是出于这种考虑。人体舒适度表示了人体对外界自然环境产生的各种生理感受。由于各地气候存在差异，影响人体舒适度的主要因子不同，舒适度的计算公式也不一样。北京舒适度的计算公式为(张清，1997)：

$$\mathrm{Comf\_I} = 1.8t + 0.55(1 - \mathrm{RH}) + 32 + 3.2\sqrt{V} \tag{8.2.2}$$

式中，Comf_I 为人体舒适度指数，t，RH，V 分别为温度、相对湿度和风速。

参照北京市气象局建立的北京人体舒适度指数范围及感觉程度(吴兑、邓雪娇，2001)，人体舒适度分指标 I1 由 Comf_I ∈[30,90](1 月、7 月)或 Comf_I ∈[65,75](4 月、10 月)(人体感受为“较舒适”)的区域所占的面积百分比 P 来衡量，分级标准如表 8.2.3 所示。

表 8.2.3　人体舒适度分指标 I1 的分级标准

面积百分比 P	$P \leqslant 20$	$20 < P \leqslant 40$	$40 < P \leqslant 60$	$60 < P \leqslant 80$	$P > 80$
无量纲评估分指标 I1	1	2	3	4	5

I2:行人舒适度

在城市小区规划中,行人舒适度是一个重要指标,它直接反映了小区规划中建筑物对风场的影响及行人高度风环境。行人舒适度通常用风压来衡量。风压的计算公式为:

$$\text{Wind\_}P = \frac{1}{2}\rho V^2 \tag{8.2.3}$$

式中,Wind_P 为风压,ρ 为空气密度,V 为风速。

参照相关研究(赵凯、娄良石,2001),行人舒适度分指标 I2 由 Wind_$P \leqslant 0.039$(人体感受为"较舒适")的区域所占的面积百分比 P 来衡量,分级标准同 I1。

I3:地面污染物浓度

本指标主要考虑污染物对人们日常活动的影响,人类活动大部分在地面上进行,地面污染物直接影响人们的健康。

地面污染物浓度分指标 I3 由地面大气污染级别为"优"和"良"(如 SO_2,即浓度小于 $0.15\ mg \cdot m^{-3}$)的区域所占的面积百分比 P 来衡量,分级标准同 I1。

I4:最高建筑高度以下污染物浓度

本指标反映了建筑物高度以下区域污染物浓度分布的总体情况,即城市规划对大气环境的总体影响和影响程度。

最高建筑高度以下污染物浓度分指标 I4 由评估区域建筑物高度以下立体空间中大气污染级别为"优"和"良"的区域所占的面积百分比 P 来衡量,分级标准同 I1。

I5:建筑物表面污染物浓度

本指标反映了大气环境对人类活动的具体影响和影响程度,即污染物对人们居住环境的影响大小。

建筑物表面污染物浓度分指标 I5 由评估区域建筑物表面大气污染级别为"优"及"良"的区域所占的面积百分比 P 来衡量,分级标准同 I1。

I6:扩散能力

本指标表征小区规划对污染扩散能力的影响,具体表现为瞬时污染源(如交通污染源)扩散到小于一定浓度(如源排放浓度的 1%)所需的无量纲时间 T(用气流穿过小区的特征时间无量纲化),分级标准如表 8.2.4 所示。

表 8.2.4 扩散能力分指标 I6 的分级标准

无量纲扩散时间 T	$T > 4.5$	$3.5 < T \leqslant 4.5$	$2.5 < T \leqslant 3.5$	$1.5 < T \leqslant 2.5$	$T \leqslant 1.5$
无量纲评估分指标 I6	1	2	3	4	5

在向有关专家(城市规划、建筑设计、气象、环境保护、健康学等部门各层次的管理专家及各类专业技术人员等)进行调查、咨询的基础上,确定出以上各分指标的权重,如图 8.2.5 所示。将各分指标进行加权,得到城市小区规划对气象及大气环境影响评估指数 I:

$$I = 0.2 \times I1 + 0.1 \times I2 + 0.1 \times I3 + 0.1 \times I4 + 0.1 \times I5 + 0.4 \times I6 \quad (8.2.4)$$

8.2.5　针对北京市某小区两种规划方案的评估实例

针对北京市西城区规划中的某待建小区的两种规划方案（以下简称为“方案 A”和“方案 B”），我们用以上的评估指标及评估方法对这两种规划方案进行了尝试性评估研究。

（1）两种规划方案

图 8.2.6(a)为规划方案 A 的建筑物高度及 NO_x 交通源分布。由图可见，小区内高层建筑物较多，100m 以上建筑物 1 座，高度为 116 m，位于小区中部。小区中部自北向南有一排较高建筑物，并且这些建筑物距离较近。小区东西部相对小区中部来讲，建筑物较少，建筑物高度也相对较低。模拟区域中零散分散着一些草地。

图 8.2.6(b)为规划方案 B 的建筑物高度及 NO_x 交通源分布。由图可见，小区内高层建筑物较多，100 m 以上建筑物 1 座，高度为 128 m，位于小区中部。小区中部自北向南有一排较高建筑物，东西向也有几座较高建筑物。小区中部有一条较宽的东西向道路，道路中绿化较多。小区东部、西部相对小区中部来讲，建筑物较少，建筑物高度也相对较低。模拟区域中零散分散着一些草地。

根据 GIS 提供的道路百分比资料、车流量资料（北京市测绘院，1994）、北京市汽车行驶工况和污染物排放系数调查研究结果（周泽兴等，2000），求出小区 NO_x 交通源分布数据。

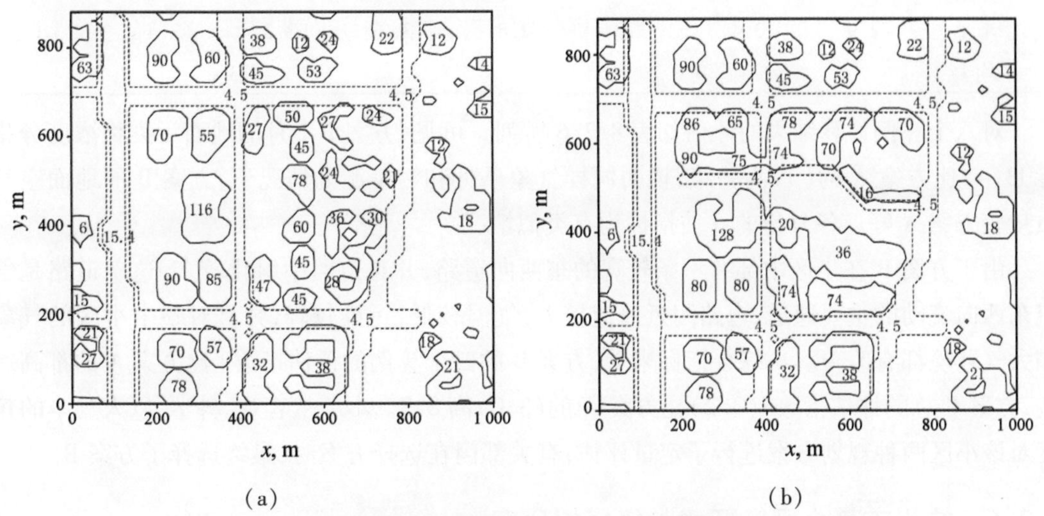

（a）　　（b）

图 8.2.6　两种规划方案的建筑物高度（实线，单位：m）及 NO_x 交通源（虚线，单位：毫克·（秒·网格面积）$^{-1}$）分布

（a）方案 A；（b）方案 B

（2）计算条件

由北京市气候资料统计可知北京市 1，4，7，10 月的气象条件如表 8.2.5 所列。

表 8.2.5 北京市 1,4,7,10 月的气象条件

	主导风向	平均风速($m \cdot s^{-1}$)	平均气温(℃)	平均相对湿度(%)
1 月	NNW	2.5	-3.6	31
4 月	SSW	2.9	16.5	37
7 月	SSW	2.2	27.6	57
10 月	NNE	2.2	14.4	52

因此,对该小区两种规划方案分别计算了 1,4,7,10 月四个算例,然后对这八个算例的结果用上述方法进行评估。

(3) 两种规划方案的评估

表 8.2.6 两种规划方案的评估结果

指标	方案 A				方案 B			
	1 月	4 月	7 月	10 月	1 月	4 月	7 月	10 月
I1	4	5	1	5	4	4	1	5
I2	5	4	4	4	5	4	4	5
I3	3	3	3	2	4	3	3	3
I4	3	3	3	2	4	3	3	2
I5	2	2	2	2	3	2	2	2
I6	2	3	4	2	2	3	5	2
季节 I	2.9	3.4	3.0	2.8	3.2	3.2	3.4	3.0
平均 I	3.0				3.2			

对八个算例计算结果的评估如表 8.2.6 所列。可见,方案 B 1 月的地面污染物浓度分指标 I3(4)比方案 A 的(3)高一级,说明同样气象条件和污染源的情况下,方案 B 的地面空气质量较方案 A 好。各月份的评估指标均有类似情况。

由于方案 B 在小区中部有一条较宽的东西向道路,并且道路中绿化较多,这条道路是气流东西向流动的重要通道,道路附近风速较大,气温较低,污染较轻,并且对整个小区的气象和大气环境都有改善。从综合指标来看,方案 B 的四个算例的评估指数 I 比方案 A 的都高一些,方案 B 总的评估指数 I(3.2)比方案 A 的(3.0)高 0.2。本节从客观、科学、以人为本的角度对该小区两种规划方案进行了定量评估,有关部门在选择方案时,最终选择了方案 B。

8.2.6 杭州市某小区微环境数值模拟研究

本节利用城市小区尺度边界层模式和高分辨率的城市建筑资料研究了杭州市一个实际城市小区的微气象特征及其影响因子,对建筑物风场和污染扩散影响以及屋顶绿化作用进行了定量分析。

(1) 试验设计

选取杭州市一个临钱塘江区域进行模拟,其中初始风向为杭州市盛行的西南风和西北

风，初始温度设为 308 K，模拟时间为早晨 10:00 时刻，大气为中性层结。水平模拟范围为 2 400 m×2 400 m，水平分辨率为 10 m×10 m；垂直方向高度达到 1 546 m。图 8.2.7 为模拟区域的下垫面类型图。由于高分辨率下垫面资料树木数据缺少，用裸土地表代替树木，所以模拟区域的主要地表类型为裸土。模拟区域的建筑物周围有草坪包围，东南侧有大量水体分布（钱塘江部分水域）。图 8.2.8 给出模拟区域的 10 m×10 m 网格平均建筑密度和平均建筑高度，敏感小区内建筑主要为西北-东南走向，是整个模拟区域内高层建筑物分布区。小区内最高建筑物高度达到 108 m，其中高于 80 m 建筑物有 23 座。小区的西北部为密集低矮（20 m 以下）住宅区；东部为密集的高层住宅；东南部为稀疏的建筑体，空间十分开阔。

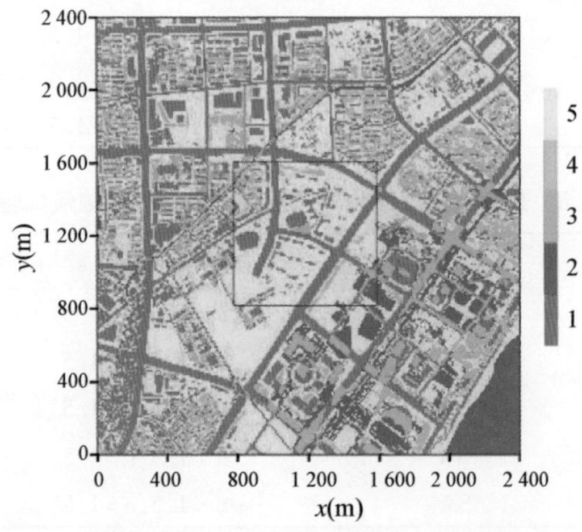

图 8.2.7　模拟区域地表类型（黑色方框：敏感试验小区）

1：建筑物和道路；2：水面；3：草地；4：树木；5：裸土

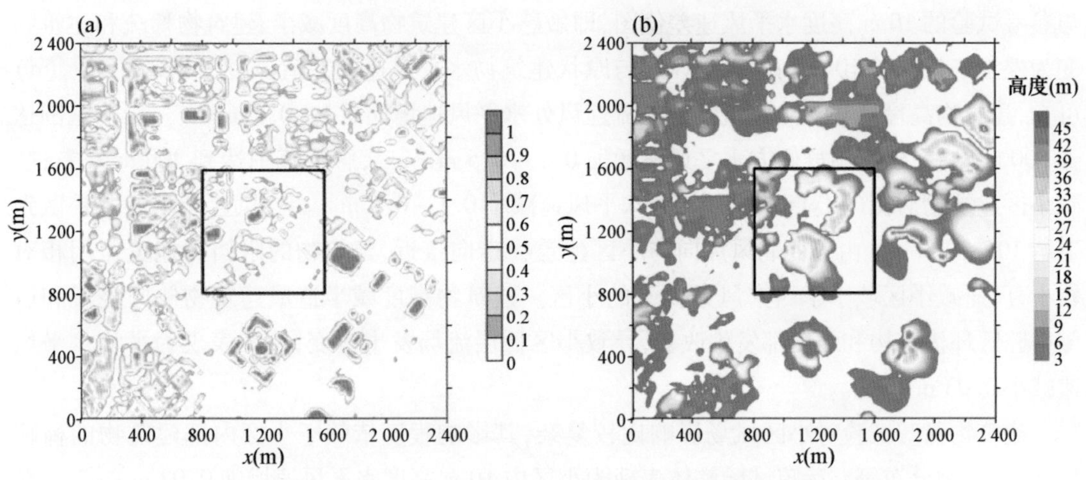

图 8.2.8　模拟区域 10 m×10 m 水平网格

（a）平均建筑密度分布；（b）平均建筑物高度分布（单位：m）（黑色方框为敏感试验小区）

为了研究建筑物与屋顶绿化对小区气象环境的影响，对图 8.2.7 黑色方框的小区设计敏感性试验,试验设计如表 8.2.7 和表 8.2.8 所示。另外,在进行屋顶绿化影响数值试验时,主要将建筑物屋顶材料改为草坪,草坪高度以及内部冠层结构并未考虑。

表 8.2.7 建筑物对风场影响研究的数值试验设计

试验编号	初始风向	初始风速($m \cdot s^{-1}$)	建筑状态
A1(参考试验)	SW	$u=1.5, v=1.5$	原状
A2	SW	$u=1.5, v=1.5$	建筑物高度减半
A3	SW	$u=1.5, v=1.5$	建筑物稀疏
A4	SW	$u=1.5, v=1.5$	建筑物变为裸土
B1(参考试验)	NW	$u=1.5, v=-1.5$	原状
B2	NW	$u=1.5, v=-1.5$	建筑物高度减半
B3	NW	$u=1.5, v=-1.5$	建筑物稀疏
B4	NW	$u=1.5, v=-1.5$	建筑物变为裸土

表 8.2.8 建筑物屋顶绿化对风温场影响研究的数值试验设计

试验编号	初始风向	初始风速($m \cdot s^{-1}$)	建筑物屋顶绿化情况
C1(参考试验)	SW	$u=1.5, v=1.5$	0%绿化
C2	SW	$u=1.5, v=1.5$	30%绿化
C3	SW	$u=1.5, v=1.5$	50%绿化
C4	SW	$u=1.5, v=1.5$	80%绿化
C5	SW	$u=1.5, v=1.5$	100%绿化

(2) 小区建筑物对风场的影响

利用表 8.2.7 的数值试验分析小区建筑物对风场影响。图 8.2.9 为 A,B 两组敏感试验与参考试验的 10 m 高度水平风速差值图,即敏感小区建筑物高度减半、建筑物稀疏和建筑物变为裸土三组试验 10 m 高度水平风速与原状建筑物水平风速的差值。由图 8.2.9(a),(d)可知,建筑物高度减半导致建筑物群来流迎风处水平风速增加 0.1 ~ 0.5 $m \cdot s^{-1}$,影响范围达到 500 m 左右;建筑物群侧方水平风速增加 0.1 ~ 0.5 $m \cdot s^{-1}$,影响范围达到 200 m 左右;敏感小区建筑物后侧(相对于初始来流)水平风速减小 0.1 ~ 0.5 $m \cdot s^{-1}$,风速减小区域扩散到下游 100 ~ 200 m。由于西北风风向与小区建筑物走向接近,建筑物的阻挡和拖曳作用相对较小,风速减小区域小于西南风条件下的小区。建筑物高度减半造成建筑物侧向绕流和后侧空腔区环流结构和强度都发生改变,导致小区低层流场发生改变,整体表现为平均水平风速减小 0.03 $m \cdot s^{-1}$。

建筑物稀疏试验对小区风场影响比较复杂,其影响程度依赖于小区内部建筑物的稀疏程度、建筑物分布等。稀疏试验整体表现为小区内 10 m 高度水平风速增加 0.02 $m \cdot s^{-1}$。在稀疏建筑物处及其周边水平风速增加明显;在稀疏建筑物的下游方向部分建筑物后侧水平风速明显减小,如图 8.2.9(b),(e)所示。

建筑物变为裸土试验造成敏感小区 10 m 高度水平风速大面积的增加,平均水平风速增加 0.56 m·s⁻¹。水平风速增加最大值位于原建筑物所在处，达到了 1.5 m·s⁻¹左右；原建筑周边风速增加 1 m·s⁻¹左右。西南风下，小区下游建筑物分布较为密集，建筑物阻挡作用导致下游效应并不明显；西北风下，小区下游平坦，建筑物稀疏，下游影响范围达到了 500～600 m。建筑物群侧向空旷区水平风速大面积增加，影响距离与建筑物高度减半试验大致相同，为 200 m 左右。

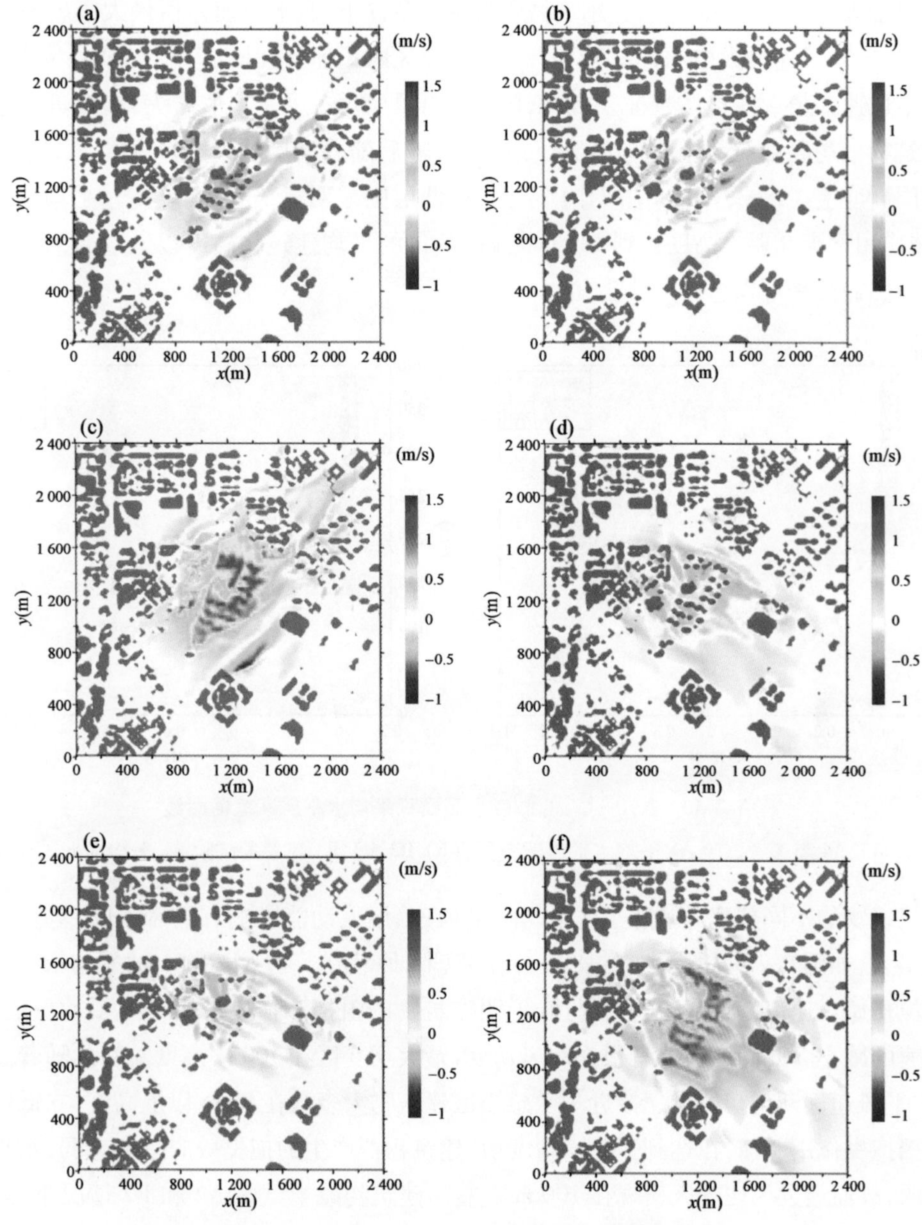

图 8.2.9　A,B 试验 10 m 高度水平风速差值图

(a)～(c) 分别为 A2,A3,A4 与参考试验 A1 的 10 m 高度风速差值分布；(d)～(f) 分别 B2,B3,B4 与参考试验 B1 的 10 m 高度风速差值分布

图8.2.10为A组、B组敏感试验相对于参考试验面积平均水平风速差值随高度的变化。这里的面积平均指的是中心敏感小区的面积平均。各敏感试验建筑物对水平风速的垂直影响高度均达到180 m左右。建筑物高度减半情况下，水平风速差值最大值出现在75～80 m，西南风时水平风速最大增加0.89 $m \cdot s^{-1}$，西北风时最大增加0.98 $m \cdot s^{-1}$。建筑物稀疏条件下，水平风速差值最大值出现在65～72 m之间，西南风时水平风速最大增加为0.30 $m \cdot s^{-1}$，西北风时最大值为0.35 $m \cdot s^{-1}$。建筑物变为裸土条件下，水平风速差值最大值出现在65 m左右，西南风时风速最大增加为1.32 $m \cdot s^{-1}$；西北风时风速最大增加为1.39 $m \cdot s^{-1}$。

水平风速差值廓线整体特征表现为，随着高度的增加，风速差值增大，在接近敏感小区原状建筑物平均高度66 m附近时达到了最大值；随后随着高度的增加风速差值减小。建筑物在不同高度上对水平风速的削减作用不同，在低层削减明显，随着高度高过平均建筑物高度，衰减作用逐渐减弱。高度达到180 m之后(两倍的平均建筑物高度以上)，建筑物群对水平风场的影响几乎可以忽略不计。

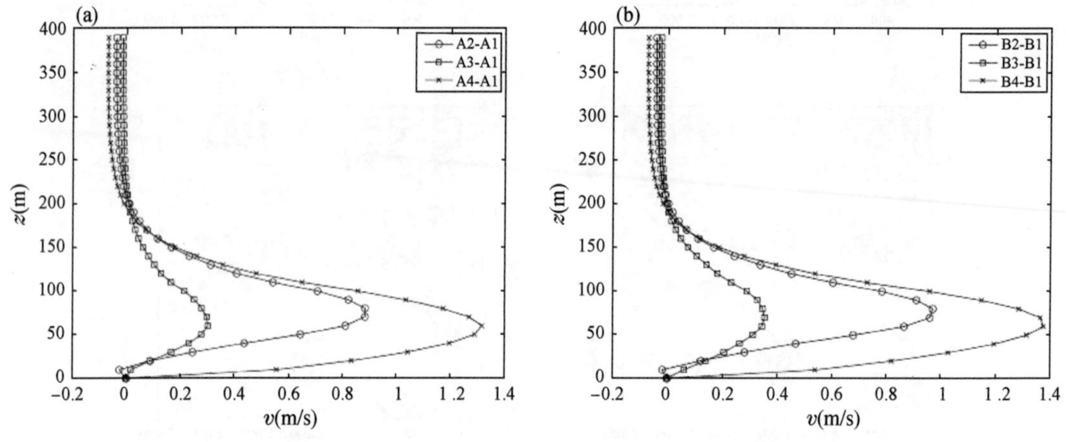

图8.2.10　A,B试验的敏感小区面积平均水平风速差值廓线

(a) A2,A3,A4与参考试验A1平均水平风速差值；(b) B2,B3,B4与参考试验B1平均水平风速差值

对建筑物的不同处理对敏感小区平均水平风速、湍流动能影响有显著不同，对垂直速度影响并不大，如图8.2.11所示。在180 m高度以下，原状建筑物A1和B1的平均水平风速远小于模拟初始风速以及无建筑物时风速，说明建筑物的阻挡和拖曳作用导致了动量的亏损、水平风速的减小。此高度层伴有很强的风切变，最大切变区在100 m高度左右。随着高度的增加，水平风速逐渐与初始风速接近。敏感小区建筑物大多数在80 m以上高度，在低层建筑物的阻挡拖曳作用明显；在达到180 m高度后，建筑物群产生的拖曳效应逐渐减弱，水平风速衰减减弱，故而最大风切变区出现在100 m左右。建筑物减半试验A2和B2情况下，建筑物阻挡拖曳引起的强风切变区最大值高度下移，在60 m左右。强风切变区的位置与建筑物的高度有很大关系。在120 m以下建筑物的阻挡以及拖曳作用明显，120 m以上此作用减弱，风速差值廓线与无建筑物情况下重合。建筑物稀疏试验A3和B3中，敏感区域内建筑物分布

较为稀疏，但仍然有高层建筑物存在，平均建筑物高度达到 60 m，所以其强切变区在试验 1 和 2 高度之间。对于建筑物变为裸土的 A4 和 B4 试验，强风切变区主要由地表拖曳造成，风速随高度平缓增加，与初始风速最为接近。

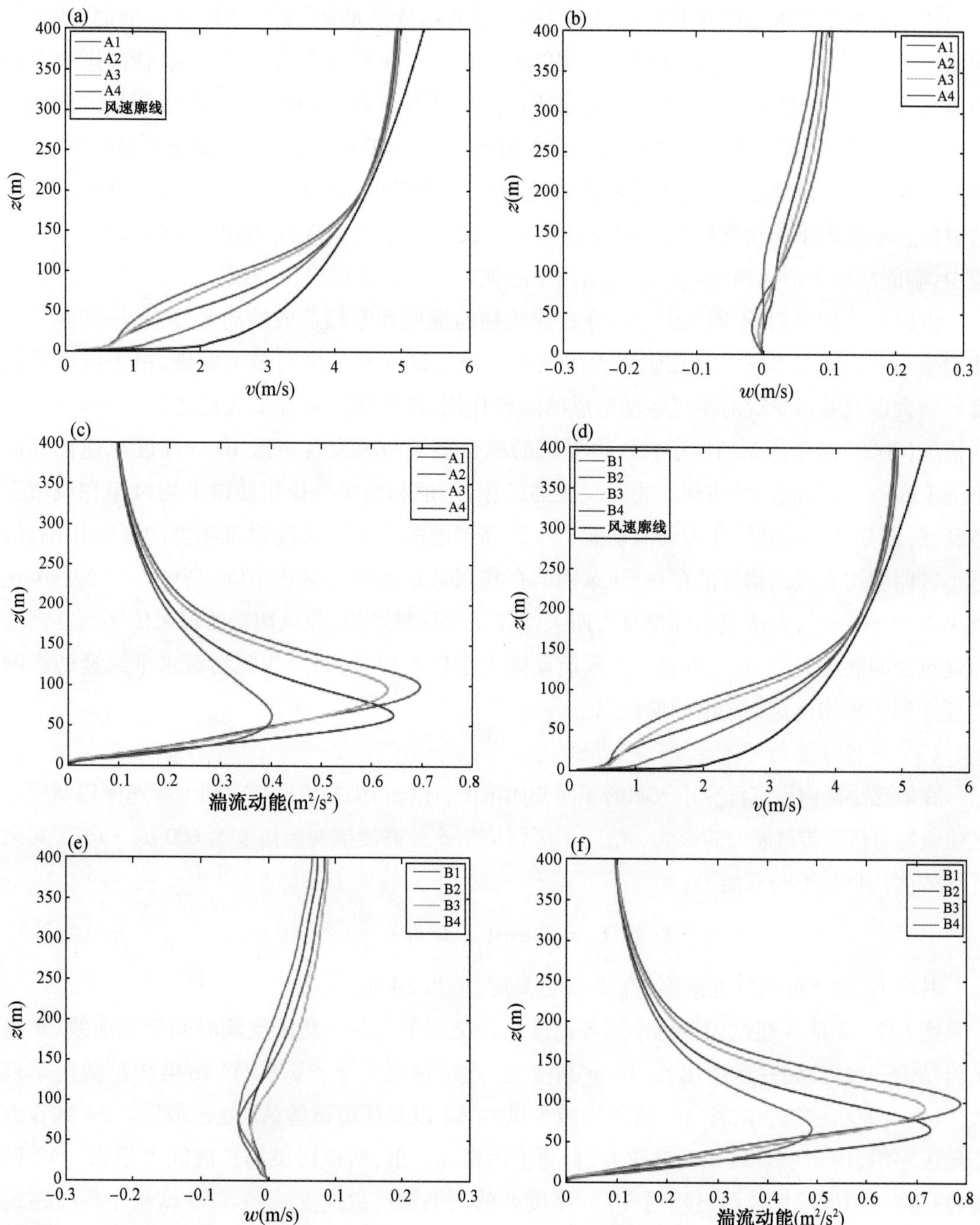

图 8.2.11　A，B 试验敏感小区面积平均廓线：A1，A2，A3，A4 的（a）平均水平风速、（b）平均垂直速度和（c）平均湍流动能；B1，B2，B3，B4 的（d）平均水平风速、（e）平均垂直速度和（f）平均湍流动能

小区内建筑物的阻挡拖曳作用会造成气流在迎风面的上升区和背风侧的下沉区，对于建筑物的不同处理会导致垂直速度水平分布发生变化，但是区域平均垂直速度随高度变化的差异并不明显，如图 8.2.11(b)，(e)所示。

不同风向下湍能廓线变化特征比较一致，随着高度的增加，平均湍能逐渐增加，达到一定高度后，随高度减小。原状建筑物的湍能最大值位于 100 m 左右，高层建筑物的影响对其贡献显著；建筑高度减半试验湍能最大值所在高度明显下移，在 60 m 左右，湍能最大值减小 0.4 $m^2 \cdot s^{-2}$左右；稀疏建筑物试验湍能最大值高度位于 90 m 左右，平均湍能明显减弱；建筑物变为裸土试验湍能最小，最大值所在高度最低。建筑物高度减半试验和建筑物稀疏试验造成敏感小区内平均动能转换为湍流动能的最大发生区高度降低、强度减弱。以上三组试验中，湍能的最大值区高度均与风速廓线中的强风切变区高度保持一致。

由以上分析可知，不同风向下均存在建筑物的拖曳和摩擦造成的动量亏损、平均水平风速的减小。刘德义等(2010)在研究天津城市化对市区气候环境的影响发现，由于城市粗糙度的增大以及城市景观对空气运动造成的障碍作用，城郊风速差异最大可达到 0.9 $m \cdot s^{-1}$。刘罡等(2009)基于南京的城市大气边界层的综合观测研究发现市区 10 m 高度风速比郊区小近 1 $m \cdot s^{-1}$，反映出城市建筑物对气流的摩擦、阻尼和拖曳等作用使得平均风速在城市上空衰减，部分平均动能转化为湍流动能。本研究考虑的是小区尺度建筑物群的影响作用，敏感小区四周均有建筑物群的存在，建筑物的存在仅造成敏感小区内 10 m 高度平均水平风速减小 0.56 $m \cdot s^{-1}$，并造成小区垂直方向上强风切变区域产生，强风切变的最大值区所在高度与建筑物的高度有关，且与垂直方向湍流动能大值区对应。另外，建筑物对水平风速的影响高度达到了平均建筑物高度的两倍以上。

(3) 小区建筑物对污染扩散能力的影响

在敏感小区内设定没有排放源的相同初始浓度，比较污染物浓度随时间下降速率以研究小区建筑物对污染扩散能力的影响。给定小区污染物 5 m 高度层初始浓度为 600 $\mu g \cdot m^{-3}$，其余各层浓度依据如下公式给出：

$$C_Z = C_0 \exp(-Z/Z_0) \tag{8.2.5}$$

其中 C_0 为 5 m 高度处浓度，Z_0 为参考高度，取为 2 km。

图 8.2.12 是 A 组试验敏感小区各高度层污染物平均归一化浓度随时间变化曲线(B 组试验结论一致，此处并未给出)。10 m 高度处，建筑物变为裸土试验 A4 污染物扩散速率最大，其次为原状建筑物试验 A1，建筑物减半试验 A2 以及稀疏试验 A3 处于最后。A4 试验由于地表平坦，10 m 高度风速明显增大，有利于污染物扩散，所以污染物扩散能力最强。A2 试验建筑物后侧低层风速明显减弱，10 m 高度处的污染物扩散速度减弱。A3 试验中稀疏建筑物体所在处风速增加，其下游局部区域风速减小，对整个小区的风场影响非常复杂，整体导致小区平均污染扩散能力减弱。随着高度的增加，建筑物群对小区的污染扩散速率影响逐渐减弱，试验 A2 的污染扩散速率与 A1 逐渐接近并超越，污染扩散能力大大增加。表 8.2.9

是敏感小区各层高度污染物达到初始浓度的0.01所需要的时间,A2试验造成敏感小区低层(<67 m)污染扩散能力减弱,高层(>67 m)污染扩散能力增强;A3试验造成111 m以下高度敏感小区的污染扩散能力减弱;A4试验导致敏感小区整层污染扩散能力增强。

建筑物的存在对不同高度的污染物扩散能力影响不同;在低层,敏感小区污染扩散能力减弱,延迟7.6分钟左右,随着高度的增加,建筑物群的影响逐渐减弱。

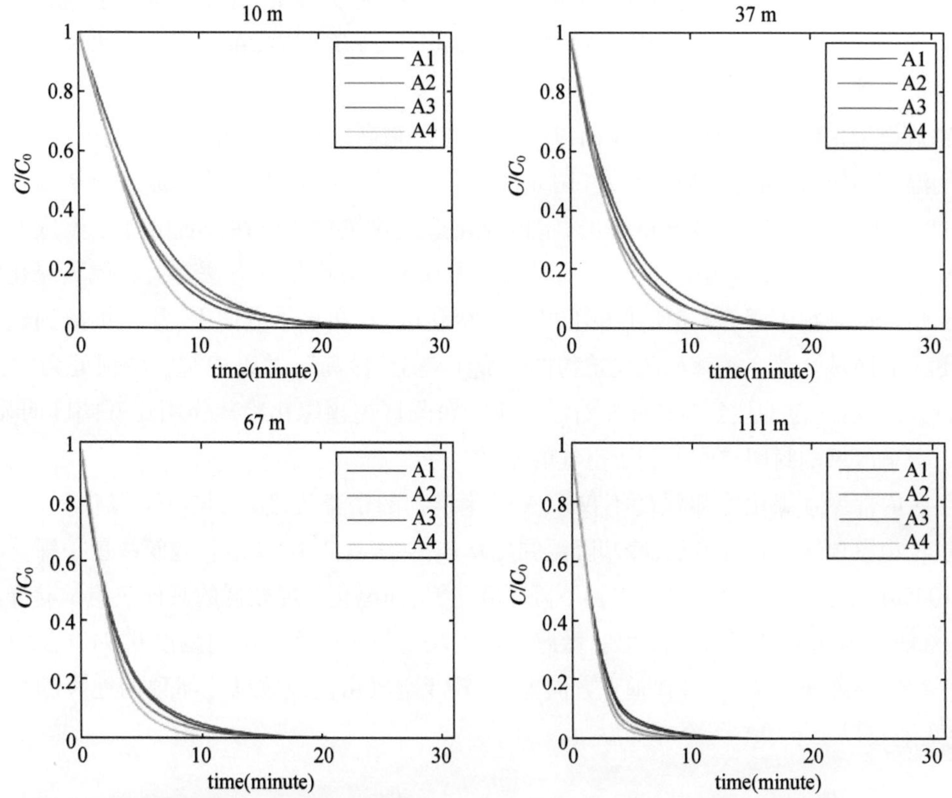

图8.2.12 A组试验敏感小区平均污染物归一化浓度随时间变化曲线

表8.2.9 敏感区域内各层高度污染物达到初始浓度的百分之一时间统计结果(单位:min)

试验编号	10 m	27 m	37 m	67 m	111 m
A1	20.1	18.6	17.9	15.5	12.1
A2	24.1	21.4	19.7	15	9.3
A3	22.8	21.2	20.2	16.8	11.6
A4	12.5	11.9	11.5	9.9	7.2

(4) 小区建筑物屋顶绿化的影响

由于小区地表利用类型的复杂多样、建筑物对短波辐射的遮蔽效应等原因,小区内部温度分布差异很大。图8.2.13是模拟区域的温度分布图,水泥和柏油路面及建筑物分布处的地表温度最高,为39 ℃左右;裸土温度稍低,为36 ℃左右;树木、草坪温度在34 ℃左右;水面温度最低，为 31 ~ 33 ℃；地表水平温度差达到了 8 ℃。由于阴影遮蔽效应造成建筑物周围地表低温区域的出现。建筑物附近以及街道上空是气温高值区，普遍温度为 36 ℃左右；水面以及草坪上空表现为气温的低值区，为 34 ℃左右。绿地、水域、裸土因为其较高的比热容和较低的热传导系数对城市小区的温度有一定的降低作用，而混凝土和柏油马路较低的比热容则会使城市小区的地表温度升高，这些特征在图 8.2.13 中均有表现。随着高度的增加，下垫面对气温的影响逐渐减弱，街道上空的高温区消失。67 m 高度处，建筑物周围表现为温度的高值区，温度达到 37 ℃左右；水体上空气温略偏低，为 34 ℃左右，在西南风下水体上空下游有低温带出现。

建筑物屋顶绿化后，地表、近地面以及平均建筑物高度处建筑物周围高温区消失，低于周围气温，尤其在建筑物平均高度处（图 8.2.13(h)）降温冷却作用尤其显著。从温度差值图（图 8.2.13(c)，(f)，(i)）分析得出，屋顶绿化造成建筑物体所在位置的地表温度明显降低，最高达到 5 ℃的降温幅度，这与模式对建筑物顶表面温度处理方法有关。屋顶绿化对气温的影响特征则很不同，冷却作用并不局限于绿化区域，在水平方向上，甚至扩散到建筑物周围更大的区域。整个敏感小区建筑物群变成了一个“冷岛”，并以建筑物屋顶处为“冷核”向下游方向延伸，范围达到 200 m 左右。建筑物密集区屋顶绿化冷却作用比开阔区明显，这是由于密集区域的封闭空间不利于空气的流动。

小区内部屋顶绿化冷却强度不仅取决于建筑物的密集程度，也与屋顶绿化程度有关。随着建筑物屋顶绿化程度增加，冷却降温幅度增加，如表 8.2.10 所示。建筑物屋顶绿化程度达到 100% 时，小区 5 m 高度平均气温下降了 0.7 ℃；而绿化程度较低的其他三组试验降温幅度较小，依次为 0.13，0.26，0.50 ℃。敏感小区平均建筑物高度处降温幅度 0.94 ℃大于 5 m 高度平均气温降幅 0.7 ℃，可知垂直方向上，有较冷空气由建筑物绿化屋顶向地表的垂直输送，导致地表以及下层空气冷却降温。

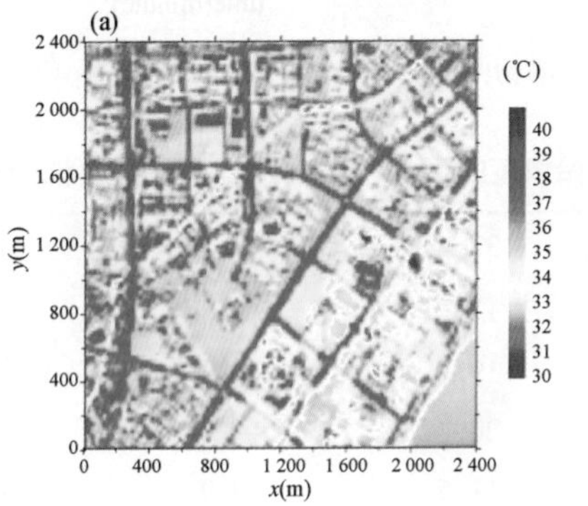

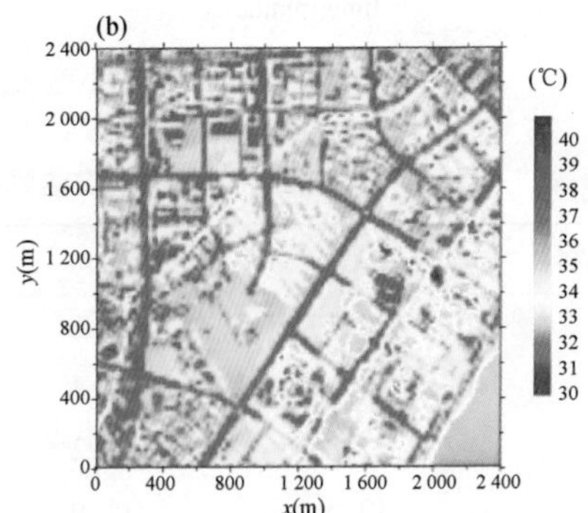

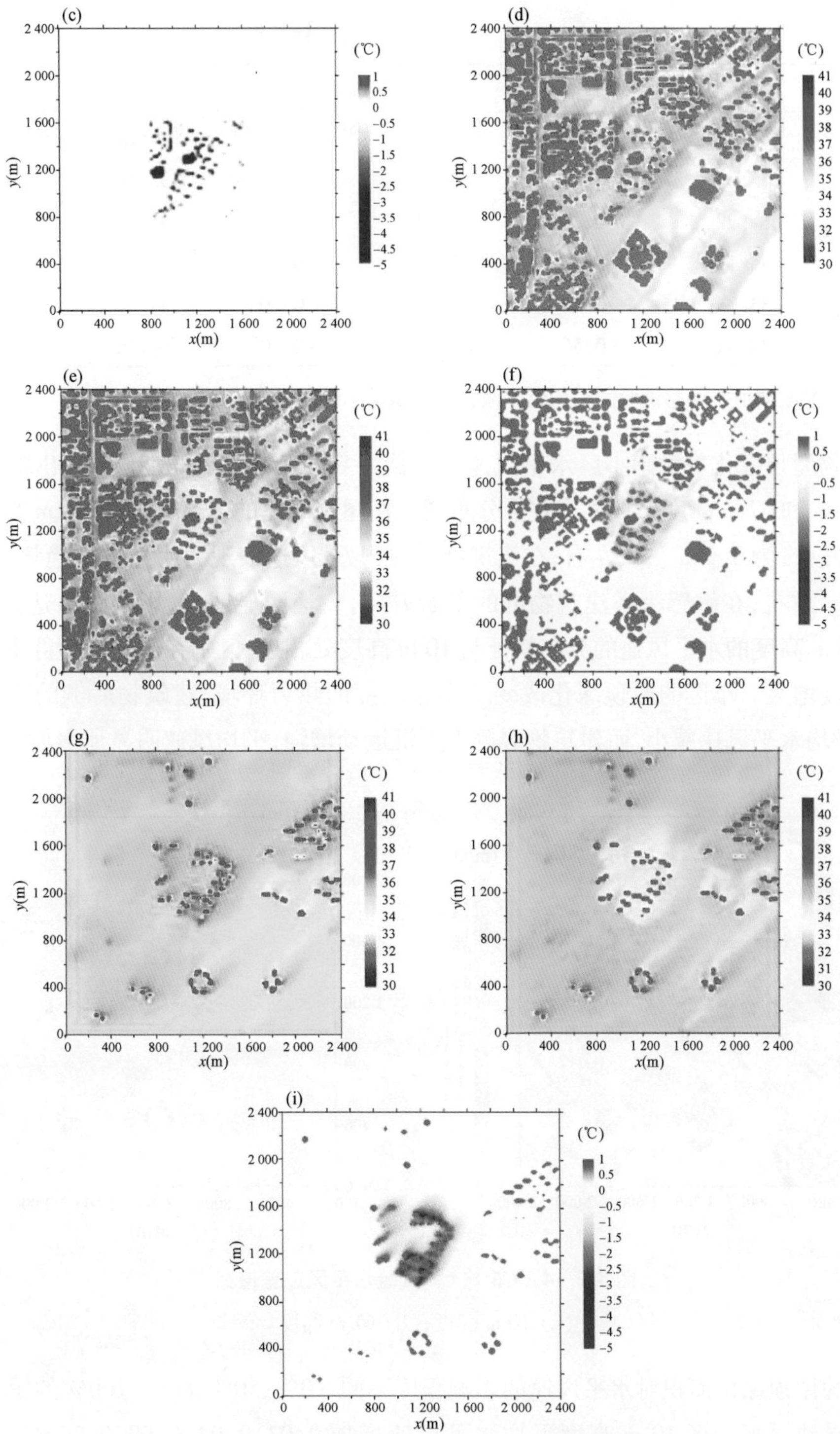

图 8.2.13　C1 和 C5 的温度分布图和差值图

(a) C1 地表温度、(b) C5 地表温度、(c) C5 与 C1 地表温度差值；(d) C1 的 5 m 高度气温、(e) C5 的 5 m 高度气温、(f) C5 与 C1 的 5 m 高度气温差值图；(g) C1 的 67 m 高度气温、(h) C5 的 67 m 高度气温、(i) C5 与 C1 的 67 m 高度气温差值图

表 8.2.10 C 组试验温度统计结果

试验编号	地表温度(℃)		5 m 高度气温(℃)		67 m 高度气温(℃)	
	平均温度	平均温度差值	平均温度	平均温度差值	平均温度	平均温度差值
C1	35.37	—	35.11	—	35.40	—
C2	35.22	-0.16	34.98	-0.13	35.19	-0.21
C3	35.12	-0.26	34.85	-0.26	35.01	-0.39
C4	34.94	-0.43	34.62	-0.50	34.69	-0.71
C5	34.81	-0.56	34.41	-0.70	34.46	-0.94

注:平均温度差值是敏感试验的平均温度减去参考试验 C1 的平均温度。

建筑物屋顶绿化对敏感小区水平风速也造成一定的影响。图 8.2.14 给出的 C5 与 C1 试验的 10 m 和 67 m 高度水平风速差值分布图。在屋顶绿化的建筑物后侧,10 m 高度水平风速小幅度减少,为 0.3 $m \cdot s^{-1}$左右;在建筑物群的侧方,风速表现为明显增加趋势,影响范围达到 200 m 左右;在敏感小区建筑物群的下游方向,风速明显减小,影响距离达到了 600 ~ 800 m。67 m 高度的水平风速的分布特征与 10 m 高度处相近,区别在于建筑物群下游水平风速减小程度增大。小区的屋顶绿化改变了小区内部的热力环境,建筑物后侧的下沉运动减弱,低层平均水平风速减小,而建筑物群侧方下沉运动增强,平均风速明显地增加。

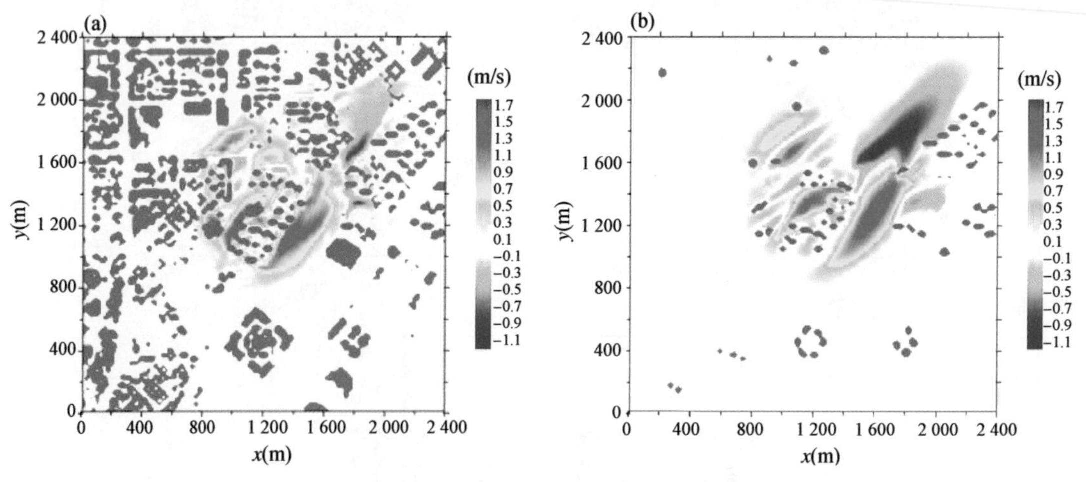

图 8.2.14 C5 与 C1 试验水平风速差值图

(a) 10 m 高度;(b) 67 m 高度

不同的屋顶绿化面积对水平风速的影响程度不同。0%,50%,80%,100% 的屋顶绿化面积分别可导致敏感小区 10 m 高度平均水平风速增加 0.03,0.04,0.09,0.14 $m \cdot s^{-1}$,如表 8.2.11 所示。随着屋顶绿化面积越大,平均水平风速增幅越大。图 8.2.15 给出的是 C5 与 C1 风速差值随高度的变化,在低层,建筑物屋顶绿化造成水平风速的增加,最大值为 0.55 $m \cdot s^{-1}$,出现在 30 m 左右高度;高度增加到 90 m 左右时,建筑物屋顶绿化使水平风速减小；减小的最大值为 0.4 m · s⁻¹，出现在 150 m 左右高度；高度达到 300 m 左右，建筑物绿化作用对风场的影响可以忽略不计。

表 8.2.11　C 组试验 10 m 高度风速统计结果

试验编号	10 m 高度平均风速($m\cdot s^{-1}$)	10 m 高度风速差值($m\cdot s^{-1}$)
C1	0.23	—
C2	0.26	0.03
C3	0.27	0.04
C4	0.32	0.09
C5	0.37	0.14

注：风速差值是敏感试验的平均风速减去参考试验 C1 的平均风速

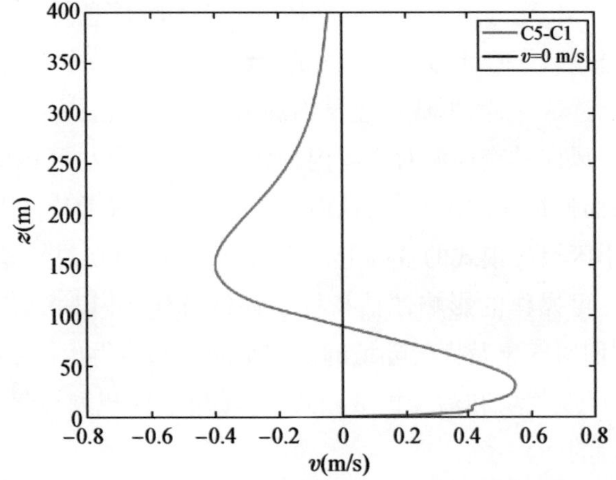

图 8.2.15　C5 与 C1 水平风速差值随高度的变化

通过以上的研究可以得到以下结论：

① 不同风向下敏感小区内均存在建筑物的拖曳和摩擦造成的动量亏损。建筑物存在导致敏感小区 10 m 高度平均水平风速减小 0.56 $m\cdot s^{-1}$，并引起垂直方向上强风切变区域产生，强切变区与湍流动能大值区相对应。建筑物对水平风速的衰减高度达到了平均建筑物高度的两倍以上。

② 建筑物的存在可导致敏感小区污染扩散能力减弱，10 m 高度平均浓度达到初始浓度的 0.01 时的时间延迟 7.6 分钟。它对不同高度的扩散能力有不同的影响，随着高度的增加建筑物群对敏感小区污染扩散能力的影响逐渐减弱。

③ 建筑物屋顶绿化可以改善小区内的微气候，缓解敏感区域的热岛效应。100% 屋顶绿化可造成平均建筑物高度处气温下降 0.94 ℃，5 m 高度气温下降 0.70 ℃，其中平均建筑物高度处降温幅度最大。水平方向上，屋顶绿化使得建筑物群变成一个“冷岛”，影响范围到达下游 200 m 左右；垂直方向上，较冷空气由绿化屋顶向地表的垂直输送，导致地表以及下层空气

冷却降温。屋顶绿化对小区的冷却强度取决于小区屋顶绿化的程度以及建筑物之间的距离。

④ 建筑物屋顶绿化可使得敏感小区水平风速的增加。随着屋顶绿化面积越大,平均水平风速增幅越大。绿化对水平风速的影响范围在建筑物群下游方向达到 600 ~ 800 m,侧向达到 200 m 左右,垂直方向达到了 300 m 左右。

以上结论仅针对某个特定小区探讨了理想中性层结条件下,屋顶绿化对于小区气象环境的影响。其余不同天气稳定度层结条件、不同风速条件以及实际天气条件下的屋顶绿化对于城市气候条件的长期影响还需要在进一步的研究工作中开展。

8.2.7 小结

用于模拟实际城市小区中的气象条件和污染物扩散特征的大气模式必须具备以下特点:① 三维高分辨;② 必须考虑由于街区建筑物布局及结构特征以及不同地表利用类型等带来的动力和热力因子;③ 充分运用先进的高精度城市 GIS 信息。

本模式的建立充分引入了以上要求,数值试验结果表明:① 如果建筑物之间距离太近,则建筑物周围的小风区连成一片,形成以建筑物群为中心的大范围小风区;② 小区上风向的横风向建筑物使小区上风向的交通源对小区内的污染减轻;③ 小区内绿化(如种草)可明显降低地面温度,水泥路面使地面温度升高,从而会改变城市热岛效应的范围及强度。

本节在已建城市小区尺度模式的基础上,针对城市小区规划对气象及大气环境的影响,提出了一套客观、科学、可操作的影响评估指标及评估方法,并以北京市某小区两种规划方案为例,具体评估了它们对气象及大气环境的不同影响。初步得出以下结论:

① 基于城市小区尺度气象和污染扩散模式,对城市小区规划对气象及大气环境的影响进行评估是必要和可行的。

② 本节提出了一套以人为本、科学、客观、可操作的城市小区规划对气象及大气环境的影响评估指标和评估方法,并对某城市小区两种规划方案进行了尝试性评估研究。

本节研究只是这方面工作的初步尝试,评估指标的选择、计算及各指标的权重等方面还有待于进一步调查研究,并在跨学科、多专业研究的基础上,加以改进完善,并推广应用,更好地服务于城市规划的编制、决策、建设与管理。使城市小区气象条件及大气环境在小区规划阶段就得到控制,以免造成不必要的损失及对人类生活、健康造成不必要的灾难。

8.3 半经验模式

城市空气污染问题中,也常常会涉及突发性的污染物排放,例如气体有毒物质泄露等情景,在这种环境应急事故发生后,决策者往往需要在几分钟内对此类事故进行全面准确的评估,需要对污染安全区域进行划定,综合评定之后快速下达合理的疏散、援救指令。同时在实际运用过程中对模拟计算时间有严格限制要求,这是此类问题的应用特点之一。此时对全套的 N-S 控制方程和相关的化学过程进行全面的求解是不现实的。半经验方法模型基于较少的物理约束，模式运用显式的建筑物参数化方案快速诊断建筑周围风场结构，可避免大量的运动学方程的求解耗时，能大大减少模式的模拟时间。

南京大学城市微尺度污染扩散模式(NJU-UMAPS)是为应对城市突发性环境污染等应急事故响应而开发的。其模式对风场的模拟过程分为风场参数化插值和风场连续方程调整过程两部分。本模式采用参数化诊断的方法模拟建筑物区域的初始风场，考虑到建筑物的存在对大气运动的影响巨大，风场插值不满足质量守恒的物理约束；运用不可压大气运动连续方程对初始插值场进行质量守恒调整，求得较合理的建筑物三维风场。模式的初始风场通过插值获取。在建筑密度较小的城市区域，可以用幂指数廓线代替城市近地层风速廓线。幂指数廓线插值方程如下：

$$u_0(z) = u_0(z_{\text{ref}})\left(\frac{z}{z_{\text{ref}}}\right)^p \tag{8.3.1}$$

式中 $u_0(z_{\text{ref}})$ 为参考风速大小，z_{ref} 为参考风速所在的参考高度，p 为幂指数因子；z 为插值高度，$u_0(z)$ 为插值高度处插值风速大小。

然而，在建筑物密集的城市区域，幂指数廓线往往在位于城市建筑物平均高度以下的冠层内对城市平均风场有过高估计的趋势，为此可采用城市冠层廓线廓线插值方案，具体方程如下：

$$\begin{aligned} u_0(z) &= u_{\text{can}}\ln((z-d)/z_0)/\ln(H_{\text{can}}/z_0) \qquad z > H_{\text{can}} \\ u_0(z) &= u_{\text{can}}\exp(\alpha(z)(z/H_{\text{can}}-1)) \qquad z \leqslant H_{\text{can}} \end{aligned} \tag{8.3.2}$$

其中，H_{can} 为冠层高度，在城市区域可用区域内建筑物平均高度代替，u_{can} 为冠层顶处的风速值，d 为位移高度，约为 $0.7H_{\text{can}}$，z_0 为粗糙参数，约为 $0.1 \sim 0.2H_{\text{can}}$，$\alpha(z)$ 为 e 指数衰减因子，此参数被认为是高度与建筑密度的函数。城市冠层中，一般取 α 为 1～3，本模式中，选取 $\alpha = 1$。针对单体建筑周围的关键区域分别给出风场的经验函数。这些关键区域包括迎风位移区、迎风涡旋区，背部空腔区、背部尾流区、顶部涡旋区(图 8.3.1)。

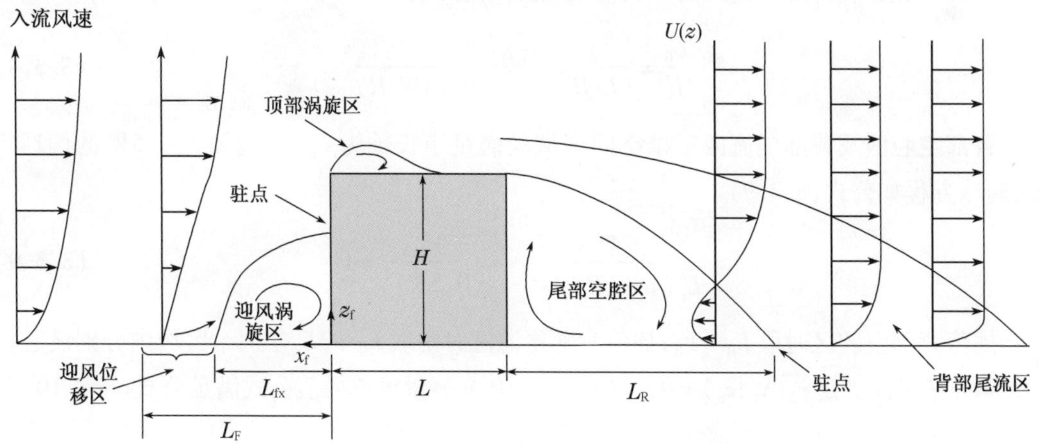

图 8.3.1　单体建筑物附近流场示意图(垂直剖面)

当风向垂直于建筑迎风墙面时(如图8.3.1),将会在迎风区域内形成迎风位移区和迎风涡旋区,迎风位移区的长度 L_F 采用经验公式给出:

$$\frac{L_F}{H}=\frac{2(W/H)}{1+0.8W/H} \tag{8.3.3}$$

迎风位移区插值空间区域则由一个椭球方程确定。椭球长以 L_F 为半长轴,0.5W 为半短轴,椭球区域垂直剖面如图8.3.1所示,椭球表面满足椭球方程公式:

$$\frac{X^2}{L_F^2(1-(Z/0.6H)^2)}+\frac{Y^2}{(0.5W)^2}=1 \tag{8.3.4}$$

迎风位移区风速参数化公式则将初始入流廓线风速乘以一个衰减因子 C_{dz},即 $u_0(z)=C_{dz}u_0'(z)$,式中 $u_0'(z)$ 为初始垂直廓线插值风速。

迎风涡旋区也类似于迎风位移区,涡旋区三维空间区域为一个半长轴为 L_{fx}、半短轴为0.5 W 的椭球区域(公式8.3.4),其中 L_{fx} 的计算由公式(8.3.5)给出。

$$L_{fx}=\frac{0.6(W/H)}{1+0.8(W/H)} \tag{8.3.5}$$

迎风涡旋区内部风速插值 u_0,w_0 分别满足公式(8.3.6)和公式(8.3.7):

$$\frac{u_0(x_f,z_f)}{u_0(H)}=\left(0.6\cos\left(\frac{\pi z_f}{0.5H}\right)+0.05\right)\cdot\left(-0.6\sin\left(\frac{\pi x_f}{L_{fx}}\right)\right) \tag{8.3.6}$$

$$\frac{w_0(x_f,z_f)}{u_0(H)}=\left(-0.1\cos\left(\frac{\pi x_f}{L_{fx}}\right)-0.05\right) \tag{8.3.7}$$

式中 x_f,z_f 如图8.3.1,π 为圆周率,L_{fx} 由公式8.3.5计算得到,v 方向风速满足 $v_0(x_f,z_f)=0$。当风向与墙面法线的夹角在10°~15°时,迎风涡旋区插值才有意义;当入流夹角过大时,不考虑迎风涡旋区插值。

背部空腔区和背部尾流区的半长轴 L_R 的计算公式:

$$\frac{L_R}{H}=\frac{1.8W/H}{(L/H)^{0.3}(1+0.24W/H)} \tag{8.3.8}$$

背部空腔区及背部尾流区三维空间区域均满足半长轴为 L_B,半短轴为0.5W 的椭球方程,椭球方程如公式(8.3.9)。

$$\frac{X^2}{L_B^2(1-(Z/H)^2)}+\frac{Y^2}{(0.5W)^2}=1 \tag{8.3.9}$$

插值背部空腔区时取 $L_B=L_R$;插值背部尾流区时则取 $L_B=3L_R$。两个区域内分别设定 v,w 方向分量风速满足 $v_0(x_b,z_b)=0$,$w_0(x_b,z_b)=0$,u 分量风速插值公式满足公式(8.3.10)和(8.3.11):

空腔区:

$$u(x_b, z_b) = -u(H) \cdot \left(1 - \left(\frac{X}{d_N}\right)^2\right) \tag{8.3.10}$$

尾流区：

$$u(x_b, z_b) = u(z) \cdot \left(1 - \frac{d_N}{X}\right)^{1.5} \tag{8.3.11}$$

其中参数 $d_N = L_R \sqrt{\left(1 - \left(\frac{Z}{H}\right)^2\right)\left(1 - \left(\frac{Y}{W}\right)^2\right)} - 0.5L$。

相比于单体建筑而言，多体建筑物相互作用时流动型态就变得比较复杂。Oke(1988)对建筑物不同布局的街谷流动型态和流动分型做了汇总讨论(图 8.3.2)。根据建筑高度 H 与建筑之间距离 S 的形态比例参数 S/H，将街谷建筑物的流动型态分为以下三种情况：① 当两个建筑物距离相隔较远，$S/H > 2.5$，两单体建筑物之间的流场相互影响非常微弱，可以忽略不计，这时将两个单体建筑物当作孤立建筑处理，此情形称之为情形Ⅰ，也称为单体粗糙流(Isolated roughness flow)；② 当两个建筑物之间的距离逐渐减小，$1.4 < S/H < 2.4$，单体建筑物流场相互影响逐渐增大，流场的接触区内风速干扰增强，此情形称之为情形Ⅱ，也称为尾腔干扰流(Wake interference flow)；③ 在情形Ⅱ的基础上，当 $S/H < 1.4$ 时，单体建筑流场干扰区域进一步重叠。此时在建筑物之间的狭窄间隙处形成稳定的街谷涡旋，而街谷顶部的环境流场则不会影响到街谷内部的涡旋流动，形成滑越建筑顶部的光滑流动，称之为情形Ⅲ，亦即滑越流(Skimming flow)或者峡谷流(Canyon flow)。

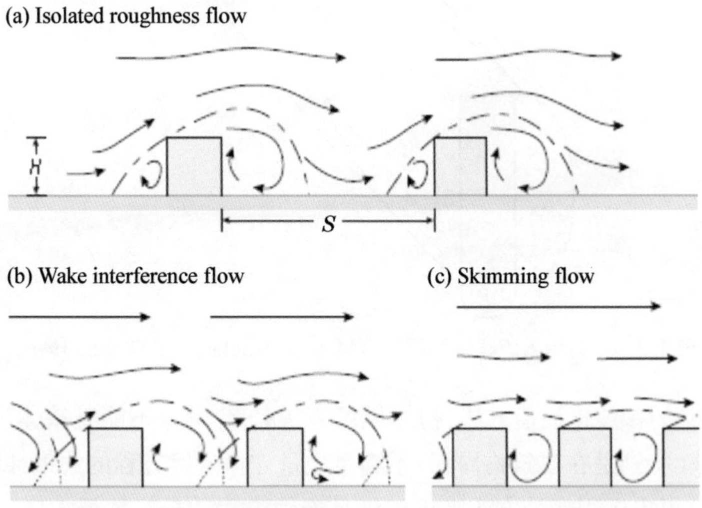

图 8.3.2　二维城市街谷中的流动分型(Oke et al., 2017)

针对情形Ⅱ，流场接触区气流风速变化剧烈，目前没有成熟的参数化方案给出风速的插值方案，常常将其近似为单体粗糙流处理。目前滑越流流型的研究较多，有较成熟的参数化方案。Kaplan 和 Dinar(1996)采用空间间距参数 S^* 与建筑街谷形态比例参数 S/H 来确定建筑物街谷流场分型，S^* 由公式(8.3.12)计算得到。

$$S^*/H=\begin{cases}1.25+0.15S/H & S/H<2\\1.55 & S/H\geqslant 2\end{cases} \tag{8.3.12}$$

当建筑间距 $S<S^*$ 即为滑越流型，在建筑街谷内形成一个顺时针的涡旋（如图 8.3.2），u,w 速度插值公式为公式（8.3.13）和（8.3.14）。

$$\frac{u_0(z)}{U(H)}=-\frac{x_{\text{can}}}{0.5S}\left(\frac{S-x_{\text{can}}}{0.5S}\right) \tag{8.3.13}$$

$$\frac{w_0(z)}{U(H)}=-\left|\frac{1}{2}\left(1-\frac{x_{\text{can}}}{0.5S}\right)\right|\left(1-\frac{S-x_{\text{can}}}{0.5S}\right) \tag{8.3.14}$$

式中 S 为两个建筑物之间的距离，x_{can} 为点到上风建筑物墙面的距离，u,w 是水平、垂直风速分量，$U(H)$ 为上风向建筑物屋顶的风速。

当风向与墙面法线的夹角 θ 大于零时，只需将迎风面的来流风速分解为平行迎风面分量 $u_0(z)_{\parallel}$ 和垂直迎风面分量 $u_0(z)_{\perp}$。建筑区域插值时，插值方法与单体建筑物及建筑街谷插值方案相同，需要用 $u_{\perp}$ 代替入流风速进行插值，而插值点的 $u_0(z)_{\parallel}$ 保持不变（图 8.3.3）。

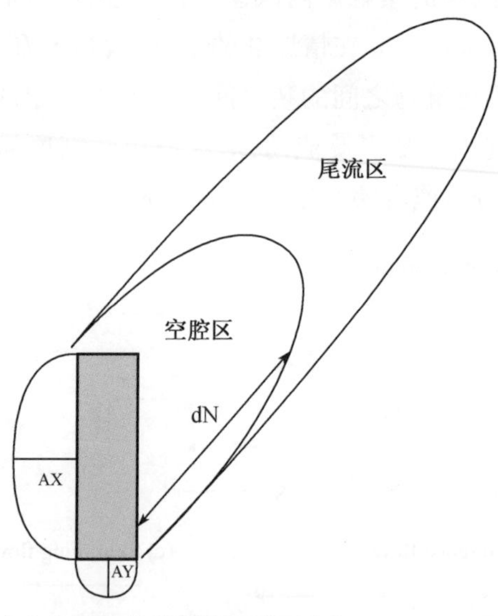

图 8.3.3 夹角入流建筑物插值区域示意（Kaplan and Dinar，1996）

由于采用经验的参数化插值方法，初始风场 $U_0(u_0,v_0,w_0)$ 不能直接体现建筑物对气流的作用，插值区域（特别是在建筑物周围）不满足质量守恒连续方程的约束，即 $\nabla\cdot U_0\neq 0$。

Sasaki（1958）提出运用变分方法来求解满足连续方程的最终风场 $U(u,v,w)$，随后此方法被大量运用于复杂地形的三维风场插值调整中，并取得了满意的结果。变分方法的优点在于：① 能够使计算的最终风速 $U(u,v,w)$ 在整个区域内满足质量守恒的连续方程约束，即 $\nabla\cdot U=0$；② 最终风场 $U(u,v,w)$ 与初始插值风场 $U_0(u_0,v_0,w_0)$ 的偏差尽可能小，最大可能地保留插值速度场的流动特点。

以初始风场 $U_0(u_0,v_0,w_0)$ 和最终风场 $U(u,v,w)$ 构建三维流场的变分函数公式：

$$E(u,v,w) = \{\alpha_1^2(u-u_0)^2 + \alpha_1^2(v-v_0)^2 + \alpha_2^2(w-w_0)^2\}\,\mathrm{d}V \tag{8.3.15}$$

变分方程的求解条件为$\nabla \cdot U = 0$,即

$$\nabla \cdot U = \frac{\partial u}{\partial x} + \frac{\partial v}{\partial y} + \frac{\partial w}{\partial z} = 0 \tag{8.3.16}$$

式(8.3.15)中α_1和α_2定义为高斯精度模(Gauss precision moduli),两者可以分别控制变分方法对水平u,v和垂直w风速分量的调整力度。值越大,则表示对该分量速度调整幅度较小,即相对初始风速改变越小。因此,如果初始插值风场与真实风场存在较大的误差,可以适当地减小高斯精度模的值,增大调整力度。

引入拉格朗日乘数λ将变分函数(8.3.15)与连续方程(8.3.16)联立,得到方程(8.3.17):

$$\begin{aligned} F(u,v,w,\lambda) &= E(u,v,w) + \lambda\int \nabla\cdot V\mathrm{d}V \\ &= \left\{\alpha_1^2(u-u_0)^2 + \alpha_1^2(v-v_0)^2 + \alpha_2^2(w-w_0)^2 + \lambda\left(\frac{\partial u}{\partial x} + \frac{\partial v}{\partial y} + \frac{\partial w}{\partial z}\right)\right\}\mathrm{d}V \end{aligned} \tag{8.3.17}$$

当$F(u,v,w,\lambda)$取极值时,$U_0(u_0,v_0,w_0)$和$U(u,v,w)$满足欧拉方程组公式(8.3.18),为变分方程的解。

$$\begin{aligned} 2\alpha_1^2(u-u_0) &= \partial\lambda/\partial x \\ 2\alpha_1^2(v-v_0) &= \partial\lambda/\partial y \\ 2\alpha_2^2(w-w_0) &= \partial\lambda/\partial z \end{aligned} \tag{8.3.18}$$

将欧拉方程组(8.3.18)与质量守恒约束方程联立,得到关于拉格朗日乘数λ的泊松方程(公式8.3.19)。

$$\frac{\partial^2\lambda}{\partial x^2} + \frac{\partial^2\lambda}{\partial y^2} + \left(\frac{\alpha_1}{\alpha_2}\right)^2\frac{\partial^2\lambda}{\partial z^2} = -2\alpha_1^2\,\nabla\cdot U_0 \tag{8.3.19}$$

简单起见,令α_1和α_2取常数值,记$\alpha=\alpha_1/\alpha_2$,$\alpha_1=1.0$,式(8.3.19)可以简化为:

$$\frac{\partial^2\lambda}{\partial x^2} + \frac{\partial^2\lambda}{\partial y^2} + \alpha^2\frac{\partial^2\lambda}{\partial z^2} = -2\,\nabla\cdot U_0 \tag{8.3.20}$$

运用超松弛迭代快速收敛方法求解关于λ的泊松方程的解,代入欧拉方程组(8.3.20)中,给定$\alpha=1.0$,求得调整风场$U(u,v,w)$:

$$\begin{aligned} u &= u_0 + 1/(2\alpha_1^2)\,\partial\lambda/\partial x \\ v &= v_0 + 1/(2\alpha_1^2)\,\partial\lambda/\partial y \\ w &= w_0 + 1/(2\alpha_2^2)\,\partial\lambda/\partial z \end{aligned} \tag{8.3.21}$$

$U(u,v,w)$即为满足质量守恒连续方程约束的建筑区域最终风场。

利用NJU-UMAPS模式对一个真实小区建筑物条件下,理想的地面点源排放的污染扩散过程进行了模拟。模拟试验建筑数据资料选用北京某小区建筑数据(图8.3.4),建筑平均高度约为30 m,模式中建筑布局如图8.3.4。模式模拟域为$X\times Y\times Z=1\,000\text{ m}\times1\,000\text{ m}\times$

300 m 立方体区域，X,Y,Z 方向分辨率为 5 m,5 m 和 3 m，坐标系为笛卡儿直角坐标系，垂直方向为 z 坐标方向。模拟区域足够大，避免模式边界对风场计算的影响。模式入流风速插值采用幂指数方案，此处涉及模拟风向为西南风向 225°和西北风向 315°，进行两个算例的模拟。在每个个例中，小区内设置一个圆形连续排放源，西南风、西北风排放源坐标分别为(350,320)和(320,720)。源高均为 0.5 m，排放半径为 0.5 m，排放速率为 1.2 $m \cdot s^{-1}$，源强为 1 $g \cdot s^{-1}$。假定污染排放为常温常压下进行，温度 298 ℃，压强 1 013.25 Pa。模拟时，污染源释放随机游动粒子 10 万个进行计算，污染物浓度散布模拟结果用质量浓度 $\mu g \cdot m^{-3}$ 表示。

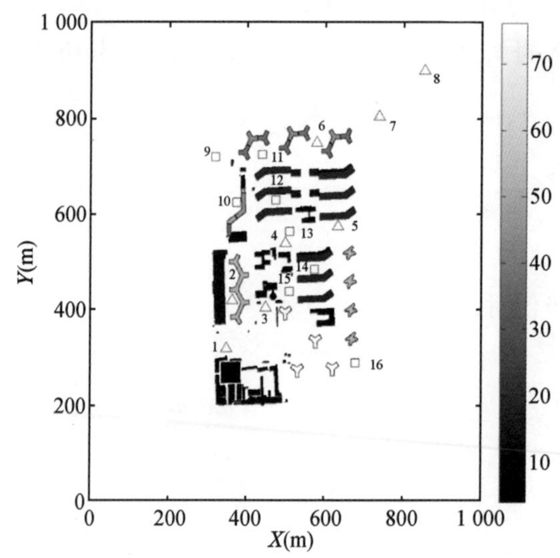

图 8.3.4 城市小区建筑物分布即污染物垂直廓线位置

由于建筑的阻挡，在建筑的迎风面风速较小。在建筑的背部空腔区有涡旋存在，风速较小，而建筑物尾流区风速逐渐增大。在建筑物的侧面，由于绕流气流的加速，风速增大明显。两种风向情形下，街谷内部风速均较小，且有街谷入口的涡旋存在。街谷内水平流场主要沿着街谷走向。高大建筑周围主要表现为风向改变的绕流风场，风速增大也很明显。

对处于小区上游方向的污染物排放，由图 8.3.5 中可以看出，在各高度层的近源区域中，污染物浓度均很高。3 m 高度处近源区域浓度达到 10 000 $\mu g \cdot m^{-3}$，随着高度增加，近源区域污染物的浓度迅速下降，18 m 高度处仅约为 100 $\mu g \cdot m^{-3}$。从 18 m 层风矢量和浓度场的分布可以看出，大多数区域内建筑物比较低，风场平滑均匀，而污染物随着风场迅速扩散到下游区域。同时，和高斯扩散类似，污染物向扩散中心轴两侧呈扇形扩散开来，浓度高值区位于扩散中心轴近源区域。小区内存在的少数高大建筑对 18 m 高度层污染物散布也有明显影响。具体来看，图 8.3.5 中，排放源背面的南北向高大建筑物对污染物的横向扩散有明显的阻挡作用，导致污染物在西北方向扩散受阻，同时由于在建筑物尾部形成回流，污染物在此区域内堆积形成浓度高值区。图 8.3.6 中，小区东南角南北排列的四栋单体高大建筑物位于下游的西北风向的下游，在每栋单体建筑周围均有气流的绕流和风向的变化，因此在建筑

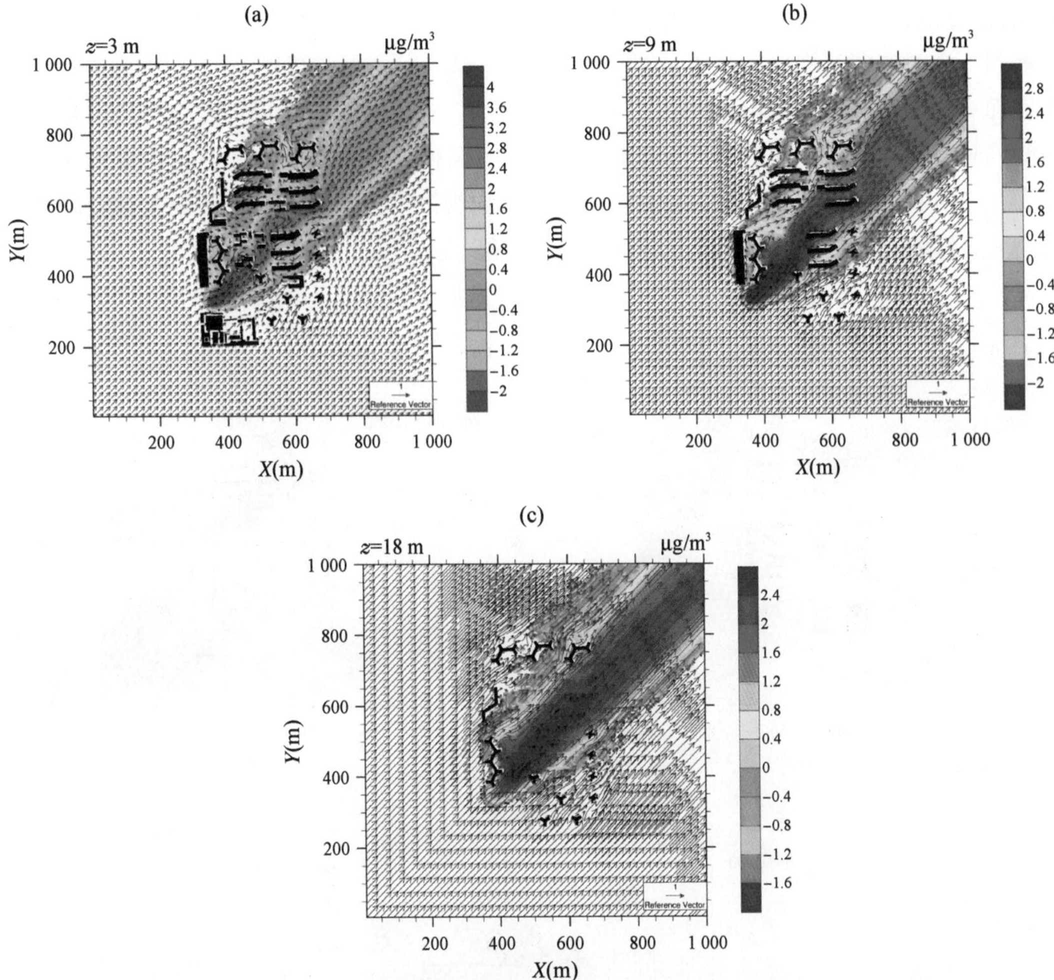

图 8.3.5 西南风向(225°)不同高度模式模拟风矢量和浓度场分布,其中 a,b,c 对应的高度分别为 3 m,9 m 和 18 m。等值线为浓度值的常用对数值,黑色区域为建筑物

物的尾部形成局地的浓度高值中心。同时源区附近的两排高大建筑对污染物的横向扩散也有减弱作用。从 3 m 和 9 m 建筑低层来看,小区建筑物的影响比较明显。流场上来看,在建筑物前部有较明显的气流绕流的存在,风速一般较大;建筑尾部形成涡旋回流,风速一般较小,风向反吹;街谷内部,形成独立的水平回流涡旋,风向沿街谷走向,在建筑物之间的狭小通道内,则形成风速极值区域。从污染物的散布来看,浓度场受建筑作用明显。图 8.3.5 中,源区下游区域建筑物矮小,污染物主要顺风平流输送到小区中央地带,风向与污染物分布相当吻合。然而在经过小区中央开阔地带之后,两排东西走向的高大建筑阻挡气流和污染物的输送。从图中可以明显看出,在 9 m 高度层的建筑迎风面有污染物的堆积,浓度值较大。此时,建筑走向的扩散中心轴发生偏移,污染物浓度极值区沿建筑物迎风面成东西走向。建筑街谷内,浓度值较高,说明模式能够反映街谷增长污染物滞留时间的观测事实。街谷内部,污染物顺街谷气流分布,在街谷的背风墙面形成浓度高值区。在下游高大建筑物的背风面,有浓度的低值区域存在,主要是由于此时污染物已经被上游建筑动力抬升至一定高度,扩散到下游建筑背风面概率减小。图 8.3.6 中,近源区有高大建筑物阻挡,“L”形建筑迎风面凹面有污染物的堆积。由于两栋高大建筑物的阻挡,横向扩散缓慢。污染物从两建筑物之间的狭窄通道顺风输送到“V”形建筑的尾部空腔区和下游的东西向街谷中,由于建筑密度很大和建筑物阻挡、反射影响的共同作用,两区域均为浓度的高值区域。污染物抬升爬越建筑物之后顺着高空的平直气流迅速输送到下游区域。

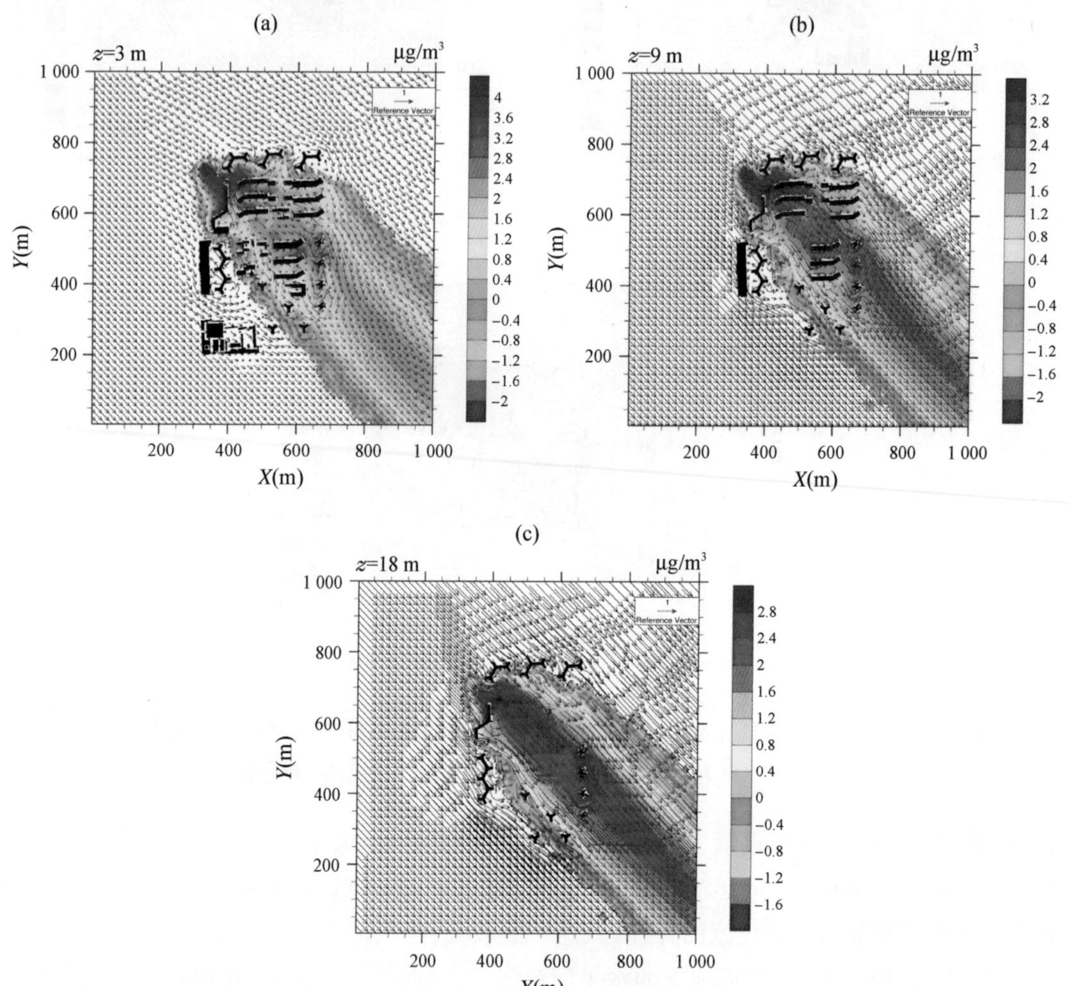

图 8.3.6 西北风向(315°)不同高度模式模拟风矢量和浓度场分布,其中 a,b,c 对应的高度分别为 3 m,9 m 和 18 m。等值线为浓度值的常用对数值,黑色区域为建筑物

从整体看,UMAPS 经验模式模拟的三维小区风场能够充分考虑建筑的效应,建筑物对风场的动力阻挡和抬升作用直接影响到污染物的输送扩散。低层区域内,在不利扩散的建筑凹面、街谷内部、背部空腔涡旋区和建筑迎风面均有污染物的堆积。建筑物对污染物的横向扩散也有明显的阻挡和反射作用,在源区附近形成高浓度区。随着高度的增加,建筑物的作

用减弱,气流均一稳定,有利于污染物的迅速扩散输送,不易在高层形成高值区。模式模拟污染物分布趋势合理,有较强的可信度。

图 8.3.7 所示为不同取样点,两个算例中对应的八组污染物浓度廓线,如图 8.3.4 所示。从图中可以看出,源区域附近,污染物随高度成幂指数衰减。西北风向时,由于源区下游高大建筑物的阻挡作用,浓度值较西南风向要高。No. 2,No. 11 和 No. 12 取样点位于两个算例排放源附近的街谷内部,污染物随着气流卷入街谷内部,而街谷内部风速较小且存在局地涡旋,污染物难以扩散出去。在近地层,浓度值较大,街谷顶部以上,污染物随着建筑屋顶气流迅速扩散,浓度值迅速降低。No. 11 和 No. 12 的低层浓度比 No. 2 高出 100 左右,而 No. 12 甚至比 No. 2 距离排放源的距离还要远。分析建筑布局可以发现,主要是因为西北风向源区下游的建筑密度较大,建筑物也比较高,污染物在源区附近逐渐积累,从而造成位于较远的街谷内部的 No. 12 采样点的低层浓度值也非常高。

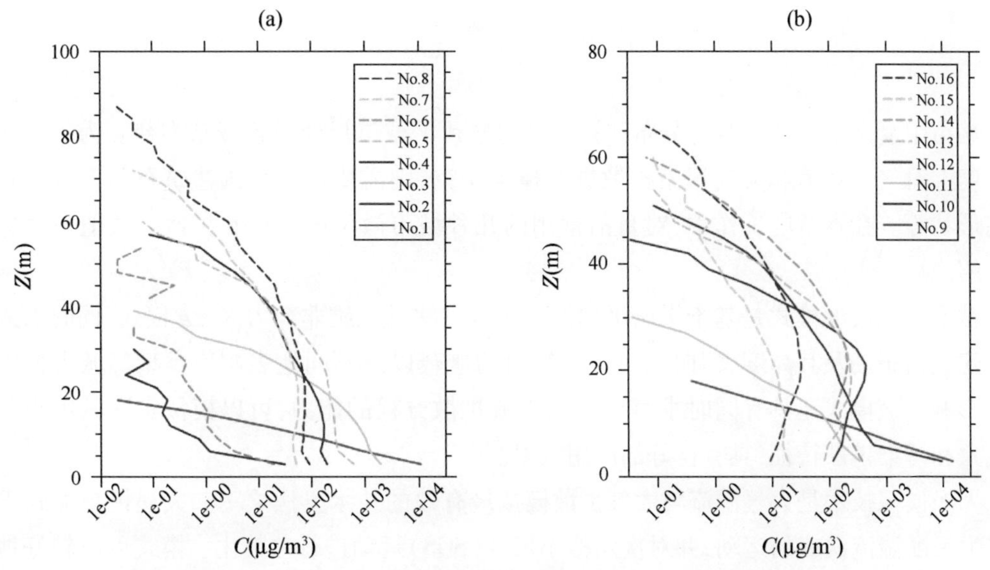

图 8.3.7 西南风和西北风取样点浓度廓线,X 坐标取常用对数 log10 作图

采样点 No. 3,No. 4,No. 13 和 No. 15 位于小区的中央位置,此区域建筑物较矮小。从图中可以发现,两个算例中,浓度廓线的变化非常接近。30 m 高度层以下,采样点 No. 4 和 No. 13 的浓度值稳定在 100 $\mu g \cdot m^{-3}$左右,No. 3 和 No. 15 的低层浓度分别略微偏高和偏低,这是由于这两个采样点分别距离排放源更近和更远造成的。而小区建筑物的平均高度约为 30 m,若将建筑平均高度代替城市冠层高度,可以看出,污染物在扩散过程中,冠层内部的浓度垂直分布较为均匀。30 m 高度以上,污染物浓度随高度增加迅速降低,西南风和西北风的安全高度临界值分别为 70 m 和 60 m,此高度约为小区建筑平均高度的两倍。

采样点 No. 5 和 No. 10 为高大建筑物的迎风面,在底层区域的建筑物墙体附近均有污染物的堆积。No. 6 采样点位于下游区域两栋高大建筑物之间的狭窄管道区域,风速较大。从

图8.3.7(a)中可以看出,此采样点的浓度为廓线中最低,浓度随着高度衰减很快,并在20 m以下达到安全高度临界值,远小于其他廓线的安全高度。另外,图8.3.7(b)中发现,由于No.10采样点靠近西北风向排放源,10 m以下的最大浓度与排放源采样点浓度接近,10 m以上高度,浓度迅速减小,这是高层风速的动力抬升作用增强而更有利于污染物的扩散的结果。No.5采样点距离排放源较远,但30 m以下的建筑前部区域有浓度高值区,10 m以下区域的浓度也与排放源采样点浓度接近。建筑高度30 m以下浓度廓线较稳定,30 m以上,浓度值也迅速降低,在60 m高度达到安全高度临界值。No.7,No.8和No.16采样点为远离排放源下游区域的浓度中轴线上。总体上看,三条廓线变化趋势相似。40 m以下浓度相差不大,以上浓度值迅速减小。比较No.7和No.8两条廓线可知,下游扩散中轴线上距离排放源的距离并不影响到污染物的垂直分布。三条廓线大体均表现为冠层高度以下浓度廓线变化不大,冠层以上迅速变小。

8.4 本章总结

城市中复杂多变的建筑物分布和路网结构导致了城市局地风场复杂多变。为了在城市微尺度上对气象环境和大气污染扩散进行模拟研究,则需要精细刻画建筑布局以及建筑物几何形状等。在本章的工作中,对目前常用的几种城市微尺度风场和扩散的数值模式进行了介绍。

城市小区尺度模式是基于雷诺平均湍流闭合方法的三维非静力$K-\varepsilon$模式,同时引入了街区建筑物布局及其高度、朝向和对短波辐射的遮蔽以及不同地表利用类型等城市覆盖特征的影响。该模式还具有同时求解污染物平流扩散方程的能力,可以模拟实际城市小区中的气象和污染扩散特征,具有良好的应用效果。

大涡模拟技术是大气湍流与大气扩散模拟最有效的技术方法之一。大涡模拟显式求解所有大尺度湍流涡旋的运动,并对次网格小尺度(SGS)运动进行参数化。模式可以较好地刻画携带了大部分湍流能量的大尺度湍流涡旋对动量、热量和质量的湍流输送的影响。虽然与雷诺平均方法相比,该方法的计算量较大,但是对城市风场和湍流场有更好的描述能力,因此在城市通风和污染扩散等领域也有很好的应用前景。

在城市突发性污染物事件中,需要对大气风场和扩散进行快速的分析,因此求解全套的N-S控制方程的雷诺平均方法和大涡模拟方法在该场景下的应用受到了限制。半经验方法模型基于较少的物理约束,模式运用显式的建筑物参数化方案快速诊断建筑周围风场结构,可避免大量运动学方程的求解耗时,能大大减少模式的模拟时间。基于经验插值和风场连续方程调整的城市风场诊断模式可以提供一种更高效的风场模拟技术,在此基础上,可以结合粒子游走模式计算大气污染扩散。模式具有较好的模拟能力和很高的计算效应,适用于城市大气污染事件的应急处置和决策。

9 城市空气质量预报研究

空气质量预报是社会公众的迫切需求,人们可以根据空气质量预测结果采取相应的保护措施,避免或减轻空气污染带来的危害。同时,空气质量预报对环境管理、污染控制、环境规划、城市建设等方面均具有重要的实际应用价值,能为环境管理部门的决策提供科学依据。

欧拉型三维空气质量数值预报模式是基于质量连续方程,用数值方法描述城市和区域范围内对流层大气中污染物输送、扩散和化学反应以及清除等过程,通过输入各地区的源排放资料、下垫面资料以及气象资料,运行模式得到关注区域内的各类空气质量数据。近几十年来,该型模式得到广泛的应用。

空气污染问题具有多尺度性,从局地尺度空气污染到城市尺度、区域尺度以至全球尺度。由于排放源、分辨率、计算量等问题,眼前以及未来相当长时间内都不存在这样一个模式,能处理所有尺度的空气污染问题,因此需要针对不同尺度的空气污染气象学问题,建立相应尺度的空气质量预报模式。

9.1 城市尺度空气质量模式的建立(NJUCAQPS)

目前全球至少一半以上的人口居住在城市,但城市面积相对很小,多样化排放源比较密集,污染相对更为严重,开展高分辨率的城市空气质量预报不可或缺,而且要求更为精准细致。南京大学城市空气质量预报系统(NanJing University City Air Quality Prediction System, NJUCAQPS)就是适合这一要求的城市高分辨率空气质量预报模式。

该系统由三大模块组成:中尺度气象预报模式、城市边界层模式(UBLM)和大气污染输送化学模式(ACTDM)。

中尺度气象预报模式给城市边界层模式提供初始场和边界条件,最初中尺度气象预报模式为MM5,后改为WRF模式。

UBLM是三维非静力高分辨、湍流闭合的城市精细大气边界层模式,详见7.2.2节。本节主要介绍大气污染输送化学模式(ACTDM)。

9.1.1 浓度预报方程

ACTDM是一个包含多物质输送、扩散、化学转化、干湿沉积的污染物浓度预报模式,可给出多种气态污染物如SO_2,NO_x,O_3,CO等,颗粒物PM_{10},$PM_{2.5}$等,$PM_{2.5}$组分硫酸盐、硝酸盐、铵盐、黑碳、有机碳、二次有机碳,以及能见度、空气质量指数 AQI 等的时空分布。

模式中一次污染物的浓度方程如下:

$$\frac{\partial C_i}{\partial t} + u\frac{\partial C_i}{\partial x} + v\frac{\partial C_i}{\partial y} + w^*\frac{\partial C_i}{\partial z^*} = \frac{\partial}{\partial x}\left(K_{\mathrm{mh}}\frac{\partial C_i}{\partial x}\right) + \frac{\partial}{\partial y}\left(K_{\mathrm{mh}}\frac{\partial C_i}{\partial y}\right) + \left(\frac{h_{\mathrm{d}}}{h_{\mathrm{d}} - z_{\mathrm{g}}(x,y)}\right)^2 \frac{\partial}{\partial z^*}\left(K_{\mathrm{mz}}\frac{\partial C_i}{\partial z^*}\right) + S_i - R_i + \sum \mathrm{chem} \tag{9.1.1}$$

其中,C_i 为各物种浓度,S_i 为地面源排放,R_i 为干湿沉积,$\sum$ chem 为化学过程产生的气溶胶浓度变化,除二次气溶胶以外的各气溶胶成分不考虑该项,K_{mh},K_{mz} 分别为水平和垂直动量交换系数,z_{g} 是地形高度,h_{d} 是模式顶高。

在浓度计算中,最重要的是获得较高分辨率的各组分源排放清单。目前排放清单的建立,多见于全球尺度或区域尺度,主要源贡献包括工业、发电、交通运输、居民生活和生物质燃烧。几公里甚至十几公里分辨率的排放清单无法满足 NJUCAQPS 模式的需求。

9.1.2 化学反应机制

目前大多数化学反应机制都采用了一系列简化方法,在尽量保证模拟结果准确的基础上,压缩有机物种的数目,简化复杂的化学反应方程。本模式的化学反应机制采用 CBM4 (Carbon Bond Mechanism Ⅳ)(Gery,1989),其中考虑 72 个热反应和 11 个光解反应及 36 种化学物质。CBM4 按照结构相似的原则,以所包含的碳键将有机分子分类,单键碳原子烃以链烷烃表示,快反应双键碳原子烃(不包括乙烯)以烯族烃表示,慢反应双键碳原子烃表示为芳香烃和乙烯,羰基化合物以醛类和酮类为代表。对其他有机物,将其按结构表示几个基团相加的形式。异戊二烯虽然也是烯烃,但由于其性质非常活泼,与 OH 自由基的反应比一般烯烃快得多,而且在自然界中是一种主要排放物质,所以在 CBM4 中是单独列出来考虑的。

一旦化学反应机理确定以后,就可以列出物种浓度随时间变化的常微分方程组:

$$\frac{\mathrm{d}C_i}{\mathrm{d}t} = P - RC_i \tag{9.1.2}$$

式中 C_i 为第 i 种物种浓度,P 为 C_i 的生成速度,RC_i 为 C_i 的减少速度。其中 P 是 C_1,C_2,…,C_n(不包含 C_i)的函数。R 是 C_1,C_2,…,C_n 的函数。方程的个数等于参与反应的物种数。

9.1.3 气溶胶模块

当前主要的气溶胶模式从总体上分为两类:动力学模式和平衡模式(热力学平衡)。动力学模式主要考虑气溶胶形成过程中的核化、凝结增长、碰并、溶解、蒸发、去除和平流输送等动力学过程。热力学平衡模式考虑的是气体与粒子之间的热力学平衡过程,通过求解平衡方程或使得系统的 Gibbs 自由能最小来得到平衡后的化学组成及气溶胶的状态。尽管有研究表明,在某些特定情况下如当达到平衡所需的时间比粒子间输送时间长时,该平衡近似并不成立(Wexler et al., 1990; Quinn et al., 1992)。该平衡方案仍然是气溶胶研究中采用的主要方案之一,本模块目前即采用该热力学平衡方案。模块中包含两个子模块即热力学平衡模块和二次有机气溶胶模块,热力学平衡模块即利用热力学平衡方案计算化学过程引起的二次无机气溶胶的浓度变化;而二次有机气溶胶模块则用于计算二次有机气溶胶的浓度变化。

(1) 热力学平衡模块

MARS(The Model for an Aerosol Reacting System)是由 Saxens 等(1986)开发的一个热动力学气溶胶模式,用以研究二次气溶胶内的硫酸盐、硝酸盐、氨及水与周围环境大气之间的平衡过程,可以从环境大气中的 H_2SO_4,NH_3,HNO_3,H_2O 的含量而得到气溶胶的总量及其组成。MARS 最大的特点是将所有的气溶胶物种分成若干个子类,以减少气溶胶的多样性。MARS 对化学过程以及交界面上的平衡过程仅局限于几个主要的成分,求解的方程数较少,计算效率高,主要缺点是忽略了钠盐和氯盐——海盐粒子的主要成分。

MARS-A 平衡模式的计算方法主要参考 Saxena(Saxena et al., 1986)和 Kim(Kim et al., 1993)。输入数据包括总硝酸盐浓度(总氮)、总硫酸盐(总硫)、总氨和总铵,还包括相对湿度、气压、温度。返回的数据包括硝酸盐的浓度(硝酸和硝酸铵),游离氨的浓度和硫酸铵的浓度。其中,总的硝酸盐浓度是硝酸气和硝酸盐浓度之和,总的硫酸盐浓度包括液相反应产生的硫酸盐和气相反应产生的硫酸盐,气相化学反应生成的硫酸在气-粒分配过程中全部以硫酸盐的形式存在,对液相氧化过程进行参数化处理,考虑相对湿度、温度等影响因子。

(2) 二次有机气溶胶模块

本模式中所用的二次有机气溶胶模式取自美国环保局(EPA)开发的一个空气质量模式 REMSAD 中的模块,程序原理为:由人为污染源直接排放到大气中的挥发性有机化合物可以与 OH 自由基发生光氧化反应,产生半挥发性的光氧化产物,在特定的温度、湿度和气压条件下,半挥发性光氧化产物可以在气态/液态之间,或者在气态/固态之间进行分配生成二次有机气溶胶(王振亚等,2007;郝立庆等,2006)。实际上,光氧化及其后续反应生成的有机化合物中,根据 SOC 形成的气体/粒子分配理论,只有那些半挥发性和非挥发性有机光氧化产物经过自身的凝聚或在气相/粒子相之间进行分配,才可以形成 SOC 粒子。

REMSAD 中的计算方案主要依据 Odum(Odum et al., 1996)和 Griffin(Griffin et al., 1999),该方案将 SOC 的前体物分为人为源和自然源。Jacobson(1999)指出,自然源对 SOC 粒子贡献更大,不过人为源的相对贡献呈增长趋势,在城市地区人为源可能超过了自然源。Odum 等(1997)指出 SOC 主要归结于汽油中的芳香族化合物含量。也就是说,至少对于人为源来说,可以考虑仅仅是芳香族化合物与 OH 反应产生 SOC。而对于自然源,考虑的则是与硝酸盐自由基(NO_3)、自由氧(O)、臭氧还有 OH 的反应。

Odum 等(1996)依据 Pankow(1994a,1994b)的气体/粒子分配吸收模型,总的 SOC 产额 Y 的数学表达式如下(Takekawa et al., 2003):

$$Y = \sum_i M_o \frac{\alpha_i K_{om,i}}{1 + K_{om,i} M_o},\ K_{om,i} = G_i/(A_i M_o) \tag{9.1.3}$$

M_o表示处于有机相(Organic matter,OM)的吸收物质的总浓度,即总的有机气溶胶的质量浓度(包括 POC 和 SOC),α_i为氧化产物物种 i 的理想化合系数,$K_{om,i}$表示气-粒分配系数,G_i,A_i分别表示可凝结有机物种 i 的气态产物浓度和气溶胶粒子态的产物浓度。

其中,分配系数 K 与温度之间的关系参考 Sheehan 和 Bowman(2001)的方案:$K_x(T) = K_x e^{10\,000(1/T-1/298)}$,$T$ 是开尔文(参考温度 298 K)。最近的研究(Jang and Kamens,1998)表明,一些 SOC 更可能在已存在的粒子上形成,而不是直接形成有机气溶胶。在非有机气溶胶上形成的 SOC 分配系数,到现在还不确定。因此在 SOC 分配公式中不包括非有机气溶胶,估算的 SOC 可以认为是 SOC 值的下限。

9.1.4 干湿沉积模型

干沉积是污染物由大气向表面输送,最终为土壤、水、植被等下垫面所清除的过程,它涉及物理、化学和生物等多种因子。干沉积过程是影响物种浓度的重要过程,尤其在近地面,物种浓度与干沉降速度的关系很大。影响干沉积的因素很多,主要包括大气状况(如风速、湍流强度、稳定度等),沉积表面性质(如粗糙度、表面组成及类型、植被覆盖率和植物生理结构)以及污染物本身的特性(如扩散率、活泼性、溶解性)(Sehmel, 1980)等三个方面。本模式在 Wesely(1989)的计算方法基础上,对气体和粒子的干沉积作了不同的处理。

气体干沉积速率。通常定义干沉积速度为:

$$v_d = -F_c/C_z \tag{9.1.4}$$

这里F_c是通量密度,C_z是物种在 z 高度的浓度,v_d可以表示成三种阻力和的倒数,即

$$v_d = \frac{1}{r_a + r_b + r_c} \tag{9.1.5}$$

这里r_a是空气动力学阻尼,r_b是片流层阻尼,r_c是接受表面阻尼。

粒子干沉积速率。粒子干沉积不同于气体,主要由湍流扩散、布朗扩散、惯性碰撞、重力沉降等引起,一般认为粒子沉积到表面后没有再悬浮,表面阻力可以忽略,粒子的干沉积速度可以表示为:

$$v_d = \frac{1}{r_a + r_b + r_a r_b v_g} + v_g \tag{9.1.6}$$

其中v_g代表重力沉降速度。

湿清除是污染物的云水清除,其具体过程和许多重要的云雨微物理过程有关,也是污染物一个重要的汇。本模式系统主要用于考察城市边界层内物种变化特征,暂不考虑云的影响。因此这里的湿清除指的是云下降水清除而不包括云内清除。模式系统中对于湿清除过程采用了参数化方法予以描述,给出了清除系数 Λ_l。计算公式如下:

$$\frac{\partial C}{\partial t} = -\Lambda C, \Lambda_l = 3 \times 10^{-10} K_l R \tag{9.1.7}$$

上式中 l 表示第 l 种物种，K_l是亨利可溶性常数，R 是降水率。

9.1.5 能见度计算

能见度 v（单位：km）通常用下述公式计算：

$$v = 3.912/b_{ext} \tag{9.1.8}$$

其中，b_{ext}为白光的大气总消光系数（单位：km^{-1}），包括颗粒物散射消光、颗粒物吸收消光、分子散射消光和分子吸收消光。其中消光系数 b_{ext}采用 Chow 和 Bachmann（2002）方案，该方案可近似地表达为：

$$\begin{aligned} b_{ext}(Mm^{-1}) &= \sum \text{干消光效率}(m^2/g) \times \text{湿度增强系数} \times \text{组分的浓度}(\mu g/m^3) \\ &= 3f(RH)(NH_4)_2SO_4 + 3f(RH)NH_4NO_3 + 4Organics + 10Soot + \\ &\quad Soil + 0.6Coarsemass + 10(Clearairscattering) \end{aligned} \tag{9.1.9}$$

式中 f(RH)是颗粒物吸湿性增长因子，是相对湿度（RH）的函数，随着相对湿度的增加，SO_4^{2-}，NO_3^- 的消光效率随某一曲线增加，即 f(RH)增湿曲线，而其他成分将与湿度无关，这里硫酸盐认为以（NH4）$_2$SO$_4$ 形式存在，硝酸盐认为以 NH_4NO_3 形式存在；Organics（有机物 OM）：1.4 倍有机碳（1.4 OC）；Soot（黑碳 BC），即元素碳（EC），主要为吸光作用；Soil（土壤尘）：为土壤元素总和，依据 Soil = 2.2Al + 2.49Si + 1.63Ca + 2.42Fe + 1.94Ti 计算；Coarse mass（粗颗粒物质量），为 $PM_{2.5-10}$颗粒物；Clear air scattering（清洁空气的散射）取 $10Mm^{-1}$。

9.1.6 边界条件与初始场

对于积分时间较长的气候模拟而言，初始场相对不重要，但对于短期预报，如 24 小时、48 小时预报，初始场很关键。NJUCAQPS 中城市边界层模式的初始场和边界条件由 WRF-Chem 模式提供。

化学模式的初始场由观测资料或 WRF-Chem 模式输出场插值得到，边界条件如果是出流边界，则采用无梯度边界条件，如果是入流边界，则有 WRF-Chem 模式提供化学成分的边界条件。WRF-Chem 模式的化学成分边界每小时导入一次，每一时步根据前后两小时的数值进行时间插值。

9.1.7 数值计算方法

模式对化学物质浓度的求解采用分裂算子法，该算法的优点在于每个算式都只包含一种物理和化学过程，在模式中可以比较方便地考虑各个过程的计算方法，以便保证每个过程计算精度。计算时步可以取和气象过程模拟相同的时间步长，也可取不同的时间步长。然后分别计算化学物质守恒方程中的时间项、平流项、扩散项、干湿沉积项、源排放项和化学反应项。时间项用前差，平流项用上游差分，垂直湍流项用半隐式差分格式。用数值解法求解由反应机理得到的浓度随时间变化的刚性常微分方程组时，由于不同成分的光化时间常数相差很大，简单的连续迭代求解方法将面临数值不稳定的困难。要采用比最短的光化时间常数还要小的时间步长，则将耗费巨量的计算机时间。因此目前比较常用的方法是拟稳态近似(QSSA)法，尽管计算精度较 Gear 法略低，但求解效果仍然比较理想，而且运算方法简便，可以保证较快的计算速度，因此运用较为广泛。其求解方法如下：

化学反应的中间物种比较活泼，在进行一段很短时间的反应之后，其形成速度与消失速度达到相等，即

$$\frac{\mathrm{d}C_i}{\mathrm{d}t}=P-RC_i=0 \tag{9.1.10}$$

此时物种 i 的浓度随时间变化很小，在一定的时间间隔内可认为浓度不变，求出其值即

$$C_i^{n+1}=\left(\frac{P_i}{L_i}\right)^n \tag{9.1.11}$$

式中 n 为第 n 时步，用上式求出的物种浓度称为稳态浓度。在一个反应体系中，可以有一种或几种物种的浓度用此法求出，再用一般解常微分方程的数值解法计算其他物种的浓度。

9.1.8 NJUCAQPS 应用示例

为了研究杭州市近 10 年来城市化发展对城市气象特征及污染扩散的影响，刘红年等(2015)利用南京大学城市空气质量模式 NJUCAQPS 以及 2000 年和 2010 年两个年代高分辨率的地表类型资料和城市建筑资料，进行了 9 种天气类型共 90 个个例的模拟。

(1) 数值试验方案设计

根据杭州市多年天气特征分析，将影响杭州的天气类型主要分为 9 类，分别为高压前部、高压底部、高压控制、高压后部、气旋系统、东风带系统、倒槽、冷锋后和冷锋前。从 2000 年到 2010 年中挑选了 9 种天气类型下共 90 个个例进行城市化对气象场影响的数值模拟，并从 9 种天气类型中各挑选 1 个典型个例进行城市化对污染物扩散的模拟研究。

模式中网格的设置如下：WRF 采用四重嵌套，内层分辨率为 3 km。边界层模式和化学模式的模拟水平格距为 500 m，水平网格点数为 99 × 71，垂直分为 13 层，模式顶高 3 km，最低层高 5 m。

数值模拟范围是以杭州市富春路和市民街交界处(经度 120.184 2°，纬度 30.278 59°)为中心的 49 km × 35 km 区域，根据杭州市的下垫面特点分为城市、水域、草地、树林和土壤五种类型，如图 9.1.1 是根据 10 m 分辨率地表类型资料制作的 2000 年和 2010 年土地利用类型分布图，图中紫色区域代表城市。杭州市经过 10 年的城市化发展，城市面积有非常明显的增加。2000 年，杭州市区几乎限于钱塘江以北，2010 年，钱塘江以南区域几乎新造了一个杭州城，主城区向北、东北和向西方向也有大面积扩张。按照传统划分概念，将上城区、下城区、西湖区、拱墅区、江干区作为杭州主城区。

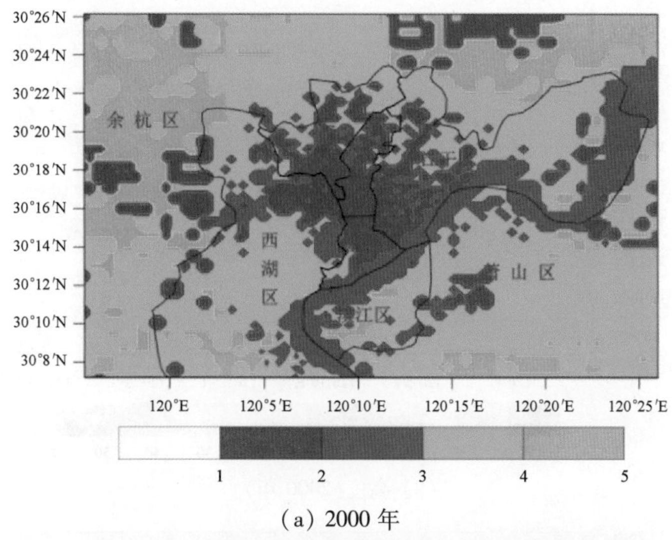

(a) 2000 年

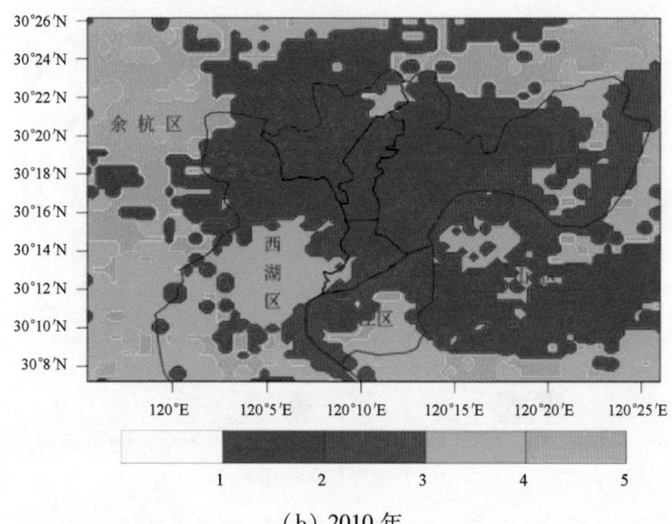

(b) 2010 年

图 9.1.1 杭州市 2000 年(a)和 2010 年(b)土地利用类型(Liu, 2015)

1:城市,2:水体,3:树林,4:庄稼,5:土壤(其他)

图 9.1.2 根据杭州市 10 m 分辨率的城市建筑高度和分布资料得到的 2000 年和 2010 年建筑高度和建筑密度变化分布。2000 年平均建筑高度和建筑密度分别为 9.8 m 和 0.15,2010 年平均建筑高度和建筑密度分别为 9.5 m 和 0.16。与 2000 年相比,2010 年平均建筑高度略有下降,原因是新增城区的建筑多数低于 10 m,但杭州市经过 10 年的城市化发展,高大建筑的数量迅速增加,建筑密度也有明显增加。

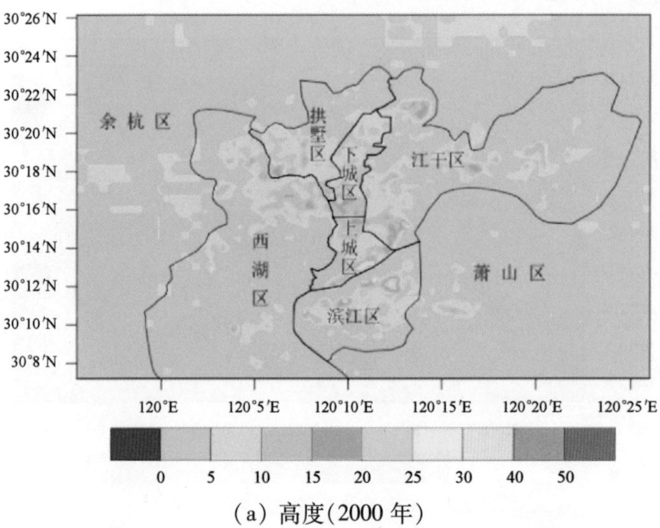

（a）高度(2000 年)

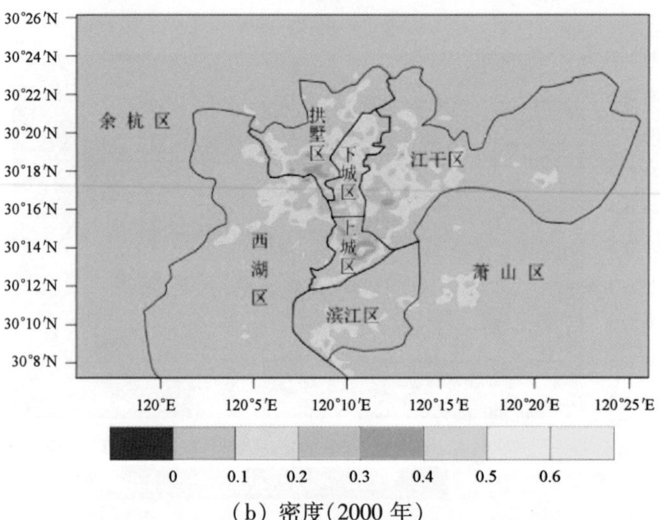

（b）密度(2000 年)

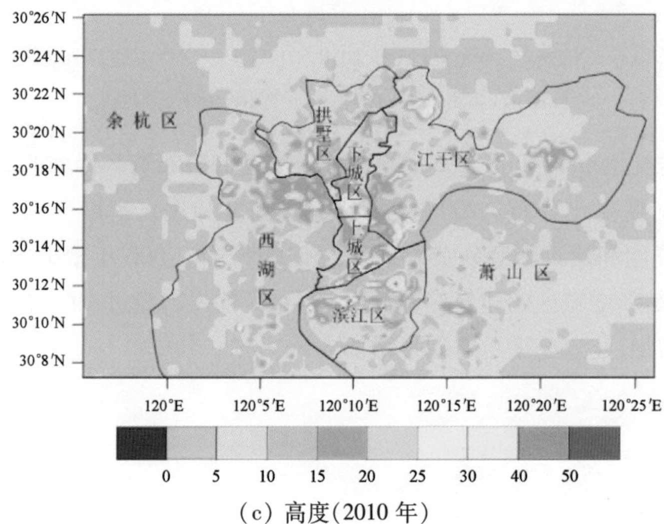

（c）高度(2010 年)

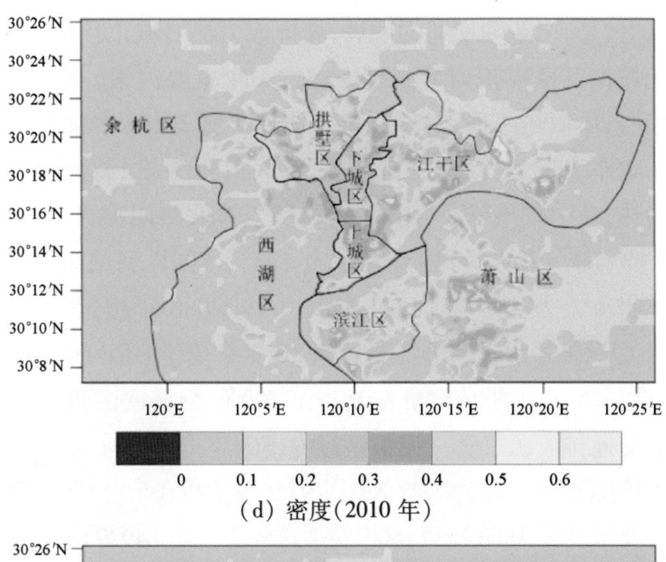

(d) 密度(2010 年)

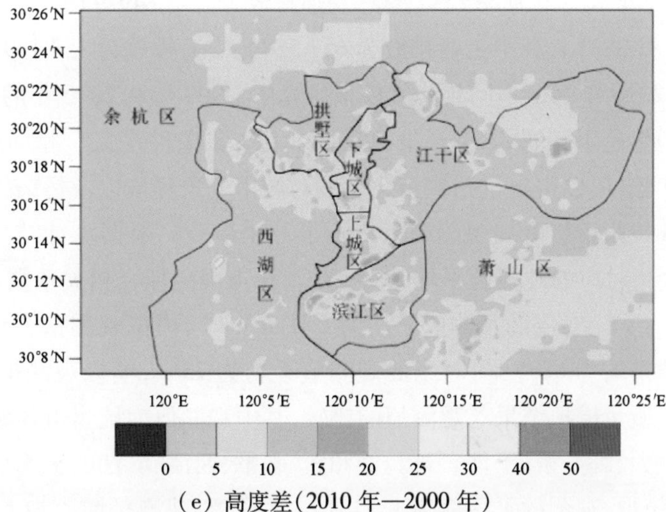

(e) 高度差(2010 年—2000 年)

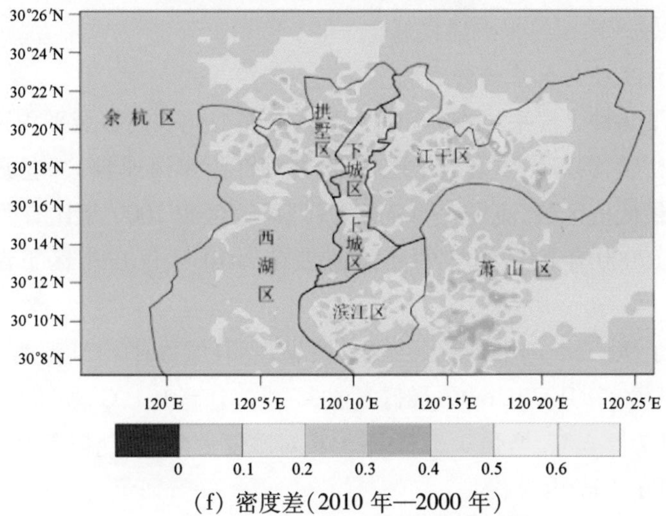

(f) 密度差(2010 年—2000 年)

图 9.1.2 2000 年和 2010 年城市建筑高度和建筑密度(Liu, 2015)

随着城市人口的增长、工业和交通的发展,城市人为热对城市环境和气候的影响越来越重要,人为热也成为城市气象模拟研究必须考虑的一个重要因素。本节将杭州市人为热分为工业、交通、生活和人体散热四种。利用《杭州统计年鉴2011》中杭州工业能源消耗总量、机动车保有量、主干道车流量、生活能源消耗总量、人口数等数据以及标准煤发热值估算了杭州市2010年人为热,其中杭州工业、交通、生活和人体散热四种人为热通量分别为39.1,10.8,5.57和1.57 $W \cdot m^{-2}$,总人为热为57.04 $W \cdot m^{-2}$。同样利用2000年杭州经济统计数据估算了2000年杭州市人为热为47.84 $W \cdot m^{-2}$。与2000年相比,2010年人为热增加了9.2 $W \cdot m^{-2}$,增加不显著的主要原因在于杭州近10年来单位GDP能耗的显著下降。

根据杭州市环保局2010年排放源资料制作了500 m分辨率的排放源清单,排放源分为工业源、生活面源和交通排放源三类。模拟区域内,SO_2年排放总量为55 931.5 t,其中工业排放占49 154.8t,NO_x年排放总量为73 536.5 t,其中交通排放源和工业点源分别为35 242.0 t和37 654.5 t,PM_{10}年排放总量为68 158 t,其中交通排放源占41 849.9 t,工业点源占21 606.1 t,CO年排放总量为81 3831 t,其中工业排放为657 528 t,交通排放为154 169 t。

在2000年和2010年两个不同年代的模拟研究中,2000年和2010年的地表类型、建筑高度、建筑密度、人为热是不相同的,但污染源资料以及气象条件是完全相同的,这样通过两个年代模拟结果的比较,可以得出杭州城市化发展对城市气象环境以及污染扩散的影响。

将模拟结果和杭州市气象局观测结果进行了对比检验。根据统计结果,90个模拟日的温度平均值为17 ℃,对应的观测值平均为17.5 ℃,模拟观测拟合相关系数达到0.85;风速模拟平均值为1.9 $m \cdot s^{-1}$,对应的观测值平均为2.3 $m \cdot s^{-1}$,模拟观测拟合相关系数为0.73;相对湿度的模拟值平均为68.7%,对应的观测值平均为73%,模拟观测拟合相关系数达到0.93。进行了空气质量模拟结果与观测值的比较,其中观测值为杭州市环保局十个环境监测站和睦站、朝晖、农大、卧龙桥、下沙、云栖、城厢镇、临平、西溪、滨江的平均结果。其中SO_2浓度模拟总体略高,模拟/观测的平均值为1.21;NO_2的模拟/观测平均值为1.03;PM_{10}模拟/观测平均值为1.15。模式模拟效果总体良好。

(2) 杭州城市化发展对气象场的影响

图9.1.3给出了9种天气平均流场和温度场的分布变化。模拟域平均风向为东北风,通风廊道主要位于石桥镇、彭埠镇以及江干区一带,钱塘江沿岸风速较大,上城区、下城区以及西湖区北部为风速最低值区域,流场有明显辐合,低风速区较2000年比有明显扩大,萧山区风速也有明显降低,2000年沿钱塘江的高风速带在2010年仅在市区下游至入海口段有保留。

表9.1.1给出了90天个例平均统计结果,结果表明:城区平均气温为16.2 ℃,升高了0.9 ℃;最高气温24.6 ℃,升高0.6 ℃;最低气温3.4 ℃,升高1.1 ℃,城市化使得夜间温度升高更明显;热岛强度为0.6 ℃,增强0.5 ℃;平均相对湿度为69.0%,降低9.7%,城区平均风速1.9 $m \cdot s^{-1}$,降低1.1 $m \cdot s^{-1}$。

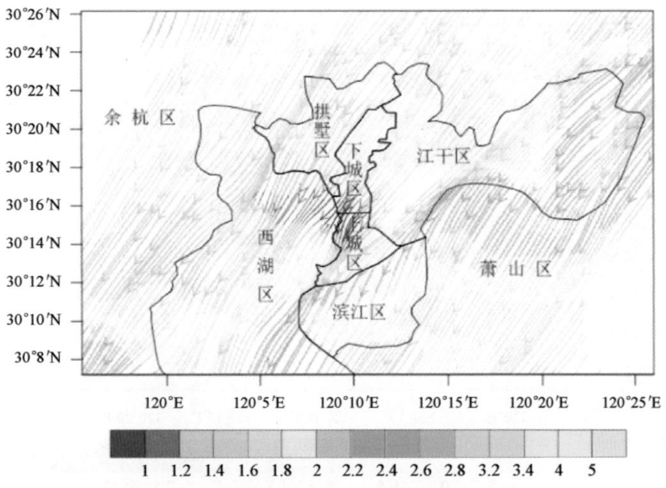

(a) 2000 年下垫面流场($m \cdot s^{-1}$)

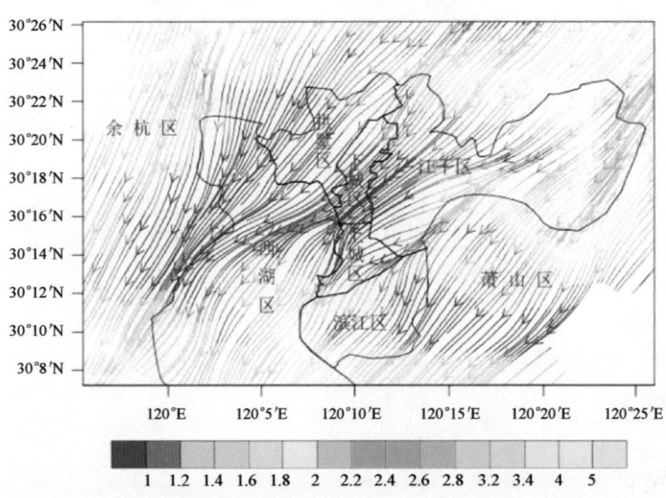

(b) 2010 年下垫面流场($m \cdot s^{-1}$)

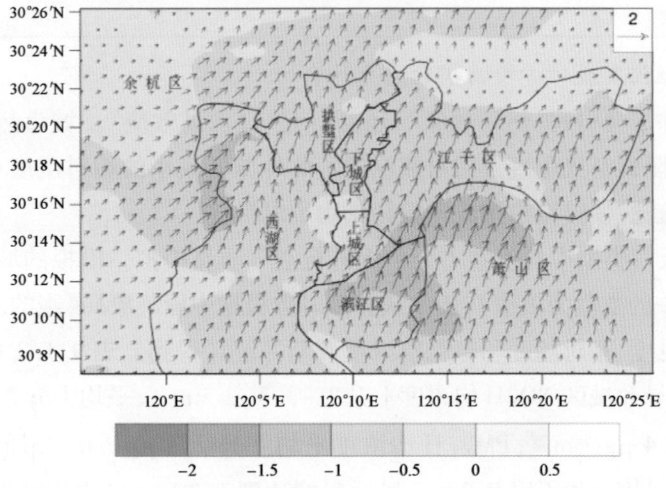

(c) 城市化引起的风速和流场变化($m \cdot s^{-1}$)

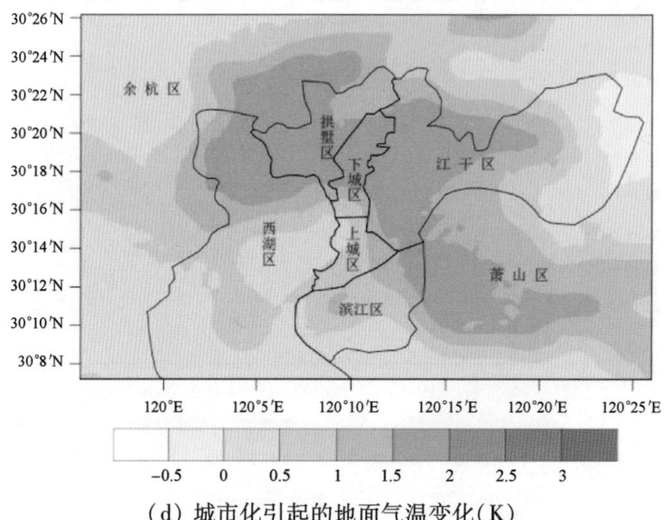

(d) 城市化引起的地面气温变化(K)

图 9.1.3 90 天个例平均流场和温度场分布变化(Liu, 2015)

表 9.1.1 90 天气象要素平均结果统计

	2000 年下垫面	2010 年下垫面	2010 下垫面—2000 年下垫面
最高气温(℃)	24.0	24.6	0.6
最低气温(℃)	2.3	3.4	1.1
平均气温(℃)	15.3	16.2	0.9
平均风速($m \cdot s^{-1}$)	3.0	1.9	-1.1
平均相对湿度(%)	78.7	69.0	-9.7
平均湍能($m^2 \cdot s^{-2}$)	2.4	1.4	-1.0
热岛强度(℃)	0.1	0.6	0.5
干岛强度(%)	0.6	4.4	3.8
市区与郊区风速差($m \cdot s^{-1}$)	0.3	0.8	0.5

(3) 杭州城市化发展对污染物扩散能力的影响

城市化发展除了会引起“热岛效应”,还会引起“混浊岛效应”。城市热岛效应容易导致较厚的逆温层,会阻碍空气垂直方向对流输送。此外城区较小的相对湿度和平均风速,也会阻碍空气的水平流通,使得城市排放颗粒污染物难以扩散。

本节从 9 种天气类型中各挑选 1 个个例进行空气质量模拟。模拟的城区平均结果见表 9.1.2(表中括号中的数值为极值),表中灰霾小时数根据中国气象局《霾的观测和预报等级》由小时平均的能见度、相对湿度和颗粒物浓度判断并统计得到。表 9.1.2 可见,不同天气类型下,城市化发展导致城区 NO_2 日均浓度上升 1 ~ 3.3 $\mu g \cdot m^{-3}$,平均上升 2.1 $\mu g \cdot m^{-3}$,局地影响最大可达 12.4 $\mu g \cdot m^{-3}$;$PM_{2.5}$ 日均浓度平均上升 2.3 $\mu g \cdot m^{-3}$,局地影响最大可达 15.3 $\mu g \cdot m^{-3}$;能见度平均下降 0.2 km,局地影响达到 1.3 km;日均灰霾小时数上升 0.1 ~

1.2 h,平均上升 0.46 h,局地影响达到 3.3 h。

表 9.1.2　9 天个例空气质量模拟结果统计

天气类型	年代	NO_x ($\mu g \cdot m^{-3}$)	$PM_{2.5}$ ($\mu g \cdot m^{-3}$)	能见度(km)	日均灰霾小时数(h)
1	2000 年	50.5	48.3	6.8	11.8
	2010 年	52.3	50.1	6.7	11.9
	2010 年—2000 年	1.8(9.1)	1.8(20.4)	-0.1(-2.1)	0.1(3)
2	2000 年	72.5	66.9	6.6	16.1
	2010 年	75.7	73.9	6.2	17.3
	2010 年—2000 年	3.2(7.6)	7(16.7)	-0.4(-1.7)	1.2(2)
3	2000 年	47	57	8.6	17.3
	2010 年	48.3	58.5	8.5	17.7
	2010 年—2000 年	1.3(16.0)	1.5(20.2)	-0.1(-1.1)	0.4(2)
4	2000 年	50.2	56.7	8.4	18.1
	2010 年	53.5	57.1	8.2	18.9
	2010 年—2000 年	3.3(17.7)	0.4(11.3)	-0.2(-1.6)	0.8(5)
5	2000 年	88.3	71.4	6.2	20.2
	2010 年	90.4	73.2	6	20.5
	2010 年—2000 年	2.1(13.2)	1.8(12.3)	-0.2(-1.0)	0.3(3)
6	2000 年	87.4	56.2	6.4	12.5
	2010 年	90.3	58.6	6.3	12.8
	2010 年—2000 年	2.9(8.0)	2.4(12.9)	-0.1(-0.7)	0.3(3)
7	2000 年	53	63.3	6.6	8
	2010 年	54.2	66.7	6.4	8.7
	2010 年—2000 年	1.2(5.1)	3.4(11.2)	-0.2(-1.0)	0.7(5)
8	2000 年	37.5	41.7	9.8	13
	2010 年	38.5	42.3	9.7	13.2
	2010 年—2000 年	1(8.7)	0.6(19.9)	-0.1(-1.4)	0.2(2)
9	2000 年	62	67	7.6	19.4
	2010 年	64	69	7.5	19.5
	2010 年—2000 年	2(26.6)	2(13.3)	-0.1(-1.0)	0.1(5)
平均	2000 年	60.9	58.7	7.4	15.2
	2010 年	63.0	61.0	7.2	15.6
	2010 年—2000 年	2.1(12.4)	2.3(15.3)	-0.2(-1.3)	0.46(3.3)

图 9.1.4 给出了 9 个个例平均的 $PM_{2.5}$浓度和能见度分布。从图中可以看出,$PM_{2.5}$浓度最大值位于上城区、下城区和江干区交界处,城市化导致浓度升高了约 40 $\mu g \cdot m^{-3}$,对应的能见度降低了约 1 km。此外,萧山区为另一 $PM_{2.5}$浓度高值区,对应能见度也有明显降低。

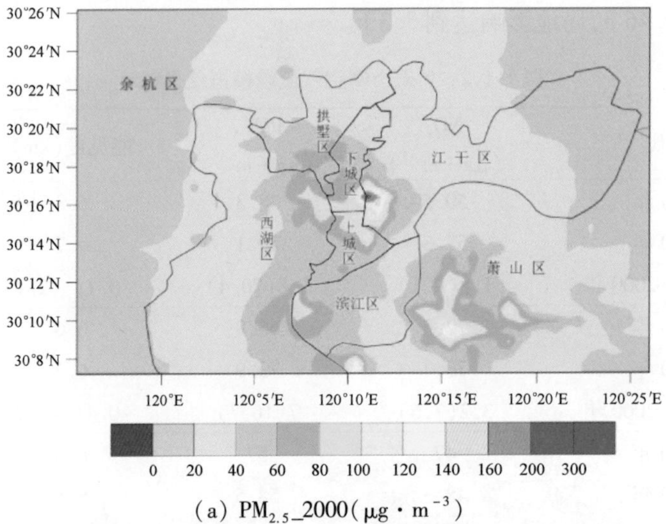

(a) $PM_{2.5}$_2000($\mu g \cdot m^{-3}$)

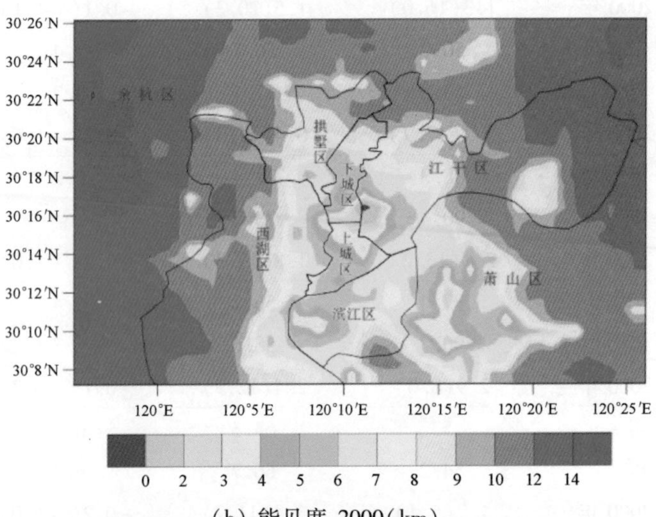

(b) 能见度_2000(km)

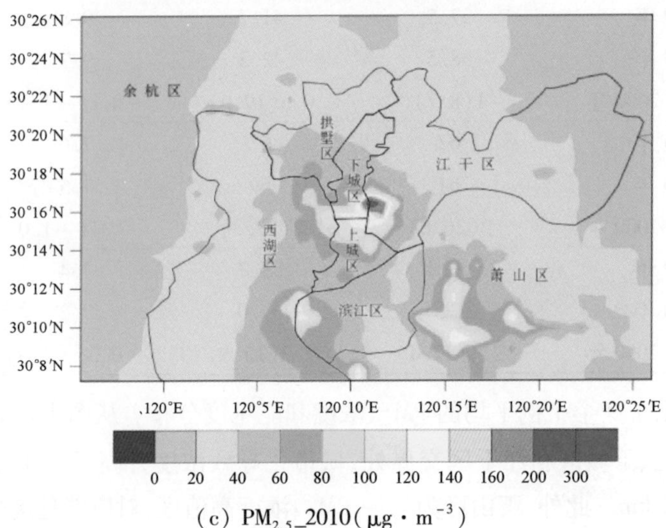

(c) $PM_{2.5}$_2010($\mu g \cdot m^{-3}$)

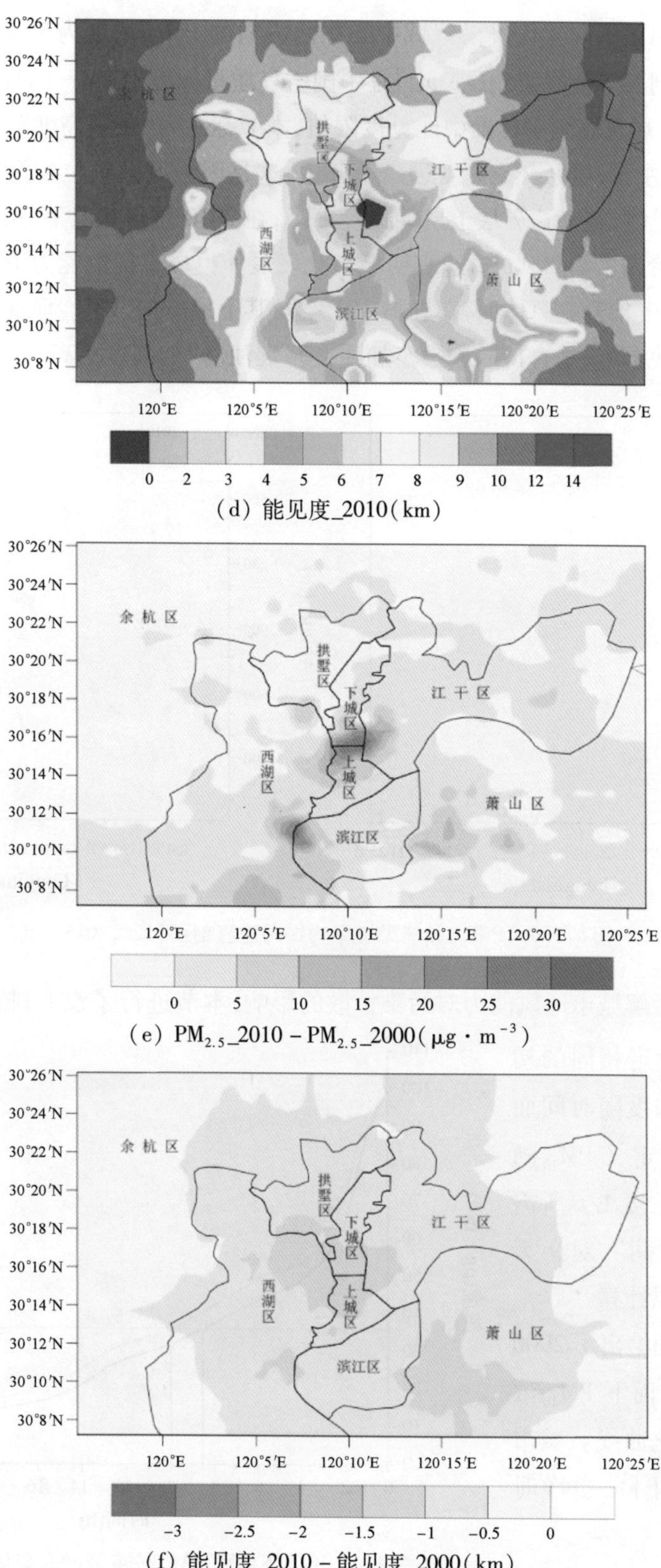

(d) 能见度_2010(km)

(e) $PM_{2.5}$_2010 - $PM_{2.5}$_2000($\mu g \cdot m^{-3}$)

(f) 能见度_2010 - 能见度_2000(km)

图 9.1.4　$PM_{2.5}$和能见度 9 个个例平均结果(Liu, 2015)

图 9.1.5 给出了不同年代过模拟域中心东西方向的 $PM_{2.5}$浓度为 75 μg · m^{-3}和能见度为 10 km 的垂直剖面等值线,75 μg · m^{-3}是中国空气质量标准中 $PM_{2.5}$的日均值限值,能见度 10 km 是中国气象局灰霾判别标准中能见度限值,本节称之为“灰霾高度”。灰霾高度在郊区很低,只有 300 m 左右,城区灰霾高度远高于郊区,这是因为城区颗粒物污染比郊区严重,不仅影响到地面能见度,还使边界层上层能见度下降,在 2010 城市状况下,灰霾高度在 1 300 m 左右,比 2000 年抬高了约 200 m。这表明城市化发展使得城市扩散能力下降,更容易导致污染物堆积,灰霾高度抬升。总体而言,在城市上空及其下风方向,$PM_{2.5}$垂直扩散范围更高,而城市化的影响则使 $PM_{2.5}$垂直扩散进一步加强,使“混浊岛”的高度更高。

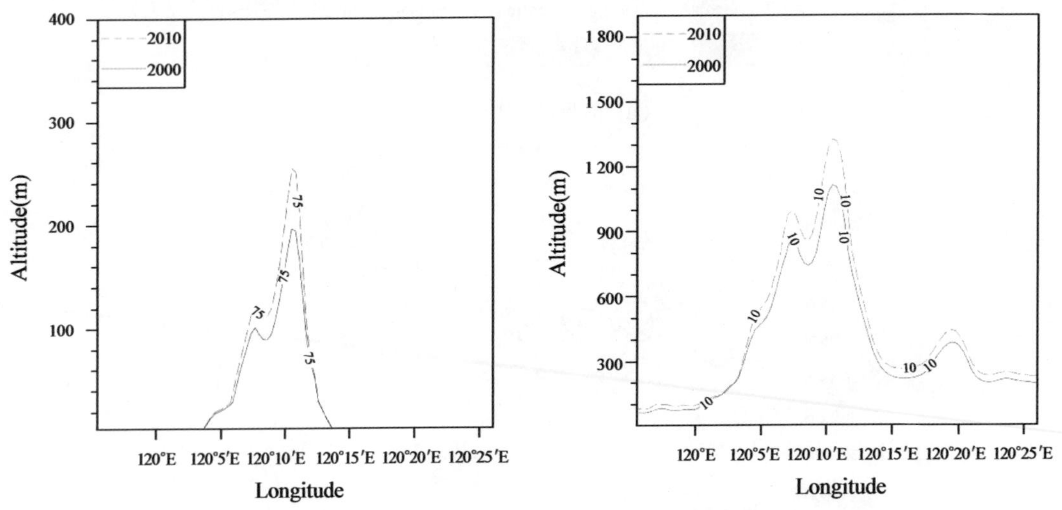

图 9.1.5　$PM_{2.5}$和能见度平均结果垂直剖面(Liu,2015)

为了进一步了解城市通风能力对污染扩散的影响,本节进行了没有排放源的扩散试验,即取消排放源,设定相同的初始场,比较 PM_{10}浓度随时间而下降的速率,本节定义 PM_{10}随时间衰减到初始浓度 1/e 所需的时间为“自净时间”,对 9 天个例分别进行模拟计算。

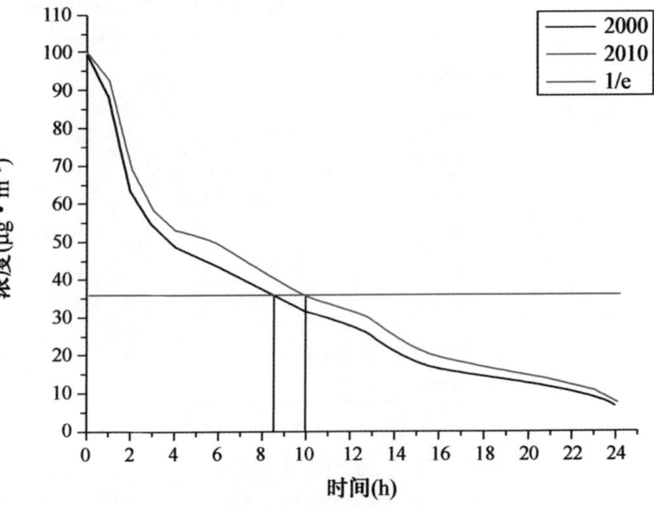

图 9.1.6　不同下垫面 PM_{10}浓度随时间变化(Liu,2015)

图 9.1.6 分别给出了 2000 年和 2010 年下垫面下 PM_{10}浓度随时间衰减变化曲线。城市化导致扩散能力下降,自净时间平均增加 1.5h。

表 9.1.3 给出了 9 天个例

PM_{10}的“自净时间”。可以看出,不同天气条件下PM_{10}浓度降低速度有明显差异,现状下垫面下,“倒槽型”天气和“冷锋后”天气类型下衰减较快,扩散能力最好,自净时间约为7 h,而“高压前部”和“高压控制”天气下衰减较慢,扩散能力较差,自净时间分别为13.6 h和19.3 h,9天个例自净时间平均值为10 h。

表 9.1.3 不同天气型下PM_{10}浓度自净时间(h)

天气类型	2000年	2010年	2010年—2000年
高压前部	12.6	13.6	1.0
高压底部	6.5	7.5	1.0
高压控制	14.5	19.3	4.8
高压后部	8.6	9.9	1.3
气旋系统	9.5	9.6	0.1
东风带系统	6.4	8.1	1.7
倒槽	5.6	7.4	1.8
冷锋后	5.3	7.3	2.0
冷锋前	7.6	7.7	0.1
平均	8.5	10.0	1.5

9.1.9 小结

本节介绍了南京大学城市空气质量预报系统(NJUCAQPS)的基本框架和应用实例。

该系统由三大模块组成:中尺度气象预报模式、城市边界层模式(UBLM)和大气污染输送化学模式(ACTDM)。中尺度气象预报模式为WRF,给城市边界层模式提供初始场和边界条件。UBLM计算得到的高分辨力气象场驱动大气污染输送化学模式(ACTDM)进行污染物浓度、能见度和空气质量指数的预报。

ACTDM是一个包含多物质输送、扩散、化学转化、干湿沉积的污染物浓度预报模式,可给出多种气态污染物如SO_2,NO_x,O_3,CO等,颗粒物PM_{10},$PM_{2.5}$等,$PM_{2.5}$组分硫酸盐、硝酸盐、铵盐、黑碳、有机碳、二次有机碳,以及能见度、空气质量指数AQI等的时空分布。

利用NJUCAQPS模式和杭州地区2000年和2010年两种下垫面和城市建筑分布情形,进行了不同天气类型下的城市化发展对气象场和污染扩散过程影响的数值模拟研究。研究发现:

① NJUCAQPS模式模拟效果总体良好,能进行城市空气质量预报及相关领域的研究工作。

② 由于城市化发展,城市低风速区域明显增大,城区日均风速平均降低1.1 $m \cdot s^{-1}$($0.1 \sim 2.9\ m \cdot s^{-1}$);热岛强度平均增强0.5 ℃(−0.1~1.3 ℃);城区平均相对湿度平均降低9.7%(3.6%~17.9%)。

③ 不同天气类型下,城市化发展使杭州城区NO_2浓度升高,局地影响最大可达12.4 $\mu g \cdot m^{-3}$;$PM_{2.5}$日均浓度平均上升2.3 $\mu g \cdot m^{-3}$,局地影响最大可达15.3 $\mu g \cdot m^{-3}$;能见度平均下降0.2 km,局地影响达到1.3 km;日均灰霾小时数上升0.1~1.2 h,“灰霾高度”

抬高 100～300 m。

④ 城市化发展导致城市自净能力下降，PM_{10}平均“自净时间”由 2000 年的 8.5 h 增加到 2010 年的 10 h。

9.2 RBLM-Chem 模式的发展

RBLM 是可广泛运用于中－β 到中－γ 尺度的数值模拟研究的区域边界层气象模式，Yang 和 Liu(2017)将城市树木冠层模型和植被干沉降方案以及大气化学输送扩散模式(ACTDM)耦合进区域边界层模式(RBLM)中，建成新一代的在线耦合的城市边界层-植被-化学-辐射模式系统(RBLM-Chem)。

RBLM-Chem 的化学部分除干沉降模块以外，其余和大气化学输送扩散模式(ACTDM)(9.1 节)相同。本节主要介绍 RBLM-Chem 的干沉降模块，该模块考虑了植被对污染物干沉降速度的影响。

9.2.1 植被干沉降方案

通常将大气中气态污染物的干沉降机制类比为电流通过电路的欧姆定律，将可能对物体干沉降过程产生影响的各阻尼项类比为电路中的电阻。据此，气态物质的干沉降速率可被认为是大气及下垫面整体阻尼系统的倒数，即

$$V_d = \frac{1}{R_a + R_b + R_c} \tag{9.2.1}$$

其中 R_a为空气动力学阻尼项，R_b为片流层阻尼项，R_c为下垫面整体阻尼项(如图 9.2.1 所示)。

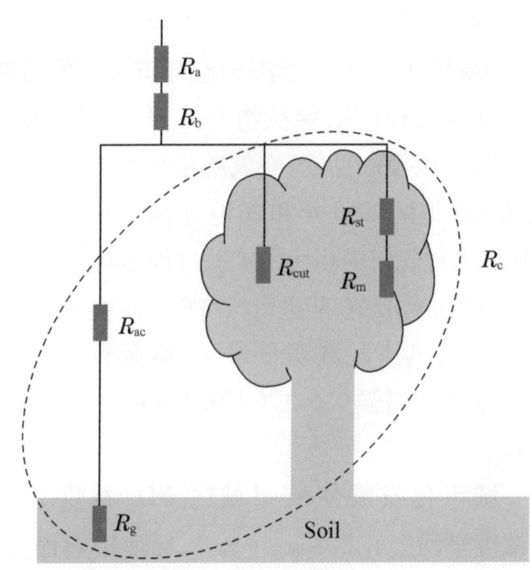

图 9.2.1 气态物质干沉降模型示意图

稳定层结下，

$$R_a = 0.74(\kappa u_*)^{-1}[\ln(z/z_0)/L] \tag{9.2.2}$$

中性层结下，

$$R_a = 0.74(\kappa u_*)^{-1}\ln(z/z_0) \tag{9.2.3}$$

不稳定层结下，

$$R_a = 0.74(\kappa u_*)^{-1}\left\{\ln\left[\frac{(1-9z/L)^{0.5}-1}{(1-9z/L)^{0.5}+1}\right] - \ln\left[\frac{(1-9\,z_0/L)^{0.5}-1}{(1-9\,z_0/L)^{0.5}+1}\right]\right\} \tag{9.2.4}$$

其中z_0为地表粗糙度，κ 为冯-卡曼常数（$\kappa=0.4$），u_* 为摩擦速度，L 为 Monin-Obuhov 长度。

根据 Wesely 和 Hicks(1977)：

$$R_b = 2(\kappa u_*)^{-1}(Sc/Pr)^{2/3} \tag{9.2.5}$$

其中 Sc 为 Schmidt 数，Pr 为 Prandtl 数。

目前关于R_a及R_b计算方法的讨论已经比较成熟，不确定性也相对较小，而有关R_c的计算是整体阻尼模型中最复杂、最重要的部分。不同模式之间关于干沉降速率模拟结果的误差也主要来源于R_c计算部分的误差。根据 Zhang 等(2003)的参数化方案：

$$\frac{1}{R_c} = \frac{1-W_{st}}{R_{st}+R_m} + \frac{1}{R_{ns}} \tag{9.2.6}$$

其中R_{st}为气孔阻尼项；R_m为叶肉阻尼项，其取值只与化学物种的不同有关(Zhang et al., 2002)；R_{ns}为非气孔阻尼项；W_{st}为冠层较潮湿时，叶面截留水的覆盖率（对于冠层较干燥的情况，$W_{st}=0$）。

$$W_{st} = \begin{cases} 0, & \mathrm{SR} \leqslant 200\ \mathrm{W \cdot m^{-2}} \\ \dfrac{\mathrm{SR}-200}{800}, & 200 < \mathrm{SR} \leqslant 600\ \mathrm{W \cdot m^{-2}} \\ 0.5, & \mathrm{SR} > 600\ \mathrm{W \cdot m^{-2}} \end{cases} \tag{9.2.7}$$

由上式可知，只有当太阳辐射较强，且冠层潮湿的条件下，才考虑叶片表面截留水的覆盖率（即$W_{st}>0$）。本节参考 Janssen 和 Romer 等(1991)提出的方法，当满足以下关系时，认为冠层为潮湿状态。

$$u_* < C_0 \frac{1.5}{q(T_2) - q(T_d)} \tag{9.2.8}$$

其中 $q(T_2)$和 $q(T_d)$代表当气温为T_2及露点温度T_d时的饱和比湿；C_0为与云量有关的经验常数。

气孔阻尼项R_{st}的表达式为：

$$R_{st}=\frac{1}{G_{st}(\mathrm{PAR})f(T)f(D)f(\varphi)D_i/D_v} \tag{9.2.9}$$

其中$G_{st}(\mathrm{PAR})$为叶面气孔传导率：

$$G_{st}(\mathrm{PAR})=\frac{F_{sun}}{r_{st}(\mathrm{PAR}_{sun})}+\frac{F_{shade}}{r_{st}(\mathrm{PAR}_{shade})} \tag{9.2.10}$$

$$r_{st}(\mathrm{PAR})=r_{stmin}(1+b_{rs}/\mathrm{PAR}) \tag{9.2.11}$$

F_{sun}和F_{shade}分别为叶面积指数（LAI）中接受太阳辐射和被阴影遮挡的部分；PAR_{sun}和PAR_{shade}分别为叶面阳光直射部分及阴影遮挡部分接收到的光合作用有效辐射（PAR）；r_{st}为非应力叶面气孔阻尼项；r_{stmin}为叶面气孔阻力的最小值；b_{rs}为经验参数。

参考 Norman（1982）的研究工作，可以得到F_{sun}，F_{shade}以及PAR_{sun}和PAR_{shade}的表达式：

$$F_{sun}=2\cos\theta[1-\mathrm{e}^{-0.5\,\mathrm{LAI}/\cos\theta}] \tag{9.2.12}$$

$$F_{shade}=\mathrm{LAI}-F_{sun} \tag{9.2.13}$$

当叶面积指数 LAI <2.5 或太阳辐射通量 <200 W · m^{-2}时，

$$\begin{cases}\mathrm{PAR}_{shade}=R_{diff}\mathrm{e}^{(-0.5\mathrm{LAI}^{0.7})}+0.07\,R_{dir}\times(1.1-0.1\mathrm{LAI})\mathrm{e}^{-\cos\theta}\\ \mathrm{PAR}_{sun}=\dfrac{R_{dir}\cos\alpha}{\cos\theta}+\mathrm{PAR}_{shade}\end{cases} \tag{9.2.14}$$

其他情况下，

$$\begin{cases}\mathrm{PAR}_{shade}=R_{diff}\mathrm{e}^{(-0.5\mathrm{LAI}^{0.8})}+0.07\,R_{dir}\times(1.1-0.1\mathrm{LAI})\mathrm{e}^{-\cos\theta}\\ \mathrm{PAR}_{sun}=\dfrac{R_{dir}^{0.8}\cos\alpha}{\cos\theta}+\mathrm{PAR}_{shade}\end{cases} \tag{9.2.15}$$

其中θ为太阳天顶角；α为太阳辐射与叶面之间的角度（为简化处理，本节中α统一设为60°）；R_{diff}和R_{dir}分别为向下太阳短波辐射中散射和直接辐射的分量（Weiss and Norman，1985）。

$f(T)$，$f(D)$及$f(\psi)$分别代表气温T、水汽压差D及叶面水含量ψ导致的叶面气孔传导率减小效应：

$$f(T)=\frac{T-T_{min}}{T_{opt}-T_{min}}\left[\frac{T_{max}-T}{T_{max}-T_{opt}}\right]^{b_t} \tag{9.2.16}$$

其中，

$$b_t=\frac{T_{max}-T_{opt}}{T_{opt}-T_{min}} \tag{9.2.17}$$

$$f(D)=1-b_{vpd}D \tag{9.2.18}$$

其中，

$$D = e^{*}(T) - e \tag{9.2.19}$$

$$f(\psi) = (\psi - \psi_{c2})/(\psi_{c1} - \psi_{c2}) \tag{9.2.20}$$

其中，

$$\psi = -0.72 - 0.0013\text{SR} \tag{9.2.21}$$

(9.2.16)式中，T_{min}和T_{max}分别代表叶面气孔打开的最低和最高气温，即当环境气温低于T_{min}或高于T_{max}时，叶面气孔将完全闭合；T_{opt}代表叶面气孔打开程度达到最大时的环境温度；b_{vpd}为与水汽压差有关的经验参数；$e^{*}(T)$为气温为T时的饱和水汽压；e为周围环境水汽压；ψ_{c1}及ψ_{c2}分别为与叶面水含量有关的经验参数(见表9.2.1)。

表9.2.1 RBLM模块中与干沉降过程有关的关键参数的取值

(“—”代表该地表类型不考虑这一项的作用)

	LUC	R_{ac0}	R_{cutd0} (O_3)	R_{cutw0} (O_3)	R_{cutd0}	R_g	r_{stmin} (SO_2)	b_{rs} (SO_2)	b_{vpd}	T_{min}	T_{max}	T_{opt}	ψ_{c1} (℃)	ψ_{c2}
				($s \cdot m^{-1}$)				($W \cdot m^{-2}$)			($k \cdot Pa^{-1}$)		(MPa)	
1	沙漠	0	—	—	—	700	—	—	—	—	—	—	—	—
2	苔原	0	8 000	400	2 000	300	150	25	−5	40	20	0.24	0	−1.5
3	草地	20	4 000	200	1 000	200	150	50	5	40	30	0	−1.5	−2.5
4	灌木覆盖的草地	10~40	4 000	200	1 000	200	100	20	5	45	25	0	−1.5	−2.5
5	树木覆盖的草地	60	6 000	400	2 000	200	150	40	0	45	30	0.27	−2	−4.0
6	阔叶林	100~250	6 000	400	2 500	200	150	43	0	45	27	0.36	−1.9	−2.5
7	针叶林	100	4 000	200	2 000	200	250	44	−5	40	15	0.31	−2	−2.5
8	雨林	300	6 000	400	2 500	100	150	40	0	45	30	0.27	−1	−5.0
9	冰面	0	—	—	—	(9.2.27)式	—	—	—	—	—	—	—	—
10	农田	10~40	4 000	200	1 500	200	120	40	5	45	27	0	−1.5	−2.5
11	灌木	40	5 000	300	2 000	200	250	44	0	45	25	0.27	−2	−3.5
12	短灌木	40	5 000	300	2 000	200	150	44	−5	40	15	0.27	−2	−4.0
13	半沙漠	0	—	—	—	700	—	—	—	—	—	—	—	—
14	水面	0	—	—	—	20	—	—	—	—	—	—	—	—
15	城市	40	6 000	400	4 000	300	200	42	0	45	22	0.31	−1.5	−3

夜间当太阳辐射为零时，叶面气孔完全闭合，此时认为(9.2.6)式中R_{st}取值为无穷大。

非气孔阻尼项R_{ns}可以进一步分解为冠层内空气动力学阻尼R_{ac}、地表阻尼R_g以及植被表皮吸收阻尼R_{cut}：

$$\frac{1}{R_{ns}}=\frac{1}{R_{ac}+R_g}+\frac{1}{R_{cut}} \tag{9.2.22}$$

(9.2.6)式和(9.2.22)式只适用于植被覆盖的下垫面,而对于没有植被覆盖的地表(如水面、沙漠、城市混凝土地表等),(9.2.6)式和(9.2.22)式不再适用。此时,认为 R_{ac} 值等于零,而 R_{st},R_m 及 R_{cut} 取一无穷大值(如 $10^{25}\ s \cdot m^{-1}$)。

冠层内空气动力学阻尼项 R_{ac} 只与下垫面粗糙度及叶面积指数等特征参数有关,而与污染物自身化学性质无关,其表达式为:

$$R_{ac}=\frac{R_{ac0}\mathrm{LAI}^{1/4}}{u_*^2} \tag{9.2.23}$$

其中 R_{ac0} 为 R_{ac} 的一个参考值(详见表 9.2.1),该值会随着一年中植被的不同生长阶段而变化,对于落叶植物,R_{ac0} 的最小值对应植被的落叶期(一般为冬季),而最大值对应植被的茂盛期(一般为夏季)。

对于(9.2.22)式右边的阻尼项,R_{ac} 的取值与气体自身化学性质无关,只与下垫面特征有关,而 R_g 和 R_{cut} 的取值则取决于具体的化学物质种类。Wesely(1989)在其研究工作中给出了针对 SO_2 及 O_3 两种气体物质各自 R_g 及 R_{cut} 的取值,而对于其他气态物种,可利用下式推导出其 R_g 及 R_{cut} 的值:

$$\frac{1}{R_x(i)}=\frac{\alpha(i)}{R_x(SO_2)}+\frac{\beta(i)}{R_x(O_3)} \tag{9.2.24}$$

其中 R_x 代表 R_g 或 R_{cut},i 代表各种不同的气体种类;参数 α 和 β 是两个与不同气体可溶性及氧化还原反应活性有关的经验比例系数(Zhang et al., 2002)。

地表阻尼项 R_g 的计算根据下垫面性质的不同可分为三种情况:水面、冰面和陆地。对于水体表面:

$$R_g(SO_2)=20 \tag{9.2.25}$$

$$R_g(O_3)=2\,000 \tag{9.2.26}$$

对冰面:

$$R_g(SO_2)=70(2-T) \tag{9.2.27}$$

$$R_g(O_3)=2\,000 \tag{9.2.28}$$

对陆地下垫面,根据 Wesely 和 Hicks(2000)的研究工作,对于植被下垫面,$R_g(O_3)$ 的取值可设为 $200\ s \cdot m^{-1}$;对于非植被下垫面,$R_g(O_3)$ 可设为 $500\ s \cdot m^{-1}$。与 O_3 相比,SO_2 对于环境湿度较为敏感,因此关于 SO_2 地表阻尼项 R_g 的计算相对较为复杂。总体而言,冠层湿度越大,则 $R_g(SO_2)$ 的值就越小。当冠层较为潮湿时(判断依据见(9.2.8)式),$R_g(SO_2)$ 的取值设为 $100\ s \cdot m^{-1}$。而当冠层较干燥时,表 9.2.1 给出了不同下垫面 $R_g(SO_2)$ 的参考值。

植被表皮阻尼项 R_{cut} 的计算也依据冠层是否潮湿,分为以下两种表达式:

对干燥冠层：

$$R_{cut}=\frac{R_{cutd0}}{e^{0.03RH}LAI^{1/4}u_*} \tag{9.2.29}$$

对潮湿冠层：

$$R_{cut}=\frac{R_{cutw0}}{LAI^{1/2}u_*} \tag{9.2.30}$$

其中 RH 为环境相对湿度；R_{cutd0}和 R_{cutw0}分别为干湿冠层 R_{cut}的参考值，表 9.2.1 中分别给出了不同下垫面 $R_{cutd0}(O_3)$，$R_{cutw0}(O_3)$以及 $R_{cutd0}(SO_2)$的取值。根据 Zhang 等(2003)的研究工作，对于所有植被下垫面，$R_{cutw0}(SO_2)$的值统一设为 100 s · m^{-1}。此外，当冬季气温下降至 −1 ℃以下时，参考 Erisman 等(1994)的工作，对 SO_2 气体的地表阻尼项 R_g 和植被表皮阻尼项 R_{cut}做出如下修正：

$$R_g(T<-1\ ℃)=R_g e^{0.2(-1-T)} \tag{9.2.31}$$

$$R_{cut}(T<-1\ ℃)=R_{cut}e^{0.2(-1-T)} \tag{9.2.32}$$

模式考虑了颗粒物干沉降速率随自身密度、尺度以及环境气象要素的变化，并包含了影响颗粒物干沉降过程的六种主要机制，包括：重力沉降、布朗扩散、碰并、湍流输送，颗粒物到达地面后的弹回效应以及潮湿状态下颗粒物尺度的吸湿性增长机制。

颗粒物的干沉降速率可以表示为：

$$V_d=V_g+\frac{1}{R_a+R_s} \tag{9.2.33}$$

其中 V_g为颗粒物由于重力沉降作用而产生的沉降速度；R_a为空气动力学阻力；R_s代表整体地表阻尼项。

颗粒物的重力沉降机制对于尺度在 10 μm 以上粒子的干沉降过程起决定性作用，重力沉降速率 V_g的表达式为：

$$V_g=\frac{\rho d_p^2 gC}{18\eta} \tag{9.2.34}$$

其中 ρ 为颗粒物的密度；d_p 为颗粒物直径；g 代表重力加速度；η 为空气的黏性系数；C 是针对细颗粒物的修正因子，其表达式为：

$$C=1+\frac{2\lambda}{d_p}(1.257+0.4\,e^{-0.55d_p/\lambda}) \tag{9.2.35}$$

其中 λ 为空气分子的平均自由程，λ 是空气温度、气压及动力学黏度的函数(Pruppacher and Klett，1997)。

整体地表阻尼项 R_s 的表达式为：

$$R_s = \frac{1}{3u_*(E_B + E_{IN} + E_{IM})R_1} \tag{9.2.36}$$

其中 E_B,E_{IN}及 E_{IM}分别为布朗扩散、截留及碰并作用导致的收集效率。R_1 代表颗粒物到达地表后被直接吸附的比例,也就是说,$(1-R_1)$代表颗粒物到达地表后又弹回空气中的部分,即颗粒物的弹回效应,弹回效应只对直径大于 5 μm 的粒子影响比较显著。根据 Slinn(1982)和 Giorgi(1988),R_1 可定义为:

$$R_1 = \exp(-St^{1/2}) \tag{9.2.37}$$

其中 St 为 Stokes 数,对于植被地表(Slinn,1982):

$$St = V_g u_* / gA \tag{9.2.38}$$

对于其他(非植被)地表(Giorgi,1988):

$$St = V_g u_*^2 / \nu \tag{9.2.39}$$

A 为接收表面的特征半径(表 9.2.2 中给出了不同季节不同下垫面类型参数 A 的取值);ν 代表空气的动力学黏度(Pruppacher and Klett,1997)。

布朗扩散只对尺度小于 0.1 μm 颗粒物的干沉降过程影响比较显著,布朗扩散导致的收集效率 E_B 可定义为:

$$E_B = Sc^{-\gamma} \tag{9.2.40}$$

其中 Sc 为 Schmidt 数,定义为空气的动力学黏度 ν 与颗粒物的布朗扩散系数 D 之比。γ 为经验参数,下垫面越粗糙对应的 γ 值也越大。表 9.2.2 中给出了所有下垫面类型分别对应的参数 γ 的取值。

表 9.2.2 颗粒物干沉降模块所需特征参数的取值

LUC	A(mm)				α	γ
	春季	夏季	秋季	冬季		
1	—	—	—	—	50.0	0.54
2	—	—	—	—	50.0	0.54
3	2.0	2.0	2.0	5.0	1.2	0.54
4	10.0	10.0	10.0	10.0	1.3	0.54
5	10.0	10.0	10.0	10.0	1.3	0.54
6	5.0	5.0	5.0	10.0	0.8	0.56
7	2.0	2.0	2.0	2.0	1.0	0.56
8	5.0	5.0	5.0	5.0	0.8	0.56
9	—	—	—	—	50.0	0.54
10	2.0	2.0	2.0	5.0	1.2	0.54
11	10.0	10.0	10.0	10.0	1.3	0.54

（续表）

LUC	A(mm)				α	γ
	春季	夏季	秋季	冬季		
12	10.0	10.0	10.0	10.0	1.3	0.54
13	—	—	—	—	50.0	0.54
14	—	—	—	—	100.0	0.50
15	10.0	10.0	10.0	10.0	1.5	0.56

碰并和截留作用对于直径介于2～10 μm之间的颗粒物干沉降过程影响较大。由截留作用导致的颗粒物收集效率E_{IN}是颗粒物直径(d_p)与接收表面特征半径(A)的函数：

$$E_{IN}=\frac{1}{2}\left(\frac{d_p}{A}\right)^2 \tag{9.2.41}$$

由碰并过程引起的吸收效率E_{IM}表达式为：

$$E_{IM}=\left(\frac{St}{\alpha+St}\right)^2 \tag{9.2.42}$$

α是一个与地表类型有关的经验常数(见表9.2.2)。

此外,在相对湿度较高的环境下,颗粒物的尺度会因为对水汽的吸收而出现一定程度的增长,也就是所谓的吸湿性增长效应。在Zhang等(2001)的参数化方案中,对于颗粒物吸湿性增长效应的考虑是基于Gerber(1985)提出的方案,即对于海盐气溶胶和硫酸盐气溶胶：

$$r_w=\left[\frac{C_1 r_d^{C_2}}{C_3 r_d^{C_4}-\log RH}+r_d^3\right]^{1/3} \tag{9.2.43}$$

其中r_d和r_w分别为干颗粒半径以及环境相对湿度为RH(%)时的粒子半径;C_1,C_2,C_3及C_4都是经验参数(Gerber,1985)。图9.2.2中给出了基于Gerber(1985)方案得到的颗粒物吸湿性增长因子($GF=r_w/r_d$)随环境相对湿度变化的曲线(如图中黑色虚线所示)。但是通过文献调研发现,很多观测试验得到的吸湿性增长因子会明显高于基于Gerber(1985)方案理论推导的结果,特别是在高相对湿度条件下(如RH>90%时),这种差异非常明显。例如,Liu等(2011)进行的观测研究发现,在相对湿度达到98.5%的条件下,硫酸铵的粒子尺度可以增长2.1～2.8倍。类似的,Tang和Munkelwitz(1994)通过观测试验认为硫酸盐颗粒在相对湿度为91%的条件下,其吸湿性增长因子GF应为1.78。以上结果及其他相关观测试验得到的GF值也同时在图9.2.2中被标注出来,以验证颗粒物吸湿性增长方案的可靠性。从图中可以明显看出,基于Gerber(1985)方案得到的颗粒物吸湿性增长曲线系统性地低估了颗粒物的吸湿性增长,特别是在高相对湿度条件下(如RH>90%时),这种误差更加显著。Meier等(2009)在其研究工作中指出,准确的表征潮湿条件下颗粒物尺度的吸湿性增长现象,对于更好地描述粒子的尺度分布及其相关的光学、动力学特征具有重要的意义。针对这一问题,在本节中引入了Petters和Kreidenweis(2007)提出的颗粒物吸湿性增长方案(为简化

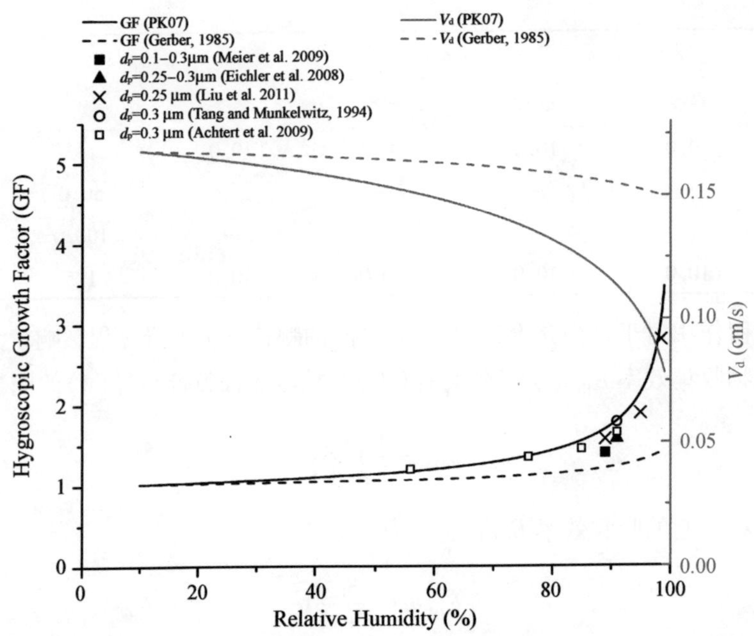

图 9.2.2 不同方案模拟得到的 $SO_4^{2-}-NO_3^--NH_4^+$ 颗粒物(d_p =300 nm)吸湿性增长因子及干沉降速率随环境相对湿度的变化趋势比较(Yang and Liu, 2017)

起见,下文中称为 PK07 方案)对原 Gerber(1985)方案进行了改进,具体表达式如下:

$$\frac{\mathrm{RH}}{\exp\left(\dfrac{4\sigma_{s/a}M_w}{RT\rho_w D_0\mathrm{GF}}\right)}=\frac{\mathrm{GF}^3-1}{\mathrm{GF}^3-(1-\kappa)} \tag{9.2.44}$$

其中 κ 为吸湿性增长参数,其值与颗粒物的化学物种有关;$\sigma_{s/a}$代表溶液-空气间界面的表面张力(取 0.072 8 $N\cdot m^{-1}$);M_w 为水分子的分子量(取 0.018 $kg\cdot mol^{-1}$);R 是通用气体常数(取 8.314 $J\cdot mol^{-1}\cdot K^{-1}$);$\rho_w$ 代表水的密度(取 1 000 $kg\cdot m^{-3}$);D_0 为干燥粒子的直径。Liu 等(2011)在其研究工作中给出了适用于不同颗粒物种类的参数 κ 的值:

$$\kappa=\begin{cases}0.65, & \text{硫酸盐、硝酸盐、铵盐}\\ 0.1, & \text{二次有机气溶胶}\\ 0.001, & \text{一次有机气溶胶}\\ 0, & \text{黑碳气溶胶}\end{cases} \tag{9.2.45}$$

结合上述参数 κ 的取值,以及环境相对湿度的观测结果,即可以通过(9.2.45)式推导出不同颗粒物在特定相对湿度条件下的吸湿性增长因子 GF 的结果。图 9.2.2 中的黑色实线给出了基于 PK07 方案计算得到的 $SO_4^{2-}-NO_3^--NH_4^+$ 颗粒物(D_p = 300 nm)GF 值随相对湿度变化的曲线。从图中可以看出,新的吸湿性增长方案(PK07 方案)对 GF 值的模拟结果与观测值符合得较好,尤其是在高相对湿度条件下(RH > 90% 时),可以真实地还原颗粒物尺度的迅速增大,而原始的 Gerber(1985)方案则无法模拟出这一现象,即出现了明显的低估。此外,图中还给出了基于 Gerber(1985)和 PK07 两个不同吸湿性增长方案模拟得到的颗粒物干沉降速率随相对湿度变化的结果(如图中红色虚线及实线所示)。如图所示,颗粒物的干沉降速率对自身尺度的变化非常敏感,特别是当相对湿度达到 90% 以上时,两个不同方案模拟得到的颗粒物干沉降速率相差可达 40% 以上。在两个方案中,PK07 方案得到的干沉降速率模拟结果在高相对湿度条件下出现了明显的减小。造成这一现象的原因可能是,尺度在 1 μm 以下颗粒物的干沉降过程主要受布朗扩散作用的影响,而布朗扩散的效率随颗粒物尺度的减小而增大。也就是说,对于直径 1 μm 以下的细颗粒物,颗粒物的吸湿性增长会导致粒子的尺度增加,干沉降速率减小。Achitert(2009)在其研究工作中也指出,颗粒物的吸湿性增长特性会通过对粒子尺度的影响,而对其动力学相关过程(如干沉降过程)进行的速率产生重要影响。而另一方面,Gerber(1985)方案由于对颗粒物尺度的吸湿性增长因子 GF 存在明显的低估,最终得到的干沉降速率模拟结果几乎不随相对湿度变化。

基于改进后的颗粒物吸湿性增长方案,我们可以进一步得到不同相对湿度条件下的颗粒物半径 r_w:

$$r_w = r_d \cdot \mathrm{GF} \tag{9.2.46}$$

利用(9.2.46)式中得到的 r_w 替换(9.2.34)、(9.2.35)及(9.2.39)式中与粒子尺度有关的量(即 r_d 和 d_p),即考虑了颗粒物干沉降过程中吸湿性增长机制的影响。

9.2.2 RBLM-Chem 应用示例

Yang 和 Liu(2018)应用 RBLM-Chem 模式研究了苏州地区 2014 年植被对污染物沉降和空气质量的影响。研究区域、地表类型和 7.2 节中个例相同。

颗粒物的干沉降速率与粒子自身尺度大小密切相关。颗粒物的干沉降速率随自身尺度的不同而呈“V”字形变化趋势,不同尺度的颗粒物,其干沉降速率相差可达 2 个量级。这主要是由于对不同粒径范围的颗粒物,主导其干沉降过程的物理机制也不相同,布朗扩散作用对细粒子有较大影响,而重力沉降作用主要影响粗颗粒物。从图 9.2.3 中可以看出,对于爱根核模态($d_p < 0.1$ μm)及粗模态($d_p > 2$ μm)的颗粒物干沉降速率相对较大,而积聚模态(0.1 μm $< d_p <$ 2 μm)颗粒物的干沉降速率最小。这是因为颗粒物的干沉降过程主要包括四种物理机制,即重力沉降、布朗扩散以及由湍流输送引起的碰并和截留。对于直径 0.1 μm 以下的细颗粒物,布朗扩散是影响其干沉降过程的主要机制,且这种影响随粒子尺度的增加而减弱,因此对于直径 0.1 μm 以下的细颗粒物,其干沉降速率会随着粒径的减小而增大;对于粒径在 2 ~ 10 μm 范围内的颗粒物,碰并和截留机制起主要作用;对于直径超过 10 μm 的粗粒子,重力沉降作用可以使颗粒物具有较大的干沉降速率,且对于粗颗粒物而言,自身粒径越大,其干沉降速率受重力机制的影响也就越明显,而大气湍流扩散作用(即摩擦速度)对其影响也就越小。对于粒径在 0.1 ~ 2 μm 范围内的颗粒物,以上所有物理机制的作用都相对较

小,因此积聚模态颗粒物的干沉降过程最缓慢。

对于粗粒子,草地、针叶林和阔叶林的干沉降速率随粒子尺度的变化比较接近,粒子尺度越大,重力在干沉降中所起的作用越大,和地表类型的关系就越小。对于爱根核模态(d_p <0.1 μm),三种植被类型下的干沉降速率相差较为明显,尤其是草地和林地(针叶林和阔叶林)相差更大,草地上粒子干沉降速率小于林地。

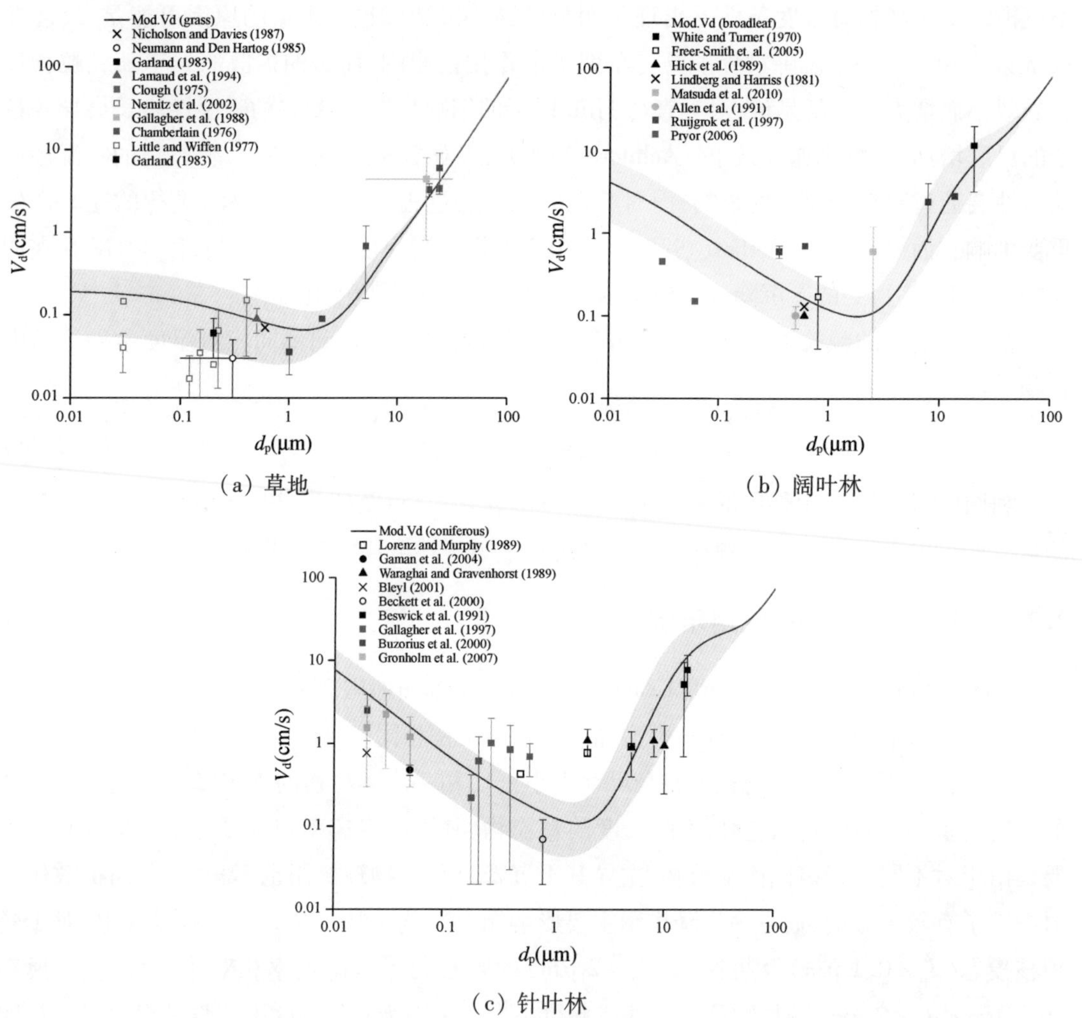

图 9.2.3 植被表面颗粒物干沉降速率随粒子尺度的变化。实线为模拟结果,阴影代表由于摩擦速度变化引起的 V_d 变化范围(Yang and Liu, 2017)

图 9.2.4(a)、(b)分别给出了苏州市 2014 年 PM_{10} 及 $PM_{2.5}$ 在不同植被表面干沉降速率的月变化趋势。如图所示,从不同植被的比较来看,针叶林表面颗粒物的干沉降速率在一年中所有月份都相对最大,阔叶林次之,草地表面最小。从年变化趋势来看,均呈比较明显的夏季高而冬季低的特征。对针叶林植被,PM_{10} 和 $PM_{2.5}$ 的干沉降速率在 5 月达到最大,其值分别约为 0.85 cm · s^{-1} 和 0.22 cm · s^{-1},冬季(11 月—1 月)干沉降速率相对较低,分别约为

0.60 cm · s^{-1}和0.15 cm · s^{-1}；对阔叶林植被，7 月干沉降速率最大，约为 0.63（PM_{10}）和 0.15 cm · s^{-1}（$PM_{2.5}$），冬季（11 月—1 月）干沉降速率相对较低，约为 0.34（PM_{10}）和 0.11 cm · s^{-1}（$PM_{2.5}$）；草地表面颗粒物干沉降速率同样在 7 月达到最大值，分别为 0.44（PM_{10}）和 0.12 cm · s^{-1}（$PM_{2.5}$），冬季最小值约为 0.30（PM_{10}）和 0.09 cm · s^{-1}（$PM_{2.5}$）。从不同植被表面颗粒物干沉降速率年平均值的比较来看，针叶林表面颗粒物的干沉降速率最大，年平均 V_d（PM_{10}）和 V_d（$PM_{2.5}$）分别为 0.74 和 0.18 cm · s^{-1}；阔叶林次之，PM_{10}及 $PM_{2.5}$颗粒物在其表面干沉降速率的年平均值分别为 0.50 和 0.13 cm · s^{-1}；草地表面颗粒物的干沉降速率最小，V_d（PM_{10}）和 V_d（$PM_{2.5}$）分别约为 0.37 和 0.11 cm · s^{-1}。

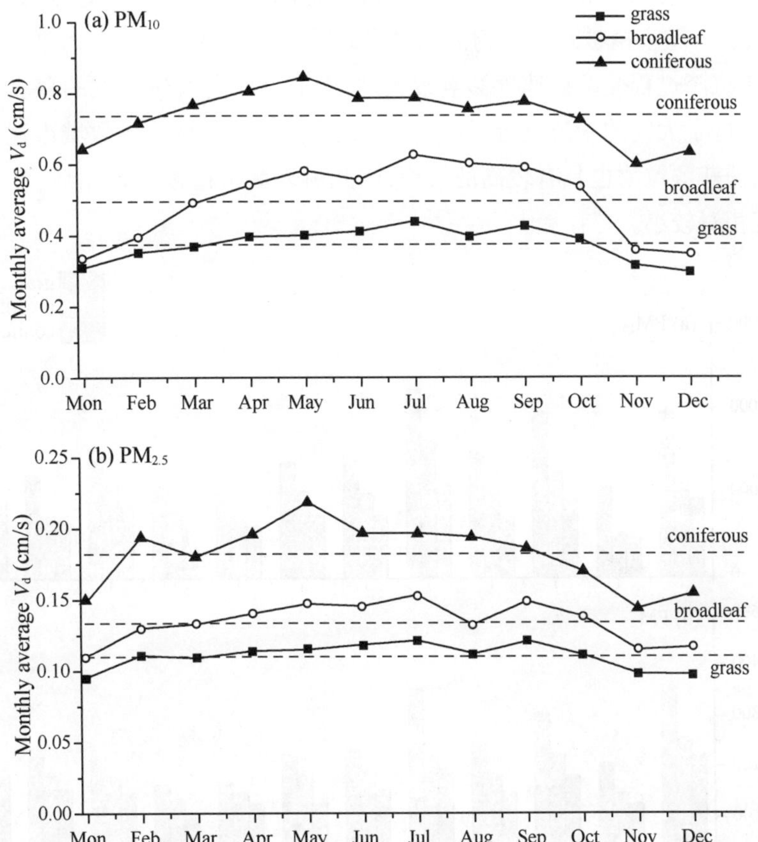

图 9.2.4　不同植被表面（a）PM_{10}和（b）$PM_{2.5}$干沉降速率月平均值。图中水平虚线代表不同植被表面干沉降速率的年平均值（Yang and Liu，2017）

图 9.2.5 给出了单位面积不同下垫面 PM_{10}和 $PM_{2.5}$颗粒物在不同月份干沉降通量的比较。大气污染物的干沉降通量（即清除量）是由污染物在大气中的浓度及其干沉降速率共同决定的，因此尽管颗粒物干沉降速率在冬季相对较低，但由于冬季 PM_{10}及 $PM_{2.5}$浓度的明显升高，冬季植被表面颗粒态污染物的干沉降通量依然维持在较高水平。5 月由于颗粒物的质量浓度及干沉降速率都相对较大，因此该月的颗粒物干沉降通量也最大。从不同植被类型

的比较来看，一年中所有月份针叶林表面颗粒物的干沉降通量都高于其他植被，且这种差异在冬季更加明显，这主要是因为冬季针叶林植被叶面结构依然比较完整，对颗粒物的吸附清除能力明显高于已经进入落叶期的阔叶林和草地。全年来看（表9.2.1），单位面积针叶林植被对颗粒物的清除总量最大，可达18.4（PM_{10}）和3.0（$PM_{2.5}$）$g \cdot m^{-2} \cdot a^{-1}$；阔叶林次之，约为11.9（$PM_{10}$）和2.3（$PM_{2.5}$）$g \cdot m^{-2} \cdot a^{-1}$；草地最小，分别为9.3（$PM_{10}$）和1.9（$PM_{2.5}$）$g \cdot m^{-2} \cdot a^{-1}$。从城市植被与非植被区域干沉降通量的对比来看，城市植被的引入会导致局地PM_{10}和$PM_{2.5}$干沉降通量的增加，即促进了大气中颗粒态污染物的清除过程，与城市非植被下垫面相比，引入草地、阔叶林或针叶林植被后，PM_{10}的全年干沉降通量可分别增加约17%，50%和131%；$PM_{2.5}$全年干沉降通量可分别增加约5%，27%和64%。这里可以看出，与SO_2，NO_2和O_3相比，引入城市植被对颗粒物清除过程的促进作用要小于气态污染物。这主要是因为，颗粒物的干沉降过程受摩擦速度影响较大，城市下垫面高大建筑物的存在会导致地表粗糙度的增加，促进了大气的湍流混合过程（即摩擦速度增大），从而导致城市建筑物表面通过碰并截留机制捕获颗粒物也具有较高的效率，因此引入城市植被的作用后，颗粒物干沉降通量的增加幅度相对较小。

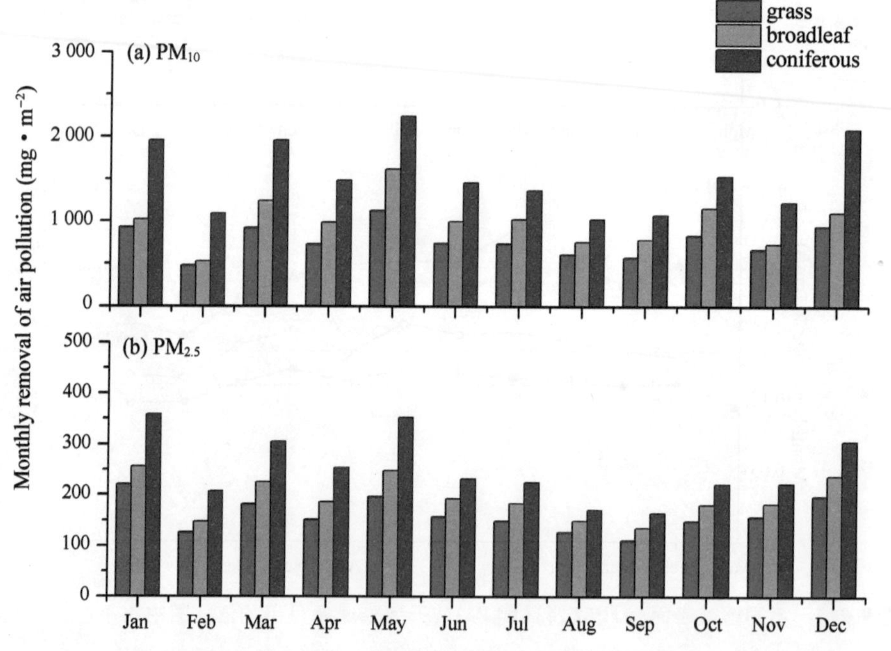

图9.2.5 不同下垫面PM_{10}和$PM_{2.5}$颗粒物在不同月份干沉降通量（$mg \cdot m^{-2}$）的比较（Yang and Liu, 2017）

需要说明的是，这里得到的结论"引入城市植被对颗粒物清除过程的促进作用相对较小"，是以假设用植被下垫面替换原有城市建筑物粗糙地表为前提的，但如果维持城市原有高大建筑物形态结构不变，只在建筑物间隙平坦路面引入植被的作用，则会使局地大气污染物的干沉降通量明显增加。

图9.2.6给出了夏季个例主要大气污染物(SO_2,NO_2,O_3,PM_{10}以及$PM_{2.5}$)地面浓度的空间分布特征(Case3算例),以及Case3算例与Case1算例模拟结果的差值分布。从不同污染物浓度的空间分布特征来看,夏季SO_2和NO_2浓度的高值区主要集中在无锡、苏州及昆山市区,最大浓度分别约为50 μg·m^{-3}和75 μg·m^{-3},大气中的硫氧化物及氮氧化物主要来源于工业生产及交通运输过程,其空间分布特征与上述地区高度集中的工业生产活动及机动车保有数量基本一致。O_3浓度主要集中在城市周围乡村地区,最大浓度约为95 μg·m^{-3}。这主要是因为O_3是氮氧化物(NO_x)与可挥发性有机物(VOC)光化学反应的产物,对于O_3的产生率,存在一个最优的VOC/NO_x环境浓度的比值,这个值过高或过低时都会抑制O_3的生成,城市地区高浓度的NO_x导致VOC/NO_x比值很小,因此O_3浓度的高值区往往集中在城市外围(Calfapietra et al., 2013)。气溶胶颗粒物(PM_{10}和$PM_{2.5}$)在模拟域内的所有城市地区(苏州、无锡、昆山、常熟)都有较高浓度的分布,浓度最高值分别为110 μg·m^{-3}(PM_{10})和75 μg·m^{-3}($PM_{2.5}$)。

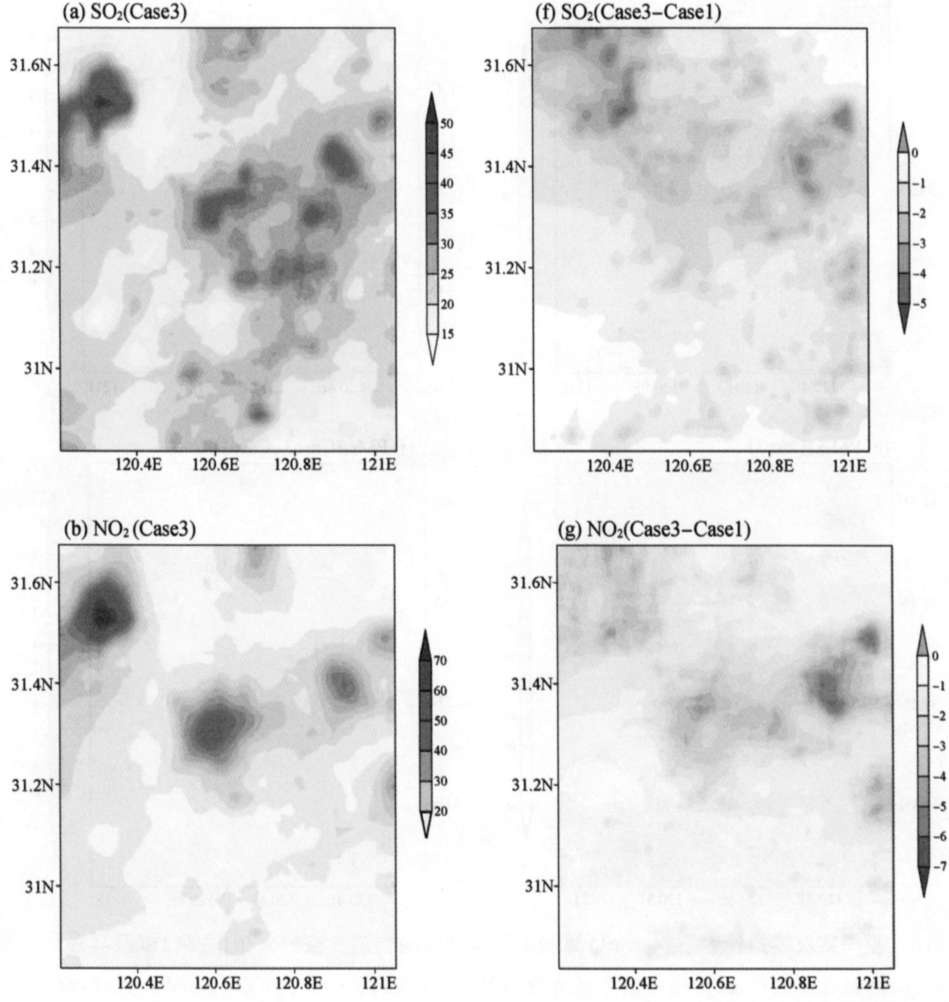

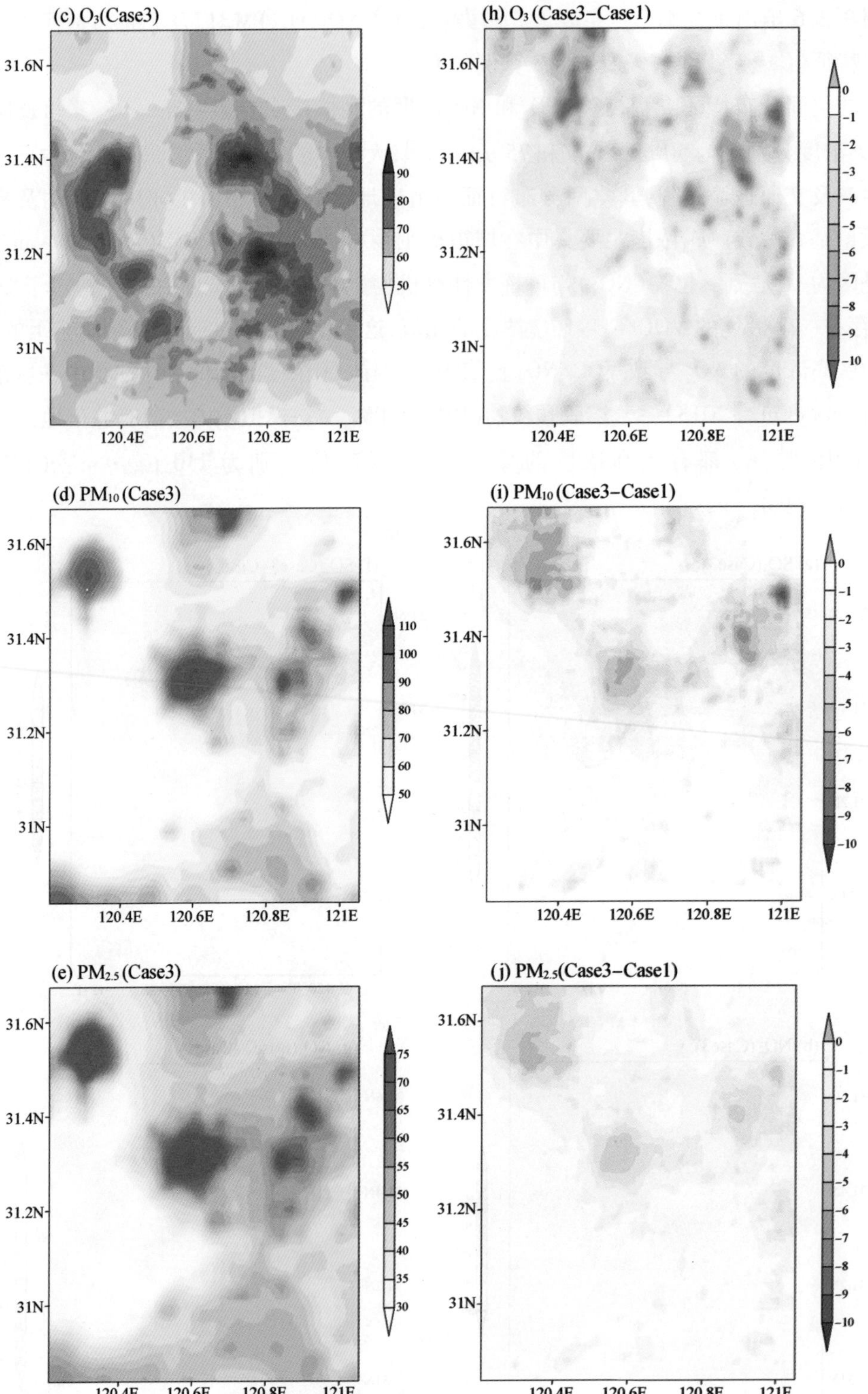

图 9.2.6 夏季实况模拟(有植被,case3)算例主要大气污染物浓度空间分布(左列)以及与去除植被的敏感性算例(case1)模拟结果差值图(右列)(单位:μg · m^{-3})(Yang and Liu, 2017)

图9.2.6(f)~(j)给出了夏季植被干沉降作用造成的污染物浓度变化的空间分布,即现有植被状况的算例与去除植被的理想算例污染物浓度模拟结果差值的空间分布。如图所示,城市植被通过对大气污染物的吸收清除作用(即干沉降速率的增加),可以导致市区污染物浓度的下降,并通过污染物的平流输送作用,使周围郊区污染物浓度也出现一定程度的下降,从而达到改善城市及其周边郊区空气质量的效果。污染物浓度降幅较大的区域与主要城市(苏州、无锡、常熟、昆山)范围都存在较好的对应关系。考虑城市植被的影响后,各主要污染物浓度都出现了不同程度的下降。且污染物浓度下降幅度较大的区域主要集中在昆山地区,这主要是由于该地区植被覆盖率相对较高,因此城市植被对当地空气质量的影响也相对较大。模拟域内各污染物种浓度最大降幅分别为:SO_2浓度最大下降约4.0 $\mu g \cdot m^{-3}$,NO_2浓度下降约5.0 $\mu g \cdot m^{-3}$,O_3下降约10.0 $\mu g \cdot m^{-3}$,PM_{10}及$PM_{2.5}$颗粒物浓度分别可下降约6.0 $\mu g \cdot m^{-3}$和4.5 $\mu g \cdot m^{-3}$。

9.2.3　小结

本节介绍了RBLM-Chem模式及其中的植被干沉降方案,并利用RBLM-Chem模式模拟研究了苏州地区城市植被对污染物干沉降通量及污染物浓度的影响。

城市植被可以促进大气污染物的干沉降过程,从而实现对城市空气质量的改善。

① 考虑苏州市实际植被分布情景后,市区主要污染物浓度都会出现不同程度的下降。夏季,SO_2,NO_2,O_3,PM_{10}和$PM_{2.5}$日平均浓度的下降幅度分别为8.1%,7.1%,5.6%,4.7%和4.4%;冬季分别为4.6%,5.5%,4.5%,3.6%和3.7%,城市植被对夏季空气质量的改善作用强于冬季,且影响较大的区域主要集中在植被覆盖率相对较高的昆山市区。

② 在维持现有植被覆盖率不变的条件下,不同绿化树种对夏季污染物浓度的影响差异很小。但在冬季,城市植被为针叶林时会导致市区主要污染物浓度的进一步下降。采用针叶林绿化方案可使冬季SO_2,NO_2,O_3,PM_{10}及$PM_{2.5}$的市区平均浓度分别下降约1.9%,2.0%,2.3%,2.6%和1.7%。

③ 城市植被对空气质量的改善作用会随着树木覆盖率的提高而增强。与无植被城市相比,当树木覆盖率达到20%时,市区大气污染物的日平均浓度可分别下降约5.0%(SO_2),6.1%(NO_2),7.5%(O_3),2.9%(PM_{10})以及2.1%($PM_{2.5}$)。而当树木覆盖率达到40%时,市区各主要大气污染物的日平均浓度下降幅度可达9.7%(SO_2),11.6%(NO_2),14.0%(O_3),5.5%(PM_{10})以及4.0%($PM_{2.5}$)。

9.3　城市路网高分辨机动车排放清单的构建

由于城市内部路网交通流量的变化具有复杂性以及多样性,其所导致的机动车大气污染物排放变化在不同的城市道路之间具有较大的区别,对空气质量的影响同样存在差异性。为了更好地研究与分析城市内部大气污染物的形成过程以及空气质量变化的成因解析,高时空分辨率的城市内部路网机动车排放清单的构建则显得尤为重要。过往的一些研究中，道路的交通流量数据往往基于人工观测来获取(Huo et al., 2009; Wang et al., 2008, 2010; Yao et al., 2013)。但在面对获取大量道路实时数据进行机动车排放源计算的需要时，该观测方法需要消耗大量的人力物力以及财力。近年来，越来越多的研究开始从智能交通系统ITS(Intelligent Traffic Systen)入手，通过架设在城市中间的交通摄像头获取交通流量信息，进而制作道路级别的机动车排放清单(Jing et al., 2016; Liu et al., 2018; Zhang et al., 2018)。但对于交通摄像头仍没有普及的城市而言，该方法较难在这些地区使用。此外，通过该方法获取数据的难度较大(Huang et al., 2017)，且数据规范性较差(Zhang, 2010)，无形中增加了研究的困难。

因此，本节选取广州为例，从交通数据获取出发，在“互联网+”的发展形态下，通过日常使用的导航软件获取高动态的实时交通数据，并对该交通数据进行处理，反演出适合城市内部使用的高分辨率机动车排放清单。

9.3.1 构建城市路网级别高分辨机动车排放清单

(1) 机动车排放源的计算

为了计算基于动态车流量信息的机动车道路排放源，制作高时空分辨率的机动车排放清单，本节开发了实时道路排放模型(real-time on-road emission model, ROE model)，用以计算城市路网内的机动车排放源。图9.3.1为ROE模型的基本结构图。总体而言，ROE模型分为4个模块，其分别为：交通数据抓取模块、前处理模块、排放源计算模块以及输出模块。

交通数据抓取模块主要是用于抓取来自互联网或其他ITS系统中的实时动态交通信息。其模块中主要包括对目标区域的分块、交通数据的抓取以及坐标转换。具体工作的基本流程在本节9.3.2中叙述。

在获取了经过处理后的交通信息后，前处理模块会对交通信息的时间频率进行处理，将时间间隔处理成空气质量模型所需要的时间间隔。此外，若获取的动态交通信息不包含车流量信息，前处理模块则会根据所选用的速度-流量模型，利用平均车速信息计算其道路的流量，再利用车队的占比信息计算各个车型、燃油类型以及排放控制水平的车流数。若交通信息中已经包含了这些数据，则直接利用原始的数据进行计算。

在经过一系列的数据前处理过程后，排放源计算模块利用所得的交通、车队组成等信息，对城市内的机动车排放源进行路网级别的计算。对于每一个路段，其机动车排放的具体计算公式如下：

$$E_{s,t} = \sum EF_{s,v} \cdot V_{v,t} \cdot L \tag{9.3.1}$$

其中，$E_{s,t}$表示的是污染物s在时间t内的排放量(g·h^{-1})；$EF_{s,v}$表示的是机动车等级分类v中污染物s的排放因子(g·km^{-1})；$V_{v,t}$表示的是机动车等级分类v在时间t内的车流量(veh·h^{-1})；L表示的是该路段的长度(m)。区域内的总排放量则为每一个路段排放量的总和。

在计算得到各路段的机动车排放量之后，输出模块则会对排放计算模块计算得出的所有信息进行汇总，可以对计算过程中的所有信息进行输出。此外，该模块中还包括可以修改排放数据格式的工具，从而可以将道路排放源提供给其他空气质量模型。

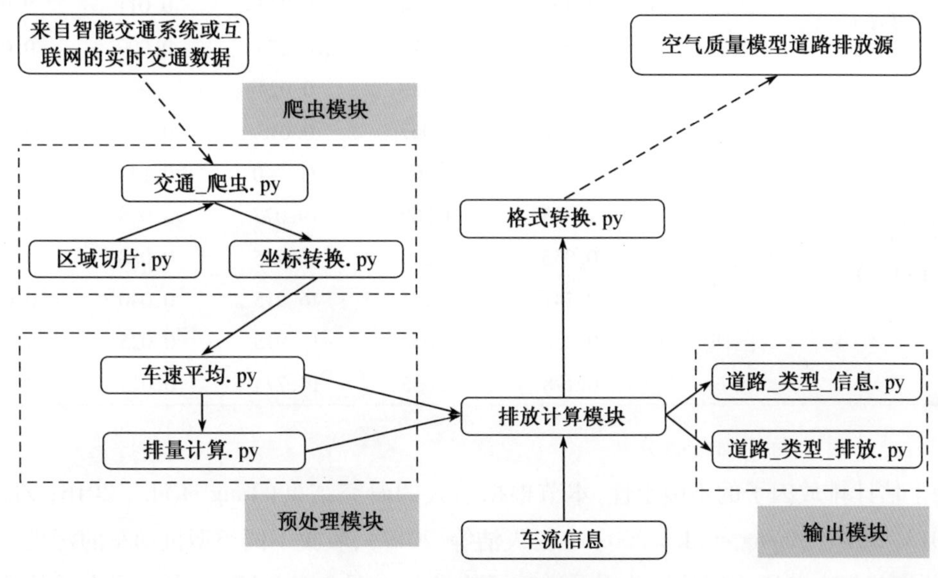

图 9.3.1　ROE 模型基本结构图

(2) 排放因子的选取

在本节中，机动车类型的分类方法以及用于计算机动车排放量的排放因子均采用国家生态环保部所发布的《道路机动车大气污染物排放清单编制技术指南》(中华人民共和国生态环境部，2014)中的标准。

对于机动车的分类，根据承载能力，燃油类型以及排放控制水平，本节采用三级分类的方法进行划分。对于载客机动车，第一级分类分为微型、小型(LDV)、中型(MDV)以及大型载客汽车(HDV)；对于载货机动车，第一级分类分为微型、轻型(LDT)、中型(MDT)以及大型载货汽车(HDT)；另外对于摩托车(MC)、出租车(Taxi)以及公交车(Bus)也单独划分。燃油类型的分类主要包括汽油、柴油以及其他燃料车辆。排放控制水平则分为国一前、国一、国二、国三、国四以及国五标准六个分类。

除以汽油以及柴油作为燃料的机动车以外，对于燃料类型为液化石油气(LPG)的出租车以及公交车而言，其各污染物的排放因子则使用前人的研究结果(Zhang et al., 2013)(表 9.3.1)。对于以汽油作为燃料的机动车而言，除了考虑机动车尾气所产生的排放外，同时也考虑了汽油蒸发所产生的 HC 排放。此外，为了进一步提高计算的准确性，本节同时引入各污染物排放因子的环境修正系数。这些修正系数包括温度修正系数、相对湿度修正系数以及海拔高度修正系数。同时，由于交通状况的差异，计算中同样考虑了机动车行驶状态对排放因子的修正。

表 9.3.1 LPG 燃料机动车污染物排放因子(单位:g · km^{-1})

机动车类型	排放控制水平	CO	HC	NO_x	$PM_{2.5}$	PM_{10}
出租车(Taxi)	前国一	11.831	3.195	1.478	0.028	0.031
	国一	3.087	0.789	0.307	0.026	0.029
	国二	1.159	0.374	0.243	0.011	0.012
	国三	0.543	0.227	0.075	0.007	0.008
	国四	0.313	0.089	0.024	0.003	0.003
	国五	0.212	0.067	0.013	0.003	0.003
公交车(Bus)	前国一	1.158	1.708	21.240	0.129	0.143
	国一	1.085	0.369	19.077	0.098	0.109
	国二	0.955	0.225	16.915	0.088	0.098
	国三	0.741	0.181	16.915	0.040	0.044
	国四	0.358	0.068	16.915	0.025	0.028
	国五	0.178	0.035	14.774	0.013	0.014

(3) 排放因子的不确定性分析

为了估计排放因子的不确定性,本节根据前人的研究结果(Tang et al., 2016; Zhang et al., 2013, 2016; Zheng et al., 2009b; 王人洁等,2017),收集不同类型机动车的污染物排放因子,并将其与本节所应用的排放因子进行了比较。如图 9.3.2 所示,直方图表示的数值为本节所应用的不同类型机动车的污染物平均排放因子,误差线则表示其他研究中所使用排放因子的数值范围。

总体而言,以汽油为燃料类型的机动车其污染物排放因子的不确定性远大于以柴油为燃料类型的机动车。此外,无论使用汽油或柴油作为燃料,小型载客汽车的 CO,HC 和 NO_x的排放因子不确定性均比其他所有类别的车辆要大。以汽油和柴油为燃料的小型载客汽车,其 CO 排放因子的最大值要比本节所应用的排放因子分别高 8.9 倍和 9.8 倍;HC 的排放因子最大分别要高 13.5 倍和 21.9 倍;NO_x则最大要高 10.5 倍和 2.0 倍。对于 $PM_{2.5}$和 PM_{10},大型载货汽车的不确定性范围最大,汽油大型载货汽车的排放因子最高要比本节应用的数值分别高 11.9 倍和 11.3 倍,柴油大型载货汽车的排放因子则分别最大高 3.5 倍和 16.1 倍。

(4) 机动车车队信息的获取

在本节中,机动车车队中车型的信息来源于《广州统计年鉴》(李华,黄碧玲,2017),其占比如图 9.3.3(a)所示。由图可知,小型载客汽车为占比最大的车型,其比例为 80%。第二大占比的车型为轻型载货汽车,其比例为 9%。摩托车与大型载货汽车的占比则分别为 4% 以及 2%,位列第三以及第四位。其余车型的数量占比不超过 1%。图 9.3.3(b)展示的是排放控制水平的占比(Zhang et al., 2015)。从图中可以得知,国三以及国四排放水平占主要地位,其占比为 39% 以及 36%。其余占比分别为国一占 12%、国二占 10% 以及国五占 3%。图 9.3.4 则为各等级机动车类型所使用燃料类型的占比(Zhang et al., 2013)。相对而言,小型

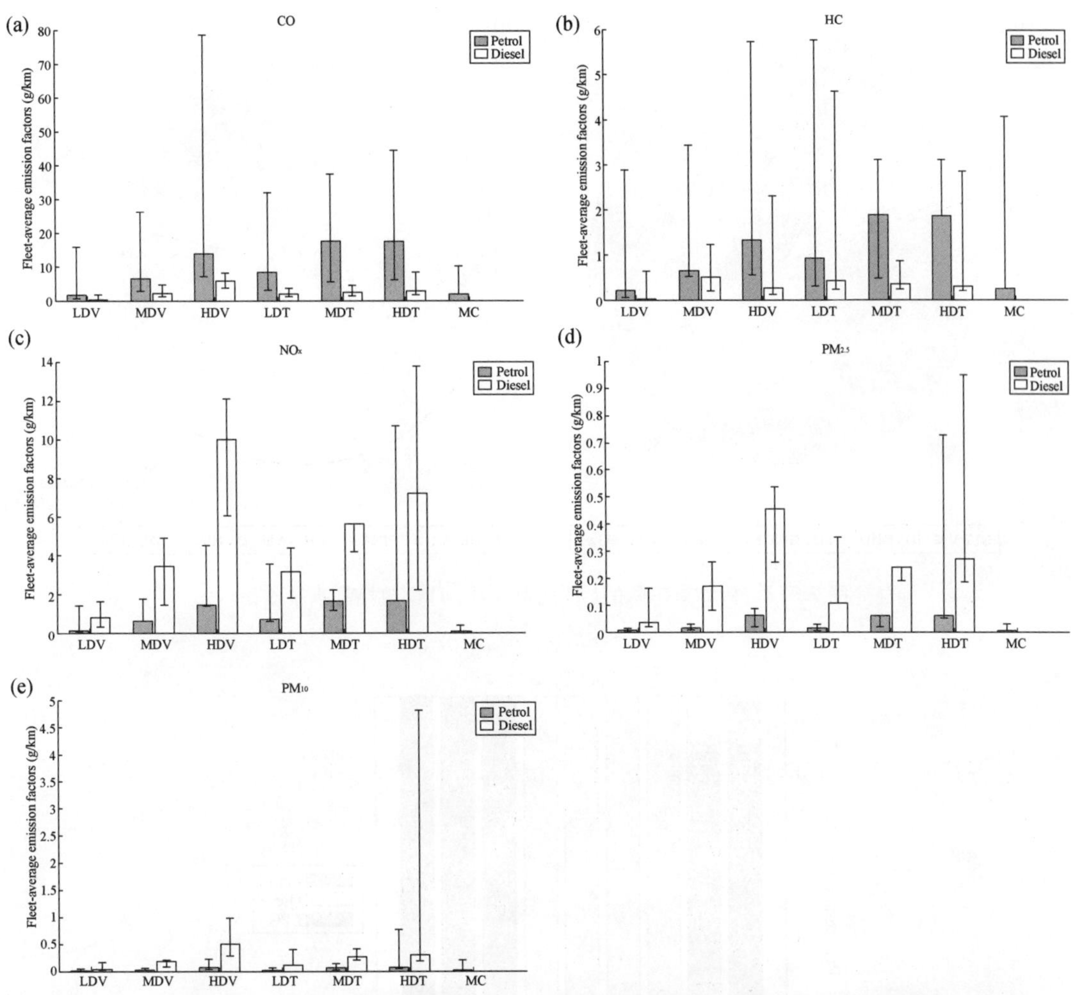

图 9.3.2 各类型机动车(a) CO,(b) HC,(c) NO_x,(d) $PM_{2.5}$,以及(e) PM_{10}的平均排放因子范围

载客汽车与大型载客汽车使用汽油的比例较高,其占比分别为 98.7% 以及 86.0%。对于客车以及货车来说,其车型越大使用汽油为燃油类型的比例则越小。中型载货汽车以及大型载货汽车使用柴油作为燃料类型的比例最高,分别为 96.1% 和 96.8%。摩托车则全部使用汽油作为燃料。而公交车以及出租车均全部使用 LPG 作为燃料。

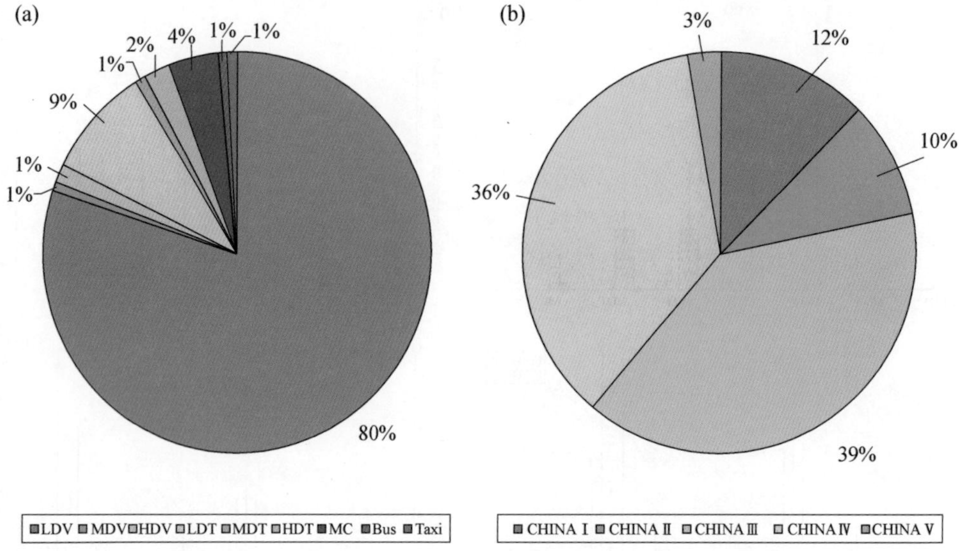

图 9.3.3 机动车车队的(a)类型以及(b)排放控制水平占比

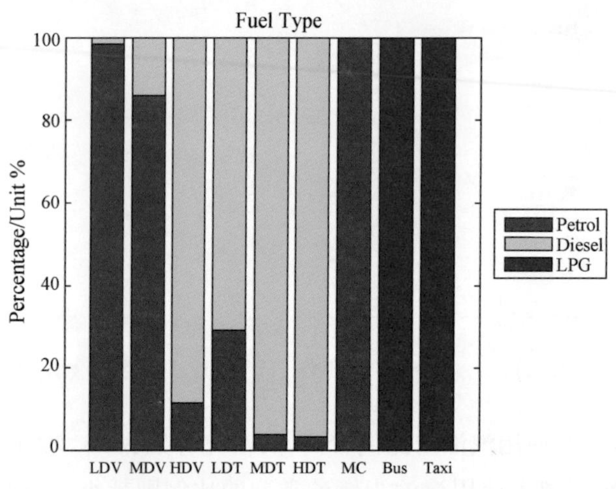

图 9.3.4 各车型所使用燃料的占比

9.3.2 基于互联网大数据平台获取动态交通数据

(1) *原始动态交通数据的获取*

为了能够获取较大范围的动态交通数据，本节选取地图导航软件“高德地图”作为数据来源平台，使用由其平台提供的开放 API(application programming interface)接口，利用 python 语言编写抓取数据脚本，获取目标区域的交通数据信息。“高德地图”目前已开放了全国 41 个城市的交通态势，其数据来源主要为地图用户在使用导航功能时，地图利用卫星定位收集用户当前的车辆行驶速度、行驶方向、位置坐标以及时间，采用“大数据”的方式，经过汇总以及处理，整合到城市路网当中。当用户数量足够大时，这些数据能够反映城市路网的实时动态交通信息。

图 9.3.5 为获取动态交通数据的流程示意图。在确认需要获取交通信息的目标区域后，输入区域的左下角（即最小的经纬度）以及右上角（即最大的经纬度）的坐标信息至抓取数据的脚本当中，由于受平台提取数据范围的限制，程序会先判定输入的目标区域是否为一个小于 10 km×10 km 的矩形区域。若目标区域小于该范围，则下一步将提交预先从平台申请的 API key 到数据应用接口，同时发送需要提取区域的数据参数，获取原始的交通信息数据。若目标区域大于限定的区域，则先将目标区域拆分为多个 10 km×10 km 的矩形区域，再逐一发送数据请求，获取原始交通数据并进行合并。待全部的原始交通数据获取完毕后，根据坐标转换的规则转换成 WGS84 坐标系统，最后输出所有获取的交通数据。

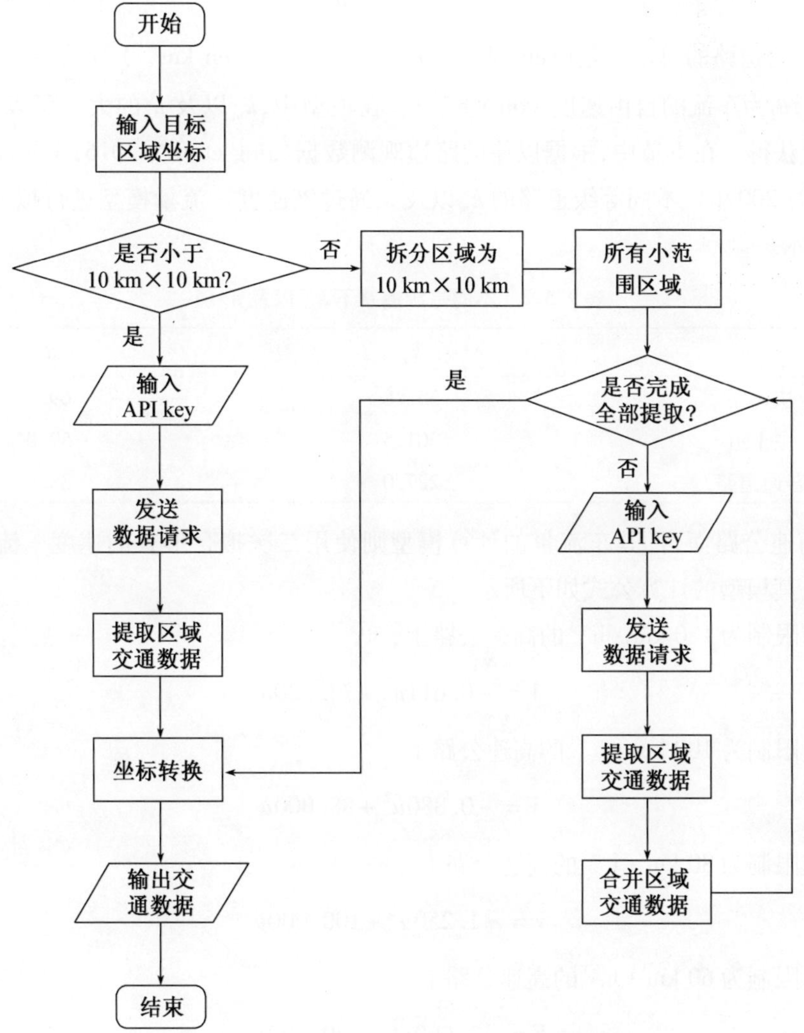

图 9.3.5 获取动态交通数据流程示意图

(2) 道路交通流量的计算

由于交通数据的收集方式主要来源于导航软件用户的信息反馈,因此在采集过程中,每条道路中实际的总车流量并不能直接获取得到。根据前人的研究表明,在实际交通情况中,道路的平均车速以及总车流量存在一定的关系(Hooper et al., 2014; Jing et al., 2016; Wang et al., 2013; Xu et al., 2013; Yao et al., 2013)。因此,实际的道路车流量可以采用速度-流量模型进行计算。

在之前的研究中,速度-流量模型(Underwood, 1961)已成功在中国典型的大城市中得以应用(Jing et al., 2016)。因此,本节研究中采用该模型计算道路总车流量。模型的计算公式为:

$$V = k_m u \ln \frac{u_f}{u} \tag{9.3.2}$$

其中,V 为道路的总车流量($veh \cdot h^{-1}$);k_m为交通密度($veh\ km^{-1}$);u 为道路的平均车速($km \cdot h^{-1}$);u_f为车流的自由速度($km \cdot h^{-1}$)。在模型中,k_m以及 u_f的大小可以由实际的人工观测拟合获得。在本节中,根据以往的路边观测数据(Jing et al., 2016; Liu et al., 2018; Zheng et al., 2009b),不同等级道路的 k_m以及 u_f通过该速度-流量模型进行拟合,结果如表 9.3.2 所展示。

表 9.3.2 不同等级道路下 k_m 以及 u_f 值

	k_m	u_f
快速路	358.8	69.3
主干道	201.5	59.0
普通道路	227.0	38.5

对于高速公路而言,其车流量的计算模型则使用二次拟合形式的速度-流量模型(王炜,2003)。其模型的计算公式如下所示:

在车速限制为 120 $km \cdot h^{-1}$的高速公路上,

$$V = -0.611u^2 + 73.320u \tag{9.3.3}$$

在车速限制为 100 $km \cdot h^{-1}$的高速公路上,

$$V = -0.880u^2 + 88.000u \tag{9.3.4}$$

在车速限制为 80 $km \cdot h^{-1}$的高速公路上,

$$V = -1.250u^2 + 100.000u \tag{9.3.5}$$

在车速限制为 60 $km \cdot h^{-1}$的高速公路上,

$$V = -2.000u^2 + 120.000u \tag{9.3.6}$$

其中,V 为道路的总车流量($veh \cdot h^{-1}$);u 为道路的平均车速($km \cdot h^{-1}$)。

9.3.3　高分辨率的机动车排放清单

(1) 排放清单的概况

本节以广州市为例,通过使用实时动态的交通信息建立高时空分辨率机动车排放清单。除了机动车流量以及车队组成情况以外,各地所实行的城市交通管制措施也会对机动车排放源的计算有所影响。在 ROE 模型当中,由于采取的是自下而上的机动车排放清单计算方式,因此在计算机动车排放量的时候可充分考虑交通控制措施的影响因素。

对于广州市而言,其交通控制措施主要针对城区区域(图 9.3.6)。在城区区域内,目前主要实施的交通控制有以下四点:① 在7:00 到9:00(早高峰)以及18:00 到20:00(晚高峰)之间,禁止所有的卡车驶入城区;② 在7:00 到22:00 时段之间,禁止所有重型卡车驶入城区;③ 在7:00 到22:00 时段之间,禁止所有非本地卡车驶入城区;④ 全天禁止所有摩托车驶入城区。

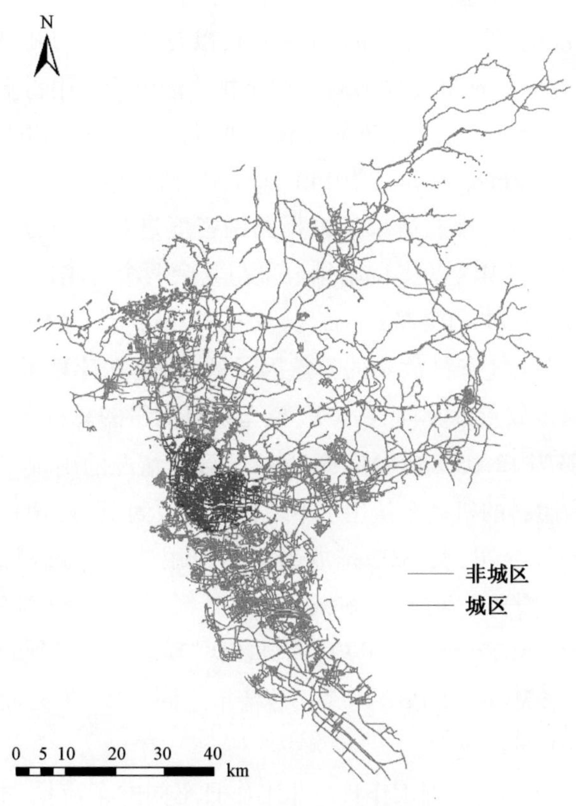

图 9.3.6　交通措施控制区域

根据现有的交通控制措施,城区区域与非城区区域的机动车排放量将分开计算。如表 9.3.3 所示,由于城区的道路总长度相比于郊区而言要小,且实行严格的交通控制措施,城区内机动车的排放量相对较少,城区内的 CO,NO_x,HC,$PM_{2.5}$以及 PM_{10}的排放量分别为 4.61×10^4,1.07×10^4,0.52×10^4,0.04×10^4 以及 0.05×10^4 Mg · yr^{-1}。郊区的 CO,NO_x,HC,$PM_{2.5}$

以及 PM_{10} 的排放量则分别为 30.61×10^4, 10.98×10^4, 3.58×10^4, 0.45×10^4 以及 0.50×10^4 Mg · yr^{-1}。城区的 CO, NO_x, HC, $PM_{2.5}$ 以及 PM_{10} 的排放量仅有郊区的 13.1%, 8.8%, 12.7%, 8.2% 以及 9.1%。

表 9.3.3 广州市机动车年排放清单(单位:10^4 Mg · yr^{-1})

		CO	NO_x	HC	$PM_{2.5}$	PM_{10}
This study	Urban	4.61	1.07	0.52	0.04	0.05
	Suburban	30.61	10.98	3.58	0.45	0.50
	Total	35.22	12.05	4.1	0.49	0.55
MEIC-2016	(Gridded)	43.56	8.45	9.26	0.46	0.47
PRD-2015	(Gridded)	28.89	6.99	4.65	0.52	0.52

同时,表 9.3.3 给出了另外两个常用排放清单中机动车排放部分的污染物排放总量,将其结果与 ROE 模型计算所得结果进行对比。另外两个排放清单分别为清华大学中国多尺度排放清单模型(MEIC, http://www.meicmodel.org/),以及郑君瑜教授研究组所制作的珠三角本地排放清单(PRD, Zheng et al., 2009a)。两个排放清单均使用自上而下的方法,使用各类型机动车的年均行驶里程 VKT,对机动车排放量进行计算。在 MEIC 清单中,各地的机动车数量与其经济水平相关(Zheng et al., 2014),而 PRD 清单中的机动车数量则直接来源于各地市的统计年鉴数据。两个排放清单均根据路网密度进行空间分配。与气体排放物相比,ROE 模型所计算得到的 $PM_{2.5}$ 以及 PM_{10} 排放量与其余两个清单的计算结果差距较小,其总量分别为 0.49×10^4 和 0.55×10^4 Mg · yr^{-1}。从"(3) 排放因子的不确定性分析"可知,颗粒物排放因子的不确定性比气态排放物的排放因子低,因此其计算得出的总排放量差异也相对较小。对于 NO_x 的排放量计算而言,ROE 模型计算所得的总排放量相较于其他两个排放清单而言较大,其总量为 12.05×10^4 Mg · yr^{-1}。导致该情况的出现一方面是由于 ROE 模型中对于使用 LPG 作为燃料的机动车使用了本地化的排放因子,其 NO_x 排放因子较大,特别是使用 LPG 作为燃料的公交车,其 NO_x 排放因子是使用柴油作燃料的公交车的 1.71 倍(Zhang et al., 2013)。如图 9.3.7 所示,在城区以及郊区区域中,分别有 20.5% 以及 10.8% 的 NO_x 排放是来自于公交车的贡献。对于 CO 而言,ROE 模型计算得到的总排放量为 35.22×10^4 Mg · yr^{-1},其大小介于 MEIC 和 PRD 两个排放清单之间。HC 相较而言 ROE 模型的计算量最小,总量为 4.10×10^4 Mg · yr^{-1}。

除了计算年排放总量以外,根据工作日与非工作日不同的车流量,本节还计算了在不同时段下,机动车的日排放总量。表 9.3.4 所示为城区以及郊区区域不同等级道路的日排放量。在城区区域,普通道路上的机动车排放量最大,这是由于其道路总长度最长,分别是快速路以及主干道的 5.4 倍以及 4.8 倍。而在郊区区域,尽管快速路的总长度并没有普通道路的总长度长,但由于具有较大的车流量,因此其各污染物的排放量仍然是各等级道路中最大的。此外,城区区域以及郊区区域在工作日以及非工作日之间的排放量差异特征均有所不

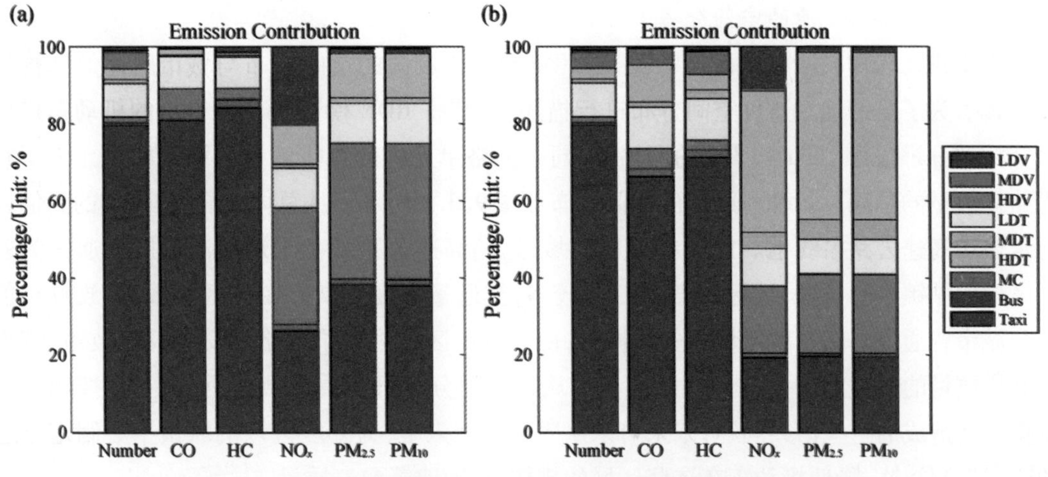

图 9.3.7 (a) 城区以及(b) 郊区区域中各类型机动车的排放贡献

同。在城区区域,工作日 CO,NO_x,HC,$PM_{2.5}$和 PM_{10}的日均排放总量分别为 129.94,30.15,14.74,1.27 以及 1.41 Mg · d^{-1}。非工作日 CO,NO_x,HC,$PM_{2.5}$和 PM_{10}的日均排放总量则分别为 118.29,27.71,13.40,1.16 以及 1.29 Mg · d^{-1}。而在郊区区域,工作日 CO,NO_x,HC,$PM_{2.5}$和 PM_{10}的日均排放总量分别为 873.97,315.10,102.46,13.01 以及 14.45 Mg · d^{-1}。非工作日 CO,NO_x,HC,$PM_{2.5}$和 PM_{10}的日均排放总量则分别为 758.41,267.91,88.22,10.98 以及 12.19 Mg · d^{-1}。对于城区区域而言,工作日的 CO,NO_x,HC,$PM_{2.5}$和 PM_{10}排放总量分别为周末排放量的 109.8%,108.8%,110.0%,109.5%以及 109.3%。而在郊区区域这一比值则分别为 115.2%,117.6%,116.1%,118.5%以及 118.5%。对于整个广州市来说,该比值则为 114.5%,116.8%,115.3%,117.6%和 117.7%。

表 9.3.4 城区以及郊区区域不同等级道路的日排放量(单位:Mg · d^{-1})

		Road type	Length(km)	CO	NO_x	HC	$PM_{2.5}$	PM_{10}
weekday	urban	highway	301.87	9.71	3.15	1.02	0.11	0.12
		artery	337.19	17.24	4.95	1.88	0.19	0.21
		local	1629.92	102.99	22.05	11.84	0.97	1.08
	suburban	highway	2316.73	417.49	168.29	45.51	6.50	7.22
		artery	747.63	61.12	26.54	7.24	1.11	1.23
		local	8867.69	395.36	120.27	49.71	5.40	6.00
weekend	urban	highway	301.87	7.47	2.34	0.79	0.08	0.09
		artery	337.19	13.20	4.23	1.40	0.15	0.17
		local	1629.92	97.62	21.14	11.21	0.93	1.03
	suburban	highway	2316.73	428.30	156.78	47.14	6.07	6.74
		artery	747.63	59.20	26.56	6.99	1.10	1.22
		local	8867.69	270.91	84.57	34.09	3.81	4.23

(2) 机动车排放源的空间分布

由于机动车均一般在路面上行驶,因此机动车排放源的空间分布与城市路网的结构保持一致。为了更好地对这种空间分布进行描述,本节将 ROE 模型所计算得出的机动车排放量分配到分辨率为 1 km×1 km 的网格上,同一网格单元内的总排放量为该网格单元内所有道路排放量的总和。每种污染物的空间分布如图 9.3.8 所示。从总体上看,排放量的高值区通常位于高速公路沿线上。此外在郊区区域,远离高速公路和主干道的高值区域通常为郊区区域的城镇中心,这些地区的普通道路较多,交通量密度更高。在城区区域,排放量高值区与城市普通道路的密度密切相关。同时,由于城市区域采取了严格的交通管制政策,城市区域排放量的高值区域相较于郊区更少。从该空间分布可以看出,对于更进一步控制机动车排放所造成的空气污染问题,未来可以从郊区区域入手,为郊区区域的城镇中心制定合适的交通控制策略,降低机动车在这些区域的排放,从而改善空气质量。

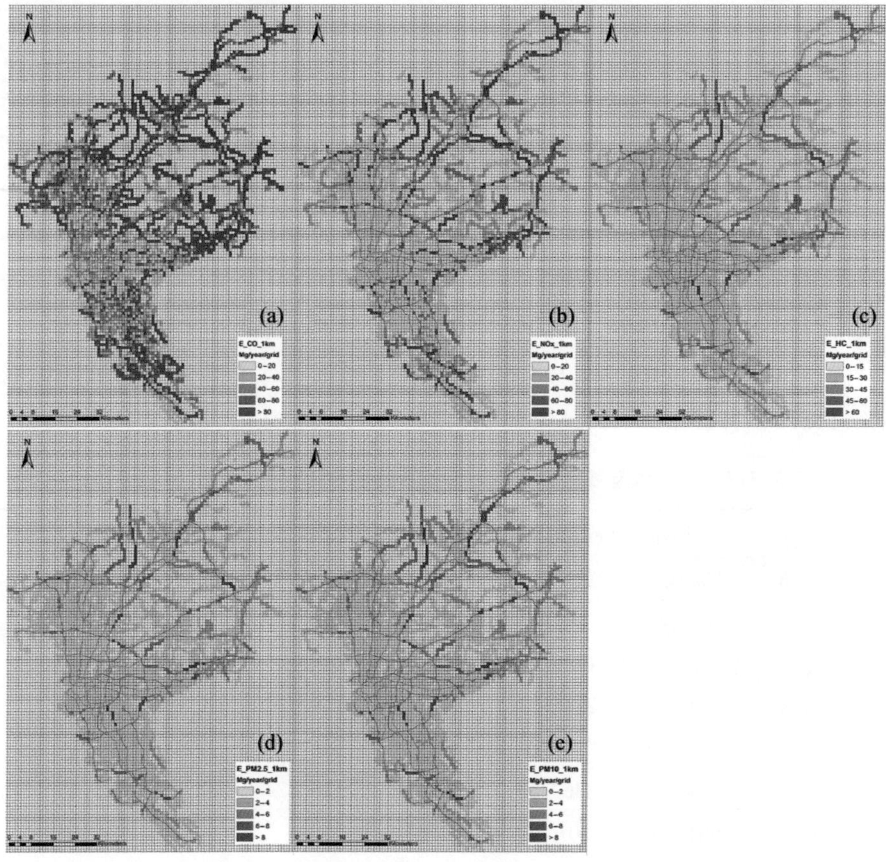

图 9.3.8 (a) CO,(b) NO_x,(c) HC,(d) $PM_{2.5}$和(e) PM_{10}的排放量空间分布

(蓝线:高速公路;绿线:主干道;普通道路未显示在图中)

(3) 各类型机动车的排放贡献

在图 9.3.7 中,城区区域以及郊区区域不同类别机动车的排放贡献显示出了一定的差异

性。在城区区域中，由于小型载客汽车为整体车队中数量最多的车型，使其成为各污染物中排放贡献最大的车型。其对 CO，HC，NO_x，$PM_{2.5}$ 和 PM_{10} 的贡献率分别为 80.9%，84.1%，26.4%，38.3% 和 38.2%。大型载客汽车是排放贡献第二大的车型，其 CO，HC，NO_x，$PM_{2.5}$ 和 PM_{10} 的排放贡献分别为 5.8%，2.9%，30.3%，35.2% 和 35.2%。而对于公交车而言，由于使用 LPG 作为燃料，除了 NO_x 的贡献量占城区区域总排放量的 20.5% 以外，其余污染物的排放贡献比例均不超过 2%。对于货车而言，由于实行了一定的交通控制措施，轻型载货汽车、中型载货汽车和大型载货汽车对于 CO，HC，NO_x，$PM_{2.5}$ 和 PM_{10} 的总排放贡献分别为 10.3%，9.3%，21.2%，23.3% 和 23.3%。此外，由于出租车的数量相对较少且使用了 LPG 作为燃料，其对各污染物的排放贡献均少于 1%。而在郊区区域，小型载客汽车由于数量较多的原因，使其成为 CO 和 HC 排放的主要贡献来源。但对于 NO_x，$PM_{2.5}$ 和 PM_{10} 而言，大型载货汽车的排放贡献最大，分别为 36.5%，43.2% 和 43.3%。此外，小型载客汽车、大型载客汽车和公交车是 NO_x 的重要贡献来源，其排放贡献分别占 19.4%，17.4% 和 10.8%。对于颗粒物（$PM_{2.5}$ 和 PM_{10}）而言，小型载客汽车、大型载客汽车和轻型载货汽车所占的排放贡献分别为 19.7%，20.5% 和 9.0%，这表明这些车辆同时也是 $PM_{2.5}$ 和 PM_{10} 的重要贡献来源。

9.3.4 小结

借助实时交通信息，实时道路排放（ROE）模型可以为中国的区域或街道级空气质量模型提供实时和高分辨率的排放清单。结果表明，只要将相关的排放因子输入到模型当中，ROE 模型可以计算 CO，NO_x，HC，$PM_{2.5}$，PM_{10} 和任何其他污染物的排放。由于采用了自下而上的制作方法，因此 ROE 模型可以计算每个路段的机动车排放量。

在本节中，广州市的实时交通信息是从高德地图获取的。用户在使用导航软件时，其行驶状态、地理和速度信息均来源于用户的 GPS 设备。通过该平台提供的开放 API 接口，获取不同路段的交通信息。

在充分考虑广州市的交通管制政策后，通过 ROE 模型计算所得的广州市年 CO，NO_x，HC，$PM_{2.5}$ 和 PM_{10} 的总排放量分别为 35.22×10^4，12.05×10^4，4.10×10^4，0.49×10^4 和 0.55×10^4 $Mg\cdot yr^{-1}$。而空间分布表明，机动车排放的高值地区分别在高速公路和郊区区域城镇中心。此外，在 ROE 模型计算结果与其他两个清单的空间分布比较中可以发现，由于 ROE 模型考虑了交通管制政策，ROE 计算结果得出的城区区域排放量要相对较低。但需要指出的是，这种仍然还停留在比较初步的阶段。在本节中三个排放清单的空间分辨率并不一致。此外，由于缺乏有关其他两个排放清单的时间信息，因此无法进行时间差异的比较。未来的研究应着重于提高这种比较的准确性。

由于其车辆的数量及其对各污染物的排放贡献，小型载客汽车为广州机动车排放源中最主要的贡献来源。而在郊区区域，大型载货汽车是 NO_x，$PM_{2.5}$ 和 PM_{10} 的最大贡献来源。此外，工作日的日 CO，NO_x，HC，$PM_{2.5}$ 和 PM_{10} 的排放量分别比其周末日排放量高 14.5%，16.8%，15.3%，17.6 和 17.7%。但由于缺乏街道级别的车队信息，每条道路的车型组成比例均采用了城市级别的平均比例,这会增加清单的不确定性。未来若能获取更多关于车队组成信息,有望进一步提高清单的准确性。

总体而言,ROE 模型可根据输入的实时交通信息和排放因子获得高时空分辨率的道路排放清单。值得注意的是,ROE 模型高度依赖于 ITS 交通流量数据。对于经济欠发达的城市,这方面可能会阻碍 ROE 模型使用。此外,中国正在推行机动车国六排放标准。ROE 模型目前仅考虑国一到国五排放标准的机动车。因此,该方面未来仍需做更进一步的补充。

最近的研究表明,城市内的交通流量预测模型对于城市车流量的预测是有效的(Cortez et al., 2012; Min et al., 2009; Vlahogianni et al., 2014)。使用这些预测模型可以获得未来时刻的交通流量变化,结合分别提供气象和背景浓度预测的气象预报系统和区域空气质量预报系统,可实现街道级别的排放量预测,进而为街道级空气质量模型提供排放源,用于街道级别的空气质量预测。

总而言之,ROE 模型可有效计算并分析广州市街道网络中实时的交通排放量并为街区尺度的高分辨率空气质量提供输入数据,从而进行空气质量评估。该方法可进一步推广到中国或其他国家的典型城市地区中使用。

9.4 城市大气污染排放源及污染物浓度协同同化的发展与应用

污染源清单是进行空气污染、环境健康和气候变化等研究的基础数据。当前广泛使用的污染源清单主要是基于各种基础能源消耗统计数据采用自下而上方法估算出来的。由于能源统计数据、人为活动水平和排放因子的选取存在较大的不确定性,因此利用自下而上的方法得到的污染源清单还存在一定的误差(Ma and van Aardenne, 2004;杨文夷等,2013;Li et al., 2017a & 2017b;Zheng et al., 2018;Zheng et al., 2021)。同时,在污染源清单编制过程中,只有少量的污染源排放有精确的地理坐标,而包括工业排放在内的大部分源排放是根据各省的统计数据推算得到的,因此现有的污染源排放清单的空间分布仍然存在较大的不确定性(Zheng et al., 2021)。此外,随着经济的高速发展和空气污染控制新技术的应用,城市能源结构发生了明显的变化,污染源排放的时空变化非常迅速,而统计数据的发布一般滞后几年(Zheng et al., 2021),因此已有排放清单不能及时反映污染排放的实际状况。

而基于污染物浓度观测资料,采用自上而下的反演方法优化的污染排放源能够有效弥补自下而上估算污染源排放的不足。理论上,只要拥有实时的监测资料,就能用同化技术更新得到实时的污染源排放清单(McLinden et al., 2016)。已有研究表明,在中国这样工农业快速发展的同时严格实施减排措施的国家和地区,利用反演法得到的污染源清单能够更及时地反映这些国家和地区更确切的污染排放情况。

当前在大气污染资料同化领域主要用到的同化方法有集合卡尔曼滤波、变分方法(包括三维变分和四维变分)、最优插值方法和牛顿松弛逼近法等,由于集合卡尔曼滤波同化效果较好,并且易于实现,具有很强的可移植性,因此其在污染物资料同化,尤其是污染源反演领域中得到了广泛的应用。相比较只同化污染物浓度和只同化污染排放源,在每一个同化周期中,协同同化污染物浓度和排放源能够同时对污染物浓度和排放源进行优化,最大限度地吸取观测信息,并且能够减少计算机时,可见,理论上协同同化方案是最优的。

当前利用资料同化技术优化污染源的工作已经较多,但精细尺度上的模拟研究还比较少见。本节我们在详细阐述基于集合卡尔曼滤波(Ensemble Kalman Filter, EnKF)的城市大气污染排放源及污染物浓度协同同化技术的基础上,以2020年新冠疫情暴发前后南京地区污染排放变化为例,在1 km这样的空间尺度上设计逐时的同化试验,探讨同化技术在高时空分辨率上对污染源排放的优化能力。

9.4.1 空气污染排放源及污染物浓度的协同同化模型

空气污染物浓度与污染源排放协同同化的流程如图9.4.1所示,其分为预报步骤和同化步骤两个模块,待同化的状态变量为 $x^b=(C^b,\lambda^b)$,这里 C^b 为污染物浓度背景场,λ^b 为表征污染排放源的尺度参数。在预报步中,预报模型包含污染源诊断模型和空气质量传输模式两部分。首先利用污染源诊断模型计算出表征污染源的污染源尺度参数 λ^b;接着利用式子 $F^b=\lambda^b\cdot F$(这里 F 为污染源清单)计算出污染源背景场;然后利用上一同化周期得到的浓度场 C^a 作为初始场,F^b 作为污染源强迫,输入到空气质量传输模式中,积分得到污染物浓度背景场集合 C^b。此时同化系统所需的背景场 $x^b=(C^b,\lambda^b)$ 准备完毕。在同化步,输入背景值 $x^b=(C^b,\lambda^b)$ 和观测资料 C^o 到同化系统 $EnKF$ 中,得到分析值 $x^a=(C^a,\lambda^a)$,利用等式 $F^a=\lambda^a\cdot F$,即得到优化后的污染源排放 F^a。

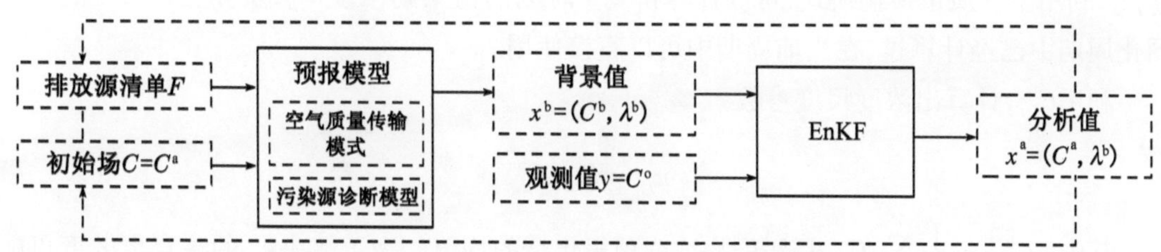

图9.4.1 同时同化污染物浓度和污染源的流程图

(1) 集合卡尔曼滤波

集合卡尔曼滤波是Evensen在1994(Evensen, 1994)年根据随机动力预报理论发展而来的顺序数据同化方法。其更新方程如下:

$$x^a=x^b+K(y-Hx^b) \tag{9.4.1}$$

$$K=PH^T(HPH^T+R)^{-1} \tag{9.4.2}$$

其中,x 是维数为 n 的模式状态向量;x^a 表示同化后的分析场;x^b 表示背景场;K 为权重矩阵(或增益矩阵);y 是由 m 个观测组成的向量;H 为观测算子,其将模式空间投影到观测空间;P 为背景误差协方差矩阵;R 为观测误差协方差矩阵;上标 T 表示矩阵求转置。对于背景误差协方差矩阵 P,计算如下:

$$P = \frac{1}{N-1}\sum_{i=1}^{N}(x-\bar{x})(x-\bar{x})^{\mathrm{T}} \tag{9.4.3}$$

在实际的计算中,不需要直接计算 P,而是分别计算 PH^{T} 和 HPH^{T} 两部分:

$$PH^{\mathrm{T}} = \frac{1}{N-1}\sum_{i=1}^{N}(x-\bar{x})(Hx-H\bar{x})^{\mathrm{T}} \tag{9.4.4}$$

$$HPH^{\mathrm{T}} = \frac{1}{N-1}\sum_{i=1}^{N}(Hx-H\bar{x})(Hx-H\bar{x})^{\mathrm{T}} \tag{9.4.5}$$

$$\bar{x} = \frac{1}{N}\sum_{i=1}^{N}x \tag{9.4.6}$$

分别计算 PH^{T} 和 HPH^{T} 能够大幅减少计算量和计算机的存贮空间。

(2) 污染源诊断模型

在空气质量模式中,污染源不是模式的控制变量,而是模式的输入场,是进行数值模式之前准备好的一个边界条件,因此不能通过集合预报的方式得到污染源的集合样本。而是需要构建合适的污染源诊断模型,这样就可以通过集合预报的方式来生成污染源集合样本。这里利用空气质量模式输出的污染物浓度集合样本与时间滑动平均函数结合起来构建污染源诊断模型。

假设在前两个同化周期中$(t-2, t-1)$,已有污染物浓度分析集合$C_{i,t-1}^{\mathrm{a}}$和污染源排放$F_{i,t-2}^{\mathrm{b}}$,利用空气质量传输模式,可以计算得到 t 时刻的污染物浓度$C_{i,t}^{\mathrm{b}}$,实际上,$C_{i,t}^{\mathrm{b}}$在前一个同化周期中已经计算过,在当前周期中可以直接使用。

利用$C_{i,t}^{\mathrm{b}}$,计算出浓度尺度参数:

$$\kappa_{i,t} = C_{i,t}^{\mathrm{b}} / \overline{C_{l,t}^{\mathrm{b}}} \tag{9.4.7}$$

其中,$\overline{C_{l,t}^{\mathrm{b}}} = \frac{1}{n}\sum_{i=1}^{n} C_{i,t}^{\mathrm{b}}$ 是污染物浓度预报集合的均值。为了解决$\kappa_{i,t}$的集合离散度可能会比较小的问题,采用协方差膨胀的方法,保证 $\kappa_{i,t}$的离散度处于一定的程度上,即

$$(\kappa_{i,t})_{\mathrm{new}} = \beta(\overline{\kappa_{i,t}} - \overline{\kappa_{l,t}}) + \overline{\kappa_{l,t}} \tag{9.4.8}$$

这里 $\overline{\kappa_{l,t}} = \frac{1}{n}\sum_{i=1}^{n}\kappa_{i,t} = 1$。$\beta$ 的取值,通过敏感性试验确定。

由于污染源排放与污染物浓度存在关系,假设污染源排放尺度参数与浓度尺度参数相等,即

$$\lambda_{i,t}^{\mathrm{p}} = (\kappa_{i,t})_{\mathrm{new}} \tag{9.4.9}$$

再利用时间平滑算子,得到 $t-1$ 时刻的污染源排放尺度参数,

$$\lambda_{i,t}^{\mathrm{b}} = \frac{1}{M}\left(\sum_{j=t-M+1}^{t-1} \lambda_{i,j}^{\mathrm{a}} + \lambda_{i,t}^{\mathrm{p}}\right) \tag{9.4.10}$$

这里 M 为平滑时间。平滑算子使得前期的观测信息能有效应用到$\lambda_{i,t}^{\mathrm{b}}$的预报中。$M$ 的取值,通过敏感性试验确定,一般取 4。

然后再利用方程$F^{\mathrm{b}} = \lambda^{\mathrm{b}} \cdot F$,计算得到污染源背景场。

迄今为止,还没有能够刻画污染源时空变化的动力模型,这里所述的污染源诊断模型仅是一种处理方法。由方程(9.4.10)可得:

$$\overline{\lambda_{i,t}^{\mathrm{b}}} = \frac{1}{M}\left(\sum_{j=t-M+1}^{t-1} \overline{\lambda_{l,J}^{\mathrm{a}}} + \overline{\lambda_{l,J}^{\mathrm{p}}}\right) = \frac{1}{M}\left(\sum_{j=t-M+1}^{t-1} \overline{\lambda_{l,J}^{\mathrm{a}}} + 1\right) \tag{9.4.11}$$

此方程表明,诊断模型预报的尺度参数的平均值$\overline{\lambda_{i,t}^{\mathrm{b}}}$取决于前面 $M-1$ 个尺度参数的分析场。$\lambda_{i,t}^{\mathrm{b}}$的样本分布取决于浓度尺度参数$\kappa_{i,t}$的样本分布,$\beta$ 的取值和前面 $M-1$ 个尺度参数的分析场的样本分布共同决定;调整 β 的取值和平滑时间,可以得到不同的样本分布。由于$\lambda_{i,t}^{b}$的每一个样本空间分布与污染浓度的空间分布有关,因此诊断模型计算得到的污染源集合样本的背景误差协方差矩阵与浓度的背景误差协方差矩阵有关,且随流型而变化。

9.4.2 应用示例

为了研究资料同化技术在高时空分辨率上对污染源排放的优化能力,我们利用集合卡尔曼滤波同化技术,对 2020 年新冠疫情暴发前后南京地区的污染源排放进行同化模拟试验。

(1) 数值试验方案设计

数值试验所利用的大气化学模式是 WRF-Chem 3.6.1(Grell et al., 2005)。该模式是美国国家大气和海洋局共同研发的气象-化学在线耦合模式,能够在线模拟气象场和大气化学场。模式的参数化方案设置如下:GOCART 气溶胶方案、RACM 气相化学机制、YSU 边界层参数化、RRTM 长波辐射和 Goddard 短波辐射方案,以及 Noah 陆面参数化方案等。

模拟区域覆盖了南京及其周边地区(见图 9.4.2),模式经向和纬向的网格数目都是 96,水平分辨率为 1 km。从地面到 10 hPa 垂直分为 57 层,为了更好地模拟边界层以内的污染物垂直分布,低层分层较密,高层较为稀疏,其中边界层以内的分层达到了 12 层。模式的气象初始场和边界条件、化学初始场和边界条件都取自于大尺度的模拟结果。先验的人为污染源取自清华大学的 MEIC-2010 源清单,生物排放(Guenther et al., 1995)、海盐(Chin et al., 2000, 2002)和沙尘气溶胶(Ginoux et al., 2001)通过在线模拟得到。

同化模型是美国国家海洋和大气管理局(NOAA)所开发的集合平方根卡尔曼滤波同化系统(Ensemble square root filter, EnSRF, Whitaker and Hamill, 2002)。与 EnKF 同化方案相比,EnSRF 同化不用额外给观测增加扰动,从而减少了样本误差。模式的集合样本设为 50;同化系统采用了协方差调节法,以弥补模式误差并保证集合样本有足够的离散度,其中膨胀系数设为 1.2;同时系统利用 Gaspari-Cohn 函数滤去虚假的远距离相关,试验中局地化半径

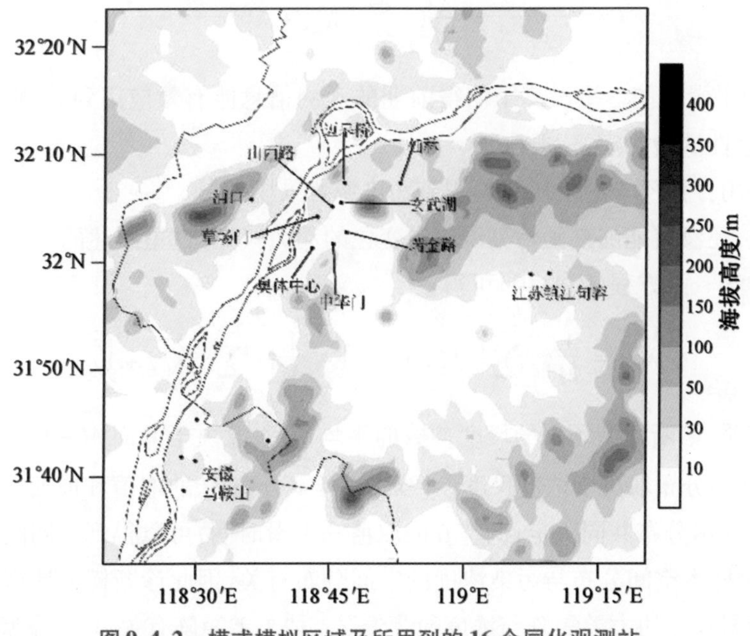

图 9.4.2 模式模拟区域及所用到的 16 个同化观测站

为 15 km。

试验所用观测资料为南京及周边城市共 16 个观测站的 $PM_{2.5}$,PM_{10},SO_2,NO_2,CO 和 O_3 逐时浓度观测,其中南京地区有 9 个站。同化试验中同化的污染物浓度包括 16 种气溶胶成分和 4 种污染:SO_2,NO_2,CO 和 O_3,污染源包括 $E_{PM_{2.5}}$,$E_{PM_{10}}$,E_{SO_2},E_{NO_2},E_{NH_3}和 E_{CO}。为了避免交叉相关,$PM_{2.5}$观测资料同化细颗粒气溶胶浓度和 $E_{PM_{2.5}}$;$PM_{10-2.5}$观测($PM_{10}-PM_{2.5}$表征粗颗粒气溶胶)同化粗颗粒气溶胶浓度和 $E_{PM_{10}}$;SO_2观测同化 SO_2浓度和 E_{SO_2};NO_2观测同化 NO_2浓度和 E_{NO};CO 观测同化 CO 浓度和 E_{CO};O_3观测同化 O_3浓度;由于缺乏 NH_3观测,E_{NH_3}由 $PM_{2.5}$观测资料进行优化。因此试验得到的数值产品有逐时的污染物浓度分析场和逐时的污染源排放。

为了遏制新冠病毒的扩散,从 2020 年 1 月 23 日起,中国主要城市陆续实施了居民居家隔离、企业停工停产等措施。1 月 24 日,江苏省启动突发公共卫生事件一级响应,在 1 月 24 日—2 月 8 日期间,除涉及疫情防控必需的企业生产,钢铁、化工等连续生产企业,以及与民生相关的行业可以正常经营以外,其他行业一律停工停产。2 月 10 日起,南京市开始有序推动企业复工复产,2 月 25 日 24 时起,随着疫情逐渐得到有效控制,江苏省将疫情防控应急响应级别调整为二级响应。之后,居民生活逐步恢复正轨,企业生产逐渐恢复。根据南京地区疫情管控情况,同化试验模拟时间设为 2019 年 12 月 1 日—2020 年 2 月 28 日。

(2) 集合同化对 $PM_{2.5}$气溶胶和 NO_2浓度场的优化

如上文所述,同化试验的时间设置为 2019 年 12 月 1 日—2020 年 2 月 28 日,由于 2019 年 12 月 1—5 日为模式初始化时期,舍去不予分析,因此分析时间为 2019 年 12 月 6 日—

2020 年 2 月 28 日。虽然试验中得到的是逐时的污染物浓度分析场和污染源排放，但为了更好地反映污染源排放随时间的变化，分析时滤去了污染源日变化的影响，在日平均和月平均的基础上进行分析。根据南京市疫情管控情况，将分析时间分为以下 3 个时段：2019 年 12 月 6 日—31 日，代表 2019 年 12 月；2020 年 1 月 1 日—24 日，代表 2020 年 1 月；2020 年 1 月 25 日—2 月 28 日，代表 2020 年 2 月，表征疫情管控后的源排放。由于疫情管控影响最大的是以交通和工业排放为主的 NO 排放，此外，对气溶胶排放也有一定的影响，而对其他源排放的影响较小，因此这里着重分析疫情管控对南京地区气溶胶排放 $E_{PM_{2.5}}$ 和 NO 排放 E_{NO} 的影响。

图 9.4.3 为南京城区 $PM_{2.5}$ 气溶胶和 NO_2 浓度的集合模拟与观测的对比，由图可见，集合模拟结果与观测资料非常一致，其中试验期间 $PM_{2.5}$ 气溶胶观测的平均值为 48.0 μg · m^{-3}，模式误差为 -8.3 μg · m^{-3}；NO_2 观测的平均值为 44.2 μg · m^{-3}，模式误差为 -4.8 μg · m^{-3}。这些统计表明同化试验有效吸收了观测信息，因此模拟结果与观测非常接近，偏差较小。

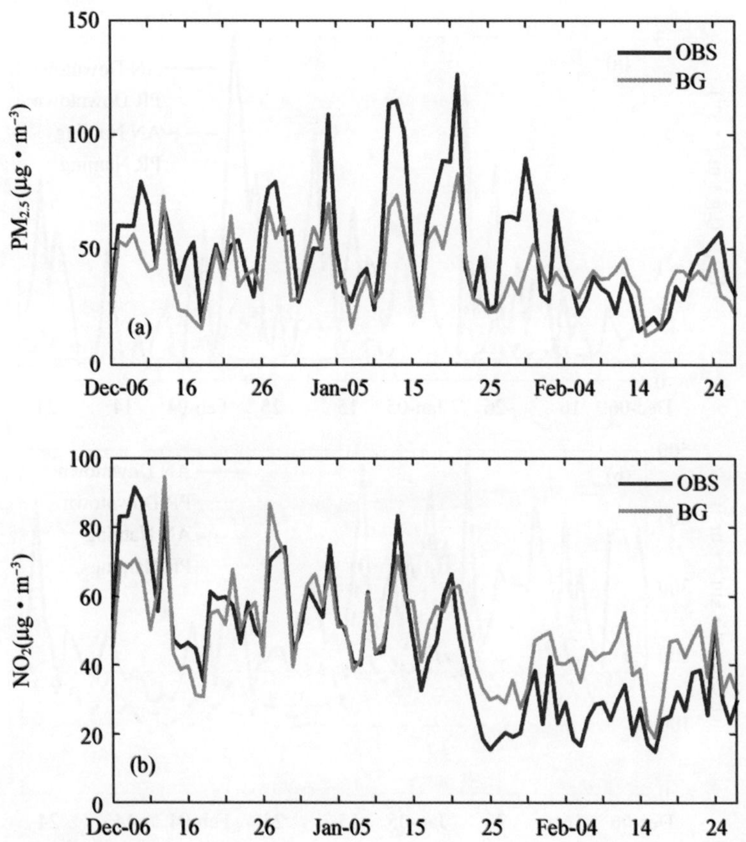

图 9.4.3　南京城区(a) $PM_{2.5}$ 气溶胶和(b) NO_2 浓度的日平均变化趋势。其中 OBS 为观测，BG 为集合模拟在观测站的平均。所用资料是位于南京城区的奥体中心、草场门、瑞金路、山西路、玄武湖和中华门 6 个观测站数据的平均

由图 9.4.3 还可以看到，受新冠疫情管控影响，南京城区 $PM_{2.5}$ 气溶胶和 NO_2 浓度明显降低。疫情管控前，南京城区的 $PM_{2.5}$ 气溶胶浓度观测 1 月份平均为 60.2 μg·m^{-3}，疫情管控后 2 月份的观测值减小到 38.9 μg·m^{-3}，减小了 35.4%。管控前平均 NO_2 的观测值为 50.7 μg·m^{-3}，管控以后 NO_2 减小到 27.0 μg·m^{-3}，减小了 46.7%。

（3）集合同化对 $PM_{2.5}$ 气溶胶源排放和 NO 源排放的优化

图 9.4.4(a) 和图 9.4.5 为试验期间南京及其周边地区 $PM_{2.5}$ 气溶胶源排放的时空分布。由图 9.4.5 可见，先验的 $PM_{2.5}$ 气溶胶主要排放区域在南京市郊的浦口工业区和金陵石化所在的新港开发区，以及以钢铁深加工为特色的马鞍山地区，而其他地区的排放整体较小，其中南京城区的日平均排放是 0.23 μg·m^{-2}·s^{-1}，整个南京地区的排放是 0.13 μg·m^{-2}·s^{-1}。同化以后，以 2019 年 12 月的同化结果为例，除新港开发区的排放明显减小以外，整个模拟区域的排放都大幅增加，尤其是浦口工业区、南京城区和马鞍山地区增加得最为明显，其中南京城区 $PM_{2.5}$ 气溶胶源排放平均值达到了 0.70 μg·m^{-2}·s^{-1}，整个南京地区的排放也达到了

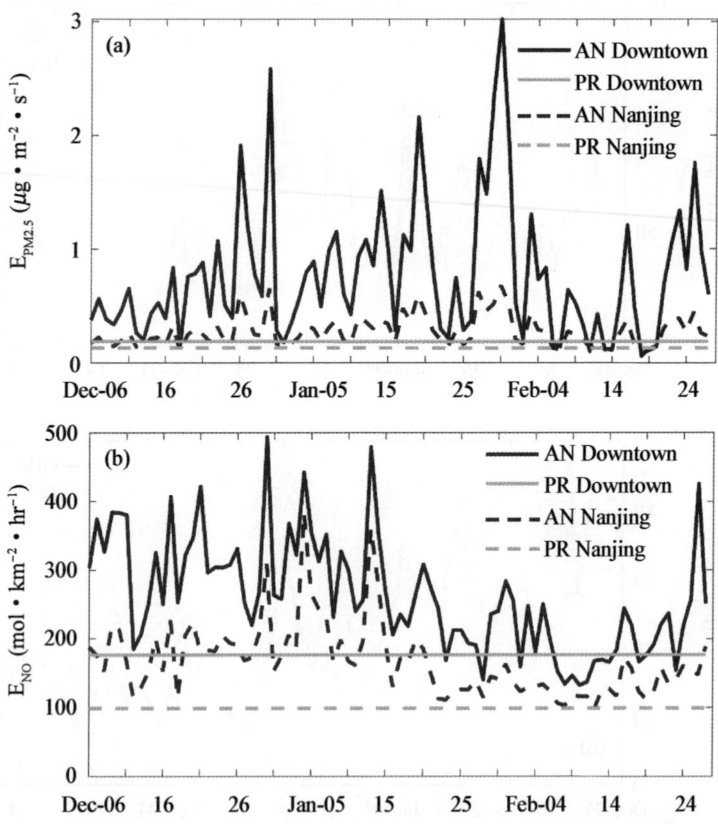

图 9.4.4 优化前后的源排放(a) $PM_{2.5}$ 气溶胶和(b) NO。其中黑色实线(AN Downtown)为南京城区(图 9.4.5 中红色方框所示的范围)同化后的污染源排放，灰色实线(PR Downtown)为南京城区同化前的污染源排放，黑色虚线(AN Nanjing)为南京整个地区(图 9.4.5 中蓝色方框所示的范围)同化后的污染源排放，灰色虚线(PR Nanjing)为南京地区同化前的污染源排放，这里 AN 表示同化以后的污染源，PR 表示同化以前的先验源)

0.25 μg · m^{-2} · s^{-1}。这些结果表明由 MEIC－2010 源清单得到的先验源是偏小的，这与上文中所述模拟结果比观测结果整体偏低的结论是一致的。

由图 9.4.4(a)可以看到，2020 年 1 月 25 日疫情管控以后，南京市 $PM_{2.5}$气溶胶排放先经历了短暂的上升（1 月 25—31 日），这可能与春节期间少量的烟花燃放有关；同时这几天气温偏低（最低气温在 0 ℃左右），因此相比较其他时段，居民需要更多的燃料取暖、烧水烧饭等，从而导致 $PM_{2.5}$气溶胶排放增加。之后，$PM_{2.5}$气溶胶排放量整体偏低，减排区域主要位于工业开发区，市区排放也有所减少（见图 9.4.5），这与疫情管控，企业停工停产有关；同时因为居民外出活动减少，交通排放也在一定程度上减少了气溶胶的排放。整体上，2 月份模拟区域排放比 1 月份小 4.4%。

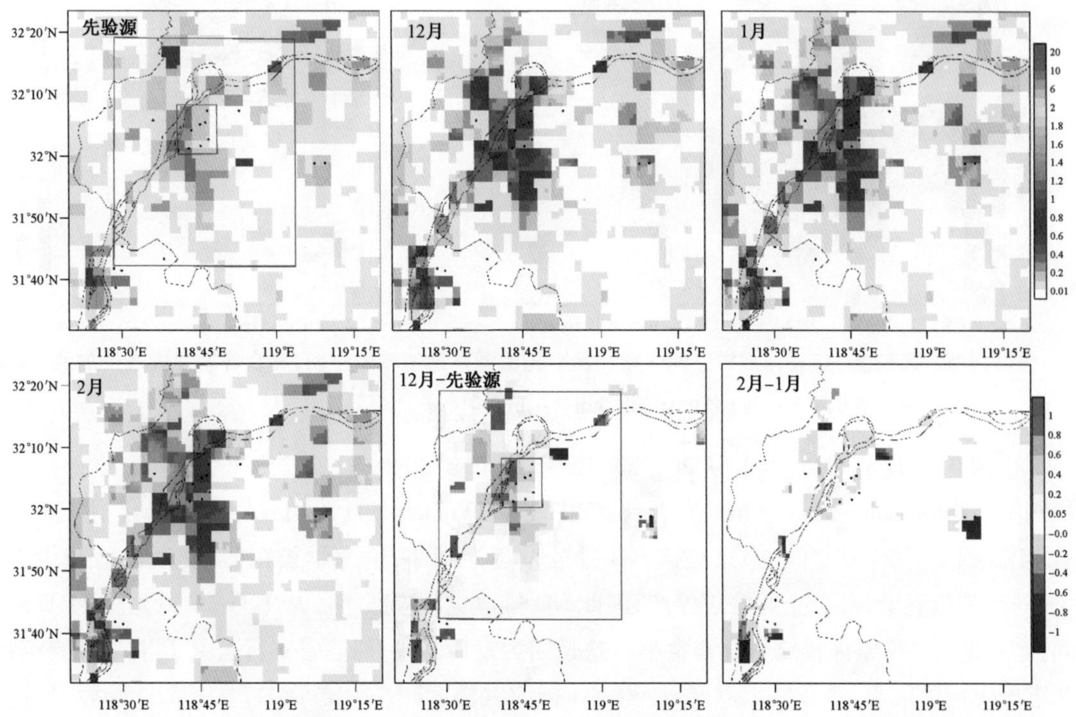

图 9.4.5　南京市 $PM_{2.5}$气溶胶源排放的空间分布。其中先验源取自 MEIC-2010 源清单，12 月的排放为优化源在 2019 年 12 月 6 日—31 日的平均，1 月为优化源在 2020 年 1 月 1 日—24 日的平均，2 月为 2020 年 1 月 25 日—2 月 28 日的平均，表征因为新冠肺炎疫情管控以后的源（图中蓝色方框代表整个南京地区，红色方框代表南京城区，排放单位：μg · m^{-2} · s^{-1}）

南京地区的 NO 源排放主要来自于交通和工业。图 9.4.4(b)和图 9.4.6 为试验期间的南京及周边地区 NO 源排放的时空分布。由图 9.4.6 可见，除主要工业区外，南京城区也有一定的排放量，但先验 NO 源排放明显偏小，同化前南京地区的由 MEIC-2010 清单得到的 NO 先验源平均为 176.5 mol · km^{-2} · hr^{-1}，城区平均为 99.3 mol · km^{-2} · hr^{-1}。优化后在主要工业区和南京城区都有明显增加：12 月份南京城区达到了 316.0 mol · km^{-2} · hr^{-1}，整个南京

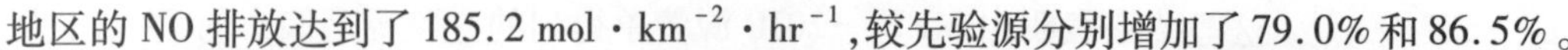
地区的 NO 排放达到了 185.2 mol · km^{-2} · hr^{-1},较先验源分别增加了 79.0% 和 86.5%。

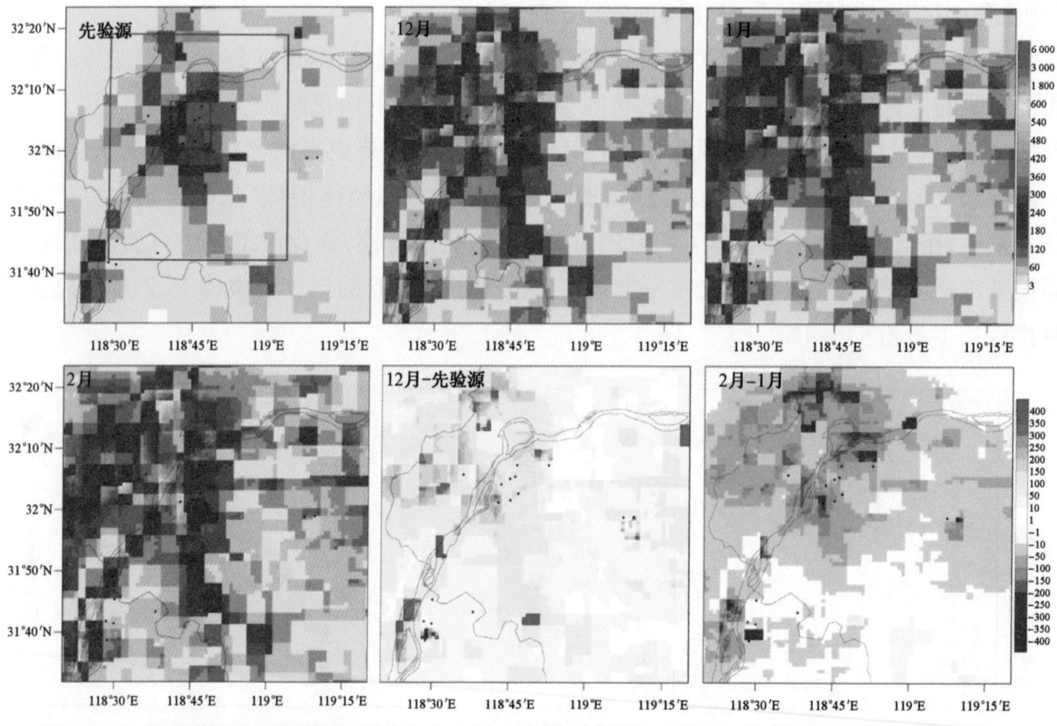

图 9.4.6　南京市 NO 源排放的空间分布。其中先验源是源清单的平均,其余各时间段表征的意思与图 9.4.5 一致(单位:mol · km^{-2} · hr^{-1})

由图 9.4.4(b)可以看到,从 2019 年 12 月 11 日到 2020 年 1 月 13 日之间,南京地区的 NO 排放在 190 mol · km^{-2} · hr^{-1}左右,城区排放在 300 mol · km^{-2} · hr^{-1}左右浮动。之后从 1 月 14 日到 1 月 24 日之间,南京地区 NO 排放量逐渐减小,这与学校寒假,交通出行减少有关;同时临近春节,部分企业停工停产,因此 NO 排放也相应减小。从 1 月 25 到 2 月 24 日期间,南京地区 NO 整体排放量都非常小。这是因为疫情暴发,江苏省实行公共卫生一级响应,要求居民居家隔离,企业停工停产,使得 NO 排放大幅度减小。之后在 2 月 25 日以后,疫情逐步稳定,江苏调整为二级响应,企业逐步有序地开始复工,NO 排放逐渐增加。结合图 9.4.6 可以看到,整体上,2 月份的 NO 排放比 1 月份大幅度减小了 30%,其中 1 月份南京地区的平均排放量为 196.6 mol · km^{-2} · hr^{-1},城区为 290.6 mol · km^{-2} · hr^{-1},而 2 月份南京地区的排放量减小到 133.2 mol · km^{-2} · hr^{-1},城区排放量减小到 204.1 mol · km^{-2} · hr^{-1}。

9.4.3　小结

本节阐述了基于集合卡尔曼滤波的大气污染排放源及污染物浓度的协同同化模型及其在南京的应用。

同化流程如下,首先利用污染源诊断模型和空气质量传播模式预报得到待同化处理的状态变量,即污染物浓度背景场和表征排放源的尺度参数,然后将待同化处理的状态变量和观测资料输入到同化系统中,即可得到经同化优化后的污染物浓度和污染源。由于污染源不是模式的控制变量,因此协同同化的关键在于构建合适的污染源诊断模型,用以生成污染源的集合分布。如前所述,当前还没有能够刻画污染源时空变化的动力模型,本节所介绍的污染源诊断模型是一个可行的同化处理途径,已有研究表明,利用该污染源诊断模型进行污染源优化,能够很好地再现污染源的实际时空分布。

针对新冠肺炎暴发前后南京地区污染排放变化,在 1 km 的空间尺度上进行了逐时同化试验模拟研究。结果表明集合同化系统能够有效吸收观测信息,模式的背景场与观测场非常接近,经同化得到的分析场可以替代观测场进行相关的研究。在污染源优化方面,同化系统能够很好再现疫情管控前后南京地区的污染源的时空分布。疫情暴发前,优化源明显大于 MEIC-2010 清单得到的先验源,尤其是在工业区和城区增幅明显,表明先验源较实际排放量偏小,这与背景浓度小于观测值的结果是一致的;随着疫情管控,南京城区的 $PM_{2.5}$ 气溶胶和 NO 源排放分别较管控前减少 4.4% 和 30%,减少的区域主要位于工业区和城区。这些结果表明同化系统在反演高时空分辨率的污染源方面具有较大的潜力。

9.5　本章总结

城市空气质量预报具有迫切的社会需求,目前的空气质量预报水平虽然在不断提高,但预报误差仍然较大。城市空气污染问题具有多尺度性,例如区域尺度、城市尺度、城市小区尺度、街道尺度等,因此也需建立多尺度城市空气质量预报系统。本章介绍了南京大学多尺度空气质量预报系统。

RBLM-Chem 模式是新一代在线耦合的城市边界层-植被-化学-辐射模式系统。模式系统由区域边界层模式(RBLM)、大气化学输送扩散模式(ACTDM)耦合而成,模式中包含树木冠层模型和植被干沉降方案。目前该模式还耦合进了辐射传输模式 SBDART,可以用来研究城市空气污染和城市边界层的相互作用。该模式系统的初值既可以由观测资料内插得到,也可以由 WRF-Chem 等外部模式的模拟结果提供。

南京大学城市空气质量预报系统(NJUCAQPS)是城市高分辨率空气质量预报模式,由中尺度气象预报模式、城市边界层模式(UBLM)和大气污染输送化学模式(ACTDM)组成。

城市空气质量数值模拟的关键是有城市地表类型、建筑特征、污染物排放清单等资料。高分辨率实时更新的排放清单尤其重要。为了计算基于动态车流量信息的机动车道路排放源,制作高时空分辨率的机动车排放清单,本章开发了实时道路排放模型(real-time on-road emission model, ROE model),用以计算城市路网内的机动车排放源。

污染物排放清单有一定误差,而基于污染物浓度观测资料,利用自上而下的反演方法所优化的污染排放源能够有效弥补自下而上估算污染源排放的不足。本章还介绍了在每一个同化周期中,协同同化污染物浓度和排放源的方法,结果表明该方法能够同时对污染物浓度和排放源进行优化,提高模拟精度。

第Ⅳ部分　城市化对天气、气候与环境的影响研究

10　城市化对天气、气候和空气质量的影响研究

根据联合国的数据，到2050年，68%的世界人口将生活在城市地区（联合国，2019），这将导致全球城市进一步扩张（Oke et al.，2017）。城市化的发展包括土地覆盖的变化、城市建筑的增加以及人为热的释放。不均匀的城市下垫面将影响地表的空气动力学特征，改变陆地空气交换和当地气象条件。城市区域气象条件的变化不仅对当地和区域气候产生重大影响，同时也会对城市空气质量产生影响。

城市化对气象条件的研究涉及非均匀性下垫面、城市热环境（城市热岛、高温热浪）以及城市化导致局地环流的改变，这方面的研究揭示了城市化发展对城市气候的改变。城市化对空气质量的研究利用数据统计和模型模拟两种手段。数据统计可以利用观测数据或卫星数据分析空气污染与城镇化指标的关系；模型模拟则是在精准模拟城市气象条件的基础上增加排放清单，探究城市化后大气污染物与气象要素的变化。

10.1　城市非均匀性对地表能量平衡和降水的影响

城市是由大小尺度不一、高低起伏的建筑、立交桥、交通隧道组成，城市的建筑分布具有非常高的非均匀性，很难找到一个由建筑尺度、建筑高度非常相似的大量建筑组成的城市。在城市气象的数值模拟中，准确表征城市的非均匀性，需要高分辨率的城市建筑资料，而这些资料通常极难获取。同时由于模式分辨率的问题，中尺度模式通常将某一个城市建筑归为一种尺度。例如WRF将城市类型分为商业区（Commercial）、高密度城市（Hi-dens Res）、低密度城市（Low-dens Res）三种类型，在利用WRF研究城市气象的过程中，通常根据城市规模将城市确定为上述三种类型中的一种。但由于城市密度的非均匀性，在一个城市中，这三种类型都存在，很难将某一个城市全部归类于一种类型（宋静，2009），如南京地区，市中心鼓楼、新街口地区高楼林立，属于商业区（Commercial），城南秦淮河附近属于高密度城市（Hi-dens Res），仙林属于低密度城市（Low-dens Res），因此模式对城市非均匀性的粗略描述会对城市气象气候模拟带来较大的误差。

本节将根据城市各区域的特点对城市进行再分类，研究城市空间分布非均匀性对城市地表能量平衡、风温特征以及城市降水的影响。

10.1.1　城市非均匀分布及数值试验方案

(1) 城市非均匀分布

设计 a,b,c 三个方案。方案 a 考虑城市的非均匀性,即将城市分为商业区、高密度城市、低密度城市三种类型;方案 b 是均一城市类型(高密度城市);方案 c 考虑无城市的影响,即将原有城市地区的地表类型全部替换为农田。三种城市的形态学参数见表 10.1.1。

表 10.1.1　三种类型城市的形态学参数

		商业区	高密度城市	低密度城市
街道宽度 m		20	25	30
建筑宽度 m		20	17	13
建筑高度分布%	5 m	0	0	15
	10 m	0	20	70
	15 m	10	60	15
	20 m	25	20	0
	25 m	40	0	0
	30 m	25	0	0
	35 m	0	0	0

这里对城市类型的划分主要是依据城市建筑密度(图 10.1.1),该建筑密度是根据 30 m 分辨率 landsat 卫星的地表类型资料,将 1 平方千米内主导的地表类型定义为这 1 平方千米的地表类型统计得到。当建筑密度小于等于 0.3,将城市定义为低密度城市;当建筑密度介于 0.3 ~0.45 之间,将城市定义为高密度城市;当建筑密度大于等于 0.45,将城市定义为商

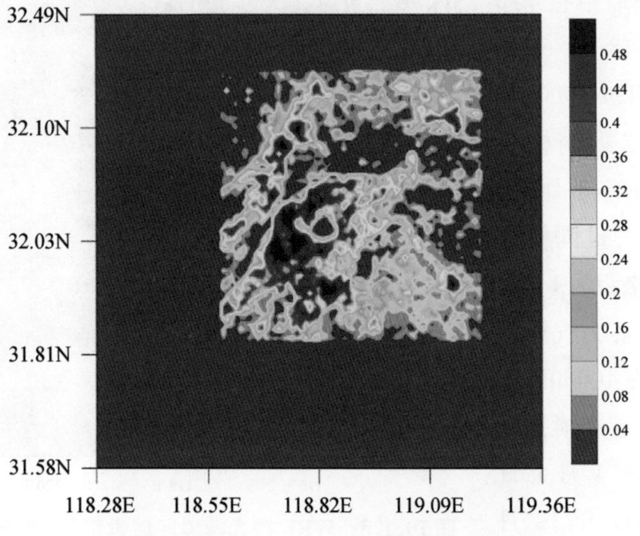

图 10.1.1　南京地区城市建筑物密度分布

业区。图 10.1.2 是方案 a 和方案 b 中模式第三重区域的地表类型分布。其中非均匀城市中商业区占城市面积的 23.7%,高密度城市占城市面积的 41.2%,低密度城市占城市面积的 35.1%。可以看出考虑城市类型空间差异的因素之后,南京城市中心区域和边缘区域的地表类型都发生了变化。非均匀城市虽然总体上降低了城市高度,但增加了城市分布的不均匀性。

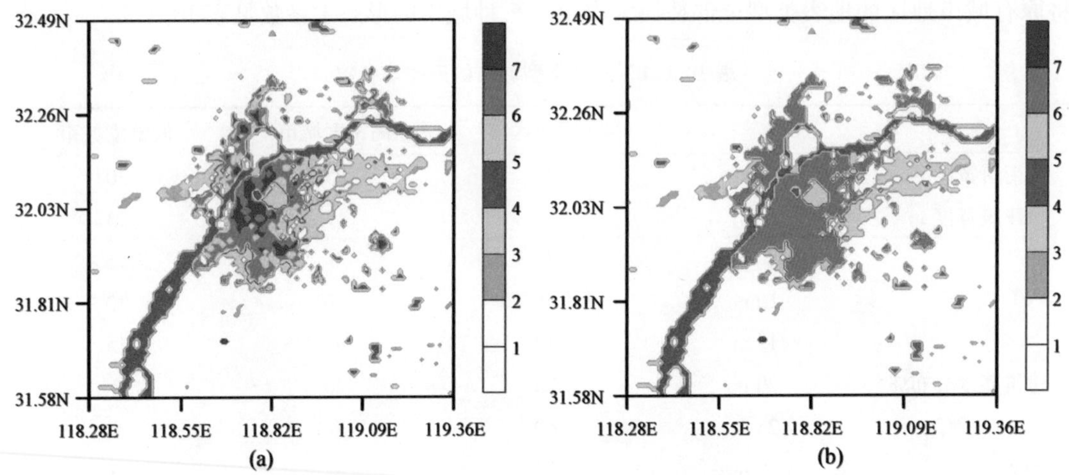

图 10.1.2 南京地区地表类型:(a) 非均匀城市;(b) 均匀城市。1:农田;2:草原;3:阔叶林;4:水体;5:低密度城市;6:高密度城市;7:商业区(宋玉强和刘红年,2014)

(2) 数值试验设置

在本次模拟中,采用三层嵌套网格,嵌套方式为双向,模拟区域见图 10.1.3。中心经纬度为 32.1004°N,118.8986°E。第一重网格为 900 km×900 km 格距为 9 km;第二重网格为 303 km × 303 km,格距为 3 km;最里面的第三重网格为 101 km×101 km,格距为 1 km。垂直方向采用拉伸静力气压跟随坐标,模式顶取在 100 hPa 高度,垂直分层为 27 层。模拟时间从世界时 2011 年 1 月 1 日 00 时至世界时 2011 年 12 月 31 日 18 时,模拟方式为 12 个

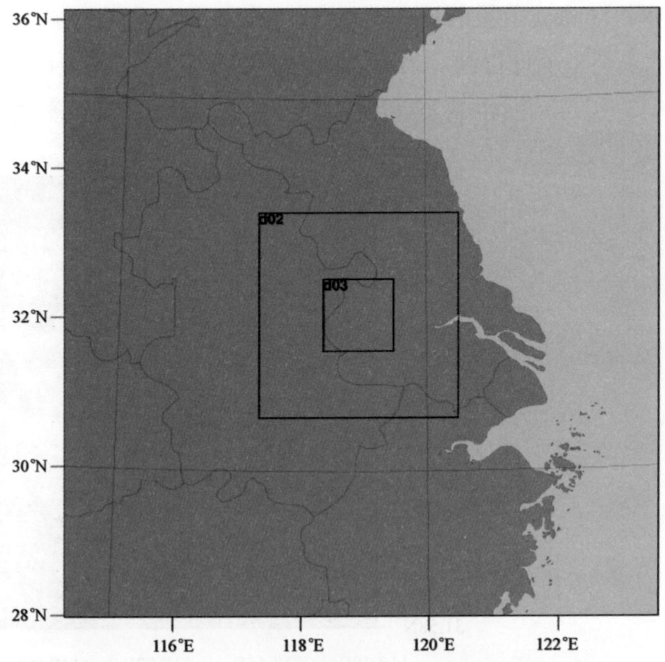

图 10.1.3 WRF 模式模拟区域设置(三重嵌套网格,d03 为南京区域)(宋玉强和刘红年,2014)

月分别积分,每个月的积分方式为连续积分,积分的预热时间为 1 天。边界条件采用 1°×1° 分辨率的 NCEP 资料,每 6 小时强迫一次。模式结果为每小时输出一次。模式的参数化方案设计见表 10.1.2。

表 10.1.2　数值试验参数化方案

微物理过程	WSM 3-class simple ice scheme
长波辐射方案	rrtm scheme
短波辐射方案	Dudhia scheme
辐射强迫间隔	30min
近地面层方案	Monin-Obukhov scheme
陆面过程	unified Noah land-surface model
边界层方案	Bougeault and Lacarrere(BouLac) TKE
边界层物理强迫间隔	0
积云参数化方案	1,2 层采用 Kain-Fritsch(new Eta),3 层采用 no cumulus
积云参数化方案强迫间隔	5min
近地面层热通量和水汽通量	with fluxes from the surface
雪覆盖影响	without snow-cover effect
云对辐射的影响	with cloud effect
地表和土壤种类输入源	WPS/geogrid
陆面过程中土壤层数	Noah land-surface model
城市物理方案	Multi-layer, Building Environment Model(BEM) scheme
地表类型种类	24

10.1.2　城市非均匀性对地表能量平衡的影响

常用的地表能量平衡方程为:

$$Q_N = Q_H + Q_E + Q_G \tag{10.1.1}$$

式中 Q_N 为净辐射,Q_H 为感热,Q_E 为潜热,Q_G 为地表热通量。

表 10.1.3 是方案 a 中三种类型城市和三种方案的城市年平均的地表能量平衡各项。由于夜间没有太阳短波辐射,所以在本节中,反照率和净短波辐射的平均值是通过取北京时间 08 时—17 时的时段计算得到的。可以看出,在三种类型城市中,商业区的感热、波恩比、净长波辐射都是最大,而潜热、反照率、净辐射最小;相反,低密度城市的感热、波恩比、净长波辐射最小,而潜热、反照率、净辐射最大;高密度城市则介于上述两者之间。不过三种类型城市的向下短波辐射近似相等,这是因为向下的短波辐射主要是受太阳光照射和云量等大气条件影响,受地表影响极小。城市感热远大于无城市(方案 c),而潜热则远低于无城市地区。

综上所述,对于城市的地表能量平衡各项,三种城市之间存在比较明显的差异,对于某个特定的城市而言,这三种类型城市所占的比例将直接影响城市总体所表现出的地表能量平衡各项。

表 10.1.3 地表能量平衡各项特征

	低密度城市	高密度城市	商业区	方案 a	方案 b	方案 c
感热($W \cdot m^{-2}$)	51.9	101.1	135.0	91.9	101.2	26.3
潜热($W \cdot m^{-2}$)	44.6	9.7	5.4	20.9	9.7	52.8
波恩比	1.2	10.4	24.9	4.4	10.5	0.5
向下短波辐射($W \cdot m^{-2}$)	454.1	454.1	453.7	454.0	453.2	452.8
反照率	0.17	0.15	0.14	0.16	0.15	0.23
净短波辐射($W \cdot m^{-2}$)	376.9	386.9	390.6	384.3	386.2	349.1
净长波辐射($W \cdot m^{-2}$)	67.1	78.1	80.5	74.8	77.7	69.3
净辐射($W \cdot m^{-2}$)	91.1	84.5	84.1	86.7	84.6	77.2
地表热通量($W \cdot m^{-2}$)	-5.4	-26.3	-56.3	-26.1	-26.3	-1.9

方案 c 中没有城市,但统计的区域和方案 a,b 中城市范围相同。方案 a 和方案 b 的城市感热、波恩比、城市净短波辐射、城市净长波辐射和城市净辐射均大于方案 c;方案 a 和方案 b 的城市潜热、反照率均小于方案 c。由此可见,有无城市对于城市地表能量平衡各项的影响是十分显著的。而对于方案 a 和方案 b,以城市感热为例,低密度城市、高密度城市、商业区的感热分别为 51.9,101.1,135.0 $W \cdot m^{-2}$,方案 a 中三种类型城市所占的面积比例为 35.1%,41.2%,23.7%,低密度城市面积大于商业区,并且商业区感热的均值与高密度城市感热均值的差值,比低密度城市的要小。所以通过加权平均,方案 a 的城市感热小于方案 b,方案 a 在城市感热这一项的结果上来看是弱化城市影响的作用。

图 10.1.4 是地表反照率及城市非均匀性导致的地表能量平衡差异的空间分布。反照率从城市外围向城市中心减小,最小值大约为 0.14,相比于均匀城市,非均匀城市的中心区域反照率有所下降,在城市边缘主要为低密度城市,反照率有所增加(图 10.1.4(b))。在城市中心区域,非均匀城市和均匀城市感热最大值分别为 138.1 和 106.1 $W \cdot m^{-2}$,非均匀城市比均匀城市高约 30 $W \cdot m^{-2}$(图 10.1.4(c)),其城区感热分布的方差分别为 1 040.4 和 1.8(表 10.1.4)。非均匀和均匀城市的潜热分布也相差极大(图 10.1.4(d)),市区中心潜热远低于均匀城市,且空间分布更不均匀,其城区潜热空间分布的方差分别为 306.6 和 0.1。

净短波辐射的差异主要表现在反照率的不同。在城市的中心区域,非均匀城市的净短波辐射有所上升,在城市边缘,净短波辐射有所下降,净长波辐射的变化与此类似。非均匀城市的感热、潜热、净短波、净长波的方差远大于均匀城市。

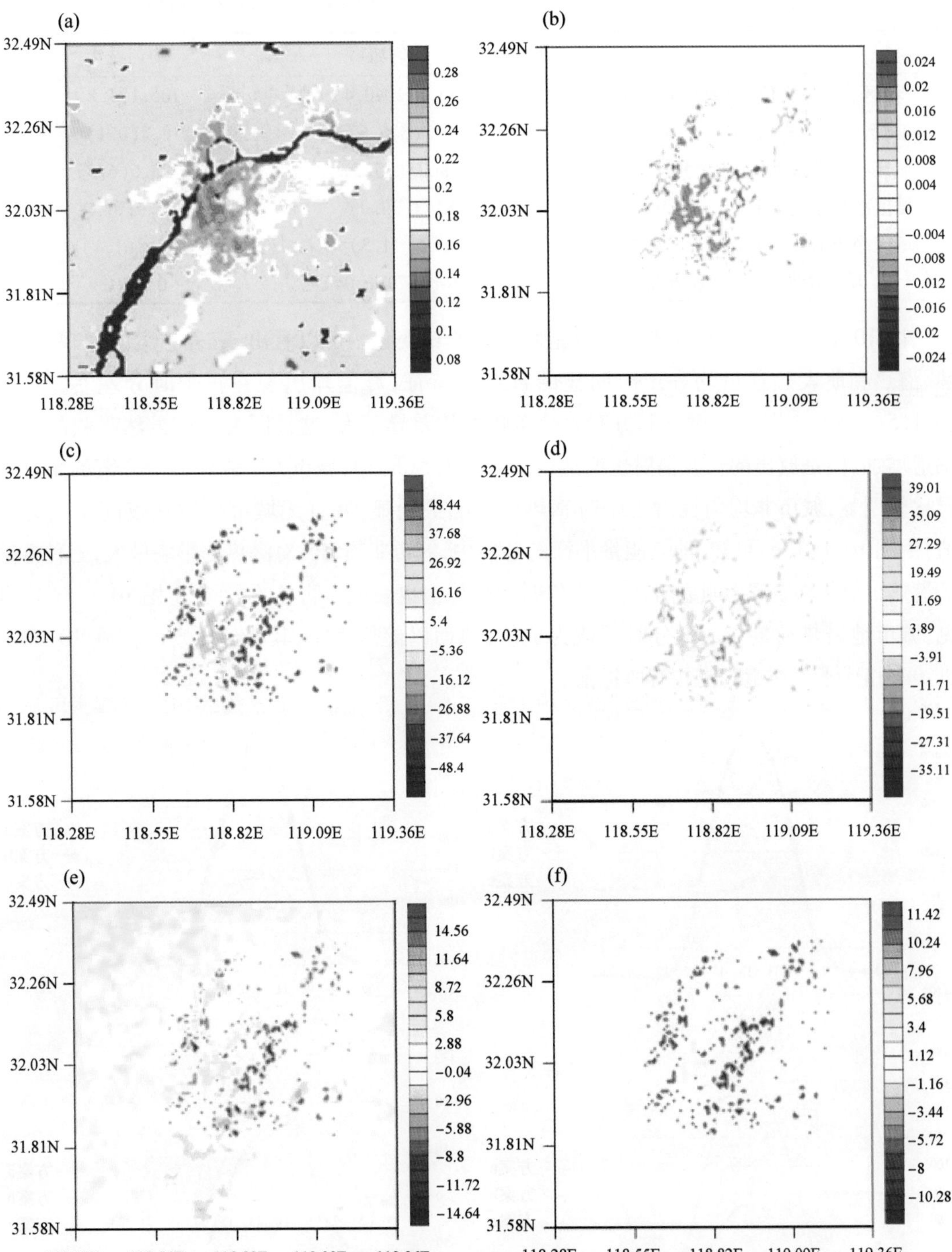

图 10.1.4 (a) 非均匀城市年均反照率;(b) 非均匀与均匀城市年均反照率之差;(c) 非均匀与均匀城市年均感热之差($W \cdot m^{-2}$);(d) 非均匀与均匀城市年均潜热之差($W \cdot m^{-2}$);(e) 非均匀与均匀城市净短波辐射之差($W \cdot m^{-2}$);(f) 非均匀与均匀城市净长波辐射之差($W \cdot m^{-2}$)(宋玉强和刘红年,2014)

表 10.1.4　方案 a 和方案 b 年平均地表能量平衡各项的城区方差和极值

	非均匀城市	均匀城市
城区感热最大值(方差)($W\cdot m^{-2}$)	138.1(1040.4)	106.1(1.8)
城区潜热最小值(方差)($W\cdot m^{-2}$)	5.1(306.6)	8.8(0.1)
城区净短波最大值(方差)($W\cdot m^{-2}$)	396.5(35.9)	393.6(6.5)
城区净长波最大值(方差)($W\cdot m^{-2}$)	81.3(33.0)	78.9(0.3)
城区净辐射最大值(方差)($W\cdot m^{-2}$)	93.5(11.3)	87.8(1.1)
城区反照率最小值(方差)	0.14(1.70E-04)	0.15(0)

图 10.1.5 是三种方案城区地表能量平衡的日变化。可以看出,三种方案的净辐射、感热、潜热和地表热通量均表现出明显的日变化特征,峰值均出现在正午时分左右。在图 10.1.5(a)中,方案 a、方案 b 和方案 c 的净辐射的差异不大,这是因为城市虽然吸收的短波辐射增加,但是放出的长波辐射也增加;在图 10.1.5(b)中,城市方案和无城市方案的感热差异比较明显,城市非均匀性对正午时感热的影响最明显,并且无城市方案在夜间感热为负值;由图 10.1.5(c)可知,地表能量平衡的各项中,城市非均匀性对潜热的影响最大,三种方案的潜热日变化均表现出明显的差异,正午时分的峰值也表现出明显的不同;由图 10.1.5(d)可见,城市地表热通量在大部分时间段为负值,地面以储热为主,其峰值出现时间在 10:00—11:00,相比于无城市时位相有所提前。

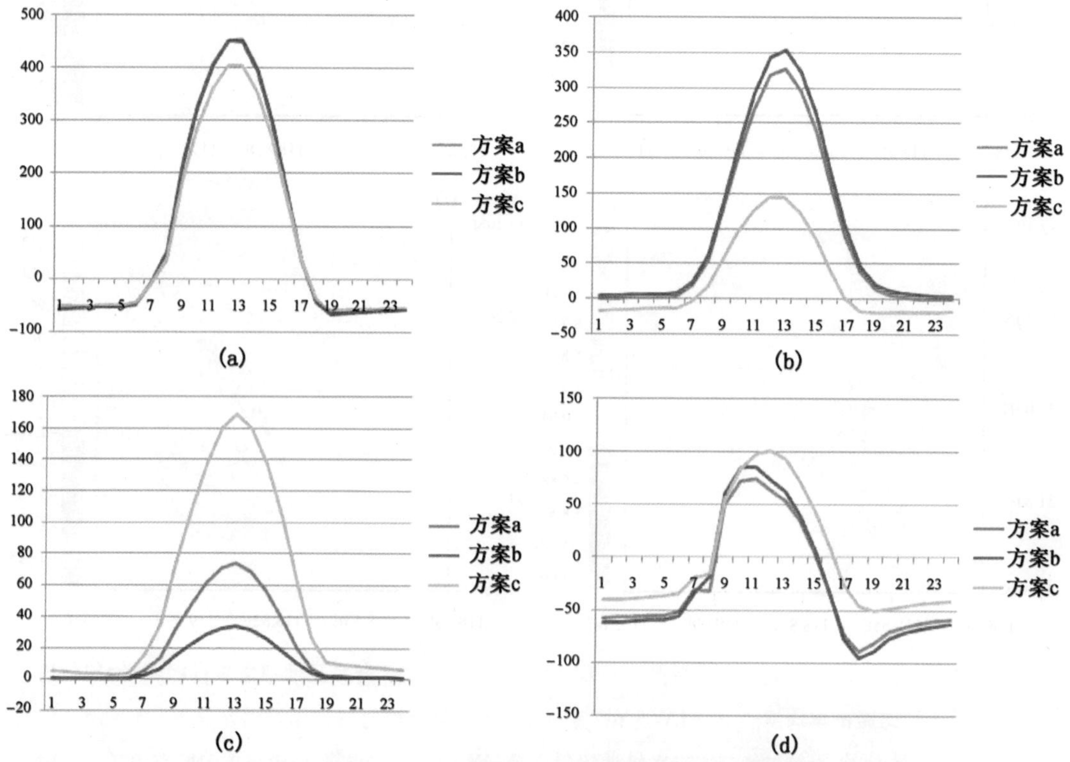

图 10.1.5　三种方案城区地表能量平衡的日变化($W\cdot m^{-2}$)(横坐标为北京时)

(a) 净辐射;(b) 感热;(c) 潜热;(d) 地表热通量(宋玉强和刘红年,2014)

10.1.3 城市非均匀性对城市平均风温场的影响

图 10.1.6 是三种方案地面相对湿度、气温和 10 m 风速的月平均及年平均模拟结果和观测值。观测资料选取的是南京标准站(58238)的地面观测资料,经纬度为(118.90°E,31.93°N)。南京站位于郊县江宁的郊区,受城市影响较小,三种方案模拟结果的月平均值差异不大,都能很好地模拟出气温变化和湿度变化,风速模拟结果相对略差。总体而言,WRF-UCM 对南京地区 2011 年气象场的模拟是比较成功的,在此基础上可以分析城市非均匀分布对城区气象特征的影响。

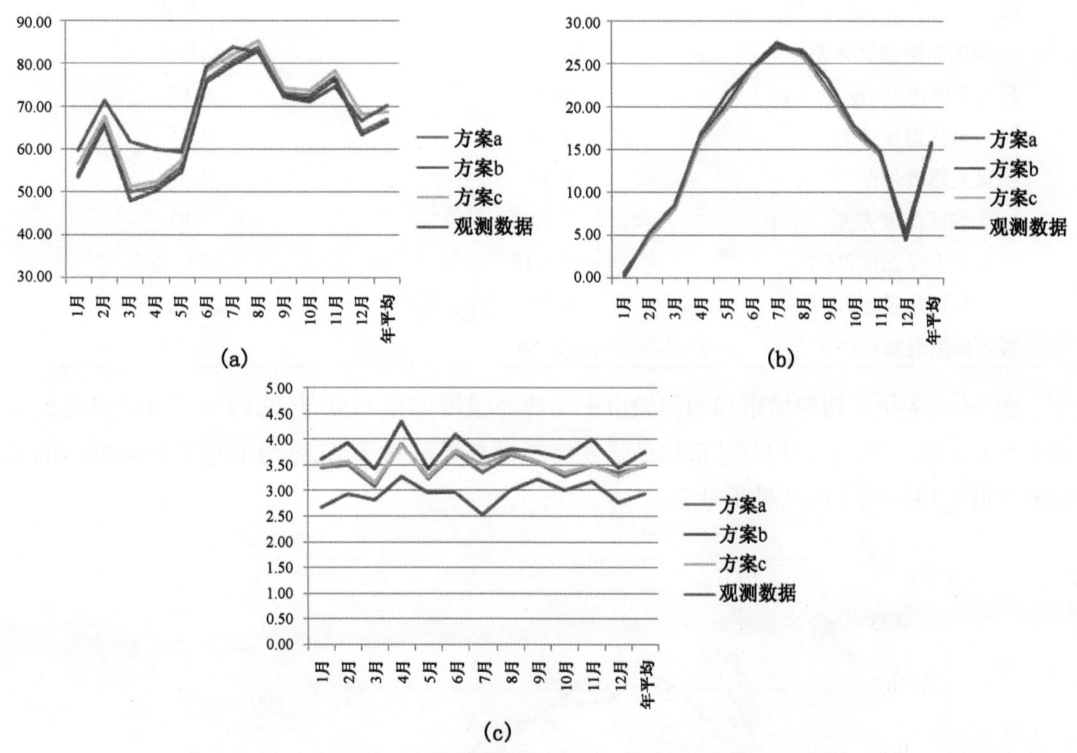

图 10.1.6 三种方案月平均和年平均的模拟结果和观测值

(a)南京站地面相对湿度(%);(b)南京站 2m 气温(℃);(c)南京站 10 m 风速($m \cdot s^{-1}$)

(宋玉强和刘红年,2014)

表 10.1.5 是非均匀和均匀城市热岛等气象特征的均值、极值和方差。无论均匀城市还是非均匀城市,都有非常明显的热岛效应、干岛效应和风速衰减现象,城区摩擦速度亦高于无城市时同样地区的均值($0.29\ m \cdot s^{-1}$)。非均匀城市和均匀城市的差异主要是由城市内部三种类型城市所占比例决定的。以城市热岛为例,在非均匀城市中,低密度城市、高密度城市、商业区的热岛分别为 1.02,1.88,2.26 ℃,而三种类型城市所占的面积比例为 35.1%,41.2%,23.7%,低密度城市面积大于商业区,因此非均匀城市的平均城市热岛强度小于均匀

高密度城市,如果不考虑城市的非均匀性,WRF-UCM 将高估南京地区的平均城市热岛强度 0.18 ℃,但最大热岛强度将低估 0.38 ℃。考虑城市的非均匀性以后,城市热岛、干岛、风速衰减等气象特征的平均值下降,但极值和方差明显增加。

表 10.1.5　城市热岛的特征和基本气象要素的城区方差与极值

	非均匀城市	均匀城市
热岛强度(℃)	1.67	1.85
干岛强度(%)	-8.59	-9.35
摩擦速度($m \cdot s^{-1}$)	0.42	0.46
城市风速衰减($m \cdot s^{-1}$)	-1.95	-2.09
城区摩擦速度方差	0.015	0.001
最大摩擦速度($m \cdot s^{-1}$)	0.7	0.63
城区温度方差	0.39	0.15
最大热岛强度(℃)	2.73	2.45
城区湿度方差	7.54	2.87
最大干岛强度(%)	-13.18	-11.75
城区风速方差	0.15	0.02
最大风速衰减($m \cdot s^{-1}$)	-2.56	-2.28

图 10.1.7 是非均匀城市和均匀城市平均热岛强度的概率分布,非均匀城市的热岛强度为 1.5 ℃的概率最高,而均匀城市热岛强度出现概率最高为 2 ℃,这与前述非均匀城市的热岛强度低于均匀城市的结果相对应。

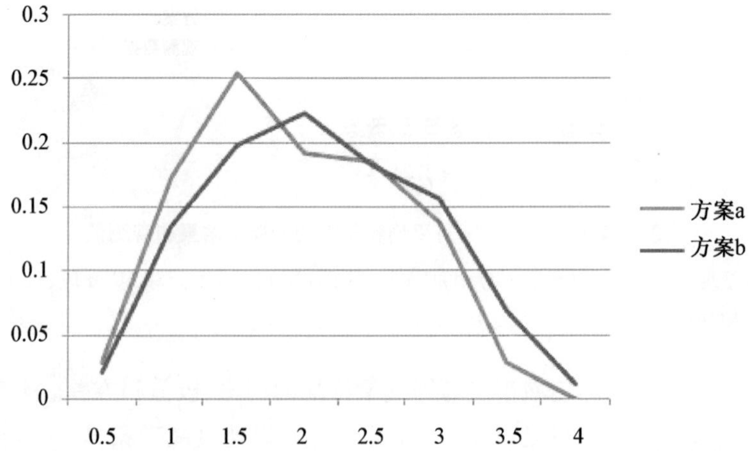

图 10.1.7　非均匀城市(a)和均匀城市(b)平均热岛强度的概率分布(横坐标为热岛强度(℃))(宋玉强和刘红年,2014)

图 10.1.8 是非均匀城市和均匀城市平均气象场差值,在均匀城市中,均匀城市的气温、湿度、风速等分布非常均匀(图略),而非均匀城市的气象场分布则表现出了极大的非均匀空

间分布。总体上，在城市的中心区域（商业区），气温和摩擦速度上升，湿度和风速下降，在城市边缘即低密度城市，非均匀城市的气温和摩擦速度下降，湿度和风速上升。气象场的改变和城市类型的改变相对应。

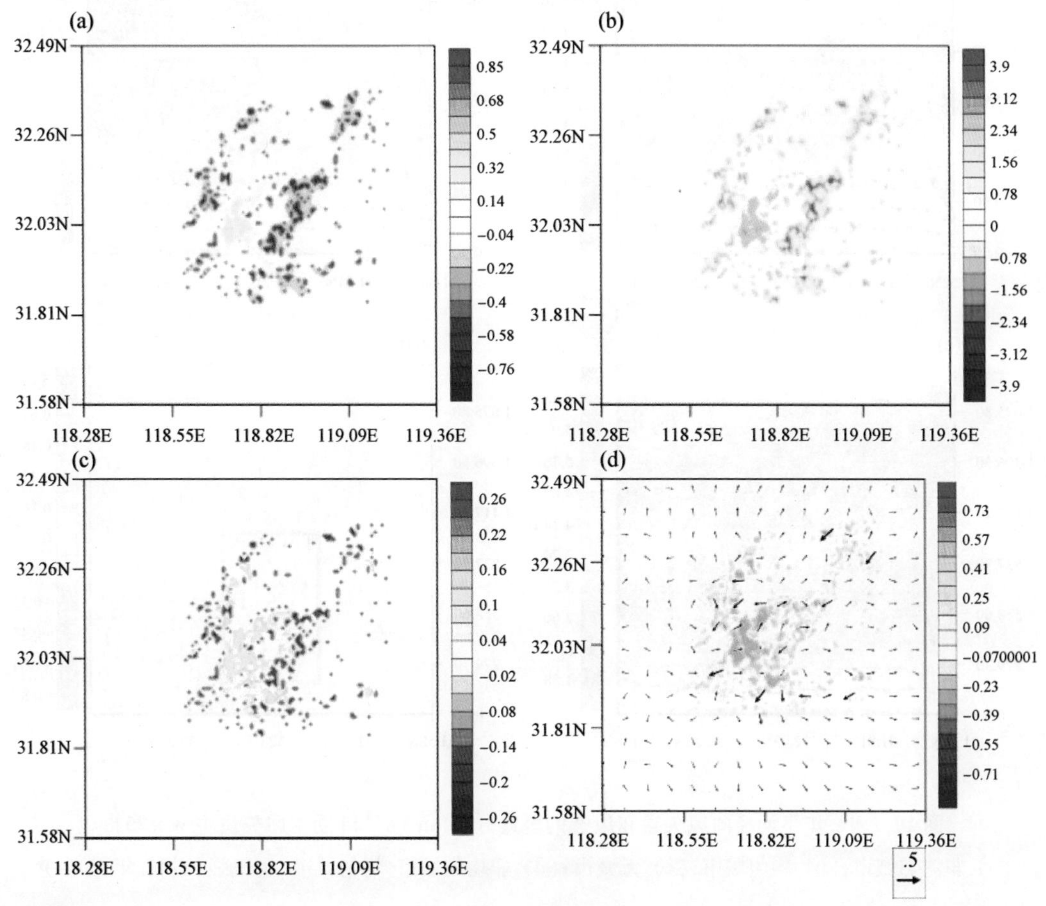

图 10.1.8　非均匀城市与均匀城市年平均气象场差异

(a) 2 m 气温(℃)；(b) 相对湿度(%)；(c) 摩擦速度($m \cdot s^{-1}$)；(d) 10 m 风速($m \cdot s^{-1}$)(宋玉强和刘红年，2014)

图 10.1.9 给出的是三种方案，穿过模拟区域中心 Y 方向风矢量和总风速的年平均垂直分布。方案 a 和方案 b 在城市垂直方向上存在明显的风速衰减，风速的衰减作用最高可达 560 m 高度，越靠近城市中心，衰减作用明显。随着高度增加，这种作用逐渐减小直至消失。非均匀城市中虽然平均建筑高度低于均匀城市，但由于城区中心的建筑高度更高，城市特征的非均匀增强，使得城市的风速衰减稍强于均匀城市（图 10.1.9(d)）。另外，由图 10.1.9(a)，(b)可见，城市上方的低空急流带总体上中心高度虽然未发生变化，但是由于城市对低层风速的衰减作用影响，低空急流带相比较于无城市时明显变薄，厚度大约由 596 m 降低为 224 m，急流的强度也有所减弱。

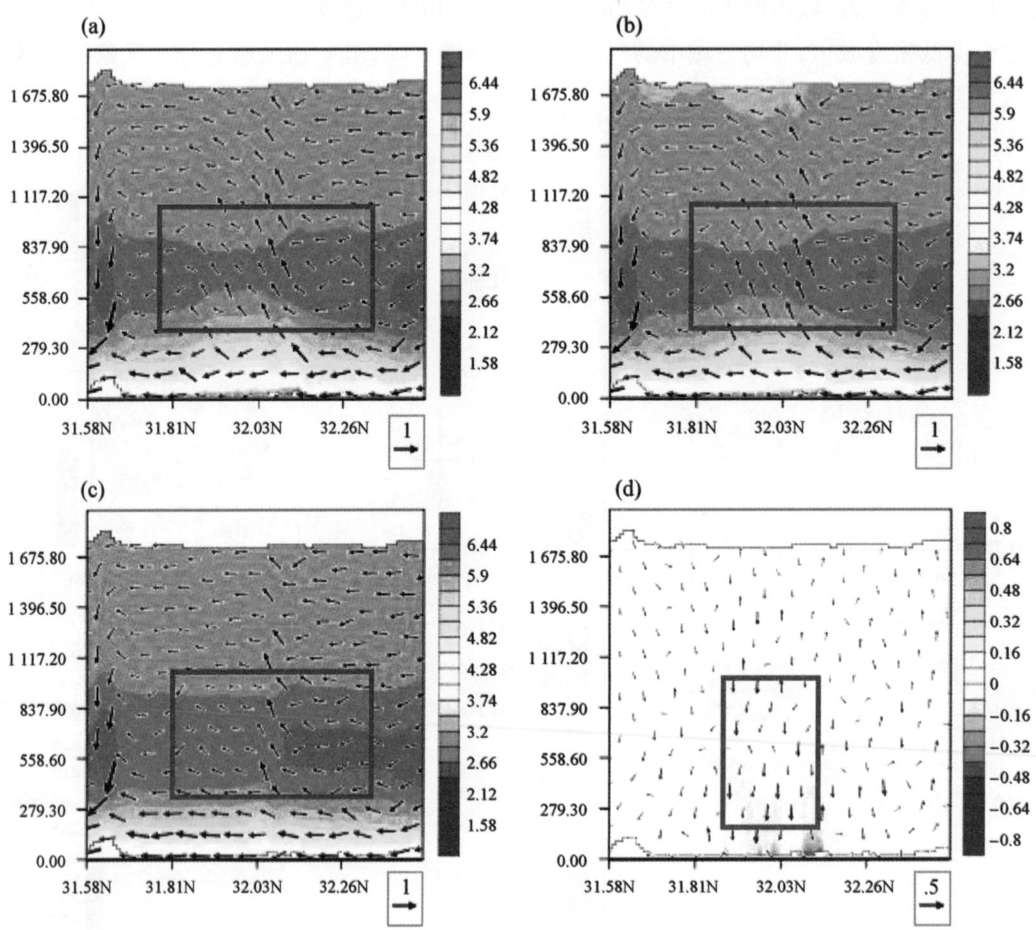

图 10.1.9 年平均径向风矢量和风速的垂直分布($m \cdot s^{-1}$)(图中风矢量中 w×25)

(a) 非均匀城市;(b) 均匀城市;(c) 无城市;(d) 非均匀城市-均匀城市(宋玉强和刘红年,2014)

10.1.4 城市非均匀性对城市降水的影响

图 10.1.10 是三种方案下月总降水(mm)的模拟结果和观测值对比。观测资料选取的是南京标准站(58238)的地面观测资料,经纬度为(118.90°E,31.93°N)。2011 年观测总降水为 989.2 mm,三种方案模拟的南京站总降水分别为 810.4,723.2 和 625.7 mm,在冬季、春季和秋季,非均匀城市、均匀城市和无城市三种方案模拟的降水和观测比较接近,城市非均匀性的影响甚至有无城市的影响都很小,但在夏季,均匀城市方案和无城市方案模拟的降水明显低于观测,非均匀城市的降水模拟值和观测最接近。非均匀城市方案中月均累计降水误差为 14.9mm,低于均匀城市方案的误差。WRF 模式中考虑城市的非均匀性能有效提高对城市降水的模拟能力。

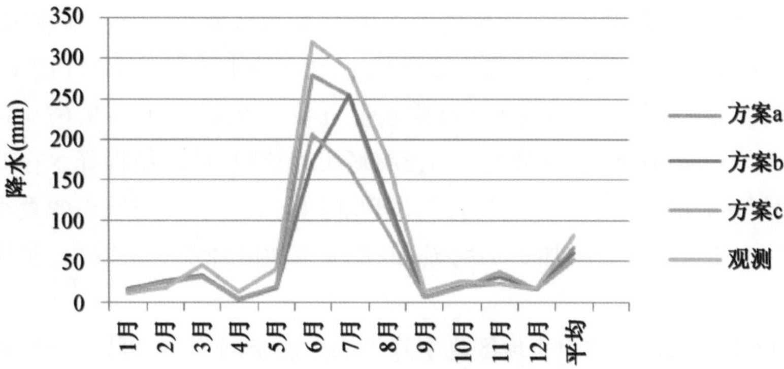

图 10.1.10 南京站三种方案月总降水(mm)的观测与模拟(Song and Liu,2016)

由于夏季降水量最大,不同方案对夏季降水的模拟结果差异也是夏季最大,因此本节以下主要分析城市非均匀性对夏季降水(6 月、7 月、8 月)的影响。图 10.1.11 是模拟的南京地区夏

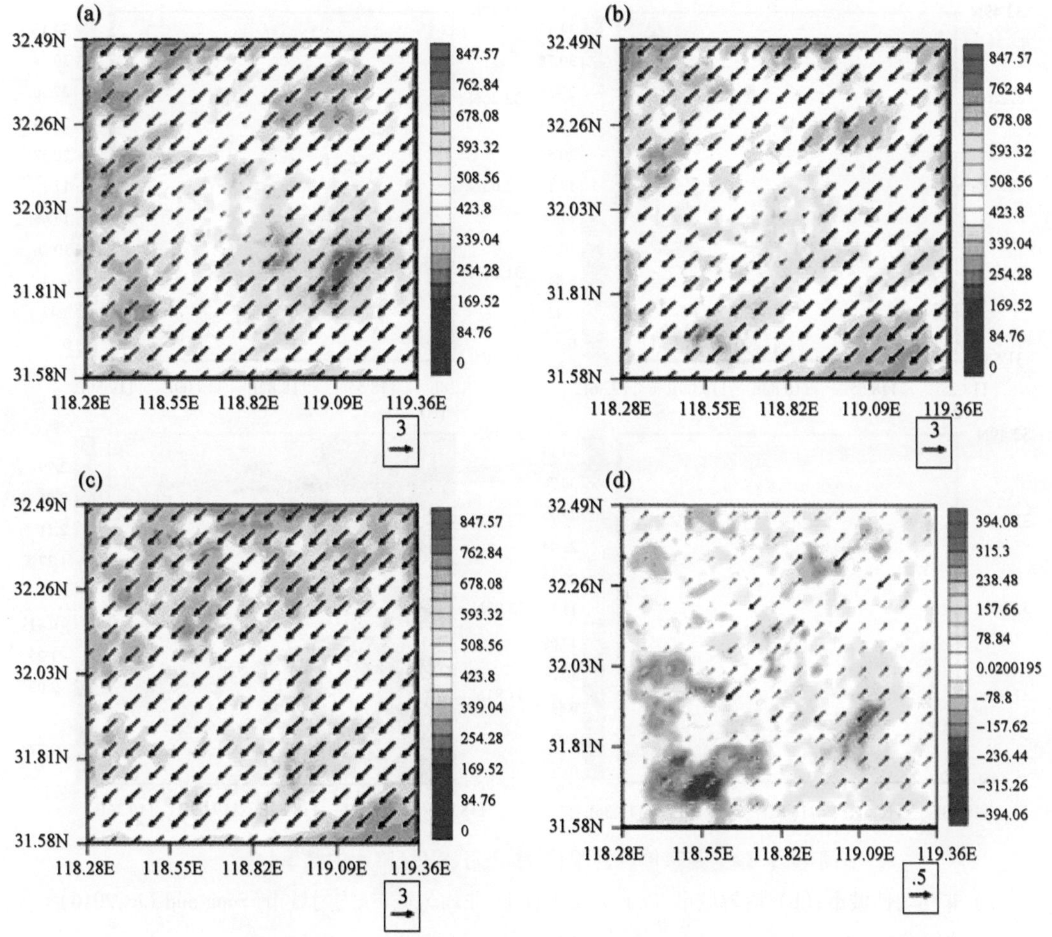

图 10.1.11 南京地区夏季累计降水的空间分布(mm)

(a) 非均匀性城市;(b) 均匀城市;(c) 无城市;(d) 非均匀城市-均匀城市(图中风场为夏季降雨日的平均风场)(Song and Liu,2016)

季累计降水的空间分布,降雨日中平均风场为东北风,城市区域风速有明显衰减,非均匀城市在城市中心区域的风速衰减更大,与均匀城市相比,市区中心有气流辐合(图 10.1.11(d))。方案 a、方案 b、方案 c 空间平均的夏季累计降水量为 423.09,407.40,389.67 mm,三种方案存在明显差异,非均匀城市的降水量最大。与没有城市相比较,城市使得降水在城市地区以及下游方向明显增多;比较有城市的两种方案,发现非均匀城市和均匀城市的夏季总降水分布形态有明显差异,市区降水量增加更加明显,但在下游地区降水有所减少,非均匀城市的降水最大值更大。

图 10.1.12 是模式模拟的南京地区夏季降水频率的空间分布,可以看出,和没有城市的方案 c 相比较,在城市地区,降水的频率都有所上升,城市的存在使得城市地区的降水频率有增大的趋势;而方案 a 相较于方案 c,在城市的东南方向降水频率升高,而在西北方向,降水频率有所减小。

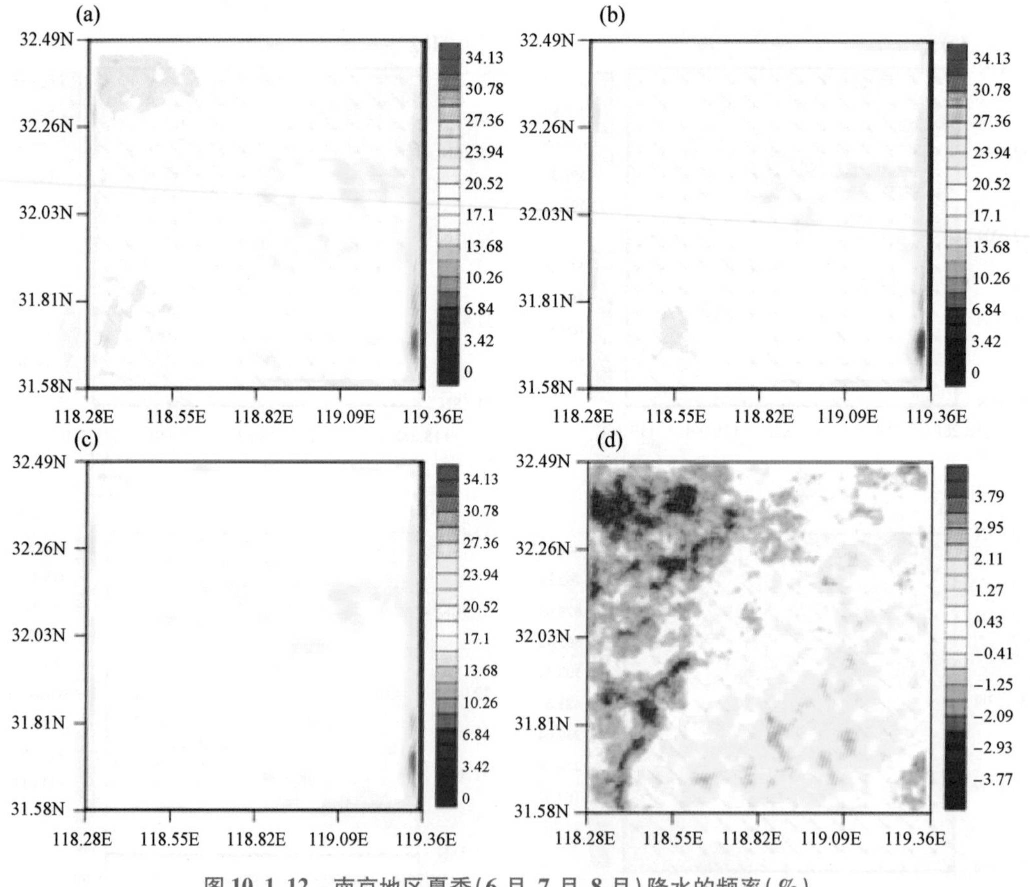

图 10.1.12 南京地区夏季(6 月、7 月、8 月)降水的频率(%)

(a) 非均匀性城市;(b) 均匀城市;(c) 无城市;(d) 非均匀城市-均匀城市(Song and Liu,2016)

图 10.1.13 是模式模拟的南京地区夏季降水强度的空间分布,这里降水强度是指夏季累计降水与总降水时次的比值。可以看出,降水强度的分布与夏季累计降水的分布比较类似,非均

匀城市、均匀城市和无城市三种方案的空间平均降水强度分别为 1.37,1.33 和 1.26 mm · h^{-1}。

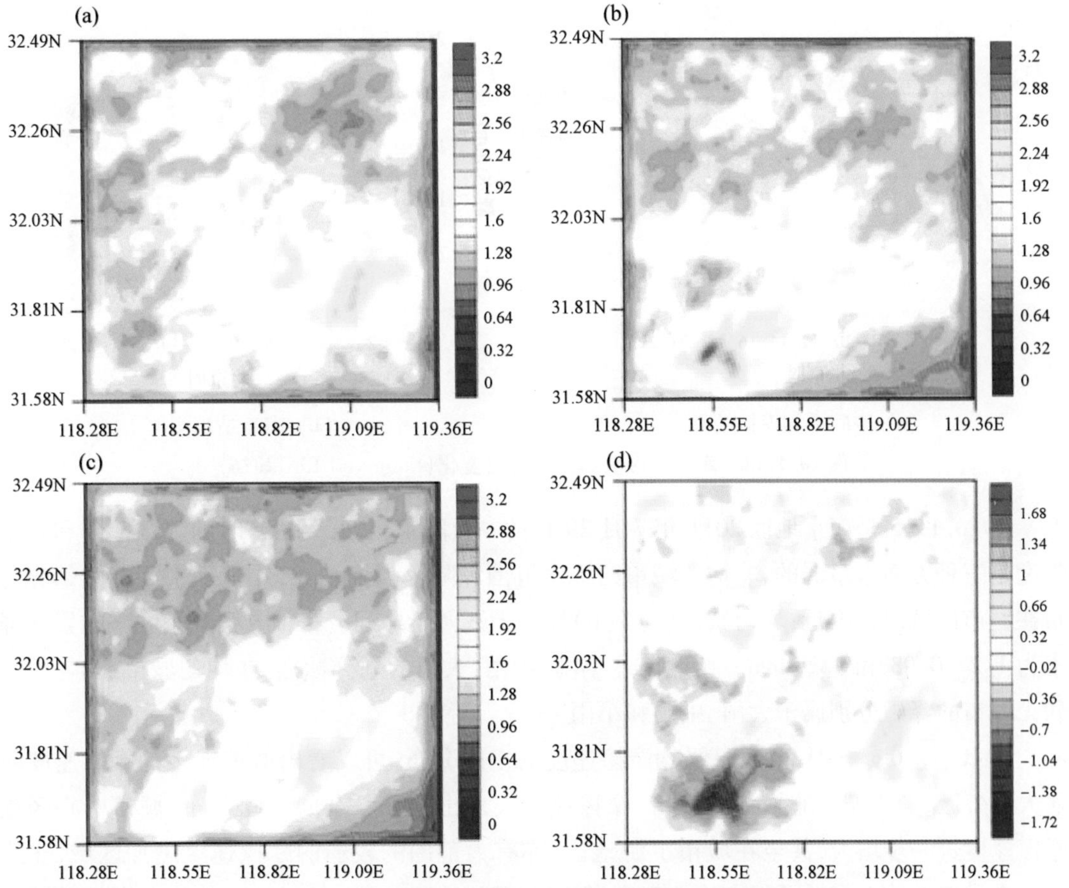

图 10.1.13　南京地区夏季降水强度（mm · h^{-1}）

(a) 非均匀性城市;(b) 均匀城市;(c) 无城市;(d) 非均匀城市-均匀城市(Song and Liu,2016)

图 10.1.14 是夏季空间平均累计降水的日变化。可以看出,三种方案的降水最低时刻都集中在 00 时。最高时也都是集中在 10 时—11 时,南京站 6 小时降雨观测结果显示,上午 8 时降雨量最大,14 时和 20 时降雨量略低,02 时最小。模拟结果中,三种方案降水的日变化规律有明显差异,在上午,非均匀城市方案的降水量最低,而在下午,均匀城市和无城市方案的降水量远低于上午降水量,而非均匀城市下午的降水量高于均匀城市和无城市方案,和上午降水量相当。城市的非均匀性能明显提高夏季午后对流性降水,降水的日变化规律和实际观测更加一致。

本节将日总降水量 0.02 ~ 10 mm 定义为小雨,10 ~ 20 mm 定义为中雨,日总降水大于 20 mm 定义为大雨,比较了三种方案对大雨、中雨和小雨的影响。三种方案累计小雨和中雨的降水空间分布差别不大(图略),方案 a,b,c 空间平均的累计小雨降水量分别为 73.5,79.9,75.3 mm,累计中雨降水量分别为 71.5,76.9,77.9 mm;但是方案 a、方案 b、方案 c 的累计大雨降水量存在明显的差异,空间平均的累计大雨降水量分别为 278.2,250.6 和

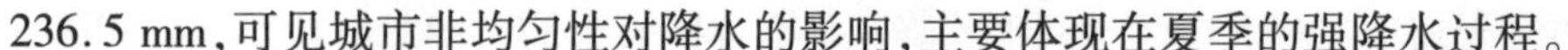

236.5 mm，可见城市非均匀性对降水的影响，主要体现在夏季的强降水过程。

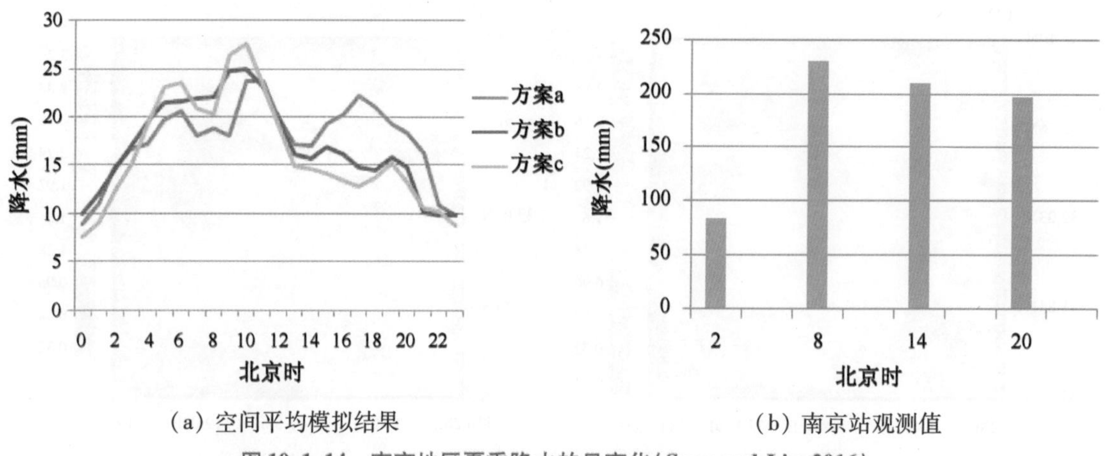

（a）空间平均模拟结果　　（b）南京站观测值

图 10.1.14　南京地区夏季降水的日变化(Song and Liu, 2016)

图 10.1.15 是南京地区 2011 年 7 月 20 日的一次降水个例，无城市时的降水范围和降水强度是三种方案中最弱的，非均匀城市的降水范围和降水强度最大，并且降水区域大部分分布在城市区域以及附近；均匀城市（方案 b）介于上述两者之间。三种方案的空间平均累计降水为 1.24，0.93 和 0.23 mm。按照前述小雨、中雨、大雨的划分标准，非均匀城市、均匀城市和无城市的降雨分别属于大雨、中雨和小雨。

图 10.1.16 是 7 月 20 日日平均摩擦速度的空间分布，可以看出城市地区的摩擦速度明显大于郊区，考虑城市非均匀性之后，摩擦速度表现出更加复杂的空间分布，城市中心区域摩擦速度进一步增大，甚至在城市下游地区，亦有大范围的较弱的摩擦速度增加区域，非均匀城市虽然总体上降低了城市建筑高度，但增加了城市分布的不均匀性，总体上增加了城市区域的粗糙程度，使得城市地区流场有更加明显的扰动。

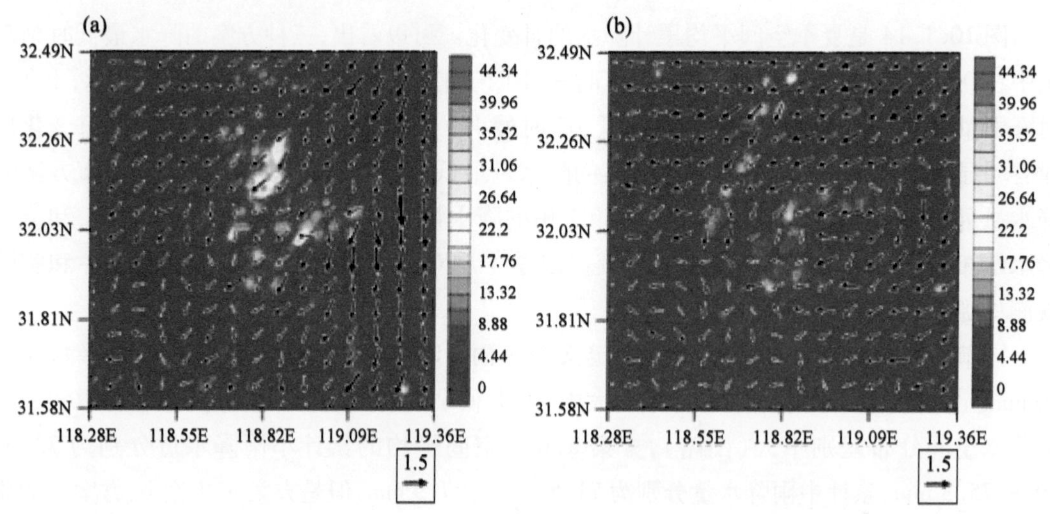

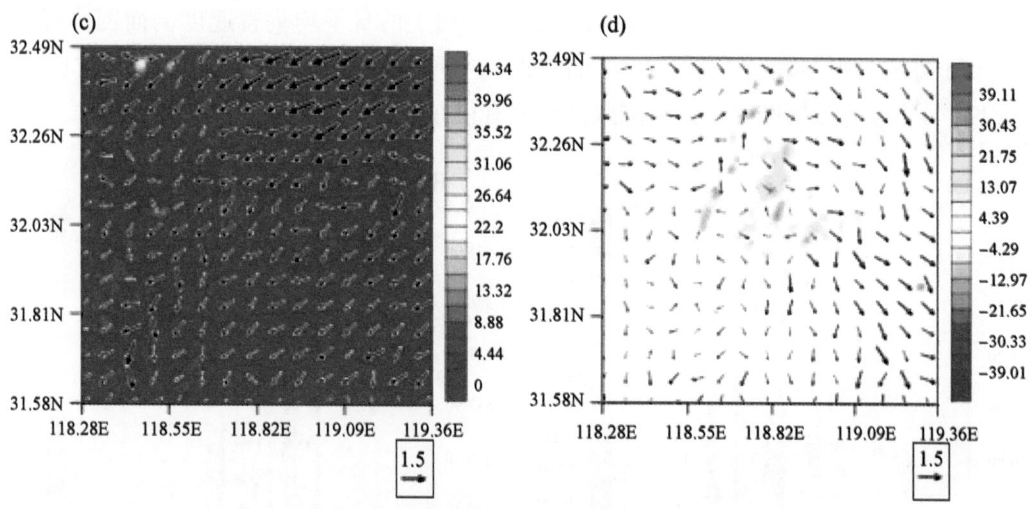

图 10.1.15 南京地区 7 月 20 日累计降水的空间分布(mm)

(a) 非均匀性城市;(b) 均匀城市;(c) 无城市;(d) 非均匀城市-均匀城市(Song and Liu,2016)

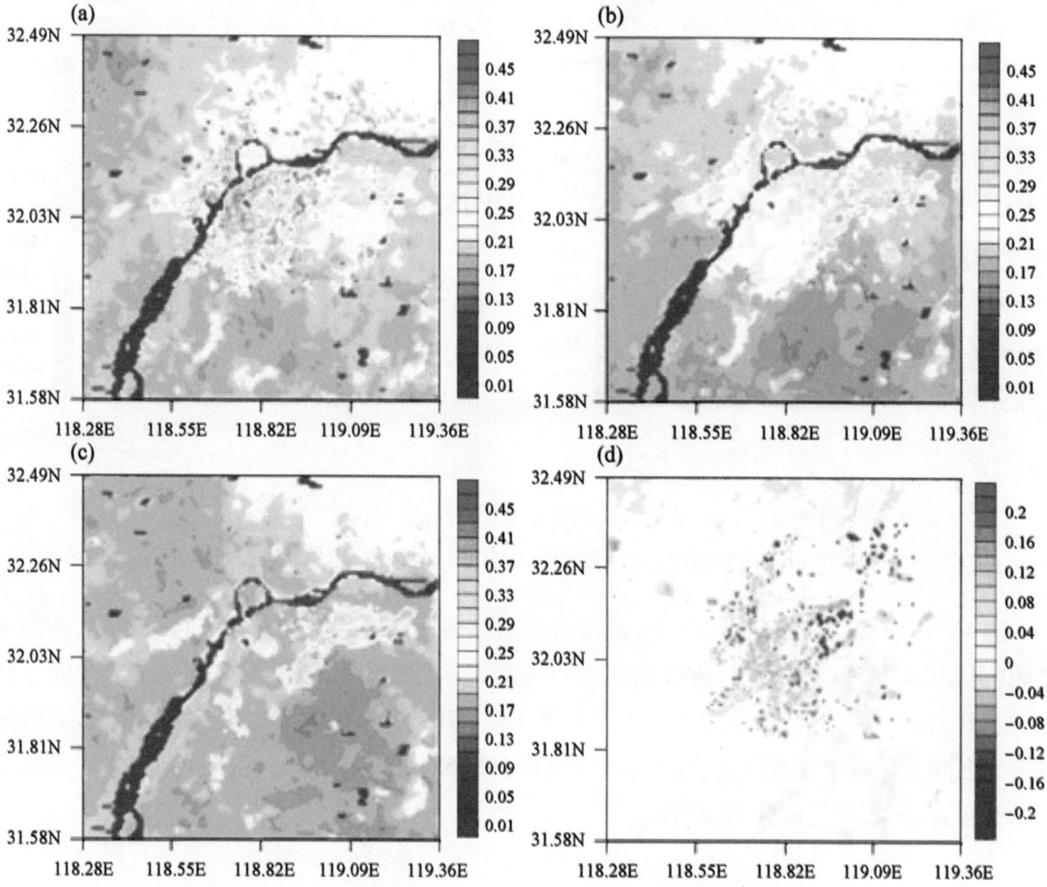

图 10.1.16 南京地区 7 月 20 日日平均摩擦速度($m\cdot s^{-1}$)

(a) 非均匀性城市;(b) 均匀城市;(c) 无城市;(d) 非均匀城市-均匀城市(Song and Liu,2016)

图 10.1.17 是 7 月 20 日过模拟区域中心，Y 方向上的日平均垂直速度剖面图。可以看出，相较于方案 b 和方案 c，方案 a 在城市的北部，有明显的上升气流（见图 10.1.17（a）、图 10.1.17（d）中蓝色方框区域），这与降水的位置有很好的对应关系。

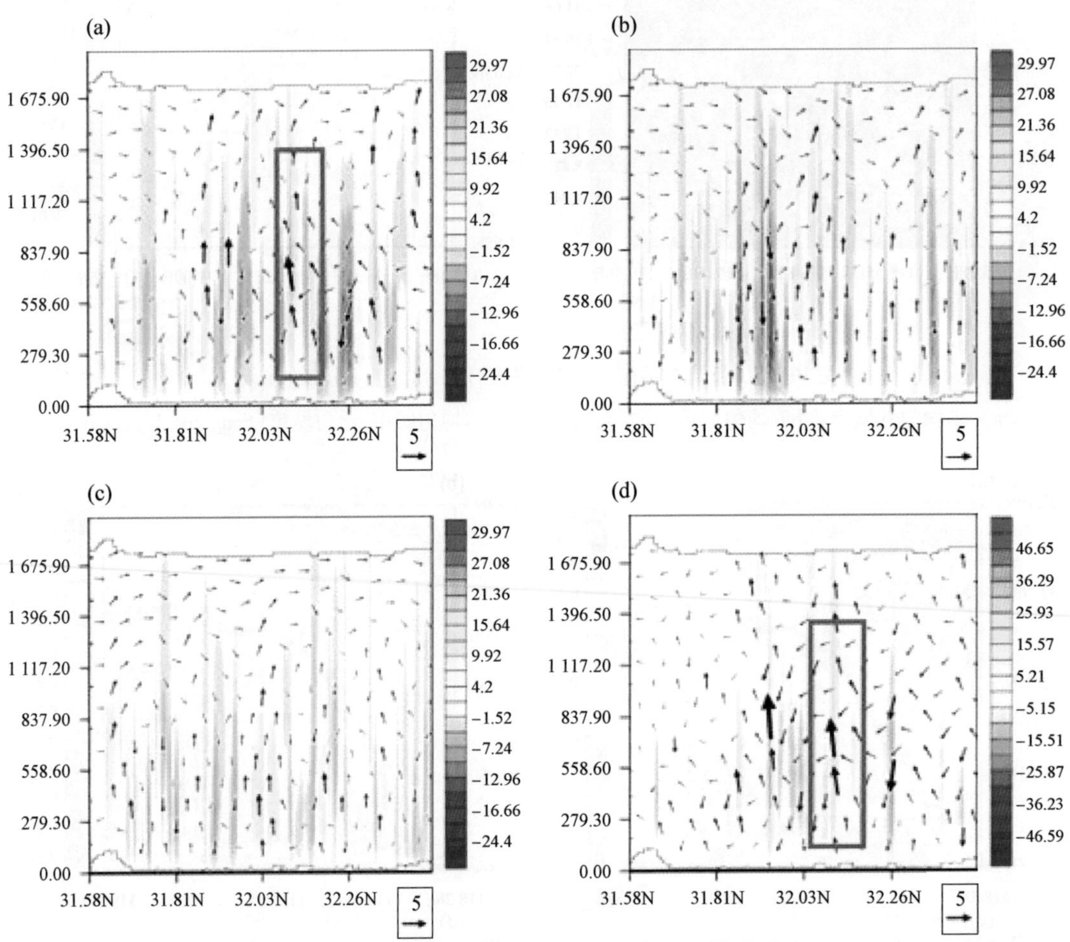

图 10.1.17　南京地区 7 月 20 日日平均垂直速度剖面图（cm・s^{-1}）（垂直风矢量 w ×25）

（a）非均匀性城市；（b）均匀城市；（c）无城市；（d）非均匀城市-均匀城市（Song and Liu, 2016）

图 10.1.18 是 7 月 20 日 850 hPa 高度日均水汽通量散度的空间分布。可以看出，在降水区域（见图 10.1.18（a）中红色方框内区域），方案 a 有明显的水汽辐合，方案 a，b，c 在降水区域的水汽通量散度分别为 -0.268×10^{-6}，-0.055×10^{-6} 和 -0.045×10^{-6} kg・m^{-2}・s^{-2}，三种方案在降水区域出现水汽辐合的面积分别是 608，554 和 543 km^2。由此可见，非均匀城市中水汽辐合最强，水汽辐合面积最大。

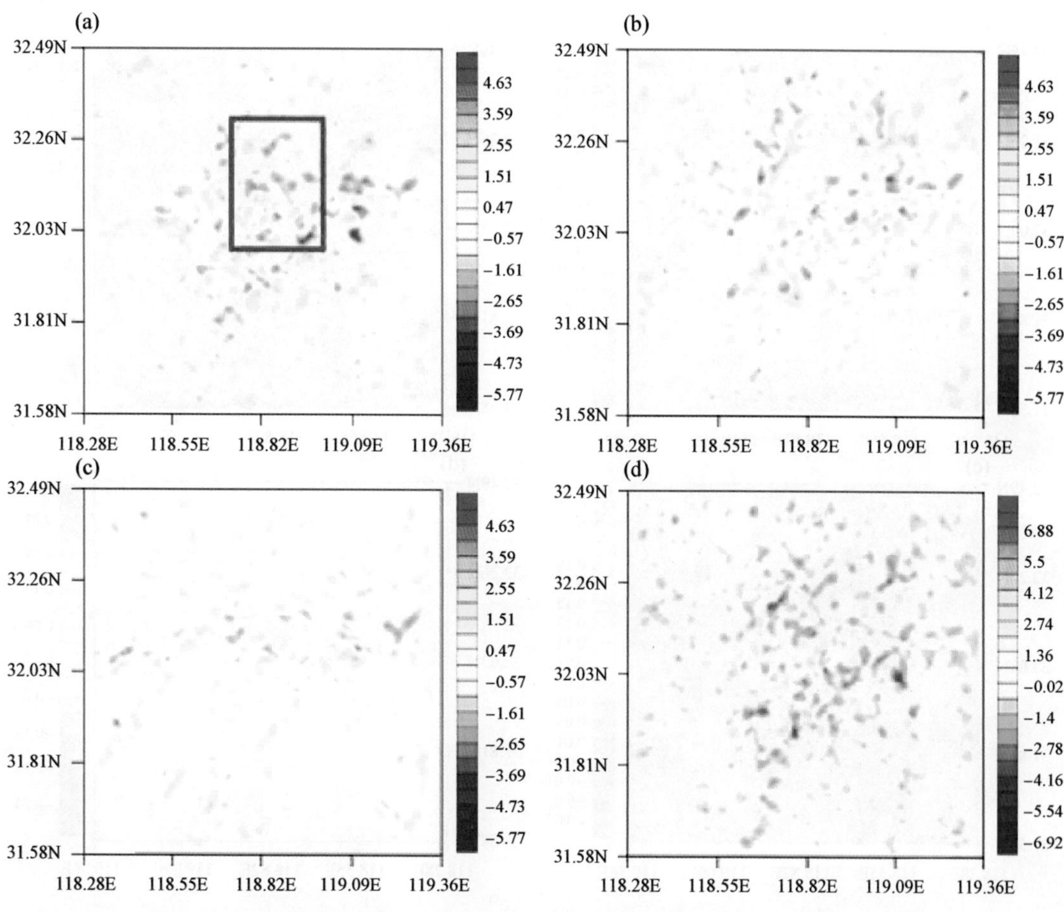

图 10.1.18　南京地区 7 月 20 日日平均 850 hPa 水汽通量散度(10^{-6} kg · m^{-2} · s^{-2})

(a) 非均匀性城市;(b) 均匀城市;(c) 无城市;(d) 非均匀城市-均匀城市(Song and Liu,2016)

图 10.1.19 是 7 月 20 日 700 hPa 高度日均垂直速度分布。可以看出在降水区域,方案 a 相比于其他两种方案,存在比较明显的上升作用,正垂直速度的区域更加集中。在 700hPa 高度上降水区域内,方案 a、方案 b、方案 c 的平均上升速度为 1.1,0.1, −0.5 cm · s^{-1},上升运动出现的面积分别为 553,427,268 km^2。由此可见,在 700 hPa 高度上,方案 a 均表现出较大的上升速度和较大的上升运动面积,方案 b 则次于方案 a;而在方案 c 中,平均的垂直运动是向下的,上升运动的面积也是三种方案中最小的。

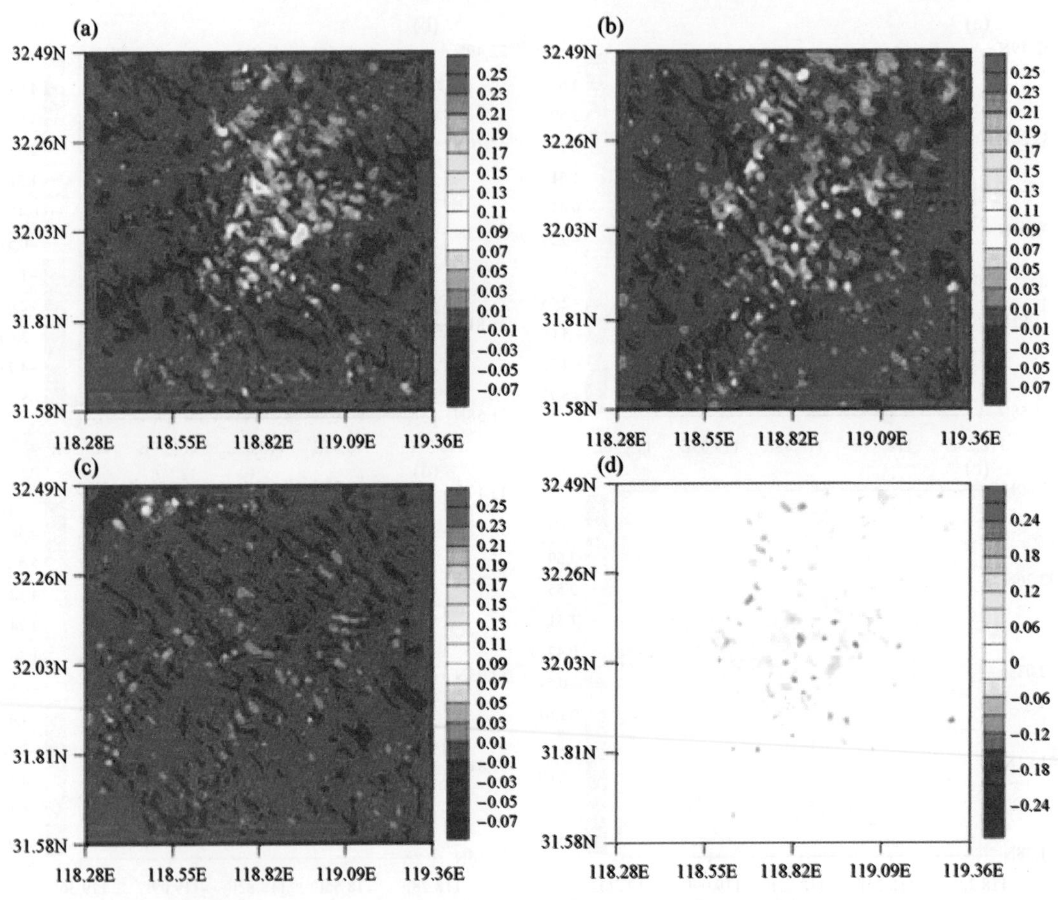

图 10.1.19 南京地区 7 月 20 日日平均 700 hPa 垂直速度($m \cdot s^{-1}$)

(a) 非均匀性城市;(b) 均匀城市;(c) 无城市;(d) 非均匀城市−均匀城市(Song and Liu,2016)

10.1.5 小结

以南京地区为研究对象,在 WRF 模式中引入了城市非均匀分布,研究了城市非均匀性对城市地表能量平衡、城市热岛和城市降水等城市气象特征的影响,主要得到以下结论:

① 城市的平均密度和平均高度增加,会导致感热增大、潜热减小、反照率减小、净短波辐射和净长波辐射增大;热岛强度、干岛强度、摩擦速度、风速衰减增大。

② 城市地表能量平衡和城市热岛等气象特征对城市非均匀性比较敏感,非均匀城市和均匀城市的感热分别为 91.9 和 101.2 $W \cdot m^{-2}$;潜热分别为 20.9 和 9.7 $W \cdot m^{-2}$;净长波辐射分别为 74.8 和 77.7 $W \cdot m^{-2}$;净短波辐射分别为 384.3 和 386.2 $W \cdot m^{-2}$;热岛强度分别为 1.67 和 1.85 ℃;城市风速衰减分别为 −1.95 和 −2.09 $m \cdot s^{-1}$。总体而言,由于非均匀城市总体上减低了城市建筑高度,因此平均城市感热、净辐射、热岛强度、城市风速衰减强度减弱,而潜热增加。

③ 考虑城市的非均匀性之后，地表能量平衡各项以及温度、湿度、风场在城市区域的分布更加复杂，空间分布的方差和极值明显增加。如非均匀城市中，热岛强度、风速衰减、净短波辐射的最大值分别为 2.73 ℃，$-2.56\ \mathrm{m \cdot s^{-1}}$ 和 $93.5\ \mathrm{W \cdot m^{-2}}$，而均匀城市中对应的极值则分别为 2.45 ℃，$-2.28\ \mathrm{m \cdot s^{-1}}$ 和 $87.8\ \mathrm{W \cdot m^{-2}}$。

④ 在垂直方向上，城市地区的热岛、干岛和风速衰减现象随着高度增加而减小。城市热岛、干岛和风速衰减的高度大约分别为 160，320 和 560 m。城市对于风速的衰减，会导致低空急流带的强度变小、厚度变薄。

⑤ 城市非均匀性对冬季、春季和秋季降水的影响较小，对夏季降水的影响较大，非均匀城市方案模拟的降水和实际观测结果最为接近。考虑城市的非均匀特性能明显提高城市夏季降水的模拟性能。

⑥ 城市化会导致总体累计降水增加，降水强度增大，城区降水频率增多，而考虑了城市非均匀性之后，这种作用进一步加强。非均匀城市、均匀城市和无城市方案的夏季累计降水量分别为 423.1，407.4，389.7 mm，非均匀城市的降水量最大。

⑦ 非均匀性城市方案中模式模拟的大雨（日累计降水超过 20 mm）明显增多，空间平均的夏季累计大雨降水量分别为 278.19，250.61 和 236.54 mm，对小雨和中雨的影响较小。

⑧ 考虑城市的非均匀性之后，上午的降雨减小，午后 15 时—22 时段内降水量明显增加，降水的日变化特征和观测更加接近。

⑨ 非均匀城市对降水的影响机制，主要有增加了地表粗糙程度，使地面摩擦速度增加，增加了低层水汽辐合，使平均上升速度增加，促进了下午强降水的增加。

10.2 城市热岛效应及其对降水的影响机理研究

城市的发展使得下垫面变得越来越粗糙，非均一性增强，城郊以及城市与自然下垫面的差异越来越大，从而导致城市对区域气候、天气、环境的影响愈发显著。城市热岛效应是人类活动对气候系统产生的最显著城市效应，虽然城市热岛效应本身不会像热带气旋、暴雨等强烈天气那样直接造成重大的自然灾害，但往往会通过改变局地的能量平衡、水循环过程、大气边界层结构、污染物传播和扩散规律，而对人类生产、生活产生间接的危害。城市及其形成的城市热岛能够引起区域降水量和降水分布的改变，带来水缺乏危机和城市内涝等问题，导致水资源供需的不平衡问题越发突出，所以城市对降水的影响也越来越受到关注。针对城市热岛和城市影响降水的研究工作已经开展了一百多年，城市对降水的影响机理复杂，影响因素很多，不同的影响因素对降水产生的作用也不相同。

随着北京城市的快速扩张，其对天气、降水的影响愈来愈显著，城市热岛强度日益增大，城市化引发的局地强降水天气事件越来越突出。为了提高城市天气预报水平和灾害性天气预报预警能力，满足人们生产生活和防灾减灾工作的需求，近年来很多学者针对北京城市热岛及其对降水的影响开展了研究工作，取得了一些有价值的成果和结论，增进了人们对城市热岛及城市影响降水机理的认识。

10.2.1 北京城市热岛特征

北京四季分明,夏季炎热,冬季寒冷。窦晶晶(2014)基于自动气象站观测资料,分析了2008—2012年期间北京地区近地面气温水平分布情况。北京六环内区域春夏秋冬四个季节的温度水平分布较为一致(图10.2.1),西部海拔高的地区温度较低,平原地区温度高。城市温度高于周围非城市地区的温度,表现出非常明显的热岛现象。城市中温度分布十分的不均匀,出现多个温度大值中心,热岛呈现出多中心的分布特征。城市中温度水平分布与下垫面类型密切相关,不透水率高的地区(商业区等)近地面气温高,而临近水体,公园中,近地面温度略低。城市公园及绿化降温效应较为明显。春夏季节温度分布较秋冬均匀。

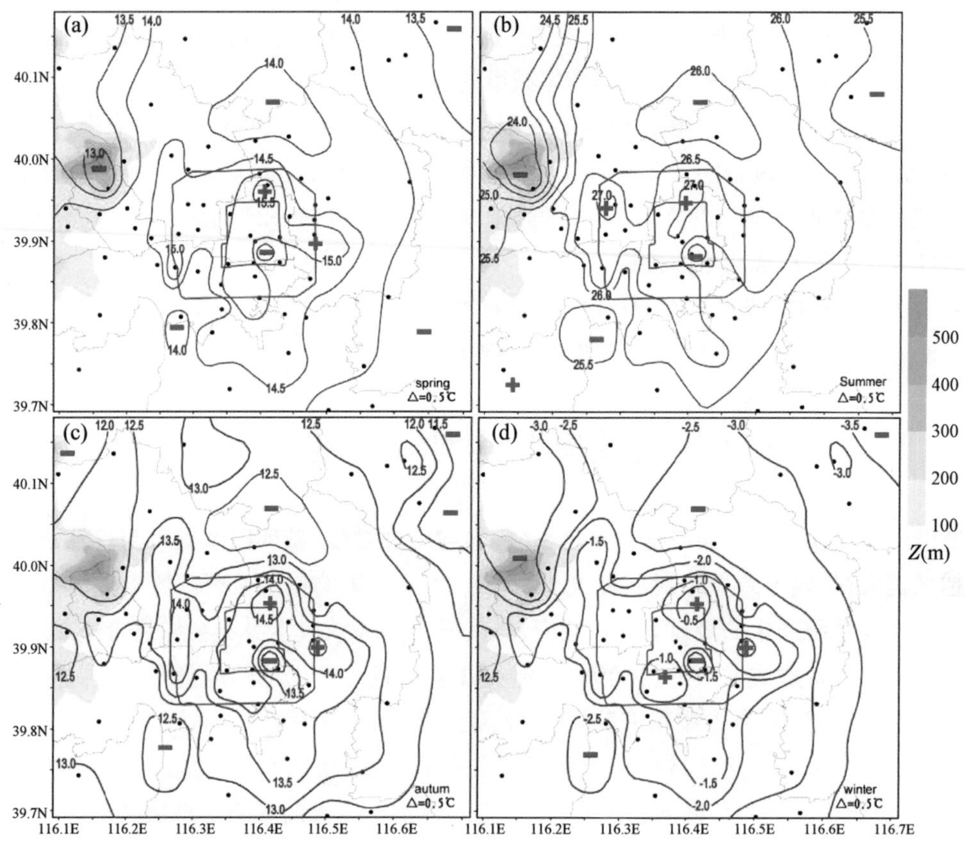

图10.2.1 2008—2012年(a) 春季、(b) 夏季、(c) 秋季、(d) 冬季2 m气温水平分布(℃)(红色方框分别为北京二环路和四环路。阴影为地形高度分布(m))

北京无论冬季还是夏季,夜间还是白天,城市的平均温度均高于郊区的平均温度(图10.2.2),北京一年四季,白天黑夜,均存在城市热岛。城市温度日较差高于郊区温度日较差。城郊温度差异夜间大于白天,城市热岛强度夜间强于白天。北京四个季节城市热岛强度分别为1.43,1.25,1.85,2.10 ℃,冬季最强,夏季最弱。热岛效应日变化十分明显,夜间20时到次日06时,热岛强度变化很小,维持在较高水平,白天10时到17时,热岛较弱,且强度稳定,维持在较低的水平;而06时到10时,以及17时到20时两个时段内,热岛强度变化剧烈。另外,冬季热岛强度日变化最为剧烈,夏季热岛强度日变化最为平缓。夜间热岛冬季最强,夏天最弱,而白天热岛夏季最强,秋季较弱。

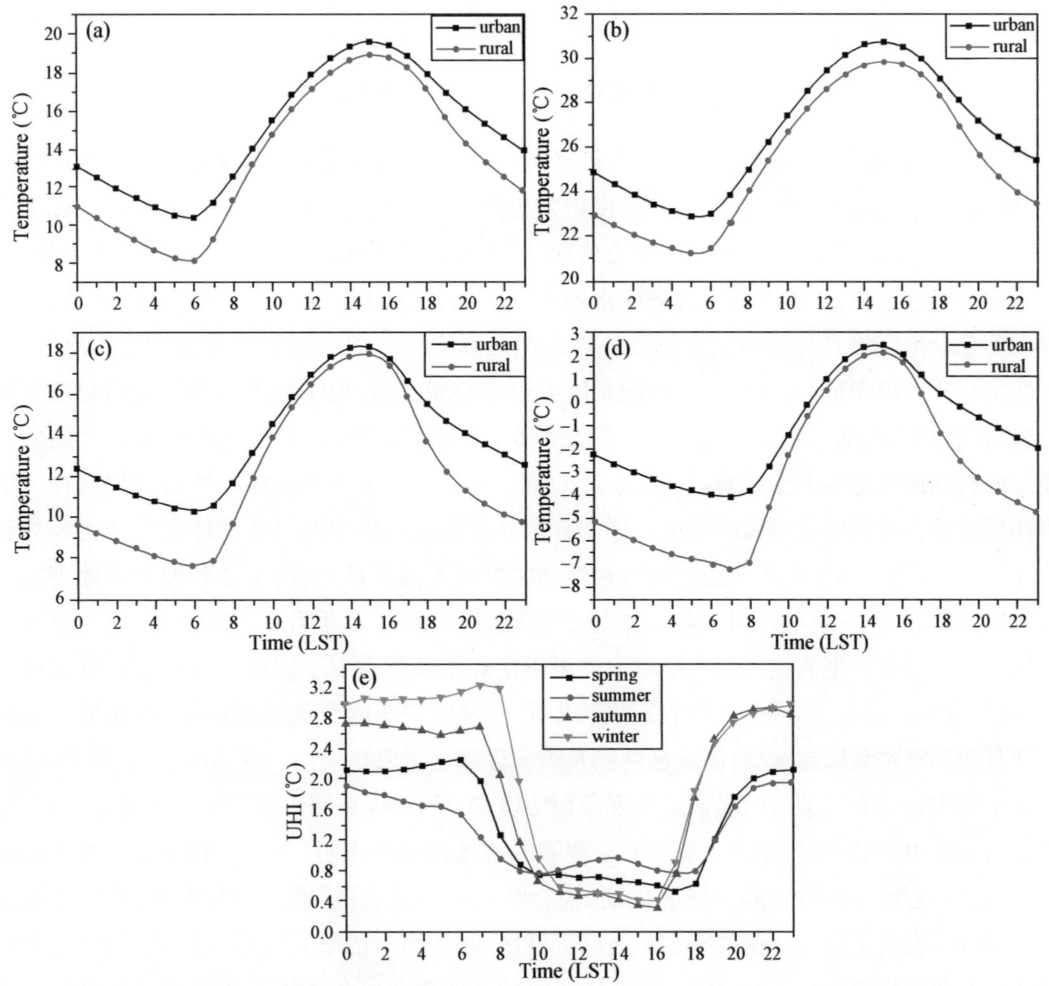

图10.2.2　北京(a) 春季、(b) 夏季、(c) 秋季、(d) 冬季2 m城市和郊区气温以及(e)城市热岛强度(℃)日变化

10.2.2　北京城市热岛对夏季降水的影响

北京城市对夏季降水有着不可忽视的影响,且随着降水前城市热岛强度的变化,城市对降水的影响也不同,城市热岛强度可作为区分城市下垫面对降水影响类型的重要因子(Zhang et al., 2017)。

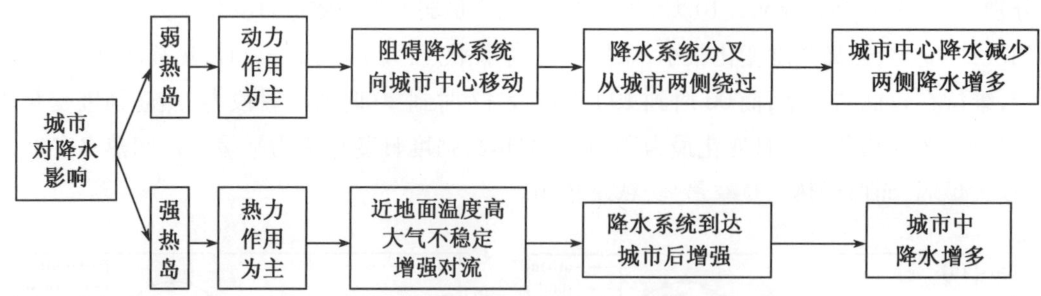

图 10.2.3 城市在不同热岛条件下对降水的影响

图 10.2.3 显示,当降水前城市热岛较弱时,城市下垫面主要通过动力作用对降水产生影响,城市下垫面较大的地表粗糙度和拖曳力阻碍降水系统向城市中心移动,使其在从郊区移动到城市外围后不易进一步向城区中心移动,而产生分叉且从城区两侧外围绕过的趋势,使城区中心降水减少,而城区两侧近郊降水增多。例如在 2011 年 6 月 23 日这一降水个例中,降水前北京地区没有明显的城市热岛。导致此次降水过程的对流天气系统主要为飑线,通过数值模式的模拟试验,可以看到飑线系统经过中心城区时,由于城市下垫面地表粗糙度和拖曳力的增大,增加了飑线系统前进的阻力,移动速度明显减慢,而在远离中心城区的郊区飑线的移动速度基本不受影响。一些学者的研究也表明城市下垫面可以通过其建筑物的阻碍作用减慢雷雨锋面或飑线的推进。仔细分析此次降水过程中的对流单体强度变化和移动情况可知,在对流单体进入或经过城市建筑物密度最大的区域后,由于受到增大的地表拖曳力和阻力的影响,对流单体向前移动的速度较慢,而且对流强度明显减弱,强对流的范围也相应减小。城市产生的较大地表拖曳力还可以使降水系统在中心城区上风向形成分叉或绕过城区的趋势,使得中心城区的对流系统减弱,而城区两侧的对流系统加强,继而使中心城区及其南部降水量明显减少,而城区两侧及近郊区降水量明显增加。在 2015 年 7 月 22 日的降水个例中也能看到类似的降水分叉现象(图 10.2.4)(Dou et al., 2020)。在这个个例中,降水前的城市热岛较弱,强度为 0.2 ℃。观测的近地面风场表明,由系统和背景风场形成的辐合线从中心城区的西北部向城区移动,辐合线后面为西北风,前面为西南风,并且西南风经过城区时发生了分叉。随后降水系统移近城区,系统前沿的辐合线移动到城市上空,此时的环境背景风场由西南风转变为东南风。系统带来的西北风和环境的东南风在城市上空辐合,并且均在其“上风向”发生分叉;同时风场受到城市的阻挡而向外偏移,导致辐射线被切断。同一时刻的辐合辐散场显示,在城市两侧地区为辐合,而城区为辐散。数值模拟试验结果也表明,城市能够使辐合线移速减慢,被城市下垫面阻滞,造成中心城区内部风场为辐散的现象,这就导致城区中心出现下沉运动。以上这些因素最终导致降水系统经过中心城区时发生分叉,造成城区两侧降水多,而城区内部降水量少。

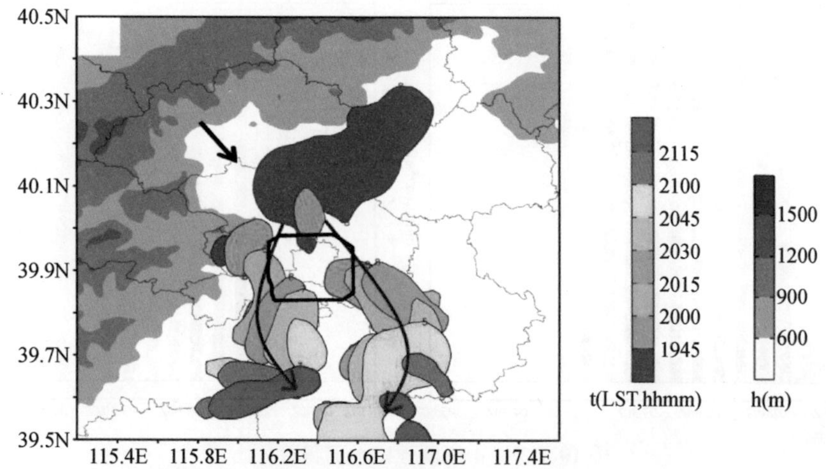

图 10.2.4 2015 年 7 月 22 日逐 15 分钟降水落区分布(灰度填色为地形高度,黑色圆环为四环路位置,黑色短箭头为降水系统移动方向,黑色长箭头为降水系统移动路径)

图 10.2.3 显示,当降水前存在较强的城市热岛时,城市热岛的热力作用是影响降水的主要因素,城市中较高的地表和近地层温度使低层大气不稳定性增加,边界层高度增高,对流增强,同时城市下垫面较大的地表粗糙度能够使降水系统的移动在中心城区有所停滞,可以导致城区降水明显增多增强。另外,城市下垫面较大的热容量也使降水时的地表温度下降较慢,温度更高,增加底层大气的不稳定性,有利于对流的发生、发展。例如在 2011 年 8 月 13 日的降水个例中,降水前城市热岛现象较为明显,强度为 2 ~ 3 ℃。造成此次降水过程的是超级对流单体系统,当对流单体向中心城区移动,进入到城区北部后,城市使对流单体的强度明显增强,且移动速度减慢,在中心城区的北部有较长时间的停滞,几个分散的对流单体也被合并加强为一个较大的对流单体,对流系统的组织性更强。这主要是由于城市热岛的存在导致北京中心城区低层大气不稳定性的增加,更易于对流的发展。城郊过渡区较大的地表粗糙度梯度和温度梯度也有利于近地面大气的辐合上升,增强对流。另外,城市下垫面较大的地表粗糙度和拖曳力减慢了对流系统的移动速度,导致对流单体在中心城区北部合并加强,从而导致城区降水量增多,降水强度增大,强降水区域更集中。图 10.2.5 为中心城区北部数值模拟试验结果中不同雨强降水面积百分比的时序图,某一时刻区域内出现某一降水强度的面积与区域总面积之比即为该时刻该降水强度的降水面积百分比。其中空心柱代表雨强在 0.01 ~ 0.1 $mm \cdot min^{-1}$ 的降水面积百分比,灰色柱代表的雨强范围为 0.1 ~ 0.5 $mm \cdot min^{-1}$,蓝色、黄色和红色依次为 0.5 ~ 1.0,1.0 ~ 1.5 和大于 1.5 $mm \cdot min^{-1}$。对比有城市(图 10.2.5a)和无城市(图 10.2.5b)的模拟结果可知,城市使总降水时间有所缩短,但强降水(黄色柱和红色柱)时间成倍增加,降水面积也明显增大。

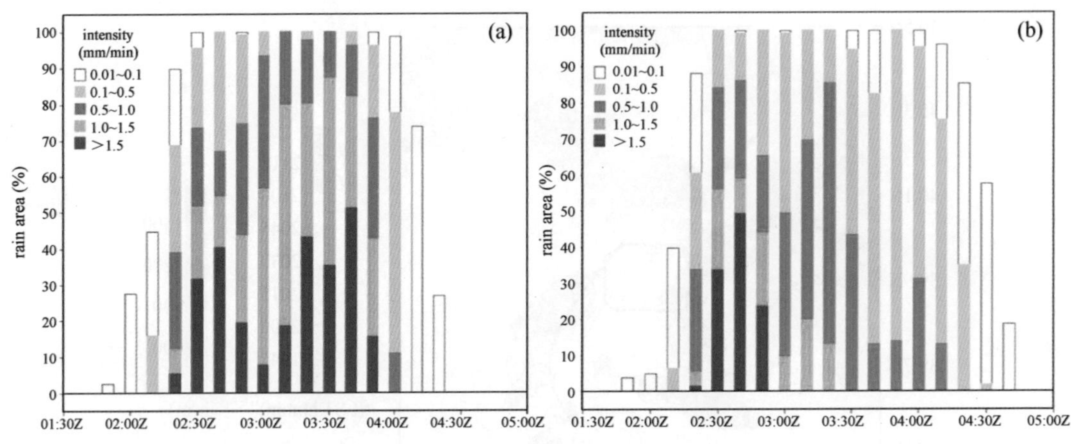

图 10.2.5 不同雨强降水面积百分比

(a) 有城市时模拟结果；(b) 无城市时模拟结果

10.2.3 北京城市下垫面对夏季不同强度降水的影响

除了关注城市对极端强降水事件的影响，也有学者研究了城市对中雨，特别是小雨的影响。于淼等(Yu et al., 2019)选择了六个发生在2010—2012年的不同强度夏季降水过程进行研究，研究城市对不同强度降水影响的特征和机制。选取的六个个例中包括两次暴雨过程(24小时累计降水量大于50 mm)，两次中雨过程(24小时累计降水量在25 mm左右)以及两次小雨过程(24小时累计降水量小于10 mm)。采用中尺度数值模式分别进行考虑城市影响(控制试验)和不考虑城市影响(敏感性试验)的模拟试验。

在总降水量方面，两个暴雨个例的控制试验在北京城区24小时累计降水量分别超过90 mm和60 mm，而无城市的敏感性试验中最大降水量有所减少，而且降水相对分散，降水极值区的面积减少。城市导致两个暴雨过程的总降水量在城区分别增加25%左右和16.7%以上。两次中雨过程降水个例，在去除城市的敏感性试验中，降水极值区面积大于控制试验，城市对降水的影响导致城市地区的降水极值区域的降水量减少，而城市周边地区的降水量增加。城市对北京地区中雨的影响主要是增加了城市上风向城郊地区的降水，而使北京中心城区的降水量略有减少，与暴雨情形有所不同。选择的两次小雨过程降水个例的控制试验，在无城市的敏感性试验中24小时累计降水量的分布和控制试验相似，城市对降水过程总降水量的影响不显著。

城市对于发生在北京地区暴雨和中雨总降水量的影响较显著，那么对小时降水量(即降水强度)的影响是怎么样的呢？针对降水强度做PDF统计分析，如图10.2.6所示。PDF分析可显示两个暴雨个例降水过程中不同强度降水出现频率的分布。在两个暴雨降水个例中，城市导致降水强度大于6 mm·h^{-1}降水出现的频率增加，减小了降水强度小于2 mm·h^{-1}降水出现的频率。所以，城市导致暴雨降水的落区更加集中，强降水出现的可能性增加。在中雨降水的个例分析中,城市导致了降水强度大于4 mm降水出现的频率增加,降水分布更加集中。而对降水强度小于4 mm的降水,城市的影响不明显。在小雨的两个降水个例中,城市对小雨量级的降水量并没有显著影响。

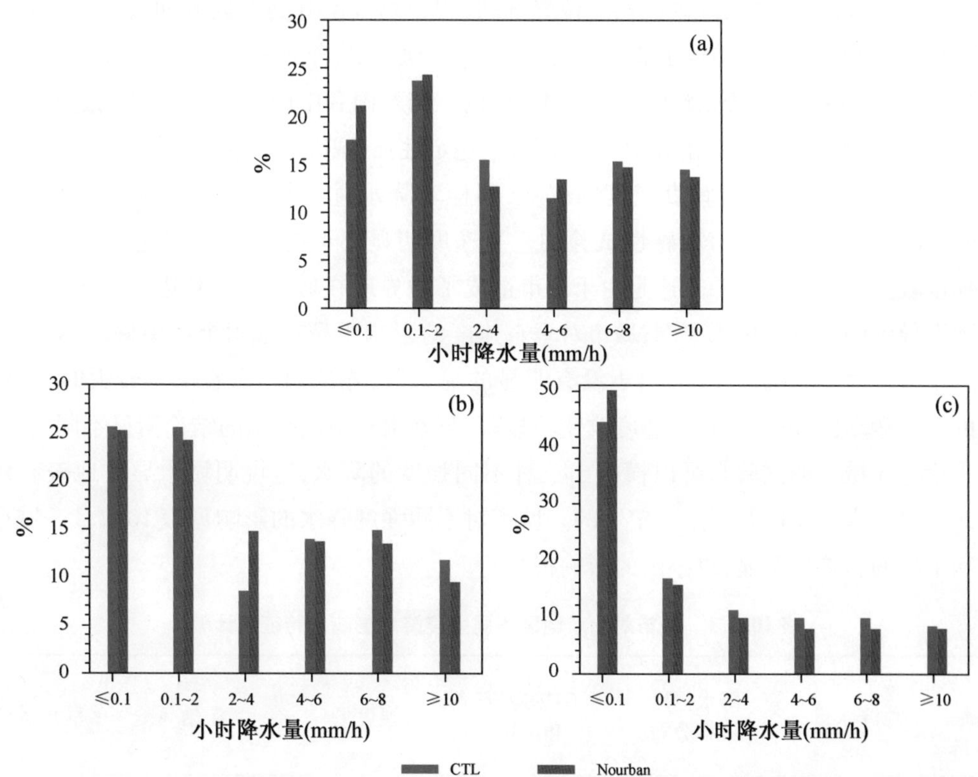

图10.2.6 不同强度降水出现的频率(单位:%),红色为控制试验;蓝色为敏感性试验:(a) 暴雨;(b) 中雨;(c) 小雨

城市造成的地表类型改变直接导致了地表通量的改变。暴雨和中雨个例中,在降水还未开始时,城市导致地表感热通量增加,潜热通量减少,使得城郊地区的感热通量梯度增加。城市导致的这种地表热力差异造成了环流场的改变。在降水较大的时刻,气旋式环流在城市边缘地区形成。对于小雨个例,和暴雨和中雨的降水个例一样,城市也造成了城市及周边地区的地表感热通量增加,潜热通量减少。但是在降水发生时,城市对环流场的改变并没有大雨和中雨个例中那么明显。这个原因可能是小雨降水的天气系统较弱并且水汽输送不足。在暴雨和中雨的过程中,都有来自天气尺度系统充足的水汽输送,而对于小雨来说,并没有大尺度的环流场配合以提供充足的水汽输送,所以也就没有形成明显的辐合区域。

城市导致的地表热通量的增加,进一步引起地面温度的增加,对于暴雨和中雨降水个例,在降水还未开始的时候,控制试验中城市地区的2 m温度要明显地高于周围的乡村地区,城市热岛强度达到了1~2 ℃。高温为气块提供了充足的能量,显著的城乡热力差异也为降水提供了触发的条件。对于小雨个例,虽然城市热岛强度也很明显,但是城区的温度以及热岛强度低于大雨和中雨的试验,降水发生前的热力条件没有暴雨或中雨充分。

近地面的湿焓,用假相当位温表示,代表了系统可以转换成机械能的热力能,假相当位温作为反映大气不稳定能量的一个温湿特征量,对降水有较好的指示作用。在暴雨和中雨个例的降水最大时刻,城市地区假相当位温升高,假相当位温升高的区域和城市导致降水增加的区域十分吻合。城市造成了北京城区以及其周边城乡结合部地区的湿焓增加。这是由于城市热岛效应、水汽平流以及湿度辐合共同导致的。与暴雨和中雨相比,由于小雨过程水汽条件不足,底层的比湿远低于暴雨和中雨,低层大气稳定性强,城市对于湿焓的影响不显著。

在垂直方向上,城市对垂直速度的改变,同样对降水过程有重要的影响。在暴雨个例中,城区降水较大时,无城市敏感性试验的垂直速度明显小于控制试验,相应的等位温线在上升速度较大值的地区下凹。这是由于城市造成了边界层在城市以及其边缘地区的不稳定性增强而导致的。对于中雨个例,城市对垂直速度的影响明显较暴雨个例中偏弱,只影响城市边缘地区。对于小雨的个例,由于没有明显的辐合区,导致即使是在降水较大时,也没有明显的上升运动区,城市对垂直速度改变不显著,与暴雨和中雨得出的结论明显不同。

无论有无城市的试验都可以模拟出三种不同强度的降水,这说明城市导致地表利用类型的改变对降水的作用并不是决定性的。城市对不同强度降水的影响见表 10.2.1。城市对暴雨和中雨的影响最明显,对小雨的影响很小。

表 10.2.1　城市对北京地区不同强度降水影响的特征统计表

城市影响特征 降水量	总降水量	降水强度概率分布	感热通量和风场	温度场	湿焓	垂直运动
暴雨/大雨	增加了城市地区和城市上下风向方向地区的降水量	增加了降水强度大于 6 mm 的降水出现的概率并减少了小于 2 mm 降水出现的概率	城郊地区热通量梯度大并伴有气旋性环流	大部分城区 2 米温度超过 32 ℃,热岛强度超过 2 ℃	城区及城市上下风向地区湿焓增加,城郊地区差异显著	城区垂直运动明显增强
中雨	增加了城市上下风向方向城郊地区的降水量	增加了降水强度大于 4 mm 降水出现的频率	城郊地区热通量梯度大,其中一个个例风场呈气旋性环流	大部分城区 2 米温度为30 ℃,热岛强度为 1.5 ~ 2 ℃	城区及城市上下风向地区湿焓增加,城郊地区差异显著	城区上风向城郊地区垂直速度增加
小雨	城市影响不显著	无显著规律	城郊地区热通量梯度大,但风场并没有规律性特征	大部分城区 2 米温度为25 ℃,热岛强度为 1.5 ~ 2 ℃	城郊地区湿焓差异小	其中一个个例垂直速度略有增加,整体影响不显著

城市地表类型和人为热的改变直接造成局地和城市周边地区城市热岛效应和地表热通量的改变。这使得城市边缘地区,尤其是上下风向地区更容易形成气旋式环流。当湿度条

件充足(暴雨、中雨),水汽通量就容易在城市地区及其周边地区辐合。这些地区由于地表热力差异显著,为对流系统的发展提供了充足的能量。最终导致了降水量在城市及其周边地区增加。关于城市对小雨的影响,气溶胶的变化可能是主要因素之一。

10.2.4　北京城市下垫面对冬季降雪的影响

北京城市不仅能够对夏季降水产生影响,对冬季降雪也有不可忽视的影响。城市热岛可以影响冬季降水的相态,使中心城区降雪量减少,降雨量增加,城市对降雪的总降水量和降水的时空分布也存在影响(郭良辰等,2019)。

降水初期,城市干热岛效应不利于水汽的水平和垂直输送,不利于云的形成,地面总降水量减小。随着降水过程的发展,部分冰相粒子融化,使近地面水汽增多,城市热岛下垫面的热力抬升作用,有利于水汽的垂直输送和云的发展,部分云滴或水汽抬升进入云中,增强冷云过程,使雪和霰粒子含量增加,地面总降水量增加。城市效应对低层大气温度和云微物理过程产生影响,而云微物理过程的非绝热过程又反过来影响低层大气温度和大气层结,影响能量和水汽输送,进而对云和地面降水产生影响。例如在 2018 年 3 月 17 日这一降水过程中(图 10.2.7,图 10.2.8),降水可分为两个阶段:第一个阶段为 08—10 时,降水开始时降水类型为雪,09 时降水类型为雪和雨混合,以雪为主,10 时降水过程增强,仍为降雪和降雨混合型,但其中降雨比例增多,在这一阶段城市使总降水量减少 3.5%,其中总降雪量减少 4.3%,总降雨量增加 0.8%;第二阶段为 10 时至降水结束,此阶段降水过程逐渐减弱,降水类型为雨夹雪,降雨比例持续增加,此阶段城市使总降水量增加 4.5%,其中总降雪量减小 22.4%,总降雨量增加 26.8%。城市对中心城区的降水类型有着重要影响,而对整体降水量的影响相对较小。城市对中心城区降水的时空分布也有着重要的影响。城市使中心城区累积降雪量降低,累积降雨量增加,并且离市中心越近,累积降雪量的降低越明显。

城市热岛效应对近地层大气温度的影响是影响降水类型的一个重要原因。城市地表具有不渗水及低反照率等特征,这使得城市地表感热通量明显增加,有利于热通量向上输送,使得近地层温度相对较高,有利于雪粒子的融化。在降水开始阶段,城市干热岛效应能够使中心城区水汽含量降低,不利于水汽的垂直输送和云的发展,导致地面总降水量减小。到降水第二阶段,城市使近地层温度较高,霰粒子和雪粒子更易融化,地表水汽和潜热通量增加,近地层比湿增大,有利于水汽的垂直输送和云的发展,有利于过冷云水的形成,因而霰粒子和雪粒子碰冻过冷云水的过程增强,含量升高,导致地面总降水量增加。可见在水汽充足的情况下,城市会增强城市上空冷云过程,增加地面总降水量。而云微物理过程的非绝热过程与低层大气中能量和水汽输送相互作用,影响降水类型和降水分布。

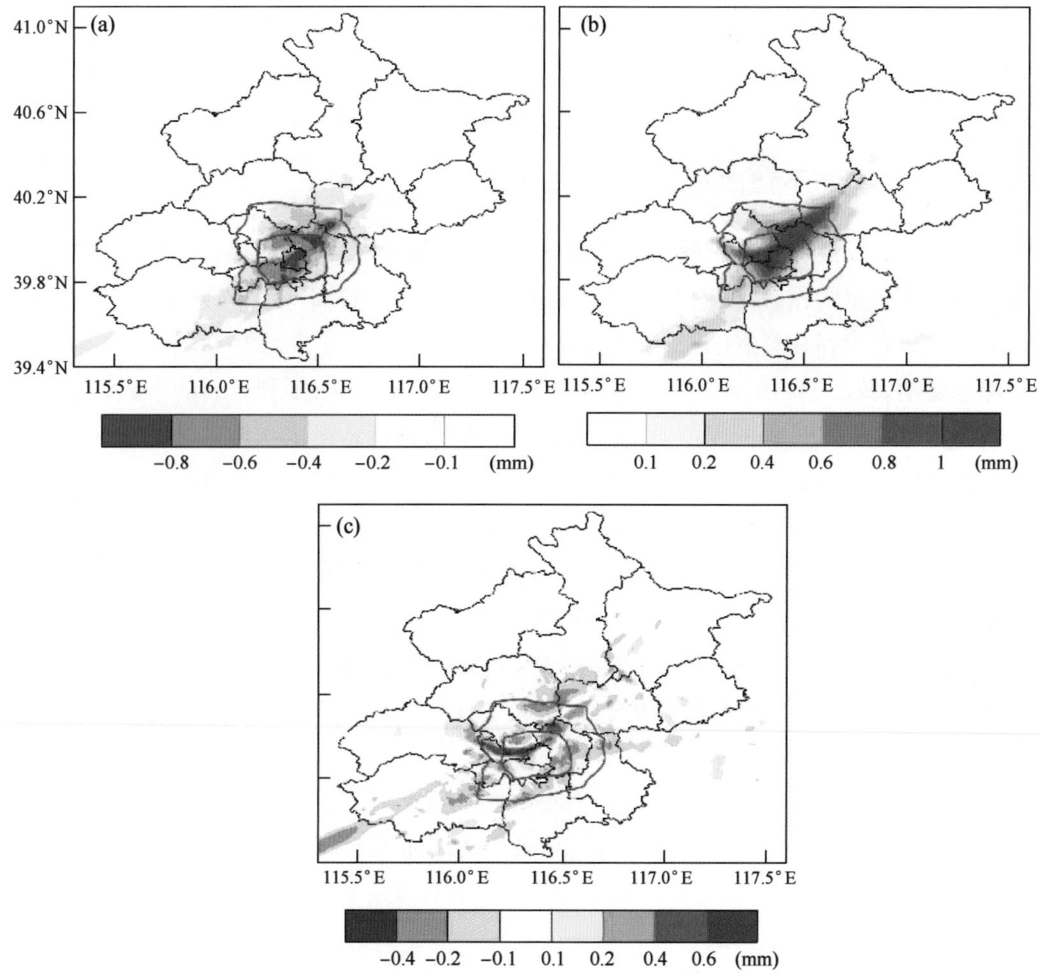

图 10.2.7 2018 年 3 月 17 日 07—17 时有城市减无城市模拟降水量水平分布

(a) 累积降雪量;(b) 累积降雨量;(c) 累积降水量

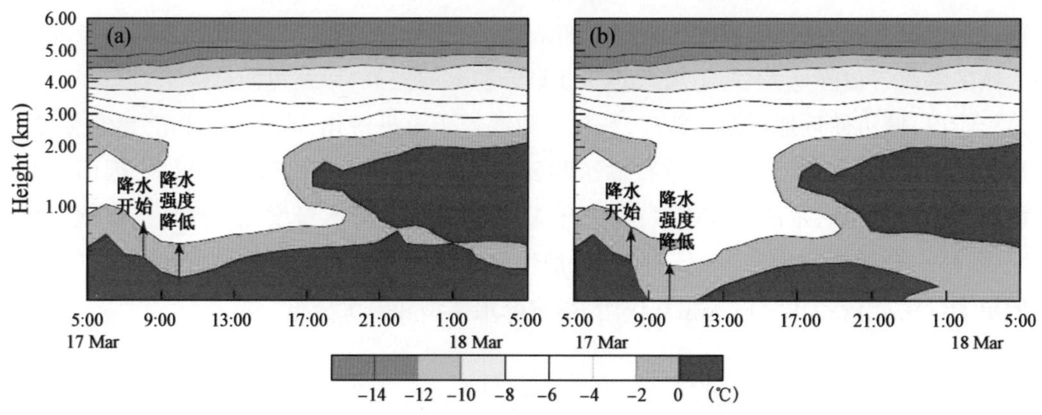

图 10.2.8 2018 年 3 月 17 日北京五环路以内平均温度垂直廓线随时间的变化

(a) 对照试验; (b) 无城市下垫面敏感性试验

10.3 城市天气气候影响的数值模拟研究

10.3.1 长三角地区城市化对边界层与水汽输送特征影响研究

长江三角洲地区有我国最大的城市群,但是其中各大城市所处地理位置、气象环境等因子存在一定差异,导致不同城市对应的边界层气象要素场也不尽相同。通过比较不同城市边界层之间的差异性,可以更好地分析城市化影响云和降水过程的潜在机制。

选取 WRF - V3.3 版本(Skamarock et al. , 2008)为数值模拟工具,陆面模式和城市冠层模式选择 Noah/SLUCM 模拟系统。模拟域采用三重嵌套网格,模拟中心为(31.25°N,120.0°E),网格距(网格数)分别是 30 km(104 ×98),10 km(132 ×114),2 km(360 ×270)。模式垂直方向分 48 层,大气层顶气压为 50 hpa,1.5 km 以下有 21 层。三重嵌套对应的积分步长分别是 90,30,10 s。模式初始和边界条件由间隔为 6 小时的美国环境预报中心(National Centers for Environmental Prediction,缩写 NCEP)再分析资料提供,水平网格分辨率为 1.0° ×1.0°。

边界层方案选择的是 Mellor-Yamada-Janjic 局地闭合方案(Janjic, 1990; Janjic, 1996; Janjic, 2002)。其他主要参数化方案包括 WRF Single-Moment 6-class 微物理方案(Hong and Lim, 2006),RRTM(Rapid Radiative Transfer Model)长波辐射方案(Mlawer et al. , 1997)、短波辐射方案(Dudhia, 1989)。

选取 2012 年 7 月下旬的 7 个算例(2012 年 7 月 25 日至 31 日)作为典型个例。每个算例积分 48 小时,前 24 小时作为模式的模拟调整时间。

模式下垫面类型信息来自于美国宇航局提供的中分辨率成像光谱仪(Moderate-resolution Imaging Spectroradiometer,缩写 MODIS)数据。在研究过程中,按照模式第三重模拟域内的下垫面类型将模拟试验设计为两组,一组直接使用 MODIS 下垫面类型资料,作为控制试验;另一组将第三重区域内的城市下垫面替换为农田下垫面,称为敏感性试验。

表 10.3.1 给出的是模式检验所用到的观测数据信息(位置、土地覆盖性质和气象要素)。图 10.3.1 给出的是 2012 年 7 月 25 日 08:00—26 日 07:00(LST)长波辐射(LWDOWN)和短波辐射(SWDOWN)的模拟值与南京市区观测值的对比情况。结果表明模式对向下的长、短波辐射的模拟效果比较好,但短波辐射的模拟值比观测值偏高约 100 W · m^{-2}而向下长波辐射的模拟值比观测值略有偏低约 20 W · m^{-2}(相同的模拟结果在冬季晴天模拟中也存在),这可能是因为中尺度模式并没有考虑气溶胶对辐射的影响。图 10.3.2 ~ 图 10.3.4 给出的是五个观测点(南京党校 DX,苏州 SZ,常州 CZ,溧水 LS 和南京仙林 XL)的净辐射通量(Q^*)、感热通量(Q_H)和潜热通量(Q_E)的模拟值与观测值的日变化曲线,其中常州(CZ)和溧水(LS)的辐射通量缺测。从各通量的日变化曲线来看,模式对地表能量平衡的模拟效果很好,其中净辐射模拟值略高,主要是因为向下的短波辐射模拟偏高(图 10.3.1),而南京(NJ)净辐射模拟值略显偏低,是因为观测点的反照率异常偏低(传感器所在楼顶铺设白色防水层)

导致短波净辐射异常偏大。另外,两个郊区点(LS 和 XL)的潜热通量模拟值偏大较多,这是因为观测点的潜热通量受到人为下垫面的影响,而模拟值反映的是单一农田下垫面的潜热通量。

表 10.3.1 地面观测点相关信息

站点名称	站点位置	下垫面类型	有记录的气象要素种类(观测高度)
南京党校(DX)	32.030 1°N 118.791 6°E	城市	10 min 平均风速、气温(37 m) 30 min 感热通量、潜热通量(49.5 m) 向下、向上的长、短波辐射 (49.5 m)
苏州(SZ)	31.873 3°N 120.641 7°E	城市	10 min 平均风速、气温(35 m) 30 min 感热通量、潜热通量(28.5 m) 净辐射 (28.5 m)
常州(CZ)	31.781 7°N 119.906 7°E	城市	10 min 平均风速、气温(45 m) 30 min 感热通量、潜热通量(39 m)
溧水(LS)	31.7°N 118.95°E	农田	10 min 平均风速、气温(21 m) 30 min 感热通量、潜热通量(3m)
南京仙林(XL)	32.120 6°N 118.952 5°E	农田	10 min 平均风速、气温(36 m) 30 min 感热通量、潜热通量(3 m) 净辐射(3 m)

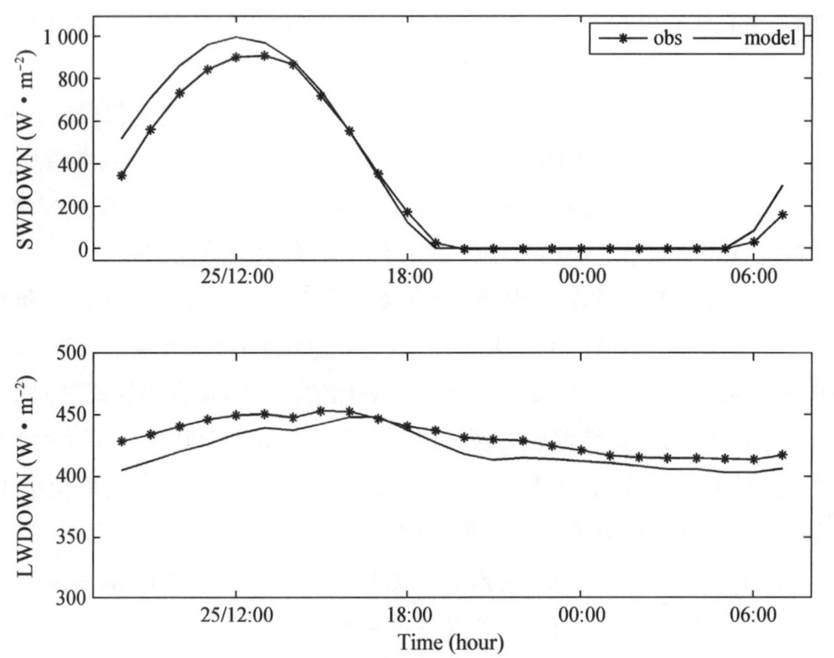

图 10.3.1 2012 年 7 月 25 日 08:00 至 26 日 07:00 长波辐射(LWDOWN)和短波辐射(SWDOWN)模拟值与南京市区的观测值

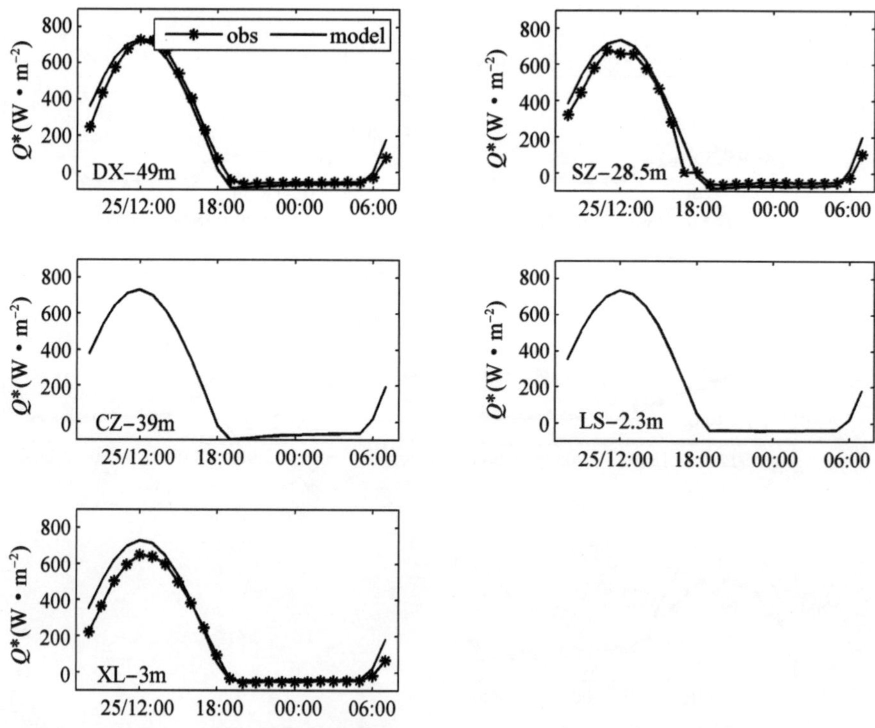

图 10.3.2 2012 年 7 月 25 日 08:00 至 26 日 07:00 几个观测点的湍流净辐射通量(Q^*)的观测值和模拟值

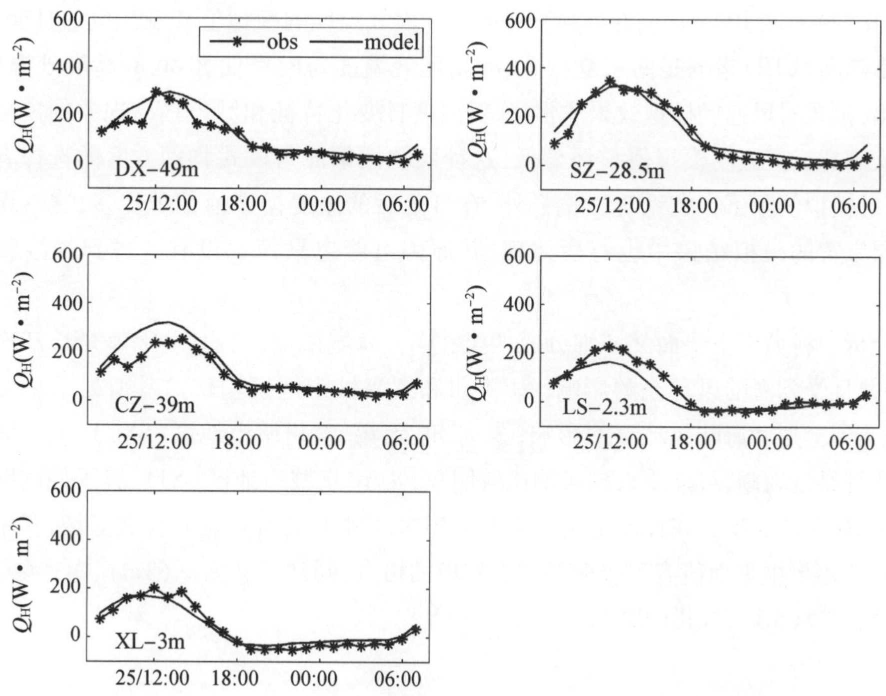

图 10.3.3 2012 年 7 月 25 日 08:00 至 26 日 07:00 几个观测点的湍流感热通量(Q_H)的观测值和模拟值

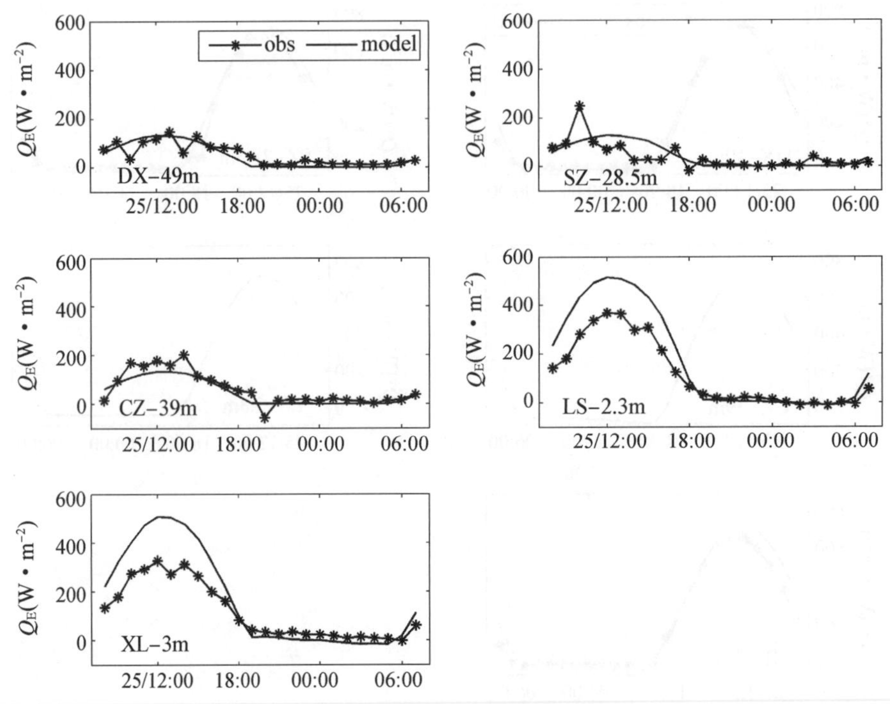

图 10.3.4 2012 年 7 月 25 日 08:00 至 26 日 07:00 几个观测点的湍流潜热通量(Q_E)的观测值和模拟值

图 10.3.5 ~ 图 10.3.6 是五个观测点风速和大气温度的模拟值和观测值的日变化曲线，其中城市热岛(UHI)指的是南京党校 37 m 高度处温度与南京仙林 36 m 高度处温度之差。可以看出，模式对风速的模拟效果非常好，对温度日变化特征和城市热岛现象的模拟效果也比较令人满意。但温度模拟值整体偏低，这种系统性偏低与模式物理方案的选择有关。另外，温度的模拟值除了存在系统性偏低外，在日落后的温度模拟值偏低更多，这一现象在其他边界层方案的模拟结果中也有所体现，其原因可能也是模式没有考虑到气溶胶的辐射效应。

在分析中将城市下垫面又详细分成四类：① 上海城市地区(SH)，上海是长江三角洲最大城市，并且受到海陆风环流的影响；② 杭州和绍兴城市地区(HZ)，其所处下垫面条件复杂，同时受到地形和海陆风环流的影响；③ 苏州、无锡、常州城市地区(SXC)，三个城市近似连成一线且靠近太湖，可能受太湖影响比较明显；④ 南京城市地区(NJ)，属于偏内陆的大型城市。图 10.3.7 给出了在计算平均气象要素场时六种下垫面对应的代表区域，其中农田定义为“Crop”矩形框里面所有下垫面类型为农田的格点，同理定义太湖(Tai)、南京(NJ)、苏锡常(SXC)、上海(SH)、杭州(HZ)。

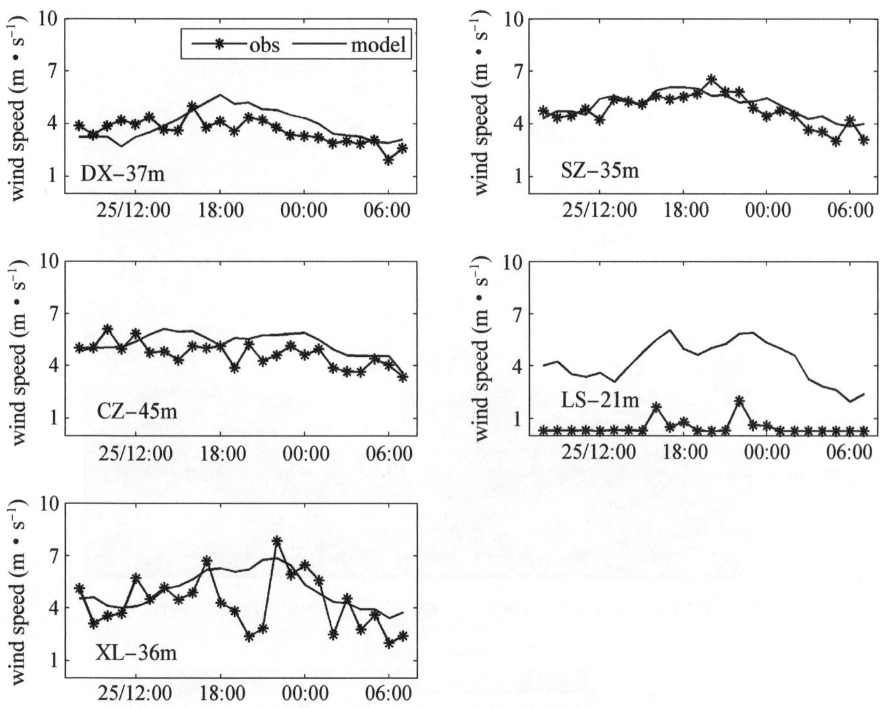

图 10.3.5　2012 年 7 月 25 日 08:00 至 26 日 07:00 几个观测点平均风速的观测值和模拟值

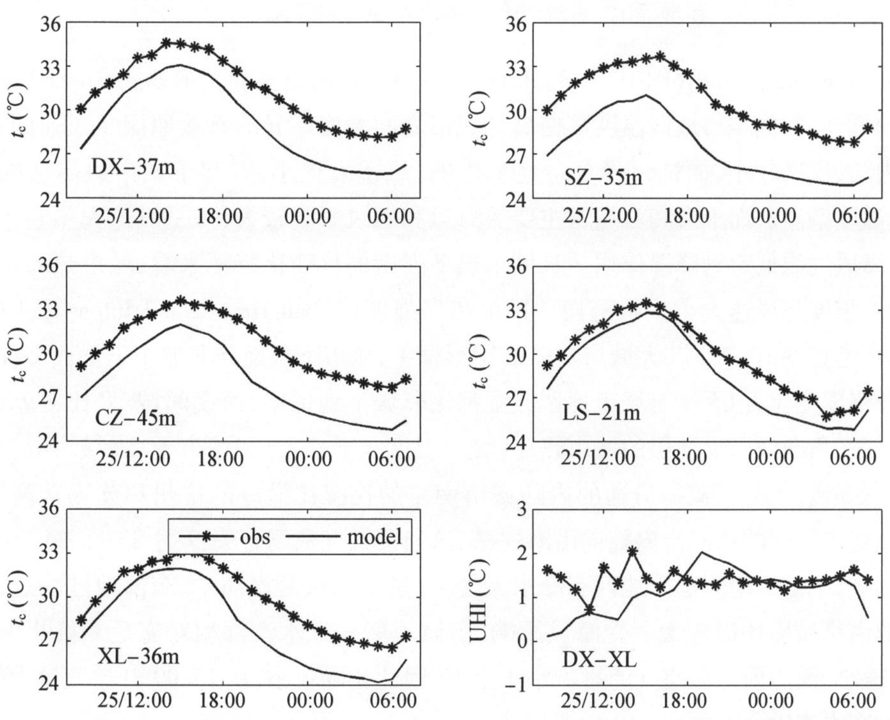

图 10.3.6　2012 年 7 月 25 日 08:00 至 26 日 07:00 几个观测点平均温度的观测值和模拟值，其中 UHI 代表的南京城市热岛强度，即南京党校（DX）37 m 高度处和南京仙林（XL）36 m 高度处的温差

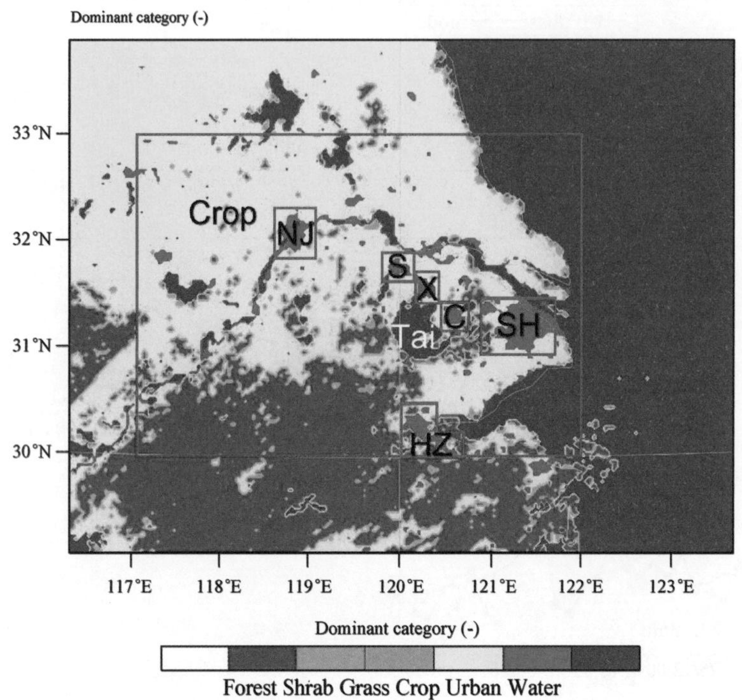

图 10.3.7 研究区域的下垫面类型。Crop:农田;Tai:太湖;NJ:南京;SXC:苏州、无锡、常州;SH:上海;HZ:杭州和绍兴

从近地面的温湿风场(图 10.3.8)来看,所有城市夜间温度都大于郊区,白天除上海温度比农田偏低外,其他城市地区温度都偏高。城市之间温度差异的直接原因是风速的影响,南京靠近内陆,风速较小,而杭州受复杂地形影响,风速也很小,有利于城市边界层内热量累积,所以温度偏高。而上海和苏锡常主要受海风和湖风影响较大,一是风速大不利于热量积累,二是海风气温低起到降温作用。从城市热岛强度的日变化特征来看,城市热岛全天都存在,且热岛强度与风速大小关系密切。城市热岛强度(Urban Heat Island Intensity,UHII),这里的 UHII 是指图 10.3.7 几大城市对应的矩形框中,城市下垫面与非城市下垫面 2 m 气温之差。再看湿度变化,白天所有城市地区比湿都比非城市地区小,而夜间城-乡比湿差异较小。可见,长江三角洲地区近地层的城市热岛(城市温度大于郊区)和城市干岛(城市湿度小于郊区)现象很显著。另外,离海最远的内陆城市南京的比湿比沿海的杭州和苏锡常高,是因为整个模拟域内低层的比湿由内陆向沿海递减,这与背景气象场有关:7 月 23 日、24 日,受热带气旋的影响,中国西南大部分地区有降水天气,大量水汽从南海向中、东部地区输送,因此地处内陆的南京城区比湿较大。受海风影响,上海地区全天水汽都相对充足。杭州由于地形复杂,风速小,受海面冷湿空气的影响小于上海,因此比湿较小,从 15:00 开始比湿大幅增加,可见此时有水汽输送。

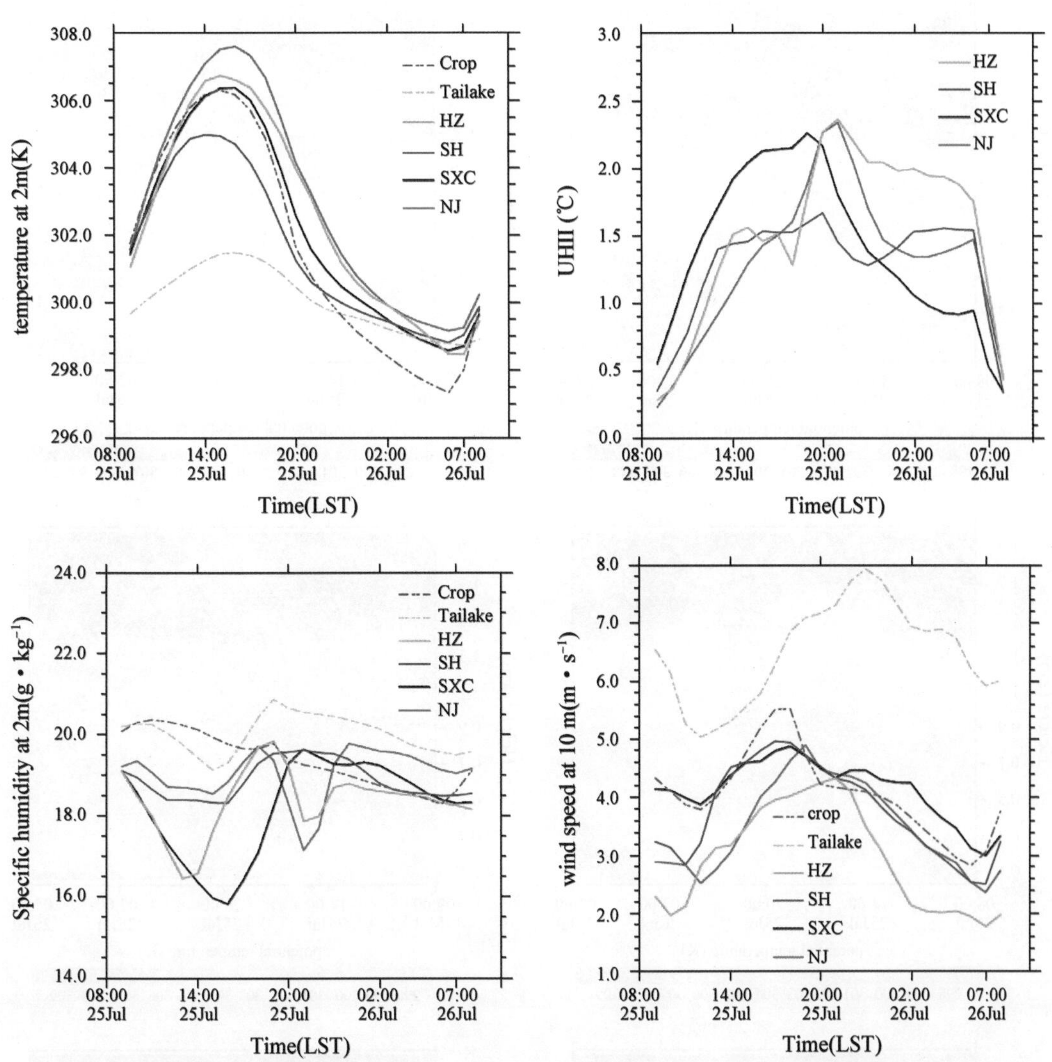

图 10.3.8　2012 年 7 月 25 日 08:00 至 26 日 07:00 不同下垫面对应的近地面温度、城市热岛、比湿和风速的日变化曲线

图 10.3.9 是 2012 年 7 月 25 日 08:00 至 26 日 07:00(LST)期间不同下垫面位温廓线的日变化情况。早上 08:00,地面已经升温,陆地上已经形成一个薄的不稳定近地层(100 m 以下),近地层内位温随高度递减。其上是较浅的对流混合层,强烈的对流混合使位温在这一层内几乎不随高度变化。11:00 以后,对流边界层充分发展,地表加热和边界层顶部夹卷下来的暖空气使得对流边界层中部出现位温最小值,这是对流边界层充分发展的重要特征。边界层顶一般定义为逆温最强的高度,可见城市地区边界层顶明显比农田的高。16:00—17:00,农田边界层的层结稳定度快速增加,由对流边界层转变成稳定边界层,位温随高度递增;而对于城市地区,由于储热释放减缓大气底层的辐射降温,从而使得对流边界层结构特征持续时间更长。除城市与非城市的边界层温度场存在明显差异外,四个城市之间的边界

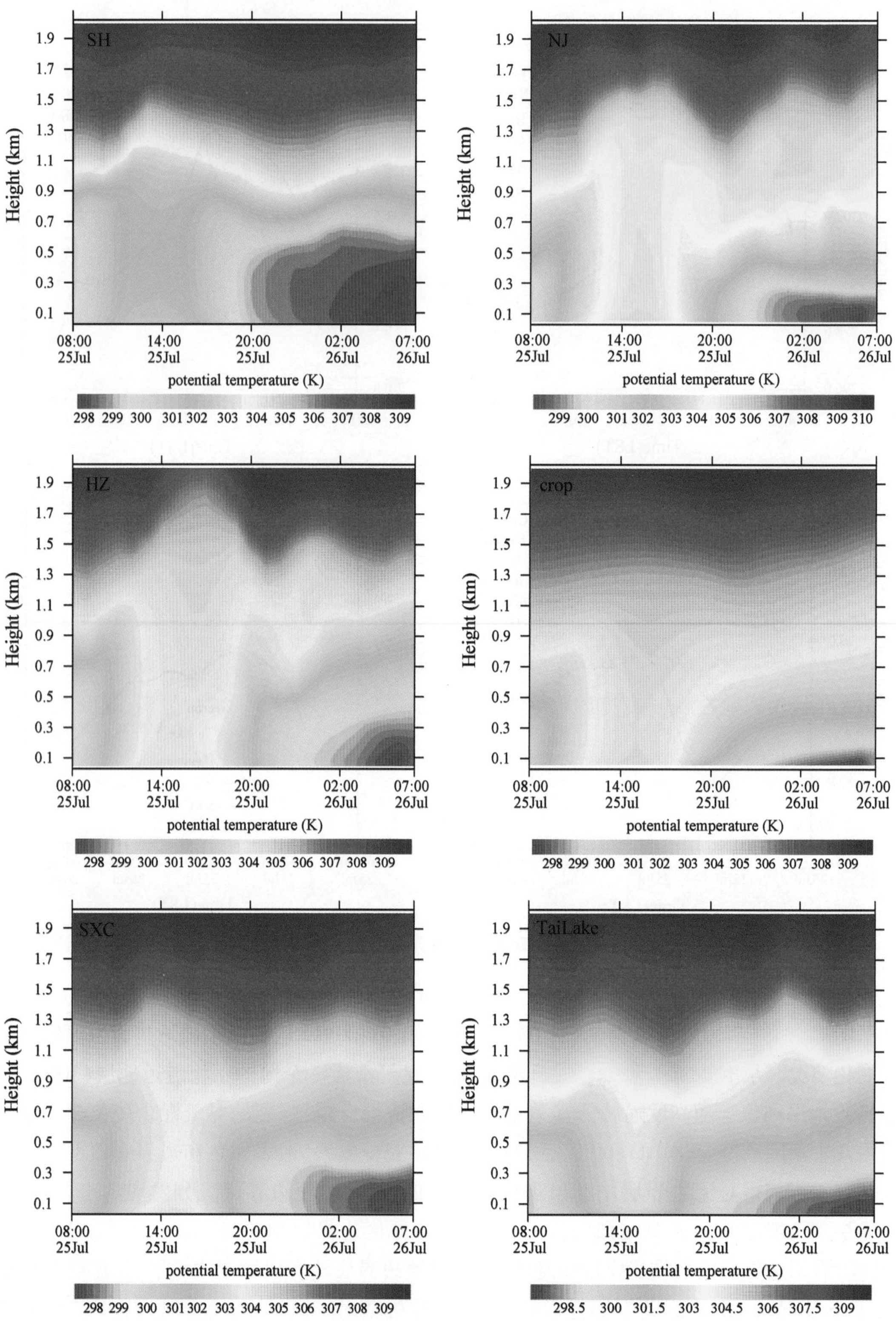

图 10.3.9 2012 年 7 月 25 日 08:00 至 26 日 07:00 不同下垫面上位温的高度-时间演变特征

层温度层结也不尽相同。其中南京对流边界层顶最高值达到 1.7 km 左右。杭州的对流边界层发展也很旺盛，其对流边界层顶高达 1.9 km 以上，但与南京不相同的是，其顶部的夹卷作用非常强，致使 500 m 高度以上开始出现逆温。上海和苏锡常边界层的地表加热和顶部夹卷加热都有体现，但强度都不大，边界层顶最大高度为 1.3 ~ 1.5 km。

另外，对比位温的垂直分布发现，当对流边界层发展旺盛时，在城市边界层内部靠近对流边界层顶高度处的位温比非城市地区相同高度处的位温小。为了更清晰地比较这种差异，我们着重分析了不同时刻的位温廓线（图 10.3.10）。08:00，陆地对流边界层已经发展起来，对比南京和农田的位温廓线，南京低层温度比农田小，而高层温度比农田大，因为城市升温比农田慢（模式内没有考虑城市人为热源），其上部的夜间逆温层依然存在。14:00，对流边界层充分发展，南京边界层底部温度由低于农田转为高于农田，因为城市热地表加热更强，这一点毋庸置疑。但是 1 km 以上，一直到边界层顶附近的温度反而是南京低于农田。

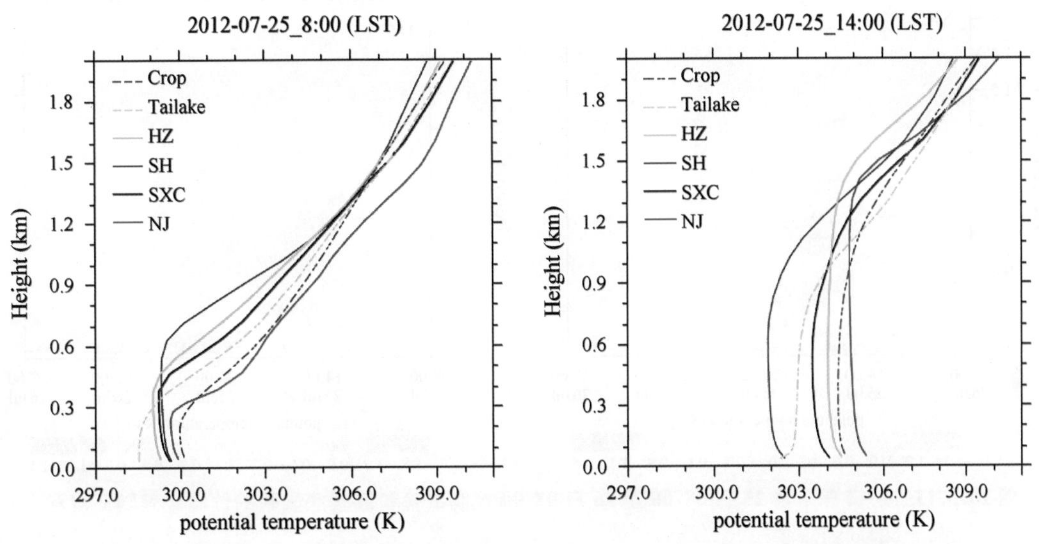

图 10.3.10　2012 年 7 月 25 日 08:00 和 14:00 不同下垫面上的位温廓线

图 10.3.11 和图 10.3.12 分别给出了控制试验和敏感性试验的位温差值和垂直速度差值，进一步验证了城市边界层顶确实存在相对降温的特点。从位温差值图可以看出所有城市都是低层增温顶部降温。其形成原因是，城市地表加热和高粗糙度引起低层空气辐合上升，空气团在抬升的过程中，温度以超绝热（近地层）或干绝热（混合层）递减率递减，气团上升高度越高，受地表影响越小，当上升气块温度降低到与环境温度相当时，地表加热作用消失，受惯性作用（或者有其他动力强迫），气团仍然会上升一段高度，温度继续递减，从而导致边界层顶部降温。可见，对流越强，上升速度越大，边界层顶部降温越显著。对比位温和垂直速度差值图可以更清晰理解这种由城市化导致的边界层顶降温现象。而且还可以发现，城市化导致杭州城区垂直速度增幅最大，但低层温度的增幅却不是最显著的。可见城市化的动力强迫对于杭州城区的对流发展有重要作用。上海虽然边界层高度不高，但受地表强

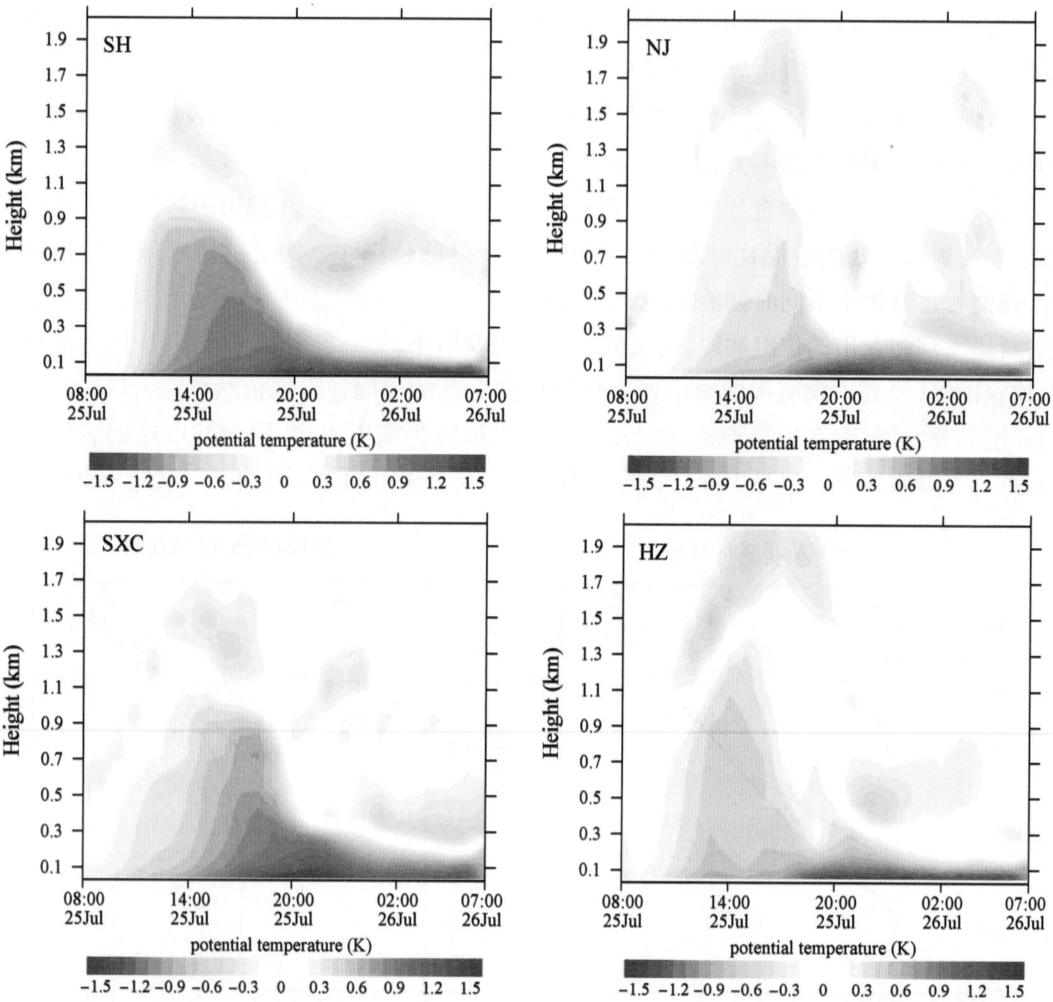

图 10.3.11　2012 年 7 月 25 日 08:00 至 26 日 07:00 控制试验和敏感性试验的位温之差随高度和时间的演变

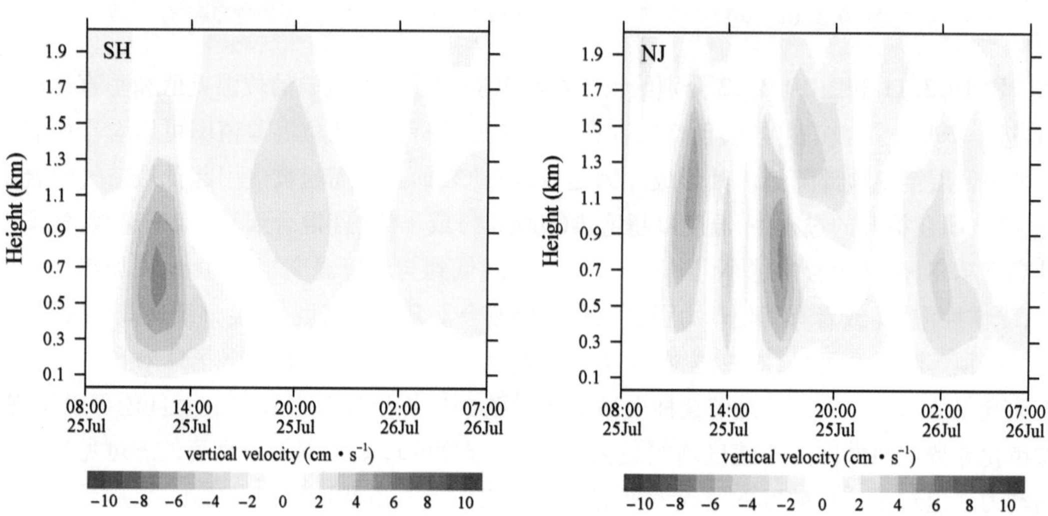

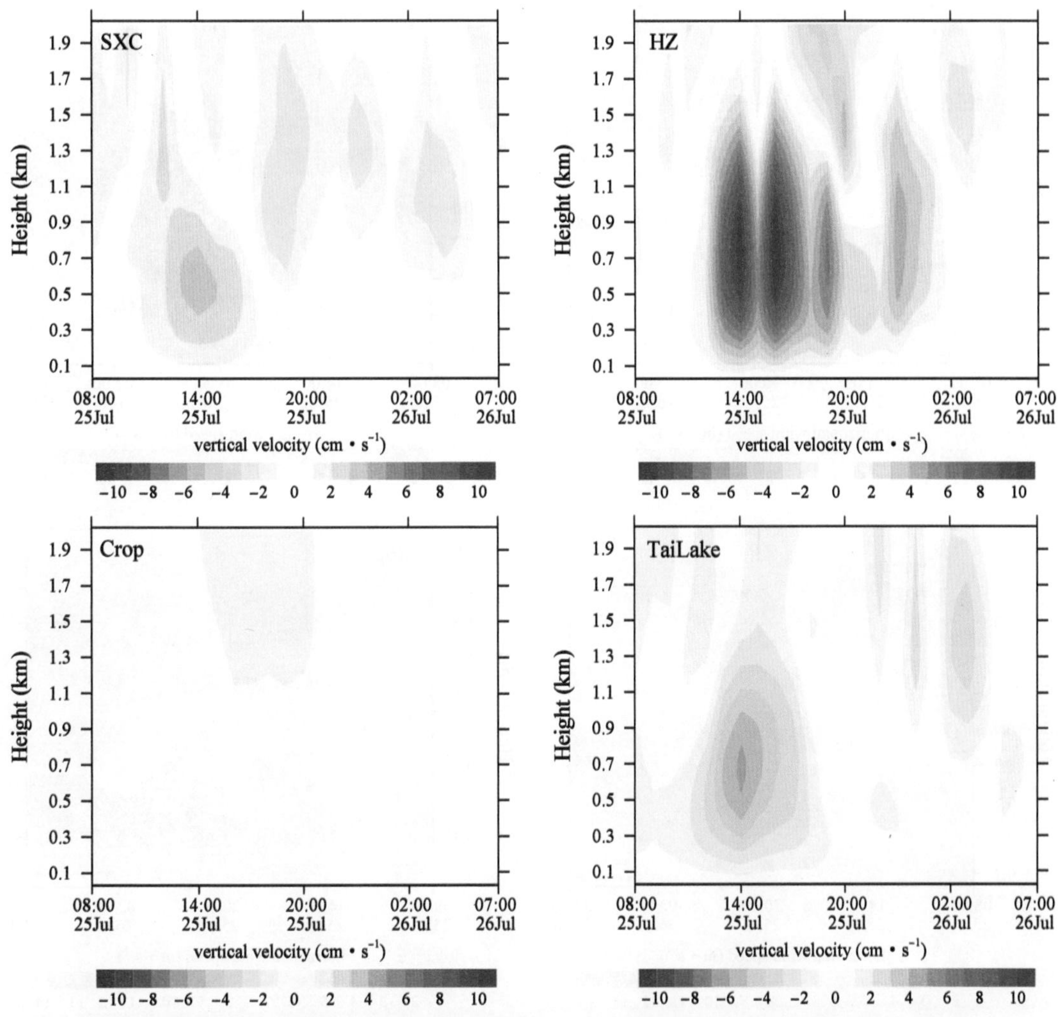

图 10.3.12　2012 年 7 月 25 日 08:00 至 26 日 07:00 不同下垫面上垂直速度随高度和时间的演变

加热作用,对流速度也比较大,其边界层顶降温也比较明显。而南京,虽然边界层高度很高,但由于地表加热效应偏低且没有更强的动力强迫作用,导致对流速度不强,边界层顶的降温幅度比较小。

不同城市边界层的对流发展情况与风速直接相关(图 10.3.13),南京边界层顶风速最小,边界层内热量积累,利于热对流向高处发展。相反,上海和苏锡常两地边界层内风速较大,没有热量积累,对流发展高度受抑制。而杭州,虽然边界层上层的风速也较大,但风速有明显的垂直切变,机械湍流增强,因此对流边界层发展更高,而且加大自由大气和边界层内大气混合。将湍流动能的高度-时间演变情况(图 10.3.14)与位温层结和风速分布特征相结合,也可以发现,上午杭州 700 m 以上的湍流动能比其他城市大,此时杭州的温度层结并没有表现出更不稳定特征,而风切变较大,因此我们推断杭州城市对流边界层发展较强,与该地区的风速切变密切相关。

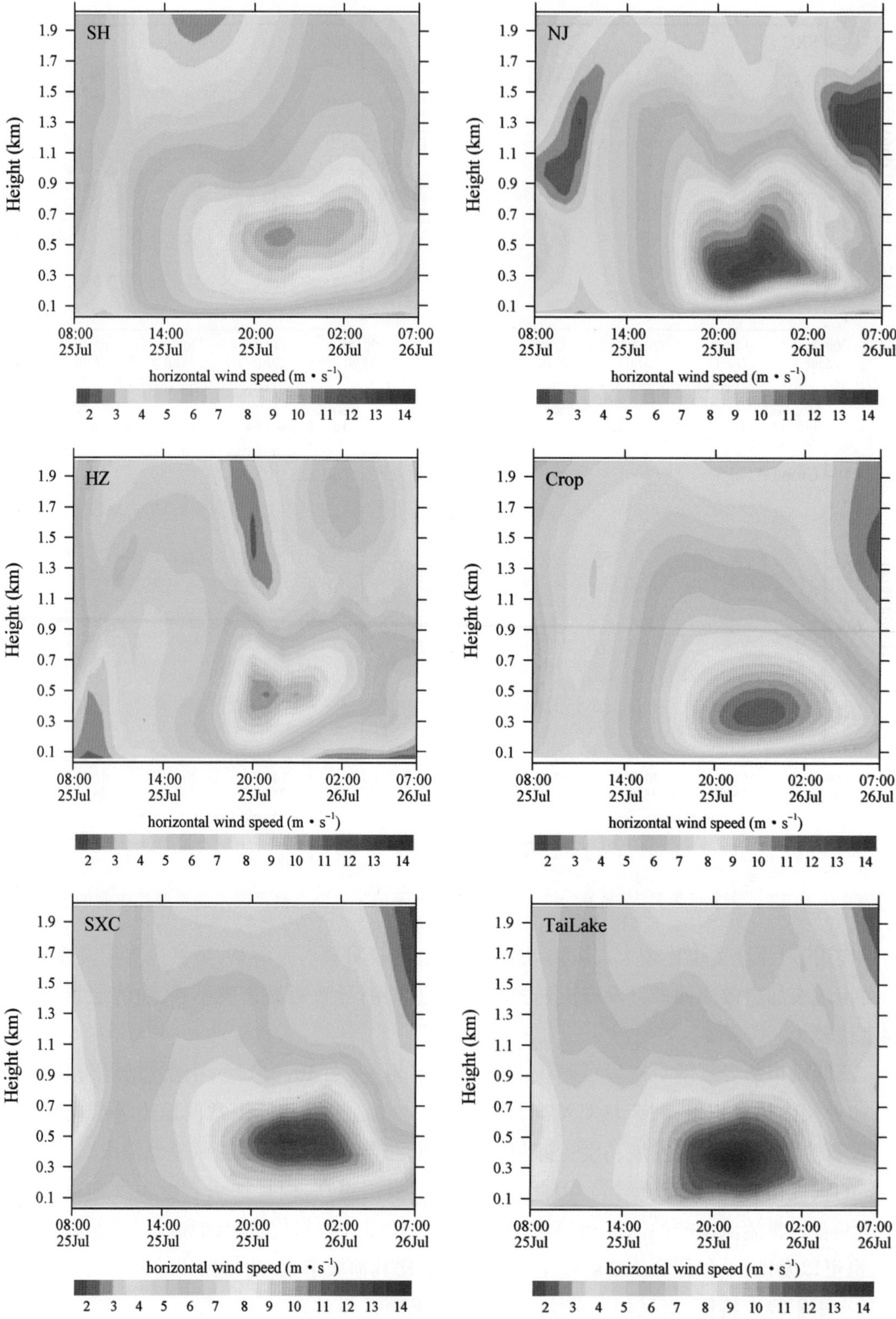

图 10.3.13　2012 年 7 月 25 日 08:00 至 26 日 07:00 不同下垫面上水平风速的高度-时间演变特征

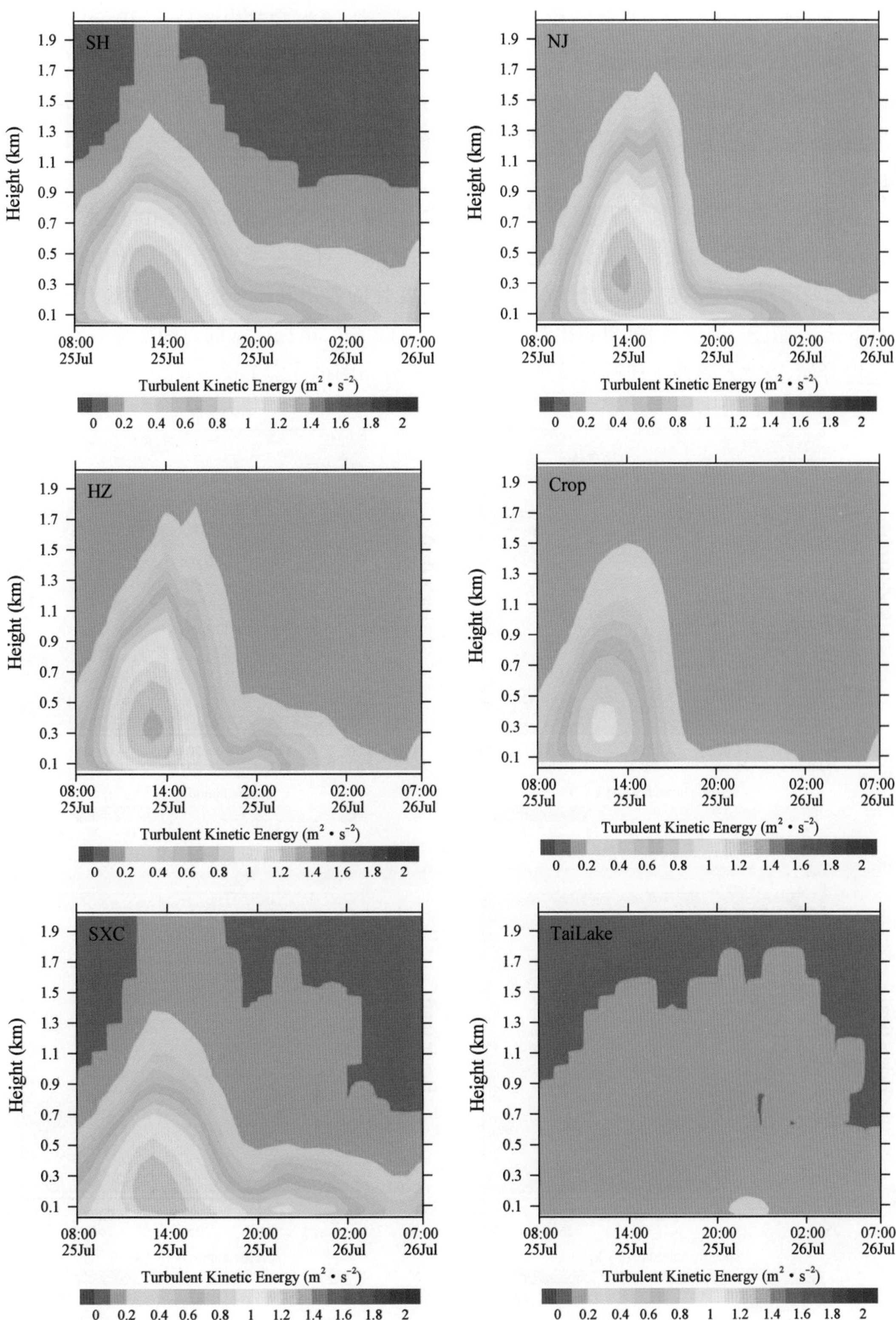

图 10.3.14 2012 年 7 月 25 日 08:00 至 26 日 07:00 不同下垫面上湍流动能的高度-时间演变特征

可见,四个城市对流边界层结构特征可以分为三类:上海和苏锡常地区,因为整个边界层内的风速较大,不利于对流边界层向上发展,对流层顶偏低,但对流强度大,边界层顶的降温作用显著;南京虽然对流边界层高度较高,但对流不强,边界层顶降温略低;杭州的城市热力和动力强迫作用都很明显,对流强度最大,边界层顶最高,且有较强的夹卷,边界层顶的降温效应最显著。

从对流边界层的湿度情况(图 10.3.15)来看,比湿是随高度递减的,但由于强烈的湍流混合,在对流边界层内比湿垂直分布比较均匀。由于城市对流发展更充分,对流边界层顶更高,因此城市对流边界层上部的比湿会比相同高度处的农田和水体上方的比湿更大,比如 900 m 之上,上海、苏锡常、杭州的比湿都大于附近的太湖。根据比湿的时间变化来看,15:00(LST)开始,有水汽从海上向杭州输送,比湿的水平分布图也证实了这一点。

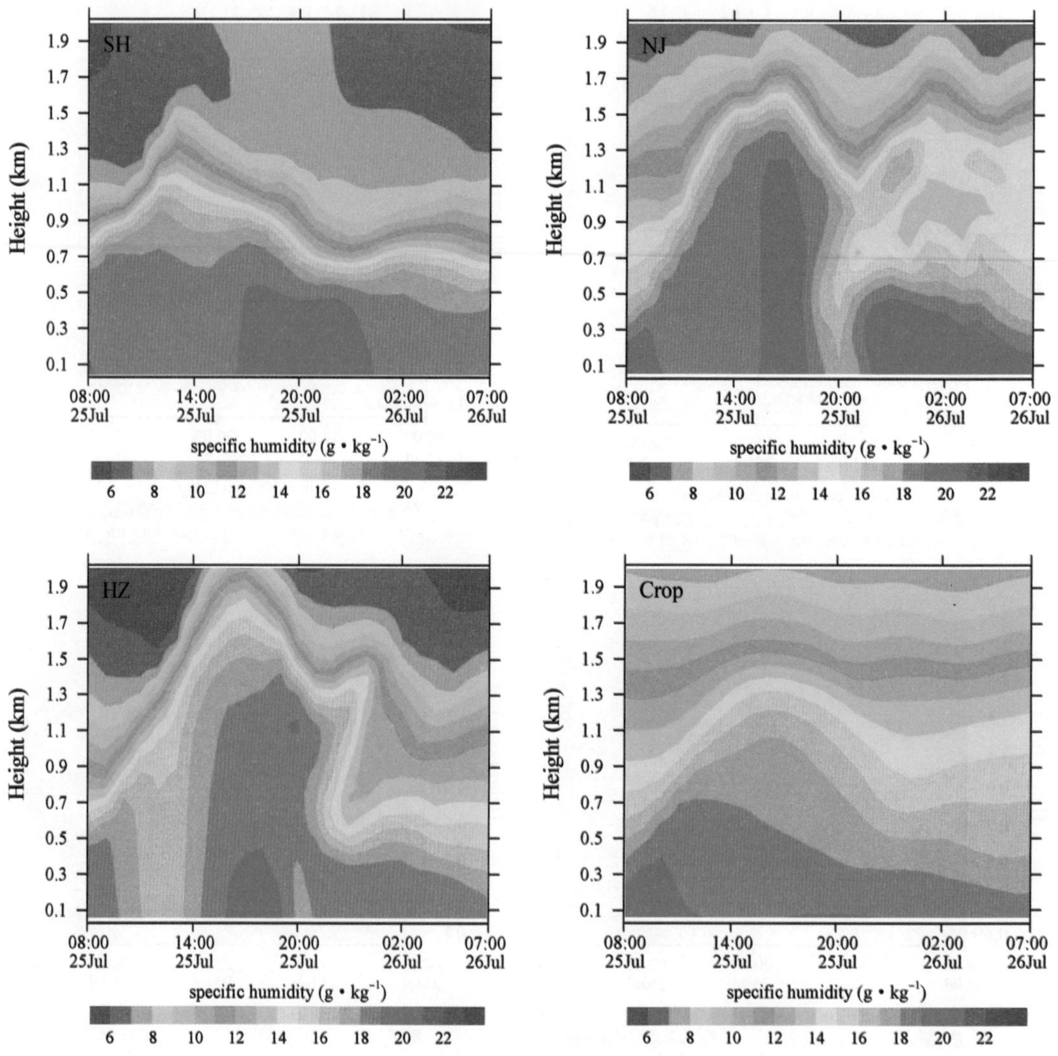

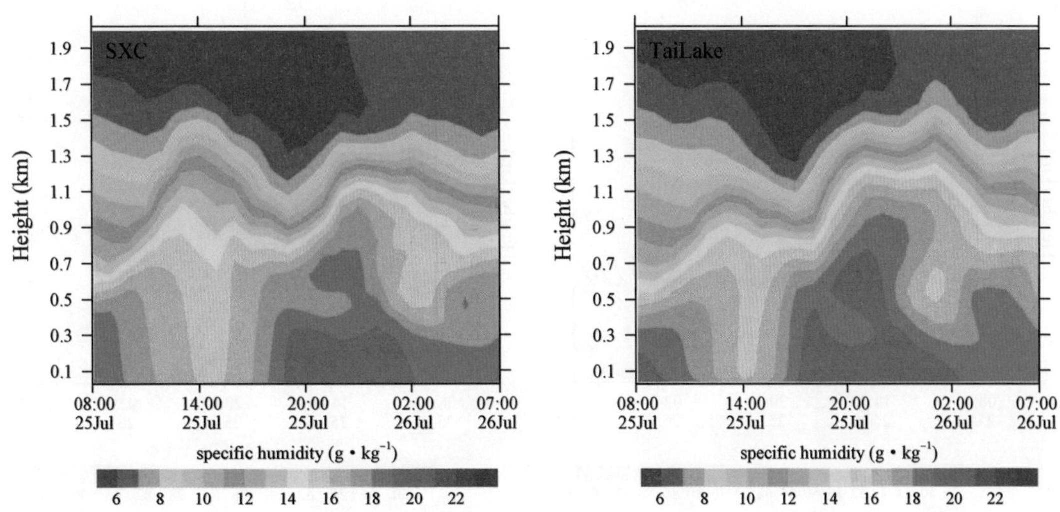

图 10.3.15　2012 年 7 月 25 日 08:00 至 26 日 07:00 不同下垫面上比湿的高度-时间演变特征

相对湿度是成云的直接因子,基于对位温和比湿垂直结构的分析可以很好地理解相对湿度的结构特征。从相对湿度的高度-时间演变图(图 10.3.16)可以看到,在对流边界层内相对湿度是垂直递增的,而且湍流发展越强,边界层顶越高,其边界层内靠近边界层顶处的相对湿度越高。结合前文对比湿和温度场的分析,不难理解相对湿度的这种结构特征。我们还想关注的是水汽对相对湿度的贡献。对比杭州 15:00 前后的比湿和相对湿度可以看出,15:00 前杭州地区比湿较小(16 $g \cdot kg^{-1}$),虽然对流边界层发展旺盛,但由于水汽相对较少,最大相对湿度在 90% 以下;15:00 开始有水汽输送,相对湿度骤然增加到 100%。再看水汽全天都很充足的上海,由于其对流发展受抑制,虽然低层水汽比杭州充足,但对流层顶的相对湿度却小于杭州(但仍然大于农田和水体)。可见,适当的水汽供应和强对流发展是使得城市边界层上部空气达到饱和的两个重要条件。

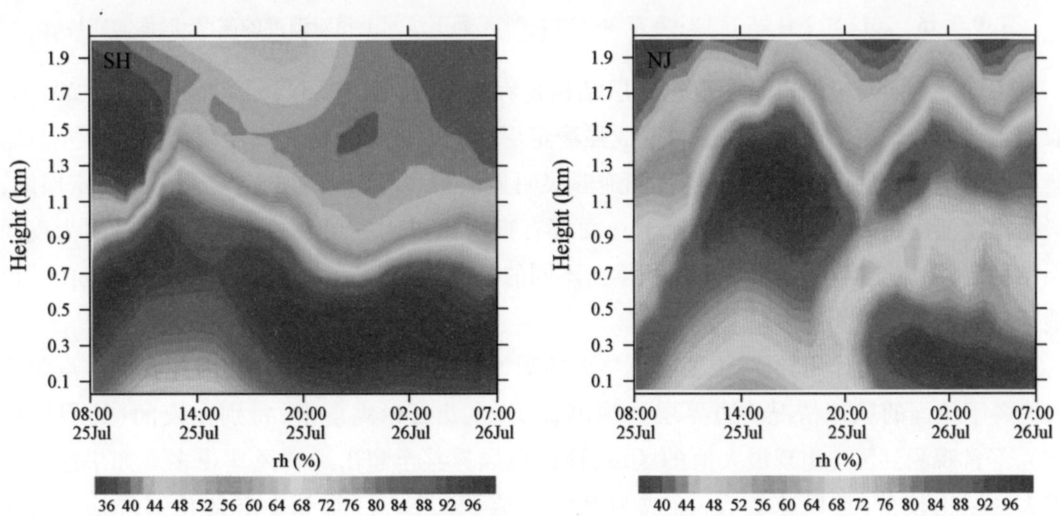

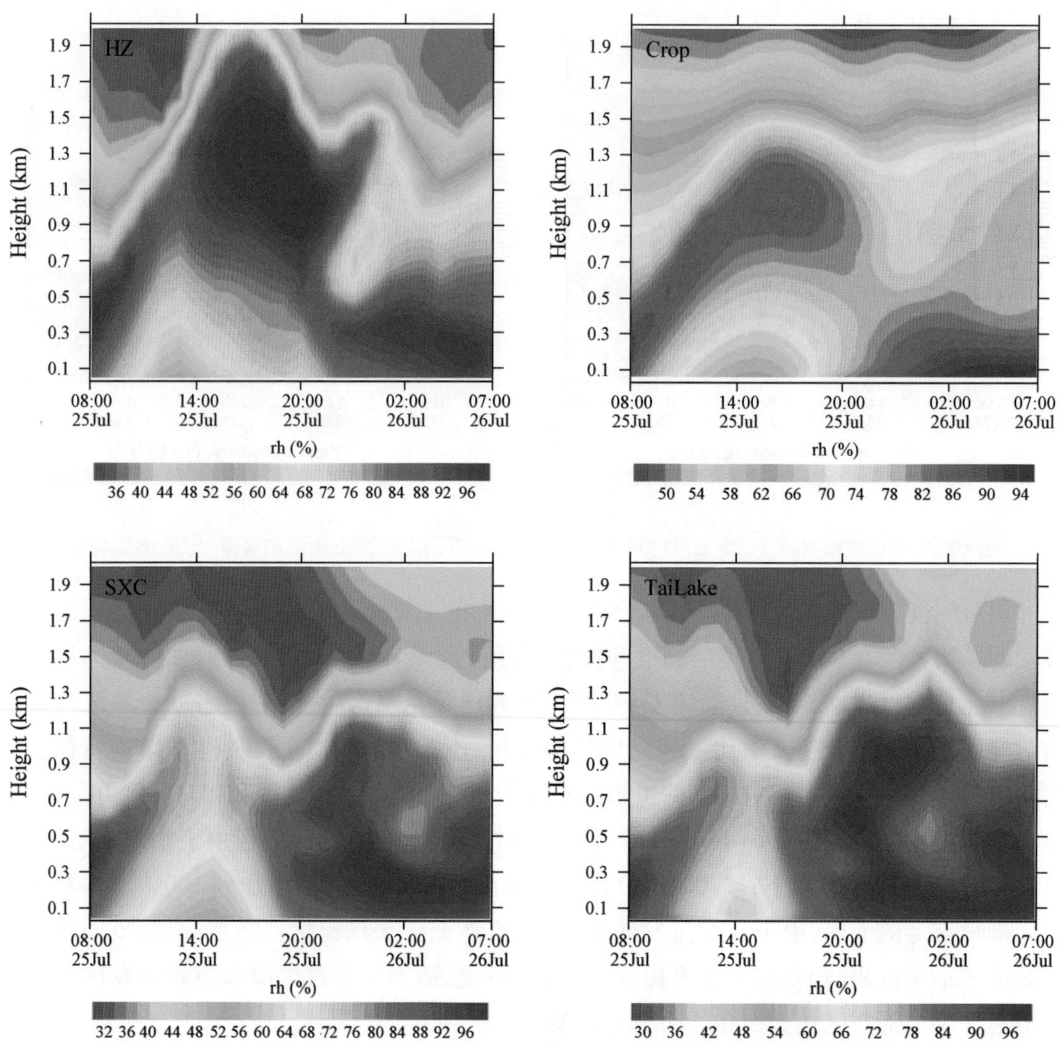

图 10.3.16 2012 年 7 月 25 日 08:00 至 26 日 07:00 不同下垫面上相对湿度的高度-时间演变特征

不同下垫面对应的夜间稳定边界层结构也存在差异(图 10.3.16)。在 17:00~20:00,农田下垫面开始由中性层结快速转变成强稳定层结。而城市近地面直至凌晨 04:00 左右始终有一薄不稳定层存在,其上部的夜间逆温层明显被抬高。而太湖上空全天都是稳定层结,只是稳定度比白天略小。对于所有下垫面都有夜间比湿比白天大的特点,主要是因为夜间层结稳定,湍流交换小,水汽在下层积累。不同的是,1 km 以上,太湖和农田上空比湿比城市地区略高。

由于夜间热力作用较弱,主要看下垫面的动力特性对边界层的影响,因此我们重点关注夜间各下垫面的风速情况。边界层的观测证明,在几百米高度上,特别在夜间(边界层稳定),经常观测到风速出现极大值的区域,该区域风速甚至超出地转风速很多。如果这种风极大区域比较薄,且风速较大,就成为低空急流(LLJ)。目前 LLJ 定义并不严格。例如

Bonner(1968)定义标准是:风极大必须位于最低 1.5 km 内;风极大处的风速必须大于 16 m · s^{-1};此极大处的风速必须比其较高处的极小值或比 3 km 处的风速大出 8 m · s^{-1}。而 Rider 等(1971)定义的标准则是:风极大高度上的风速比相邻的极小风速大出 3 m · s^{-1}。Blackadar(1957)则取此极大风比其较高处的极小值大出 2.5 m · s^{-1},且超地转。根据 Zhang-2013-BLM 总结的定义:令 $\Delta U = U_{max}/2$,其中 ΔU 为风速最大值与最小值之差,U_{max} 是风速极大值;当 $U_{max}>$ 6 m · s^{-1},10 m · s^{-1},14 m · s^{-1}和 20 m · s^{-1}时,LLJ 强度分别属于弱、中、中强和超强。从图 10.3.17 来看,上海夜间有弱低空急流形成,其他城市上空是中强低空急流,而太湖上空形成强低空急流。由于农田风速是大范围的平均值,因此急流强度被削弱。从 LLJ 的位置来看,主要出现在逆温层之上,可推断其形成的主要机制是夜间地表辐射降温,热力湍流的迅速释放,地表摩擦作用快速减弱,导致边界层风速增强甚至出现超地转风速。图 10.3.14 的湍流动能时空演变情况也表明,LLJ 高度与湍流动能演变有很好的一致性。将相邻的苏锡常和太湖两地相比可以发现,城市地区 LLJ 强度偏弱,高度偏高,这也与两地的湍流动能差异相吻合。

通过对各边界层内的平均风、温、湿场的分析,可以发现,城市对流边界层顶更高,低层水汽被输送到更高层,而且城市对流边界层顶部附近有相对降温,从而导致该处的相对湿度增加。而且,四个地区对流边界层结构特征可以分为三类:上海和苏锡常地区,因为整个边界层内的风速较大,不利于对流边界层向上发展,对流层顶偏低,但对流强度大,边界层顶的降温作用显著(苏锡常低于上海);杭州的城市热力和动力强迫作用都很明显,对流强度最大,边界层顶最高,且有较强的夹卷,边界层顶的降温效应最显著。而南京虽然对流边界层高度较高,但对流不强,边界层顶降温强度小。

苏锡常和上海的边界层结构比较相近,都是边界层内风速较大,湍流发展高度受抑制。而且这一地区城市中小城市众多,并且有太湖的影响,所以我们将苏锡常和上海划分为一个较大的区域来讨论。从平均场的分析得知,15:00 前后是杭州和南京城市对流边界层发展最旺盛时期,所以这里重点关注该时段的区域边界层结构。将有城市下垫面和无城市下垫面的相对湿度模拟结果做差值时,15:00 前后,在高度为 1.5 km 上下的地方,上海的下风方向和苏锡常的下风方向各有一个明显的相对湿度增加区域,相对湿度值增加 50% 以上,而上海地区下风向的增湿区域远大于苏锡常下风方的增湿带(图 10.3.17)。从增湿区域的垂直结构来看,增湿区分别发源于上海和苏锡常的两侧,从 1.1 km 到 1.5 km 逐渐增强之后减弱直至发展到 1.8 km 高度处,其位置随高度的增加向下风方向偏移(整个边界层内都盛行东南风)。

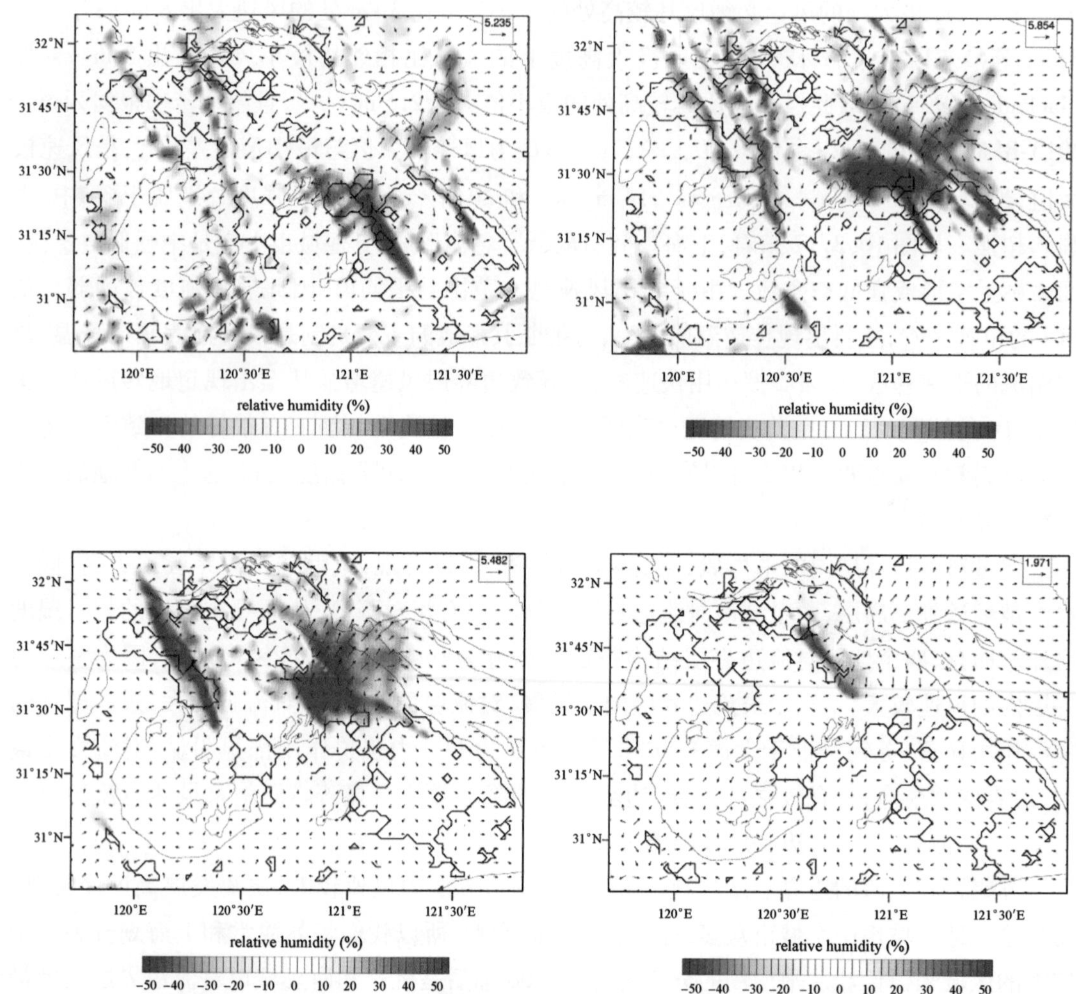

图 10.3.17 2012 年 7 月 25 日 15:00(LST)在 1.1 km(左上),1.3 km(右上),1.5 km(左下)和 1.8 km(右下)高度处控制试验与敏感性试验差异的水平分布:填色区域是相对湿度的差值,箭头代表水平风场的差值

为了探讨这种增湿机制,进一步分析城市化对区域边界层温度层结的影响。图 10.3.18 给出了 25 日 15:00(LST)城市化对不同高度上的温度、水平风场和垂直速度的影响。整个区域内盛行东南风(图略)。可见,底层城市加热效应显著,100 m 高度上城市加热中心已经向城市下风向偏移。从水平流场来看,在增暖区附近有水平辐合,垂直速度增强,比如靠近上海的下风向和苏锡常上方的垂直上升速度明显增强。在远离上海市区的下风方向沿长江入海口有一条非常明显的对流辐合带,控制试验和敏感性试验都模拟出了这条辐合带,可见它的形成主要是地形以及水陆热力、动力差异导致,但加入城市的作用后,这条辐合带明显偏向有城市增温地区,且垂直速度增强。图 10.3.19 是沿辐合带和垂直于辐合带的位温和扰动

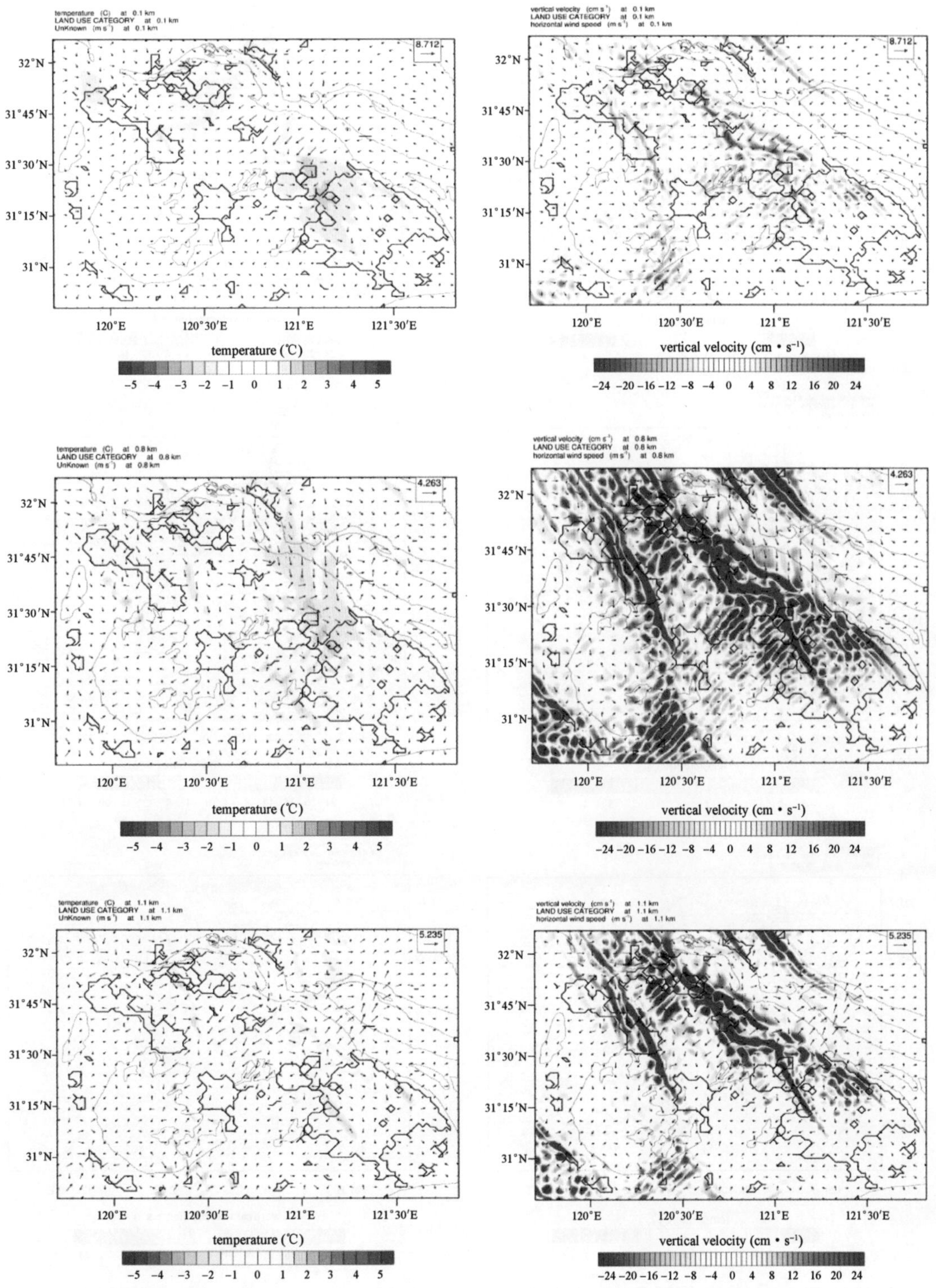
temperature (C) at 0.1 km
LAND USE CATEGORY at 0.1 km
UnKnown (m s⁻¹) at 0.1 km
8.712
32°N
31°45′N
31°30′N
31°15′N
31°N
120°E
120°30′E
121°E
121°30′E
temperature (℃)
-5 -4 -3 -2 -1 0 1 2 3 4 5
vertical velocity (cm s⁻¹) at 0.1 km
LAND USE CATEGORY at 0.1 km
horizontal wind speed (m s⁻¹) at 0.1 km
8.712
vertical velocity (cm · s⁻¹)
-24 -20 -16 -12 -8 -4 0 4 8 12 16 20 24
temperature (C) at 0.8 km
LAND USE CATEGORY at 0.8 km
UnKnown (m s⁻¹) at 0.8 km
4.263
temperature (℃)
-5 -4 -3 -2 -1 0 1 2 3 4 5
vertical velocity (cm s⁻¹) at 0.8 km
LAND USE CATEGORY at 0.8 km
horizontal wind speed (m s⁻¹) at 0.8 km
4.263
vertical velocity (cm · s⁻¹)
-24 -20 -16 -12 -8 -4 0 4 8 12 16 20 24
temperature (C) at 1.1 km
LAND USE CATEGORY at 1.1 km
UnKnown (m s⁻¹) at 1.1 km
5.235
temperature (℃)
-5 -4 -3 -2 -1 0 1 2 3 4 5
vertical velocity (cm s⁻¹) at 1.1 km
LAND USE CATEGORY at 1.1 km
horizontal wind speed (m s⁻¹) at 1.1 km
5.235
vertical velocity (cm · s⁻¹)
-24 -20 -16 -12 -8 -4 0 4 8 12 16 20 24

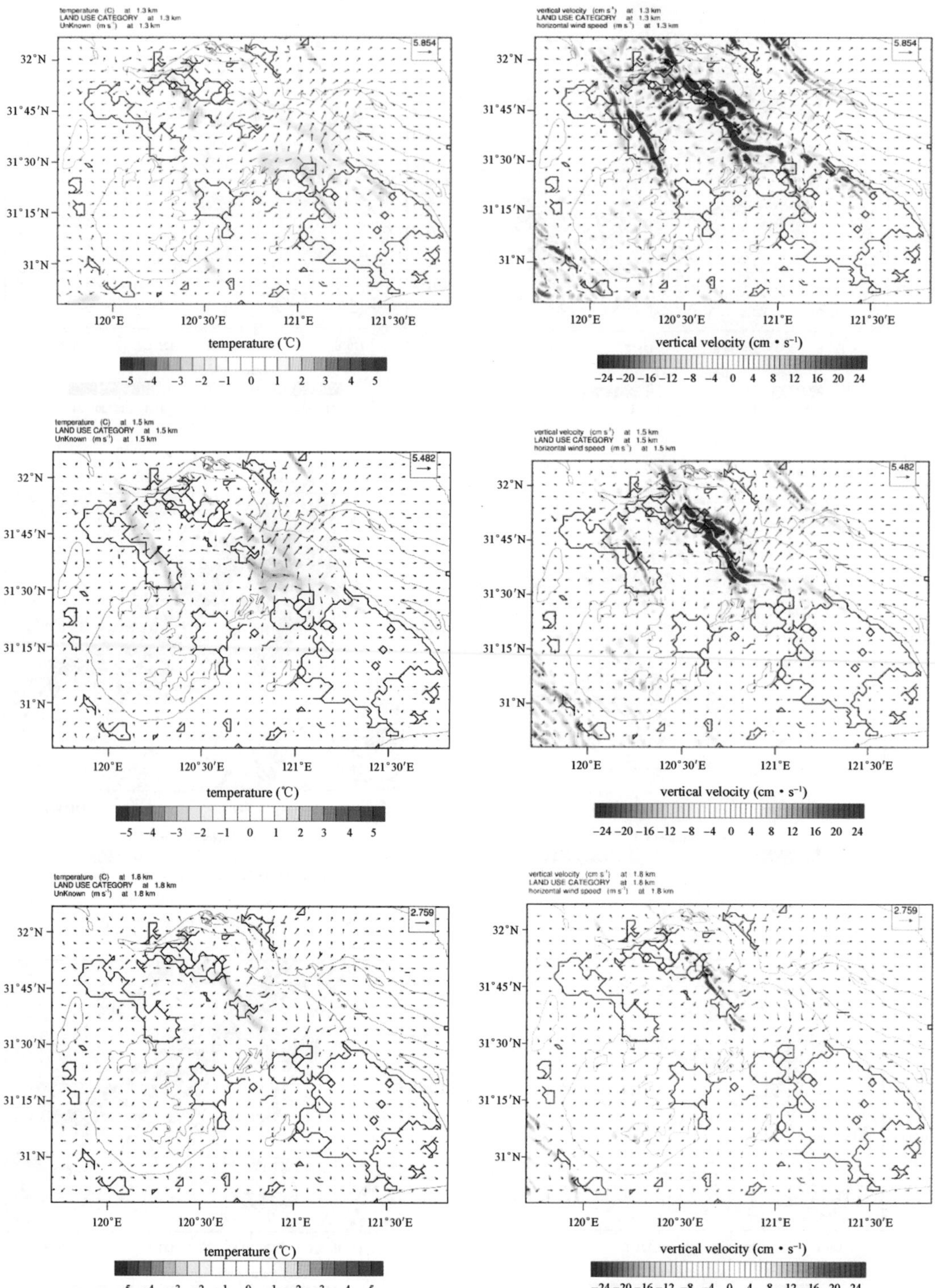

图 10.3.18　2012 年 7 月 25 日 15:00(LST)在 0.1 km,0.8 km,1.1 km,1.3 km,1.5 km 和 1.8 km 高度处控制试验和敏感性试验差异的水平分布:填色区域是温度(左侧图)和垂直速度(右侧图)的差值,箭头代表水平风场的差值

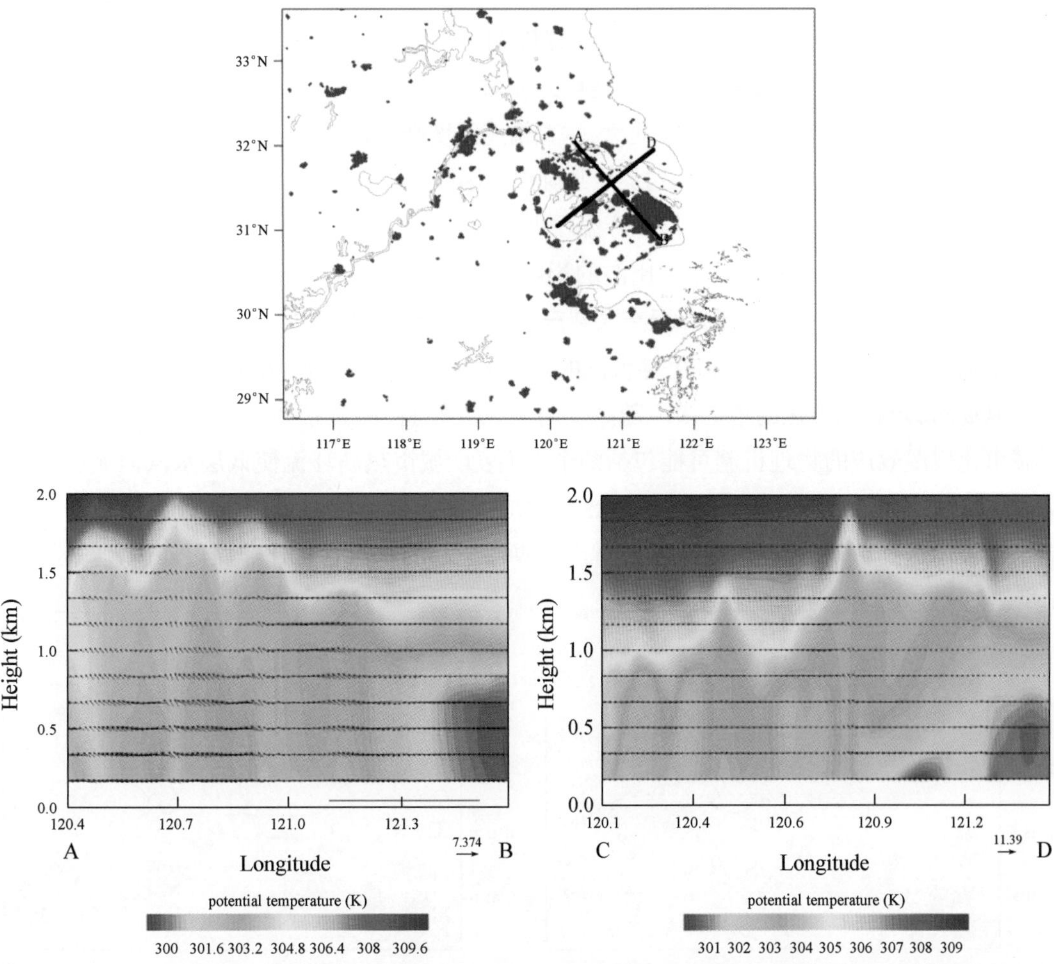

图 10.3.19　2012 年 7 月 25 日 15:00(LST)位温和垂直风场的剖面图,地理位置图上的黑色粗直线是所取剖面的位置,剖面图上的红色直线代表上海城区位置

风场剖面图。这里的扰动风场定义为网格上的风速减去同格点上的背景场风速。可以更清楚地看到,强烈上升运动与温度高值区有很好的对应关系。城市化对这条辐合带的影响不仅与城市热力效应有关,还受到城市动力效应的影响:东南气流在杭州湾南部登陆时,要经过上海、苏州及其他众多中小城市,城市下垫面粗糙度大,气流受阻挡,所以在内陆一侧的风速较小,而从长江入海口处登陆的东南气流所受阻力小,风速大,两股气流绕过上海后相遇,在其下风向沿着长江入海口的走向形成一条长达百余里辐合带,产生强对流。即城市化增强了水陆的热力和动力性质差异,从而增强了对流辐合的强度并改变其位置。苏州到无锡之间也有一条类似的辐合带,应该与湖陆风-海陆风和城市效应的共同作用有关,只是强度比上海下风向的小很多。随着高度的增加,城市化增温区域不断向下风向扩大,到 800 m 处,整个区域大中型城市的增温区域已经近似连接成片,增温中心区域仍能明显观察到水平辐合运动。与增温效应相对应,城市化对垂直速度的增强程度更显著,且范围扩大,说明城市化

效应已经明显增强了该区域内对流边界层的发展强度。在 1.1 km 高度，增温区已经明显减弱，上海城区附近已经出现降温，且降温处伴随明显的水平辐散运动，但仍有相对较强的垂直上升速度，再一次证明强对流的形成是热力和动力强迫共同作用的结果。1.3 ~ 1.8 km 高度上，降温、水平辐散范围更广、强度更大，垂直增速强度减弱，位置向上海的下风向收缩。风温场的这种结构更好地证实了上文对边界层顶降温原因的分析，而且还说明了热力和动力强迫共同作用才能激发更强的对流，边界层顶降温才更明显。

图 10.3.20 反映的是城市化对比湿的影响。可以发现，700 m 以下，城市化使大范围地区水汽减少达到 4 g · kg^{-1} 以上。但在太湖东岸及上海下风向及上海城区两侧有不同程度的水汽略辐合。1.1 km 以上，城市化对水汽的增加效应开始占主导，出现多条水汽增强带，受平均风场的影响，城市化的增湿效应随高度向下风方倾斜，而且带状区域逐渐汇合成片。关于城市化增湿效应的物理机制可能包括两个方面：① 城市热岛环流使低层水汽向城区辐合；② 通过对平均场的分析我们知道，城市热岛效应及高粗糙度使对流增强，边界层顶抬高，低层水汽被输送到更高的高度，导致城市对流边界层上部的水汽含量比非城市地区大。

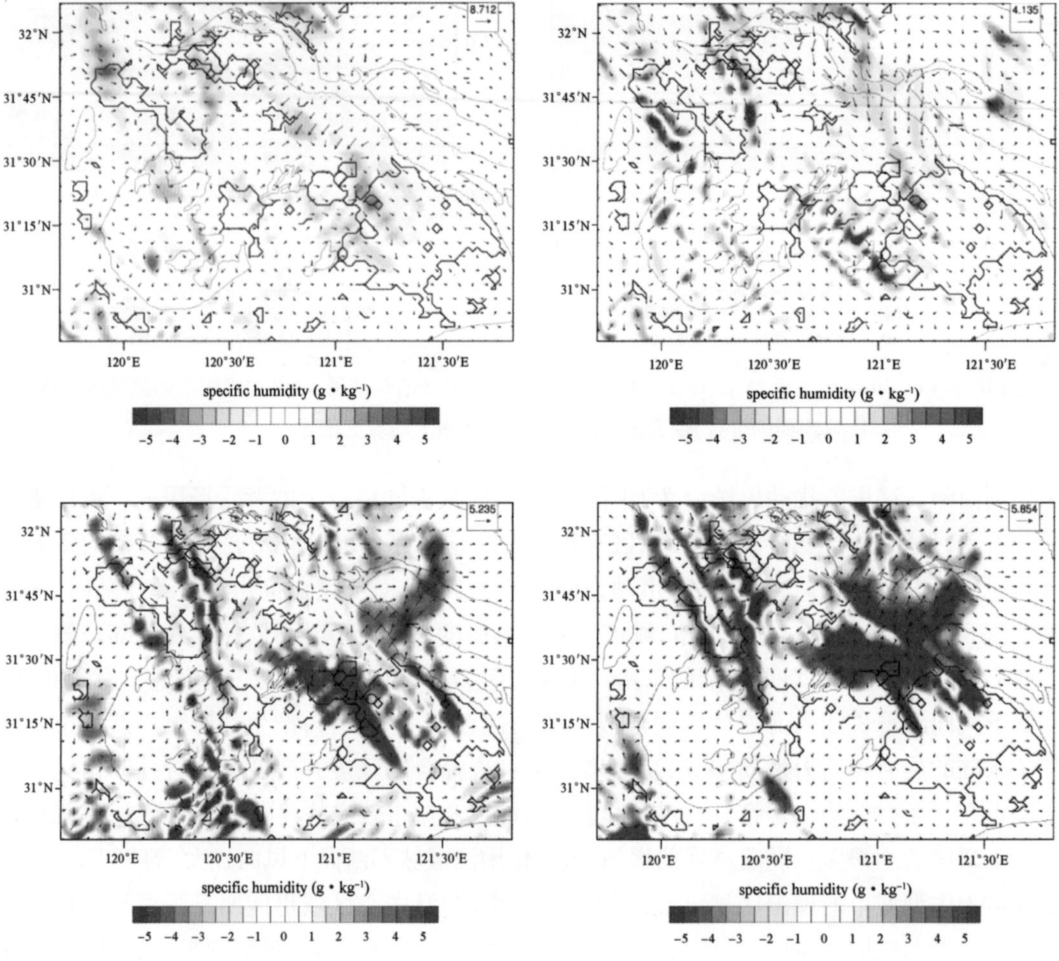

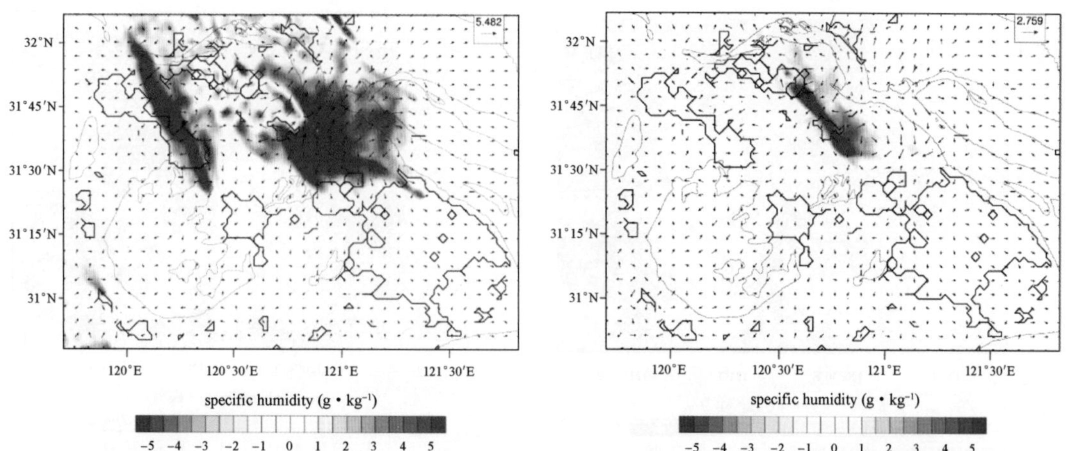

图 10.3.20 2012 年 7 月 25 日 15:00(LST)在 0.1 km(左上),0.7 km(右上),1.1 km(左中),1.3 km(右中),1.5 km(左下)和 1.8 km(右下)高度处控制试验与敏感性试验差异的水平分布:填色区域是比湿的差值,箭头代表水平风场的差值

对比相同高度处比湿和温度场的变化可以看到,温度降低的位置与比湿增加的位置完全对应。这说明城市化导致的对流增强是边界层上部水汽增加的重要因素。那么低层是否有水汽辐合或者水平输送,从而通过对流运动为上层提供更多的水汽呢?图 10.3.21 是不同高度上比湿和水平风场的模拟值。在 100 m 高度上,整体来看,水汽从海面和太湖向陆地输送,城市下风向附近的比湿相对较小。此外,在上海东北侧向其下风向延伸的区域内,有一条强度很大的水汽辐合带,来自海面的水汽在此辐合上升。位于太湖东岸下风向的无锡一带也有一条水平辐合带,来自太湖和海面的水汽在这里汇集。700 m 高度,来自海面和湖面的水汽水平输送已经明显减弱,说明该高度之上的水汽将以垂直输送为主。1.1 km 比湿高值中心覆盖上海下风向以及无锡、常州附近的大范围地区,随高度增加,比湿大值中心范围迅速缩小。可见,低层(约 700 m 以下)确有水汽的水平输送并伴有强度不等的水汽辐合。相对湿度的分布情况与比湿一致,且在高层相对湿度最大值已达到 100%。

上述分析表明城市化效应增强了上海和苏锡常下风向对流辐合带的强度,并改变其位置,使其更靠近城区。而且,城市化致使城市下风向大范围区域内的界层顶部出现降温增湿现象。导致边界层顶部降温的原因在于,城市化使得边界层内对流增强,边界层顶抬升,从而导致城市边界层顶部附近温度比非城市地区更低。而城市化的增湿效应有两方面原因,一是,边界层低层有来自海面和湖面的水汽输送并且伴有由城市化导致的水汽辐合;二是,对流增强可以将下层水汽向上输送到更高层,从而导致边界层顶部水汽增加。

本节基于 WRF 中尺度数值模式,分析大规模城市化对长江三角洲地区区域边界层结构的影响,并探讨城市化对该地区云和降水的影响机制。首先,对比分析了不同下垫面上方平均气象场的高度-时间变化特征,结果表明,城市化在对流边界层顶部有降温增湿效应,而且对流速度越大,降温效果越显著。而且,不同城市的对流发展特征有很大差异:上海和苏锡

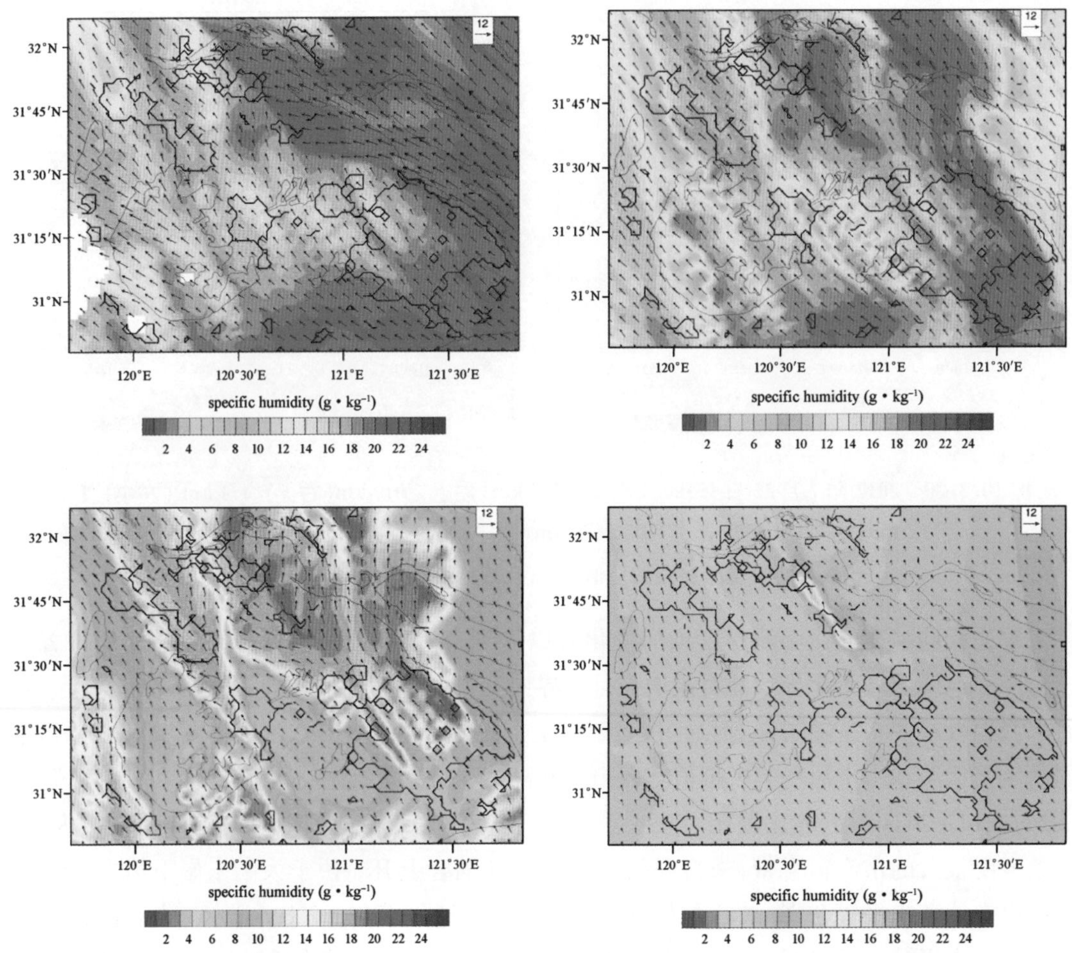

图 10.3.21 2012 年 7 月 25 日 15:00(LST)在 0.1 km(左上),0.7 km(右上),1.3 km(左下),1.8 km(右下)高度处控制试验模拟的比湿和风场的水平分布

常地区,因为整个边界层内的风速较大,不利于对流边界层向上发展,对流边界层顶偏低(1.1～1.3 km),但对流强度大,边界层顶的降温作用显著(苏锡常低于上海);杭州的城市热力和动力强迫作用都很明显,对流强度最大,边界层顶最高(约 1.9 km),且有较强的夹卷,边界层顶的降温效应最显著;而南京虽然对流边界层高度较高(约 1.7 km),但对流不强,边界层顶降温强度小。结合前文对云和降水的分析结果,可以解释为什么云和降水的增值中心在南京地区并不十分明显,而是集中在上海-苏锡常和杭州一带。城市化效应受环境因子的影响非常大:当没有城市作用时,上海下风向和苏锡常城区及下风向各有一条对流辐合带,而城市化增强了该地区的水陆热力和动力性质差异,对流辐合带的强度明显增强,范围扩大,位置向城市地区偏移;对于杭州地区,地形的特殊性直接加剧了城市化对气流的动力抬升作用,使得城市上方形成强对流带;由于杭州地区平均风速小,城市化对边界层顶部降温增湿效应的影响范围比上海-苏锡常地区小一些,主要集中在城市区上方略向下风向偏移。

在这几个强对流区域,城市化导致的对流边界层顶附近的相对湿度增加 50% 以上。当然,相对湿度增幅的大小与底层水汽多少有关。因此,城市化对低云和降水的促进作用,不仅仅取决于城市化带来的动力和热力强迫效应,还需要有一定量的水汽供应。

10.3.2 城市化对杭州湾地区气象环境影响的数值模拟

杭州湾地区有着复杂的地形和下垫面状况,既有海陆差异,又有复杂的山地和高度城市化的地区,仅从单纯的资料分析很难分离城市化的影响。因此必须借助数值模拟手段进行分析,模拟区域如图 10.3.22 所示,水平网格分辨率为 3 km。

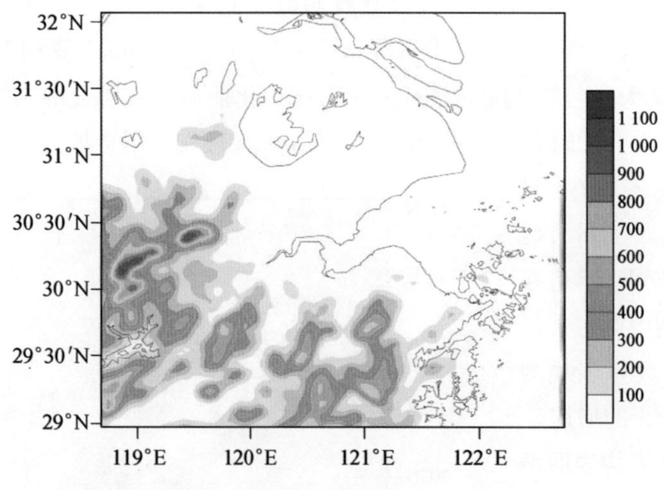

图 10.3.22 WRF 模式的模拟区域的地形分布(单位:m)

模式使用的初始场和边界条件由 1°×1° 分辨率 NCEP-FNL 分析资料提供。物理过程参数化方案主要包括:边界层参数化方案运用 Mellor Yamada 湍能方案;长波辐射方案采用 RRTM 方案;短波辐射方案采用简化短波方案;微物理方案采用 Lin 方案。为体现城市下垫面的影响,在模式的陆面过程参数化方案中选用 NOAH-UCM 陆面模式,在 NOAH-UCM 方案中已经耦合有一个单层城市冠层模式,该冠层模式考虑了城市建筑物对辐射的遮蔽、截陷作用,以及建筑物对风场的拖曳和对湍流场的激发,可以很好地体现城市下垫面建筑物冠层的影响。

在模拟中拟设计有无城市两种情境来讨论城市化对杭州湾地区气候的影响。在有城市的情境下(算例 urban)利用 MODIS 卫星观测 2005 年城市下垫面信息作为目前城市化的现状;在无城市的情境下(算例 nourban)将算例 urban 中的城市区域以乡村代替。模拟时段选为 2007 年到 2011 年的 1 月份和 7 月份,模拟算例逐日进行。

通过两组算例相减来分析城市下垫面对气象环境的影响。为了更好地分析不同天气条件下城市化对杭州湾地区的气象环境影响,选取杭州市为研究对象,对模拟结果中杭州地区不同的天气类型(晴天、雨天和有云天)的变化进行了统计。云天、晴天的分类主要通过模式模拟输出逐时的云水柱含量来判断;雨天则通过模式输出的逐时降水量来判断。

从2007年至2011年1月份的算例来看,各种天气的变化并不明显。晴天的天数略有减少,城市化与无城市前后相差4天,在nourban算例为65天和urban算例中为61天。而雨天天数和云天天数没有明显的差异。雨天的天数在nourban算例中5年合计1月份有降水日为48天,而在urban算例中5个年份1月份合计的降水日为49天。与之伴随的是有云天在城市化前后略有增加,在nourban算例中5个年份1月份合计的有云日为27天,而在urban算例中则增加为30天。

从2007年—2011年7月份的算例来看,晴天的天数没有变化,在nourban算例和urban算例中均为41天;但是雨天天数和云天天数有明显的差异。雨天的天数在城市化后有明显的减少。在nourban中5年合计7月份有降水日为73天,而在urban算例中5个年份7月份合计的降水日为62天。与之伴随的是有云天在城市化前后有着明显的增加。在nourban算例中5个年份7月份合计的有云日为36天,而在urban算例中则增加为47天。

总体看来,在冬季(1月份)算例中城市化对杭州市区的天气状况影响较小,但是在夏季(7月份)算例中则对天气状况的影响很大,具体表现为雨日的减少和有云天的增加。

大量的研究结果均表明城市化最直接的影响就是城市近地面温度(2米处温度)的升高,从而造成城市热岛效应。本工作的数值模拟结果(图10.3.23～图10.3.24)也表明杭州湾地区城市化同样会造成城市地区气温的上升,但这种上升有着明显的季节差异。在1月份的算例中,整个模拟区域内的近地面气温变化并不十分明显,大多数气温变化的绝对值小于0.5 ℃,只有在杭州、上海等城市中心地区气温变化在0.5 ℃以上,但不超过1 ℃。而在夏季,城市化过程会造成近地面温度的明显上升,特别

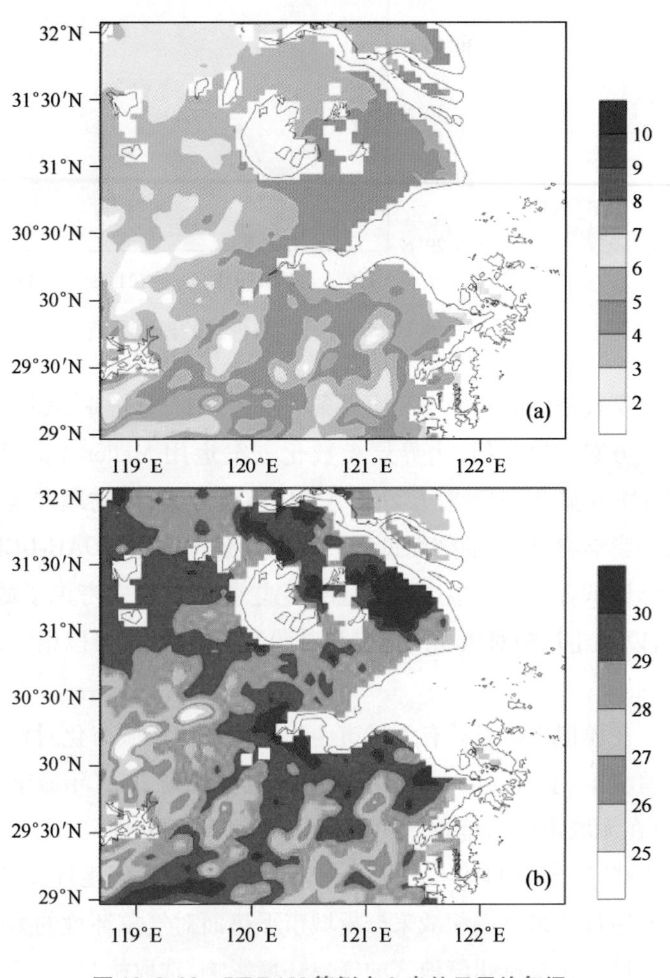

图10.3.23 URBAN算例中2米处日平均气温

(a) 1月;(b) 7月

是以杭州和宁波最为明显。夏季城市地区的温度上升可达 2 ℃以上，城市中心区域最高可达 2.5 ℃；这个温度上升的幅度与上海相当。

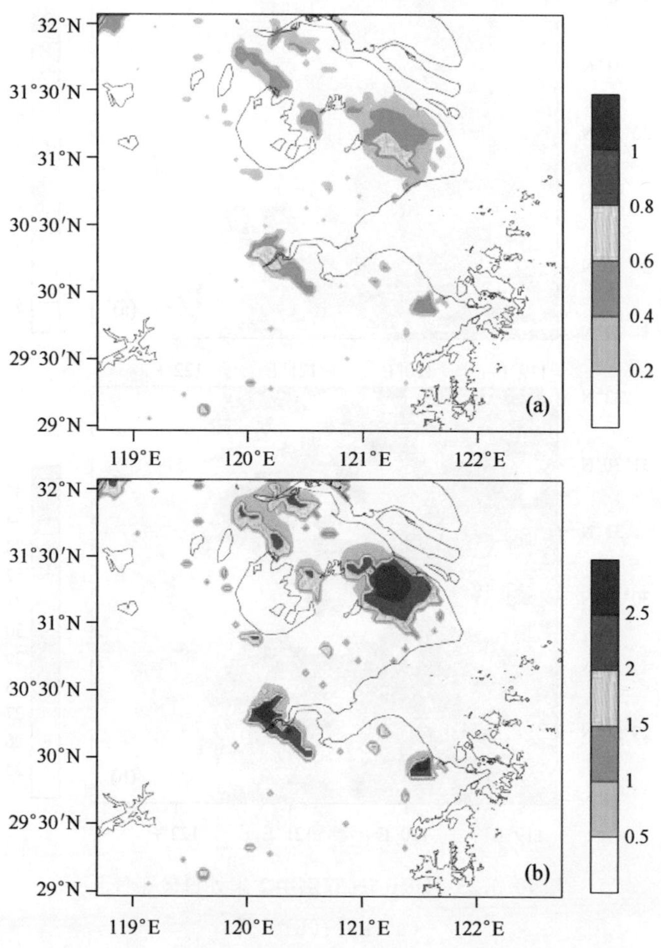

图 10.3.24　城市引起的 2 米处日平均气温的变化（算例 urban-算例 nourban）

(a) 1 月；(b) 7 月

与城市地区日平均气温明显上升相匹配的是，城市地区日最高和最低气温都有明显的变化如图 10.3.25 和图 10.3.27 所示。夏季日最高气温的上升要明显高于冬季。杭州地区夏季城市地区日最高气温上升在 1.5 ℃以上，城市中心区域的升温在 2 ℃以上。夏季算例中杭州城区最高气温的变化趋势与上海相当。而冬季城市化所引起的日最高气温变化明显小于夏季，城市化所造成的城市区域升温仅为 0.1 ℃左右，最高在 0.25 ℃左右。杭州地区的升温趋势要明显高于上海。

城市化所造成的区域日最低气温的变化趋势和日最高气温变化趋势类似(10.3.26 和图 10.3.28)。夏季日最低气温的上升要明显高于冬季。在杭州地区夏季城市地区日最低气温上升在 2 ℃以上，城市中心区域的升温在 3 ℃以上。与日最高气温的变化类似，夏季算例中

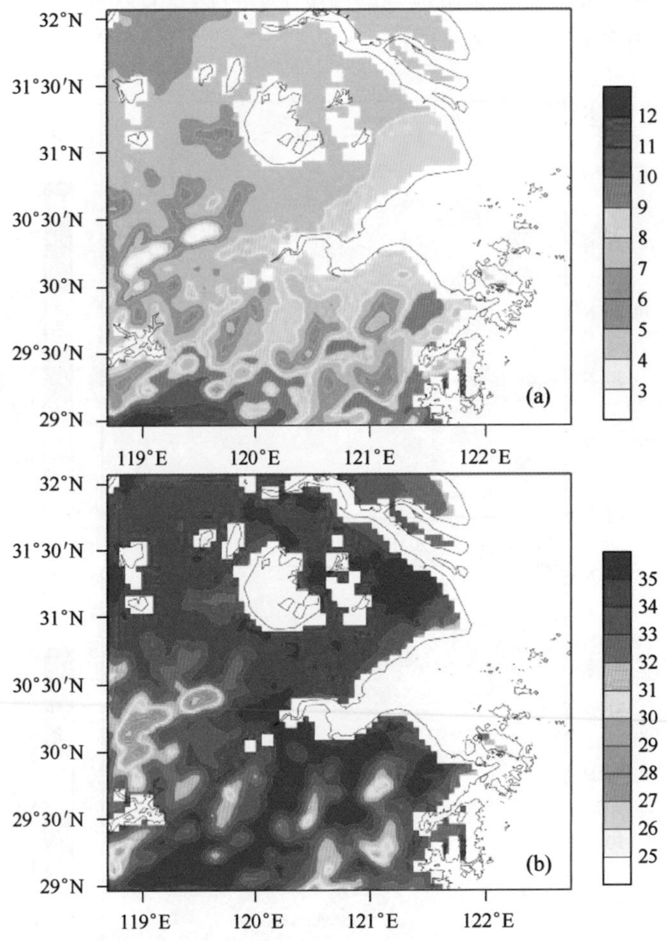

图 10.3.25 URBAN 算例中 2 米处日最高气温

(a) 1 月;(b) 7 月

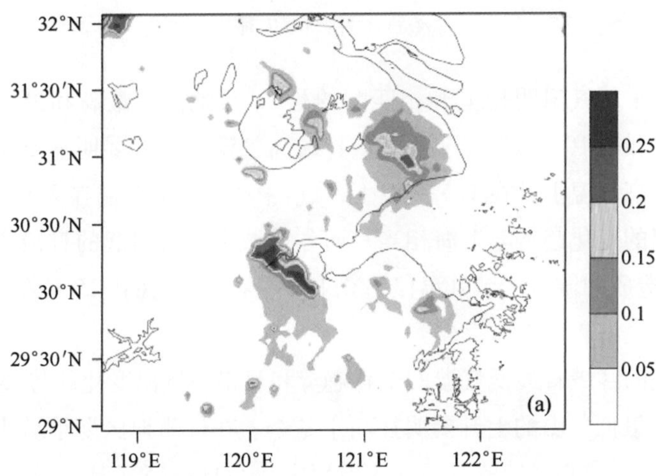

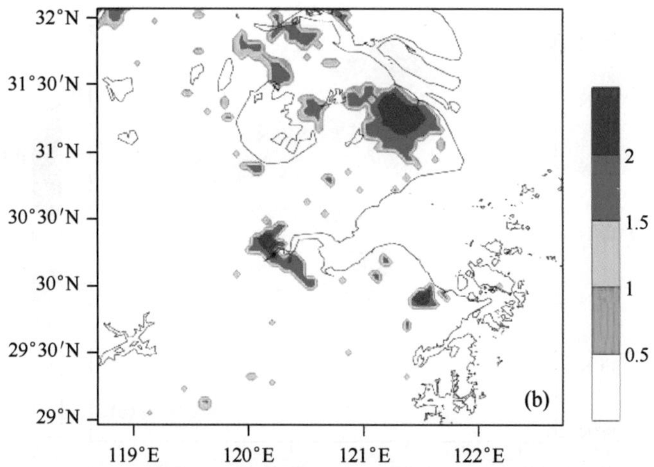

图 10.3.26 城市引起的 2 米处日最高气温的变化(算例 urban-算例 nourban)

(a) 1 月;(b) 7 月

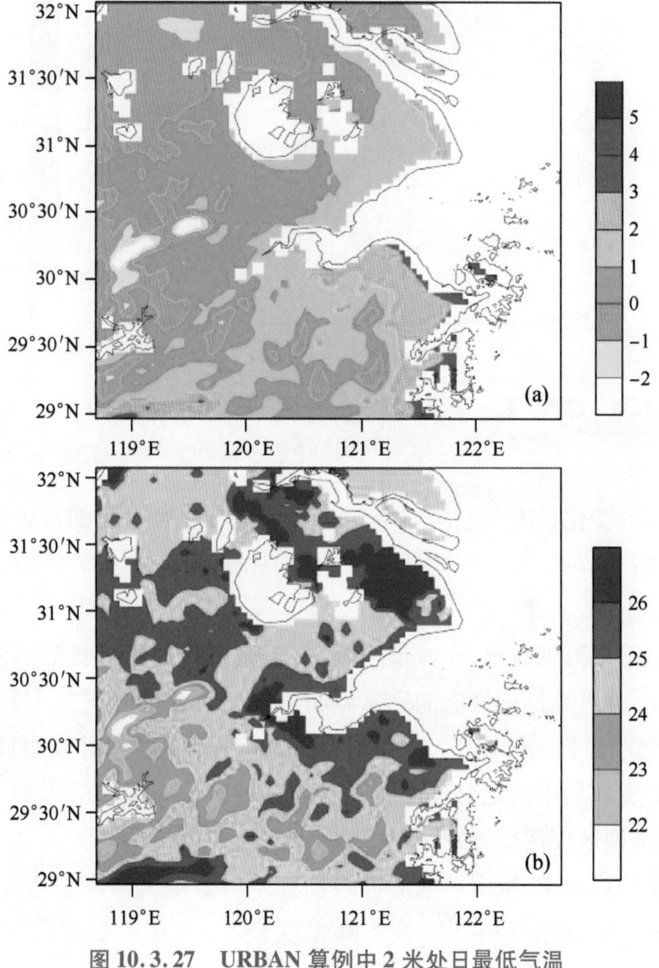

图 10.3.27 URBAN 算例中 2 米处日最低气温

(a) 1 月;(b) 7 月

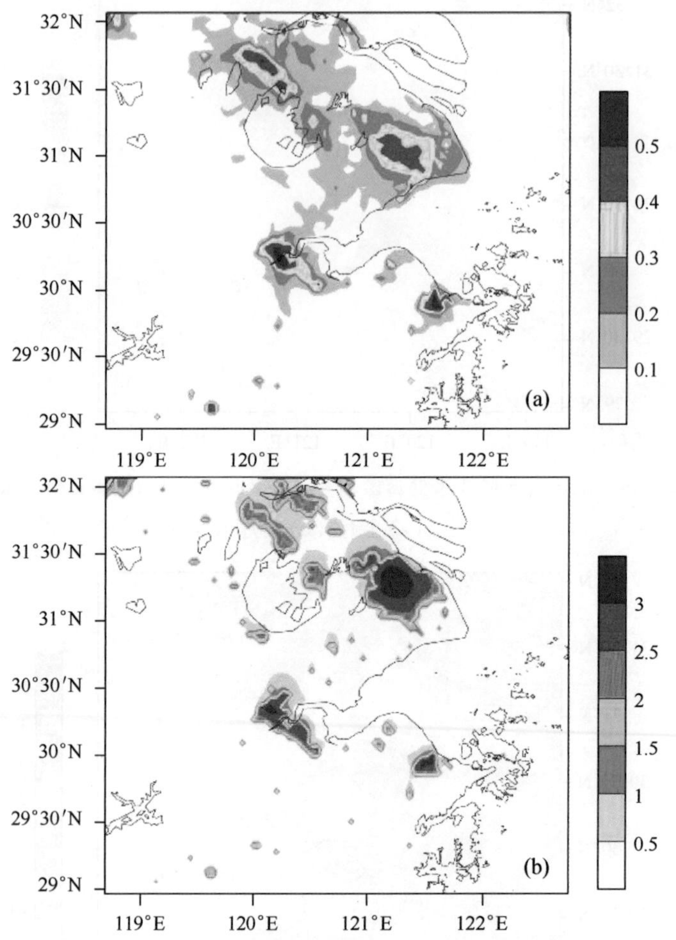

图 10.3.28 城市引起的 2 米处日最低气温的变化(算例 urban-算例 nourban)

(a) 1 月;(b) 7 月

杭州城区最低气温的变化幅度与上海相当。而冬季城市化所引起的日最低气温变化明显小于夏季,城市化所造成的城市区域升温仅为 0.1 ℃左右,最高在 0.5 ℃ 左右。杭州地区的升温趋势要明显高于上海。

从目前的模拟结果可以看出,在城市区域,由于城市化的影响日最高温度和最低温度均发生了较大的变化,并且日最低气温的升高要明显高于日最高气温的上升幅度,因此气温的日较差也会有相应的改变。图 10.3.29 和图 10.3.30 所示为 2 米处气温日较差的变化,可以发现城市化引起的土地利用变化对近地面气温的日较差也有很大的影响。在数值模拟结果中,这种影响在城市地区表现得比较明显。

在冬季和夏季的算例中,城市地区的气温日较差均表现为下降的趋势,但是在不同季节下降幅度不同。冬季算例中气温日较差下降幅度较小,在 0.4 ℃左右,而夏季下降幅度在 1 ℃ 左右。杭州湾地区的杭州、宁波等城市区域的下降幅度要小于上海。

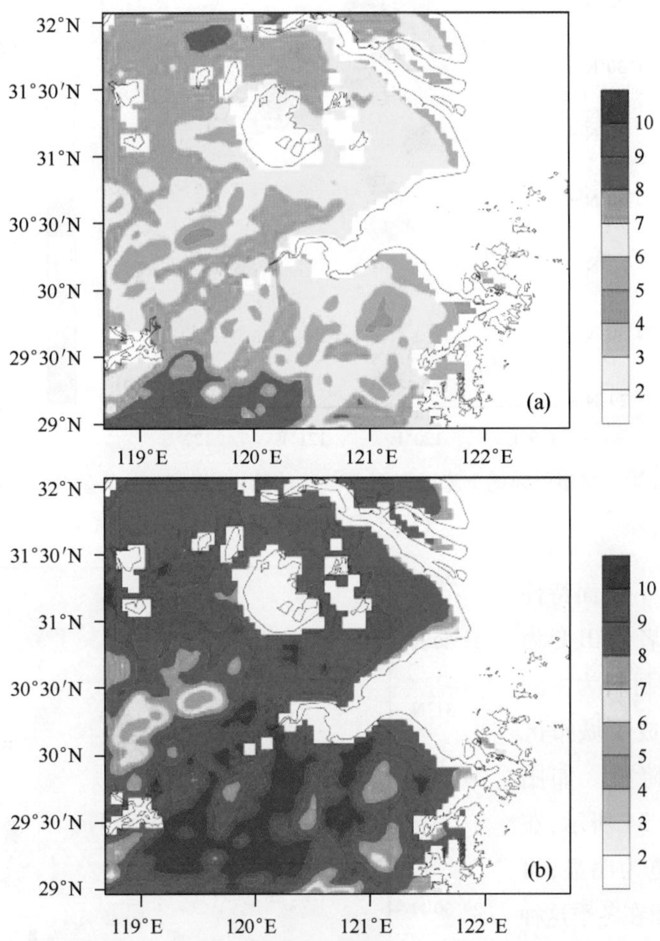

图 10.3.29 URBAN 算例中 2 米处平均日气温日较差

(a) 1 月;(b) 7 月

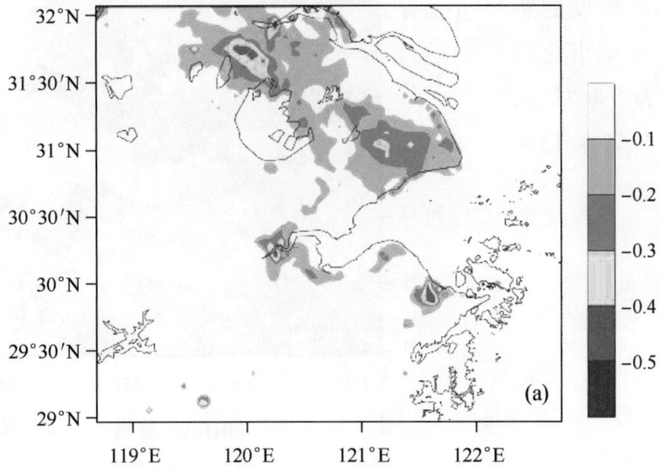

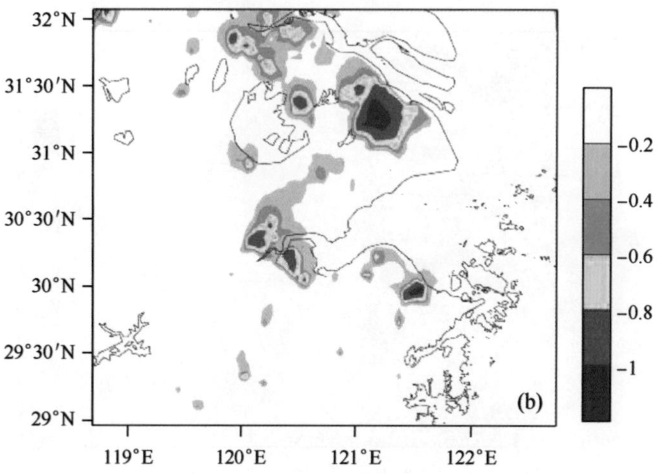

图 10.3.30 城市引起的 2 米处气温日较差的变化(算例 urban-算例 nourban)

(a) 1 月;(b) 7 月

由于城市地区下垫面特性的改变,由植被或者农田变为了不透水的建筑物材料为主的下垫面覆盖,也造成了城市区域近地面湿度的降低。如图 10.3.31 ~ 图 10.3.34 所示,在夏季比湿的下降更为明显,可达 1 g · kg^{-1}以上,而在冬季这种下降趋势较弱,仅为夏季的十分之一左右,大约在 0.1 g · kg^{-1}。同时由于比湿的降低和温度的上升,城市化对相对湿度的影响也十分明显,冬季城市化区域相对湿度下降为 5% 左右,而夏季相对湿度下降在 15% 以上。

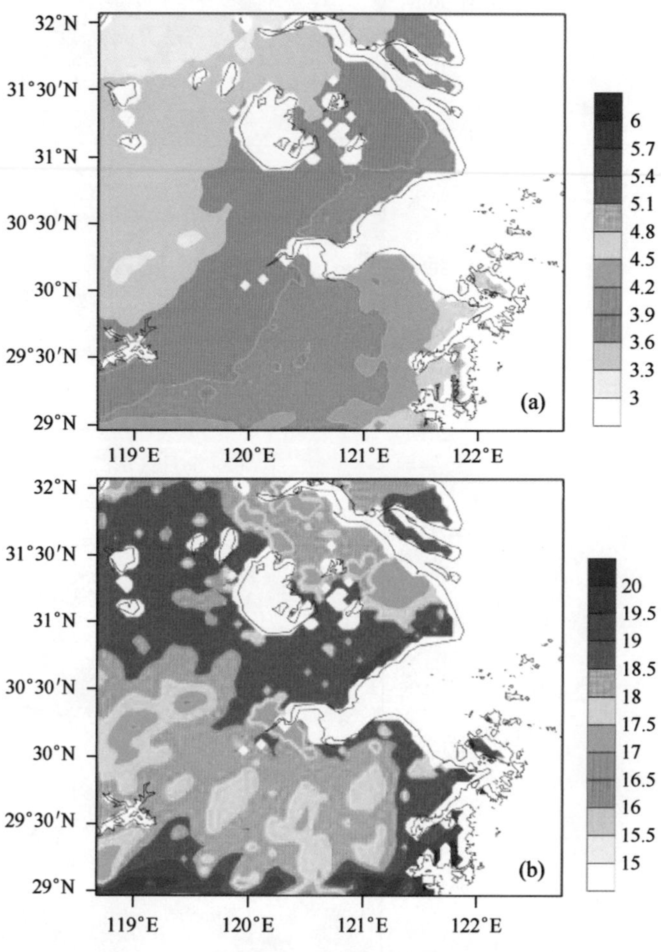

图 10.3.31 URBAN 算例中 2 米处平均比湿

(a) 1 月;(b) 7 月

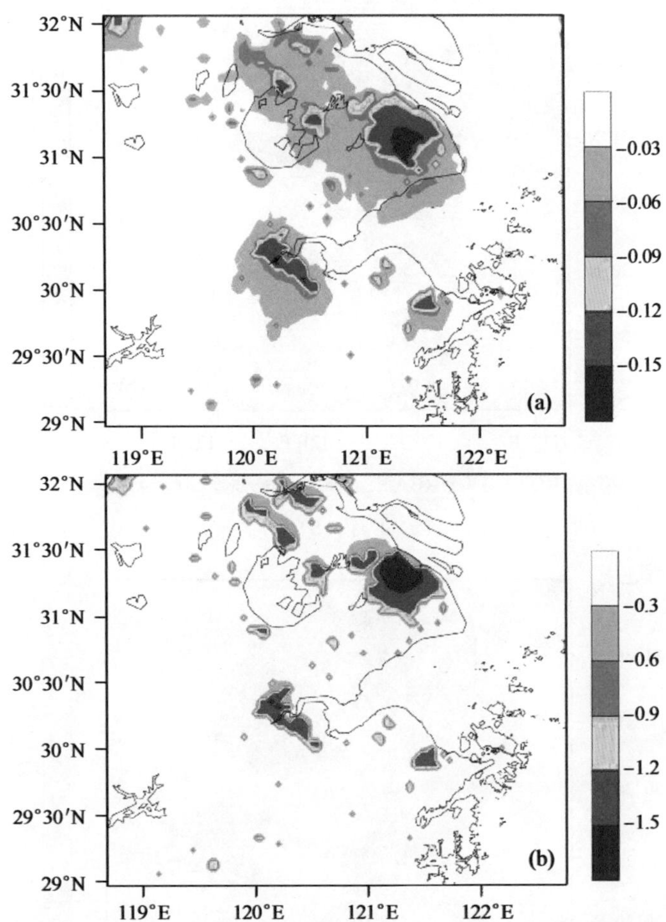

图 10.3.32　城市化引起的 2 米处比湿的变化(算例 urban-算例 nourban)

(a) 1 月;(b) 7 月

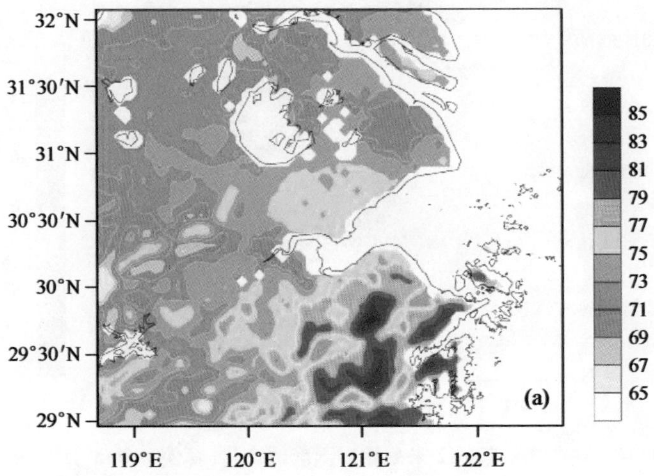

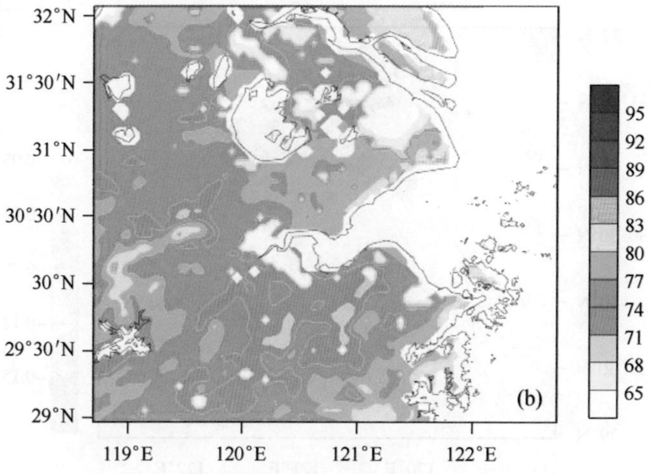

图 10.3.33 URBAN 算例中 2 米处平均相对湿度

(a) 1 月;(b) 7 月

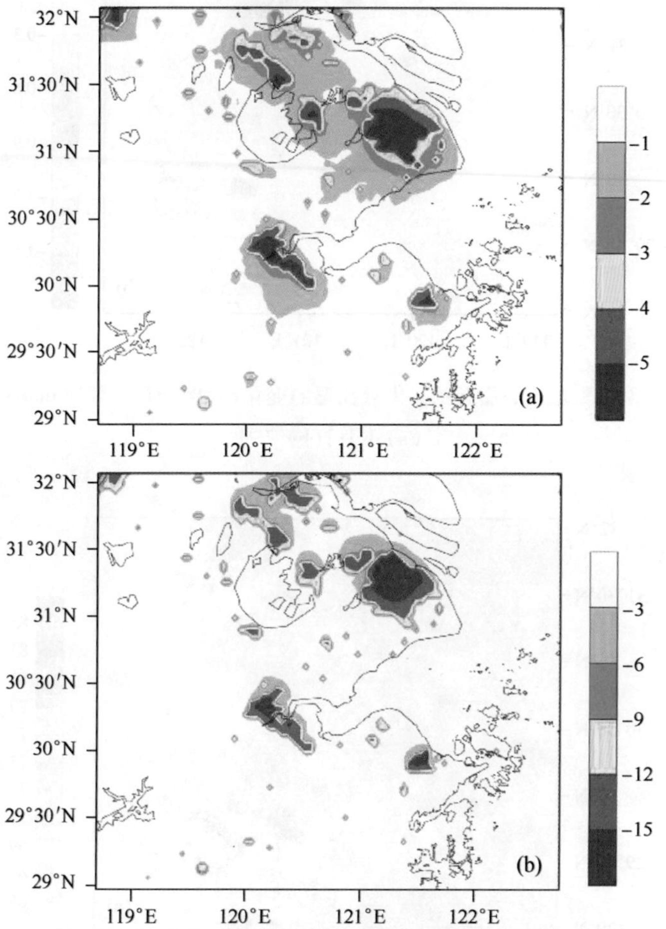

图 10.3.34 城市化引起的 2 米处相对湿度的变化(算例 urban-算例 nourban)

(a) 1 月;(b) 7 月

城市的出现造成了局地地面粗糙度的增加,也使得近地面的风速减小。这种风速减小的效应在冬夏两季相差不大。如图 10.3.35 ~ 图 10.3.36 所示,冬季,城市地区平均风速的减小在 1.5 $m \cdot s^{-1}$以上,并且风速减小的趋势在晴天日和有云日都十分明显。而夏季,城市化在杭州湾地区各城市造成的影响要明显小于在上海等地区的影响。风速的减小幅度仅在 1.0 $m \cdot s^{-1}$左右。

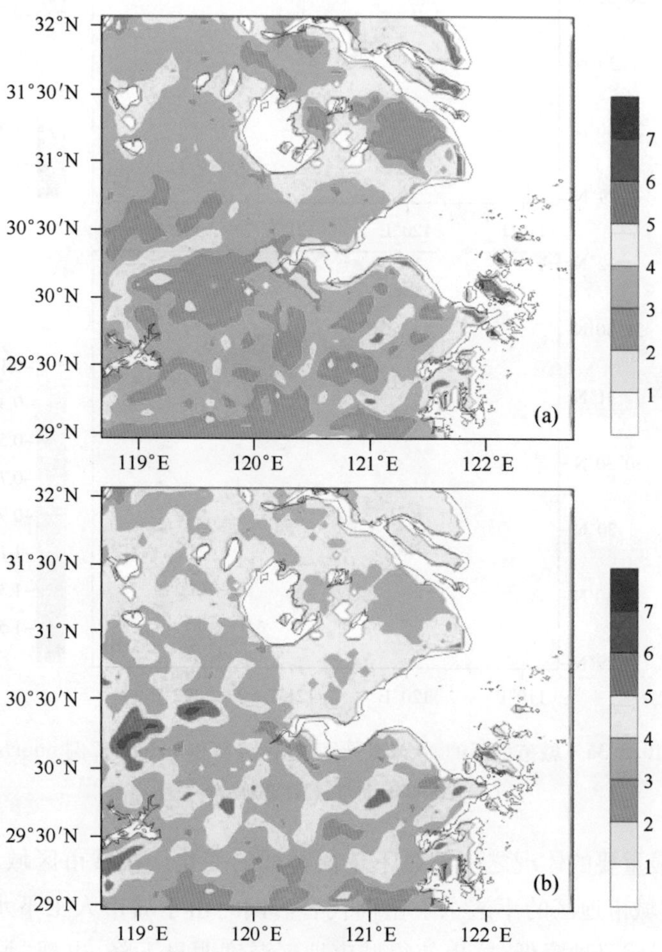

图 10.3.35 URBAN 算例中 10 米处风速的变化

(a) 2007 年 1 月;(b) 2007 年 7 月

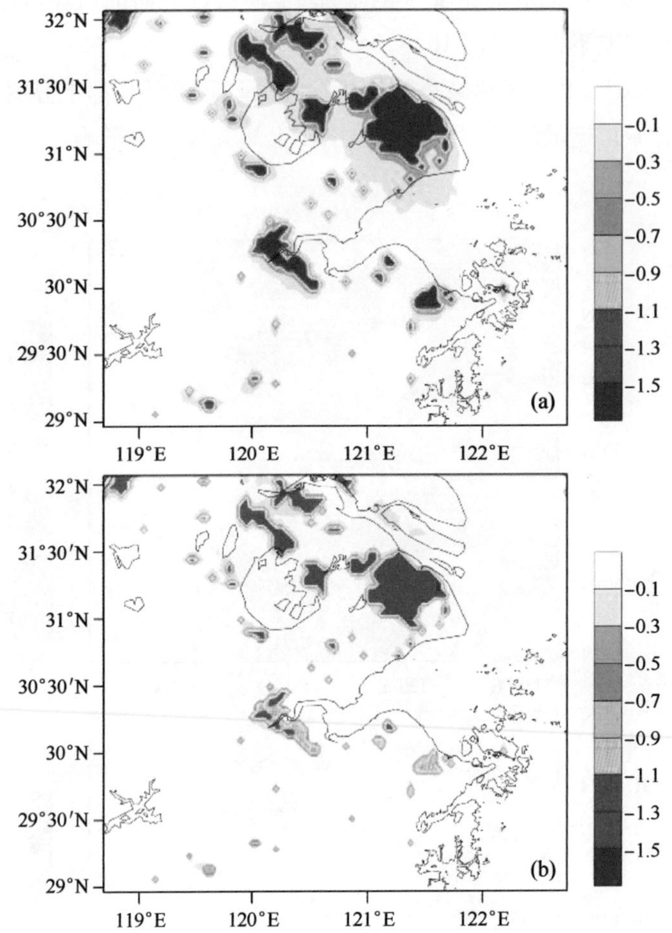

图 10.3.36 城市引起的 10 米处风速的变化(算例 urban-算例 nourban)

(a) 2007 年 1 月;(b) 2007 年 7 月

城市化过程最重要的体现之一就是下垫面特征的变化。在城市区域大量的自然(或人工)植被下垫面被城市地区的不透水下垫面代替。同时由于城市人工下水系统的存在使得城市地表的含水量明显地降低,这也使得城市地区湿度明显下降,出现“城市干岛”,同时也影响到城市地区地表能量的分配。已有大量的数值模拟和实地观测结果表明城市会导致区域感热通量的增加、潜热通量的减少以及城市储热项的增加。通过比较城市化前后的数值模拟算例来看,从图 10.3.37 和图 10.3.39 可以看出,城市地区分别是感热通量的高值区和潜热通量的低值区。比较城市化前后的算例(图 10.3.38 和图 10.3.40),可以看出在冬夏季均有感热通量的增加和潜热通量的减小,夏季的感热通量增加和潜热通量减小可达 120 $W \cdot m^{-2}$,明显高于冬季的 20 $W \cdot m^{-2}$。对比长三角地区的上海等城市来说,杭州市区的变化更加明显。

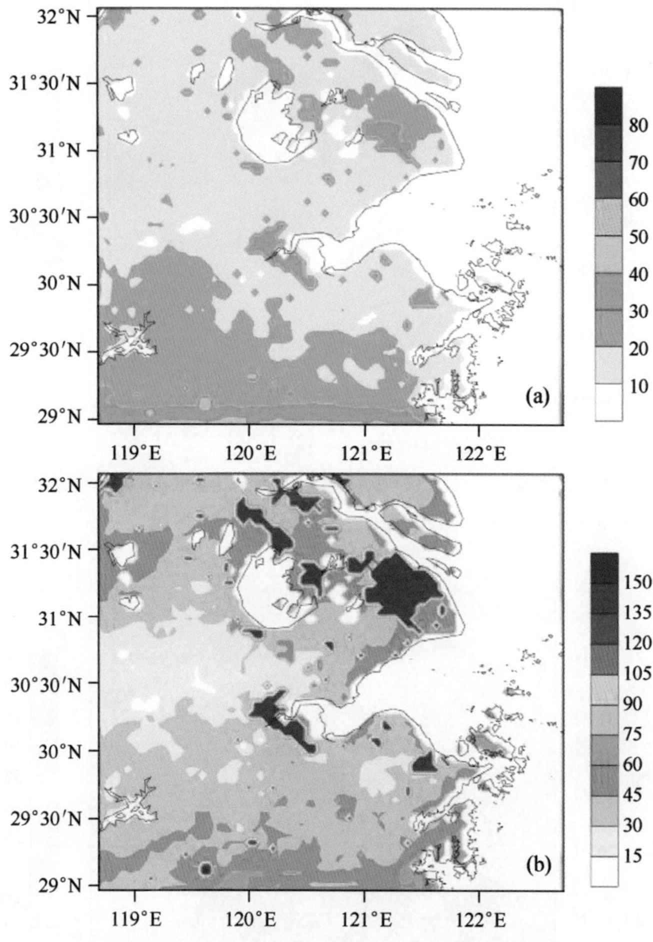

图 10.3.37 urban 算例中地表感热通量分布

(a) 2007 年 1 月;(b) 2007 年 7 月

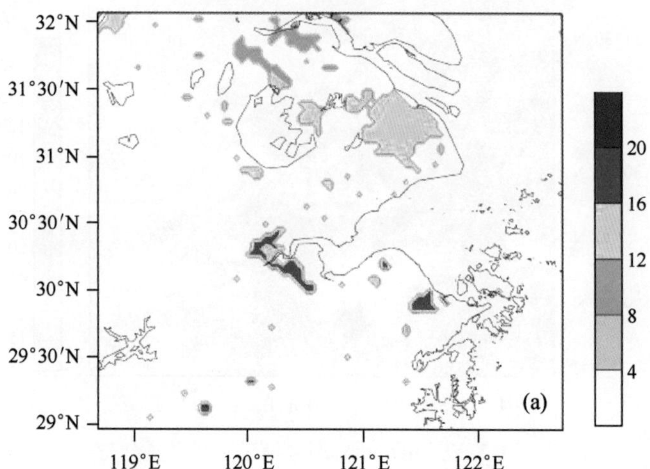

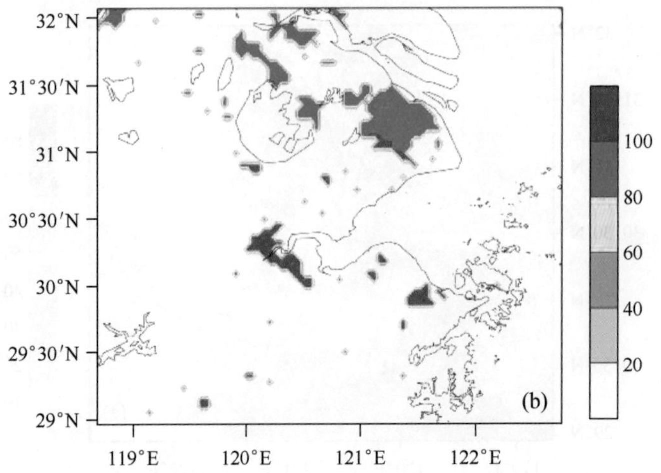

图 10.3.38　城市化引起的地表感热通量的变化(算例 urban-算例 nourban)

(a) 2007 年 1 月;(b) 2007 年 7 月

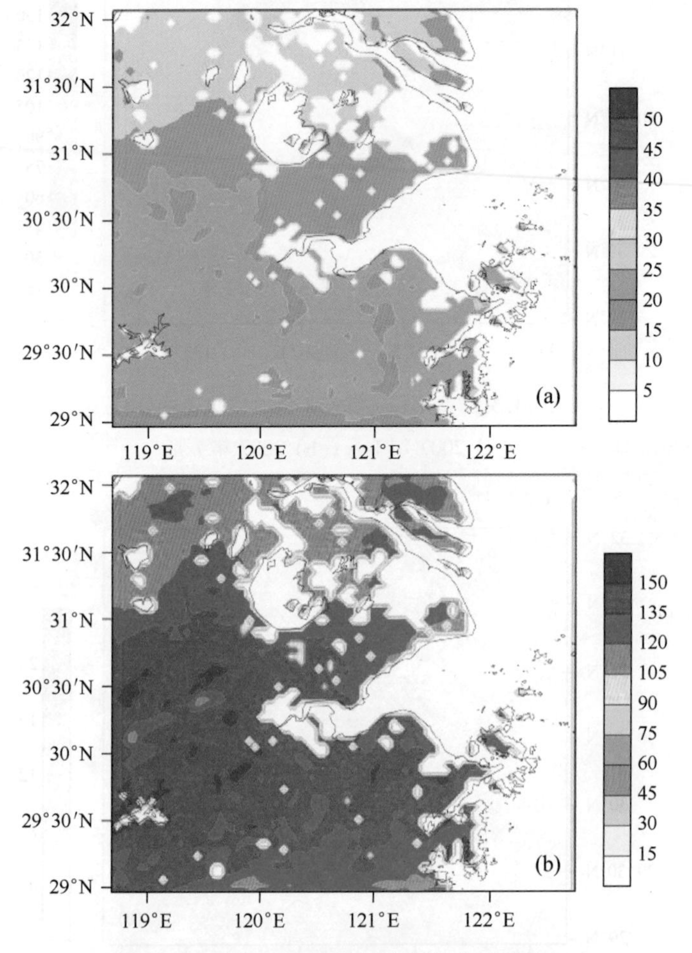

图 10.3.39　urban 算例中地表潜热通量分布

(a) 2007 年 1 月;(b) 2007 年 7 月

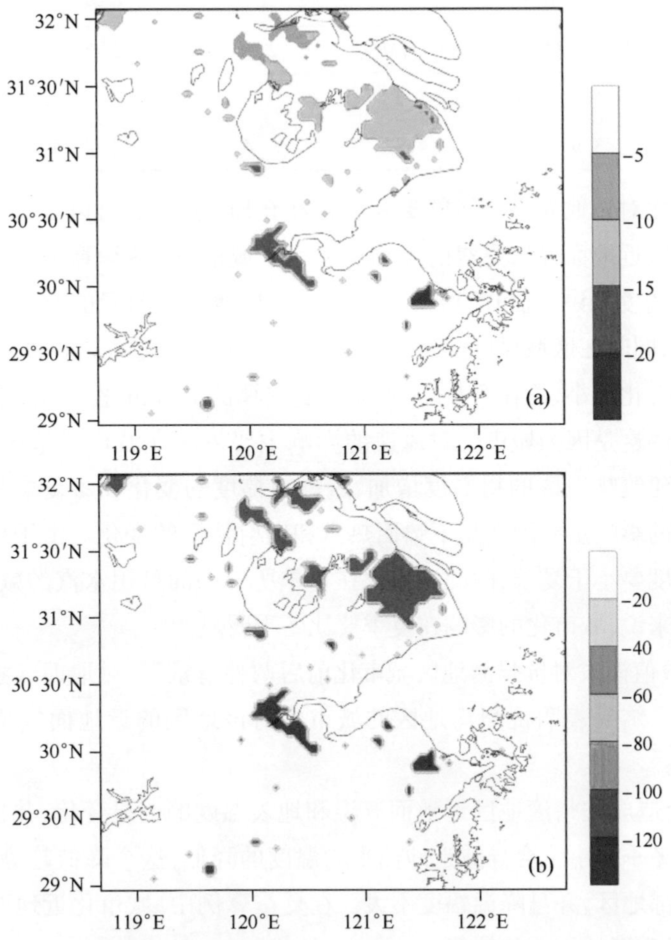

图 10.3.40 城市化引起的地表潜热通量的变化(算例 urban-算例 nourban)

(a) 2007 年 1 月;(b) 2007 年 7 月

从以上的数值模拟结果可以发现,城市化的影响不仅仅表现在城市地区,由于背景风场的作用,在城市的下风向也有明显的影响。为了能够定量评估这种影响,我们引入了城市化影响因子 EI,EI 的定义如下:

$$EI(x) = \frac{A(x)_{change}}{A_{urban}} \tag{10.3.1}$$

其中 x 为某一气象要素量,$A(x)_{change}$是气象要素发生变化的面积,A_{urban}是城市化的面积,通过两者的比值 EI 可以定量地描述城市化对区域气候环境的影响。当 EI = 1 时则城市化引起的对气象要素 x 的影响恰好作用于城市化的区域。当 EI > 1 时表明城市化对该地区有区域的影响,EI < 1 则表明城市化仅对部分城市区域有影响。

通过对近地面的主要气象要素量进行分析,可得表 10.3.2:

表 10.3.2 城市化对不同气象要素影响的比较

	2 米气温	气温日较差	2 米比湿	2 米相对湿度	10 米风速
冬季算例	1.2	1.3	1	1.2	4.8
夏季算例	3.9	4.2	4.5	5	5

通过对城市化对近地面主要气象要素影响因子 EI 的对比,可以发现在杭州湾地区的城市化进程对该地区近地面气象要素的影响均远大于城市(除冬季算例中对 2 米处的比湿影响之外),从这个角度来讲,杭州湾城市化所带来的局地气象要素的改变不仅仅是传统城市地区的局地效应,同时在区域尺度上也有影响。同时从各个气象要素的变化来看,风速在冬夏季的影响因子变化最小,均在 5.0 左右,而在夏季算例中城市化对温度和湿度要明显大于冬季算例的影响。这是因为城市化对风速的影响主要体现在城市下垫面粗糙程度的改变,由于城市化使得建筑物地区的粗糙度增加,这种粗糙度的变化在冬夏季基本没有变化。而对温度和湿度场的影响主要因素是下垫面热力和辐射特性的变化。由于杭州湾地区冬季自然下垫面土壤湿度要小于夏季,因此城市化在夏季所带来的可用水汽的减少比在冬季明显,因此对温湿环境来说,城市化的影响在夏季要比冬季明显。

利用 WRF 数值模式对杭州湾地区城市化前后两种情景下,对地面气象场的影响进行了模拟和对比分析。结果表明杭州湾地区的城市化对该地区的近地面气象场有着明显的影响。具体表现为:

① 城市化会造成杭州湾地区近地面气温和地表温度的明显变化,并且冬夏季的表现有一定的差异。在冬季城市化会导致近地面平均温度的降低,这个降低趋势影响范围较小,仅仅局限在城市局部地区,并且降温幅度不大。在夏季算例中,城市化近地面平均温度的上升趋势明显,并且具有区域影响的特征。

② 由于城市地区下垫面特性的改变,造成了城市区域近地面湿度的降低。在夏季比湿的下降更为明显,可达 $1.5\ g \cdot kg^{-1}$ 以上,而在冬季这种下降趋势较弱,仅为夏季的十分之一左右,大约在 $0.2\ g \cdot kg^{-1}$。相应的冬季城市化区域相对湿度下降为 5% 左右,而夏季相对湿度下降在 15% 以上。

③ 城市化同时使得近地面的风速减小。这种风速减小的效应在冬夏两季有着明显的差异。在冬季,在城市地区平均风速的减小在 $1.5\ m \cdot s^{-1}$ 以上,而在夏季,风速的减小幅度仅在 $0.5\ m \cdot s^{-1}$ 左右。

10.4 中国城镇化对区域气候与空气质量影响研究

城市是人类生产、生活和文明成果最集中的地域空间,受人为活动影响最大。世界各国城镇化水平虽然存在显著差异,但总城市人口比重已达到一半以上(55%),其中中国被认为是未来城镇化的热点国家之一(United Nations, 2018)。

在过去的 30 年,中国经济及工业化迅速发展并崛起,城镇化率从不足 20% 到目前已超过 50%(NBS, 2018)。特大城市在中国社会经济发展中发挥着重要作用,目前中国存在着长江三角洲、珠江三角洲、京津冀三大城市群。这三个城市群占全国土地面积不到 3%,拥有全国 10% 左右的人口,却创造了全国 40% 的 GDP(董锁成等,2010)。另外还有 7 个正在发展中的次级特大城市集群:山东半岛(青岛、烟台、潍坊、淄博、济南)、辽宁中南部、河南平原中部、武汉、长株潭、成都-重庆、陕西平原中部(董锁成等,2010)。持续快速的城镇化会导致更多人口及产业聚集到现有和新的城市(Guo et al., 2019; He et al., 2012),带来巨大的能源消耗、排放增加以及土地利用和土地覆盖的急剧变化(LULCC)。本研究以长三角和珠三角为研究区域,研究城市化发展对区域气候和空气质量的影响。

结合卫星数据和现场观测数据发现,从 1996 年到 2011 年,北京、上海和广州的城市建成区分别增长了 197%,148% 和 273%,人口分别增长了 87%,65% 和 25%(Huang et al., 2013)。Lawrence 和 Chas(2010)对比 MODIS 数据及土地利用历史数据发现中国温带森林和混交林因人为干扰而减少的面积占国土面积的 36.6%,热带森林、稀树草原、草原和灌丛减少的占 14.9%。自然下垫面到人工下垫面的转变改变了植被-土壤-大气连续体中能量、动量、水分和微量气体的交换,进而影响局部以及区域环流和气候,并影响污染物的扩散和空气质量(图 10.4.1)(Argüeso et al., 2014; Cao et al., 2016; Ma et al., 2019; Lo et al., 2006; Wang et al., 2007, 2009a, 2009b; Zhang et al., 2010, 2015)。另外伴随着全球变化的大背景,若无合理规划或加重诸如极端天气、海平面上升、空气质量恶劣等一系列的城市环境问题并进而对中国的公共健康、可持续发展等产生负面影响。

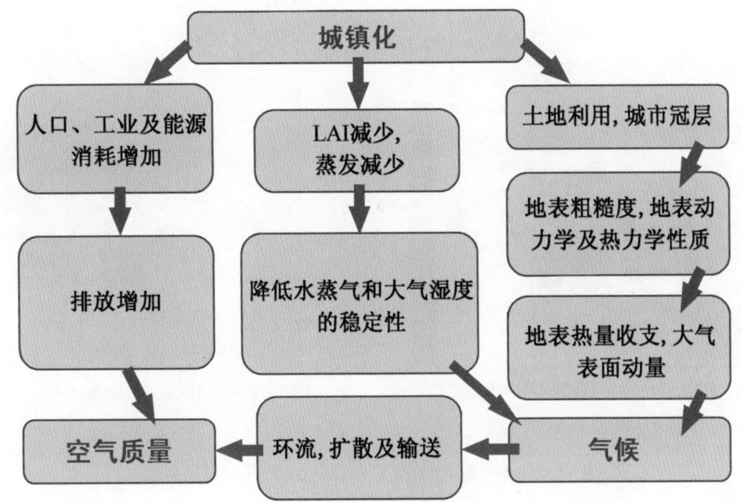

图 10.4.1　城镇化对气候及空气质量影响途径示意图(Wang et al., 2017)

10.4.1 城镇化对区域气候的影响

LULCC 协同人为热及污染物的排放等其他人为因素最终诱导形成“城市气候岛”(Lai et al., 2016; 陶玮等,2014; IPCC 2001, Dong et al., 2019)。例如,以华东长三角以及华南珠三角为代表的中国典型城市群在过去20年经历了急剧的扩张,目前珠三角地区的城镇化程度约为70%,长三角地区约为65%,表现为农业用地被大量转变为城市用地。这种土地利用类型的急剧变化已被证明改变了当地区域气候(Wang et al., 2009a, 2009b, 2014; Zhang et al., 2010)。

城镇化的土地类型包括混凝土、柏油路面,各种建筑墙面等不透水表面,与城镇化之前的自然地表相比,可供蒸发的水分减少,形成“城市干岛(UDI)”。Hao 等(2018)认为植被覆盖和相关的生态水文过程在调节 UDI 和维持稳定的气候和环境方面发挥了主要作用,植被的减少是长三角核心城区水汽压亏损(VPD)出现的重要诱因。Wang 等(2014)利用数值模式模拟不同土地利用情景下(USGS 1992—1993 高分辨率土地利用类型数据及 MODIS 2004 数据)珠三角水汽混合比变化发现(图 10.4.2),城镇化会导致珠三角冬夏两季的水汽混合比明显减少,且对水汽的影响夏季(下降 1.5 g · kg^{-1})大于冬季(下降 0.4 g · kg^{-1})。Zhang 等(2010)利用耦合有单层城市冠层模型的 WRF/Chem 研究不同土地利用情境(无城市区域, NOURB; 包含 MODIS 城市土地覆盖卫星观测数据, URB)下长三角冬夏两季气象条件变化,结果显示水汽混合比在冬季仅下降了 0.1 g · kg^{-1},而在夏季则上升了 1.5 g · kg^{-1}。

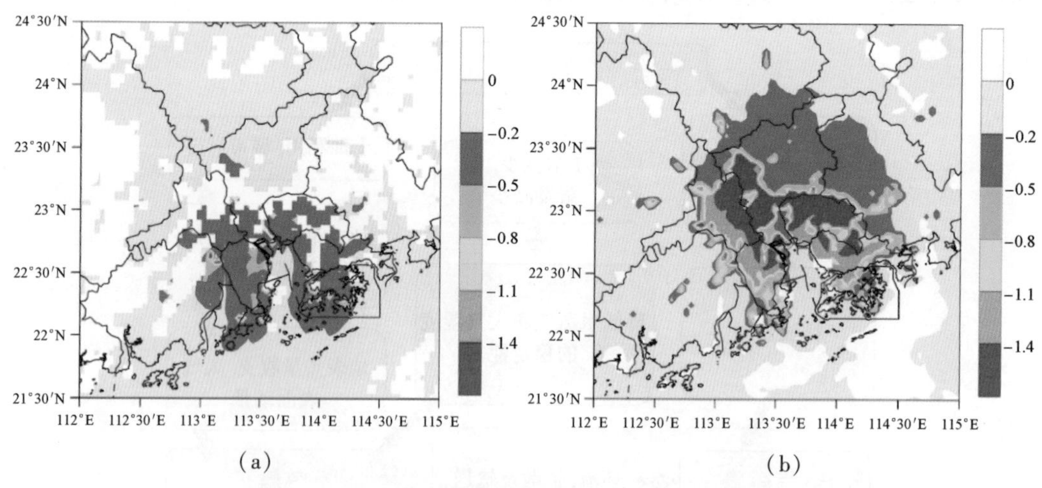

图 10.4.2 城镇化对珠三角 2m 水汽混合比的影响

(a) 冬季;(b) 夏季(Wang et al., 2014)

蒸发冷却的减少、人为热排放的增加以及城区建筑群对热量的“捕获”,使得城区具有区别于其周边地区的热环境,导致“城市热岛(UHI)”的发生(Debbage and Shepherd, 2015)。如 Zhang 等(2010)的研究结果显示(图 10.4.3)城区 2m 温度更高(夏季, 1.9 ±0.55 ℃; 冬季, 0.45 ±0.43 ℃),温度日较差更小(夏季, 0.13 ±0.73°C; 冬季, 0.55 ±0.84°C)。Wang 等(2009a)模拟城镇化(如图 10.4.4)对长三角以及珠三角区域温度及空气质量的影响,结果显示二者的 2m 温度均增加,且夜间比白天升温幅度更高,前者白天及夜间的升高幅度为 2.5% 及 20.5%,后者则分别为 1.0% 及 3.7%。郊区拥有更高的蒸发蒸腾量,夜间其降温快而使得水汽在近地面层凝结,并由于城郊间热环境差异所产生的“热岛环流”,局地辐合增强(Rozoff et al., 2003),水汽被输送到城区,又形成“城市湿岛(UWI)”(陶玮等,2014)。辐合

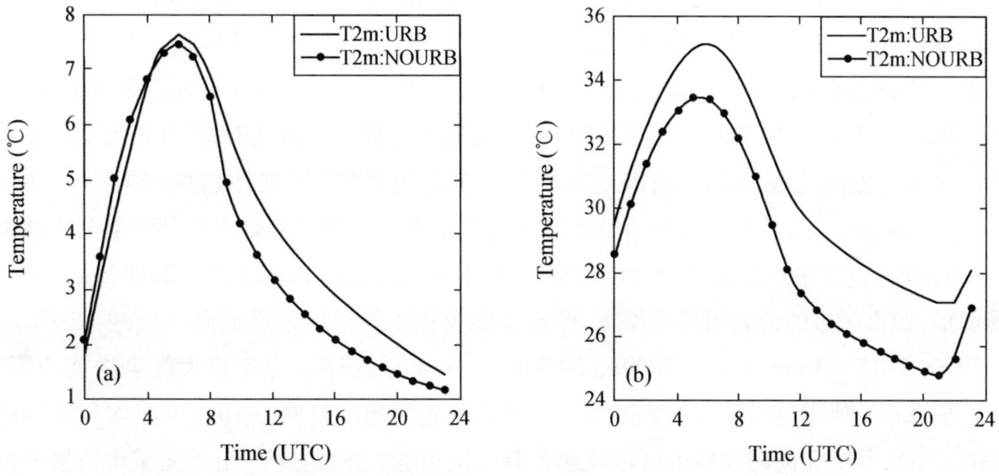

图 10.4.3 有无城市区域背景下长三角 2m 温度(℃)日变化

(a) 1 月;(b) 7 月(Zhang et al., 2010)

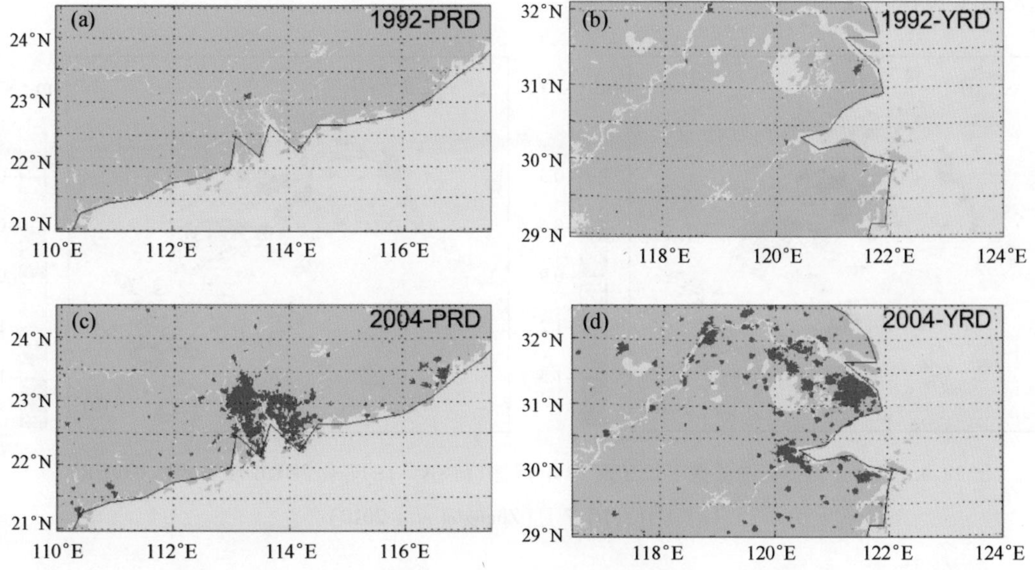

图 10.4.4 中国长三角及珠三角城市化前(1992—1993)后(2004)土地利用变化(由红色标出)

(a) 珠三角 1992—1993 USGS 数据;(b) 长三角 1992—1993 MODIS 数据;(c) 珠三角 2004 USGS 数据;(d) 长三角 2004 MODIS 数据(Wang et al., 2009a)

上升运动使得局地对流加强，边界层高度（PBLH）也得到了抬升（Zhang et al.，2015）。如Wang 等（2009a）研究发现城镇化使得长三角及珠三角的 PBLH 增大，前者白天及夜间的抬升幅度为 9.7% 及 35.3%，后者则分别为 6.3% 及 5.9%。珠三角地区的研究还发现，城市区域平均 PBLH 白天增加 125 ± 75 m，晚上增加 100 ± 50 m。这将对接近地表的空气污染物浓度产生进一步的影响，且这些影响在一年的不同时段存在差异，城市化对 PBLH 的影响在夏季最强（白天约 200 m，夜晚约 150 m），在冬季最弱（白天和夜晚约 50m）（Wang et al.，2014）。由此可见，长三角及珠三角城市群城镇化过程极为相似，其区域环境及气候的响应情况既存在相似性但差异也同时存在，说明城镇化过程中有 LULCC 以外的影响因素存在。

城市及城市群的几何形态的作用已得到广泛研究（Ewing and Rong，2008；Martilli，2014；Zhou et al.，2017；Yue et al.，2019）。如相较于零散分布的城市，具有更大城市斑块或者其建筑拥有更高比表面积的城市或城市群会产生更强的“区域性热岛（RHI）”（Zhou et al.，2017；Yu et al.，2019）。而城市分布较为分散的多核心城市群则由于郊区部分土地类型（如工业用地）过于单一且集中，导致其热岛效应比城区更强（Yue et al.，2019）。另外建筑群的增加，城市区域的地表粗糙度增加，摩擦和拖曳作用使得城区近地面风速减小（Zhang et al.，2010，2015；Wang et al.，2009a，2009b；Li et al.，2018），也使得大气自净能力下降。Zhang 等（2010）研究显示城市面积的增加使得长三角区域冬夏两季 10m 风速均呈下降趋势（图 10.4.5），其中在高密度城市区域风速下降幅度可达 1.5 m · s^{-1}，由于无城市情景下模拟所得的风速为 3 ~ 4 m · s^{-1}，可见城镇化造成了城市区域 50% 的风速损失。而在珠三角风速的损失则为 37%（Wang et al.，2014）。另外，Zhang 等（2015）发现由于城市街谷的存在，在微尺度上风速存在一定程度的上升。

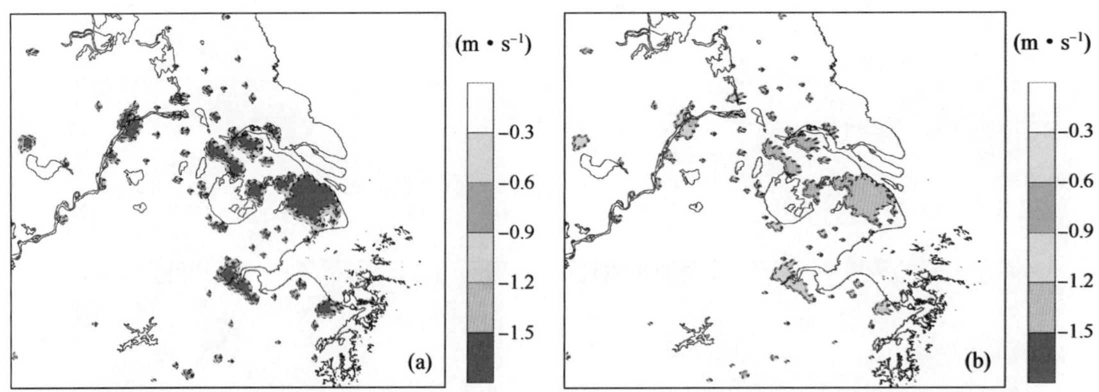

图 10.4.5　有无城市区域背景下长三角 10 m 风速（m · s^{-1}）的变化（URB 情景减去 NOURB）

（a）1 月；（b）7 月（Zhang et al.，2010）

降水则受到上述城镇化过程中多种因素影响，如 UHI 效应诱导热循环触发动态对流；因建筑群的拖曳作用所滞留的污染物可成为局地凝结核；城区硬质化土地减少了局地蒸发量等（Bornstein and Lin，2000；Dixon and Mote，2003；Zhang et al.，2009），且它们相互叠加，使得城镇化对降水量的影响至今仍存在争议。Miao 等(2009a)研究表明,密集的城市建筑加剧了北京 2006 年 8 月 1 日的强降雨事件,而 Zhang 等(2009)研究表明,增加北京城市绿地植被可以减少夏季的极端降雨事件。因此,密集的城市发展可能加剧了特定的强雷暴强度。另外,城镇化可对中尺度环流产生影响。Ma 等(2019)研究发现中国城市集中区(包括长三角及珠三角:29°~41° N, 110°~122°E)夏季降雨量明显减少,主要因为其干燥环境限制了东亚夏季风的北进,使季风在 12°~25°N 的华南及亚洲热带季风区停留时间加长,这部分区域表现为降水增加。Su 等(2019)分析了 1979—2015 年华南地区夏季前降水的变化及其与城镇化的关系,结果表明华南地区夏季前汛期降水强度和极端降水事件的发生显著增加,城市地区的上升趋势明显大于非城市地区。而 Gu 等(2019)的研究结果则认为,气候变化是降水趋势的主导因素,而城镇化的影响相对较弱,尤其是全国范围内的极端降水。

10.4.2　城镇化对区域空气质量的影响

目前,研究城市化对中国大气污染物影响的方法主要有两种:数据统计(Data Statistics, DS)和模型模拟(Modeling Simulation, MS)。DS 可以利用现场观测或卫星数据从气象学角度分析空气污染与城镇化指标(土地覆盖、建成区城市规模、人口、第二产业比重、电力使用、工业废气、GDP、植被差值指数)的相关性(Han et al., 2014, 2015, 2016; Huang et al., 2013; Gu et al., 2012; Zhang et al., 2011; Lin et al., 2010)。MS 主要研究土地利用具体变化后大气污染物和气象变化(Liao et al., 2015; Yu et al., 2012; Wang et al., 2007, 2009a, 2009b)、城市冠层方案(Liao et al., 2014)和排放变化(Penrod et al., 2014)。已经有一些新的尝试将 DS 的结果作为驱动 MS 的手段,但这些仍处于开发的早期阶段。而不同研究借助上述不同方法都存在这样一个共识,即城市下垫面的高度异质性使得其 PBL 呈现出高度时空复杂性,对大气中污染物的存续产生显著影响。

城镇化带来的是人口及产业的集中,而一次排放的增加是城镇化对空气质量最直接的影响。在中国许多城市遭受空气污染,有三分之二的城市没有达到适用于城市居民区的环境空气质量标准(二级)。融合从 1996 年到 2011 年的卫星数据和地面观测数据(Huang et al., 2013)已经证明在北京、上海和广州,城市建筑密集区分别增加了 197%,148%,273%,人口分别增长了 87%,65%,25%。与此同时,城市短寿命空气污染物 NO_2 的对流层柱浓度在这 3 个特大城市周边地区分别增加了 82%,292% 和 307%。与城市化相关的人为排放是影响北京和上海地区 NO_2 年和季平均对流层柱长期变化的主导因素。而广州的 NO_x 来源则更为复杂,因为广州城区不是 NO_x 排放的唯一来源,同时也受到珠三角其他城市影响,但近年来在防控措施制约下 NO_x 排放已受到遏制。另一方面,观测到的对流层 O_3 水平对城市化的变化相对不敏感。Zhou 等(2019)认为酸性物种的排放(尤其是 NO_x)会使得深圳降水中的碱性离子浓度降低而使降水呈现酸化趋势。另外,以 VOCs 这一重要二次反应前体物为例,伴随着近年来急剧工业化及城镇化,中国拥有远高于其他发达国家的 VOCs 浓度(尤其是芳香类物质),Zhang 等(2017)统计得到其研究所涵盖的 23 个中国大型城市中有 15 个城市的苯浓度超过美国标准(2.87 ppb),且全部城市的平均苯浓度(6.81 ±6.04 ppb)分别是欧盟及英国标准(1.43 ppb)、日本标准(0.93 ppb)的5倍及7倍。且中国的VOCs排放组成也区别于世界上其他国家。相较于在其他国家自然源在VOCs排放中的主导地位,中国人为源排放与自然源的排放总量相当(约20 $Mt \cdot yr^{-1}$)(Zhang et al., 2017)。且近年来上升态势依旧明显,如杨柳林等(2015)通过整理2012年排放源清单显示,珠三角VOCs在2006—2012年间增长了110万吨左右,而且呈现出明显的时空分异。人为源排放上,欧洲、美国、非洲及印度其非甲烷VOCs(non-methane volatile organic compounds, NMVOCs)主要来自车辆排放源、生产和使用挥发性化学产品(VCPs)产生的挥发性有机化合物排放,以及用于烹饪的住宅生物质燃烧(McDonald et al., 2018; Ensberg et al., 2014; Sharma et al., 2015; Huang et al., 2017)。而中国的NMVOCs则是主要来自工业过程,且2010年(16.88 Tg)到2016年(21.04 Tg)的年平均增长率为3.6%(Simayi et al., 2019)。除了大气污染物的排放,人为热的排放反过来又对区域气候产生影响。Chen等(2019)计算发现京津冀地区人为热通量(AHFs)从1995年的0.15 $W \cdot m^{-2}$增长到了2015年的1.46 $W \cdot m^{-2}$,工业、交通、建筑和人体代谢产热分别占人为热排放总量的64.1%,17.0%,15.5%和3.4%。人为热排放除了加热大气之外(Kuang, 2019),甚至也成为土壤的重要热源(Zhou X. et al., 2019)。而合理的城市空间规划和排放控制则会有效规避排放变化对城市环境产生的不利影响(Chen et al., 2014)。如Zhang等(2019)研究发现在首钢集团从北京迁移到河北之后,北京的热岛效应指数从2005年的0.55下降到了2016年的0.21。

城镇化也通过改变气象要素,即风速、温度、PBLH及大气稳定度等对二次反应的发展及大气的自洁能力产生影响,致使中国城市地区大气具有高污染及强氧化性的复合污染特征。Huang等(2014)将观测与统计相结合,对北京、上海、广州以及西安4个城市站点2013年1月的颗粒物组分及来源分析发现,城市极端灰霾污染中二次生成分别贡献了30% ~77%的$PM_{2.5}$及44% ~71%的有机气溶胶。Kulmala等(2016)对比芬兰森林清洁站点及南京重污染站点发现,颗粒物各模态中二次生成占据主导且污染站点的二次生成贡献更高。Wang等(2009a)则借助数值模型发现城市面积增加导致2m温度和PBL高度升高,10m风速下降,使得长三角及珠三角的近地面O_3白天增加2.9% ~4.2%,夜间增加4.7% ~8.5%,虽然城镇化对珠三角的温度提升幅度小于长三角,但是地表风速弱、PBLH增幅较小以及更强的辐合带使得珠三角地区的O_3浓度升高更为明显(图10.4.6)。另外,Wang等(2009b)研究发现城镇化使得珠三角地区的NO_x和VOCs浓度分别降低了4 ppbv和1.5 ppbv,主要城市地表NO_3自由基浓度增加4 ~12 ppbv;且城市化可导致佛山、中山和广州西部地区SOA水平上升9%,深圳和东莞地区SOA水平下降3%。在珠三角主要城市,爱根核模态的SOA减少了30%,而积聚模态的SOA减少了70%以上(图10.4.7),京津冀也有类似的结果(Yu et al., 2012);在珠三角地区,55% ~65%的SOA来自芳香烃前体物。城市化对芳香烃前体物的SOA生成潜势影响最大(增加14%),而对烷烃前体物的影响较小。烯烃前体物对城市化形势下SOA的形成有负面影响。

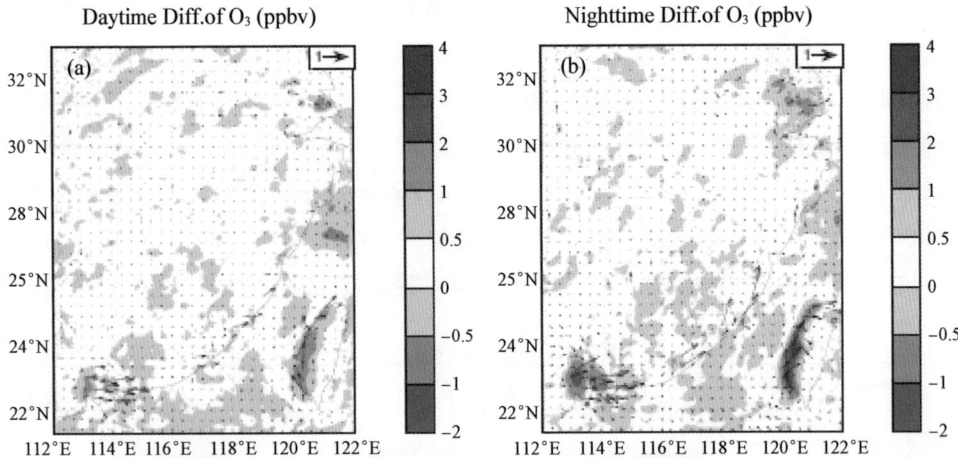

图 10.4.6　城镇化对地表臭氧及 10 m 风速的影响

(a) 白天;(b) 夜晚(Wang et al., 2009a)

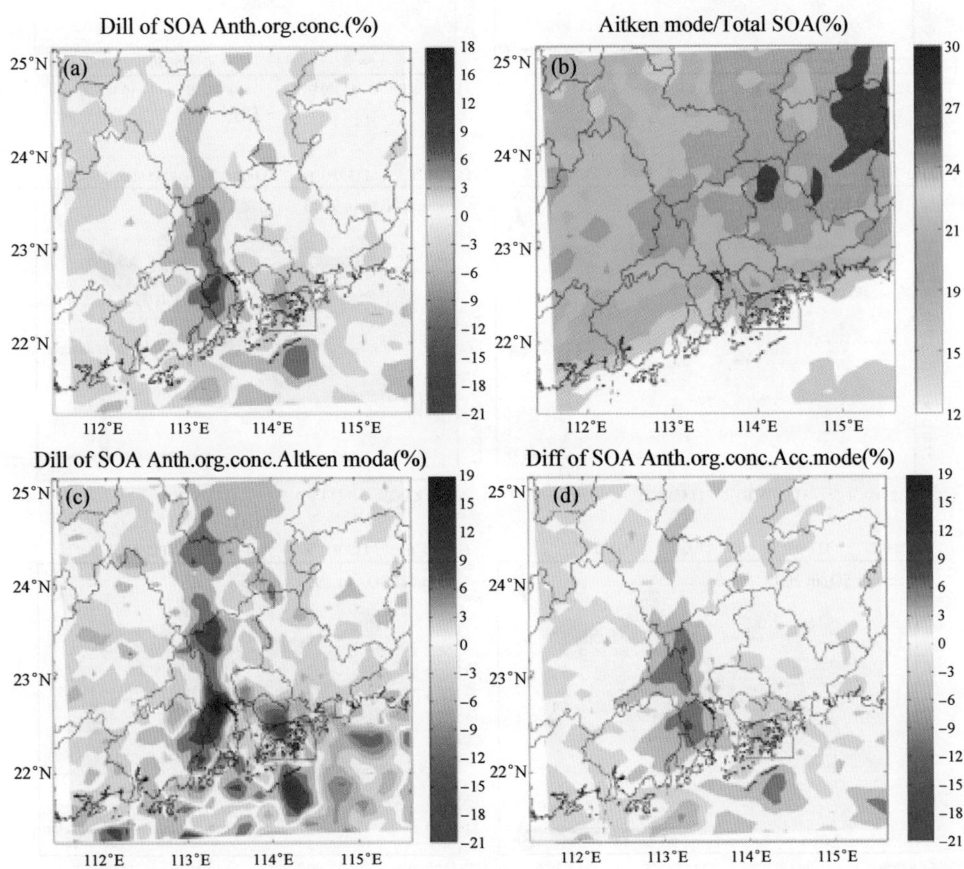

图 10.4.7　城镇化对 SOA 的影响

(a) SOA 总量相对变化;(b) 爱根核模态 SOA 在总 SOA 中的占比;(c) 爱根核模态 SOA 的相对变化;(d) 积聚模态 SOA 的相对变化(Wang et al., 2009b)

为有效缓解城镇化对区域气候和空气质量带来的负面效应，中国政府从 2014 年灰霾污染防控起步，逐步完善治理对策及标准，提出针对重点区域（京津冀及周边、长三角、汾渭平原等）强化联防联控，将改善空气质量作为刚性要求，采取了诸如压减燃煤、严格控车、调整产业等措施，从源头遏制污染物的排放，使得中国的大气环境质量得到明显改善（Wang et al.，2013；Duan and Tan，2013；Tao et al.，2016；Zheng et al.，2018）。如图 10.4.8 所示，珠三角 2005—2013 年 AOD，NO_2，SO_2已呈现下降势头（Wang et al.，2016）。然而，目前的能源结构将在很长一段时间内继续影响大气的质量。提高能源效率，优化现有能源基础设施，

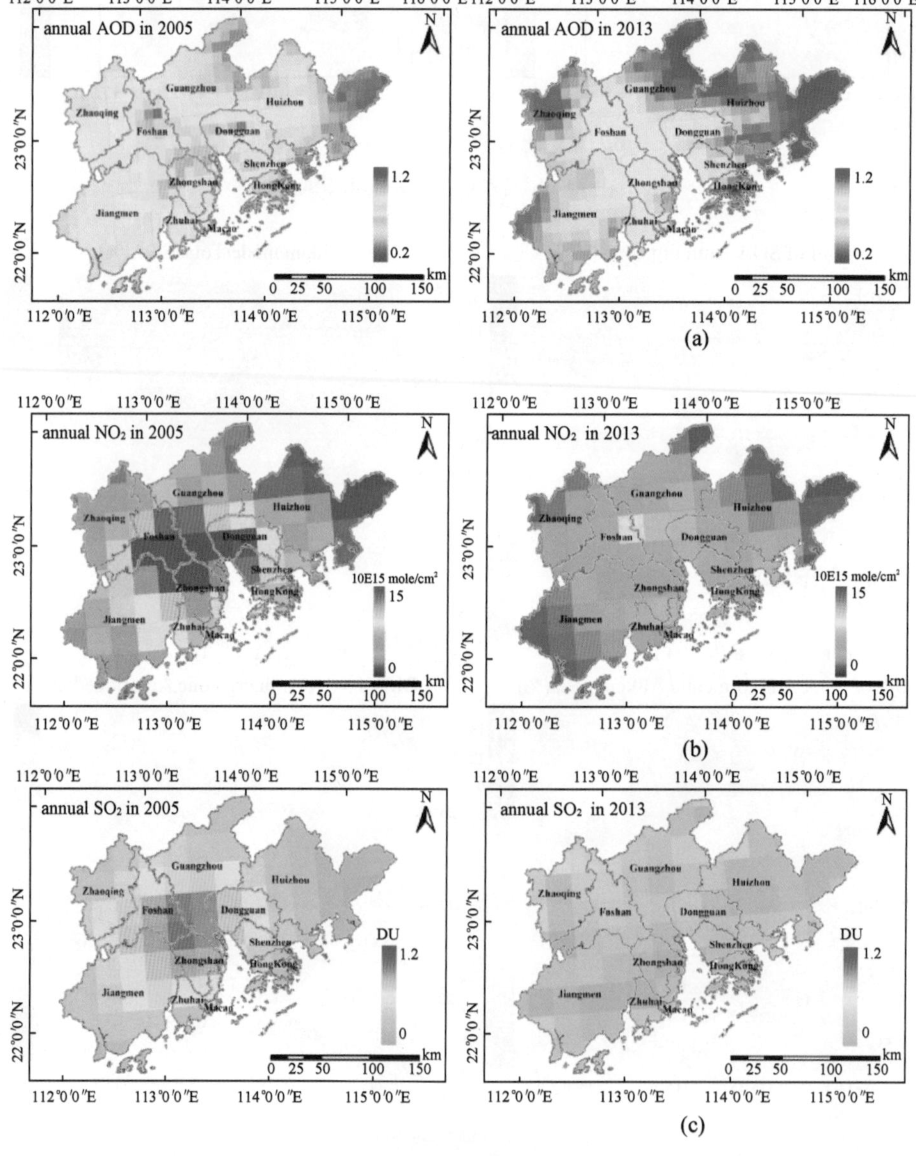

图 10.4.8 珠三角 AOD，NO_2，SO_2卫星反演年均值分布

（左列）2005 年；（右列）2013 年（Wang et al.，2016）

形成可持续的消费和生产模式,是实现中国政府经济发展和生态保护相协调相促进的必由之路,也为解决区域和全球环境问题提供了机会。

10.4.3 城市冠层模型在城镇化影响研究中的发展及应用

WRF/Chem 是一种可以同时预测气象及化学组成的“在线”中尺度非流体静力学气象模式。它拥有多种物理(例如, RRTM(Rapid Radiative Transfer Method. Mlawer et al., 1997)辐射方案, YSU(the Yonsei University. Hong et al., 1996)边界层方案, Noah 陆面过程模型(Noah Land-Surface Model. Chen et al., 1996; Chen and Dudhia, 2001)等)及化学(CBM-Z(Carbon-Bond Mechanism version Z. Zaveri and Peters, 1999), MOSAIC(the Model for Simulating Aerosol Interactions and Chemistry. Zaveri et al., 2008)等)方案,可满足不同模拟需求,因此其在区域气候及空气质量的研究中具有广泛应用,也成为研究城镇化环境及气候效应的有效工具。为了表征城市区域的热力学和动力学效应,有几种城市冠层模型(Urban Canopy Models, UCMs. Kusaka and Kimura, 2004; Chen et al., 2011b)与 WRF/Chem 中的 Noah 陆面过程模型进行了耦合。在耦合中,WRF 次网格尺度中城市百分比(或城市比例)表示为不透水面比例。对于给定的 WRF 网格,Noah 模型计算植被覆盖的城市区域(树林、公园等)的地表通量和温度,UCMs 提供城市表面的通量。同样的方法也应用于潜热通量、向上长波辐射通量、反照率和发射率等的计算。地表温度计算为人工表面温度和自然表面温度的平均值,最终的值取决于不同性质下垫面的面积权重。

(1) 不同城市冠层模型在中国典型城区的应用

WRF/Chem-urban 模型已经在世界范围内典型城市地区(例如,北京,台北,广州/香港,休斯敦,纽约,盐湖城以及东京。Miao et al., 2009a, b; Lin, 2008; Wang et al., 2009b; Gutiérrez et al., 2011; Jiang et al., 2008; Nehrkorn et al., 2011; Kusaka et al., 2012)得到广泛应用。其性能已经根据地面观测结果进行了评估。例如,Liao 等(2014)基于 2004 年 MODIS 观测,在长三角地区研究了四种使用更新的 USGS 土地利用数据的城市冠层方案:① 不考虑城市冠层的 SLAB 方案(对照组);② 具有固定人为热日变化廓线的单层城市冠层模型(UCM);③ 多层城市冠层模型(BEP-Building effect parameterization);④ 多层城市冠层模型与包含室内人为热建筑能量模型的耦合模型(BEP + BEM)。结果(图 10.4.9、图 10.4.10)表明,在 PM_{10} 和臭氧浓度方面,各方案的相对差异显著。BEP + BEM 方案对 1 月份 PM_{10} 的预测效果较好,UCM 方案对 7 月份 PM_{10} 的预测效果最好。图 10.4.11 显示了所有实验与观察结果相比较的化学预测的时间序列,表 10.4.1 总结了统计数据。

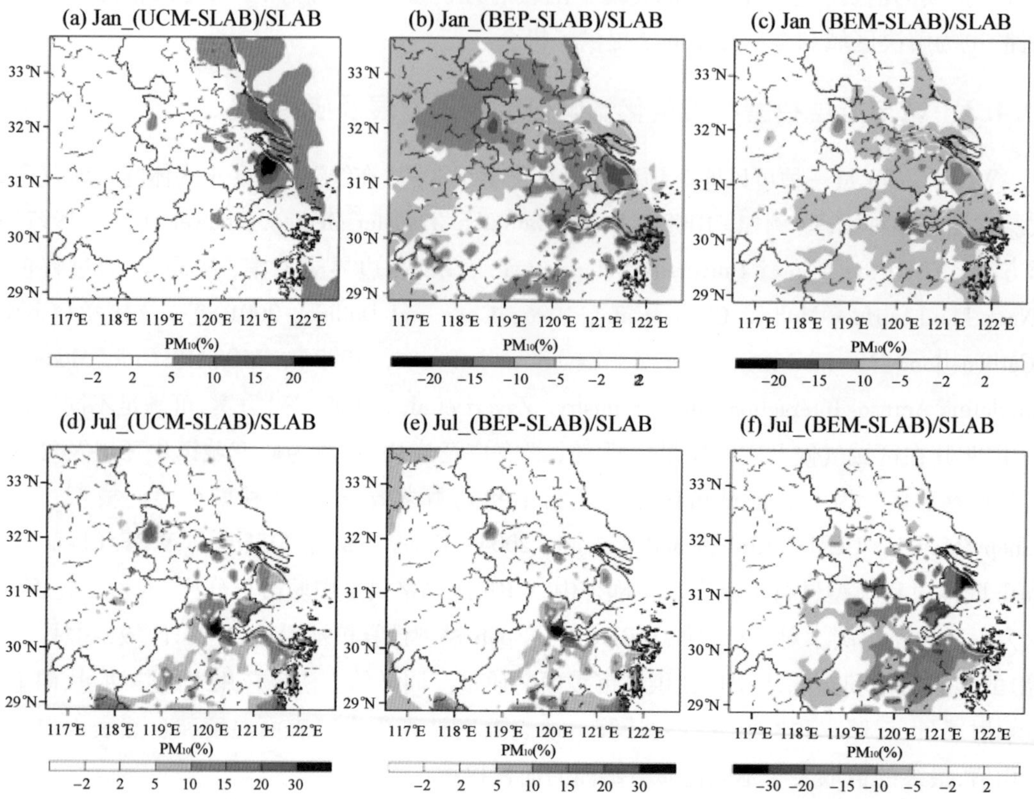

图 10.4.9 UCM,BEP,BEP + BEM 方案 PM_{10}浓度模拟结果与 SLAB 方案的相对差异

(a,b,c) 1 月;(d,e,f) 7 月(Liao et al. ,2014)

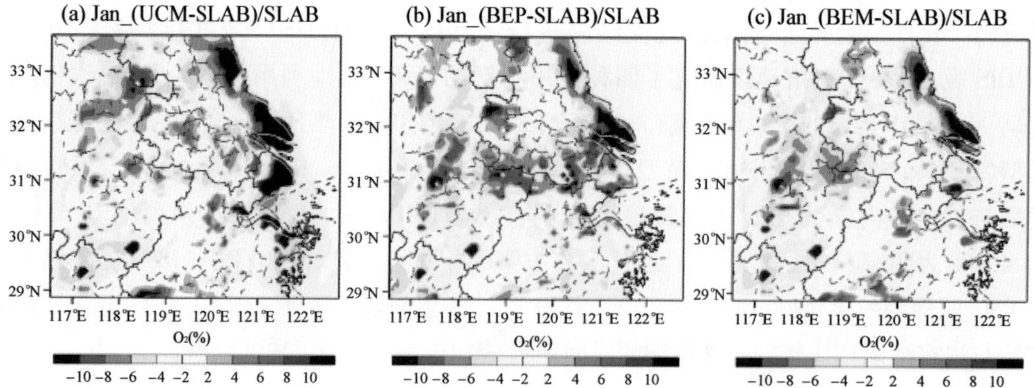

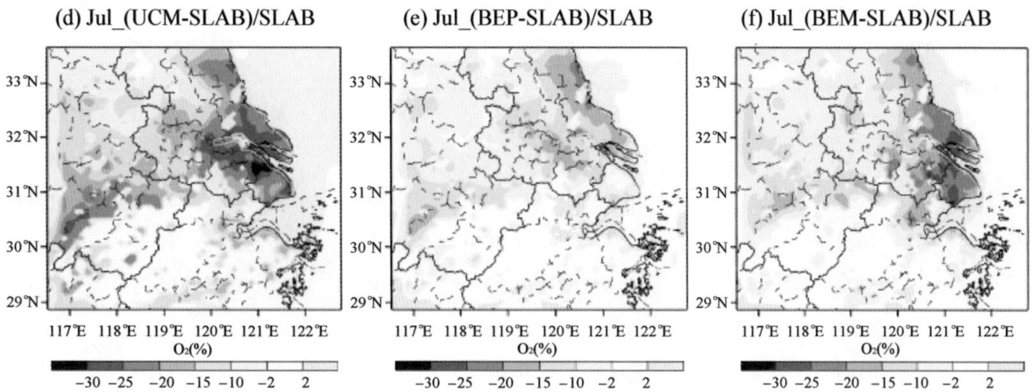

图 10.4.10 UCM,BEP,BEP + BEM 方案 O_3 浓度模拟结果与 SLAB 方案的相对差异

(a,b,c) 1 月;(d,e,f) 7 月(Liao et al. ,2014)

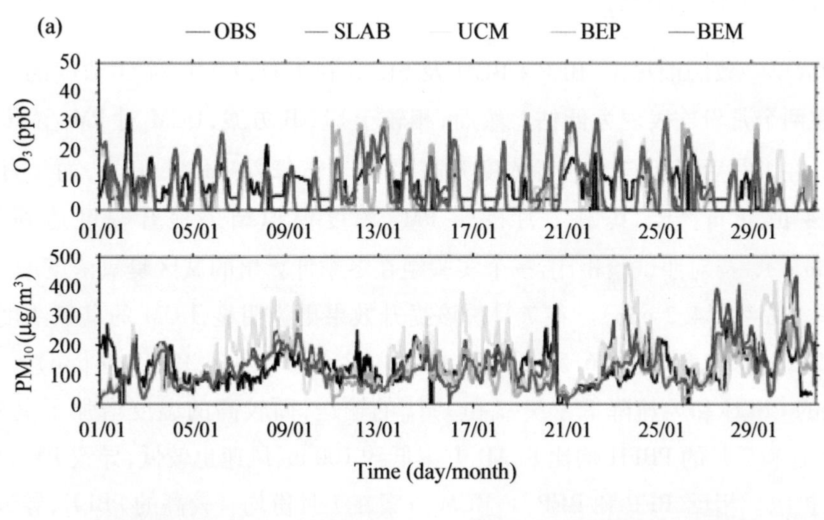

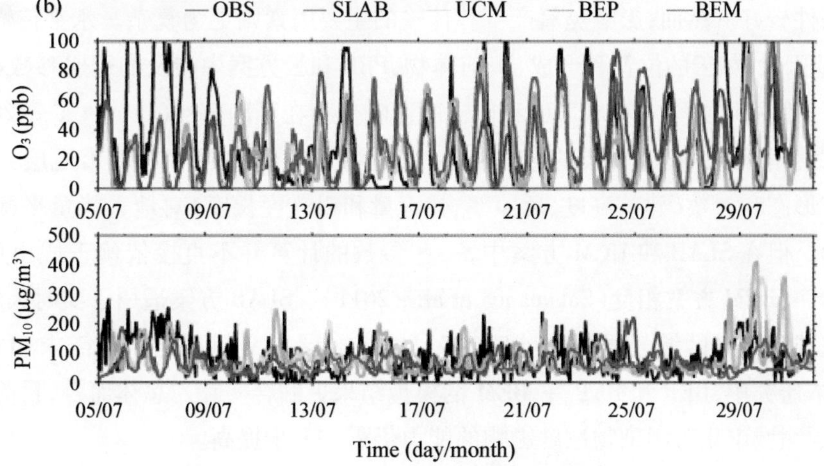

图 10.4.11 不同城市冠层模型 PM_{10} 及 O_3 浓度模拟结果与观测结果对比情况

(a) 1 月;(b) 7 月(Liao et al. , 2014)

表 10.4.1　不同城市冠层模型 PM_{10} 及 O_3 浓度模拟结果与观测结果对比情况（Liao et al., 2014）

Var	1月				7月			
	EXP	MB	RMSE	Corr*	EXP	MB	RMSE	Corr*
PM_{10}（$\mu g \cdot m^{-3}$）	SLAB	12.1	81.9	0.32		−15.7	71.6	0.21
	UCM	23.7	96.2	0.19	UCM	−0.9	75.4	0.33
	BEP	−11.6	61.1	0.39	BEP	−7.5	75.9	0.24
	BEM	−4.5	66.0	0.33	BEM	−21.0	65.1	0.22
O_3（ppb）	SLAB	−0.3	6.9	0.58	SLAB	−3.2	33.0	0.36
	UCM	−2.3	7.1	0.52	UCM	−11.6	31.4	0.44
	BEP	−1.2	7.5	0.55	BEP	−11.0	29.8	0.52
	BEM	−0.6	7.2	0.56	BEM	−5.4	30.8	0.46

* 在95%置信水平上统计显著。

在排放清单一致的前提下，BEP + BEM 及 SLAB 在 1 月及 7 月对 O_3 浓度的模拟结果最优，且两者在两个月份均表现为低估。然而，相较于 SLAB 方案，UCM 对 PM_{10} 浓度具有更高的模拟结果，在 1 月后者相较于前者浓度升高了 22.3%（24.4 $\mu g \cdot m^{-3}$），而 7 月则升高了 31.4%（17.4 $\mu g \cdot m^{-3}$）。其中 7 月杭州 PM_{10} 浓度模拟结果提升幅度达到了 32.7%（18.3 $\mu g \cdot m^{-3}$）。与对照试验相比，三个实验组在冬季计算出的城区臭氧浓度增加了 6.5%（2.6 ppb）~ 10.4%（4.2 ppb）。在 7 月份该提升效果更为明显，UCM 的臭氧浓度提升幅度为 30.2%（11.2 ppb），BEP 为 16.5%（6.2 ppb），BEP + BEM 为 7.3%（2.9 ppb）。究其原因，可能为较低的 PBLH 和风速降低了臭氧和 PM_{10} 的输送，而较高的温度增强了臭氧的生成。UCM 方案 1 月和 7 月的 PBLH 均比 SLAB 方案低约 100 m，风速也较低，导致 PM_{10} 易于积累，难以在城区扩散。相反，BEP 和 BEP + BEM 方案在 7 月份均有较高的 PBLH，导致污染物的传输扩散条件较好。然而，影响臭氧产生和传输的主要因素则更为复杂。水平传输可能起主要作用，其他因素（如云的位置和形成、O_3 前体物、PBL 和云方案中涉及的冠层参数等）也会影响臭氧浓度。但冠层方案对臭氧形成和传输的影响仍存在不确定性（Liao et al., 2014）。

冠层方案明显地改变了城市的热力和动力特性。进一步证明了在城市冠层方案中使用的真实城市形态和参数（建筑高度、反照率、热容量和粗糙度长度）对地表能量平衡和热吸收有很大影响。但在 SLAB 和 UCM 方案中，一些参数的计算并不直接依赖于城市形态，这与 BEP 和 BEP + BEM 方案相反（Salamanca et al., 2011）。SLAB 方案适用于实时天气预报，而在试图量化城市化对区域气候的影响时，多层城市冠层方案则更能满足需求（Liao et al., 2014）。在本研究中，BEP 和 BEP + BEM 的模拟结果更贴合实际。总体而言，目前还没有理想的方案，预测城市化对污染物浓度影响的能力仍需进一步提高。

（2）人为热和建筑形态对 UCMs 模拟效果的影响

人为热由于直接影响城市冠层内的能量收支平衡而备受关注。Kusaka 等（2001）开发的

WRF/Chem-SLUCM 中所采用的城市冠层向大气输出感热通量计算方程如下所示：

$$H_u = \frac{r}{r+w}H_R + \frac{w}{r+w}\left(H_G + \frac{2h}{w}H_w\right) + H_a \tag{10.4.1}$$

该单层模型假设街谷为二维结构，其两旁建筑相互对称且“无限长”。墙体假设为一层，它与路面输出感热并进而影响街谷内温度（街谷特征高度为建筑物高度 0.7 倍）。街谷及楼顶则通过输出感热影响城市冠层上方大气温度。上述公式中，$\frac{r}{r+w}H_R$ 为楼顶对大气的感热通量；$\frac{w}{r+w}\left(H_G + \frac{2h}{w}H_w\right)$ 为街谷对大气的感热通量，其中包含路面及墙体对街谷的感热通量；H_a 为人为热。可以见得，人为热被直接添加至冠层向大气输出的感热通量中，其对模式模拟结果具有直接影响。另外，墙体、路面及楼顶向大气、街谷传输感热通量时有阻尼的存在。其中墙体和路面向街谷传输的阻尼系数与街谷内风速有关，而楼顶和街谷向冠层上方大气传输时的阻尼系数则与城市冠层上的热力、动力粗糙度及大气稳定度有关。

而建筑物的不同形态会影响到城市冠层内热量、动量平衡。如随着建筑高度的增加，其所截获的各表面辐射也随之增加，包括反射的短波辐射和放射出的长波辐射，能把热量截留在冠层内部。另外，较高的建筑使得各表面出现降温的现象更加明显，因此位于街谷内的墙面、路面的辐射收支情况更为复杂。城市边界层的风速按照对数风廓线公式计算，而城市冠层内的风速则符合指数规律，并且城市形态的变化对风速产生直接影响，冠层内风速与道路宽度、建筑物高度直接相关。建筑物对冠层内动量平衡的影响如下所示：

$$\frac{DU}{Dt} + \frac{1}{\rho}\frac{\partial P}{\partial x} = -\frac{\partial(\overline{u'w'})}{\partial z} - \frac{\partial(\tilde{u}\tilde{w})}{\partial z} - D \tag{10.4.2}$$

方程右侧三项分别为雷诺应力、扩散应力以及拖曳力。在冠层内部，大气运动同时受到上述三力的影响；在粗糙子层，受到雷诺应力及扩散应力的作用；而在惯性子层则几乎不受到建筑物冠层的直接影响。其中拖曳力表征了建筑物对风速的拖曳作用，通常拖曳力的大小与建筑物密度直接相关。而模式中建筑物对大气动力作用影响的具体参数化方案主要在 *uv* 方向上的动量方程、湍流方程以及耗散率方程中引入城市建筑物拖曳和扰动影响项，故建筑形态的改变会直接影响风速及湍流动能的变化，进而间接对城市气象环境及污染物扩散清除造成影响。

由上述研究可知，人为热清单及城市精细化结构的建立对数值模型模拟工作的有效开展具有重要意义。为了有效量化人为热及城市形态对中国典型城市区域（以珠三角为代表）空气质量的影响，在 WRF/Chem-SLUCM 中纳入了人为热清单及精细化建筑结构。如王志铭等（2011）对广州地区的人为热估算方法考虑了工业排放、交通排放以及生活排放三大类排放，并结合统计年鉴数据与三种排放的日变化特征，对广州地区的人为源进行了估算。另一方面笔者及其团队将建立的高精度冠层参数运用到了 WRF/Chem_urban 模型，建立了精细化的建筑结构模型，其中覆盖区域包括珠三角地区 9 个城市，分辨率为 0.61 m。该研究结合了 Google-Earth 影像资料，为 NUDAPT（National Urban Data and Access Portal Tool）数据库提供具体的城市形态参数，从而弥补了 NUDAPT 数据库无法提供没有具体城市形态数据的城市冠层参数的缺点。同时利用 Google-Earth 在不同时间点对同一建筑提供不同影像数据来建立城市形态数据（如建筑平均高度、建筑规划面积以及建筑规划密度）。

在上述工作基础上，利用 WRF/Chem-SLUCM 进行了敏感性试验，分别为控制试验（BASE）、有日变化人为热敏感性试验（CASE1）、加入精细化建筑结构敏感性试验（CASE2）及同时涵盖人为热及精细化建筑结构敏感性试验（CASE3）。所加入的人为热清单日变化及空间分布如图 10.4.12 所示，图 10.4.12（a）可以看出 10 时至 16 时为人为热通量的高值时段，12 时人为热通量最大，为 70.1 $W \cdot m^{-2}$，02 时到达最小值，为 16.9 $W \cdot m^{-2}$。其中每小时的排放通量取全天的平均值 40.76 $W \cdot m^{-2}$。图 10.4.12（b）可以看出人为热设置的区域主要分布在城市类型的土地利用区域，尤其是广佛与莞深地区。珠三角不同城市的人为热通量设置值如图 10.4.13 所示，广州的人为热排放值最大，为 35.463 $W \cdot m^{-2}$，其次为深圳、东莞以及佛山等珠三角中心城市，其他城市的人为热通量较小，这与不同城市的城区面积有密切的关系。而精细化建筑结构引入前后的城市高度变化情况如图 10.4.14 所示。由于控制试验考虑的为整个珠三角的平均建筑高度，单层模式中的建筑物高度被设置为较低值 10 m（陈燕等，2008）。可以看出，与单层模式相比，精细化建筑结构模型主要从建筑物高度的增加及建筑物密度的变化这两方面来改变城市冠层。而从珠三角各城市的建筑高度以及密度的变化来看，广州的变化最大，建筑密度为 0.61，而建筑高度为 26.5 m。与此相比的是珠海，建筑密度仅为 0.42。而建筑高度为 22.6 m。整体来看，广州、深圳、佛山以及东莞地区建筑结构的变化要大于其他城市，这与相应地区的城市化率是相关的。模拟结果显示，各组试验对气象条件的模拟效果均较好，但是 CASE3 对 2 m 温度及 10 m 风速的模拟偏差最小；另外考虑到精细化建筑结构的试验（CASE2，CASE3）污染物模拟结果与观测值相关性最高。总体而言，人为热及精细化建筑结构的引入使得模式的模拟效果得到了有效提升。而两个变量单独变化对气象及空气质量的影响则不尽相同。

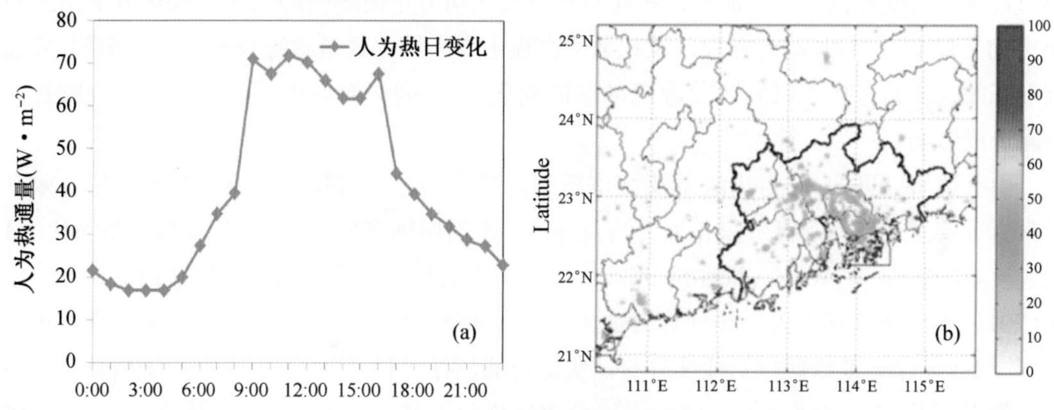

图 10.4.12　人为热通量变化趋势

（a）人为热日变化；（b）人为热空间分布图（单位：$W \cdot m^{-2}$）

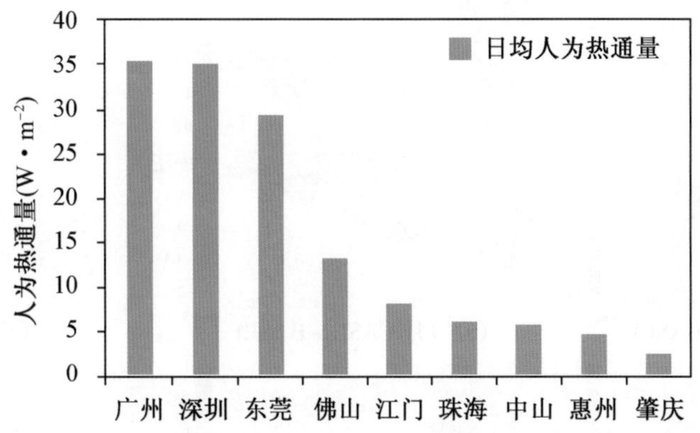

图 10.4.13 珠三角九市日均人为热通量设置(单位:$W \cdot m^{-2}$)

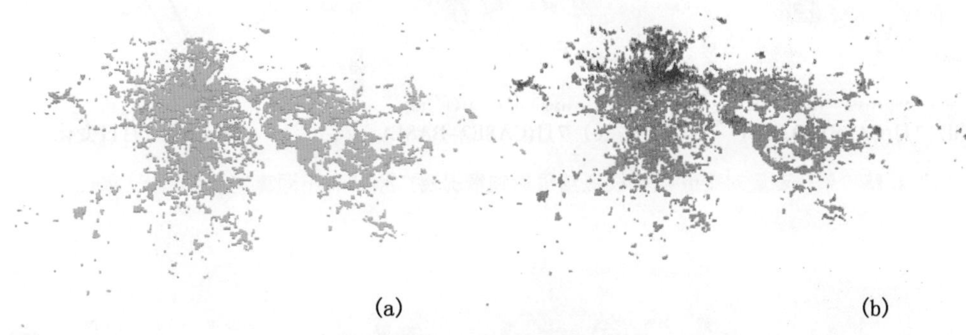

图 10.4.14 建筑高度空间分布图

(a) BASE;(b) CASE2,CASE3

首先,两者的加入使得城市原有的热量及动量循环受到干扰,环流条件发生变化。如图 10.4.15(a)(b)(c),仅加入人为源使得珠三角 1 月及 7 月的月平均 2 m 温度分别上升了 0.5 ℃与 0.3 ℃。这主要因为人为源清单直接增加了感热通量,因此对温度提升效果明显。由于水平方向上热力学差异增大,风速也得到提升,故 10 m 风速在 1 月及 7 月也分别增加了 $0.5\ m \cdot s^{-1}$ 及 $0.2\ m \cdot s^{-1}$(图 10.4.16(a)(b)(c))。且气团受热膨胀上升运动加剧,故边界层高度在 1 月抬升 27 m,7 月抬升 64 m(图 10.4.17(a)(b)(c))。而仅加入城市精细化结构则使得珠三角 1 月及 7 月的 2 m 温度分别降低了 1.4 ℃及 0.9 ℃(图 10.4.15(d)(e)(f))。这是因为建筑高度的增加,冠层截留热量,减少了冠层与大气间的热量交换;建筑密度增大,加强了建筑物对太阳辐射的遮蔽作用,延迟了地面对太阳辐射的接收,削弱了地面吸收的热量,故城市上空温度降低。白天边界层高度因此抬升时间延迟,最大边界层高度下降(1 月白天降低 131 m,7 月白天降低 391 m);而夜间则由于建筑物释放储热,湍流加强,边界层高度增加(1 月夜间抬升 7 m,7 月夜间抬升 2 m)(图 10.4.17(d)(e)(f))。而建筑密度及高度的增加致使对风的拖曳作用增强,故平均风速在 1 月及 7 月分别降低了 $2.4\ m \cdot s^{-1}$ 及 $1.6\ m \cdot s^{-1}$(图 10.4.16(d)(e)(f))。

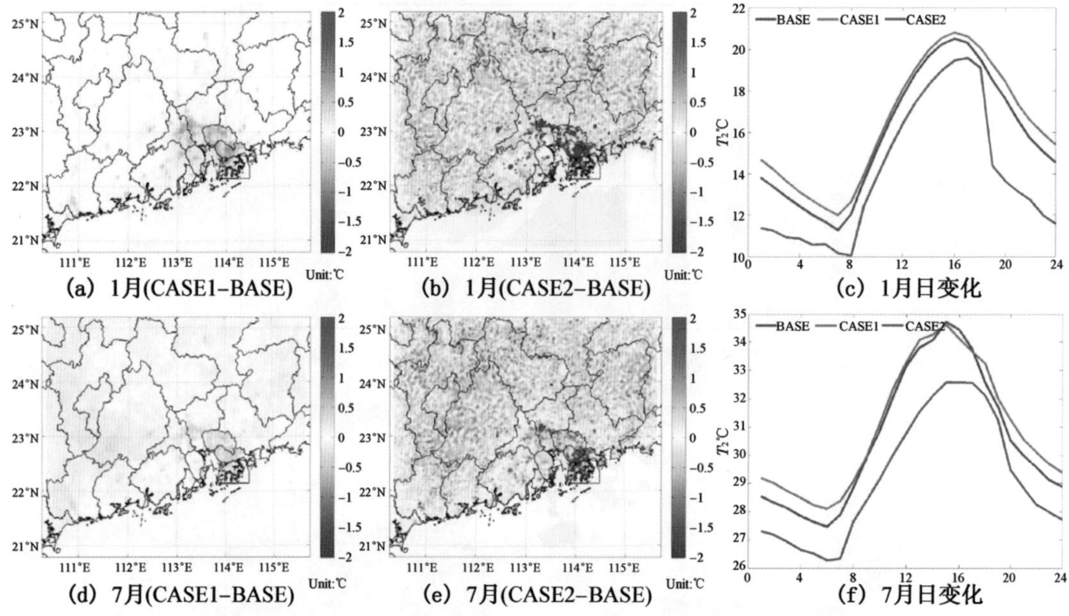

(a) 1月(CASE1-BASE) (b) 1月(CASE2-BASE) (c) 1月日变化

(d) 7月(CASE1-BASE) (e) 7月(CASE2-BASE) (f) 7月日变化

图 10.4.15 单一变量对 2 m 温度模拟结果影响情况及广州站点不同算例变化情况(单位: ℃)

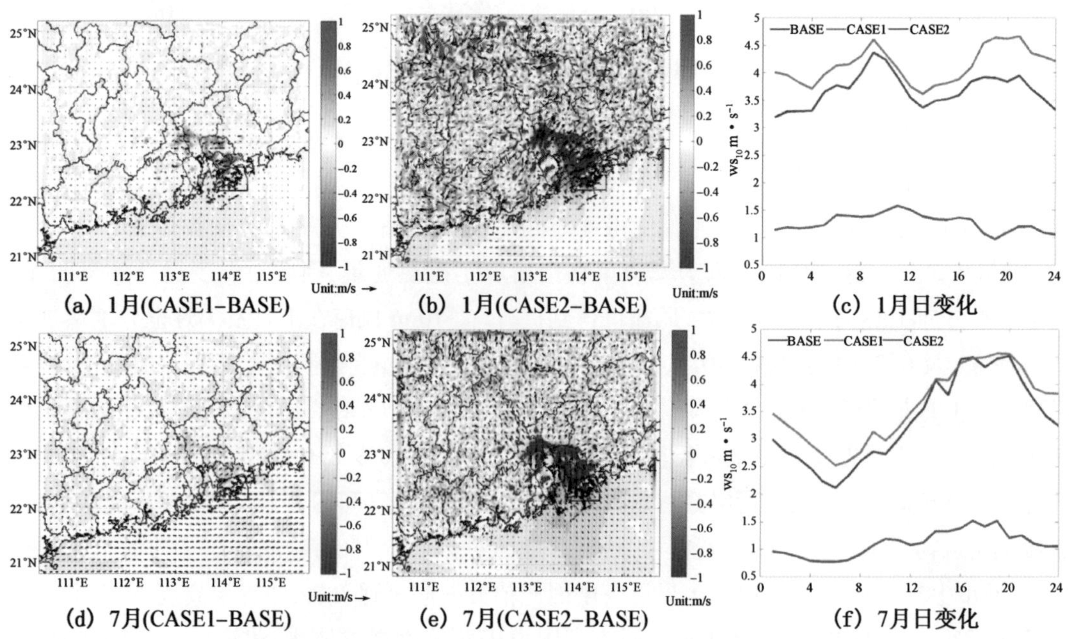

(a) 1月(CASE1-BASE) (b) 1月(CASE2-BASE) (c) 1月日变化

(d) 7月(CASE1-BASE) (e) 7月(CASE2-BASE) (f) 7月日变化

图 10.4.16 单一变量对 10 m 风速模拟结果影响情况及广州站点不同算例变化情况(单位:m · s^{-1})

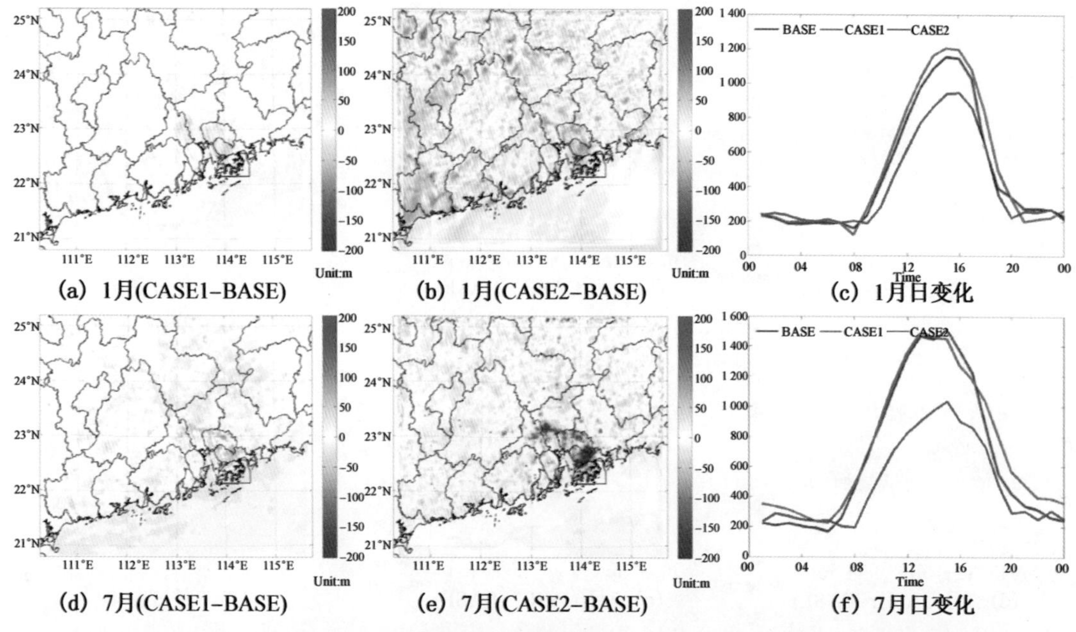

(a) 1月(CASE1−BASE) (b) 1月(CASE2−BASE) (c) 1月日变化
(d) 7月(CASE1−BASE) (e) 7月(CASE2−BASE) (f) 7月日变化

图 10.4.17 单一变量对 PBLH 模拟结果影响情况及广州站点不同算例变化情况(单位:m)

其次,由于扩散传输及光化学反应条件的改变,一次(以 NO_2,$PM_{2.5}$为例)及二次(以 O_3为例)污染物的浓度也发生波动。如图 10.4.18、图 10.4.19、图 10.4.20 所示,若只考虑单一因素影响,人为热的增加会使得二次污染物浓度增加,而一次污染物浓度减低;精细建筑结构结果则与之相反。这主要因为前者致使温度上升,湿度减少,同时污染物浓度较高的风向城区辐合,有利于 O_3的形成,故 1 月与 7 月 O_3浓度分别上升 5.37 $\mu g \cdot m^{-3}$,3.2 $\mu g \cdot m^{-3}$;

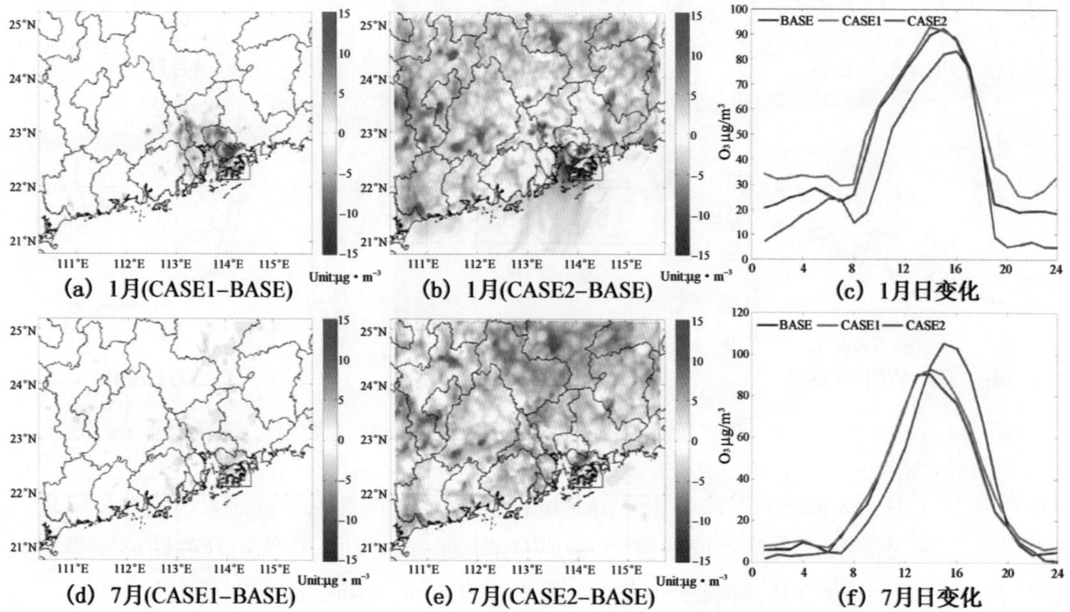

(a) 1月(CASE1−BASE) (b) 1月(CASE2−BASE) (c) 1月日变化
(d) 7月(CASE1−BASE) (e) 7月(CASE2−BASE) (f) 7月日变化

图 10.4.18 单一变量对 O_3浓度模拟结果影响情况及广州站点不同算例变化情况(单位:$\mu g \cdot m^{-3}$)

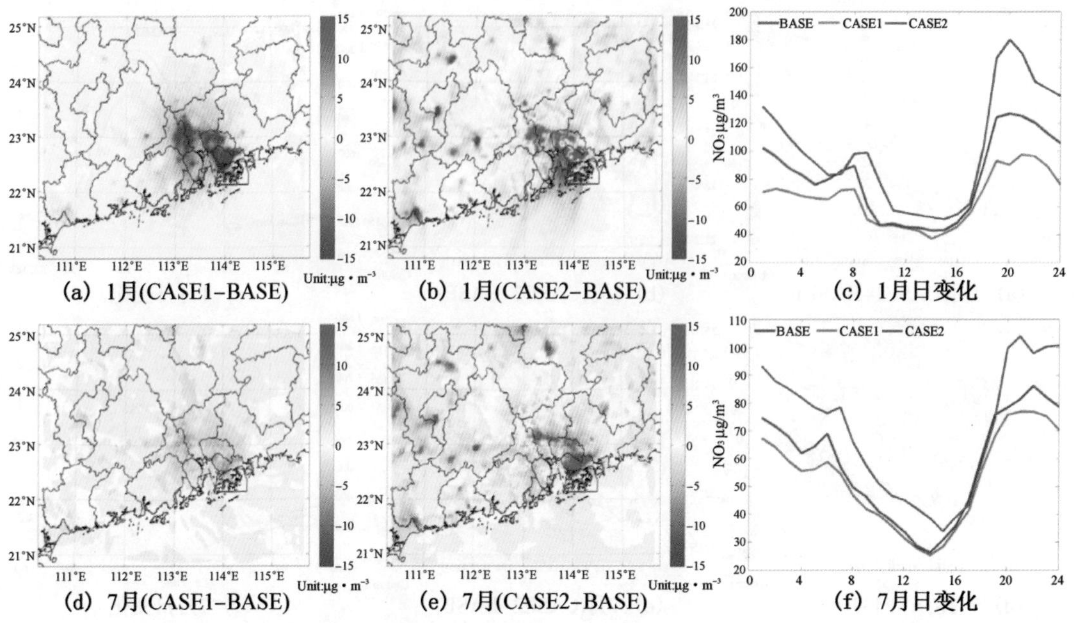

图 10.4.19 单一变量对 NO_2 浓度模拟结果影响情况及广州站点不同算例变化情况(单位:$\mu g \cdot m^{-3}$)

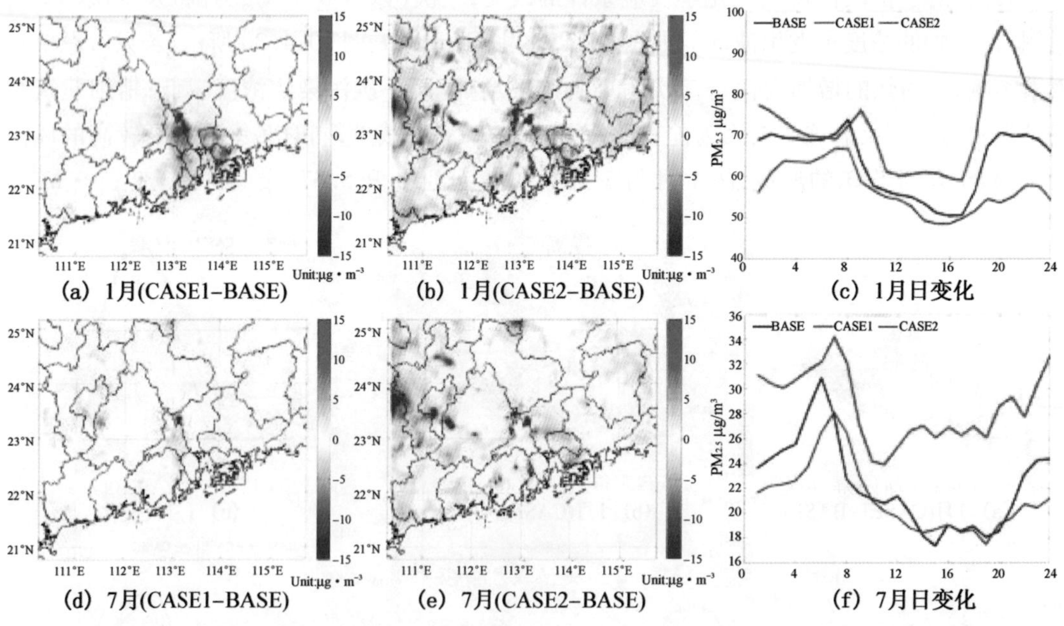

图 10.4.20 单一变量对 $PM_{2.5}$ 浓度模拟结果影响情况及广州站点不同算例变化情况(单位:$\mu g \cdot m^{-3}$)

NO_2 则减少(1 月 4.8 $\mu g \cdot m^{-3}$,7 月 1.0 $\mu g \cdot m^{-3}$)。而后者的加入导致白天地表温度降低及光照强度下降,不利于光化学反应的发展,造成 O_3 浓度降低;夜间,建筑物释放储热使得逆温现象增强,大气稳定度上升,有利于地表 NO_2 的累积(1 月 8.0 $\mu g \cdot m^{-3}$,7 月 3.2 $\mu g \cdot m^{-3}$),O_3 的消耗增加,浓度下降(1 月 4.1 $\mu g \cdot m^{-3}$,7 月 1.0 $\mu g \cdot m^{-3}$)。而相对湿度增加,有利于颗

粒物的吸湿增长，故 $PM_{2.5}$ 平均浓度在 1 月及 7 月分别增加了 2.8 $\mu g \cdot m^{-3}$ 及 3.2 $\mu g \cdot m^{-3}$。

对空气质量指数(AQI)的影响上，人为热能改善空气质量，而建筑形态则会加重大气污染状况。如表 10.4.2 所示，加入人为热后 AQI 在珠三角区域有明显减小，污染面积减少(AQI>100 的面积)。每增加 1 $kW \cdot m^{-2}$ 的人为热通量，珠三角的空气污染超标面积减少 6.93 km^2。其中 1 月份的减小幅度较 7 月大，且主要减小了轻度空气污染区域，一定程度上增加了中度与重度污染的区域。建筑形态的改变能明显增加区域内的 AQI 值，污染面积增加(AQI>100 的面积)。单位面积土地每增加 1 m^3 建筑体积，珠三角的空气污染面积超标增加 0.81 km^2。其中 7 月份的影响较大于 1 月份，且能显著增加轻度污染与中度污染面积，说明建筑形态的改变也会加重大气污染状况。

表 10.4.2 不同算例中 AQI 相对变化率

CASE1	模拟时间	BASE 面积 (km^2)	CASE1 面积 (km^2)	相对变化率	BASE 感热通量 ($kW \cdot m^{-2}$)	CASE1 感热通量 ($kW \cdot m^{-2}$)	相对变化率	面积变化率/感热通量变化率	平均值
AQI>100	1 月	4311	2016	-0.53	214	226	0.052	-10.19	
	7 月	198	162	-0.18	221	232	0.049	-3.67	-6.93
150>AQI>100	1 月	4140	1854	-0.55	214	226	0.052	-10.58	
	7 月	135	117	-0.13	221	232	0.049	-2.65	-6.61
200>AQI>150	1 月	99	117	0.18	214	226	0.052	3.46	
	7 月	45	18	-0.6	221	232	0.049	-12.24	-4.39
AQI>100	1 月	4311	4536	0.05	3615	6756	0.87	0.06	
	7 月	198	468	1.36	3615	6756	0.87	1.56	0.81
150>AQI>100	1 月	4140	4302	0.04	3615	6756	0.87	0.05	
	7 月	135	378	1.8	3615	6756	0.87	2.07	1.06
200>AQI>150	1 月	99	126	0.27	3615	6756	0.87	0.31	
	7 月	45	90	1	3615	6756	0.87	1.15	0.73

虽然土地利用变化对空气质量的影响不可忽略，但与之相关的排放变化对空气质量的影响要比土地利用变化本身更显著。但是建立适用于中国本土的 UCMs 及相应高精度排放清单和精细化城市结构数据库依旧是未来揭示我国城市化环境及气候效应的必经之路。借由数值模型这一有效工具可为决策者制定合理的城市空间规划和排放控制措施提供更多的启示(Chen et al., 2014)。

10.5 城市局地环流与大气环境相互作用

城市热岛改变了城市的热环境，改变了大气扩散能力，热岛产生的热岛环流对城市风场也有明显影响，因此城市热岛必将对城市污染扩散产生影响。

城市环境对污染扩散的影响主要包括热力作用和动力作用。本节以苏州市为例，利用南京大学空气质量预报系统(NJU-CAQPS)，设置存在热岛影响和消除热岛影响两组敏感性试验，将城市的热力作用和动力作用区分，研究城市热岛对苏州市污染扩散的影响。

10.5.1 数值试验方案设置

研究中的数值模式采用最新版本的南京大学空气质量预报系统(NJU-CAQPS)(详见8.1节)。本节数值模拟的模拟域及地表类型见图10.5.1，模式水平网格距为1 km，垂直为不等间距拉伸网格，地面附近网格距最小为5 m，模式顶高3 km。气象场边界条件及初值采用WRF模式结果，污染物浓度场根据上一日的浓度监测数据取平均作为上游边界初始场，下游边界采用无梯度输出。

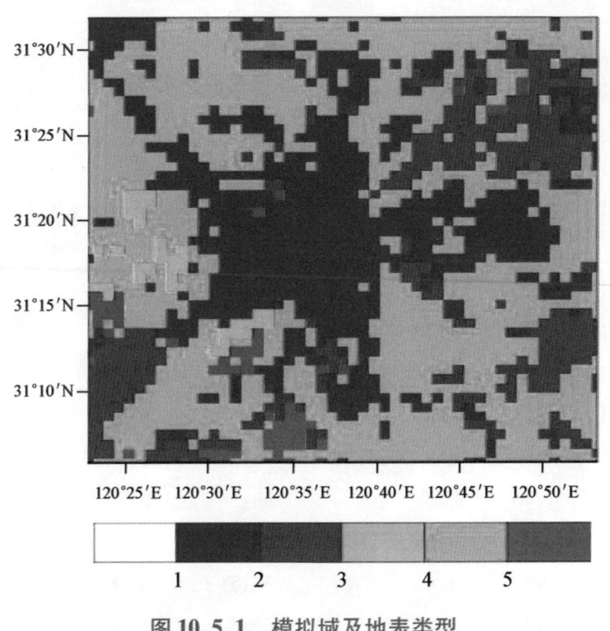

图10.5.1 模拟域及地表类型

1:城市,2:水体,3:树林,4:庄稼,5:土壤(其他)(朱焱和刘红年,2016)

本节设置case1和case2两组试验(表10.5.1)，在每组试验中，模拟时间选取在气候特征较为明显的2010年1,4,7,10月中旬，分别代表冬、春、夏、秋季。通过确定观测资料删选条件(排除降水日和观测资料不完整日)，最终模拟日定为1月10~14日，4月10~14日，7月13~16日、10月11~14日，共18天。同时下垫面资料以2006年地表类型为代表(通过与2010年苏州地区地表类型对比，2年下垫面状况基本一致)。在研究中，认定在所有个例中，排放源不变。在第二组个例中，设置人为热为0，即去除了人为热对城市热岛的贡献，同时将城市地表类型全部更改为农田类型，即去除了城市冠层和城市地表特征对城市热岛的影响，但保留了城市建筑对气流的动力学效应，因此通过两组个例计算结果的比较可以得出2006年地表类型下城市热岛对污染扩散的影响。

表 10.5.1 数值方案设计

名称	参数设置
case1	2006 年地表类型,人为热,建筑动力效应
case2	无人为热,将城市地表类型改为农田,保留建筑动力效应
case3	考虑气溶胶辐射效应,其余同 case1

10.5.2 城市热岛对污染扩散的影响

(1) 城市热岛对气象场及垂直结构的影响

图 10.5.2 是城市热岛对地面气温和风场的影响,在不考虑人为热和城市地表热力性质后,市区和周边地区的温差很小(图 10.5.2(a)),图中显示很弱的热岛现象是因为背景气象场的模拟中没有在 WRF 中修改相应的地表类型,是有大尺度气象初始场"遗留"的城市热岛,图 10.5.2(c)是两组个例地面气温之差,即城市热岛现象,平均热岛强度大约为 1.8 ℃,图 10.5.2(b)是 case2 中平均 10m 风速,虽然此个例中没有城市热岛。但因为保留了城市建筑的动力学效应,因此城市中风速明显衰减。图 10.5.2(d)是 case1 和 case2 平均 10m 风速之差,体现了城市热岛对地面流场的影响,由于热岛环流和城市上游流场风向相同,因此在上游方向,风速有明显增强现象,风速增加达 $0.6\ m\cdot s^{-1}$,反之,在城市下游方向,热岛环流和城市下游流场风向相反,因此使下游风速有明显衰减现象,风速减少达 $0.5\ m\cdot s^{-1}$,热岛对流场的净效果是引起气流向市区辐合,即热岛环流。

图 10.5.3 是存在城市热岛影响和模拟消除城市热岛影响两种情况下的市区平均位温廓线,城市热岛使市区气温上升,相应地使市区位温高于郊区,市区位温的增加在地面最显著,在没有城市热岛时,在 200 m 高度以下,位温随高度缓慢增加,这时平均状态的大气稳定度是稳定的,总体上不利于污染物的垂直扩散,在有城市热岛时,200 m 高度以下,位温廓线显示大气总体上是不稳定的,城市热岛使低层增温高于高层,增加了大气的不稳定性。

图 10.5.4 是存在城市热岛影响和模拟消除城市热岛影响两种情况下的市区平均垂直风速和水平风速廓线。消除热岛影响时,市区垂直风速很小,不超过 $0.02\ m\cdot s^{-1}$,微弱的抬升运动可能是由城市建筑引起的总体气流"爬越"效应;有城市热岛时,在城市形成热岛环流,市区为上升气流,平均垂直速度为正值,随高度增加,垂直速度也增加,在 800 m 高度,市区平均垂直风速(W)达到 $0.14\ m\cdot s^{-1}$。在 100 m 高度以下,有无城市热岛对风速的影响很小,因为在 case1 和 case2 中,都考虑了城市建筑的动力学效应,即对风的拖曳阻尼作用。在近地层,这种动力学作用远高于热岛环流的影响;在高层,有热岛时风速明显低于没有热岛时的风速,这是因为城市内热岛环流和城市建筑物的阻挡作用增加了垂直速度,使气流的水平动能转变为垂直动能,使水平风速减小。

总体而言,城市热岛增加了大气不稳定性,产生了向市区辐合的热岛环流,加大了市区上空的垂直速度,这种影响实际上增加了城市大气的扩散能力。城市建筑的动力效应大幅

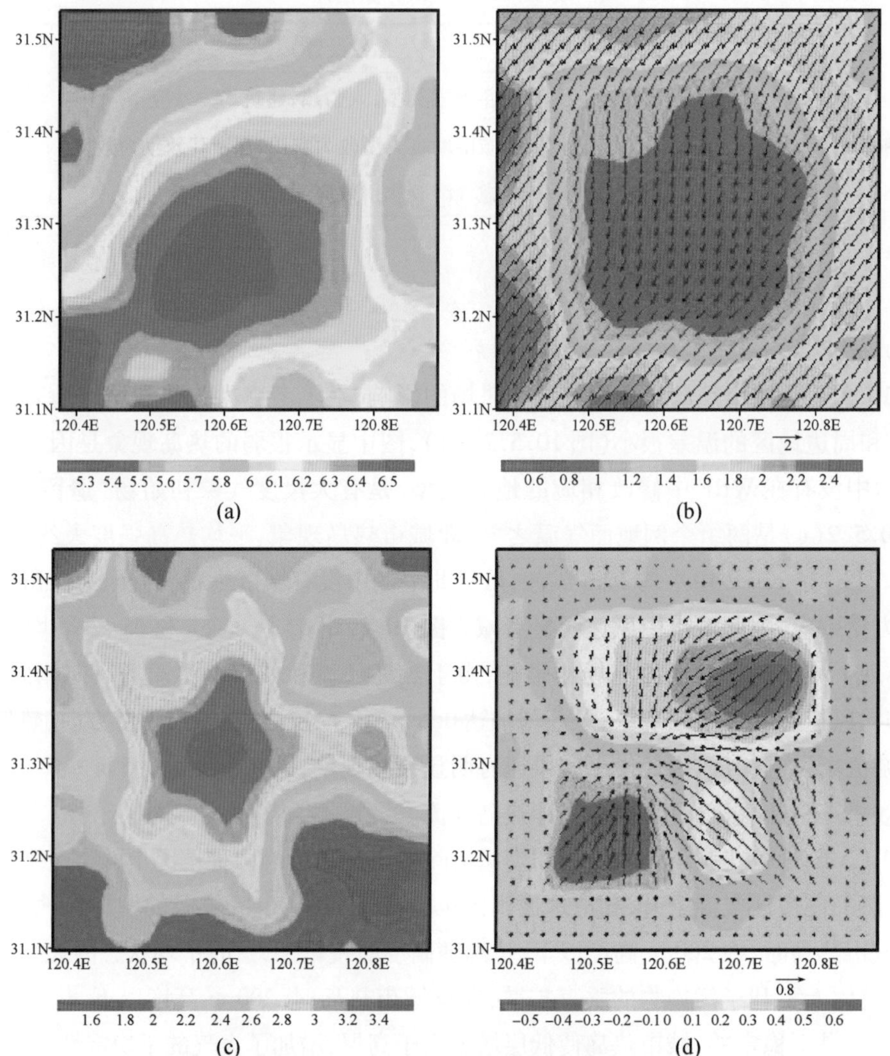

图 10.5.2 城市热岛对地面气温和风场的影响

(a) case2 中平均地面气温(℃);(b) case2 中平均 10 米风速($m \cdot s^{-1}$);(c) case1 和 case2 平均地面气温之差($T_{case1}-T_{case2}$)(℃);(d) case1 和 case2 平均 10 米风速之差($wind_{case1}-wind_{case2}$)($m \cdot s^{-1}$)(朱焱和刘红年,2016)

度降低市区风速,使大气扩散能力减弱,热岛作用(热力作用)和建筑的动力作用相反,城市化发展(动力学效应+热力学效应)使大气扩散能力减弱,因此可以认为热岛的热力学效应小于建筑的动力学效应。

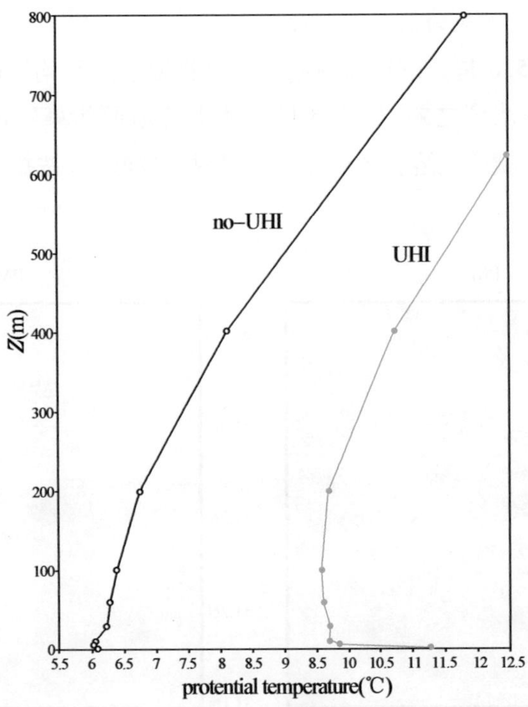

图 10.5.3　case1(有热岛,UHI)和 case2(无热岛,no-UHI)市区平均位温廓线(℃)(朱焱和刘红年,2016)

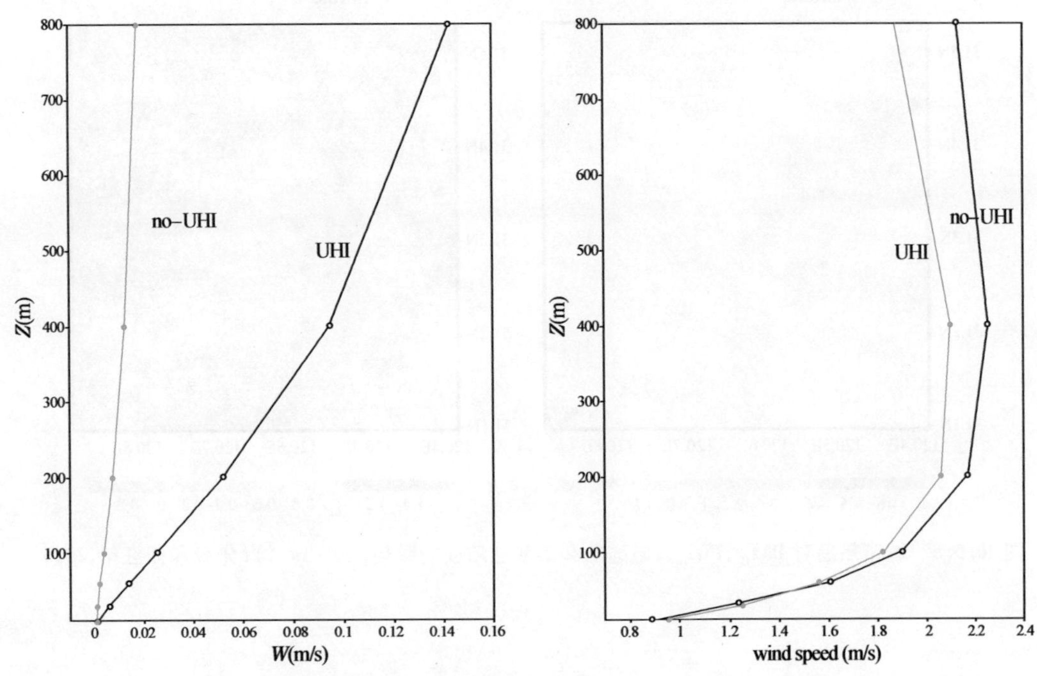

图 10.5.4　case1(有热岛,UHI)和 case2(无热岛,no-UHI)市区平均垂直风速(W)和水平风速(wind speed)廓线($m \cdot s^{-1}$)(朱焱和刘红年,2016)

（2）城市热岛对污染扩散的影响

图 10.5.5 和图 10.5.6 是城市热岛对地面污染物浓度的平均影响，即 case1 和 case2 中所有个例平均的污染物浓度之差，城市热岛总体上使地面污染物浓度下降，城区 PM_{10} 和 $PM_{2.5}$ 减少约 5 μg · m^{-3}，城区气溶胶各成分，如硫酸盐、硝酸盐、铵盐、黑碳、有机碳都有不同程度的减少。

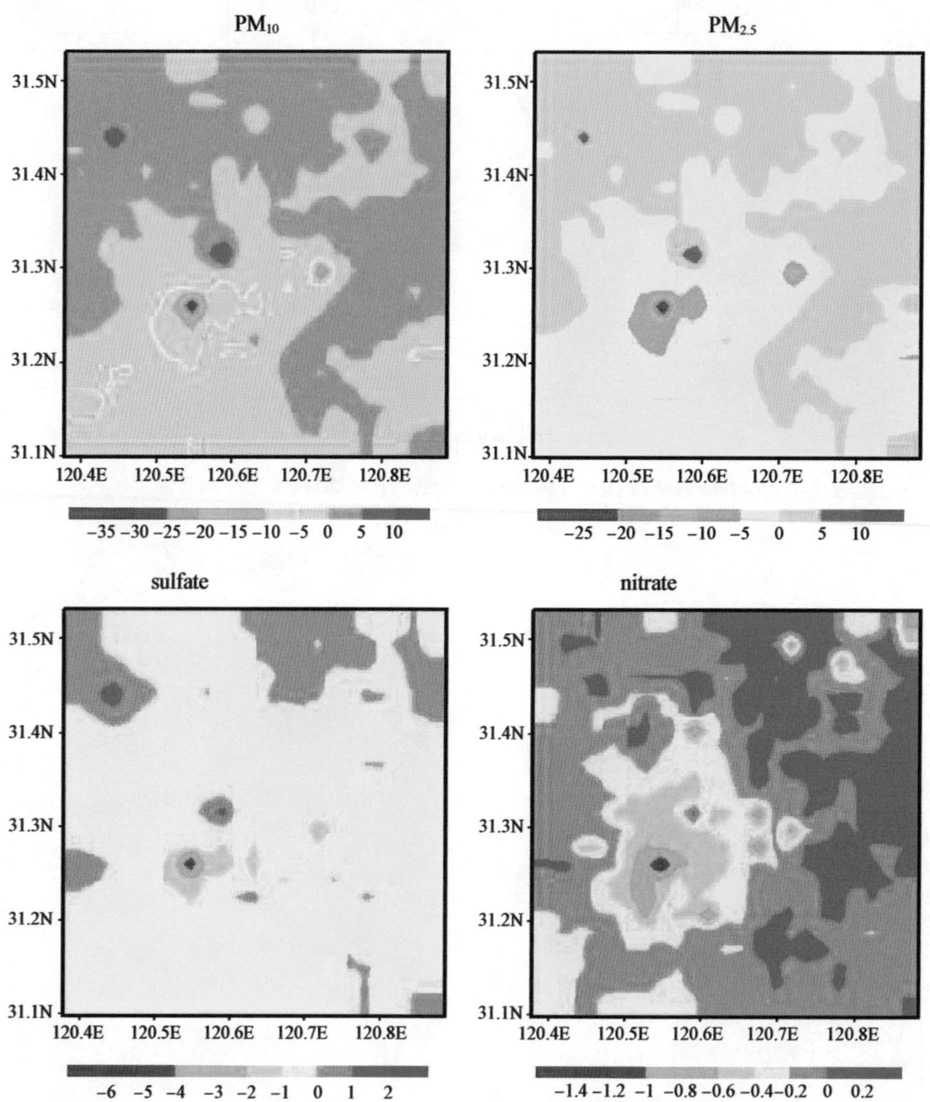

图 10.5.5 城市热岛对 PM_{10}，$PM_{2.5}$，硫酸盐和硝酸盐浓度的影响（μg · m^{-3}）（朱焱和刘红年，2016）

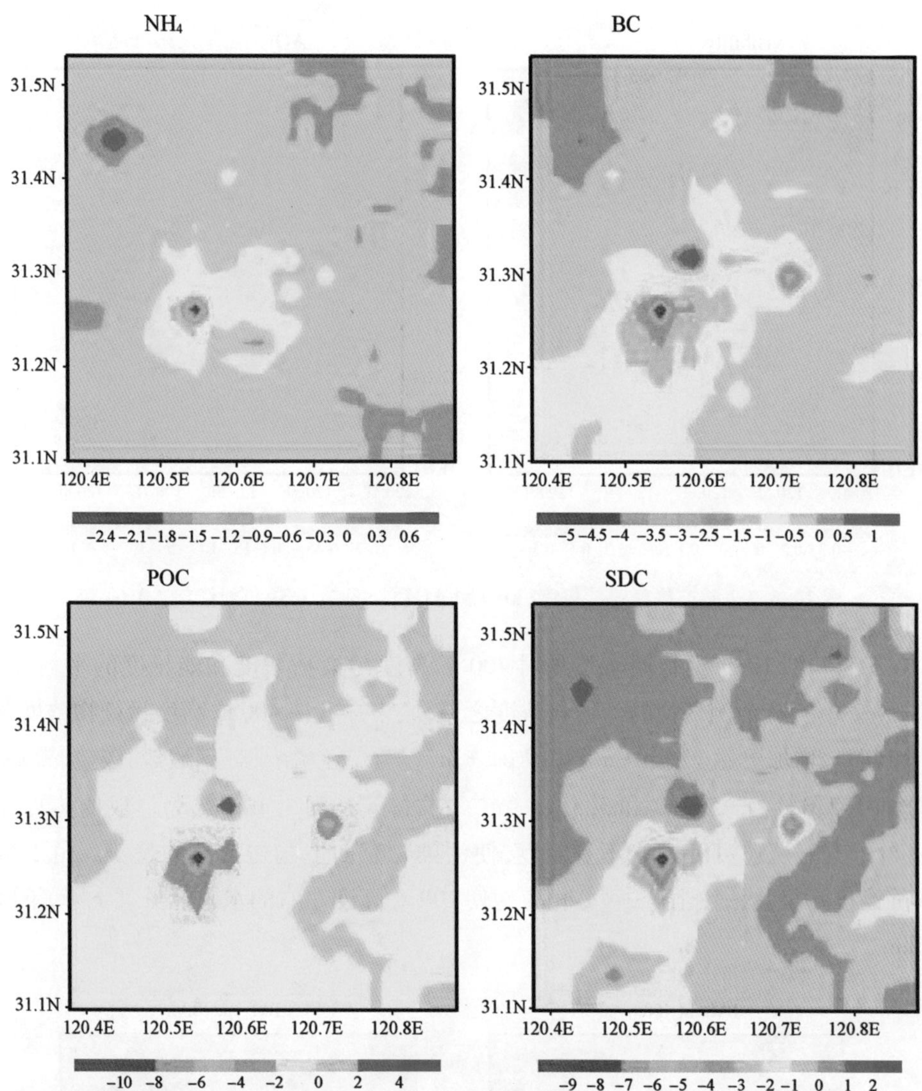

图 10.5.6　城市热岛对铵盐、黑碳、一次有机碳和二次有机碳浓度的影响($\mu g \cdot m^{-3}$)

(朱焱和刘红年,2016)

图 10.5.7 是城市热岛对地面能见度和 AQI 指数的影响,城市热岛使市区能见度增加约 0.5 km,这是和城市热岛使污染物浓度下降相对应的。颗粒物浓度减少,大气消光增强,使能见度提高;同时污染物浓度的降低使城市及周边地区 AQI 指数下降,下降幅度达 25 左右。

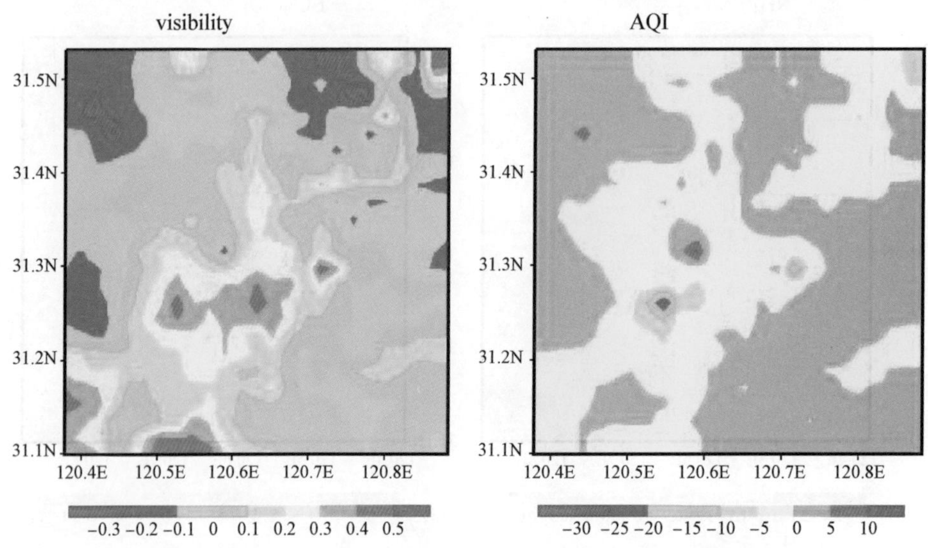

图 10.5.7 城市热岛对能见度(km)和 AQI 的影响(朱焱和刘红年,2016)

图 10.5.8 和图 10.5.9 是城市热岛对 400 m 高度污染物浓度和能见度的平均影响,即 case1 和 case2 中所有个例平均的污染物浓度之差,城市热岛使 400 m 高度污染物浓度普遍增加,PM_{10}和 $PM_{2.5}$增加可达 11 $\mu g \cdot m^{-3}$和 9 $\mu g \cdot m^{-3}$左右,使硫酸盐、硝酸盐、铵盐、黑碳、有机碳分别增加 1.2,0.4,0.25,2.0 和 3.5 $\mu g \cdot m^{-3}$左右,这是因为城市热岛形成的热岛环流增加了市区的上升气流速度和大气不稳定度,使污染物有向上输送扩散的趋势。由于城市热岛使400m 高度污染物浓度上升,因此相应地使400 m 高度左右的水平能见度下降,下降幅度达 0.65 km。

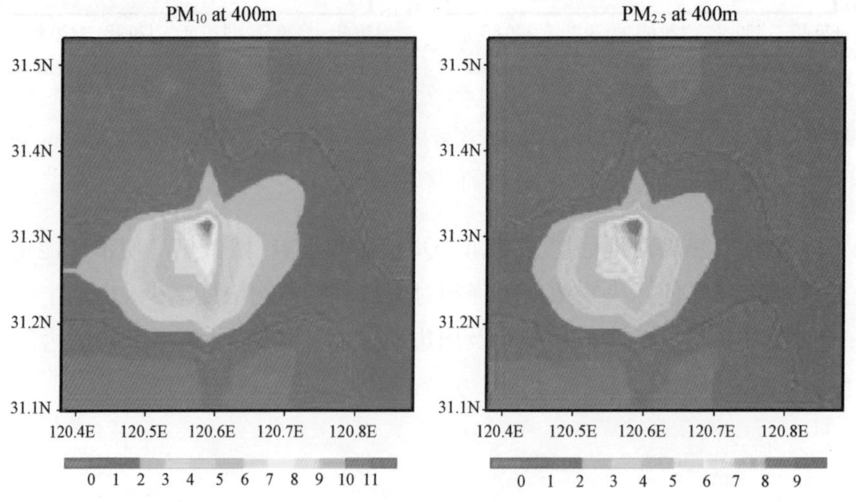

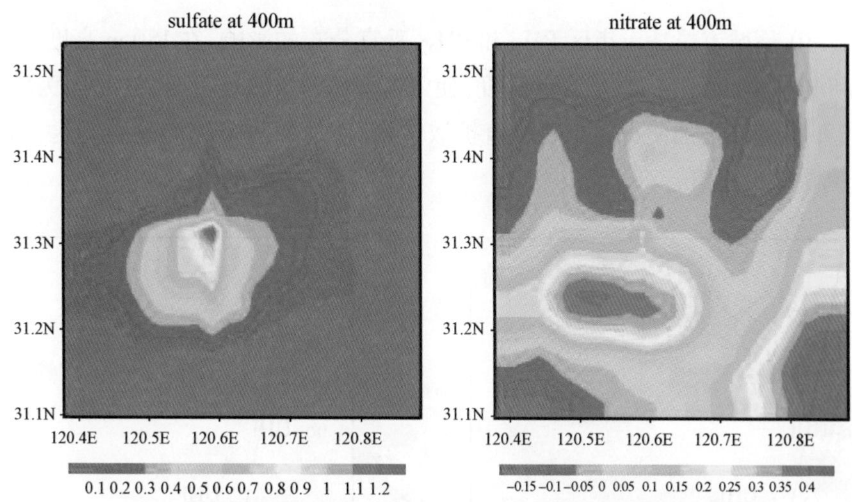

图 10.5.8　城市热岛对 400 米高度 PM_{10}，$PM_{2.5}$，硫酸盐和硝酸盐浓度的影响（$\mu g \cdot m^{-3}$）

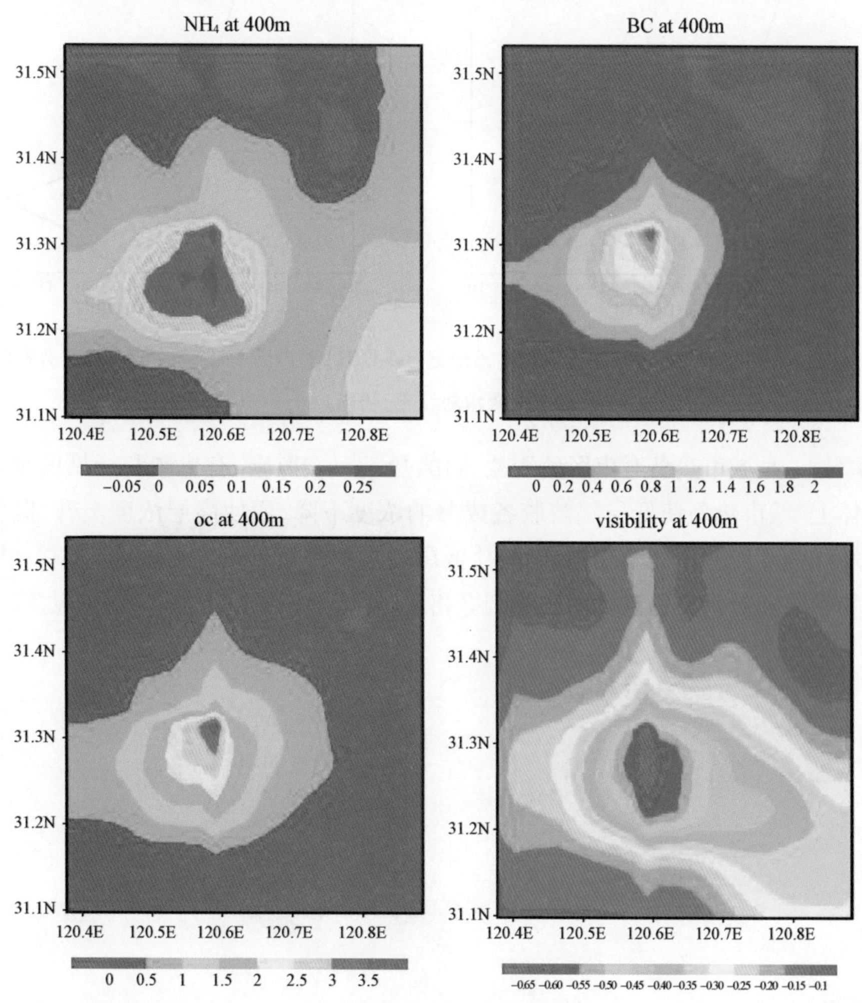

图 10.5.9　城市热岛对 400 米高度铵盐、黑碳、有机碳浓度（$\mu g \cdot m^{-3}$）和能见度（km）的影响（朱焱和刘红年，2016）

图 10.5.10 是城市热岛对市区 PM_{10} 和 $PM_{2.5}$ 垂直分布的影响，在 180 m 高度以下，城市热岛使 PM_{10} 和 $PM_{2.5}$ 浓度下降，在 180 m 高度，使 PM_{10} 和 $PM_{2.5}$ 浓度上升，这是因为城市热岛环流以及大气不稳定性增加使得污染物垂直扩散增强，使地面污染物向高空输送，因此使低层浓度下降，高层浓度上升。

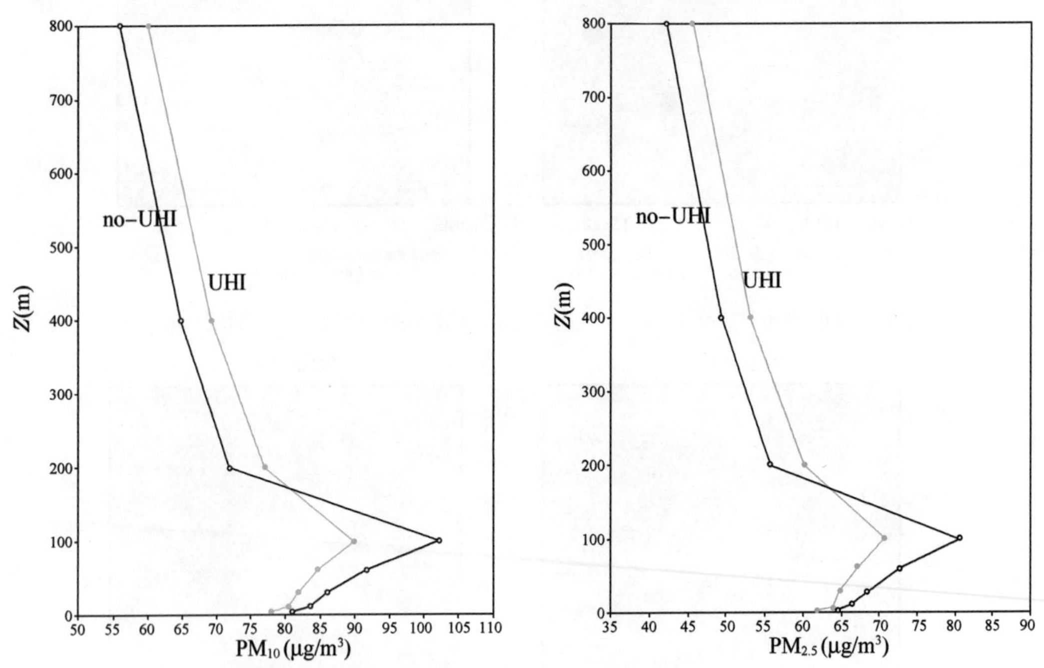

图 10.5.10 case1（有热岛，UHI）与 case2（无热岛，no-UHI）对市区 PM_{10} 和 $PM_{2.5}$ 垂直分布的影响（朱焱和刘红年，2016）

图 10.5.11 是城市热岛对市区硫酸盐、硝酸盐、铵盐、黑碳、有机碳和能见度垂直分布的影响。总体上，城市热岛使低层气溶胶各成分的浓度下降，而使高层浓度上升，但各成分由下降转为增加的高度并不完全相同，硝酸盐低层增加的高度最高，为 380 m 左右。城市热岛对能见度的影响和对污染物浓度的影响刚好相反，使低层能见度增加，高层能见度下降。

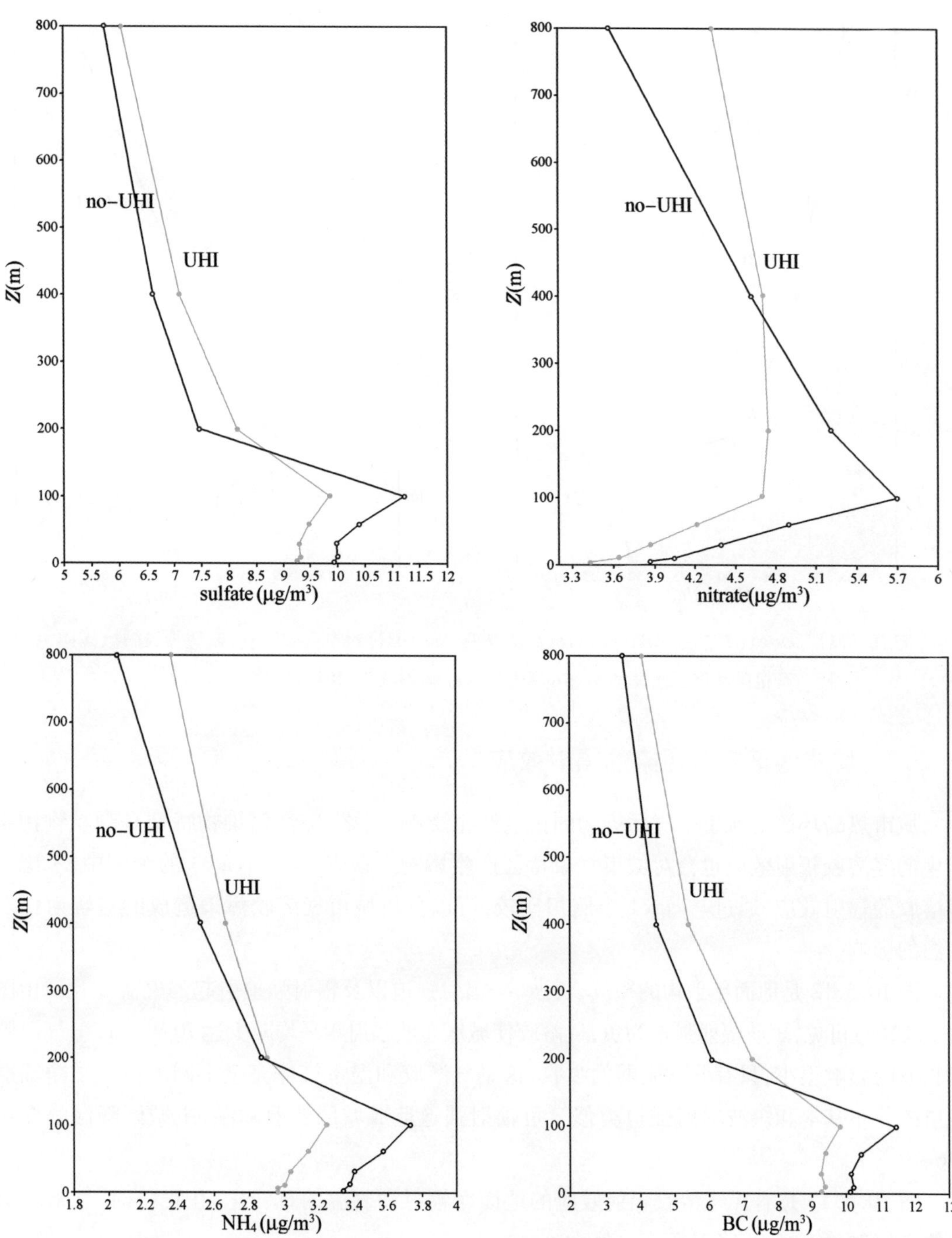

Z(m)
no-UHI
UHI
sulfate (μg/m³)
nitrate(μg/m³)
NH₄ (μg/m³)
BC (μg/m³)

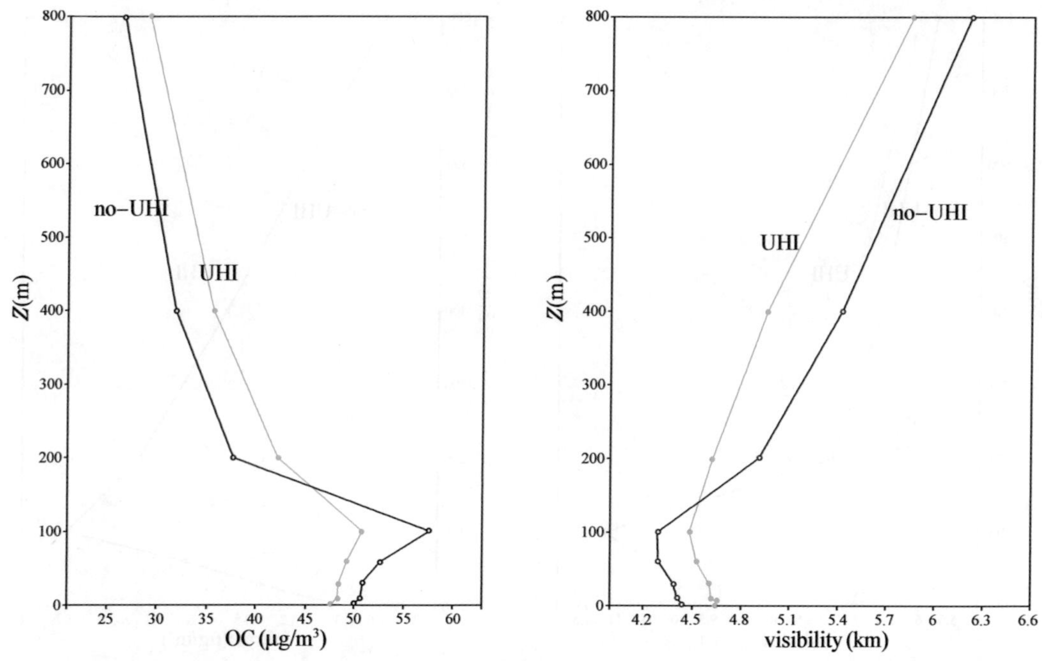

图 10.5.11 case1(有热岛,UHI)和 case2(无热岛,no-UHI)对市区硫酸盐、硝酸盐、铵盐、黑碳、有机碳和能见度垂直分布的影响(朱焱和刘红年,2016)

10.5.3 城市地区空气污染的辐射效应

城市热岛环流对城市空气污染物的扩散产生影响,反之,空气污染物特别是颗粒物污染产生的气溶胶辐射效应也会对城市气象特征产生影响。在表 10.5.1case3 的个例中,考虑了气溶胶的辐射效应,通过与 case1 个例相比较,可以分析城市气溶胶污染造成的对辐射以及气温的影响。

图 10.5.12 是地面年平均的短波、长波、净辐射强迫以及辐射强迫引起的气温变化。由图 10.5.12(a)可见,短波辐射强迫为负,气溶胶使城区短波辐射年平均减少达 70 W · m^{-2},气溶胶对长波的影响很小,只有非常微弱的吸收,这是气溶胶和温室气体完全不同的性质。净辐射强迫的分布基本和短波辐射强迫类似。负辐射强迫造成城区普遍降温,主城区降温幅度在 0.6 ~ 0.8 K。

图 10.5.13 是有无气溶胶辐射效应的地面净辐射和气温的日变化,在正午时,气溶胶引起的净辐射差额最大,降温幅度也最大。

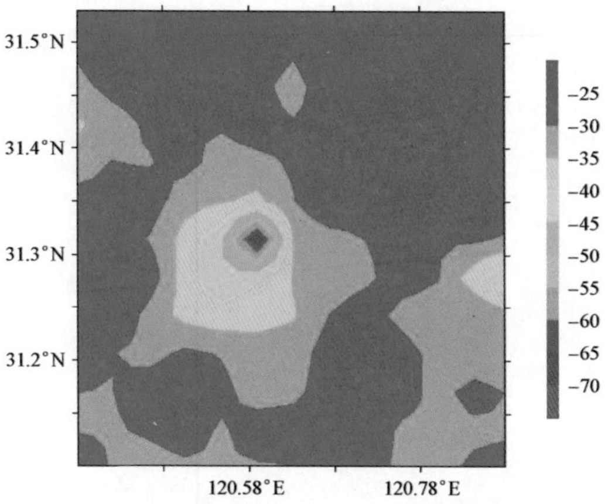

(a) 短波辐射强迫($W \cdot m^{-2}$)

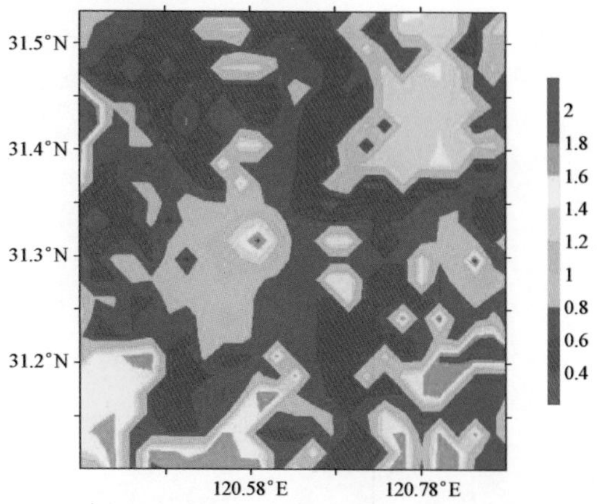

(b) 长波辐射强迫($W \cdot m^{-2}$)

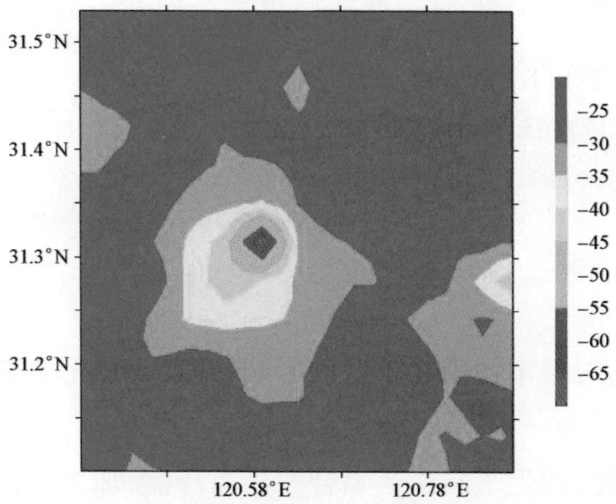

(c) 净辐射强迫($W \cdot m^{-2}$)

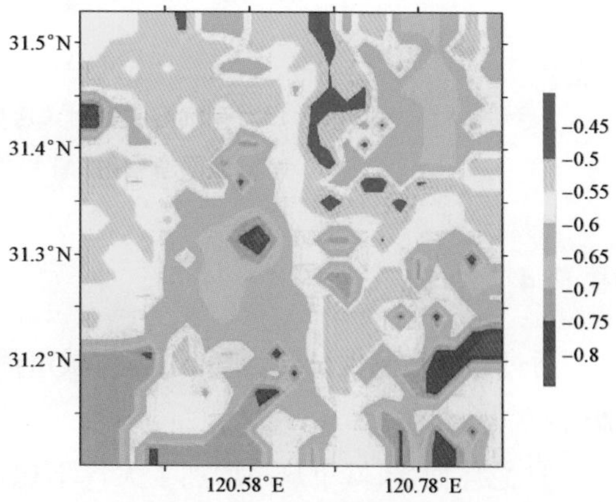

(d) 气温变化(K)

图 10.5.12 苏州地面年平均短波、长波、净辐射辐射强迫及气温变化

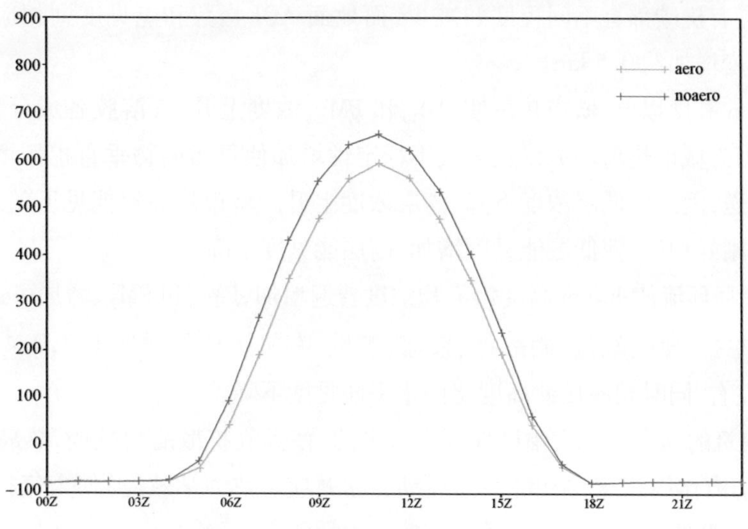

(a) 净辐射日变化($W \cdot m^{-2}$)

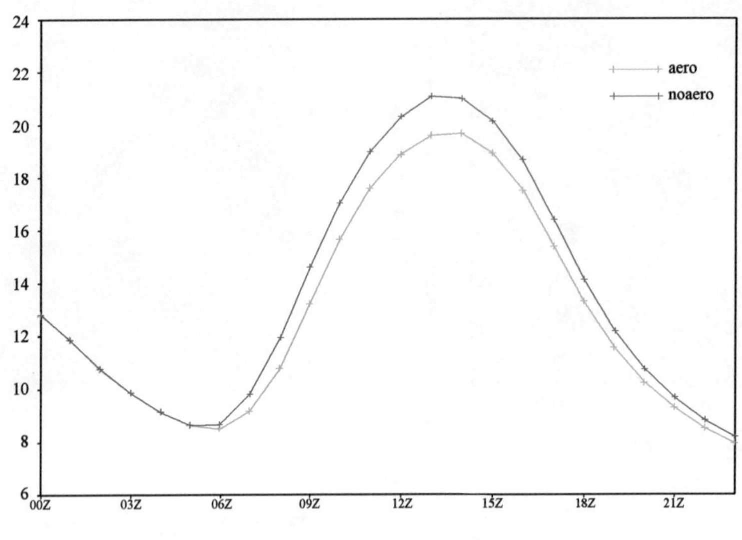

(b) 气温日变化(K)

图 10.5.13　有气溶胶辐射效应(绿线)和无气溶胶辐射效应(红线)地面净辐射(a)和气温(b)的日变化

10.5.4　小结

通过数值敏感性试验,研究了苏州城市热岛对城市污染物扩散的影响,并得出以下主要结论:

① 总体而言,城市热岛增加了大气不稳定性,产生了向市区辐合的热岛环流,加大了市区上空的垂直速度,这种影响实际上增加了城市大气的扩散能力。城市热岛总体上使地面污染物浓度下降,城区 PM_{10} 和 $PM_{2.5}$ 减少约 5 $\mu g \cdot m^{-3}$,城区气溶胶各成分,如硫酸盐、硝酸盐、铵盐、黑碳、有机碳都有不同程度的减少,而地面 AQI 指数和能见度则相应增加,城市热岛使市区能见度增加约 0.5 km。

② 在 180m 高度以上,城市热岛使 PM_{10} 和 $PM_{2.5}$ 浓度上升,气溶胶各成分都有不同程度的增加,这是因为城市热岛环流以及大气不稳定性增加使得污染物垂直扩散增强,使地面污染物向高空输送,因此使低层浓度下降,高层浓度上升。城市热岛对能见度的影响和对污染物浓度的影响刚好相反,使低层能见度增加,高层能见度下降。

③ 城市热岛环流使 400 m 高度污染物浓度普遍增加,PM_{10} 和 $PM_{2.5}$ 增加可达 11 $\mu g \cdot m^{-3}$ 和 9 $\mu g \cdot m^{-3}$ 左右,使硫酸盐、硝酸盐、铵盐、黑碳、有机碳分别增加 1.2,0.4,0.25,2.0 和 3.5 $\mu g \cdot m^{-3}$ 左右,同时相应使此高度层的水平能见度下降。

④ 城市建筑的动力效应大幅度降低市区风速,使大气扩散能力减弱,热岛作用(热力作用)和建筑的动力作用相反,城市化发展(动力学效应 + 热力学效应)使大气扩散能力减弱,因此可以认为热岛的热力学效应小于建筑的动力学效应。

⑤ 空气污染物特别是颗粒物污染产生的气溶胶辐射效应对城市气象有明显影响。气溶胶总体为负辐射强迫，气溶胶使城区短波辐射年平均减少达 70 W·m^{-2}。负辐射强迫造成城区普遍降温。

10.6　本章总结

近30年来，我国高速的城镇化和经济增长带来了土地利用的剧烈变化和污染排放的急剧增长，对区域天气、气候和空气质量产生显著影响。城市化过程中土地覆盖类型的变化、城市建筑平均密度和高度的增加导致城市地表能量各项以及温度、湿度、风场等的分布更加复杂。本章详细阐述了城市化对地表能量平衡、边界层内气象条件的影响以及城市化对热岛环流及空气质量的影响。

城市化形成的城市热岛环流，增加了大气不稳定性，产生了向市区辐合的热岛环流，加大了市区上空的垂直速度，增加了城市大气的扩散能力。而城市建筑的动力学效应则降低了市区的风速，使大气扩散能力削弱。综合来看热岛的热力学效应小于建筑的动力学效应，最终导致城市大气扩散能力减弱，城市空气污染加重。

区域空气质量模式是用来研究大气污染形成机制、输送转化、预报预警和对策评估的重要科学工具。近年来空气质量模型的研究取得长足进展，成为大气环境领域最活跃的研究方向之一，但是对各过程之间相互作用的研究还十分缺乏。尤其是在我国城镇化的驱动下，城市中形成了独特而又复杂的陆面过程，对城市气候的影响我们还不能完全解释，其对大气环境的影响诸过程发生深刻而快速的改变，这些过程的相互关联及其演变对大气环境的影响还基本不清楚，导致模型模拟结果与实际观测之间还有相当大的差距，如何基于空气质量模型，精确量化城镇化发展对区域天气气候和大气环境的影响，是目前我国大气环境研究亟待解决的难题。

陆地-大气之间的相互作用被认为是大气环境模拟的一个关键过程，控制着大气圈、地表及生态圈之间的物质、能量和动量传输。因此，精确量化陆气交换过程是提高空气质量模式模拟性能的有效手段之一，也是国内外大气环境科学研究的科学前沿。然而，由于地表下垫面的非均匀性、大气边界层过程的多尺度性及湍流运动的复杂性，利用高分辨率大气/陆面模式来提高数值模拟的准确性依然面临亟待突破的瓶颈问题，未来仍然需要解决的主要科学难题包括：

① 准确描述冠层内的热力动力过程。当前由于 M－O 相似性理论（MOST）无法精确描述城市冠层内陆气交换的热力动力过程，未来再集成观测事实推进冠层热动力学理论的创新和模式的改进，并在此基础上改进和完善陆气交换通量的模拟模式。

② 实现多尺度陆气交换过程的动态耦合及定量描述对区域大气环境的影响。目前的研究多集中于陆气交换各过程机制的深化研究，各过程之间的耦合作用研究相对不足。未来需要考虑多尺度陆气交换过程的动态耦合作用，发展集合多尺度过程模型，定量评估其对区

域大气环境及其气候变化的影响。这些问题的突破,对加深认识地球各圈层之间的相互作用、准确把握陆气交换过程对空气质量和气候变化的影响具有重要的科学价值。特别是在我国城市群地区,探索城镇化导致的陆气交换过程变化对大气环境的影响,改进区域空气质量和天气/气候的模拟和预测,提升我国大气污染的演变趋势分析和预测的能力具有重要的科学和现实意义。

11　城市气象与城市规划

城市下垫面与城市规划密切相关。城市规划与设计能够控制城市下垫面结构，进而影响城市微气候。城市规划是研究城市的未来发展、城市的合理布局和管理各项资源、安排城市各项工程建设的综合部署。对于一个城市而言，合理的总体规划对于改善城市气候环境有着积极的作用，有效的城市规划政策和设计可以改变区域环境并提升人居舒适度。新城规划会对原区域产生重要的局地气候影响，不同的城市建设方案产生的局地气候效应相差极大，如何在满足城市扩张需求的前提下，缓解甚至避免规划建设引发的城市环境恶化问题，是我国城市规划研究面临的重要问题。

在城市规划中，可以通过一定的手段对城市气候进行微调节，如利用"冷却屋顶"、通风廊道设计等。在城市规划及其气候效应评估中，城市气候图作为可持续城市规划辅助信息系统工具备受瞩目。

本章介绍了城市规划中气候效应影响研究中的几个关键问题，如城市热环境调控、城市通风廊道的气候效应、城市规划的气候评估、城市气候图的建立等。

11.1　城市热环境调控——冷却屋顶的边界层和气候效应

中国是世界第一人口大国，正经历着一场巨大的由乡村向城市人口的迁移运动（马侠和王维志，1988；张永庆等，2006）。联合国 2014 年全球城市化发展报告指出，中国在过去的 60 多年间城市人口已经增长了超过 40%，预计到 2050 年，城市化比例将达到 70%，城市新增人口为 2.92 亿（UN, 2015）。城市人口的大规模增长必然会导致城市面积的不断扩张。而城市人口的增长和集中，城市的扩张首先会对城市局地气候产生显著的影响，城市热岛现象就是最为直接的证据（Oke, 1982）。城市地区低反照率、高热容的不透水层取代原有的植被、可蒸发土壤等透水层导致地表温度升高，从而产生热岛效应（林学椿和于淑秋，2005）。此外，不断增多的高层建筑使吸收太阳辐射的表面积增加，低层气流动能减小等，再次加剧城市热岛效应，加重了夏季城市地区用于降温的能量负荷。因此用于夏季城市地区制冷的能耗加大了温室气体的排放，室外热环境状况进一步恶化，最终形成恶性循环。

目前科学家已对城市热岛及其影响开展一系列研究（Livada et al., 2002；Mihalakakou et al., 2002；Mihalakakou et al., 2004；Founda, 2011；Stewart, 2011；Papanastasiou and Kittas, 2012；Zhao et al., 2014）。一些研究认为城市热岛仅是局地现象，对近百年全球气温增长的

影响不超过10%（Stocker, 2014）。而另外一些科学家认为城市热岛的规模和影响可能代表未来的气候，已经观测到的城市区域温度上升规模超过了预测的未来几十年全球温度的上升幅度。研究结果显示全球城市热岛引起的温度变化自工业化以来至少达0.1 ℃（Jones et al., 1990；Easterling et al., 1997；Hansen et al., 1999；Peterson, 2003；Parker, 2006）。Kalnay和Cai等（2003）认为，过去100年美国大陆平均气温增加约0.27 ℃，昼夜温差减少了一半，城市化和土地利用变化对温度变化的贡献度超过50%。国内城市热岛的研究最早可追溯到周淑贞等（1982）在上海的研究，结果表明上海市热岛强度最高可达5 ℃，以日落后2h到夜间为最强。近年来我国已有多个大型城市开展了城市热岛的研究。鲍文杰（2010）通过分析近50年上海城市站点气温数据得到城市站点升温率为0.5 ℃/10a。宋艳玲等（2003）利用北京近40年观测资料分析发现，北京城市和郊区年平均气温显著上升，其中市区温度平均增幅为0.43 ℃/10a，郊区则为0.21 ℃/10a。城市热环境除了对局地气候及未来气候变迁有影响外，对城市居民的健康也有直接危害（Li et al., 2015；Åström et al., 2011；Xu et al., 2012）。研究表明城市高温热浪不仅提高了多种疾病的发病率（Stotz et al., 2014），而且有可能直接造成很高的死亡率（Ma et al., 2015）和重大的公共卫生问题（Sakka et al., 2012；Luber and McGeehin, 2008）。同时，城市热岛效应改变了局地的空气循环模式，使污染物很难扩散到远离市区的地方（王咏薇等, 2008）。由燃料燃烧所产生的粉尘及各种污染气体，例如氮氧化物（NO_x）、二氧化硫（SO_2）等，促进局地光化学烟雾和酸雨的形成，并增加臭氧浓度，从而使城市地区的环境污染问题激化，进一步危害人类健康（Stathopoulou et al., 2008；Taha, 2008；Bernard et al., 2001；Fann et al., 2012）。

为了缓解城市热环境效应，科学家们开展了一系列研究。研究表明在城市中应用冷却屋顶可以有效平衡城市地表能量中多余的热量从而实现降温。目前从冷却屋顶的角度研究城市热岛缓解的方法主要是试验研究和数值模拟。Simmons等（2008）和Zhai等（2017）通过试验证明了高反照和超材料屋顶的降温能力。然而试验研究只能针对有限区域，无法获得较大尺度的普遍规律，因此必须结合模式。诸多模式研究表明高反照和超材料屋顶能够有效降低城市温度（Akbari et al., 2009；Menon et al., 2010；Salamanca et al., 2012；Scherba et al., 2011）。这是因为这两种屋顶反照率比传统屋顶要高，通过减少屋顶获得的太阳辐射而降温。还有研究指出太阳能光伏屋顶可以实现城市地区的降温，缓解城市热岛（赵春江和崔容强, 2003；张华等, 2017）。光伏屋顶既可以通过发电对能耗产生直接影响，又能减少化石燃料燃烧对周围环境产生的间接影响，具有较高的综合效益。

虽然目前国外已有广泛的研究，但是中国不可以完全照搬。因为中国城市化进程更快，建筑结构与国外有很大不同（宁越敏, 2012）。此外，区域气候背景不同也会导致不同材料的适应性不同。因此，中国各大城市带由于气候背景不同，哪种材料适应性最好，具有最好的降温效应还未可知。大范围安装太阳能板对于各城市带能耗收支的影响也未明确。为此，本项研究拟利用耦合多层冠层方案（下文简称BEP/BEM）的WRF模式，探讨中国五大城市带不同冷却屋顶和太阳能屋顶在夏季高温天气的降温效应，从而为城市地区规划和能源供给方案的制定提供有效的数据支持。

（1）高反照率屋顶

高反照率屋顶通过增加现有城市地区的平均反照率，减少地球表面净辐射的吸收从而在一定程度上缓解热岛效应（Li et al.，2014）。该研究最早是由 Sailor 等（1995）在美国洛杉矶城区利用科罗拉多州立大学中尺度模式开展的，结果表明高反照率屋顶可使峰值温度降低 1.4 ℃，平均温度降低约 0.5 ℃。随后，Rosenfeld 等（1995）也在该地区将屋顶反照率提高至 0.5 后发现峰值温度降低至 1.5 ℃。随着 MM5 模式的兴起，Sailor（2002）于 2002 年在费城开展高反照率屋顶模拟，研究表明高反照率屋顶可使平均温度降低 0.3 ~ 0.5 ℃。而后，Rosenzweig（2006）等也在纽约地区开展类似研究，他得出反照率每增加 0.1，峰值温度会降低约 0.2 ℃。Synnefa（2008）等在希腊雅典利用 MM5 模式进行高反照率屋顶实验，他们将模式中的屋顶反照率分别提升至 0.63 和 0.85，结果表明这种手段会使模拟区域平均温度分别下降 0.5 ~ 1.5 ℃和 1 ~ 2.2 ℃。Taha（2008）等通过提高屋顶、墙壁和路面的反照率，得到反照率每增加 0.1 峰值温度降低约 1 ℃且平均温度下降约 0.35 ℃。由于 WRF 模型其 NOAH 路面过程参数化方案在城市下垫面中良好的模拟性能，近年来多次应用在城市热岛减缓评估研究中。Zhou（2010）等在美国亚特兰大利用 WRF 中的 NOAH 方案将屋顶反照率分别设置为 0.15 和 0.3，结果表明该地区反照率的轻微升高对于模拟区域的平均温度和峰值温度影响并不明显。Millstein（2011）也利用 WRF 结合 NOAH 将屋顶反照率由 0.15 提高至 0.5，发现城市平均气温可降低 0.11 ~ 0.53 ℃。自 2013 年始，中国也陆续开展了一系列大型城市高反照率屋顶缓解城市热岛的研究。Wang（2013）等在京津冀地区将屋顶反照率提高至 0.85，结果表明城市地区平均温度降低 0.51 ℃，峰值温度降低 0.8 ℃。Ma（2014）利用 WRF/NOAH 模拟北京地区高反照率屋顶的缓解城市热岛效应，通过将屋顶反照率提高至 0.8，发现城区平均温度会降低 0.4 ~ 1.5 ℃，峰值温度降低 1.6 ℃。郭良辰等（2018）利用 WRF 在南京地区开展冷却屋顶试验，结果表明冷却屋顶可使白天平均降温 0.5 ℃，夜间平均降温 0.1 ~ 0.2 ℃，日最大降温可达 0.9 ℃。

（2）太阳能屋顶

现有研究均表明太阳能板是一种不消耗矿物燃料、不污染环境又能使生态良性循环的建筑材料（Bermel et al.，2010；Susca et al.，2011）。相比于传统高反照材料的易被腐蚀和易退化的特性，太阳能板具有很强的稳定性和耐用性（Rephaeli and Fan，2009）。目前，国内外学者已将太阳能板耦合进各种尺度模式中来研究其对于城市热岛的缓解能力。Scherba 等（2011）使用建筑能耗模型 EnergyPlus 来研究夏季城市热岛，结果发现光伏屋顶能使感热通量减少约 50%。Masson 等（2014a）利用离线城市冠层模型（TEB）来模拟法国巴黎地区太阳能板的降温效应，结果表明太阳能板可使白天近地层气温下降 0.2 ℃，且可使夏季该地区减少 12% 的能源消耗。Dominguez 等（2011）在加利福尼亚通过观测结合模拟的方法发现，太阳能板可使屋顶日最高温度和感热通量显著降低。此外，光伏屋顶还使该地区年供冷负荷减少约 38%，减少屋顶的热应力从而提高居民舒适感。其后，科学家又对光伏屋顶的降温能力进行了具体的研究。Hu 等(2016)利用通用气候系统模式 CCSM4 研究架设太阳能板对全球气候的影响,结果表明太阳能板可使城市地区降温约 0.26 ℃。Salamanca 等(2016)在亚利桑那州两个主城利用中尺度模式 WRF 研究太阳能光伏屋顶和冷却屋顶的降温效应,结果显示白天冷却屋顶降温性能更好,夜间则相反。此外,太阳能板可使冷却能源需求降低 8% ~ 11%。Ma 等(2017)将光伏屋顶耦合进中尺度模式来模拟悉尼地区,研究表明太阳能板可使屋顶夏季最高温度降低 1 ℃。然而 Ma 等仍指出即使非常大型的光伏屋顶也无法阻止全球变暖,但可以产生足够的能量来抵消对其他能量的需求,从而降低环境气温。张艳晴等(2019)在南京地区进行太阳能屋顶对夏季高温的缓解效应研究,结果表明太阳能屋顶可使近地层降温 0.2 ~ 1.3 ℃,且发电效率越高,降温效果越明显。光伏屋顶产能所带来的制冷效益将减少城市人口和基础设施在极端温度下的脆弱性。综上可知,虽然太阳能光伏屋顶的降温性能并没有高反照率屋顶出色,但其对提供夏季城市地区的制冷负荷具有十分重要的作用。

(3) 超材料屋顶

传统冷却屋顶虽然能减缓城市热岛效应,但是存在重污染、安装繁琐和维护成本较高等问题(Sun et al., 2016b; 卢兰兰等, 2013)。因此,无需任何外在能源输入即可进行降温的被动冷却方法就显得尤其重要。Raman 等(2014)研制出由 HfO_2 和 SiO_2 组成的光子太阳能发射器,结果表明该装置可反射 97% 的太阳光,并可使自身冷却至低于周围环境气温 4.9 ℃。Zhai 等(2017)研制出了随机玻璃-聚合物新材料,研究表明这种材料具有高反照率和高发射率的特点,可以在没有其他制冷剂的条件下实现全天降温。此外,这种随机玻璃-聚合物新材料还具有材质轻便的特点,可实现大量商业化卷轴式生产,是发展辐射冷却的一种可行性能源技术和材料。在 Zhai 等研究基础上,王豫等(2019)在 WRF 中引入这种新材料来探究其对夏季城市热岛的缓解效应,结果表明随机玻璃-聚合物混合材料的降温效应优于高反照率屋顶,两者降温温差在 0.2 ~ 0.4 ℃。

以上即为国内外高反照率屋顶、太阳能屋顶和超材料屋顶的主要研究进展。不难看出冷却屋顶的研究绝大多数都是针对某一次高温事件,且研究区域主要集中在国外。中国城市化进程居于世界首列,以长三角、珠三角和京津冀为首的城市带正不断扩张,因此开展城市适应性政策的研究十分必要。现如今我国几大城市带冷却屋顶的研究还很少,太阳能板屋顶的研究基本未实施。因此,架设不同屋顶对于局地气候的影响亦不明确。

基于以上的研究背景,本节以中国五大城市群(长三角城市群、珠三角城市群、京津冀城市群、长江中游城市带以及成渝都市圈)为研究对象,采用中尺度模式 WRF 探究高反照率屋顶、太阳能光伏屋顶以及超材料屋顶对城市地区夏季高温热岛的缓解效应。

尝试探讨不同冷却屋顶对于缓解高温的潜在能力,并分析不同材料冷却屋顶对于中国不同气候带的影响。此外,探究太阳能板屋顶对于不同气候背景下城市群的能耗收支影响。

11.1.1 算例及数据介绍

(1) 太阳能板参数化方案

本研究基于 WRF/URBAN 展开研究。WRF/URBAN 中没有太阳能屋顶的计算方案,因此需要单独编写并耦合进 WRF 中的 BEP/BEM 方案中。由于 BEP/BEM 城市冠层方案可以计算空调能耗以及空调制冷时的废热排放,因此在 BEP/BEM 中引入太阳能算例不仅可以得到太阳能板对建筑室内外空气温度的影响,还可以探究太阳能板屋顶对室内建筑的能源补偿作用。根据 S. Krauter(1990)的分层理论模型,可将太阳能板自上而下分为玻璃板、光伏组件和地板,各层的热力学参数见表 11.1.1。

表 11.1.1 光伏板各层热力学参数

材料	导热系数($W \cdot m^{-1} \cdot K^{-1}$)	密度($kg \cdot m^{-3}$)	比热容($J \cdot kg^{-1} \cdot K^{-1}$)	厚度(mm)
玻璃板	1.04	2500	835	4
光伏组件	150	2330	950	0.3
底板	0.14	1475	1130	5

太阳能板架构方式种类繁多,主要有贴附式、封闭流道支架安装以及通风流道支架安装(王玥,2017)。这里选取了较为常见的贴附式安装。该方案下太阳能板与屋面平行且紧贴。通过有限差分的方法可得太阳能板不同分层的热平衡方程,具体方程如下:

$$r_s \times a_1(1-r) + \varepsilon[r_1 - \sigma(T_1^{n-1})^4] - H_1 - h_{12} \times (T_1^n - T_2^n) - \frac{\rho_1 c_{p1} \Delta x_1}{dt}(T_1^n - T_1^{n-1}) = 0 \tag{11.1.1}$$

式中,从左到右依次为玻璃板吸收的太阳短波辐射,向下的净长波辐射,玻璃板与周围空气的热交换(Louis, 1979),玻璃板与光伏组件的热传递以及储热项。

$$r_s \times a_2(1-a_1)(1-r) - E + h_{12} \times (T_1^n - T_2^n) - h_{23} \times (T_2^n - T_3^n) - \frac{\rho_2 c_{p2} \Delta x_2}{dt}(T_2^n - T_2^{n-1}) = 0 \tag{11.1.2}$$

式中,从左到右依次为穿过玻璃板被光伏组件吸收的太阳辐射,光伏组件的发电量,玻璃板和地板的热传递。

$$h_{23} \times (T_2^n - T_3^n) + h_{3r1} \times (T_{r1}^n - T_3^n) - \frac{\rho_3 c_{p3} \Delta x_3}{dt}(T_3^n - T_3^{n-1}) = 0 \tag{11.1.3}$$

式中,从左到右依次为光伏电池与底板的热传递,底板与周围空气的热量交换,底板向下以及屋顶向上的长波辐射以及热储存项。

$$h_{3r} \times (T_a^n - T_{r1}^n) + h_{r12} \times (T_{r2}^n - T_{r1}^n) - \frac{\rho_{r1} c_{pr1} \Delta x_{r1}}{dt}(T_{r1}^n - T_{r1}^{n-1}) = 0 \tag{11.1.4}$$

式中,从左到右依次为底板与屋顶的热传递,屋顶第一层与第二层的热量交换,屋顶第一层的热存储项。上述各式参数的物理含义见表 11.1.2。

表 11.1.2 公式中物理参数说明

物理参数	参数说明	物理参数	参数说明
H_1	光伏板表面的感热通量[W·m^{-2}]	Δx_1	玻璃板厚度[m]
Rs	向下的太阳短波辐射[W·m^{-2}]	Δx_2	光伏组件厚度[m]
R1	向下的大气长波辐射[W·m^{-2}]	Δx_3	底板厚度[m]
R	玻璃板反射率	Δx_{r1}	屋顶第一层厚度[m]
E	玻璃板发射率	h_{12}	玻璃板与光伏组件传热系数[W·m^{-1}·K^{-1}]
E	发电量[W·m^{-2}]	h_{23}	光伏组件与底板传热系数[W·m^{-1}·K^{-1}]
P	玻璃板密度[kg·m^{-3}]	h_{3r}	屋顶与底板对流交换系数[W·m^{-1}·K^{-1}]
ρ_2	光伏组件密度[kg·m^{-3}]	T_1	玻璃板温度[K]
ρ_3	底板密度[kg·m^{-3}]	T_2	光伏电池温度[K]
ρ_a	空气密度[kg·m^{-3}]	T_3	底板温度[K]
ρ_{r1}	屋顶第一层密度[kg·m^{-3}]	T_a	夹层气温[K]
C_{p1}	玻璃板比热容[J·kg^{-1}·K^{-1})]	T_n	n 时刻温度[K]
C_{p2}	光伏组件比热容[J·kg^{-1}·K^{-1}]	C_{pr1}	屋顶第一层比热容[J·kg^{-1}·K^{-1}]
C_{p3}	底板比热容[J·kg^{-1}·K^{-1}]	a_1	玻璃板吸收率
C_{pa}	空气比热容[J·kg^{-1}·K^{-1}]	a_2	光伏组件吸收率

太阳能屋顶与 WRF 中 BEP/BEM 方案的耦合主要参考郝晓龙等(2020)的研究,通过将屋顶的热传递方程组成离散化方程组,并整理成对角矩阵的形式,求解出各层的温度。此外,用太阳能板的表面温度替代原本屋顶温度参与模式中表面通量的计算。

(2) 算例中超材料屋顶和高反照率屋顶方案的设置

高反照率屋顶原理即仅提高反照率进行降温。因此,将 WRF 里默认的屋顶反照率 α_{roof} 由 0.2 改为 0.8,其他参数化方案不需要改变。超材料屋顶(本节讨论随机玻璃-聚合物混合超材料)由于本身具有高反照率和高红外发射率(Zhai et al., 2017),因此在模式中要同时修改屋顶的反照率 α_{roof}(0.96)和屋顶发射率 E_{roof}(0.93)。

(3) 人体舒适度指数计算

人体对外界环境的舒适感,不能仅通过单一的气象要素来判断。人体舒适度是以人身体与周围环境的热交换过程为基础,从气象的角度来评价人体在不同气象条件下舒适感的生物气象指标,其在城市气象服务中具有十分重要的意义(刘梅等, 2002)。目前,国内外对于人体舒适度的研究非常多,主要是利用统计方法分析不同时空条件下的人体舒适度变化规律。本节采用了日常生活中最为常用的人体舒适度指数(Comfort Index of Human Body,下文均简称 I_{CHB})经验公式(张书余, 2002),它主要取决于温度、相对湿度和风速三个指标。具体计算公式如下:

$$I_{CHB} = T \times 1.8 - 0.55 \times (1 - RH) \times (T \times 1.8 - 26) - 3.2 \times \sqrt{V} + 3.2 \quad (11.1.5)$$

式中，T 是空气温度(℃)；RH 是大气相对湿度(%)；V 为风速($m \cdot s^{-1}$)。夏季，I_{CHB}越高表示人体越不舒适。

(4) 所用数据

由于本节模拟范围很广、时间跨度比较长，再加上中国地面站逐小时资料并不公开等问题，本节采用了中国地面气候日值数据集。该数据已经过质量控制，数据的正确率均接近 100%。此外，由于实际数据的缺测和模拟需要，最终选取了五个城市带的以下 64 个气象站点(表 11.1.3)。

表 11.1.3　不同城市带气象站点概况

城市带	站名	区站号	经度	纬度
	张家口	54401	114.55	40.46
	密云	54416	116.52	40.23
	北京	54511	116.28	39.48
京津冀城市带	霸州	54518	116.24	39.10
	天津	54527	117.03	39.05
	唐山	54534	118.06	39.39
	饶阳	54606	115.44	38.14
成渝城市带	泊头	54618	116.33	38.05
	温江	56187	103.52	30.45
	宜宾	56492	104.36	28.48
	达州	57328	107.30	31.12
	遂宁	57405	105.33	30.30
	高坪区	57411	106.06	30.47
	万州	57432	108.24	30.46
	大足	57502	105.42	29.42
	东兴	57503	105.07	29.37
	合川	57512	106.17	29.58
	沙坪坝	57516	106.28	29.35
	江津	57517	106.15	29.17
	长寿	57520	107.04	29.10
	丰都	57523	107.44	29.51
	黔江	57536	108.47	29.32
	綦江	57612	106.39	29.00
	阜宁	58143	119.51	33.48
长三角城市带	滁州	58236	118.15	32.21
	南京	58238	118.54	31.56
	高邮	58241	119.27	32.48

（续表）

城市带	站名	区站号	经度	纬度
	东台	58251	120.17	32.51
	南通	58259	120.59	32.05
	合肥	58321	117.18	31.47
	马鞍山	58336	118.34	31.42
	芜湖	58338	118.35	31.09
	溧阳	58345	119.29	31.26
	昆山	58356	121.00	31.24
	宝山	58362	121.27	31.24
	铜陵	58429	117.51	30.59
	宁国	58436	118.59	30.37
	湖州	58450	120.03	30.52
	杭州	58457	120.10	30.14
	慈溪	58467	121.16	30.12
	金华	58549	119.39	29.07
	上虞区	58553	120.49	30.03
	鄞州	58562	121.33	29.47
珠三角城市带	韶关	59082	113.36	24.40
	清远	59280	113.05	23.43
	广州	59287	113.29	23.13
	东莞	59289	113.44	22.58
	河源	59293	114.44	23.48
	惠州	59298	114.22	23.04
	汕头	59316	116.41	23.24
	江门	59478	112.47	22.15
	中山	59485	113.24	22.30
	珠海	59488	113.34	22.17
	深圳	59493	114.00	22.32
	阳江	59663	111.58	21.50
长江中游城市带	武汉	57494	114.03	30.36
	孝感	57482	113.57	30.54
	天门	57483	113.08	30.40
	宜昌	57461	111.22	30.44
	荆州	57476	112.09	30.21
	长沙	57687	112.55	28.13
	株洲	57780	113.10	27.52
	岳阳	57584	113.05	29.23
	常德	57662	111.41	29.07

（5）算例设置

本研究选用 WRF3.9.1 版本。模式采取两重嵌套，母区域包含全中国，内含五个子区域，子区域下垫面如图 11.1.1 所示。模式采用了 2015 年 500 m 分辨率的 MODIS 静态数据，它将下垫面分为 17 类。此外，为了更好地探究城市热岛效应，另将城市下垫面细分为三种，即低密度住宅区（30% ~70%）、高密度住宅区（70% ~90%）和商业区（90% 以上）。模式中网格分辨率为 15 km 和 5 km，垂直分层为 41 层，其中 1 km 以下有 13 层。模拟所采用的初始和边界条件为 NCEP 的 FNL 全球再分析资料，其空间分辨率为 1°×1°，时间间隔为 6 h。

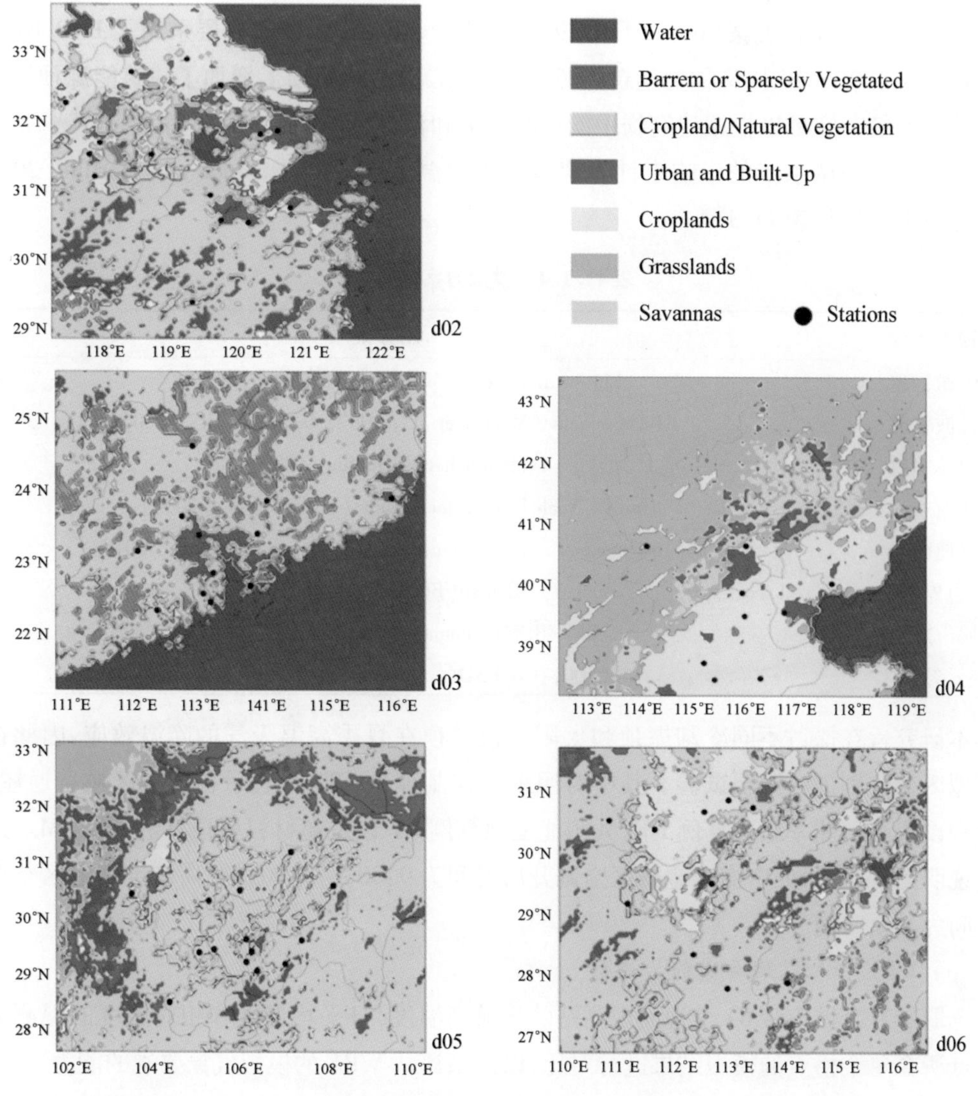

图 11.1.1　子区域下垫面分布情况

WRF 中所有物理过程都有各种方案可供选取。云微物理过程包含了对水汽、云水、雨、云冰、雪等预报。本研究采用 Lin 方案,它是在 Rutledge 和 Hobbs 等参数化方案基础上改进而来的,是目前模式中相对比较成熟且更适合理论研究的方案(Millstein and Menon, 2011)。长波辐射采用了快速辐射传播模型(RRTM scheme)(Mlawer et al., 1997;Iacono et al., 2000;Dudhia, 1989),这是一种查表提高效率的方案,解释了多波段和微物理过程。短波辐射采用了 Dudhia 方案(Dudhia, 1989;段海霞等, 2013),该方案可反映晴天散射、水汽吸收等情况,对太阳辐射简单进行向下积分。陆面过程采用了 NOAH 方案,它可以预报土壤结冰、积雪影响,尤其是提高了处理城市下垫面的能力,这是其他陆面方案所不具备的(Tewari et al., 2004)。近地面层采用了 Monin-ObuKhov 方案(Paulson, 1970;Salamanca et al., 2010)。边界层采用了 Boulac 方案(Bougeault, 1985;任华荣, 2016)。城市冠层采用了 BEP/BEM 多层冠层模型。BEP/BEM 又称为建筑能源模型,是在 BEP 的基础上增加了建筑能源预算和加热与冷却系统。它可以根据建筑物中能量的产生和消耗,通过窗户的辐射,通过墙壁和屋顶的热通量以及空调系统的影响来计算建筑物内的温度变化(Salamanca and Martilli, 2010)。具体方案的选取见表 11.1.4。

表 11.1.4 模拟方案的选择

物理过程	所用方案
云微物理	Lin et al. scheme(Millstein and Menon, 2011)
长波辐射	RRTM scheme(Mlawer et al., 1997; Iacono et al., 2000)
短波辐射	Dudhia scheme(Dudhia, 1989)
陆面过程	Unified Noah land-surface model(Tewari et al., 2004)
近地面层	Monin-ObuKhov scheme(Paulson, 1970;Salamanca et al., 2010)
边界层	Boulac(Bougeault, 1985)
城市冠层	BEP/BEM(Salamanca and Martilli, 2010)
积云参数化	D01:Grell 3D(Grell and Freitas, 2014)

本研究旨在探讨不同冷却屋顶和太阳能板屋顶在夏季高温天气的降温效应,因此在五个模拟区域分别进行四项试验。其中对照组为控制算例 CTRL,表示各模拟区域普通屋顶;再分别设置高反照率屋顶算例 HR,太阳能屋顶算例 PV 以及超材料屋顶算例 SRGHM。此外需要说明的是,本研究中商业金融区空调开启时间为 9:00 ~ 19:00,低、高密度住宅区空调开启时间为其余时间。

(6) WRF 模拟区域要素能力评估

选取了五个城市带 64 个地面观测站的日最高温度,日平均温度和相对湿度的观测数据与站点所在单个格点的模拟结果进行对比,以此来评估 WRF 的模拟气象要素的能力。

均方根误差的计算:

$$\mathrm{RMSE} = \left[\frac{1}{n}\sum_{i=1}^{n}(y_k - O_k)^2\right]^{\frac{1}{2}} \tag{11.1.6}$$

式中，n 是观测值的数量；y_k 和 O_k 分别表示模型的模拟值和观测值。均方根误差 RMSE 用来表示模式模拟结果相对于观测结果的离散程度，RMSE 的值越小表示模拟值越接近观测值。

标准偏差的计算：

$$\text{MBE} = \frac{1}{n}\sum_{i=1}^{n}(E_i - O_i) \tag{11.1.7}$$

式中，E_i 和 O_i 分别为模型模拟值和观测值。MBE 为平均偏差，MBE 为正时表明模拟值大于观测值，MBE 为负值时表示模拟值小于观测值，绝对值越小则与观测值越接近。

使用 WRF 模拟前要先评估该模式在研究中的适用性，鉴于本节研究城市高温及城市热岛，因此选取 2017 年 7—8 月五个气候带中 64 个气象台站的 2 m 日最高气温、2 m 日平均气温以及 2 m 湿度与模式中的控制算例 CTRL 进行对比。不同气候台站的站名、站号、经纬度及其与模式对比计算得到的平均偏差、均方根误差如表 11.1.5 所示。

表 11.1.5　不同城市带近地表气象参数模拟和观测值的对比

城市带	站名	区站号	T_{max}		T_{mean}		RH	
			MBE/ ℃	RMSE/ ℃	MBE/ ℃	RMSE/ ℃	MBE	RMSE
长三角城市带	宝山	58362	0.64	2.42	-1.06	2.29	-0.13	0.15
	溧阳	58345	0.37	2.74	-1.26	2.40	-0.12	0.15
	阜宁	58143	2.07	2.63	0.51	2.68	-0.22	0.20
	滁州	58236	1.34	2.98	0.73	2.63	-0.27	0.18
	南京	58238	2.25	3.00	0.29	2.26	-0.21	0.13
	高邮	58241	1.38	3.04	-0.83	2.12	-0.19	0.20
	东台	58251	1.36	3.17	-0.72	2.69	-0.22	0.13
	南通	58259	- 0.30	3.05	-0.82	2.88	-0.23	0.14
	合肥	58321	0.88	2.97	-0.34	2.74	-0.19	0.10
	马鞍山	58336	1.50	2.72	1.27	3.21	-0.22	0.14
	芜湖	58338	2.01	2.71	0.58	2.83	-0.21	0.22
	昆山	58356	-0.71	2.49	-3.06	3.12	-0.04	0.10
	铜陵	58429	1.18	2.96	-0.93	2.67	-0.18	0.20
	宁国	58436	-2.30	2.73	-2.00	3.00	-0.13	0.17
	湖州	58450	-0.29	2.90	-1.40	2.97	-0.11	0.14
	杭州	58457	-0.52	2.23	-0.10	2.53	-0.15	0.18
	慈溪	58467	-1.29	3.01	-1.97	3.09	-0.06	0.13
	金华	58549	-0.24	1.60	-1.33	2.76	-0.10	0.14
	上虞区	58553	0.24	2.26	-0.25	3.14	-0.15	0.17
	鄞州	58562	-2.37	3.23	-4.12	2.28	-0.03	0.13
	该地区平均值		0.36	2.74	-0.84	2.71	-0.16	0.16

（续表）

城市带	站名	区站号	T_{max}		T_{mean}		RH	
			MBE/ ℃	RMSE/ ℃	MBE/ ℃	RMSE/ ℃	MBE	RMSE
珠三角城市带	韶关	59082	-2.11	2.80	-1.37	1.78	-0.13	0.15
	高要	59278	-0.93	2.19	-1.02	1.69	-0.13	0.13
	清远	59280	1.09	2.31	0.27	1.37	-0.13	0.15
	广州	59287	1.83	2.87	1.28	1.83	-0.18	0.19
	东莞	59289	-0.97	2.30	-0.50	1.69	-0.09	0.11
	河源	59293	-0.92	2.25	-1.12	1.61	-0.07	0.09
	惠州	59298	0.64	1.96	-0.29	1.46	-0.07	0.09
	汕头	59316	-0.36	1.35	-1.63	2.07	-0.04	0.06
	江门	59478	-0.19	1.63	-0.95	1.94	-0.06	0.08
	中山	59485	-0.43	1.98	-1.01	1.91	-0.04	0.08
	珠海	59488	0.03	1.56	-1.02	1.69	-0.01	0.05
	深圳	49493	-2.27	2.85	-1.85	2.46	0.03	0.09
	阳江	59663	-2.18	3.02	-0.07	1.70	-0.02	0.07
	该地区平均值		-0.52	2.24	-0.71	1.78	-0.07	0.10
京津冀地区	张家口	54401	-0.33	3.36	0.00	2.02	-0.15	0.23
	密云	54416	2.09	3.24	2.32	3.24	-0.23	0.16
	北京	54511	3.14	3.09	1.91	3.20	-0.16	0.20
	霸州	54518	2.20	3.06	2.81	3.78	-0.23	0.16
	天津	54527	3.01	3.12	2.16	3.54	-0.18	0.20
	唐山	54534	1.13	3.31	-0.65	2.73	-0.08	0.12
	饶阳	54606	2.63	3.83	2.48	3.56	-0.18	0.23
	泊头	54618	2.67	3.45	1.31	3.22	-0.13	0.18
	该地区平均值		2.07	3.31	1.54	3.16	-0.17	0.19
成渝地区	温江	56187	1.83	2.97	2.10	2.56	-0.21	0.20
	宜宾	56492	-0.68	2.44	-0.74	2.01	-0.16	0.19
	达州	57328	-1.69	3.29	-1.10	2.24	-0.06	0.13
	遂宁	57405	0.76	2.53	0.30	1.59	-0.13	0.17
	高坪区	57411	1.00	2.90	0.53	1.90	-0.06	0.14
	万州	57432	-0.89	2.54	0.27	1.95	-0.15	0.18
	大足	57502	0.27	2.15	0.68	1.51	-0.13	0.16
	东兴	57503	1.68	2.82	1.12	2.00	-0.15	0.19
	合川	57512	1.08	2.78	0.28	2.04	-0.09	0.15
	沙坪坝	57516	-0.31	2.48	-1.14	2.18	-0.03	0.11
	江津	57517	-0.12	2.41	0.19	1.84	-0.06	0.12

（续表）

城市带	站名	区站号	T_{max}		T_{mean}		RH	
			MBE/ ℃	RMSE/ ℃	MBE/ ℃	RMSE/ ℃	MBE	RMSE
	长寿	57520	-2.19	3.01	-2.03	2.77	-0.08	0.14
	丰都	57523	-2.30	3.32	-1.58	2.36	-0.11	0.16
	綦江	57612	-1.30	2.94	-0.66	2.11	-0.07	0.15
	该地区平均值		-0.20	2.76	-0.13	2.08	-0.11	0.16
长江中游城市带	武汉	57494	3.00	3.68	2.02	2.71	-0.25	0.17
	孝感	57482	2.60	3.43	1.55	2.54	-0.26	0.17
	天门	57483	2.95	3.47	1.68	2.64	-0.21	0.22
	宜昌	57461	2.52	3.53	2.11	2.96	-0.25	0.18
	荆州	57476	2.34	3.32	1.56	2.38	-0.23	0.14
	长沙	57687	2.53	3.56	1.28	2.33	-0.16	0.20
	株洲	57780	2.29	3.47	1.05	2.31	-0.17	0.21
	岳阳	57584	-2.22	3.08	-1.54	2.61	-0.21	0.17
	常德	57662	1.62	2.98	0.96	2.26	-0.14	0.18
	该地区平均值		1.96	3.39	1.19	2.53	-0.21	0.18
	所有站点平均		0.50	2.80	-0.08	2.42	-0.14	0.15

从表 11.1.5 可以看出，长三角城市带、京津冀城市带和长江中游城市带最高温度的 MBE 均大于 0 ℃，说明该地区 WRF 中 T_{max} 模拟结果相比实测资料较大，能很好地模拟出高温情况。而珠三角和成渝地区虽然 MBE 小于 0 ℃，但与 0 ℃差距很小（分别为 -0.52 ℃和 -0.2 ℃），与实测资料也比较吻合。除京津冀地区外，平均温度的 MBE，其绝对值均小于 1.50 ℃。京津冀地区温度的 MBE 和 RMSE 均高于所有测站的平均值，这表明该地区 2 m 气温模拟明显偏大。所有站点的 T_{max} 的标准偏差为 0.5 ℃，均方根误差为 2.80 ℃，这说明 WRF 的日最高温度模拟结果总体比观测资料偏大，能够较好地模拟出各地区的高温情况。而平均温度的标准偏差仅为 -0.08 ℃，均方根误差为 2.42 ℃，说明模拟结果与实测资料间差距较小。以上两点说明模式能较好地模拟出近地层温度场。表 11.1.5 还表明，相对湿度的模拟结果与实测资料间的 MBE 为 -0.14 ℃，RMSE 为 0.15 ℃，这说明模式模拟结果的相对湿度偏小。综上可知，使用表 11.1.4 所述的物理方案能够较好地模拟出近地层情况，可以用于接下来冷却屋顶的模拟实验。

利用 64 个气象站数据对 WRF 模式模拟五大城市带气象要素的能力进行评估，结果如下：

① WRF 模式对于 2 m 日最高温度的模拟效果较好，对于长三角城市带、京津冀城市带和长江中游城市带，模式都能模拟出高温日。珠三角和成渝地区的日最高气温模拟稍小于实测资料。

② 除京津冀地区外，WRF 模式 2 m 平均温度的模拟与实测资料比较接近。京津冀地区

2 m 日平均温度模拟明显偏大。

③ 不同城市带 2 m 相对湿度的模拟结果与实测资料相比偏小。

11.1.2 区域气候背景下冷却屋顶和太阳能屋顶对夏季高温的缓解作用

(1) 晴天条件下对近地层 2 m 气温的影响

近地层温度是评估城市热环境的关键量。高反照率屋顶和超材料屋顶都是增加反照率来实现降温的。太阳能屋顶则是通过吸收一定的太阳辐射并将其转化为发电量,从而减少该能量转化为感热通量。通过查询模拟区域天气网的历史天气预报,尽量选取模拟区域内典型高温且无降水日,剔除降水对高温模拟的影响。最终确定分析时间如下,长三角地区为7 月 16—30 日;珠三角地区为 7 月 27—31 日以及 8 月 17—22 日;京津冀地区为 7 月 16—30 日;成渝都市圈为 7 月 16—30 日;长江中游城市带为 7 月 21—31 日。

1) 热带季风气候区

图 11.1.2 是珠三角地区不同冷却屋顶研究期间 2m 气温的模拟情况。从图可知,珠三角城市地区超材料屋顶拥有最佳的降温能力,可使城市温度最多降低约 1.2 ℃。其次为高反照率屋顶,可使城市温度降低 0.2 ~ 0.8 ℃。太阳能屋顶减缓城市热岛的能力相比上述两种屋顶较差,它可使绝大多数的城区温度降低 0.2 ~ 0.4 ℃,但仍有部分城区温度不变或是轻微升温(幅度为 0 ~ 0.2 ℃)。产生上述结果的原因是超材料屋顶具有最高的反照率(0.96)和屋顶发射率(0.93),而高反照率屋顶的反照率仅为 0.8,屋顶发射率为 0.9。此外,太阳能板的反照率较低,它通过将太阳辐射转化为电能从而间接地降低城市温度。但由于其光电转化效率有限(本研究设置为 16%),因此仍然有一些辐射能量转化为感热通量。因此在太阳能算例中,城市地区会有一些地区出现温度轻微上升的情况,这是完全合理的。

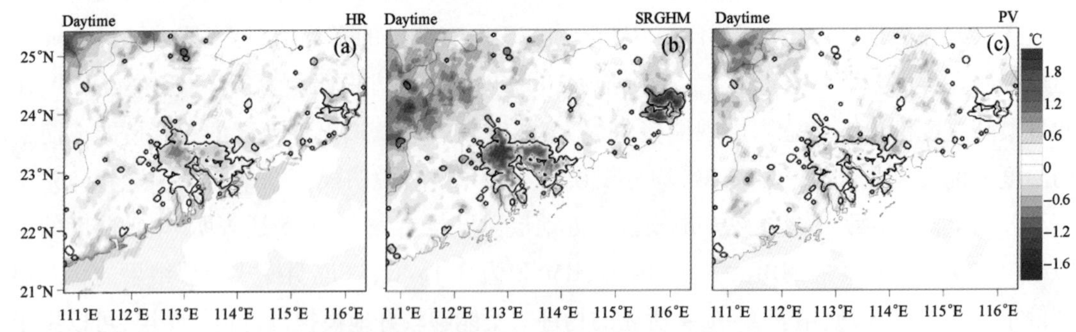

图 11.1.2 珠三角地区不同冷却屋顶白天平均降温的模拟结果

(a) HR-CTRL(高反照-普通屋顶);(b) SRGHM-CTRL(超材料-普通屋顶);

(c) PV-CTRL(太阳能-普通屋顶)

冷却屋顶改变城市气温从根本上是通过改变城市地区的能量平衡实现的。感热通量是低层大气的主要能量来源,其对城市地区近地层温度的影响十分巨大。下式即为近地层的能量平衡方程:

$$R_n = H + LE + G \tag{11.1.8}$$

式中，H 为感热通量；LE 为潜热通量；G 为陆面热通量。

为了更好地说明城市地区近地层能量的分配情况，图 11.1.3 给出了珠三角城市地区感热和潜热通量的平均日变化。结果表明，白天普通屋顶的感热通量最大，峰值达到 488 W · m^{-2}。其次为太阳能板屋顶，其峰值比普通屋顶小约 90 W · m^{-2}。再者为高反照率屋顶，其峰值约为 329 W · m^{-2}。感热通量水平最低的是超材料屋顶，其峰值仅为 308 W · m^{-2}。产生差异的原因是高反照和超材料两种屋顶的反照率较高，能将更多的太阳短波辐射反射回大气中，以及太阳能板的光电转化能力。潜热通量的峰值规律与感热通量相反，但总体而言四种屋顶差距不大，水平最高的超材料屋顶比水平最低的太阳能屋顶仅高 25 W · m^{-2}。

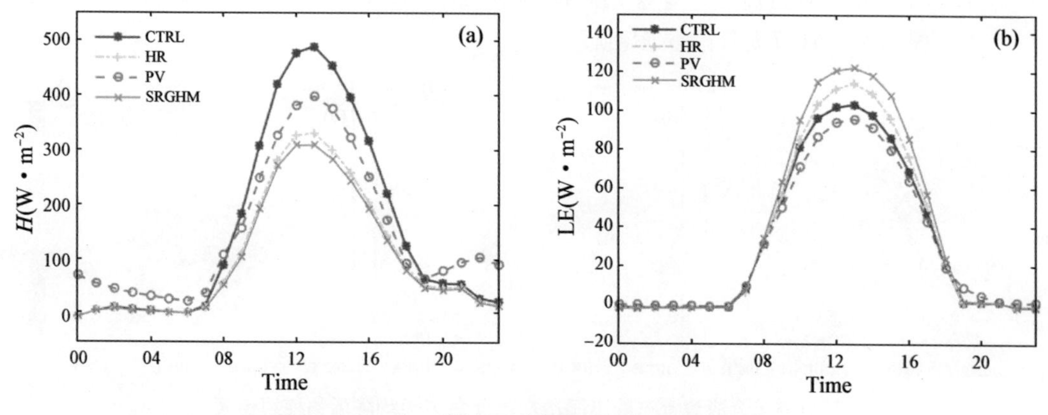

图 11.1.3　珠三角地区地表能量平衡的平均日变化

2）亚热带季风气候区

本研究中的长三角城市带、成渝都市圈和长江中游城市群均属于亚热带季风区。图 11.1.4 是长三角地区不同冷却屋顶 7 月 16—30 日的 2m 气温的模拟情况。从图中可以看出，超材料屋顶（图 11.1.4(b)）缓解夏季城市热岛效果最好，其最大降温幅度可达 1.4 ℃。其次为高反照率屋顶，其城市地区温度最大降幅约为 1.0 ℃。太阳能屋顶的降温能力要比上述两种屋顶弱，它最多可降低城区温度 0.8 ℃左右。从图 11.1.4 可以看出崇明岛上方会有一定升温，这可能是因为城市冷却屋顶能改变城市近地表能量分配，从而改变海陆环流分布，致使局地异常增温。

成渝都市圈具有与长三角地区相似的降温特征（图 11.1.5）。超材料屋顶降温性能最优，最大降温幅度可达 0.6 ℃。其次为高反照率屋顶，可降低城市温度 0.2 ~0.5 ℃。降温性能最差的为太阳能屋顶，其在城市地区的降温幅度最大约 0.2 ℃。然而，仍有部分城区在安装太阳能板屋顶后 2 m 温度几乎不变或者轻微上升的情况，上升幅度为 0 ~0.2 ℃。成渝地区三种冷却屋顶的降温能力相比长三角屋顶而言存在一定的差异。这可能是因为成渝地区接受的太阳短波辐射较低，根据斯特藩-玻尔兹曼定律可知辐射能量越少，温度越低，冷却屋顶所带来的降温效果也越差。

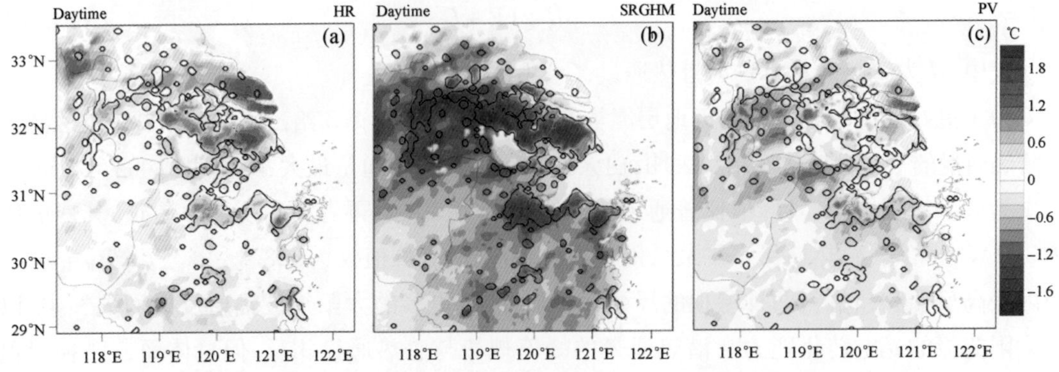

图 11.1.4 长三角城市带不同冷却屋顶白天平均降温的模拟结果

(a) HR－CTRL(高反照-普通屋顶);(b) SRGHM－CTRL(超材料-普通屋顶);

(c) PV－CTRL(太阳能-普通屋顶)

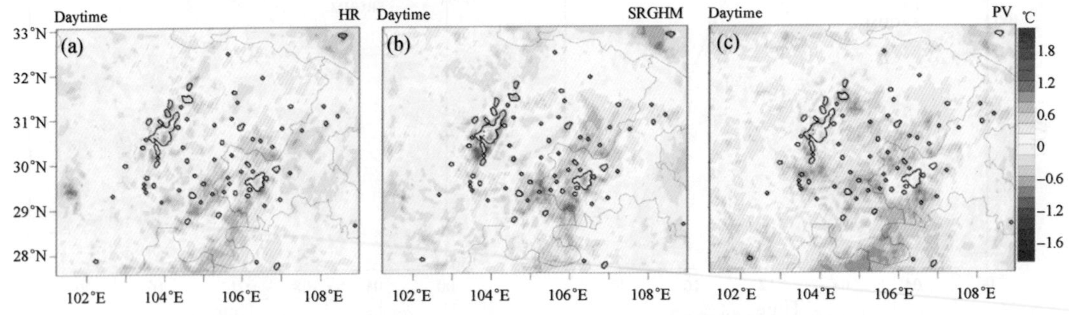

图 11.1.5 成渝都市圈不同冷却屋顶白天平均降温的模拟结果

(a) HR－CTRL(高反照-普通屋顶);(b) SRGHM－CTRL(超材料-普通屋顶);

(c) PV－CTRL(太阳能-普通屋顶)

长江中游城市带三种冷却屋顶的降温情况如图 11.1.6 所示,从极值上看,超材料屋顶和高反照率屋顶能力相当,均可使城市地区温度最多降低约 1.2 ℃。然而从城区整体降温性能看,超材料屋顶要优于高反照率屋顶。太阳能屋顶性能相较其他两种略差,最多能使城市地区降温约 1 ℃。

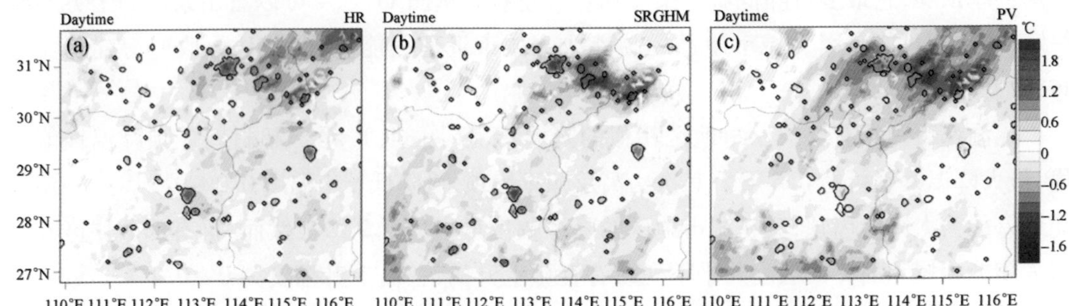

图 11.1.6 长江中游城市群不同冷却屋顶白天平均降温的模拟结果

(a) HR－CTRL(高反照-普通屋顶);(b) SRGHM－CTRL(超材料-普通屋顶);

(c) PV－CTRL(太阳能-普通屋顶)

图 11.1.7 给出了亚热带季风气候区三个城市带的感热和潜热的日平均变化情况。从图 11.1.7(a),(c)和(e)可以看出,白天三个城市带控制算例的感热通量都是最高水平。这是因为普通屋顶(CTRL)的反照率较低,大部分能量都转化为感热通量从而使近地层升温。太阳能屋顶的感热通量相比于普通屋顶要低 120 W·m^{-2}左右,这是因为太阳能板能将约 16%的辐射能转化为电能从而间接降温。其次为高反照率屋顶,其感热通量峰值分别比普通屋顶、太阳能板屋顶要小约 180,60 W·m^{-2}。这是因为高反照率屋顶反照率是普通屋顶的 4 倍,它能将绝大多数太阳短波辐射反射回大气中。超材料屋顶的感热通量值最低,其平均峰值仅为 300 W·m^{-2}左右,比高反照率屋顶要低 10~30 W·m^{-2}。这是由于超材料屋顶不仅拥有最高的反照率(0.96),而且其屋顶的发射率也最高(0.93),它能更有效地将自身热量以

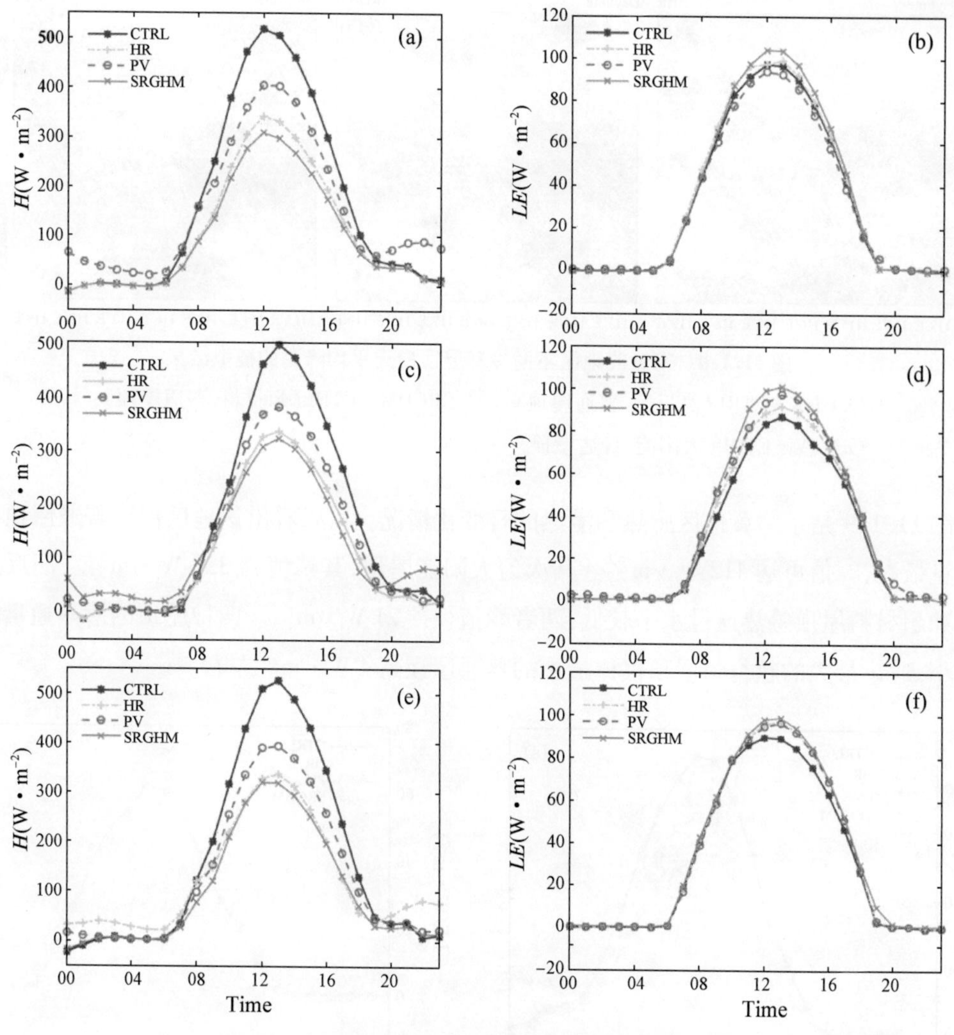

图 11.1.7 不同城市带地表能量平衡的平均日变化

(a),(c),(e)分别为长三角、成渝及长江中游城市带的感热通量;(b),(d),(f)则为对应地区的潜热通量

8 ~ 14 μm 长波辐射的形式向上方大气层输送。大气对于这个波段的辐射基本没有反射、吸收和散射。

图 11.1.7(b),(d)和(f)显示的是不同城市带的潜热通量平均日变化特征。从图中可看出四种屋顶的潜热通量白天差距较小,仅为 0 ~ 20 W · m^{-2},夜间均接近 0。这是因为所研究的地区均为城市,建筑物较为密集而自然下垫面较少,本身分配给潜热的能量就很少。

3) 温带季风气候区

图 11.1.8 表明京津冀地区超材料屋顶最能缓解城市热岛效应,其城区降温幅度最大可达 1.4 ℃。高反照率屋顶和太阳能屋顶的降温峰值很接近,均为 1.2 ℃。此外,从图中还能看出除去天津城区,高反照率屋顶在其他城区的降温能力要优于太阳能屋顶,二者差异约在 0.2 ℃。

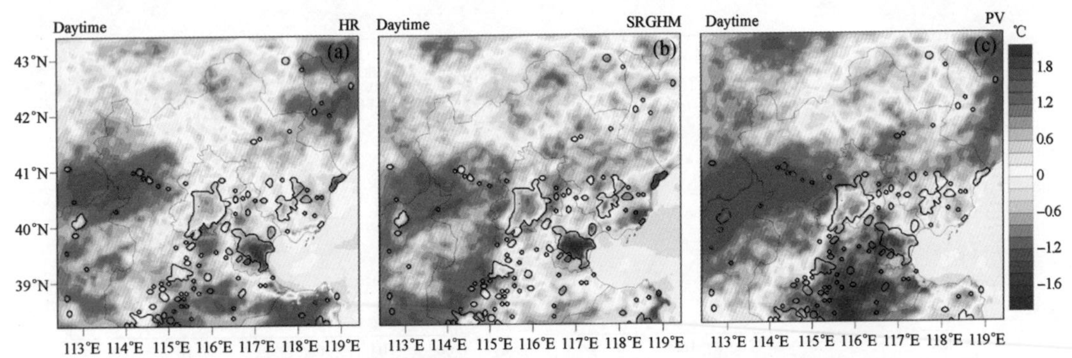

图 11.1.8 京津冀地区不同冷却屋顶白天平均降温的模拟结果

(a) HR − CTRL(高反照−普通屋顶);(b) SRGHM − CTRL(超材料−普通屋顶);
(c) PV − CTRL(太阳能−普通屋顶)

图 11.1.9 是京津冀地区感热和潜热的日变化情况。可以看出该地区白天普通屋顶的感热通量最高,峰值可达 412 W · m^{-2}。其次为太阳能屋顶,其峰值为 323 W · m^{-2}。高反照率屋顶和超材料屋顶感热通量水平较低,两者峰值仅差 21 W · m^{-2}。四种屋顶的潜热通量差距非常小,通量最大的超材料屋顶仅比最小的普通屋顶高 4 W · m^{-2}左右。

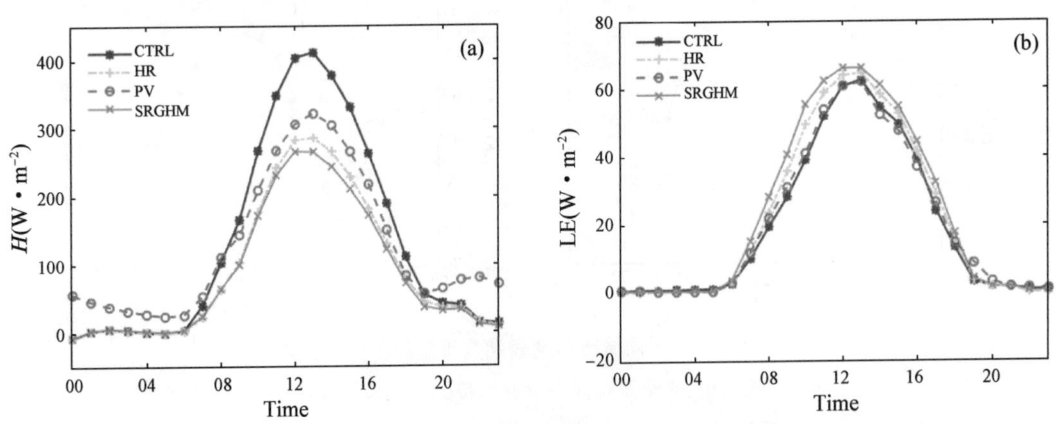

图 11.1.9 京津冀地区地表能量平衡的平均日变化

(2) 对夏季边界层内气温和高度的影响

1) 热带季风气候区

图 11.1.10 是珠三角地区不同类型屋顶的边界层高度和气温差值的日平均变化情况。从图中可以看出,珠三角城市地区超材料屋顶白天边界层内降温最明显,幅度为 0.2 ~0.7 ℃。该情况下与普通屋顶边界层高度之差在 12 时—14 时间出现最大值,差值约为 150 m。高反照率屋顶的降温能力比超材料略差,边界层内降温幅度为 0.1 ~0.4 ℃,边界层高度于正午最多降低 120 m。珠三角地区架设太阳能屋顶后会使边界层内温度上升 0.1 ~0.3 ℃,边界层高度增加 0 ~50 m。

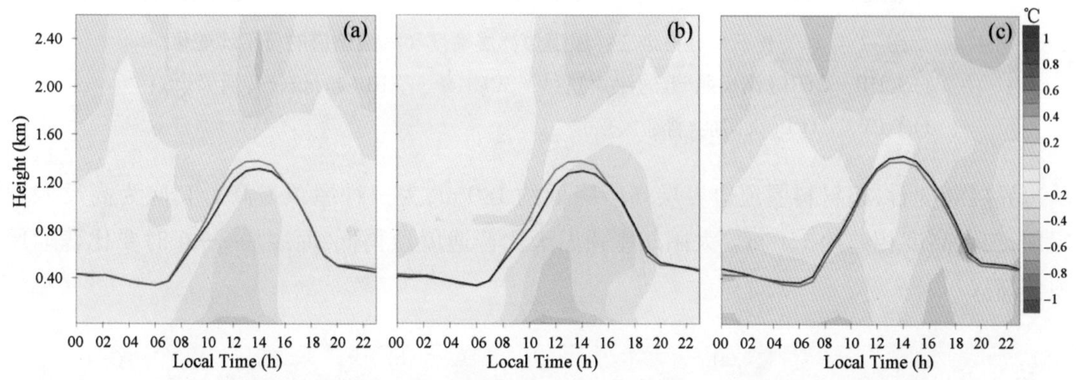

图 11.1.10 珠三角城市带三种屋顶边界层高度和气温差值的日平均变化

(a) HR - CTRL(高反照-普通屋顶);(b) SRGHM - CTRL(超材料-普通屋顶);

(c) PV - CTRL(太阳能-普通屋顶)

2) 亚热带季风气候区

从图 11.1.11 可以看出,长三角地区在架设三种屋顶之后,白天边界层内温度基本是降低的。超材料屋顶降温幅度最大,为 0.4 ~0.8 ℃;其次是高反照率屋顶,温度降幅为 0.3 ~0.6 ℃;温度变化最不明显的是太阳能板屋顶,白天边界层内仅降温 0.2 ~0.5 ℃。夜间超材料和高反照率屋顶仍然表现为局地降温,但太阳能屋顶存在 0.1 ~0.3 ℃的升温。近地层温度的变化会导致边界层高度的变化。这是因为当近地表温度降低,湍流输送会被削弱,从而减弱空气垂直运动。对于超材料和高反照率屋顶而言,由于夜间近地层温度变化不大,因此边界层高度与普通屋顶基本一致。日出之后,超材料屋顶和普通屋顶情况下的边界层高度差距增大,并在中午 12 时左右达到最大值,边界层高度差约 200 m。夜间太阳能屋顶致使城区有小幅升温,因此边界层高度在日出前会时常大于普通屋顶的边界层高度。

图 11.1.12 显示了成渝城市带三种屋顶边界层高度和气温差值的日平均变化。该图表明白天三种屋顶边界层内温度均有不同程度的降低。超材料屋顶降温最多,为 0.2 ~0.6 ℃。其次为高反照率屋顶,降温幅度为 0.1 ~0.4 ℃。太阳能屋顶对于该地区城区全日影响都很小,温度变化幅度在 -0.2 ~0.1 ℃。而夜间仅有太阳能屋顶地表温度有约 0.1 ℃的上升。

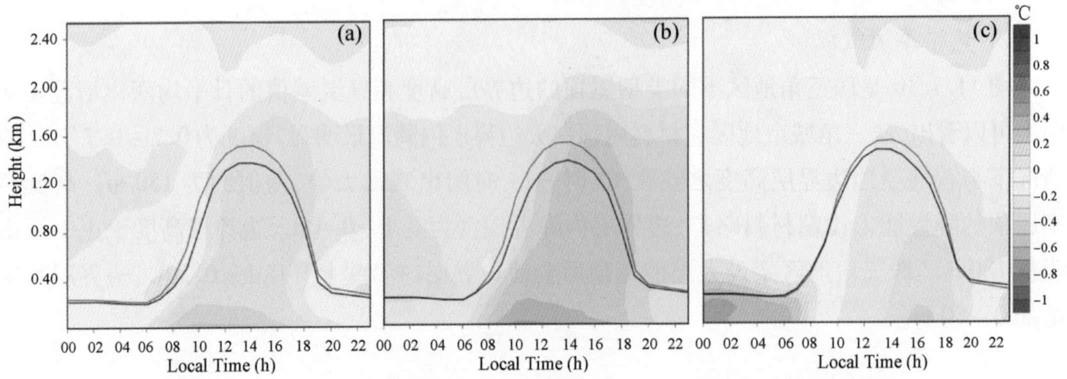

图 11.1.11 长三角城市带三种屋顶边界层高度和气温差值的日平均变化

(a) HR－CTRL(高反照-普通屋顶);(b) SRGHM－CTRL(超材料-普通屋顶);

(c) PV－CTRL(太阳能-普通屋顶)

从边界层高度看,超材料屋顶边界层高度降低约 180 m,为三种屋顶最高。其次为高反照率屋顶,二者高度相差约 150 m。太阳能屋顶白天比普通屋顶稍低,而凌晨 2—6 时要比普通屋顶稍高。

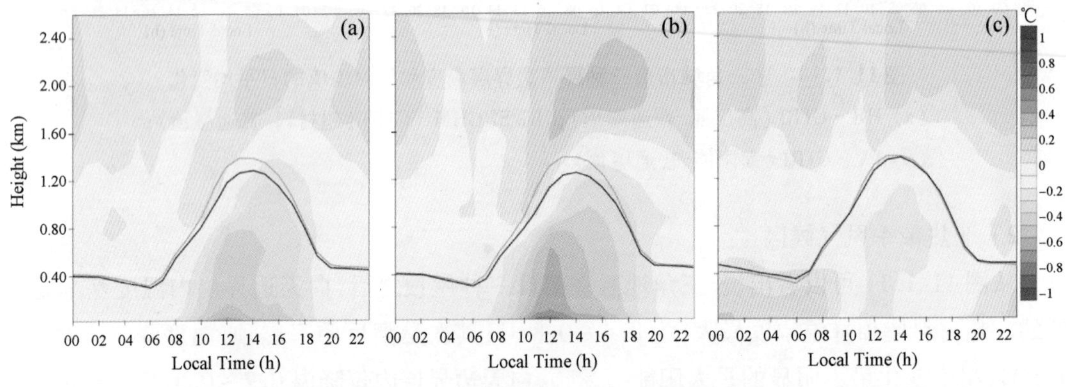

图 11.1.12 成渝城市带三种屋顶边界层高度和气温差值的日平均变化

(a) HR－CTRL(高反照-普通屋顶);(b) SRGHM－CTRL(超材料-普通屋顶);

(c) PV－CTRL(太阳能-普通屋顶)

图 11.1.13 是长江中游城市带不同屋顶边界层高度和气温差值的日平均变化。从图中可看出超材料、高反照和太阳能屋顶均可使边界层内温度降低。降温最明显的是超材料屋顶,它可使边界层内温度降低 0.2～0.5 ℃。高反照率屋顶降温能力稍弱,为 0.2～0.4 ℃。太阳能屋顶白天的降温性能与上述两种差距不大,但夜间有时会使城区温度上升 0.1 ℃。总体而言,长江中游城市带三种屋顶边界层内降温能力差距不大,因此所对应的边界层高度也基本一致。

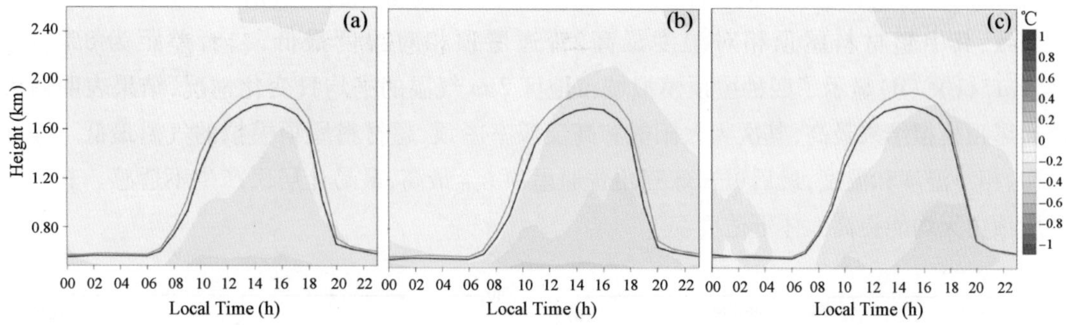

图 11.1.13 长江中游城市带三种屋顶边界层高度和气温差值的日平均变化

(a) HR - CTRL(高反照-普通屋顶);(b) SRGHM - CTRL(超材料-普通屋顶);

(c) PV - CTRL(太阳能-普通屋顶)

3) 温带季风气候区

图 11.1.14 是京津冀地区不同屋顶边界层高度和气温差值的日平均变化情况,可以看出超材料屋顶边界层内降温最明显,降温幅度为 0.1 ~0.6 ℃,且该情形下边界层高度最低(1.2 km)。其次为高反照率屋顶,其边界层内降温幅度为 0.1 ~0.4 ℃,边界层高度最高可至 1.3 km。太阳能屋顶与上述屋顶不同,白天它可使边界层内温度稍降,仅为 0 ~0.1 ℃。而夜间太阳能屋顶可使边界层内温度上升 0.1 ~0.3 ℃,边界层高度太阳能屋顶与普通屋顶基本一致。

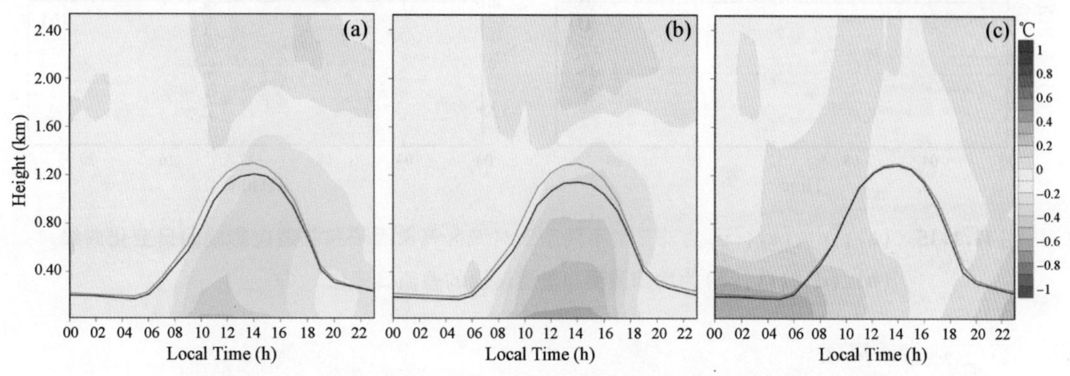

图 11.1.14 京津冀地区三种屋顶边界层高度和气温差值的日平均变化

(a) HR - CTRL(高反照-普通屋顶);(b) SRGHM - CTRL(超材料-普通屋顶);

(c) PV - CTRL(太阳能-普通屋顶)

(3) 对夏季人体舒适度的影响

1) 热带季风区

不同类型的冷却屋顶可以改变城市地表的能量分配从而影响近地面的气象参数。城市地区人体舒适度主要取决于近地层的风速、相对湿度和温度。图 11.1.15 为珠三角不同屋顶情况下气象因子和人体舒适度的日变化曲线。从图 11.1.15(a),(b)可以看出普通屋顶的风速在正午 12 点之前低于其他屋顶但高于超材料屋顶,12 点之后普通屋顶的模拟风速变大,在夜间8时左右达到峰值。珠三角地区四种冷却屋顶模拟的城市相对湿度日变化趋势非常一致,其中超材料屋顶相对湿度最高,普通屋顶相对湿度最低,二者差距为8%。图11.1.15(c),(d)显示了四种屋顶模拟城市地区2 m气温的平均日变化情况,结果表明白天普通屋顶模拟结果最高,其次为太阳能和高反照率屋顶,超材料屋顶模拟的气温最低。综合风速、相对湿度和温度,最后可知珠三角普通屋顶 I_{CHB} 最高,最易让居民产生不适感。其他三种屋顶白天均能提高人体舒适度。

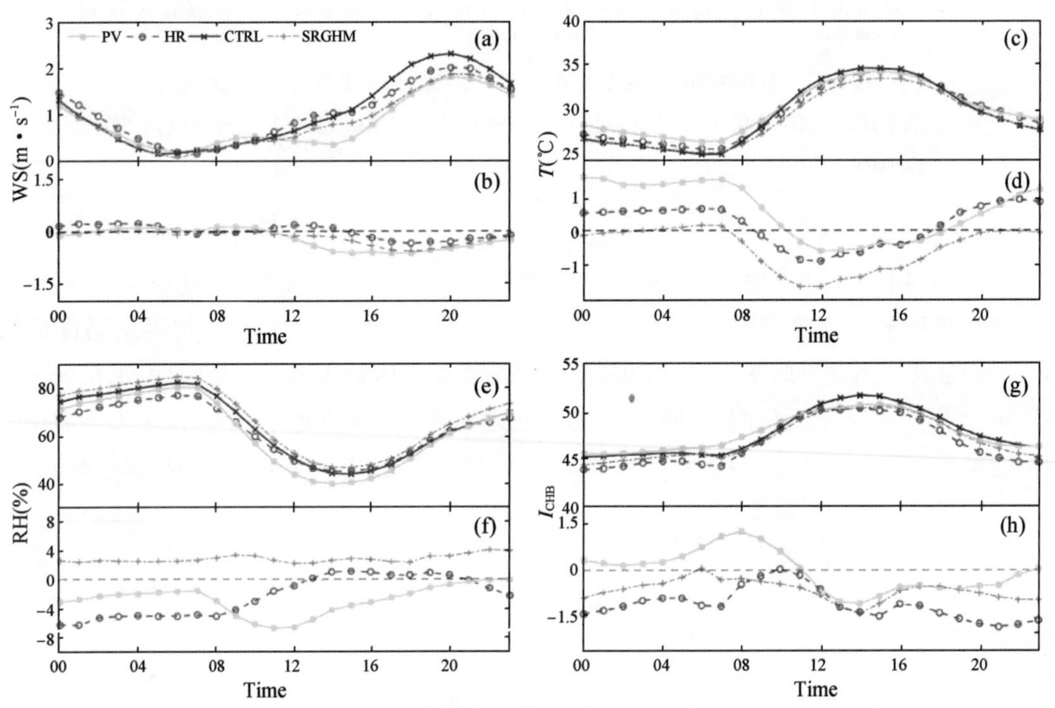

图11.1.15 (a),(c),(e),(g)为珠三角不同屋顶对城区气象因子和舒适度影响的日变化曲线,(b),(d),(f),(h)为冷却屋顶与普通屋顶的差值日变化

2)亚热带季风区

图11.1.16为长三角地区四种屋顶近地层气象因子和人体舒适度的日变化情况。从图11.1.16(a)可以看出四种屋顶风速变化一致,普通屋顶模拟的风速最大,其他三种差距很小(<0.2),这说明冷却屋顶可使城市地区风速减小。图11.1.16(c),(d)为四种屋顶2 m气温的平均日变化情况。结果表明,白天高反照率屋顶和太阳能板能使城市平均温度最多降低0.7 ℃,超材料屋顶可使温度降低1.4 ℃,最大降温效果发生在下午3时左右。图11.1.16(e),(f)则表明架设冷却屋顶可提高城市相对湿度,尤其白天相对湿度增加幅度较大。图11.1.16(d)表示了四种屋顶的人体舒适度,夏季 I_{CHB} 越大,则人体越不舒适。图11.1.16(h)表明太阳能屋顶相较于普通屋顶提高人体舒适度并不明显(差值为0.34)。超材料屋顶是最为有效的方式,它可以提升城区全天的人体舒适度。

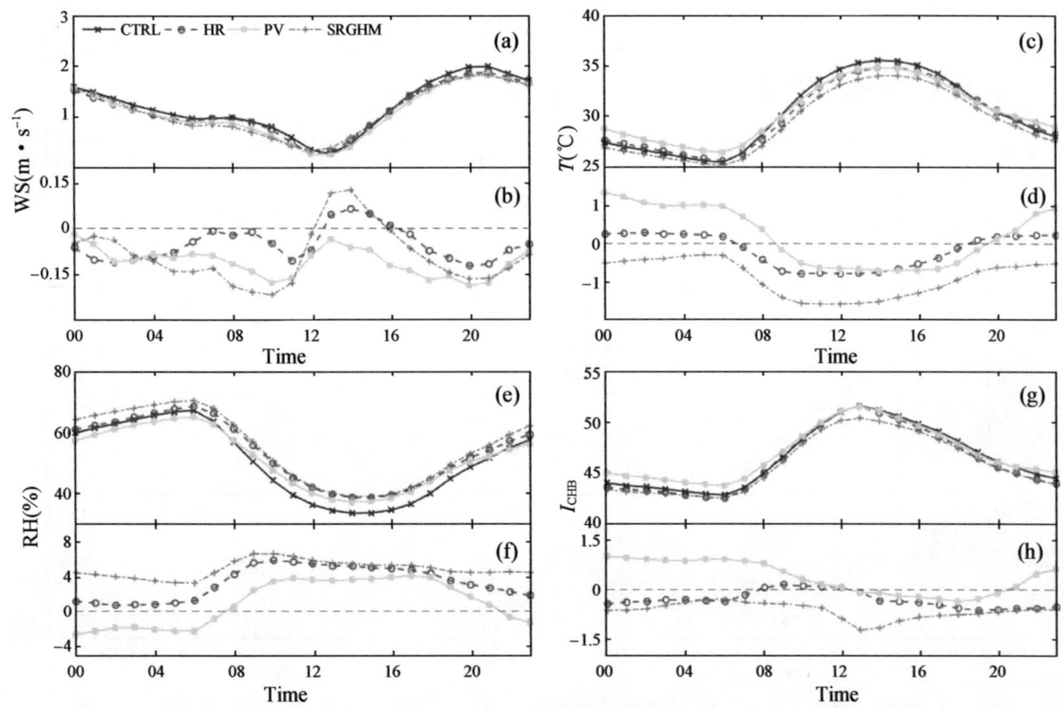

图 11.1.16　(a),(c),(e),(g)为长三角不同屋顶对城区气象因子和舒适度影响的日变化曲线,(b),(d),(f),(h)为冷却屋顶与普通屋顶的差值日变化

图 11.1.17 为成渝地区四种屋顶近地层气象因子和人体舒适度的日变化情况。从图 11.1.17(a),(b)可知,8 时之前三种屋顶的模拟风速趋势一致,与普通屋顶的差值基本在零线下。8 时之后风速一致性变差,这是因为 WRF 模拟风速能力有限。成渝地区三种新型屋顶均能降低平均温度,以超材料屋顶降温能力最佳。三种新型屋顶均能使夜间的相对湿度增大,但白天除太阳能屋顶外,高反照和超材料屋顶的城市平均相对湿度有轻微减少(<2.5%)。从图 11.1.17(g),(h)可看出冷却屋顶和太阳能屋顶均能降低 I_{CHB},改善人体舒适度,但三种新型屋顶间差距较小,最大差值为 0.78。图 11.1.18(a),(b)表明长江中游地区三种新型屋顶可使夜间风速增大,白天风速降低。除太阳能屋顶夜间温度相对普通屋顶略有升高外,超材料和高反照率屋顶全天模拟温度均小于普通屋顶(图 11.1.18(c),(d))。图 11.1.18(e),(f)则表明冷却屋顶和太阳能屋顶的架设均可使中游地区相对湿度有 0.66%~7.28% 的增加。综合上述因素,长江中游城市带超材料屋顶可改善全天人体舒适度,而高反照和太阳能屋顶白天与普通屋顶 I_{CHB} 的差值在零线波动,夜间可使 I_{CHB} 升高。

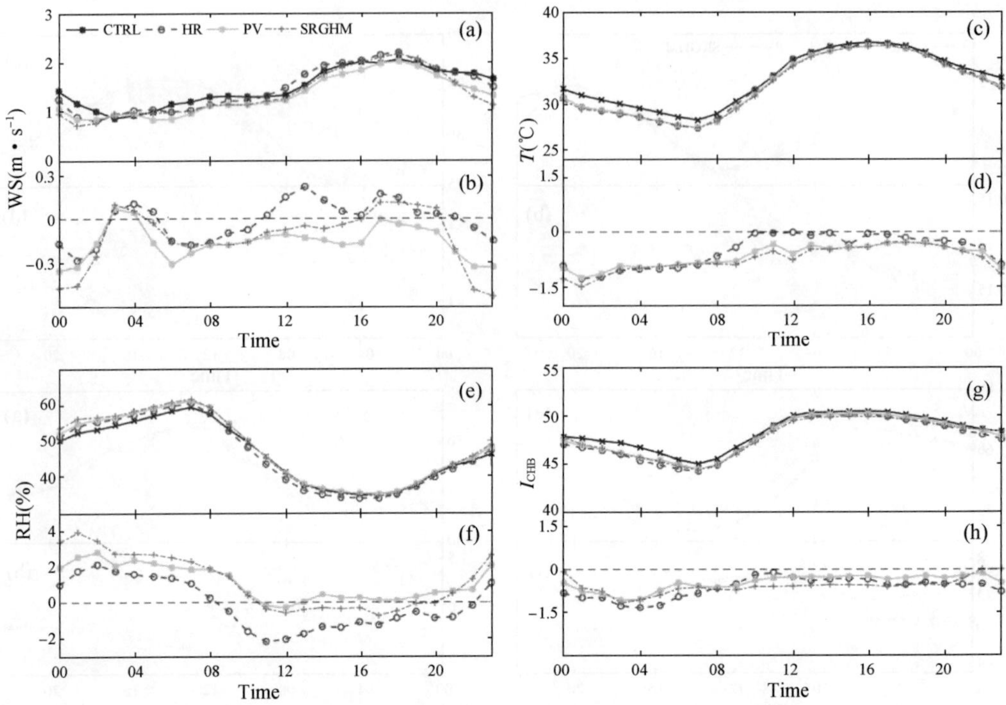

图 11.1.17 (a),(c),(e),(g)为成渝不同屋顶对城区气象因子和舒适度影响的日变化曲线,(b),(d),(f),(h)为冷却屋顶与普通屋顶的差值日变化

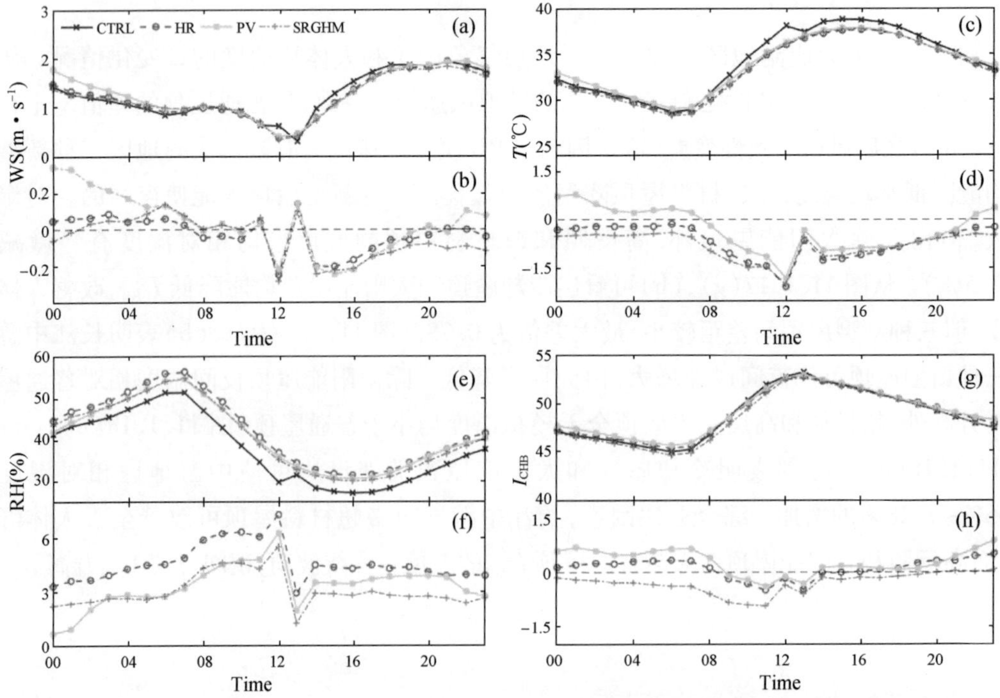

图 11.1.18 (a),(c),(e),(g)为长江中游地区不同屋顶对城区气象因子和舒适度影响的日变化曲线,(b),(d),(f),(h)为冷却屋顶与普通屋顶的差值日变化

3）温带季风区

图 11.1.19 即为京津冀地区的近地层气象因子和舒适度的日变化曲线，从图 11.1.19（a），（b）中可以看出白天 8～12 时高反照率屋顶、超材料屋顶和太阳能屋顶模拟出的风速差异不大，12 时后太阳能屋顶模拟风速降低。2 m 气温结果表明夜间三种新型屋顶温度要比普通屋顶偏高，而白天三种新型屋顶均可使近地层温度降低。三种屋顶与普通屋顶的相对湿度模拟结果趋势基本一致，差值在 -3%～2% 之间。综合上述参数，I_{CHB} 显示普通屋顶的 I_{CHB} 最高，人体在这种屋顶下最不舒适，其次为太阳能板屋顶。超材料屋顶和高反照率屋顶白天舒适度指数非常接近，但夜间高反照要优于超材料屋顶。

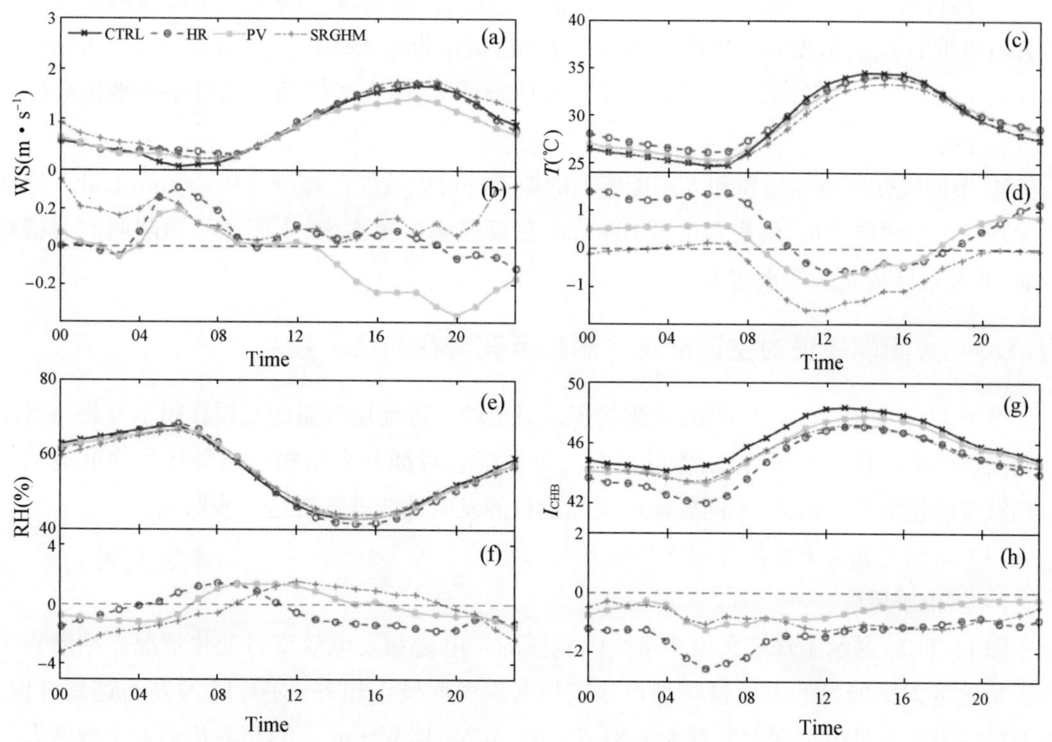

图 11.1.19 （a），（c），（e），（g）为京津冀不同屋顶对城区气象因子和舒适度影响的日变化曲线，（b），（d），（f），（h）为冷却屋顶与普通屋顶的差值日变化

本节利用耦合了城市多层冠层方案（BEP/BEM）的 WRF 模式，通过改变相关参数以及加入太阳能板代码，模拟了不同气候带不同城市群，冷却屋顶和太阳能屋顶对于夏季高温的缓解作用。主要结论如下：

① 不同气候带三种屋顶对于城市地区的降温效应有所不同。对于热带季风区，降温能力由强到弱为超材料屋顶、高反照率屋顶和太阳能屋顶，最多降温 1.2 ℃，0.8 ℃和 0.4 ℃。值得注意的是太阳能板可能会导致部分城区温度略微上升。对于亚热带季风区，超材料屋顶降温能力优于高反照率屋顶，太阳能屋顶最次。该地区三个城市带超材料屋顶分别最多

降温 1.4 ℃,0.6 ℃和 1.2 ℃;高反照率屋顶最多降温 1.0 ℃,0.5 ℃和 1.2 ℃;太阳能板屋顶最多降温 0.8 ℃,0.2 ℃和 1 ℃。温带季风区超材料屋顶降温能力依然最好,高反照和太阳能屋顶则差异不大。分析近地层感热和潜热通量可知,冷却屋顶可以改变近地层能量的分配,尤其对感热通量影响很大。近地面温度下降越多,则所对应的日平均感热通量水平越低。但潜热通量变化幅度较小。

② 超材料和高反照率屋顶的架设可使所有研究区域边界层内温度下降 0.1 ~ 0.8 ℃,并可使边界层高度下降 120 ~ 200 m。太阳能屋顶可使城市地区温度上升 0 ~ 0.2 ℃,同时可将边界层高度抬升 50 m 左右。

③ 超材料屋顶可降低所有研究区域 I_{CHB},改善人体舒适度。高反照率屋顶白天可降低五大城市带的 I_{CHB},但夜间会使珠三角和长江中游城市带的人体舒适度指数升高。太阳能屋顶在珠三角、成渝和京津冀地区可改善全日人体舒适度,但在长三角和长江中游地区会使夜间 I_{CHB} 升高。

④ 不同气候区冷却屋顶和太阳能屋顶的架设均可以改变区域降水中心和降雨量。超材料屋顶降水削弱能力最强,最多可至 100 mm,高反照率屋顶次之,太阳能屋顶削弱能力相对较弱,并常常导致城区降水增多。

11.1.3 太阳能屋顶对空调能耗的影响及其潜在的经济效益

根据 11.1.1 和 11.1.2 可知,太阳能屋顶对于城市近地层气温的减缓作用不及超材料屋顶和高反照率屋顶。然而,太阳能屋顶的优势在于它将部分太阳辐射能量转化为电能从而减轻城市能量负荷。因此,不同气候区太阳能板的发电性能就需要进一步明确。

(1) 不同气候区太阳能屋顶产能的日变化特征

1) 热带季风区

图 11.1.20 显示了珠三角城市带太阳能板的发电量和发电效率日变化情况。结果表明珠三角地区太阳能板的发电量与城市建筑物密集程度呈正相关,均在 12 时左右达到峰值。该地区峰值发电量由小到大分别为 7.81,18.69 和 24.31 W · m^{-2},可以看出商业金融区太阳能板的发电量非常可观,为低密度住宅区发电量的 3 倍多。从图 11.1.20(b)可以看出,低密度住宅区的发电效率全天高于其他两种城市类型,峰值和谷值分别为 15.91% 和 14.61%。高密度住宅区和商业金融区在日出至 10 时的发电效率基本一致。然而,从 11 时之后二者逐渐拉开差距,最大差值发生在下午 2 时(约 0.1%)。随着太阳短波辐射的减少,二者之间的差距也逐渐减小。造成上述情况的原因可能是建筑越密集,近地层温度越高,太阳能板的升温就越快,其发电性能也越容易被限制。此外,建筑密集程度还会影响不同城市类型的地面升温速度从而影响太阳能板性能,因此其发电效率不一定完全符合低密度住宅区 > 高密度住宅区 > 商业金融区。

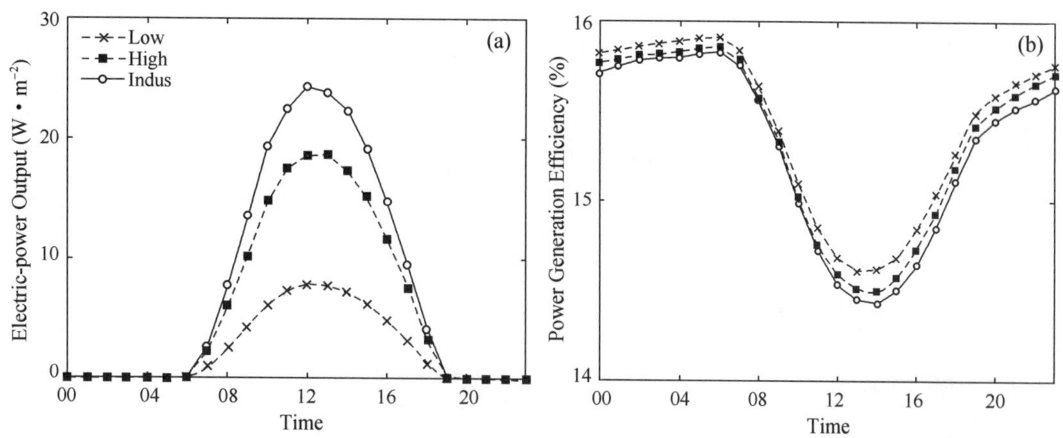

图 11.1.20 珠三角城市带太阳能板的发电量和发电效率的日变化特征

2）亚热带季风区

图 11.1.21(a),(b),(c)为长三角、成渝和长江中游城市带的太阳能板发电量的日变化特征。本研究计算得到的太阳能板发电量是根据 BEP/BEM 多层城市冠层方案中的空调能耗在整个城市网格上作加权平均求得的。为了更好地探究太阳能板在城市中对建筑能耗的影响,因此将城市分为三种类型,即低密度住宅区、高密度住宅区和商业金融区。从图 11.1.21 可以看出,夜间太阳能板由于没有接收到太阳短波辐射,因此无电量产生。随着太阳升起,太阳能板接收到短波辐射,三种类型城市下垫面的太阳能板发电量均在不断增大,且在正午 12 时左右达到峰值。此外,对于同一个城市带而言,随着城市建筑物密集程度的不断增加,太阳能板的发电量也不断加大,发电量达到的峰值也越高。对于长三角城市带而言,按照建筑物密集程度由高到低,太阳能屋顶的峰值发电量分别为 8.62,20.69 和 26.90 $W \cdot m^{-2}$。长江中游城市带太阳能板的发电量水平比长三角略低,峰值分别为 8.42,20.50,26.52 $W \cdot m^{-2}$。成渝地区三种类型城市地表的发电量小于上述两个城市带,为 8.32,20.16,26.05 $W \cdot m^{-2}$。这是因为成渝地区模拟期间接收到的太阳辐射相比其他城市带偏少,因此发电量也较少。

图 11.1.21(d),(e),(f)为长三角、成渝和长江中游城市带的太阳能板发电效率的日变化特征。从图中可以看出,日出时太阳能板发电效率达到峰值。然而,太阳能板在接收到太阳辐射不断升温后,它的发电效率就会受到高温限制而下降。因此,在下午 2 时左右太阳能板发电效率为全天的谷值。图 11.1.21 还表明,城市建筑密集程度越高,其发电效率就越低。以长三角地区为例,低密度住宅区、高密度住宅区和商业金融区的发电效率谷值分别为 14.36%,14.27% 和 14.20%。造成这种情况的原因可能是建筑更为密集的地区,其近地层气温也越高,因此太阳能板的发电效率也越会被抑制。成渝地区和长江中游城市带太阳能板的发电效率变化趋势与长三角一致,但发电效率比长三角低 0.15%~0.17%。

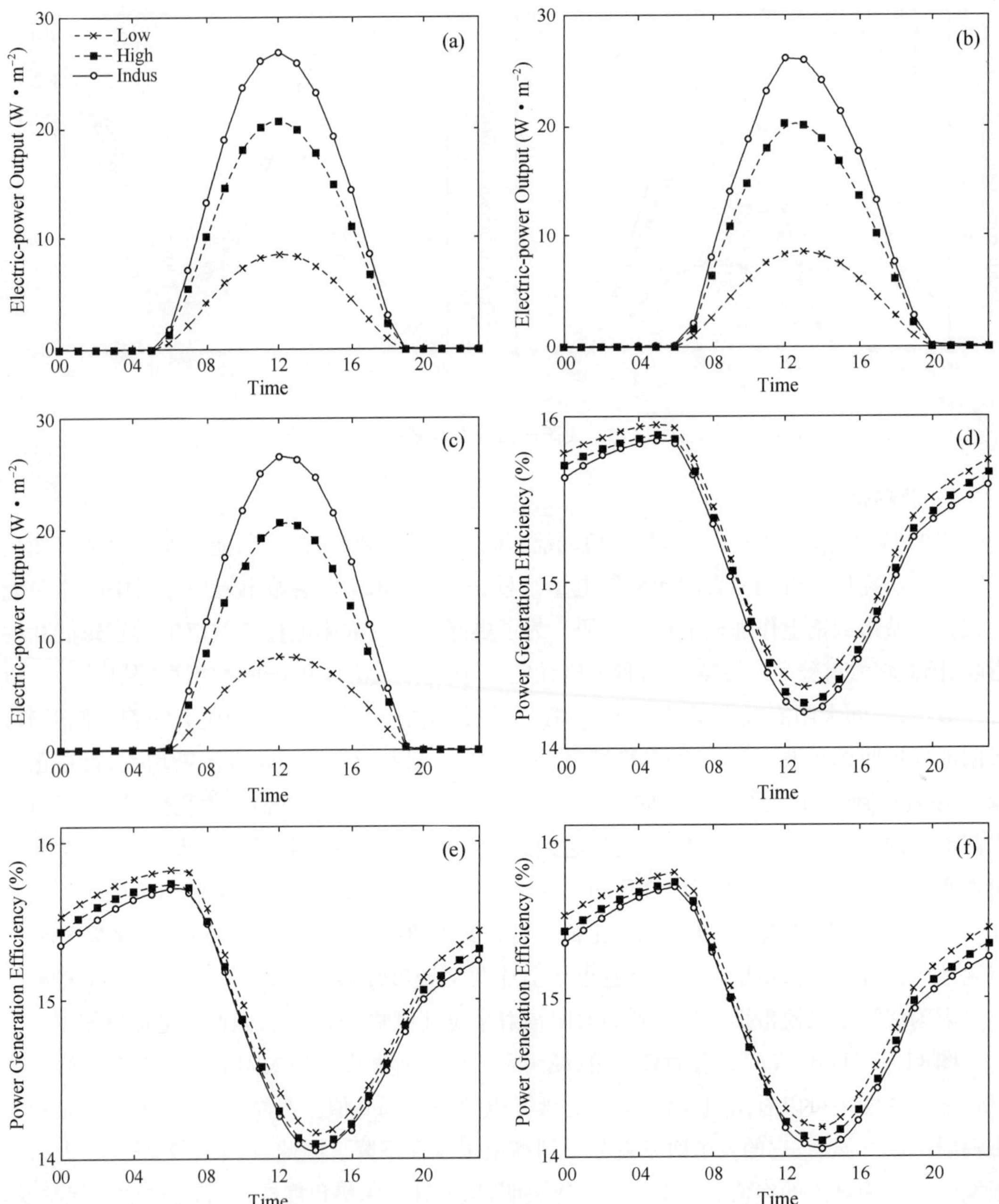

图 11.1.21　不同城市带太阳能板的发电量和发电效率的日变化特征。(a),(b),(c)分别为不同城市带不同城市类型的发电量;(d),(e),(f)则为对应地区的发电效率

3）温带季风区

图 11.1.22(a)表明京津冀地区不同城市类型的太阳能板发电量夜间均为0,日出之后太阳能板发电量迅速增大。商业金融区太阳能板发电量增速最大,其次为高密度住宅区和低

密度住宅区。从峰值上看,三种城市类型分别为21.00,16.07和6.60 W·m^{-2}。京津冀城市带太阳能发电量要小于上述的城市带,这可能是因为京津冀地区纬度较高,接收到的太阳辐射相对较少。图11.1.22(b)显示低密度屋顶的发电效率最高,峰值达到16%。其次为高密度住宅区和商业金融区,其峰值分别为15.94%和15.86%。光伏屋顶的发电效率在下午2时左右为日最低值,三种城市类型谷值分别为14.77%,14.70%和14.61%。这是因为太阳能板发电性能受到高温影响而降低。

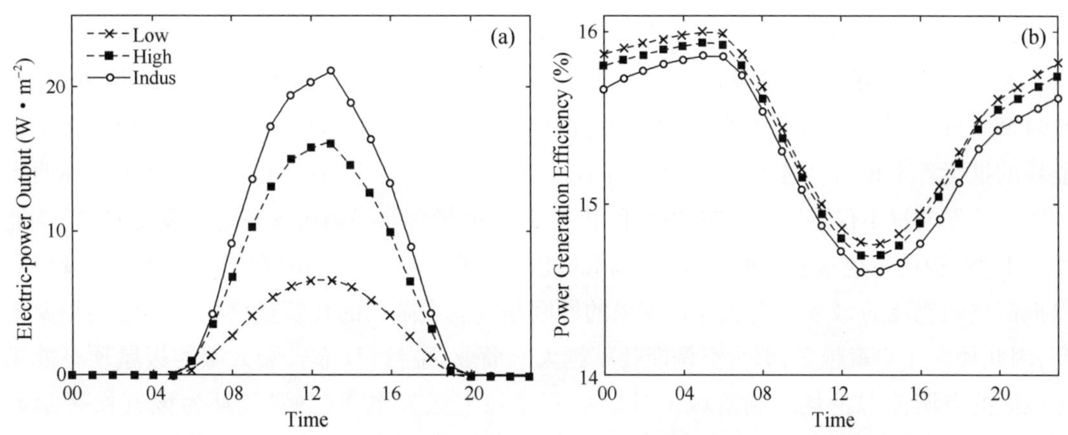

图11.1.22 京津冀地区太阳能板的发电量和发电效率的日变化特征

(2) 不同气候区太阳能屋顶的潜在经济效益

城市热岛效应加剧了城市地区冷却能源的需求,而空调制冷由于消耗电能又间接增加了城市的热量负荷。在这样一个恶性循环下,太阳能板的发电量对于城市地区能源消耗的缓解就十分关键。本小节主要讨论了不同城市带太阳能板发电量及其对空调能耗的抵偿作用,并估算出太阳能屋顶的经济效益。

1) 热带季风区

表11.1.6显示了珠三角地区太阳能板的建筑能源收支情况,结果表明由于城市建筑密度不断增大,发电量逐渐增大,分别为2.5,5.96和7.68 W·m^{-2}。城市建筑越密集高耸,城市的降温能源需求也越大。对于低密度住宅区,发电量/空调能耗为1.68,这表明太阳能的发电量不仅可以满足冷却能源需要,还剩余68%的电能用于其他能源需要。高密度住宅区太阳能板发电量也能抵偿空调能耗。然而,商业金融区的太阳能发电量仅能抵偿空调能耗的56%。结合最内层城市格点个数,通过累计求和可得,夏季珠三角城市带每小时太阳能板发电量为2.53×10^{9} kW·h。电价以每千瓦时0.5元计,可带来12.65亿元的经济效益。

表 11.1.6 珠三角城市带太阳能板的建筑能源收支日均值

城市带	能源参数	低密度住宅区	高密度住宅区	商业金融区
珠三角城市带	发电量($W \cdot m^{-2}$)	2.50	5.96	7.68
	空调能耗($W \cdot m^{-2}$)	1.49	5.46	13.77
	发电量/空调能耗	1.68	1.09	0.56
	每小时发电量($kW \cdot h$)		2.53×10^9	
	经济效益(亿元)		12.65	

2）亚热带季风区

表 11.1.7 显示,长三角城市带三种城市类型的发电量日均值最大,分别为 2.84,6.80 和 8.84 $W \cdot m^{-2}$。同样,长三角地区的空调能耗也为最高水平。不同城市带太阳能板对于空调能耗的抵偿各不相同。对于长三角地区的低密度住宅区,发电量/空调能耗为 1.65,说明太阳能板的发电量不仅可以抵消空调能耗,仍有 31% 电量剩余。高密度住宅区发电量/空调能耗为 1.09,说明发电量基本可以满足空调的能量需求。而商业金融区太阳能板发电量仅可以抵偿空调能耗的 58%。造成这种现象的原因是商业金融区的建筑楼层相比其他类型要更高,因此楼内住户就越多,那么空调能耗就越大。商业金融区仅靠安装太阳能板屋顶不能满足该区的空调能源消耗。成渝城市带的低密度住宅区发电量/空调能耗为该气候带最高(1.34)。然而,高密度住宅区和商业金融区的抵偿率要比长三角低。长江中游城市带的低、高密度住宅区发电量/空调能耗比长三角低,但比成渝地区相当。但其商业金融区的发电量抵偿与长三角地区一致。

为了更直观地看出太阳能板发电量对于该气候区能源消耗的贡献,根据 WRF 中计算的研究区域内三种城市类型的格点数(表 11.1.7),可计算出每小时太阳能屋顶的总发电量和经济效益。经过累计求和可得,夏季长三角地区每小时太阳能板发电量为 4.06×10^9 $kW \cdot h$,经济效益为 20.30 亿元;成渝城市带每小时发电量为 0.84×10^9 $kW \cdot h$,经济效益为 4.20 亿元;长江中游城市带每小时发电量为 1.1×10^9 $kW \cdot h$,经济效益为 5.50 亿元。

表 11.1.7 亚热带季风区城市带太阳能板的建筑能源收支日均值

城市带	能源参数	低密度住宅区	高密度住宅区	商业金融区
长三角城市带	发电量($W \cdot m^{-2}$)	2.84	6.80	8.84
	空调能耗($W \cdot m^{-2}$)	1.72	6.24	15.21
	发电量/空调能耗	1.65	1.09	0.58
	每小时发电量($kW \cdot h$)		4.06×10^9	
	经济效益(亿元)		20.30	
成渝城市带	发电量($W \cdot m^{-2}$)	2.82	6.64	8.51
	空调能耗($W \cdot m^{-2}$)	2.11	6.56	15.54
	发电量/空调能耗	1.34	1.01	0.55
	每小时发电量($kW \cdot h$)		0.84×10^9	
	经济效益(亿元)		4.20	

（续表）

城市带	能源参数	低密度住宅区	高密度住宅区	商业金融区
长江中游城市带	发电量（$W \cdot m^{-2}$）	2.84	6.86	8.91
	空调能耗（$W \cdot m^{-2}$）	2.18	6.76	15.72
	发电量/空调能耗	1.30	1.01	0.57
	每小时发电量（kW·h）		1.1×10^9	
	经济效益（亿元）		5.50	

3）温带季风区

从表11.1.8可知，京津冀城市带低密度住宅区太阳能板不仅可以满足空调能耗的需要，还能盈余63%的电能。高密度住宅区的发电站/空调能耗为1.08，太阳能发电量可以很好地缓解该地区的空调能耗压力。然而，商业金融区的太阳能发电量仅能抵偿空调能耗的52%，为所有城市带的最低值。产生该结果的原因可能是京津冀商业区的建筑更为密集高耸，冷却能源需求特别大。经计算可知，夏季京津冀城市带每小时太阳能板发电量为 2.04×10^9 kW·h，其经济效益为10.20亿元。

表11.1.8　京津冀城市带太阳能板的建筑能源收支日均值

城市带	能源参数	低密度住宅区	高密度住宅区	商业金融区
京津冀城市带	发电量（$W \cdot m^{-2}$）	2.23	5.37	7.04
	空调能耗（$W \cdot m^{-2}$）	1.37	4.95	13.58
	发电量/空调能耗	1.63	1.08	0.52
	每小时发电量（kW·h）		2.04×10^9	
	经济效益（亿元）		10.20	

由此可见，太阳能板发电量夜间为0，日出之后随着太阳辐射不断增大。城市的密集程度与发电量成正比。按照城市密度由低到高，其峰值发电量分别在6.60～8.62，16.07～20.69，21.0～26.90 $W \cdot m^{-2}$之间。不同城市带发电效率的日变化规律一致。太阳能板的发电效率与城市密集程度呈负相关。

研究区域内，低密度住宅区和高密度住宅区太阳能板的发电量均能很好地弥补空调能耗的发电量。而商业金融区太阳能发电量仅能抵偿空调能耗的52%～57%。

通过修改WRF模式中屋顶的反照率和发射率来实现超材料屋顶和太阳能屋顶，再将贴附式太阳能板模块耦合入多层城市冠层方案（BEP/BEM），对不同气候区五大城市带进行冷却屋顶和太阳能屋顶缓解夏季城市热岛能力的模拟，并探究太阳能屋顶对不同气候区能源收支和潜在经济效益的影响，主要结论如下：

① 三种屋顶在不同气候区对城市地区的降温能力各不相同。对于热带季风区，超材料屋顶降温能力也最强，其次为高反照率屋顶和太阳能屋顶。三种屋顶可使城区最多降温1.2，0.8和0.4 ℃。对于亚热带季风区，超材料屋顶降温能力优于高反照率屋顶，太阳能屋

顶降温能力最弱。长三角、成渝城市带和长江中游城市带超材料屋顶使城区最多降温 1.4，0.6 和 1.2 ℃；高反照率屋顶最多降温 1，0.5 和 1.2 ℃；太阳能屋顶最多降温 0.8，0.2 和 1.0 ℃。温带季风区超材料屋顶降温能力依旧最好，其次为高反照和太阳能屋顶。由近地层感热和潜热的日变化可知，冷却屋顶对于近地层能量分配影响明显，尤其是感热通量。近地层温度降幅越大，所对应的平均感热通量水平也越低。但不同屋顶对潜热通量影响较小。

② 研究区域内超材料屋顶和高反照率屋顶均能使城市地区边界层内温度降低 0.1 ~ 0.8 ℃，并可使边界层高度降低 120 ~ 200 m。太阳能屋顶降温效果不明显，并时常使城区温度上升 0 ~ 0.2 ℃。

③ 超材料屋顶可降低所有研究区的 I_{CHB}，改善人体舒适度。高反照率屋顶白天能降低所有城市带的 I_{CHB}，但夜间使长江中游城市带的人体舒适度指数升高。太阳能屋顶能够降低白天各城市带的 I_{CHB}，但会使夜间珠三角、长三角和长江中游地区的 I_{CHB} 升高。

④ 三种屋顶的架设均能对区域降水中心和降水量有不同程度的改变。超材料屋顶对降水的削弱最强，最高可达 100 mm，其次为高反照率屋顶。太阳能屋顶对降水削弱较小，并常常导致部分城区降水增多。

⑤ 太阳能屋顶的发电量与城市密集程度呈正相关。按城市密度由低到高，不同城市带的峰值发电量为 6.60 ~ 8.62，16.07 ~ 20.69，21.0 ~ 26.90 W · m^{-2}。太阳能板的发电效率则与城市密度呈负相关。白天随着太阳辐射的增大，太阳能板的发电效率不断减小。

⑥ 研究区域内，低、高密度住宅区太阳能屋顶的发电量均能满足空调的制冷消耗。然而，商业金融区太阳能屋顶发电量仅能抵偿空调能耗的 52% ~ 57%。不同城市带太阳能屋顶每小时发电量以及经济效益如下，珠三角为 2.53×10^9 kW · h，经济效益为 12.65 亿；长三角地区为 4.06×10^9 kW · h，经济效益为 20.30 亿；成渝地区为 0.84×10^9 kW · h，经济效益为 4.20 亿；长江中游城市带为 1.10×10^9 kW · h，经济效益为 5.50 亿；京津冀为 2.04×10^9 kW · h，经济效益为 10.20 亿。

本研究模拟区域很广，涵盖了中国五大主要城市带。将与屋面紧密贴合，更为科学的太阳能板算例耦合进 WRF 模式中的多层冠层方案 BEP/BEM 中。利用太阳能板模块结合多层城市冠层方案（BEP/BEM）计算出了五大城市带太阳能屋顶的发电量以及潜在经济效益。

然而本研究太阳能板默认为紧贴屋顶的设置，而实际上太阳能板在安装时方式多样。因此未来可进一步丰富太阳能板模块，使其发电量及对空调能耗的抵偿更为准确。夏季不同气候带在安装冷却屋顶和超材料屋顶之后，往往会使近地面风速降低，边界层高度降低，这对城市污染物扩散十分不利。因此，未来需要进行安装冷却屋顶情况下城市污染物浓度及其扩散特征的研究。此外，冷却屋顶对于局地天气气候更深远的影响，还有待进一步深入研究。

11.2 城市通风廊道研究

11.2.1 城市通风廊道的基本概念

改革开放以来,伴随着城市化进程的加速,我国经济快速发展。杭州作为长三角城市群中的特大中心城市,也出现了城市规模明显扩大,城市功能日趋多样,城市人口迅速增加的城市发展特点。随着城市规模的扩大,城市建筑密度和高度的增加,城市人为热及污染物排放的加剧,一方面,城市建设发展对城市局地气候影响效应日趋凸显,形成城市暖干化、极端暴雨增加、通风不畅等城市特有的气候现象;另一方面,城市气候影响城市能源消费、人体健康、生态环境等城市生命线运行和市民生活的方方面面,并衍生出如城市热岛、城市雾-霾和城市积涝等"城市通病"。

城市通风廊道的构建是提升城市空气流通能力、缓解城市热岛、改善人体舒适度、降低建筑物能耗的有效措施,对局地气候环境的改善有着重要的作用。

德国学者 Kress(1979)最早根据局地环流规律提出了下垫面气候功能评价标准,将城市通风系统分为作用空间、补偿空间与空气引导通道即风道,风道的气候调节功效取决于通道表面粗糙度、长度、宽度、边缘状态与障碍物等因素,这被作为德国城市通风道规划的思想基础。Mayer 等(1994)将空气引导通道分为 3 类:通风通道、新鲜空气通道与冷空气通道,并认为冷空气通道是最应该通过城市规划得以保护与发展的空气引导通道。通风廊道能将新鲜空气引入城市内部,促进城市空气流通运动、缓解热岛,以达到改善局地气候,提高人体舒适度的目的(Masmoudi and Mazouz, 2004)。

在《香港规划标准与准则》中的"第十一章:城市设计指引"于 2006 年首次在城市规划中列明城市通风廊道(风道)的定义及功能:"通风廊应以大型空旷地带连成,例如主要道路、相连的休憩用地、美化市容地带、非建筑用地、建筑线后移地带及低矮楼宇群;贯穿高楼大厦密集的城市结构。通风廊应沿盛行风的方向伸展;在可行的情况下,应保持或引导其他天然气流,包括海洋、陆地和山谷的风,吹向已发展地区"。Ng(2009)研究了香港城市通风廊道,认为风道宽度在 100 ~ 150 m 时才能在城市尺度内形成较为理想的通风效果。

翁清鹏等(2015)利用南京城市地表温度的卫星遥感资料,采用基于局地环流的德国城市通风廊道的构建理论,分析了南京市通风廊道的作用空间与补偿空间。党冰等(2017)利用南京江北新区的气象观测数据、NCEP 全球再分析资料和卫星遥感数据,采用统计分析、数值模拟以及地表温度反演技术,分析了江北新区的背景风场特征和城市热岛分布状况,构建了其核心规划区域的通风廊道系统。

目前已有一些城市在城市规划中对通风廊道建设提出规划,如北京将构建 5 条宽度 500 m 以上的一级通风廊道,多条宽度 80 m 以上的二级通风廊道,未来形成通风廊道网络系统。划入通风廊道的区域严控建设规模,并在有条件的情况下打通阻碍廊道连通的关键节点。杭州市将在城市规划中构建若干条一级、二级、三级通风廊道。此外,武汉、广州和西安等大型城市也开展了城市通风廊道规划研究(李军和荣颖,2014;梁颢严等,2014;赵红斌和刘晖,2014)。

但目前关于通风廊道的效应到底如何?廊道的建设对周边地区的风场、温度场、湿度场的影响程度和影响距离有多大?相关的定量研究还很缺乏,本节选取杭州市规划的“运河二通道城市一级廊道”进行数值敏感性试验,研究不同的廊道特征对城市气象场的影响。

11.2.2 杭州城市通风廊道研究

(1) 研究区域及试验设计

在由杭州市气象局、规划局组织的“杭州城市气候规划基础研究”中,规划了杭州一级和二级通风廊道(图 11.2.1),图中红色圆圈内即为“运河二通道”通风廊道。

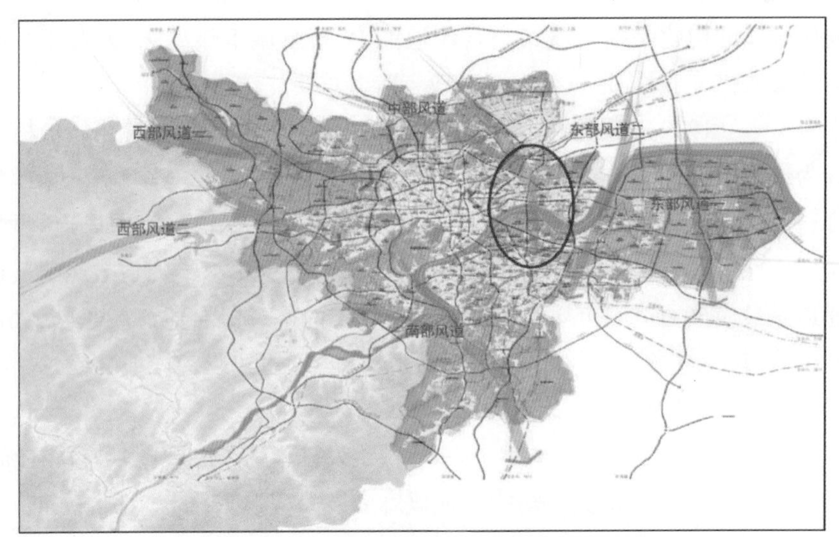

图 11.2.1 杭州市通风廊道规划图(红色圆圈内即为“运河二通道”通风廊道)(刘红年,2019)

本节选择“运河二通道”通风廊道进行研究,模拟区域中心经纬度为(30.373°N,120.339°E),模拟范围 25 km×25 km,网格距为 250 m。

本节构建了 5 种下垫面类型(图 11.2.2),分别为 case0,casel,casen,cases,caseb(其特征见表 11.2.1),其中,case0 为现状地表类型,在廊道范围内有少量低矮建筑,地表类型主要为城市和少量农田;casel 为通风廊道个例,廊道范围内地表类型改为常绿林,建筑高度和密度全部取为 0,廊道宽度为 1 000 m;casen 为无廊道个例,将 casel 个例中廊道范围内地表类型全部改为城市,建筑高度和建筑密度分别为 30 m 和 0.5,即用较高的密集建筑将廊道堵塞;cases 为窄廊道个例,廊道宽度 500 m,其余设置同廊道个例 casel;caseb 为建筑廊道个例,将廊道个例 casel 中廊道范围内地表类型改为城市,建筑高度和密度分别为 4 m 和 0.2,即用低矮稀疏建筑替换廊道范围内的常绿植被。

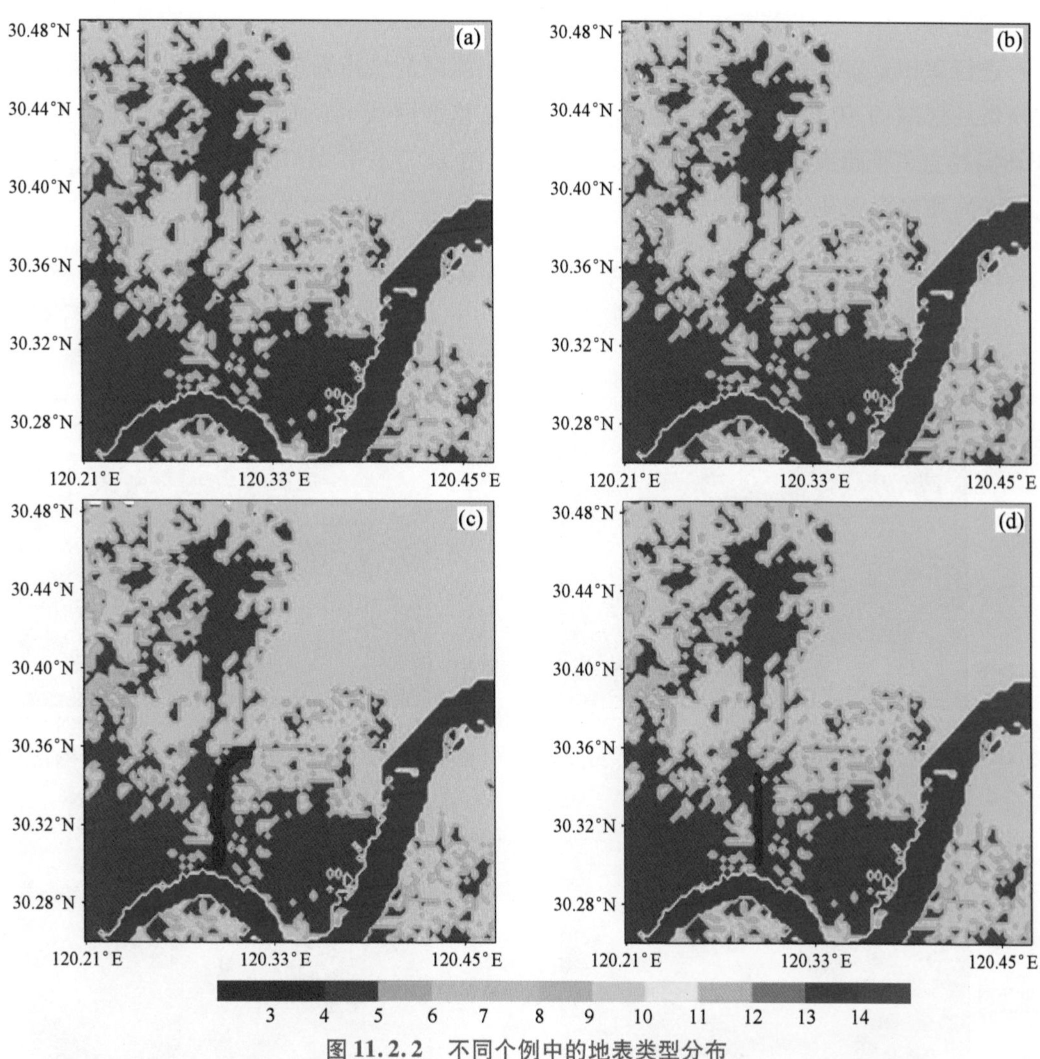

图 11.2.2 不同个例中的地表类型分布

(a) 现状(case0);(b) 无廊道(casen);(c) 有廊道(casel);(d) 窄廊道(cases)(1:沙漠;2:苔原;3:草地;4:灌木覆盖的草地;5:城市;6:落叶林;7:常绿林;8:雨林;9:冰面;10:农田;11:灌木;12:短灌木;13:半沙漠;14:水面。红色为钱塘江)(刘红年,2019)

表 11.2.1 不同数值试验中的地表类型特征

试验名称	特征	廊道宽度	廊道区域地表类型	廊道区域建筑高度	廊道区域建筑密度
case0	现状	—	城市	<10 m	<0.2
casen	无廊道	—	城市	30 m	0.5
casel	有廊道	1 km	常绿林	0	0
cases	窄廊道	500 m	常绿林	0	0
caseb	有低矮建筑廊道	1 km	城市	4 m	0.2

（2）高分辨率城市形态特征参数

进行250 m分辨率的城市边界层模拟，需要相匹配的城市形态特征参数分布，本节利用杭州市规划部门10 m分辨率的城市建筑、绿化和水网资料，基于遥感及地理信息系统（GIS），建立了杭州市高分辨率城市形态数据集。图11.2.3和图11.2.4分别为几种个例的建筑高度和建筑密度分布。

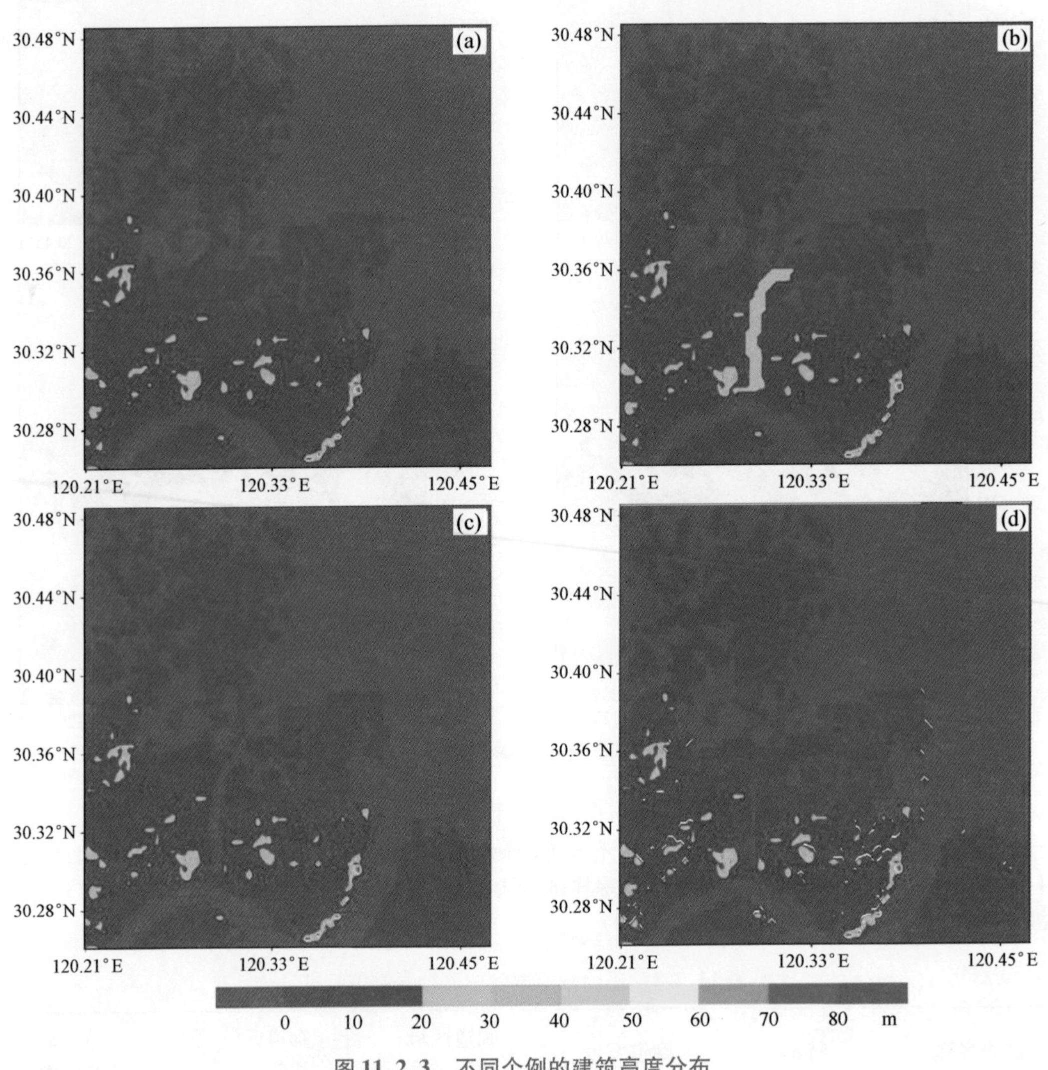

图11.2.3　不同个例的建筑高度分布

（a）现状（case0）；（b）无廊道（casen）；（c）有廊道（casel）；（d）窄廊道（cases）（刘红年，2019）

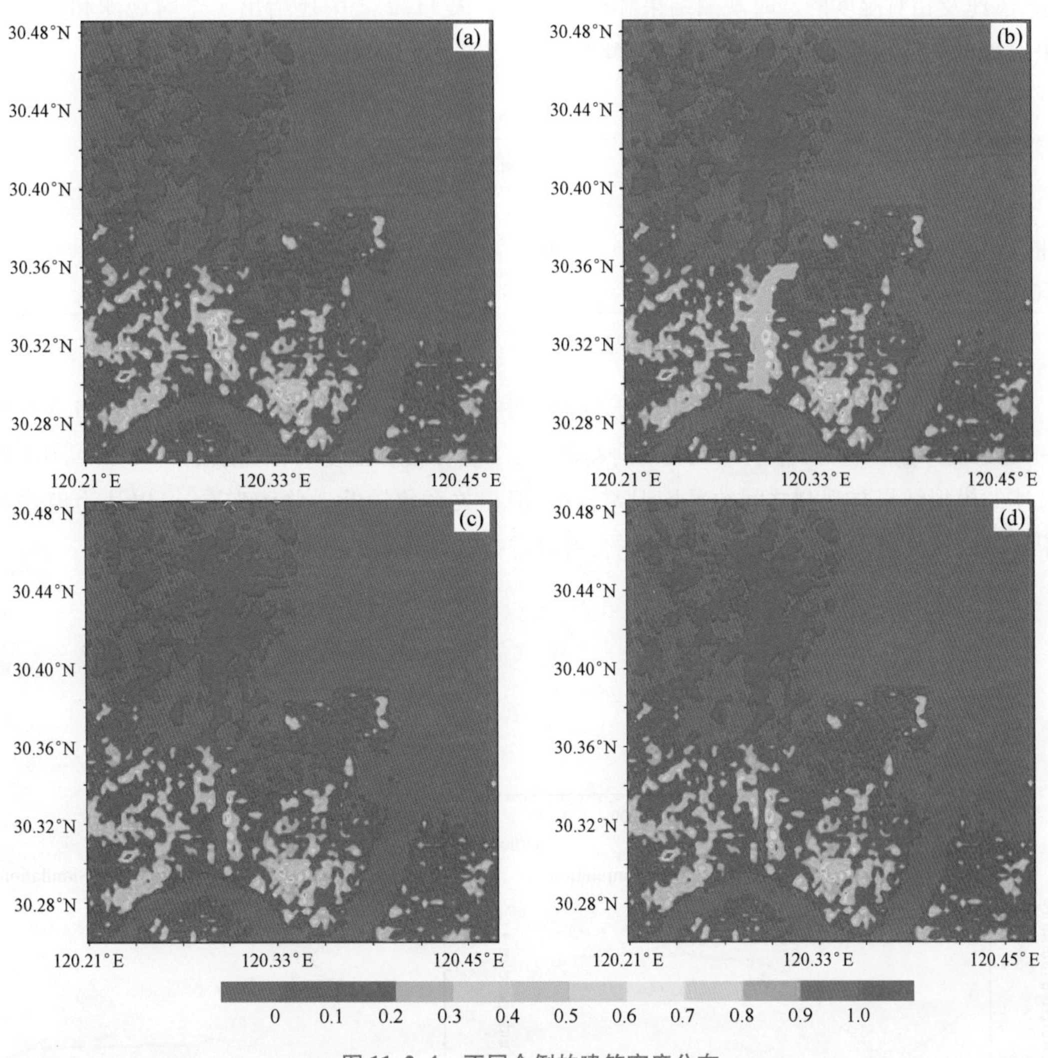

图 11.2.4　不同个例的建筑密度分布

(a) 现状(case0);(b) 无廊道(casen);(c) 有廊道(casel);(d) 窄廊道(cases)(刘红年,2019)

(3) 气象初始场

气象要素初始场由模拟域内 11 个地面自动气象站(代号 K1003,K1010,K1022,K1159,K1163,K1164,K1207,K1209,K1218,K1228,K1701)观测的小时资料和杭州气象观测站 58457 的探空资料经 BARNES 插值和客观分析得到。

针对每种下垫面类型,进行了冬季和夏季两个个例的模拟,夏季个例时间为 2013 年 8 月 12 日,盛行南风,风向顺着通风廊道,冬季个例时间为 2014 年 1 月 28 日,盛行东风,风向垂直于通风廊道。

(4) 模式模拟性能检验

为了验证模式模拟结果的可靠性,图 11.2.5 给出了模拟域内所有测站和个例平均的气温、风速及相对湿度的逐时观测结果和模拟结果。表 11.2.2 中还给出了逐时观测和模拟结果对比的统计检验,包括平均值偏差(MB)、均方根误差(RMSE)及相关系数(R)。

表 11.2.2 逐时观测和模拟对比统计检验

	观测	模拟	平均值偏差	均方根误差	相关系数
气温(°C)	22	21	-1.0	2.55	0.98
相对湿度(%)	54.6	55.3	0.7	8.75	0.88
风速($m \cdot s^{-1}$)	1.54	1.36	-0.18	0.96	0.32

注:相关系数均通过了95%置信区间的显著性检验。

根据统计结果可以看出,模式对于气温、相对湿度和风速的平均误差为 1 ℃,0.7% 和 -0.18 $m \cdot s^{-1}$,模拟总体上与观测吻合得较好,气温和相对湿度的相关系数达 0.98 和 0.88,风速的模拟结果与观测之间的平均误差较小,但相关系数较低。总体来看,可以认为模式对于研究区域气象场的模拟是合理可信的,可以进行通风廊道的数值敏感性试验。

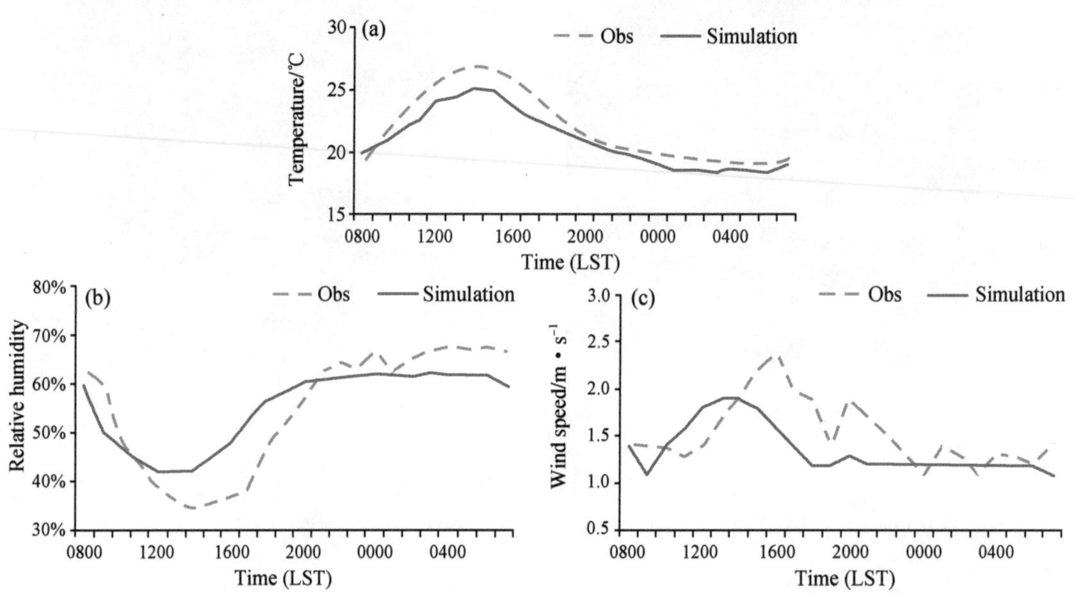

图 11.2.5 所有测站和个例平均的气象要素日变化特征

(a) 气温;(b) 相对湿度;(c) 风速;模拟值为所有个例的平均(刘红年,2019)

(5) 通风廊道的气候效应

图 11.2.6 是现状地表类型(case0)夏季和冬季地面气象场,城市热岛现象明显,夏季城市热岛强度大约为 2 ℃,冬季大约为 1.5 ℃,夏季热岛的强度和范围高于冬季。夏季江面相对湿度最大,大约为 44%,市区相对湿度约 39%,比近郊地区湿度略低,但比北部地区郊区相对湿度高,这可能是受大尺度天气形势影响,冬季城市相对湿度低于郊区,显示了典型的城市"干岛"特征。受城市建筑阻碍,夏季市区风速低于 1.2 $m \cdot s^{-1}$,郊区风速较大,在 1.8 ~

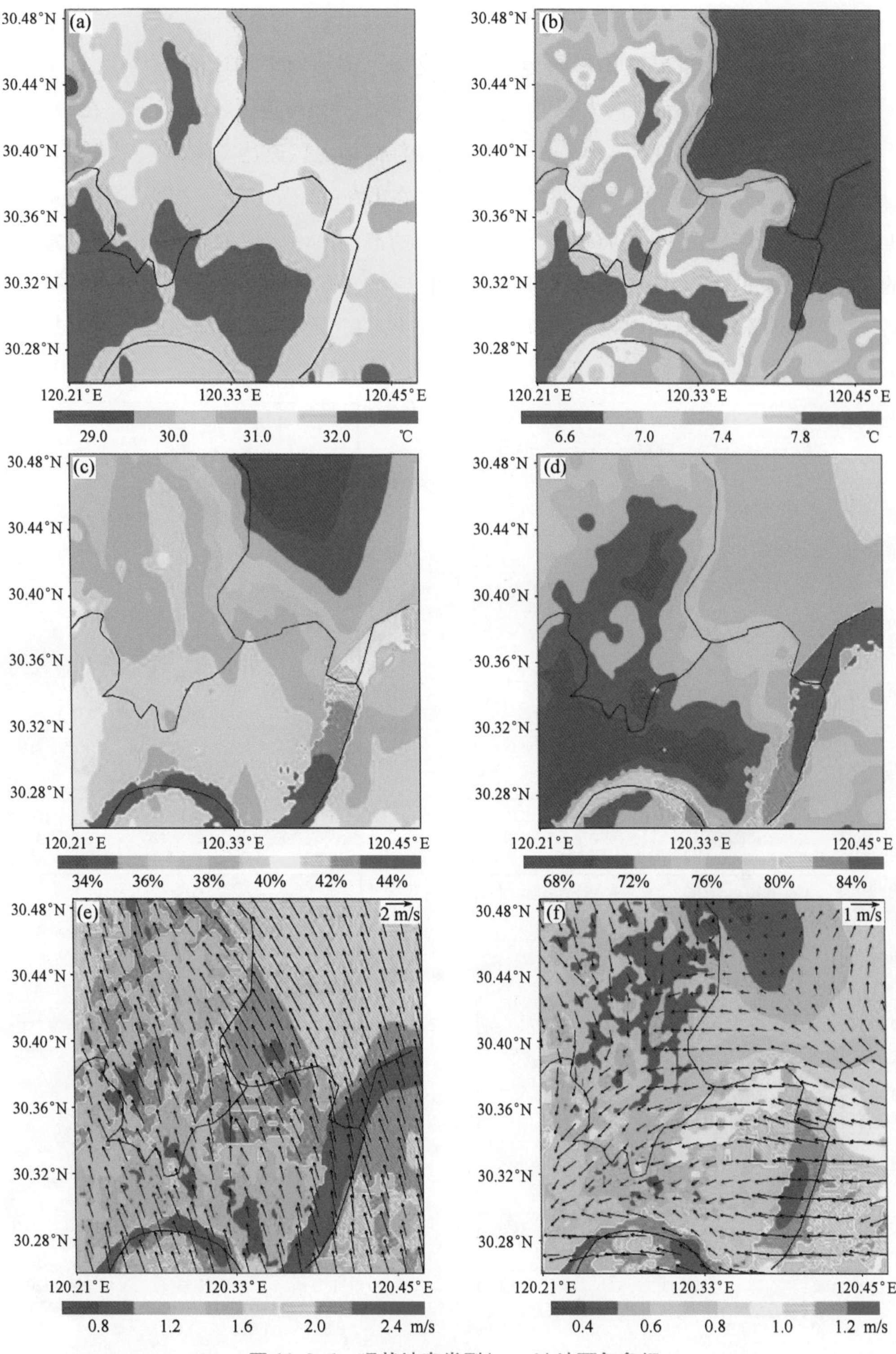

图 11.2.6　现状地表类型(case0)地面气象场

(a) 夏季气温;(b) 冬季气温;(c) 夏季相对湿度;(d) 冬季相对湿度;(e) 夏季风速和风矢量;(f) 冬季风速和风矢量(刘红年,2019)

2.2 m·s^{-1}之间,钱塘江江面风速最大,可达2.4 m·s^{-1}以上。冬季的市区风速也低于郊区。

图11.2.7是敏感性试验中不同地表类型夏季个例地面平均风速分布,无廊道个例中(图11.2.7(a)),由于廊道被高大密集的城市建筑堵塞,导致廊道区域风速很低,在0.6 m·s^{-1}以下,而城区其余区域风速为1 m·s^{-1}左右,钱塘江江面上风速达2.4 m·s^{-1}左右。有廊道时(图11.2.7(b)),廊道区域风速明显增大,风速在1.6~2.0 m·s^{-1}之间,窄廊道的风速亦达1.6~2.0 m·s^{-1}(图11.2.7(c)),但风速增大的范围比有廊道的个例小。有低矮建筑廊道的个例中(图11.2.7(d)),廊道区域的风速增加现象不明显。冬季风速分布特征总体上与夏季类似(图略),有廊道时风速增加,无廊道时风速明显下降,窄廊道时风速增加的范围较小。

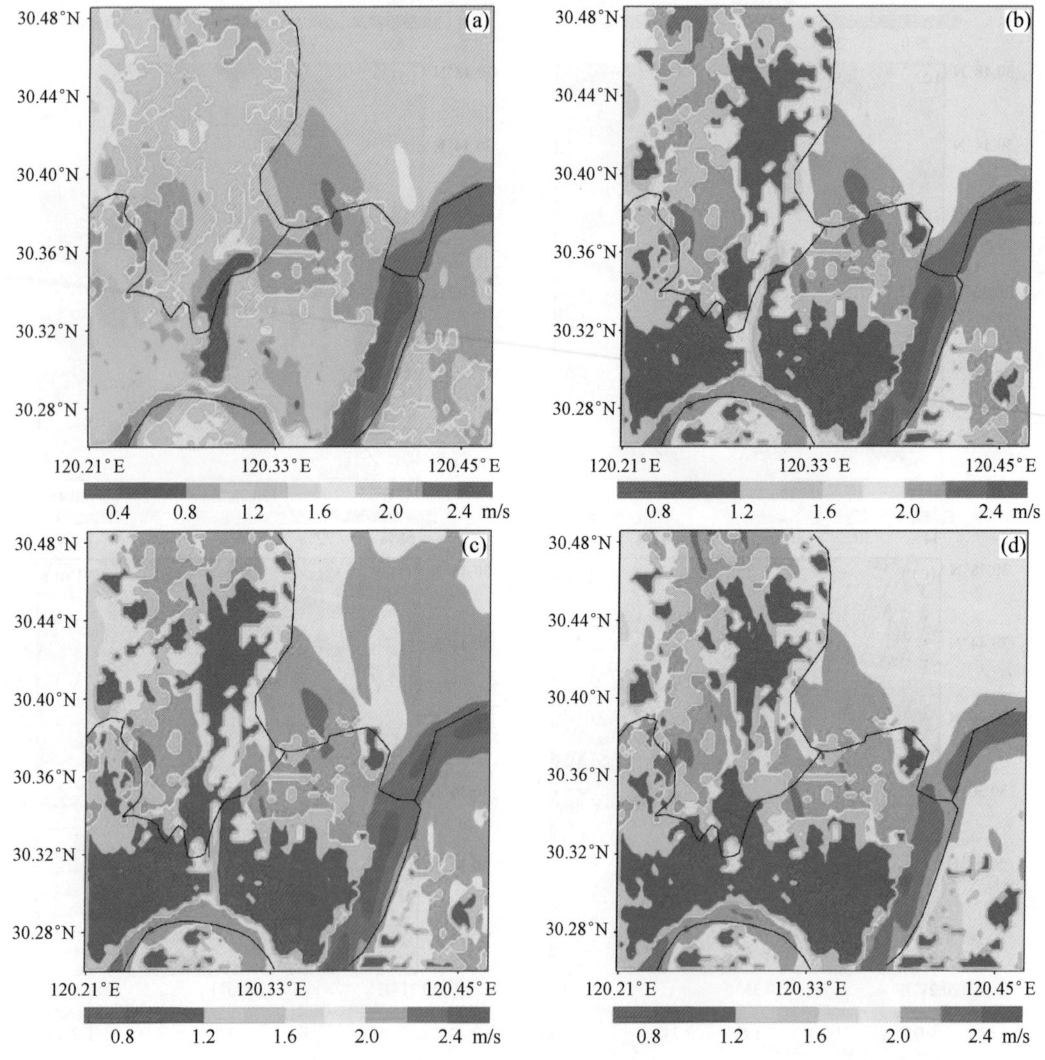

图11.2.7 夏季个例地面平均风速分布

(a) 无廊道(casen);(b) 有廊道(casel);(c) 窄廊道(cases);(d) 有低矮建筑廊道(刘红年,2019)

图 11.2.8 是夏季不同地表类型地面气温分布,没有廊道时,城市高温区域连成一片,廊道区域气温最高。有通风廊道时,廊道区域降温明显,夏季气温在 30 ℃以下,而周边城市区域气温约为 32.5 ℃,通风廊道明显将原来连成一片的城市热岛区分为两个高温中心,廊道的降温范围较大。窄通风廊道同样有降温作用,但降温幅度和降温范围明显比宽廊道小。有低矮建筑廊道的结果显示(图 11.2.8(d)),由于地表类型为城市下垫面,虽然建筑高度和建筑密度较低,但这种廊道没有降温作用,和无廊道结果很相似。通风廊道在冬季对气温的影响明显小于夏季。

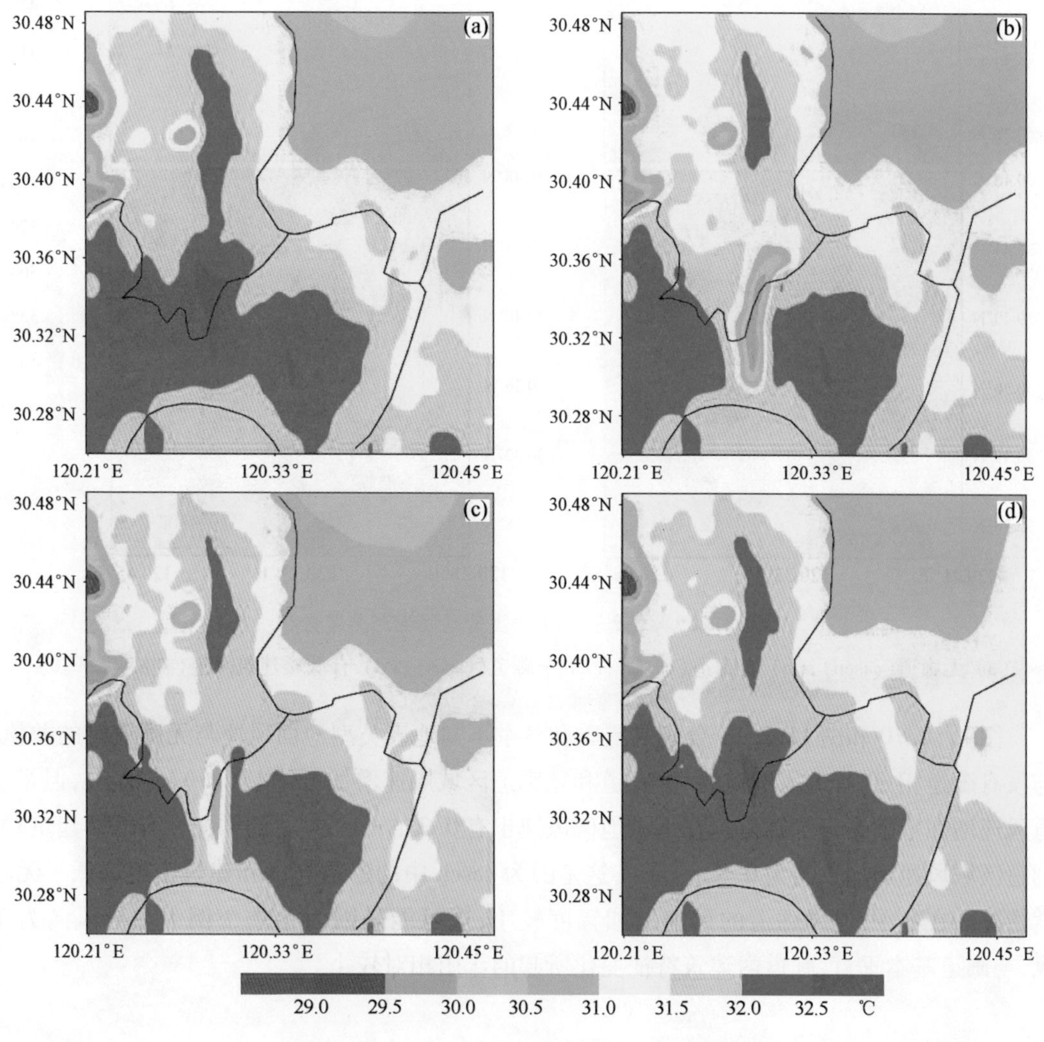

图 11.2.8 夏季不同地表类型地面气温分布

(a) 无廊道(casen);(b) 有廊道(casel);(c) 窄廊道(cases);(d) 有低矮建筑廊道(刘红年,2019)

图 11.2.9 是夏季不同地表类型地面相对湿度分布,与没有廊道相比,有通风廊道时,廊道区域相对湿度明显增加,这是因为绿色廊道增加了地表蒸发,使廊道区域相对湿度高于其

他城市区域。窄通风廊道同样有增湿作用,但影响幅度和范围明显比宽廊道小。有低矮建筑廊道对湿度几乎没有影响。通风廊道在冬季对相对湿度影响较小。

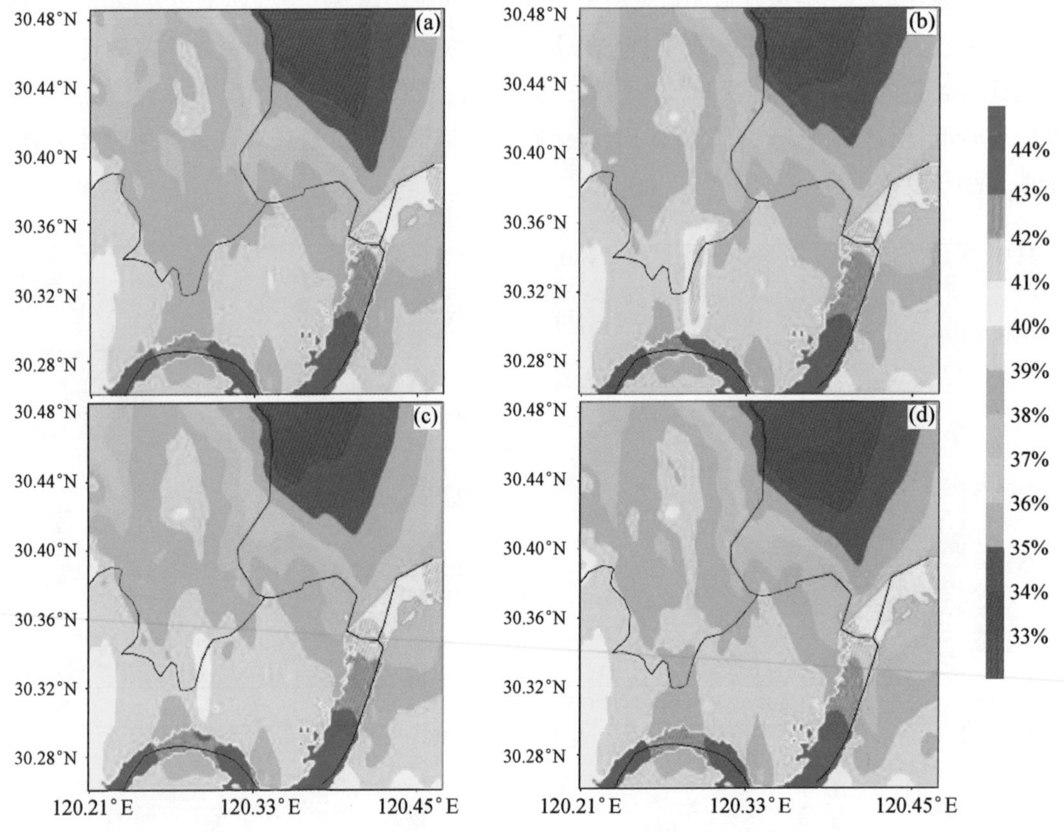

图 11.2.9 夏季不同地表类型地面相对湿度分布

(a) 无廊道(casen);(b) 有廊道(casel);(c) 窄廊道(cases);(d) 有低矮建筑廊道(刘红年,2019)

图 11.2.10 和图 11.2.11 分别是夏季和冬季不同地表类型地面风速与无廊道时的差值。与没有廊道相比,有通风廊道时,窄廊道和宽廊道区域风速增加可达 1.4 $m \cdot s^{-1}$左右,但宽廊道风速增加范围大于窄廊道。在下游地区风速也有 0.2 $m \cdot s^{-1}$左右的增加。有低矮建筑时,廊道区域风速增加大约为 0.8 $m \cdot s^{-1}$,这是因为 caseb 中的建筑高度和建筑密度远低于无廊道情况。在冬季,通风廊道的风速增加幅度较小,这可能是因为冬季个例中主导风向为东风,与廊道基本垂直,廊道内建筑特征变化所起的作用相对较小。

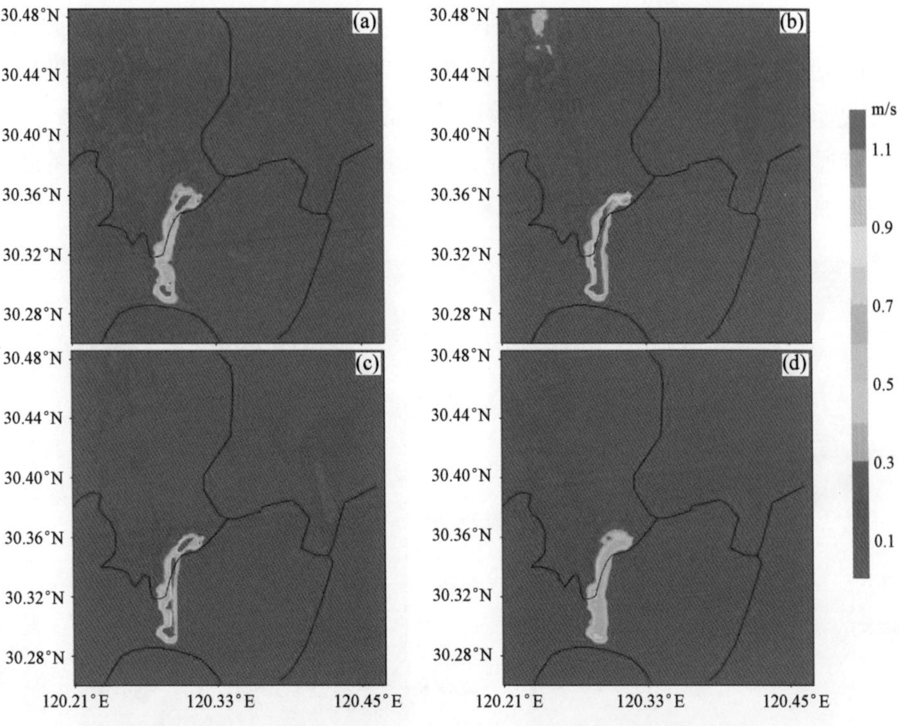

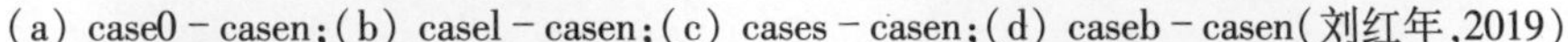

图 11.2.10 夏季不同地表类型地面风速与无廊道时的差值

(a) case0 - casen;(b) casel - casen;(c) cases - casen;(d) caseb - casen(刘红年,2019)

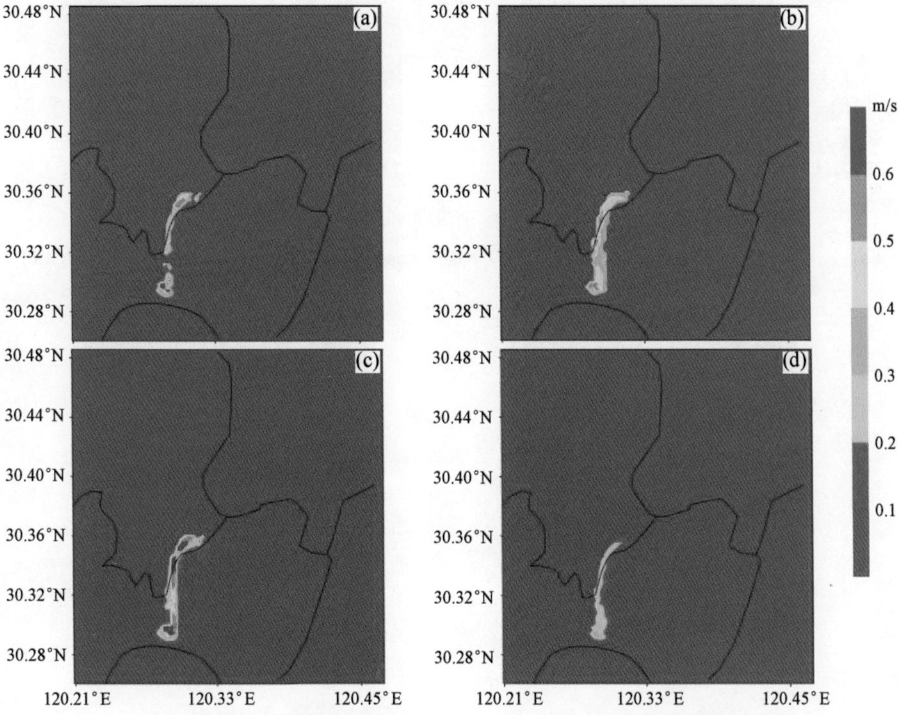

图 11.2.11 冬季不同地表类型地面风速与无廊道时的差值

(a) case0 - casen;(b) casel - casen;(c) cases - casen;(d) caseb - casen(刘红年,2019)

图 11.2.12 和图 11.2.13 分别是夏季不同地表类型地面气温和相对湿度与无廊道时的差值。与无廊道相比,有通风廊道时,夏季降温幅度可达 2.7 ℃,冬季降温幅度较小,约为 0.6 ℃。在夏季,廊道下游有大面积降温区域,窄廊道的降温幅度和降温范围较小。与没有廊道相比,有通风廊道时,夏季湿度增加 3%,窄廊道增加约 2%,在下游较远距离也有 1% 的增加,冬季增加幅度较小。

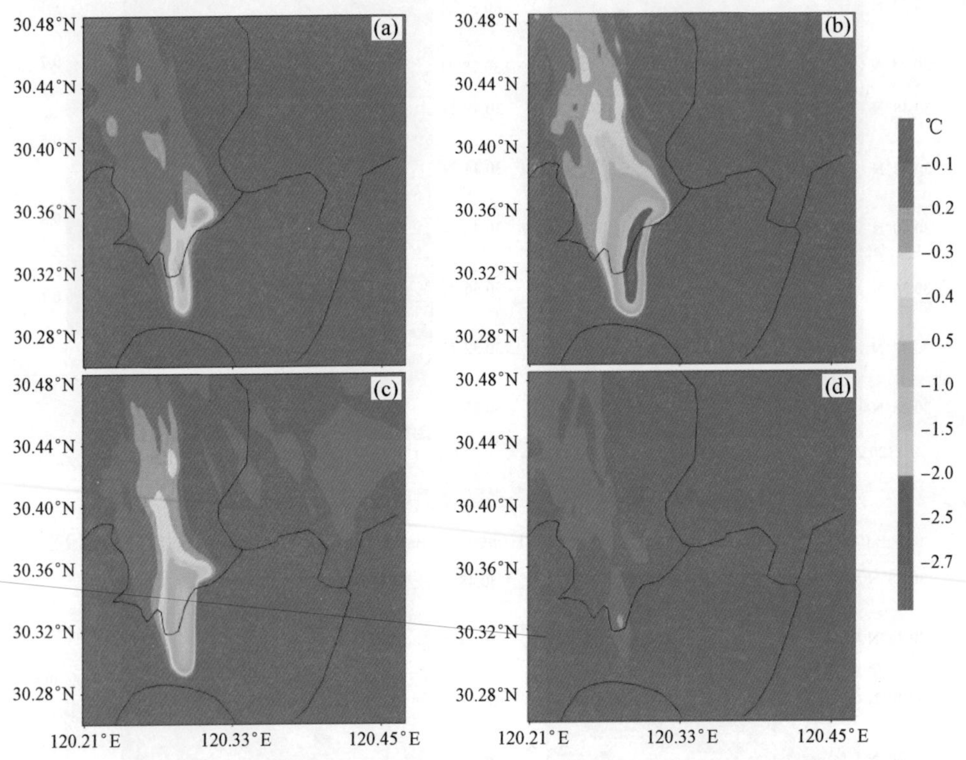

图 11.2.12　夏季不同地表类型地面气温与无廊道时的差值

(a) case0 - casen;(b) casel - casen;(c) cases - casen;(d) caseb - casen(刘红年,2019)

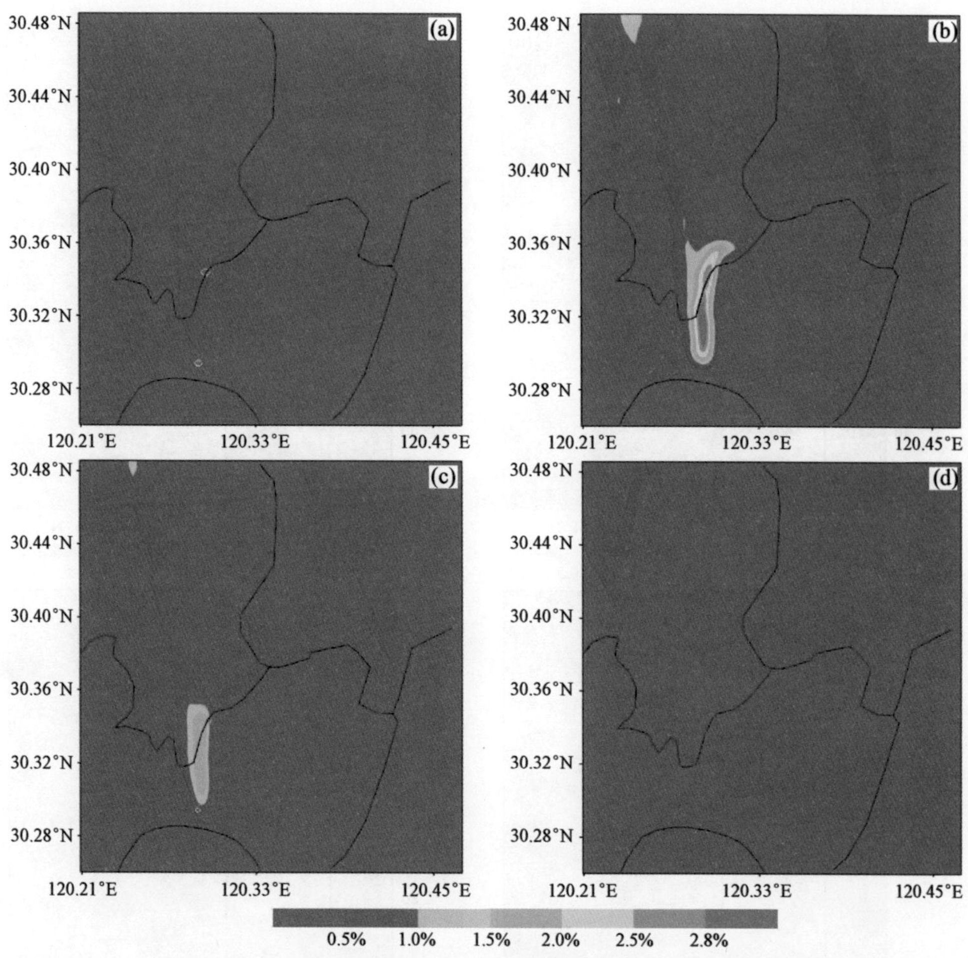

图 11.2.13　夏季不同地表类型地面相对湿度与无廊道时的差值

(a) case0 - casen;(b) casel - casen;(c) cases - casen;(d) caseb - casen(刘红年,2019)

图 11.2.14 是沿通风廊道方向南北剖面有廊道与无廊道的风速和气温差值的垂直分布,从图中可以看出通风廊道对风速影响的垂直高度,有廊道导致风速增加 1 m · s^{-1} 的高度大约为 60 m,在 100 m 高度,风速增加可达 0.3 ~0.5 m · s^{-1},通风廊道的降温幅度为 2.7 ℃,降温幅度 0.5 ℃的高度达 100 m,降温幅度 0.1 ℃的高度达 150 m。在冬季,风垂直于廊道时,风速增加的高度仅约 40 m,对风速和气温的影响高度明显低于夏季。

表 11.2.3 总结了 3 种通风廊道个例中在下游方向不同距离处的气象要素的平均变化和极值。总体而言,距离廊道越远,气温、风速、湿度的变化越小,对绿色宽廊道而言,廊道内处风速增加、气温下降、相对湿度增加的平均值分别为 1.2 m · s^{-1},2.6 ℃,2.6%,极值变化分别为 1.5 m · s^{-1},2.9 ℃,3.1%。在 1 000 m 处,风速增加、气温下降、相对湿度增加的极值变化分别为 0.4 m · s^{-1},1.6 ℃,1.4%。在 1 500 m 处,最大降温仍有 1.2 ℃。窄廊道的影响范围总体小于宽廊道,建筑廊道的影响最小。廊道在冬季的影响低于夏季。

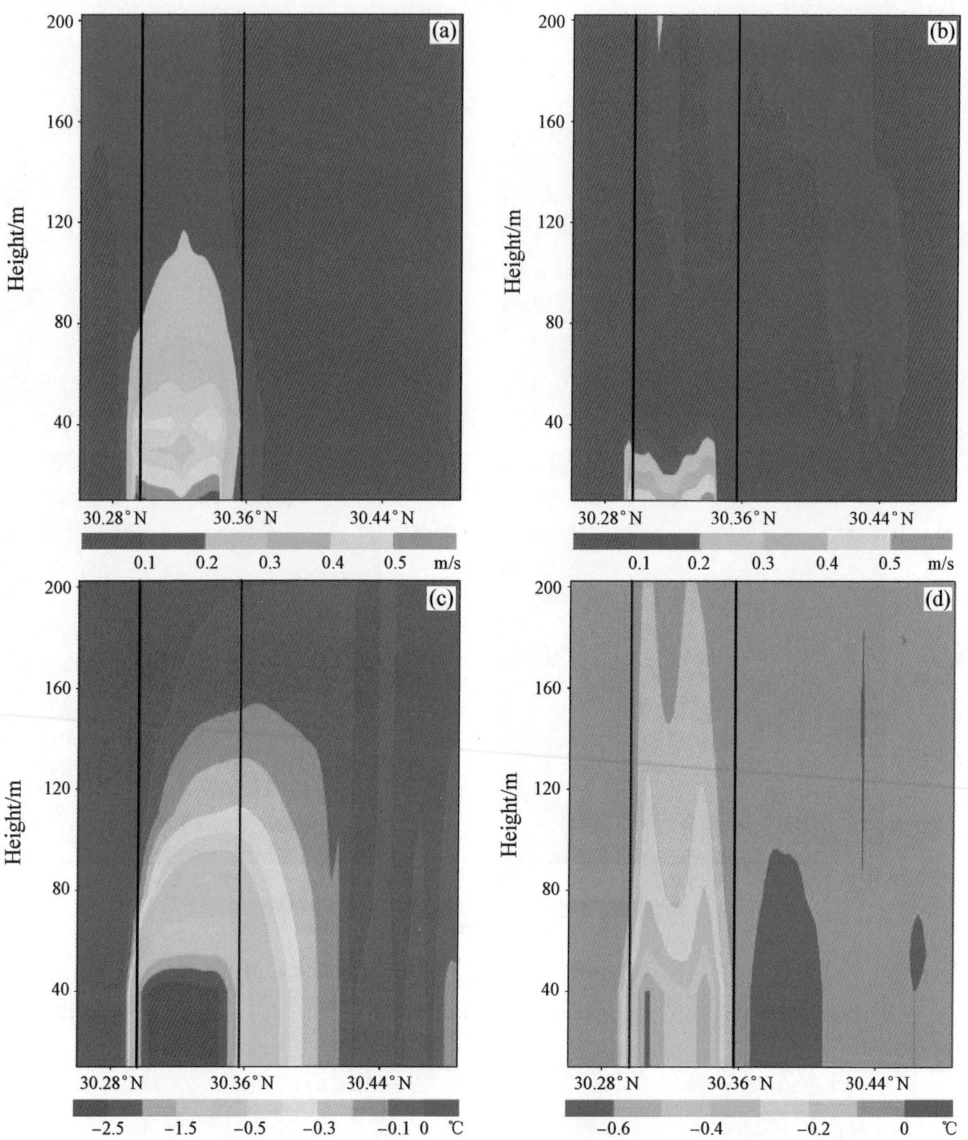

图 11.2.14 有廊道与无廊道时风速差值和气温差值的垂直分布(通过廊道中心的南北剖面，图中两条竖线分别是通风廊道起点和终点)

(a) 夏季风速差值;(b) 冬季风速差值;(c) 夏季气温差值;(d) 冬季气温差值(刘红年,2019)

表 11.2.3 通风廊道对下游不同距离处风速、气温和相对湿度的平均影响和极值

	与廊道距离/m	要素变化量(绿色宽廊道)			要素变化量(绿色窄廊道)			要素变化量(建筑廊道)		
		风速 /m·s^{-1}	气温 /°C	相对湿度	风速 /m·s^{-1}	气温 /°C	相对湿度	风速 /m·s^{-1}	气温 /°C	相对湿度
夏季	廊道内	1.2 (1.5)	2.6 (2.9)	2.6% (3.1%)	1.1 (1.4)	1.5 (1.8)	1.7% (2.0%)	0.6 (0.8)	0.1 (0.1)	0.2% (0.4%)
	250	0.8 (1.4)	2.3 (2.7)	2.2% (2.5%)	0.8 (1.4)	1.5 (1.7)	1.7% (1.9%)	0.6 (0.8)	0.1 (0.2)	0.3% (0.5%)
	500	0.5 (0.8)	1.9 (2.2)	1.7% (2.1%)	0.6 (1.4)	1.2 (1.4)	1.4% (1.5%)	0.4 (0.7)	0.1 (0.2)	0.3% (0.5%)
	750	0.3 (0.5)	1.5 (2.0)	1.2% (1.6%)	0.5 (1.3)	0.9 (1.0)	1.1% (1.2%)	0.3 (0.5)	0.1 (0.2)	0.3% (0.5%)
	1 000	0.2 (0.4)	1.1 (1.6)	0.9% (1.4%)	0.3 (0.6)	0.7 (0.8)	0.9% (1.0%)	0.2 (0.3)	0.1 (0.2)	0.3% (0.4%)
	1 250	0.2 (0.3)	0.9 (1.4)	0.7% (1.2%)	0.2 (0.4)	0.5 (0.6)	0.7% (0.8%)	0.1 (0.2)	0.1 (0.2)	0.3% (0.4%)
	1 500	0.1 (0.2)	0.8 (1.2)	0.6% (1.1%)	0.1 (0.2)	0.4 (0.5)	0.5% (0.6%)	0.1 (0.1)	0.1 (0.1)	0.2% (0.4%)
冬季	廊道内	0.4 (0.6)	0.4 (0.6)	1.3% (1.8%)	0.5 (0.7)	0.2 (0.4)	1.0% (1.4%)	0.2 (0.3)	0.1 (0.1)	0.1% (0.7%)
	250	0.3 (0.5)	0.4 (0.5)	1.3% (1.7%)	0.3 (0.7)	0.3 (0.3)	0.9% (1.3%)	0.2 (0.3)	0.1 (0.1)	0.3% (0.8%)
	500	0.1 (0.1)	0.3 (0.5)	1.0% (1.4%)	0.2 (0.5)	0.2 (0.3)	0.8% (1.1%)	0.1 (0.2)	0.0 (0.1)	0.2% (0.7%)
	750	0.0 (0.1)	0.3 (0.3)	0.7% (0.9%)	0.1 (0.4)	0.2 (0.2)	0.5% (0.8%)	0.0 (0.2)	0.0 (0.1)	—
	1 000	0.0 (0.1)	0.2 (0.2)	0.4% (0.8%)	0.1 (0.3)	0.1 (0.2)	0.4% (0.7%)	0.0 (0.1)	0.0 (0.1)	—
	1 250	0.0 (0.1)	0.1 (0.2)	0.3% (0.7%)	0.1 (0.2)	0.1 (0.1)	0.4% (0.7%)	0.0 (0.0)	0.0 (0.1)	—
	1 500	0.0 (0.1)	0.1 (0.2)	0.3% (0.6%)	0.1 (0.1)	0.1 (0.1)	0.4% (0.6%)	0.0 (0.0)	0.0 (0.1)	—

注:变化量是指相对于无廊道情况的变化,括号内为极值。

11.2.3 小结

本节采用区域边界层化学模式(RBLM-Chem),利用杭州市高分辨率地表类型、城市建筑等资料,开展了杭州市通风廊道影响的模拟研究,针对冬季和夏季两个典型个例进行数值模拟和敏感性试验,得到主要结论如下:

① 城市绿色通风廊道有增加风速、降低气温、提高湿度的作用，与没有廊道相比，有通风廊道时，窄廊道和宽廊道区域风速增加在夏季平均可达 1.4 $m \cdot s^{-1}$，在通风廊道下游风速也有 0.2 $m \cdot s^{-1}$ 左右的增加。而冬季风垂直于廊道时，廊道区域风速增加较小，仅有 0.5 $m \cdot s^{-1}$ 左右。廊道宽度增加时，风速增加幅度和范围大于窄通风廊道。

② 与没有廊道相比，有通风廊道时，夏季降温幅度平均可达 2.7 ℃，冬季降温幅度较小，约为 0.6 ℃。在夏季，廊道下游有大面积降温区域，窄廊道的降温幅度和降温范围较小。

③ 与没有廊道相比，有通风廊道时，夏季湿度增加 3%，窄廊道增加约 2%，在下游较远距离也有 1% 的增加，冬季增加幅度较小。

④ 有廊道导致的风速平均增加 1 $m \cdot s^{-1}$ 的高度大约为 60 m，在 100 m 高度，风速增加可达 0.3 ~0.5 $m \cdot s^{-1}$，不同宽窄的廊道对风速的影响高度比较相似。在冬季，风垂直于廊道时，风速增加的高度仅约 40 m。廊道内降温幅度达 0.5 ℃的高度达 100 m，降温幅度 0.1 ℃的高度达 150 m。在 60 m 高度以下，通风廊道使相对湿度增加 2%，相对湿度增加 1% 的高度可达 120 m。

11.3 城市规划的气候评估

近几十年来，中国城市化进程加速，城市规模明显扩大，城市功能日趋多样，城市人口迅速增加。随着城市规模的扩大，城市建筑密度和高度的增加，城市人为热及污染物排放的加剧，衍生出如城市热岛、城市雾-霾和城市积涝等与城市气候息息相关的“城市通病”。

开展基于城市局地气候特征和规划方案的城市规划气候适宜性综合研究，提出可以合理利用杭州城市气候资源、改善局地气候条件、提高城市宜居性的城市规划适应策略和措施建议尤为重要。

在城市规划中充分考虑城市气候信息和气候变化因素，科学制定城市规划发展策略，是治理城市病、改善人居环境的重要行动。本节以杭州大江东新城规划为例，分析评估了不同城市规划的气候效应。

11.3.1 杭州大江东新城规划

杭州市大江东地区是杭州钱塘江以东区域，包括河庄镇、南阳镇和义蓬镇，属于杭州市郊区。大江东地区拥有最大的沿江湿地，岸线长达 2 万余米，面积 54 平方千米，有独特的生态环境优势，是杭州城市绿肺。2014 年 8 月，杭州市委下发《关于印发大江东产业集聚区体制调整实施方案的通知》，明确了大江东地区发展规划，大江东新城即将拔地而起。

为了研究大江东新建设可能产生的局地气候效应，本节利用 RBLM2.0 模式及杭州城市规划部门提供的高分辨率地表类型、城市建筑、大江东新城规划等资料，选择 2014，2015 年中不同天气类型、不同季节的天气个例进行数值模拟和敏感性试验。对大江东新城规划方案对局地气候的影响进行定量研究，提出可以合理利用杭州城市气候资源、改善局地气候条件、提高城市宜居性的城市规划适应策略和措施建议。

城市规划部门对杭州市大江东地区制定了两套规划方案,分别称为规划方案1和规划方案2。在新城规划中,城市区域分为了适建区和限建区,适建区即规划的城市区域,限建区是规划中的限制建设区,是未来建设的保留用地。现状方案即大江东现状模拟,规划方案1为杭州市规划局实际使用的规划方案,该方案中将大江东地区适建区进行了开发,规划方案2是在规划方案1的基础上将限建区也改为城市,即远景规划。在整个大江东模拟研究区域内适建区占15.6 %,限建区占4.3 %。图11.3.1为大江东地区新城规划方案1和规划方案2的地表类型图。

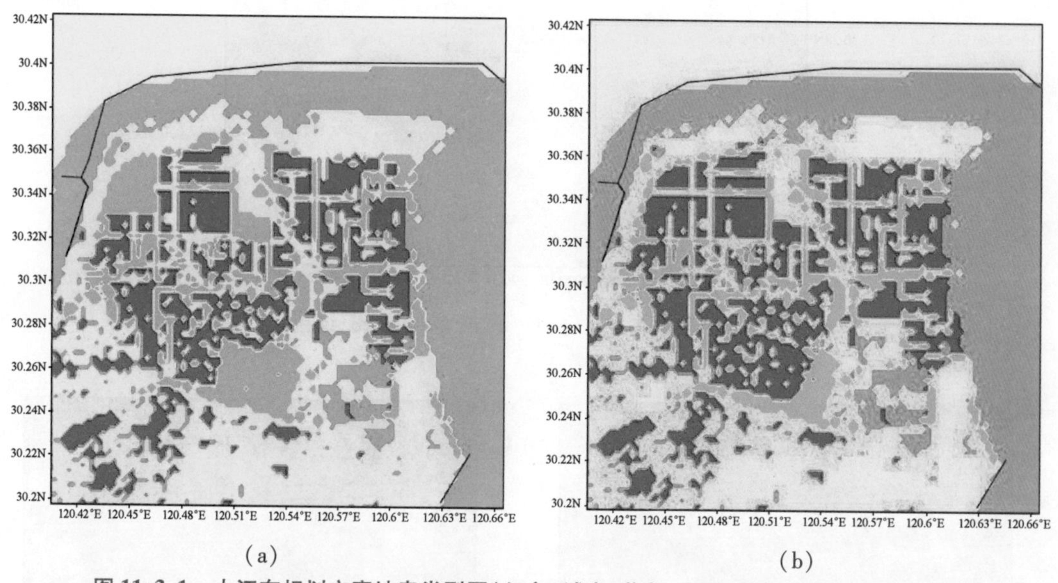

图11.3.1 大江东规划方案地表类型图(红色:城市;黄色:农田;绿色:绿地;蓝色:水体)

(a) 规划方案1;(b) 规划方案2

11.3.2 数值试验方案设计

杭州市大江东新城数值模拟区域是以点(120.535°E,30.303°N)为中心的101×101个网格,网格距为250 m,研究范围为120.41°E－120.66°E,30.20°N－30.42°N。

图11.3.2为大江东模拟区域现状的地表类型。大部分研究区域属于杭州市萧山区,包含部分钱塘江。研究区域地表类型以农田及植被为主,西南部分有极少城市区域,绿化比例(树木和草地占比)为18.9%。该区域整体未进行城市规划,地形平坦,海拔高度较低。

图11.3.3是大江东模拟区域现状的平均建筑高度(图11.3.3(a))及密度分布(图11.3.3(b))。每个网格内的建筑高度是根据该网格内所有建筑高度平均得到。建筑密度即单位土地面积上的建筑占地面积,即建筑覆盖率。大江东地区属于杭州市郊区,模拟区域内建筑物较少,且建筑高度偏低。模拟域平均建筑高度为4.46 m,平均建筑密度为0.02 2,最高建筑高度为24 m,最大建筑密度为0.86。

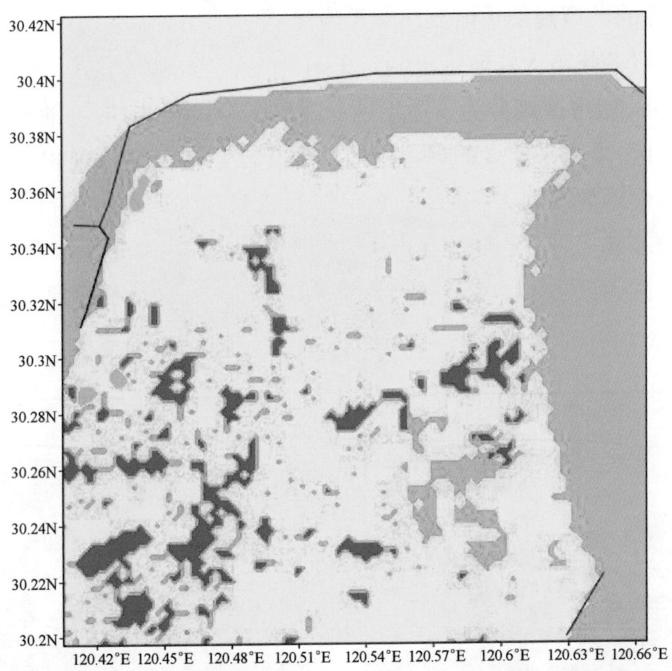

图 11.3.2 大江东模拟区域地表类型(红色:城市;黄色:农田;绿色:绿地;蓝色:水体)

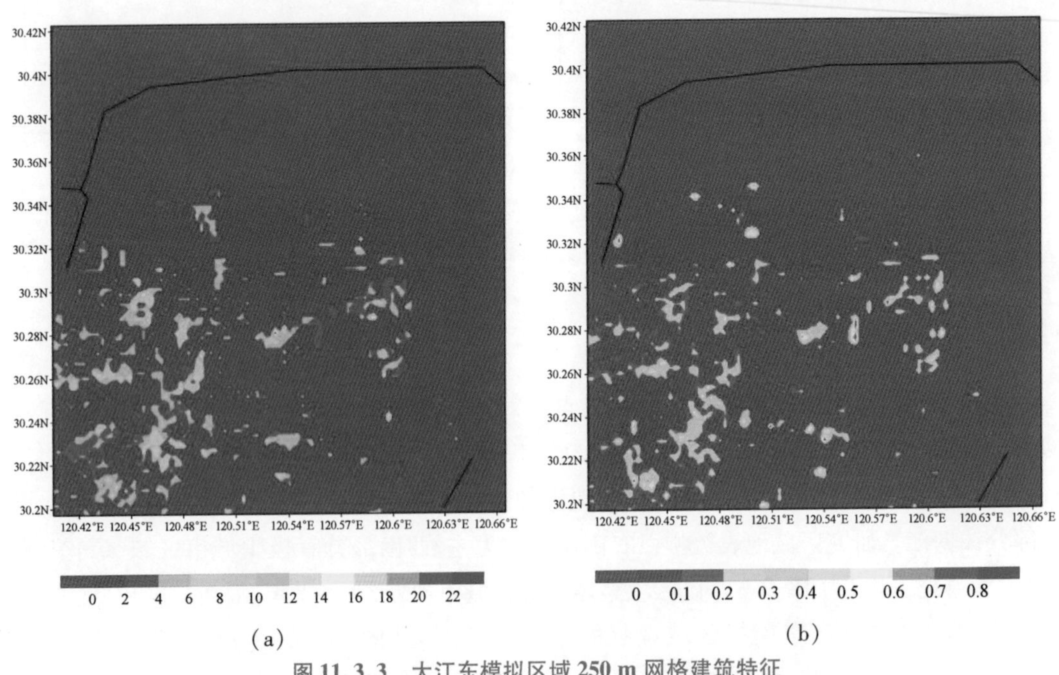

图 11.3.3 大江东模拟区域 250 m 网格建筑特征

(a) 平均建筑高度(m);(b) 平均建筑密度

本节以 2014 年为基准,综合考虑了杭州工业、交通、生活和人体散热四种人为热排放源,利用杭州工业能源消耗总量、机动车保有量、主干道车流量、生活能源消耗总量、人口数等数据,估算出杭州工业、交通、生活和人体散热四种人为热通量分别为 99.29,14.62,5.06,4.22 W·m^{-2}。杭州市区全天平均排放通量 123.19 W·m^{-2}。根据杭州市 2014 年 VOC 和 SO_2的高分辨率排放清单,分别将工业人为热和面源(含交通、生活、人体)人为热按比例分摊到各网格上,形成杭州市人为热的空间分布(见第 3 章图 3.4.9)。

在局部地区,不同天气型下的局地气候特征可能有较大的差异,对于杭州城市气候特征研究来说,选择有代表性的天气型进行城市气候的研究,结果才具有可信性。采用 Lamb-Jenkinson 大气环流客观分型方法,将杭州地区 2010—2015 年大气环流分为 27 种类型。在 2014—2015 年选取出现频率大的天气个例共 26 个,其中春、夏、秋、冬四个季节个例数分别为 4,11,6,5 个,共包含 9 种天气类型,具体日期见表 11.3.1。

表 11.3.1 天气个例及天气类型

日期	天气类型	日期	天气类型
20140128	AE	20141026	E
20140321	A	20141117	ANE
20140415	S	20141205	A
20140418	SE	20141209	AE
20140524	S	20150204	ANE
20140607	UD	20150218	A
20140611	E	20150606	S
20140614	SE	20150819	E
20140615	SE	20150826	UD
20140624	S	20150831	C
20140708	C	20150926	NE
20140917	E	20151020	AE
20141006	A	20151110	A

本节对杭州市大江东地区 2014,2015 年 26 个个例分别进行三种方案模拟,分别是现状、规划方案 1 和规划方案 2(以下称之为 Case0,Case1,Case2)。

模拟网格分辨率为 250 m。模式积分从北京时间 08 时开始,积分时长 24 h,积分时步 0.1 s,初始场及边界条件由实际观测资料提供并驱动。垂直方向采用拉伸网格,共 33 层,模式顶高 4 500 m。

11.3.3 大江东新城规划对局地气候影响

图 11.3.4 为大江东研究区域所有个例平均气温分布及不同模拟方案的气温差值。图 11.3.4(a)为大江东区域气温现状分布模拟图,研究域气温在 18.2 ~ 19 ℃范围内,平均为 18.48 ℃,气温高值区位于研究区域城市地区(即研究域西南部),距离城市区域越远,气温越低,呈现出明显“城市热岛”特征,钱塘江区域气温为 18.3 ~ 18.4 ℃。图 11.3.4(b),(c)为大江东地区应用城市规划方案 1 和 2 后气温的变化,气温变化分布与地表类型存在密切关

系,进行城市规划后,整个研究区域气温升高,其中新城区域尤为明显,这是城市因大量的人工发热、建筑物和道路等高蓄热体及绿地减少等因素,造成的城市“高温化”。规划方案1中适建区建设为城市后,气温上升0.2~0.3 ℃,最高升高0.38 ℃。限建区建设为绿化区域后,气温降0.3~0.5 ℃,其余区域温度变化幅度小。规划方案2中适建区、限建区均开发为城市区域后,气温上升0.2~0.5 ℃,最高上升0.42 ℃。

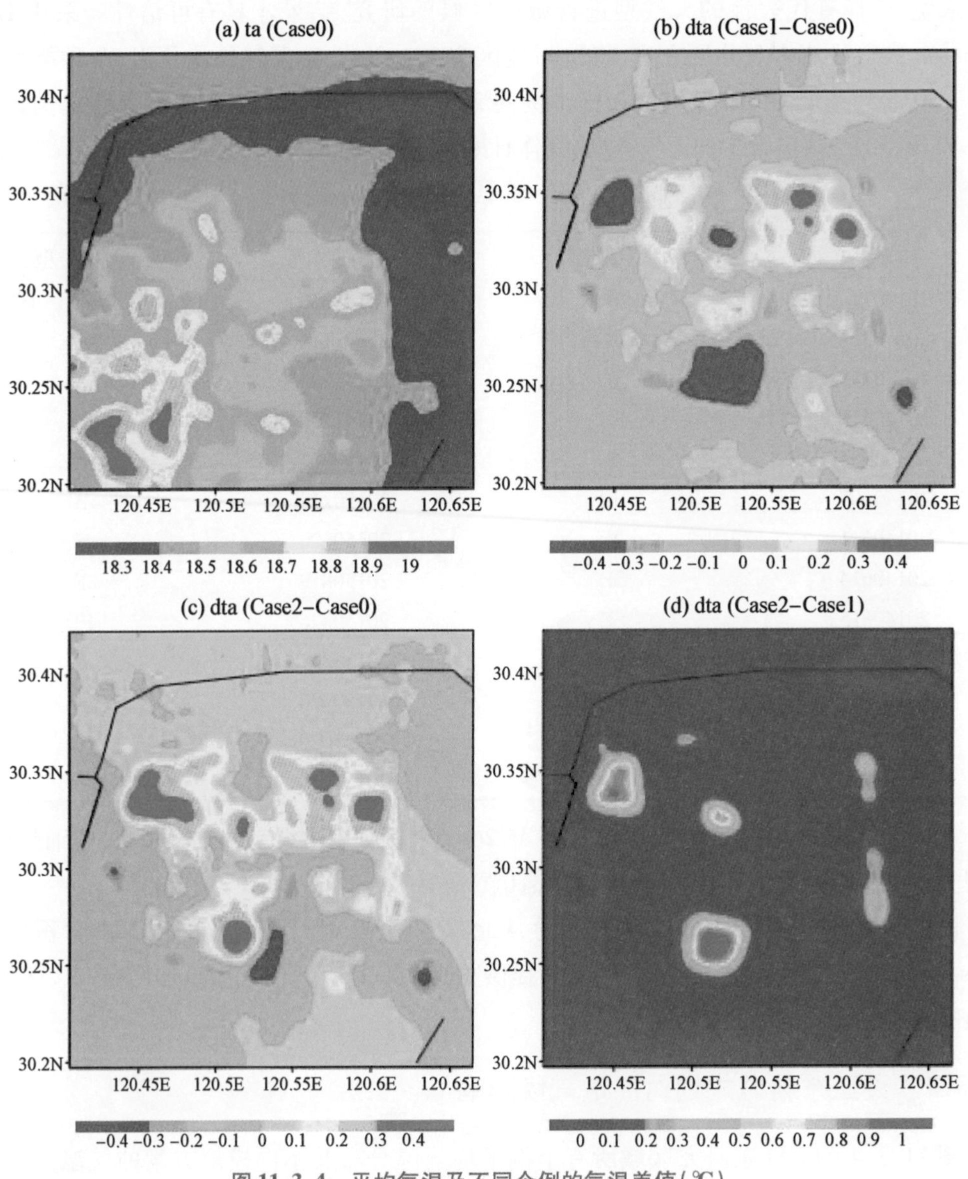

图11.3.4 平均气温及不同个例的气温差值(℃)

(a) Case0;(b) Case1 - Case0;(c) Case2 - Case0;(d) Case2 - Case1

图11.3.5为大江东研究区域所有个例平均比湿分布及Case0,Case1,Case2方案间差值分布图。图11.3.5(a)为大江东地区比湿现状分布模拟图,研究域比湿在10.7~11.35 g·kg^{-1}范

围内,平均为 10.91 g·kg^{-1}。钱塘江区域比湿最高,水面蒸发导致空气中水汽绝对值大。低值区位于城市地区,比湿为 10.65 ~ 10.75 g·kg^{-1},呈现"城市干岛"现象。城市比湿低是由于城市的不透水下垫面缺乏天然地面所具有的土壤和植被的吸收和保蓄能力,因而平时城市近地面的空气就难以像其他自然区域一样,从土壤和植被的蒸发中获得持续的水分补给,导致城市空气中的水汽量少,绝对湿度低,图 11.3.5(b),(c)为大江东地区应用城市规划方案 1 和 2 后比湿的变化,新城区域比湿明显降低,其余区域比湿变化幅度小。规划方案 2 导致的比湿降低范围及程度均较规划方案 1 大。

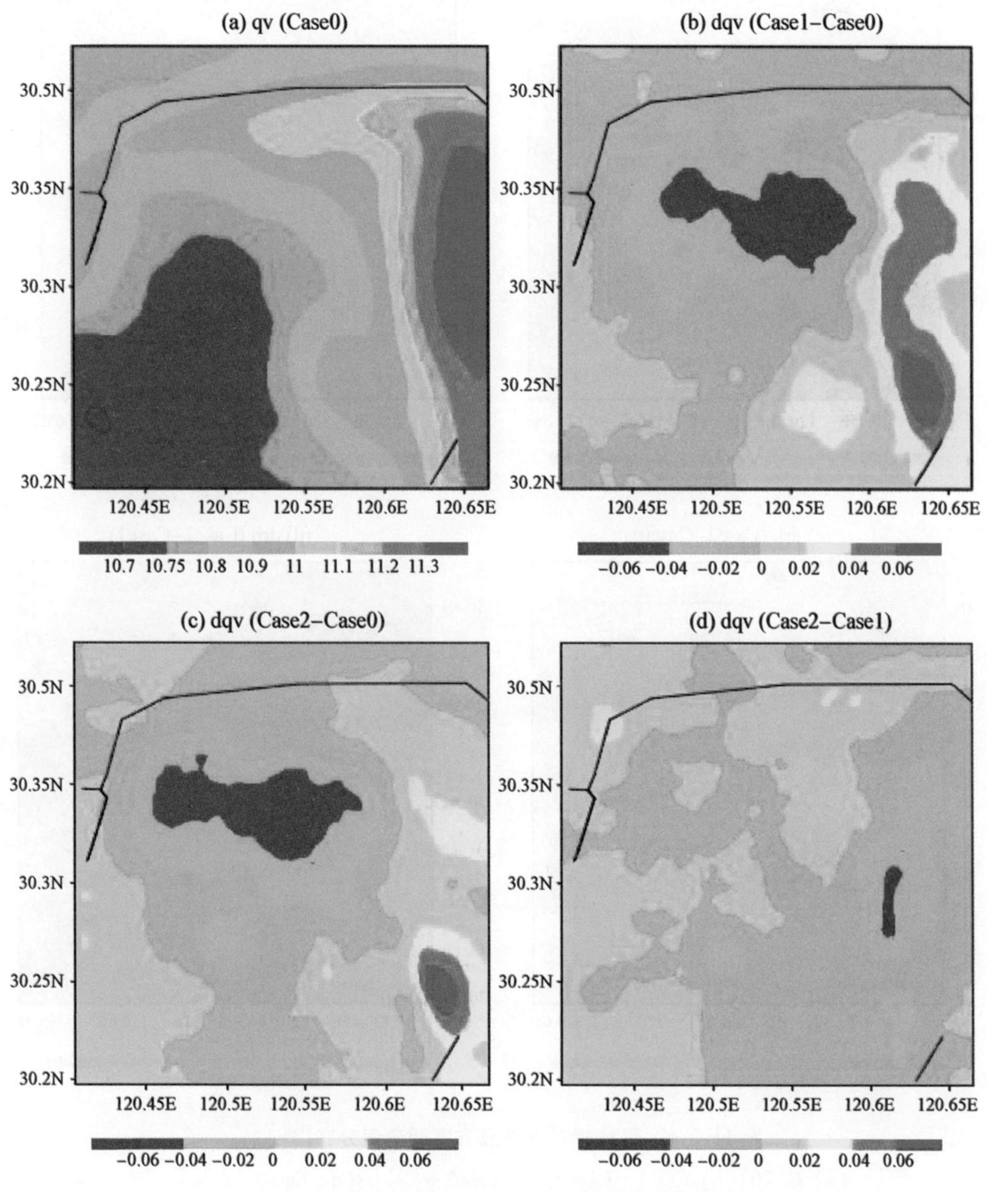

图 11.3.5 平均比湿及方案间差值分布(g·kg^{-1})

(a) Case0;(b) Case1 - Case0;(c) Case2 - Case0;(d) Case2 - Case1

图 11.3.6 为大江东研究区域所有个例平均相对湿度分布及 Case0，Case1，Case2 方案间差值分布。图 11.3.6(a)为大江东地区相对湿度现状分布模拟图，研究域相对湿度在 71.70%～80.73%范围内，平均为 75.68%，钱塘江区域相对湿度最高，城市区域相对湿度低，为 71%～74%。由图 11.3.6(b)，(c)可知，新城建设后的城市区域相对湿度降低 0.5%～2%，规划方案 1,2 中分别最大下降 1.95%，2.11%。

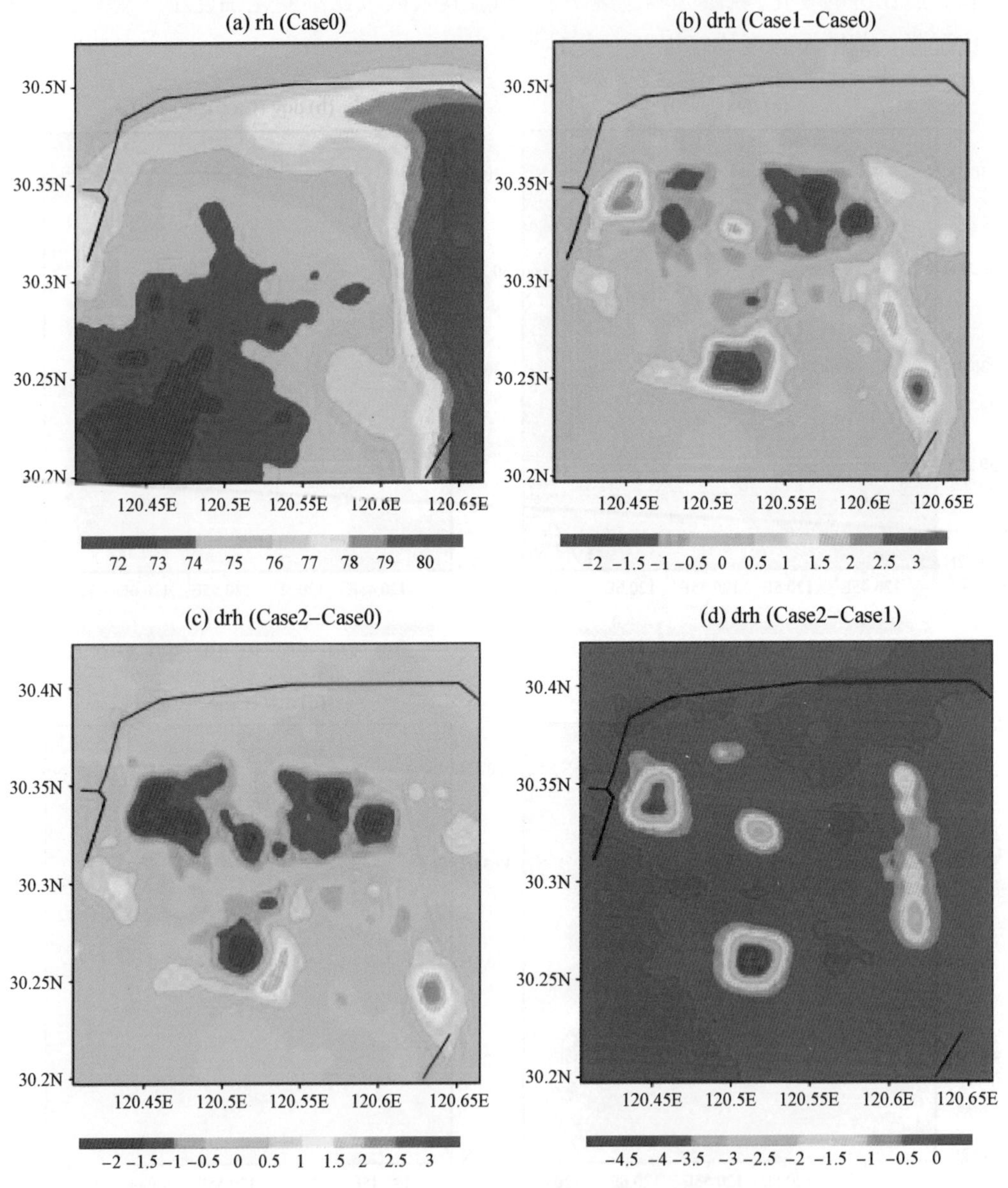

图 11.3.6 平均相对湿度及方案间差值分布(%)

(a) Case0；(b) Case1 − Case0；(c) Case2 − Case0；(d) Case2 − Case1

图 11.3.7 为大江东研究区域所有个例平均风场分布及 Case0，Case1，Case2 方案间差值分布图。图 11.3.7(a)为大江东地区风场现状分布模拟图，研究域风速在 0.76 ~ 1.85 $m \cdot s^{-1}$范围内，平均为 1.45 $m \cdot s^{-1}$，钱塘江面风速较大，风速低值区位于研究区域城市地区，风速为 0.8 ~ 1 $m \cdot s^{-1}$，这是由于城市区域建筑密度高，地表摩擦大，对气流的阻碍作用强，因此风速较郊区小。整个研究区域主导风向为东风，其中杭州湾海风是导致东风风量增加的一个原因。图 11.3.7(b)，(c)为大江东地区应用城市规划方案 1 和 2 后风场的变化，整个研究区域

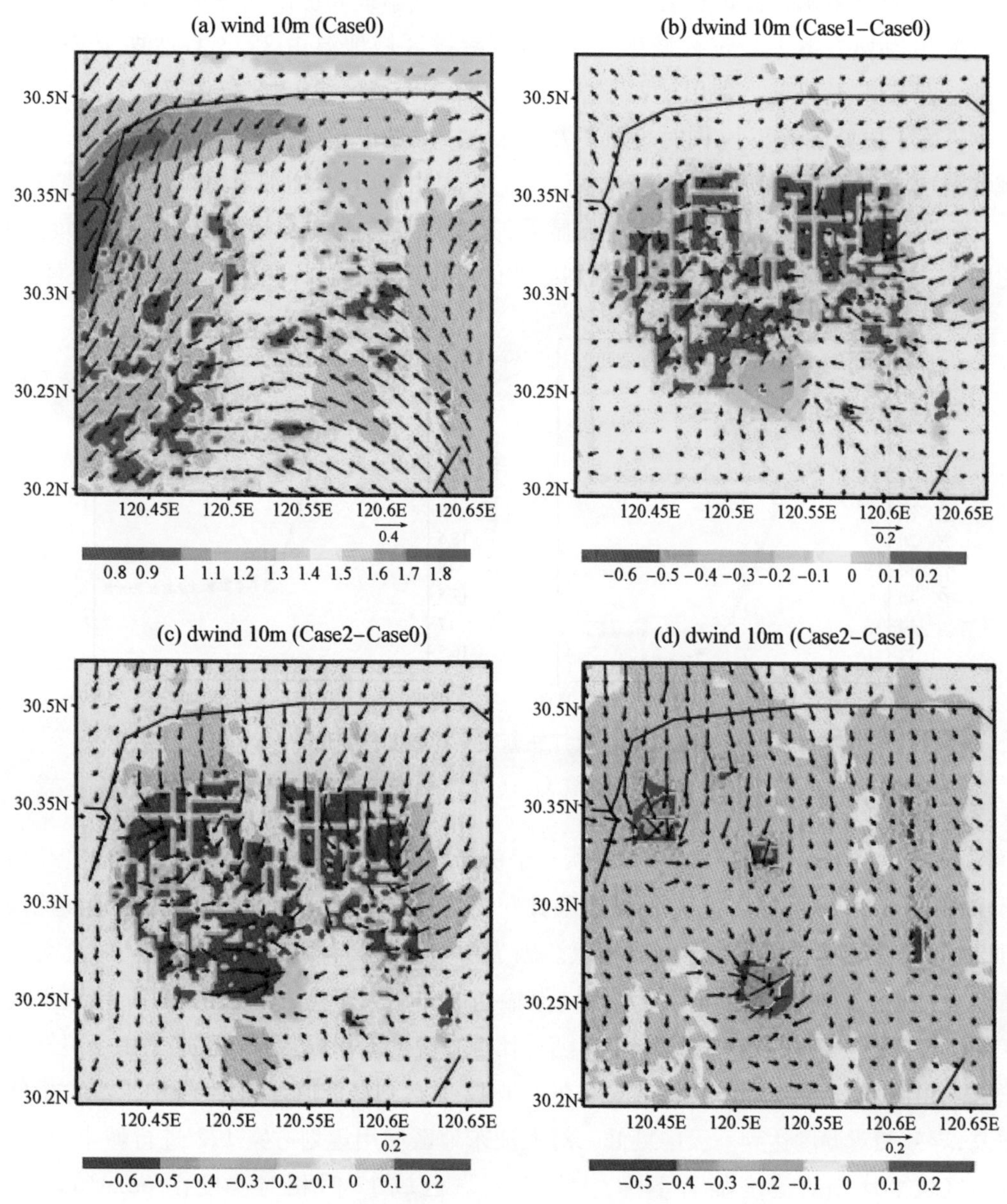

图 11.3.7　平均地面风场及方案间差值分布($m \cdot s^{-1}$)

(a) Case0；(b) Case1 - Case0；(c) Case2 - Case0；(d) Case2 - Case1

风速平均降低 0.11,0.12 $m \cdot s^{-1}$,最大降低 0.7,0.72 $m \cdot s^{-1}$。相对风速变化分布与地表类型存在密切关系,进行城市规划后,规划方案中城市区域风速降低 0.5 ~0.7 $m \cdot s^{-1}$,其余区域风速变化幅度小。观察风矢量变化发现,城市区域对气流有一个明显的辐合作用,这是由于城市区域建筑密度高,地表摩擦强,对气流阻碍作用明显,且由于 Case2 中城市区域更大,因此对气流的辐合作用更强。

图 11.3.8 为 Case0,Case1,Case2 中所有个例新城区域平均地温、气温的日变化曲线图。由图可见,大江东新城地温最高值出现在每日 12 时,气温最高值出现在每日 13 时。对大江东地区使用规划方案 1,2 进行城市建设后,该新城区域地温由 25.3 ℃增加至 29.4 ℃,30.9 ℃,见图 11.3.8(a)。使用规划方案 1 后,大江东新城区域 13 时气温基本没变,这是因为规划方案 1 中城市密度小,同时规划了大片绿地减少城市建设带来的气候影响,因此新城区域气温增加不显著。使用规划方案 2 后,13 时气温由 20.6 ℃增加至 20.9 ℃,见图 11.3.8(b)。新城建设后,新城温度升高在白天显著,其中规划方案 2 会导致更明显的温度上升。对比图 11.3.8(a)(b)可以发现,新城规划导致的城市区域地温日变化上升较气温显著。

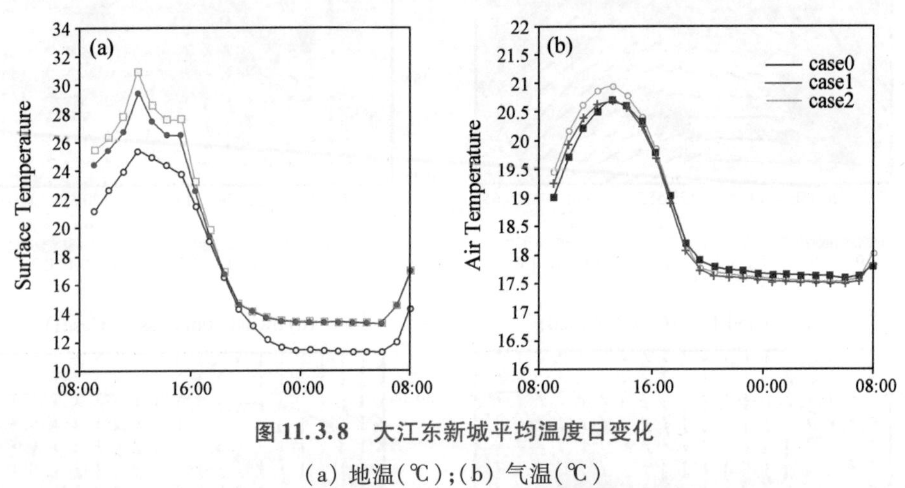

图 11.3.8 大江东新城平均温度日变化

(a) 地温(℃);(b) 气温(℃)

图 11.3.9 为 Case0,Case1,Case2 中所有个例新城区域平均比湿、相对湿度的日变化曲线图。由图 11.3.9(a)可见,大江东新城比湿日变化呈“单峰型”分布,中午 12 时近地面比湿最小,此时的绝对湿度与气温变化趋势相反。因为中午温度高,蒸发速度和乱流、对流交换强度都增大,但乱流、对流交换作用使水汽向上输送的作用大于蒸发增强的作用,导致水汽向上扩散,近地面空气中的绝对湿度减小。随后比湿在晚上 18 时达到高值,这是由于蒸发作用的增强。由图 11.3.9(b)可知,相对湿度在中午 12 时达到最低值,此时空气中水汽含量低且气温高,导致相对湿度达到一天中最低。对大江东地区使用规划方案 1,2 进行城市建设后,该新城区域平均相对湿度显著下降,大江东新城区域 12 时相对湿度由 66.1% 降低至 65.2%,64.2%。新城建设导致的相对湿度下降在白天(8 时 ~16 时)显著,其中规划方案 2 会导致更明显的相对湿度下降。

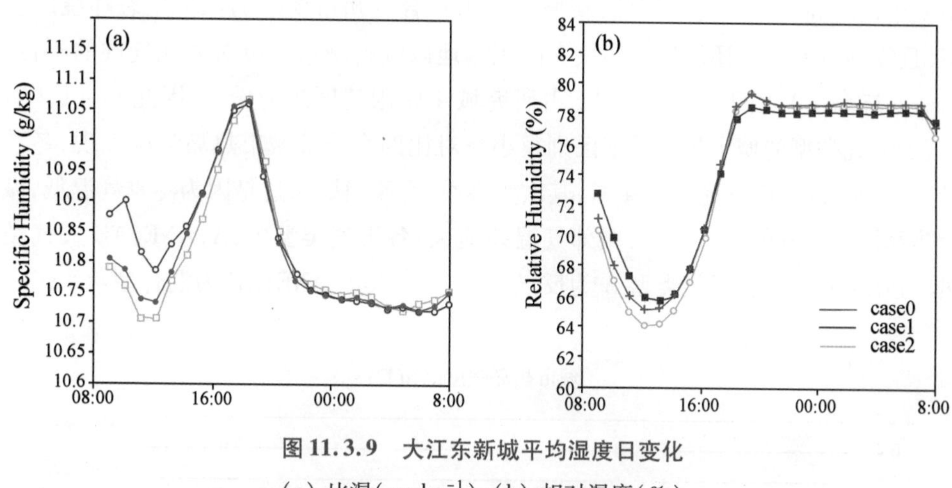

图 11.3.9 大江东新城平均湿度日变化

(a) 比湿($g \cdot kg^{-1}$);(b) 相对湿度(%)

图 11.3.10 为 Case0,Case1,Case2 中所有个例新城区域平均风速的日变化曲线图。由图可知,大江东新城风速最高值出现在午后 14 点,此时近地面的空气最热,上下空气的热对流最厉害,风速达到最大。傍晚,地面温度降低,热对流减弱,风速较小。对大江东地区进行城市建设后,该新城区域风速由于城市建筑导致的地表摩擦增大而减小,14 时风速由 2.2 $m \cdot s^{-1}$降低至 1.8 $m \cdot s^{-1}$,规划方案 1 与规划方案 2 对城市区域平均风速的影响差别不大。

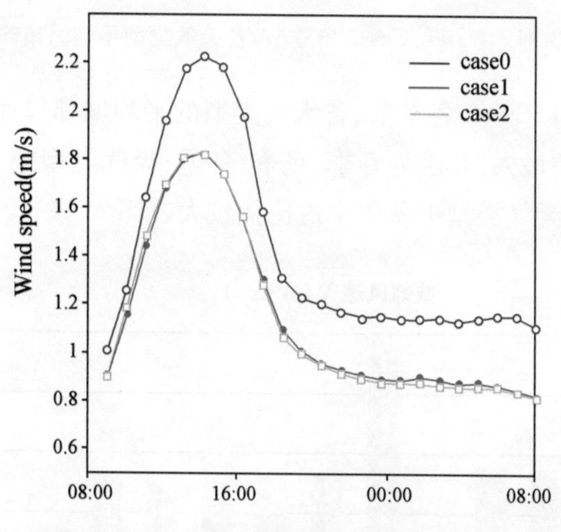

图 11.3.10 大江东新城平均风速日变化

本节对比了大江东新城建设后的新城城郊气象要素,其中郊区指的是大江东研究区域除城市以外的非水体区域。城市热岛强度为城郊气温差,即新城城市平均气温减去新城郊区平均气温,城郊风速差定义为新城郊区平均风速减去新城城市平均风速。

图 11.3.11 为 Case1,Case2 所有个例各季节、各天气类型的平均城市热岛强度。由图可见,大江东新城的热岛强度随季节和天气类型而变化,且城市热岛强度不大,这是由于规划

方案中城市建筑高度及密度取值低,新城规划为符合杭州市要求的保护生态环境的新城建设方案,且规划方案1中还规划了两块大面积绿地以缓解城市建设对局地气候的不良影响。由于Case1与Case2之间的区别仅在于占研究域4 %限建区改为城市,因此Case1,Case2间各季节、各天气类型的城市热岛强度区别很小。对比四个季节城市热岛强度发现,冬季热岛强度最高,Case1,Case2均超过0.4 ℃,其次为春季、夏季、秋季,这是因为冬季气温低,城市区域人为热释放高于其他季节,导致城郊气温差值大;各天气类型中,A,ANE,AE天气类型的城市热岛强度相对较高,天气类型A为反气旋型;天气类型ANE,AE为混合型。

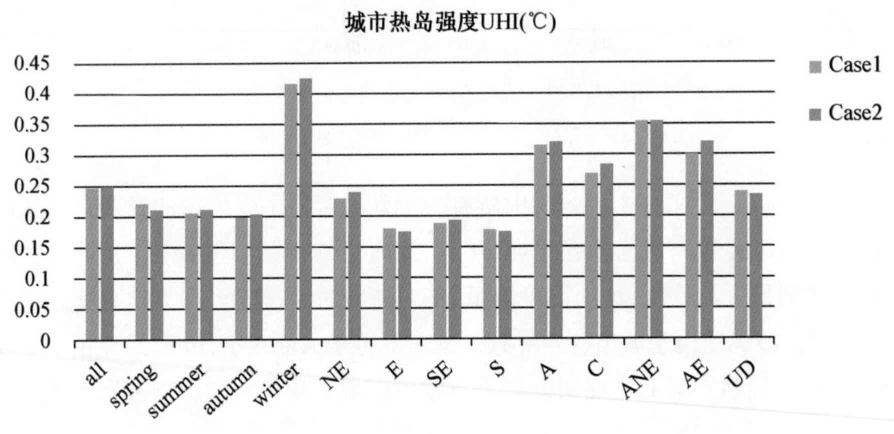

图11.3.11 Case1,Case2各季节、各天气类型平均城市热岛强度

图11.3.12为Case1,Case2各季节、各天气类型的平均城郊风速差。对比四个季节城郊风速差发现,秋季风速差最大,其次为春季、夏季、冬季;天气类型中NE城郊风速差较高,NE为平直气流型且在杭州天气类型中秋冬季占比例较大。

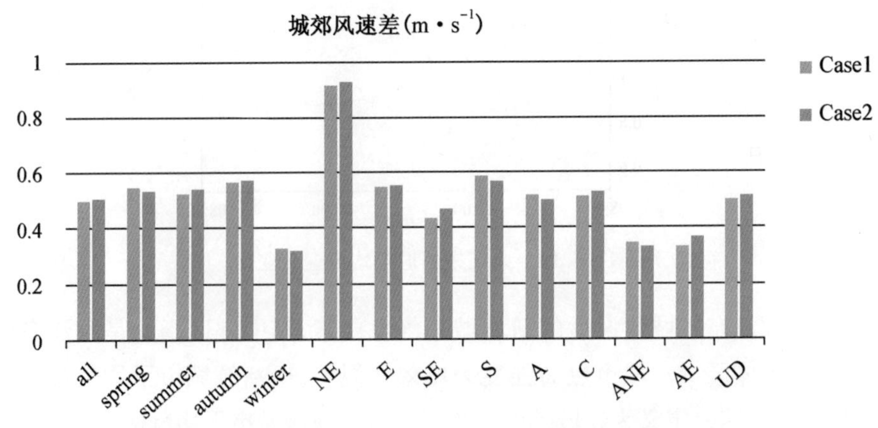

图11.3.12 Case1,Case2各季节、各天气类型平均城郊风速差

11.3.4 小结

城市规划对大江东地区整体气候存在影响,主要表现为增温、降湿、减小风速,其影响随季节变化,且不同城市规划方案对气候影响范围及幅度不同。

① 大江东地区温度表现出城市温度高,郊区温度低的“城市热岛”特征。新城规划 1、2 使模拟区域平均地温升高 0.69 ℃、0.85 ℃。由于规划方案中气温变化的空间分布不均匀,规划中的城区气温明显升高,但规划中的大量绿地使气温下降,新城区总体气温变化不大。规划方案 1 使新城城市区域气温上升 0.2 ~0.3 ℃,高度 130 m 有 0.05 ℃的升温;规划方案 2 使新城城市区域气温上升 0.2 ~0.5 ℃,高度 180 m 有 0.05 ℃的升温。新城建设使研究区域冬季升温面积最大,幅度最高。规划方案 2 导致的升温比规划方案 1 明显。

② 大江东地区湿度呈现城市湿度低,郊区湿度高的“城市干岛”特征,湿度在近地面随高度上升而增大。大江东地区平均比湿为 10.91 $g \cdot kg^{-1}$,平均相对湿度为 75.68%。新城建设使城市区域相对湿度降低 0.5% ~2%,规划方案 1,2 中分别最大下降 1.95%,2.11%,高度 170 m,210 m 有 0.03 $g \cdot kg^{-1}$的降湿。新城建设使研究区域夏季比湿下降幅度最大,其次为春秋季,冬季幅度最小。规划方案 2 导致的湿度降低比规划方案 1 明显。

③ 大江东地区风场呈现“城市小风速,郊区大风速,春夏东风主导,秋冬北风主导”的特征,40 m 高度以下由于城市建设等对气流存在阻碍作用存在小风速区域,平均风速为 1.45 $m \cdot s^{-1}$,春夏秋冬风速平均值为:1.59,1.54,1.54,1.06 $m \cdot s^{-1}$。新城规划方案 1,2 使整个研究区域风速平均降低 0.11,0.12 $m \cdot s^{-1}$,在高度 80 m,140 m 有 0.08 $m \cdot s^{-1}$的减小。新城建设使研究区域夏季风速减小面积最大且幅度最大,平均减小 0.17 $m \cdot s^{-1}$,春秋下降 0.11,0.12 $m \cdot s^{-1}$,冬季风速下降幅度最小。冬季气流辐合明显,其次为秋季、春夏季。规划方案 2 导致的风速减小比规划方案 1 明显。规划方案 1 使大江东新城城市热岛上升气流明显,在 120. 48°E 及 120.59°E 附近,地面到 400m 高空由于城区高温地表加热存在两支上升气流,速度可达 0.3 $m \cdot s^{-1}$。

④ 大江东新城地温最高值出现在每日 12 时,气温最高值出现在每日 13 时。大江东新城比湿日变化呈“单峰型”分布,中午 12 时近地面比湿最小,随后比湿在晚上 18 时达到高值。相对湿度在中午 12 时达到最低值。大江东新城风速最高值出现在午后 14 点,规划方案 1 与规划方案 2 对城市区域平均风速的影响差别不大。新城建设导致的温度上升、湿度下降在白天(8 时—16 时)明显,其中规划方案 2 影响较方案 1 明显。

⑤ 大江东由于城市高度低、密度小,所以新城城市热岛强度小,符合杭州市保护生态的城市规划方案要求。Case1,Case2 间各季节、各天气类型的城市热岛强度区别小。冬季热岛强度最高,Case1,Case2 均超过 0.4 ℃,其次为春季、夏季、秋季;天气类型中 A,ANE,AE 城市热岛强度高。Case1,Case2 秋季城郊风速差最大,其次为春季、夏季、冬季;天气类型 NE 城郊风速差较高,NE 为平直气流型且在杭州天气类型中秋冬季占比例较大。

⑥ 对大江东适建区开发且同时进行绿化规划的新城规划方案 1 对大江东地区气候影响

较小,可行性高,但如果将限建区也进行开发,会对气候产生不利影响。

11.4 城市气候图系统的建立——以北京为例

目前世界上超过一半的人口生活在城市里,根据联合国2008年的预测报告,到2030年,近60%的人口将会是城市居民(Un-Habitat, 2008)。政府间气候变化委员会(IPCC)第五次评估报告指出,1880—2012年全球平均地表温度上升约0.85 ℃ (IPCC, 2013)。由此可见,全球气候变暖、加速城市化已成为不争的事实。现代城市化建设,人类的生活、生产活动逐渐改变了城市气候,影响居民的生活环境。可持续的、健康舒适的人居环境是世界各国在实现可持续发展过程中关注的关键议题之一,世界各国都应为建设可持续城市做出努力(Un-Habitat, 2008)。为实现这一目标,必须切实深入地研究、应用城市气候,并在城市规划和设计过程中开展结合城市气候信息的规划发展策略(Grimmond et al., 2010)。

现代城市化发展给当地气候和环境带来巨大影响,然而城市规划和城市发展对城市气候信息的应用却非常有限(Eliasson, 2000)。直到二十世纪末,城市气候才得以在世界各地有了广泛的研究,近期也有越来越多研究关注城市气候信息在城市规划上的应用(Paszynski, 1991; Scherer et al., 1999)。城市气候图(Urban Climate Map,即UCMap)从城市气候学角度提出可持续城市规划理念和发展策略,作为可持续城市规划辅助信息系统工具备受瞩目(Ren et al., 2011;任超等,2012; VDI, 1997)。城市气候图由一系列基础数据图层、城市气候分析图和城市气候规划建议图构成。基础数据图层融合了城市气候信息和城市典型规划要素,利用两维空间展现城市形态特征。城市气候分析图,将气候评估与分析结果可视化,利用不同的城市气候空间单位归纳总结城市气候分布特征,评估城市气候问题。城市气候规划建议图,包括城市气候规划实施策略和与之相应的规划保护或改善的指导性建议(Ren et al., 2011;任超等,2012)。

德国研究者于20世纪50年代首次提议绘制一系列不同尺度且适合当地规划系统的城市气候图集(Knoch, 1951)。从20世纪70年代以来,西德(即联邦德国)一直加强地理科学的图示化研究并开展与规划相关的地图学研究。斯图加特市气候学家为减低弱风环境下的空气污染问题,首次正式开展城市气候图研究,并将气候学信息应用到当地土地利用规划和环境设计中(Baumüller and Reuter, 1999)。此后,在德国其他城市和奥地利、瑞典、波兰及英国等欧洲国家(Paszynski, 1991; Scherer et al., 1999; Unger, 2004),以及日本和中国香港(Ren et al., 2011; 任超等,2012)等亚洲地区也相继开展了城市气候图的研究与应用。截至目前,世界上已有20多个国家开展了城市气候图的相关研究与应用,辅助当地城市规划与可持续城市建设。然而,必须强调的是,目前大部分研究与应用仍限于发达国家或地区的低密度城市。随着城市化快速发展和城市人口的持续增长,密集型高密度城市是将来不可避免的趋势,这就迫切需要开展发展中国家和地区的高密度城市对当地气候影响的研究以及城市气候在可持续城市建设中的应用。

目前,我国正处于快速城镇化发展阶段,有限的土地面积需要承载越来越多的城市新增人口,这为城市气候和城市环境带来一系列负面影响。党的十八大明确提出加强生态文明建设,城市发展科学规划,人居环境明显改善等要求,建设宜居宜业、生态文明、环境优美的美丽中国。《国家中长期科学和技术发展规划纲要(2006—2020)》也提出要实现城镇发展规划与资源环境承载能力的相互协调,合理开发利用气候资源。《北京中长期科学和技术发展规划纲要(2008—2020)》提出北京要立足于"宜居城市"的功能定位,加强"城市空间布局规划和系统设计"关键技术研究。这说明我国政府高度关注社会需求、经济利益、文化景观和生态环境间的问题与矛盾,重视可持续生态城市建设。从解决这一问题与矛盾出发,开展城市气候信息在城市规划与设计中的应用。以北京为示范案例,评估城市气候问题,建立城市气候图系统,辅助城市可持续发展和生态城市建设,创造健康宜居的城市生活环境(贺晓冬等,2014; He et al., 2015)。

11.4.1 北京市概况

(1) 北京市地理地貌和气候特征

北京位于华北平原西北边缘,39°26′N—41°04′N、115°25′E—117°30′E,总面积约 1.68×10^4 km^2。如图 11.4.1 (a)为北京市域地形分布,黑色框内为北京市区范围,即六环内区域(图 11.4.1(b))。北京三面环山,山地面积占全市总面积的 62%,山脊高度平均海拔 1 km 左右,西、北、东北方向三座主峰海拔达 2.1~2.3 km,构成一道弧形天然屏障。中部、东南部是山前平原,向渤海湾平缓过渡,面积约占全市总面积的 38%,海拔 20~60 m,属于华北平原的北部一隅。北京境内有大小河流 160 余条,分属永定河、潮白河、拒马河、温榆河-北运河和泃河-蓟运河等五大水系。

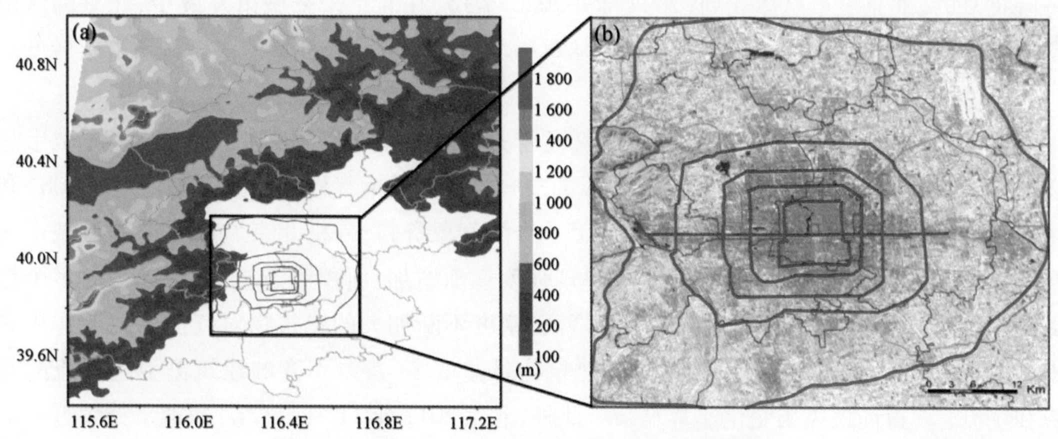

图 11.4.1 北京市域地形分布及市区遥感影像

(a) 北京市域地形分布(阴影),黑色框内为北京市区范围,红色环路自内而外依次代表北京二环、三环、四环、五环和六环,横向红色直线为北京市长安街;(b) 北京市区遥感影像,紫色为城镇用地,绿色为林地、农田和草地,蓝色为水体北京属于典型的北温带半湿润大陆性季风气候，四季分明。春季气温回升快，昼夜温差大，干旱多风沙。夏季酷暑炎热，集中全年降水的80%，形成雨热同季。秋季天高气爽，冷暖适宜，光照充足。冬季寒冷干燥且漫长，降水量仅占全年降水量的2%（He et al., 2014）。风向有明显的季节变化，冬季盛行西北偏北风，夏季盛行东南偏南风。

（2）北京城市形态特征

图11.4.1（b）为北京市区遥感影像，展示了北京市区发展范围及环路建设。20世纪50年代和20世纪末，北京经历了人口高速增长且难以逆转的两个高峰期。20世纪80年代以来，北京开始大规模城市建设，城市化日益加快。由于采用了围绕旧城（二环以内）"摊大饼"式的规划方案，城市基本呈现外扩式环状发展。1978年二环路建成，1984年三环路通车，1990年四环路投入建设，2003年五环路全线贯通，2008年六环路投入运营，北京市中心城区发展迅速。最初规划设想在北京周围建设若干卫星城，对中心城进行分散。后来，又提出在城市周围建设十多个边缘集团或组团，边缘组团与中心城区之间以及边缘组团之间用大面积绿化带分隔。但在实际规划建设中，主城区周围边缘组团之间的绿化用地被建设用地取代，实际建设绿地不足原规划的一半。最终导致边缘组团之间以及边缘组团与主城区连成一片，趋于全封闭或半封闭式的环状结构发展（陈鹭和王淑芬，2008）。

北京"单中心＋环线"结构的城市布局，致使中心区城市功能不断聚集，全市失去发展平衡。中心区成为就业区，郊区成为居住区，引发大规模跨区域交通，给城市交通造成巨大压力，也加剧了人为热的区域性聚集和整个城市的交通污染物排放。此外，为了强化中心区交通的可达性，路网布局以中心区呈放射状和各环路相连，意使周围交通迅速向中心区集中，结果适得其反，中心区成为交通死结。高密度的城市环境通过大规模环线支持汽车发展，使之成为城市交通主导，全世界尚无成功之例，这只会使交通量迅速增加并越发拥堵。根据国务院批复的《北京城市总体规划（2004年—2020年）》，在北京未来城市发展中，北京的城市空间结构将逐渐从单中心向多中心转变，从单一城市向专业化互补型的多极城市群落转变。

（3）北京城市气候问题

全球气候变暖和城市化发展给当地气候带来巨大影响，北京面临了城市热岛（城市热压）、城市风流通弱以及由工厂和交通造成的空气污染等城市气候问题。李书严等（2008）利用北京地区20个气象站36年（1970—2005年）的气象资料，分析北京城市化进程对城市气候的影响。结果表明北京城市热岛效应呈现强度逐渐增加、面积逐渐扩大、由单一向多个热岛中心演变的趋势。随着城市发展，不断增高、密度不断加大的建筑物对气流的阻滞作用使得城区平均风速呈减少趋势。尤其高层建筑物日益增多，参差不齐的建筑群引起气流的升降和绕流，使得局地风场变化非常复杂。此外，北京2011年11月—12月遭遇了持续近一个月的烟霾天气，2013年1月11日—18日又出现为期一周的空气污染危机，无不令人触目惊心。近年来，除去采暖季有较多雾-霾日外，北京在盛夏季节雾-霾日也明显增多，集中出现在6月—9月，尤其是盛夏季节的7月—8月（吴兑等，2014）。

城市气候问题与城市发展管理、城市能源、城市规划等唇齿相依。面对城市、建筑、气候和环境间日益凸显的矛盾,我们无法将城市夷为平地重新建设。科学可行的方法是:客观评估城市热环境、城市风环境、城市环境容量等城市气候问题;定量分析北京自然环境和人为因素(包括人为热、典型城市形态因子等)对城市气候的影响;明确可用于北京城市规划的气候资源;建立北京城市气候图系统,将城市气候信息应用于北京可持续发展和生态城市建设,改善城市气候问题和居民生活环境。

11.4.2　北京城市气候图系统的建立方法与特点

城市气候图从城市可持续发展和生态城市需求的角度出发,阐述气象、环境、城市气候与城市形态的相互关系,提出了全新的城市规划理念和规划策略。但在传统的城市气候图研究中,城市气候空间的确定、城市气候问题评估以及规划建议的制定不完全依靠客观气候数据和试验结果,还在一定程度上取决于专家的经验和定性分析(任超等,2012),缺乏量化校验和精细的城市气候特征分析。此外,显式反映建筑物的风场精细数值模拟(市区范围)和典型个例/极端天气数值模拟(市域范围)也鲜有考虑,忽略了城市建筑区域内复杂的三维风场特征和极端天气灾害事件(极端暴雨、城市洪涝等)对城市规划与城市设计的指导作用。

图 11.4.2 为北京城市气候图系统的构成。北京城市气候图系统在传统城市气候图的基础上,针对北京城市气候问题,新增以下三部分内容(图 11.4.2 中标记为深绿色):第一,精细城市气候特征分析。运用北京市域范围内约 200 个自动气象站数据,分析北京城市气候特征,明确城市气候问题,并定义可用于城市规划的气候资源。第二,建筑物可分辨风场诊断数值模拟。在北京市区范围内,显式反应建筑物的物理结构,研究城市建筑群落对空气流通的影响,重现城市建筑区域内复杂的三维风场特征,评估城市风流通潜力。第三,典型个例/极端天气事件数值模拟。在市域范围内,拟开展夏季高温、冬季雾-霾和夏季暴雨的典型个例数值模拟,加强北京应对极端天气、防灾减灾的能力。全球气候变化和城市化发展导致极端天气事件频发、重发,造成日益严重的社会、经济和生态灾害。北京城市气候图系统首次提出对城市气象灾害进行风险评估,从规划预警的角度应对城市气象灾害,完善城市发展建设。

此外,传统的城市气候图系统仅对基于规划现状的城市气候进行评估,进而提出缓解策略。北京城市气候图系统除对现状评估外,更强调了对修改后规划方案的预测评估,预期其对城市热环境、城市风环境和城市环境容量的影响,进而对规划方案进行再修正。城市气候在一定程度上可以自我平衡,比如大气污染,可以在一定的环境容量内自我恢复净化。但是,对城市气候极其敏感地区的破坏,会导致城市生态系统的逆转和非弹性变化。城市规划决策的结果,尤其是城市总体规划,具有全局性、长期性和不可逆性,任何一项举措都可能对城市气候和城市环境产生深远的影响,所以对规划方案的预判评估和科学的决策程序都尤为重要。

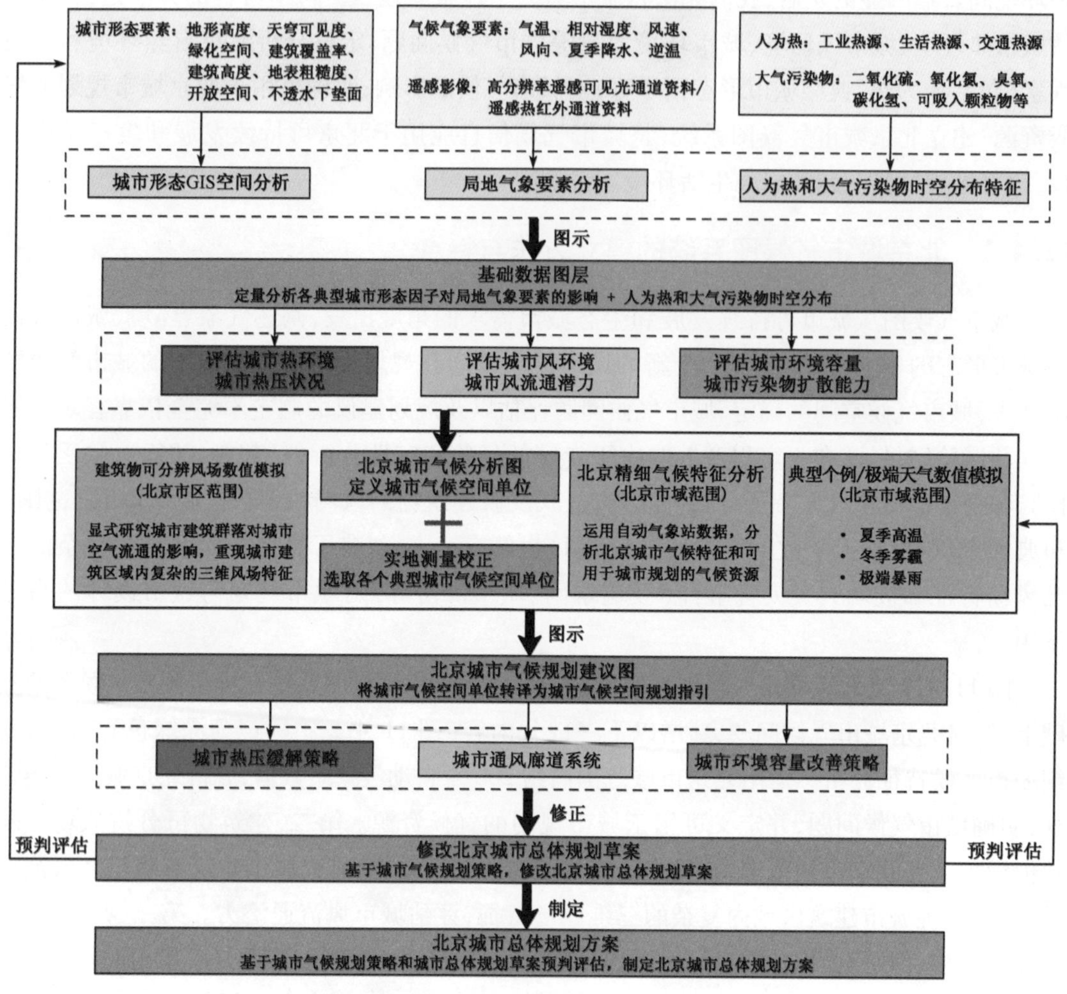

图 11.4.2 北京城市气候图系统的构成

11.4.3 北京城市热环境评估

不同大气层温度随高度的变化通常用气温垂直递减率表示，海拔平均每上升 100 m，气温下降约 0.65 ℃（盛裴轩等，2013），以此评估地形高度对城市热环境的影响。天穹可见度（Sky View Factor, SVF）被广泛用于描述城市街渠几何形态（Unger et al., 2004；He et al., 2014），贺晓冬等（2014）以北京市朝阳区中央商务区的 20 个观测站点为研究对象，分析了天穹可见度对室外热环境、生理等效温度以及人体热舒适度的影响。结果表明天穹可见度越小，该区域日间蓄积热量的能力越强，夜间释放越多热量，增加城市热负荷。李书严等（2008）应用观测资料分析和数值模拟等方法研究了城市中水体的微气候效应，结果表明水体对气温在上风方向影响范围小，下风方向影响范围大。下风方向 1.0 km 内气温降低 0.8 ℃ ~1 ℃，直到 2.5 km 处仍有 0.2 ℃的温差。研究中评估水域开放空间对城市热环境的影响未区分上风向和下风向，默认其产生一致的影响。不同种类绿色植被对城市产生不同程度的降温和遮阳效果，可有效缓解城市热压（Yoshie et al.，2006）。因此，地形高度、天穹可见度、绿化空间和水域开放空间是评估城市热环境的重要指标，亦成为北京城市气候图系统评估城市热压状况的基础数据图层，如图 11.4.3 左上所示。

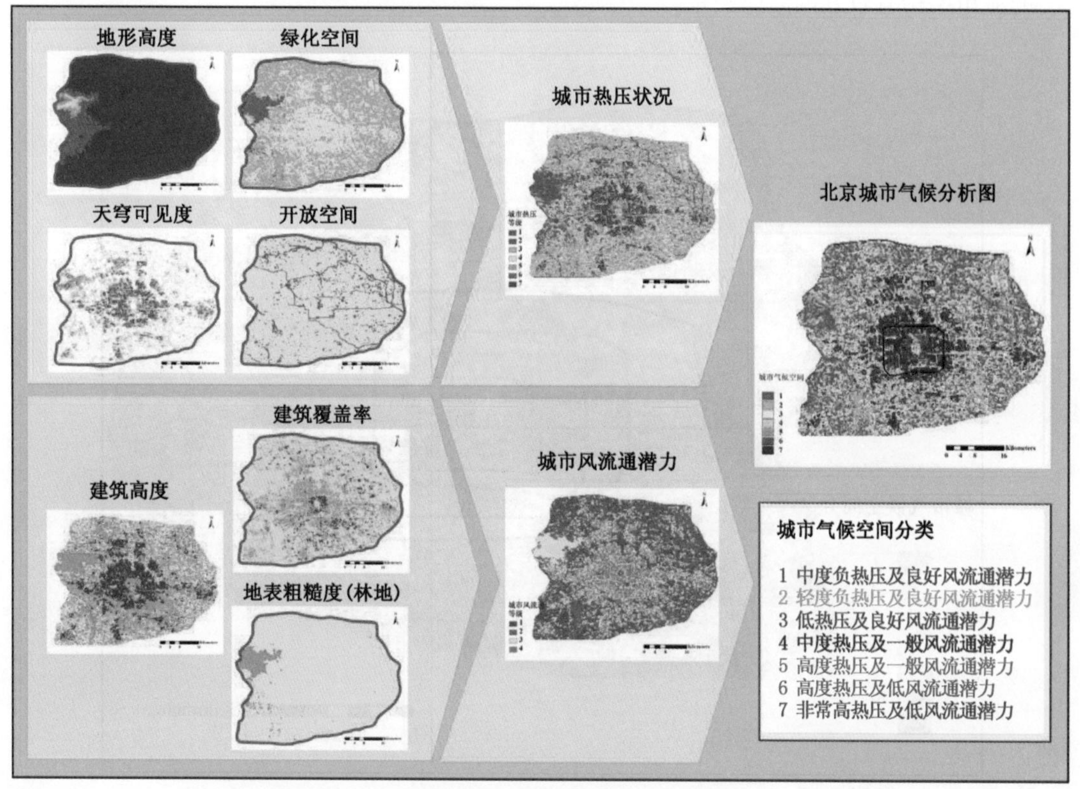

图 11.4.3　北京市区范围基础数据图层评估城市热环境和城市风环境

11.4.4　北京城市风环境评估

城市冠层和建筑布局影响城市平均风场的分布和局地涡旋的产生，使得风场、湍流也显现出极大的非均匀性。被建筑物或人工铺面所覆盖的用地直接影响地表粗糙度，也间接影响该地区风渗透量。较大的建筑覆盖率或较高的建筑容积率，例如高大且密集的裙房会减弱该地区行人层的风流通（Yoshie et al.，2006）。自然地表的空气动力学特性表明，草地、水体等地表粗糙度较低的地表类型，相对于其他类型的自然景观，具有较强的通风潜力。而灌木、林地和城市建筑等地表粗糙度较高，其通风潜力相对较弱。同样的初始风速，距离地表 2 m 处，流经林地/城市建筑和草地/水体风速值相差 1 $m \cdot s^{-1}$（Oke，1987）。因此，建筑覆盖率、建筑高度和地表粗糙度都成为评估北京城市风流通潜力的重要指标，如图 11.4.3 左下所示。

11.4.5 北京城市气候分析图

综合城市热环境和城市风环境的评估结果,北京市区范围城市气候分析图(图 11.4.4)分类定义了 7 类城市气候空间。由图可以看出,城市气候空间的分级与北京“单中心 + 环状”的城市结构有较好的对应关系。

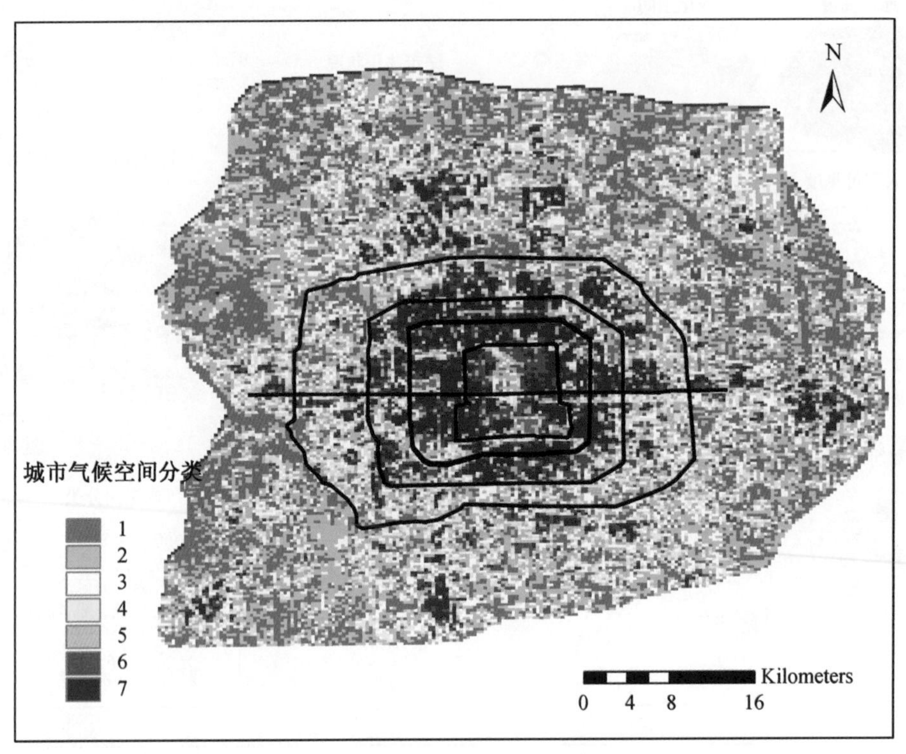

图 11.4.4 北京市区范围城市气候分析图

第 1 类城市气候空间为城市气候良好区域,未承受热压且具有良好的风流通潜力,是新鲜空气的发源地,使之成为可以利用的气候资源,惠及周边区域。通常为海拔较高的山区或植被良好的坡地(如香山)、自然植被覆盖的大型公园(如奥林匹克公园、天坛公园)和水域(如后海、龙潭湖)等。第 2 类和第 3 类城市气候空间为城市气候较好区域,暂时未承受热压或承受轻度热压且风流通潜力较好。通常为有植被覆盖的小型公园(如万泉公园)、开放空间(如天安门及周边区域)、分散的村镇附近以及轻度开发或未开发区域(如房山区东北部)。

第 4 类和第 5 类城市气候空间分别承受了中、高度热压且风流通潜力较低。通常集中于中低等建筑密度且绿化空间较少的区域。二环内区域属于老城区,虽然平均建筑高度较低,但由于除贯穿东西方向的长安街和地安门西大街外,道路普遍较窄,该区域仍承受中、高度热压且风流通潜力较为一般。第 6 类和第 7 类城市气候空间热负荷非常强且风流通潜力极低。通常为高建筑密集区,绿化和开放空间均较少,多集中于二环至四环区域。该区域除玉渊潭公园、世界公园、朝阳公园等绿化开放空间外,聚集了大量商务区、科技产业园和居民区。高楼林立,建筑密集,是北京现阶段城市发展中心区域。四环以外,伴随北京2000年以后呈“斑块”状的发展建设,形成主要以住宅社区为主的高密度建筑群。对应呈现了“斑块”状的城市热压和风流通潜力较差区域。由此表明,城市的任何发展规划建设都对应形成了局地特有的城市气候特征,进而影响城市环境和居民生活。

由于未获得北京地区污染源排放数据,现阶段未定量研究人为热和大气污染物的时空分布特征。故缺乏对城市人为热的区域性特征考量和对城市环境容量现状的评估,相关内容有待完善。此外,仍需特别指出的是,北京市区范围城市气候分析图(图11.4.4)中对城市气候空间的分级与定义是基于城市形态地理信息系统(Geographic Information System, GIS),对局地气象要素进行空间分析,进而评估北京城市热环境和城市风流通潜力现状。需要进一步与城市规划等相关部门合作,选取典型城市气候空间进行实地测量,校准验证,最终完善北京城市气候空间的分级标准和依据。

11.4.6　建筑物可分辨风场数值模拟

城市中鳞次栉比的高楼和纵横交错的道路形成复杂的涡旋系统,建筑物高度、形状、朝向、密度都显著影响空气流通。城市小区尺度气象和污染扩散模式(Miao et al., 2006)采用笛卡儿坐标系,是三维非静力$\kappa-\varepsilon$闭合模式,除空气动力学作用外,还显式反映了作为城市特征的街渠建筑物物理结构(高度、朝向、布局、密度等)对小区温度、风场、湍流场以及污染物扩散的影响。以长安街为轴线,分别在二环内、二环至三环之间、三环至四环之间、四环至五环之间选取多个典型建筑区域,运用城市小区尺度气象和污染扩散模式,模拟不同建筑区域夏季和冬季复杂的三维风场特征。模拟区域范围均为1.80 km×1.80 km,采用北京市区高分辨率建筑高度数据。模式初始条件采用北京观象台(站号54 511,116.47 °E,39.81 °N)30年(1981—2010年)平均标准气候值,如表11.4.1所示。模拟水平网格为10 m×10 m,垂直方向取格距为2.5 m的100层均匀网格。

表11.4.1　北京观象台30年(1981—2010)标准气候值

	冬季	夏季
气温(°C)	-3.6	26.2
风速($m\cdot s^{-1}$)	2.4($u=1.69$, $v=-1.69$)	1.8($u=-0.7$, $v=1.6$)
盛行风方向	西北(NW, 315°)	东南偏南(SSE, 158°)
气压(Pa)	102 410	99 950
相对湿度(%)	44	75

限于篇幅,图11.4.5例举四环至五环之间一个建筑区域夏季和冬季模拟结果,其余图略。区域内气流复杂,建筑物密集区风向改变大,某些建筑群落间甚至出现了逆于来流方向的气流,如图11.4.5(a),(c)所示(红色圆圈)。建筑物较少或没有建筑物的区域,气流方向改变较小。由图11.4.5(b),(d)可以看出,区域内水平风速分布受建筑物高度、形状以及布

局的影响。在建筑物尾流区、空腔区气流以及建筑物诱生的二次流作用下，建筑物背风侧出现风速低值区。此外，气流流过某些高层建筑密集的街渠内形成狭管效应，使街渠内最大风速达到来流的2倍。但总体而言，分布密集的建筑群落使风速普遍降低。再重新建设规划时，如若可以沿冬夏季盛行风方向，将该区域中部小范围建筑用地变更为低矮植被或草地，形成图11.4.5(a)，(c)中红色虚线所示的潜在通风廊道，将明显改善上下两侧建筑区域的通风情况，亦可不同程度地缓解整个区域内热环境。

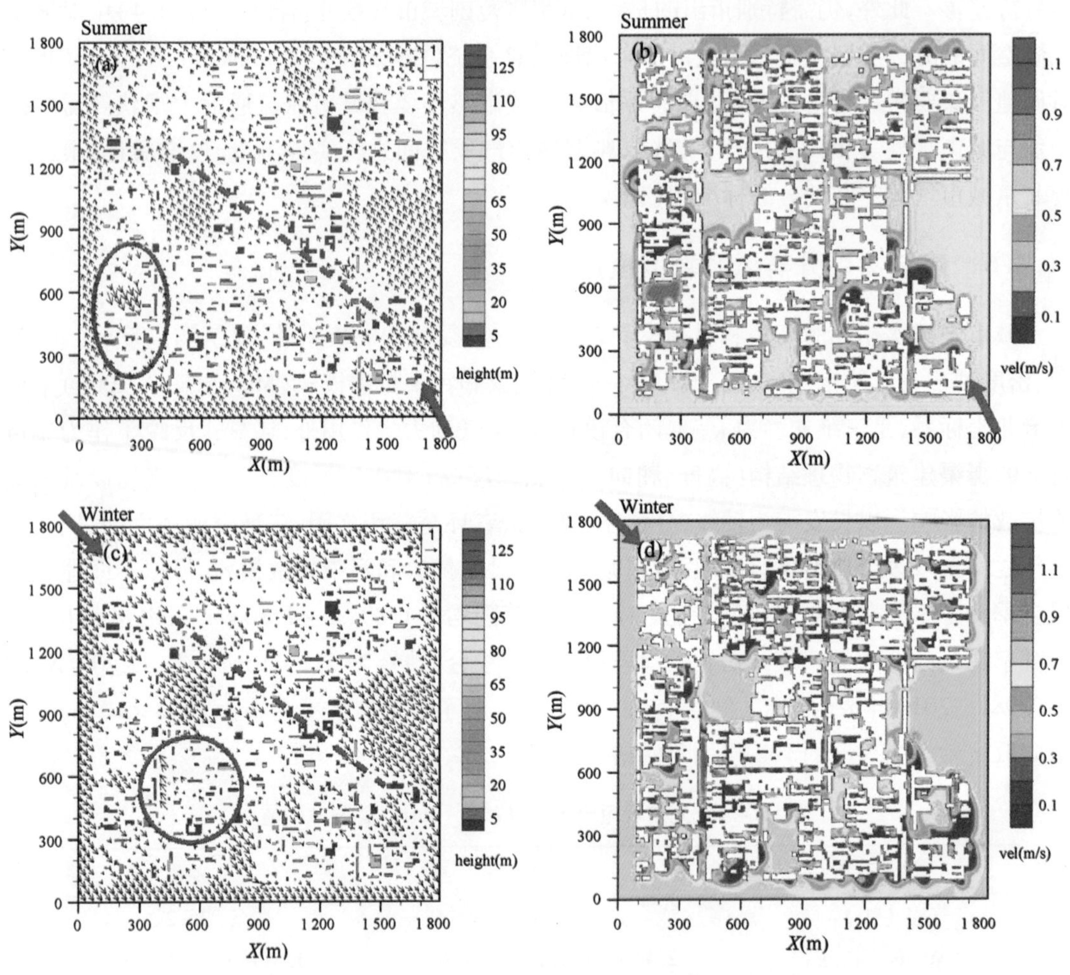

图11.4.5 数值模拟结果(2.5 m高度处，红色箭头为来流方向)

(a) 夏季水平风矢量(填色为建筑物高度)；(b) 夏季水平风速(空白区域为建筑物)；

(c) 冬季水平风矢量(填色为建筑物高度)；(d) 冬季水平风速(空白区域为建筑物)

11.4.7 北京市区范围城市气候规划建议图

图11.4.6为北京市区范围城市气候规划建议图，实现了城市气候空间向城市气候空间规划指引的转变。其建立基于北京市区范围城市气候分析图对城市热环境和城市风环境的

评估结果，北京精细气候特征分析，以及对二环内、二环至三环之间、三环至四环之间、四环至五环之间，各典型城市气候空间内多个建筑区域夏季和冬季三维风场的数值模拟。参照国务院批复的《北京城市总体规划(2004 年—2020 年)》，并综合考量了北京城市气候特征、城市形态特征、城市气候问题、阶段规划需求、实际可操作性以及经济发展需求等诸多因素，对城市气候空间规划指引各分区，分别提出了初步的规划建议。在实际规划修编中，具体实施的规划方案和规划策略会逐步调整、完善。由于缺乏对城市环境容量现状的评估，现阶段只针对改善城市热环境和城市风环境提出初步的规划建议。

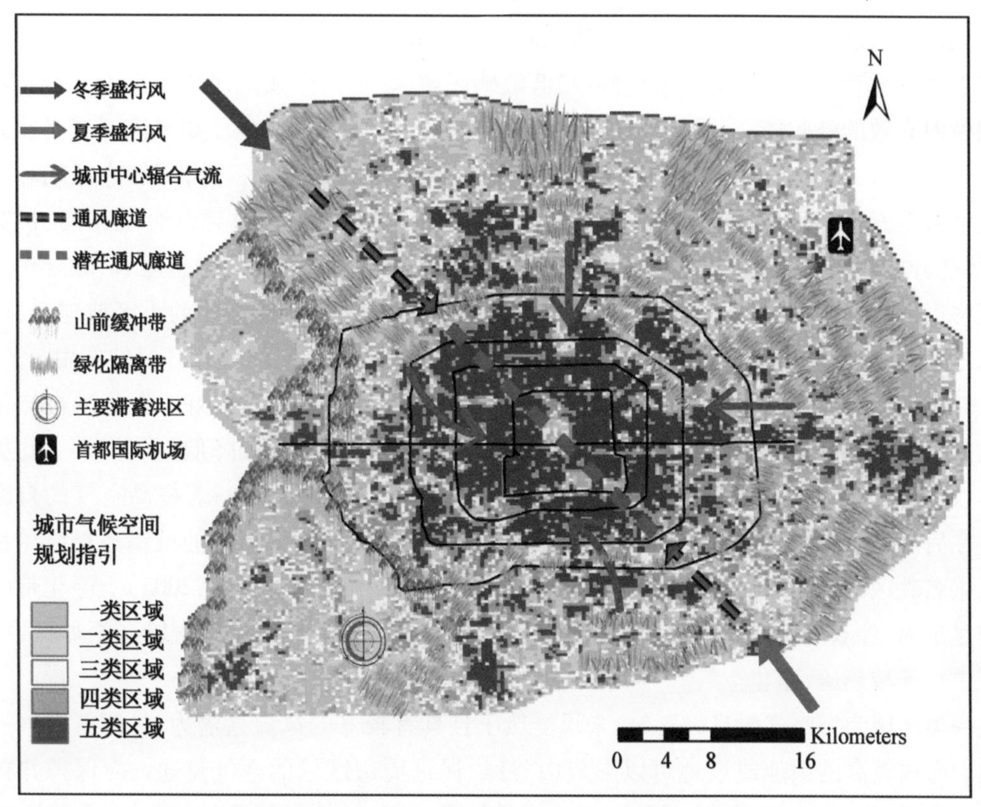

图 11.4.6　北京市区范围城市气候规划建议图

由图 11.4.6 所示，四环以内近乎闭合式的“单中心 + 环状”城市结构布局，致使通风廊道不足，通风严重不畅。北京春秋适宜，夏季酷暑炎热，冬季寒冷干燥且漫长。与此同时，城市热岛效应加强，面积扩大；不断增高、加密的建筑物导致城市小风区增多；除采暖季有较多雾-霾日外，北京在盛夏季节雾-霾日也明显增多。综合考量，沿冬、夏季盛行风方向划定通风廊道是可以最大限度利用气候资源，并有效缓解城市气候问题的有效手段。各城市气候空间规划区域不同程度地限建、限高，审慎开发建设，亦可有效改善城市热环境、促进空气流通。

窦晶晶等(2014；Dou et al.，2015)利用 2008 年—2012 年北京城区平均 5km 的高密度自动站逐时观测数据，分析北京精细气候特征和可用于城市规划的气候资源。结果表明：在北京夏季山风时段,受山谷风环流、季节盛行风以及城市热岛环流的共同作用下,形成由郊区向城市中心辐合的气流,如图 11.4.6 所示。从绿色空间布局来看,绿化隔离带的绿楔规划可将山区/郊区的新鲜冷空气输送至城区中心。此外,在建筑周边尽量引入绿地,利用绿化带衔接相邻的小区或建筑群,亦可加强冷空气产生区域内部的空气交换,缓解热压,净化空气,美化环境。下面分别介绍各城市气候空间规划区域的初步规划建议。

五类区域为城市气候高敏感区域,热负荷非常强且风流通潜力极低。必须采取有效的补救措施,合理规划重建,改善现有环境。沿潜在通风廊道方向,严禁过度开发建设,以防阻挡沿冬、夏季盛行风方向通风廊道的贯通。如果此区域内有重建项目规划,必须对建筑物合理布局,不同程度限高,格外注意潜在通风廊道的预留。

四类区域和三类区域为城市气候中、低敏感区域,热负荷较强且风流通潜力较低。建议采取及时有效的补救措施,审慎开发建设,防止现有环境进一步恶化。如果该区域必须开展城市开发项目,必须考虑策略性规划建议,避免与周边建成区连成一片,更加降低四环至五环区域甚至五环外区域的空气流通,加剧城市气候问题。并要通过建筑合理布局、扩宽街道、休憩开放空间和绿化带等途径创造通风廊道。对于以上城市气候敏感区域,除合理控制开发强度外,还建议在建筑物周边尽量引入绿地,利用绿化带衔接相邻的小区或建筑群,促进局地通风和冷空气产生区域内部的空气交换,亦可起到缓解热压、美化环境的作用。

二类区域为城市气候较好区域,暂时未承受热压且风流通潜力较好。大范围自然植被吸收二氧化碳,降低热负荷且产生新鲜冷空气,亦可吸附粉尘,有效降低空气污染。此类区域建议保护及改善现有环境,在街道、休憩空间和公园等扩大绿化面积,提高空气的自净能力。在后期建设中,科学评估,合理规划,审慎开发决策,北京湾平原区的城镇布局应尽量避开风景名胜区、机场噪音控制区和主要滞蓄洪区等(北京市规划委员会,2003)。绿化带的绿楔应尽量内、外双向延伸,有效利用城市中心辐合气流将郊区新鲜冷空气输送至城区,缓解城市中心区域热压,净化空气。

一类区域为城市气候良好区域,未承受热压且具有较好的风流通潜力,是新鲜空气的发源地。海拔较高的山地或坡地可以形成山谷风,促进周边区域的空气流通。应保护并拓宽现有通风廊 道,将该区域内大量的新鲜冷空气输送至城区,缓解城区热压,并有效增强污染物的扩散能力。北京山区中坡度大于 25 度的不宜建设区、地表水源保护区、森林公园等应尽可能地保护,避免开发。山前高程介于 50 m 到 150 m 的区域是重要的生态敏感区,划为山前生态缓冲带,须严格控制开发建设(北京市规划委员会,2003)。

11.4.8 小结与讨论

本节以北京为示范案例,初步建立城市气候图系统,辅助城市可持续发展和生态城市规划建设。

北京的地理地貌和气候特征,以及北京“单中心 + 环线”的城市发展布局,决定了北京特有的城市气候问题。运用高密度自动气象站观测数据,分析北京精细气候特征,揭示可用于城市规划的气候资源。城市形态显著影响城市气候特征，由此，建立综合地理信息系统 GIS 平台，描述北京城市形态的物理特性。定量分析北京自然环境和典型城市形态因子对城市气候的影响，进而评估城市热环境和城市风环境，完成北京市区范围城市气候分析图，分类定义城市气候空间。由于缺乏人为热和大气污染物等相关数据，现阶段未考量人为热的区域性分布特征以及定量评估城市环境容量现状，相关内容有待完善。

城市风环境显著影响城市热环境以及污染物的扩散与空气自净。如果建筑设计对风环境考虑不周，则会造成局部地区气流不畅，在建筑物周围形成漩涡和死角，使得污染物不能及时扩散。对各典型城市气候空间内不同建筑区域开展建筑物可分辨风场数值模拟，重现城市建筑区复杂的三维风场特征，研究城市街渠几何形态对空气流通的影响。需要指出的是，目前只采用气候背景态的模拟结果，在下一阶段工作中，将选用典型年份进行数值模拟，提供更详细、精准的城市三维风场特征。综合以上内容，完成北京市区范围城市气候规划建议图，实现了城市气候空间向城市气候空间规划指引的转变。北京四环以内近乎闭合式的"单中心 + 环状"结构布局，使大部分区域承受极强的热压，且通风严重不畅。针对此现状，分别对五类城市气候规划建议区提出初步的规划建议，审慎开发决策，缓解城市气候问题。

城市规划是城市为实现一定目标而预先制定相应发展策略，并不断付诸行动的过程，是城市发展建设的指导性纲领和依据，是实施城市可持续发展战略的有效保障。城市规划的决策结果，尤其是城市总体规划，具有全局性、长期性和不可逆性，任何一项举措都可能对城市气候和城市环境产生深远的影响。由此，对不同规划方案的预判评估和科学的决策程序都尤为重要。北京城市气候图系统在传统城市气候图系统的基础上，更强调了对规划方案的预测评估。可以在规划方案实施前预测其对未来城市热环境、城市风环境和城市环境容量的影响，进而对规划方案进行再修正。弥补规划设计人员对城市气候因素考虑的不足，从源头解决因规划布局和结构不合理而产生的城市环境问题。此外，北京城市气候图系统首次提出对城市气象灾害进行风险评估，从规划预警的角度应对城市气象灾害，加强北京应对极端天气、防灾减灾的能力，完善城市发展建设。

1952 年 12 月 5 日—9 日，伦敦爆发了轰动一时的"伦敦烟雾事件"，直接与间接致死 12 000 余人，最终换来伦敦的觉醒，推动了英国环境保护立法的进程，从工业、交通和城市规划等诸多方面综合改善城市气候和城市环境。经过近半个世纪的努力，伦敦才摘掉"雾都"的黑帽。同样，20 世纪 80 年代日趋严重的交通污染问题曾赋予德国斯图加特市"雾都"的称号，但 90 年代以后，"疗养胜地"的头衔却取而代之。德国鲁尔区也已由原来的重污染区逐步转变为当今的"德国绿肺"。这些转变都足以证明，伴随城市的合理建设与改造，城市气候和城市环境完全可以被改善，但不要奢望这个过程可以一蹴而就。目前我国正处在快速城镇化发展阶段，搭建一个多学科合作与应用实践的平台，是解决城市发展管理、城市能源、城市规划、城市气候和城市环境间矛盾的关键。加强政府决策者、城市规划设计人员、城市气候研究者和环境保护执法人员之间的沟通与协作，实现多学科的交叉融合，将城市气候信息应用到可持续发展和生态城市建设,创造宜居宜业的城市环境。

11.5 本章总结

城市规划对城市地区整体气候存在影响,主要表现为增温、降湿、减小风速,其影响随季节变化,且不同城市规划方案对气候影响范围及幅度不同。显然,新城市规划改变了地表特征,必然会影响局地温度、湿度分布,因此,任何一种城市规划都需要进行局地气候影响评估,以数值模拟为主要手段,研究城市规划对城市气象特征以及对人体舒适度的影响。

通过数值模拟研究发现,城市绿色通风廊道有增加风速、降低气温、提高湿度的作用,与没有廊道相比,有通风廊道时,风速增加在夏季平均可达 $1.4\ m\cdot s^{-1}$,在通风廊道下游风速也有 $0.2\ m\cdot s^{-1}$左右的增加。夏季降温幅度平均可达2.7 ℃,冬季降温幅度较小,在夏季,廊道下游也有较大面积降温区域。有通风廊道时,夏季湿度增加为3%,在下游较远距离也有1%的增加,冬季增加幅度较小。总体而言,离开廊道距离越远,气温、风速、湿度的变化越小,通风廊道对局地气候的影响和廊道宽度等特征有关。

研究表明,在城市中应用冷却屋顶可以有效平衡城市地表能量中多余的热量从而实现降温,缓解城市热环境效应。主要的方法包括使用高反照率屋顶、太阳能屋顶、超材料屋顶。研究结果表明,不同气候带三种屋顶对于城市地区的降温效应有所不同。对于热带季风区,降温能力由强到弱为超材料屋顶、高反照率屋顶和太阳能屋顶,最多降温1.2,0.8和0.4 ℃。太阳能屋顶降低气温的作用虽低,但能有效抵消或部分抵消空调能耗。

随着社会经济的发展以及人们对生活环境质量要求的提高,创建良好的生态环境已成为人类社会共同追求的目标。在实施可持续发展战略、建设生态良好城市的进程中,如何从科学角度深刻认识城市化发展与当地气候和环境间相互影响的规律,从而制定合理的城市规划策略,传统的观念和方法正在受到前所未有的挑战。城市气候图正是从解决这一问题出发,阐述气象、环境、城市气候与城市形态的相互关系,提出了全新的城市规划理念和规划策略,将城市气候信息转译为规划人员可以有效应用的规划指引,构建一个跨学科的交流与协作信息平台。

参考文献

鲍文杰，马蔚纯，邢超群，等. 超大城市热岛研究方法对比：以上海为例. 复旦学报（自然科学版），2010，5.

《北京城市规划建设与气象条件及大气污染关系研究》课题组. 城市规划与大气环境［M］. 北京：气象出版社，2004.

北京市测绘院编制. 北京地图集［M］. 北京：测绘出版社，1994，86 - 88.

北京市规划委员会. 北京城市空间发展战略研究［R］. 研究报告. 北京，2003.

蔡嘉仪，苗世光，李炬，等. 基于激光云高仪反演全天边界层高度的两步曲线拟合法. 气象学报，2020，78（5）：864 - 876.

曾庆存. 大气科学中的数值模拟研究——理论研究和实用相结合. 大气科学，1985，9（2）：186 - 194.

陈存杨，朱勇兵，陈崇成，等. 基于 OpenFOAM 的城市街区毒气扩散模拟. 环境科学研究，2015，28（5）：697 - 703.

陈德辉，薛纪善. 数值天气预报业务模式现状与展望. 气象学报，2004，62（5）：623 - 633.

陈刚. LCZ 下垫面数据的应用对于城市气象环境模拟的影响［D］. 南京：南京信息工程大学，2020.

陈炯，王建捷. 北京地区夏季边界层结构日变化的高分辨模拟对比. 应用气象学报，2006，17（4）：403 - 411.

陈鹭，王淑芬. 北京城市发展空间布局研究. 城市问题，2008（6）：35 - 38.

陈卫东，付丹红，苗世光，等. 北京地区城市环境对云和降水影响的个例数值模拟研究. 地球物理学进展，2015，30（3）：983 - 995.

陈卫东，付丹红，苗世光，等. 北京及周边城市气溶胶污染对城市降水的影响，科学通报，2017，60（22）：2124 - 2135.

陈燕，蒋维楣. 城市建筑物对边界层结构影响的数值试验研究. 高原气象，2006，25（5）：824 - 833.

陈燕，蒋维楣. 南京城市化进程对大气边界层的影响研究. 地球物理学报，2007，50（1）：66 - 73.

陈燕，蒋维楣，顾骏强. 杭州城市建筑物对边界层结构的影响. 气象学报，2008，66（4）：491 - 501.

陈易. 转型期中国城市更新的空间治理研究:机制与模式[D]. 南京:南京大学,2016.

成田健一. 都市内河川の微気象的影響範囲に及ぼす周辺建物配列の影響に関する風洞実験. 日本建築學會計畫系論文報告集,1992,442:27-35.

程水源,席德立,张宝宁,等. 大气混合层高度的确定与计算方法研究. 中国环境科学,1997,17(6):512-516.

崔桂香,史瑞丰,王志石,等. 城市大气微环境大涡模拟研究. 中国科学(G辑:物理学力学天文学),2008,38(6):626-636.

代成颖. 大气边界层顶部夹卷层特征及边界层高度研究[D]. 北京:中国科学院大气物理研究所,2012.

戴永久. 陆面过程模式研发中的问题. 大气科学学报,2020,43(1):33-38.

党冰,房小怡,吕红亮,等. 基于气象研究的城市通风廊道构建初探——以南京江北新区为例. 气象,2017,43(9):1130-1137.

邓莲堂,王建捷. 新一代中尺度天气预报模式——WRF模式简介. 中国气象学会,2003.

邓雪娇,邓涛,麦博儒,等. 华南区域大气成分业务数值预报GRACEs模式系统. 热带气象学报,2016,32(6):900-907.

董龙翔,余晔,左洪超,等. WRF-Fluent耦合模式的构建及其对城市大气扩散的精细化模拟,中国环境科学,2019,39(6):2311-2319.

董锁成,陶澍,杨旺舟,等. 气候变化对中国沿海地区城市群的影响. 气候变化研究进展,2010,6(4):284-289.

窦晶晶. 北京城区近地面气象要素精细化时空分布特征[D]. 北京:中国气象科学研究院,2014.

窦晶晶,王迎春,苗世光. 北京城区近地面比湿和风场时空分布特征. 应用气象学报,2014,25(5):559-569.

杜荣强,魏合理,伽丽丽,等. 基于地基微波辐射计的大气参数廓线遥感探测. 大气与环境光学学报,2011,6(5):329-335.

杜吴鹏,房小怡,刘勇洪,等. 基于气象和GIS技术的北京中心城区通廊道构建初探. 城市规划学刊,2016,231:79-85.

杜吴鹏,房小怡,吴岩,等. 城市生态规划和生态修复中气象技术的研究与应用进展. 中国园林,2017,33(11):35-40.

范绍佳,王安宇,樊琦,等. 珠江三角洲大气边界层特征及其概念模型. 中国环境科学,2006,26(1):4-6.

房小怡,杨若子,杜吴鹏. 气候与城市规划-生态文明在城市实现的重要保障[M]. 北京:气象出版社,2018.

葛全胜,邹铭,郑景云. 中国自然灾害风险综合评估初步研究[M]. 北京:科学出版社,2008.

郭良辰,付丹红,王咏薇,等. 北京城市化对一次降雪过程影响的数值模拟研究. 气象学报,

2019,77(5):835 - 848.

郭良辰,王咏薇,张艳晴. 冷却屋顶对南京夏季高温天气的缓解作用. 科学技术与工程. 2018(21):16 - 23.

郝晓龙,王咏薇,胡凝,等. 太阳能光伏屋顶对城市热环境及能源供需影响的模拟. 气象学报,2020,78(2):301 - 316.

何晓凤. 一种城市陆面过程参数化方案的建立与应用研究[D]. 南京:南京大学,2006.

何晓凤,蒋维楣,陈燕,等. 人为热源对城市边界层结构影响的数值模拟研究. 地球物理学报,2007,50(1):74 - 82.

何晓凤,蒋维楣,周荣卫. 一种单层城市冠层模式的建立及数值试验研究. 大气科学,2009,33(5):981 - 993.

贺千山,毛节泰,陈家宜,等. 基于激光雷达遥感和参数化模式研究城市混合层的发展机制. 大气科学,2006,30(2):293 - 306.

贺晓冬,苗世光,窦晶晶,等. 北京城市气候图系统的初步建立,南京大学学报(自然科学版),2014,50(6):359 - 371.

胡非,程雪玲,赵松年,等. 城市冠层中温度脉动的硬湍流特性和相似性级串模型. 中国科学(D 辑地球科学),2005,35(增刊Ⅰ):66 - 72.

胡非,李昕,陈红岩,等. 城市冠层中湍流运动的统计特征. 气候与环境研究,1999,4(3):252 - 258.

扈海波,熊亚军,张姝丽. 基于城市交通脆弱性核算的大雾灾害风险评估. 应用气象学报,2010,21(6):732 - 738.

扈海波,轩春怡,诸立尚. 北京地区城市暴雨积涝灾害风险预评估. 应用气象学报,2013,24(1):101 - 110.

扈海波,张艳莉. 暴雨灾害人员损失风险快速预评估模型. 灾害学,2014,29:30 - 36.

黄崇福,史培军. 城市自然灾害风险评价的二级模型. 自然灾害学报,1994,3(2):22 - 27.

黄鹤,李英华,韩素芹,等. 天津城市边界层湍流统计特征. 高原气象,2011,30(6):1481 - 1487.

黄燕燕,万齐林,袁金南,等. 城市冠层过程的研究与进展. 热带气象学报,2006,290 - 296.

姜彤,王艳君,翟建青. 气象灾害风险评估技术指南[M]. 北京:气象出版社,2018.

姜之点,彭立华,杨小山,等. 街区尺度屋顶绿化热效应及其与城市形态结构之间的关系. 生态学报,2018,38(19):7120 - 7134.

蒋维楣. NJU 环境风洞与流体模拟研究,南京大学学报(自然科学),1994,30(专刊):221 - 226.

蒋维楣,马福建,谢国梁,等. 局地废气排放污染影响的实验模拟. 应用气象学报,1991,2(3):234 - 241.

蒋维楣,苗世光. 大涡模拟与大气边界层研究——30 年回顾与展望. 自然科学进展,2004,14

(01):13－21.

蒋维楣,苗世光,刘红年,等. 城市街区污染散布的数值模拟与风洞实验的比较分析. 环境科学学报,2003,23(5):652－656.

蒋维楣,苗世光,张宁,等. 城市气象与边界层数值模拟研究. 地球科学进展,2010,25(5):463－473.

蒋维楣,王咏薇,张宁. 城市陆面过程与边界层结构研究. 地球科学进展,2009,24(4):411－419.

蒋维楣,于洪彬,谢国梁,等. 城市交通隧道汽车废气排放环境影响的实验研究. 环境科学学报,1998,18(2):188－193.

柯灵红,王正兴,宋春桥,等. 青藏高原东北部 MODIS 地表温度重建及其与气温对比分析. 高原气象,2011,30(2):277－287.

李华,黄碧玲. 广州统计年鉴 2017[Z]. 广州:广州市统计局;国家统计局广州调查队,2017:1－521.

李炬,窦军霞. 北京城市气象观测试验进展. 气象科技进展,2014,4(1):38－47.

李炬,舒文军. 北京夏季夜间低空急流特征观测分析. 地球物理学报,2008,51(2):360－368.

李军,荣颖. 武汉市城市风道构建及其设计控制引导. 规划师,2014,30(8):115－120.

李丽光,王宏博,贾庆宇,等. 辽宁省城市热岛强度特征及等级划分. 应用生态学报,2012,23(5):1345－1350.

李宁. 水面蒸发影响因素的风洞实验研究. 太阳能学报,2017,38:2258－2263.

李青春,李炬,郑祚芳,等. 冬季山谷风和海陆风对京津冀地区大气污染分布的影响. 环境科学,2019,40(2):513－524.

李琼,叶燕翔,李福娇,等. 广东各地 Pasquill 稳定度频率的分布特征. 热带气象学报,1996,2:181－187.

李书严,陈洪滨,李伟. 城市化对北京地区气候的影响. 高原气象,2008,27(5):1102－1110.

李书严,轩春怡,李伟,等. 城市中水体的微气候效应研究. 大气科学,2008,32(3):552－560.

李维亮,刘洪利,周秀骥,等. 长江三角洲城市热岛与太湖对局地环流影响的分析研究. 中国科学(D辑:地球科学),2003,33(2):97－104.

梁颢严,李晓晖,肖荣波. 城市通风廊道规划与控制方法研究:以《广州市白云新城北部延伸区控制性详细规划》为例. 风景园林,2014,(5):92－96.

廖镜彪,王雪梅,李玉欣,等. 城市化对广州降水的影响分析. 气象科学,2011,31(4):384－390.

林学椿,于淑秋. 北京地区气温的年代际变化和热岛效应. 地球物理学报,2005(01):39－45.

刘德义,黄鹤,杨艳娟,等. 天津城市化对市区气候环境的影响. 生态环境学报,2010,19(3):610－614.

刘罡,孙鉴泞,蒋维楣,等. 城市大气边界层的综合观测研究—实验介绍与近地层微气象特征分析. 中国科学技术大学学报,2009,39(1):23－32.
刘红年. 城市中心街道交通隧道废气排放模拟. 中国环境科学,1998,18(6):494－498.
刘红年,贺晓冬,苗世光,等. 基于高分辨率数值模拟的杭州市通风廊道气象效应研究. 气候与环境研究,2019,24(1):22－36.
刘红年,胡荣章,张美根. 城市灰霾数值预报模式的建立与应用. 环境科学研究,2009,22(6):631－636.
刘红年,蒋维楣,孙鉴泞,等. 南京城市边界层微气象特征观测与分析. 南京大学学报(自然科学版),2008,44(1):99－106.
刘红年,朱焱,林惠娟,等. 基于自动站资料的苏州灰霾天气分析. 中国环境科学(EI),2015,35(3):668－675.
刘红燕. 三年地基微波辐射计观测温度廓线的精度分析. 气象学报,2011,69(4):719－728.
刘建忠,张蔷. 微波辐射计反演产品评价. 气象科技,2010,38(3):325－331.
刘梅,于波,姚克敏. 人体舒适度研究现状及其开发应用前景. 气象科技,2002(01):11－14,18.
刘敏,权瑞松,许世远. 城市暴雨内涝灾害风险评估:理论、方法与实践[M]. 北京:科学出版社,2012.
刘姝宇. 城市气候研究在中德城市规划中的整合途径比较[M]. 北京:中国科学科技出版社,2014.
刘树华,刘振鑫,李炬,等. 京津冀地区大气局地环流耦合效应的数值模拟. 中国科学(D辑:地球科学),2009,39(1):88－98.
刘树华,刘振鑫,郑辉,等. 多尺度大气边界层与陆面物理过程模式的研究进展. 中国科学:物理学力学天文学,2013,43(10):1332－1355.
刘勇洪,何文斌,徐永明. 北京城市下垫面的非均匀性度量研究. 南京信息工程大学学报,2015,7(5):444－450.
刘宇,胡非,王式功,等. 兰州市城区稳定边界层变化规律的初步研究. 中国科学院研究生院学报,2003,20(4):482－487.
卢兰兰,毕冬勤,刘壮,等. 光伏太阳能电池生产过程中的污染问题. 中国科学:化学,2013,43(6):687－703.
吕梦瑶,程兴宏,张恒德,等. 基于自适应偏最小二乘回归法的 CUACE 模式污染物预报偏差订正改进方法研究. 环境科学学报,2018,38(7):2735－2745.
马侠,王维志. 中国城镇人口迁移与城镇化研究——中国 74 城镇人口迁移调查. 人口研究,1988,2:1－7.
马耀明,刘东升,苏中波,等. 卫星遥感藏北高原非均匀陆表地表特征参数和植被参数. 大气科学,2004,28(1):23－31.
毛敏娟,蒋维楣,吴晓庆,等. 气象激光雷达的城市边界层探测. 环境科学学报,2006,26(10):

1723－1728.

毛夏,江崟,庄红波,等.深圳城市气象综合探测系统简介.气象科技进展,2013,(6):13－18.

孟丹,宫辉力,李小娟,等.北京7·21暴雨时空分布特征及热岛-雨岛响应关系.国土资源遥感,2017,29(1):178－185.

苗曼倩,唐有华.长江三角洲夏季海陆风与热岛环流的相互作用及城市化的影响.高原气象,1998,3(3):280－289.

苗世光,Chen F.城市地表潜热通量数值模拟方法研究.中国科学:地球科学,2014,44:1017－1025.

苗世光,Chen F,李青春,等.北京城市化对夏季大气边界层结构及降水的月平均影响.地球物理学报,2010,53:1580－1593.

苗世光,窦军霞,Fei Chen,等.北京城市地表能量平衡特征观测分析.中国科学:地球科学,2012,42(9):1394－1402.

苗世光,蒋维楣,梁萍,等.城市气象研究进展.气象学报,2020,78(3):477－499.

苗世光,蒋维楣,王晓云,等.城市小区气象与污染扩散数值模式建立的研究.环境科学学报,2002,22(4):478－483.

苗世光,王晓云,蒋维楣,等.城市规划中绿地布局对气象环境的影响——以成都城市绿地规划方案为例.城市规划,2013,37(6):41－46.

苗世光,王迎春.基于用户需求的城市气象研究:进展与展望.气象科技进展,2014,(1):8－16.

宁越敏.中国城市化特点、问题及治理.南京社会科学,2012,10(19):7.

欧阳琰,蒋维楣,胡非,等.城市小区环境流场及污染物扩散的风洞实验研究.南京大学学报(自然科学),2003,39(6):770－780.

欧阳琰,蒋维楣,刘红年.城市空气质量数值预报系统对 $PM_{2.5}$ 的数值模拟研究.环境科学学报,2007,27(5):838－845.

Pielke R A 著,张杏珍,杨长新译.中尺度气象模拟[M].北京:气象出版社,1990,151.

齐德莉.高温条件下城市人为活动对局地热环境影响的模拟研究[D].南京:南京信息工程大学,2016.

秦大河,张建云,闪淳昌,等.中国极端天气气候事件和灾害风险管理与适应国家评估报告[M].北京:科学出版社,2015.

邱贵强,李华,张宇,等.高寒草原地区边界层参数化方案的适用性评估.高原气象,2013,32(1):46－55.

权瑞松.典型沿海城市暴雨内涝灾害风险评估研究.华东师范大学,2012.

任超,吴恩融.城市环境气候图:可持续城市规划辅助信息系统工具[M].北京:中国建筑工业出版社,2011,14－17.

任超,吴恩融,Katzschner L,等.城市环境气候图的发展及其应用现状.应用气象学报,2012,

23(5):593－603.

任玉玉,任国玉,张爱英.城市化对地面气温变化趋势影响研究综述.地理科学进展,2010,29(11):1301－1310.

戎春波,刘红年,朱焱.苏州夏季城市热岛现状及影响因子分析研究.气象科学,2009,29(1):84－87.

沈钟平,梁萍,何金海.上海城市热岛的精细结构气候特征分析.大气科学学报,2017,40(3):369－378.

盛裴轩,毛节泰,李建国,等.大气物理学[M].北京:北京大学出版社,2013.

史培军.五论灾害系统研究的理论与实践.自然灾害学报,2009,18:1－9.

宋静,汤剑平,孙鉴泞.南京地区城市冠层效应的模拟试验研究.南京大学学报:自然科学,2009,45(6):779－789.

宋艳玲,张尚印.北京市近40年城市热岛效应研究.中国生态农业学报,2003,11(4):126－129.

宋玉强,刘红年,王学远,等.城市非均匀性对城市地表能量平衡和风温特性的影响.南京大学学报(自然科学),2014,50(6):810－819.

Stull R B 著,杨长新译.边界层气象学导论[M].北京:气象出版社,1991.

孙继松,舒文军.北京城市热岛效应对冬夏季降水的影响研究.大气科学,2007,31(2):311－320.

陶玮,刘峻峰,陶澍.城市化过程中下垫面改变对大气环境的影响.热带地理,2014,34(3):283－292.

汪光焘,王晓云,苗世光,等.城市规划大气环境影响多尺度评估技术体系的研究与应用.中国科学(D辑:地球科学),2005,35(增刊Ⅰ):145－155.

王成刚,孙鉴泞,胡非,等.城市水泥下垫面能量平衡特征的观测与分析.南京大学学报(自然科学),2007,43(3):270－279.

王成刚,孙鉴泞,蒋维楣.城市屋顶储热特征的观测与分析.太阳能学报,2008,29(6):694－699.

王东阳,杭建,高鹏,等.基于外场实验的高楼密集型城市的城市能量平衡研究.第24届中国大气环境科学与技术大会暨中国环境科学学会大气环境分会2018年学术年会,2018.

王琳,谢晨波,韩永,等.测量大气边界层高度的激光雷达数据反演方法研究.大气与环境光学学报,2012,7(4):241－247.

王明星.干旱区气象因子对蒸发皿蒸发量影响的观测及数值研究[D].兰州:兰州大学,2014.

王人洁,王堃,张帆,等.中国国道和省道机动车尾气排放特征.环境科学,2017,38(9):3553－3560.

王绍玉,冯百侠.城市灾害应急与管理[M].重庆:重庆出版社,2005.

王腾蛟,张镭,张博凯,等.城市下垫面对河谷城市兰州冬季热岛效应及边界层结构的影响.气象学报,2013,71(6):1115－1129.

王炜. 公路交通流车速-流量实用关系模型. 东南大学学报(自然科学版),2003,33(4):487－491.

王卫国,徐敏,蒋维楣. 建筑物附近气流特征及湍流扩散的模拟试验. 空气动力学报,1999,17(1):82－92.

王喜全,王自发,齐彦斌,等. 城市化进程对北京地区冬季降水分布的影响. 中国科学(D辑:地球科学),2008,38(11):1438－1443.

王晓云. 城市规划大气环境效应定量分析技术[M]. 北京:气象出版社,2007.

王昕然,贺晓冬,苗世光,等. 气溶胶辐射效应对城市边界层影响的数值模拟研究. 中国科学:地球科学,2018,48(11):1478－1493.

王昕然,苗世光,窦军霞,等. 大气污染对北京城市和乡村地区辐射收支影响观测分析. 地球物理学报,2016,59(11):3996－4006.

王学远,蒋维楣,刘红年,等. 南京市重点工业源对城市空气质量影响的数值模拟研究. 环境科学研究,2007,20(3):33－43.

王迎春,梁旭东,苗世光,等. 城市气象研究动向的思考. 气象,2012,38(10):1232－1237.

王迎春,郑大玮,李青春. 城市气象灾害[M]. 北京:气象出版社,2009.

王咏薇,蒋维楣. 多层城市冠层模式的建立及数值试验研究. 气象学报,2009,67(6):1013－1024.

王咏薇,蒋维楣,郭文利,等. 城市布局规模与大气环境影响的数值研究. 地球物理学报,2008,51(1):88－100.

王咏薇,伍见军,杜钦,等. 不同城市冠层参数化方案对重庆高密度建筑物环境的数值模拟研究. 气象学报,2013,71(6):1130－1145.

王豫,王咏薇,赵小艳,等. 随机玻璃-聚合物混合超材料屋顶对南京夏季降温效应的模拟分析. 气象,2019,45(8):1149－1157.

王玥. 光伏屋顶遮阳与供电综合节能研究[D]. 西安:西安建筑科技大学,2017.

王跃,王莉莉,赵广娜,等. 北京冬季 $PM_{2.5}$ 重污染时段不同尺度环流形势及边界层结构分析. 气候与环境研究,2014,19(2):173－184.

王志诚,张雪芬,茆佳佳,等. 地基遥感大气温湿风垂直廓线观测方法综述. 气象水文海洋仪器,2018,35(2):109－116.

王志铭,王雪梅. 广州人为热初步估算及敏感性分析. 气象科学,2011,31(4):422－430.

王自发,谢付莹,王喜全,等. 嵌套网格空气质量预报模式系统的发展与应用. 大气科学,2006,30(5):778－790.

韦志刚,陈文,黄荣辉. 敦煌夏末大气垂直结构和边界层高度特征. 大气科学,2010,34(5):905－913.

魏艳,赵慧恩. 我国屋顶绿化建设的发展研究——以德国、北京为例对比分析. 林业科学,

2007,43(4):95－101.

翁清鹏,张慧,包洪新,等. 南京市通风廊道研究. 科学技术与工程,2015,15(11):89－94.

吴兑,邓雪娇. 环境气象学与特种气象预报[M]. 北京:气象出版社,2001.

吴兑,廖碧婷,吴蒙,等. 环首都圈霾和雾的长期变化特征与典型个例的近地层输送条件. 环境科学学报,2014,34(1):1－11.

吴祖常,董保群. 我国陆域最大混合层厚度的地理分布与季节变化. 科技通报,1998,14(3):158－163.

武坚,孟宪红,吕世华. 基于 MODIS 数据的金塔绿洲地表温度反演. 高原气象,2009,28(3):523－529.

徐安伦,董保举,刘劲松,等. 洱海湖滨大气边界层结构及特征分析. 高原气象,2010,29(3):637－644.

徐敏,蒋维楣,季崇萍,等. 北京地区气象环境数值模拟试验. 应用气象学报,2002,13(S):61－68.

徐祥德,丁国安,卞林根. BECAPEX 科学试验城市建筑群落边界层大气环境特征及其影响. 气象学报,2004,62(5):663－671.

徐祥德,丁国安,卞林根,等. 北京城市大气环境污染机理与调控原理. 应用气象学报,2006,17(6):815－828.

徐祥德,周秀骥,丁国安,等. 城市环境综合观测与大气环境动力学研究[M]. 北京:气象出版社,2010,436.

许剑峰. 基于政策法规体系下的城市形态研究[D]. 天津:天津大学,2010.

严超,崔桂香,张兆顺. 城市冠层植被大气环境特性大涡模拟. 科技导报,2017,5(3):51－56.

杨康,刘红年,朱焱,等. 苏州气溶胶消光特征及其对灰霾特征的影响. 环境科学研究,2015,28(6):848－854.

杨柳林,曾武涛,张永波,等. 珠江三角洲大气排放源清单与时空分配模型建立. 中国环境科学,2015,35(12):3521－3534.

杨胜朋,吕世华,陈玉春,等. 人为热源和城市绿化对冬季山谷城市边界层结构影响的数值模拟. 高原气象,2009,28(2):268－277.

杨文夷,李杰,朱莉莉,等. 我国空气污染物人为源排放清单对比. 环境科学研究,2013,26(7):703－711.

杨显玉,文军. 扎陵湖和鄂陵湖大气边界层特征的数值模拟. 高原气象,2012,31(4):927－934.

杨续超,陈葆德,胡可嘉. 城市化对极端高温事件影响研究进展. 地理科学进展,2015,34(10):1219－1228.

杨勇杰,谈建国,郑有飞,等. 上海市近 15a 大气稳定度和混合层厚度的研究. 气象科学,2006,5:536－541.

姚圣. 中国广州和英国伯明翰历史街区形态的比较研究[D]. 广州:华南理工大学,2013.

殷杰,尹占娥,王军,等. 基于GIS的城市社区暴雨内涝灾害风险评估. 地理与地理信息科学,2009,25(6):92-95.

尹占娥,许世远. 城市自然灾害风险评估研究[M]. 北京:科学出版社,2012.

尹占娥,许世远,殷杰,等. 基于小尺度的城市暴雨内涝灾害情景模拟与风险评估. 地理学报,2010,65(5):553-562.

于洪彬,蒋维楣. 废气排放塔尾流区随机游动扩散模拟研究. 空气动力学学报,1996,14(3):349-354.

岳平,牛生杰,张强,等. 春季晴日蒙古高原半干旱荒漠草原地边界层结构的一次观测研究. 高原气象,2008,27(4):757-763.

张华,王立雄,李卓. 城市建筑屋顶光伏利用潜力评估方法及其应用. 城市问题,2017,2:33-39.

张继权,冈田宪夫,多多纳裕一. 综合自然灾害风险管理——全面整合的模式与中国的战略选择. 自然灾害学报,2006,15(1):29-37.

张宁,蒋维楣. 建筑物对大气污染物扩散影响的大涡模拟. 大气科学,2006,30(2):212-220.

张宁,蒋维楣,王晓云. 城市街区与建筑物对气流特征影响的数值模拟研究. 空气动力学学报,2002,20(3):339-342.

张宁,刘红年,王雪梅,等. 大气扩散与大气环境研究进展[M]. 第1-3卷. 南京:南京大学出版社,2019.

张强,吕世华,张广庶. 山谷城市大气边界层结构及输送能力. 高原气象,2003,22(4):346-353.

张清. 夏季人体舒适度研究及高温对能源消耗的影响. 北京气象,1997,(2):18-19.

张书余. 城市环境气象预报技术[M]. 第1版. 北京:气象出版社,2002.

张文武. 城市不透水表面对流换热系数的实测和模拟研究[D]. 哈尔滨:哈尔滨工业大学,2008.

张艳晴,刘寿东,王咏薇,等. 南京地区太阳能屋顶缓解夏季高温的模拟研究. 气象学报,2019,77(2):358-370.

张永庆,赵海,张文波,等. 城市人口迁移的网络特征. 东北大学学报:自然科学版,2006,27(2):169-172.

赵春江,崔容强. 太阳能建材技术的研究与开发(Ⅰ)——光伏屋顶热性能的调查. 太阳能学报,2003,24(3):352-356.

赵红斌,刘晖. 盆地城市通风廊道营建方法研究—以西安市为例. 中国园林,2014,30(11):32-35.

赵凯,娄良石. 国际休闲会馆行人高度风环境的风洞试验研究[C]. 第九届全国大气环境与污染学术会议论文集,2001,50-54.

赵玲,马玉芬,张广兴,等. 地基35通道微波辐射计观测资料的初步分析. 沙漠与绿洲气象,2010,4(1):56-58.

赵文静,张宁,汤建平. 长江三角洲城市带降水特征的卫星资料分析. 高原气象,2011,30(3):668-674.

赵秀娟,徐敬,张自银,等. 北京区域环境气象数值预报系统及 $PM_{2.5}$ 预报检验. 应用气象学报,2016,27(2):160-172.

郑玉兰,苗世光,包云轩,等. 建筑物制冷系统人为热排放与气象环境的相互作用. 高原气象,2017,36(2):562-574.

郑祚芳,苗世光,范水勇,等. 京津冀城市群未发展情景气候效应模拟,南京大学学报(自然科学版),2014,50(6):772-780.

中国地理学会. 城市气候与城市规划[M]. 北京:科学出版社,1985.

中国工程建设标准化协会. GB50009—2012 建筑结构荷载规范[S]. 北京:中国建筑工业出版社,2012,28-33.

中国气象学会城市气象学委员会. 城市气象科学技术发展的思考[N]. 中国气象报,2009-9-22(003).

中华人民共和国生态环境部. 道路机动车大气污染物排放清单编制技术指南(试行)[R]. 北京:中华人民共和国生态环境部,2014.

周碧,张镭,隋兵,等. 激光雷达探测兰州地区气溶胶的垂直分布. 高原气象,2014,33(6):1545-1550.

周广强,耿福海,许建明,等. 上海地区臭氧数值预报. 中国环境科学,2015,35(6):1601-1609.

周建康,黄红虎,唐运忆,等. 城市化对南京市区域降水量变化的影响. 长江科学院院报,2003,20(4):44-46.

周明煜,姚文清,徐祥德,等. 北京城市大气边界层低层垂直动力和热力特征及其与污染物浓度关系的研究. 中国科学(D辑:地球科学),2005,35(S1):20-30.

周荣卫,蒋维楣,何晓凤. 城市建筑物动力冠层方案的引入及应用研究. 气象学报,2010,68(1):137-146.

周淑贞,余碧霞. 上海城市对风速的影响. 华东师范大学学报(自然科学版),1988,3:104-105.

周淑贞,张超. 城市气候学导论[M]. 上海:华东师范大学出版社,1985.

周淑贞,张超. 上海城市热岛效应. 地理学报,1982,49(4):372-382.

周泽兴,袁盈,刘希玲,等. 北京市汽车行驶工况和污染物排放系数调查研究. 环境科学学报,2000,20(1):48-54.

朱焱,刘红年,沈建,等. 苏州城市热岛对污染扩散的影响. 高原气象,2016,35(6):1584-1594.

朱焱,朱莲芳,徐永明,等.基于Landsat卫星资料的苏州城市热岛效应遥感分析.高原气象,2010,29(01):244-250.

住房和城乡建设部,中国气象局.城市暴雨强度公式编制和设计暴雨雨型确定技术导则[S].2014.

Ai Z T, Mak C M. Wind-induced single-sided natural ventilation in buildings near a long street canyon: CFD evaluation of street configuration and envelope design. Journal of Wind Engineering and Industrial Aerodynamics, 2018, 172: 96-106.

Aida M. Urban albedo as a function of the urban structure—A model experiment. Boundary-Layer Meteorology, 1982, 23: 405-413.

Akbari H, Menon S, Rosenfeld A. Global cooling: increasing world-wide urban albedos to offset CO_2. Climatic Change, 2009, 94(3): 275-286.

Allen M R, Ingram W J. Constraints on future changes in climate and the hydrologic cycle. Nature, 2002, 419(6903): 224-232.

Allwine K J, Shinn J H, Streit G E, et al. Overview of URBAN 2000: A multiscale field study of dispersion through an urban environment. Bulletin of the American Meteorological Society, 2002, 83: 521.

Al-Shareef F M, Oldham D J, Carter D J. A computer model for predicting the daylight performance of complex parallel shading systems. Building and Environment, 2001, 36(5): 605-618.

Andersson-Sköld Y, Thorsson S, Rayner D, et al. An integrated method for assessing climate-related risks and adaptation alternatives in urban areas. Climate Risk Management, 2015, 7: 31-50.

Argüeso D, Evans J P, Fita L, et al. Temperature response to future urbanization and climate change. Climate Dynamics, 2013, 42(7-8): 2183-2199.

Arnfield A J. Two decades of urban climate research: A review of turbulence exchanges of energy and water and the urban heat island. International Journal of Climatology, 2003, 23(1): 1-26.

ASTM E1980. Standard practice for calculating solar reflectance index of horizontal and low-sloped opaque surfaces[S]. American Society for Testing and Materials West Conshohocken, PA, USA, 2011.

Åström D O, Bertil F, Joacim R. Heat wave impact on morbidity and mortality in the elderly population: a review of recent studies. Maturitas, 2011, 69(2): 99-105.

Auer J A H. Correlation of land use and cover with meteorological anomalies. Journal of Applied Meteorology and Climatology, 1978, 17(5): 636-643.

Awrangjeb M, Gilani S A N, Siddiqui F U. An effective data-driven method for 3-d building roof reconstruction and robust change detection. Remote Sensing, 2018, 10(10): 1512.

Baklanov A, Grimmond C S B, Carlson D, et al. From urban meteorology, climate and environment research to integrated city services. Urban Climate, 2018, 23: 330 - 341.

Barlow J F, Belcher S E. A wind tunnel model for quantifying fluxes in the urban boundary layer. Boundary-Layer Meteorology, 2002, 104(1): 131 - 150.

Baumüller J, Reuter U. Demands and requirements on a climate atlas for urban planning and design. Office of Environmental Protection: Stuttgart, 1999.

Bechtel B, Alexander P J, Beck C, et al. Generating WUDAPT Level 0 data—Current status of production and evaluation. Urban Climate, 2019, 27: 24 - 45.

Bechtel B, Alexander P J, Böhner J, et al. Mapping local climate zones for a worldwide database of the form and function of cities. ISPRS International Journal of Geo-Information, 2015, 4(1): 199 - 219.

Bechtel B, See L, Mills G, et al. Classification of local climate zones using SAR and multispectral data in an arid environment. IEEE Journal of Selected Topics in Applied Earth Observations and Remote Sensing, 2016, 9(7): 3097 - 3105.

Belcher S E. Mixing and transport in urban areas. Philosophical Transactions of The Royal Society of London Series A-Mathematical, Physical and Engineering Sciences. 2005, 363: 2947 - 2968.

Bermel P, Ghebrebrhan M, Chan W, et al. Design and global optimization of high-efficiency thermophotovoltaic systems. Optics Express, 2010, 18(103): A314 - A334.

Bernard S M, Samet J M, Grambsch A, et al. The potential impacts of climate variability and change on air pollution-related health effects in the United States. Environmental Health Perspectives, 2001, 109(2): 199 - 209.

Best M. Progress towards better weather forecasts for city dwellers: from short range to climate change. Theoretical and Applied Climatology, 2006, 84(1): 47 - 55.

Birkmann J. Measuring vulnerability to hazards of national origin. Tokyo: United Nations University Press, 2006, 210 - 226.

Bornstein R, Lin Q L. Urban heat islands and summertime convective thunderstorms in Atlanta: three case studies. Atmospheric Environment, 2000, 34(3): 507 - 516.

Bougeault P. A simple parameterization of the large-scale effects of cumulus convection. Monthly Weather Review, 1985, 113(12): 2108 - 2121.

Bougeault P, Lacarrère P. Parameterization of orography-induced turbulence in a mesobeta-scale model. Monthly Weather Review, 1989, 117(8): 1872 - 1890.

Bouwer L. Have disaster losses increased due to anthropogenic climate change? Bulletin of The American Meteorological Society, 2011, 92(1): 39 - 46.

Bowne N E, Ball J T. Observational comparison of rural and urban boundary layer turbulence. Journal of Applied Meteorology and Climatology, 1970, 9: 862 - 873.

Bretz S, Akbari H. Long-term performance of high albedo roof coatings. Energy and Buildings, 1997, 25: 159 - 167.

Brooks I M. Finding boundary layer top: Application of a wavelet covariance transform to lidar backscatter profiles. Journal of Atmospheric and Oceanic Technology, 2003, 20(8): 1092 - 1105.

Brousse O, Martilli A, Foley M, et al. WUDAPT, an efficient land use producing data tool for mesoscale models? Integration of urban LCZ in WRF over Madrid. Urban Climate, 2016, 17: 116 - 134.

Bruse M, Fleer H. Simulating surface-plant-air interactions inside urban environments with a three dimensional numerical model. Environmental Modelling and Software, 1998, 13(4): 373 - 384.

Burian S J, Ching J. Development of gridded fields of urban canopy parameters for advanced urban meteorological and air quality models[R]. Project Report: EPA/600/R - 10/007, 2010.

Burian S J, Stetson S W, Han W, et al. High-resolution dataset of urban canopy parameters for Houston, Texas. Preprint proceedings, Fifth Symposium on the Urban Environment, American Meteorological Society, 2004, 23 - 28.

Businger J, Wyngaard J C, Izumi Y, et al. Flux-profile relationships in the atmospheric surface layer. Journal of the Atmospheric Sciences, 1971, 28: 181 - 189.

Cai M, Ren C, Xu Y, et al. Investigating the relationship between local climate zone and land surface temperature using an improved WUDAPT methodology-A case study of Yangtze River Delta, China. Urban Climate, 2018, 24: 485 - 502.

Cai M, Ren C, Xu Y, et al. Local climate zone study for sustainable megacities development by using improved WUDAPT methodology-a case study in Guangzhou. Procedia Environmental Sciences, 2016, 36: 82 - 89.

Cai X, Chen J, Desjardins R. Flux footprints in the convective boundary layer: large-eddy simulation and Lagrangian stochastic modelling. Boundary-Layer Meteorology, 2010, 137(1): 31 - 47.

Cai X M, Barlow J F, Belcher S E. Dispersion and transfer of passive scalars in and above street canyons—Large-eddy simulations, Atmospheric Environment. 2008, 42(23): 5885 - 5895.

Cao C, Lee X H, Liu S D, et al. Urban heat islands in China enhanced by haze pollution. Nature Communications, 2016, 7: 12509.

Cao Q, Yu D Y, Georgescu M, et al. Impacts of urbanization on summer climate in China: An assessment with coupled land-atmospheric modeling. Journal of Geophysical Research:

Atmospheres, 2016, 121(18): 10505 – 10521.

Chen B, Yang S, Xu X D, et al. The impacts of urbanization on air quality over the Pearl River Delta in winter: roles of urban land use and emission distribution. Theoretical and Applied Climatology, 2014, 117(1): 29 – 39.

Chen B Y, Wang W W, Dai W, et al. Refined urban canopy parameter and its impacts on simulation of urbanization-induced climate change. Urban Climate, 2021, 37(9): 100847.

Chen F, Bornstein R, Grimmond S, et al. Research priorities in observing and modeling urban weather and climate. Bulletin of the American Meteorological Society, 2012.

Chen F, Dudhia J. Coupling an advanced land surface-hydrology model with the Penn State-NCAR MM5 modelling system. Part I: Model implementation and sensitivity. Monthly Weather Review, 2001, 129: 569 – 585.

Chen F, Kusaka H, Bornstein R, et al. The integrated WRF/urban modelling system: development, evaluation, and applications to urban environmental problems. International Journal of Climatology, 2011, 31(2): 273 – 288.

Chen F, Kusaka H, Tewari M, et al. Utilizing the coupled WRF/LSM/Urban modeling system with detailed urban classification to simulate the urban heat island phenomena over the Greater Houston area. In: Fifth Symposium on the Urban Environment: American Meteorological Society Vancouver, BC, Canada, 2004: 9 – 11.

Chen F, Manning K W, LeMone M A, et al. Description and evaluation of the characteristics of the NCAR high-resolution land data assimilation system. Journal of Applied Meteorology and Climatology: Atmospheres, 2007, 46(6): 694 – 713.

Chen F, Miao S G, Tewari M, et al. A numerical study of interactions between surface forcing and sea-breeze circulations and their effects on stagnant winds in the greater Houston area. Journal of Geophysical Research: Atmospheres, 2011b, 116.

Chen F, Mitchell K, Schaake J, et al. Modeling of land surface evaporation by four schemes and comparison with FIFE observations. Journal of Geophysical Research: Atmospheres, 1996, 101(D3): 7251 – 7268.

Chen F, Yang X C, Wu J J. Simulation of the urban climate in a Chinese megacity with spatially heterogeneous anthropogenic heat data. Journal of Geophysical Research: Atmospheres, 2016, 121: 5193 – 5212.

Chen G, Zhao L H, Mochida A. Urban heat island simulations in Guangzhou, China, using the coupled WRF/UCM model with a land use map extracted from remote sensing data. Sustainability, 2016, 8: 628.

Chen G W, Li Y G, Wang Q, et al. The diurnal cycle of urban thermal environment in street canyons by scale-model outdoor field measurement. Indoor Air 2018, 22 – 27 July 2018,

Philadelphia, USA.

Chen G W, Wang D Y, Wang Q, et al. Scaled outdoor experimental studies of urban thermal environment in street canyon models with various aspect ratios and thermal storage. Science of the Total Environment, 2020a, 726: 138147.

Chen G W, Yang X, Yang H Y, et al. The influence of aspect ratios and solar heating on flow and ventilation in 2D street canyons by scaled outdoor experiments. Building and Environment, 2020b, 185: 107159.

Chen L, Frauenfeld O. Impacts of urbanization on future climate in China. Climate Dynamics, 2016, 47(1-2): 345-357.

Chen L X, Zhu W Q, Zhou X J, et al. Characteristics of the heat island effect in Shanghai and its possible mechanism. Advances in Atmospheric Sciences, 2003, 20(6): 991-1001.

Chen S, Hu D, Wong M S, et al. Characterizing spatiotemporal dynamics of anthropogenic heat fluxes: A 20-year case study in Beijing-Tianjin-Hebei region in China. Environmental Pollution, 2019, 249: 923-931.

Chen T H, Pan H N, Lu M R, et al. Effects of tree plantings and aspect ratios on pedestrian visual and thermal comfort using scaled outdoor experiments. Science of the Total Environment, 2021, 801: 149527.

Chen T H, Yang H Y, Chen G W, et al. Integrated impacts of tree planting and street aspect ratios on urban thermal environment in street canyons: A scaled outdoor experiment. Science of the Total Environment, 2021, 764: 142920.

Chen Y, Jiang W M, Zhang N, et al. Numerical simulation of the anthropogenic heat effect on urban boundary layer structure. Theoretical Appllied Climatology, 2009, 97(1): 123-134.

Chen Y, Zhang N. Urban heat island mitigation effectiveness under extreme heat conditions in the Suzhou-Wuxi-Changzhou metropolitan area, China. Journal of Applied Meteorology and Climatology, 2018, 53: 235-253.

Chin M, Ginoux P, Kinne S, et al. Tropospheric aerosol optical thickness from the GOCART model and comparisons with satellite and Sun photometer measurements. Journal of the Atmospheric Sciences, 2002, 59: 461-483.

Chin M, Rood R B, Lin S J, et al. Atmospheric sulfur cycle simulated in the global model GOCART: Model description and global properties. Journal of Geophysical Research: Atmospheres, 2000, 105: 24671-24687.

Ching J, Aliaga D, Mills G, et al. Pathway using WUDAPT's Digital Synthetic City tool towards generating urban canopy parameters for multi-scale urban atmospheric modeling. Urban Climate, 2019, 28: 100459.

Ching J, Brown M, Burian S, et al. National urban database and access portal tool (NUDAPT).

Bulletin of American Meteorological Society, 2009, 90(08): 1157 – 1168.

Ching J, Mills G, Bechtel B, et al. WUDAPT: An urban weather, climate, and environmental modeling infrastructure for the anthropocene. Bulletin of the American Meteorological Society, 2018, 99(9): 1907 – 1924.

Christen A, Rotach M W, Vogt R. The budget of turbulent kinetic Energy in the urban roughness sublayer. Boundary-Layer Meteorology, 2009, 131(2): 193 – 222.

Christen A, Vogt R. Energy and radiation balance of a central European city. International Journal of Climatology, 2004, 24: 1395 – 1421.

Chu C R, Li M H, Chen Y Y, et al. Wind tunnel experiment on the evaporation rate of Class A evaporation pan. Journal of Hydrology, 2010, 381(3 – 4): 221 – 224.

Cohn S A, Angevine W M. Boundary layer height and entrainment zone thickness measured by lidars and wind-profiling radars. Journal of Applied Meteorology, 2000, 39(8): 1233 – 1247.

Coleman R F, Drake J F, McAtee M D, et al. Anthropogenic moisture effects on WRF summertime surface temperature and mixing ratio forecast skill in Southern California. Weather Forecasting, 2010, 25: 1522 – 1535.

Comerón A, Sicard M, Rocadenbosch F. Wavelet correlation transform method and gradient method to determine aerosol layering from lidar returns: some comments. Journal of Atmospheric and Oceanic Technology, 2013, 30(6): 1189 – 1193.

Lawrence Berkeley National Laboratory. Cool roof material database. Berkeley, CA: Lawrence Berkeley National Laboratory, Environmental Energy Technologies Division, 2000. http://eetd.lbl.gov/coolroof/.

Cortez P, Rio M, Rocha M, et al. Multi-scale Internet traffic forecasting using neural networks and time series methods. Expert systems: The international journal of knowledge engineering, 2012, 29(2): 143 – 155.

Coutts A M, Beringer J, Tapper N J. Impact of increasing urban density on local climate: spatial and temporal variations in the surface energy balance in Melbourne Australia. Journal of Applied Meteorology and Climatology, 2007, 46: 477 – 493.

Cui L, Shi J. Urbanization and its environmental effects in Shanghai, China. Urban Climate, 2012, 2: 1 – 15.

Dai J N, Wang X M, Dai W, et al. The impact of inhomogeneous urban canopy parameters on meteorological conditions and implication for air quality in the Pearl River Delta region. Urban Climate, 2019, 29: 100494.

Dai Y W, Mak C M, Zhang Y, et al. Investigation of interunit dispersion in 2D street canyons: A scaled outdoor experiment. Building and Environment, 2020, 171: 106673.

Dai Y W, Mak C M, Zhang Y, et al. Scaled outdoor experimental analysis of ventilation and interunit dispersion with wind and buoyancy effects in street canyons. Energy and Buildings, 2022, 255: 111688.

Dallman A, Magnusson S, Britter R, et al. Conditions for thermal circulation in urban street canyons. Building and Environment, 2014, 80(10): 184 - 191.

Danylo O, See L, Bechtel B, et al. Contributing to WUDAPT: A local climate zone classification of two cities in Ukraine. IEEE Journal of Selected Topics in Applied Earth Observations and Remote Sensing, 2016, 9(5): 1841 - 1853.

Davis K J, Gamage N, Hagelberg C R, et al. An objective method for deriving atmospheric structure from airborne lidar observations. Journal of Atmospheric and Oceanic Technology, 2000, 17(11): 1455 - 1468.

Debbage N, Shepherd J M. The urban heat island effect and city contiguity. Comput. Environment and Urbanization, 2015, 54: 181 - 194.

Demuzere M, Bechtel B, Middel A, et al. Mapping Europe into local climate zones. PloS one, 2019, 14(4): e0214474.

Dilley M, Chen, R S, Deichmann U, et al. Natural disaster hotspots: A global risk analysis. Washington, D. C.: World Bank Group, 2005.

Ding A J, Fu C B, Yang X Q, et al. Intense atmospheric pollution modifies weather: a case of mixed biomass burning with fossil fuel combustion pollution in eastern China. Atmospheric Chemistry and Physics, 2013, 13(20): 10545 - 10554.

Dixon P G, Mote T L. Patterns and causes of atlanta's urban heat island-initiated precipitation. Journal of Applied Meteorology and Climatology, 2003, 42(9): 1273 - 1284.

Dominguez A, Kleissl J, Luvall J C. Effects of solar photovoltaic panels on roof heat transfer. Solar Energy, 2011, 85(9): 2244 - 2255.

Dong N, Liu Z, Luo M, et al. The effects of anthropogenic land use changes on climate in China driven by global socioeconomic and emission scenarios. Earths Future, 2019, 7(7): 784 - 804.

Dou J J, Bornstein R, Miao S G, et al. Observation and simulation of a bifurcating thunderstorm over Beijing. Journal of Applied Meteorology and Climatology, 2020, 59(12).

Dou J J, Wang Y C, Bornstein R D, et al. Observed Spatial Characteristics of Beijing Urban Climate Impacts on Summer Thunderstorms. Journal of Applied Meteorology and Climatology, 2015, 54(1): 94 - 105.

Dou J X, Grimmond S, Cheng Z G, et al. Summertime surface energy balance fluxes at two Beijing sites. International Journal of Climatology, 2019, 39: 2793 - 2810.

Doya M, Bozonnet E, Allard F. Experimental measurement of cool facades' performance in a dense urban environment. Energy and Buildings, 2012, 55: 42 - 50.

Duan J C, Tan J H. Atmospheric heavy metals and Arsenic in China: Situation, sources and control policies. Atmospheric Environment, 2013, 74: 93 - 101.

Easterling D R, Horton B, Jones P D, et al. Maximum and minimum temperature trends for the globe. Science, 1997, 277(5324): 364 - 367.

Eliasson I. The use of climate knowledge in urban planning. Landscape and Urban Planning, 2000, 48(1): 31 - 44.

Emeis S, Schäfer K, Münkel C. Surface-based remote sensing of the mixing-layer height: A review. Meteorologische Zeitschrift, 2008, 17(5): 621 - 630.

Ensberg J J, Hayes P L, Jimenez J L, et al. Emission factor ratios, SOA mass yields, and the impact of vehicular emissions on SOA formation. Atmospheric Chemistry and Physics, 2014, 14: 2383 - 2397.

Eresmaa N, Härkönen J, Joffre S M, et al. A three-step method for estimating the mixing height using ceilometer data from the Helsinki Testbed. Journal of Applied Meteorology and Climatology, 2012, 51(12): 2172 - 2187.

Eresmaa N, Karppinen A, Joffre S M, et al. Mixing height determination by ceilometer. Atmospheric Chemistry and Physics, 2006, 6(6): 1485 - 1493.

Escuder-Bueno I, Castillo-Rodriguez J T, Zechner S, et al. A quantitative flood risk analysis methodology for urban areas with integration of social research data. Natural Hazards And Earth System Sciences, 2012, 12(9): 2843 - 2863.

Evensen G. 1994. Sequential data assimilation with a nonlinear quasi-geostrophic model using Monte Carlo methods to forecast error statistics, Journal of Geophysical Research: Oceans, 1994, 99: 10143 - 10162.

Ewing R, Rong F. The impact of urban form on US residential energy use. Housing Policy Debate, 2008, 19(1): 1 - 30.

Fan S J, Wang B M, Tesche M, et al. Meteorological conditions and structures of atmospheric boundary layer in October 2004 over Pearl River Delta area. Atmospheric Environment, 2008, 42(25): 6174 - 6186.

Fang X Y, Jiang W M, Miao S G, et al. The multi-scale numerical modeling system for research on therelationship between urban planning and meteorological environment. Advances in Atmospheric Sciences, 2004, 21(1): 103 - 112.

Fann N, Lamson A D, Anenberg S C, et al. Estimating the national public health burden associated with exposure to ambient $PM_{2.5}$ and ozone. Risk Analysis, 2012, 32(1): 81 - 95.

Feddema J, Oleson K, Bonan G. Developing a global database for the CLM urban model, Sixth Symposium on the Urban Environment, 86th AMS Annual Meeting, Atlanta, GA, February

1, 2006.

Feng J M, Wang J, Yan Z W. Impact of anthropogenic heat release on regional climate in three vast urban agglomerations in China. Advances in Atmospheric Sciences, 2014, 31(2): 363-373.

Feng J M, Wang Y L, Ma Z G, et al. Simulating the regional impacts of urbanization and anthropogenic heat release on climate across China. Journal of Climate, 2012, 25(20): 7187-7203.

Field C B, Barros V R. Climate change 2014-Impacts, adaptation and vulnerability: Regional aspects. Cambridge University Press, 2014.

Findell K L, Berg A, Gentine P, et al. The impact of anthropogenic land use and land cover change on regional climate extremes. Nature Communications, 2017, 8(1): 989.

Foley J A, DeFries R, Asner G P, et al. Global consequences of land use. Science, 2005, 309(5734): 570-574.

Fonte C C, Lopes P, See L, et al. Using OpenStreetMap (OSM) to enhance the classification of local climate zones in the framework of WUDAPT. Urban Climate, 2019, 28: 100456.

Founda D. Evolution of the air temperature in Athens and evidence of climatic change: A review. Advances in Building Energy Research, 2011, 5(1): 7-41.

Franco D M P, de Fatima Andrade M, Ynoue R Y, et al. Effect of Local Climate Zone (LCZ) classification on ozone chemical transport model simulations in Sao Paulo, Brazil. Urban Climate, 2019, 27: 293-313.

Frey R A, Ackerman S A, Liu Y, et al. Cloud detection with MODIS. Part I: Improvements in the MODIS cloud mask for collection 5. Journal of Atmospheric and Oceanic Technology, 2008, 25(7): 1057-1072.

Fritz S, See L, Perger C, et al. A global dataset of crowdsourced land cover and land use reference data. Scientific Data, 2017, 4: 170075.

Fu G, Charles S P, Yu J. A critical overview of pan evaporation trends over the last 50 years. Climatic Change, 2009, 97(1): 193-214.

Fung W Y, Lam K S, Hung W T, et al. Impact of urban temperature on energy consumption of Hong Kong. Energy, 2006, 31(14): 2623-2637.

Gamage N, Hagelberg C. Detection and analysis of microfronts and associated coherent events using localized transforms. Journal of the Atmospheric Sciences, 1993, 50(5): 750-756.

Gao Y, Zhang M, Liu Z R, et al. Modeling the feedback between aerosol and meteorological variables in the atmospheric boundary layer during a severe fog-haze event over the North China Plain. Atmospheric Chemistry and Physics, 2015, 15(8): 1093-1130.

Garratt J R. Surface influence upon vertical profiles in the atmosphere near-surface layer. Quarterly

Journal Of The Royal Meteorological Society, 1980, 106: 803 - 819.

Ginoux P, Chin M, Tegen I, et al. Sources and distributions of dust aerosols simulated with the GOCART model. Journal of Geophysical Research: Atmospheres, 2001, 106: 20255 - 20273.

Giometto M G, Christen A, Meneveau C, et al. Spatial characteristics of roughness sublayer mean flow and turbulence over a realistic urban surface. Boundary-Layer Meteorology, 2016, 160(3): 425 - 452.

Gong P, Chen B, Li X, et al. Mapping essential urban land use categories in China (EULUC-China): Preliminary results for 2018. Science Bulletin, 2020, 65(3): 182 - 187.

Gong P, Liu H, Zhang M N, et al. Stable classification with limited sample: transferring a 30 - m resolution sample set collected in 2015 to mapping 10 - m resolution global land cover in 2017. Science Bulletin, 2019, 64(6): 370 - 373.

Gong S L, Zhang X Y. CUACE/Dust-an integrated system of observation and modeling systems for operational dust forecasting in Asia. Atmospheric Chemistry and Physics, 2008, 7(4): 10323 - 10342.

Grell G, Peckham S E, Schmitz R, et al. Fully coupled "online" chemistry within the WRF model. Atmospheric Environment, 2005, 39: 6957 - 6975.

Grell G A, Freitas S R. A scale and aerosol aware stochastic convective parameterization for weather and air quality modeling. Atmospheric Chemistry and Physics, 2014, 14: 5233 - 5250.

Grimmond C S B. Progress in measuring and observing the urban atmosphere. Theoretical and Applied Climatology, 2006, 84: 3 - 22.

Grimmond C S B, Blackett M, Best M J, et al. Initial results from Phase 2 of the international urban energy balance model comparison. International Journal of Climatology, 2011, 31: 244 - 272.

Grimmond C S B, Blackett M, Best M J, et al. The international urban energy balance models comparison project: first results from phase 1. Journal of Applied Meteorology and Climatology, 2010, 49(6): 1268 - 1292.

Grimmond C S B, Oke T R. Aerodynamic properties of urban areas derived from analysis of surface form. Journal of Applied Meteorology, 1999, 38(9): 1262 - 1292.

Grimmond C S B, Oke T R. An evaporation-interception model for urban areas. Water Resources Research, 1991, 27: 1739 - 1755.

Grimmond C S B, Oke T R. Heat storage in urban areas: Observations and evaluation of a simple model. Journal of Applied Meteorology, 1999, 38: 922 - 940.

Grimmond C S B, Roth M, Oke T R, et al. Climate and more sustainable cities: climate information for improved planning and management of cities (producers/capabilities perspective). Procedia Environmental Sciences, 2010, 1(1): 247 -274.

Grimmond C S B. , Salmond J A, Oke T R, et al. Flux and turbulence measurements at a densely built-up site in Marseille: heat, mass (water and carbon dioxide), and momentum. Journal of Geophysical Research: Atmospheres, 2004, 109(D24): 24101 -24120.

Gu B J, Dong X L, Peng C H, et al. The long-term impact of urbanization on nitrogen patterns and dynamics in Shanghai, China. Environmental Pollution, 2012, 171: 30 -37.

Gu X, Zhang Q, Singh V P, et al. Potential contributions of climate change and urbanization to precipitation trends across China at national, regional and local scales. International Journal of Climatology, 2019, 39(6): 2998 -3012.

Guenther A, Hewitt, C N, Erickson D,et al. A global model of natural volatile organic compound emissions. Journal of Geophysical Research: Atmospheres, 1995, 100: 8873 -8892.

Guo A J, Ding X J, Zhong F L, et al. Predicting the future Chinese population using shared socioeconomic pathways, the sixth national population census, and a PDE Model. Sustainability, 2019, 11(13): 1 -17.

Guo X L, Fu D H, Wang J. Mesoscale convective precipitation system modified by urbanization in Beijing City. Atmospheric Research, 2006, 82(1 -2): 112 -126.

Guo Y, Fang G, Xu Y P, et al. Identifying how future climate and land use/cover changes impact streamflow in Xinanjiang Basin, East China. Science of the Total Environment, 2020, 710: 136275.

Gutiérrez E, González J E, Bornstein R, et al. Numerical simulations of a summer 2010 heat wave in New York City using WRF's building energy parameterization. Abstracts of International Workshop on Urban Weather and Climate: Observation and Modeling, 2011.

Gutiérrez E, González J E, Martilli A, et al. On the anthropogenic heat fluxes using an air conditioning evaporative cooling parameterization for mesoscale urban canopy models. Journal of Solar Energy Engineering, 2015, 137: p. 051005.

Gutiérrez E, González J E, Martilli A, et al. Simulations of a heat-wave event in New York City using a multilayer urban parameterization. Journal of Applied Meteorology and Climatology, 2015, 54: 283 -301.

Hagishima A, Narita K I, Tanimoto J. Field experiment on transpiration from isolated urban plants. Hydrological Process, 2007, 21: 1217 -1222.

Hammerberg K, Brousse O, Martilli A, et al. Implications of employing detailed urban canopy parameters for mesoscale climate modelling: a comparison between WUDAPT and GIS databases over Vienna, Austria. International journal of climatology, 2018, 38: e1241 -e1257.

Han L J, Zhou W Q, Li W F. City as a major source area of fine particulate ($PM_{2.5}$) in China. Environmental Pollution, 2015, 206: 183 - 187.

Han L J, Zhou W Q, Li W F, et al. Impact of urbanization level on urban air quality: a case of fine particles ($PM_{2.5}$) in Chinese cities. Environmental Pollution, 2014, 194: 163 - 170.

Han L J, Zhou W Q, Pickett S T A, et al. An optimum city size? the scaling relationship for urban population and fine particulate ($PM_{2.5}$) concentration. Environmental Pollution, 2016, 282: 96 - 101.

Han S Q, Hao T Y, Zhang Y F, et al. Vertical observation and analysis on rapid formation and evolutionary mechanisms of a prolonged haze episode over central-eastern China. Science of the Total Environment, 2017, 616 - 617: 135 - 146.

Han Z Q, Yan Z W, Li Z, et al. Impact of urbanization on low-temperature precipitation in Beijing during 1960 - 2008. Advances in Atmospheric Sciences, 2014, 31(1): 48 - 56.

Hang J, Chen G W. Experimental study of urban microclimate on scaled street canyons with various aspect ratios. Urban Climate, 2022, 46: 101299.

Hang J, Li Y. Wind conditions in idealized building clusters: Macroscopic simulations using a porous turbulence model. Boundary-Layer Meteorology, 2010, 136(1): 129 - 159.

Hang J, Li Y, Buccolieri R, et al. On the contribution of mean flow and turbulence to city breathability: The case of long streets with tall buildings. Science of the Total Environment, 2012, 416(2): 362 - 73.

Hang J, Li Y, Sandberg M, et al. The influence of building height variability on pollutant dispersion and pedestrian ventilation in idealized high-rise urban areas. Building and Environment, 2012, 56: 346 - 360.

Hang J, Sandberg M, Li Y. Age of air and air exchange efficiency in idealized city models. Building and Environment, 2009, 44(8): 1714 - 1723.

Hang J, Sandberg M, Li Y G. Effect of urban morphology on wind condition in idealized city models. Atmospheric Environment, 2009, 43(4): 869 - 878.

Hang J, Wang D Y, Zeng L Y, et al. Experimental investigation of thermal environment and surface energy balance in deep and shallow street canyons under various sky conditions. Building and Environment, 2022, 225:109618.

Hang J, Wang Q, Chen X Y, et al. City breathability in medium density urban-like geometries evaluated through the pollutant transport rate and the net escape velocity. Building and Environment, 2015, 94: 166 - 182.

Hansen J, Ruedy R, Glascoe J, et al. GISS analysis of surface temperature change. Journal of Geophysical Research: Atmospheres, 1999, 104(D24): 30997 - 31022.

Hao L, Huang X L, Qin M S, et al. Ecohydrological processes explain urban dry island effects in a wet region, southern China. Water Resources Research, 2018, 54(9): 6757 - 6771.

He C F, Huang Z J, Wang R. Land use change and economic growth in urban China: A structural equation analysis. Urban Studies, 2014, 51(13): 2880 - 2898.

He J, Song C C S. A numerical study of wind flow around the TTU building and the roof corner vortex. Journal of Wind Engineering and Industrial Aerodynamics, 1997, s 67 - 68(97): 547 - 558.

He S, Zhang Y W, Gu Z L, et al. Local climate zone classification with different source data in Xi'an, China. Indoor and Built Environment, 2019, 28(9): 1190 - 1199.

He X D, Li Y H, Wang X R, et al. High-resolution dataset of urban canopy parameters for Beijing and its application to the integrated WRF/Urban modelling system. Journal of Cleaner Production, 2019, 208: 373 - 383.

He X D, Miao S G, Shen S H, et al. Influence of sky view factor on outdoor thermal environment and physiological equivalent temperature. International Journal of Biometeorology, 2015, 59(3): 285 - 297.

He X D, Shen S H, Miao S G, et al. Quantitative detection of urban climate resources and the establishment of an urban climate map (UCMap) system in Beijing, Building and Environment, 2015, 92(10): 668 - 678.

Hellsten A, Luukkonen S M, Steinfeld G, et al. Footprint evaluation for flux and concentration measurements for an urban-like canopy with coupled Lagrangian stochastic and large-eddy simulation models. Boundary-Layer Meteorology, 2015, 157(2): 1 - 27.

Hennemuth B, Lammert A. Determination of the atmospheric boundary layer height from radiosonde and lidar backscatter. Bound-Layer Meteor, 2006, 120(1): 181 - 200.

Holzworth G C. Estimates of mean maximum mixing depths in the contiguous United States. Monthly Weather Review, 1964, 92(5): 235 - 242.

Hong S, Pan H. Nonlocal boundary layer vertical diffusion in a medium-range forecast model. Monthly Weather Review, 1996, 124(124): 2322.

Hong S Y, Dudhia J, Chen S H. A revised approach to ice microphysical processes for the bulk parameterization of clouds and precipitation. Monthly Weather Review, 2004, 132: 103 - 120.

Hong S Y, Lim J. The WRF single-moment 6 - Class microphysics scheme (WSM6). Journal of the Korean Astronomical Society, 2006, 42: 129 - 151.

Hong W, Liu X M, Zhao C Y, et al. Spatial-temporal pattern analysis of landscape ecological risk assessment based on land use/land cover change in Baishuijiang National nature reserve in Gansu Province, China. Ecological Indicators, 2021, 124: 107454.

Hooper E, Chapman L, Quinn A. The impact of precipitation on speed-flow relationships along a

UK motorway corridor. Theoretical and Applied Climatology, 2014, 117(1): 303 - 316.

Hooper W P, Eloranta E W. Lidar measurements of wind in the planetary boundary layer: The method, accuracy and results from joint measurements with radiosonde and kytoon. Journal of Applied Meteorology and Climatology, 1986, 25(7): 990 - 1001.

Hu A, Levis S, Meehl G A, et al. Impact of solar panels on global climate. Nature climate change, 2016, 6(3): 290 - 294.

Hu H B. Rainstorm flash flood risk assessment using genetic programming: a case study of risk zoning in Beijing. Natural Hazards, 2016, 83(1): 485 - 500.

Hu H B. Spatiotemporal characteristics of rainstorm-induced hazards modified by urbanization in Beijing. Journal of Applied Meteorology and Climatology, 2015, 54(7): 1496 - 1509.

Huang G, Brook R, Crippa M, et al. Speciation of anthropogenic emissions of non-methane volatile organic compounds: a global gridded data set for 1970 - 2012. Atmospheric Chemistry and Physics, 2017, 17: 7683 - 7701.

Huang J P, Zhou C H, Lee X H, et al. The effects of rapid urbanization on the levels in tropospheric nitrogen dioxide and ozone over East China. Atmospheric Environment, 2013, 77: 558 - 567.

Huang M, Gao Z Q, Miao S G, et al. Estimate of boundary-layer depth over Beijing, China, using doppler lidar data during SURF - 2015. Boundary-Layer Meteorology, 2017, 162(3): 503 - 522.

Huang R J, Zhang Y L, Bozzetti C, et al. High secondary aerosol contribution to particulate pollution during haze events in China. Nature. 2014, 514: 218 - 222.

Huang W, Wei Y, Guo J H, et al. Next-generation innovation and development of intelligent transportation system in China. Science China Information Sciences, 2017, 60(11): 1 - 11.

Huang X, Wang Z L, Ding A J. Impact of aerosol - PBL interaction on haze pollution: multiyear observational evidences in north China. Geophysical Research Letters, 2018, 45: 8596 - 8603.

Huo H, Zhang Q, He K B, et al. High-resolution vehicular emission inventory using a link-based method: A case study of light-duty vehicles in Beijing. Environmental Science and Technology, 2009, 43(7): 2394 - 2399.

Iacono M J, Mlawer E J, Clough S A, et al. Impact of an improved longwave radiation model, RRTM, on the energy budget and thermodynamic properties of the NCAR community climate model, CCM3. Journal of Geophysical Research: Atmospheres, 2000, 105(D11): 14873 - 14890.

Idczak M, Mestayer P, Rosant J M, et al. Micrometeorological measurements in a street canyon during the joint ATREUS-PICADA experiment. Boundary-Layer Meteorology, 2007, 124(1):

25 - 41.

Intergovernmental Panel on Climate Change (IPCC). Climate change 2013: The Physical Science Basis-Summary for Policymakers (SPM) of the Working Group I contribution to the IPCC Fifth Assessment Report (WGI AR5). Stockholm, Sweden, 2013.

Intergovernmental Panel on Climate Change (IPCC). Impacts, adaptation and vulnerability, 2014.

Intergovernmental Panel on Climate Change (IPCC). Managing the risks of extreme events anddisasters to advance climate change adaptation. Cambridge, Cambridge University Press, 2012.

Intergovernmental Panel on Climate Change(IPCC). Climate change 2001: The scientific basis. Contribution of working group i to the third assessment report of the intergovernmental panel on climate change. Cambridge University Press, Cambridge and New York, 2001.

Irwin H P A. A simple omnidirectional sensor for wind tunnel studies of pedestrian level winds. Journal of Wind Engineering and Industrial Aerodynamics,1981, 7(3): 219 - 240.

Janjic Z. The step-mountain eta coordinate model: further development of the convection, viscous sublayer, and turbulent closure schemes. Monthly Weather Review, 1994, 122: 927 - 945.

Janjic Z. Nonsingular implementation of the Mellor-Yamada Level 2.5 Scheme in the NCEP Meso model. NCEP Office Note, 2002, 437: 61.

Janjic Z. The step-mountain coordinate: physical package. Monthly Weather Review, 1990, 118: 1429 - 1443.

Janjic Z. The surface layer in the NCEP Eta Model. Eleventh Conference on Numerical Weather Prediction, Norfolk, VA, 19 - 23 August; American Meteorological Society, Boston, MA, 1996, 354 - 355.

Janjic Z. Nonsingular Implementation of the Mellor-Yamada Level 2.5 Scheme in the NCEP Meso model, National Centers for Environmental Prediction Office, 2001, 61.

Järvi L, Grimmond C S B, Christen A. The surface urban energy and water balance scheme (SUEWS): Evaluation in Los Angeles and Vancouver. Journal of Hydrology, 2011, 411: 219 - 237.

Jiang X Y, Wiedinmyer C, Chen F, et al. Predicted impacts of climate and land use change on surface ozone in the Houston, Texas, area. Journal of Geophysical Research: Atmospheres, 2008, 113(D20).

Jiménez-Muñoz J C,Sobrino J A. A generalized single-channel method for retrieving land surface temperature from remote sensing data (vol 109, art no D08112, 2004). Journal of Geophysical Research: Atmospheres, 2003, 108(D22): 2015 - 2023.

Jing B Y, Wu L, Mao H J, et al. Development of a vehicle emission inventory with high temporal-spatial resolution based on NRT traffic data and its impact on air pollution in Beijing-Part 1: Development and evaluation of vehicle emission inventory. Atmospheric Chemistry and Physics, 2016, 16(5): 3161 - 3170.

Jones P D, Groisman P Y, Coughlan M, et al. Assessment of urbanization effects in time series of surface air temperature over land. Nature, 1990, 347(6289): 169 - 172.

Kahler D M, Brutsaert W. Complementary relationship between daily evaporation in the environment and pan evaporation. Water Resources Research, 2006, 42(5).

Kaimal J C, Finnigan J J. Atmospheric boundary layer flows: their structures and measurements. Oxford University Press: Oxford UK, 1994.

Kain J S. The Kain-Fritsch convective parameterization: An update. Journal of Applied Meteorology and Climatology, 2004, 43: 170 - 181.

Kalnay E, Cai M. Impact of urbanization and land-use change on climate. Nature, 2003, 423 (6939): 528 - 53.

Kanda M, Kawai T, Kanega M, et al. A simple energy balance model for regular building arrays. Boundary-Layer Meteorology, 2005a, 116(3): 423 - 443.

Kanda M, Kawai T, Nakagawa K. A simple theoretical radiation scheme for regular building arrays. Boundary-Layer Meteorology, 2005b, 114: 71 - 90.

Kaplan H, Dinar N. A lagrangian dispersion model for calculating concentration distribution within a built-up domain. Atmosphere Environment, 1996, 30(24): 4197 - 4207.

Kawai T, Kanda M. Urban energy balance obtained from the comprehensive outdoor scale model experiment. Part I: Basic features of the surface energy balance. Journal of Applied Meteorology and Climatology, 2010a, 49: 1341 - 1359.

Kawai T, Kanda M. Urban energy balance obtained from the comprehensive outdoor scale model experiment. Part II: comparisons with field data using an improved energy partition. Journal of Applied Meteorology and Climatology, 2010b, 49: 1360 - 1376.

Kawai T, Kanda M, Narita K, et al. Validation of a numerical model for urban energy-exchange using outdoor scale-model measurements. International Journal of Climatology, 2007, 27: 1931 - 1942.

Kawai T, Ridwan M K, Kanda M. Evaluation of the simple urban energy balance model using selected data from 1 - yr flux observations at two cities. Journal of Applied Meteorology and Climatology, 2009, 48: 693 - 715.

Kimura F. Heat flux on mixtures of different land-use surface: Test of a new parameterization scheme. Journal of the Meteorological Society of Japan. Ser. II, 1989, 67(3): 401 - 409.

Knoch K. Uber das Wesen einer Landesklimaaufnahme. Meteorologische Zeitschrift, 1951, 5: 173.

Knupp K R, Coleman T, Phillips D, et al. Ground-based passive microwave profiling during dynamic weather conditions. Journal of Atmospheric and Oceanic Technology, 2009, 26(6): 1057 – 1073.

Kondo H, Genchi Y, Kikegawa Y, et al. Development of a multi-layer urban canopy model for the analysis of energy consumption in a big city: Structure of the urban canopy model and its basic performance. Boundary-Layer Meteorology, 2005, 116(3): 395 – 421.

Kormann R, Meixner F X. An analytical footprint model for non-neutral stratification. Boundary-Layer Meteorology, 2001, 99(2): 207 – 224.

Krauter S, Hanitsch R. The influence of the capsulation on the efficiency of PV-modules. In: Energy and the Environment: Elsevier, 1990: 371 – 375.

Kress R. Regionale luftaustauschprozesse und ihre bedeutung fur die raumliche planung (in German)[M]. Dortmund: lnstitut for Umweltschutz der Universitat Dortmund, 1979.

Kuang W. New evidences on anomalous phenomenon of buildings in regulating urban climate from observations in Beijing, China. Earth and Space Science, 2019, 6(5): 861 – 872.

Kulmala M, Luoma K, Virkkula A, et al. On the mode-segregated aerosol particle number concentration load: contributions of primary and secondary particles in Hyytiala and Nanjing. Boreal Environment Research, 2016, 21: 319 – 331.

Kusaka H, Chen F, Tewari M, et al. Numerical simulation of urban heat island effect by the WRF model with 4 – km grid increment: an inter-comparison study between the urban canopy model and slab model. Journal of the Meteorological Society of Japan, 2012, 90B: 33 – 45.

Kusaka H, Kimura F. Coupling a single-layer urban canopy model with a simple atmospheric model: impact on urban heat island simulation for an idealized case. Journal of the Meteorological Society of Japan, 2004, 82(1): 67 – 80.

Kusaka H, Kimura F. Thermal effects of urban canyon structure on the nocturnal heat island: numerical experiment using a mesoscale model coupled with an urban canopy model. Journal of Applied Meteorology, 2004, 43: 1899 – 1910.

Kusaka H, Kondo H, Kikegawa Y, et al. A simple single layer urban canopy model for atmospheric models: comparison with multi-layer and slab models. Boundary-Layer Meteorology, 2001, 101: 329 – 358.

Kwok Y T, De Munck C, Schoetter R, et al. Refined dataset to describe the complex urban environment of Hong Kong for urban climate modelling studies at the mesoscale. Theoretical and Applied Climatology, 2020, 142: 129 – 150.

Lai L, Huang X J, Yang H, et al. Carbon emissions from land-use change and management in China between 1990 and 2010. Science Advances, 2016, 2(11).

Larsen T S, Heiselberg P. Single-sided natural ventilation driven by wind pressure and temperature difference. Energy and Buildings, 2008, 40: 1031 - 1040.

Lawrence P J, Chase T N. Investigating the climate impacts of global land cover change in the community climate system model. International Journal of Climatology, 2010, 30(13): 2066 - 2087.

Lee T W, Ho A. Scaling of the urban heat island effect based on the energy balance: Nighttime minimum temperature increase vs. urban area length scale. Climate Research, 2010, 42(3): 209 - 216.

Lee X, Gao Z Q, Zhang C L, et al. Priorities for boundary layer meteorology research in China. Bull. American Meteorological Society, 2015, 96: ES149 - ES151.

Levinson R, Akbari H, Reilly JC. Cooler tile-roofed buildings with near-infrared-reflective non-white coatings. Building and Environment, 2007, 42(7): 2591 - 2605.

Li D, Bou-Zeid E, Oppenheimer M. The effectiveness of cool and green roofs as urban heat island mitigation strategies. Environmental Research Letters, 2014, 9(5): 055002.

Li H F, Cui G X, Zhang Z S. A New scheme for the simulation of microscale flow and dispersion in urban areas by coupling large-eddy simulation with mesoscale models. Bound-Layer Meteorology, 2018a, 167(1): 145 - 170.

Li J, Sun J L, Zhou M Y, et al. Observational analyses of dramatic developments of a severe air pollution event in the Beijing area. Atmospheric Chemistry and Physics, 2018, 18: 3919 - 3935.

Li J, Wang Z J, Zhuang G S, et al. Mixing of Asian mineral dust with anthropogenic pollutants over East Asia: a model case study of a super-duststorm in March 2010. Atmospheric Chemistry and Physics, 2012, 12(16): 7591 - 7607.

Li L, Lu C, Chan P W, et al. Tower observed vertical distribution of PM2.5, O3 and NOx in the Pearl River Delta. Atmospheric Environment, 2019, 220: 117083.

Li M, Gu S, Bi P, et al. Heat waves and morbidity: current knowledge and further direction-a comprehensive literature review. International journal of environmental research and public health, 2015, 12(5): 5256 - 5283.

Li M, Liu H, Geng G N, et al. Anthropogenic emission inventories in China: A review. National Science Review, 2017b, 4: 834 - 866.

Li M, Zhang Q, Kurokawa J I, et al. MIX: a mosaic Asian anthropogenic emission inventory under the international collaboration framework of the MICS-Asia and HTAP. Atmospheric Chemistry and Physics, 2017a, 17: 935 - 963.

Li M C, Guo J, Xiong M M, et al. Heat island effect on outdoor meteorological parameters for building energy-saving design in a large city in northern China. International Journal of Global Warming, 2018b, 14(2): 224 - 237.

Li X, Gong P, Zhou Y, et al. Mapping global urban boundaries from the global artificial impervious area (GAIA) data. Environmental Research Letters, 2020, 15(9).

Li X, Nan Z, Cheng G, et al. Toward an improved data stewardship and service for environmental and ecological science data in West China. International Journal of Digital Earth, 2011, 4(4): 347-359.

Li Y H, Miao S G, Chen F, et al. Introducing and evaluating a new building-height categorization based on the fractal dimension into the Coupled WRF/urban Model, International Journal of Climatology, 2017, 37(7): 3111-3122.

Li Z Q, Song L L, Ma H, et al. Observed surface wind speed declining induced by urbanization in East China. Clim. Dyn., 2018, 50(3-4): 735-749.

Liang P, Ding Y H. The long-term variation of extreme heavy precipitation and its link to, urbanization effects in Shanghai during 1916 - 2014. Advances in Atmospheric Sciences, 2017, 34(3): 321-334.

Liang P, Ding Y H, He J H, et al. Study of relationship between urbanization speed and change of spatial distribution of rainfall over Shanghai. J Trop Meteor, 2013, 19(1): 97-103.

Liang X D, Miao S G, Li J, et al. SURF: Understanding and predicting urban convection and haze, Bulletin of the American Meteorological Society, 2018, 99(7): 1391-1413.

Liao J B, Wang T J, Jiang Z Q, et al. WRF/Chem modeling of the impacts of urban expansion on regional climate and air pollutants in Yangtze River Delta, China. Atmospheric Environment, 2015, 106: 204-214.

Liao J B, Wang T J, Wang X M, et al. Impacts of different urban canopy schemes in WRF/Chem on regional climate and air quality in Yangtze River Delta, China. Atmos. Res., 2014, 145: 226-243.

Liao W L, Liu X P, Li D, et al. Stronger contributions of urbanization to heat wave trends in wet climates. Geophysical Research Letters, 2018, 45(20): 11310-11317.

Lin C Y, Chen W C, Liu S C, et al. Numerical study of the impact of urbanization on the precipitation over Taiwan. Atmospheric Environment, 2008, 42(13): 2934-2947.

Lin J, Nielsen C P, Zhao Y, et al. Recent changes in particulate air pollution over China observed from space and the ground: effectiveness of emission control. Environmental Science and Technology, 2010, 44(20): 7771-7776.

Lin M, Hang J, Li Y G, et al. Quantitative ventilation assessments of idealized urban canopy layers with various urban layouts and the same building packing density. Building and Environment, 2014, 79(8): 152-167.

Liu H N, Ma W L, Qian J L, et al. Effect of urbanization on the urban meteorology and air pollution in Hangzhou. Journal of Meteorological Research, 2015, 29(6): 950-965.

Liu J Y, Shao Q Q, Yan X D, et al. The climatic impacts of land use and land cover change compared among countries. Journal of Geographical Sciences, 2016, 26(7): 889 - 903.

Liu N, Morawska L. Modeling the urban heat island mitigation effect of cool coatings in realistic urban morphology. Journal of Cleaner Production, 2020, 121560.

Liu X P, Huang Y H, Xu X C, et al. High-spatiotemporal-resolution mapping of global urban change from 1985 to 2015. Nature Sustainability, 2020, 3: 564 - 570.

Liu Y, Chen F, Warner T, et al. Verification of a mesoscale data-assimilation and forecasting system for the oklahoma city area during the joint urban 2003 field project. Journal of Applied Meteorology and Climatology, 2006, 45(7): 912 - 929.

Liu Y, Fang F, Li Y. Key issues of land use in China and implications for policy making. Land Use Policy, 2014, 40: 6 - 12.

Liu Y H, Fang X Y, Cheng C, et al. Research and application of city ventilation assessments based on satellite data and GIS technology: a case study of the Yanqi Lake Eco-city in Huairou District, Beijing. Meteorological Applications, 2016, 23(2): 320 - 327.

Liu Y H, Ma J, Li L, et al. A high temporal-spatial vehicle emission inventory based on detailed hourly traffic data in a medium-sized city of China. Environmental Pollution, 2018, 236: 324 - 333.

Liu Y S, Cui G X, Wang Z S, et al. Large eddy simulation of wind field and pollutant dispersion in downtown Macao. Atmospheric Environment, 2011, 45(17): 2849 - 2859.

Livada I, Santamouris M, Niachou K, et al. Determination of places in the great Athens area where the heat island effect is observed. Theoretical and applied climatology, 2002, 71(3): 219 - 230.

Lo J C F, Lau A K H, Fung J C H, et al. Investigation of enhanced cross-city transport and trapping of air pollutants by coastal and urban land-sea breeze circulations. Journal of Geophysical Research: Atmospheres, 2006, 111(D14).

Lo K W, Ngan K. Predictability of turbulent flow in street canyons. Boundary-Layer Meteorology, 2015, 156(2): 1 - 20.

Louis J F. A parametric model of vertical eddy fluxes in the atmosphere. Boundary-layer meteorology, 1979, 17(2): 187 - 202.

Luber G, McGeehin M. Climate change and extreme heat events. American journal of preventive medicine, 2008, 35(5): 429 - 435.

Lunyolo L D, Khalifa M, Ribbe L. Assessing the interaction of land cover/land use dynamics, climate extremes and food systems in Uganda. Science of The Total Environment, 2021, 753: 142549.

Ma H Y, Shao H Y, Song J. Modeling the relative roles of the foehn wind and urban expansion in the 2002 Beijing heat wave and possible mitigation by high reflective roofs. Meteorology and Atmospheric Physics, 2014, 123(3): 105 - 114.

Ma J, Xiao X M, Miao R H, et al. Trends and controls of terrestrial gross primary productivity of China during 2000 - 2016. Environmental Research Letters, 2019, 14(8): 084032.

Ma J Z, Chen Y, Wang W, et al. Strong air pollution causes widespread haze-clouds over China. Journal of Geophysical Research: Atmospheres, 2010, 115: D18204.

Ma J Z, van Aardenne J A. Impact of different emission inventories on simulated tropospheric ozone over China: a regional chemical transport model evaluation. Atmospheric Chemistry and Physics, 2004, 4: 877 - 887.

Ma S, Goldstein M, PitmanA J, et al. Pricing the urban cooling benefits of solar panel deployment in Sydney, Australia. Scientific Reports, 2017, 7(1): 1 - 6.

Ma S X, Pitman A, Yang J C, et al. Evaluating the effectiveness of mitigation options on heat stress for Sydney, Australia. Journal of Applied Meteorology and Climatology, 2018, 57: 209 - 220.

Ma W J, Zeng W L, Zhou M G, et al. The short-term effect of heat waves on mortality and its modifiers in China: an analysis from 66 communities. Environment international, 2015, 75: 103 - 109.

Magnusson S, Dallman A, Entekhabi D, et al. On thermally forced flows in urban street canyons. Environmental Fluid Mechanics, 2014, 14(6): 1427 - 1441.

Mao M J, Jiang W M, Gu J Q, et al. Study on the mixed layer, entrainment zone, and cloud feedback based on Lidar exploration of Nanjing city. Geophysical Research Letters, 2009, 36 (4): 121 - 136.

Martilli A. An idealized study of city structure, urban climate, energy consumption, and air quality. Urban Climate, 2014, 10: 430 - 446.

Martilli A, Clappier A, Rotach M W. An urban surface exchange parameterization for mesoscale models. Boundary Layer Meteorology, 2020, 104: 261 - 304.

Martilli A, Grossman-Clarke S, Tewari M, et al. Description of the modifications made in WRF. 3.1 and short user's manual of BEP., 2009.

Martilli A, Santiago J L. CFD simulation of airflow over a regular array of cubes. Part II: Analysis of spatial average properties. Boundary-Layer Meteorology, 2007, 122(3): 635 - 654.

Masmoudi S, Mazouz S. Relation of geometry, vegetation and thermal comfort around buildings in urban settings, the case of hot arid regions. Energy and Buildings, 2004, 36(7): 710 - 719.

Martinez S, Oscar E, Leif W. Total Urban Water Cycle Models in Semiarid Environments—Quantitative Scenario Analysis at the Area of San Luis Potosi, Mexico. Water Resour Manage, 2011, 25: 239 - 263.

Masson V. A physically-based scheme for the urban energy. Boundary-Layer Meteorology, 2000, 94(3): 357 - 397.

Masson V. Urban surface modeling and themeso-scale impact of cities. Theoretical and Applied Climatology, 2006, 84(1): 35 - 45.

Masson V, Bonhomme M, Salagnac J L, et al. Solar panels reduce both global warming and urban heat island. Frontiers in Environmental Science, 2014a, 2: 14.

Masson V, Heldens W, Bocher E, et al. City-descriptive input data for urban climate models: Model requirements, data sources and challenges. Urban Climate, 2020, 31: 100536.

Masson V, Marchadier C, Adolphe L, et al. Adapting cities to climate change: A systemic modelling approach. Urban Climate, 2014b, 10: 407 - 429.

Mayer H, Beckröge W, Matzarakis A. Bestimmung von stadtklimarelevanten Luftleitbahnen (in German) [R]. UVP-Report, 1994, 265 - 268.

Mccarthy M P, Best M J, Betts R A. Climate change in cities due to global warming and urban effects. Geophysical Research Letters, 2010, 37(9).

McDonald B C, de Gouw J A, Gilman J B, et al. Volatile chemical products emerging as largest petrochemical source of urban organic emissions. Science. , 2018, 359: 760 - 764.

McLinden C A, Fioletov V, Shephard M W, et al. Space-based detection of missing sulfur dioxide sources of global air pollution. Nature Geoscience, 2016, 9: 496 - 500.

Melfi S H, Spinhirne J D, Chou S H, et al. Lidar observations of vertically organized convection in the planetary boundary layer over the ocean. Journal of Applied Meteorology and Climatology, 1985, 24(8): 806 - 821.

Menon S, Akbari H, Mahanama S, et al. Radiative forcing and temperature response to changes in urban albedos and associated CO_2 offsets. Environmental Research Letters, 2010, 5(1): 014005.

Mestayer P G, Durand P, Augustin P, et al. The urban boundary-layer field campaign in Marseille (UBL/CLU-ESCOMPTE): Set-up and first results. Boundary-Layer Meteorology, 2005, 114: 315 - 365.

Miao S G, Chen F. Formation of horizontal convective rolls in urban areas. Atmospheric Research, 2008, 89: 298 - 304.

Miao S G, Chen F, Lemone M A, et al. An observational and modeling study of characteristics of urban heat island and boundary layer structures in Beijing. Journal of Applied Meteorology and Climatology, 2009a, 48: 484 - 501.

Miao S G, Chen F, Li Q, et al. Impacts of urban processes and urbanization on summer precipitation: a case study of heavy rainfall in Beijing on 1 August 2006. Journal of Applied Meteorology and Climatology, 2011, 50(4): 806 - 825.

Miao S G, Chen F, Li Q C, et al. Impacts of urbanization on a summer heavy rainfall in Beijing, the seventh International Conference on Urban Climate: Proceeding, 708, 29 June - 3 July 2009, Yokohama, Japan, 2009b, B12 - 1.

Miao S G, Jiang W M, Wang X Y, et al. Impact assessment of urban meteorology and the atmospheric environment using urban sub-domain planning. Boundary-layer meteorology, 2006,118(1): 133 - 150.

Miao S G, Li P Y, Wang X Y. Building morphological characteristics and their effect on the wind in Beijing. Advances in Atmospheric Sciences, 2009c, 26(6): 1115 - 1124.

Miao Y C, Guo J P, Liu S H, et al. Relay transport of aerosols to Beijing-Tianjin-Hebei region by multi-scale atmospheric circulations, Atmospheric Environment, 2017(165): 35 - 45.

Mihalakakou G, Flocas H A, Santamouris M, et al. Application of neural networks to the simulation of the heat island over Athens, Greece, using synoptic types as a predictor. Journal of Applied Meteorology, 2002, 41(5): 519 - 527.

Mihalakakou G, Santamouris M, Papanikolaou N, et al. Simulation of the urban heat island phenomenon in Mediterranean climates. Pure and Applied Geophysics, 2004, 161(2): 429 - 451.

Min X, Hu J, Chen Q, et al. Short-term traffic flow forecasting of urban network based on dynamic STARIMA model [C]. IEEE Conference on Intelligent Transportation Systems. Proceedings, ITSC, 2009, 461 - 466.

Mitchell K E, Lohmann D, Houser P R, et al. The multi-institution North American Land Data Assimilation System (NLDAS): Utilizing multiple GCIP products and partners in a continental distributed hydrological modeling system. Journal of Geophysical Research: Atmospheres, 2004, 109(D7).

Mitchell V G, Cleugh H A, Grimmond C S B, et al. Linking urban water balance and energy balance models to analyse urban design options. Hydrological Processes, 2008, 22: 2891 - 2900.

Mlawer E J, Taubman S J, Brown P D, etal. Radiative transfer for inhomogeneous atmospheres: RRTM, a validated correlated-k model for the longwave. Journal of Geophysical Research: Atmospheres, 1997, 102.

Molnár G, Gyöngyösi A Z, Gál T. Integration of an LCZ-based classification into WRF to assess the intra-urban temperature pattern under a heatwave period in Szeged, Hungary. Theoretical and Applied Climatology, 2019, 138(1): 1139 - 1158.

Morini E, Castellani B, Presciutti A, et al. Experimental analysis of the effect of geometry and facade materials on urban district's equivalent albedo. Sustainability, 2017, 9(7).

Moriwaki R, Kanda M, Senoo H, etal. Anthropogenic water vapor emissions in Tokyo. Water

Resources Research, 2008, 44(11): 150 - 176.

Moriwaki R, Kanda M. Seasonal and diurnal fluxes of radiation heat water vapor and carbon dioxide over a suburban area. Journal of Applied Meteorology, 2004, 43: 1700 - 1710.

Mu Q C, Miao S G, Wang Y W, et al. Evaluation of employing local climate zone classification for mesoscale modelling over Beijing metropolitan area. Meteorology and Atmospheric Physics, 2020, 132(3): 315 - 326.

Mughal M O, Li XX, Norford L K. Urban heat island mitigation in Singapore: Evaluation using WRF/multilayer urban canopy model and local climate zones. Urban Climate, 2020, 34: 100714.

Munck C, Pigeon G, Masson V, etal. "How much can air conditioning increase air temperatures for a city like Paris, France?". International Journal of Climatology, 2013, 33(1): 210 - 227.

Münkel C, Eresmaa N, Räsänen J, et al. Retrieval of mixing height and dust concentration with lidar ceilometer. Bound-Layer Meteor, 2007, 124(1): 117 - 128.

Münkel C, Schäfer H, Emeis S. Adding confidence levels and error bars to mixing layer heights detected by ceilometer // Proceedings of SPIE 8177, Remote Sensing of Clouds and the Atmosphere XVI. Prague: SPIE, 2011, 817708.

Nakamura Y, Oke T R. Wind temperature and stability conditions in an east-west oriented urban canyon. Atmospheric Environment, 1988, 22: 2691 - 2700.

Narita K I. Wind tunnel experiment on convective transfer coefficient in urban street canyon. Fifth International Conference on Urban Climate, University of Łódź, 2003.

Nations U. World urbanization prospects: The 2018 revision. 2018.

Nazarian N, Kleissl J. CFD simulation of an idealized urban environment: Thermal effects of geometrical characteristics and surface materials. Urban Climate, 2015, 12: 141 - 159.

Nazarian N, Kleissl J. Realistic solar heating in urban areas: Air exchange and street-canyon ventilation. Building and Environment, 2016, 75 - 93.

NBS. China Statistical Yearbook 2018. National bureau of statistics of China (NBS), Beijing, China., 2018.

Nehrkorn T, Leidner M, Ellis M, et al. Modeling the urban circulation in the Salt Lake City area using the WRF urban canopy parameterization. Meeting of the American Meteorology Society., 2011.

Ng E. Policies and technical guidelines for urban planning of high-density cities-air ventilation assessment(AVA) of HongKong. Building and Environment, 2009, 44(7): 1478 - 1488.

Ng W Y, Chau C K. A modeling investigation of the impact of street and building configurations on personal air pollutant exposure in isolated deep urban canyons. Science of the Total

Environment, 2013(468 - 469): 429 - 448.

Nguyen O V, Kawamura K, Trong D P, et al. Temporal change and its spatial variety on land surface temperature and land use changes in the Red River Delta, Vietnam, using MODIS time-series imagery. Environmental Monitoring and Assessment, 2015, 187: 1 - 11.

Nouri H, Simon B, Fatemeh K, et al. A review of ET measurement techniques for estimating the water requirements of urban landscape vegetation. Urban Water Journal, 2013, 1 - 13.

Offerle B, Grimmond CSB, Fortuniak K. Heat storage and anthropogenic heat flux in relation to the energy balance of a central European city centre. International Journal of Climatology, 2005, 25: 1405 - 1419.

Oke T R. Boundary layer climates. Psychology Press, 1987.

Oke T R. Initial guidance to obtain representative meteorological observations at urban sites. World Meteorological Organization (WMO), 2004, 81:1 - 47.

Oke T R. The distinction between canopy and boundary-layer urban heat islands. Atmosphere, 1976, 14: 268 - 277.

Oke T R. The energetic basis of the urban heat island. Quarterly Journal of the Royal Meteorological Society, 1982, 108(455): 1 - 24.

Oke T R. Towards better scientific communication in urban climate. Theoretical and Applied Climatology, 2006, 84: 179 - 190.

Oke T R, Mills G, Christen A, et al. Urban Climates. New York: Cambridge University Press, 2017.

Papanastasiou D K, Kittas C. Maximum urban heat island intensity in a medium-sized coastal Mediterranean city. Theoretical and Applied Climatology, 2012, 107(3): 407 - 416.

Park M, Hagishima A, Tanimoto J, et al. Effect of urban vegetation on outdoor thermal environment: Field measurement at a scale model site. Building and Environment, 2012, 56: 38 - 46.

Park S B, Baik J J. A large-eddy simulation study of thermal effects on turbulence coherent structures in and above a building array. Journal of Applied Meteorology and Climatology, 2013, 52(6): 1348 - 1365.

Park S B, Baik J J. Large-eddy simulations of convective boundary layers over flat and urbanlike surfaces. Journal of the Atmospheric Sciences, 2014, 71: 1880 - 1892.

Park S B, Baik J J, Lee S H. Impacts of Mesoscale Wind on Turbulent Flow and Ventilation in a Densely Built-up Urban Area. Journal of Applied Meteorology and Climatology, 2015, 54(4): 811 - 824.

Park S B, Baik J J, Raasch S, et al. A large-eddy simulation study of thermal effects on turbulent flow and dispersion in and above a street canyon. Journal of Applied Meteorology and

Climatology, 2012, 51(5): 829 - 841.

Park S B, Baik J J, Ryu Y H. A large-eddy simulation study of bottom-heating effects on scalar dispersion in and above a cubical building Array. Journal of Applied Meteorology and Climatology, 2013, 52(52): 1738 - 1752.

Parker D E. A demonstration that large-scale warming is not urban. Journal of Climate, 2006, 19 (12): 2882 - 2895.

Parsa V A, Yavari A, Nejadi A. Spatio-temporal analysis of land use/land cover pattern changes in Arasbaran Biosphere Reserve: Iran. Modeling earth systems and environment, 2016, 2 (4): 1 - 13.

Paszynski J. Mapping urban topoclimates. Energy and buildings, 1991, 16(3): 1059 - 1062.

Patel N R, Parida B R, Venus V, et al. Analysis of agricultural drought using vegetation temperature condition index (VTCI) from Terra/MODIS satellite data. Environmental Monitoring and Assessment, 2012, 184(12): 7153 - 7163.

Patel P, Karmakar S, Ghosh S, et al. Improved simulation of very heavy rainfall events by incorporating WUDAPT urban land use/land cover in WRF. Urban Climate, 2020, 32: 100616.

Paulson C A. The mathematical representation of wind speed and temperature profiles in the unstable atmospheric surface layer. Journal of Applied Meteorology and Climatology, 1970, 9 (6): 857 - 861.

Pearlmutter D, Berliner P, Shaviv E. Evaluation of urban surface energy fluxes using an open-air scale model. Journal of Applied Meteorology, 2005, 44(4): 532 - 545.

Pearlmutter D, Berliner P, Shaviv E. Integrated modeling of pedestrian energy ex-change and thermal comfort in urban street canyons. Building and Environment, 2007, 42: 2396 - 2409.

Peng Z, Sun J. Characteristics of the drag coefficient in the roughness sublayer over a complex urban surface. Boundary-Layer Meteorology, 2014, 153(3): 568 - 580.

Penrod A, Zhang Y, Wang K, et al. Impacts of future climate and emission changes on U. S. air quality. Atmospheric Environment, 2014, 89: 533 - 547.

Peterson T C. Assessment of urban versus rural in situ surface temperatures in the contiguous United States: No difference found. Journal of Climate, 2003, 16(18): 2941 - 2959.

Pielke Sr R A, Marland G, Betts R A, et al. The influence of land-use change and landscape dynamics on the climate system: relevance to climate-change policy beyond the radiative effect of greenhouse gases. Philosophical Transactions of the Royal Society of London. Series A: Mathematical, Physical and Engineering Sciences, 2002, 360(1797): 1705 - 1719.

Pinheiro A C T, Mahoney R, Privette J L, et al. Development of a daily long term record of NOAA - 14 AVHRR land surface temperature over Africa. Remote Sensing of Environment,

2006, 103(2): 153 - 164.

Qin Y, Zhang M. Theoretical and experimental studies on the daily accumulative heat gain from cool roofs. Energy, 2017, 129: 138 - 147.

Quan J N, Gao Y, Zhang Q, et al. Evolution of planetary boundary layer under different weather conditions, and its impact on aerosol concentrations. Particuology, 2013, 11(1): 34 - 40.

Quan L, Hu F. Relationship between turbulent flux and variance in the urban canopy, Meteorol Atmos Phys, 2009, 104: 29 - 36.

Raasch S. PALM-A large-eddy simulation model performing on massively parallel computers. Meteorologische Zeitschrift, 2001, 10(5): 363 - 372.

Raimundo A M, Gaspar A R, Oliveira A V M, et al. Wind tunnel measurements and numerical simulations of water evaporation in forced convection airflow. International Journal of Thermal Sciences, 2014, 86: 28 - 40.

Raman A P, Abou Anoma M, Zhu L, et al. Passive radiative cooling below ambient air temperature under direct sunlight. Nature, 2014, 515(7528): 540 - 544.

Ramponi R, Blocken B, Coo L B D, et al. CFD simulation of outdoor ventilation of generic urban configurations with different urban densities and equal and unequal street widths. Building and Environment, 2015, 92: 152 - 166.

Ran Y H, Li X, Lu L. Evaluation of four remote sensing-based land cover products over China. International Journal of Remote Sensing, 2010, 31(2): 391 - 401.

Raupach M R, Antonia R A, Rajagopalan S. Rough-wall turbulent boundary layers. Applied Mechanics Reviews, 1991, 44: 1 - 25.

Ren C, Cai M, Li X, et al. Assessment of local climate zone classification maps of cities in China and feasible refinements. Scientific Reports, 2019, 9(1): 1 - 11.

Ren C, Ng E Y, Katzschner L. Urban climatic map studies: a review. International Journal of Climatology, 2011, 31(15): 2213 - 2233.

Ren C, Wang R, Cai M, et al. The accuracy of LCZ maps generated by the world urban database and access portal tools (WUDAPT) method: A case study of Hong Kong. In: 4th International Conference on Countermeasure Urban Heat Islands, Singapore, 2016.

Ren Y, Zhang H S, Wei W, et al. Effects of turbulence structure and urbanization on the heavy haze pollution process. Atmospheric Chemistry and Physics, 2019, 19: 1041 - 1057.

Rephaeli E, Fan S. Absorber and emitter for solar thermo-photovoltaic systems to achieve efficiency exceeding the Shockley-Queisser limit. Optics Express, 2009, 17(17): 15145 - 15159.

Revision of World Urbanization Prospects. https: //www. un. org/development/desa/publications /2018-revision-of-world-urbanization-prospects. html. 2018. 43(4): 95 - 101.

Ribeiro I, Martilli A, Falls M, et al. Highly resolved WRF-BEP/BEM simulations over Barcelona urban area with LCZ. Atmospheric Research, 2021, 248: 105220.

Rosenfeld A H, Akbari H, Bretz S, et al. Mitigation of urban heat islands: materials, utility programs, updates. Energy and Buildings, 1995, 22(3): 255-265.

Rosenzweig C, Solecki W, Slosberg R. Mitigating New York City's heat island with urban forestry, living roofs, and light surfaces. A report to the New York State Energy Research and Development Authority, 2006.

Rotach M W. Turbulence close to a rough urban surface part I: Reynolds stress. Boundary-Layer Meteorology, 1993, 65: 1-28.

Rotach M W. Turbulence close to a rough urban surface part II: Variances and gradients. Boundary-Layer Meteorology, 1993, 66(1-2): 75-92.

Rotach M W, Vogt R, Bernhofer C, et al. BUBBLE-an urban boundary layer meteorology project. Theoretical and Applied Climatology, 2005, 81: 231-261.

Roth M. Review of atmospheric turbulence over cities. Quarterly Journal Of The Royal Meteorological Society. 2000, 126: 941-990.

Rozoff C M, Cotton W R, Adegoke J O. Simulation of St. Louis, Missouri, land use impacts on thunderstorms. Journal of Applied Meteorology and Climatology, 2003, 42(6): 716-738.

Saaty T L. The analytic hierarchy process[M]. New York: McGraw-Hill, 1980.

Sailor D J. Simulated urban climate response to modifications in surface albedo and vegetative cover. Journal of Applied Meteorology and Climatology, 1995, 34(7): 1694-1704.

Sailor D J, Brooks A, Hart M, et al. A bottom-up approach for estimating latent and sensible heat emissions from anthropogenic sources. Paper presented at 7th symposium on the urban environment. San Diego, California, 2007.

Sailor D J, Kalkstein L S, Wong E. The potential of urban heat island mitigation to alleviate heat-related mortality: Methodological overview and preliminary modeling results for PHILADELPHIA, 2002.

Sailor D J, Lu L. A top-down methodology for developing diurnal and seasonal anthropogenic heating profiles for urban areas. Atmospheric Environment, 2004, 38(17): 2737-2748.

Sakka A, Santamouris M, Livada I, et al. On the thermal performance of low income housing during heat waves. Energy and Buildings, 2012, 49: 69-77.

Salamanca F, Georgescu M, Mahalov A, et al. Anthropogenic heating of the urban environment due to air conditioning. Journal of Geophysical Research: Atmospheres, 2014, 119: 5949-5965.

Salamanca F, Georgescu M, Mahalov A, et al. Citywide impacts of cool roof and rooftop solar photovoltaic deployment on near-surface air temperature and cooling energy demand.

Boundary-layer Meteorology, 2016, 161(1): 203 - 221.

Salamanca F, Krpo A, Martilli A, et al. A new building energy model coupled with an urban canopy parameterizations for urban climate simulations-Part I. Formulation, verification and sensitivity analyses of the model. Theoretical and Applied Climatology, 2010, 99(3 - 4): 331 - 344.

Salamanca F, Martilli A. A new building energy model coupled with an urban canopy parameterization for urban climate simulations—Part II. Validation with one dimension off-line simulations. Theoretical and Applied Climatology, 2010, 99(3): 345 - 356.

Salamanca F, Tonse S, Menon S, et al. Top-of-atmosphere radiative cooling with white roofs: experimental verification and model-based evaluation. Environmental Research Letters, 2012, 7(4): 044007.

Salata F, Golasi I, Petitti D, et al. Relating microclimate human thermal comfort and health during heat waves: An analysis of heat island mitigation strategies through a case study in an urban outdoor environment. Sustainable Cities and Society, 2017, 30: 79 - 96.

Santamouris M, Cartalis C, Synnefa A, et al. On the impact of urban heat island and global warming on the power demand and electricity consumption of buildings-A review. Energy and Buildings, 2015, 98: 119 - 124.

Santamouris M, Synnefa A, Karlessi T. Using advanced cool materials in the urban built environment to mitigate heat islands and improve thermal comfort conditions. Solar Energy, 2011, 85: 3085 - 3102.

Santamouris M, Synnefa A, Kolokotsa D, et al. Passive Cooling of the built environment-use of innovative reflective materials to fight heat island and decrease cooling needs. International Journal of Low-carbon Technologies, 2008, 3: 71 - 82.

Savio P, Rosenzweig C, William D S, et al. Mitigating New York city's heat island with urban forestryliving roofs and light surfaces. New York city regional heat island initiative. The New York State Energy Research and Development Authority Albany New York, 2006.

Scherba A, Sailor D J, Rosenstiel T N, et al. Modeling impacts of roof reflectivity integrated photovoltaic panels and green roof systems on sensible heat flux into the urban environment. Building and Environment, 2011, 46: 2542 - 2551.

Scherer D, Fehrenbach U, Beha H D, et al. Improved concepts and methods in analysis and evaluation of the urban climate for optimizing urban planning processes. Atmospheric Environment, 1999, 33(24): 4185 - 4193.

Schmid H P. Source areas for scalars and scalar fluxes. Boundary-Layer Meteorology, 1994, 67: 293 - 318.

Schotanus P, Nieuwstadt F T M, De Bruin H A R. Temperature measurements with a sonic anemometer and its application to heat and moisture fluxes. Boundary-Layer Meteorology, 1983, 26: 81 – 93.

Seibert P, Beyrich F, Gryning S E, et al. Review and intercomparison of operational methods for the determination of the mixing height. Atmospheric Environment, 2000, 34(7): 1001 – 1027.

Seneviratne S. Changes in climate extremes and their impacts on the natural physical environment: An overview of the IPCC SREX report// Managing the Risks of Extreme Events and Disasters to Advance Climate Change Adaptation, 2012.

Shahzad M, Zhu X X. Automatic detection and reconstruction of 2 – D/3 – D building shapes from spaceborne TomoSAR point clouds. IEEE Transactions on Geoscience and Remote Sensing, 2015, 54(3): 1292 – 1310.

Sharma A, Conry P, Fernando H J S, et al. Green and cool roofs to mitigate urban heat island effects in the Chicago metropolitan area: Evaluation with a regional climate model. Environmental Research Letters, 2016, 11: 064004.

Sharma A, Fernando H J S, Hamlet A F, et al. Urban meteorological modeling using WRF: a sensitivity study: Sensitivity study on urban meteorology modeling. International Journal of Climatology, 2017, 37(4): 1885 – 1900.

Sharma S, Goel A, Gupta D, et al. Emission inventory of non-methane volatile organic compounds from anthropogenic sources in India. Atmospheric Environment, 2015, 102: 209 – 219.

Shen C, Chen X, Dai W, et al. Impacts of high-resolution urban canopy parameters within the WRF model on dynamical and thermal fields over Guangzhou, China. Journal of Applied Meteorology and Climatology, 2019, 58: 1155 – 1176.

Shi Y, Ren C, Lau K K L, et al. Investigating the influence of urban land use and landscape pattern on PM2. 5 spatial variation using mobile monitoring and WUDAPT. Landscape and Urban Planning, 2019, 189: 15 – 26.

Shi Y, Zhang Y, Li R. Local-scale urban energy balance observation under various sky conditions in a humid subtropical region. Journal of Applied Meteorology and Climatology, 2019, 58: 1573 – 1591.

Simayi M, Hao Y F, Li J, et al. Establishment of county-level emission inventory for industrial NMVOCs in China and spatial-temporal characteristics for 2010 – 2016. Atmospheric Environment, 2019, 211: 194 – 203.

Simon, Moulds, Wouter, et al. A spatio-temporal land use and land cover reconstruction for India from 1960 – 2010. Scientific Data, 2018.

Simmons M T, Gardiner B, Windhager S, et al. Green roofs are not created equal: the hydrologic and thermal performance of six different extensive green roofs and reflective and non-reflective roofs in a sub-tropical climate. Urban Ecosystems, 2008, 11(4): 339-348.

Simoes R, Picoli M C, Camara G, et al. Land use and cover maps for Mato Grosso State in Brazil from 2001 to 2017. Scientific Data, 2020, 7(1): 1-10.

Skamarock W C, Klemp J B, Dudhia J, et al. A description of the advanced research WRF version 2: National Center For Atmospheric Research Boulder Co Mesoscale and Microscale, 2005.

Skamarock W C, Klemp J B, Dudhia J, et al. A description of the Advanced Research WRF version 3 [C]. NCAR Technical Note, TN-475+STR, 2008, 113.

Sobrino J, Coll C, Caselles V. Atmospheric correction for land surface temperature using NOAA11 AVHRR channels 4 and 5. Remote Sensing of Environment, 1991, 38(1): 19-34.

Song Y Q, Liu H N, Wang X Y, et al. Numerical simulation of the impact of urban non-uniformity on precipitation. Advances in Atmospheric Sciences, 2016, 33(6): 783-793.

Song X P, Hansen M C, Stehman S V, et al. Global land change from 1982 to 2016. Nature, 2018, 560.

Souch C, Grimmond C S B. Applied climatology: Urban climate. Progress in Physical Geography, 2006, 30(2): 270-279.

Spronken-Smith R A, Oke T R, Lowry W P. Advection and the surface energy balance across an irrigated urban park. International Journal of Climatology, 2000, 20: 1033-1047.

Stathopoulou E, Mihalakakou G, Santamouris M, et al. On the impact of temperature on tropospheric ozone concentration levels in urban environments. Journal of Earth System Science, 2008, 117(3): 227-236.

Stavrakakis G M, Koukou M K, Vrachopoulos M G, et al. Natural cross-ventilation in buildings: building-scale experiments numerical simulation and thermal comfort evaluation. Energy and Buildings, 2008, 40: 1666-1681.

Stewart I D. A systematic review and scientific critique of methodology in modern urban heat island literature. International Journal of Climatology, 2011, 31(2): 200-217.

Stewart I D, Oke T R. Local climate zones for urban temperature studies. Bulletin of the American Meteorological Society, 2012, 93(12): 1879-1900.

Stewart I D, Oke T R, Krayenhoff E S. Evaluation of the 'local climate zone' scheme using temperature observations and model simulations. International Journal of Climatology, 2014, 34(4): 1062-1080.

Steyn D G, Baldi M, Hoff R M. The detection of mixed layer depth and entrainment zone thickness from lidar backscatter profiles. Journal of Atmospheric and Oceanic Technology, 1999, 16(7): 953-959.

Stocker T. Climate change 2013: the physical science basis: Working Group I contribution to the

Fifth assessment report of the Intergovernmental Panel on Climate Change. Cambridge University Press, 2014.

Stotz A, Rapp K, Oksa J, et al. Effect of a brief heat exposure on blood pressure and physical performance of older women living in the community—a pilot-study. International journal of environmental research and public health, 2014, 11(12): 12623 - 12631.

Su L, Li J, Shi X, et al. Spatiotemporal variation in presummer precipitation over south China from 1979 to 2015 and its relationship with urbanization. Journal of Geophysical Research: Atmospheres, 2019, 124(13): 6737 - 6749.

Sun K, Liu H N, Wang X Y, et al. The aerosol radiative effect on a severe haze episode in the Yangtze River Delta. Journal of Meteorological Research, 2017, 31(5): 865 - 873.

Sun L, Wei J, Duan D H, et al. Impact of land-use and land-cover change on urban air quality in representative cities of China. Journal of Atmospheric and Solar-Terrestrial Physics, 2016a, 142: 43 - 54.

Sun T, Grimmond C, Ni G H. How do green roofs mitigate urban thermal stress under heat waves? Journal of Geophysical Research: Atmospheres, 2016b, 121(10): 5320 - 5335.

Sun Y, Zhang X, Ren G, et al. Contribution of urbanization to warming in China. Nature Climate Change, 2016, 6(7): 706 - 709.

Sun Y, Zhang X B, Zwiers F W, et al. Rapid increase in the risk of extreme summer heat in Eastern China. Nature Climate Change, 2014, 4(12): 1082 - 1085.

Susca T, Gaffin S R, Dell'Osso G. Positive effects of vegetation: Urban heat island and green roofs. Environmental Pollution, 2011, 159(8 - 9): 2119 - 2126.

Synnefa A, Dandou A, Santamouris M, et al. On the use of cool materials as a heat island mitigation strategy. Journal of Applied Meteorology and Climatology, 2008, 47(11): 2846 - 2856.

Taha H. Episodic performance and sensitivity of the urbanized MM5 (UMM5) to perturbations in surface properties in Houston Texas. Bound-Layer Meteorology, 2008, 127(2): 193 - 218.

Taha H. Urban surface modification as a potential ozone air-quality improvement strategy in California: a mesoscale modelling study. Boundary-Layer Meteorology, 2008, 127(2): 219 - 239.

Takebayashi H, Masakazu M. Surface heat budget on green roof and high reflection roof for mitigation of urban heat island. Building and Environment, 2007, 42: 2971 - 2979.

Takimoto H, Sato A, Barlow J F, et al. Particle image velocimetry measurements of turbulent flow within outdoor and indoor urban scale models and flushing motions in urban canopy layers. Boundary-Layer Meteorology, 2011, 140(2): 295 - 314.

Taleghani M, Tenpierik M, van den Dobbelsteen A, et al. Heat mitigation strategies in winter and summer: Field measurements in temperate climates. Building and Environment, 2014, 81: 309 - 319.

Tan J G, Yang L M, Grimmond C S B, et al. Urban integrated meteorological observations: practice and experience in Shanghai, China. Bulletin of the American Meteorological Society, 2015, 96(1): 85 - 102.

Tang G, Chao N, Wang Y S, et al. Vehicular emissions in China in 2006 and 2010. Journal of Environmental Sciences (China), 2016, 48: 179 - 192.

Tao M H, Chen L F, Wang Z F, et al. Did the widespread haze pollution over China increase during the last decade? A satellite view from space. Environmental Research Letters, 2016, 11(5): 054019.

Tewari M, Chen F, Wang W, et al. Implementation and verification of the unified NOAH land surface model in the WRF model [C]. In: 20th Conference on Weather Analysis and Forecasting/16th Conference on Numerical Weather Prediction, 2016.

Thiermann V, Grassl H. The measurement of turbulent surface-layer fluxes by use of bichromatic scintillation. Boundary-Layer Meteorology, 1992, 58: 367 - 389.

Tominaga Y, Stathopoulos T. Numerical simulation of dispersion around an isolated cubic building: Model evaluation of RANS and LES. Building and Environment, 2010, 45(10): 2231 - 2239.

Tomlinson C J, Chapman L, Thornes J E, et al. Derivation of Birmingham's summer surface urban heat island from MODIS satellite images. International Journal of Climatology, 2012, 32(2): 214 - 224.

Tran H, Uchihama D, Ochi S, et al. Assessment with satellite data of the urban heat island effects in Asian mega cities. International Journal of Applied Earth Observation and Geoinformation, 2006, 8(1): 34 - 48.

Tse J W P, Yeung P S, Fung J C H, et al. Investigation of the meteorological effects of urbanization in recent decades: A case study of major cities in Pearl River Delta. Urban Climate, 2018, 26: 174 - 187.

Turner D B. The long lifetime of the dispersion methods of pasquill in U. S. regulatory air modeling. Journal of Applied Meteorology, 1997, 36(8): 5 - 9.

UND. World urbanization prospects: The 2014 revision. United Nations Department of Economics and Social Affairs, Population Division: New York, NY, USA, 2015, 41.

Underwood R T. Speed, volume, and density relationship: Quality and theory of traffic flow. Yale Bureau. Highway Traffic, 1961, 141 - 188.

Unger J. Intra-urban relationship between surface geometry and urban heat island: review and new approach. Climate Research, 2004, 27: 253 - 264.

The United Nations Human SettlementsProgramme UN-HABITAT. State of the World's cities 2008 – 2009: Harmonious cities. Earthscan, 2008, 223.

United Nations Development Programme (UNDP). A global report: Reducing disaster risk, 2004.

United Nations Population Division, World Urbanization Prospects: the 2018 Revision (United Nations, New York, 2019.

Vahmani P, Hogue T S. Urban irrigation effects on WRF-UCM summertime forecast skill over the Los Angeles metropolitan area. Journal of Geophysical Research: Atmospheres, 2015, 120: 9869 – 9881.

Van deVen D J, Capellan-Peréz I, Arto I, et al. The potential land requirements and related land use change emissions of solar energy. Scientific Reports, 2021, 11(1): 1 – 12.

VDI. VDI-Guideline 3787, Part 1, Environmental Meteorology-Climate and Air Pollution Maps for Cities and Regions. VDI, Beuth Verlag: Berlin, 1997, 73.

Verdonck M L, Okujeni A, Van der Linden S, et al. Influence of neighbourhood information on 'Local Climate Zone'mapping in heterogeneous cities. International Journal of Applied Earth Observation and Geoinformation, 2017, 62: 102 – 113.

Vickers D, Mahrt L. Quality control and flux sampling problems for tower and aircraft data. Journal of Atmospheric and Oceanic Technology, 1997, 14: 512 – 526.

Vlahogianni E I, Karlaftis M G, Golias J C. Short-term traffic forecasting: Where we are and wherewe're going. Transportation Research Part C-Emerging Technologies, 2014, 43: 3 – 19.

Wan H C, Zhong Z. Ensemble simulations to investigate the impact of large-scale urbanization on precipitation in the lower reaches of Yangtze River Valley, China. Quarterly Journal of the Royal Meteorological Society, 2014, 140(678): 258 – 266.

Wan Z, Li Z L. A physics-based algorithm for retrieving land-surface emissivity and temperature from EOS/MODIS data. IEEE Transactions on Geoscience and Remote Sensing, 1997, 35 (4): 980 – 996.

Wan Z, Zhang Y, Zhang Q, et al. Quality assessment and validation of the MODIS global land surfacetemperature. International Journal of Remote Sensing, 2004, 25(1): 261 – 274.

Wang C, Middel A, Myint S W, et al. Assessing local climate zones in arid cities: The case of Phoenix, Arizona and Las Vegas, Nevada. ISPRS Journal of Photogrammetry and Remote Sensing, 2018a, 141: 59 – 71.

Wang D Y, Hang J, Gao P, et al. Basic features of urban energy balance in high-rise high-density urban models obtained from the outdoor scale model experiment. EGU General Assembly 2019 7 – 12 April 2019 Vienna Austria, 2019.

Wang D Y, Hang J, Gao P, et al. Urban energy balance in high-rise compact urban models investigated by the outdoor scale model experiment//10th International Conference on Urban

Climate/14th Symposium on the Urban Environment. New York, USA: American Meteorological Society, 2018.

Wang D Y, Shi Y R, Chen, G W,Zeng L Y, Hang J, Wang Q. Urban thermal environment and surface energy balance in 3D high-rise compact urban models: Scaled outdoor experiments. Building and Environment, 2021, 205:108251.

Wang H, Fu L, Zhou Y, et al. Trends in vehicular emissions in China's mega cities from 1995 to 2005. Environmental Pollution, 2010, 158(2): 394 - 400.

Wang H, Ni D, Chen Q Y, et al. Stochastic modeling of the equilibrium speed-density relationship. Journal of Advanced Transportation, 2013, 47(1): 126 - 150.

Wang H, Xue M, Zhang X Y, et al. Mesoscale modeling study of the interactions between aerosols and PBL meteorology during a haze episode in China Jing-Jin-Ji and its nearby surrounding region-Part 1: Aerosol distributions and meteorological features. Atmospheric Chemistry and Physics, 2015, 15(6): 3257 - 3275.

Wang H K, Chen C H, Huang C, et al. On-road vehicle emission inventory and its uncertainty analysis for Shanghai, China. Science of the Total Environment, 2008, 398(1 - 3): 60 - 67.

Wang J, Feng J M, Yan Z W, et al. Nested high-resolution modeling of the impact of urbanization on regional climate in three vast urban agglomerations in China. Journal of Geophysical Research: Atmospheres, 2012, 117: D21103.

Wang J, Yan Z W, Li Z, et al. Impact of urbanization on changes in temperature extremes in Beijing during 1978 - 2008. Chinese Science Bulletin, 2013, 58(36): 4679 - 4686.

Wang M,Nim C J, Son S H, et al. Characterization of turbidity in Florida's Lake Okeechobee and Caloosahatchee and St. Lucie estuaries using MODIS-Aqua measurements. Water Research, 2012, 46(16): 5410 - 5422.

Wang M, Yan X, Liu J, et al. The contribution of urbanization to recent extreme heat events and a potential mitigation strategy in the Beijing-Tianjin-Hebei metropolitan area. Theoretical and Applied Climatology, 2013, 114(3): 407 - 416.

Wang P, Huang C, Tilton J C. Mapping three-dimensional urban structure by fusing landsat and global elevation data. arXiv preprint arXiv, 2018b: 1807.04368.

Wang R, Cai M, Ren C, et al. Detecting multi-temporal land cover change and land surface temperature in Pearl River Delta by adopting local climate zone. Urban Climate, 2019, 28: 100455.

Wang W C, Zeng Z, Karl T R. Urban heat island in China. Geophysical Research Letters, 1990, 17(13): 2377 - 2380.

Wang X, Liao J, Zhang J, et al. A Numeric Study of Regional Climate Change Induced by Urban Expansion in the Pearl River Delta, China. Journal of Applied Meteorology and Climatology,

2014, 53(2): 346 - 362.

Wang X, Liu H, Pang J, et al. Reductions in sulfur pollution in the Pearl River Delta region, China: Assessing the effectiveness of emission controls. Atmospheric Environment, 2013, 76: 113 - 124.

Wang X M, Carmichael G, Chen D, et al. Impacts of different emission sources on air quality during March 2001 in the Pearl River Delta (PRD) region. Atmospheric Environment, 2005, 39(29): 5227 - 5241.

Wang X M, Chen F, Wu Z Y, et al. Impacts of weather conditions modified by urban expansion on surface ozone: Comparison between the Pearl River Delta and Yangtze River Delta regions. Advances in Atmospheric Sciences, 2009, 26(5): 962 - 972.

Wang X M, Lin W S, Yang L M, et al. A Numerical study of influences of urban land-use change on ozone distribution over the Pearl River Delta Region, China. Tellus B: Chemical and Physical Meteorology. 2007, 59(3): 633 - 641.

Wang X M, Wu Z, Zhang Q, et al. Impact ofurbanization on regional climate and air quality in China, in: Bouarar, I., Wang, X., Brasseur, G. P. (Eds.), Air Pollution in Eastern Asia: An integrated perspective. Springer Inc., New York, 2017, 453 - 476.

Wang X M, Wu Z Y, Liang G X. WRF/CHEM modeling of impacts of weather conditions modified by urban expansion on secondary organic aerosol formation over Pearl River Delta. Particuology, 2009b, 7(5): 384 - 391.

Wang Y, Di Sabatino S, Martilli A, et al. Impact of land surface heterogeneity on urban heat island circulation and sea-land breeze circulation in Hong Kong. Journal of Geophysical Research: Atmospheres, 2017, 122: 4332 - 4352.

Wang Y, Li J, Chen F, et al. Challenges and opportunities in urban meteorology research and forecast. Science Foundation in China, 2005, 13(1): 23 - 30.

Wang Z, Cao X, Zhang L, et al. Lidar measurement of planetary boundary layer height and comparison with microwave profiling radiometer observation. Atmospheric Measurement Techniques, 2012, 5(8): 1965 - 1972.

Wang Z, Shao M, Chen L, et al. Space view of the decadal variation for typical air pollutants in the Pearl River Delta (PRD) region in China. Frontiers of Environmental Science and Engineering, 2016, 10(5): 14.

Wang Z H, Bou-Zeid E, Smith J A. A coupled energy transport and hydrological model for urban canopies evaluated using a wireless sensor network. Quarterly Journal of the Royal Meteorological Society, 2013, 139: 1643 - 1657.

Weber S, Kordowski K. Comparison of atmospheric turbulence characteristics and turbulent fluxes from two urban sites in Essen Germany. Theoretical and Applied Climatology, 2010, 102:

61 – 74.

Wieringa J. Representative roughness parameters for homogeneous terrain. Boundary-Layer Meteorology, 1993, 63: 323 – 363.

Wine C, Simmons C, Levine N. HAZUS-MH FEMA's natural hazards loss estimation tool where science meets policy. Abstracts with Programs-Geological Society of America, 2004, 36: 299.

Wolde Z, Wei W, Likessa D, et al. Understanding the Impact of Land Use and Land Cover Change on Water-Energy-Food Nexus in the Gidabo Watershed, East African Rift Valley. Natural Resources Research, 2021: 1 – 16.

World Meteorological Organization (WMO). Guidance on integrated urban hydrometeorological, climate and environmental Services-Volume I: Concept and Methodology. WMO-No. 1234, 2019.

World Meteorological Organization (WMO). Guidance on integrated urban hydrometeorological, climate and environmental Services-Volume II: Demonstration Cities. WMO-No. 1234, 2021.

Wu K, Yang X Q. Urbanization and heterogeneous surface warming in eastern China. Chinese Science Bulletin, 2013, 58(12): 1363 – 1373.

Xu F, He Z, Sha Z, et al. Assessing the impact of rainfall on traffic operation of urban road network. Procedia-Social and Behavioral Sciences, 2013, 96(1): 82 – 89.

Xu Y, Ren C, Cai M, et al. Issues and challenges of remote sensing-based local climate zone mapping for high-density cities. In: 2017 Joint Urban Remote Sensing Event (JURSE): IEEE, 2017: 1 – 4.

Xu Y, Shen Y. Reconstruction of the land surface temperature time series using harmonic analysis. Computers and Geosciences, 2013, 61(4): 126 – 132.

Xu Z, Etzel R A, Su H, et al. Impact of ambient temperature on children's health: a systematic review. Environmental Research, 2012, 117: 120 – 131.

Yang J, Wang Z H. Optimizing urban irrigation schemes for the trade-off between energy and water consumption. Energy and Buildings, 2015, 107: 335 – 344.

Yang J, Wang Z H, Chen F, et al. Enhancing hydrologic modelling in the coupled Weather Research and Forecasting-urban modelling system. Boundary-Layer Meteorology, 2015, 155: 87 – 109.

Yang J, Wang Z H, Georgescu M, et al. Assessing the impact of enhanced hydrological processes on urban hydrometeorology with application to two cities in contrasting climates. Journal of Hydrometeorology, 2016, 17: 1031 – 1047.

Yang J B, Liu H N, Sun J N. Evaluation and application of an online coupled modeling system to assess the interaction between urban vegetation and air quality. Aerosol and Air Quality Research, 2017, 18(3): 693 – 710.

Yang J B, Liu H N, Sun J N, et al. Further development of the regional boundary layer model to study the impacts of greenery on the urban thermal environment. Journal of Applied Meteorology and Climatology, 2015, 54(1): 137 – 152.

Yang P, Ren G Y, Hou W, et al. Spatial and diurnal characteristics of summer rainfall over Beijing municipality based on a high density AWS dataset. International Journal of Climatology, 2013, 33(13): 2769 – 2780.

Yang P, Ren G Y, Yan P C. Evidence for strong association of short-duration intense rainfall with urbanization in Beijing urban area. Journal of Climate, 2017, 30(15): 5851 – 5870.

Yang X C, Leung L R, Zhao N Z, et al. Contribution of urbanization to the increase of extreme heat events in an urban agglomeration in east China. Geophysical Research Letters, 2017, 44(13): 6940 – 6950.

Yang X Y, Li Y G. The impact of building density and building height heterogeneity on average urban albedo and street surface temperature. Building and Environment, 2015, 90: 146 – 156.

Yang X Y, Li Y G, Luo Z W, et al. The urban cool island phenomenon in a high-rise high-density city and its mechanisms. International Journal of Climatology, 2017, 37(2): 890 – 904.

Yao Z L, Zhang Y Z, Shen X B, et al. Impacts of temporary traffic control measures on vehicular emissions during the Asian Games in Guangzhou, China. Journal of the Air and Waste Management Association, 2013, 63(1): 11 – 19.

Yee E, Biltoft C A. Concentration fluctuation measurements in a plume dispersing through a regular array of obstacles. Boundary-Layer Meteorology, 2004, 111(3): 363 – 415.

Yersel M, Goble R. Roughness effects on urban turbulence parameters. Boundary-Layer Meteorology, 1986, 37: 271 – 284.

Yoshie R. Experimental and numerical study on velocity ratios in a built-up area with closely-packed high-rise buildings. In paper presentation on an expert forum on UC-Map and CFD for urban wind studies in cities: Hong Kong, 2006.

Yu M, Carmichael G R, Zhu T, et al. Sensitivity of predicted pollutant levels to urbanization in China. Atmospheric Environment, 2012, 60: 544 – 554.

Yu M, Liu Y M, Miao S G. Impact of urbanization on rainfall of different strengths in the Beijing area. Theoretical and Applied Climatology, 2019, 139(3): 1097 – 1110.

Yu M, Miao S G, Li Q C. Synoptic analysis and urban signatures of a heavy rainfall on 7 August 2015 in Beijing. Journal of Geophysical Research: Atmospheres, 2017, 122: 65 – 78.

Yu M, Miao S G, Zhang H B. Uncertainties in the impact of urbanization on heavy rainfall: case study of a rainfall event in Beijing on 7 August 2015. Journal of Geophysical Research: Atmospheres, 2018, 123: 6005 - 6021.

Yu Q. Inter-annual variability of precipitation urbanization effects in Beijing. Progress in Natural Science, 2007, 17: 632 - 638.

Yu R C, Zhang Y, Wang J J, et al. Recent progress in numerical atmospheric modeling in china. Advances in Atmospheric Sciences, 2019, 36(9): 938 - 960.

Yu Z, Yao Y, Yang G, et al. Spatiotemporal patterns and characteristics of remotely sensed region heat islands during the rapid urbanization (1995 - 2015) of Southern China. Science of the Total Environment, 2019, 674: 242 - 254.

Yuan L, Fei W, Jia F, et al. Increased health threats from land use change caused by anthropogenic activity in an endemic fluorosis and arsenicosis area. Environmental Pollution, 2020, 261: 114130.

Yuan S, Chao R, Kevin K L L, et al. Investigating the influence of urban land use and landscape pattern on $PM_{2.5}$ spatial variation using mobile monitoring and WUDAPT. Landscape and Urban Planning, 2019, 189: 15 - 26.

Yue W Z, Qiu S S, Xu H, et al. Polycentric urban development and urban thermal environment: A case of Hangzhou, China. Landscape Urban Planning, 2019, 189: 58 - 70.

Zaveri R A, Easter R C, Fast J D, et al. Model for simulating aerosol interactions and chemistry (MOSAIC). Journal of Geophysical Research: Atmospheres, 2008, 113 (D13): 1395 - 1400.

Zaveri R A, Peters L K. A new lumped structure photochemical mechanism for large-scale applications. Journal of Geophysical Research: Atmospheres, 1999, 104 (D23): 30387 - 30415.

Zeng Z, Li X, Li C, et al. Modeling ventilation in naturally ventilated double-skin facade with a venetian blind. Building and Environment, 2012, 57: 1 - 6.

Zhai Y, Ma Y, David S N, et al. Scalable-manufactured randomized glass-polymer hybrid metamaterial for daytime radiative cooling. Science, 2017, 355(6329): 1062 - 1066.

Zhang C L, Chen F, Miao S G, et al. Impacts of urban expansion and future green planting on summer precipitation in the Beijing metropolitan area. Journal of Geophysical Research: Atmospheres, 2009, 114: D02116.

Zhang F. The current situation and development thinking of the intelligent transportation system in China[C]. 2010 International Conference on Mechanic Automation and Control Engineering IEEE, MACE2010, 717, 2826 - 2829.

Zhang H, Zhang H S, Cai X H, et al. Contribution of low-frequency motions to sensible heat fluxes over urban and suburban areas. Boundary-Layer Meteorology, 2016, 161(1): 183 - 201.

Zhang N, Chen Y, Luo L, et al. Effectiveness of different urban heat island mitigation methods and their regional impacts. Journal of Hydrometeorology, 2017, 18: 2991 –3012.

Zhang N, Chen Y, Zhao W J. Lidar and microwave radiometer observation of planetary boundary layer structure under light wind weather. Journal of Applied Remote Sensing, 2012, 6(1): 063513.

Zhang N, Du Y S, Miao S G, et al. Evaluation of a micro-scale wind model's performance over realistic building clusters using wind tunnel experiments. Advances in Atmospheric Sciences, 2016a, 33(8): 969 –978.

Zhang N, Gao Z Q, Wang X M, et al. Modeling the impact of urbanization on the local and regional climate in Yangtze River Delta, China. Theoretical and Applied Climatology, 2010, 102(3 –4): 331 –342.

Zhang N, Jiang W M, Wang X Y. A numerical simulation of the effects of urban blocks and buildings on flow characteristics. Acta Aerodynamica Sinica, 2002, 03: 339 –342.

Zhang N, Wang X M, Chen Y, et al. Numerical simulations on influence of urban land cover expansion and anthropogenic heat release on urban meteorological environment in Pearl River Delta. Theoretical and Applied Climatology, 2016b, 126(3 –4): 469 –479.

Zhang P, Lu Q F, Hu X X, et al. Latest Progress of the Chinese Meteorological Satellite and Core Data Processing Technologies. Advances in Atmospheric Sciences, 2019, 36(9): 1027 –1045.

Zhang Q, Quan J N, Tie X X, et al. Impact of aerosol particles on cloud formation: Aircraft measurements in China. Atmospheric Environment, 2011, 45(3): 665 –672.

Zhang S J, Niu T L, Wu Y, et al. Fine-grained vehicle emission management using intelligent transportation system data. Environmental Pollution, 2018, 241: 1027 –1037.

Zhang S J, Wu Y L, Huang R K, et al. High-resolution simulation of link-level vehicle emissions and concentrations for air pollutants in a traffic-populated eastern Asian city. Atmospheric Chemistry and Physics, 2016, 16(15): 9965 –9981.

Zhang S J, Wu Y L, Liu H, et al. Historical evaluation of vehicle emission control in Guangzhou based on a multi-year emission inventory. Atmospheric Environment, 2013, 76: 32 –42.

Zhang X Y, Hu H B. Copula-Based Hazard Risk Assessment of Winter Extreme Cold Events in Beijing. Atmosphere, 2018, 9(7): 263.

Zhang Y D, Zhang X H, Liu S R. Correlation analysis on normalized difference vegetation index (NDVI) of different vegetations and climatic factors in Southwest China. Chinese Journal of Applied Ecology, 2011, 22(2): 323 –30.

Zhang Y L, Wang X M, Li G H, et al. Emission factors of fine particles, carbonaceous aerosols and traces gases from road vehicles: Recent tests in an urban tunnel in the Pearl River Delta,

China. Atmospheric Environment, 2015, 122: 876 - 884.

Zhang Y Z, Miao S G, Dai Y J, et al. Numerical simulation of urban land surface effects on summer convective rainfall under different UHI intensity in Beijing. Journal of Geophysical Research: Atmospheres, 2017, 122: 7851 - 7868.

Zhang Z X, Wang X, Zhao X L, et al. A 2010 update of National Land Use/Cover Database of China at 1: 100000 scale using medium spatial resolution satellite images. Remote Sensing of Environment, 2014, 149: 142 - 154.

Zhao L, Lee X H, Smith R B, et al. Strong contributions of local background climate to urban heat islands. Nature, 2014, 511(7508): 216 - 219.

Zhao Q S, Yang J C, Wang Z H, Wentz E A. Assessing the cooling benefits of tree shade by an outdoor urban physical scale model at Tempe AZ. Urban Science, 2018, 2(1): 4.

Zheng B, Cheng J, Geng G N, et al. Mapping anthropogenic emissions in China at 1 km spatial resolution and its application in air quality modeling. Science Bulletin, 2021, 66: 612 - 620.

Zheng B, Huo H, Zhang Q, et al. High-resolution mapping of vehicle emissions in China in 2008. Atmospheric Chemistry and Physics, 2014, 14(18): 9787 - 9805.

Zheng B, Tong D, Li M, et al. Trends in China's anthropogenic emissions since 2010 as the consequence of clean air actions. Atmospheric Chemistry and Physics, 2018, 18(19): 14095 - 14111.

Zheng J Y, Che W W, Wang X M, et al. Road-network-based spatial allocation of on-road mobile source emissions in the pearl river delta region, China, and comparisons with population-based approach. Journal of the Air and Waste Management Association, 2009b, 59(12): 1405 - 1416.

Zheng J Y, Zhang L J, Che W W, et al. A highly resolved temporal and spatial air pollutant emission inventory for the Pearl River Delta region, China and its uncertainty assessment, Atmospheric Environment, 2009a, 43(32): 5112 - 5122.

Zheng Y, Weng Q. Model-driven reconstruction of 3 - D buildings using LiDAR data. IEEE Geoscience and Remote Sensing Letters, 2015, 12(7): 1541 - 1545.

Zheng Z F, Ren G Y, Wang H, et al. Relationship between fine-particle pollution and the Urban Heat Island in Beijing, China: Observational evidence. Boundary-Layer Meteorology, 2018, 169(1): 93 - 113.

Zhong J T, Zhang X Y, Wang Y Q, et al. Relative contributions of boundary-layer meteorological factors to the explosive growth of PM2. 5 during the red-alert heavy pollution episodes in Beijing in December 2016, Journal of Meteorological Research, 2017, 31(5): 809 - 819.

Zhou B, Rybski D, Kropp J P. The role of city size and urban form in the surface urban heat island. Scientific Reports, 2017, 7(1): 4791.

Zhou D R, Ding K, Huang X, et al. Transport, mixing, and feedback of dust, biomass burning and anthropogenic pollutants in eastern Asia: A case study. Atmospheric Chemistry and Physics, 2018, 18: 16345 – 16361.

Zhou H X, Chen H, Wu Y, et al. Horizontal heat impacts of a building on various soil layer depths in Beijing city. Sustainability, 2019, 11(7): 1979.

Zhou L M, Dickinson R E, Tian Y H, et al. Evidence for a significant urbanization effect on climate in China. Proceedings of the National Academy of Sciences of the United States of America, 2004, 101(26): 9540 – 9544.

Zhou X D, Xu Z F, Liu W J, et al. Chemical composition of precipitation in Shenzhen, a coastal mega-city in South China: Influence of urbanization and anthropogenic activities on acidity and ionic composition. Science of the Total Environment, 2019, 662: 218 – 226.

Zhou X F, Hong C. Impact of urbanization-related land use land cover changes and urban morphology changes on the urban heat island phenomenon. Science of The Total Environment, 2018, 635: 1467 – 1476.

Zhu B, Kang H Q, Zhu T, et al. Impact of Shanghai urban land surface forcing on downstream city ozone chemistry. Journal of Geophysical Research: Atmospheres, 2015, 120(9): 4340 – 4351.

Zonato A, Martilli A, Di Sabatino S, et al. Evaluating the performance of a novel WUDAPT averaging technique to define urban morphology with mesoscale models. Urban Climate,2020. 31: 100584.

Zou J, Liu G, Yuan R M, et al. The momentum flux-gradient relations derived from field measurements in the urban roughness sublayer in three cities in China. Journal of Geophysical Research: Atmospheres, 2015, 120: 10797 – 10809.

Zou J, Sun J N, Ding A J, et al. Observation-based estimation of aerosol-induced reduction of planetary boundary layer height. Advances in Atmospheric Sciences, 2017, 34(9): 1057 – 1068.

Zou J, Sun J N, Liu G, et al. Vertical variation of the effects of atmospheric stability on turbulence statistics within the roughness sublayer over real urban canopy. Journal of Geophysical Research: Atmospheres, 2018, 123: 2017 – 2036.

Zou J, Zhou B W, Sun J N. Impact of eddy characteristics on turbulent heat and momentum fluxes in the urban roughness sublayer. Boundary-Layer Meteorology, 2017, 164(1): 39 – 62.